HANDBUCH DER ASTROPHYSIK

HERAUSGEGEBEN VON
G. EBERHARD · A. KOHLSCHÜTTER
H. LUDENDORFF

BAND I

GRUNDLAGEN DER ASTROPHYSIK

ERSTER TEIL

MIT 299 ABBILDUNGEN

SPRINGER-VERLAG
BERLIN HEIDELBERG GMBH
1933

HANDBUCH DER ASTROPHYSIK

HERAUSGEGEBEN VON

G. EBERHARD · A. KOHLSCHÜTTER
H. LUDENDORFF

BAND I

GRUNDLAGEN DER ASTROPHYSIK

ERSTER TEIL

SPRINGER-VERLAG
BERLIN HEIDELBERG GMBH
1933

GRUNDLAGEN DER ASTROPHYSIK

ERSTER TEIL

BEARBEITET VON

W. E. BERNHEIMER · G. EBERHARD
ALBERT KÖNIG · ARTHUR KÖNIG · K. W. MEISSNER
C. RUNGE † · H. SCHULZ

MIT 299 ABBILDUNGEN

SPRINGER-VERLAG
BERLIN HEIDELBERG GMBH
1933

ISBN 978-3-662-34284-8 ISBN 978-3-662-34555-9 (eBook)
DOI 10.1007/978-3-662-34555-9

Softcover reprint of the hardcover 1st edition 1933

URSPRÜNGLICH ERSCHIENEN BEI JULIUS SPRINGER IN BERLIN 1933

Inhaltsverzeichnis.

Kapitel 1.

Grundlagen der theoretischen Optik.

Von Professor Dr. H. SCHULZ, Berlin.

(Mit 50 Abbildungen.)

Kapitel 2.

Das Fernrohr.

Von Dr. ALBERT KÖNIG, Jena.

(Mit 138 Abbildungen.)

Kapitel 3.

Spektroskopie.

Von Professor Dr. C. Runge †, Göttingen.

Ergänzt von Professor Dr. K. W. Meissner, Frankfurt a. M.

(Mit 24 Abbildungen.)

Kapitel 4.

Sternspektrographie und Bestimmung von Radialgeschwindigkeiten.

Von Professor Dr. G. EBERHARD, Potsdam.

(Mit 27 Abbildungen.)

Kapitel 5.

Apparate und Methoden zur Messung der Gesamtstrahlung der Himmelskörper.

Von Dr. W. E. Bernheimer, Wien.

(Mit 53 Abbildungen.)

Kapitel 6.

Reduktion photographischer Himmelsaufnahmen.

Von Dr. ARTHUR KÖNIG, Jena.

(Mit 7 Abbildungen.)

Kapitel 1.

Grundlagen der theoretischen Optik.

Von

H. Schulz-Berlin.

Mit 50 Abbildungen.

a) Polarisation.

1. Grundlagen. Die theoretische Optik, solange sie sich nicht mit der Frage der Entstehung des Lichtes und seiner besonderen Natur befaßt, sondern nur eine Erklärung der Erscheinungen geben soll, die als räumliche oder zeitliche Änderungen der Energieverteilung, zuweilen auch als Überlagerungsvorgänge aufgefaßt werden müssen, kann sich meist auf die klassischen Vorstellungen der Wellentheorie beschränken, obwohl in einigen Sonderfällen ein Hineinbeziehen des Begriffs Lichtquant nicht zu umgehen ist. Im wesentlichen handelt es sich bei der Polarisation des Lichtes ebenso wie bei der Beugung und Interferenz um rein mathematische Beziehungen zwischen den Amplituden und Phasen der im einfachsten Falle als Sinusschwingungen zu betrachtenden Lichtwellen und den Ortsgrößen. Daher ist auch zunächst keine Annahme über die Natur des Trägers der Lichtwellen notwendig, nur eine Festlegung des Wellencharakters.

Die der modernen Optik ferner liegende Deutung des Lichtes als eines mechanischen Vorganges sei daher hier nur erwähnt und als Grundlage die elektromagnetische Theorie angenommen, die aus den allgemeinen Feldgleichungen für isotrope homogene Medien für die Lichtausbreitung folgert, wenn als Fortpflanzungsrichtung die positive x-Achse gewählt wird:

$$\left.\begin{aligned} \mathfrak{E}_x &= 0, & \mathfrak{H}_x &= 0, \\ \mathfrak{E}_y &= \frac{1}{\sqrt{\varepsilon}} f\left(t - \frac{x}{q}\right), & \mathfrak{H}_y &= -g\left(t - \frac{x}{q}\right), \\ \mathfrak{E}_z &= \frac{1}{\sqrt{\varepsilon}} g\left(t - \frac{x}{q}\right), & \mathfrak{H}_z &= f\left(t - \frac{x}{q}\right). \end{aligned}\right\} \tag{1}$$

Die den elektrischen Vektor $\mathfrak{E}$ und den magnetischen $\mathfrak{H}$ bestimmenden Funktionen g und f sind als eindeutig, sonst aber beliebig anzusehen und brauchen zunächst nicht einmal periodisch zu sein. Beide Funktionen können unabhängig voneinander sein und bei Reflexion oder Brechung nach besonderen Gesetzen sich ändern, können aber auch teilweise oder ganz voneinander abhängig (kohärent) sein. Die Möglichkeit der Inkohärenz ist aber an die Bedingung geknüpft, daß für eine sehr große Zahl verschiedener Werte des Argumentes dieselben Werte von f und g sich ergeben, was nur dann sein kann, wenn die Funktionen f und g mit hoher Frequenz periodisch sind. Man betrachtet daher die Lichtausbreitung als eine Fortpflanzung elektromagnetischer Wellen[1], und zwar handelt

[1] Handb. der Astrophysik III, 1. Kap., S. 1 (1930).

es sich um Transversalwellen, bei denen der die Amplitude darstellende Vektor senkrecht zur Fortpflanzungsrichtung ist. Zu jedem elektrischen Vektor gehört ein magnetischer, so daß es genügt, das Verhalten eines derselben zu bestimmen, um die möglichen Veränderungen durch Reflexion oder Brechung angeben zu können.

Die Lehre von der Polarisation des Lichtes bezieht sich auf die Veränderungen der Vektoren, die durch die Funktionen f und g dargestellt sind. Durch ihr verschiedenes Verhalten bei der Reflexion und Brechung an der Grenzfläche optisch verschiedener, also durch verschiedene Werte von ε gekennzeichneter Medien lassen sich die Komponenten f und g trennen, ebenso auch durch Einwirkung geeigneter Blenden (Gitterpolarisation), ferner durch Einlagerung mehr oder weniger fein verteilter Materie in das ursprünglich vorhandene Medium (Stäbchen- und Plattendoppelbrechung, Polarisation durch Streuung in trüben Medien).

Besondere Erscheinungen zeigen sich bei denjenigen Körpern, bei denen die Dielektrizitätskonstante ε von der Richtung abhängig ist und somit auch für die Funktionen f und g verschiedene Werte annehmen kann. Ein solches Verhalten kann entweder durch die Struktur des Molekulargitters bedingt sein (Kristalle), oder es kann durch äußere mechanische oder thermische Einflüsse hervorgerufen werden (akzidentelle Doppelbrechung).

Von Bedeutung für die Astrophysik sind vor allem die in trüben Medien auftretenden Änderungen des Polarisationszustandes insofern, als alle Himmelserscheinungen nur durch die Atmosphäre hindurch beobachtet werden können und die durch sie hindurchgehenden Lichtwellen in ihr durch Staub, Wasserteilchen in fester, flüssiger und gasförmiger Beschaffenheit und schließlich durch die Luftmoleküle selbst beeinflußt werden. Zum Nachweis dieser, Lage und Größe der Vektoren $\mathfrak{E}$ und $\mathfrak{H}$ betreffenden Einflüsse werden vorwiegend die bei Reflexion, Brechung und Doppelbrechung auftretenden Amplituden- und Phasenänderungen benutzt, so daß letztere die Grundlage für die Kenntnis der Wirkungsweise der hierher gehörigen Beobachtungsinstrumente bilden.

2. Reflexion und Brechung[1]. Das physikalische Problem der Reflexion und Brechung führt im Falle isotroper homogener Körper zunächst zu der Folgerung, daß außer der einfallenden Welle eine reflektierte und eine gebrochene vorhanden sein muß (Abb. 1), für die aus den allgemeinen Gleichungen und den Grenzbedingungen das Reflexions- und Brechungsgesetz in der bekannten Form

$$\left.\begin{aligned} i' &= \pi - i, \\ \frac{\sin i}{\sin r} &= \sqrt{\frac{\varepsilon_1}{\varepsilon_2}} = n \end{aligned}\right\} \tag{2}$$

(n = Brechungszahl) folgt; für die Wellenfunktionen f_2 und g_2 der reflektierten und diejenigen f_1' und g_1' der gebrochenen Welle findet man dann in Abhängigkeit von denen f_1 und g_1 des einfallenden Lichtes

$$f_2 = \mu f_1, \qquad g_2 = \sigma g_1,$$
$$f_1' = \mu' f_1, \qquad g_1' = \sigma' g_1,$$

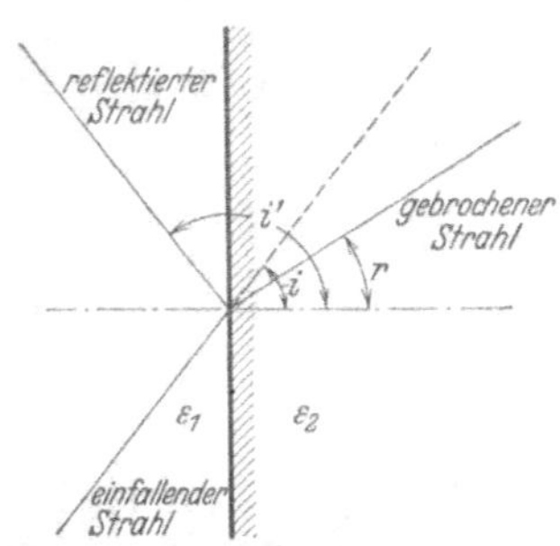

Abb. 1. Reflexion und Brechung bei isotropen Körpern.

wobei die Proportionalitätskonstanten, die als FRESNELsche Koeffizienten bezeichnet werden, die Werte haben

$$\left.\begin{aligned} \mu &= \frac{\operatorname{tg}(i-r)}{\operatorname{tg}(i+r)}, & \sigma &= -\frac{\sin(i-r)}{\sin(i+r)}, \\ \mu' &= \frac{\sin 2i}{\sin(i+r)\cos(i-r)}, & \sigma' &= \frac{\sin 2i}{\sin(i+r)}. \end{aligned}\right\} \tag{3}$$

[1] M. PLANK, Einführung in die theor. Optik. Leipzig 1927.

Betrachtet man nunmehr, wie vorher bemerkt, als maßgebend für die Fortpflanzung der Lichtwellen den elektrischen Vektor und bezeichnet demgemäß als Schwingungsebene die durch elektrische Feldstärke und Strahlrichtung bestimmte Ebene, so folgt, daß für einen bestimmten Winkel i_B, für den

$$\operatorname{tg} i_B = n$$

ist (BREWSTERscher Winkel), μ verschwindet und das reflektierte Licht nur noch eine Schwingung enthält, die senkrecht zur Einfallsebene ist. Letztere heißt dann die Polarisationsebene, das unter dem Polarisationswinkel i_B reflektierte Licht selbst linear polarisiert. Es stellt den einen möglichen Grenzfall der Ausbreitung der Lichtwellen dar, während der zweite Grenzfall derjenige ist, für den die voneinander unabhängigen Wellenfunktionen der Bedingung $\overline{f^2} = \overline{g^2}$ genügen, wie es bei der Strahlung eines durch Temperaturerhöhung leuchtend gemachten Körpers festzustellen ist. Bei dem so definierten natürlichen Licht sind also die Mittelwerte beider Vektoren einander gleich. Zwischen den beiden Grenzfällen liegt die Strahlung, für die das Verhältnis der Mittelwerte $\overline{f^2} : \overline{g^2}$ von Null oder Eins verschieden ist. Solches Licht heißt teilweise (partiell) polarisiert.

Bei jeder Reflexion und Brechung wird danach das Verhältnis $f : g$ der beiden Wellenfunktionen verändert und damit auch der Polarisationszustand des Lichtes, nur nicht für senkrechten und für streifenden Einfall ($i = 0°$ und $i = 90°$). Nach den Gleichungen (3) ergibt sich für die Intensität I_r des reflektierten Lichtes bei senkrechtem Einfall, da die Intensität dem Vektor der elektromagnetischen Energiestrahlung $\mathfrak{S} = \frac{c}{4\pi}[\mathfrak{E}, \mathfrak{H}]$ proportional ist,

$$I_r = I_e \left(\frac{n-1}{n+1}\right)^2,$$

bei streifendem Einfall

$$I_r = I_e \,.$$

Führt man zur Kennzeichnung des Polarisationszustandes die Größe

$$\frac{\overline{f^2} - \overline{g^2}}{\overline{f^2} + \overline{g^2}} = \Pi$$

ein, die den Polarisationsgrad, den Überschuß des linearpolarisierten Lichtes bezogen auf die gesamte Lichtstrahlung, angibt, so findet man für einen beliebigen Einfallswinkel

$$I_r = \frac{I_e}{2}\left[\mu^2(1 + \Pi) + \sigma^2(1 - \Pi)\right] \tag{4}$$

und daher als Reflexionskoeffizienten

$$\varrho = \tfrac{1}{2}\left[\mu^2(1 + \Pi) + \sigma^2(1 - \Pi)\right], \tag{5}$$

während der Polarisationsgrad der reflektierten Welle wird

$$\pi' = \pm \frac{\mu^2(1 + \Pi) - \sigma^2(1 - \Pi)}{\mu^2(1 + \Pi) + \sigma^2(1 - \Pi)}. \tag{6}$$

Bei Einfall natürlichen Lichtes ergibt sich dann für den Reflexionskoeffizienten

$$i = 45°, \qquad \varrho = \frac{n^2\left(n^2 - \sqrt{2n^2 - 1}\right)^3}{(n^2 - 1)^4},$$

$$i = i_B, \qquad \varrho = \left(\frac{n^2 - 1}{n^2 + 1}\right)^2.$$

Will man also polarisiertes Licht durch Reflexion erzeugen, so ist für den überhaupt in Betracht kommenden Bereich der Brechungszahlen die Intensität des zurückgeworfenen Lichtes stets klein. Sie kann sogar auf einen verschwindend geringen Betrag herabgedrückt werden, wenn mehrere Reflexionen nacheinander eingeschaltet werden, womit ein einfaches Mittel zur meßbaren Abschwächung des Lichtes gegeben ist. Da für den Polarisationswinkel $\mu = 0$ ist, der Reflexionskoeffizient also den Wert

$$\varrho = \tfrac{1}{2}\sigma^2(1 - \Pi)$$

annimmt, kann bei einer zweiten Reflexion unter dem Polarisationswinkel bei Drehung der Einfallsebenen gegeneinander die Intensität des reflektierten Lichtes nur noch zwischen 0 und $\frac{I_e}{2}\sigma^4(1 - \Pi)$ liegen, weil das auf die zweite Fläche auffallende Licht den Polarisationsgrad ± 1 hat, wobei zu beachten ist, daß bereits bei der ersten Reflexion eine Schwächung auf mindestens $\sigma^2/2$ der ursprünglichen Intensität eingetreten ist. Bei strenger Betrachtung ist diese auf das MERZsche Polarisationsokular bezügliche Überlegung nicht zulässig, weil die Trennungsfläche zweier Medien niemals eine ideale ist, sondern eine Folge von Schichten mit veränderlichem Brechungsindex darstellt, deren Dicken von der Herstellung und dem Alter der Oberfläche abhängig sind.

Besser ist es daher, für Intensitätsänderungen die Veränderlichkeit der Brechungszahlen zu benutzen, wie dies beim COLZischen Okular geschieht[1]. Unterscheidet sich der relative Brechungsindex nur wenig von der Einheit, so wird auch noch für $i = 45°$ der Reflexionskoeffizient von höherer Ordnung klein. Ist $n = 1 + \varepsilon$, so wird $\varrho = \frac{1}{2}\varepsilon^2$. Freilich kann dabei der Polarisationsgrad nie den Wert Null annehmen und somit eine vollkommene Auslöschung nicht eintreten, doch ist man von den Störungen durch Oberflächenschichten ziemlich frei.

Für die Komponenten des in das zweite Medium eindringenden Lichtes geben die Gleichungen (3) die Durchlässigkeitskoeffizienten, wenn man beachtet, daß die Geschwindigkeit der Welle und auch der Querschnitt derselben beim Übergang über die Grenze sich ändert. Einfacher ist es, das Prinzip der Erhaltung der Energie zu benutzen und die Intensität der durchgelassenen Strahlung als Differenz der einfallenden und der reflektierten zu berechnen. So findet man für das in der Einfallsebene schwingende Licht

$$1 - \mu^2 = \frac{\sin 2i \sin 2r}{\sin^2(i + r)\cos^2(i - r)} \tag{7}$$

und für die Komponente senkrecht zur Einfallsebene

$$1 - \sigma^2 = \frac{\sin 2i \sin 2r}{\sin^2(i + r)}. \tag{8}$$

Das Verhältnis der Strahlungskomponenten in der durchgelassenen Strahlung ist $\cos^2(i - r)$, kann daher für keinen Einfallswinkel Null oder Unendlich werden; das durchgelassene Licht ist bei Einfall natürlichen Lichtes immer nur teilweise polarisiert. Erst bei einer großen Zahl nacheinander stattfindender Brechungen nähert sich dieses Verhältnis dem Wert Null, und zwar um so eher, je größer die Ablenkung bei der einzelnen Brechung, je größer also der Einfallswinkel ist. Bei den zur Polarisation des Lichtes benutzten Glasplattensätzen ist deshalb Einhaltung des Polarisationswinkels als Einfallswinkel nicht erforderlich. Durch Vergrößerung desselben läßt sich sogar die Anzahl der Platten, die zur Erzielung eines bestimmten Polarisationsgrades erforderlich sind, vermindern;

[1] Handb. der Astrophysik IV, S. 62 (1928).

doch muß beachtet werden, daß mit wachsendem Einfallswinkel die Intensität des durchgelassenen Lichtes schnell abnimmt.

Abgesehen von der Unvollkommenheit der Polarisation tritt bei Glasplattensätzen noch der Übelstand auf, daß die mehrfach reflektierten Wellen sowohl die Intensität als auch den Polarisationsgrad des durchgelassenen Lichtes beeinflussen, so daß für Meßzwecke dieses Hilfsmittel kaum in Betracht kommt, zumal eine rechnerische Ermittlung beider Größen dadurch erschwert, wenn nicht unmöglich gemacht wird, daß die Teilwellen kohärent sind und interferieren müssen. Eine regelmäßige Beeinflussung kann aber nur dann stattfinden, wenn jede der Platten ebensowohl wie die Zwischenluftschichten streng planparallel sind. Nur im Falle einer einzelnen Planparallelplatte können Theorie und Praxis vergleichbare Werte ergeben und rechtfertigen die Benutzung einer solchen als Kompensator bei Messungen des Polarisationsgrades. Bei der im Vergleich zur Wellenlänge relativ großen Dicke solcher Platten kann man wenigstens bei Benutzung weißen Lichtes die Interferenzwirkungen vernachlässigen.

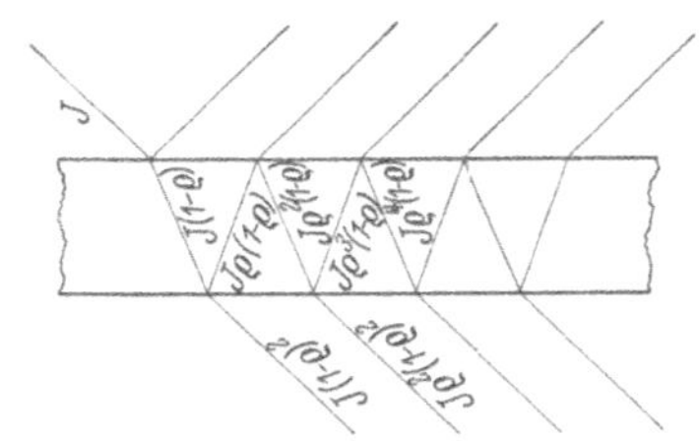

Abb. 2. Aufspaltung eines Strahles durch eine Planparallelplatte.

Unter diesen Voraussetzungen ist gemäß Abb. 2 für jede der Komponenten

$$I_D = I_e(1-\varrho)^2 + I_e\varrho^2(1-\varrho)^2 + \cdots = I\,\frac{1-\varrho}{1+\varrho}, \tag{9}$$

und damit das Verhältnis derselben

$$\frac{I'_D}{I''_D} = \frac{1-\sigma^2}{1+\sigma^2}\cdot\frac{1+\mu^2}{1-\mu^2}, \tag{10}$$

so daß bei Änderung des Einfallswinkels das Intensitätsverhältnis innerhalb der Grenzen Eins und

$$\frac{2n^2}{n^4+1}$$

variieren kann. Immerhin ist eine experimentelle Prüfung zu empfehlen, da eine strenge Einhaltung obiger Bedingungen fraglich ist.

3. Elliptisch polarisiertes Licht. Stellt man die Wellenfunktionen f und g für linear polarisiertes Licht in einfachster Form als Sinusschwingungen dar, wozu man berechtigt ist, da mindestens innerhalb eines gewissen Intervalles jede Funktion nach dem Fourierschen Theorem in solche zerlegt werden kann, so ist die Schwingungsweite für einen gegebenen Ort x zu einer bestimmten Zeit t

$$s_\nu = A_\nu \sin\left[2\pi\left(\frac{t}{T} - \frac{x}{\lambda}\right) + \delta_\nu\right]. \tag{11}$$

Bei zwei in gleicher Richtung fortschreitenden Wellen gleicher Wellenlänge λ und damit gleicher Schwingungszeit T, aber verschiedener Phase δ_ν, entsteht eine neue lineare Welle von geänderter Amplitude A und anderer Phase. Die Werte dieser lassen sich durch Elimination des mit der Zeit und dem Orte veränderlichen Ausdrucks $2\pi\left(\frac{t}{T} - \frac{x}{\lambda}\right)$ berechnen, und man findet

$$A^2 = A_1^2 + A_2^2 + 2A_1A_2\cos(\delta_1-\delta_2), \qquad \operatorname{tg}\delta = \frac{A_1\sin\delta_1 + A_2\sin\delta_2}{A_1\cos\delta_1 + A_2\cos\delta_2}. \tag{12}$$

Bilden aber die Schwingungsebenen zweier Wellen einen Winkel miteinander, so ergibt die Elimination von $2\pi\left(\frac{t}{T} - \frac{x}{\lambda}\right)$ für die Bahn des Endpunktes des Lichtvektors eine Ellipse, deren Achsen die Extremwerte des Lichtvektors darstellen. Nur wenn die Differenz der Phasenwinkel Null oder ein ganzes Vielfaches von π ist, artet diese elliptische Schwingung in eine lineare aus. Selbstverständlich können die Achsen der Ellipse in gewissen Fällen auch gleich werden, so daß die Bahn in einen Kreis übergeht (zirkular polarisiertes Licht).

In den weitaus meisten Fällen werden die Schwingungsebenen der zu überlagernden Wellen einen Winkel von 90° miteinander bilden. Trifft dies nicht zu, so lassen sich die unter einem Winkel α gegeneinander geneigten Schwingungen zunächst auf zwei in senkrechten Ebenen erfolgende transformieren, so daß die in den Ebenen A_1 und A_2 erfolgenden, nach (11) darstellbaren Grundschwingungen (Abb. 3) eines durch O senkrecht zur Zeichenebene verlaufenden Strahles in den Ebenen P und Q die Schwingungen s_P und s_Q ergeben:

$$s_P = A_1 \cos\gamma \sin\left[2\pi\left(\frac{t}{T} - \frac{x}{\lambda}\right) + \delta_1\right] + A_2 \cos(\alpha + \gamma) \sin\left[2\pi\left(\frac{t}{T} - \frac{x}{\lambda}\right) + \delta_2\right],$$

$$s_Q = A_1 \sin\gamma \sin\left[2\pi\left(\frac{t}{T} - \frac{x}{\lambda}\right) + \delta_1\right] + A_2 \sin(\alpha + \gamma) \sin\left[2\pi\left(\frac{t}{T} - \frac{x}{\lambda}\right) + \delta_2\right].$$

Diese können nach (12) in jeder Ebene in eine neue lineare Schwingung verwandelt werden, deren Konstanten also aus den anfänglich gegebenen ermittelt werden können. Schreibt man abkürzend

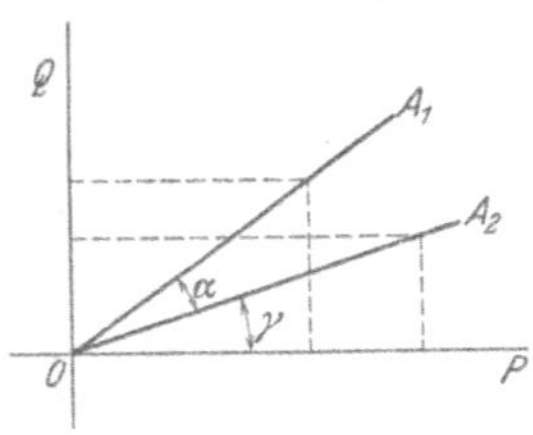

Abb. 3. Zusammensetzung zweier linearpolarisierter Wellen.

$$s_P = B_1 \sin\left[2\pi\left(\frac{t}{T} - \frac{x}{\lambda}\right) + \Delta_1\right],$$

$$s_Q = B_2 \sin\left[2\pi\left(\frac{t}{T} - \frac{x}{\lambda}\right) + \Delta_2\right],$$

so folgt schließlich für die Bahn des Vektorenendpunktes

$$\frac{s_P^2}{B_1^2} + \frac{s_Q^2}{B_2^2} - \frac{2 s_P s_Q}{B_1 B_2} \cos(\Delta_1 - \Delta_2) = \sin^2(\Delta_1 - \Delta_2) \qquad (13)$$

und daraus für das Achsenverhältnis a/b und den Winkel β der Achsen zu den gewählten Hauptrichtungen P und Q

$$\operatorname{tg} 2\beta = \frac{2 B_1 B_2 \cos(\Delta_1 - \Delta_2)}{B_1^2 - B_2^2}, \quad \left(\frac{a}{b}\right)^2 = \frac{B_1^2 + B_2^2 + \sqrt{B_1^4 + B_2^4 + 2 B_1^2 B_2^2 \cos 2(\Delta_1 - \Delta_2)}}{B_1^2 + B_2^2 - \sqrt{B_1^4 + B_2^4 + 2 B_1^2 B_2^2 \cos 2(\Delta_1 - \Delta_2)}}. \qquad (14)$$

Natürlich ist hierbei vorausgesetzt, daß die betrachteten Partialschwingungen kohärent sind; andernfalls ist es unmöglich, von einer konstanten Phasendifferenz zu sprechen, und die Schwingungsellipse würde einer schnellen zeitlichen Veränderung unterworfen sein, die Lichtwelle also in ihrem Verhalten durchaus dem des natürlichen Lichtes zu vergleichen sein.

Phasendifferenzen zweier in senkrechten Ebenen erfolgenden Schwingungen treten nun auf sowohl bei Reflexion in der Nähe des Polarisationswinkels wie auch bei dem noch nicht erwähnten Fall der Totalreflexion, ferner beim Durchgang durch doppelbrechende Medien.

Wie schon erwähnt, ist für alle Grenzflächen, selbst für die durch Spaltung von Kristallen erhaltenen, anzunehmen, daß die Eigenschaften der benachbarten Medien nicht sprunghaft ineinander übergehen, sondern daß innerhalb einer wenn auch nur sehr dünnen, aber doch in ihren Abmessungen den Lichtwellenlängen vergleichbaren Schicht ein stetiger Übergang erfolgt; die Dicke dieser Schicht ist bei natürlichen Bruch- und Spaltungsflächen am geringsten, wächst aber mit der Zeit infolge adhärierender Gas- und Wasserschichten an, so daß bei diesen ebenso wie bei polierten Flächen mit einer zeitlichen Änderung des Einflusses dieser Oberflächenschichten gerechnet werden muß. Er wirkt sich dahin aus, daß die beiden in und senkrecht zu der Einfallsebene polarisierten Teilwellen eines auffallenden Lichtbündels eine Phasenverschiebung erleiden, die mit wachsendem Einfallswinkel größer wird und im Polarisationswinkel den absoluten Betrag $\pi/2$ annimmt. Zu unterscheiden ist dabei zwischen sog. positiven Substanzen, für die eine Voreilung der senkrecht zur Einfallsebene polarisierten Komponente festgestellt ist, und negativen Substanzen, bei denen das entgegengesetzte Verhalten sich zeigt. Für 90° entspricht die Phasenverschiebung einer halben Wellenlänge (π). Feste Substanzen mit einem Brechungsindex kleiner als 1,46 sind im allgemeinen positiv, solche mit größerem negativ.

Diese von BREWSTER[1] und JAMIN[2] auf Grund experimenteller Untersuchungen gezogenen Folgerungen decken sich jedoch nicht vollständig mit den Ergebnissen späterer Arbeiten. Der Einfallswinkel, für den der Phasenunterschied genau einer Viertel Wellenlänge entspricht, weicht im allgemeinen um einen meßbaren Betrag von dem Polarisationswinkel ab, und zwar wächst diese Abweichung mit wachsendem Brechungsindex und wachsender Dicke der Oberflächenschicht. Nach SISSINGH und GROOSMULLER[3] läßt sich die Abweichung des durch den Gangunterschied $|\pi/2|$ definierten Haupteinfallswinkels H von dem BREWSTERschen Winkel als Funktion der Brechungsindizes der beiden an der Grenzfläche zusammenstoßenden Medien und einer die Beschaffenheit der Oberflächenschicht selbst kennzeichnenden Größe darstellen. Ob freilich diese Darstellung in allen Fällen ausreichend ist, erscheint noch zweifelhaft, weil sie unter der Voraussetzung abgeleitet ist, daß die Oberflächenschicht in ihren einzelnen Teilen als isotrop anzusehen ist, was mit der von RAYLEIGH[4] beobachteten Umwandlung von „positiver“ in „negative“ Reflexion durch Druck nicht vereinbar ist, da die Möglichkeit einer solchen auf Anisotropie der Oberflächenschichten hinweist.

Versuche von LUMMER, SORGE und VOLKE[5] legen einen Zusammenhang mit molekularen Druckwirkungen nahe, und es hat sich gezeigt, daß auch bei Zugrundelegung anisotroper Oberflächenschichten Formelausdrücke sich ergeben, die zur Darstellung der beobachteten Erscheinungen geeignet sind.

Tritt in diesen Fällen die Elliptizität des Lichtes als eine Störung der einfachen Reflexionsverhältnisse auf, die aber kaum einen nennenswerten Einfluß ausübt, weil sie sich auf ein verhältnismäßig kleines Winkelintervall in der Nähe des Polarisationswinkels beschränkt und hier infolge der geringen Intensität der senkrecht zur Einfallsebene schwingenden Welle immer nur zu einer außerordentlich gestreckten elliptischen Schwingungsbahn, die praktisch fast immer als linear anzusehen ist, führt, so läßt sich die bei Totalreflexion auftretende Elliptizität sehr gut benutzen, um sämtliche möglichen Formen von Schwingungsellipsen herzustellen.

Grundsätzlich gelten die FRESNELschen Formeln auch für das Gebiet der Totalreflexion, also diejenigen Strahlen, für die nach dem Brechungsgesetz kein reeller Brechungswinkel sich ergibt. Wie die eingehende Behandlung des Problems zeigt, existiert zwar eine gebrochene Welle, jedoch schreitet diese im zweiten Körper parallel zur Grenzebene fort in einer Schicht, deren Dicke von der Größenordnung einer Wellenlänge ist. Um zu physikalisch deutbaren Ausdrücken zu gelangen, braucht man nur die komplexe Lösung in ihren reellen und ihren imaginären Teil zu zerlegen, wobei man findet, daß jede der Teilwellen bei der Reflexion einen Phasensprung an der Grenzfläche erleidet. Die für den Schwingungszustand der gesamten reflektierten Wellen maßgebende

[1] Phil Trans 1815, S. 125.
[2] Ann Chim Phys (3) 29, S. 263 (1850); 31, S. 165 (1850).
[3] Z f Phys 27, S. 518 (1926). [4] Rep Brit Ass 1887, S. 585.
[5] O. LUMMER u. K. SORGE, Ann d Phys (4) 31, S. 325 (1910); M. VOLKE, ebenda S. 609.

Phasendifferenz Δ der Hauptkomponenten ist beim Einfallsazimut 45° gegeben durch

$$\operatorname{tg}\frac{\Delta}{2} = \frac{\cos\varphi\sqrt{\sin^2\varphi - n^2}}{\sin\varphi}, \tag{15}$$

wenn man in diesem Falle mit n den Brechungsindex des dünneren Mediums bezogen auf den des dichteren bezeichnet. Der theoretische Höchstwert ist somit

$$\operatorname{tg}\frac{\Delta_{\max}}{2} = \frac{1 - n^2}{2n}. \tag{15a}$$

In jedem Falle ist also das total reflektierte Licht elliptisch polarisiert. Eine kreisförmige Schwingungsbahn (zirkular polarisiertes Licht) ist aber nach (13) an die Bedingung geknüpft, daß die relative Phasendifferenz $\Delta_1 - \Delta_2 = \frac{\pi}{2}$ wird, was bei einmaliger Reflexion niemals erreicht werden kann, da nach (15a) der Höchstwert des Phasenunterschiedes bei einmaliger Reflexion immer unterhalb $\pi/2$ bleibt. Bei zweimaliger Reflexion hingegen ergeben sich zwei Einfallswinkel i_1 und i_2, deren Werte sind

$$\begin{array}{llll} \frac{1}{n} = 1{,}5 & 1{,}55 & 1{,}6, \\ i_1 = 50^\circ 14' & 45^\circ 15{,}5' & 44^\circ 21', \\ i_2 = 53^\circ 13{,}5' & 57^\circ 5' & 56^\circ 41'. \end{array}$$

Vorzuziehen ist der größere Reflexionswinkel, weil dann Abweichungen des Einfallswinkels vom richtigen Werte wegen des gestreckteren Verlaufs der Kurve $\Delta = f(i, n)$ kleinere Fehler ergeben. Durch Änderung des Einfallswinkels und Erhöhung der Zahl der Reflexionen läßt sich jeder beliebige Gangunterschied erzeugen.

Freilich ist nach Versuchen von KYNAST[1] die Anwendbarkeit der Formeln beschränkt, weil auch in diesem Fall, ähnlich wie bei der Reflexion in der Nähe des Polarisationswinkels, ein Einfluß der Oberflächenschichten vorhanden ist, der im allgemeinen die Phasendifferenz erhöht. Trotzdem ist die Anwendung des FRESNELschen Parallelepipeds zur Erzeugung elliptisch und zirkular polarisierten Lichtes ein brauchbares Mittel, ebenso zur Analyse.

Läßt man auf ein solches Parallelepiped linear polarisiertes Licht so auffallen, daß der Winkel zwischen Polarisationsebene und Einfallsebene ϑ, das Verhältnis der Schwingungsweiten also $B_1/B_2 = \operatorname{ctg}\vartheta$ ist, so folgt, wenn man den Winkel, den die Achsen der Schwingungsellipse mit den Koordinatenachsen bilden, mit ψ bezeichnet,

$$\operatorname{tg}2\psi = \operatorname{tg}2\vartheta\cos(\Delta_1 - \Delta_2), \tag{16}$$

während für das Achsenverhältnis der Schwingungsellipse a/b sich ergibt

$$\frac{a}{b} = \operatorname{ctg}\varphi, \qquad \sin 2\varphi = \mp\sin 2\vartheta\sin(\Delta_1 - \Delta_2). \tag{16a}$$

Je nach Wahl des Winkels ϑ, der durch Änderung der Lage der Polarisationsebene beliebig verändert werden kann, ergibt sich also jedes Achsenverhältnis zwischen -1 und $+1$, d. h. alle Formen der Schwingungsellipse einschließlich des Kreises und der Geraden.

4. Natürliche Doppelbrechung[2]. Wie schon erwähnt, zeigen eine Reihe von Körpern (Kristalle) eine Abhängigkeit der Dielektrizitätskonstanten von der Richtung. Um die Gesetze der Lichtausbreitung in solchen einfach darstellen zu können, kann man den Begriff der Wellenfläche benutzen, die durch die

[1] Inaug.-Diss. Breslau 1906.

[2] F. POCKELS, Lehrbuch der Kristalloptik. Leipzig und Berlin 1904.

Punkte gegeben ist, welche zur gleichen Zeit von einer Welle erreicht werden, die von einer innerhalb des Kristalles liegenden punktförmigen Lichtquelle ausgeht. Wenn der Körper eine innerhalb des betrachteten Raumgebietes vollkommen regelmäßige Gitterstruktur aufweist, was bei geringer Größe meist als zutreffend angenommen werden kann, so ist diese Wellenfläche eine zweischalige Fläche mit drei Symmetrieachsen, deren Lage durch die Symmetrieeigenschaften des Raumgitters gegeben ist. Die Radienvektoren dieser Fläche haben die Bedeutung von Lichtstrahlen; daher wird die Fläche auch als Strahlenfläche bezeichnet. Schneidet man aus einer solchen Strahlenfläche mittels einer Blende ein sehr kleines Stück heraus, das auch als Stück der Tangentialebene angesehen werden kann, so verschiebt sich dieses in einem kleinen Zeitintervall dt um $s \cdot dt$ in Richtung des Strahles, wo s die Strahlengeschwindigkeit bezeichnet, während die Verschiebung der Tangentialebene selbst in Richtung der Normalen durch $q \cdot dt$ gegeben ist (Abb. 4). Die Normalengeschwindigkeit q ist demgemäß stets kleiner als die Strahlengeschwindigkeit s, und zwar

$$q = s \cdot \cos\alpha .$$

α bezeichnet den Winkel zwischen Normale und Radiusvektor (Strahl).

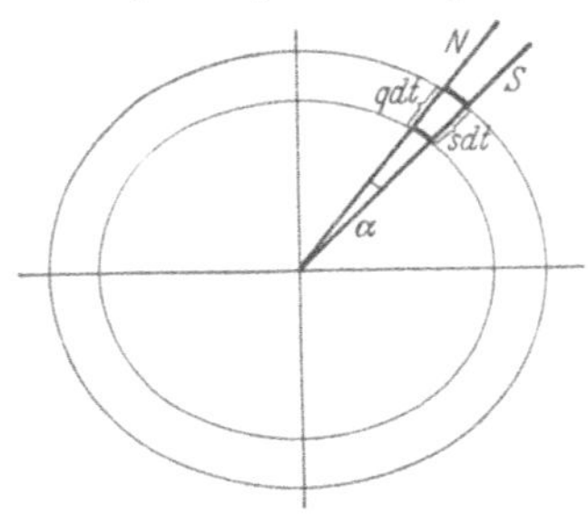

Abb. 4. Strahlen- und Wellengeschwindigkeit bei einem Kristall.

Die Gesamtheit aller Fußpunkte bildet ebenfalls eine zweischalige Fläche (Wellennormalenfläche oder kurz Normalenfläche), die danach gleichzeitig Fußpunktfläche der Strahlenfläche ist. Bei Kenntnis einer dieser Flächen ist also das Verhalten eines Lichtbündels innerhalb eines Kristalls und bei Übergang über die Grenze vollkommen bestimmt. Für jede Richtung ergeben sich im allgemeinen Fall zwei Strahlengeschwindigkeiten und zwei Normalengeschwindigkeiten, die bestimmten Schwingungsrichtungen, also je einer linearpolarisierten Komponente f bzw. g zugeordnet sind.

Fresnel hat gezeigt, daß Strahlen- und Normalenfläche sowie die zugehörigen Polarisationsrichtungen der ihren beiden Schalen zugeordneten Teilwellen sich aus je einer einfachen Fläche ableiten lassen, und zwar die Strahlenfläche aus einem dreiachsigen Ellipsoid (Fresnelsches Ellipsoid)

$$n_1^2 x^2 + n_2^2 y^2 + n_3^2 z^2 = 1 ,$$

die Wellennormalenfläche dagegen aus dem Indexellipsoid (Elastizitätsellipsoid)

$$\frac{x^2}{n_1^2} + \frac{y^2}{n_2^2} + \frac{z^2}{n_3^2} = 1 .$$

Aus diesen Flächen findet man die anfangs eingeführten zweischaligen Flächen, indem man senkrecht zu der Richtung der Strahlen bzw. der Normalen eine Ebene durch den Mittelpunkt des Ellipsoids legt und die Größe der Halbachsen feststellt. Die Strahlengeschwindigkeiten sind durch die Größe der Halbachsen des Schnittes des Fresnelschen Ellipsoids, die Normalengeschwindigkeiten durch die reziproken Werte der Halbachsen des Schnittes des Indexellipsoids gegeben; ferner sind die Halbachsen im letzteren Falle gleichzeitig die Normalen der zugehörigen Polarisationsebenen.

Die analytische Behandlung führt für die durch die Richtungskosinus ν_1, ν_2, ν_3 gekennzeichnete Normalenrichtung zu der quadratischen Gleichung

$$\frac{\nu_1^2}{q - \frac{1}{n_1^2}} + \frac{\nu_2^2}{q - \frac{1}{n_2^2}} + \frac{\nu_3^2}{q - \frac{1}{n_3^2}} = 0, \tag{17}$$

aus der die Normalengeschwindigkeit berechnet werden kann. Meist genügt die Kenntnis der Normalengeschwindigkeiten, da diese praktisch von größerer Bedeutung sind als die Strahlengeschwindigkeiten und da für die Brechung der Wellennormale auch das einfache Brechungsgesetz in der Form gilt

$$\frac{\sin i}{q} = \frac{\sin r'}{q'} = \frac{\sin r''}{q''}, \tag{18}$$

wo i den Einfallswinkel, r' und r'' die Brechungswinkel, q die Normalengeschwindigkeit im ersten, q' und q'' diejenigen im zweiten Medium bedeuten.

Je nach der Struktur des Molekulargitters können nun drei verschiedene Fälle unterschieden werden, die sich auf die Größe der Hauptbrechungsindizes zurückführen lassen, nämlich

1. $n_1 = n_2 = n_3$. Reguläre Kristalle, deren optisches Verhalten demjenigen isotroper Körper gleich ist.

2. $n_1 = n_2$; $n_3 \neq n_1$. Einachsige Kristalle, bei denen die Fortpflanzungsgeschwindigkeit einer Teilwelle (der ordentlichen) unabhängig von der Richtung wird und beide Schalen sich berühren, wobei die zu einer Kugel ausartende Schale die elliptische (der außerordentlichen Welle zugehörige) umschließt ($n_3 > n_1$) oder aber von der elliptischen umschlossen wird ($n_3 < n_1$). Die Verbindungslinie der Berührungspunkte gibt die Richtung an, in der die Fortpflanzungsgeschwindigkeit für beide Wellen gleich ist (Achsenrichtung) und der Körper sich wie ein isotroper verhält,

3. $n_1 \neq n_2 \neq n_3$. Zweiachsige Kristalle, bei denen die Fortpflanzungsgeschwindigkeit beider Wellen von der Richtung abhängig ist. Aus Gleichung (17) ergibt sich eine Doppelwurzel für die Richtungen

$$\nu_1 = \pm \frac{n_3}{n_2}\sqrt{\frac{n_2^2 - n_1^2}{n_3^2 - n_1^2}}, \qquad \nu_2 = 0, \qquad \nu_3 = \pm \frac{n_1}{n_2}\sqrt{\frac{n_3^2 - n_2^2}{n_3^2 - n_1^2}},$$

falls $n_1 < n_2 < n_3$ ist. Diese Vorzugsrichtungen sind die Richtungen der beiden Achsen.

Als regulär im optischen Sinne können angesehen werden die Kristalle des regulären Systems mit 9 Symmetrieebenen und 3 Hauptsymmetrieachsen, als einachsig diejenigen des hexagonalen und quadratischen Systems (mit 7 bzw. 5 Symmetrieachsen und 1 Hauptsymmetrieachse), während die übrigen (rhombisches, monoklines, triklines System) meist zweiachsig sind, jedoch läßt sich eine eindeutige Beziehung schon deshalb nicht angeben, weil das optische Verhalten der Kristalle wesentlich von der Wellenlänge des Lichtes und von der Temperatur abhängig ist. Es ist möglich, daß ein Kristall für eine bestimmte Wellenlänge zweiachsig, für andere einachsig sein kann, daß die Indexfläche eines Kristalls mit der Temperatur so weitgehend sich verändert, daß bei bestimmtem Wärmegrad die Zweiachsigkeit in Einachsigkeit und diese auch in optisch reguläres Verhalten übergehen kann. Selbst Kristalle des regulären Systems können eine merkliche Doppelbrechung aufweisen, wie dies von LORENTZ beim Steinsalz nachgewiesen ist.

Ebenso zu werten sind die Regeln, die das optische Verhalten in Beziehung setzen zu dem chemischen Bau der Körper. Richtig ist, daß im allgemeinen mit wachsender Größe des Moleküls die optische Symmetrie abnimmt. Die Schwierigkeiten einer eindeutigen Klassifizierung liegen auch zum Teil in der Tatsache, daß bei geringem Unterschied der Hauptbrechungsindizes Zweifel entstehen können, welcher optischen Gruppe der betreffende Körper zuzuordnen ist.

Die bei stärkerem Unterschied der Hauptbrechungsindizes eintretende starke räumliche Trennung der beiden in einem Kristall sich fortpflanzenden Wellen bietet ein einfaches Mittel zur Polarisation des Lichtes, wobei eine derselben durch Abblendung, durch Reflexion oder Brechung oder endlich durch Absorption ausgeschaltet wird.

Den ersten Fall findet man bei der HAIDINGERschen Lupe, einem einfachen Kalkspatkristall von geeigneter Länge, vor dem sich eine der Länge des Kristalls entsprechende Blende befindet. Sie bildet den einfachsten Fall eines Polariskops, indem die durch die Doppelbrechung innerhalb des Kalkspats verdoppelt erscheinende Blendenöffnung bei Einfall teilweise oder vollständig linearpolarisierten Lichtes in den Teilbildern beim Drehen verschiedene Helligkeit zeigt. Kalkspat (isländischer Doppelspat) ist einachsig und besitzt eine ziemlich starke Doppelbrechung, wie die folgende Tabelle der Brechungsindizes erkennen läßt.

Tabelle 1. Brechungsindizes für Kalkspat bei 15°.

Wellenlänge	Ordentl. Strahl $n_1 = n_2$	Außerordentl. Strahl n_3	Wellenlänge	Ordentl. Strahl $n_1 = n_2$	Außerordentl. Strahl n_3
656,3	1,65440	1,48457	486,1	1,66783	1,49074
589,3	1,65836	1,48639	434,1	1,67552	1,49424
527,0	1,66341	1,48871	396,2	1,68330	1,49777

Aus der Gleichung des FRESNELschen Ellipsoids für den hier in Betracht kommenden Fall einachsiger Kristalle findet man leicht die Gleichung der Strahlenfläche in der Form

$$(x^2 + y^2 + z^2)\left(\frac{x^2 + y^2}{n_1^2} + \frac{z^2}{n_3^2}\right) - \frac{1}{n_1^2}\left(\frac{1}{n_1^2} + \frac{1}{n_3^2}\right)(x^2 + y^2) - \frac{2}{n_1^2 n_3^2} z^2 + \frac{1}{n_1^4 n_3^2} = 0$$

und für ihre Schnitte in den Koordinatenebenen

$$\left.\begin{aligned} XY \quad & \left(x^2 + y^2 - \frac{1}{n_1^2}\right)\left(x^2 + y^2 - \frac{1}{n_3^2}\right) = 0, \\ YZ \quad & \left(y^2 + z^2 - \frac{1}{n_1^2}\right)(y^2 n_3^2 + z^2 n_1^2 - 1) = 0, \\ ZX \quad & \left(x^2 + z^2 - \frac{1}{n_1^2}\right)(x^2 n_3^2 + z^2 n_1^2 - 1) = 0, \end{aligned}\right\} \qquad (19)$$

woraus sich ergibt, daß diese in der Ebene XY Kreise mit den Radien $1/n_1$ und $1/n_3$ sind, in den beiden anderen Ebenen hingegen je ein Kreis mit dem Radius $1/n_1$ und eine Ellipse, deren Halbachsen $1/n_1$ und $1/n_3$ sind.

Nach den Ausführungen auf S. 9 müssen also Lichtstrahl und zugehörige Wellennormale stets in einer die Achse Z enthaltenden Ebene liegen, und der Winkel zwischen Strahl und Normale ist (Abb. 5)

$$\operatorname{tg}\chi = \frac{\operatorname{tg}\varphi\,(n_1^2 - n_3^2)}{n_3^2 + n_1^2 \operatorname{tg}^2\varphi}, \qquad (19\text{a})$$

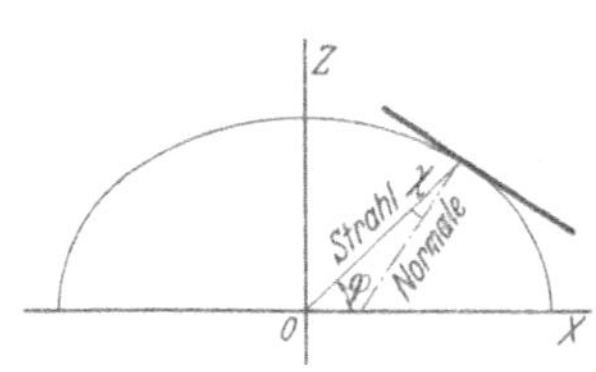

Abb. 5. Strahl und Normale bei der Strahlenfläche.

woraus für den Größtwert folgt

$$\operatorname{tg}\chi_{\max} = \frac{n_1^2 - n_3^2}{2 n_1 n_3}.$$

Daher wird wenigstens ein Lichtweg von

$$s = \frac{u}{\operatorname{tg}\chi}$$

erforderlich sein, um bei einem Blendendurchmesser u eine vollkommene Trennung der austretenden Lichtbündel zu erzielen, was bei Kalkspat gemäß den angegebenen Brechungszahlen etwa einem Verhältnis $s : u = 10 : 1$ entspricht. Bedeutend günstiger hinsichtlich der optischen Wirkung, vor allem bei nicht streng parallelem Licht, ist die Beseitigung eines der Bündel durch Reflexion; die meisten der als Polarisationsprismen bezeichneten Einrichtungen beruhen auf diesem Verfahren. Durch Aufschneiden eines Kalkspatstückes und nachträgliches Verkitten beider Teilstücke mit einem Kitt von passendem Brechungsindex gelingt es, eine der Komponenten innerhalb eines begrenzten Winkelgebietes aus dem Strahlengang zu entfernen. Bei der ursprünglichen, von NICOL angegebenen Form wird ein Kalkspatstück verwendet, dessen Endflächen zunächst unter einem Winkel von 68° zu den Endflächen abgeschnitten werden, während der natürliche Winkel 71° beträgt (Abb. 6). Senkrecht zu den neuen Endflächen führt man einen Schnitt und kittet nach dem Polieren der Schnittflächen die Teile mit Kanadabalsam zusammen, dessen Brechungsindex zwischen den Hauptbrechungsindizes des Kalkspats liegt, so daß der Kitt für eine der im Kristall verlaufenden Wellen kleiner, für die andere größer ist als derjenige im Kristall und demgemäß in einem Falle totale Reflexion eintreten kann.

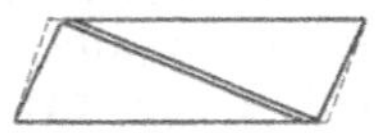

Abb. 6. Schnitt durch ein NICOLsches Prisma.

Die Bedingungen, die an ein solches Prisma zu stellen sind, lassen sich wie folgt zusammenfassen (Abb. 7):

1. Das Winkelgebiet, in dem linearpolarisiertes Licht austritt, muß in seiner Größe dem Anwendungszweck angepaßt sein; man fordert für allgemeine Zwecke wenigstens 20° bis 25°. Ferner muß dieses Gebiet symmetrisch zum Mittelstrahl sein, damit bei Drehung dieses Prismas möglichst der ganze Bereich ausgenutzt werden kann.

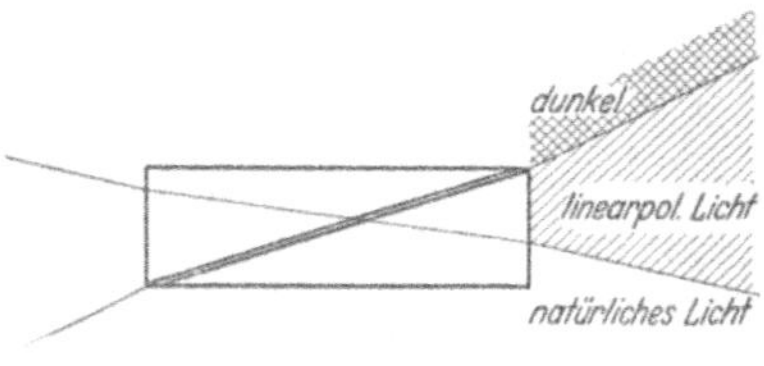

Abb. 7. Grenzen des polarisierten Gesichtsfeldes bei einem Polarisationsprisma.

2. Der Mittelstrahl soll ohne Seitenverschiebung austreten, damit bei Benutzung im konvergenten Strahlengang kein Schlagen des Bildes eintritt.

3. Die Polarisationsebenen aller innerhalb des linearpolarisierten Gebietes verlaufenden Strahlen sollen einander parallel sein (normales Feld).

Die Größe des in der ersten Forderung erwähnten Winkelgebietes ist abhängig von den Hauptbrechungsindizes des Kalkspats, der Brechungszahl des Kittes $n_\varkappa$, der Größe des Schnittwinkels und der Lage der optischen Achse des Kristalls zur totalreflektierenden Schnittfläche. Das größte für sichtbares Licht erreichbare Gesichtsfeld ist für Kalkspat 42° und erfordert einen Kittindex von 1,486 (eingedicktes Leinöl). Für symmetrisches Gesichtsfeld ist, wenn die optische Achse senkrecht zur Einfallsebene der Schnittfläche liegt, die Größe J desselben gegeben durch

$$\sin\frac{J}{2} = \frac{n_\varkappa\left(\sqrt{n_1^2 - n_\varkappa^2} - \sqrt{n_3^2 - n_\varkappa^2}\right)}{\sqrt{2n_\varkappa^2 + n_1^2 + n_3^2 + 2\sqrt{(n_1^2 - n_\varkappa^2)(n_3^2 - n_\varkappa^2)}}}\,, \tag{20}$$

also in erster Linie abhängig von dem Unterschied der Brechungszahlen n_1 und n_2. Daher sind für diesen Zweck nur Kristalle von starker Doppelbrechung verwendbar; da die Doppelbrechung mit abnehmender Wellenlänge zunimmt, sind für das Gebiet des Ultraviolett auch Kristalle von geringerer Doppelbrechung im Sichtbaren geeignet (Quarz).

Um der Bedingung 2 zu genügen, müssen die Endflächen senkrecht zum Hauptstrahl liegen, die optische Achse ebenso, und zwar am besten senkrecht oder parallel zur brechenden Kante der Einzelprismen, da sonst für geneigte Strahlen Unsymmetrie eintritt.

Bedingung 3 ist, wie BEREK[1] und GROOSMULLER[2] gezeigt haben, streng nie erfüllbar, so daß niemals eine in bezug auf Intensität gleichmäßige Ausleuchtung des Gesichtsfeldes erwartet werden kann. Am günstigsten verhalten sich in dieser Beziehung diejenigen Formen, die auch aus Bedingung 2 sich ableiten lassen.

Es ist verständlich, daß entsprechend der Zahl der veränderlichen Elemente eine große Zahl verschiedener Prismenformen existiert, die noch dadurch anwächst, daß weitere Forderungen gestellt werden, die sich auf Verwendbarkeit im Ultrarot oder Ultraviolett, gegebenenfalls auch auf die Ausnutzung beider Bündel oder die Möglichkeit der Verbindung mit anderen Einrichtungen, wie etwa dem Prisma eines Spektralapparates, beziehen[3].

Trennung der linear polarisierten Teilbündel durch Brechung wird benutzt bei den Prismen nach SÉNARMONT, ROCHON und WOLLASTON[4], die aus Kalkspat (oder Quarz) hergestellt werden. Sie bestehen aus zwei brechenden Prismen von gleichem brechenden Winkel, in denen jedoch die Lage der optischen Achsen verschieden ist (Abb. 8). Zur Berechnung des Strahlenganges genügen die für die Hauptschnitte geltenden Formeln (19). Für kleine brechende Winkel ist der Divergenzwinkel der Teilwellen dem brechenden Winkel proportional und für die beiden ersten Formen $\Delta = (n_3 - n_1)\,\varphi$, für die letzte Form doppelt so groß. Größere Brechungswinkel kommen nicht in Frage, weil mindestens eines der Bündel eine starke Abhängigkeit von der Wellenlänge zeigt, das zugehörige Bild also farbig erscheint. Daher werden solche Doppelbildprismen vorwiegend als einfache Mikrometer benutzt an Stelle von Fadenmikrometern oder Heliometern (WELLMANNS Mikrometer zur Beobachtung von Doppelsternen).

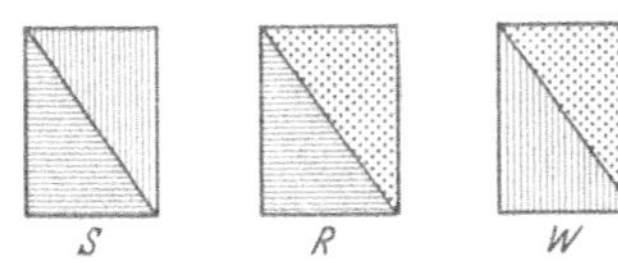

Abb. 8. Lage der Kristallachsen bei den Prismen nach SÉNARMONT (S), ROCHON (R) und WOLLASTON (W).

Die Anwendung von Reflexion und Brechung zur Trennung der in einem Kristall entstehenden Teilwellen findet man bei den Prismen nach DOVE und GROSSE[5].

Bei pleochroitischen Kristallen läßt sich die Verschiedenheit der Absorption für die im Kristall sich ausbreitenden Wellen benutzen, um eine von ihnen auszulöschen. Die gleichzeitig auftretende Färbung ist nur bei photometrischen Arbeiten störend; für einfache Polarisationseinrichtungen aber sind, namentlich wenn gleichzeitig eine Schwächung erforderlich ist, Turmalinplatten als Polarisatoren oder Analysatoren angebracht.

5. Doppelbrechung in isotropen Medien durch mechanische und thermische Einflüsse. Einfach brechende Körper werden doppelbrechend, wenn sie deformiert werden, gleichgültig, ob diese Deformationen durch einseitige mechanische Beanspruchung oder durch Temperaturdifferenzen im Innern des Körpers bedingt sind, da letztere wegen des im allgemeinen endlich großen Ausdehnungskoeffizienten innere Spannungen verursachen, die eine Deformation der Volumelemente verursachen. Jedes Einzelelement läßt sich daher in seinem optischen Verhalten als Kristall auffassen, dessen Brechungsexponenten (oder Hauptlichtgeschwindigkeiten) Funktionen der Deformationen und damit auch der inneren Spannungen oder der Temperaturgradienten sind.

[1] Verh d Dtsch Phys Ges 21, S. 338 (1919). [2] Z f Instrk 46, S. 563 (1926).
[3] B. HALLE, Handbuch der prakt. Optik. 3. Aufl. Berlin-Nikolassee 1928.
[4] DE SÉNARMONT, Ann Chim Phys (3) 50, S. 480 (1857); ROCHON, Nova Acta Acad Petropol IV (1853); WOLLASTON, Phil Trans 1820, S. 126.
[5] Die gebräuchlichen Polarisationsprismen. Klausthal 1889.

BREWSTER und FRESNEL haben diese Beziehungen experimentell untersucht, NEUMANN[1] hat als erster eine Theorie dieser Erscheinungen aufgestellt, wobei er die Anschauungen der Undulationstheorie zugrunde legte. Nach ihm sind die Hauptlichtgeschwindigkeiten V_1, V_2, V_3 in einem Volumelement gegeben durch

$$V_1 = +q\sigma_x + p\sigma_y + p\sigma_z,$$
$$V_2 = +p\sigma_x + q\sigma_y + p\sigma_z,$$
$$V_3 = +p\sigma_x + p\sigma_y + q\sigma_z,$$

wobei p und q Körperkonstanten sind, die von Wellenlänge und Temperatur abhängig sind. Die Deformationsgrößen σ_x, σ_y, σ_z müssen dabei als so klein angenommen werden, daß ihre zweiten Potenzen gegenüber den ersten vernachlässigt werden können. Hieraus folgt dann, daß die beiden Teilwellen mit verschiedener Geschwindigkeit, aber in gleicher Richtung sich fortpflanzen, und außerdem, daß Hauptdruckachsen und optische Achsen für jedes Element zusammenfallen. Aus dem System der Hauptdilatationen ergibt sich also eindeutig die Lage der optischen Symmetrieachsen, ebenso folgen die Werte der Hauptlichtgeschwindigkeiten als stetige Funktionen des Ortes.

Für den einfachen Fall einer homogenen Deformation ist also die Richtung der optischen Achsen aller Elemente dieselbe, und ein solcher Körper verhält sich wie ein einheitlicher Kristall, dessen Doppelbrechung jedoch durch die Größe der Dilatationen bestimmt ist und somit innerhalb gewisser Grenzen willkürlich verändert werden kann. Die Differenz der Hauptbrechungsindizes ergibt sich in diesem Falle zu

$$n_x - n_y = \frac{n\,(p-q)\,(1+\mu)\,P}{F\,E},$$

worin n den Wert des Brechungsexponenten für den unbeanspruchten Körper, E den Elastizitätsmodul, μ die Querkontraktion, P die außen am Körper angreifende Druck- oder Zugkraft bedeutet. Bei Kenntnis von $p - q$ ist also für einen Glasstreifen von gegebenem Querschnitt F die Doppelbrechung durch die Änderung von P in einfacher Weise einstellbar, und ein solcher Glasstreifen stellt einen besonders für die Untersuchung schwacher Doppelbrechungen geeigneten Kompensator dar.

Die Größe der Doppelbrechung, hervorgerufen durch einseitigen Druck oder Zug von 1 kg bei einem Querschnitt von 1 cm², ist nach Messungen von POCKELS, FILON, ADAMS und WILLIAMSON u. a.[2]:

Tabelle 2. Doppelbrechung mechanisch beanspruchter Gläser.

Glasart[3]	$10^7 \cdot$ Doppelbrechung	Glasart[3]	$10^7 \cdot$ Doppelbrechung
507/614	−4,23	616/370	−3,06
516/620	−2,79	621/361	−2,77
523/590	−2,52	645/341	−2,56
537/512	−2,66	655/330	−2,61
545/503	−3,70	680/317	−2,17
571/430	−2,87	717/295	−1,70
573/420	−3,13	751/276	−1,30
574/570	−2,75	756/270	−1,19
606/440	−3,03	963/197	+1,88
608/570	−2,10		

Bei ungleichmäßiger Beanspruchung ändert sich die Doppelbrechung mit dem Orte, und ihre Größe ist ein Maß für die mittlere Deformation der längs des Lichtweges befindlichen Elemente. Man kann also auf diesem Wege wenigstens eine zweidimensionale Darstellung der Spannungsverteilung erhalten, die benutzt worden ist, um den Einfluß der Kühlung auf die Anisotropie des optischen

[1] Abh d Berl Akad d Wiss 1841 II, S. 1–254.

[2] Die Bezeichnungen der Glasarten sind diejenigen der Sendlinger Opt. Glaswerke. Die ersten drei Ziffern geben die ersten drei Dezimalen der Brechungszahl, die letzten drei den 10fachen Wert der reziproken relativen Dispersion.

[3] Angabe der Literatur in den International Critical Tables, Glass II. Washington 1927 und EITEL, PIRANI, SCHEEL, Glastechnische Tabellen. Berlin 1931.

Glases festzustellen, was besonders für die Herstellung langbrennweitiger Objektive von höchster Bedeutung ist. Nach WILSINGS Untersuchungen können[1] z. B. die Zonenfehler des Potsdamer 80 cm-Objektivs unmittelbar auf Doppelbrechungsfehler zurückgeführt werden, die etwa in der Größenordnung von einigen Einheiten der 5. Dezimale des Brechungsindex liegen. Daß solche leicht vorkommen können, ergibt sich schon aus den von CZAPSKI für ein stark gespanntes Glas gefundenen Werten der Brechungsexponentenänderung, die für die beiden Teilwellen mit $9{,}14 \cdot 10^{-5}$ und $4{,}68 \cdot 10^{-5}$ angegeben worden sind, ferner aus den Messungen von WRIGHT, der für eine Reihe von optischen Gläsern der Firmen Schott und Genossen, Parra-Mantois und Bausch und Lomb Gangunterschiede von 5 bis 50 mμ je cm Glasdicke feststellte, was einer Brechungsindexdifferenz von $5 \cdot 10^{-7}$ bis $5 \cdot 10^{-6}$ entspricht. Da nun die Werte der Konstanten p und q, aus denen die absoluten Änderungen der Brechungsexponenten ermittelt werden können, groß gegenüber ihrer Differenz sind, wie die folgenden Zahlen zeigen, so können jene selbst für den Fall der Gleichheit von p und q, der für schwere Flintgläser beobachtet worden ist, noch merkliche Beträge annehmen. BERNDT erhielt sogar beim Sendlinger Borosilikatkron 516/640 durch Kühlung eine Änderung des Brechungsindex von 0,0034, wobei freilich zu beachten ist, daß diese Änderungen nicht allein auf innere Spannungen zurückzuführen sind, sondern größtenteils auf Strukturänderungen hindeuten, auf konstitutive Umlagerungen der Moleküle. Aber selbst bei gut gekühlten Gläsern, für die bei hinreichend langer Kühlzeit endgültige nur durch die Zusammensetzung des Glases bestimmte Werte auftreten, können schon merkliche Doppelbrechungen durch das Eigengewicht erzielt werden, wenn die Auflagefläche klein ist (ZSCHIMMER[2]); demgemäß muß namentlich bei größeren Objektiven mit entsprechend großem Eigengewicht auf eine möglichst druckfreie Lagerung geachtet werden.

Tabelle 3. Elastisch-optisches Verhalten der Gläser.

Brechungsindex n	1,5123	1,5075	1,5452	1,5700	1,6440	1,7510	1,9625
Elastizitätsmodul	7940	4800	5470	6100	5470	5500	5035
Querkontraktion	0,187	0,274	0,250	0,222	0,224	0,239	0,26
p	0,178	0,182	0,187	0,195	0,204	0,202	0,218
q	0,097	0,110	0,118	0,135	0,160	0,182	0,237
$(n_3 - n)/(n_3 - n_1)$	0,32	0,115	0,285	0,655	0,26	3,48	−4,95
$(n_1 - n)/(n_3 - n_1)$	1,32	1,115	1,285	1,655	2,26	4,48	−3,95

Unter der Voraussetzung, daß auch in einem kleinen deformierten Kristallelement die FRESNELschen Gesetze gelten und daß, wie bei den isotropen Körpern, die durch mechanische Beanspruchung entstehenden Änderungen der Fortpflanzungsgeschwindigkeiten lineare Funktionen der Druckkomponenten und damit auch der Deformationen sind, können für Kristalle ähnliche Beziehungen aufgestellt werden, wie sie von NEUMANN für isotrope Körper abgeleitet worden sind. POCKELS hat gezeigt, daß für den allgemeinen Fall trikliner Kristalle 36 Konstanten auftreten, die selbst durch eine Transformation auf das Polarisationshauptachsensystem sich nicht an Zahl verringern lassen; mit zunehmender Symmetrie nimmt die Zahl der Konstanten ab, um beim regulären System die Zahl 3 zu erreichen. Die Lage der Polarisationshauptachsen ist dabei lediglich eine Funktion der Druckrichtungen, aber unabhängig von der Größe der Spannungen, die das Achsenverhältnis des FRESNELschen Ellipsoids bestimmen.

Die mechanisch bedingten Doppelbrechungserscheinungen können wenigstens einen Teil der bei natürlichen oder künstlich hergestellten Kristallen auftretenden

---

[1] Z f Instrk 34, S. 341 (1914). [2] Z f Instrk 33, S. 376 (1913).

Anomalien erklären. Bei den optisch viel verwendeten regulären Kristallen Steinsalz, Sylvin und Flußspat finden sich oft Stellen von stärkerer Doppelbrechung, die meist auf Druckwirkungen zurückgeführt werden. Teilweise sind jedoch die Wirkungen so stark, daß auch andere Ursachen wirksam sein müssen, wobei als eine derselben die mehr oder minder regelmäßige Einlagerung kleiner Partikelchen in Betracht kommen kann. BRAUNS und WIENER[1] haben nachgewiesen, daß bei Mischungen isotroper Körper dann Doppelbrechung auftreten muß, wenn die Anordnung der Bestandteile eine gewisse Regelmäßigkeit aufweist. Diese Art der Doppelbrechung, die im Gegensatz zur natürlichen als Formdoppelbrechung (Stäbchen- und Plattendoppelbrechung, lamellare Doppelbrechung) bezeichnete Erscheinung verschwindet nur dann, wenn die Brechungsindizes der Komponenten gleich werden und auch die Absorption keine Unterschiede aufweist.

Bei zylindrischen Einlagerungen vom Brechungsexponenten n_z in ein Medium vom Brechungsexponenten n_0 findet WIENER für ordentlichen und außerordentlichen Brechungsindex n_ω und n_ε

$$n_\omega = n_0 \sqrt{\frac{(\delta_1 + 1)\, n_z^2 + \delta_2 n_0^2}{(\delta_1 + 1)\, n_0^2 + \delta_2 n_z^2}}\,, \qquad n_\varepsilon = \sqrt{\delta_1 n_z^2 + \delta_2 n_0^2}\,, \tag{21}$$

wenn δ_1 und δ_2 die relativen Volumina der Komponenten bedeuten und demgemäß $\delta_1 + \delta_2 = 1$ ist. Für einen aus parallelen Platten bestehenden Mischkörper gilt

$$n_\omega = \sqrt{\delta_1 n_z + \delta_2 n_0}\,, \qquad n_\varepsilon = \frac{n_z n_0}{\sqrt{\delta_1 n_z^2 + \delta_1 n_0^2}}\,. \tag{22}$$

Die Stäbchendoppelbrechung ist also stets positiv, die Plattendoppelbrechung stets negativ. Somit müßten auch isomorphe Mischkristalle sich wie negative einachsige verhalten, was aber nicht immer der Fall ist. Wohl aber gibt die Theorie sehr gut das Verhalten von Zelloidin, Zellulose, Gelatine und anderer Kolloide wieder, aus denen leicht Modelle für die Untersuchung von Spannungserscheinungen hergestellt werden können, deren theoretische Behandlung wegen schwer formulierbarer Grenzbedingungen unsicher ist.

Für die neuerdings empfohlenen Vinylderivate (Styrol) liegen noch keine Messungen vor, die eine abschließende Beurteilung erlauben. POLLOPAS[2] ist wegen seiner starken zeitlichen Veränderlichkeit für exakte Untersuchungen nicht verwendbar.

Die Erscheinungen der akzidentellen Doppelbrechung sind natürlich nicht auf feste Körper beschränkt. Bei stärkerer innerer Reibung gleichen sich auch in einer Flüssigkeit die Spannungen, die beispielsweise durch Bewegungen (schnelle Drehung eines festen Körpers in der Flüssigkeit) hervorgerufen werden, so langsam aus, daß noch eine merkliche Doppelbrechung auftreten kann, die sich durch entsprechende Richtungsänderung der Strahlen oder, bei Verwendung polarisierten Lichtes, durch Intensitätsschwankungen bemerkbar macht. Die meist als Strömungsdoppelbrechung bezeichneten Erscheinungen müssen aber teilweise auch auf das Vorhandensein anisodiametrischer Teilchen zurückgeführt werden, also solcher Besonderheiten des molekularen Baues, die bei idealer, regelmäßiger Anordnung der Moleküle bereits zu natürlicher Doppelbrechung Veranlassung geben würden. Namentlich hochatomige organische Stoffe kommen hier in Betracht, während bei einfacher gebauten zähen Flüssigkeiten nicht der molekulare Bau, sondern die Kohäsionskräfte maßgebend sind; eine

---

[1] Abh Sächs Ges d Wiss math-phys Kl 32 (1912); vgl. auch A. FREY, Kolloidchem Beih 20, S. 227 (1924).

[2] C. PLONEIT, Glastechn. Ber. V, S. 354 (1927/28).

strenge Unterscheidung beider Gruppen ist schwer möglich, da z. B. bei Temperatursteigerung, die im allgemeinen eine Verminderung der inneren Reibung bewirkt, auch die Richtkräfte, die eine regelmäßige Lagerung der Moleküle bewirken, abnehmen[1].

6. Einfluß der Oberflächenbeschaffenheit. Die Erscheinungen der akzidentellen Doppelbrechung zeigen, daß die Voraussetzung vollkommener Homogenität eines Körpers nur selten zutrifft; entsprechend muß auch beachtet werden, daß die Beschaffenheit der Grenzflächen mindestens im optischen Sinne nicht den Annahmen entspricht, die bei der Aufstellung der Grenzbedingungen für den Übergang des Lichtes über die Grenze zweier Medien gemacht worden sind. Alle Grenzflächen zeigen eine mehr oder minder große Abweichung von der idealen, durch eine mathematische Beziehung gegebenen Form, nicht nur im Sinne einer Schichtung, einer gewissen Tiefenausdehnung, sondern vor allem in der Anordnung und Aneinanderreihung der einzelnen Elemente, wodurch naturgemäß Abweichungen von den vorher angegebenen Gesetzen bedingt werden. Als Grenzfälle sind zu betrachten einerseits gut polierte Flächen sowie kleinere Elemente natürlicher Bruch- oder Spaltungsflächen, andererseits rauhe Flächen, bei denen aber wenigstens noch die Gesamtform als regelmäßig zu betrachten ist. Für solche rauhe Flächen soll nach dem LAMBERTschen Gesetz unabhängig von der Richtung der Einstrahlung die Rückstrahlung gleichmäßig nach allen Richtungen erfolgen, wobei noch bemerkt sein mag, daß eine einwandfreie theoretische Ableitung dieses Gesetzes bisher noch nicht gelungen ist.

POKROWSKI[2] hat empirisch einen verallgemeinerten Ausdruck abgeleitet, der für Flächen beliebiger Art sowohl den diffus als auch den an den einzelnen Elementen regelmäßig reflektierten Anteil berücksichtigt. Fällt Licht unter dem Winkel i (gerechnet vom Flächenlot) auf eine rauhe Fläche auf und betrachtet man die Rückstrahlung unter dem Winkel j, so soll die reflektierte Energie J_R gegeben sein durch

$$J_R = b\cos j + \frac{a}{2} F\left(\frac{i+j}{2},\, i'\right), \tag{23}$$

wobei

$$\sin i' = \frac{\sin\left(\frac{i+j}{2}\right)}{n}$$

und F durch die FRESNELschen Koeffizienten μ und σ bestimmt ist in der Form

$$F = \mu^2 + \sigma^2 .$$

Hierbei ist vorausgesetzt, daß die Anzahl der parallel zueinander liegenden spiegelnden Elemente vollkommen unabhängig von der Richtung sein soll, was nicht allgemein zutreffen dürfte. SCHULZ hat daher unter der Annahme, daß die Flächenelemente nach dem Wahrscheinlichkeitsgesetz verteilt sind, eine Erweiterung dieses Ausdrucks vorgenommen, indem für a noch eine Abhängigkeit von Einfalls- und Ausstrahlungswinkel angesetzt wird, so daß sich ergibt:

$$a = c + d\cos j\, e^{-k(i-j)^2}. \tag{23a}$$

Je größer also der Einfallswinkel ist, desto größer wird der Anteil regelmäßig reflektierten Lichtes, bis schließlich von einem bestimmten Winkel an, den JENTZSCH[3] als Grenzwinkel der regulären Reflexion bezeichnet, sogar eine erkennbare Abbildung erfolgt. Die Größe des Grenzwinkels ist abhängig von der

[1] D. VORLÄNDER, Chemische Kristallographie d. Flüssigkeiten. Leipzig 1924.
[2] G. P. WORONKOFF u. G. J. POKROWSKI, Z f Phys 30, S. 139 (1924).
[3] Z f techn Phys. 7, S. 310 (1926).

Wellenlänge und läßt sich unter Benutzung des RAYLEIGHschen Phasenwertes darstellen in der Form

$$\cos i = \frac{\lambda}{8h},$$

wenn man mit h den mittleren Abstand der einzelnen Flächenelemente in Richtung der Normalen bezeichnet.

Nach JENTZSCH ist

Tabelle 4. Grenzwinkel der regulären Reflexion.

λ	$90 - i$	$\frac{\cos i}{\lambda}$
656 mμ	21°,07	0,548
589 „	17 ,48	0,538
486 „	14 ,21	0,540

Einerseits bildet also die Größe $\frac{\cos i}{\lambda}$ ein Maß für die Güte der Flächen, andererseits kann man aus den Formeln Anhaltspunkte für das Verhalten diffus reflektierender Flächen in bezug auf die Polarisationswirkung gewinnen, um dann Rückschlüsse auf die Natur der reflektierenden Substanz zu ziehen, wie dies von SECCHI, LANDERER[1] u. a. geschehen ist, die festgestellt haben, daß das an der Oberfläche des Mondes und einiger Planeten reflektierte Licht Maxima der Polarisation hat; beim Mond liegt der Polarisationswinkel mit 56°,72 zwischen dem für Basalt, Trachyt und Andesit einerseits, Vitrophyr und Obsidian andererseits, während der Wert für Eis bedeutend abweicht.

7. Polarisation bei Phosphoreszenz und Fluoreszenz. Die Emission phosphoreszierender Stoffe ist, wie in mehreren Fällen festgestellt ist, polarisiert. Der Grund liegt teilweise in der Aufspaltung des Emissionslichtes in ein ordentliches und ein außerordentliches Spektrum, die auch verschiedene Intensitäten und verschiedene spektrale Verteilung haben, aber im wesentlichen unabhängig sind von dem Polarisationszustand des erregenden Lichtes, während bei organischen Stoffen in zähen Lösungsmitteln der Polarisationszustand des erregenden Lichtes denjenigen des emittierten Lichtes bestimmt. Der Polarisationsgrad ist in allen Richtungen senkrecht zum elektrischen Vektor des erregenden Lichtes der gleiche. Daß bei den einen ziemlich komplizierten Energieumwandlungsprozeß darstellenden Phosphoreszenzerscheinungen der Polarisationszustand des emittierten Lichtes wesentlich von Nebenbedingungen abhängig ist und der Polarisationsgrad nur dann von Null verschieden sein kann, wenn molekularer Bau oder molekulare Anordnung in ähnlicher Weise anisotrop ist wie bei Kristallen oder bei dem Fall der Stäbchen- oder Plattendoppelbrechung, zeigt einen deutlichen Gegensatz zu der als reine Resonanzstrahlung zu betrachtenden eigentlichen Fluoreszenz, bei der die aufgenommene Energie nach kurzer Verweilzeit wieder in Form von Strahlung derselben Wellenlänge emittiert wird. Bei geringer Dampfdichte tritt eine ziemlich starke Polarisation auf, die bei einfachen Molekülen und Erregung mit linearpolarisiertem Licht ebenfalls linear sein müßte, bei anisotrop gebundenen Elektronen theoretisch in der Richtung senkrecht zum elektrischen Vektor 33% betragen sollte; bei geringem Dampfdruck trifft dies mit guter Näherung zu. Bei zunehmendem Dampfdruck geht der Polarisationsgrad infolge mehrfacher Umwandlung auf Null zurück.

8. Zerstreuung des Lichtes an kleinen Körpern. Neben den intramolekularen Vorgängen, die eine Zerstreuung des Lichtes durch Bildung neuer Emissionszentren verursachen, tritt bei Vorhandensein sehr kleiner Körper noch eine

[1] K. GRAFF, Grundriß der Astrophysik. Leipzig u. Berlin 1928.

Zerstreuung des Lichtes auf, die als Beugung des Lichtes betrachtet werden kann. Die zuerst von RAYLEIGH durchgeführte theoretische Behandlung hat gezeigt, daß kleine durchsichtige, in ihrem Brechungsindex nur wenig von dem des Grundmediums unterschiedene Teilchen eine sekundäre Strahlung erzeugen, deren Intensität umgekehrt proportional der vierten Potenz der Wellenlänge ist. Diese Streustrahlung, in der die kurzwelligen Bestandteile überwiegen müssen, wodurch die blaue Farbe des Himmelslichtes erklärt werden kann, ist polarisiert, und zwar sowohl im Falle linearer Polarisation der primären Welle als auch im Falle einfallenden natürlichen Lichtes[1].

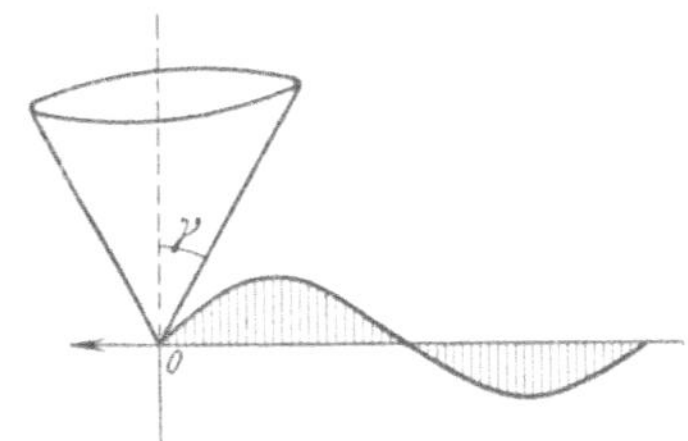

Abb. 9. Kegel der Streustrahlung gleicher Intensität und gleichen Polarisationsgrades für linearpolarisiertes Licht.

Ist die einfallende Welle linear polarisiert, so sind der Polarisationsgrad und die Intensität des Streulichtes für alle Richtungen dieselben, die als Erzeugende eines Kegels angesehen werden können, dessen Achse die Schwingungsrichtung und dessen Spitze das beugende Volumelement ist (Abb. 9). Ist die primäre Welle natürliches Licht, so gilt dasselbe für die Kegel, deren Achse die Richtung des einfallenden Lichtbündels ist (Abb. 10). Freilich ist im allgemeinen die sekundäre Welle auch dann nicht linear polarisiert, wenn der Öffnungswinkel der obenerwähnten Kegel gleich $2R$ ist, wie dies nach der einfachen RAYLEIGHschen Theorie folgen würde. Auch bei einfachen Gasen muß eine molekulare Anisotropie angenommen werden, die zu einer „Depolarisation" der sekundären Welle führt, deren Betrag durch das Verhältnis der schwächeren zur stärkeren Komponente des Streulichtes definiert werden kann. Ist erstere A_1, letztere A_2, so gilt, wenn

$$\varrho = \frac{A_1^2}{A_2^2},$$

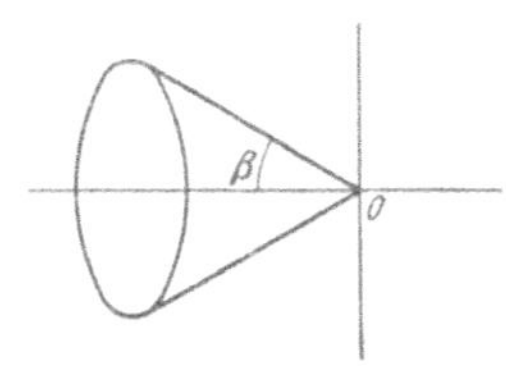

Abb. 10. Kegel der Streustrahlung gleicher Intensität für natürliches Licht.

für den Polarisationsgrad bei linear polarisiertem einfallendem Licht

$$\pi = \frac{(1-\varrho)\sin^2\gamma}{(1+\varrho)-(1-\varrho)\cos^2\gamma} \tag{24}$$

und für natürliches einfallendes Licht

$$\pi = \frac{(1-\varrho)\sin^2\beta}{(1+\varrho)+(1-\varrho)\cos^2\beta}. \tag{25}$$

Demgemäß müßte die stärkste Polarisation des Himmelslichtes in der zu den Sonnenstrahlen senkrechten Ebene zu beobachten sein, und der Polarisationsgrad müßte bei Annäherung und Entfernung von dieser Ebene abnehmen, um in unmittelbarer Nachbarschaft und im Gegenpunkte der Sonne Null zu werden. In Wirklichkeit wird aber der Polarisationszustand durch Mitwirkung zweifach oder mehrfach abgelenkten Lichtes sowie auch durch die Anwesenheit von Wassertröpfchen, Staub und ferner durch elektromagnetische Vorgänge beeinflußt. Zur Erklärung der neutralen Punkte ist schon von SORET[2] sekundäre Streuung herangezogen worden, ein Weg, der noch von HURION[3] und neuerdings von AHLGRIMM[4] begangen worden ist. Die Übereinstimmung der so erhaltenen theoretischen Werte

[1] Die Lichtzerstreuung infolge der molekularen Rauhigkeit der Trennungsfläche zweier durchsichtiger Medien behandelt R. GANS, Ann d Phys (4) 79, S. 204 (1926). Allgemeine Grundlagen s. auch J. CABANNES, La Diffusion moléculaire de la Lumière. Paris 1929.

[2] Ann Chim Phys (6) 14, S. 503 (1888). [3] Ann Chim Phys (7) 7, S. 456 (1896).

[4] Inaug.-Diss. Kiel 1915; s. auch M. SCHIRMANN, Met Z 37, S. 12 (1920).

mit den Beobachtungswerten kann als befriedigend betrachtet werden, da sie die Existenz und die Lage der neutralen Punkte und auch den Verlauf der Polarisationsisoklinen nach Einführung der nach Beobachtungen ermittelten Zahlenwerte der Konstanten wiederzugeben gestattet; daß nicht vollkommene Übereinstimmung erwartet werden kann, geht schon daraus hervor, daß bei den bisherigen Ableitungen Ausdehnung und Schichtung der Atmosphäre ebensowenig streng berücksichtigt sind wie die Veränderlichkeit des Transmissionskoeffizienten und die Tatsache, daß auch mehrfach abgelenkte Strahlen die Polarisationseigenschaften des Himmelslichtes bestimmen.

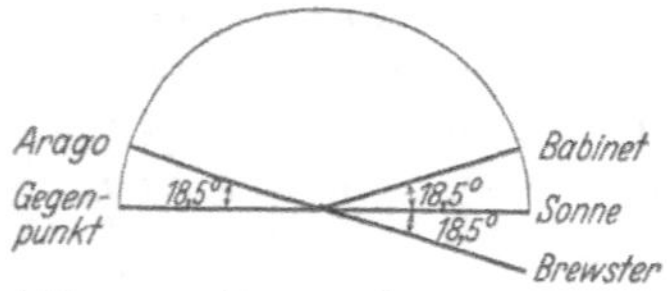

Abb. 11. Lage der neutralen Punkte am Himmel.

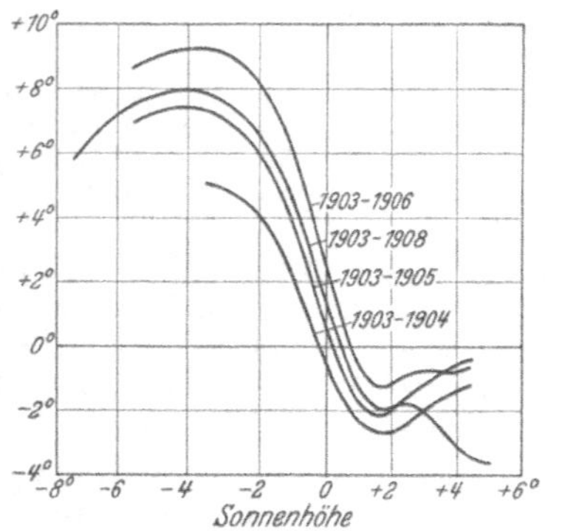

Abb. 12a. Differenzen der Jahresmittel für ARAGOS Punkt.

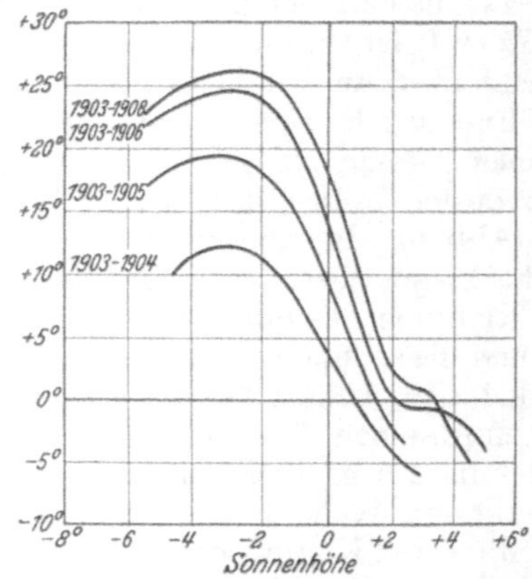

Abb. 12b. Differenzen der Jahresmittel für BABINETS Punkt.

Die Beobachtungsergebnisse lassen sich wie folgt zusammenfassen: In der durch die Sonne gelegten Vertikalebene treten in einer Entfernung von normalerweise $18^1/_2{}^\circ$ von Sonne und Gegenpunkt der Sonne neutrale Punkte auf, die in der in Abb. 11 angedeuteten Folge als BREWSTERscher, BABINETscher und ARAGOscher Punkt bezeichnet werden. Die Lage dieser Punkte ist abhängig von der Sonnenhöhe (Abb. 12a, b), wird aber auch durch die Witterung, Wolken und Staub beeinflußt. Weitere sekundäre Punkte können außerhalb der genannten Ebene auftreten. Das Maximum der Polarisation liegt in etwa 90° Abstand von der Sonne, doch zeigen sich Schwankungen zwischen 88° und 92°, deren Ursachen die gleichen sein dürften wie diejenigen, die der Lagenänderung der neutralen Punkte zugrunde liegen.

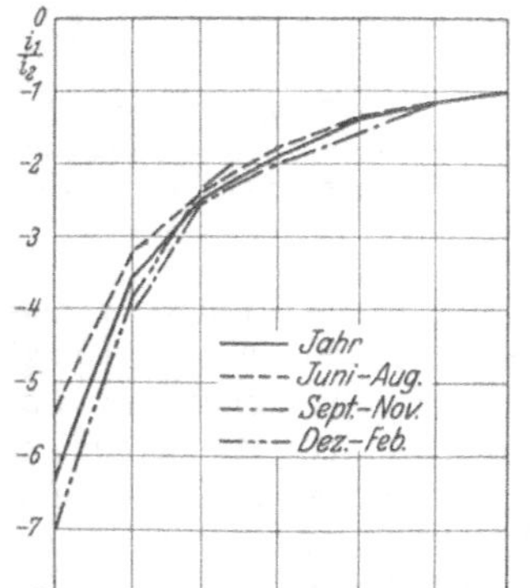

Abb. 13. Änderung der Polarisationsgröße im Zenit, in Abhängigkeit von Sonnenstand und Jahreszeit.

Die Änderung der Polarisationsgröße mit der Sonnenentfernung wird meist durch die zeitliche Änderung der Polarisationsgröße im Zenit gemessen. Sie zeigt einen typischen, jedoch von der Jahreszeit abhängigen Verlauf (Abb. 13); der absolute Wert wird durch das Wetter beeinflußt, und zwar deutet übernormale und zunehmende Polarisation auf ruhiges, niedrige Polarisation auf kommendes trübes Wetter.

Da in den neutralen Punkten Übergang von positiver zu negativer Polarisation stattfindet, ergibt sich damit für die außerhalb des Sonnenvertikals liegenden Punkte eine Drehung der Polarisationsebene, die BREWSTER[1] und nach ihm BOSANQUET[2] formelmäßig darzustellen versuchten. Aus der von AHLGRIMM abgeleiteten Formel für die Polarisationsisoklinen läßt sich auch die Gestalt der BUSCHschen Lemniskate ermitteln, die die Punkte verbindet, deren Polarisationsebene einen Winkel von 45° mit dem Sonnenvertikal bildet. Eine ausführliche Behandlung dieser Fragen findet sich in dem zusammenfassenden Werk von F. BUSCH und CHR. JENSEN[3] sowie in der Arbeit von C. DORNO[4].

Die gleichen Erscheinungen sind auch von KIMBALL[5] am Nachthimmel beobachtet worden; bei Neumond sind keine Polarisationserscheinungen zu bemerken.

Auch bei anderen Himmelserscheinungen zeigt sich Polarisation; freilich ist sie meist durch Reflexionsvorgänge bedingt. RINNE und RÖSCH[6] haben unter Benutzung der FRESNELschen Formeln das Intensitätsverhältnis der parallel und senkrecht zur Einfallsebene polarisierten Komponenten für Haupt- und Nebenregenbogen berechnet und gefunden, daß

für Bogen . .	1	2	3	4	5	6
J_s/J_p	21	8,5	8,75	6,3	6,5	7,5

ist, also eine starke Polarisation vorhanden ist, die sich bei Beobachtung durch ein NICOLsches Prisma in einer zonenweisen Auslöschung des Regenbogens auswirkt.

9. Erkennung und Messung der Schwingungsrichtung und des Polarisationsgrades. Bei merklichem Polarisationsgrad ist der Nachweis des Vorhandenseins polarisierten Lichtes bereits bei Verwendung einer einfachen polarisierenden Vorrichtung, also eines Polarisationsprismas oder einer Turmalinplatte möglich, da bei Drehung um die Sehrichtung als Achse Helligkeitsschwankungen auftreten. Ist ferner die Schwingungsrichtung des durch den Analysator hindurchgehenden Lichtes bekannt — sie kann gegebenenfalls unter Benutzung einer reflektierenden Fläche bei Beobachtung unter dem Polarisationswinkel leicht ermittelt werden —, so ist auch bei Einstellung auf größte Helligkeit die Schwingungsrichtung der polarisierten Komponente des einfallenden Lichtes gegeben. Besser ist es, wenn man für die Beobachtung statt der zeitlich aufeinanderfolgenden Einstellung auf größte und kleinste Intensität eine Vorrichtung benutzt, bei der als Kriterium gleiche Helligkeit zweier mit möglichst scharfer Trennungslinie aneinanderstoßender Flächen dient, wie dies bei der HAIDINGERschen Lupe der Fall ist. Sie besteht aus einem Kalkspatstab mit vorgesetzter Blende, welch letztere, mit einer Lupe durch den Kristall hindurch beobachtet, verdoppelt erscheint. Bei richtig gewählter Größe der Blende, die durch die Länge des Kalkspatstabes bestimmt ist, stoßen beide Blendenbilder in scharfer Grenze zusammen. Da die die Blendenbilder erzeugenden Bündel senkrecht zueinander polarisiert sind, kann bei Vorhandensein teilweise polarisierten Lichtes Helligkeitsgleichheit nur auftreten, wenn die Schwingungsrichtungen der Bündel unter 45° zur Schwingungsrichtung der polarisierten Komponente stehen.

[1] Phil Mag (4) 30 (1865).

[2] Phil Mag (4) 50, S. 497 (1880); s. auch R. RUBENSON, Mémoire sur la polarisation de la lumière atmosphérique. Upsala 1864.

[3] Tatsachen und Theorien der atmosphärischen Polarisation. Hamburg 1910; s. auch CHR. JENSEN, Met Z 49, S. 419 (1932); Gerlands Beitr 35, S. 161 (1932); A. SINJAGIN, ebenda 38, S. 68 (1933); W. SMOSARSKI, ebenda 38, S. 97 (1933).

[4] Himmelshelligkeit, Himmelspolarisation und Sonnenintensität. Berlin 1919.

[5] Monthly Weather Rev 31, S. 320 (1903); 33, S. 100 (1905); s. auch DUFAY. J d Phys (6) 10, S. 219 (1929).

[6] Centrbl f Min 1927, Abtlg. A, Nr. 2, S. 33; G. B. DEODHAR, Nature 114, S. 860 (1924).

Die gleiche Wirkung kann erzielt werden bei Benutzung von Prismen nach WOLLASTON, ROCHON oder SÉNARMONT. Auch das CORNUsche Photopolarimeter, im wesentlichen aus einem Doppelbildprisma mit folgendem Analysator bestehend, ist zu diesen Vorrichtungen zu zählen.

Diese Methode gibt sehr unsichere Resultate oder versagt gänzlich, wenn der Polarisationsgrad klein ist. Schon beim Polarisationsgrad 0,1 würde, um eine merkbare Helligkeitsdifferenz der Felder zu erzielen, eine Drehung von $\pm 3°$ erforderlich sein. Daher sind, um in solchen Fällen Polarisationsgrad und Polarisationsrichtung zu bestimmen, besondere Polariskope erforderlich, bei denen meist von der SAVARTschen Platte Gebrauch gemacht wird.

Die Theorie der Interferenzen, die bei Kombinationen von Kristallplatten auftreten, ist eingehend von MASCART[1] behandelt worden. Bei Beschränkung auf Strahlen, die mit der Normale der Platten kleine Winkel bilden, und unter der Voraussetzung geringer Doppelbrechung lassen sich die beim SAVARTschen Polariskop auftretenden Interferenzstreifen in einfacher Weise berechnen. Legt man zunächst eine beliebige Kristallplatte zugrunde (Abb. 14), so wird ein einfallender Strahl AB innerhalb der Platte in zwei Wellen zerlegt, deren Normalen BC und BE die Winkel r_1 und r_2 mit der Plattennormalen bilden mögen. Die Wellennormalen nach dem Austritt sind dann CD und EF. Damit ergibt sich für den Gangunterschied Γ, wenn CG senkrecht zu EF ist,

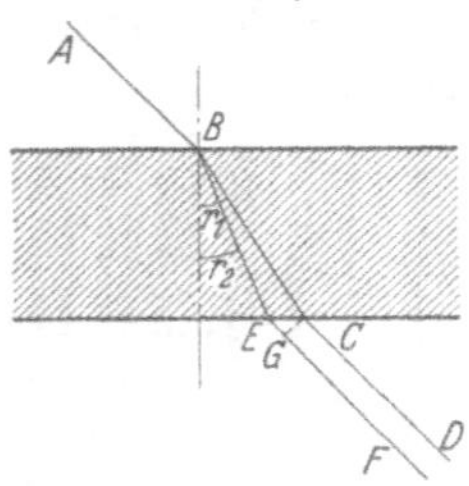

Abb. 14. Durchgang eines Strahles durch eine Kristallplatte.

$$\Gamma = \frac{BE}{\lambda_2} + \frac{EG}{\lambda_0} - \frac{BC}{\lambda_1},$$

was nach einfacher Umformung und Einführung der Wellenlänge λ_0 in Luft an Stelle der Wellenlängen λ_1 und λ_2 im Kristall ergibt

$$\Gamma = \frac{d}{\lambda_0}(n_2 \cos r_2 - n_1 \cos r_1).$$

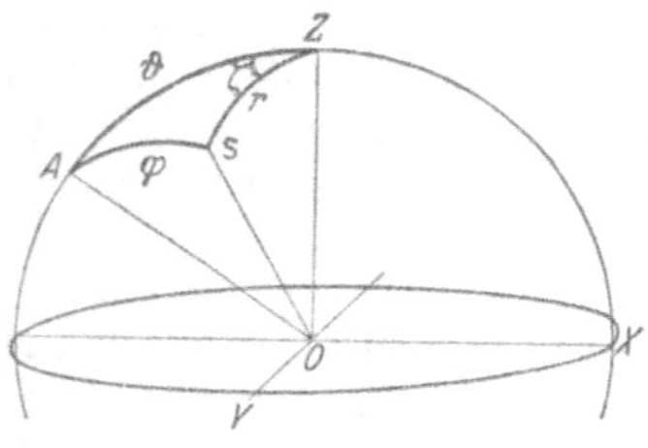

Abb. 15. Sphärisches Dreieck Wellennormale - Kristallachse-Plattennormale.

Unter den oben angegebenen Voraussetzungen erhält man dann bei Einführung eines mittleren Winkels r_m

$$\Gamma = \frac{d(n_2 - n_1)}{\lambda_0 \cos r_m}$$

und schließlich, wenn φ den Winkel zwischen Wellennormale im Kristall und Kristallachse bezeichnet,

$$\Gamma = \frac{\varkappa d \sin^2\varphi}{\cos r_m}. \tag{26}$$

Ist nun eine Kristallplatte von der Dicke D in der XY-Ebene gegeben, stellt also OZ die Plattennormale dar, und ist OA (Abb. 15) die Richtung der Kristallachse, OS die Richtung der Wellennormale im Kristall, so folgt aus dem sphärischen Dreieck ASZ

$$\cos\varphi = \cos\vartheta \cos r + \sin\vartheta \sin r \cos\zeta.$$

Für die Kurven gleichen Gangunterschiedes wird dann, wenn man nach Potenzen von $\sin r$ entwickelt und nur Glieder zweiter Ordnung berücksichtigt,

$$\frac{\Gamma}{\varkappa d} = \sin^2\vartheta + \sin^2 r\left\{\frac{1}{2}\sin^2\vartheta + \cos^2\vartheta - \sin^2\vartheta\cos^2\zeta\right\} - \sin r \cos\zeta \sin 2\vartheta. \tag{27}$$

Während nun bei Einfall natürlichen Lichtes die beiden innerhalb des Kristalls verlaufenden Wellen als inkohärent zu betrachten sind, daher auch bei Zurück-

[1] Traité d'Optique 2 (1899).

führung auf eine Schwingungsrichtung durch einen folgenden Analysator nur rein additive Wirkungen ergeben, können bei Verwendung homogenen Lichtes Interferenzen sichtbar werden, deren Form je nach der Lage der Achse, also des Winkels ϑ, sich ändert, aber immer als Kegelschnitt angesehen werden kann. Im weißen Licht sind die Interferenzen nur bei sehr dünnen Platten sichtbar, weil bereits im Minimum der Gangunterschied mehrere Wellenlängen beträgt.

Setzt man aber, wie bei der SAVARTschen Kombination, zwei Platten gleicher Dicke mit gleicher Achsenlänge so hintereinander, daß die Hauptschnitte senkrecht aufeinander stehen, dann folgt, da das Azimut für die zweite Platte somit um 90° gedreht ist, als Gesamtgangunterschied die Differenz der durch die einzelnen Platten bedingten Gangunterschiede und damit

$$\frac{\Gamma}{\varkappa d} = \sin^2\vartheta \sin^2 r(\sin^2\zeta - \cos^2\zeta) - \sin 2\vartheta \sin r(\cos\zeta - \sin\zeta). \qquad (28)$$

Bei Einführung rechtwinkliger Koordinaten ist ersichtlich, daß die Kurven gleichen Gangunterschiedes und somit auch die Kurven gleicher Intensität (Farbe) gleichseitige Hyperbeln sind, deren Asymptoten den Winkel zwischen den Hauptschnitten der Platten halbieren und deren Mittelpunkt bei einigermaßen großer Neigung der Kristallachse gegen die Plattenebene stark exzentrisch liegt. Die Exzentrizität ist gegeben durch $\operatorname{ctg}\vartheta$. Der Gesamtgangunterschied für senkrecht durch die Plattenkombination gehende Strahlen ist Null, ebenso für alle Punkte der Asymptote, die also hell erscheint, wenn die Schwingungsrichtungen des einfallenden Lichtes und des auf die Plattenkombination folgenden Analysators parallel sind, dunkel auch im weißen Licht, wenn die genannten Schwingungsrichtungen gekreuzt sind.

Das aus gekreuzten Platten und Analysator bestehende SAVARTsche Polariskop erlaubt, da sich die durch den polarisierten Anteil des einfallenden Lichtes erzeugten Streifen dem durch den unpolarisierten Anteil gegebenen hellen Grunde überlagern und daher schon bei geringem Polarisationsgrad sichtbar werden, eine einfache Bestimmung von Polarisationsrichtung und Polarisationsgrad. Es ist namentlich zur Beobachtung des Polarisationszustandes leuchtender oder beleuchteter Flächen benutzt worden, bei denen der Polarisationszustand des emittierten oder reflektierten Lichtes von Ort zu Ort sich ändert, wie etwa beim Himmelslicht oder bei den Oberflächen der Planeten.

LYOT[1] hat die Empfindlichkeit des SAVARTschen Polariskops durch zwei Abänderungen erhöht. Zunächst läßt sich die Erkennbarkeit der Streifen dadurch steigern, daß die beiden Streifensysteme, die durch Drehung des Analysators um 90° erhalten werden, also einerseits dasjenige mit hellem Mittelstreifen, andererseits dasjenige mit dunklem Mittelstreifen, die gleichzeitig auftreten, wenn an Stelle des Analysators ein Doppelbildprisma nach WOLLASTON oder eine ähnliche Konstruktion verwendet wird, überlagert werden. Dies tritt ein, wenn die beiden durch das Doppelbildprisma erzeugten Teilbilder um die halbe Breite der Interferenzstreifen verschoben sind. Die von LYOT besonders für Planetenbeobachtung benutzte Anordnung besteht aus einer SAVART-Platte, deren aus Kalkspat hergestellte Einzelplatten 1,4 mm dick sind und somit ein Streifensystem von 10′ Breite im gelben Licht ergeben, und einem Doppelbildprisma aus Glas und Kalkspat, wobei letzteres, aus einem Spaltstück hergestellt, einen Winkel von 56′ aufweist. Ist auf diese Weise der Kontrast der Streifen bereits verdoppelt, so läßt sich eine weitere Empfindlichkeitssteigerung dadurch erzielen, daß mittels einer vorgeschalteten Platte, die gegen die Sehrichtung

[1] Rev d'Opt 5, S. 108 (1926); Ann de l'Obs de Paris 8, S. 1 (1929).

meßbar geneigt werden kann, ein bestimmter Prozentsatz polarisierten Lichtes zugefügt wird, durch den der Kontrast noch weiter gesteigert werden kann.

Schon von ARAGO ist mit Hilfe eines einfachen Doppelbildprismas mit vorgesetzter Quarzplatte festgestellt worden, daß das vom Monde reflektierte Licht merklich polarisiert ist, was von SECCHI bestätigt wurde, desgleichen von ROSSE (1877) und LANDERER (1889). Von letzterem ist der Polarisationswinkel, der hier nicht als Winkel zwischen Strahl und Einfallslot, sondern als Winkel zwischen Strahl und reflektierender Fläche gemessen wird, mit 33° 17′ angegeben worden; dies läßt darauf schließen, daß die Mondoberfläche aus körniger Lava oder Asche besteht, wenigstens in den Maren, die stärkste Polarisation zeigen. Der Vergleich mit dem Verhalten irdischer Substanzen, deren Polarisationswinkel in gleicher Weise gemessen, wie oben erwähnt, durch folgende Tabelle gegeben ist, gibt als Substanz mit nahezu gleichem Polarisationswinkel Vitrophyr.

Polarisationswinkel von Gesteinen, gemessen als Winkel zwischen Strahl und Reflexionsebene[1].

Basalt	31° 43′
Trachyt	32° 16′
Andesit	32° 50′
Vitrophyr	33° 18′
Obsidian	33° 46′
Eis	37° 20′

Auch die folgenden Messungen haben ähnliche Ergebnisse gehabt. SALET weist freilich darauf hin, daß der Polarisationswinkel nicht nur von der Gesteinsart, sondern auch von der Oberflächenbeschaffenheit, vom Politurgrad abhängig ist. BARABASCHEFF[2], der ebenfalls, wie die meisten seiner Vorgänger, mit einem CORNUschen Photopolarimeter gearbeitet hat, macht nähere Angaben über den Polarisationsgrad, der nach ihm für die Mare 47,2%, für die Landgebiete 17% betragen soll.

Ähnliches Verhalten zeigen die Planeten. Während die früheren Messungen nur unsichere Ergebnisse zeitigten und allein ROSSE für die Venus eine merkliche Polarisation im Betrage von 3,9% nachweisen konnte, geben die neueren Untersuchungen ziemlich starke Polarisation beim Merkur (Polarisationsgrad 0,175) und bei der Venus, bei der die Beobachtungen wegen der größeren Sonnenentfernung günstiger sind, einen deutlichen Wechsel der Polarisationsebene mit dem Sehwinkel, der aus geozentrischen und heliozentrischen Breiten β, β' und Längen λ, λ' sich in der Form

$$\cos V = \sin\beta \sin\beta' + \cos\beta \cos\beta' \cos(\lambda - \lambda') \tag{29}$$

ergibt oder bei kleinen Werten der Winkel

$$V^2 = (\beta - \beta')^2 + (\lambda - \lambda')^2. \tag{29a}$$

Der Polarisationsgrad ist positiv für Sehwinkel zwischen 7° und 24°, negativ für solche zwischen 24° und 147°. Mars zeigt im allgemeinen denselben Verlauf wie der Mond, doch zeigen sich besondere Erscheinungen am Rande; Einfluß der Wolken ergibt Abschwächung der Polarisation. Jupiter weist eine von Zone zu Zone wechselnde schwache Polarisation auf, die aber an den Polkalotten erheblich anwächst. Starke Polarisation der Kalotten ist auch beim Saturn nachgewiesen ($P = 0{,}077$ bis 0,086); in den mittleren Zonen sind Zeichenwechsel vorhanden, an den Rändern Anomalien. Der Ring ist schwach negativ polarisiert.

Für vergleichende Laboratoriumsversuche sind Anordnungen (Abb. 16) benutzt worden, bei denen besonders darauf geachtet werden mußte, daß der

[1] B. LYOT, l. c. S. 61. [2] A N 229, Nr. 5473, S. 7 (1926).

polarisierende Einfluß der Kondensorlinsen und der Prismen ausgeschaltet wird; zu diesem Zwecke empfiehlt sich die Einschaltung einer genügend dicken depolarisierenden Kristallplatte. Untersuchungen solcher Art gehen bis in die Mitte des 19. Jahrhunderts zurück[1].

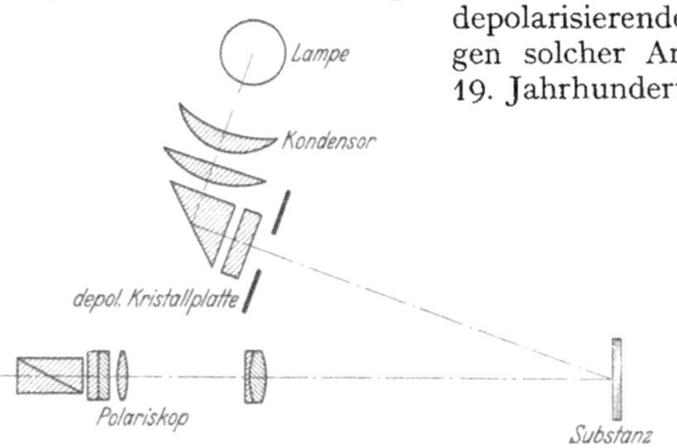

Abb. 16. Anordnung zur Messung des Polarisationsgrades des von diffus reflektierenden Flächen zurückgeworfenen Lichtes.

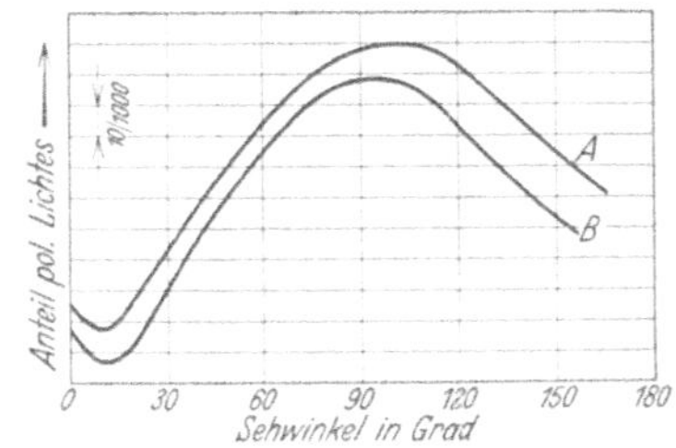

Abb. 16a. Anteil polarisierten Lichtes nach Reflexion an einer Aschenmischung (A) im Vergleich zur mittleren Mondkurve. (B)

Die Ergebnisse einer solchen Vergleichsmessung zeigt Abb. 16a. Als Abszissen sind die Sehwinkel, als Ordinaten die Anteile polarisierten Lichtes aufgetragen. A gibt die für eine Aschenmischung vom Albedo 0,13 geltenden Werte, B die mittlere Mondkurve.

10. Photometrische Anordnungen[2]. Die einfache Regulierbarkeit der Intensität bei polarimetrischen Anordnungen bietet ein gutes Mittel für photometrische Messungen dar, das schon frühzeitig in verschiedenen Konstruktionen ausgenutzt worden ist. Es seien hier nur einige bewährte Formen beschrieben. Die erste Form dient für allgemeine Untersuchungen (Abb. 17). Bei dem König-Martensschen Polarisationsphotometer werden die Intensitäten zweier Blenden B_1 und B_2 verglichen, deren erste unter Zwischenschaltung einer lichtstreuenden Scheibe Licht von der Vergleichslichtquelle L, deren zweite Licht von der auszuwertenden Leuchtfläche über einen diffus streuenden Schirm S und eine ablenkende Prismenkombination P erhält. Die von den Blenden B_1 und B_2 kommenden Strahlen, deren Apertur durch die Blende B_3 begrenzt wird, werden durch die mit dem Wollaston-Prisma verbundene Linse parallel gemacht und in je zwei senkrecht zueinander polarisierte Bündel zerlegt, von denen zwei ebenfalls senkrecht zueinander polarisierte benutzt werden, um in der Okularblende Bilder der Öffnungen B_1 und B_2 zu erzeugen. Die durch das Okularnikol betrachtete Kante des Doppelprismas teilt das Gesichtsfeld in zwei bei Drehung des Nikols in der Helligkeit sich

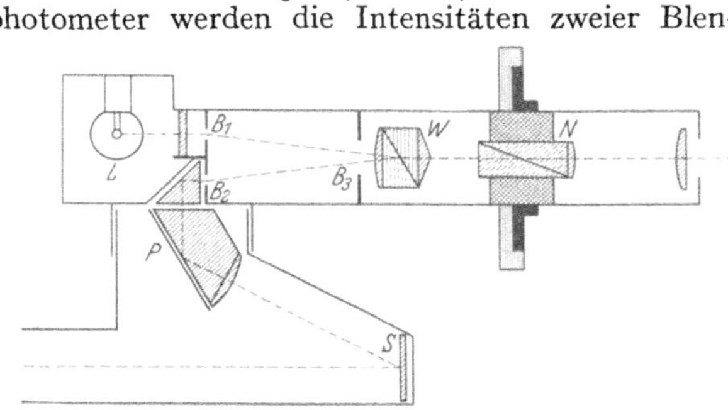

Abb. 17. Polarisationsphotometer nach König-Martens.

[1] Laprovostaye u. Desains, Ann Phys Chim (3) 34, S. 215 (1852); Wright, Ann d Phys (4) 1, S. 17 (1900); Umov, Phys Z 6, S. 674 (1905); Woronkoff u. Pokrowski, Z f Phys 30, S. 139 (1924); Shoulejkin, Phil Mag 48, S. 307 (1924).

[2] Siehe Hassenstein, Handb. d. Astrophysik Bd. II/2 1931.

ändernde Teile. Der Apparat kann benutzt werden zur Messung der Polarisation des Himmelslichtes sowie zu densitometrischen Messungen.

Beim WILDschen Polarisationsphotometer[1] gelangt das Licht der beiden zu vergleichenden Öffnungen über zwei Rhomboidprismen A zunächst zu einem Polarisationsprisma B und durchsetzt dann ein Kalkspatrhomboeder C, durch das zwei räumlich sich deckende Teilbündel der von den Öffnungen ausgehenden Strahlen erzeugt werden, die senkrecht zueinander polarisiert sind. Das Intensitätsverhältnis der beiden Schwingungen, das mit demjenigen der beiden zu vergleichenden Lichtquellen identisch ist, wird durch ein SAVARTsches Polariskop D ermittelt (Abb. 18).

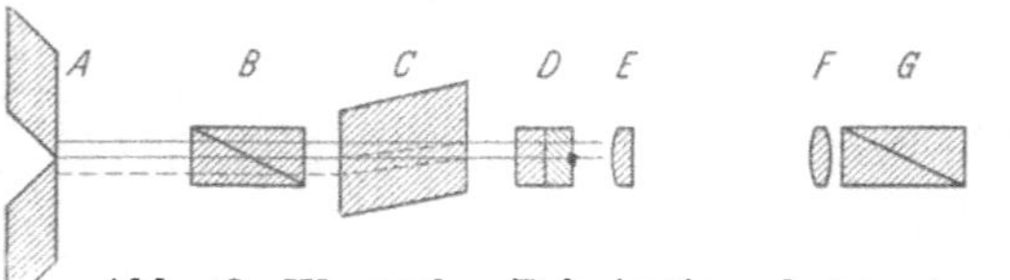

Abb. 18. WILDsches Polarisationsphotometer.

Das aus den Linsen E und F bestehende Beobachtungssystem liefert ein scharfes Bild der Trennungslinie der Prismen A. G ist der zum Polariskop gehörige Analysator.

Das NUTTINGsche Photometer[2] ist besonders geeignet für Absorptionsmessungen. Die von dem leuchtenden Spalt S ausgehenden Strahlen (Abb. 19) gelangen zu einer Linse L, die die Strahlen parallel macht. Die durch die vorgesetzte Blende räumlich getrennten Bündel durchsetzen auf der einen Seite die zu untersuchende absorbierende Substanz V, auf der anderen ein Nikol n_1, worauf die beiden Bündel durch eine Prismenkombination P zusammengeführt werden, wobei die Trennungsfläche des Rhomboidprismas und des angefügten rechtwinkligen Prismas in beliebiger Weise unterteilt werden kann. Da diese durch die folgenden Objektive O_1 und O_2 in der Spaltebene S' abgebildet werden kann, kann auch in dem folgenden Spektralapparat jede Linie oder Blende beliebig in ihrer Längserstreckung unterteilt werden. Das Nikol n_2 dient zur Abgleichung der Intensitäten.

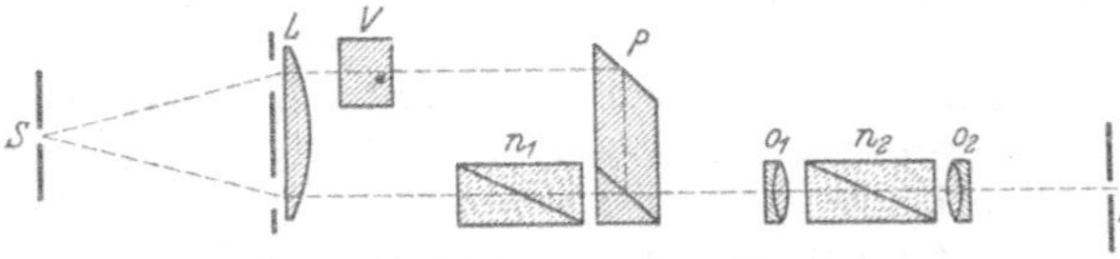

Abb. 19. NUTTINGsches Photometer.

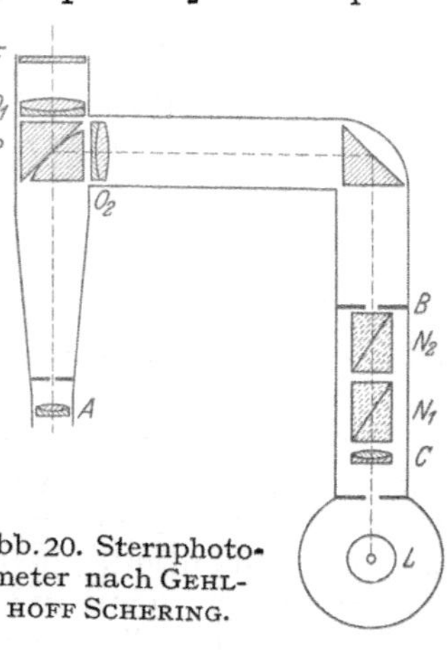

Abb. 20. Sternphotometer nach GEHLHOFF SCHERING.

Abb. 20 zeigt den Aufbau des Sternphotometers nach GEHLHOFF-SCHERING[3]. Bei ihm ist ein neues Meßprinzip verwendet worden, das eine bedeutende Erhöhung der Genauigkeit der Messung auch bei punktförmigen Lichtquellen ermöglicht. Ohne Zwischenschaltung regelmäßig oder diffus reflektierender Flächen wird das Bild der Lichtquelle in der Pupille des Auges entworfen, wodurch erreicht wird, daß der Vergleich auf Flächen statt auf Punkte zurückgeführt wird. Daher können mit einem solchen Photometer auch sehr schwache Lichtquellen aus-

[1] WILD, Pogg Ann 118, S. 193 (1863); MOUSSON, Physik 3, S. 712 (1880).

[2] L. C. MARTIN, Optical Measuring Instruments, S. 224. London 1924.

[3] Z f techn Phys 1, S. 247 (1920); 4, S. 391 (1923); vgl. auch MÜLLER, Photometrie der Gestirne. Leipzig 1897.

gewertet werden. Der Fehler ist durchschnittlich 0,01 Größenklasse. Während die Objektive O_1 und O_2 das vom Sternbild bzw. von der Blende B ausgehende Licht parallel machen und dem Prisma P zulenken, dessen Trennungsfläche mit dem Okular A beobachtet wird, geschieht die Abschwächung der Vergleichslichtquelle L, die durch C auf der Blendenebene B abgebildet wird, durch zwei Nikols N_1 und N_2, die gegeneinander gedreht werden. Bei sehr geringen Helligkeiten empfiehlt sich die Einschaltung eines dritten Nikols zwischen L und B. F ist ein Farbfilter zum Ausgleich der Farbenunterschiede von Stern und Vergleichslichtquelle.

b) Interferenz.

11. Grundlagen. Einige Erscheinungen, vor allem die von O. WIENER gemachte Beobachtung der stehenden Lichtwellen, haben den periodischen Charakter der Lichtwellen erwiesen. Jedem Glied einer FOURIERschen Reihe, in die man den Vektor $\mathfrak{f}$ oder $\mathfrak{g}$ entwickeln kann, läßt sich also eine physikalische Bedeutung beimessen. Man bezeichnet eine solche in einfachster Weise durch eine trigonometrische Funktion darstellbare periodische Welle

$$A = a\cos\left(\frac{2\pi t}{T} - \delta\right)$$

als eine homogene Welle, von der aber vorausgesetzt werden muß, daß der durch sie gegebene Schwingungszustand nur während einer bestimmten Zeit erhalten bleibt. Strenggenommen ist jede Welle aus zahlreichen Einzelwellen nahezu gleicher Periode zusammengesetzt, so daß sowohl die Amplitude a wie die Phasenkonstante δ mit der Zeit langsam veränderlich ist. Dieses Zeitintervall, in dem die Welle als regelmäßig anzunehmen ist, ist im allgemeinen klein gegenüber den Beobachtungszeiten. Zwei beliebige Wellen werden daher, selbst wenn sie von verschiedenen Punkten derselben Lichtquelle ausgegangen sind, keinen Zusammenhang zwischen den Bestimmungsgrößen a und δ aufweisen, und ihre Gesamtwirkung ergibt sich, indem man die Summe ihrer Mittelwerte bildet. Sind die Wellen aber kohärent[1], d. h. besteht zwischen den Größen a und δ ein gesetzmäßiger Zusammenhang, so ist die Intensität der resultierenden Welle eine periodische Funktion des Ortes, es entstehen Interferenzerscheinungen, die geeignet sind, genaue Aufschlüsse über die spektrale Beschaffenheit der Welle zu geben. Freilich ist hierbei Bedingung, daß die beiden interferierenden Wellen gleiche Periode haben. Ist dies nicht der Fall, so ergeben sich Schwebungen, also Intensitäten, die für jeden in Betracht kommenden Ort noch zeitlich veränderlich sind. Solche im wesentlichen theoretisch wichtigen Interferenzerscheinungen sind bereits von DOVE[2] und AIRY[3] behandelt worden. Das tatsächliche Eintreten solcher Änderungen ist von RIGHI[4] durch Versuch nachgewiesen worden.

Bei gleicher Periode (gleicher Wellenlänge) und Kohärenz der sich überlagernden Wellen, die am besten durch Reflexion oder Brechung der von einer Lichtquelle ausgehenden Schwingungen erzeugt werden, bilden sich innerhalb eines begrenzten Raumes Intensitätsunterschiede, bei denen der Abstand zweier aufeinanderfolgender Extremwerte sich mit der Wellenlänge sehr stark ändert und gestattet, entweder bei konstanter Wellenlänge Längen in Bruchteilen der

---

[1] M. v. LAUE, Verh d Dtsch Phys Ges 9, S. 606 (1907).
[2] Pogg Ann 71, S. 97 (1847).
[3] Undulatory Theory of Optics, 3. Ed. 1877, S. 156.
[4] Nuovo Cimento (3) 14, S. 173 (1883); J de Phys (2) 2, S. 437 (1883).

bekannten Wellenlänge zu messen oder andererseits kleinste Wellenlängenänderungen zu bestimmen[1].

Beschränkt man sich auf diejenigen Vorgänge, bei denen zwei oder mehrere durch Beugung nicht beeinflußte, in nahezu gleicher Richtung fortschreitende Wellen gleicher Periode den Lichtvektor bestimmen (Interferenzen im engeren Sinne), so kann zweckmäßig eine Einteilung vorgenommen werden nach der Größe der verwendbaren Lichtquelle. Für das Zustandekommen der Interferenzerscheinungen der ersten Gruppe ist eine Begrenzung der Fläche der Lichtquelle durch eine punkt- oder spaltförmige Blende erforderlich, womit bereits gesagt ist, daß infolge der Einschnürung der wirksamen Strahlenbündel gleichzeitig Beugungserscheinungen auftreten werden, die eine Beobachtung der reinen Interferenzerscheinung erschweren, während bei der zweiten Gruppe ausgedehnte Lichtquellen und Bündel von großem Querschnitt genügen. Freilich ist im zweiten Falle das Raumgebiet, in dem die Interferenzen sichtbar sind, sehr beschränkt, im Grenzfalle auf eine Fläche oder einen Teil einer solchen; bei punktförmigen Lichtquellen ist der Interferenzraum ausgedehnt.

Zu den Interferenzerscheinungen der ersten Gruppe gehören diejenigen, welche, schon zu Beginn des 19. Jahrhunderts bekannt, wesentlich dazu beigetragen haben, den Kampf zwischen Undulationstheorie und NEWTONscher Emissionstheorie des Lichtes zugunsten ersterer zu entscheiden, nämlich die mit Hilfe der FRESNELschen Spiegel oder des Doppelprismas erzeugten sowie die Erscheinungen bei BILLETschen Halblinsen, bei gemischten Blättchen u. a.[2]. Die zweite Gruppe umfaßt alle Erscheinungen, die bei Vorhandensein dünner Blättchen oder auch dickerer Platten, vorzüglich solcher mit planparallelen Begrenzungsflächen, auftreten. Ausgehend von den NEWTONschen Ringen gelangt man so zu den HAIDINGERschen, HERSCHELschen, JAMINschen Streifen und schließlich zu den als Interferenzen gleicher Neigung bezeichneten Formen, die zur Konstruktion der Interferenzapparate hoher Auflösungsfähigkeit geführt haben.

12. Interferenzen bei punktförmiger Lichtquelle. Werden von einer punktförmigen Lichtquelle L zwei eng benachbarte Bilder L_1 und L_2 erzeugt, von denen eines, wie beim LLOYDschen[3] Versuch, durch die Lichtquelle selbst ersetzt werden kann (Abb. 21), so überlagern sich die den Bildern entsprechenden reflektierten oder gebrochenen Lichtwellen, deren Amplitude nahezu gleich ist, innerhalb eines durch die Abmessungen der ablenkenden Elemente gegebenen Raumes. Die beiden Elementarwellen

$$\left.\begin{aligned} A_1 &= a_1 \cos\left(\frac{2\pi t}{T} + \delta_1\right), \\ A_2 &= a_2 \cos\left(\frac{2\pi t}{T} + \delta_2\right), \end{aligned}\right\} \tag{30}$$

deren Schwingungsrichtung als gleich vorausgesetzt werden kann, da die in

---

[1] Über die quantentheoretische Behandlung der Interferenzen: L. DE BROGLIE, C R 177, S. 548 (1923); G. BREIT, Proc Nat Amer Acad 9, S. 238 (1923); W. GERLACH u. A. LANDÉ, Z f Phys 36, S. 169 (1926); A. J. DEMPSTER, Phys Rev (2) 27, S. 804 (1926); G. WATAGHIN, Z f Phys 51, S. 593 (1928). Die Folgerungen decken sich im allgemeinen mit denen der klassischen Theorie; s. auch E. FERMI, Lincei Rend (6) 10, S. 72 (1929); Cim (N.S.) 7, S. 153 (1930); G. RACAH, Lincei Rend (6) 11, S. 837 (1930).

[2] Eine historische Zusammenstellung findet sich in E. GEHRCKE, Handb. der physikalischen Optik, S. 317ff. Leipzig 1927. Betr. Erklärung der Interferenzen nach der NEWTONschen Emissionshypothese s. auch F. KLEMM, Die Geschichte der Emissionstheorie des Lichtes. Weimar 1932.

[3] Trans R S Edinb 17, S. 174 (1837); Pogg Ann 45, S. 95 (1838); E. MASCART, Traité d'Opt 1, S. 184 (1899); J. B. GREEN, J Opt Soc Amer 7, S. 299 (1923).

jeder Welle vorhandenen linearpolarisierten Anteile getrennt betrachtet werden können, setzen sich zu einer Schwingung zusammen, die in der Form

$$B = \{a_1 + a_2 \cos(\delta_1 - \delta_2)\} \cos\left(\frac{2\pi t}{T} + \delta_1\right) + a_2 \sin(\delta_1 - \delta_2) \sin\left(\frac{2\pi t}{T} + \delta_1\right) \quad (31)$$

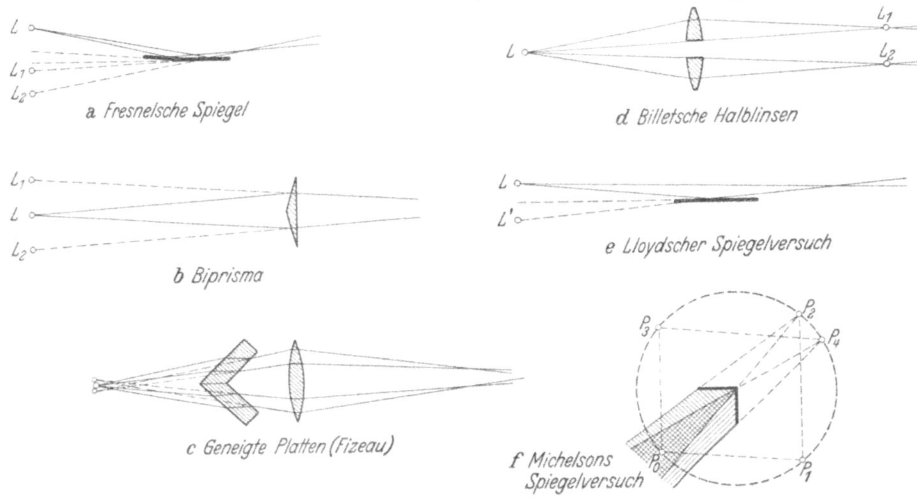

Abb. 21. Anordnungen zur Erzeugung von Interferenzen geringen Gangunterschiedes mit Hilfe von Spiegeln, Linsen und Prismen.

dargestellt werden kann, also wieder eine Schwingung von gleicher Periode ergibt, deren Amplitude b

$$b = \sqrt{a_1^2 + a_2^2 + 2\,a_1 a_2 \cos(\delta_1 - \delta_2)} \quad (32)$$

ist. Die Lichtstärke (Helligkeit, Intensität) J einer linearpolarisierten Welle, die sich als Summe der potentiellen und kinetischen Energie der schwingenden Ätherteilchen ergibt, läßt sich darstellen in der Form

$$J = b^2. \quad (33)$$

Nach der elektromagnetischen Theorie folgt für die Energie, die in der Zeit dt durch eine in einer Wellenfläche liegende Fläche F hindurchgeht,

$$\mathfrak{S} \cdot F \cdot dt = \frac{q}{4\pi}(f^2 + g^2)\, F \cdot dt,$$

wobei in einer hinreichend großen Zeit für die Mittelwerte zu setzen ist

$$\frac{1}{T}\int_0^T f^2 dt = \bar{f}^2, \qquad \frac{1}{T}\int_0^T g^2 dt = \bar{g}^2,$$

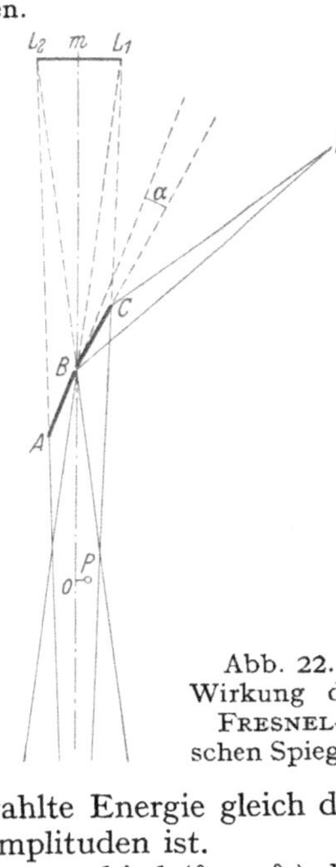

Abb. 22. Wirkung der Fresnelschen Spiegel.

so daß die in der Zeiteinheit durch die Fläche F gestrahlte Energie gleich der Summe der Quadrate der voneinander unabhängigen Amplituden ist.

Die Intensität ist somit abhängig von dem Phasenunterschied $(\delta_1 - \delta_2)$ der Teilwellen. Setzt man gemäß Abb. 22 $Om = x$, $OP = y$, so sind die Wege von L_1 und L_2 nach P bei $L_1 L_2 = l$

$$\sqrt{x^2 + \left(\frac{l}{2} + y\right)^2} - \sqrt{x^2 + \left(\frac{l}{2} - y\right)^2}$$

und damit der Phasenunterschied im Punkte P bei der Wellenlänge λ

$$\delta_1 - \delta_2 = \frac{2\pi l y}{\lambda x}.$$

Bei gleichen Amplituden beider Elementarbündel ($a_1 = a_2$) ist daher

$$J = 4a^2 \cos\frac{\pi l y}{\lambda x}, \tag{34}$$

und die Intensität ändert sich periodisch sowohl mit x wie mit y. Die Höchstwerte werden viermal so groß wie bei Wirkung eines der Lichtpunkte L_1 oder L_2, der Übergang zu den absoluten Minimalwerten erfolgt sinusförmig, ein Verhalten, das allen durch Zusammenwirkung zweier Elementarbündel entstehenden Interferenzen gemeinsam ist. Sind die Intensitäten der Einzelbündel ungleich, so baut sich die Helligkeitsschwankung auf einem gleichförmigen Grunde von der Lichtstärke $a_1^2 - a_2^2$ auf, die Sichtbarkeit der Interferenzen wird also kleiner wegen der geringeren Helligkeitsunterschiede.

Die Form der Flächen gleicher Helligkeit, die sich nach den Näherungsrechnungen als Kegel mit der Achse mO ergeben würden, sind in Wirklichkeit zweischalige Hyperboloide, deren Brennpunkte die sekundären Lichtquellen selbst sind, denn für sie gilt unmittelbar die Beziehung, die die Orte gleicher Helligkeit auszeichnet: die Differenz der Wege von L_1 und L_2 nach einem Punkt der Hyperboloidflächen ist konstant.

Die an dem Beispiel der FRESNELschen Spiegel durchgeführten Betrachtungen lassen sich ohne weiteres auf die übrigen in Abb. 21 zusammengestellten Interferenzen übertragen. Es entstehen nur Streifen von niederer Ordnung (von kleinem Gangunterschied), die symmetrisch zu dem achromatischen Streifen nullter Ordnung liegen. Daher sind die Interferenzen auch im weißen Licht sichtbar im Gegensatz zu den Interferenzen höherer Ordnung, die nur im homogenen Lichte beobachtet werden können und deshalb im allgemeinen eine ziemlich weitgehende Vorzerlegung des Lichtes benötigen. Andererseits ist zu beachten, daß sowohl die Ausdehnung der Lichtquelle wie auch die Aufstellung der ablenkenden Elemente Einfluß auf die Intensitätsverteilung hat. Besonders trifft dies zu für die mit Spiegelung arbeitenden Kombinationen, weil bei ihnen jede Lagenänderung der Spiegel sich als Ablenkung oder Verschiebung der Strahlen mit doppelter Größe auswirkt.

Einfacher zu handhaben sind die an das FRESNELsche Biprisma anschließenden Anordnungen, bei denen freilich die Entfernung zweier aufeinanderfolgender Streifen noch von dem Brechungsindex der verwendeten Materialien abhängt[1]. Wesentlich ist hierbei, daß die für den Streifenabstand maßgebende Ablenkung durch die Prismenteile, die bei der Kleinheit der brechenden Winkel ε in der Form $(n - 1)\varepsilon$ geschrieben werden kann, durch Einbettung des Prismas in ein Medium von höherem Brechungsindex abnimmt. Eine geeignete Anordnung ist von WINKELMANN[2] angegeben worden.

Den Übergang von den vorerwähnten Interferenzerscheinungen, bei denen für die Mitte des Streifensystems der Gangunterschied Null ist, zu denjenigen, welche einen endlichen Gangunterschied für die Mitte ergeben, bilden die Ringe, die bei gemischten Blättchen auftreten. Besteht eine dünne, als planparallel zu betrachtende Schicht aus einer größeren Zahl von Elementen mit verschiedenem Brechungsindex, so erleiden die durchgehenden Wellenteile je nach der Größe der Brechungszahl verschiedene Verzögerungen, und das Bild der Lichtquelle

[1] A. FRESNEL, Œuvres compl 1, S. 330 (1866—1870).
[2] Z f Instrk 22, S. 275 (1902).

erscheint durchzogen und umgeben von farbigen Ringen, deren Abstand verhältnismäßig groß ist. Die ersten Beobachtungen dieser Art rühren her von THOMAS YOUNG, dessen Erklärung jedoch nach BREWSTER nicht als völlig einwandfrei angesehen werden kann[1].

Nimmt man die Lichtquelle in großer Entfernung an und betrachtet man demgemäß die interferierenden Wellenzüge als parallel, so findet man bei einer Plattendicke d den Gangunterschied der durch die Medien mit den Brechungszahlen n_1 und n_2 gehenden Teilwellen gleich [s. Ziff. 9]

$$d\left(\sqrt{n_1^2 - \sin^2 i} - \sqrt{n_2^2 - \sin^2 i}\right), \tag{35}$$

woraus für senkrechten Einfall folgt

$$d(n_1 - n_2),$$

während für die Einfallswinkel i_m, für welche der Gangunterschied gegen die Mitte ein ganzes Vielfaches einer Wellenlänge beträgt, gilt

$$\sin^2 i_m = \frac{4p(n_1 + p)(n_2 - p)(n_1 - n_2 + p)}{(2p + n_1 - n_2)^2}, \quad \text{wobei} \quad 2p = \frac{m\lambda}{d}. \tag{36}$$

Selbstverständlich überlagern sich dieser Erscheinung infolge des Vorhandenseins der Begrenzungsflächen der einzelnen kleinen Elemente stets Beugungserscheinungen, die aber verhältnismäßig leicht von den Interferenzringen getrennt werden können[2].

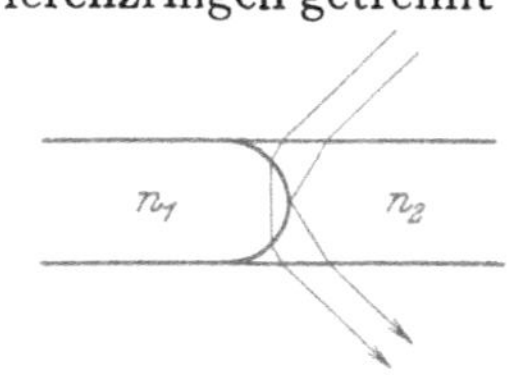

Abb. 23. Interferenzen gemischter Platten.

Eine genauere Behandlung dieser Erscheinungen erfordert die Berücksichtigung der Reflexion und Brechung an den Grenzen der verschieden brechenden Elemente gemischter Platten. Es gelingt so, die Besonderheiten zu erfassen, die bei den einfachen Annahmen nicht erklärt werden können[3]. Rein geometrisch-optisch findet man Strahlen, die nicht durch ein Element von bestimmtem Brechungsindex mit einfacher Brechung beim Eintritt und Austritt verlaufen, sondern nach dem Eintritt in die Schicht ein oder zwei Brechungen oder eine Reflexion an den Zwischenflächen erleiden und trotzdem parallel austreten, wie Abb. 23 andeutet. Ähnlichen Strahlenverlauf zeigt die von OHM[4] beschriebene Erscheinung, die bei einer punktförmigen Lichtquelle entsteht, wenn in den Gang der Lichtstrahlen eine Planparallelplatte mit abgeschrägtem oder abgerundetem Rand hineingebracht wird.

13. Interferenzen dünner Blättchen. Die grundlegenden Beobachtungen für diese Gruppe von Erscheinungen gehen auf BOYLE, HOOKE und NEWTON zurück. Es handelt sich dabei zunächst um die Farbenerscheinungen, die dünne Schichten durchsichtiger Substanzen annehmen, wenn sie, in Medien von abweichendem Brechungsindex eingebettet, im durchgehenden oder reflektierten Licht betrachtet werden, wobei die Farbe oder bei homogenem Licht die Intensität an einem bestimmten Orte abhängig ist von der Dicke der Schicht und dem Einfallswinkel.

Die Erklärung für diese Erscheinungen ist bereits durch die vorhergehenden Erörterungen gegeben. Durch Aufspaltung der einfallenden Welle an den Grenzflächen der Schicht in einen reflektierten und einen gebrochenen Teil entstehen

---

1 TH. YOUNG, Phil Trans 1802, S. 390; D. BREWSTER, ebenda 1838, S. 73.
2 Siehe hierzu K. EXNER, Sitzber K Akad Wiss Berl 1875, II. Abt., 11. März und 25. Nov.
3 C. V. RAMAN u. B. BANERJI, Phil Mag 41, S. 338, 860 (1921); C. V. RAMAN u. K. S. RAO, ebenda 42, S. 679 (1921).
4 Pogg Ann 49, S. 105 (1840).

Teilwellen von verschiedener Amplitude, von denen jedoch meist nur zwei in Betracht kommen, weil die Amplitude der übrigen außerordentlich klein wird, ihre Wirkung also vernachlässigt werden kann.

Die FRESNELschen Reflexionsformeln geben für senkrechten Einfall unabhängig von dem Polarisationszustand einen Reflexionsfaktor

$$\left(\frac{n-1}{n+1}\right)^2,$$

der für die normalerweise in Betracht kommenden Substanzen Werte zwischen 0,02 und 0,08 annimmt, so daß bei Betrachtung der einmal reflektierten Bündel die Intensitäten sich wie 1:1,1 bzw. wie 1:1,2 verhalten, während die weiteren Komponenten in der Größenordnung von 0,00001 bzw. 0,0004 liegen. Beim durchgelassenen Licht sind die zweimal reflektierten Anteile nur Bruchteile eines Prozentes der direkt durchgelassenen Strahlung, und die Interferenzstreifen sind bei der sinusförmigen Intensitätsänderung, die in beiden Fällen vorhanden ist, sehr schwach sichtbar. Der Gangunterschied der interferierenden Wellen ist für den Einfallswinkel 0° gleich dem doppelten Produkt $2nd$ aus Brechungszahl und Dicke, vermehrt um die Phasenänderung, die bei Reflexion im dichteren am dünneren Medium stattfindet.

Die Anwendung dieser im weißen Licht nur in wenigen Ordnungen, im homogenisierten Licht auch bei höherer Ordnungszahl sichtbaren Interferenzen ist im allgemeinen nur beschränkt, zumal eine strenge Behandlung, die bei keilförmiger Schicht und Einschluß größerer Einfallswinkel notwendig wird[1], ziemlich umständliche Formeln erhält, die zeigen, daß der Ort der Interferenzen keineswegs innerhalb der Schicht liegt, ferner, daß die Richtung der Streifen nicht streng den Stellen gleicher Dicke folgt. Eine unmittelbare Bestimmung der Schichtdicke ist daher nur möglich, wenn unter nahezu senkrechtem Einfall bei geringem Keilwinkel beobachtet wird, ein Fall, der praktisch zur Feststellung geringer Abweichungen einer optisch wirksamen Fläche gegenüber einer als fehlerfrei zu betrachtenden (Probefläche) benutzt wird, wobei noch beachtet werden muß, daß bei ungenügenden Dickenabmessungen der zu vergleichenden Stücke infolge der Adhäsionskräfte Deformationen auftreten, die wesentliche Änderungen der Flächenformen bedingen.

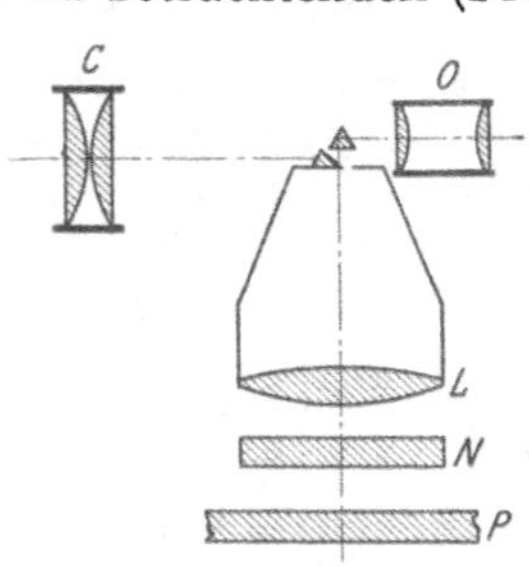

Abb. 24. Interferenzapparat zur Prüfung von Planflächen.

Will man diese Unvollkommenheiten beseitigen und die im wesentlichen qualitative Methode zu einer quantitativen umwandeln, so muß man sich eines Apparates bedienen, bei dem die beiden Grundbedingungen, möglichst senkrechter Einfall und endlich dicke, Adhäsionswirkungen ausschließende Zwischenschicht, erfüllt sind.

Solche Konstruktionen sind von ABBE, SCHÖNROCK, M. SCHULTZ und H. SCHULZ[2] angegeben worden, wobei in erster Linie die genaue Prüfung ebener Flächen für Interferenzapparate ins Auge gefaßt war. Der Aufbau ist in Abb. 24 wiedergegeben. Das von einer ziemlich homogenen Lichtquelle (Quecksilberlampe, Heliumrohr) ausgehende Licht wird durch den Kondensor C dem Ab-

---

[1] W. FEUSSNER, Wied Ann 14, S. 566 (1881); Sitzber Ges z Beförd d Nat-Wiss Marburg 1888, S. 76; s. auch E. v. D. PAHLEN, Ann d Phys (4) 39, S. 1567 (1912); eine Anwendung zur Bestimmung des Durchmessers dünner Drähte s. H. KREUSLER, Z f techn Phys 13, S. 241 (1932).

[2] S. CZAPSKI, Z f Instrk 5, S. 149 (1885); E. BRODHUN u. O. SCHÖNROCK, ebenda 22, S. 355 (1902); M. SCHULTZ, ebenda 32, S. 258 (1912); H. SCHULZ, ebenda 34, S. 252 (1914); s. auch G. MABBOUX, Rev d'Opt 6, S. 470 (1927).

lenkungsprisma zugeleitet und gelangt durch die Beleuchtungslinse L, die gleichzeitig als Lupe (oder Fernrohrobjektiv) dient, zu der schwach keilförmigen, mit der Normalfläche versehenen Platte N, unter die das zu prüfende Stück P mit Hilfe eines auf Kugeln geführten Schlittens gebracht wird; zur Einstellung auf Parallelität der zu prüfenden Flächen dienen feingängige Schrauben an der Fassung der Normalplatte, die durch Schneckentrieb gesenkt werden kann. Bei Beobachtung der Ringe gleicher Neigung (s. w. u.) wird das Okular O benutzt.

Als einfaches Hilfsmittel zur angenäherten Bestimmung der Wellenlängen kann man vor dem Spalt ein Blättchen anbringen, das durch den Spalt hindurch von der Seite des Kollimators her mit weißem Licht beleuchtet wird. Ist dieses schwach keilförmig und die Keilkante parallel zur Spaltrichtung, so erscheint das Spektrum von Interferenzstreifen durchzogen (kanneliertes Spektrum), deren Entfernung sich aus der Gleichung

$$p_a \lambda_a = p_b \lambda_b = 2d \tag{37}$$

ergibt, wobei d die Dicke des Blättchens, λ_a und λ_b die Wellenlängen in diesem, p_a und p_b die auf die doppelte Dicke des Blättchens entfallende Zahl der Wellenlängen bedeuten. Ist eine der Wellenlängen bekannt, dann ist die andere durch Auszählung der zwischen ihnen liegenden Streifen unmittelbar zu ermitteln.

Unter geeigneten Umständen gelingt es, die Zahl der zur Erzeugung der Interferenzstreifen beitragenden Teilwellen bedeutend zu erhöhen, indem durch Erhöhung des Reflexionskoeffizienten auch den mehrfach reflektierten Anteilen eine noch merkliche Intensität zugeführt wird. Dies kann geschehen entweder durch Vergrößerung des Einfallswinkels, mit dem die FRESNELschen Reflexionskonstanten anwachsen, oder durch Anwendung mehr oder weniger durchlässiger Metall- (Silber-) Schichten, die durch chemischen Niederschlag oder kathodische Zerstäubung erhalten werden[1]. Mit wachsender Zahl der wirkenden Teilwellen wird der Abfall vom Maximum zum Minimum steiler und der Unterschied zwischen Maximum und Minimum nimmt mit dem Anwachsen der Reflexionskoeffizienten zu.

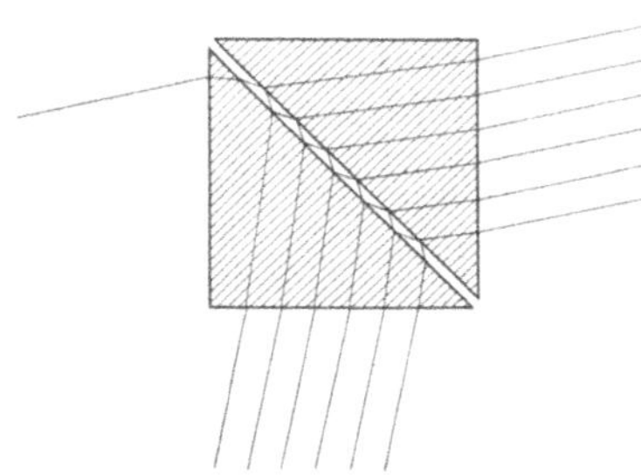

Abb. 25. Erzeugung HERSCHELscher Streifen.

Diese Gesetzmäßigkeiten zeigen sich am deutlichsten bei den HERSCHELschen Streifen, die an einer dünnen Luftschicht zwischen zwei rechtwinkligen Prismen entstehen (Abb. 25)[2]. Bei hinreichend dünner Luftschicht entstehen in der Nähe der Grenze der Totalreflexion schon bei Beleuchtung mit weißem Licht Interferenzstreifen von um so größerer Schärfe, je näher sie der genannten Grenze liegen. Die Erscheinung liegt im Unendlichen, wird also bei Akkommodationsruhe auf die Netzhaut oder bei Zwischenschalten einer Linse in der Brennebene abgebildet.

Die Intensität hängt ab von den Reflexionskoeffizienten und vom Einfallswinkel und kann auf folgendem Wege gefunden werden: Trifft eine Welle mit der Normalen AB_1 aus dem ersten Medium kommend (Abb. 26) auf die erste Grenzfläche, so entstehen aus dem Strahl AB_1 eine Reihe von reflektierten Strahlen B_1E_1, B_2E_2, B_3E_3, ... sowie durchgehende C_1D_1, C_2D_2, C_3D_3, ... von ab-

[1] R. RITSCHL, Z f Phys 69, S. 578 (1931).

[2] W. HERSCHEL, Phil Trans 1809, S. 274; W. TALBOT, Phil Mag (3) 9, S. 401 (1836); O. LUMMER, Sitzber K Akad Wiss Berl 24, S. 504 (1900); s. auch H. JOACHIM, Nachr K Ges d Wiss. Göttingen Mai 1907.

nehmender Amplitude, die sich zu je einer Welle zusammensetzen, deren Wellenfunktion für das durchgelassene Licht ist

$$\sum_{p=0}^{\infty} \mu_1 \mu_1' (\mu')^{2p} f\left(t - \frac{x}{q} - \frac{(2p+1)\delta}{q_1} - \frac{\varrho_{p+1}}{q}\right). \tag{38}$$

Die Koeffizienten μ', μ_1, μ_1', die die Änderung des Lichtvektors beim Übergang über die Grenzflächen und bei der Reflexion darstellen, lassen sich auf einen Koeffizienten zurückführen vermöge der Beziehungen

$$\mu' = -\mu, \qquad \mu_1 = 1 + \mu, \qquad \mu_1' = 1 - \mu,$$

während für das Argument abkürzend gesetzt werden kann

$$\alpha - p\beta,$$

so daß (38) übergeht in

$$\sum_{p=0}^{\infty} (1 - \mu^2)\mu^{2p} f(\alpha - p\beta).$$

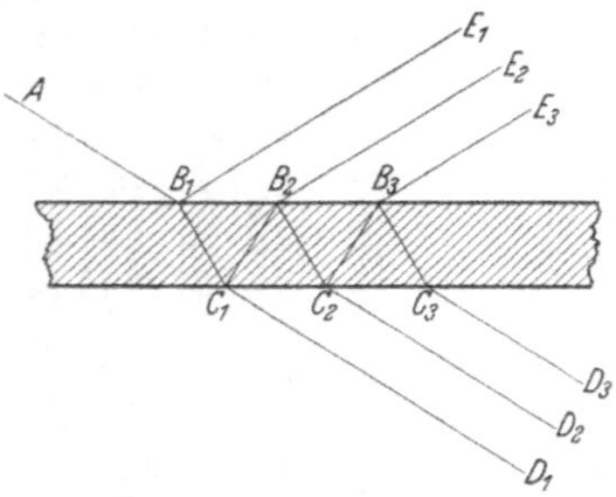

Abb. 26. Interferierende Teilbündel bei einer Planparallelplatte.

Setzt man weiter für f

$$f(t) = e^{i\omega t},$$

so daß der reelle Teil eine homogene Welle von der Frequenz ω darstellt, so wird

$$\sum_{p=0}^{\infty} (1 - \mu^2)\mu^{2p} e^{i\omega(\alpha - p\beta)} = \frac{(1 - \mu^2)\, e^{i\omega\alpha}}{1 - \mu^2 e^{-i\omega\beta}},$$

und bei Isolierung des reellen Teiles ergibt sich die Intensität der in der vorgegebenen Richtung fortschreitenden Welle

$$J_d = \frac{(1 - \mu^2)^2}{1 - 2\mu^2 \cos\omega\beta + \mu^4}, \tag{39}$$

wobei

$$\omega\beta = \frac{4\pi d \cos r \cdot n}{\lambda}.$$

Für die reflektierte Welle ergibt sich aus dem Energieprinzip

$$J_r = 1 - J_d = \frac{4\mu^2 \sin^2\frac{\omega\beta}{2}}{1 - 2\mu^2\cos\omega\beta + \mu^4}. \tag{40}$$

Durchgelassene und reflektierte Streifensysteme sind also komplementär zueinander[1]. Im durchgelassenen Licht sind die Maxima scharf auf dunklem Grunde, im reflektierten Licht sind die Minima vollkommen, d. h. sie haben die Intensität Null. Der Kontrast, für den gemäß (39) folgt

$$\frac{J_{\min}}{J_{\max}} = \left(\frac{1 - \mu^2}{1 + \mu^2}\right)^2,$$

wächst mit dem Werte des Reflexionskoeffizienten, doch ist zu beachten, daß bei $\mu = 1$ die gesamte Energie bereits in den ersten Strahl $B_1 E_1$ verlegt wird, eine Interferenzerscheinung daher nicht zustande kommen kann. Bei endlicher Zahl der mitwirkenden Bündel treten zwischen den Hauptmaxima schwächere Nebenmaxima auf, die gemäß folgender Gleichung

$$J_d = (1 - \mu^2)^2 \frac{(1 - \mu^{2p})^2 + 4\mu^{2p}\sin^2\frac{p\omega\beta}{2}}{(1 - \mu^2)^2 + 4\mu^2\sin^2\frac{\omega\beta}{2}} \tag{41}$$

[1] O. LUMMER, Sitzber K Akad Wiss Berl 24, S. 504 (1900).

mit der Zahl der zur Wirkung gelangenden Bündel wachsen. Die beobachteten Erscheinungen entsprechen vollkommen den Folgerungen der Theorie, die auch noch auf den Fall ausgedehnt werden kann, daß das einfallende Licht in einem beliebigen Azimut linearpolarisiert ist[1].

Ist der Wert der Reflexionskoeffizienten nahezu 1, so tritt eine Verdopplung der Streifen auf, die am deutlichsten hervortritt, wenn das erste Büschel ausgelöscht wird, was sehr leicht erreicht werden kann, weil die Azimute der austretenden Strahlenbündel sehr verschieden sind. Diese Erscheinung ist außerordentlich empfindlich gegen Phasenänderungen und ist deshalb von SORGE benutzt worden, um geringe Elliptizitäten zu messen, wobei als Besonderheit erwähnt sein mag, daß bei dieser Methode die Unterscheidung von negativer und positiver Elliptizität unmittelbar erzielt wird[2]; ebenso eignet sich das Verfahren zur Feststellung geringer Doppelbrechungen. Bei Anwendung eines geeigneten Kompensators lassen sich bei 1 cm Dicke noch Brechungsindexdifferenzen von $5 \cdot 10^{-7}$ messen.

14. MICHELSONsches Interferometer. Statt die beiden zur Erzeugung kohärenter Lichtquellen dienenden reflektierenden Flächen unmittelbar hinter- oder nebeneinander anzuordnen, benutzt MICHELSON Hilfsspiegel, die es ermöglichen, beide räumlich getrennt aufzustellen und dadurch die beiden interferierenden Strahlengänge vollständig zu trennen. Zu diesem Zwecke dient eine (gegebenenfalls halbdurchlässig versilberte) Glasplatte G_1, an der das von der Lichtquelle L (Abb. 27) kommende Licht aufgespalten wird. Ein Teil gelangt nach Durchgang durch die Platte G_1 zum Spiegel S_1 und von dort aus zurück nach G_1 und zum Beobachter B. Der andere Teil gelangt durch die Platte G_2 zum Spiegel S_2 und rückwärts durch G_2 und G_1 ebenfalls zum Beobachter B. Das Prinzip, das mannigfacher Abwandlungen fähig ist[3], erlaubt eine vielfache Anwendung, zumal man durch Neigung eines der Spiegel von den Interferenzen planparalleler Platten zu solchen keilförmiger übergehen kann und die Auswertung dadurch erleichtert wird, daß die theoretischen Voraussetzungen sehr einfache sind: die Einfallswinkel sind klein, mehrfache Reflexionen treten nicht auf, und der Einfluß der Brechungen der Platten G_1 und G_2 ist ausgeschaltet, wenn diese von gleicher Dicke sind.

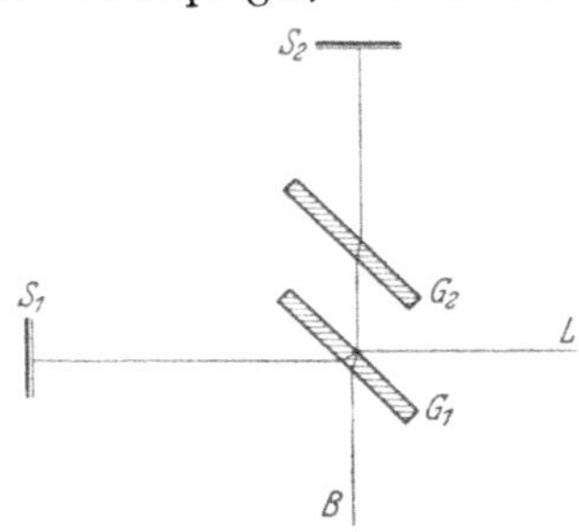

Abb. 27. MICHELSONsches Interferometer.

Je nach Stellung der Spiegel zueinander sind die Interferenzen gerade Linien oder Kegelschnitte, die bei Neigung der Spiegel im Endlichen liegen, während bei Parallelstellung in der Brennebene eines Objektivs Kreise entstehen. Ein gewisser Widerspruch zu den Folgerungen FEUSSNERS ist von G. KRAUSE[4] aufgeklärt worden, der zeigte, daß die Interferenzkurven bei kleinem Öffnungswinkel des optischen Systems vom 4. Grade sind und daher auch in die vorerwähnten Kurven 2. Grades übergehen können. Die Abweichungen der

---

[1] O. LUMMER, Ann d Phys 23, S. 49 u. 63 (1907); H. SCHULZ, ebenda (4) 26, S. 139 (1908).

[2] K. SORGE, Inaug.-Diss. Breslau 1909.

[3] A. A. MICHELSON, Amer J of Science (3) 39, S. 115 (1890); Light Waves and their Uses. Chicago 1907.

[4] Ann d Phys (4) 48, S. 1037 (1915). Statt der Glasplatte G_1 kann ein Prismenpaar mit versilberter Zwischenschicht benutzt werden. Siehe R. M. LANGER, J Opt Soc Amer 16, S. 134 (1928). Die Kompensationsplatte fällt dann fort. Ein einfaches Verfahren zur Demonstration der Wirkungsweise des MICHELSONschen Interferometers siehe O. H. KNESER, Z f Phys 30, S. 251 (1929).

FEUSSNERschen Theorie sind also auf die Näherungen zurückzuführen, die vorgenommen werden mußten, um bei ausgedehnten Lichtquellen zu geschlossenen Ausdrücken zu gelangen.

Die Anordnung ist in verschiedener Weise ausgenutzt worden. Wie bereits bemerkt, ist die Intensitätsverteilung im Idealfall rein sinusförmig und würde es auch für jeden Gangunterschied, der durch Bewegung der Spiegel innerhalb weiter Grenzen verändert werden kann, bleiben. Abweichungen hiervon treten auf einerseits bei Zusammenwirkung mehrerer Wellen von abweichender Periode, andererseits bei Änderung von Form und Größe der Lichtquelle.

Sind zwei Wellen λ_1 und λ_2 vorhanden, so wird bei einer bestimmten Verschiebung d eines Spiegels aus der Nullage (Gangunterschied Null)

$$2d = (m-1)\lambda_1 = m\lambda_2$$

sein müssen, die Ordnung m der Interferenzen beider Wellenzüge sich um Eins unterscheiden, beide Systeme befinden sich in Konsonanz. Bei weiterer Verschiebung entfernen sich die Maxima für beide Systeme voneinander, bis schließlich die Maxima des einen Systems auf die Minima des andern fallen (Dissonanz), ein Spiel, das sich bei den Natriumlinien nach etwa 1000 Interferenzen wiederholt[1]. Geringen Unterschied der Wellenlängen vorausgesetzt, der sich nicht durch Farbunterschiede bemerkbar macht, würde daher bei kontinuierlicher Änderung des Abstandes d die Sichtbarkeit der Interferenzen, die durch

$$V = \frac{J_1 - J_2}{J_1 + J_2} \tag{42}$$

definiert wird[2], einen Rückschluß auf die Struktur eines Wellenlängengemisches gestatten; das Wellenlängenverhältnis ergibt sich aus dem Abstand der Konsonanzen, das Intensitätsverhältnis aus den Sichtbarkeitswerten. Leider sind die Schlüsse nicht vollkommen eindeutig[3], behalten aber als Ergänzung der übrigen Methoden ihren Wert.

Wichtiger und einwandfreier ist die Verwendung zur Bestimmung der Abmessungen einer Lichtquelle. In der Tat hängt bei den von MICHELSON betrachteten Kombinationen, die in Abb. 28 zusammengestellt sind, die Sichtbarkeit noch von den Abmessungen der interferierenden Bündel ab. Betrachtet man eine Anordnung nach Abb. 29 mit wachsendem Abstand der Blendenöffnungen, so findet man, daß an Stelle der bei kreisförmiger Öffnung selbst kreisförmigen Beugungsringe, die das Bild einer kleinen Lichtquelle umgeben, Interferenzstreifen auftreten, deren Sichtbarkeit von der Lage der Durchtrittsöffnungen und der Größe der Lichtquelle abhängig ist und benutzt werden kann, um beispielsweise den Durchmesser von Sternen zu bestimmen oder Doppelsterne zu trennen, die von einfachen Fernrohren auch bei Anwendung stärkster Vergrößerung nicht mehr aufgelöst werden können. Schon FIZEAU[4] hat auf diese Möglichkeit hingewiesen, die von M. STÉPHAN, MICHELSON und HAMY[5] behandelt worden ist. Auf den Zusammenhang mit den FRAUNHOFERschen Beugungserscheinungen

---

[1] FIZEAU, Ann Chim Phys (3) 66, S. 429 (1862).

[2] A. A. MICHELSON, Phil Mag (5) 31, S. 338 (1891); 34, S. 280 (1892); J d Phys (3) 3, S. 11 (1894); Trav et mém du Bureau intern de poids et mesures 11, S. 129 (1894).

[3] Lord RAYLEIGH, Phil Mag (5) 34, S. 407 (1893). Betr. den von MICHELSON benutzten Apparat zur Darstellung der Sichtbarkeitskurven siehe A. A. MICHELSON u. S. W. STRATTON, ebenda (5) 45, S. 85 (1898). Allgemein siehe J. MACÉ DE LÉPINAY, Franges d'interférence ... Paris 1902.

[4] l. c. S. 29.

[5] M. STÉPHAN, C R 74 (1873); 78 (1874); M. MICHELSON, Phil Mag (5) 30, S. 1 (1890); M. HAMY, B A 16, S. 257 (1899); A. A. MICHELSON, Science (N.S.) 57, S. 703 (1923).

an zwei Spalten weist JANSS[1] hin und zeigt, wie mit einem Fernrohr von 900 mm Objektivbrennweite und 58 mm Objektivdurchmesser der Durchmesser von Planetenscheiben ermittelt werden kann. Hatte MICHELSON zuerst seinen Messungen die einfache Formel

$$\varepsilon = 1{,}22\lambda/l$$

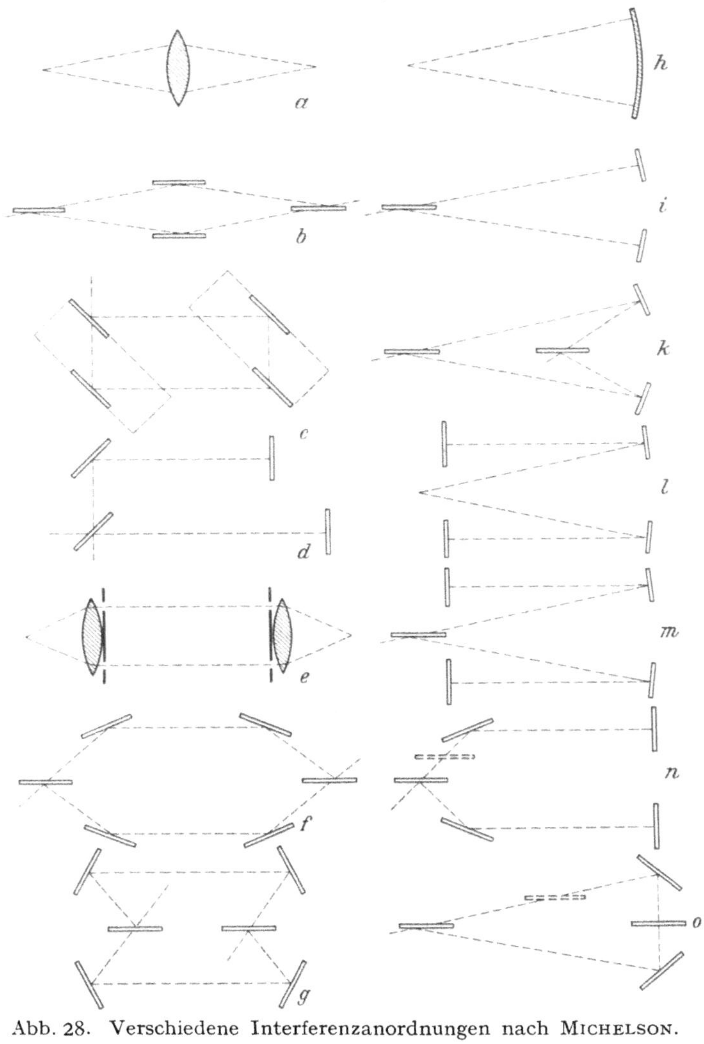

Abb. 28. Verschiedene Interferenzanordnungen nach MICHELSON.

zugrunde gelegt, in der ε den Sterndurchmesser, λ die Wellenlänge, l den Abstand der Öffnungen vor dem Objektiv bedeutet, deren Durchmesser als klein gegenüber dem Abstand angenommen wurde, so zeigte HAMY, daß die Berücksichtigung der Spaltbreite unerläßlich ist. In erster Näherung ist bei einem Abstand der Öffnungen l und einem Öffnungsdurchmesser a zu setzen[2]:

$$\varepsilon = \frac{\lambda}{l}\left(1{,}22 + 0{,}15\,\frac{a^2}{l^2}\right).$$

[1] Z f Unterricht 36, S. 93 (1923).

[2] M. HAMY, C R 173, S. 888 (1921); 174, S. 904 (1922); 175, S. 1123 (1922).

Legt man senkrecht zur Richtung der vor dem Fernrohrobjektiv befindlichen Spalte eine Ebene durch die Objektivachse und bezeichnet den Winkelabstand zwischen dem Mittelpunkt des Sternbildes in der Brennebene und einem ebenfalls in der Brennebene und der oben definierten Ebene gelegenen Punkt P mit Θ, dann wird nach Einführung der Abkürzungen

$$\tau = \frac{2\Theta}{\varepsilon}, \qquad \frac{a}{l} = \alpha, \qquad m = \frac{\pi l \varepsilon}{2\lambda}$$

die Intensität im Punkte P

$$J = 2\int_{-1}^{+1} \sqrt{1-n^2}\left[\frac{\sin m\alpha(n-\tau)}{m\alpha(n-\tau)}\right]^2 \cos^2 m(n-\tau)\,dn. \tag{43}$$

Bei Entwicklung nach Potenzen von α und Beschränkung auf die zweiten Potenzen erhält man als Lösung

$$m = 1{,}916 - 1{,}15\,\alpha^2,$$

von der ausgehend man J auch für größere Werte von α zahlenmäßig mit hinreichender Näherung berechnen kann[1].

Als allgemeinsten Ausdruck für die in der Richtung Θ, Φ durch ein in der Richtung ω, ψ gelegenes Element erzeugte Intensität gibt SPENCER JONES[2]

$$J = \iint J^2 \cos^2 \frac{\pi l}{\lambda}(\omega - \Theta) \left[\frac{\sin\frac{\pi a}{\lambda}(\omega-\Theta)}{\frac{\pi a}{\lambda}(\omega-\Theta)}\right]^2 \left[\frac{\sin\frac{\pi h}{\lambda}(\Phi-\psi)}{\frac{\pi h}{\lambda}(\Phi-\psi)}\right]^2 d\omega\,d\psi. \tag{44}$$

Das Integral geht bei Reihenentwicklung nach a/l über in einen Ausdruck von der Form

$$J = \text{const} + f(\Theta) + p^2\Phi(\Theta),$$

aus dem, wenn der einem Extremwert zugeordnete Wert von Φ für $a/l = 0$ bekannt ist, auch die Koeffizienten für endliche Spaltbreite sich ergeben, so daß schließlich

$$\varepsilon = 1{,}22\,\frac{\lambda}{l}\left\{1 + 0{,}765\left(\frac{a}{\lambda}\right)^2\right\}. \tag{45}$$

Bei einem elliptischen Stern, dessen scheinbare Kontur durch

$$a\psi^2 + 2b\psi\omega + c\omega^2 = 1$$

darstellbar ist, ergibt sich der gleiche Wert wie für kreisförmige Scheiben, wenn unter ε der senkrecht zur Spaltrichtung gemessene Halbmesser verstanden wird. Auch für eine Kreisscheibe mit abnehmender Intensität nach dem Rande lassen sich allgemeine Folgerungen ziehen. Für Doppelsterne mit gleicher Größe

---

[1] M. HAMY, C R 176, S. 1849 (1923).

[2] M N 82, S. 513 (1922). In noch allgemeinerer Weise entwickelt die Helligkeitsverteilung H. KÜHNE [Ann d Phys (5) 4, S. 215 (1930)] und kommt zu dem Schluß, daß bei geeigneter Anordnung die Genauigkeit auf das Fünffache erhöht werden kann. Eine Abänderung, bei der zwei weit auseinanderstehende Zölostatenspiegel benutzt werden sollen, gibt E. H. SYNGE [Phil Mag (7) 10, S. 291 (1930)] an. A. DANJON [C. R. 196, S. 1720 (1933)] benutzt ein Interferenzmikrometer; das Okular des Fernrohres wird durch eine Zerstreuungslinse mit JAMINschem Kompensator ersetzt und das Beugungsbild mit einem kleinen Fernrohr beobachtet. Ein dunkler Streifen zwischen den beiden Bildern verschwindet bei kreisförmiger Öffnung, wenn der scheinbare Durchmesser der Scheibe $1{,}86\,\frac{\lambda}{D}$, oder bei Doppelsternen, wenn der Abstand der Komponenten $0{,}90\,\frac{\lambda}{D}$ ist (D = freie Objektivöffnung).

der Komponenten im Abstande η ist das Integral in zwei Teile zu zerlegen, und man findet

$$\eta = \frac{\lambda}{2l}\left[1 + \frac{\pi}{12}\left\{1 + \frac{\pi(\pi+4)}{32}\left(\frac{\varepsilon}{a}\right)^2\right\}\left(\frac{a}{l}\right)^2\right]. \tag{46}$$

Die Sichtbarkeitsfunktion ist nach MICHELSON und PEASE

$$V_n(k) = \frac{F(k, n)}{F(0, n)}, \qquad F(k, n) = \int_0^1 (1 - x^2)^{n+\frac{1}{2}} \cos kx\,dx, \qquad k = \frac{2\pi b R}{\lambda d},$$

wobei b der Abstand der Spiegel, R der Sternradius, d die Sternentfernung und n eine von der Intensitätsverteilung abhängige Zahl ist (Variationskoeffizient für Helligkeitsverteilung). Wie GANS gezeigt hat, ist die Funktion $V_n(k)$ mit Hilfe BESSELscher Funktionen darstellbar in der Form

$$V_n(k) = \pi(n+1)\left(\frac{2}{k}\right)^{n+1} J_{n+1}(k),$$

wodurch die Berechnung außerordentlich erleichtert wird[1].

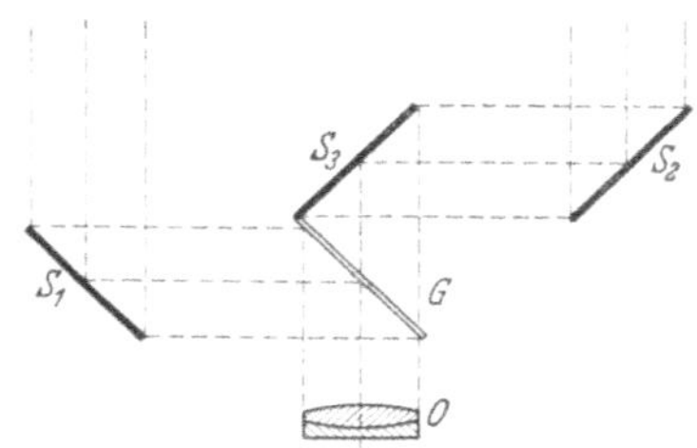

Abb. 29. Spiegelanordnung zur Messung von Sterndurchmessern mit Hilfe von Interferenzen.

Nach MICHELSONS Vorschlag läßt sich die für die Genauigkeit des Verfahrens maßgebende Entfernung der Spiegel noch steigern, wenn durch eine gemäß Abb. 29 auszuführende Spiegelkombination vor dem Objektiv des Beobachtungsfernrohrs die Spalte durch die äußeren Spiegel selbst ersetzt werden.

Auf die Anwendung des MICHELSONschen Interferometers zur Auswertung des Meters in Wellenlängen sei hier nur kurz hingewiesen[2].

15. Interferenzspektroskop nach LUMMER-GEHRCKE. Gegenüber dem MICHELSONschen Verfahren, welches aus der bei wachsender Dicke der Platten sich ändernden Sichtbarkeit einen Schluß auf die Zusammensetzung eines Wellengemisches zieht, bieten die Interferenzapparate hoher Auflösungsfähigkeit den Vorteil, unmittelbar ein Bild von der Struktur enger Wellenlängenbezirke zu geben. Das Auflösungsvermögen eines spektroskopischen Apparates wird definiert durch

$$A = \frac{\lambda}{d\lambda}.$$

Da dieses proportional dem Produkt aus der Zahl der interferierenden Bündel und dem Gangunterschied zweier aufeinanderfolgender Teilwellen ist, müssen Planparallelplatten von hinreichender Dicke (genügendem Gangunterschied der Teilwellen) und genügender Zahl der mitwirkenden Bündel eine hohe Auflösungsfähigkeit ergeben, die nur dadurch beeinträchtigt wird, daß das Dispersionsgebiet verhältnismäßig klein ist. Dieses ist dadurch gegeben, daß das Maximum der Ordnungszahl h für die Wellenlänge λ mit dem Maximum der Ordnungszahl $h \pm 1$ für die Wellenlänge $\lambda + d\lambda$ zusammenfällt[3].

Bei der von LUMMER benutzten Anordnung (einer Planparallelplatte, deren Brechungsindex höher als derjenige der Umgebung sein muß, weil der Gang-

[1] R. GANS, Phys Z 25, S. 335 (1924); Contrib Estud Cienc (La Plata) 3, S. 361 (1925). F. G. PEASE, Interferometer Methods in Astronomy, Erg. d. exakten Naturw. X 1931.

[2] A. MICHELSON und R. BENOIT, Trav et mém du Bureau intern de poids et mesures 11, S. 40 (1895). Eingehende Darstellung in BERNDT-SCHULZ, Technische Längenmessungen, 2. Aufl. Berlin 1929; E. GEHRCKE, Handb. der physik. Optik I, S. 471ff. Leipzig 1927.

[3] K. FÖRSTERLING, Lehrbuch der Optik. Leipzig 1928.

unterschied aufeinanderfolgender Bündel in Luftplatten nur gering ist) ist das Auflösungsvermögen gegeben durch

$$\frac{2Nd}{\lambda}\sqrt{n^2-1}\,, \tag{47}$$

während für das Dispersionsgebiet gilt

$$\frac{\lambda^2}{2d\sqrt{n^2-1}}$$

(N Anzahl der interferierenden Bündel, d Dicke der Platte, n Brechungsindex). Um möglichst scharfe Interferenzen zu erhalten, müssen die Bündel streifend aus der Platte austreten, wodurch freilich die Zahl der interferierenden Bündel etwas eingeschränkt wird und die theoretische Auflösungsfähigkeit noch von der Länge der Platte abhängig wird. Der bei großem Einfallswinkel beträchtliche Verlust bei der ersten Reflexion ist von GEHRCKE durch Aufsetzen eines Prismas auf die Platte vermieden worden[1] (Abb. 30). Durch geeignete Form des Prismas gelingt es, noch Austrittswinkel von 88° zu benutzen, und es ist möglich, den Reflexionskoeffizienten noch dadurch zu steigern, daß man parallel zur Einfallsebene polarisiertes Licht einfallen läßt (s. ZEEMAN-Effekt).

Abb. 30. Aufsatzprisma für Planparallelplatten.

Naturgemäß ist es von größter Wichtigkeit, die Flächen einwandfrei eben und parallel zu machen[2], ebenso müssen hohe Anforderungen an die Homogenität des Glases gestellt werden. Wenn es auch gelungen ist, leistungsfähige Platten herzustellen (B. Halle Nchf. Steglitz; A. Hilger, London; C. Zeiss, Jena), so ist es doch wichtig, durch die Methode der gekreuzten Platte eine einwandfreie Unterscheidung zwischen wirklich auftretenden Linien und „Geistern", deren Auftreten durch Plattenfehler bedingt ist, treffen zu können. Zwei hintereinander gestellte, zueinander geneigte Platten geben an Stelle der kreisförmigen Interferenzstreifen Interferenzpunkte, deren Einzelsysteme bei reellen Linien diagonal gegeneinander verschoben sind (Abb. 31); Geister liegen auf den Verbindungslinien der Punkte eines Systems[3].

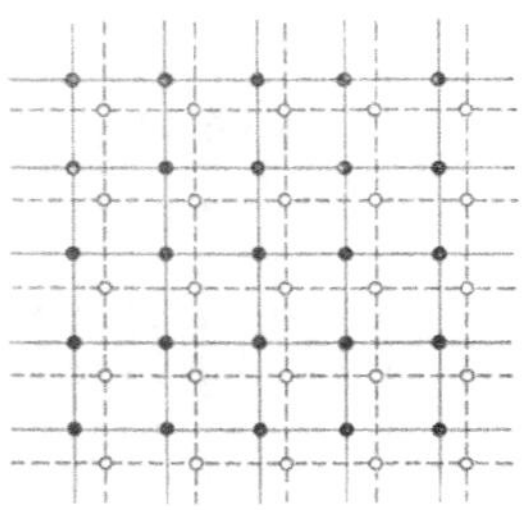

Abb. 31. Interferenzpunkte bei gekreuzten Platten.

16. PEROT-FABRYsche Platte. Die für das Zustandekommen scharfer Interferenzen notwendigen hohen Werte der Reflexionskoeffizienten können auch erreicht werden, wenn man die Reflexionsflächen mit schwach durchsichtigen Metallüberzügen versieht. Man wählt hierfür meist die Innenflächen zweier leicht keilförmiger Platten (Abb. 32). Die Anzahl der interferierenden Büschel hängt nur noch ab von dem Reflexionskoeffizienten, ihr Durchmesser von demjenigen der Platten, solange die Neigung des einfallenden, meist parallelen Strahlenbündels gegen die Normale der Flächen klein ist. Die Interferenzen

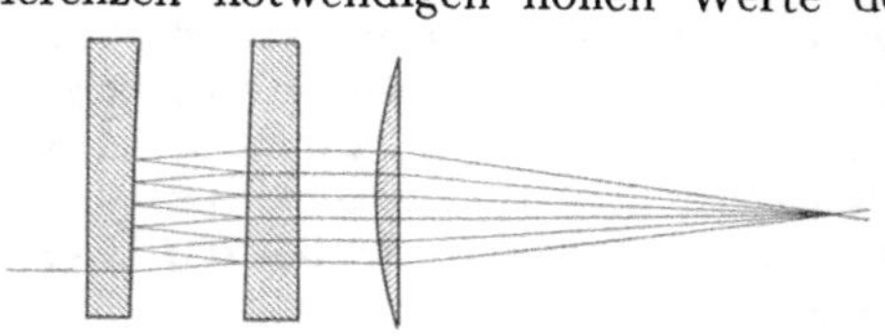

Abb. 32. PEROT-FABRY-Platte.

[1] O. LUMMER u. E. GEHRCKE, Sitzber K Akad Wiss Berl 1902, S. 11; Ann d Phys (4) 10, S. 457 (1903); M. ADAM, Z f techn Phys 14, S. 26 (1933).

[2] Bei einem Keilwinkel von etwa 1′ ergeben sich noch scharfe Interferenzstreifen: E. GEHRCKE u. L. JANICKI, Ann d Phys (4) 39, S. 335 (1912).

[3] E. GEHRCKE u. O. v. BAEYER, Ann d Phys (4) 20, S. 269 (1906); s. auch H. SCHULZ, Phys. Z. 12, S. 1211 (1911).

entstehen bei parallelem Licht als ein System konzentrischer Kreise in der Brennebene einer hinter den Platten eingefügten Linse[1]. Wegen des veränderlichen Abstandes ist auch das Auflösungsvermögen, für das sich der Wert $A = \frac{2Nd}{\lambda}$ ergibt, veränderlich, ebenso das Dispersionsgebiet, das mit $\Delta\lambda = \lambda^2/2d$ kleiner ist als das der LUMMER-GEHRCKE-Platte. Der Bequemlichkeit der Handhabung wegen werden jedoch, vor allem für Feinstrukturuntersuchung von Spektrallinien, Platten mit konstantem Abstand (Etalons) benutzt; die Einzelplatten werden durch einen Ring aus Invar oder Indilatanstahl, zuweilen auch durch Ringe aus geschmolzenem Quarz in richtiger Stellung gehalten[2]. Zu beachten ist, daß wegen des Phasensprunges an der Silberschicht die optische Dicke einer solchen Kombination sich von Wellenlänge zu Wellenlänge ändert. Zur Bestimmung der Dicke und damit auch der Ordnungszahl sind verschiedene Verfahren benutzt worden, die teils auf der Bestimmung der „Streifenüberschüsse", teils auf der Beobachtung der Koinzidenzen beruhen, d. h. derjenigen Stellen, an denen die Maxima verschiedener Wellenlängen zusammenfallen[3].

Ist p_1 die Ordnungszahl des ersten Ringes für eine bestimmte Wellenlänge λ_1, so gilt für das Ringzentrum $p_0 = p_1(1 + \varepsilon_1)$ und entsprechend für eine zweite Wellenlänge λ_2 beim ersten Ring dieses Systems eine Ordnungszahl des Ringzentrums von $p_2(1 + \varepsilon_2)$, so daß aus dem System von Gleichungen

$$\begin{aligned} 2d = p_0\lambda_1 &= p_1(1 + \varepsilon_1)\lambda_1 = p_2(1 + \varepsilon_2)\lambda_2 = p_3(1 + \varepsilon_3)\lambda_3 = \cdots, \\ p_2 + \varkappa_2 &= (p_1 + \varkappa_1)\lambda_1/\lambda_2, \\ p_3 + \varkappa_3 &= (p_1 + \varkappa_1)\lambda_1/\lambda_3, \\ p_4 + \varkappa_4 &= (p_1 + \varkappa_1)\lambda_1/\lambda_4 \end{aligned}$$

bei annähernd bekannter Dicke d der Luftschicht und genau gemessenen Überschüssen $\varkappa_\nu = p_\nu \varepsilon_\nu$ die Ordnungszahlen und damit auch die Dicke gefunden werden können. Läßt sich diese Methode vorwiegend bei verhältnismäßig geringen Wellenlängendifferenzen verwenden, so erfordert die Methode der Koinzidenzen, die vorwiegend für metrologische Zwecke in Frage kommt, meist größere Wellenlängendifferenzen, weil durch das Auftreten von Mischfarben bestimmter Art (Heliumlicht) die Erkennung der Koinzidenzen erleichtert wird.

Durch Kombination zweier Platten erzielt man, wie GEHRCKE und LAU[4] nachgewiesen haben, eine Verschärfung der Interferenzen, wie schon daraus geschlossen werden kann, daß die Zahl der interferierenden Bündel erhöht wird. Formelmäßig ergibt die Erweiterung auf drei reflektierende Flächen

$$J_2 = \frac{(1 - \mu^2)^3}{\left[(1 - \mu^2)^2 + 4\mu^2 \sin^2\frac{\omega\beta}{2}\right]^2}, \tag{48}$$

oder bei drei Platten gleicher Dicke, die sich berühren (vier Flächen),

$$J_3 = \frac{(1 - \mu^2)^4}{\left[(1 - \mu^2)^2 + 4\mu^2 \sin^2\frac{\omega\beta}{2}\right]^3}. \tag{49}$$

---

[1] A. BOULOUCH, J de Phys (3) 2, S. 316 (1893); CH. FABRY u. A. PEROT, Ann Chim Phys (7) 12, S. 459 (1897); 16, S. 115 (1899); 22, S. 564 (1901).

[2] F. GOOS, Z f Instrk 32, S. 326 (1912). Neuerdings ist von H. NAGAOKA und T. MISHIMA [Proc Imp Acad Tokyo 2, S. 156 (1926)] vorgeschlagen worden, die PEROT-FABRY-Platte mit einem Prisma konstanter Ablenkung zu vereinigen. Man schneidet das Prisma so, daß die Strahlen nach der Totalreflexion die neue Trennungsfläche senkrecht treffen und auch senkrecht in den abgeschnittenen Teil hineingehen. Der Abstand wird durch drei Quarzstücke konstant gehalten.

[3] MACÉ DE LÉPINAY, Ann Chim Phys (6) 10 (1887); (7) 11 (1897); A. A. MICHELSON u. R. BENOIT, J de Phys (3) 7, S. 57; PEROT u. FABRY, Ann Chim Phys (7) 16 (1899).

[4] Z f techn Phys 8, S. 157 (1927).

Nun läßt sich aber bei solchen Kombinationen, für die man am besten außenseitig versilberte Glas- oder Quarzplatten wählt, noch etwas weiteres erzielen: eine Erhöhung der Auflösungsfähigkeit ohne Verminderung des Dispersionsgebietes, wenn die Platten mit verschiedener Dicke gewählt werden[1]. Die als Dispersionsdifferenzstreifen bezeichneten Interferenzen erklären sich wie folgt: Eine Welle bestimmter Richtung kann nur dann durch beide Platten hintereinander hindurchgehen, wenn beide für denselben Winkel Maxima ergeben. Wenn also der zweite Etalon z. B. dreimal so dick ist wie der erste, so würden in den gleichen Winkelbereich des dickeren Etalons dreimal soviel Streifen fallen wie beim ersten, von denen aber nur jeder vierte Streifen durchgelassen wird. Dabei würde aber Bedingung sein, daß die Dicke der beiden Platten so gewählt ist, daß wirklich für einen Winkel eine strenge Koinzidenz erzielt wird. Die Wahrscheinlichkeit des Auftretens solcher vollkommener Koinzidenzen ist bei gebrochenen Werten des Dickenverhältnisses größer, und zwar scheint besonders geeignet ein Dickenverhältnis von $n \pm 0{,}30$, am besten $1:1{,}7$ [2].

Bei einer solchen, von LAU als Multiplex-Interferenzspektroskop bezeichneten Kombination ist das theoretische Auflösungsvermögen vollkommen erreicht worden, dessen Werte für einige Interferenzapparate hoher Auflösungsfähigkeit in folgender Tabelle zusammengestellt sind.

Tabelle 5.

Interferenzapparat	Zahl der interferierenden Büschel	Auflösungsvermögen
LUMMER-Platte		
Dicke 5 mm	17	340000
„ 10 „		680000
PEROT-FABRY-Platte, Reflexionsvermögen 93%		
5 mm Abstand	40	800000
10 „ „		1600000
Multiplex-Interferenzspektroskop		
5,9 und 10 mm	200	2400000
16,8 und 28,6 mm		6900000

Der Unterschied der Leistungsfähigkeit ist gut zu ersehen aus Abb. 33, die oben das Ringsystem einer PEROT-Platte von 5,0 mm Dicke, unten dasjenige einer Platte von 2,94 mm, in der Mitte aber die Wirkung beider Platten angibt. Gegenüber der dickeren Platte ist das Dispersionsgebiet fünffach vergrößert, gegenüber der kleineren dreimal, was mit der theoretischen Forderung vollkommen übereinstimmt, denn die Abstände der Ringsysteme würden für den vorgegebenen Fall durch die Zahlenfolgen

0 1 2 3 4 5 6 7 8 9 10 11 12 13 14 15
0 1,7 3,4 5,1 6,8 8,5 10,2 11,9 13,6 15,3

bestimmt, deren obere für die dickere, deren untere für die dünnere Platte gilt.

Der allgemeine Aufbau für ein Multiplex-Interferenzspektroskop ist in Abb. 34 wiedergegeben. Das vom beleuchteten Spalt S_1 ausgehende Licht wird durch das Kollimatorobjektiv parallel gemacht, durchsetzt dann die für die Aussonderung des Dispersionsgebietes notwendige Prismenkombination, für die zwei Prismen

[1] E. LAU, Z f Phys 63, S. 313 (1930); s. auch W. HOUSTON, Phys Rev (2) 29, S. 478 (1927).

[2] E. LAU, Phys Z 31, S. 973 (1931); Ann d Phys (5) 10, S. 71 (1931); E. LAU u. E. RITTER, Z f Phys 76, S. 190 (1932); E. PAULS, Phys Z 33, S. 405 (1932); P. H. VAN CITTERT, Ann d Phys (5) 13, S. 753 (1932). Über Steigerung der Leistungsfähigkeit allgemein siehe E. LAU, Z f Instrk 49, S. 57 (1929).

konstanter Ablenkung aus schwerem Flint genügen (für Untersuchungen im UV Prismen aus Quarz), und gelangt dann zu dem Objektiv, daß das Spektrum auf dem Spalt S_2 abbildet; die folgende Anordnung ist das einfache Interferenzspektroskop mit dem Multiplexplattensatz J und der Kamera K. Eine Vereinfachung ist möglich, indem Prismenkombination P und Multiplex-Interferenz-

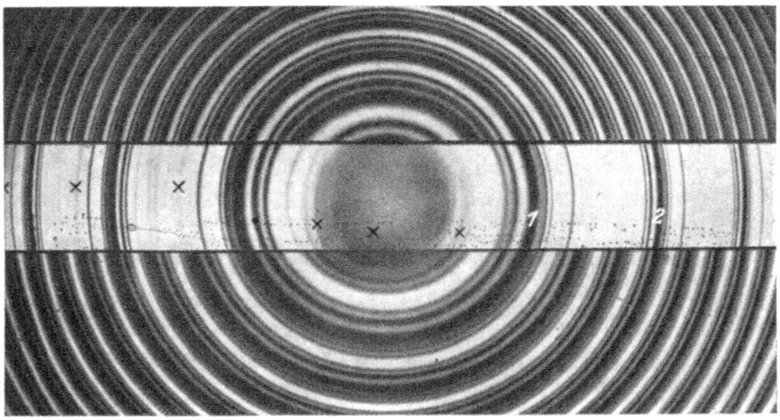

Abb. 33. Vergleich des Dispersionsgebietes des Multiplex-Interferenzspektroskops (Mitte) mit den Dispersionsgebieten der Einzelplatten.

spektroskop J unmittelbar hintereinander aufgestellt werden. Durch diese Anordnung, bei der Vorzerlegung und Apparat hoher Auflösungsfähigkeit zusammengezogen sind, werden unnötige Lichtverluste infolge Verminderung der Zahl der vom Licht zu durchlaufenden Flächen so weit vermieden, daß selbst bei relativ schwachen Lichtquellen noch eine ausreichende Lichtstärke erzielt wird[1].

Das ebenfalls zu den Interferenzapparaten hoher Auflösungsfähigkeit zu rechnende Stufengitter stellt eine Kombination von Beugungsgitter und Interferenzapparat dar, für welche die Intensitätsverteilung sich aus den bereits angegebenen Ausdrücken (39) bis (41) durch Hinzufügung eines die Beugungswirkung kennzeichnenden Faktors ergibt. Es ist[2], wenn die Stufenbreite 1, der durch die Beugung bedingte Gangunterschied $a = n\sin r - \sin i$ ist,

$$J = \left[\frac{\sin\left(\pi\frac{l\,a}{\lambda}\right)}{\pi\frac{l\,a}{\lambda}}\right]^2 \frac{(1-\mu^{2p})^2 + 4\mu^{2p} m^2 \frac{\omega\beta}{2}}{(1-\mu^2)^2 + 4\mu^2 m^2 \frac{\omega\beta}{2}}. \tag{50}$$

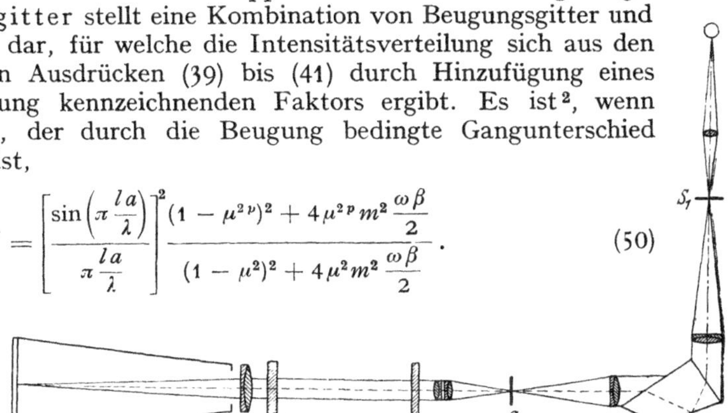

Abb. 34. Interferenzspektrograph mit getrennter Vorzerlegung.

Das Auflösungsvermögen des Stufengitters ist unabhängig von der Stufenbreite nur bedingt durch die Zahl der Stufen und die Dicke d der einzelnen Glasplatten

[1] H. SCHULZ, Z f Instrk 53, S. 319 (1933).

[2] O. LUMMER, Wiss Abh d Physik-Techn Reichsanst 4, Heft 1 (1904); A. A. MICHELSON, Ap J 8, S. 36 (1896); J de Phys 8, S. 305 (1899).

sowie durch den Brechungsindex n, und zwar ist

$$A = \frac{N d(n-1)}{\lambda^2},$$

das Dispersionsgebiet

$$\Delta\lambda = \frac{\lambda^2}{d(n-1)}.$$

17. Interferenzen durch mehrere Platten. Prüfung optischer Systeme. Sind die vorbeschriebenen Interferenzapparate für die spektroskopische Untersuchung geeignet, so ist das Anwendungsgebiet der folgenden Erscheinungen vorwiegend die Feststellung von Gangunterschieden in Systemen, die ihrer Natur nach anderen Zwecken dienen sollen, und zwar kann es sich einerseits darum handeln, geringfügige Dicken- oder Brechungszahländerungen zu bestimmen oder die Wirkungsweise von Abbildungssystemen (Abbildungsfehler von Objektiven) zu ermitteln.

Als älteste der hierher gehörigen Anordnungen ist die von BREWSTER beschriebene zu betrachten[1]; stellt man zwei Glasplatten von gleicher Dicke hintereinander unter einem gewissen Winkel zueinander geneigt auf, so entstehen mehrere Bündel 1, 2, 3, 4, 5, 6, die sämtlich miteinander interferieren können. Bei vollkommener Parallelstellung würde der Gangunterschied der Strahlen 2 und 3 einerseits, der Strahlen 5 und 6 andrerseits, für jeden beliebigen Einfallswinkel Null sein. Bei gegeneinander geneigten Platten hängt er vom Einfallswinkel ab, und die entstehenden Interferenzstreifen liegen um so weiter auseinander, je kleiner der Winkel ist, den die Platten miteinander bilden. Wegen der geringen Größe der Gangunterschiede bei schwacher Plattenneigung sind die Interferenzen auch im weißen Licht zu beobachten. Selbst bei ungleich dicken Platten können infolge von mehrfachen Reflexionen unter bestimmten Bedingungen gleichfalls Interferenzen im weißen Licht beobachtet werden. Es möge ein Strahl in der Platte G (Abb. 35) $2m$-Reflexionen, in der Platte G' hingegen $2m'$-Reflexionen erleiden, ein anderer kohärenter Strahl erfahre dagegen $2p$ Reflexionen in G und $2p'$ Reflexionen in G'. Ist dann der Gangunterschied beispielsweise für senkrechten Einfall in der ersten Platte D, in der zweiten D', so ist der Gangunterschied der beiden Strahlen

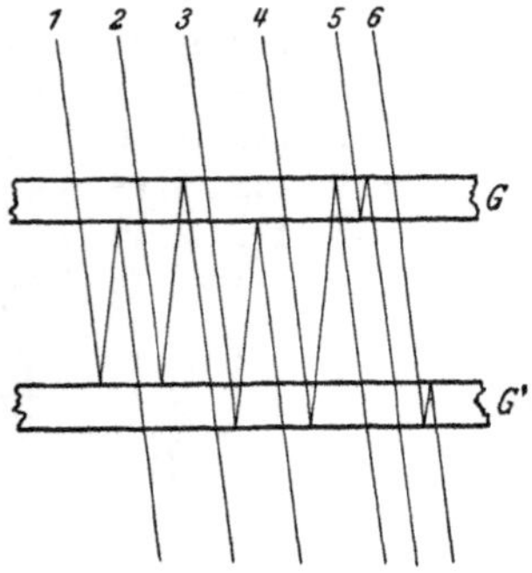

Abb. 35. BREWSTERsche Interferenzen.

$$(p-m)D + (p'-m')D' = \Delta,$$

der gleich Null wird, wenn

$$\frac{D}{D'} = -\frac{p'-m'}{p-m},$$

oder, da die Gangunterschiede, gleichen Brechungsindex in den Platten vorausgesetzt, proportional den Dicken d und d' sind:

$$\frac{d}{d'} = -\frac{p'-m'}{p-m}.$$

Es gibt somit eine Fülle verschiedener Kombinationen, bei denen solche Interferenzen auftreten können, zumal ja bei verschiedenem Brechungsindex und endlicher Neigung der relative Gangunterschied noch mit der Neigung veränderlich ist, wodurch sich die verschiedenartigsten Formen von Interferenzkurven ergeben, die eingehender von KETTELER u. a. behandelt worden sind[2].

[1] Edinb R S Trans 7, S. 435 (1817).

[2] E. KETTELER, Beobachtungen über die Farbenzerstreuung in Gasen. Bonn 1865; L. ZEHNDER, Wied Ann 34, S. 91 (1888); E. SCHMIDT, ebenda 46, S. 1 (1892).

Die von PEROT und FABRY bei der Auswertung des Meters benutzten Überlagerungsstreifen (franges de superposition) sind eng verwandt mit den BREWSTERschen Streifen[1], und auch die von LUMMER[2] im Anschluß an MASCART[3] behandelte Erscheinung läßt sich auf den BREWSTERschen Fall zurückführen, wie Abb. 36 erkennen läßt. Die Form der Interferenzstreifen ändert sich mit dem Neigungswinkel der Platten, und zwar treten bei kleinen Winkeln nahezu kreisförmige Ellipsen auf, die mit größerer Neigung flacher werden, bei bestimmter Stellung in gerade Linien und schließlich in Hyperbeln übergehen.

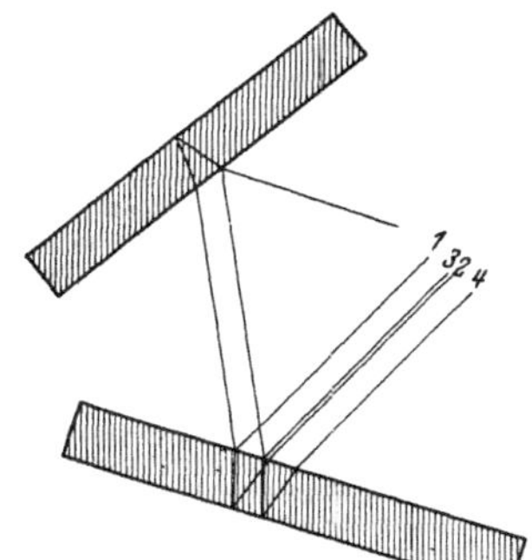

Abb. 36. Interferenzen bei geneigten Platten gleicher Dicke.

WAETZMANN[4] entwickelt aus der MASCART-LUMMERschen Anordnung, die nur eine Platte benötigt, eine Methode zur Untersuchung von Linsen und Linsensystemen auf Abbildungsfehler. Ein auf die Platte P (Abb. 37) fallender Strahl AB wird durch P in zwei Strahlen zerlegt, die durch die Linse L im Brennpunkte F vereinigt werden und nach Reflexion an einem in der Brennebene senkrecht zur Linsenachse stehenden Spiegel (Nullstellung) wieder durch die Linse zum Spiegel zurückgelangen. Wenn die Linse frei von Abbildungsfehlern ist, so ist der Gangunterschied der austretenden Strahlen Null, und das Gesichtsfeld erscheint gleichmäßig hell; bei Verschiebung des Spiegels aber weisen die austretenden Strahlen einen bestimmten Gangunterschied auf, und es entwickelt sich eine ausgedehnte Interferenzerscheinung, die der JAMINschen nahe verwandt ist.

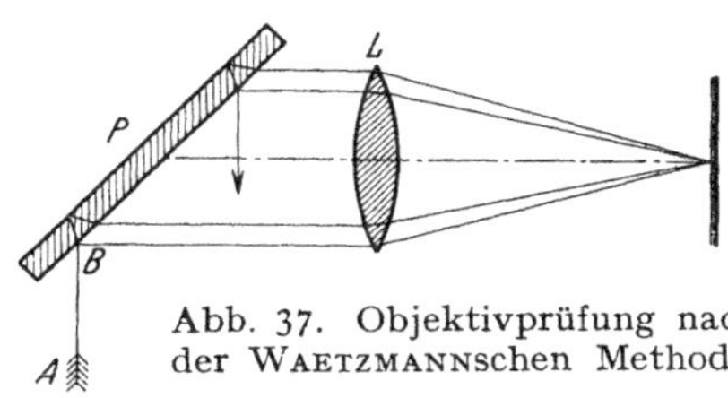

Abb. 37. Objektivprüfung nach der WAETZMANNschen Methode.

Der Ort der Interferenzen ist, wie theoretisch und experimentell nachweisbar ist, in unmittelbarer Nähe der Brennebene des Linsensystems zu suchen; bei nichtkorrigierten Systemen sind auch in der Nullstellung des Spiegels Interferenzen vorhanden, die bei Verschiebung des Spiegels nicht mehr symmetrisch zur Nullstellung sind. Sphärische Unterkorrektion oder Überkorrektion ändert bei gleicher Bewegungsrichtung des Spiegels die Interferenzen im entgegengesetzten Sinne. Ein Maß für die Größe der sphärischen Fehler bildet die Krümmung der Streifen; Auftreten eines Wendepunktes kennzeichnet den Übergang von Unterkorrektion zu Überkorrektion in der zugeordneten Zone.

Eine genauere Verfolgung auch der räumlich verlaufenden Strahlen ergab, daß die Interferenzerscheinung unter Berücksichtigung von Strahlen beliebiger Neigung gleichabständige senkrechte Streifen gibt, wenn die Bedingungen erfüllt sind, die die Vernachlässigung höherer Winkelpotenzen zulassen, wenn nämlich aus größerer Entfernung mit kleiner Eintrittspupille beobachtet wird[5].

Nähere Angaben über die Abänderungen bei schräger Stellung der Linse, also bei Einwirkung außeraxialer Fehler, von denen in erster Linie Koma,

---

[1] CH. FABRY u. A. PEROT, Ann Chim Phys (7) 12, S. 475 (1897); ebenda 16, S. 331 (1899); 22, S. 572 (1901).
[2] Wied Ann 24, S. 417 (1885). [3] Ann Chim Phys (4) 23, S. 146 (1871).
[4] Ann d Phys (4) 39, S. 1042 (1912).
[5] E. BRATKE, Inaug.-Diss. Breslau 1922; E. BRATKE u. E. WAETZMANN, Ann d Phys (4) 72, S. 501 (1923).

Astigmatismus und Bildfeldkrümmung in Frage kommen, hat E. HABERLAND[1] gemacht. Trotz der unübersichtlichen Formeln gelingt es, für die ihrem Wesen nach gleichbleibende Erscheinung Ausdrücke zu finden, die in verhältnismäßig einfacher Weise die wichtigsten Größen zu ermitteln gestatten, wobei selbstverständlich Vorbedingung ist, daß die zur Auswertung notwendigen Beobachtungen oder Aufnahmen im homogenen Licht gemacht werden. Durch Abänderung der Wellenlänge sind dann die chromatischen Fehler zu bestimmen.

Eine gleichen Zwecken dienende Methode hat unter Benutzung der MICHELSONschen Anordnung TWYMAN[2] entwickelt. Fügt man in den Strahlengang Abb. 27 zwischen Glasplatte G_1 und Spiegel S_1 das zu prüfende optische System, gegebenenfalls unter Neigung des letzteren oder bei Linsensystemen unter Ersatz des ebenen Spiegels durch einen Kugelspiegel ein, so würden bei einem idealen System wieder die Interferenzen der dünnen Blättchen entstehen, die durch Abbildungsfehler oder Flächenfehler entsprechend deformiert werden. Der Ort der Interferenzen scheint in dem System zu liegen, und es können somit die Abbildungsfehler sofort nach der Zugehörigkeit zu einer bestimmten Zone lokalisiert werden.

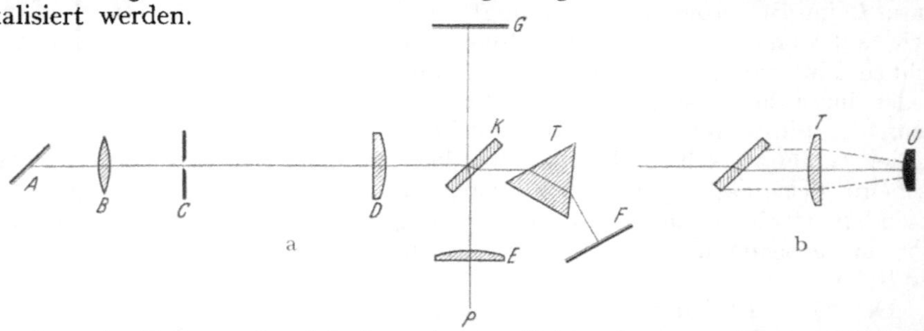

Abb. 38a u. b. TWYMANsches Interferometer zur Untersuchung von Linsen und Prismen.

Die für Prismen und Linsen gewählten Ausführungen sind in Abb. 38a und b schematisch dargestellt. Durch Spiegel A und Linse B wird das Licht einer Quecksilberdampflampe auf der Blende C konzentriert, durch die Linse D parallel gemacht und fällt auf die rückseitig versilberte Platte K. Der eine Teil des Lichtes kommt über den Spiegel G, die Platte K und die Linse E zum Auge des Beobachters bei P. Der andere Teil des Lichtes durchsetzt das Prisma oder die Linse T und wird durch den Planspiegel F oder den Kugelspiegel U (Abb. 38b) wieder auf dem Wege über die Platte K dem Beobachter zugeleitet. F oder U sind in einem kreisförmigen Schlitz verschiebbar, U ist überdies noch zur Anpassung an die Brennweite des zu untersuchenden Systems in der Strahlrichtung zu verstellen.

Vorschriften für die quantitative Auswertung der Aufnahmen gibt KINGSLAKE[3], nach dem für Punkte der X-Achse der Gangunterschied, dessen Vorzeichen durch leichten Druck auf den hinter der Linse befindlichen Spiegel erhalten wird, dargestellt werden kann durch

$$D \pm n\frac{\lambda}{2} = A x_0^4 + B x_0^2 + C\,,$$

während für die Y-Achse gilt

$$D \pm n\frac{\lambda}{2} = E y_0^4 + F y_0^3 + G y_0^2 + H y_0\,. \qquad (51)$$

[1] Z f Phys 24, S. 285 (1924).

[2] Phil Mag 35, S. 49 (1918); Trans Opt Soc London 22, S. 8 (1921); 24, S. 189 (1923); Z f wiss Phot 22, S. 131 (1924); s. auch A. KÖNIG, Abschn. Fernrohr Ziff. 63.

[3] Trans Opt Soc London 27, S. 95 (1925/6); 28, S. 1–20 (1926/7).

Aus den gemessenen Streifenabständen wird dann nach der Methode der kleinsten Quadrate der Wert der Koeffizienten $A, B, C, \ldots$ berechnet, aus denen dann bei gegebener Brennweite f und Einfallshöhe h die vorhandene Größe der Abbildungsfehler gefunden wird nach

$$\left.\begin{array}{lll} A = E = \frac{a_1}{4}, & B = \frac{1}{2}\left(\frac{h}{f}\right)^2 a_3 + \frac{1}{2f^2}\delta l, & C = \frac{1}{f}\,\delta t, \\ F = \frac{h}{f}\,a_2, & G = \frac{3}{2}\left(\frac{h}{f}\right)^2 a_3 + \frac{1}{2f^2}\delta l, & H = \frac{1}{f}\,\delta h, \end{array}\right\} \quad (52)$$

wobei die sphärische Aberration durch a_1, Koma durch a_2, Astigmatismus durch a_3 und die Verzeichnungsfehler durch δl, δt und δh gegeben sind. Der von KINGSLAKE gezogene Schluß: „The use of the interferometer method is the detection and figuring of irregularities in surfaces and glasses, and in the visual detection of aberrations in a qualitative, or roughly quantitative, way" dürfte trotz der entgegenstehenden Ansicht von SMITH[1] gerechtfertigt sein. Jedenfalls ist die HARTMANNsche Methode für quantitative Messungen überlegen, obwohl die von KINGSLAKE ermittelten Vergleichswerte bei beiden Methoden eine in Anbetracht der Schwierigkeiten noch erträglich zu nennende Übereinstimmung ergeben. Für die Koeffizienten a_2 und a_3 folgt

Koeffizienten	Interferometer	HARTMANN
a_2	0,001 580	0,001 752
a_3	0,012 44	0,015 98

c) Beugung.

18. Allgemeine Grundlagen[2]. Die Gebiete der Polarisation und Interferenz des Lichtes können bei Annahme des Vorhandenseins von Transversalwellen auch dann behandelt werden, wenn über das Wesen der Lichtausbreitung keine besonderen Voraussetzungen gemacht werden, sondern zunächst an die elementaren Vorstellungen der geradlinigen Ausbreitung und der Unabhängigkeit der Lichtstrahlen, also der einzelnen räumlich benachbarten Teile eines Lichtstromes, angeknüpft wird. Es bedarf aber strenggenommen in allen Fällen, vorzüglich aber dann, wenn die Ausbreitung des Lichtes durch Blenden oder Schirme behindert wird, deren Abmessungen sich der Größenordnung der Lichtwellenlänge nähern, noch einer Begründung für die Zulässigkeit der erwähnten, für die geometrische Optik wesentlichen Annahmen, die das Auftreten von Beugungserscheinungen ausschließen würden, da diese ja erst bei Abweichungen von der geradlinigen strahlenmäßigen Ausbreitung des Lichtes möglich werden.

Die älteste, von HUYGENS vertretene Auffassung betrachtet jedes von der Welle erreichte und durch sie zu Schwingungen angeregte Teilchen als Ausgangspunkt neuer Wellen, aus deren Gesamtwirkung sich die weitere Lichtwirkung ableiten läßt, wobei die Annahme gemacht wird, daß nur an jenen Stellen eine merkbare Wirkung auftreten kann, die von mehreren Elementarwellen erreicht werden, d. h. auf der einhüllenden Fläche. Sie begründet damit die geradlinige Ausbreitung und schließt das Auftreten merklicher Intensitäten außerhalb des geometrischen Schattens, das Vorhandensein von Schwankungen der Intensität innerhalb des von Licht erfüllten Raumgebietes aus. Erst die von FRESNEL

[1] Trans Opt Soc London 28, S. 104 (1926/7); S. BUTKOW, Z f Phys 30, S. 268 (1924). Ableitung der Fehlerausdrücke aus dem Eikonal: G. C. STEWARD, Proc Cambr Phil Soc 24, S. 166 (1928). Abänderung für Systeme mit großem Durchmesser: O. S. HAY, Trans Opt Soc 31, S. 91 (1929/30).

[2] F. JENTZSCH, Handwörterbuch der Naturw. 6. Jena 1931.

eingeführte Verbindung des HUYGENSschen Prinzips der Elementarwellen mit dem Interferenzprinzip konnte nachweisen, daß die Intensitätsverteilung hinter einem die Lichtausbreitung hindernden Körper zwar durch dessen Stellung und Größe bedingt ist, aber besonders an den Schattengrenzen noch durch die Lichtwellenlänge bestimmt wird.

Den einfachsten Weg zur Beurteilung der Ablenkung des Lichtes vom geradlinigen Wege bei Querschnittsbegrenzung bietet die FRESNELsche Zonenkonstruktion. Gehen von einer als punktförmig angenommenen Lichtquelle Q Wellen aus (Abb. 39), so treffen diese zu einer bestimmten Zeit t auf einer Kugelfläche a ein und erregen hier eine Schwingung, deren Amplitude s gegeben ist durch

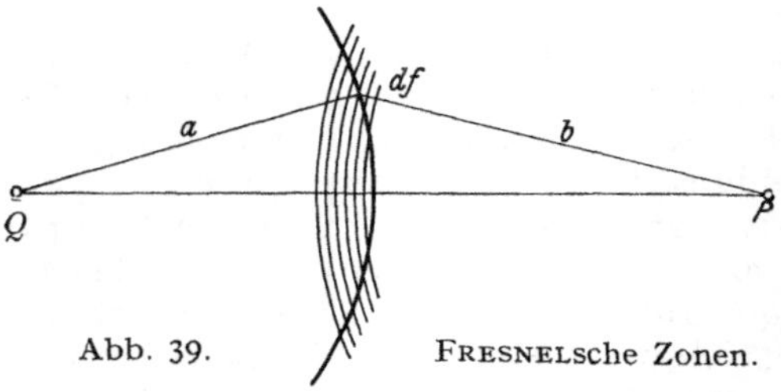

Abb. 39. FRESNELsche Zonen.

$$s = \frac{A}{a}\cos 2\pi\left(\frac{t}{T} - \frac{a}{\lambda}\right),$$

wobei λ die Wellenlänge, A die Amplitude in der Entfernung 1 von Q, T die Schwingungsdauer bezeichnet.

Die von einem Element df der Kugelfläche nach einem Punkt P gelangende Strahlung ist abhängig von dem Abstand b des Elementes df von P sowie von der Neigung ξ der Normalen von df gegen die Richtung des nach P gelangenden Teiles der Elementarwelle. Über die die Amplitudenänderung ergebende Winkelfunktion $k = \varphi(\xi)$ ist eine bestimmte Aussage zunächst nicht erforderlich.

Teilt man nun die Kugelfläche in der Weise in ringförmige Zonen, daß für die Teilpunkte $M_0, M_1 \ldots M_n$, welche die Lage des Elementes df kennzeichnen, stets $M_n P - M_{n-1} P = \frac{\lambda}{2}$ ist, so folgt für die Lichtwirkung der $n$ten Zone, wenn $M_0 P = b$ ist,

$$s_n = 2\pi \frac{A}{a+b} \int\limits_{b+\frac{n-1}{2}\lambda}^{b+\frac{n}{2}\lambda} k_n \cos 2\pi\left(\frac{t}{T} - \frac{a+r}{\lambda}\right) dr. \tag{53}$$

Bei hinreichender Größe von a und b und genügend kleinen Wellenlängen findet man als Gesamtwirkung einer endlichen Anzahl von Zonen die Wirkung der Hälfte der ersten und der letzten Zone, und wenn für diese die Ausstrahlung nach P senkrecht erfolgt, wegen $k_n = 0$ nur die Wirkung der ersten halben Zone, wodurch bewiesen sein würde, daß bei ungestörter Ausbreitung des Lichtes, abgesehen von einer Phasendifferenz von $\pi/2$, die Schwingung am Orte P dieselbe sein müßte, wie die durch Vermittlung der Elementarwellen bedingte.

Die allgemeinen Folgerungen aus dieser in verschiedener Hinsicht unvollkommenen Theorie finden Bestätigung durch den Versuch, so vor allem durch die Tatsache, daß bei unveränderter Stellung von Lichtquelle und Aufpunkt P eine symmetrisch zu QP gelegene kreisförmige Öffnung bei wachsender Größe abwechselnd, je nach der Zahl der in ihr enthaltenen FRESNELschen Zonen, Maxima und Minima ergibt.

Ausgangspunkt für eine bessere Formulierung bildet die für alle Wellenvorgänge geltende Gleichung

$$\frac{1}{c^2}\frac{\partial^2 \Phi}{\partial t^2} = \Delta\Phi, \tag{54}$$

aus der bei Anwendung des GREENschen Satzes der von KIRCHHOFF aufgestellte Ausdruck sich ergibt

$$4\pi\,\Phi(P) = \iint\limits_S \left\{\frac{1}{r}\left[\frac{\partial\Phi}{\partial n}\right] - \cos(n,r)\,\frac{\partial}{\partial r}\left(\frac{[\Phi]}{r}\right)\right\} dS. \tag{55}$$

Bedingung für die Lösbarkeit der Gleichung ist die Kenntnis der Funktionen Φ und $\partial\Phi/\partial n$ auf einer geschlossenen Fläche S, für die zulässige Annahmen nur gemacht werden können, wenn die Wellenlängen hinreichend klein sind, wie dies für Lichtwellen zutrifft. Eine Näherungslösung gibt jedenfalls das Ausbreitungsgesetz der Kugelwellen richtig wieder; ferner findet man an Stelle der willkürlichen Größe k bei KIRCHHOFF die Funktion

$$k = \frac{1}{2\lambda}[\cos(n, r_1) - \cos(n, r_0)]. \tag{56}$$

Für die Behandlung konkreter Aufgaben wird meist angenommen, daß die genannten Funktionen Φ und $\partial\Phi/\partial n$ innerhalb der beugenden Öffnung dieselben Werte haben, wie sie am gleichen Ort bei ungestörter Ausbreitung der Welle sich ergeben, ferner wird als Integral der Wellengleichung der Ausdruck

$$\frac{A}{r}\cos\frac{2\pi}{T}\left(t - \frac{r}{c}\right) \tag{57}$$

eingesetzt, und meist werden die Abmessungen der beugenden Öffnungen so klein gewählt, daß die die Ausstrahlung bestimmende Größe k innerhalb der Öffnung als konstant angesehen werden kann. Nur der Fall der Beugung an einer unendlich ausgedehnten (leitenden) Halbebene ist in völliger Strenge durchgeführt worden[1].

Bei den erwähnten einschränkenden Annahmen folgt dann für die durch eine punktförmige Lichtquelle $Q = x_1, y_1, z_1$ hinter einer beugenden Öffnung in einem Punkt $P = x_0, y_0, z_0$ erzeugte (Abb. 40) Erregung

$$u_p = \frac{A}{2\lambda}\,\frac{\cos(n, r_0) - \cos(n, r_1)}{r_0 r_1}\int \sin 2\pi\left(\frac{t}{T} - \frac{r_0 + r_1}{\lambda}\right) dO, \tag{58}$$

wobei r_1 und r_0 die Entfernungen der Punkte Q und P von dem Punkt (x, y) der in der X, Y-Ebene liegenden beugenden Öffnung sind. Die Integration müßte über eine den Ort des Beobachters umschließende Fläche ausgeführt werden, doch genügt es, sie auf die Fläche der beugenden Öffnung selbst zu beschränken, weil gemäß Voraussetzung die Lichterregung in allen Punkten außerhalb der Öffnung verschwindet.

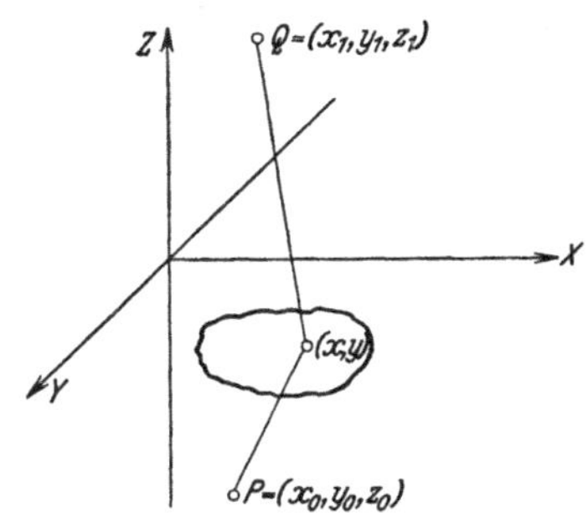

Abb. 40. Lage von leuchtendem Punkt, Aufpunkt und beugender Öffnung.

Entwickelt man die Größen r_0 und r_1 nach Potenzen der als klein angenommenen Koordinaten x, y, so ergibt sich, wenn die Entfernungen der Punkte Q und P vom Koordinatenanfangspunkt mit ϱ_1 und ϱ_0 bezeichnet werden und abkürzend für die Richtungskosinus gesetzt wird

$$\frac{x_1}{\varrho_1} = \alpha_1, \quad \frac{y_1}{\varrho_1} = \beta_1, \quad \frac{x_0}{\varrho_0} = \alpha_0, \quad \frac{y_0}{\varrho_0} = \beta_0,$$

$$\left.\begin{aligned} r_0 + r_1 = \varrho_0 + \varrho_1 - x(\alpha_1 + \alpha_0) - y(\beta_1 + \beta_0) + \frac{x^2 + y^2}{2}\left(\frac{1}{\varrho_1} + \frac{1}{\varrho_0}\right) \\ - \frac{(x\alpha_1 + y\beta_1)^2}{2\varrho_1} - \frac{(x\alpha_0 + y\beta_0)^2}{2\varrho_0}. \end{aligned}\right\} \tag{59}$$

Somit wird

$$u_p = A'\int \sin\left\{\frac{2\pi t}{T} - f(x, y)\right\} dO. \tag{59a}$$

Die Funktion $f(x, y)$ kann ohne wesentlichen Fehler allgemein mit der zweiten Potenz von x und y abgebrochen werden, reduziert sich aber im Falle

[1] A. SOMMERFELD, Z f Math u Phys 46, S. 11 (1901).

eines im Unendlichen liegenden Lichtpunktes und der Betrachtung in der Brennebene eines hinter der beugenden Öffnung befindlichen Objektivs auf die linearen Glieder. Beugungserscheinungen der ersten Art werden als FRESNELsche, solche der zweiten Art als FRAUNHOFERsche bezeichnet. Für beide kann zusammenfassend geschrieben werden, wenn

$$\int \cos f(x, y)\, dO = C,$$

$$\int \sin f(x, y)\, dO = S$$

eingeführt wird,

$$J = A'^2 (C^2 + S^2), \tag{60}$$

wobei J die Intensität im Punkte P bedeutet.

Dem Grad der Funktion $f(x, y)$ entsprechend unterscheidet sich die mathematische Behandlung beider Arten von Beugungserscheinungen. Ist $f(x, y)$ linear, was bei unendlicher Entfernung der Punkte P und Q von der beugenden Öffnung gemäß (59) eintritt, so ergibt sich bei einer beugenden Öffnung in Form eines Rechtecks mit den Seiten a und b parallel zu X und Y, wenn der Nullpunkt in die Mitte des Rechtecks verlegt wird,

$$C = \int\limits_{-\frac{b}{2}}^{+\frac{b}{2}} \int\limits_{-\frac{a}{2}}^{+\frac{a}{2}} \cos(\mu x + \nu y)\, dx\, dy, \qquad S = \int\limits_{-\frac{b}{2}}^{+\frac{b}{2}} \int\limits_{-\frac{a}{2}}^{+\frac{a}{2}} \sin(\mu x + \nu y)\, dx\, dy. \tag{61}$$

Die Integrale sind unmittelbar auszuführen und ergeben

$$C = \frac{4}{\mu\nu} \sin\frac{\mu a}{2} \sin\frac{\nu b}{2}, \qquad S = 0$$

und damit für die Intensität

$$J = A'^2 \left(\frac{\sin\frac{\mu a}{2}}{\frac{\mu}{2}}\right)^2 \left(\frac{\sin\frac{\nu b}{2}}{\frac{\nu}{2}}\right)^2. \tag{62}$$

Das Beugungsbild ist von dunklen Streifen (vollständigen Minima) durchzogen, deren Lage durch die Bedingungen

$$\mu a = 2h\pi, \qquad \nu b = 2h'\pi$$

bestimmt wird. Ihr Abstand ist um so kleiner, je größer a und b sind, die Intensität nimmt von der Mitte nach außen schnell ab, da

$$J_\mu = A'^2 a^2 b^2 \frac{1}{\pi^4 (2h+1)^2 (2h'+1)^2}. \tag{63}$$

Der Übergang zu einem Spalt ist unmittelbar gegeben, ebenso zu einem schiefwinkligen Parallelogramm als beugender Öffnung.

Es sei noch darauf hingewiesen, daß für die Ermittlung der Maxima die transzendente Gleichung

$$\frac{\mu a}{2} = \operatorname{tg}\frac{\mu a}{2} \tag{64}$$

gilt, deren Wurzeln sich dem allgemeinen Wert

$$\frac{2\sigma + 1}{2}\pi \qquad (\sigma = 1, 2, 3 \ldots)$$

immer mehr nähern, während für die ersten Wurzeln folgt

$$\frac{\mu a}{2} = 0, \qquad \frac{\mu a}{2} = \frac{3\pi}{2} - 0{,}07\pi, \qquad \frac{\mu a}{2} = \frac{5\pi}{2} - 0{,}042\pi.$$

Die Auswertung des allgemeinen Integrals für den Fall einer einfachen kreisförmigen Öffnung läßt sich am besten erzielen, wenn man zu Polarkoordinaten übergeht und setzt:

$$x = \varrho \cos\psi\,, \qquad y = \varrho \sin\psi\,.$$

S verschwindet, während C die Form annimmt

$$C = \int_0^R \int_0^{2\pi} \varrho\, d\varrho\, d\psi \cos\{\mu\varrho\cos\psi + \nu\varrho\sin\psi\}\,.$$

Das Integral läßt sich leicht berechnen; ist

$$\mu = p\cos\vartheta, \qquad \nu = p\sin\vartheta, \qquad p\varrho = w,$$

so folgt zunächst bei Einführung der Zylinderfunktion von der Ordnung Null

$$C = \frac{4\pi}{p^2}\int_0^{pR} w\,J_0(w)\,dw$$

und schließlich

$$C = \frac{2\pi R}{p}\,J_1(pR)\,, \tag{65}$$

woraus für die Intensität folgt

$$J = 4J_0\left[\frac{J_1\left(\frac{2\pi R}{\lambda}\sin\varphi\right)}{\frac{2\pi R}{\lambda}\sin\varphi}\right]^2, \quad \text{wobei} \quad \frac{2\pi}{\lambda}\sin\varphi = \sqrt{\mu^2+\nu^2}\,. \tag{66}$$

Die Nullstellen, die aus den Wurzeln der Gleichung $J_1(z) = 0$ folgen, sind[1]

$$z_1 = 1{,}220\pi, \quad z_2 = 2{,}233\pi, \quad z_3 = 3{,}238\pi, \quad z_4 = 4{,}241\pi, \quad z_5 = 5{,}243\pi\,.$$

Die im Beugungsbilde auftretenden kreisförmigen Maxima klingen in ihrer Intensität nach außen schnell ab. LOMMEL gibt der Reihe nach folgende Werte:

$$\frac{J}{J_0} = 0{,}01745\,, \quad 0{,}00415\,, \quad 0{,}00165\,, \quad 0{,}00078\,.$$

Punktförmige Lichtquellen erscheinen daher dem Auge wegen der endlichen Größe der menschlichen Pupille als kleine kreisförmige Scheiben, solche von endlichem Durchmesser stets größer, als sie wirklich sind. Bestimmend für die scheinbare Vergrößerung ist auch die Intensität, da bei geringer Helligkeit die äußeren Teile des Beugungsbildes wegen ihrer Lichtschwäche nicht mehr wahrgenommen werden. Bei Anwendung eines Fernrohrs ist der Durchmesser des Beugungsscheibchens durch die Austrittspupille und somit durch den Objektivdurchmesser gegeben[2]. Auch für die Ermittlung des Auflösungsvermögens der Fernrohre sowie der Mikroskope ist die angedeutete Behandlung der Beugungserscheinungen durch eine kreisförmige Öffnung wichtig.

Die Ermittlung der Werte von C und S für den Fall, daß Lichtpunkt und Aufpunkt im Endlichen liegen, erfordert eine besondere Wahl des Koordinatensystems. Man verlegt Q in die X, Z-Ebene, wählt als Nullpunkt den Schnittpunkt von QP mit der X, Y-Ebene und dreht, bis die neue Z'-Achse parallel zu QP ist. Dann liegt die Öffnung freilich nicht mehr in der X, Y-Ebene, und es ist zu beachten, daß für jeden Aufpunkt P das Koordinatensystem geändert werden muß.

---

[1] E. v. LOMMEL, Abh Bayer Akad d Wiss 15, S. 531 (1886).

[2] Siehe A. KÖNIG, Kapitel Fernrohr; E. ABBE, Die Lehre von der Bildentstehung im Mikroskop. Bearbeitet von O. LUMMER und E. REICHE. Braunschweig 1900; J. PICHT, Optische Abbildung. Einführung in die Wellen- und Beugungstheorie optischer Systeme. Braunschweig 1931.

Als Vorteil ist aber zu buchen, daß bei dieser Wahl die Funktion $f(x, y)$ eine rein quadratische wird, nämlich:

$$f(x', y') = \frac{2\pi}{2\lambda}\left(\frac{1}{\varrho_0} + \frac{1}{\varrho_1}\right)(x^2 \cos^2\varphi + y^2), \qquad \alpha_1 = \sin\varphi.$$

FRESNEL hat als erster einen Weg zur Berechnung dieser Integrale angegeben. Die Substitution

$$v^2 = \frac{2}{\lambda}\left(\frac{1}{\varrho_0} + \frac{1}{\varrho_1}\right)x^2\cos^2\varphi, \qquad w^2 = \frac{2}{\lambda}\left(\frac{1}{\varrho_0} + \frac{1}{\varrho_1}\right)y^2$$

führt auf

$$C = \frac{k'}{\cos i}\int \cos\frac{\pi}{2}(v^2 + w^2)\,dv\,dw, \qquad S = \frac{k'}{\cos i}\int \sin\frac{\pi}{2}(v^2 + w^2)\,dv\,dw, \tag{67}$$

so daß sich die Größen C und S unter der Voraussetzung, daß die Grenzen der Integrationsgebiete geradlinig und parallel zu den neuen Achsen sind, als Produkte der einfacheren Integrale

$$\xi = \int_0^u \cos\frac{\pi}{2}u^2\,du, \qquad \eta = \int_0^u \sin\frac{\pi}{2}u^2\,du \tag{68}$$

darstellen lassen.

Die verschiedenen Möglichkeiten der Auswertung, die von FRESNEL, LOMMEL, CAUCHY u. a.[1] erörtert worden sind, beruhen auf Reihenentwicklung und Anwendung von Rekursionsformeln und führen zu dem von GILBERT[2] zahlenmäßig festgelegten oszillatorischen Verhalten der Integrale.

Anschaulicher ist die Behandlung von CORNU[3], der die ebene Kurve $F(\xi, \eta)$ angibt, deren Bogenlänge unmittelbar gleich dem Argument u ist.

Die Kurve, deren Tangenten mit der ξ-Achse den Neigungswinkel $\frac{\pi}{2}u^2$ haben und deren Krümmungsradius $1/\pi u$ ist, ist eine Spirale, die sich asymptotisch den Punkten $(+\frac{1}{2}, +\frac{1}{2})$ und $(-\frac{1}{2}, -\frac{1}{2})$ nähert (s. Abb. 41).

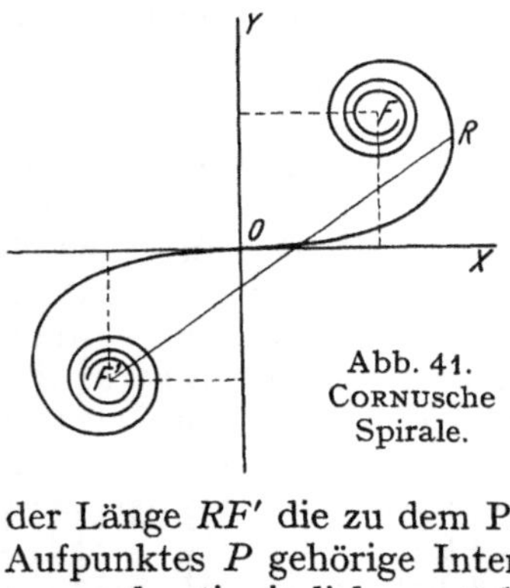

Abb. 41. CORNUsche Spirale.

Bemerkenswert ist, daß wegen der allgemeinen Gültigkeit der FRESNELschen Zonenkonstruktion die Integration der Ausdrücke (68) auch über größere Argumente, ja selbst bis ins Unendliche ausgedehnt werden kann, weil die entfernten Zonen keine merklichen Beiträge zur Intensität liefern.

Daher ist es auch möglich, die durch eine unendlich ausgedehnte Halbebene erzeugte Beugungserscheinung mit Hilfe der CORNUschen Spirale abzuleiten; läßt man einen Punkt R von F' aus auf der Spirale wandern, so gibt das Quadrat der Länge RF' die zu dem Parameter u und der durch ihn bestimmten Lage des Aufpunktes P gehörige Intensität J, die von $-\infty$ ausgehend bis zur Schattengrenze kontinuierlich anwächst und dann Maxima und Minima aufweist, deren Werte mit abnehmender Entfernung von der Schattengrenze sich immer weniger unterscheiden; an der Schattengrenze selbst ist die Intensität $^1/_4$ derjenigen, die bei Abwesenheit des Schirmes vorhanden sein würde.

19. Wirkung mehrerer beugender Öffnungen. Sind zwei gleiche rechteckige Öffnungen mit den Seiten a und b gegeben, die parallel zueinander angeordnet sind und deren zugekehrte Seiten a im Abstand d voneinander liegen, so können

[1] A. FRESNEL, Œuvres compl. S. 317; E. v. LOMMEL, l. c.; A. CAUCHY, C. R. 15, S. 578 (1842); K. W. KNOCHENHAUER, Pogg Ann 41, S. 103 (1837); 43, S. 286 (1838).

[2] Mém l'Acad de Brux 31, S. 1 (1863). [3] A. CORNU, J de Phys 3, S. 1 u. 44 (1874).

die Anteile beider Öffnungen zunächst getrennt berechnet werden, und man erhält dann entsprechend (62)

$$\frac{J}{J_0} = \cos^2\frac{\mu(b+d)}{2}\left[\frac{\sin\frac{\mu a}{2}}{\frac{\mu a}{2}}\right]^2\left[\frac{\sin\frac{\nu b}{2}}{\frac{\nu b}{2}}\right]^2. \tag{69}$$

Die durch eine Öffnung gegebene Intensitätsverteilung wird also durch den neuen Faktor in der Weise modifiziert, daß neue Minima hinzutreten, deren Ort durch die Beziehung

$$\mu(b+d) = (2h+1)\pi$$

bestimmt ist.

Die Lage der Maxima in Richtung der ξ-Achse ist gegenüber derjenigen bei einfachem Spalt verändert. Sie ergibt sich aus einer ziemlich komplizierten transzendenten Gleichung, die aus

$$\frac{d}{d\mu}\left(\cos\frac{\mu(b+d)}{2}\cdot\frac{\sin\frac{\mu a}{2}}{\mu a}\right) = 0$$

folgt[1].

Zu dieser Gruppe von Beugungserscheinungen gehören auch diejenigen, die man erhält, wenn man eine der beugenden Öffnungen mit einer verzögernden planparallelen Platte (Glimmer- oder Glasplatte) bedeckt. Die durch die Wirkung beider Platten bedingten Streifen treten aber nicht in allen Fällen auf: betrachtet man ein Spektrum und bedeckt die Hälfte der Pupille mit einem Plättchen der bezeichneten Art, so daß die beugende Öffnung in zwei verschieden wirkende aufgelöst wird, dann sind die als TALBOTsche Streifen[2] bezeichneten Beugungsinterferenzen nur zu beobachten, wenn die bedeckende Platte sich auf der Seite der Pupille befindet, auf der man das kurzwellige Ende des Spektrums sieht. Auch bei Benutzung eines Spektralapparates, also Einschaltung von Fernrohren, tritt die Erscheinung auf, sobald die vor eine Fernrohröffnung geschobene Platte von der brechenden Kante der dispergierenden Prismen her eingeschoben wird.

Alle Erklärungsversuche allein auf Grund der einfachen Theorie der Interferenz sind gescheitert, und nur bei Heranziehung der Beugungseinflüsse ist eine Ableitung der Gesetzmäßigkeiten einwandfrei möglich. Zunächst folgt unmittelbar aus (69), daß für den angegebenen Fall das Argument des Faktors $\cos^2\frac{\mu f}{2}$ um den Betrag der Phasenverzögerung $\varphi = \frac{2\pi}{\lambda}(n-1)D$ vermindert wird. Wenn das Licht nur von einer Linie herrührt, ist der dritte Faktor gleich der Einheit, selbst dann, wenn die Wellen nicht streng senkrecht auf die Platte auffallen, sondern mit dem Einfallslot der Platte einen kleinen Winkel ϑ bilden, weil bei hinreichend kleinem Wert ϑ die Phasendifferenz

$$\frac{2\pi D}{\lambda}(n\cos\vartheta - \cos\vartheta')$$

sich von der für senkrechten Einfall geltenden nur um sehr wenig unterscheidet.

Dient als Lichtquelle nicht eine Lichtlinie, sondern ein Spektrum, so ist dem Ausdruck für die Intensität noch ein Faktor $f(\alpha_1)$ zuzufügen, der die Änderung der Amplitude mit Wellenlänge und Einfallsrichtung kennzeichnet. λ ebenso

[1] Auf die Anwendung zur Bestimmung von Sterndurchmessern und Sternabständen ist schon in Ziff. 14 hingewiesen.

[2] H. F. TALBOT, Phil Mag (3) 10, S. 364 (1837); J. WALKER, ebenda 11, S. 531 (1906); R. W. WOOD, ebenda 18, S. 758 (1909); D. BREWSTER, Brit Ass Rep 2, S. 12 (1837).

wie die Phasenverzögerung φ sind also Funktionen von α_1. Nach dem TAYLORschen Satz ist

$$\varphi = (\varphi)_0 - (\alpha_0 + \alpha_1)\left(\frac{d\varphi}{d\alpha_1}\right) = (\varphi)_2 - (\alpha_0 + \alpha_1)\frac{2\pi}{\lambda} D \frac{d}{d\alpha_1}\left(\frac{n-1}{\lambda}\right)$$

und damit die Intensität

$$J = F\int_{-\infty}^{+\infty}\left[\frac{\sin\omega}{\omega}\right]^2 \cos^2\left(\omega\varkappa - \frac{\varphi}{2}\right) d\omega\,, \qquad \varkappa = \frac{f}{a} + \frac{\lambda}{a} D \frac{d}{d\alpha_1}\left(\frac{n-1}{\lambda}\right), \tag{70}$$

woraus endlich

$$J = \frac{\pi}{2} F\left[1 + \frac{1}{2}\cos\varphi(|\varkappa + 1| + |\varkappa - 1| - 2|\varkappa|)\right]. \tag{71}$$

Wie leicht ersichtlich, ergeben sich für J nur dann Schwankungen, wenn der Faktor von $\cos\varphi$ einen endlichen Wert hat. Er ist aber Null, wenn $|\varkappa| > 1$, und $1 - \varkappa$, wenn $|\varkappa| < 1$. Daher ist für das Auftreten von Streifen im Spektrum Bedingung, daß $|\varkappa| < 1$ sei. Nun ist aber der Wert $\varkappa$ bestimmt durch das Verhältnis des Abstandes f der Rechtecksmitten zur Rechtecksbreite a, der im Grenzfalle der Verschmelzung $= 1$ werden kann. Die vorher aufgeführte Bedingung kann nur erfüllt werden, wenn der Differentialquotient $\frac{d}{d\alpha_1}\left(\frac{n-1}{\lambda}\right)$ negativ ist, wenn also kürzere Wellen bei größeren X-Werten liegen, d. h. die Platte die Öffnung verdeckt, die näher dem violetten Ende des Spektrums sich befindet[1]. Die Streifen, deren Abstand durch die Dimensionen der Öffnungen bestimmt sind, können zur Orientierung im Spektrum benutzt werden.

Wie BABINET nachgewiesen hat, besteht eine einfache Beziehung zwischen den Beugungserscheinungen, die durch eine Reihe von Öffnungen $O_1 - O_n$ in einem undurchlässigen Schirm erzeugt werden, und solchen, die durch undurchlässige Schirme $O'_1 - O'_n$ von gleicher Größe und gleicher Anordnung hervorgerufen werden.

Ist u_1 die Erregung im Falle des Vorhandenseins der Öffnungen, u_2 diejenige bei durchlässigem Schirm mit aufgesetzten undurchlässigen Blenden und endlich u diejenige, die sich bei ungestörter Ausbreitung ergeben würde, so muß

$$u = u_1 + u_2$$

sein; u hat aber nur einen endlichen Wert für diejenigen Richtungen, die der Strahlrichtung zugeordnet sind, und es muß daher für alle anderen Richtungen

$$u_1 = -u_2$$

sein, woraus für die Intensität folgt, daß komplementäre Beugungsschirme sich in bezug auf FRAUNHOFERsche Beugungserscheinungen gleich verhalten; nur in der Zentralrichtung ergeben sich Unterschiede[2].

Steigt die Anzahl der Öffnungen, so sind zwei Fälle zu unterscheiden:

1. sämtliche Öffnungen sind gleich groß und ähnlich gelegen und lassen sich durch einfache Translation zur Deckung bringen,

2. die Beugung erfolgt an zahlreichen, unregelmäßig verteilten kleinen Körpern oder Öffnungen.

Der erste Fall führt zur Theorie der Beugungsgitter, die durch eine große Anzahl regelmäßig verteilter stärker durchlässiger oder stärker reflektierender Flächenelemente bestehen.

---

[1] Für den Fall einer kreisförmigen Öffnung, die zur Hälfte bedeckt ist, behandelt H. STRUVE [Mém Acad Sc Pétersb 31, S. 1 (1883)] die Aufgabe und erhält das gleiche Ergebnis.

[2] A. BABINET, C R 4, S. 638 (1837).

Die im allgemeinen Ausdruck vorhandenen Größen C und S (Ziff. 18) ergeben sich dann bei Beschränkung auf FRAUNHOFERsche Beugungserscheinungen als Summen über die für die einzelnen Öffnungen gültigen, deren Mittelpunktskoordinaten (a_n, b_n) mit $(a_0, b_0) = (0, 0)$ sein mögen. Setzt man abkürzend

$$\sigma = \sum_{k=1}^{n} \sin(\mu a_k + \nu b_k), \qquad \gamma = \sum_{k=1}^{n} \cos(\mu a_k + \nu b_k),$$

so wird

$$\left.\begin{aligned} C &= \gamma \int \cos(\mu x + \nu y)\,dO - \sigma \int \sin(\mu x + \nu y)\,dO, \\ S &= \sigma \int \cos(\mu x + \nu y)\,dO + \gamma \int \sin(\mu x + \nu y)\,dO \end{aligned}\right\} \tag{72}$$

und daher die Intensität

$$J = J_1(\gamma^2 + \sigma^2) = \frac{J_0}{n^2}(\gamma^2 + \sigma^2) \left[\frac{\sin\frac{\mu a}{2}}{\frac{\mu a}{2}}\right]^2 \left[\frac{\sin\frac{\mu b}{2}}{\frac{\nu b}{2}}\right]^2. \tag{73}$$

Bei der gesamten Wirkung überlagern sich also der Beugungswirkung der einzelnen Öffnung noch Minima, die durch die Nullstellen des Faktors $\gamma^2 + \sigma^2$ gegeben sind. Besonders wichtig ist der Fall, in dem die Abstände gleich sind, die Mittelpunktskoordinaten also durch $a_{k+1} = kd$ darstellbar sind, während $b_k = 0$ ist. Es wird

$$J = J_1 \left[\frac{\sin\frac{n\mu d}{2}}{\sin\frac{\mu d}{2}}\right]^2, \tag{74}$$

wo $n^2 J_1$ diejenige Intensität bedeutet, die herrschen würde, wenn nur eine einzige beugende Öffnung vorhanden wäre.

Der Übergang zu den eigentlichen Gittern erfolgt in derselben Weise wie vorher erwähnt, indem man die einzelnen Öffnungen in einer Richtung als unbegrenzt ansieht. Durch das Auftreten der neuen Minima werden die Hauptmaxima verschärft, doch ist zu beachten, daß bei reellen Gittern, die durch Einreißen feiner Linien auf ebenen oder gekrümmten Glas- oder Metallflächen hergestellt werden, die Form der Furchen und auch die Natur des beugenden Materials noch von Einfluß sind[1].

Besonders ausgeprägt ist dieser Einfluß hinsichtlich der Polarisation des durch Gitter gebeugten Lichtes. Ist die Gitterkonstante klein gegen die Wellenlänge, so tritt nur das Spektrum nullter Ordnung auf, in dem wesentlich nur die senkrecht zu den Gitterstäben schwingende Komponente der elektrischen Schwingung durchgelassen wird (HERTZ-Effekt). Den anderen Grenzfall findet man bei einer gegen die Wellenlänge großen Gitterkonstante. Es ergibt sich bei dielektrischen Stäben im Spektrum nullter Ordnung ein Überwiegen des senkrecht zu den Stäben polarisierten Lichtes (DU BOIS-Effekt), während bei leitenden Drähten der HERTZ-Effekt überwiegt[2].

Auch den Einfluß der Furchenform hat Lord RAYLEIGH diskutiert[3]. In Anlehnung an die elementare Theorie wird die Intensität in den Spektren verschiedener Ordnung berechnet. Beleuchtet man das Gitter durch eine ebene Welle

$$e^{-ik(x\alpha_0 + y\beta_0 + z\gamma_0)},$$

[1] L. C. GLASER, Z f techn Phys 7, S. 31 u. 252 (1926); s. auch E. BUCHWALD, Phys Z 26, S. 672 (1925); 27, S. 353 (1926); Ann d Phys (4) 80, S. 279 (1926); C. KOLLER, Inaug.-Diss. Berlin 1931.

[2] CL. SCHÄFER u. F. REICHE, Ann d Phys 35, S. 817 (1911); W. v. IGNATOWSKI, ebenda 44, S. 369 (1914); H. DU BOIS u. H. RUBENS, ebenda 35, S. 243 (1911).

[3] Sc Pap 5, S. 388; Proc Roy Soc A 79, S. 399 (1907).

so sendet ein Element dy des Gitters, das als linienförmig anzusehen ist, eine gebeugte Welle aus, die in größerer Entfernung r dargestellt werden kann durch

$$\frac{1}{r}\,\psi(\alpha,\beta)\,e^{-ik(r+x\alpha+y\beta)}.$$

Die Richtungsfunktion ψ ist abhängig von der Lage und den physikalischen Eigenschaften der Gitterstriche, und es wird bei Zerlegung nach dem FOURIERschen Satz

$$\psi = \sum_{1}^{\infty} j(c_j \cos jpx + s_j \sin jpx) = S\zeta_j e^{jpx}. \tag{75}$$

Ist die einfallende Welle unabhängig von y, und trifft sie unter dem Winkel Θ_0 zur Normalen auf, so ergibt sich für die reflektierte Welle

$$u_r = e^{ikx\sin\Theta_0} \sum_{-\infty}^{+\infty}{}_h A_h e^{ihpx} e^{-ikz\cos\Theta_h}. \tag{76}$$

Hierin ist

$$\sin\Theta_h - \sin\Theta_0 = \frac{hp}{k}.$$

Entsprechend folgt für die gebrochene Welle, wenn der Brechungsexponent des zweiten Mediums $n = \frac{k'}{k}$ ist,

$$u_b = e^{ikx\sin\varphi_0} \sum_{-\infty}^{+\infty}{}_h B_h e^{ihpx} e^{ik'z\cos\varphi_h}, \tag{76a}$$

wobei φ_0 die Richtung der gebrochenen Welle angibt. Daher ist

$$\frac{\sin\varphi_0}{\sin\Theta_0} = \frac{1}{n}, \qquad \sin\varphi_h - \sin\varphi_0 = \frac{hp}{k'}.$$

Aus den Grenzbedingungen (Stetigkeit der tangentiellen Komponenten) ergeben sich die Koeffizienten A_h und B_h, wobei im allgemeinen vorausgesetzt werden muß, daß die Tiefen der Gitterstriche klein gegen die Wellenlänge sind. Das in (75) vorherrschende Glied bewirkt auch im Beugungsbild eine Verstärkung der Intensität im Spektrum der betreffenden Ordnung. Die Resultate der Rechnung sind in bezug auf den Polarisationszustand der reflektierten Spektra bei durchsichtigen Glasgittern in guter Übereinstimmung mit den FRAUNHOFERschen Beobachtungen[1]. Gleiches gilt für den von VOIGT behandelten Fall endlicher Leitfähigkeit[2].

Sind beugende Öffnungen oder Schirme von unregelmäßiger Verteilung und Größe gegeben, so ist eine Angabe der Intensitätsverteilung nur dann möglich, wenn die Zahl der beugenden Elemente sehr groß ist. Der maßgebende Faktor $(\gamma^2 + \sigma^2)$ [s. Gleichung (73)] läßt sich in Form einer FOURIERschen Reihe darstellen, deren Glieder dem absoluten Betrage nach stets kleiner als 1 sind. Bei zunehmender Zahl der Öffnungen wird das konstante Glied, das gleich der Zahl der Öffnungen ist, immer größer, der Wert der FOURIER-Reihe immer kleiner, bis schließlich die Intensitätsverteilung nur durch die Beugungswirkung einer Öffnung bestimmt wird, jedoch folgt für die Intensität der Maxima der $n$fache Wert dessen, der für die Einzelöffnung eintreten würde; die Größe der beugenden Öffnungen darf nur innerhalb gewisser Grenzen, die durch die Zahl der Öffnungen und die Größe der gesamten, die beugenden Öffnungen enthaltenden Fläche gegeben ist, schwanken.

---

[1] J. FRAUNHOFER, Ann d Phys 74, S. 364 (1823); Ges Abh München 1888, S. 134.

[2] W. VOIGT, Gött Nachr 1911, S. 41; 1912, S. 385; B. POGANY, Ann d Phys 37, S. 257 (1912); J. FRÖHLICH, Polarisation des gebeugten Lichtes. Leipzig 1907; P. ZEEMAN, Researches in Magneto-Optics, Kap. IV. London 1913.

20. Beugungserscheinungen bei Abbildung durch Kugelwellen. Die KIRCHHOFFsche Formel (55) ist als Ausgangsgleichung für die Behandlung der Beugungserscheinungen zu benutzen, die in der Brennebene (oder der Bildebene) abbildender Systeme auftritt. Für aberrationsfreie Bündel, deren Querschnitt kreisförmig ist, also solche, deren geometrische Vereinigungspunkte in der Nähe der Achse des als zentriert angenommenen Systems liegen, ergibt sich dann für die Intensität

$$J_p = \frac{\pi^2 a^4}{\lambda^2 f^4} \left(\frac{2 J_1(\mathfrak{y})}{\mathfrak{y}} \right)^2, \tag{77}$$

wobei $J_1(\mathfrak{y})$ die BESSELsche Funktion erster Art und erster Ordnung, a der Radius der Objektivöffnung, f die Brennweite und

$$\mathfrak{y} = \frac{2\pi}{\lambda} \varrho_P \frac{a}{f} = 2\pi \frac{a}{\lambda} \sin\alpha$$

eine dimensionslose Größe ist, die als optische Einheit bezeichnet wird. Die Nullstellen und die Größen der Maxima sind bereits in Ziff. 18 angegeben, doch gibt (77) noch die weitere Folgerung, daß die Intensität proportional der vierten Potenz der Objektivöffnung, umgekehrt proportional der vierten Potenz der Brennweite und umgekehrt proportional dem Quadrat der Wellenlänge ist.

Für die Beugungserscheinung bei ausgedehnten Objekten ist über die von den einzelnen Flächenelementen in einem bestimmten Punkt erzeugten Intensitäten zu summieren[1]; ebenso ist die Abhängigkeit der Intensität von der Wellenlänge zu beachten, die noch dadurch beeinflußt wird, daß das Aufnahmeinstrument (Platte, Auge) Empfindlichkeitswerte hat, die selbst stark von der Wellenlänge abhängig sind. Die sich ergebende Helligkeitsverteilung ist maßgebend für die scheinbare Bildbegrenzung, die nur dann eindeutig bestimmt sein würde, wenn die objektive Lichtverteilung Unstetigkeitsstellen besitzen würde. Nach MACH[2] und SEELIGER[3] sind für die vom Auge empfundenen Bildgrenzen die Größen des ersten und zweiten Differentialquotienten der Lichtverteilungsfunktion maßgebend, und zwar ergibt sich die Möglichkeit des Auftretens von Bildgrenzen, wenn entweder $\Delta J(x, y) = \frac{\partial^2 J(x,y)}{\partial x^2} + \frac{\partial^2 J(x,y)}{\partial y^2}$ Null wird oder eine Unstetigkeit aufweist oder wenn der Differentialquotient dieses Ausdrucks die genannten Eigenschaften hat[4].

Die Folgerungen aus dieser Theorie decken sich gut mit den Beobachtungen bei Doppelsternen mit gleicher oder verschiedener Größe der Komponenten; es ist auch versucht worden, auf diesem Wege die Verdopplung der Marskanäle zu erklären.

Bei Behandlung der Frage, wie die Intensitätsverteilung außerhalb der Brennebene (Bildebene) sich darbietet, führt die Diskussion der KIRCHHOFFschen Gleichung auf Ausdrücke, die denjenigen der FRESNELschen Beugungserscheinungen entsprechen. Die Intensitätsverteilung ist ebenfalls durch BESSELsche Funktionen darstellbar, doch ist die allgemeine Erörterung nur schwer durchführbar. Ein anschauliches Bild der Intensitätsverteilung in der Nähe des Brennpunktes einer Kugelwelle hat BEREK[5] gegeben, indem er die Kurven gleicher Helligkeit ermittelt hat und die Gebiete gleicher Intensität durch Schraffierung kennzeichnet (Abb. 42).

---

[1] O. BIRCK, Das photographische Helligkeitsverhältnis der Sonne zu den Fixsternen. Göttingen 1909.

[2] Analyse der Empfindungen, 3. Aufl., S. 163ff. Jena 1902.

[3] Abh d Akad d Wiss II. Kl., 19. Bd. München 1896.

[4] A. KÜHL, Z f ophthalm Opt VIII, S. 129 (1920); s. auch A. KÜHL, Inaug.-Diss. München 1909.

[5] Z f Phys 40, S. 421 (1926).

Für größere Abstände zwischen Brennpunkt und Aufpunkt gelten die von SCHWARZSCHILD[1] entwickelten Formeln, nach denen sich die Intensität längs eines Radius des kreisförmigen Beugungsbildes durch Überlagerung zweier nahezu sinusförmiger Wellen über die Intensität ergeben würde, die bei geradliniger Fortpflanzung auftreten würde. Eine strengere Untersuchung ist von DEBYE[2] durchgeführt worden. Wesentlich ist dabei die Tatsache, daß in der Nähe des Brennpunktes Phasenänderungen eintreten, die bereits vor dem Brennpunkt oszillatorisch beginnen, im Brennpunkt selbst gegen den geometrisch-optischen Wert den Betrag $\pi/2$ annehmen und hinter dem Brennpunkt nach weiterem Pendeln den Wert π erreichen.

Im allgemeinsten Falle kann fast jede Fläche Wellenfläche eines möglichen Schwingungsvorganges sein. Die bei realen Systemen auftretenden Wellenflächen, die durch ihre Abweichung von der Kugelform die Abbildungsfehler

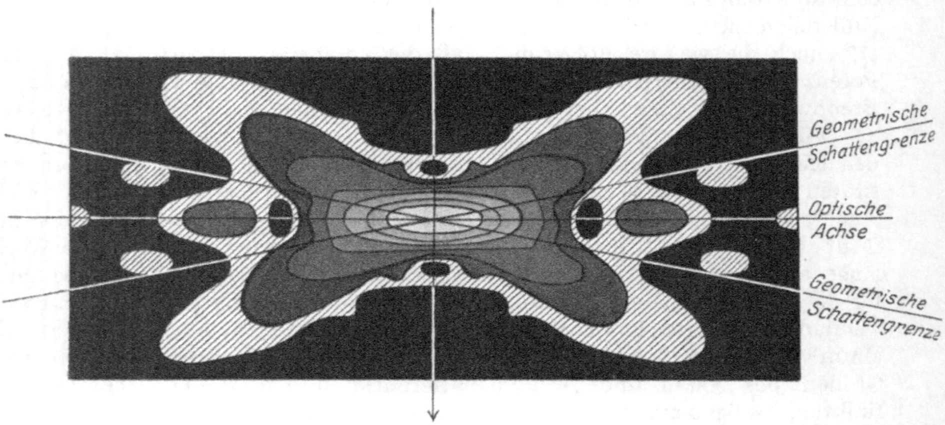

Abb. 42. Lichtverteilung in der Nähe des Fokus. Wenn man die Helligkeit in der Mitte gleich 100 setzt, so bedeuten die einzelnen Schraffierungen: ganz dunkel 1, dann zunehmend 2½, 5, 10, 25, 50, 75, 100. Die Abbildung ist im Sinne der geometrischen Optik aberrationslos vorausgesetzt. (Aus F. JENTZSCH, Beugungstheorie der optischen Instrumente, Handb. d. Physik Bd. 21. Herausgegeben von H. GEIGER und K. SCHEEL. Berlin: Julius Springer 1929.)

optischer Systeme kennzeichnen, sind ausführlich von PICHT[3] diskutiert worden, wobei die für den Lichtvektor u_P sich ergebenden Integrale durch Reihenentwicklung gelöst worden sind.

Auch bei der beugungstheoretischen Behandlung des Regenbogens ergibt sich eine von der Kugelform abweichende Wellenfläche, die durch die Brechung an den Wassertropfen entsteht[4]. Die Beugungserscheinungen liegen in der Nähe derjenigen Strahlen, die von den Wendepunkten der Wellenfläche ausgehen; die Auswertung der Integrale wird möglich, wenn bestimmte Annahmen über die Form der Wellenfläche in der Nähe des Wendepunktes gemacht werden. Lage und Intensität der Maxima stimmt mit den Beobachtungen überein; auch der Einfluß der Größe der Regentropfen läßt sich erfassen[5].

---

[1] Sitzber K Akad Wiss München 1898, S. 271. [2] Ann d Phys (4) 30, S. 755 (1909).

[3] Ann d Phys (4) 77, S. 685 u. 785 (1925).

[4] E. MASCART, Traité d'Opt 3, S. 437 u. 444; W. MÖBIUS, Ann d Phys (4) 33, S. 79 u. 1493 (1910).

[5] J. PERNTER, Wien Ber (2a) 106, S. 135 (1897). Weitere Quellen: E. GEHRCKE, Handb. der physik. Optik I, S. 578ff. Leipzig 1927.

d) DOPPLER-Effekt.

21. Ableitung der allgemeinen Beziehungen. Die Behandlung der Optik bewegter Körper kann von verschiedenen Annahmen ausgehen. Entweder betrachtet man den Träger des elektrischen Feldes, den Äther, als ideal isotrop und ruhend und schreibt Bewegung nur der Masse und den mit ihr verknüpften elektrischen Ladungen zu oder nimmt überdies noch die Möglichkeit einer Veränderlichkeit des Äthers an, die sich in Anisotropie, Eigenbewegung oder Einwirkung der ponderablen Masse auf den Äther äußern kann; unmittelbar zusammenhängend hiermit sind die Fragen nach der Existenz des Äthers überhaupt.

Schon unter Zugrundelegung der klassischen Vorstellungen, die eine irgendwie geartete Wellenbewegung voraussetzen, ebenso aber auch bei Einbeziehung der MAXWELLschen Theorie gelingt es, die einfachsten Beziehungen abzuleiten, die zwischen der Ruhefrequenz und der bei Bewegung, sei es der Lichtquelle oder des Beobachters oder beider zugleich, vorhandenen bestehen. Wesentlich ist nur, daß die Geschwindigkeit v der Lichtquelle oder u des Beobachters klein ist gegenüber der Lichtgeschwindigkeit c, so daß man sich auf die ersten Potenzen von v/c bzw. u/c beschränken kann.

Ist L die Lichtquelle und sendet diese zur Zeit t eine Welle aus, so möge diese zur Zeit t' an dem Ort P des Beobachters eintreffen. Ist die Entfernung r, so ist

$$t' = t + \frac{r}{c}.$$

Für eine zweite Welle, die zur Zeit $t + \Delta t$ von L ausgeht, gilt entsprechend

$$t' + \Delta t' = t + \Delta t + \frac{r - v\,\Delta t\cos\varphi}{c}$$

und damit

$$\frac{\Delta t'}{\Delta t} = 1 - \frac{v\cos\varphi}{c}.$$

Hierbei ist angenommen, daß sich die Lichtquelle unter einem Winkel φ auf den Beobachter zu bewegt, die Bahn der Lichtquelle in der Zeit Δt also gleich $v\,\Delta t$ und die Komponente in der Beobachtungsrichtung $v\cos\varphi\;\Delta t$ ist. Bei konstanter Geschwindigkeitskomponente in der Beobachtungsrichtung läßt sich diese Beziehung auch auf endliche Zeiten ausdehnen. Nimmt man an, daß während des Zeitintervalls Δt eine Anzahl Wellen von der Lichtquelle ausgeht, so muß dieselbe Anzahl Wellen während der Zeit $\Delta t'$ in P eintreffen, und der dort befindliche Beobachter wird eine Änderung der Frequenz (und damit auch der Wellenlänge) feststellen. In gleicher Weise ist auch der Einfluß der Bewegung des Beobachters gegen die Lichtquelle zu berechnen, und man findet für ein kleines Zeitintervall bei großer Entfernung LP, wenn der Winkel zwischen Blickrichtung und Bewegungsrichtung des Beobachters ψ ist,

$$\Delta t'' = \frac{\Delta t\left(1 - \frac{v\cos\varphi}{c}\right)}{1 + \frac{u\cos\psi}{c}} = \Delta t\left(1 - \frac{v\cos\varphi + u\cos\psi}{c}\right) \tag{78}$$

oder bei Übergang auf die Wellenlänge

$$\frac{\Delta\lambda}{\lambda} = \pm\frac{v\cos\varphi + u\cos\psi}{c}. \tag{78a}$$

Da die Bestimmung der Wellenlänge auf 0,01 A ohne allzu große Schwierigkeiten durchführbar ist, ergibt sich somit aus Gleichung (78a) eine zugehörige

Annäherungsgeschwindigkeit von etwa 0,5 km/sec als ungefähre Grenze der erreichbaren Meßgenauigkeit, wobei aber zu beachten ist, daß v nicht nur von dem Wellenlängenintervall, sondern auch noch von der Größe der Wellenlänge abhängig ist. Diese zuerst von DOPPLER ausgesprochenen Gesetzmäßigkeiten, die besonders für die Astrophysik von Bedeutung sind, weil sie weitgehende Schlüsse auf die Bewegung der Himmelskörper zulassen, für die auf anderem Wege keine Unterlagen zu beschaffen sind, können als hinreichend experimentell und theoretisch bewiesen angesehen werden[1]. Freilich bleiben noch einige Fragen offen, so diejenige nach dem Einfluß der Eigengeschwindigkeit der Lichtquelle auf die Lichtgeschwindigkeit, der zwar nach den Aberrationsbeobachtungen sowie nach den Versuchen MICHELSON-SAGNACS und Doppelsternbeobachtungen unwahrscheinlich ist, aber noch nicht gänzlich geleugnet werden kann.

Die Aberration, die als Folge der absoluten Bewegung der Erde im Äther anzusehen ist[2], gibt eine scheinbare Winkeländerung α des Sternortes, die sich als Funktion der Lichtgeschwindigkeit c, der Geschwindigkeit u des Beobachters und des Winkels $(c, u) = \omega$ darstellen läßt in der Form

$$\sin\alpha = \frac{\frac{u}{c}\sin\omega}{\sqrt{1 + \frac{2u}{c}\cos\omega + \frac{u^2}{c^2}}}$$

oder für kleine Werte von u

$$\sin\alpha = \frac{u}{c}\sin\omega .$$

Der Betrag der Aberration ist nur abhängig von der Geschwindigkeit der Erde (des Beobachters), nicht aber von der der Lichtquelle, wie auch STARK an Kanalstrahlen nachgewiesen hat[3].

MICHELSONS Versuch zur Bestimmung des Einflusses der Erdrotation ergab für den Gangunterschied rechnerisch $0{,}236 \pm 0{,}002$, experimentell $0{,}230 \pm 0{,}005\,\mu$ und damit eine Bestätigung für die Behauptung, daß der Lichtäther an der Bewegung der Erde nicht teilnimmt und die Interpretation der Aberration zu Recht besteht[4]. Ein gleiches Ergebnis hatte der SAGNACsche Rotationsversuch, bei dem die gesamte Apparatur in schnelle Umdrehung versetzt wurde und die Interferenzstreifen, die beim Durchlaufen einer Interferenzanordnung im entgegengesetzten Sinne (also einmal mit, einmal gegen die Drehung) erzeugt wurden, photographisch aufgenommen wurden[5].

In einem gewissen Widerspruch hierzu steht freilich der ältere MICHELSON-MORLEYsche Versuch, der die Frage klären sollte, ob eine Mitführung des Äthers bei der Translationsbewegung der Erde stattfindet oder nicht. Bei der einfachen MICHELSONschen Anordnung (Abb. 27 sowie 28 c, f, g) sollte, falls der Äther in bezug auf das mit der Erde fortschreitende Interferenzsystem ruht, für die beiden verschiedenen Lichtwege ein Gangunterschied auftreten, der durch die Größe $2lv^2/c^2$ gegeben sein müßte, wobei l den Abstand des halbdurchsichtigen Spiegels G_1 von dem in Richtung der Erdbewegung liegenden Spiegel S_1 bezeichnet, v die Geschwindigkeit des Apparates gegen den als ruhend voraus-

[1] Grundlegende Arbeit: C. DOPPLER, Abh Böhm Ges d Wiss (2) 5, S. 465 (1843). Geschichtliche Darstellung: H. KONEN, Das Dopplersche Prinzip in H. KAYSER, Handb. der Spektroskopie 2, Kap. VII, S. 369. Leipzig 1902. Obere Grenze der Geschwindigkeiten: K. LION, Z f Phys 83, S. 442 (1933).

[2] J. BRADLEY, Phil Trans 35, S. 637 (1728); P. LENARD, Äther und Uräther, 2. Aufl. Leipzig 1922; P. HARZER, A N 212, S. 65 (1920); F. HAYN, ebenda 224, S. 287 (1925); R. TOMASCHECK, Z f Phys 32, S. 397 (1925).

[3] J. STARK, Ann d Phys (4) 77, S. 16 (1925).

[4] A. A. MICHELSON u. H. G. GALE, Ap J 61, S. 140 (1925).

[5] G. SAGNAC, J de Phys (5) 4, S. 177 (1914); s. auch A. PEROT, C R 178, S. 380 (1924).

gesetzten Äther und c die Lichtgeschwindigkeit bedeutet. Bei der Durchführung des Versuches[1] ergab sich ein negatives Resultat selbst dann, als die Länge des Lichtweges auf $5{,}5 \cdot 10^7$ Lichtwellenlängen vergrößert worden war. Neuere Arbeiten haben eine wesentliche Änderung der Ergebnisse nicht gebracht[2]; jedenfalls sind die beobachteten Streifenverschiebungen stets erheblich kleiner gewesen als die theoretisch berechneten Werte. Sie waren sogar überlagert von einem Effekt, der mit der Jahreszeit, in der die Beobachtungen angestellt wurden, wechselte: er war im April größer als im November und Dezember. Der Ursprung dieser in gleicher Periode mit der Drehung des Apparates auftretenden Schwankungen ist völlig rätselhaft, doch können sie schon durch kleine Temperaturschwankungen erklärt werden[3]. Der schon bei früheren Versuchen beachtete Einfluß der Beobachtungshöhe (beobachtet wurde teils in der Ebene, teils auf dem Mt. Wilson in etwa 1800 m Meereshöhe) ist ebenfalls nicht nachweisbar, denn die bei einem Ballonaufstieg durchgeführten Versuche von PICCARD und STAHEL[4] verliefen ebenfalls negativ. Die gemessenen Verschiebungen, die einer Geschwindigkeit des Ätherwindes 7 km/sec entsprechen würden, liegen in der Größenordnung der Beobachtungsfehler.

Der Unsicherheit der Ergebnisse entsprechend erscheinen die theoretischen Deutungen, die teils unter Zuhilfenahme der Kontraktionshypothese[5], teils durch die Annahme einer Anisotropie des Weltäthers oder einer ballistischen Emissionstheorie[6] versucht worden sind, ebenfalls nicht genügend begründet.

Man wird also an den einfachen Annahmen der elementaren Theorie festhalten dürfen, zumal für kleine Geschwindigkeiten v sowohl die LORENTZsche Theorie als auch die elektromagnetische für den DOPPLER-Effekt dieselben Gleichungen liefert, nämlich

bei bewegtem Beobachter $\quad \nu_1 = \nu\left(1 \pm \frac{v}{c}\right),$

bei bewegter Lichtquelle $\quad \nu_1 = \dfrac{\nu}{1 \pm \frac{v}{c}},$

wo ν die Schwingungszahl der von der Lichtquelle ausgehenden Wellen, v die Geschwindigkeit in Richtung der Verbindungslinie Lichtquelle—Beobachter und ν_1 die beobachtete Schwingungszahl ist.

Für die bei Auftreten des DOPPLER-Effektes zu beobachtende Intensität ergeben sich verschiedene Ausdrücke je nach den Annahmen, die für die Änderung der Amplitude A und des in der Formel

$$J = k A^2 \nu^2 c$$

auftretenden Proportionalitätsfaktors k gemacht werden.

Allgemein kann gesetzt werden

$$J_1 = J\left(1 \pm \frac{3v}{c}\right) f\left(\frac{v}{c}\right)\left[F\left(\frac{v}{c}\right)\right]^2. \tag{79}$$

---

[1] A. MICHELSON, Amer J of Science 22, S. 120 (1881); A. MICHELSON u. A. MORLEY, Phil Mag 24, S. 449 (1887); A. MORLEY u. R. MILLER, ebenda 9, S. 680 (1905).

[2] G. v. GLEICH, Z f Phys 59, S. 132 (1929); A. MICHELSON, F. G. PEASE u. F. PEARSON, Nature 123, S. 88 (1929); G. v. GLEICH, Z f Phys 61, S. 291 (1930).

[3] E. BRILINSKY, C R 179, S. 559 (1924).

[4] E. STAHEL, Naturwiss 14, S. 935 (1926); A. PICCARD u. E. STAHEL, ebenda 15, S. 140 (1927).

[5] H. A. LORENTZ, Versuch einer Theorie der elektr. und optischen Erscheinungen in bewegten Körpern. Leipzig 1906.

[6] BIRKELAND, Phil Mag (6) 37, S. 152 (1919); O. M. STUART, Phys Rev 32, S. 418 (1912); s. auch E. GEHRCKE, Z f techn Phys 4, S. 292 (1923).

Hieraus können als Sonderfälle die von KONEN, FIZEAU, EÖTVÖS u. a.[1] aufgestellten Beziehungen gewonnen werden, die sämtlich die Form haben:

$$J_1 = J\left(1 \pm \frac{Nv}{c}\right) \qquad N = 1, 2, 3, \ldots$$

22. Experimentelle Beweise. Außer den akustischen Beweisen[2] liegt eine Reihe von Versuchen vor, die eine Anwendbarkeit des Prinzips auf optische Vorgänge erkennen lassen. BELOPOLSKI[3] sowohl wie Fürst GALITZIN und J. WILIP[4] haben die Richtigkeit des einfachen Ansatzes bestätigen können, und auch die Breite der Spektrallinien, die wesentlich durch den DOPPLER-Effekt bedingt ist, führt zu der gleichen Folgerung.

Jeder endlich begrenzte Wellenzug ergibt eine gewisse Breite der Spektrallinien, die durch den DOPPLER-Effekt beträchtlich vergrößert wird. In jedem leuchtenden Gase bewegen sich die leuchtenden Atome mit einer der Temperatur entsprechenden Geschwindigkeit nach allen Richtungen, wodurch eine durch die DOPPLERsche Formel gegebene Veränderung der Wellenlänge der Linien eintritt, die von den einzelnen Atomen emittiert werden. Die Halbwertbreite ergibt sich in Abhängigkeit vom Molekulargewicht M des Gases, der absoluten Temperatur T und der universellen Gaskonstante R zu

$$\omega_0' = 2\,\frac{\sqrt{3\ln 2}}{c}\,\nu_0 \sqrt{\frac{RT}{M}} \tag{80}$$

oder zahlenmäßig in ÅNGSTRÖM-Einheiten

$$\Delta\lambda = 7{,}162 \cdot 10^{-7}\lambda_0 \sqrt{\frac{T}{M}}\,.$$

Für die Ableitung wird Gebrauch gemacht von dem MAXWELLschen Ansatz für die Geschwindigkeitsverteilung, nach der die Anzahl dN der Atome innerhalb des Geschwindigkeitsgebietes v bis $v + dv$ gegeben ist durch

$$dN = a e^{-v^2\beta}\,dv\,.$$

Berücksichtigt man, daß die Intensität $J(v) = \alpha \frac{dN}{dv} = \alpha \cdot a e^{-v^2\beta}$ für die Geschwindigkeit nach dem DOPPLERschen Prinzip

$$v = \frac{d\lambda}{\lambda_0}\,c$$

ist, so folgen die obigen Ausdrücke für die Halbwertbreite unmittelbar. Wie ersichtlich, kann der Ausdruck sowohl zur Bestimmung der Temperatur als auch zur Ermittlung des Atomgewichtes benutzt werden[5].

Die wichtigsten Beweise für die Richtigkeit des DOPPLERschen Prinzips haben astrophysikalische Messungen geliefert. Wir brauchen hier nicht näher darauf einzugehen, sondern verweisen auf die verschiedenen Kapitel des vorliegenden Werkes, in denen diese Dinge ausführlich behandelt werden.

Der transversale DOPPLER-Effekt, der sich bei Einführung der LORENTZschen Transformationsgleichungen in der zweiten Form[6] für die zur Geschwin-

[1] H. KAYSER, Handb. der Spektroskopie 2, Kap. VII, S. 369. Leipzig 1902; FIZEAU, Pogg Ann 92, S. 652 (1854); R. v. EÖTVÖS, ebenda 152, S. 513 (1874); J. PETZVAL, Wien Ber 8 II, S. 567 (1852); 9 II, S. 699 (1852); E. KETTELER, Astronomische Undulationstheorie, S. 149. Bonn 1873.

[2] H. BUYS-BALLOT, Pogg Ann 66, S. 321 (1845); H. C. VOGEL, ebenda 158, S. 287 (1876); E. MACH, ebenda 112, S. 58 (1861); Wien Ber 77 II, S. 299 (1878).

[3] A N 137, S. 33 (1895). [4] Ap J 26, S. 45 (1907).

[5] SCHÖNROCK, Ann d Phys 20, S. 995 (1906); CH. FABRY, H. BUISSON, J de Phys 5 (2), S. 442 (1912).

[6] H. A. LORENTZ, Proc Acad Sc Amsterdam 6, S. 809 (1904).

digkeitsrichtung senkrechte Richtung ergibt, konnte durch STARK[1] eigentümlicherweise nicht ausgeschaltet werden, zeigte sich aber etwa 20 mal größer als der von der Theorie geforderte Wert. Nach der Relativitätstheorie müßte der transversale DOPPLER-Effekt für einen Winkel zwischen Beobachtungsrichtung und Geschwindigkeit der Lichtquelle verschwinden, der für $v = 100000$ km/sec $99°52{,}5'$, für $v = 282843$ km/sec $135°$ sein müßte[2].

e) ZEEMAN-Effekt und STARK-Effekt.

23. ZEEMAN-Effekt. Grundlagen. Die in den Spektren der Elemente auftretenden Linienfolgen, die als Serien bezeichnet werden, zeigen äußeren Einwirkungen gegenüber verschiedenes Verhalten, und die Einzellinien können nach diesem in die verschiedenen Serien eingeordnet werden. Als wesentlichstes Merkmal dieser Zugehörigkeit und gleichzeitig als Schlüssel zum Verständnis der Gesetze der Spektrallinien und der atomtheoretischen Deutung ist das Verhalten der Linien im Magnetfeld und im elektrischen Felde zu beachten (ZEEMAN-Effekt und STARK-Effekt). Die Einwirkung magnetischer Felder auf elektromagnetische Wellen ist schon von FARADAY 1846 festgestellt worden, der die Wirkung beim Durchgang des Lichtes durch magnetisierte Körper untersuchte; später (1877) beobachtete KERR das Verhalten polarisierten Lichtes bei der Reflexion an magnetischen Spiegeln. FARADAYS Untersuchungen sind es gewesen, die ZEEMAN auf den Gedanken gebracht haben, die nunmehr mit Hilfe der elektromagnetischen Theorie erklärbaren Vorgänge der magnetischen Beeinflussung der Emission unter Benutzung der inzwischen entwickelten interferentiellen Methoden zu durchforschen.

Bei genügender Auflösung und ausreichender Stärke der Felder konnten die von LORENTZ theoretisch abgeleiteten Grunderscheinungen: Zerlegung einer Spektrallinie in ein Dublett bei Beobachtung in Richtung der Kraftlinien, Aufspaltung in ein Triplett bei Beobachtung senkrecht zu den Kraftlinien experimentell nachgewiesen werden, wenn auch anfangs nur in Form des anomalen Effektes beim Na, dem erst später der Nachweis des normalen Effektes (beim Cd und Zn) folgte[3].

Die theoretischen Betrachtungen knüpfen teils an die klassische Elektronentheorie an, teils benutzen sie die Ergebnisse der Quantentheorie; für die einfachen beobachteten Zerlegungen genügt erstere, für die komplizierteren Zerlegungen sind besondere Vorstellungen über den Bau des Atoms erforderlich, wobei hervorgehoben sein mag, daß die quantitative Berechnung erst bei Anwendung der modernen Quantenmechanik durchgeführt werden kann, für die die Atommodelle nur mehr die Bedeutung von Gedächtnishilfen haben.

Die feldlose Bewegung eines Elektrons in einem räumlich festen Bezugssystem kann dargestellt werden durch die Gleichungen

$$x(t) = \sum A_n \cos(2\pi t \nu_n - \alpha_n)\,,$$
$$y(t) = \sum B_n \cos(2\pi t \nu_n - \beta_n)\,,$$
$$z(t) = \sum C_n \cos(2\pi t \nu_n - \beta_n)\,,$$

[1] Ann d Phys (4) 21, S. 450 (1906).

[2] V. VARIČAK, B d südslaw Akad d Wiss Zagreb 11—12, S. 100 (1919); s. auch P. A. SCHULTZ, Z f Phys 15, S. 121 (1923).

[3] A. COTTON, Le Phénomène de Zeeman. Scientia. Paris 1900; H. A. LORENTZ, Rapports prés. au Congrès int. Paris 1900; W. VOIGT, Magneto- und Elektrooptik. Leipzig 1908; H. A. LORENTZ, Enzykl. d. math. Wiss. V, Heft 2. Leipzig 1909; P. ZEEMAN, Researches in Magneto-Optics. London 1913, deutsch Leipzig 1914; A. SOMMERFELD, Atombau und Spektrallinien, 5. Aufl. Braunschweig 1928; E. BACK u. A. LANDÉ, Zeeman-Effekt und Multiplettstruktur. Berlin 1925.

deren Schwingungszahlen $\nu_1, \nu_2, \nu_3 \ldots$ sind. Wirkt auf diese ein Magnetfeld $\mathfrak{H}$, so wird die einfache KEPLER-Ellipse nach einem Satz von LARMOR[1] mit einer gewissen Umlaufszahl o um die Feldrichtung zu rotieren beginnen, deren Betrag (LARMOR-Präzession)

$$o = \frac{eH}{4\pi m c}$$

ist. Für ein mit der Umlaufszahl o rotierendes Achsensystem bleibt also die Elektronenbahn ungeändert und mit Hilfe der Transformation

$$\begin{aligned} X(t) &= x(t)\cos 2\pi t o - y(t)\sin 2\pi t o, \\ Y(t) &= y(t)\sin 2\pi t o + y(t)\cos 2\pi t o, \end{aligned} \qquad Z(t) = z(t),$$

die die Koordinaten des ruhenden Systems x, y, z mit denen des bewegten Systems X, Y, Z verknüpft, wenn die Rotation im Sinne $x \to y$ um die Z-Achse erfolgt, wenn also die Z-Achse parallel zur Richtung der Kraftlinien ist, ergibt sich schließlich

$$\left.\begin{aligned} X(t) &= \sum_n \left\{\tfrac{1}{2}\sqrt{A_n^2+B_n^2}\cos[2\pi t(\nu_n+o)-\delta_n] - \tfrac{1}{2}\sqrt{A_n^2+B_n^2}\sin[2\pi t(\nu_n-o)-\delta_n']\right\}, \\ Y(t) &= \sum_n \left\{\tfrac{1}{2}\sqrt{A_n^2+B_n^2}\sin[2\pi t(\nu_n+o)-\delta_n] + \tfrac{1}{2}\sqrt{A_n^2+B_n^2}\cos[2\pi t(\nu_n-o)-\delta_n']\right\}, \\ Z(t) &= \sum_n C_n \cos(2\pi t\nu_n - \gamma_n). \end{aligned}\right\} \quad (8$$

Daraus ergeben sich neben der Grundschwingung modifizierte Schwingungen, deren Schwingungszahlen $\nu_n + o$, $\nu_n - o$ sind.

In Erscheinung treten je nach der Beobachtungsrichtung entweder Transversaleffekt (Quereffekt), gekennzeichnet durch eine Aufspaltung in drei linearpolarisierte Schwingungen, deren mittelste parallel zu den Kraftlinien ist und als π-Komponente bezeichnet wird, während die äußeren senkrecht zu den Kraftlinien schwingen und σ-Komponenten genannt werden, oder der Longitudinaleffekt (Längseffekt), bei dem zwei entgegengesetzt zirkular polarisierte Linien zu beobachten sind. Die π-Komponente ist doppelt so stark wie die σ-Komponenten; beide Glieder des Längseffektes haben gleiche Intensität, und zwar

$$J^+ = J^- = \tfrac{1}{4}(A_n^2 + B_n^2) = \tfrac{1}{2}C_n^2. \tag{82}$$

Für die positive und negative Verschiebung der Komponenten ergibt sich somit bei Annahme des Wertes $e/m = 1{,}77 \cdot 10^{-7}$, der umgekehrt auch durch Spektralbeobachtungen bestimmt werden kann,

$$\Delta\nu = 4{,}70 \cdot 10^{-5} H,$$

welche Beziehung zur Ermittlung der Feldstärke dienen kann. Zu letzterem Zwecke eignen sich besonders die Linien Mg 5168, Zn 4680, Sr 4327, Cd 4678, Hg 4047 sowie Al 3944 und 3961.

Die einfachen Zerlegungstypen sind verhältnismäßig selten; die den angegebenen Regeln nicht genügenden anomalen Zerlegungsbilder haben jedoch ein besonderes Interesse gefunden, weil sie zu weiterem Ausbau der Theorie anregten. Wenn auch die Schwierigkeiten bei der Erklärung der einzelnen Typen noch nicht vollständig behoben sind, so sind doch die allgemeinen Grundlagen schon geklärt. Die VOIGTsche Theorie[2] ergibt die anomalen Effekte einschließlich

[1] Phil Mag (5) 44, S. 503 (1897).

[2] W. VOIGT, Magnetooptik in GRAETZ, Handb. der Elektrizität und des Magnetismus IV (1915).

des Überganges zum PASCHEN-BACK-Effekt, also der Umwandlung in den normalen Effekt bei Einwirkung stärkerer Felder, und weitere Klärung ist durch die Theorie von BOHR, SOMMERFELD, DEBYE[1] u. a. erzielt worden.

Zur näheren Diskussion dieser anomalen Fälle ist es wichtig, eine bestimmte Bezeichnungsweise für die Linien festzulegen, da verschiedene Bezeichnungsarten in Gebrauch sind. Ausgehend von der BOHRschen Grundbedingung, die die Frequenz einer Spektrallinie in Abhängigkeit von zwei Energiestufen E_a und E_e in der Form

$$\nu = \frac{1}{h}(E_a - E_e) \tag{83}$$

darstellt, in der h das PLANCKsche Wirkungsquantum ist, ergeben sich also für die schon in der älteren Spektroskopie bekannten Linienserien die einzelnen Schwingungen als Kombinationen einzelner Terme $S, P, D, F, \ldots$ (Abkürzung für **S**charfe Serie, **P**rinzipalserie, **D**iffuse Serie, **F**undamentalserie, auch in gleicher Reihenfolge als II. Nebenserie, Hauptserie, I. Nebenserie, BERGMANN-Serie bezeichnet), die als charakteristisch für die Atome angesehen werden müssen. Nach PRESTON[2] ist für alle Linien derselben Serie dieselbe Zerlegung zu erwarten (PRESTONsche Regel), so daß dieses Verhalten zur Festlegung der Serien benutzt werden kann, zumal auch korrespondierende Linien verschiedener Elemente in gleicher Weise zerlegt werden; jedoch ist die Gültigkeit dieser Regel, die durch die LANDÉsche g-Formel erklärbar ist, auf einfachere Formen beschränkt und gilt für „verzweigte" Terme nicht mehr streng[3].

Für die Darstellung der Schwingungszahlen der erwähnten Serien ist von RYDBERG[4] die Form

$$\nu = A - B = R\left(\frac{1}{(m+a)^2} - \frac{1}{(n+b)^2}\right) \tag{84}$$

benutzt worden, in der R eine universelle Konstante ($R = 109675\ \text{cm}^{-1}$) ist, a und b Konstanten sind, die für die Elemente kennzeichnend sind, während m für eine bestimmte Serie konstant ist und n die Reihe der ganzen Zahlen durchläuft. Die durch den ersten Ausdruck gegebenen Grenzterme sind nicht unabhängig voneinander, vielmehr haben beide Nebenserien gleiche Grenzen, und die Differenz der Grenzen der Hauptserie und der Nebenserie ist gleich der Wellenzahl der ersten Linie der Hauptserie (RYDBERG-SCHUSTERsche Regel). Für die Hauptserie und die beiden Nebenserien existieren somit nur zwei Konstanten s und p, zu denen noch eine weitere „f" bei der Aufstellung des Ausdruckes für die BERGMANN-Serie (Fundamentalserie) tritt.

Damit erhält man die für die Einzelserien gültige Darstellung

$$\left.\begin{aligned}
&\text{Scharfe Serie} && \nu = R\left(\frac{1}{(2+p)^2} - \frac{1}{(n+s)^2}\right), && n = 2, 3, \ldots,\\
&\text{Prinzipalserie} && \nu = R\left(\frac{1}{(1+s)^2} - \frac{1}{(n+p)^2}\right), && n = 2, 3, \ldots,\\
&\text{Diffuse Serie} && \nu = R\left(\frac{1}{(2+p)^2} - \frac{1}{(n+d)^2}\right), && n = 3, 4, \ldots,\\
&\text{Fundamentalserie} && \nu = R\left(\frac{1}{(3+d)^2} - \frac{1}{(n+f)^2}\right), && n = 4, 5, \ldots,
\end{aligned}\right\} \tag{85}$$

---

[1] N. BOHR, On the Quantum Theory of Line Spectra. Kopenhagen 1918 u. 1922; Ann d Phys 71, S. 277 (1923); A. SOMMERFELD, Ann d Phys 51, S. 1 (1916); 53, S. 527 (1917); P. E. DEBYE, Phys Z 17, S. 507 (1916).

[2] Phil Trans R S Dubl (2) 7, S. 7 (1899); C. RUNGE u. F. PASCHEN, Abh Akad Berl 32, S. 720 (1902); Ap J 15, S. 235 u. 336 (1902); 16, S. 118 (1902).

[3] E. BACK, Z f Phys 37, S. 193 (1926); s. auch E. BACK, Diss. Tübingen 1921.

[4] Svenska Vet Akad 23, Nr. 11 (1890); Phil Mag (5) 29, S. 331 (1890).

aus der sich die symbolische Darstellung

$$\left.\begin{array}{ll} \text{II.NS.} & \nu = 2p - ns, \\ \text{HS.} & \nu = 1s - np, \\ \text{I.NS.} & \nu = 2p - nd, \\ \text{BS.} & \nu = 3d - nf \end{array}\right\} \tag{86}$$

unmittelbar erklärt. Eine weitere Fortsetzung dieses Schemas führt zu den „Über-Bergmannserien"

$$\left.\begin{array}{ll} \nu = 4f - ng, & n = 5, 6, \ldots, \\ \nu = 5g - nh, & n = 6, 7, \ldots. \end{array}\right\} \tag{86a}$$

Weitere nicht unmittelbar den Serienlinien zuzuordnende beobachtete Linien können in Anlehnung an die Seriendarstellung durch „Kombination" bestimmter Terme gefunden werden, wobei jedoch eine Reihe an sich möglicher Kombinationen durch eine Auswahlregel, die die zulässigen Quantensprünge begrenzt, ausgeschlossen wird; ähnliche Regeln gelten auch für die ZEEMAN-Komponenten (s. weiter unten).

Bei komplexen Strukturen, d. h. solchen, bei denen die Glieder der einzelnen Serien nicht mehr einfach sind, sind mehrere Termfolgen zu berücksichtigen, denen daher Sonderwerte $p_1, p_2, d_1, d_2, f_1, f_2$ an Stelle von p, d, f zuzuschreiben sind[1], bei komplizierteren Linien müssen weitere Konstanten eingeführt werden. Solange nur verhältnismäßig einfache Linien bekannt waren, konnte die Unterscheidung auch in der Weise vorgenommen werden, daß für Einfachterme (Singuletterme) große lateinische Buchstaben (S, D, P, F), für Dubletterme kleine gotische Buchstaben ($\mathfrak{s}, \mathfrak{p}, \mathfrak{d}, \mathfrak{f}$), für Tripletterme kleine lateinische Buchstaben (s, p, d, f) gewählt wurden. Höhere Multiplizitäten führen hierbei zu Schwierigkeiten, und es ist daher von LANDÉ[2] die folgende Bezeichnungsweise vorgeschlagen worden: Als oberer Index wird an die durch n bezeichnete Laufzahl, die als Hauptquantenzahl anzusehen ist, die Zahl der Multiplizität angehängt, als unterer Index die azimutale Quantenzahl $k = 1, 2, 3 \ldots$ entsprechend den s, p, d-Termen und die innere Quantenzahl j (resultierende Quantenzahl), so daß das Symbol in allgemeiner Form n_{kj}^r geschrieben werden kann.

Daneben wird noch benutzt eine auf RUSSELL und SAUNDERS[3] zurückgehende Schreibweise, bei der die allgemeine Laufzahl n beibehalten wird; die genaue Kennzeichnung erfolgt durch die Buchstaben $S, P, D, F, \ldots$, denen als oberer (vorderer) Index die die Multiplizität bezeichnende Zahl, als unterer (hinterer) Index die die Terme unterscheidende Zahl beigefügt wird.

Somit würde gelten:

Singuletterme

nach PASCHEN	nS	nP	nD	nF
nach LANDÉ	n_{10}^1	n_{21}^1	n_{32}^1	n_{33}^1
nach RUSSELL u. SAUNDERS	$n\,{}^1S_0$	$n\,{}^1P_1$	$n\,{}^1D_2$	$n\,{}^1F_3$

Dubletterme

nach PASCHEN	$n\mathfrak{s}$	$n\mathfrak{p}_1$	$n\mathfrak{p}_2$	$n\mathfrak{d}_1$	$n\mathfrak{d}_2$	$n\mathfrak{f}_1$	$n\mathfrak{f}_2$
nach LANDÉ	n_{11}^2	n_{22}^2	n_{21}^2	n_{33}^2	n_{32}^2	n_{44}^2	n_{43}^2
nach RUSSELL u. SAUNDERS	$n\,{}^2S_1$	$n\,{}^2P_2$	$n\,{}^2P_1$	$n\,{}^2D_3$	$n\,{}^2D_2$	$n\,{}^2F_4$	$n\,{}^2F$

---

[1] A. SOMMERFELD, Ann d Phys 63, S. 121 (1920). [2] Z f Phys 5, S. 231 (1921).

[3] Ap J 61, S. 38 (1925); s. auch den zusammenfassenden Bericht von A. JOOS, Die Physik I, S. 81 (1933).

Tripletterme

nach PASCHEN	ns	np_1	np_2	np_3	nd_1	nd_2	nd_3	...
nach LANDÉ	n_{11}^3	n_{22}^3	n_{21}^3	n_{20}^3	n_{33}^3	n_{32}^3	n_{31}^3	...
nach RUSSELL u. SAUNDERS	$n\,{}^3S_1$	$n\,{}^3P_2$	$n\,{}^3P_1$	$n\,{}^3P_0$	$n\,{}^3D_3$	$n\,{}^3D_2$	$n\,{}^3D_1$	...

24. Zerlegungstypen. Die allgemein geltende Formel (83) muß auch für die Zerlegung im Magnetfeld beachtet werden. Die magnetische Zusatzenergie für ein Atom mit dem magnetischen Moment $\mathfrak{M}$ im Magnetfeld $\mathfrak{H}$ ist

$$\Delta W = -|\mathfrak{M}|\,|\mathfrak{H}|\cos(\mathfrak{M},\mathfrak{H}).$$

Diese allgemeine Beziehung würde für die Verschiebung der im Magnetfeld ausgesandten Linie gegen die feldlose Linie ergeben

$$\Delta\nu = \Delta\nu_a - \Delta\nu_e = 2\pi o\left(\frac{M_a}{h} - \frac{M_e}{h}\right) = o(m_a - m_e),$$

wobei o die Umlaufszahl der präzessierenden Kreiselachse ist und m_a und m_e die Werte

$$m_a = 0, \pm 1, \pm 2, \ldots, \pm j_a, \qquad m_e = 0, \pm 1, \pm 2, \ldots, \pm j_e$$

annehmen können. Zulässig sind aber nur diejenigen Kombinationen, die der folgenden Auswahlregel genügen:

Die äquatoriale Quantenzahl m darf nur um 0 oder ± 1 springen. Der Sprung 0 gibt Anlaß zu einer parallel zum Feld polarisierten Strahlung (π-Komponente), der Sprung $m_a - m_e$ liefert zirkulare Komponenten (σ-Komponenten), die durch das beigefügte Schema angedeutet sind, aus dem auch die Möglichkeit mehrfacher Entstehungsart hervorgeht

m_a -3 -2 -1 0 $+1$ $+2$ $+3$

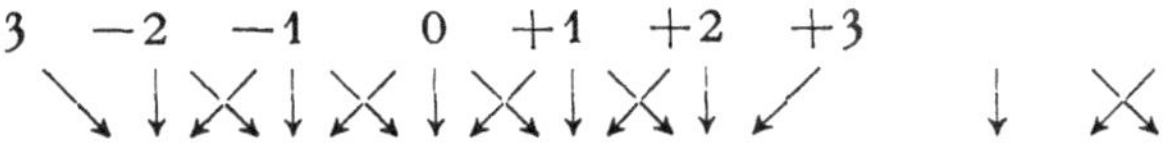

m_e -2 -1 0 $+1$ $+2$ π σ σ

Eine vollständige Erklärung der komplizierteren Zerlegungen ist mit ganzen Quantenzahlen nicht möglich. Es ist erforderlich, auch halbe Quantenzahlen zuzulassen. Für gerade Multipletts gilt

$$m = \pm\tfrac{1}{2}, \tfrac{3}{2}, \tfrac{5}{2}, \ldots,$$

für ungerade

$$m = \pm 0, 1, 2, 3, \ldots,$$

und die möglichen Werte sind für schwache Magnetfelder durch die inneren Quantenzahlen J begrenzt gemäß

$$-(J - \tfrac{1}{2}) \leqq m \leqq +(J - \tfrac{1}{2}).$$

Der Vergleich mit der klassischen Theorie gibt Anhaltspunkte für die Intensität und die Polarisation der im Magnetfelde emittierten Strahlung (Korrespondenzprinzip). Demgemäß sollen die $m_a - m_e = 0$ entsprechenden Schwingungen proportional C_n^2 sein, solche, die $m_a - m_e = \pm 1, \pm 2, \ldots$ entsprechen, nur mit verschwindender Intensität auftreten, wenn sie parallel zur Feldrichtung polarisiert sind; zirkulare Schwingungen in der XY-Ebene haben bei $m_a - m_e = \pm 1$ Intensitäten proportional $\frac{1}{2}\sqrt{A_n^2 + B_n^2}$.

Die komplizierteren Zerlegungen lassen sich ausdrücken als rationale (kleinzahlige) Vielfache des Abstandes der normalen Zerlegungstypen, für die

$\Delta\nu = \pm 4{,}7 \cdot 10^{-5} c\,\mathfrak{H}$ ist, und man erhält, wenn man die π-Komponenten eingeklammert schreibt, bei Unterdrückung des konstanten Faktors, der den normalen Abstand kennzeichnet, für das normale Triplett die symbolische Darstellung

$$-1,\ (0),\ +1,$$

abgekürzt

$$\pm (0)\ 1,$$

oder für andere Typen, beispielsweise für die Kombinationsserie $(n\,\mathfrak{p}_2 - n'\,\mathfrak{d}_2)$,

$$\frac{-13}{15},\ \frac{-11}{15},\ \frac{(-1)}{15},$$

$$\frac{(+1)}{15},\ \frac{+11}{15},\ \frac{+13}{15},$$

oder in abgekürzter Schreibweise

$$(\mathfrak{p}_2\mathfrak{d}_2) = \pm\frac{(1)\cdot 11\cdot 13}{15},$$

wo der gemeinsame Nenner als RUNGEscher Nenner bezeichnet wird. Die diese Gesetzmäßigkeiten ausdrückende Regel heißt RUNGEsche Regel. Nenner größer als 20 lassen sich selbst mit den feinsten Zerlegungsapparaturen nicht nachweisen.

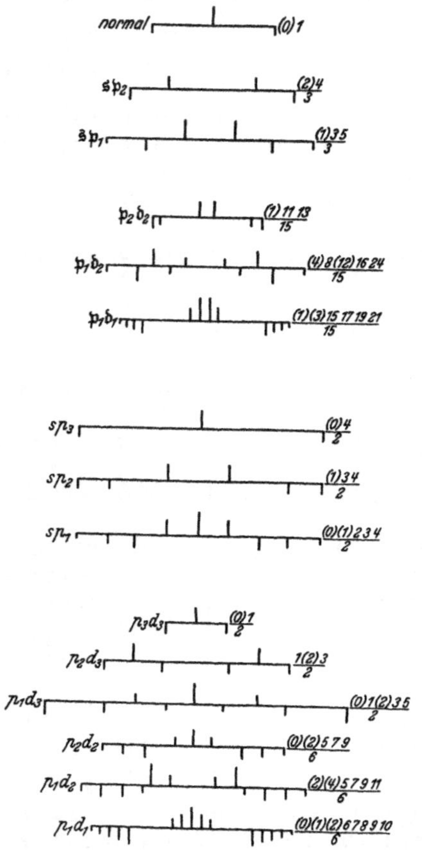

Abb. 43. Intensitäten der Komponenten bei magnetischer Zerlegung.

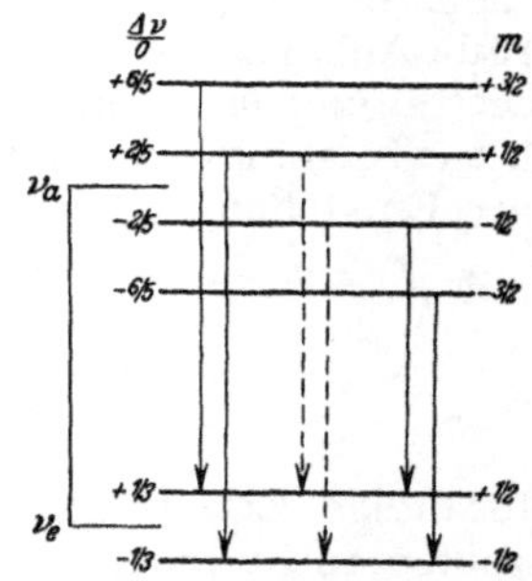

Abb. 44. Aufspaltungsschema für die Termkombination $(\mathfrak{p}_2\mathfrak{d}_2)$.

Jeder RUNGEsche Bruch läßt sich gemäß $\Delta\nu = \Delta\nu_a - \Delta\nu_e$ in zwei Termbrüche auflösen, womit für die möglichen Kombinationen weitere Anhaltspunkte gegeben sind. Für die Intensitäten, die in Abb. 43 durch die Länge der Striche angedeutet sind, ergibt sich nach LANDÉ die Regel: Für die Kombinationen, die verschiedene Anzahl von Termaufspaltungsgliedern besitzen, sind diejenigen π-Komponenten am stärksten, die durch senkrechte Kombinationen in der Mitte des Pfeilschemas zustande kommen. Bei den σ-Komponenten sind die am Rande des Schemas auftretenden die stärksten, doch treten bei Kombinationen zweier Terme, die die gleiche Zahl von Termaufspaltungsgliedern besitzen, an Stelle der stärkeren Linien schwächere.

Die Auflösung in RUNGEsche Brüche und die daraus sich ergebenden Intensitätswerte der Komponenten können aus der folgenden Darstellung (s. Abb. 44) entnommen werden.

Tabelle 6. ZEEMAN-Termkombinationen.

$\mathfrak{s}$ $\quad -\frac{1}{1} \quad \frac{1}{1}$

$\mathfrak{p}_1$ $\quad -\frac{6}{3} \quad -\frac{2}{3} \quad \frac{2}{3} \quad \frac{6}{3}$

$(\mathfrak{s}\mathfrak{p}_1)$ $\quad \pm\frac{(1)\ \mathbf{3}\ 5}{3}$

$\mathfrak{s}$ $\quad -\frac{1}{1} \quad \frac{1}{1}$

$\mathfrak{p}_2$ $\quad -\frac{1}{3} \quad \frac{1}{3}$

$(\mathfrak{s}\mathfrak{p}_2)$ $\quad \pm\frac{\mathbf{(2)}\ \mathbf{4}}{3}$

$\mathfrak{p}_1$ $\quad -\frac{6}{3} \quad -\frac{2}{3} \quad \frac{2}{3} \quad \frac{6}{3}$

$\mathfrak{d}_2$ $\quad -\frac{6}{5} \quad -\frac{2}{5} \quad \frac{2}{5} \quad \frac{6}{5}$

$(\mathfrak{p}_1\mathfrak{d}_2)$ $\quad \pm\frac{(4)\ \mathbf{(12)}\ 8\ \mathbf{16}\ 24}{15}$

$\mathfrak{p}_2$ $\quad -\frac{1}{3} \quad \frac{1}{3}$

$\mathfrak{d}_2$ $\quad -\frac{6}{5} \quad -\frac{2}{5} \quad \frac{2}{5} \quad \frac{6}{5}$

$(\mathfrak{p}_2\mathfrak{d}_2)$ $\quad \pm\frac{(1)\ \mathbf{11}\ \mathbf{13}}{15}$

$\mathfrak{p}_1$ $\quad -\frac{6}{3} \quad -\frac{2}{3} \quad \frac{2}{3} \quad \frac{6}{3}$

$\mathfrak{d}_1$ $\quad -\frac{15}{5} \quad -\frac{9}{5} \quad -\frac{3}{5} \quad \frac{3}{5} \quad \frac{9}{5} \quad \frac{15}{5}$

$(\mathfrak{p}_1\mathfrak{d}_1)$ $\quad \pm\frac{(1)\ (3)\ \mathbf{15}\ 17\ 19\ 21}{15}$

---

s $\quad -2 \quad 0 \quad 2$

p_1 $\quad -\frac{6}{2} \quad -\frac{3}{2} \quad 0 \quad \frac{3}{2} \quad \frac{6}{2}$

$(s p_1)$ $\quad \pm\frac{\mathbf{(0)}\ (1)\ \mathbf{2}\ 3\ 4}{2}$

s $\quad -2 \quad 0 \quad 2$

p_2 $\quad -\frac{3}{2} \quad 0 \quad \frac{3}{2}$

$(s p_2)$ $\quad \pm\frac{(1)\ 3\ 4}{2}$

s $\quad -2 \quad 0 \quad 2$

p_3 $\quad 0$

$(s p_3)$ $\quad \pm\frac{\mathbf{(0)}\ \mathbf{4}}{2}$

---

p_1 $\quad -\frac{6}{2} \quad -\frac{3}{2} \quad 0 \quad \frac{3}{2} \quad \frac{6}{2}$

d_3 $\quad -\frac{1}{2} \quad 0 \quad \frac{1}{2}$

$(p_1 d_3)$ $\quad \pm\frac{\mathbf{(0)}\ (2)\ 1\ 3\ 5}{2}$

p_2 $\quad -\frac{3}{2} \quad 0 \quad \frac{3}{2}$

d_3 $\quad -\frac{1}{2} \quad 0 \quad \frac{1}{2}$

$(p_2 d_3)$ $\quad \pm\frac{(1)\ 2\ 3}{2}$

p_3 $\quad 0$

d_3 $\quad -\frac{1}{2} \quad 0 \quad \frac{1}{2}$

$(p_3 d_3)$ $\quad \pm\frac{\mathbf{(0)}\ (1)}{2}$

---

p_1 $\quad -\frac{6}{2} \quad -\frac{3}{2} \quad 0 \quad \frac{3}{2} \quad \frac{6}{2}$

d_2 $\quad -\frac{14}{6} \quad -\frac{7}{6} \quad 0 \quad \frac{7}{6} \quad \frac{14}{6}$

$(p_1 d_2)$ $\quad \pm\frac{(2)\ (4)\ 5\ \mathbf{7}\ \mathbf{9}\ 11}{6}$

p_2 $\quad -\frac{3}{2} \quad 0 \quad \frac{3}{2}$

d_2 $\quad -\frac{14}{6} \quad -\frac{7}{6} \quad 0 \quad \frac{7}{6} \quad \frac{14}{6}$

$(p_2 d_2)$ $\quad \pm\frac{\mathbf{(0)}\ (2)\ \mathbf{5}\ 7\ 9}{6}$

---

p_1 $\quad -\frac{6}{2} \quad -\frac{3}{2} \quad 0 \quad \frac{3}{2} \quad \frac{6}{2}$

d_1 $\quad -\frac{12}{3} \quad -\frac{8}{3} \quad -\frac{4}{3} \quad 0 \quad \frac{4}{3} \quad \frac{8}{3} \quad \frac{12}{3}$

$(p_1 d_1)$ $\quad \pm\frac{\mathbf{(0)}\ (1)\ (2)\ \mathbf{6}\ 7\ 8\ 9\ 10}{6}$

Für die schon erwähnte Termkombination ist

äquatoriale Quantenzahl		$\frac{-3}{2}$	$\frac{-1}{2}$	$\frac{1}{2}$	$\frac{3}{2}$	
$\frac{\Delta W}{o\cdot h}$ von $\mathfrak{d}_2$		$\frac{-6}{5}$	$\frac{-2}{5}$	$\frac{+2}{5}$	$\frac{+2}{5}$	

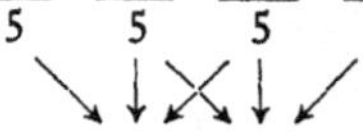

$\frac{\Delta W}{o\cdot h}$ von $\mathfrak{p}_2$			$\frac{-1}{3}$	$\frac{+1}{3}$		
$\frac{\Delta \nu}{o\cdot h}$ von $(\mathfrak{p}_2\mathfrak{d}_2)$	$\frac{-13}{15}$	$\frac{-11}{15}$	$\left(\frac{-1}{15}\right)$	$\left(\frac{+1}{15}\right)$	$\frac{+11}{15}$	$\frac{+13}{15}$

Die nach diesen Regeln erhaltene grundlegende Tabelle, die von LANDÉ zusammengestellt worden ist, ist experimentell weitgehend bestätigt und konnte sogar zu Voraussagen über mögliche Zerlegungstypen benutzt werden[1].

Die klassischen Theorien sowie die Quantentheorien von DEBYE und SOMMERFELD konnten eine ausreichende Erklärung für die anomalen Effekte nicht geben, selbst dann noch nicht, als die mit der ursprünglichen Quantentheorie nicht vereinbare Annahme halber Quantenzahlen gemacht wurde. Für die Atome höherer Stufe lassen sich die Aufspaltungsgrößen aber nach LANDÉ[2] durch Einführung eines „Aufspaltungsfaktors“ g in der Form darstellen

$$\frac{\Delta\nu}{o} = m g\,,$$

in der m von einem Größtwert in ganzzahligen Intervallen abnimmt. So ergibt sich für die Aufspaltungsgrößen $\pm\frac{15}{5}$, $\pm\frac{9}{5}$, $\pm\frac{3}{5}$ des Dubletts $\mathfrak{d}_1$ die Zerlegung bei $g = \frac{6}{5}$

$$\frac{\Delta\nu}{o} = m g = \pm\frac{5}{2}\cdot\frac{6}{5}\,,\quad \pm\frac{3}{2}\cdot\frac{6}{5}\,,\quad \pm\frac{1}{2}\cdot\frac{6}{5}\,.$$

Die Faktoren g, die mit dem jedesmaligen $m_{\max}$ die Termaufspaltungen vollständig bestimmen, sind unter Beifügung des Wertes J in der folgenden Tabelle zusammengestellt. Hierbei ist zu beachten, daß der Wert von $m_{\max}$ um $\frac{1}{2}$ kleiner ist als der Wert J für den betreffenden Term. m liegt also zwischen den Grenzen $m_{\max}$ und $-m_{\max}$.

Tabelle 7.

Term	S	P	D	$\mathfrak{s}$	$\mathfrak{p}_1$	$\mathfrak{p}_2$	$\mathfrak{d}_1$	$\mathfrak{d}_2$	s	p_1	p_2	p_3	d_1	d_2	d_3
g	$\frac{0}{0}$	1	1	$\frac{2}{1}$	$\frac{4}{3}$	$\frac{2}{3}$	$\frac{6}{5}$	$\frac{4}{5}$	$\frac{2}{1}$	$\frac{3}{2}$	$\frac{3}{2}$	$\frac{0}{0}$	$\frac{4}{3}$	$\frac{7}{6}$	$\frac{1}{2}$
$m_{\max}$	0	1	2	$\frac{1}{2}$	$\frac{3}{2}$	$\frac{1}{2}$	$\frac{5}{2}$	$\frac{3}{2}$	1	0	1	0	3	2	1
J	$\frac{1}{2}$	$\frac{3}{2}$	$\frac{5}{2}$	1	2	1	3	2	$\frac{3}{2}$	$\frac{5}{2}$	$\frac{3}{2}$	$\frac{1}{2}$	$\frac{7}{2}$	$\frac{5}{2}$	$\frac{3}{2}$

Die Berechnung von g aus den Quantenzahlen R (Rumpfquantenzahl), K (azimutale Quantenzahl) und J (Gesamtimpuls, innere Quantenzahl) kann nach der Formel

$$g = \frac{3}{2} + \frac{R^2 - K^2}{2(J^2 - \frac{1}{4})}$$

oder in symmetrischer Form

$$g = 1 + \frac{(J+\frac{1}{2})(J-\frac{1}{2}) + (R+\frac{1}{2})(R-\frac{1}{2}) - (K+\frac{1}{2})(K-\frac{1}{2})}{2(J+\frac{1}{2})(J-\frac{1}{2})}$$

erfolgen.

---

[1] C. RUNGE, Phys Z 8, S. 232 (1907); W. LOHMANN, Inaug.-Diss. Halle 1907; TAKAMINE u. YAMADA, Proc Tokyo Math Phys Soc 7, S. 277 (1914); A. LANDÉ, Z f Phys 5, S. 231 (1921).

[2] Z f Phys 5, S. 231 (1921); 7, S. 398 (1921); 15, S. 189 (1923); 22, S. 417 (1927).

Durch Arbeiten von HEISENBERG und PAULI[1], besonders aber durch die Hypothese des Kreiselelektrons, die von UHLENBECK und GOUDSMIT[2] eingeführt worden ist, ist weitere Aufklärung geschaffen worden. Für den mechanischen Drehimpuls (Spin) ist beim Einzelelektron eine halbe Quanteneinheit, für das magnetische Moment eine volle Einheit anzunehmen. Die große Achse der Bahnnormale ist gegeben durch die Hauptquantenzahl n, die kleine Achse durch die Nebenquantenzahl k. Bei Atomen mit mehreren Elektronen ist noch die Wechselwirkung der Einzelelektronen zu berücksichtigen, deren Sonderfälle, die RUSSELL-SAUNDERS-Koppelung und die $(j - j)$-Koppelung, einer unmittelbaren Behandlung fähig sind. Die Spinresultante ist bei gerader Elektronenzahl 0, 1, 2, . . ., bei ungerader halbzahlig. Bei zwei Elektronen ergeben sich Singulett- oder Triplettsysteme, bei größerer Zahl höhere Multiplizitäten. Der Unterschied zwischen den beiden Koppelungsarten ist darin zu sehen, daß bei der RUSSELL-SAUNDERS-Koppelung (LS-Koppelung) im wesentlichen Wechselwirkungen zwischen den Elektronenbahnen unter sich auftreten, im anderen Falle ist hauptsächlich die Wirkung zwischen Bahn und Spin des Einzelelektrons maßgebend.

Der LANDÉsche Anomaliefaktor g ergibt sich dann als Summe des für den normalen Zustand berechneten magnetischen Momentes und des zeitlichen Mittels der in die Richtung von J fallenden Spinkomponenten. Für allgemeine Koppelungsfälle ergeben sich für g keine rationalen Werte; ferner ist zu beachten, daß der Grad der Koppelung innerhalb einer Serie sich ändern kann und daß somit die PRESTONsche Regel keine allgemeine Gültigkeit beanspruchen kann[3].

Unter Zugrundelegung der bereits definierten Quantenzahlen J und K ist von LANDÉ die Tabelle 8 (s. f. S.) berechnet worden.

Für die Linie Sc I $\lambda = 3996{,}61\,{}^2(D_2 D_3')$ mit $J = 2$; $J = 3$; $g = \frac{4}{5}$; $g = \frac{6}{5}$ ergibt sich das Schema (siehe Tab. 8)

$$^2D_3 \quad \frac{-15}{5} \quad \frac{-9}{5} \quad \frac{-3}{5} \quad \frac{+3}{5} \quad \frac{+9}{5} \quad \frac{+15}{5}$$

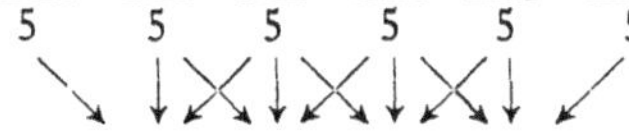

$$^2D_2 \quad \frac{-6}{5} \quad \frac{-2}{5} \quad \frac{+2}{5} \quad \frac{+6}{5}$$

$$\frac{-9}{5} \quad \frac{-7}{5} \quad \frac{-5}{5} \quad \frac{-3}{5} \quad \frac{-1}{5} \quad \frac{+1}{5} \quad \frac{+3}{5} \quad \frac{+5}{5} \quad \frac{+7}{5} \quad \frac{+9}{5} = \pm \frac{(1,\ 3)\ 5\ 7\ 9}{5}$$

Daher

berechn.:	**1,80**	1,40	1,00	(0,60)	**(0,20)**	(0,60)	1,00	1,40	**1,80**
beob.:	**1,79**	1,40	1,00	(0,62)	**(0,19)**	(0,56)	0,98	1,40	1,76

Ähnlich gut sind auch die Übereinstimmungen bei anderen Beobachtungen, jedoch zeigt sich, daß bei höheren Atomnummern und bei höher liegenden Termniveaus immerhin beträchtliche Differenzen vorkommen können, die aber durch die schon erwähnte mögliche Änderung des Koppelungsgrades erklärt werden können[4].

---

[1] W. HEISENBERG, Z f Phys 32, S. 841 (1925); W. PAULI, ebenda 20, S. 371 (1924); 31, S. 373 u. 765 (1925).

[2] Physica 5, S. 266 (1925); Z f Phys 35, S. 618 (1926); Nature 117, S. 264 (1926).

[3] Für die Entwicklung der Theorie: H. A. LORENTZ, Die Theorie des Zeemaneffektes. Handb. der Radiologie VI. Leipzig 1924; E. BUCHWALD, Das Korrespondenzprinzip. Braunschweig 1924; M. BORN, Vorlesungen über Atomdynamik. Berlin 1925; W. PAULI, Quantentheorie. Handb. der Physik XXIII (1926).

[4] S. GOUDSMIT, J. v. D. MARK u. P. ZEEMAN, Versl Akad Amsterdam 33, S. 10 (1925); W. F. MEGGERS u. C. C. KIESS, J Amer Opt Soc 12 (1926).

Tabelle 8. Aufspaltungsfaktoren g.

$\Delta\nu$	$= 1 : 2 : 3 : 4 : 5 : 6 : 7$								$\frac{3}{2} : \frac{5}{2} : \frac{7}{2} : \frac{9}{2} : \frac{11}{2} : \frac{13}{2} : \frac{15}{2}$							
$K \backslash J$	$\frac{1}{2}$	$\frac{3}{2}$	$\frac{5}{2}$	$\frac{7}{2}$	$\frac{9}{2}$	$\frac{11}{2}$	$\frac{13}{2}$	$\frac{15}{2}$	1	2	3	4	5	6	7	8
$\frac{1}{2}$	$\frac{0}{0}$							Singuletts	2							Dubletts
$\frac{3}{2}$		1						$R = \frac{1}{2}$	$\frac{2}{3}$	$\frac{4}{3}$						$R = \frac{2}{2}$
$\frac{5}{2}$			1							$\frac{4}{5}$	$\frac{5}{6}$					
$\frac{7}{2}$				1							$\frac{6}{7}$	$\frac{8}{7}$				
$\frac{9}{2}$					1							$\frac{8}{9}$	$\frac{10}{9}$			
$\frac{1}{2}$		2						Tripletts		2						Quartetts
$\frac{3}{2}$	$\frac{0}{0}$	$\frac{3}{2}$	$\frac{3}{2}$					$R = \frac{3}{2}$	$\frac{8}{3}$	$\frac{26}{15}$	$\frac{8}{5}$					$R = \frac{4}{2}$
$\frac{5}{2}$		$\frac{1}{2}$	$\frac{7}{6}$	$\frac{4}{3}$					0	$\frac{6}{5}$	$\frac{48}{35}$	$\frac{10}{7}$				
$\frac{7}{2}$			$\frac{2}{3}$	$\frac{13}{12}$	$\frac{5}{4}$					$\frac{2}{5}$	$\frac{36}{35}$	$\frac{78}{63}$	$\frac{4}{3}$			
$\frac{9}{2}$				$\frac{3}{4}$	$\frac{21}{20}$	$\frac{6}{5}$					$\frac{4}{7}$	$\frac{62}{63}$	$\frac{116}{99}$	$\frac{14}{11}$		
$\frac{1}{2}$			2					Quintetts			2					Sextetts
$\frac{3}{2}$		$\frac{5}{2}$	$\frac{11}{6}$	$\frac{5}{3}$				$R = \frac{5}{2}$		$\frac{12}{5}$	$\frac{66}{35}$	$\frac{12}{7}$				$R = \frac{6}{2}$
$\frac{5}{2}$	0	$\frac{5}{2}$	$\frac{3}{2}$	$\frac{3}{2}$	$\frac{3}{2}$				$\frac{10}{3}$	$\frac{28}{15}$	$\frac{58}{35}$	$\frac{100}{63}$	$\frac{14}{9}$			
$\frac{7}{2}$		0	1	$\frac{5}{4}$	$\frac{27}{20}$	$\frac{7}{5}$			$-\frac{2}{3}$	$\frac{16}{15}$	$\frac{46}{35}$	$\frac{88}{63}$	$\frac{142}{99}$	$\frac{16}{11}$		
$\frac{9}{2}$			$\frac{1}{3}$	$\frac{11}{12}$	$\frac{23}{20}$	$\frac{19}{15}$	$\frac{4}{3}$			0	$\frac{6}{7}$	$\frac{8}{7}$	$\frac{14}{11}$	$\frac{192}{143}$	$\frac{18}{13}$	
$\frac{1}{2}$				2				Septetts				2				Oktetts
$\frac{3}{2}$			$\frac{7}{3}$	$\frac{23}{12}$	$\frac{7}{4}$			$R = \frac{7}{2}$			$\frac{16}{7}$	$\frac{122}{63}$	$\frac{16}{9}$			$R = \frac{8}{2}$
$\frac{5}{2}$		3	2	$\frac{7}{4}$	$\frac{33}{20}$	$\frac{8}{5}$				$\frac{14}{5}$	$\frac{72}{35}$	$\frac{38}{21}$	$\frac{56}{33}$	$\frac{18}{11}$		
$\frac{7}{2}$	$\frac{0}{0}$	$\frac{3}{2}$	$\frac{3}{2}$	$\frac{3}{2}$	$\frac{3}{2}$	$\frac{3}{2}$	$\frac{3}{2}$		4	2	$\frac{12}{7}$	$\frac{34}{21}$	$\frac{52}{33}$	$\frac{222}{143}$	$\frac{20}{13}$	
$\frac{9}{2}$		$-\frac{1}{2}$	$\frac{5}{6}$	$\frac{7}{6}$	$\frac{13}{10}$	$\frac{41}{30}$	$\frac{59}{42}$	$\frac{10}{7}$	$-\frac{4}{3}$	$\frac{14}{15}$	$\frac{44}{35}$	$\frac{86}{63}$	$\frac{140}{99}$	$\frac{206}{143}$	$\frac{284}{195}$	$\frac{22}{15}$
K / J	$\frac{1}{2}$	$\frac{3}{2}$	$\frac{5}{2}$	$\frac{7}{2}$	$\frac{9}{2}$	$\frac{11}{2}$	$\frac{13}{2}$	$\frac{15}{2}$	1	2	3	4	5	6	7	8
$\Delta\nu$	$= 1 : 2 : 3 : 4 : 5 : 6 : 7$								$\frac{3}{2} : \frac{5}{2} : \frac{7}{2} : \frac{9}{2} : \frac{11}{2} : \frac{13}{2} : \frac{15}{2}$							

Nach der Regel von BURGER und DORGELO[1] sind auch für die zusammengesetzten Multipletts Angaben über die Intensitäten möglich. Schreibt man

[1] H. B. DORGELO, Inaug.-Diss. Utrecht 1924; H. C. BURGER u. H. B. DORGELO, Z f Phys 23, S. 258 (1924); S. ORNSTEIN u. H. C. BURGER, ebenda 28, S. 135 (1924); 29, S. 241 (1924); 31, S. 355 (1925).

die Werte $J/2RK$ eines jeden zu kombinierenden Terms an den oberen und rechten Rand eines Schemas hin, wie es (nach LANDÉ) für Kombinationen der drei Quartett-𝔭-Terme mit den vier Quartett-𝔡-Termen geschehen ist, so ist für die nach der Auswahlregel verbotenen Kombinationen die Intensität 0 zu setzen, für die erlaubten Kombinationen, bei denen der Sprung von K dem von J entgegengesetzt ist, $1:(2RK \cdot 2R'K')$, für die übrigen aber ist dann die Summe übereinanderstehender Intensitätswerte gleich dem zugehörigen oberen Rahmenwert. Gleichzeitig sollen die horizontalen Summen den links stehenden Rahmenwert ergeben. Die so erhaltenen Zahlen geben Relativwerte der Intensitäten:

$J/2RK$	1/10	2/10	3/10	4/10	
1/6	5/60	5/60	0	0	n^4_{21}
2/6	1/60	6/60	13/60	0	n^4_{22}
3/6	0	1/60	5/60	24/60	n^4_{23}
	n^4_{31}	n^4_{32}	n^4_{33}	n^4_{34}	$n^r_{kj'}$

Unter Zugrundelegung dieser Daten ergibt sich dann bei Anwendung des Korrespondenzprinzips für die Aufspaltungsterme das Intensitätsverhältnis der π- und σ-Komponenten, wenn man mit Θ den Winkel zwischen der Kraftlinienrichtung und dem Vektor des resultierenden Impulsmomentes bezeichnet[1]

$$\sigma_+ : \pi_0 : \sigma_- = \tfrac{1}{4}(1 + \cos\Theta)^2 : \sin^2\Theta : \tfrac{1}{4}(1 - \cos\Theta)^2 \quad \text{für} \quad J_a - J_e = \pm 1\,,$$

$$\sigma_+ : \pi_0 : \sigma_- = \tfrac{1}{4}(\sin^2\Theta) : \cos^2\Theta : \tfrac{1}{4}\sin^2\Theta \quad \text{für} \quad J_a - J_e = 0\,.$$

Die Regeln, die in erster Näherung Gleichheit der Intensität der symmetrisch zu der zu beeinflussenden Linie liegenden Komponenten verlangen, ferner für den Quereffekt Gleichheit der Intensitätssummen für die π-Komponenten einerseits und die σ-Komponenten andererseits, sind noch verschiedentlich erweitert worden[2].

Eine strenge quantitative Darstellung ist bisher nicht erzielt worden, doch kann die Übereinstimmung der Versuchsergebnisse mit der Theorie als befriedigend betrachtet werden[3]; die bei älteren Arbeiten noch vorliegenden Abweichungen sind auf unzureichende Berücksichtigung der Koppelungsverhältnisse zurückzuführen[4].

25. PASCHEN-BACK-Effekt. Die Zerlegungskomponenten sollten nach der einfachen Theorie stets Abstände von der Ausgangslage zeigen, die der Feldstärke proportional sind. Bei starken Feldern treten aber neue Erscheinungen auf, die auf eine Beeinflussung durch die Nachbarlinien schließen lassen: Selbst bei kompliziertem Bau der unbeeinflußten Emissionslinien ergibt sich schließlich ein Verhalten, als ob die ursprüngliche Linie einfach wäre, d. h. es ergibt sich bei genügender Stärke der Felder, die freilich in der Praxis nicht immer erreicht werden kann, der normale Zerlegungstyp. Ein Einfluß serienfremder Linien ist dabei nicht vorhanden. Für die verschiedenen Terme ist die zur Erreichung des normalen Verhaltens notwendige Feldstärke verschieden, und es treten somit auch Übergangserscheinungen auf (partieller PASCHEN-BACK-Effekt).

Bei dieser „Normalisierung" des ZEEMAN-Effektes ist ein Zusammenfließen der einzelnen Zerlegungskomponenten, eine Änderung der Intensitäten und sogar

[1] A. SOMMERFELD u. W. HEISENBERG, Z f Phys 11, S. 131 (1922).
[2] H. HÖNL, Z f Phys 31, S. 340 (1925); Ann d Phys 79, S. 273 (1926); H. N. RUSSELL, Proc Nat Amer Acad 11, S. 314 (1925); Nature 115, S. 835 (1925).
[3] I. TAMM, Z f Phys 34, S. 59 (1925); W. C. VAN GEEL, ebenda 33, S. 836 (1925).
[4] J. B. GREEN u. R. A. LORING, Phys Rev 43, S. 459 (1933); C. J. BAKKER, Proc Ac Amsterdam 35, S. 82 (1932).

ein Verschwinden einzelner Komponenten zu beobachten, wie es Abb. 45 schematisch für die Aufspaltung der D-Linien des Natriums zeigt.

Eine theoretische Behandlung des genannten Effektes ist von W. VOIGT durchgeführt worden. In der vereinfachten SOMMERFELDschen Darstellung[1] ist die Termaufspaltung des Dubletts gegeben durch

$$\nu = \nu_s + o\,m - \frac{\omega}{4K} \pm \frac{1}{2}\sqrt{o^2 + 2\frac{m}{K}\,o\,\omega + \omega^2},$$

wobei ν_s den Schwerpunkt zwischen den Termschwingungszahlen, K die azimutale Quantenzahl, o die LARMOR-Präzession und ω den feldlosen Dublettabstand bedeutet. Für die Sonderfälle $o \ll \omega$ (ZEEMAN-Effekt) und $o \gg \omega$ (PASCHEN-BACK-Effekt) folgen somit Ausdrücke von der Form

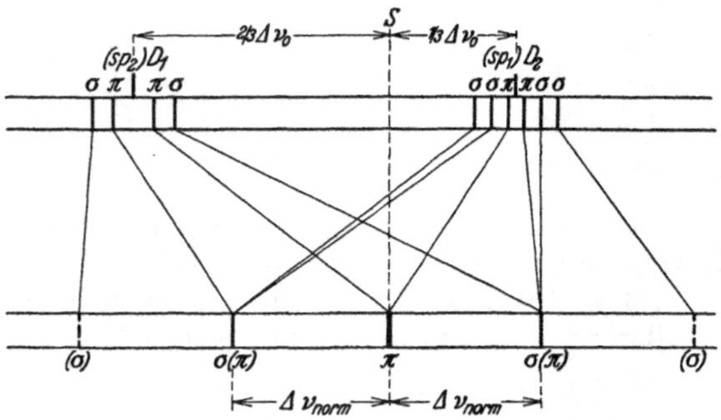

Abb. 45. Normalisierung des ZEEMAN-Effektes für die D-Linien.

$$\nu = \nu_s + \omega\gamma + o\,m\,g,$$

die erkennen lassen, daß sowohl die Aufspaltungsfaktoren g wie auch die Intervallfaktoren γ sich mit der Feldstärke ändern; trotzdem besteht zwischen den g- und γ-Werten für schwache und starke Felder eine Beziehung, die als Permanenzgesetz der g- und γ-Summen bezeichnet wird[2]. Hiermit steht in engstem Zusammenhang der Schwerpunktssatz:

Zählt man jeden magnetischen Aufspaltungsterm des Termmultipletts mit dem Gewicht 1, so bleibt der Schwerpunkt ν_s des ganzen Termmultipletts bei der magnetischen Aufspaltung seiner Einzelterme bei jeder Feldstärke erhalten.

Beispiele für den PASCHEN-BACK-Effekt sind mehrfach bekannt geworden und bestätigen in den Grundtatsachen die Folgerungen der Theorie[3]; für die Erweiterungen ist der Nachweis experimentell noch nicht in vollem Umfange gelungen.

Die beobachteten Abweichungen lassen sich aber zum Teil auch durch systematische Fehler der Apparatur oder der Meßverfahren erklären. Jedenfalls werden, worauf schon ZEEMAN hingewiesen hat, Intensität und Polarisation der Schwingungen durch Gitter (und Spalte) wesentlich beeinflußt, weshalb Maßnahmen getroffen werden sollten, die diese Unsicherheiten ausschließen; nach einem Vorschlage von ZEEMAN lassen sich die Einflüsse verringern, wenn man durch Vorschalten geeigneter Quarzplatten vor den Spalt des Spektrographen dafür sorgt, daß beide Schwingungen unter gleichem Winkel mit den Spaltrichtungen und Gitterstrichen auftreffen.

26. ZEEMAN-Effekt an Bandenspektren. Nach anfänglichen Mißerfolgen gelang es DUFOUR[4], die magnetische Beeinflußbarkeit der Emissionsbanden von Haloidverbindungen nachzuweisen (CaF_2, SrF_2, BaF_2, SiF_2, Chloride von Ca,

---

[1] A. SOMMERFELD, Gött Nachr März 1914; Z f Phys 8, S. 257 (1922); C. RUNGE, Ann d Phys 76, S. 266 (1925); A. LANDÉ, Z f Phys 19, S. 112 (1923).

[2] W. PAULI, Z f Phys 16, S. 155 (1923); 20, S. 371 (1923).

[3] KENT, Ap J 40, S. 343 (1914); POPOW, Phys Z 15, S. 756 (1919); WOOD u. KIMURA, Ap J 46, S. 181 u. 197 (1917); FÖRSTERLING u. HANSEN, Z f Phys 18, S. 26 (1923); P. SKAPITZA u. B. SKINNER, Nature 114, S. 273 (1924).

[4] J de Phys (4) 8, S. 237 (1908).

Sr, Ba). Freilich war es noch nicht möglich, die Wirkungen an den einzelnen Linien zu beobachten, doch zeigten die Bandenkanten deutliche Verschiebungen in der Art des normalen Typus sowohl beim longitudinalen wie beim transversalen Effekt, wenn auch die Polarisationserscheinungen teilweise wenig ausgeprägt waren oder ganz fehlten. Überhaupt ist das Verhalten der Banden und der Bandenlinien, deren Zerlegung von FORTRAT[1] und von DESLANDRES[2] näher untersucht worden ist, recht verschieden: es gibt ebensowohl Linien, die in polarisierte Komponenten zerlegt werden, als auch solche, die die erwähnten einfachen Verschiebungen aufweisen, die sich aber als Dubletts erweisen. Die Vereinfachung der Linien von Dubletts und Tripletts im Magnetfelde entspricht dem bei Linienspektren bekannten PASCHEN-BACK-Effekt. Der Nachweis durchgehends gültiger Gesetzmäßigkeiten wie bei den Serienlinien ist bisher noch nicht gelungen[3].

Den umgekehrten Effekt, nämlich die Zerlegung der Absorptionsbanden flüssiger oder fester Körper, kann man nur beobachten, wenn die Schärfe der Linien durch starke Abkühlung vergrößert worden ist, wie dies von J. BECQUEREL gefunden worden ist[4]. Besonders geeignet sind Kristalle von Verbindungen der seltenen Erden. Die Erscheinungen werden noch dadurch kompliziert, daß der Einfluß der Kristallorientierung sich auswirkt.

Die Ergebnisse von H. DU BOIS und ELIAS[5] an Rubin und anderen Kristallen bestätigen diejenigen BECQUERELS hinsichtlich der Zerlegungstypen, stehen aber hinsichtlich der Temperaturabhängigkeit des Effektes insofern im Widerspruch, als nach ersteren die Größe der Aufspaltung mit der Temperatur zunimmt, nach BECQUEREL aber abnimmt.

27. ZEEMAN-Effekt in den Spektren der Sonnenfecke.. Aus den HALEschen Aufnahmen der Sonnenoberfläche im Lichte einer Spektrallinie läßt sich erkennen, daß auf der Sonne in der Umgebung der Flecken lebhafte Wirbelbewegungen auftreten; die durch diese Wirbel hervorgerufenen magnetischen Felder erzeugen eine Veränderung der Absorptionslinien in der Nähe der Sonnenflecke, die schon 1866 von NORMAN LOCKYER andeutungsweise beobachtet worden ist[6]. Eine genauere Untersuchung mit Instrumenten stärkerer Dispersion hat gezeigt, daß viele im Sonnenspektrum einfache Linien im Fleckenspektrum als Doppellinien erscheinen. Die erste Deutung solcher als Wirkung reiner Absorption (Umkehr) ist aber nicht mehr zulässig, da HALE[7] gezeigt hat, daß die Komponenten der zerlegten Linie polarisiert sind, und zwar annähernd entgegengesetzt zirkular, so daß sie dem longitudinalen ZEEMAN-Effekt entsprechen. Es konnte sogar für die Eisenlinien 6213,14; 6301,72; 6302,71; 6337,05 eine vollständige Proportionalität der im Fleckenspektrum beobachteten Abstände der Komponenten und der im Laboratorium gefundenen Zerlegungen im magnetischen Feld festgestellt werden. Die geringere Übereinstimmung bei Titan, Chrom, Natrium und Magnesium kann durch die mit der Höhe abnehmende Intensität des Magnetfeldes und die Verteilung dieser Elemente in der Sonnenatmosphäre erklärt werden.

Wichtig ist, daß bei Beobachtungen in Richtungen, die zur Kraftlinienrichtung geneigt sind, neben dem longitudinalen Effekt auch der transversale auftreten kann und daß dann aus dem Intensitätsverhältnis der beiden Effekten

[1] Recherches magnéto-optiques Paris 1914.
[2] H. DESLANDRES u. V. BURSON, C R 157, S. 15 (1913).
[3] E. GEHRCKE u. E. LAU, Sitzber Berl Akad 1922, S. 453; 1923, S. 242.
[4] C R 142—152 (1906—1910).
[5] Ann d Phys 27, S. 233 (1908); 35, S. 617 (1911); H. DU BOIS, Phys Z 13, S. 128 (1912).
[6] Proc Roy Soc 15, S. 256 (1866).
[7] Mt Wilson Contr 1908, Nr. 30.

zugeordneten Komponenten auf die Richtung, aus der Größe der Abstände aber auf die Stärke des Feldes geschlossen werden kann. So hat sich ergeben, daß in den Flecken die magnetische Feldstärke im allgemeinen von der Mitte nach den Rändern hin stark abnimmt, daß aber auch in den von Flecken freien Teilen der Sonnenoberfläche immer noch eine Feldstärke von etwa 50 Gauß für die vertikale Intensität anzunehmen ist. Das durch solche Beobachtungen ermittelte Verhalten der Sonnenflecke, das in der Periode von 1908 bis 1925 an rund 2200 Flecken untersucht wurde, zeigte, daß bei einigen bei Vorsetzen einer Viertelwellenlängenplatte und eines Nikols bestimmter Orientierung nur die Rotkomponente, bei anderen nur die Violettkomponente durchgelassen wurde und somit eine Einteilung in Flecken verschiedener „Polarität" möglich ist. Für sehr schwache Flecken ist für die Beobachtung eine vor dem Spalt angeordnete Halbwellenlängenplatte benutzt worden. Der Winkel der Kraftlinien gegen die Sonnenoberfläche, der für die Mitte der Flecken etwa 90° beträgt, nimmt auf 0° in der Nähe der Grenze der Penumbra ab. Zu unterscheiden sind drei Arten von Flecken, nämlich unipolare, bipolare und multipolare. Überwiegend sind die bipolaren Flecke, d. h. solche, die aus zwei Flecken entgegengesetzter Polarität bestehen, wobei ihre Verbindungslinie einen kleinen Winkel mit dem Sonnenäquator bildet. Die Polaritäten in der nördlichen und südlichen Halbkugel sind verschieden und bleiben während einer $11^1/_2$jährigen Periode erhalten, kehren sich aber mit der Erneuerung ihrer Aktivität in hohen Breiten um, wie dies Abb. 46 und 47 andeuten[1].

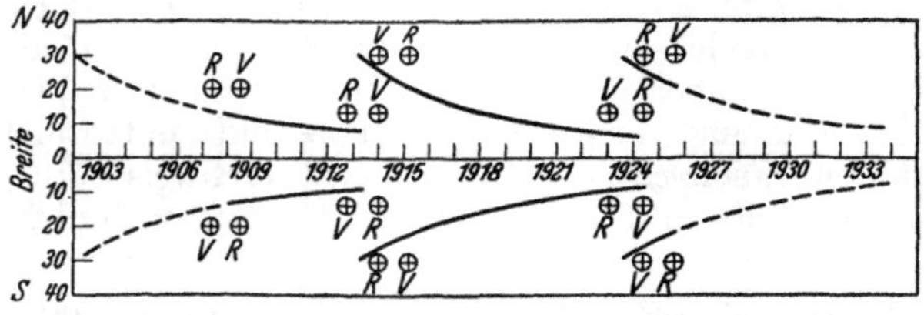

Abb. 46. Gesetz der Polaritäten der Sonnenflecke.

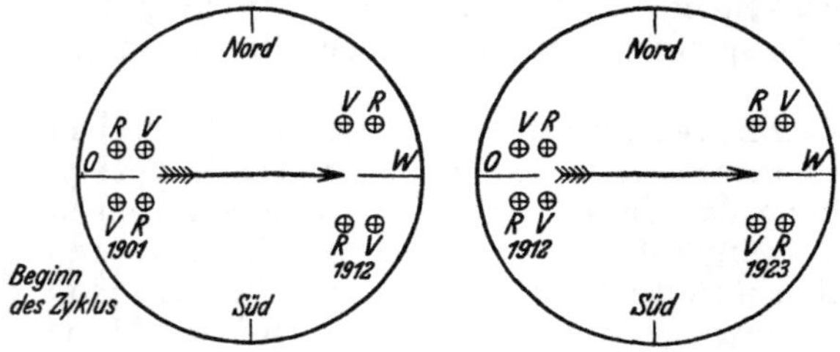

Abb. 47. Polaritäten der Sonnenflecke in einer $11\frac{1}{2}$-jährigen Periode.

28. STARK-Effekt. Allgemeines. Es ist vom Standpunkte der elektromagnetischen Lichttheorie zu erwarten gewesen, daß ein dem ZEEMAN-Effekt vergleichbarer elektrischer Effekt bei der Emission zu beobachten sein mußte. Die verhältnismäßig lange Zeit, die notwendig war, um die elektrische Zerlegung zu finden, erklärt sich daraus, daß die Beobachtungsbedingungen für beide Effekte grundsätzliche Unterschiede aufweisen. Eine beobachtbare magnetische Zerlegung erfordert sehr starke Felder und selbst bei diesen noch Spektralapparate von höchstem Auflösungsvermögen, weil die größten normalerweise erreichbaren Aufspaltungen sich in der Größenordnung von etwa 2 A bewegen. Eine wesentlich stärkere Aufspaltung erscheint nach dem heutigen Stande der Technik unwahrscheinlich, da die Schwierigkeiten bei Erzeugung stärkerer Felder zu groß werden[2]. Demgemäß bietet die Untersuchung des ZEEMAN-Effekts nur

[1] G. E. HALE u. S. B. NICHOLSON, Mt Wilson Contr 1919, Nr. 165; 1925, Nr. 300; S. ROSSELAND, ebenda 1925, Nr. 302.

[2] H. DU BOIS, Z f Instrk 1911, S. 362; P. WEISS, C R 156, S. 1970 (1913); H. BOAS u. Th. PEDERZANI, Z f Phys 19, S. 351 (1923); A. COTTON, Rev gén Sc 25, S. 626 u. 665 (1914).

Aussichten, wenn starke Lichtquellen benutzt werden, die aber bei der elektrischen Beeinflussung ungünstig sind. Die bei den meisten Lichtquellen auftretende Ionisierung und die durch sie bedingte Leitfähigkeit schließt die Anwendung des einfachen Kondensatorprinzips zur Erzeugung des Starkeffekts aus und läßt nur den Ausweg übrig, das natürlich vorhandene elektrische Feld zu benutzen. In den meisten Fällen ist das Feld ziemlich schwach und auch die Intensität läßt sich nicht beliebig steigern, so daß man zur Verwendung von Apparaten mit geringer Dispersion gezwungen ist, die aber auch meist ausreichend sind, weil die elektrische Zerlegung erheblich stärkere Aufspaltungen ergibt.

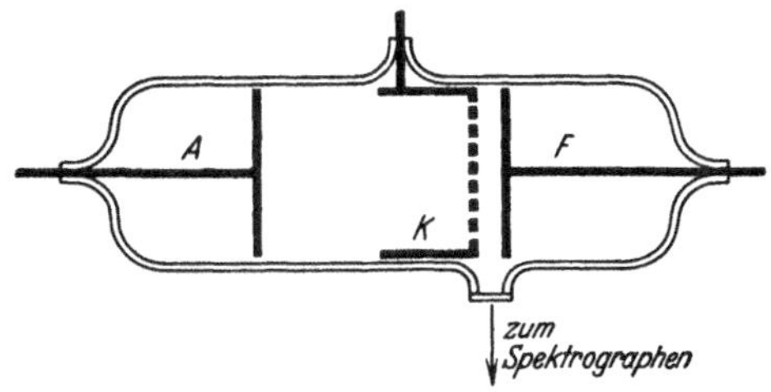

Abb. 48. STARKsche Anordnung zur Beobachtung des elektrischen Effektes.

Zur Beobachtung des Effektes sind nahezu gleichzeitig zwei Anordnungen gefunden worden, nämlich die von J. STARK[1] und diejenige von LO SURDO[2]. Die STARKsche Röhre, die in Abb. 48 wiedergegeben ist, enthält die scheibenförmige Anode A und ihr gegenüber die durchlöcherte Kathode K, hinter der die Spannungselektrode F in geringem Abstand (1 bis 2 mm) angeordnet ist. Die mit dieser angeschaltete Hilfsspannung ist unabhängig von dem Entladungsstrom und darf erst hinzugefügt werden, wenn die Länge des Kathodendunkelraums hinreichend groß ist.

Beobachtet wird das Kanalstrahlenspektrum in dem engen Raum zwischen Kathode und Spannungselektrode; die auf die Spannungselektrode auftreffenden Kanalstrahlen zerstäuben das Elektrodenmaterial und erzeugen so auch Emission der stärkeren Linien der Elemente, mit denen die Spannungselektrode bedeckt ist.

Die Bestimmung der Feldstärke erfolgt durch Anlegen eines Spannungsmessers an die Elektrode F (die Kathode ist geerdet) und Berechnung der Feldstärke aus dem peinlich genau einzuhaltenden Abstand der das Feld begrenzenden Platten. Das Feld ist zwar niemals über die ganze Länge homogen, doch bietet dies den Vorteil, daß die elektrisch beeinflußten Linien einwandfrei von Geistern zu unterscheiden sind. Die Grundform der Zerlegung nach STARK zeigt Abb. 49.

Abb. 49. Zerlegungsart für den elektrischen Effekt.

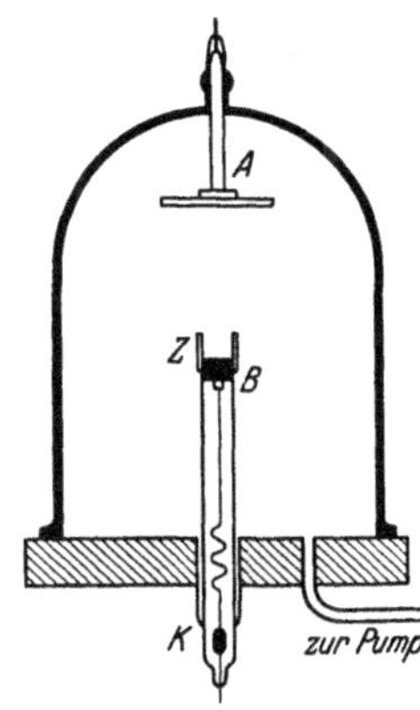

Abb. 50. Anordnung nach LO SURDO zur Beobachtung des elektrischen Effektes.

Bei der LO SURDOschen, von ANDERSON verbesserten Methode befinden sich Anode A (Abb. 50) und Kathode K in einem weiten Zylinder; über die Eisenkathode E ist ein Zylinder Z aus geschmolzenem Quarz gesetzt, der einen seitlichen Schlitz von 1 mm Weite hat. Bei starker Belastung entsteht vor der mit dem zu untersuchenden Körper bedeckten Kathode ein hinreichend starkes Feld, um eine deutliche Zerlegung erzeugen zu können. Die Feldstärke nimmt nach ANDERSON linear ab, wenn, wie BROSE nachgewiesen hat[3], die Länge des Dunkel-

[1] Elektrische Spektralanalyse chemischer Atome. Leipzig 1914.

[2] ANDERSON, Ap J 46, S. 104 (1917); siehe auch W. STEUBING, Phys Z 31, S. 350 (1930); Ann d Phys (5) 10, S. 296 (1931).

[3] Ann d Phys 58, S. 731 (1919).

raumes groß ist; bei geringen Längen des Dunkelraumes erfolgt schnellere Abnahme[1].

Die Bestimmung der Feldstärke stößt bei dieser Methode auf große Schwierigkeiten, zumal bei inhomogenen Feldern, wie sie hier vorliegen, auch der Winkel zwischen Feldrichtung und Ausstrahlungsrichtung nicht unmittelbar festzulegen ist; ferner ist noch die Eigenbewegung der Kanalstrahlen zu beachten, die durch DOPPLER-Effekt eine Linienverbreiterung oder Verschiebung ergeben, sowie den Polarisationszustand merklich ändern kann. Theoretisch ergibt sich aus dem Ausdruck für die Energie einer ausgezeichneten Quantenbahn

$$E = E_0 + \frac{3 R_0 h}{8\pi^2 m e} n (n_\xi - n_\eta)$$

(E_0 = Energie der KEPLER-Ellipse ohne elektrisches Feld, n_k = Quantenzahlen), für die Frequenzen

$$\nu = \nu_0 - \frac{3 R_0 h}{8\pi^2 m e} [n''(n''_\xi - n''_\eta) - n'(n'_\xi - n'_\eta)],$$

wobei sich die n'' auf die Anfangsbahn, die n' auf die Endbahn beziehen.

Jede Linie zerfällt also im elektrischen Feld in eine Reihe von Linien, deren Abstand ein ganzzahliges Vielfaches von $\frac{3 R_0 h}{8\pi^2 m e}$ ist. Für die Polarisationszustände sind die azimutalen Quantenzahlen k maßgebend. Für $\Delta k = 0$ ist die elektrische Schwingung parallel zum äußeren elektrischen Feld polarisiert (p-Komponenten), für $\Delta k = \pm 1$ treten aber keine zirkular polarisierten Komponenten auf, sondern unpolarisierte. Bei Beobachtung senkrecht zur Richtung des äußeren Feldes treten die s-Komponenten auf, deren elektrischer Vektor senkrecht zum äußeren Feld ist[2].

Für die p- und s-Komponenten der zur Feldbestimmung benutzten Wasserstofflinien $H\beta$ und $H\gamma$ gibt STARK in Abhängigkeit von der Feldstärke folgende Beziehungen

$$\begin{aligned} p\text{-Komponenten} \quad & \Delta\lambda(H\beta) = 3{,}0 \cdot 10^{-4}\,\text{A/Volt} \times \text{cm}^{-1}, \\ & \Delta\lambda(H\gamma) = 4{,}6 \cdot 10^{-4}\,\text{A/Volt} \times \text{cm}^{-1}, \\ s\text{-Komponenten} \quad & \Delta\lambda(H\beta) = 1{,}5 \cdot 10^{-4}\,\text{A/Volt} \times \text{cm}^{-1}, \\ & \Delta\lambda(H\gamma) = 3{,}2 \cdot 10^{-4}\,\text{A/Volt} \times \text{cm}^{-1}. \end{aligned}$$

Es ist zu bemerken, daß die Proportionalität der Aufspaltungen mit der Feldstärke nur bis zu gewissen Grenzen der Feldstärke gewahrt bleibt. Allgemein wäre zu setzen[3]

$$\Delta\nu = \pm aF - bF^2 \pm cF^3 \ldots,$$

so daß je nach der Feldstärke Effekte erster, zweiter und höherer Ordnung auftreten können, die naturgemäß nur beobachtbar sein können, wenn die erzielten Zerlegungen groß genug sind, um die Effekte höherer Ordnung über die Fehlergrenze treten zu lassen. Dies erfordert die Anwendung möglichst hoher Feldstärken, die jetzt bis zu etwa 1,2 Mill. Volt/cm getrieben werden konnten. Erst bei Feststellung der höheren Effekte ist eine Entscheidung über die Zulässigkeit der SCHRÖDINGERschen Theorie möglich.

---

[1] YOSHIDA, Mem. Coll. of Science, Kyoto 3, Nr. 7, S. 183 (1918).

[2] J. ST. FOSTER, Proc Roy Soc 117 (1927); Phys Rev 23, S. 667 (1924); Proc Roy Soc 114, S. 47 (1926); s. auch J. STARK, Handb. der Experimentalphysik XXI. Leipzig 1927.

[3] M. KIUTI, Z f Phys 57, S. 658 (1929); A. WOLF, Z f Phys 61, S. 619 (1930); R. GEBAUER u. RAUSCH VON TRAUBENBERG, Z f Phys 62, S. 289 (1930); C. LANCZOS, Z f Phys 62, S. 518 (1930); R. LADENBURG, Phys Z 30, S. 369 (1929).

Bezüglich der Intensität der verschobenen Emissionslinien ist noch die STARKsche Feststellung wichtig, nach der die Intensität der nach Rot verschobenen Linien in Richtung des Feldes kleiner ist als gegen die Feldrichtung, während umgekehrt bei den nach Violett verschobenen H-Serienlinien und denen des Para- und Ortho-Heliums die Intensität in Richtung des Feldes größer ist (Axialität der Lichtemission). Dabei ist die Intensitätsdissymmetrie für die bewegten Elektronen größer als für die ruhenden; ferner hängt sie von der Geschwindigkeit der Kanalstrahlen und somit von der Stärke des Feldes ab. Zur Begründung dieser Erscheinungen geht STARK auf die Einwirkung der Eigenschwankungen der Elektronen zurück; Frequenzänderung und Vorzeichen der Richtung einer Eigenschwankung sind zugeordnet, und der Mechanismus der Emission kann verknüpft werden mit dem richtungsmäßigen Verlauf der Eigenschwankung[1].

29. Der STARK-Effekt bei den Spektren der E emente. Untersucht worden sind in erster Linie Wasserstoff und Helium, daneben auch Stickstoff und Sauerstoff und die meisten Metalle. Für die Zerlegung der Linien der diffusen Nebenserie des Wasserstoffs gilt nach STARK

Tabelle 9. Wasserstoff (28500 Volt · cm^{-1}). Beobachtung transversal.

Wellenlänge	Abstand der Komponenten p	Intensität	Abstand der Komponenten s	Intensität
6563,04	+3,42	6	+0,18	8
	−3,15	3		
4861,49	+4,18	10	+2,23	8
	+0,89	1 (ungenau)	+0,89	1 (sehr klein)
	−4,01	7	−2,14	6
4340,66	+6,72	6		
	+1,53	1 (sehr klein)	+4,41	4
	−1,88	1 (sehr klein)	+0,89	4
	−6,23	4	−4,18	2
4101,85	+8,54	3	+6,27	2
	±3,56	1	+1,90	1
	−2,80	1	−2,36	1
	−9,16	2	−6,72	1

Die Angaben zeigen, daß gegenüber der unzerlegten Linie eine schwache Rotverschiebung vorhanden ist, und daß die Zerlegung für die einzelnen Linien der Serie weder in Hinsicht auf die Komponentenabstände noch bezüglich der Intensitäten einem einfachen Gesetze genügt. Die Intensitäten der einzelnen Komponenten sind nicht konstant, sondern eine Funktion der Feldstärke, dagegen ist die Proportionalität der Abstände und der Feldstärken im ganzen untersuchten Bereich gut gewahrt[2] (von etwa 4000 Volt/cm bis 100000 Volt/cm).

Beim Helium liegen zwei Seriensysteme vor, die dem Orthohelium (He I) und dem Parahelium (He II) zugeordnet werden. Wie beim Wasserstoff ändert sich die Zerlegung von Glied zu Glied der Serien; hinzu kommt, daß beim Helium eine lineare Abhängigkeit der Abstände von der Feldstärke nicht mehr festgestellt werden konnte: teilweise erfolgt das Anwachsen der Abstände langsamer, teilweise erheblich schneller.

[1] J. STARK, Ann d Phys (5) 5, S. 607, 665, 685, 710 (1930).

[2] J. STARK, Ann d Phys 43, S. 965 (1914); 48, S. 193 (1915); J. STUART FOSTER, Phys Rev 1924, S. 667; Ap J 1923, S. 229; M. KIUTU, Jap J of Phys 4, S. 13 (1925); A. M. MOSHARRAFA, Phil Mag (6) 44, S. 371 (1922). Über Verhalten an den Seriengrenzen s. J. DEWEY, Phys Rev (2) 35, S. 1439 (1930).

Auch das Verhalten der einzelnen Serien unterscheidet sich. Bei der diffusen Hauptserie des Orthoheliums erfolgt eine Aufspaltung in unpolarisierte Komponenten, deren Zahl mit aufsteigender Gliednummer wächst, bei der scharfen Hauptserie ist eine Zerlegung in Komponenten nicht beobachtet, dagegen eine Verschiebung der einzelnen Glieder nach dem langwelligen Ende des Spektrums. Wasserstoffähnlichkeit zeigt lediglich die FOWLERsche Heliumserie, über deren Feinzerlegung jedoch noch keine Angaben vorliegen[1].

Die Abweichungen gegenüber dem Wasserstoff sind darauf zurückzuführen, daß beim Helium bereits eine merkliche Mitwirkung des inneren Feldes eintritt[2]. Im Wasserstoffatom erhält das Elektron durch das äußere Feld eine zusätzliche potentielle Energie, und die Termänderung ist proportional der Feldstärke; bei höheren Atomen wird das Leuchtelektron durch die anderen Atomelektronen gestört, und es ergibt sich ein Termdefekt, dessen Größe von dem Verhältnis des äußeren Feldes zu der störenden Zentralkraft abhängt. Mit zunehmender Stärke des Feldes treten ebenso wie beim magnetischen Effekt Vereinfachungen auf. (Analogon zum PASCHEN-BACK-Effekt.)

Beim Lithium[3] sind die Komponenten unsymmetrisch zur unzerlegten Linie, und zwar nach kürzeren Wellenlängen verschoben. Der Longitudinaleffekt ist dadurch ausgezeichnet, daß die bei H und He unpolarisierten Komponenten hier nach HOWELL stark polarisiert sein sollen.

Wegen der einzelnen Elemente muß auf die einschlägigen Arbeiten verwiesen werden.

Es beziehen sich auf

Wasserstoff: F. G. SLACK, Phys Rev (2) 35, S. 1170 (1930); K. SJÖGREN, Naturwiss 19, S. 640 (1931); D. R. MCRAC, Proc Roy Soc Lond (A) 132, S. 257 (1931); R. GEBAUER u. H. RAUSCH V. TRAUBENBERG, Z f Phys 71, S. 291 (1931); K. SJÖGREN, Z f Phys 77, S. 290 (1932); W. STEUBING, Naturwiss 20, S. 707 (1932).

Helium: G. O. LANGSTROTH, Proc Roy Soc Lond (A) 129, S. 70 (1930); Y. ISHIDA, Scient Papers Inst Phys Chem Res Tokyo 14, S. 49 (1930); K. SJÖGREN, Z f Phys 66, S. 377 (1930).

Sauerstoff: YOSHIDA, Mem. Coll. Science Kyoto 3, S. 291 (1919); BÖTTCHER u. TUCZEK, Ann d Phys 61, S. 107 (1920); M. KIUTI, K. OCHIAI, Y. NISHIMURA, Jap Journ Phys 5, S. 139 (1929); Proc Phys-Math Soc Jap (3) 13, S. 65 (1931).

Neon: NYQUIST, Phys Rev 10, S. 226 (1917); Y. ISHIDA, Nature 125, S. 970 (1930); N. RYDE, Z f Phys 71, S. 124 (1931).

Aluminium: R. A. WETZEL, Phys Rev 4, S. 550 (1914); G. WENDT u. R. WETZEL, Ann d Phys 50, S. 432 (1916); Y. ISHIDA u. M. FUKUSHIMA, Scient Papers Inst Phys Chem Res Tokyo 14, S. 123 (1930).

Argon: W. STEUBING, Phys Z 23, S. 427 (1922); TAKAMINE u. KOKUBU, Mem. Coll. Science Kyoto 3, S. 281 (1919); N. RYDE, Nature 129, S. 758 (1932); Z f Phys 77, S. 515 (1932).

Xenon: H. W. HARKNESS u. J. F. HEARD, Phys Rev (2) 37, S. 1687 (1931).

Kalzium: HOWELL, l. c.; TAKAMINE u. KOKUBU, Mem. Coll. Science Kyoto 3, S. 175 (1918); STARK u. KIRSCHBAUM, Ann d Phys 43, S. 1031 (1919); M. RITTER, ebenda 59, S. 183 (1919).

Chrom: J. ANDERSON, Ap J 46, S. 104 (1917).

Eisen: TAKAMINE, Ap J 50, S. 23 (1919).

Kobalt, Nickel: TAKAMINE, Ap J 50, S. 23 (1919).

Kupfer: TAKAMINE, l. c.; STARK u. HARDKE, Ann d Phys 58, S. 712 (1919).

Zink: RITTER, l. c.

Molybdän: TAKAMINE, l. c.

Silber: STARK u. HARDKE, TAKAMINE, l. c.

---

[1] J. STARK, Ann d Phys 56, S. 577 (1918); J. KOCH, ebenda 48, S. 98 (1915); G. LIEBERT, ebenda 56, S. 589 u. 610 (1918); H. NYQUIST, Phys Rev 10, S. 226 (1917); G. LANGSTROTH, ebenda (2) 33, S. 1084 (1929); J. STUART FOSTER, Proc Roy Soc Lond (A) 122, S. 599 (1929).

[2] R. LADENBURG, Phys Z 30, S. 369 (1929); FOSTER, J Franklin Inst 209, S. 585 (1930).

[3] J. J. HOWELL, Ap J 44, S. 87 (1916); H. LÜSSEM, Ann d Phys 49, S. 865 (1916).

Chlor, Brom, Jod: W. STEUBING, l. c.; L. u. E. BLOCH u. P. LACROUTE, C R 193, S. 232 (1931); KWAN-ICHI-ASAGOE, Scient Pap Inst Phys Chem Res Tokyo 11, S. 243 (1929).
Rubidium, Zäsium: Y. T. YAO, Z f Phys 77, S. 307 (1932).
Gold: TAKAMINE, l. c.

Anzeichen eines inversen Effektes sind bisher nur beim Natrium gefunden worden, bei Bandenspektren sind nur für Wasserstoff sichere Ergebnisse erhalten worden.

Bedeutung in der Astrophysik hat der STARK-Effekt hauptsächlich deswegen, weil er eine der Ursachen ist, die für die Linienverbreiterung in Betracht kommen können. Der DOPPLER-Effekt allein genügt nicht, um die mehrfach beobachtete Abhängigkeit der Linienverbreiterung von der Laufzahl des Seriengliedes erklären zu können, und die von STARK und KIRSCHBAUM gefundene Änderung des STARK-Effektes bei den Serien von Wasserstoff, Helium und Lithium können als Beweis für den vorhandenen STARK-Effekt gelten, der auch nach einer einfachen Überlegung namentlich dann wahrscheinlich ist, wenn starke Ionisierung vorhanden ist. Auch die Art der Verbreiterung, die Verschiebung nach Rot oder Violett, deutet auf die Mitwirkung des STARK-Effektes bei der Verbreiterung, doch kann durch Schichtungsvorgänge in den Lichtquellen die Verschiebung ausgeschaltet werden[1]. Bei den Sternen der Typen O und B 9 ist nach STRUVE die Verbreiterung durch STARK-Effekt als erwiesen zu betrachten. Ferner kann das Auftreten verbotener Linien, die im elektrischen Feld als Kombinationslinien entstehen, als Beweis dieses Einflusses angesehen werden.

Die von HUMPHREYS und MOHLER[2] untersuchte Druckverschiebung der Linien hat ebenfalls verschiedene Ursachen, zu denen der STARK-Effekt rechnet. Allgemein tritt eine Verschiebung nach längeren Wellen hin ein, doch werden Bandenlinien nicht betroffen. Untersuchungen von RITTER (l. c., S. 80, Z. 9 v. u.) sowie von SWAIM[3] zeigten, daß bei Druckverschiebung die allgemeinen Gesetzmäßigkeiten dieselben sind, wie sie beim STARK-Effekt gefunden worden sind.

---

[1] O. STRUVE, Ap J 69, S. 173 (1929); s. auch KIMURA u. NAKAMURA, Jap J of Phys 2, S. 61 (1923).
[2] Ap J 3, S. 144 (1896); 4, S. 175 (1896).
[3] Ap J 40, S. 137 (1914).

Kapitel 2.

Das Fernrohr.

Von

Albert König-Jena.

Mit 138 Abbildungen.

a) Die Lehre von der Abbildung durch Strahlen.

1. Das Brechungsgesetz. Schon im Altertum hat man aus den Erscheinungen des Schattens geschlossen, daß sich das Licht in geraden, voneinander unabhängigen Strahlen fortpflanzt. Obwohl man es nun bei der Ausbreitung des Lichtes mit Beugungserscheinungen zu tun hat und insbesondere die optische Abbildung als solche anzusehen ist, hat die große Vereinfachung, die die Strahlenhypothese für die mathematische Behandlung bietet, dazu geführt, daß man zunächst die Abbildung vom Standpunkt dieser Hypothese als geometrische Optik behandelt und dann die Ergebnisse auf Grund der Beugungslehre berichtigt und ergänzt.

Werden nun Körper von den Strahlen getroffen, so wird von dem Licht ein Teil verschluckt (absorbiert), ein anderer Teil durchgelassen und ein dritter Teil zurückgeworfen (reflektiert). Ist die Oberfläche des Körpers glatt, eine Flüssigkeitsoberfläche oder die polierte Fläche eines festen Körpers, so ist jedem einfallenden Strahl nur ein gebrochener und ein zurückgeworfener Strahl zugeordnet, in die der einfallende Strahl an der Grenzfläche des Körpers gegen das umgebende Mittel gewissermaßen aufgespalten wird. Es findet in diesem Falle regelmäßige Reflexion und Brechung statt. Indem wir von der später zu behandelnden Erscheinung der Dispersion zunächst absehen, beschränken wir uns auf das Licht einer bestimmten Wellenlänge. In diesem Fall gilt nun das folgende einfache Gesetz: Bezeichnet man (Abb. 1) das im Einfallspunkt J auf dem Oberflächenelement errichtete Lot JN als Einfallslot, die durch den einfallenden Strahl und das Einfallslot bestimmte Ebene als Einfallsebene, die Winkel des einfallenden, reflektierten und gebrochenen Strahles mit dem Einfallslot als Einfallswinkel i, Reflexionswinkel i'_r und Brechungswinkel i' und rechnet das Vorzeichen der Winkel einheitlich, so liegen der reflektierte und der gebrochene Strahl in der Einfallsebene, und es gilt für die Brechung bzw. die Spiegelung

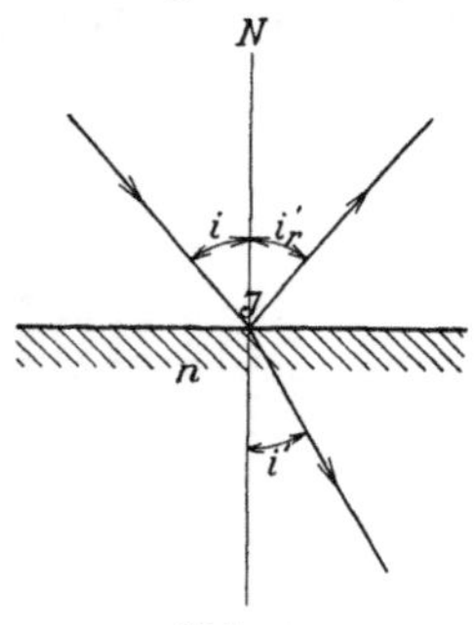

Abb. 1.
Zum Brechungsgesetz.

$$n \sin i' = \sin i \, ; \qquad i'_r = -i \, . \tag{1}$$

Ist das umgebende Mittel der leere Raum, so ist n eine den Körper kennzeichnende Größe, Brechzahl (Brechungsindex, Brechungsexponent, Brechungsquotient). Die Spiegelung kann man als Sonderfall der Brechung mit der

Brechzahl $n = -1$ ansehen. Wird ein Strahl bei senkrechtem Einfall in sich zurückgeworfen ($i = 0$), so durchläuft er seinen Weg rückwärts, und für den Austritt aus dem Körper gilt $\sin i' = n \sin i$. Für den allgemeinen Fall des Übergangs von einem Mittel mit der Brechzahl n in ein anderes mit der Brechzahl n' gilt die Formel

$$n \sin i = n' \sin i'. \tag{2}$$

Die Brechzahlen werden gewöhnlich auf Luft bezogen angegeben; da die Brechzahl der Luft bei Atmosphärendruck und einer Temperatur von 0° gemessen $n_L = 1{,}00029$ ist, ist mit der Brechzahl für Luft n_L zu multiplizieren, um die Brechzahl, bezogen auf den leeren Raum, zu erhalten. Die Formel (2) gilt daher auch, wenn für n und n' die auf Luft bezogenen Brechzahlen eingesetzt werden. Zu jedem Strahl in dem niedriger brechenden Mittel gibt es einen gebrochenen Strahl; die Ablenkung wächst bei zunehmendem Einfallswinkel immer schneller. Die sämtlichen einfallenden Strahlen innerhalb eines Büschels von 180° Öffnung werden in dem höher brechenden Mittel auf einen kleineren Winkel zusammengedrängt (Abb. 2). Ist $n' > n$, so ist der größte Winkel i'^* durch $\sin i'^* = n : n'$ gegeben; fällt ein Strahl unter größerem Winkel i' ein, so gibt es keinen gebrochenen Strahl, sondern nur einen total reflektierten Strahl, der das ganze Licht des einfallenden Strahles mit sich führt. Den Winkel i'^* nennt man den Grenzwinkel der Totalreflexion. Er ist für Wasser ($n = 1{,}33$) $= 48°{,}7$, für Glas (z. B. $n = 1{,}5$ bzw. $1{,}6$) $= 41°{,}8$ bzw. $38°{,}7$.

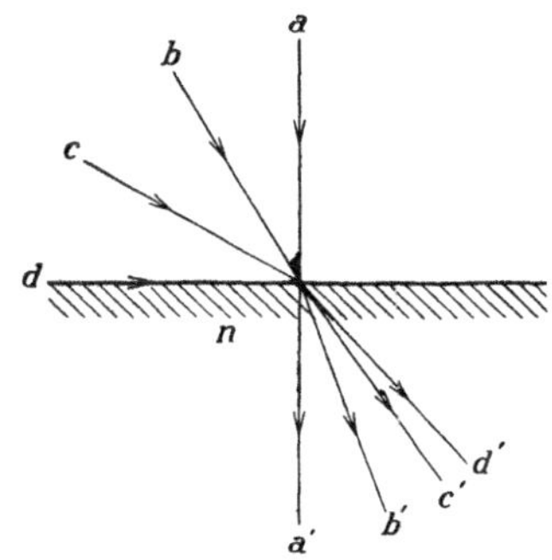

Abb. 2. Die Brechung für verschiedene Einfallswinkel.

Aus dem Brechungsgesetz folgen einige Hilfssätze, die in manchen Fällen von Vorteil sind. Ist z. B. ein Leitstrahl gegeben und durch diesen die Einfallsebene festgelegt, so kann man die Richtung eines weiteren Strahles durch seinen Winkel ϑ mit der Einfallsebene des Leitstrahls und dem Winkel i_p seiner Projektion in diese mit dem Einfallslot festlegen; für den Winkel ϑ gilt dann wieder das Brechungsgesetz; für den Winkel i_p aber nur, wenn man als Brechzahl statt n und n' die Brechzahlen $n \cos\vartheta$ und $n' \cos\vartheta'$ benutzt.

2. Das brechende Prisma und die Planplatte. Es soll nun kurz der Durchgang des Lichtes durch ein Prisma (Abb. 3), d. h. durch zwei aufeinanderfolgende und zueinander geneigte brechende Ebenen behandelt werden, wenn das erste und letzte Mittel Luft ist. Die Schnittgerade der Ebenen heißt die Prismenkante K, ihr Winkel α der brechende Winkel, die Ebene senkrecht zur Kante, die durch die Einfallslote N zum Strahl geht, der Hauptschnitt. Durch zweimalige Anwendung des Brechungsgesetzes findet man für den Durchgang eines Strahles im Hauptschnitt

$$\sin i_2' = \sin i_1 \cos\alpha - \sin\alpha \sqrt{n^2 - \sin^2 i_1}\,, \tag{3}$$

die Ablenkung ist dann

$$\varepsilon = i_1 - i_2' - \alpha\,. \tag{4}$$

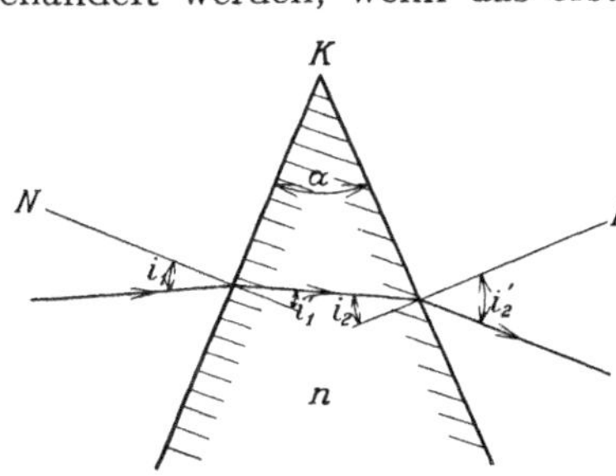

Abb. 3. Der Durchgang des Lichts durch ein Prisma.

Die Winkel sind positiv, wenn man im Uhrzeigersinne drehen muß, um den Strahl in die Normale, die zweite Ebene in die erste bzw. den einfallenden in den austretenden Strahl zu bringen. Geht man von dem Fall des symmetrischen Durchgangs aus ($i_1 = -i'_2$, $i'_1 = -i_2$), so ist die Ablenkung dieselbe, ob man i'_1 um einen bestimmten Betrag vergrößert oder verkleinert, da in dem einen Fall der Lichtstrahl nur umgekehrt durchgeht wie in dem anderen. Da die Ablenkung nun an jeder der beiden Flächen mit dem Einfallswinkel wächst, und zwar immer schneller, so erkennt man, daß die Ablenkung bei dem symmetrischen Durchgang ein Minimum ist. Bei größerem brechendem Winkel kann an der zweiten brechenden Ebene Totalreflexion eintreten, z. B. wenn $i_1 = 0°$, $\alpha = 45°$ und $n = 1,5$ ist. Für kleinen brechenden Winkel gilt

$$\varepsilon = \alpha \left(\frac{n \cos i'_1}{\cos i_1} - 1 \right). \tag{5}$$

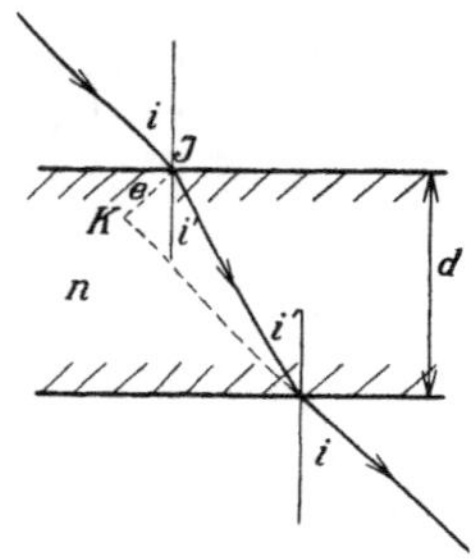

Abb. 4. Der Durchgang des Lichts durch eine Planplatte.

Die Ablenkung wächst also mit dem Einfallswinkel; Keilfehler von Planparallelplatten treten so bei schiefem Durchblick mehr hervor. Ist auch i_1 klein, so ist $\varepsilon = (n-1)\alpha$. Verläuft ein Strahl geneigt zum Hauptschnitt, so ergibt sich nach dem letzten Satz von Ziff. 1, daß die Ablenkung mit wachsender Neigung zunimmt; so erklärt sich die Krümmung der Spektrallinien. Beim Durchgang durch eine planparallele Platte von der Dicke d tritt keine Ablenkung ein, wohl aber eine parallele Versetzung JK (Abb. 4)

$$e = \frac{d \sin(i - i')}{\cos i'}. \tag{6}$$

3. Die Abbildung durch ebene Spiegel. Bisher ist nur der Verlauf einzelner Strahlen bei der Spiegelung und Brechung verfolgt worden. Brechende und spiegelnde Ebenen liefern aber ein Bild der Gegenstände. Diese werden nun dadurch sichtbar, daß von ihren einzelnen Punkten Strahlenbündel ausgehen und ins Auge gelangen, deren Öffnungswinkel durch die Pupille unseres Auges bestimmt sind und die auf der Netzhaut mehr oder weniger vollkommen zu Bildpunkten vereinigt werden. Beim ebenen Spiegel sind die Verhältnisse besonders einfach. Die Strahlen eines Bündels verlaufen nach der Spiegelung so, als ob sie von einem Bildpunkt kämen, der auf dem Lot, das vom Dingpunkt auf den Spiegel gefällt wird, ebensoviel hinter dem Spiegel liegt wie der Dingpunkt davor. Da die Strahlen sich in dem Bildpunkt nicht wirklich schneiden, nennt man den Bildpunkt virtuell im Gegensatz zu reell. Die Gesamtheit der virtuellen Bildpunkte bildet nun ein zur Spiegelebene symmetrisches Abbild des Gegenstandes, von dem das Auge in der gleichen Weise Strahlen empfängt wie von einem wirklichen Gegenstand. Eine rechtsgängige Schraube wird aber als linksgängige abgebildet, man nennt daher die Abbildung rückwendig im Gegensatz zu rechtswendig und bezeichnet die Bilder als spiegelverkehrt. Für einen Beobachter, der sowohl im Ding- wie im Bildraum entgegen der Lichtrichtung blickt, werden die zugehörigen Polarwinkel in einer zur Lichtrichtung senkrechten Ebene entgegengesetzt durchlaufen. Diese Verschiedenheit des Spiegelbildes vom Gegenstand kann sich nun noch entweder darin zeigen, daß oben und unten, oder darin, daß links und rechts vertauscht ist. Im ersten Fall spricht man von einem höhenverkehrten, im zweiten von einem seitenverkehrten Bilde. Blickt man senkrecht auf einen Spiegel, so erscheint das Bild seitenverkehrt; blickt man schräg auf einen waagrechten Spiegel, so erscheint das Bild höhenverkehrt. Dreht man den Spiegel aus der einen in die andere Lage, so findet der Übergang von seiten- zu höhenverkehrt statt, wenn der von der Mitte des Spiegels reflektierte Strahl von der Stelle kommt, die sich senkrecht über dem Beobachter befindet. Bei der unmittelbaren Beobachtung würde man ja bis zu dieser Stelle den Blick durch Zurücklegen des Kopfes wandern lassen, dann aber erst weiter nach einer Körperwendung um 180°. Die Beurteilung, ob das Bild seiten- oder höhenverkehrt ist, hängt also bei horizontaler Ding- oder Bildebene von der gewohnten oder gerade eingenommenen Beobachtungsstellung ab. Man sieht in diesem Falle diejenige Gerade als eine Waagrechte an, die der Verbindungslinie der Augen parallel ist. Von diesen Ausnahmelagen der Ding- und Bildebene abgesehen, nennt man ein Bild aufrecht, wenn eine waagrechte Gerade als waagrechte und oben und unten unvertauscht wiedergegeben wird, ein aufrechtes spiegelverkehrtes Bild ist seitenverkehrt, ein umgekehrtes spiegelverkehrtes Bild höhenverkehrt; unter aufrechtem und umgekehrtem Bild kurzweg sei ein solches verstanden, das nicht spiegelverkehrt ist. Ein spiegelverkehrtes Bild entsteht nur bei einer ungeraden Anzahl von Spiegelungen, bei einer geraden Anzahl sind Bild und Ding kongruent.

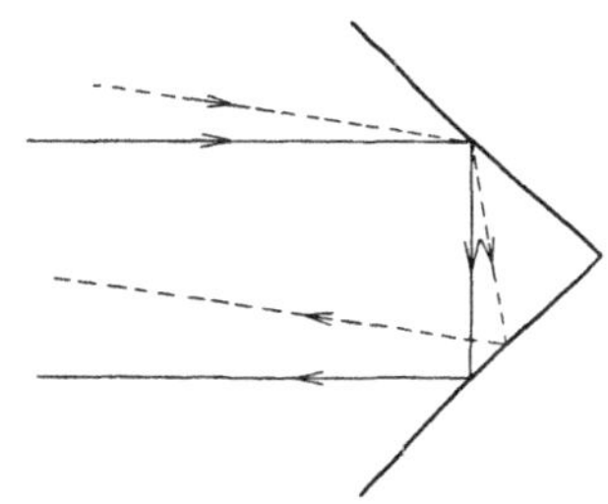

Abb. 5. Die Wirkung eines 90°-Winkelspiegels.

Das Bild, das durch doppelte Spiegelung entsteht, ist gegen den Gegenstand um den doppelten Spiegelwinkel, den Winkel der beiden Spiegel, um die Spiegelachse, die Schnittgrade der beiden Spiegel, gedreht, und zwar in dem Sinne, in dem man den erst getroffenen Spiegel um die Spiegelachse durch den von den Strahlen durchsetzten Raum in den zweiten dreht. Es ist nämlich die Spiegelachse offenbar ihr eigenes Bild, das Bild des ersten Spiegels liegt symmetrisch zum zweiten; ebenso wie der erste Spiegel in sein Bild wird auch der ganze Dingraum durch dieselbe Drehung in den Bildraum übergeführt werden, da Ding- und Bildraum kongruent sind. Im Gegensatz zum einfachen Spiegel hängt beim Doppelspiegel die Ablenkung nicht vom Einfallswinkel, sondern nur vom Spiegelwinkel ab, wenn sie in dem zur Spiegelachse senkrechten Hauptschnitt gemessen wird. Die Ablenkung eines Doppelspiegels ändert sich also nicht, wenn er um die Spiegelachse gedreht wird. Ein Doppelspiegel mit dem Spiegelwinkel 90° wirft alle Strahlen, die senkrecht zur Spiegelachse einfallen, parallel zur Einfallsrichtung zurück (Abb. 5). Eine Gruppe von drei zueinander senkrechten Spiegeln nennt man einen Zentralspiegel[1], ein solcher wirft alle auf ihn fallende Strahlen nach Reflexion an allen drei Spiegeln parallel zur Einfallsrichtung zurück. Die Unveränderlichkeit eines Winkelspiegels und seiner Ablenkung wird bei kleinen Abmessungen dadurch gesichert, daß man ihn als Spiegelprisma aus einem Stück ausführt, da dann die elastischen Nachwirkungen und thermischen Veränderungen gering sind. Abb. 6 zeigt ein Zentralspiegel- (Tripel-) Prisma.

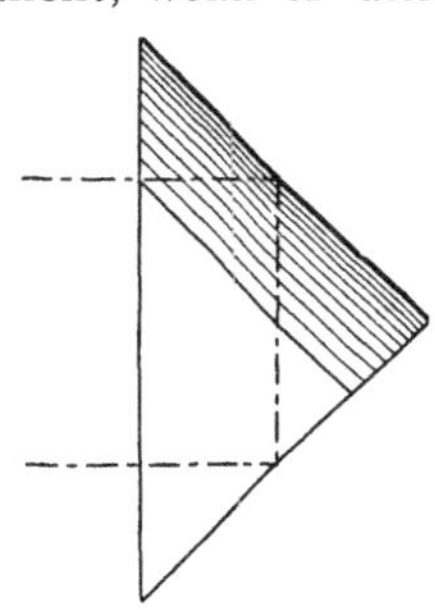

Abb. 6. Ein Tripelprisma.

4. Die Abbildung durch eine brechende Ebene. Bei der Brechung ist die Abbildung nicht so einfach wie bei der Spiegelung. Das einzelne Auge gibt nur die Empfindung der Richtung eines Dingpunktes; seine Entfernung bleibt unbekannt, wenn man davon absieht, daß bei bekannten Gegenständen auf Grund von Schattenwirkung u. dgl. eine räumliche Deutung stattfindet. Der Gegenstand wird durch die Hauptstrahlen, die durch die Mitte der Augenpupille gehen, auf die Netzhaut projiziert. Bei der Brechung an einer Ebene wird nun der Bildpunkt in die Richtung verlegt, in der ein Strahl nach der Brechung verläuft, der vom Dingpunkt ausgeht und nach der Brechung die Mitte der Augenpupille

[1] Beck, Z f Instrk 7, S. 380 (1887).

trifft. Wird nun ein kleiner zur Visierlinie senkrechter Gegenstand einmal unmittelbar, das andere Mal bei senkrechtem Durchtritt durch eine planparallele Glasplatte betrachtet, die so dick ist, das sie den Raum zwischen Gegenstand und Auge erfüllt, so erhält man im zweiten Fall ein im Verhältnis der Brechzahl vergrößertes Bild, entsprechend wie der Winkel der Hauptstrahlen vergrößert ist, da für kleine Winkel $i' = ni$ ist. Besitzt der Gegenstand in der zur Visierlinie senkrechten Ebene größere Ausdehnung, so ist das Bild nicht in allen Teilen gleich vergrößert, da für die Brechung das Sinusgesetz gilt, die Vergrößerung aber durch das Tangensverhältnis bestimmt ist. Vielmehr, je größer eine von der Visierlinie aus gerechnete radiale Strecke ist, um so stärker ist die Vergrößerung; in erster Näherung wächst ihre Änderung mit der Länge der Strecke wegen der Symmetrie quadratisch. Dies hat zur Folge, daß ein Quadratnetz mit der Mitte auf der Visierlinie kissenförmig verzeichnet wiedergegeben wird (Abb. 7). Man nennt diesen Bildfehler Verzeichnung und unterscheidet kissen- und tonnenförmige Verzeichnung, je nachdem, ob gerade Linien nach innen oder außen gebogen erscheinen. Diese Verbiegung einer Geraden, die nicht in einer solchen Ebene durch das Auge liegt, die zur brechenden Ebene senkrecht ist, ist nach dem S. 83 angeführten Hilfssatz der Brechung ohne weiteres verständlich. Wenn nun auch das einzelne Auge die Spitze eines dünnen, von ihm aufgenommenen Bündels nicht nach ihrer Entfernung zu erkennen vermag, so kann man doch durch Bewegen des Auges die Richtung der einzelnen Strahlen und damit ihren Schnittpunkt feststellen; ferner liefert das beidäugige Sehen die Möglichkeit, den Schnittpunkt der beiden Hauptstrahlen festzustellen, die in die beiden Augen gelangen. In Abb. 8 ist dargestellt, wie die Strahlen eines weitgeöffneten Büschels mit gemeinsamer Einfallsebene nach der Brechung an einer Ebene verlaufen. Man findet, daß die Schnittpunkte eines geneigten Strahles mit dem senkrecht einfallenden, den wir als Achse unterscheiden wollen, bei größerer Neigung sich der brechenden Ebene nähern. Die Änderung Δ der Schnittweite gegen den Grenzwert für kleine Neigungen ist bei mäßiger Neigung u' dem Quadrate von u' proportional, also $\Delta = cu'^2$, nur bei kleiner Öffnung des Bildes kann man von einem Bildpunkt reden; dessen Abstand von der brechenden Ebene ist im Verhältnis der Brechzahl kleiner als der des Dingpunkts. Die Abweichung von der Strahlenvereinigung bei größerer Öffnung bezeichnet man als den Bildfehler der sphärischen Abweichung oder Kugelgestaltfehler, Δ als sphärische Längsabweichung, und zwar spricht man von Überverbesserung, wenn, wie in diesem Fall, die Schnittpunkte mit der Achse im Sinne der Lichtrichtung wandern, im anderen Fall von Unterverbesserung. Fällt der Mittelstrahl nicht senkrecht auf die brechende Ebene, sondern mit der Neigung u_1', so wird die Schnittweite s auf diesem Mittelstrahl für die Strahlen in dessen Einfallsebene angenähert durch einen Ausdruck von der Form $s = a_1 + c(u_1' - u')^2$ oder $s = a + bu' + cu'^2$ dargestellt; das Glied bu' stellt die Unsymmetrie des

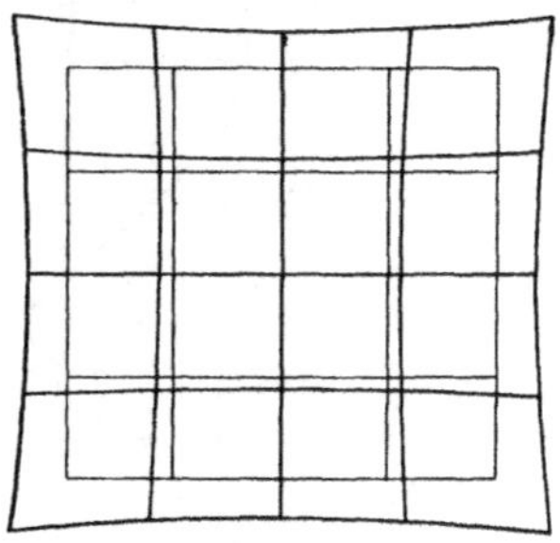

Abb. 7. Die Wiedergabe eines Quadratnetzes bei Verzeichnung.

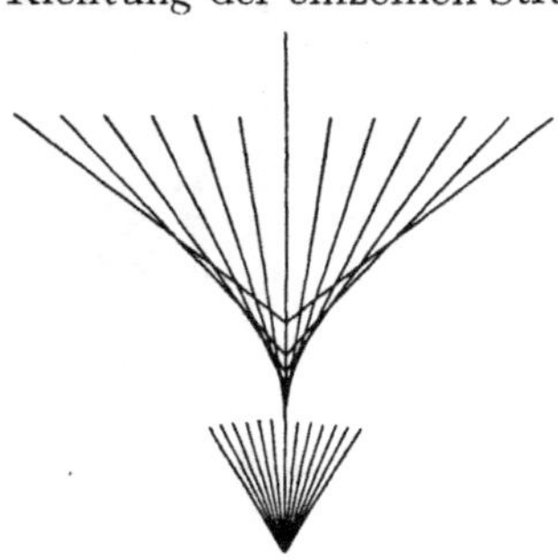

Abb. 8. Die Abbildung eines Lichtpunkts durch eine brechende Ebene.

Büschels nach der Brechung dar. Diesen Bildfehler bezeichnet man als *Koma*. Ferner ist der Bildpunkt für ein dünnes ebenes Büschel, dessen Mittelstrahl die Neigung u hat, verschieden, je nachdem das ebene Büschel in der Einfallsebene des Mittelstrahls, wie bisher, oder senkrecht dazu liegt; je nachdem wird es als *tangentiales* oder *sagittales* Büschel bezeichnet. Das sagittale Büschel kann als schmaler Teil des Strahlenkegels angesehen werden, in dem die Achse des ganzen Strahlenbündels die Achse und der um den Winkel u' geneigte Strahl die Leitlinie darstellt. Der Bildpunkt des tangentialen Büschels liegt näher an der brechenden Ebene. Diesen Bildfehler bezeichnet man als *Astigmatismus* und mißt ihn durch die *Brennstrecke*, den Abstand des sagittalen und tangentialen Bildpunkts. Betrachtet man den Punkt unter einer Wasseroberfläche binokular, indem man einmal die Augen in die Ebene des sagittalen, das andere Mal in die des tangentialen Büschels bringt, so wird der Bildpunkt für die beiden Fälle verschieden entfernt erscheinen, wenn man ihn mit einem an der Oberfläche gespiegelten Lichtpunkt vergleicht, dessen Bild nahe in der gleichen Entfernung und Richtung erscheint. Der Astigmatismus bei der Brechung an einer Ebene ist nur bei endlichem Bildabstand merklich. Für kleines u' gilt noch folgende Beziehung zwischen dem Astigmatismus eines Bündels und seiner sphärischen Abweichung: Während nach dem Obigen der Bildpunkt des sagittalen Büschels in der Achse liegt, schneiden zwei benachbarte Strahlen des tangentialen Büschels (Abb. 9) mit den Neigungen u' und $u' + du'$ die Achse im sagittalen Bildpunkt S und einem um $\Delta s' = 2cu'du'$ entfernten Punkte, einander aber in einem Bildpunkt T, der bei kleinem u' von dem sagittalen um $t' - s' = 2cu'^2$ entfernt ist, da ja $(t' - s'):u' = \Delta s':du'$ ist. Der Astigmatismus tritt auch bei schiefem Durchgang des Lichtes durch eine planparallele Platte und beim Durchgang durch ein Prisma auf. Bei der Planplatte ist er unabhängig vom Bildabstand, er wächst zunächst langsam, dann immer rascher mit dem Einfallswinkel. Beim Prisma ist der Astigmatismus unabhängig vom Dingabstand, wenn das Prisma im Minimum der Ablenkung durchsetzt wird (Ziff. 11), und wird Null, wenn der Strahl bei Minimalablenkung das Prisma in der brechenden Kante durchsetzt.

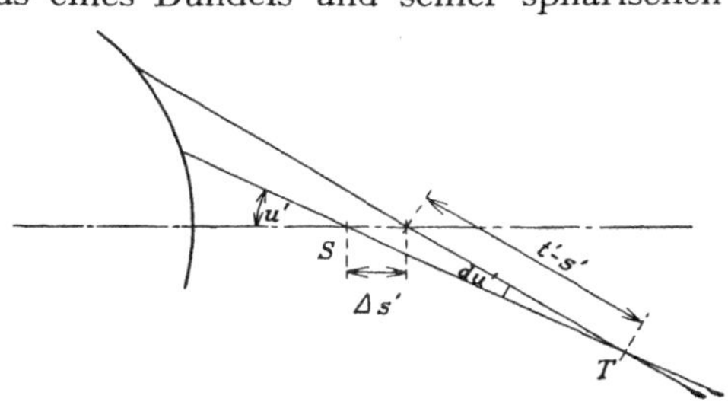

Abb. 9. Die Beziehung zwischen Astigmatismus $t' - s'$ und sphärischer Abweichung $\Delta s'$.

5. Spiegelprismen. Statt der Spiegel werden in manchen Fällen Prismen mit total reflektierenden oder versilberten Reflexionsflächen verwendet. Für Glasspiegel mit Oberflächenversilberung bietet Silber den Vorteil des hohen und gleichmäßigen Reflexionsvermögens bis zu 96%. Bei Versilberung der Vorderfläche sucht man es gegen chemische Angriffe zu schützen, indem man essigsaures Blei in den Aufbewahrungsbehälter bringt, und man versieht es wohl mit einem dünnen Lacküberzug, der sehr gleichmäßig aufgetragen sein muß und beim Putzen sehr vorsichtig behandelt werden muß[1]. Neuerdings ist es der Farben-I. G. gelungen, eine haltbare Versilberung herzustellen[2]. Hat man es mit Parallelstrahlenbündeln zu tun, so versilbert man auf der Rückseite und schützt mit Kupfer oder Lacküberzug; zur Vermeidung von Nebenbildern müssen aber die beiden Seiten der Platte genügend parallel sein. Früher wurde, besonders auch für die Hohlspiegel der Spiegelfernrohre, sog. Spiegelmetall verwandt, d. h. Legierungen

[1] Perot, C R 149, S. 725 (1909); Miethe, A N 208, S. 86 (1919).
[2] Dtsch R Patent 527 578 (1929).

von Cu, Sn und Zn mit etwa 65% Reflexionsvermögen; ungefähr gleiches Reflexionsvermögen zeigen Au, Pt, Pd, die nur als galvanische Überzüge in Betracht kommen, und der Kruppsche Spiegelstahl (Abb. 81). Als einfache Spiegelprismen benutzt man vorwiegend rechtwinklig gleichschenklige; bei senkrechtem Durchgang des Mittelstrahls wird ein dazu geneigter Strahl noch total reflektiert, wenn er im Glase bei $n = 1,5$ um $3°,2$, in Luft also um $4°,8$ gegen diesen Mittelstrahl geneigt ist; für $n = 1,6$ sind die entsprechenden Werte $6°,3$ und $10°$. Findet keine Totalreflexion mehr statt, so muß die Spiegelfläche des Prismas versilbert werden. Für Ein- und Austritt ist beim Prisma ($n = 1,5$) ein Reflexionsverlust von zusammen etwa 8% anzusetzen. Ist dafür gesorgt, daß der Mittelstrahl beim Ein- und Austritt gleiche und entgegengesetzte Ablenkung erfährt, so kann man die Wirkung des Prismas in die eines einfachen Spiegels und einer Glasplatte zerlegen, die die gleiche Dicke wie der Weg des senkrecht einfallenden

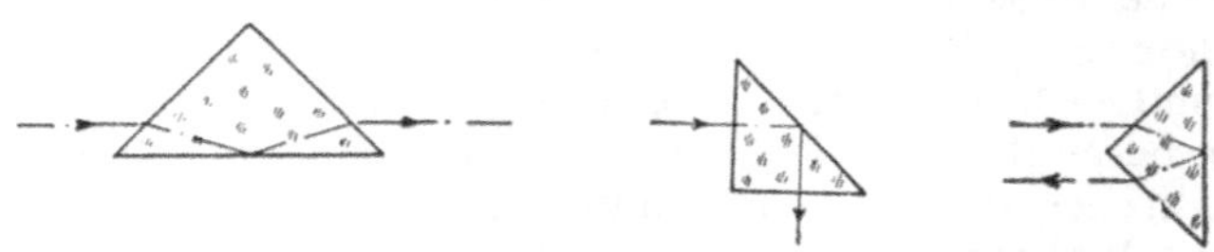

Abb. 10. Die Ablenkung des Lichts durch ein Spiegelprisma.

Strahles im Prisma besitzt. Es findet insbesondere eine Verlegung des Bildpunktes in Richtung des austretenden Mittelstrahls wie bei der Glasplatte statt; ferner treten dieselben Bildfehler auf, insbesondere Astigmatismus. Aus diesem Grunde darf man da, wo die Strahlenbündel nicht aus parallelen Strahlen bestehen, wie es zwischen den Linsen meist der Fall ist, nur Prismen mit senkrechtem Ein- und Austritt verwenden. Wird ein rechtwinklig gleichschenkliges Prisma wie beim Prismenkreis für wechselnde Ablenkung benutzt (Abb. 10), indem man es um eine Senkrechte zum Hauptschnitt dreht, so unterscheidet es sich von einem einfachen Spiegel dadurch, daß bei senkrechter Stellung der

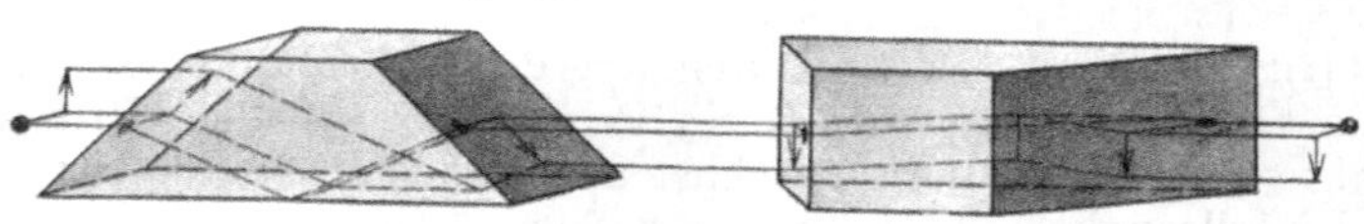

Abb. 11. Das Umkehrprisma nach DELABORNE.

Spiegelfläche zum einfallenden Strahl der Strahl parallel versetzt in die entgegengesetzte Richtung zurückgeworfen wird, und daß es auch bei paralleler Stellung noch benutzt werden kann, während der einfache Spiegel hier infolge streifenden Eintritts nicht mehr zu brauchen ist; in diesem Fall wird von dem Prisma noch ein Parallelstrahlenbündel von einem Drittel der Breite wie bei senkrechtem Durchtritt unter Reflexion durchgelassen. Bei Benutzung in dieser Stellung bezeichnet man das Prisma als Wende- (Reversions-) Prisma nach AMICI[1]. Dreht man es nämlich um die Visierlinie, so bleibt der Mittelstrahl unabgelenkt, aber das Bild wird gedreht, und zwar wegen der Symmetrie zur Spiegelebene um den doppelten Drehwinkel. Schaltet man nun nach DELABORNE[2] zwei solche Wendeprismen hintereinander, so wird das Bild vollständig (in Seite und Höhe) umgekehrt (Abb. 11). Auf andere bildumkehrende Prismen wird in Ziff. 49 eingegangen.

6. Einleitendes über die Abbildung durch Umdrehungsflächen. Wir haben oben gesehen, daß die Abbildung durch eine brechende Ebene unvollkommen ist.

[1] Ann de Chim et de Phys 22, S. 137 (1823).

[2] Franz. Patent S 5941 (1838).

Neben brechenden und spiegelnden Ebenen kommen nun weiter bei optischen Geräten Umdrehungsflächen, insbesondere Kugelflächen, in Betracht. Bei der Kugelfläche werden die von einem Punkt ausgehenden Strahlen auch bei großen Neigungsunterschieden nur dann wieder streng in einem Bildpunkt vereinigt, wenn der Dingpunkt auf der Kugelfläche, in ihrem Mittelpunkt oder auf einer zur brechenden konzentrischen Kugelfläche mit einem Halbmesser $n'r:n$ liegt. Bei dieser aplanatischen Brechung hat die konzentrische Bildfläche den Halbmesser $nr:n'$; wenn die Länge der Strahlen von der brechenden Fläche bis zu ihrem Schnittpunkt mit der Achse, der Geraden durch Kugelmitte und Dingpunkt, mit p für den Dingraum und mit p' für den Bildraum bezeichnet wird, so gilt $n'p' = np$; ferner ist die Neigung u des Dingstrahls gegen die Achse gleich dem Brechungswinkel i'; es kommt nur der Dingpunkt auf der hohlen Seite des brechenden Teils der Kugelfläche in Betracht. Bei einem System von Kugelflächen ist im allgemeinen die Achse, die Gerade durch Einfallspunkt und Kugelmitte, gemeinsam, bzw. liegen die Mittelpunkte der Kugelflächen auf einer Geraden; ein solches System nennt man ausgerichtet (zentriert). Da mit solchen Flächen meist keine genügende Abbildung zu erreichen ist, ist es die Aufgabe der rechnenden Optik, die Zusammensetzung des Systems so zu bestimmen, daß die Bildfehler der einzelnen Flächen sich möglichst gegenseitig ausgleichen. Um die Abbildungsgrößen und die Bildfehler festzustellen, kann man einzelne ausgewählte Strahlen durch das System rechnerisch verfolgen; auf die Wiedergabe der betreffenden Formeln soll hier verzichtet werden. Ein anderer Weg besteht darin, daß man zunächst die Abbildung unter Beschränkung auf dünne Bündel untersucht und dann die Bildfehler durch Näherungsausdrücke darstellt. Die Abbildung innerhalb eines dünnen fadenförmigen Raums in der Achse, also unter der Annahme, daß die Neigung der Strahlen gegen die Achse unendlich klein ist, wird nach GAUSS[1] benannt. Es soll nun zunächst die Theorie dieser Abbildung gegeben werden, und zwar in Erweiterung auf den allgemeinen Fall, daß die Brechung des Leitstrahls, mit dem die übrigen Strahlen nur kleine Winkel bilden, unter endlichem Einfallswinkel erfolgt. Die abzuleitenden Abbildungsgesetze gelten nicht nur für die Brechung an einem Element einer Kugelfläche, sondern auch an einem doppelt gekrümmten Element, allerdings müssen bei mehreren aufeinanderfolgenden Elementen die Hauptschnitte zusammenfallen; die Gesetze gelten also auch für die Abbildung durch Zylinderlinsen und Prismen. Es sollen ferner die Grundgesetze dieser Abbildung sogleich für den Fall eines Systems von vielen Flächen abgeleitet werden und erst dann ausgewählte, einfache Systeme behandelt werden.

7. Der Begriff des Bildpunkts. Bei der Lochkamera entsteht das Bild dadurch, daß jedem Lichtpunkt im Dingraum ein Beugungsscheibchen entspricht, das die Öffnung in der Vorderwand auf dem Schirm erzeugt. Statt eines scharfen Bildpunkts hat man so nur einen unscharfen Bildfleck. Aus genügender Entfernung erscheinen aber die Bildflecke als scharfe Bildpunkte, und zwar dort, wo die Mitte des Beugungsscheibchens ist. Das Bild ist eine Zentralprojektion durch die Blendenmitte. Hat man nun ein Linsensystem mit enger Blende, so kann man ebenfalls das Bild als eine Projektion durch die Blendenmitte ansehen, wenn man von unsymmetrischer Helligkeitsverteilung in den einzelnen Bildflecken absieht. Man hat aber die Brechung der Strahlen zu berücksichtigen. Die projizierenden Strahlen, Hauptstrahlen genannt, sind bei dieser optischen Projektion die Strahlen im Bildraum, die durch die Linsen zwischen Blende und Bild den durch die Blendenmitte gegangenen Strahlen zu-

[1] Gött Abh 1 S. 1 (1838—1841); Ann Chim Phys 33, S. 259 (1851); s. ferner ABBE in CZAPSKI-EPPENSTEIN, Theorie d. optischen Instrumente, 3. Aufl. Leipzig: Barth 1924; GULLSTRAND in HELMHOLTZ, Handbuch d. Physiologischen Optik, 3. Aufl. Leipzig: Voss 1909.

geordnet sind, deren weiteren Verlauf darstellen (Ziff. 24). Infolge der Brechung der Strahlen kann dies Bild Verzeichnung (Ziff. 4) aufweisen. Erweitert man die Öffnung, so ändert sich die Größe des Bildflecks mit dem Abstand des Auffangschirms von der Linse stärker. Den Bildpunkt wird man vom Standpunkt der geometrischen Optik da suchen, wo das Strahlenbündel am meisten eingeschnürt ist. Für die Ableitung der Abbildungsgesetze wollen wir als Ort des Bildpunkts die Stelle ansehen, wo der Hauptstrahl von einem unendlich benachbarten geschnitten wird. Handelt es sich um die Abbildung eines kleinen Flächenstückes senkrecht zum Hauptstrahl auf einem zum Bildhauptstrahl senkrechten Auffangschirm, so soll die Lage des Schirms durch den Ort des Bildpunkts auf dem der Mitte des Flächenstücks entsprechenden Hauptstrahl bestimmt sein. Die Bildpunkte außer der Mitte sind dann im allgemeinen durch reine optische Projektion bestimmt. Das Verhältnis einer unendlich kleinen Strecke auf dem Auffangschirm zu der entsprechenden des Gegenstandes nennt man die Quer- (Lateral-) Vergrößerung. Das Verhältnis des unendlich kleinen Winkels der in dem mittleren Bildpunkt zusammentreffenden und ihn erzeugenden Strahlen zu dem Winkel der entsprechenden Strahlen im Dingraum, kurz, das Verhältnis der zugeordneten Öffnungswinkel im Ding- und Bildraum, nennt man das Konvergenzverhältnis oder die Winkel- (Angular-) Vergrößerung. Wir wollen nun zunächst eine wichtige einfache Beziehung zwischen diesen beiden Vergrößerungen ableiten und dann zeigen, wie aus ihr die Gesetze der Abbildung folgen, die die Beziehung zwischen Größe und Lage von Ding und Bild angeben. Das die Abbildung vermittelnde System bestimmt nur die Größe der in den Abbildungsgesetzen auftretenden Konstanten, auf deren Berechnung aus den Radien, Abständen und Brechzahlen des Systems erst zuletzt eingegangen wird. Für die strengere Behandlung der Abbildungslehre wie auch der Bildfehler sei auf die Arbeiten von GULLSTRAND[1] verwiesen sowie auf die zusammenfassenden Werke von BOEGEHOLD[2] und HERZBERGER[3].

Eine seiner Zeit weit vorauseilende Erkenntnis der hier bestehenden Zusammenhänge besaß HAMILTON[4], dessen Abhandlungen aus den Jahren 1827 bis 1841 mit Ergänzungen aus dem Nachlaß jetzt gesammelt vorliegen; aber auch die veröffentlichten haben erst in neuerer Zeit die gebührende Beachtung gefunden.

Es sei noch bemerkt, daß im folgenden Strecken parallel der Achse im Sinne der Lichtrichtung, Strecken senkrecht zur Achse nach oben positiv gerechnet werden, und daß die Neigungswinkel des Strahles gegen die Achse positiv sind, wenn der Strahl durch eine Drehung entgegengesetzt der des Uhrzeigers in die Achse gedreht wird.

8. Der Satz von HELMHOLTZ. In Abb. 12 sei OJ der einfallende Strahl, $K_t J$ ein Bogenelement der brechenden Umdrehungsfläche in der Einfallsebene, die mit einem Krümmungshauptschnitt zusammenfalle, JO'_t der gebrochene Strahl. Ein zweiter, von O ausgehender unendlich benachbarter Strahl OK_t werde nach O'_t gebrochen; wir bezeichnen daher O'_t als den tangentialen Bildpunkt von O und nennen O'_t und O zugeordnete (konjugierte) Punkte. M_t sei ein O unendlich benachbarter Punkt in der zum Leitstrahl OJ senkrechten Ebene durch O und liege in der Einfallsebene. Denken wir uns nun eine enge Blende

[1] Skand Arch Physiol 2, S. 269 (1890); Nova Acta Reg Soc Sc Upsala 3 (1900); Ann d Phys 18, S. 941 (1905); Svenska Vet Akad Handl 41, S. 1 (1906); 55, S. 1 (1915); 63, Nr. 13 (1924).

[2] Ergebnisse d. exakten Naturwissenschaften 8, S. 69 (1929).

[3] Strahlenoptik, Bd. 35 der Grundlehren der mathematischen Wissenschaft in Einzeldarstellungen. Berlin: Julius Springer 1931.

[4] Math. Papers I. Cambridge: Univ. Press. 1931.

in P auf dem Strahl OJ und in O'_t eine zum Leitstrahl senkrechte Auffangebene, so wird man als Bildpunkt von M_t den Punkt M'_t ansehen, wo der zu $M_t P$ gehörige gebrochene Strahl die Auffangsebene trifft; den Leitstrahl trifft er in dem Bildpunkt P'_t von P. Da über den Abstand des Punktes K_t von J nichts weiter vorausgesetzt ist, als daß er unendlich klein ist, können wir K_t auch auf dem Strahl $M_t P$ annehmen. Die Winkel $O K_t M_t$ und $O'_t K_t M'_t$ sind nun zusammengehörige Änderungen di ferner di' des Einfalls- und Brechungswinkels. Aus dem Brechungsgesetz folgt:

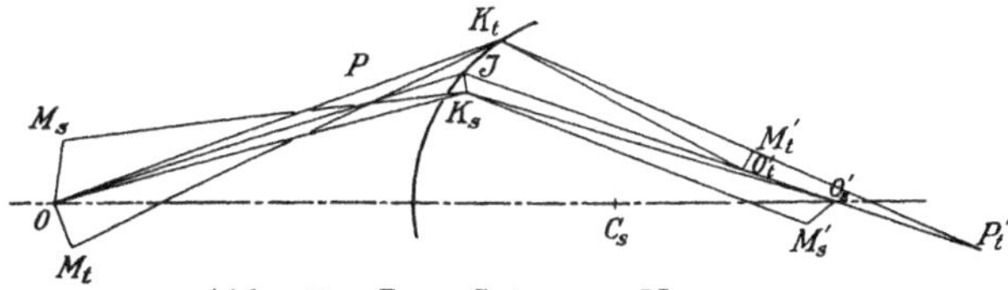

Abb. 12. Zum Satz von HELMHOLTZ.

$$\frac{di'}{di} = \frac{n \cos i}{n' \cos i'} . \tag{7}$$

Bezeichnet man OM_t mit dy_t und OK_t, genähert gleich OJ, mit s, ferner $O'_t M'_t$ mit dy'_t sowie $O'_t K_t$, genähert gleich $O'_t J$, mit s'_t, so gilt nach (7)

$$\frac{s\, dy'_t}{s'_t\, dy_t} = \frac{n \cos i}{n' \cos i'} . \tag{8}$$

Indem man den Bogen JK_t das eine Mal durch du_t, d. h. den Öffnungswinkel JOK_t und s, das andere Mal durch $du'_t = J O'_t K_t$ und s'_t ausdrückt, erhält man weiter die Beziehung

$$\frac{s\, du_t}{\cos i} = \frac{s'_t\, du'_t}{\cos i'} . \tag{9}$$

Aus (8) und (9) ergibt sich der Satz von HELMHOLTZ[1] für die Tangentialebene

$$n'\, dy'_t\, du'_t = n\, dy_t\, du_t . \tag{10}$$

Führt man die Quer- (Lateral-) Vergrößerung $\beta_t = dy'_t : dy_t$ und die Winkelvergrößerung (das Konvergenzverhältnis) $\gamma_t = du'_t : du_t$ ein, so kann man auch schreiben

$$\beta_t \gamma_t = \frac{n}{n'} . \tag{11}$$

Betrachtet man ein zu der Einfallsebene senkrechtes, dünnes ebenes Büschel und ist C_s der Krümmungsmittelpunkt der Fläche in dem Schnitt dieses Büschels, so kann der dem Leitstrahl benachbarte Strahl OK_s in diesem Schnitt durch einen ebensolchen Strahl ersetzt werden, der auf einem Kegel mit $C_s O$ als Achse und JO als Leitlinie liegt; das Entsprechende gilt für $K_s O'_s$; der sagittale Bildpunkt O'_s liegt im Schnittpunkt von JO'_t und OC_s. Nach dem Hilfssatz am Ende von Ziff. 1 gilt für die Winkel der benachbarten Strahlen $M_s K_s O$ und $M'_s K_s O'_s$ mit dem leitenden

$$n\, di_s = n'\, di'_s \qquad \text{oder} \qquad \frac{n\, dy_s}{s} = \frac{n'\, dy'_s}{s'_s} , \tag{12}$$

wo dy_s bzw. dy'_s die Strecke OM_s bzw. $O'_s M'_s$ ist und s bzw. s'_s die Schnittweite OJ bzw. $O'_s J$; ferner ist hier

$$s\, du_s = s'_s\, du'_s , \tag{13}$$

wo du_s und du'_s die Öffnungswinkel JOK_s und $JO'_s K_s$ sind. Es ergibt sich also auch hier die Gleichung (10) für die entsprechenden Größen der sagittalen Abbildung. Für die anschließenden Folgerungen aus dem Satz können die Zeichen s und t fortgelassen werden. Fällt der Strahl OJ senkrecht auf eine Kugelfläche oder den Scheitel einer Umdrehungsfläche, so gilt der Satz für jeden Schnitt durch OJ. Der Satz gilt ohne weiteres für ein vielflächiges System, da $P_k = P'_{k-1}$,

[1] Handbuch der Physiologischen Optik, 1. Aufl. Leipzig: Voss 1867; Vorläufer sind HUYGENS, SMITH, LAGRANGE.

$du_k = du'_{k-1}$, $dy_k = dy'_{k-1}$ ist, wenn bei allen Flächen der eine Hauptkrümmungsschnitt in die Einfallsebene fällt und jede Einfallsebene mit der folgenden den Winkel 0° oder 90° bildet.

9. Die Grundgleichungen der Abbildung. Es seien zu zwei Dingpunkten O_1 und O_2 auf dem Leitstrahl die durch ein solches System zugeordneten Bildpunkte O'_1 und O'_2 gegeben. Dann kann man den Abstand O_1O_2 gleich A durch dy_2 und du_1 ausdrücken, wo du_1 der Öffnungswinkel in O_1 und dy_2 der Abstand der Schenkel von du_1 in O_2 ist. Das Entsprechende gilt für $A' = O'_1O'_2$. Man erhält so

$$\frac{A'}{A} = \frac{dy'_2}{du'_1}\frac{du_1}{dy_2} \tag{14}$$

und mit Hilfe von (10) und (11)

$$\frac{A'}{n'}\frac{n}{A} = \beta_2\beta_1\,. \tag{15}$$

Wenn man nun O auf der Geraden OJ von O_0 aus wandern läßt und einen von O ausgehenden Strahl immer durch einen bestimmten außeraxialen Punkt Q der Blende bei P gehen läßt, so ändert sich die Neigung du dieses Strahls gegen den Leitstrahl von dem Wert du_0 ausgehend. Die entsprechenden Bildstrahlen gehen in erster Näherung durch einen Punkt Q'; den Öffnungswinkeln du entsprechen im Bildraum solche du' und dem Winkel $OQO_0 = du - du_0$ im Bildraum Winkel $du'_k - du'_{0,k}$, die im festen Verhältnis γ_p zu $du - du_0$ stehen. Es ergibt sich also

$$\gamma = \frac{du'_k}{du} = \frac{du'_{0,k} + du'_k - du'_{0,k}}{du_0 + du - du_0} = \frac{du'_{0,k} + \gamma_p(du - du_0)}{du_0 + du - du_0}\,. \tag{16}$$

Der Differentialquotient von γ nach $du - du_0$ ändert sein Vorzeichen mit $du - du_0$ nicht. Es ändert sich also γ und damit auch β mit dem Dingabstand immer in demselben Sinne. Wenn man O über ∞ bis in die Anfangsstellung wandern läßt, hat auch β alle möglichen Werte angenommen; ausgenommen ist nur der Fall, auf den in Ziff. 11 eingegangen wird, wo $du'_{0,k} = \gamma_p du_0$, wo γ für alle Lagen von O einen festen Wert hat. Ausgezeichnete Werte sind $\beta = +1$ und $\beta = -1$. Man bezeichnet nun die zugeordneten, d. h. als Ding- und Bildpunkt zusammengehörigen Punkte H und H' für $\beta = -1$ als negative Hauptpunkte, für $\beta = +1$ als positive Hauptpunkte, diese auch kurzweg als Hauptpunkte. Ist die Vergrößerung in zwei anderen zugeordneten Punkten β und bezeichnet man den Abstand des negativen vom positiven Hauptpunkt im Ding- bzw. Bildraum mit m bzw. m', die Abstände der zugeordneten Punkte mit der Vergrößerung β von denselben Anfangspunkten mit a und a', so ist nach (15)

$$\frac{a'}{n'}\frac{n}{a} = \beta\,; \qquad \frac{a' - m'}{n'}\frac{n}{a - m} = -\beta\,; \qquad \frac{m'}{n'}\frac{n}{m} = -1\,. \tag{17}$$

Daraus folgt

$$\frac{n'}{a'} - \frac{n}{a} = -\frac{2n}{m} = \frac{2n'}{m'}\,. \tag{18}$$

Aus (11) und (17) folgt für die Winkelvergrößerung γ und weiter aus (15) für die Tiefen- (Axial-) Vergrößerung $da' : da = \alpha$, d. h. das Verhältnis kleiner Achsenstrecken in den zugeordneten Punkten,

$$\gamma = \frac{a}{a'}\,; \qquad \alpha = \frac{n}{n'}\frac{a'^2}{a^2}\,, \tag{19}$$

und es gilt weiter

$$\alpha = \frac{n'}{n}\beta^2\,; \qquad \alpha\gamma = \beta\,. \tag{20}$$

Aus Gleichung (18) folgt, daß der zu $a' = \infty$ gehörige Dingpunkt mitten zwischen dem dingseitigen positiven und negativen Hauptpunkt liegt, er wird der dingseitige oder vordere Brennpunkt genannt; ebenso liegt der zu $a = \infty$ gehörige bildseitige oder hintere Brennpunkt mitten zwischen den bildseitigen Hauptpunkten. $-m:2n$ setzen wir $= f$ und bezeichnen diese Größe als die Brennweite. Vielfach wird auch abweichend davon $m:2$ und $m':2$ als vordere und hintere Brennweite eingeführt. Es gilt also

$$\frac{n'}{a'} - \frac{n}{a} = \frac{1}{f}. \tag{21}$$

Diese Gleichung und die erste von (17) sind die Grundgleichungen der Abbildung, mit deren Hilfe Lage und Größe des Bildes eines Gegenstandes gefunden werden können. Der Abstand des ding- bzw. bildseitigen Brennpunktes von dem betreffenden positiven Hauptpunkt ist also $-nf$ bzw. $n'f$. Den Kehrwert φ der Brennweite nennt man die Stärke, sie wird in Dioptrien gemessen, deren Einheit die Linse von einem Meter Brennweite darstellt. Statt auf die Hauptpunkte können die Grundgleichungen der Abbildung auch auf beliebige andere zugeordnete Punkte bezogen werden, wobei jedoch die Vergrößerung in diesen Bezugspunkten, den Grundpunkten, bekannt sein muß. Bezeichnet man die Abstände der neuen Grundpunkte mit a_p und a'_p, die Abstände des Ding- und Bildpunkts von diesen neuen Grundpunkten mit a^* und a'^*, die Vergrößerung in den neuen Grundpunkten mit β_p, so ergibt sich aus der ersten Formel (17), da $a^* = a - a_p$ und $a'^* = a' - a'_p$ ist,

$$\beta = \frac{n}{a^*} \frac{a'^*}{n'} \frac{1}{\beta_p}. \tag{22}$$

Es ergibt sich weiter aus

$$1 - \beta = \frac{a'}{n'f}; \qquad 1 - \beta_p = \frac{a'_p}{n'f}; \qquad \beta_p - \beta = \frac{a'^*}{n'f} \tag{23}$$

im Verein mit (22) nach Umformung

$$\frac{n'\beta_p^2}{a'^*} - \frac{n}{a^*} = \frac{\beta_p}{f}. \tag{24}$$

Vielfach werden die Grundgleichungen, bezogen auf die Brennpunkte, benutzt, die nur ausgezeichnete, aber nicht zugeordnete Punkte sind. Sind die Abstände gerechnet von den Brennpunkten $\mathfrak{x}$ und $\mathfrak{x}'$ und ersetzt man a durch $\mathfrak{x} - nf$ und a' durch $\mathfrak{x}' + n'f$, so erhält man

$$\mathfrak{x}\mathfrak{x}' = -n n' f^2, \tag{25}$$

$$\beta = -\frac{\mathfrak{x}'}{n'f} = \frac{nf}{\mathfrak{x}}; \qquad \gamma = -\frac{nf}{\mathfrak{x}'} = \frac{\mathfrak{x}}{n'f}. \tag{26}$$

Um die Brennweiten für die Kugelfläche bei endlichem Einfallswinkel des Leitstrahls durch Radius r und Brechzahlen auszudrücken, benutzen wir den S. 89 erwähnten Fall der aplanatischen Brechung. Da im Einfallspunkt Ding- und Bildpunkt zusammenfallen, müssen die Gleichungen (22) und (24) auch für die Abstände eines aplanatischen Punktepaars von diesem Einfallspunkt gelten. Im Einfallspunkt ist offenbar für den sagittalen Schnitt $\beta_p = 1$, für den tangentialen $\beta_p =$ dem Verhältnis der Querschnitte eines Parallelstrahlenbüschels vor und nach der Brechung $\cos i' : \cos i$; ferner sind die Schnittweiten $p = r(\sin i + i') : \sin i'$ und $p' = r \sin(i + i') : \sin i$. Setzt man diese Schnittweiten und β_p in (24) ein, so erhält man

$$\frac{1}{f_s} = \frac{n'\cos i' - n\cos i}{r}; \qquad \frac{1}{f_t} = \frac{n'\cos i' - n\cos i}{r\cos i\cos i'}. \tag{27}$$

Mit Benutzung dieser Brennweiten erhält man nun für beliebige auf den Einfallspunkt bezogene Schnittweiten s, s' und t, t'

$$\frac{n'}{s'} - \frac{n}{s} = \frac{n'\cos i' - n\cos i}{r}; \qquad \frac{n'\cos^2 i'}{t'} - \frac{n\cos^2 i}{t} = \frac{n'\cos i' - n\cos i}{r}. \tag{28}$$

Bei der brechenden Kugelfläche gilt für die auf den Scheitel bezogenen Schnittweiten s und s' des achsennahen Raumes ($i = 0$)

$$\frac{n'}{s} - \frac{n}{s} = \frac{n' - n}{r} \tag{29}$$

und für die auf den Kugelmittelpunkt bezogenen $c = s - r$ und $c' = s' - r$

$$\frac{1}{n'c'} - \frac{1}{nc} = -\frac{1}{r}\left(\frac{1}{n'} - \frac{1}{n}\right). \tag{30}$$

Die Abbildungsgleichungen gelten beim ausgerichteten System von Umdrehungsflächen strenggenommen nur für kleine Neigungswinkel der Strahlen, d. h. für den fadenförmigen Raum um die Achse; bei einem Leitstrahl, der geneigt zur Achse im Hauptschnitt verläuft, gelten sie nur je in den beiden Hauptkrümmungsschnitten für einen schmalen Bereich um den Leitstrahl. Wo nichts anderes bemerkt ist, beschränken wir uns im folgenden auf den ersten Fall der achsennahen Strahlen. Obwohl die Strahlen nur kleine Neigungen haben, kann man ihren Gang geometrisch veranschaulichen, indem man die Abmessungen quer zur Achse so stark überhöht darstellt, daß sie endliche Werte annehmen; die Abbildungsgleichungen bleiben so gültig. In dieser Darstellung werden die von einem Dingpunkt ausgehenden Strahlen streng in einem Bildpunkt vereinigt. Achsensenkrechte Ebenen entsprechen hier wieder achsensenkrechten Ebenen; in der Tat findet auch für die Punkte außer der Achse eine genäherte Abbildung statt, da sich die Gleichungen für die Bildgröße als unabhängig von der Lage des Kreuzungspunktes der Hauptstrahlen ergeben haben. Die achsensenkrechten Ebenen in den ausgezeichneten Punkten bezeichnet man entsprechend diesen Punkten, z. B. die in den Brennpunkten als Brennebenen, die in den Hauptpunkten als Hauptebenen. Als positive bzw. negative Knotenpunkte bezeichnet man die zugeordneten Punkte, für die der durchgehende Dingstrahl die gleiche Neigung gegen die Achse hat wie der zugehörige Bildstrahl, d. h. in denen die Winkelvergrößerung $= 1$ bzw. -1 ist, also $\beta = n : n'$ bzw. $-n : n'$ ist. Durch Anwendung von (17) und (21) ergibt sich, daß für die positiven Knotenpunkte $a'_k = a_k = f(n' - n)$ ist. Wenn nichts anderes bemerkt, sind im folgenden immer die positiven Haupt- und Knotenpunkte gemeint. Bei der einfachen brechenden Fläche fallen je die Hauptpunkte H und H' und die Knotenpunkte K und K' zusammen, und zwar die Hauptpunkte in dem Flächenscheitel, die Knotenpunkte in dem Krümmungsmittelpunkt, es ist also $f = r : (n' - n)$, und der Abstand des bild- bzw. dingseitigen Brennpunktes ist $n'r : (n' - n)$ bzw. $-nr : (n' - n)$. Als Beispiel diene noch das Auge in Akkommodationsruhe; seine Brennweite ist 17,06 mm; die Abstände der ausgezeichneten Punkte von dem Scheitel S der Hornhaut sind $SH = 1{,}35$; $SH' = 1{,}60$; $SF = -15{,}71$; $SF' = 24{,}39$; $SK = 7{,}08$; $SK' = 7{,}33$. Dieser Fall wie der einer einfachen sammelnden Fläche entsprechen einem positiven f, bei negativem f kehrt sich die Lage der ausgezeichneten Punkte zueinander um. Für $n = n'$ ist $a'_k = a_k = 0$, jeder Knotenpunkt fällt mit dem betreffenden Hauptpunkt zusammen, und $HF = H'F'$. Abb. 13 zeigt, wie man Bildlage und Größe bei gegebenen Haupt- und Brennebenen auf Grund von deren Bedeutung durch Zeichnen ermitteln kann. Die Strahlen durch den vorderen Brennpunkt F verlaufen im Bildraum parallel zur Achse FF' in einem Abstand $H'M' = HM$. Zu dem Dingstrahl O_1O_2 parallel der Achse ist der Bildstrahl durch den Brennpunkt F' und durch den Punkt N' festgelegt, wo $N'H' = NH$ ist. Da die Hauptpunkte hier zugleich Knotenpunkte sind, kann man zur Nachprüfung zu den Strahlen O_1H und O_2H noch die parallelen $H'O'_1$ und $H'O'_2$ ziehen.

Die Brennweite wird meist anders definiert, als wie es sich hier bei der Ableitung der Abbildungsgesetze ergab. Diese Definitionen, die für die Messung der Brennweite Bedeutung haben, sollen nun aus den Formeln (26) für β und γ abgeleitet werden. Läßt man nämlich in dem Ausdruck für β den Abstand $\mathfrak{x}$ bzw. $\mathfrak{x}'$ unendlich groß werden und beachtet, daß $\beta = y' : y$ ist, so kann man die kleine Neigung des parallelen Strahlenbündels $w = -y : \mathfrak{x}$ und $w' = -y' : \mathfrak{x}'$ setzen, und es ergibt sich so

$$f = -\frac{y'}{n w} = \frac{y}{n' w'} . \qquad (31)$$

Führt man in denselben Grenzfällen in dem Ausdruck für γ die Einfallshöhe eines zur Achse parallelen Strahles $h = \mathfrak{x} u$ bzw. $h' = \mathfrak{x}' u'$ ein und beachtet, daß $\gamma = u' : u$ ist, so ergibt sich

$$f = \frac{h}{n' u'} = \frac{h'}{n u} . \qquad (32)$$

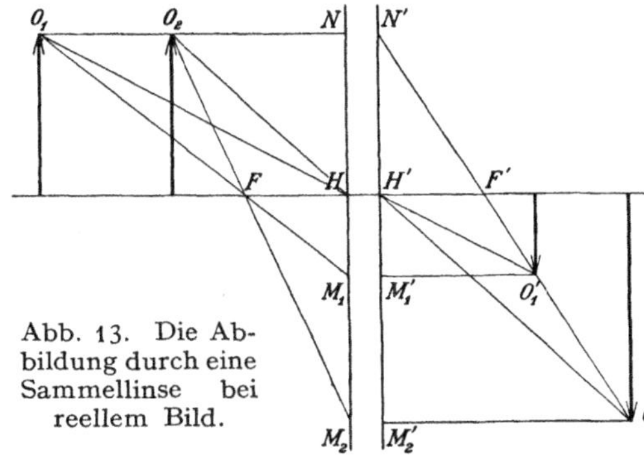

Abb. 13. Die Abbildung durch eine Sammellinse bei reellem Bild.

Für $n = n' = 1$ ist also die Brennweite nach der ersten Formel gleich dem Verhältnis der Bildgröße in der hinteren Brennebene zur Winkelgröße des Gegenstandes in unendlicher Entfernung bzw. gleich der Dinggröße in der vorderen Brennebene zur Winkelgröße des zugehörigen Bildes. Nach der zweiten Formel ist die Brennweite gleich dem Verhältnis der Einfallshöhe eines parallel zur Achse einfallenden Strahles zur Neigung des zugehörigen Bildstrahls bzw. gleich der Austrittshöhe eines parallel zur Achse im Bildraum verlaufenden Strahles zur Neigung des zugehörigen Bildstrahls; hiernach bezeichnet man ein System mit positiver Brennweite als sammelnd, mit negativer als zerstreuend.

10. Sonderfälle von abbildenden Systemen. Für die weitere Untersuchung beschränken wir uns auf Systeme, in denen das erste und letzte Mittel Luft ist, also $n_1 = n_k' = 1$. Es verschwinden nun n und n' aus den oben gegebenen Formeln, die Haupt- und Knotenpunkte fallen zusammen. Für die Zusammensetzung eines Systems aus zwei Teilsystemen mit beliebig vielen Flächen mit den Brennweiten f_1 und f_2, wenn das erste und letzte Mittel die Brechzahl 1 hat, sei der Abstand des dingseitigen Hauptpunktes des zweiten Systems vom bildseitigen des ersten $= A$, die Brechzahl des Mittels zwischen den Teilsystemen n, dann ist das Verhältnis der Einfallshöhe eines parallel zur Achse in das erste System eintretenden Strahles in der bildseitigen Hauptebene dieses Systems zu der Einfallshöhe h_2 in der dingseitigen Hauptebene des zweiten Systems $h_1 : h_2 = a_1' : a_2 = 1 : (1 - A : n f_1)$. Der Abstand a_F' des Brennpunktes des ganzen Systems von dem bildseitigen Hauptpunkt des zweiten Systems ist nach (21)

$$\frac{1}{a_F'} = \frac{h_1}{h_2} \frac{1}{f_1} + \frac{1}{f_2} . \qquad (33)$$

Für die Brennweite des gesamten Systems f gilt

$$f = \frac{h_1}{h_2} a_F' = \frac{f_1 f_2}{f_1 + f_2 - \frac{A}{n}} . \qquad (34)$$

Der Abstand des vorderen Brennpunktes vom dingseitigen Hauptpunkt des ersten Teilsystems ergibt sich entsprechend aus dem umgekehrten Strahlengang. Für die dicke Linse in Luft mit den Radien r_1 und r_2 (r ist positiv, wenn die Kugelfläche dem einfallenden Licht die erhabene Seite zukehrt), deren Kehrwerte, die Krümmungen, mit ϱ_1 und ϱ_2 bezeichnet werden sollen, der Dicke d und der Brechzahl n ergibt sich daraus für die Stärke

$$\varphi = (n-1)(\varrho_1 - \varrho_2) + \frac{(n-1)^2}{n} d\varrho_1\varrho_2. \tag{35}$$

Führt man die Abkürzung $R = n(r_2 - r_1) + (n-1)d$ ein, so ergibt sich für die Brennweite f, den Abstand s_F des vorderen Brennpunkts von der Vorderfläche und den Abstand s'_F des hinteren von der Hinterfläche

$$f = \frac{n r_1 r_2}{(n-1)R}; \qquad s_F = -\frac{r_1(n r_1 + R)}{(n-1)R}; \qquad s'_F = \frac{r_2(n r_2 - R)}{(n-1)R}. \tag{36}$$

Für die Hauptpunktsabstände s_H und s'_H von den Linsenscheiteln gilt

$$s_H = -\frac{r_1 d}{R}; \qquad s'_H = -\frac{r_2 d}{R}. \tag{37}$$

Für den Abstand der Hauptpunkte i voneinander gilt, wenn d klein gegen $r_2 - r_1$ ist, $i = (n-1)d:n$, für die dünne Linse gilt $(d = 0)$

$$\varphi = (n-1)(\varrho_1 - \varrho_2). \tag{38}$$

Für eine Folge von dünnen, sich berührenden Linsen gilt für die Gesamtstärke $\Phi = \sum_1^k \varphi_\nu$. Bei der dünnen Linse wie beim dünnen Linsensystem fallen die Hauptpunkte zusammen und in den gemeinsamen Linsenscheitel. Der Abstand des Brennpunktes davon ist gleich der Brennweite. Für zwei dünne Linsen im Abstand A gilt

$$\Phi = \varphi_1 + \varphi_2 - A\varphi_1\varphi_2. \tag{39}$$

Für den Kugelspiegel ist $f = -r:2$, d. h. der Brennpunkt liegt mitten zwischen Scheitel und Krümmungsmittelpunkt; der Hohlspiegel wirkt also wie eine Sammellinse, der erhabene Spiegel wie eine Zerstreuungslinse, wenn man nur beachtet, daß im Ding- wie im Bildraum das Vorzeichen von Strecken auf der Achse jeweils in der Lichtrichtung positiv ist, die aber für Ding und Bild verschieden ist. Abb. 14 zeigt, wie für einen Hohlspiegel S mit dem Kugelmittelpunkt M und dem Brennpunkt $F = F'$ zu einem Ding Pp das Bild $P'p'$ gefunden wird, indem man die Eigenschaften von Brennpunkt und Kugelmittelpunkt benutzt.

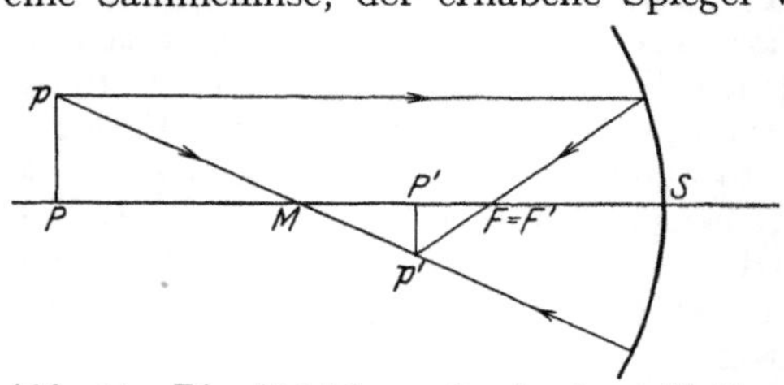

Abb. 14. Die Abbildung durch einen Hohlspiegel bei reellem Bild.

Auch die Zusammensetzung der Abbildung von spiegelnden Flächen unter sich wie mit brechenden Flächen erfolgt nach den obigen Formeln; wie bei ebenen Spiegeln ist aber das Bild einer ungeraden Anzahl von Spiegelungen spiegelverkehrt.

Wenn nun der Dingpunkt im Sinne der Lichtrichtung auf der Achse wandert, so ändern sich Bildlage und Bildgröße. Das Bild wandert dabei in der gleichen Richtung; bei positiver Brennweite nimmt die Vergrößerung fortwährend ab, bei negativer zu. Wandert bei positiver Brennweite der Gegenstand auf der Achse von ∞ über den vorderen negativen Hauptpunkt, den vorderen Brennpunkt, den vorderen Hauptpunkt bis ∞, so wandert das Bild vom hinteren Brennpunkt über den hinteren negativen Hauptpunkt, ∞, den hinteren Hauptpunkt bis zum hinteren Brennpunkt, die Vergrößerung geht dabei von 0 über -1, ∞, $+1$ zu 0. Bei negativer Brennweite entsprechen denselben Vergrößerungen entgegengesetzte Vorzeichen für Bild- und Dinglage. Negative Vorzeichen von β bedeuten umgekehrtes Bild. Bei einem dünnen Linsensystem werden also bei Umkehrung des Vorzeichens der Brennweite reelle Ding- und Bildpunkte virtuell und umgekehrt. Die Winkelvergrößerung ist immer der Kehrwert der Quervergrößerung. Die Vergrößerung eines kleinen Stückes der Achse, das Verhältnis der Schnelligkeit des Wanderns von Bild und Ding, ist nach (20) das Quadrat der Quervergrößerung. Abb. 13 und 15 zeigen bei der Sammellinse für einige Dinglagen, wie man mit

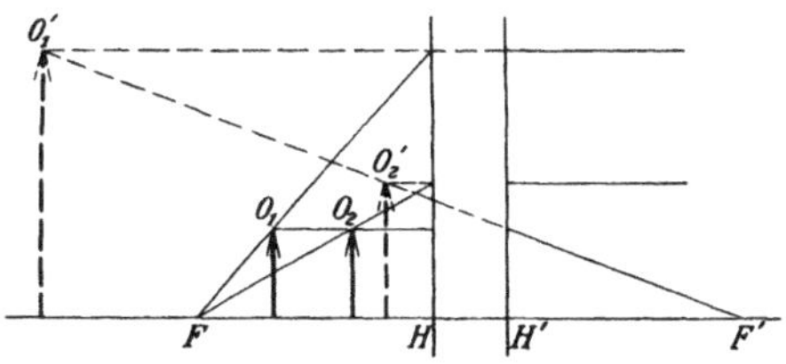

Abb. 15. Die Abbildung durch eine Sammellinse bei virtuellem Bild.

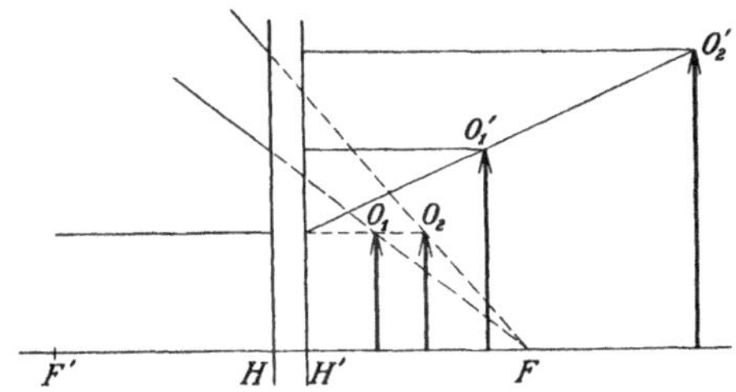

Abb. 16. Die Abbildung durch eine Zerstreuungslinse bei reellem Bild.

Hilfe der ausgezeichneten Punkte Bildlage und -größe konstruiert; Abb. 16 gilt für die Zerstreuungslinse, bei der F und F' umgekehrt liegen.

11. Das teleskopische System. Wenn bei der Zusammensetzung eines Systems aus zwei Teilen der hintere Brennpunkt des ersten Teils mit dem vorderen des zweiten zusammenfällt, so wird die Gesamtbrennweite unendlich. Parallel einfallende Strahlen, auch wenn sie zur Achse geneigt sind, haben ihren Vereinigungspunkt in der gemeinsamen Brennebene F der Teilsysteme (Abb. 17). Sie treten daher auch parallel aus. Es ist dies der Fall des Fernrohrs, wenn Ding und Bild im Unendlichen liegen. Daraus, daß ein Strahl, der zur Achse parallel ist, wieder parallel austritt, ergibt sich, daß die Quervergrößerung einen festen, von der Dinglage unabhängigen Wert hat; dann sind aber auch Winkel- und Tiefenvergrößerung konstant. Daß die Winkelvergrößerung unabhängig von der Lage der zugeordneten Punkte ist, folgt auch daraus, daß ein schräg einfallendes paralleles Strahlenbündel, dessen Strahlen die Achse in den Dingpunkten schneiden, wieder als solches austritt. Man bezeichnet ein solches System mit fester Vergrößerung auch als t e l e s k o p i s c h, a f o k a l. Wenn man berücksichtigt, daß für die gemeinsame Brennebene die Neigung eines Strahls $u_2 = u_1'$ und die Durchtrittshöhe $y_2 = y_1'$ ist, wobei die Zeichen 1 und 2 sich auf das erste und zweite Teilsystem beziehen, so folgt aus den Gleichungen (31) und (32) für die festen Werte B und Γ der Quer- und Winkelvergrößerung

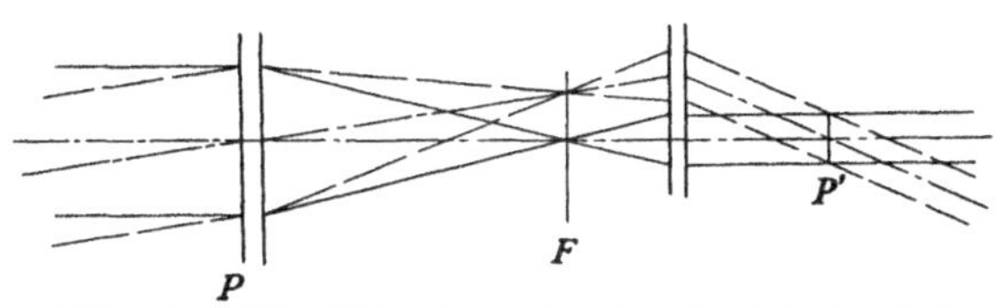

Abb. 17. Die Abbildung durch ein teleskopisches System.

$$\mathsf{B} = -f_2 : f_1 ; \qquad \Gamma = -f_1 : f_2 . \tag{40}$$

Die Lage des Bildpunktes findet man mit Hilfe der Tiefenvergrößerung B^2, die hier auch für endliche Strecken denselben Wert wie für kleine hat, indem man den Abstand des Ding- bzw. Bildpunktes von der Ding- bzw. Bildebene eines zugeordneten Paares von Ebenen rechnet, z. B. von der vorderen Hauptebene des ersten Teilsystems bzw. ihrem Bild durch das ganze System, in Abb. 17 mit

P und P' bezeichnet. Hierher gehört auch der Fall der GAUSSischen Abbildung durch eine planparallele Platte von der Dicke d. Da senkrecht zur Platte eintretende Strahlen ungebrochen bleiben, ist $B = 1$ und daher auch $\Gamma = 1$; Bild und Gegenstand sind daher kongruent. Zugeordnete Punkte sind aber um ein festes Stück in Richtung der Senkrechten zur Platte verschoben. Wie man aus Abb. 4 für einen Punkt in der Eintrittsebene folgert, ist der Abstand des Bildpunktes von der Austrittsebene $d:n$, die Verschiebung $(n - 1)d:n$ in der Lichtrichtung, wenn u klein angenommen wird. Es ist, als ob statt der Glasplatte eine Luftplatte mit der Dicke $d:n$ durchlaufen wäre. Man spricht daher von dem auf Luft umgerechneten Glasweg; rechnet man für die Glasplatte mit diesem Weg, so wird der Abstand des Vereinigungspunktes der Strahlen von einem Bezugspunkte durch das Einschalten der Platte nicht geändert. Da das Bild dem Auge so genähert ist, erscheint es unter größerem Sehwinkel, d. h. vergrößert, wenn nicht seine Entfernung groß gegen die Plattendicke ist. Auch Systeme von brechenden Prismen sind teleskopische Systeme; für die Abbildung gelten die obigen allgemeinen, nicht auf die Achse beschränkten Abbildungsgleichungen im Hauptschnitt und im dazu senkrechten Schnitte, insbesondere gelten die Beziehungen zwischen den verschiedenen Vergrößerungen. Im Falle des Minimums der Ablenkung ist β im und senkrecht zum Hauptschnitt gleich, mithin auch die Tiefenvergrößerung; der vorhandene Astigmatismus ist also nur durch die verschiedene Lage der Grundebenen für die beiden Schnitte bedingt, ist also von der Dinglage unabhängig, wie schon in Ziff. 4 erwähnt. Diese Unabhängigkeit gilt auch für den Astigmatismus bei schiefem Durchgang durch die Planplatte.

12. SEIDELS Theorie der Bildfehler. Wenn von einem Dingpunkt ein Strahlenbündel endlicher Öffnung ausgeht, so werden die Strahlen nach dem Durchtritt durch das System nicht wieder genau in einem Punkt vereinigt, man erhält vielmehr auf dem Auffangschirm eine Zerstreuungsfigur, die nun näher untersucht werden soll. Zu dem Zweck kann man eine genügende Anzahl passend ausgewählter Strahlen trigonometrisch durchrechnen und die Durchtrittsstellen in einer zur Achse oder zum Leitstrahl senkrechten Ebene in der Nähe der engsten Einschnürung des Bündels auf der Bildseite bestimmen. Es genügt die Untersuchung der Abbildung einer beliebigen achsensenkrechten Ebene. Wir wählen zunächst als Auffangebene die GAUSSische Bildebene, d. h. die achsensenkrechte Ebene in dem GAUSSischen Achsenbildpunkt. Der Punkt O in der Dingebene (Abb. 18), von dem die Strahlen ausgehen, sei durch den Abstand y von der Achse gegeben; die durch diesen Punkt und die Achse gelegte Ebene werde als Hauptschnitt bezeichnet. Um einen Strahl festzulegen, wird als zweiter Punkt Q auf ihm der Durchstoßungspunkt mit der Ebene der Eintrittspupille gewählt, die die Öffnung der von der Dingebene ausgehenden Strahlenbündel begrenzt und deren Mitte der Kreuzungspunkt der Hauptstrahlen ist (Ziff. 24). Der Abstand des Punktes Q vom Hauptschnitt sei h_s, und der Abstand seiner Projektion in diesen Schnitt von der Achse sei h_t; h_s und h_t sind die Komponenten des Abstandes des Punktes Q von der Achse. Die entsprechenden Komponenten des Abstandes des Durchstoßungspunktes auf dem Auffangschirm, gerechnet von dem zu O gehörigen, durch den Hauptstrahl bestimmten Bildpunkt O' in der Auffangebene, seien δ_s und δ_t. Man kann nun auf Grund der Durchrechnung δ_s und δ_t als Funktionen von y, h_t und h_s darstellen oder auch als Funktionen dieser Größen dividiert durch den Abstand der Dingebene von der Eintritts-

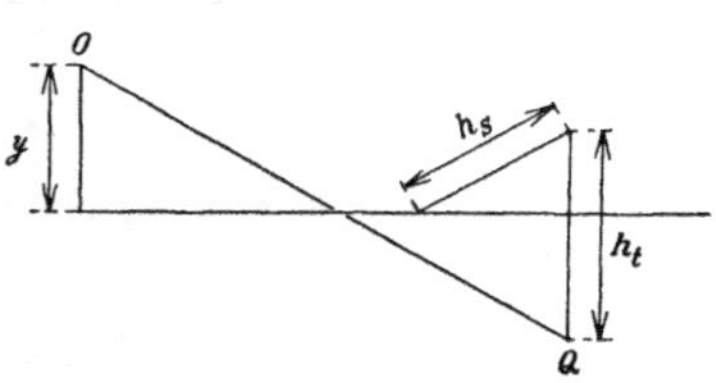

Abb. 18. Zu SEIDELS Theorie.

pupille, der Hauptstrahlneigung w und der Komponenten u_t und u_s des Öffnungswinkels; es können ferner statt der Größen für den Dingraum die entsprechenden in dem Bildraum gewählt werden. Entwickelt man nun diese Funktionen nach Potenzen der Veränderlichen, so können wegen der Achsensymmetrie die Veränderlichen allein oder ihre Produkte, wenn man hier die Potenzzahlen der Faktoren addiert, nur in ungeraden Potenzen vorkommen. Durch die Wahl der GAUSSischen Bildebene sind die der ersten Potenz entsprechenden weggefallen. In erster Näherung sind also die Größen δ_s und δ_t Funktionen, in denen die Veränderlichen zusammen oder einzeln in der dritten Potenz vorkommen, und zwar ergibt die Ableitung nach SEIDEL[1]

$$\delta_s = A\,(u_t^2 + u_s^2)\,u_t + B\,(3\,u_t^2 + u_s^2)\,w + C\,u_t w^2 + E\,w^3\,, \tag{41}$$

$$\delta_t = A\,(u_t^2 + u_s^2)\,u_s + 2B\,u_t u_s w + D\,u_s w^2\,. \tag{42}$$

Als Beispiel mögen hier die Werte von δ_s und δ_t für das Königsberger Heliometerobjektiv von FRAUNHOFER mit herangezogen werden, dessen Durchmesser 158 und dessen Brennweite 2553 mm beträgt. Es ist von STEINHEIL[2] sowohl für einen Dingpunkt in der Achse wie für einen solchen in 48′ Winkelabstand davon durchrechnet worden. Es wurden in drei Zonen mit einem Drittel, zwei Drittel und vollem Durchmesser des Objektivs je acht Strahlen in gleichen Abständen, von denen zwei im Hauptschnitt lagen, durchgerechnet, und zwar sowohl für das Objektiv mit den vorhandenen kleinen Resten von sphärischer Abweichung und Koma als auch nach Beseitigung dieser durch kleine Radienänderung. Die Ergebnisse der Rechnungen STEINHEILS für den ersten Fall werden mit guter Annäherung durch den Ansatz nach (41) und (42) dargestellt, wenn man $A = -56$, $B = +264$, $C = -1872$ und $D = -759$ setzt; u_t, u_s und w gelten für den Bildraum und sind in Bogenmaß zu nehmen, w außerdem positiv. Für das ursprüngliche Objektiv sind die Radien, Dicken und Brechzahlen in Ziff. 39 aufgeführt, die von STEINHEIL gefundenen Abweichungen in Abb. 25 dargestellt.

13. Die Verzeichnung. Für die Kennzeichnung der Art der Zerstreuungsfigur und insbesondere für ihre Verkleinerung bei der Berechnung eines optischen Systems ist es nun zweckmäßig, die einzelnen Glieder des obigen Ausdrucks als verschiedene Bildfehler zu deuten. Dabei ist das, was den Bildfehler kennzeichnet und bei den Gliedern mit A, B, C, D die Art der Strahlenvereinigung bestimmt, allein dadurch gegeben, welche Potenzen von u_s, u_t, w vorkommen. Die Konstanten A, B, C, D, E betreffen nur die Größe des Bildfehlers; wie sie aus den gegebenen Daten des Systems zu berechnen sind, wird hier nicht erörtert. Untersuchen wir zunächst die Zerstreuungsfigur außer der Achse, so bedeutet das Glied mit w^3 eine Abweichung des Durchstoßungspunktes des Hauptstrahls von dem GAUSSischen Bildpunkt außer der Achse. Es ist der Fehler der Verzeichnung, der schon in Ziff. 4 behandelt wurde. Meist gibt man die Verzeichnung in Prozenten der Größe des Bildes an, sie ist dann w^2 proportional. Infolge der Verzeichnung werden Gerade in der Dingebene, die nicht durch die Achse gehen, als gekrümmte Linien wiedergegeben. Zu einer Dinggeraden im Abstand y von der Achse gehört statt einer Bildgeraden im Abstand $y' = \beta y$ von der Achse eine gekrümmte Linie im Abstand $y' + dy'$, deren Krümmungsradius genähert $= y'^2 : 2dy'$ ist. Man unterscheidet kissen- und tonnenförmige Verzeichnung, je nachdem die gekrümmten Linien ihre erhabene oder hohle Seite

---

[1] Astr Nachr 43, S. 289 (1856); von neueren Darstellungen seien nur erwähnt: KERBER, Beiträge zur Dioptrik, Heft 2. Leipzig: Fock 1896 (auch in v. ROHR, Die Bilderzeugung in optischen Instrumenten. Berlin: Julius Springer 1904); Z f Instrk 41, S. 289 (1921); SCHWARZSCHILD, Gött Abh NF 4, Nr. 1 (1905); RAYLEIGH, Phil Mag 15, S. 677 (1908).

[2] Münch Ak Ber 19, S. 413 (1889).

der Achse zukehren. Für die Verzeichnungsfreiheit (Orthoskopie) gilt als Bedingung

$$\frac{y'}{y} = \frac{\xi' + \Delta_p' \operatorname{tg} w'}{\xi + \Delta_p \operatorname{tg} w} = \beta\,, \tag{43}$$

wo ξ der Abstand der Dingebene vom Kreuzungspunkt P der Hauptstrahlen im Dingraum und ξ' der Abstand der Bildebene (achsensenkrechten Auffangebene nach Ziff. 24) vom Kreuzungspunkt P' der Hauptstrahlen im Bildraum, Δ_p bzw. Δ_p' die sphärische Längsabweichung von P bzw. P' für die Hauptstrahlneigung w bzw. w' im Ding- bzw. Bildraum ist[1]. Nur in diesem Fall werden Gerade in der Dingebene als Gerade wiedergegeben. Die Verzeichnung ist bei dem Heliometerobjektiv Null; ist nämlich bei einem Objektiv die Dicke gering gegen die Brennweite und kreuzen sich die Hauptstrahlen im Objektiv, so heben sich die Brechungen beim Ein- und Austritt für jede Linse nahezu auf, und bei mäßiger Größe von w tritt daher keine Verzeichnung auf; die Bildgröße in der Brennebene ist $y' = f \operatorname{tg} w$. Über die Verzeichnung durch eine Planplatte siehe LUDENDORFF und ZAAR[2].

14. Bildkrümmung und Astigmatismus. Die weiteren Fehler sind von u_s und u_t abhängig, sie betreffen daher die Strahlenvereinigung, die Schärfe des

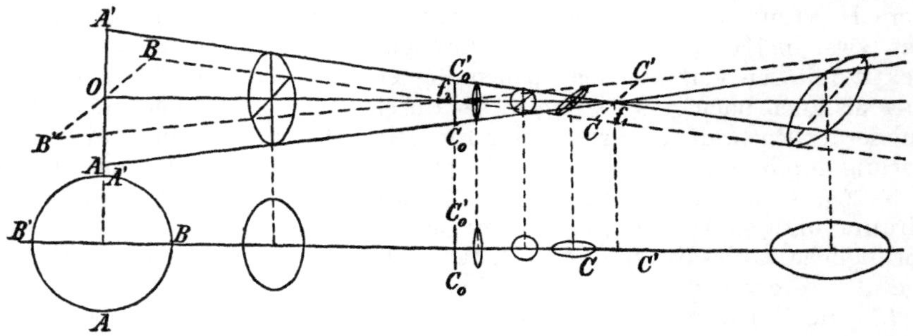

Abb. 19. Ein mit Astigmatismus behaftetes Bündel.

Bildes. Wir nehmen zunächst an, daß das Bündel so eng ist, daß nur die Glieder mit u_t und u_s zu berücksichtigen sind. Es mögen nun für Kreise in der Öffnung, deren Mitten in der Achse liegen, kurz für Zonen der Öffnung, die entsprechenden Kurven in der Zerstreuungsfigur untersucht werden. Statt der Kreise in der Öffnung kann man auch Quadrate wählen, deren Seiten gleichen Werten von u_t und u_s entsprechen. Im allgemeinen entsprechen den Kreisen hier elliptische Abweichungskurven, den Quadraten Rechtecke. Alle dem Hauptschnitt parallele ebene Büschel haben dieselbe Seitenabweichung und damit auch dieselbe Längsabweichung $\delta_t : u_t'$ ihres Schnittpunktes. Diese Schnittpunkte bilden so eine kurze, achsensenkrechte Gerade, die tangentiale Brennlinie f_2 in Abb. 19; das Entsprechende gilt für die zum Hauptschnitt senkrechten ebenen Büschel, sie bestimmen eine sagittale Brennlinie f_1, die aber an anderer Stelle des Hauptstrahls liegt wie die tangentiale. Die Lage dieser beiden Brennlinien kann mit Hilfe von Formel (28) gefunden werden. Da hier die Strahlen eines Bündels auch bei enger Öffnung nicht mehr in einem Bildpunkt vereinigt werden, nennt man das Bündel astigmatisch (Ziff. 4); der Abstand $f_1 f_2$ der Brennlinien, die Brennstrecke, dient als Maß des Astigmatismus. Abb. 19 zeigt, wie sich bei Verschiebung

[1] v. ROHR, Z f Instrk 17, S. 271 (1897); 18, S. 4 (1898).

[2] LUDENDORFF, A N 166, S. 162 (1904); ZAAR, Phot Korr 56, S. 301 (1919); Arch f Photogrammetrie 6, S. 182 (1919/23).

der Auffangebene in der Achsenrichtung der Querschnitt eines astigmatischen Bündels bei kreisförmiger Öffnung ändert; in der Mitte der Brennstrecke ist die Zerstreuungsfigur ein Kreis. Diese Erscheinung bei Änderung der Einstellung zeigt auch das Heliometerobjektiv nach Hebung der Restfehler. Man kann die Erscheinung bei einem größeren Fernrohr an dem Sternbild nicht zu weit außer der Achse bei monochromatischem Licht gut beobachten (s. auch Ziff. 32). Da der Abstand der Brennlinien von der GAUSSischen Bildebene mit w^2 wächst, liegen innerhalb der hier geltenden Näherung die tangentialen bzw. sagittalen Brennlinien je auf einer die GAUSSische Bildebene in der Achse berührenden Kugel mit einer C bzw. D proportionalen Krümmung (Kehrwert des Radius) ϱ_t bzw. ϱ_s. Handelt es sich um die Abbildung eines durch die Achse gehenden geraden Durchmessers in einer achsensenkrechten Ebene, so liegen die sagittalen Brennlinien sich überdeckend in einem Durchmesser als scharfes Bild; die Gesamtheit solcher Durchmesser wird so auf der sagittalen Bildkugel scharf abgebildet. Handelt es sich dagegen um die Abbildung von zur Achse konzentrischen Kreisen in dieser Dingebene, so sind die Bilder wieder zur Achse konzentrische, scharfe Kreise, deren Gesamtheit auf der tangentialen Bildkugel liegt. Diese Linien nennt man abbildbare Linien. Zu anderen Linien gibt es überhaupt kein scharfes Bild. Den Unterschied der beiden Bildkrümmungen $\varrho_t - \varrho_s$ bezeichnet man als den Astigmatismus schiefer Bündel des Systems; spricht man von dem Astigmatismus für eine bestimmte Hauptstrahlneigung oder von dem eines Bündels, so ist der Abstand der Brennlinien gemeint; das Fremdwort drückt aus, daß die Strahlen nicht in einem Punkt zusammenlaufen. Den Mittelwert von ϱ_t und ϱ_s nennt man die Bildfeldkrümmung im übertragenen Sinne. Ist $\varrho_t - \varrho_s = 0$, so nennt man das System für das vorliegende Feld punktuell abbildend oder astigmatisch korrigiert; ist $\varrho_t + \varrho_s = 0$, so nennt man es auf Bildfeldebnung im übertragenen Sinne korrigiert; ist $\varrho_t = \varrho_s = 0$, so besitzt das System Ebnung des punktuellen Feldes oder anastigmatische Bildfeldebnung, es ist anastigmatisch.

15. Die Koma. Die Glieder mit dem Faktor B werden als die Koma bezeichnet, der Name gründet sich auf die schweifartige Unsymmetrie der Zerstreuungsfigur. Bei kleiner Hauptstrahlenneigung und -öffnung, wie es hier der Fall ist, haben die drei Glieder den gleichen Faktor, bei endlicher Hauptstrahlenneigung und kleiner Öffnung haben nur die Glieder mit u_s^2 und $u_s u_t$ den gleichen Faktor. In Abb. 20a ist für das halbe Objektiv mit quadratischer Öffnung und mit Hälftungslinie im Hauptschnitt die Zerstreuungsfigur in der GAUSSischen Bildebene für einen nur mit Koma behafteten Bildpunkt dargestellt; den ausgezogenen bzw. gestrichelten Geraden in der Öffnung entsprechen die gleichbezeichneten Linien in der Zerstreuungsfigur. Der Kürze des Ausdrucks wegen werde der Hauptschnitt senkrecht angenommen. Entsprechend dem Glied mit u_t^2 treffen Strahlen im Hauptschnitt, die gleich viel über und unter der Mitte die Öffnungsblende durchsetzen, dieselben Punkte in der Zerstreuungsfigur. Abb. 21 stellt die u_t proportionale Längsabweichung außer der Achse im Hauptschnitt dar, den in S_2 und S_{II} einfallenden Strahlen entsprechen die Längsabweichungen 0, 2 und 0, II. Strahlen, die die Öffnungsblende symmetrisch zu einem waagerechten Durchmesser durchsetzen, treffen die Figur in Punkten, die symmetrisch zum Hauptschnitt liegen. Die lineare Durchbiegung der den horizontalen Öffnungsgeraden entsprechenden Linien ist für alle gleich und auf das Glied mit u_s^2 zurückzuführen. Das Glied mit $u_s u_t$ bringt zum Ausdruck, daß die sagittale Schnittweite sich mit der Höhe ändert, in der das sagittale Büschel die Öffnung durchsetzt. Die Breitenerstreckung der den Öffnungswaagerechten entsprechenden Linien nimmt mit der Durchtrittshöhe gleichmäßig zu; dadurch ist der einem

Dreieck mit gekrümmten Linien entsprechende Umriß der Zerstreuungsfigur bedingt. Statt die Zerstreuungsfigur entsprechend rechtwinkligen Öffnungs-

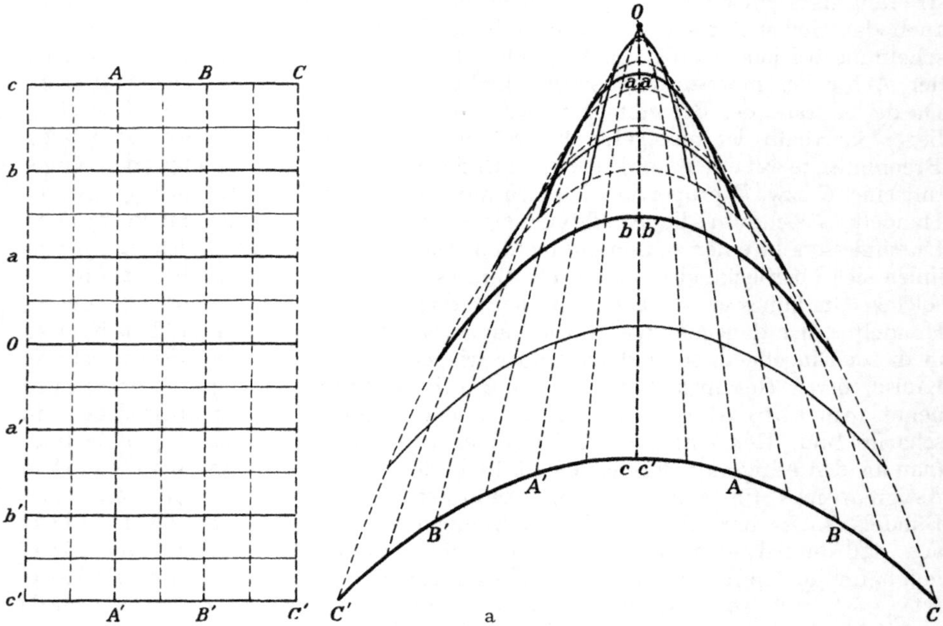

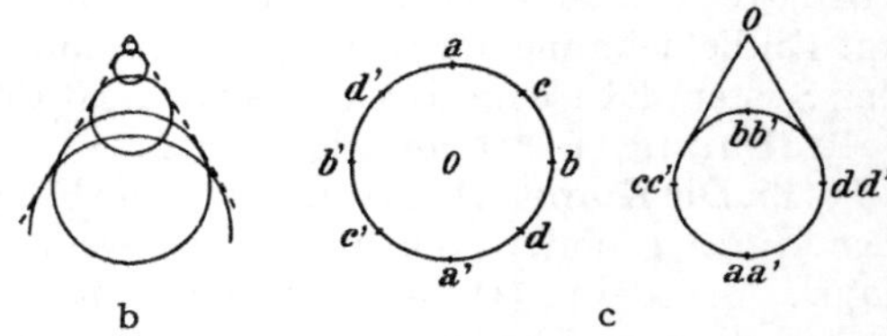

Abb. 20. a) Die Koma für eine Halböffnung von Rechteckform; b) von Halbkreisform; c) die Abbildung eines Öffnungskreises bei Koma.

koordinaten darzustellen, kann man sie auch entsprechend Polarkoordinaten darstellen. Diese Art gibt aber nicht wie die erste ein unmittelbares Bild der Lichtverteilung der Zerstreuungsfigur auf Grund der geometrischen Optik. Den Öffnungshalbkreisen mit wachsendem Durchmesser entsprechen hier Zerstreuungskreise mit wachsendem Durchmesser und wachsender Exzentrizität, die von zwei Geraden berührt werden, die mit dem Hauptschnitt einen Winkel von 30° bilden (Abb. 20b). Wie Abb. 20c zeigt, entspricht dem Polarwinkel in der Öffnung der doppelte in der Zerstreuungsfigur; einem Punkt der Zerstreuungsfigur entsprechen im großen und ganzen zwei Punkte der Öffnung. Abb. 22 zeigt in photographischer Aufnahme, wie das Aussehen eines

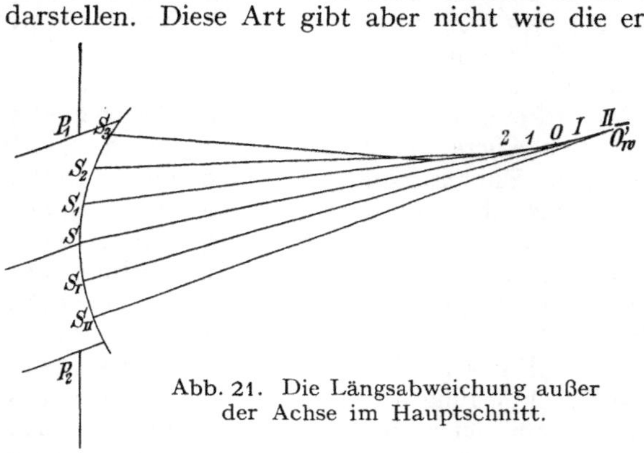

Abb. 21. Die Längsabweichung außer der Achse im Hauptschnitt.

Bildpunktes, einer Geraden im Hauptschnitt und einer solchen senkrecht dazu durch die Koma verändert wird.

Bei dem Parabolspiegel ist für einen unendlich fernen Bildpunkt das Bild außer mit Koma noch mit tangentialer Bildkrümmung behaftet; es tritt also noch ein Glied mit u_t hinzu. Abb. 23a zeigt die der Hälfte einer gleichen quadratischen Öffnung entsprechende Zerstreuungsfigur eines außeraxialen Bildpunktes. Strahlen im Hauptschnitt, die gleich viel über oder unter der Mitte der Öffnung durchgehen, fallen hier nicht mehr in denselben Punkt der GAUSSischen Bildebene. Entsprechend ist, roh ausgedrückt, die eine Hälfte der Zerstreuungsfigur gegenüber der reinen Koma in senkrechter Richtung zusammengedrückt, die andere gestreckt. a, b, c entsprechen den halben Öffnungswinkeln $u = 1, 2, 3°$. O ist der

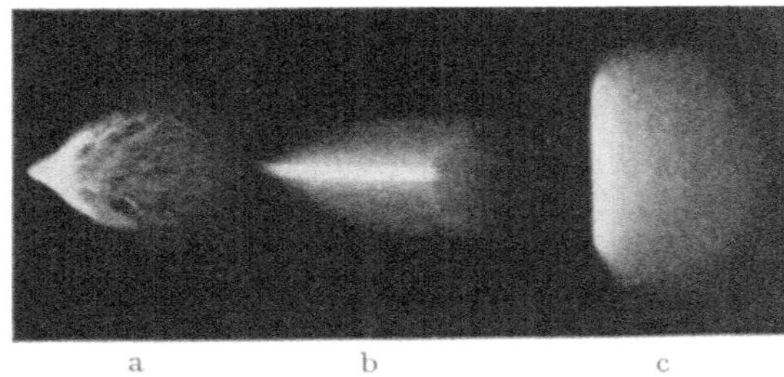

Abb. 22. Das mit Koma behaftete Bild: a) eines Punktes; b) einer Geraden im Hauptschnitt; c) einer solchen senkrecht dazu.

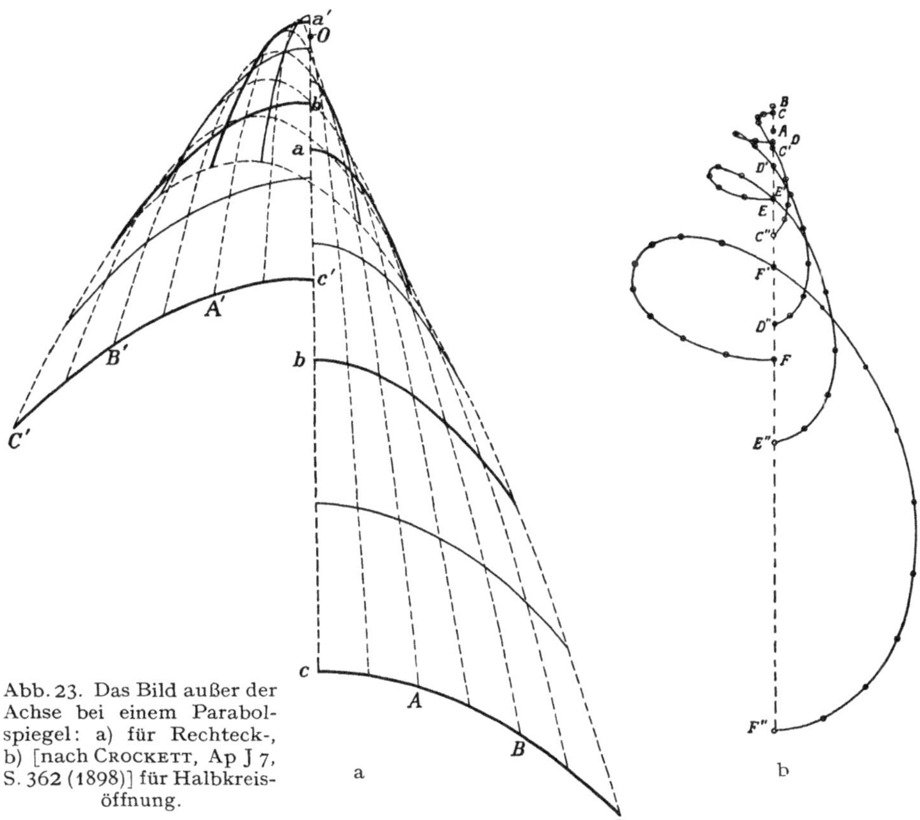

Abb. 23. Das Bild außer der Achse bei einem Parabolspiegel: a) für Rechteck-, b) [nach CROCKETT, Ap J 7, S. 362 (1898)] für Halbkreisöffnung.

Durchstoßungspunkt des Hauptstrahls; w ist 1°. Abb. 23b zeigt die Zerstreuungsfigur für den Parabolspiegel entsprechend konzentrischen Öffnungskreisen.

Die mit C, D, E, F beginnenden Kurven entsprechen $u = 1, 1^1/_2, 2, 3°$; A ist der Durchstoßungspunkt des Hauptstrahls; $AF = 0{,}00002F$. Die dichteste Strahlenvereinigung liegt nach der Achse zu. Es sei noch bemerkt, daß die beiden Einhüllenden der Kurven die äußere Begrenzung des Doppelschweifes in dem Sternbild nach Abb. 80a darstellen. Für kleine w und große u nähert sich das Aussehen des Sternbildes beim Parabolspiegel immer mehr der reinen Koma.

Endlich kann man noch ein einfaches Kennzeichen für die Aufhebung der Koma bei endlicher Öffnung und kleiner Hauptstrahlenneigung angeben, die ABBEsche Sinusbedingung. In der von STAEBLE[1] erweiterten Form lautet sie: Im axialen Büschel muß sich das Verhältnis $\sin u' : \sin u$ mit u in demselben Verhältnis ändern wie die Schnittweite des Bildstrahls, gerechnet von dem Kreuzungspunkt der bildseitigen Hauptstrahlen.

16. Die sphärische Abweichung. Die Glieder mit dem Koeffizienten A hängen nicht mehr von w ab, sie liefern also in und außer der Achse denselben Beitrag. Es genügt daher, diesen Fehler für den Achsenpunkt zu untersuchen. Infolge der Achsensymmetrie hat die Seitenabweichung denselben Polarwinkel wie der Durchstoßungspunkt in der Öffnung, und die radiale Seitenabweichung δ ist der dritten Potenz des radialen Öffnungswinkels u proportional. Man bezeichnet diesen Bildfehler als die sphärische Seitenabweichung in der Achse. Gegebenen Zonen der Öffnung entsprechen konzentrische Kreise der Zerstreuungsfigur. Die Strahlen eines jeden Kreises schneiden sich in einem Punkt der Achse. Man spricht daher auch von sphärischer Längsabweichung $\delta : u$ für eine bestimmte Zone der Öffnung, die der zweiten Potenz des Öffnungswinkels proportional ist (Abb. 24), und unterscheidet sphärische Über- und Unterkorrektion, je nachdem $s'_{Rd} - s'_a$ positiv oder negativ ist. Wenn man in dem Ausdruck für die sphärische Seitenabweichung u_t durch $u_t + mw$ ersetzt, so erhält man für δ_t und δ_s Werte von der gleichen Art wie in Ziff. 12, d. h. der Bau eines schiefen Bündels ist von der gleichen Art wie der des exzentrischen Teils eines axialen Bündels.

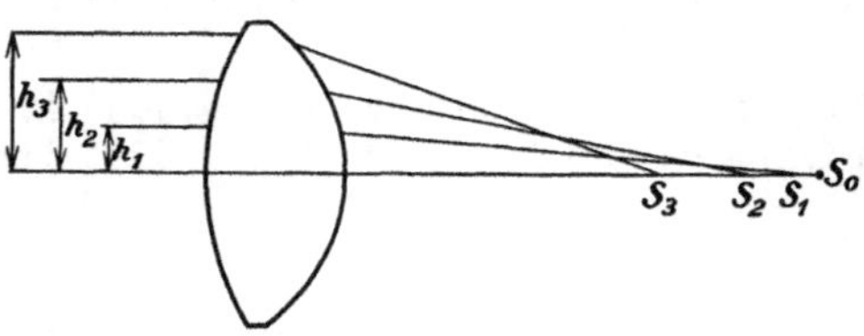

Abb. 24. Die sphärische Abweichung einer einfachen Sammellinse.

Endlich möge noch die Zerstreuungsfigur in der GAUSSischen Bildebene für das einbeschriebene Quadrat der Öffnung des Heliometerobjektivs behandelt werden (Abb. 25; b zeigt das obere Stück 5mal vergrößert). Die tangentiale und sagittale Bildkrümmung gibt sich darin kund, daß für kleine Öffnung die

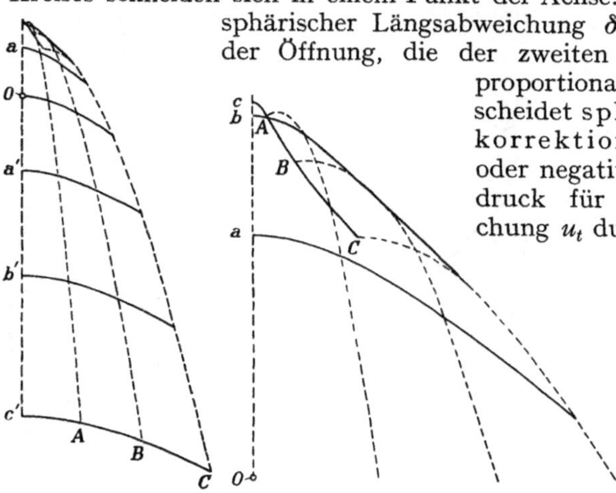

Abb. 25. Das Bild außer der Achse beim Königsberger Heliometerobjektiv für eine Rechtecköffnung.

[1] Münch Ak Ber 1919, S. 163; LIHOTZKY, Wiener Ak Ber 128, S. 85 (1919).

horizontale und die vertikale Gerade durch den Durchstoßungspunkt des Hauptstrahls eine merkliche Größe haben. Im allgemeinen entspricht ein Punkt der Zerstreuungsfigur nur einem Punkt der Öffnung. Das Glied mit u_t^2 hat hier nur die Wirkung, daß die Durchtrittsstellen im Hauptschnitt nicht mehr symmetrisch sind. Das Glied mit u_t^3 zieht die Durchstoßungspunkte am oberen und unteren Ende der Hauptschnittgeraden mehr auseinander. Das Glied mit u_s^2 macht sich in der Durchbiegung der den Öffnungswaagerechten entsprechenden Linien geltend, die lineare Durchbiegung ändert sich aber entsprechend $u_s^2 u_t$ mit der Durchtrittshöhe in der Öffnung. Ebenso ändert sich entsprechend $u_s u_t^2$ die Breitenerstreckung dieser Linien nicht mehr gleichmäßig. Das Glied mit u_s^3 bringt ferner zum Ausdruck, daß die Durchstoßungspunkte auf diesen Linien nach der Seite mehr auseinandergezogen sind. Bezüglich der Darstellung für Polarkoordinaten in der Öffnung sei auf STEINHEIL (Ziff. 12) verwiesen.

17. Zonenfehler. Für größere Öffnung und größere Hauptstrahlenneigung macht man von Reihenentwicklungen wenig Gebrauch. Man spricht dann nur noch von der sphärischen Längsabweichung für eine bestimmte Zone. Man rechnet für verschiedene Zonen trigonometrisch durch und stellt die sphärische Längsabweichung als Funktion der Einfallshöhe in der Eintrittspupille dar.

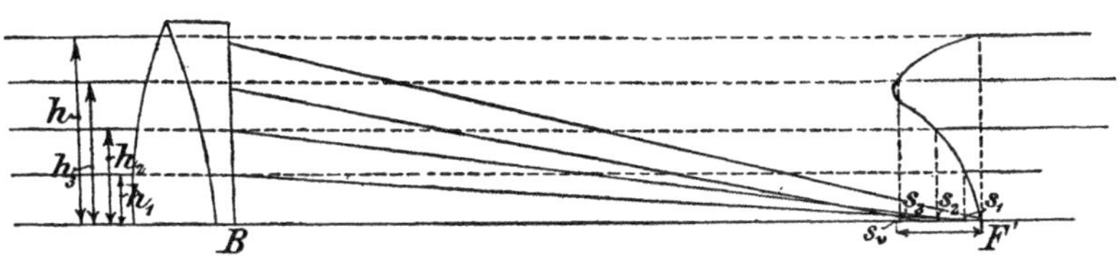

Abb. 26. Der Zwischenfehler der sphärischen Abweichung.

Ist die sphärische Abweichung in der Achse für die Randzone der Öffnung Null, so spricht man von einer Hebung der sphärischen Abweichung, obwohl im allgemeinen für die mittleren Zonen noch sphärische Abweichung besteht. Diese Restabweichung bezeichnet man als Zone oder Zwischenfehler der sphärischen Abweichung. Der größte Abweichungswert kann als Maß des Zonenfehlers dienen. Kann die sphärische Abweichung auf die Form $Au^3 + Fu^5$ gebracht werden, so liegt das Maximum bei $u_{\max} \sqrt{0{,}5}$; man pflegt die Längsabweichung als Funktion der Einfallshöhe darzustellen (Abb. 26); in gleicher Weise pflegt man die Abstände der Punkte der sagittalen und tangentialen Bildfläche von der GAUSsischen Bildebene für einen Hauptschnitt als Funktion der Hauptstrahlenneigung w sowie auch die prozentische Verzeichnung graphisch darzustellen. Ähnlich wie von Zwischenfehlern der Öffnung kann man hier von Gesichtsfeldzwischenfehlern als Abweichung von dem w^2 proportionalen Gang reden. Abb. 44b stellt die Bildkrümmung für ein PETZVALsches Objektiv dar. Ebenso wie man die sphärische Seitenabweichung für eine endliche Öffnung definiert, könnte man dies auf Grund der Darstellung des Zerstreuungskreises für rechtwinklige Öffnungskoordinaten auch für die den Gliedern mit $u_s^2 t$, $u_t^2 u_s$, u_t^2, u_s^2 und $u_t u_s$ entsprechenden Bildfehler durchführen.

18. Die PETZVALsche Bedingung. Vorzugsweise werden die behandelten Bildfehler dadurch gehoben, daß man Sammel- und Zerstreuungslinsen mit entgegengesetzter Abweichung zusammenstellt. Schon NEWTON bemerkte, daß man bei einem System, das aus einer Wasserlinse und zwei einschließenden Glaslinsen besteht, die sphärische Abweichung heben kann. Wegen seiner Wichtigkeit für das photographische Objektiv verdient noch ein näheres Eingehen der Satz von PETZVAL[1], von dem er selbst sagt, daß er hinter bedeutenden Reihenentwicklungen versteckt ist, aus denen er sich wie eine grünende Oase aus der Sandwüste heraushebt. Es soll hier eine unmittelbare Ableitung gegeben werden. Liegt bei einer Kugelfläche der Kreuzungspunkt der Hauptstrahlen, die Blendenmitte, in dem Kugelmittelpunkt C, so gehört zu einer Dingkugel um C eine Bildkugel um C; für deren Radien c und c' gilt die Formel (30) Ziff. 9. Unter Beschränkung auf die SEIDELsche Theorie, aber bei beliebiger Lage der Blende auf der Achse soll nun weiter festgestellt werden, wie sich die Krümmung der Bildfläche mit der der Dingfläche ändert. Die Änderung dieser kann durch das Quadrat des Abstandes l einer Strecke parallel der Achse von dieser, dividiert durch die doppelte Länge $2a$ dieser Strecke gemessen werden, die die Verschiebung eines Bildpunkts bei Änderung der Krümmung darstellt; rechnet man die entsprechenden Bildgrößen aus und berücksichtigt die Beziehung (20) zwischen α und β (Ziff. 9), so ergibt sich, daß die Änderung der Bildkrümmung dieselbe ist wie die der Krümmung der Dingfläche, wenn beide durch die betreffende Brechzahl dividiert werden. Es gilt also die Formel (30) Ziff. 9 für beliebige Krümmung der Bildfläche. Es ist nun weiter zu untersuchen, wie sich die Bildkrümmung mit der Verschiebung des Kreuzungspunktes der Hauptstrahlen ändert, und zwar genügt dies für den Fall, daß die Dingkugelfläche zur Blende konzentrisch ist, da ja für andere Krümmungen dieser Fläche die Änderung dieselbe ist. Verlegt man nun bei einer brechenden Kugelfläche den Hauptstrahl von der Lage aus, wo er durch den Kugelmittelpunkt geht, so ist die Änderung der sagittalen Schnittweite nach Ziff. 4 die sphärische Längsabweichung, der Unterschied der tangentialen und sagittalen Schnittweite aber doppelt so groß, mithin die Änderung der tangentialen Schnittweite dreimal so groß. Wenn man also von der Krümmung der Ding- und Bildfläche bei Kreuzung der Hauptstrahlen vom Kugelmittelpunkt ausgeht, ist die Änderung der Krümmung bei der tangentialen Bildfläche von ϱ_0 auf ϱ_t dreimal so groß wie die der sagittalen von ϱ_0 auf ϱ_s, d. h. der Wert von $3\varrho_s - \varrho_t$ gleich dem Wert von $2\varrho_0$; das Gleiche gilt für den Unterschied dieser Werte für Bild- und Dingraum, je durch die Werte dieser Brechzahl dividiert. Nun ist aber dieser Unterschied für $2\varrho_0$ gleich $\frac{2}{r}\left(\frac{1}{n'} - \frac{1}{n}\right)$. Summiert man über ein System von brechenden Flächen, so ergibt sich für die zu einer Achsensenkrechten gehörige Bildkrümmung, wenn das erste und letzte Mittel Luft ist,

$$\varrho_t - 3\varrho_s = -2\sum\left[\frac{1}{r}\left(\frac{1}{n'} - \frac{1}{n}\right)\right], \tag{44}$$

den Ausdruck rechts bezeichnet man wohl als die PETZVALsche Summe. Ist diese nicht gleich Null, so kann man das System entweder so korrigieren, daß der Astigmatismus aufgehoben ($\varrho_t = \varrho_s$), das System punktuell abbildend ist, oder daß $\varrho_t + \varrho_s = 0$ ist, für Bildfeldebnung im übertragenen Sinne. Stellt man im ersten Falle die Auffangebene so ein, daß die Zerstreuungskreise am Rande und in der Mitte gleich groß werden, im zweiten Falle in dem Achsenbildpunkt, so ist für den Bildrand der Zerstreuungskreis gleich groß. Ist die PETZVALsche Summe gleich Null, so ist anastigmatische Bildfeldebnung oder Ebnung des punktuellen Feldes in der Nähe der Achse vorhanden. Die PETZVALsche Summe ist also ein Maß für die erreichbare Korrektion in der Nähe der Achse, aber auch bei der Korrektion für ein größeres Feld gibt sie einen Anhalt dafür, wie man durch Änderung ihres Betrages die Korrektion noch verbessern kann. Wenn

[1] Bericht üb. d. Ergebnisse einiger dioptrischer Untersuchungen. Pesth: Hartleben 1843: Wiener Ber 24, S. 50 (1857); s. auch SCHIFFNER, Z f Math u Phys 54, S. 92 (1907).

man diese Summe zugleich mit der Farbenlängsabweichung (Ziff. 20) auf Null zu bringen sucht, bemerkt man, daß es von Vorteil ist, wenn Brechung und Dispersion der Glasarten gewissen Bedingungen genügen (hierauf beruht die Bedeutung der schweren Barytkrone für die photographischen Objektive) und wenn ein Randstrahl des von einem Achsenpunkt ausgehenden Bündels die Flächen des Systems in erheblich verschiedenen Höhen durchsetzt.

19. Das Wesen der Farbenabweichung. Wie schon NEWTON[1] feststellte, wird ein weißer Lichtstrahl bei der Brechung in seine farbigen Bestandteile zerlegt; aus dem Lichtstrahl entsteht ein Büschel in der Einfallsebene mit der Spitze im Einfallspunkt, das auf dem Auffangschirm ein Spektrum liefert. Nach der Wellentheorie werden die einzelnen Strahlen durch die verschiedenen Wellenlängen gekennzeichnet. Um die beobachtete Erscheinung darzustellen, zerlegt man den einfallenden weißen Strahl in zusammenfallende farbige Strahlen, die jeder für sich dem Brechungsgesetz folgen, für die aber die Brechzahlen in den beiden Mitteln je verschieden sind. Bei gut durchsichtigen Stoffen wächst die Brechzahl nach dem blauen Ende des Spektrums, also mit abnehmender Wellenlänge; diese Strahlen werden stärker gebrochen. Den Unterschied der Brechzahlen für verschiedene Wellenlängen nennt man die Dispersion (Farbenzerstreuung); zur Kennzeichnung der Brechung muß also die Brechzahl für eine bestimmte Wellenlänge und die Dispersion für verschiedene Wellenlängenbezirke bekannt sein. Die genaue Kenntnis der Dispersion der verwendeten Glasarten ist nun für die praktische Optik von grundlegender Bedeutung. Es ist das besondere Verdienst von FRAUNHOFER[2], ein Verfahren für eine bequeme und sichere Messung geschaffen zu haben, indem er die Messung für die nach ihm benannten dunklen Linien des Sonnenspektrums durchführte. Statt der dunklen Linien benutzt man heute helle Linien, insbesondere die von Na, H und Hg, meist wird die Brechzahl des Glases als n_D und die Dispersion als $n_F - n_C$ angegeben; die Indizes C, D, F kennzeichnen die FRAUNHOFERschen Linien mit den Wellenlängen 0,656; 0,589 und 0,486 μ. Die Farbenzerstreuung des Lichtes ist eines der größten Hindernisse einer guten Strahlenvereinigung. Alle die Abbildung kennzeichnenden Größen, die bei der Darstellung ihrer Abhängigkeit von den gegebenen Werten des Systems die Brechzahl enthalten, ändern sich mit dieser. Es ändern sich so nicht nur die Lage und Größe der Bilder, sondern auch die bisher untersuchten Bildfehler. Es entsteht eine Reihe seitlich verschobener und hintereinanderliegender verschiedener Bilder mit verschiedener Strahlenvereinigung. Alle diese Abweichungen faßt man als Farbenabweichungen (chromatische Aberrationen) zusammen. Zur Feststellung dieser Fehler kann man das optische Gerät für verschiedene Farben durchrechnen.

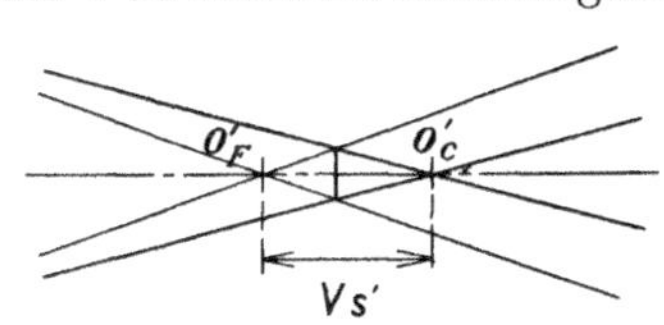

Abb. 27. Der Zerstreuungskreis der Farbenabweichung in der Achse.

Will man wissen, welche Erscheinungen auftreten, wenn der Bildort auf der Achse sich mit der Farbe ändert, so ist die Lichtverteilung in der Umgebung des Bildorts zu untersuchen. Wir setzen zunächst so kleine Öffnung voraus, daß die sphärische Abweichung als für alle Farben gehoben gelten kann. Den Unterschied der Schnittweiten Vs' für zwei Farben bezeichnet man als Farbenlängsabweichung für diese Farben. Für Beobachtungssysteme gibt man sie meist für die Linien C und F an. In Abb. 27 sei O'_F der Schnittpunkt der F-Strahlen, O'_C der der C-Strahlen. Einem einfallenden Dingstrahl mit der Neigung u

[1] Phil Trans abr. 6—11 (1672—1676); Ostwalds Klass 96, S. 74.
[2] Münch Denkschr 5, S. 193 (1814/5).

entsprechen im allgemeinen austretende Strahlen mit nur wenig verschiedener Neigung, so daß wir hier $u'_C = u'_F = u'$ setzen können. Die C-Strahlen bilden im Bildpunkt F und ebenso die F-Strahlen im Bildpunkt C einen Zerstreuungskreis von gleicher Größe. Der Radius dieses Zerstreuungskreises $r_c = Vs' \operatorname{tg} u'$ ist gleich dem Durchmesser des Zerstreuungskreises mitten zwischen O'_C und O'_F und wird als Farbenseitenabweichung bezeichnet, sie gibt einen Anhalt für die Bildverschlechterung (s. Ziff. 31). Dieser Zerstreuungskreis entspricht der engsten Einschnürung des Bündels. An dieser Stelle entsteht für eine mittlere Farbe zwischen C und F ein scharfer Bildpunkt. Alle anderen Farben bilden wieder Zerstreuungskreise, um so größere, je mehr ihre Wellenlänge von dieser mittleren Farbe abweicht. In dem Zerstreuungskreis treten so Mischfarben auf. Mit der Einstellung ändern sich die Farben sowohl des scharfen Kerns wie des verwaschenen Saums. Die Art der Farbenabweichung tritt noch deutlicher als hierbei hervor, wenn man die eine Hälfte der Öffnung des Systems abdeckt. Man erhält dann ein richtiges Spektrum, das allerdings nur für die eingestellte Farbe rein ist, nach den Seiten aber trüber wird, da sich die benachbarten Farben immer mehr überschieben. Man erkennt daraus auch, ob die Schnittweiten mit der Wellenlänge zu- oder abnehmen. Beobachtet man einen dunklen oder hellen Streifen auf hellem oder dunklem Grund, so wird das Spektrum auseinandergerissen, die Farben der einen Hälfte umsäumen den einen, die anderen den anderen Rand. Die Farbenlängsabweichung kann ebenso auch außer der Achse des Systems auftreten und ist hier in erster Näherung gleich der in der Achse.

Hier kann sich aber der Fehler verschiedener Größe der Bilder dazugesellen. Man bezeichnet diesen Fehler als Farbenunterschied der Vergrößerung oder chromatische Vergrößerungsdifferenz, er bedeutet also eine Änderung der Vergrößerung bzw. bei Dingabstand ∞ der Brennweite mit der Farbe. Wenn die austretenden Hauptstrahlen in ihre farbigen Bestandteile zerlegt werden und den Auffangschirm an verschiedenen Stellen treffen, so wird der Bildpunkt in ein reines Spektrum ausgezogen. Ist Farbenlängsabweichung vorhanden, so können die hintereinanderliegenden Bilder für verschiedene Farben verschieden groß sein, aber doch die Hauptstrahlen im Bildraum zusammenfallen, so daß die Bilder auf dem Auffangschirm gleich groß sind. Es ist daher zweckmäßig, den Farbenunterschied der Vergrößerung nur auf die verschiedene Größe der Bilder auf dem Auffangschirm zu beziehen; nur wenn die Farbenlängsabweichung behoben ist, kann man diesen Fehler durch die Änderung der Quervergrößerung β mit der Farbe messen. Nimmt man an, daß die Farbenabweichung und der Abstand des Auffangschirms von der GAUSSischen Bildebene klein ist, so ist der Farbenunterschied der Vergrößerung gehoben, wenn der Abstand der GAUSSischen Bildebenen für die beiden Farben sich zum Abstand des Auffangschirms von dem Kreuzungspunkt der Hauptstrahlen verhält wie der Farbenunterschied $V\beta$ von β zu der Quervergrößerung β selbst. Liegt das Bild oder der bildseitige Kreuzungspunkt der Hauptstrahlen im Unendlichen, so muß also für die Hebung $V\beta = 0$ sein. Hat man ein symmetrisches System, bei dem die Linsen zur Öffnungsblende symmetrisch liegen, so wird ein Hauptstrahl, von hier nach vorwärts und rückwärts verfolgt, gleiche Brechung erfahren. Der Durchstoßungspunkt des Hauptstrahls ist in der Ding- und Bildebene in das gleiche Spektrum ausgezogen. Läßt man nun die verschiedenfarbigen Hauptstrahlen auf der Dingseite in einen zusammenfallen, so werden ebenso die bildseitigen zusammenfallen, da die Winkelvergrößerung $= -1$ ist. Auch für endliche Hauptstrahlenneigung ist bei einem solchen System der Farbenunterschied der Vergrößerung praktisch gehoben.

20. Die Berechnung der Farbenabweichung erster Ordnung. Für die Berechnung der Farbenabweichung sind Differenzen- oder Differentialformeln zweckmäßig, besonders wenn man die Abhängigkeit der Farbenabweichung von den Bestimmungsgrößen und die Bedingungen des Baues farbenfreier Systeme kennenlernen will[1]. Für einige einfache Fälle sollen solche Formeln aufgestellt werden. Bei dem dünnen Linsensystem gilt für den Kehrwert σ_k' der letzten, bildseitigen, Schnittweite s_k', des Abstands des Bildpunkts von der $k$ten Linse, wenn σ_1 der Kehrwert der ersten, dingseitigen, Schnittweite und $\varphi_\nu = 1 : f_\nu$ die Einzelstärke der Linsen ist, wobei $\varphi_\nu = (n_\nu - 1)(\varrho_{1,\nu} - \varrho_{2,\nu})$ ist,

$$\sigma_k' = \sigma_1 + \sum_{\nu=1}^{k} \varphi_\nu . \tag{45}$$

Es möge nun für die Änderung der Größen mit der Farbe allgemein das Zeichen V eingeführt und $Vn : (n - 1) = \nu$ gesetzt werden. Bildet man nun Gleichung (45) für n und $n + Vn$ und zieht die eine Gleichung von der anderen ab, so ergibt sich

$$V\sigma_k' = \sum_{\nu=1}^{k} \varphi_\nu : \nu_\nu . \tag{46}$$

$V\sigma_k'$ ist unabhängig von σ_1. Aus $V\sigma_k'$ und σ_k' erhält man leicht die Farbenabweichung für den Bildort Vs_k', die Farbenlängsabweichung. Es ist für kleine Abweichung $ds_k' = -s_k'^2 d\sigma_k'$, und da hier für $s_1 = \infty$ gilt $ds_k' = df$ (der Änderung der Brennweite) und $d\sigma_k' = -df : f^2$, so ist $ds_k' = s_k'^2 df : f^2$. Für die Abbildung im $n$fachen Maßstabe ist $s_k' = (n + 1) f$, also $ds_k' = (n + 1)^2 df$. Wenn die Hauptstrahlen sich in der dünnen Linse kreuzen, also ungebrochen durchgehen, ist sie frei vom Farbenunterschied der Vergrößerung, obwohl die Größen der verschiedenfarbigen Bilder in ihren Gaussischen Bildebenen ebenso ungleich sind, d. h. die gleiche Abweichung in Prozenten zeigen wie die Schnittweiten; das gilt auch für den Dingabstand unendlich, wo die Farbenabweichung der Brennweiten die gleiche wie die der Schnittweiten ist. Nach (46) gibt für die einfache dünne Linse ν an, der wievielte Bruchteil der Brennweite ihre Farbenabweichung angenähert ist. Der Durchmesser des kleinsten Zerstreuungskreises ist $D : 2\nu$, wo D der Durchmesser der Öffnung ist.

Für ein dünnes Linsensystem aus mehreren Linsen kann man $\sum_{\nu=1}^{k} \varphi_\nu : \nu_\nu = \Phi : N$ setzen, wo $\Phi = \sum_{\nu=1}^{k} \varphi_\nu$ und N für dieses System dieselbe Bedeutung haben wie φ und ν für die einfache Linse. Wendet man diese Gleichung auf ein System von zwei Linsen an, so ergibt sich bei gegebenem Φ und N

$$\varphi_1 = \frac{\nu_1 (\nu_2 - N)}{N (\nu_2 - \nu_1)} \Phi , \tag{47}$$

$$\varphi_2 = - \frac{\nu_2 (\nu_1 - N)}{N (\nu_2 - \nu_1)} \Phi . \tag{48}$$

Ist also N gegeben, d. h. eine bestimmte Farbenabweichung für das System vorgeschrieben, so kann bei Verschiedenheit der Werte von ν_1 und ν_2 der Wert von φ_1 und φ_2 entsprechend bestimmt werden. Es können so Farbenabweichungen erreicht werden, die nicht nur den zwischen den ausgewählten Glasarten vorkommenden Werten von ν, sondern auch allen anderen, selbst negativen Werten entsprechen. Besondere Bedeutung hat der Fall $N = \infty$, wo die Brennweite für die beiden Farben gleich wird; die Gleichungen lauten

$$\varphi_1 = \frac{\nu_1}{\nu_1 - \nu_2} \Phi , \tag{49}$$

$$\varphi_2 = - \frac{\nu_2}{\nu_1 - \nu_2} \Phi . \tag{50}$$

[1] Seidel, A N 37, S. 105 (1853); Charlier, Stockh Akad Förh 55 u. 56 (1898/9); Schwarzschild, Gött Abh 1905, N. F. Nr. 1—3.

Ein solches System nennt man für diese Farben achromatisch oder farbenfrei; das gilt für die Schnittweiten wie für die Brennweiten und auch für die Bildgröße, selbst wenn die Hauptstrahlen sich nicht in der dünnen Linse kreuzen und der Dingabstand endlich ist. Die Einzelstärken werden um so kleiner, je größer der ν-Unterschied und je kleiner die ν-Werte selbst sind. Ist $\Phi = 0$, das System afokal, so ist die Farbenabweichung von σ' durch $\varphi_1(1/\nu_1 - 1/\nu_2)$ gegeben. Eine solche Linse nach ROGERS[1] ändert die Farbenabweichung, ohne den Bildort erheblich zu verlegen; die eintretende Farbenlängsabweichung ist dem Quadrat des Abstands des Bildpunkts von diesem System proportional.

Sind zwei einfache dünne Linsen durch einen endlichen Abstand getrennt, so kann die Farbenabweichung der Schnittweiten und der Vergrößerung nicht gleichzeitig gehoben sein. Der Fall, daß nur der letzte Fehler gehoben werden soll, hat besondere Bedeutung bei Okularen. Das Okular soll ein Bild im Unendlichen entwerfen oder doch in einem Abstande, der gegen die Brennweite groß ist. Es genügt so, wenn die verschiedenfarbigen Hauptstrahlen parallel austreten. Nimmt man ferner an, daß der dingseitige Kreuzungspunkt der Hauptstrahlen in einem Abstand liegt, der gegen die Okularbrennweite groß ist, wie es z. B. bei stärker vergrößernden Fernrohren der Fall ist, so ist das Verhältnis der Eintrittshöhe des Hauptstrahls zu seiner Austrittsneigung die Brennweite, und diese darf sich mit der Farbe nicht ändern. Nach (39) gilt nun für die Gesamtstärke

$$\Phi = \varphi_1 + \varphi_2 - A\varphi_1\varphi_2, \tag{51}$$

woraus für die Achromasie der Brennweite folgt, wenn $\nu_1 = \nu_2$ ist und der Farbenbezirk klein,

$$A = \frac{f_1 + f_2}{2}. \tag{52}$$

21. Das sekundäre Spektrum. Wenn zwei farbige Strahlen in einem Punkt vereinigt werden, so ist damit noch nicht gesagt, daß auch die übrigen farbigen Strahlen in diesem Punkt vereinigt sind; es kommt darauf an, wie der Gang der Dispersion ist, d. h. wie der Unterschied der Brechzahl einer dritten Farbe gegen die erste, die Teildispersion, sich zu dem Unterschied der Brechzahlen für die erste und zweite Farbe, der Grunddispersion, verhält. Dies Verhältnis bezeichnet man als relative Teildispersion ϑ. Der der Teildispersion entsprechende ν-Wert ist also $\nu:\vartheta$. Für ein dünnes Linsensystem ist die Farbenabweichung für die dritte Farbe, die durch ein vorgesetztes W statt durch V gekennzeichnet werde,

$$W\sigma'_k = \sum_{\nu=1}^{k} \vartheta_\nu \varphi_\nu : \nu_\nu, \tag{53}$$

und da die Abweichungen nur klein sind, ist auch

$$Ws'_k = -s'^2_k \sum_{\nu=1}^{k} \vartheta_\nu \varphi_\nu : \nu_\nu. \tag{54}$$

Würden nun die ϑ-Werte für eine dritte Farbe für alle Glasarten gleich sein, so würde bei einem System, bei dem die ersten beiden Farben vereinigt sind, auch die dritte Farbe vereinigt sein. Das ist im allgemeinen nicht der Fall. Indem man die durch die Vereinigung von zwei Farben erreichte Verbesserung als von erster Ordnung ansieht, nennt man Ws'_k das sekundäre Spektrum, das zuerst von CLAIRAUT[2] erkannt wurde. Um eine Übersicht über die Farbenabweichung für die verschiedenen Wellenlängen zu bekommen, stellt man Ws'_k

[1] Edinburgh J of Science 9, S. 126 (1828); Pogg Ann 14, S. 324 (1828).
[2] Mém de l'Acad de Paris 1762, S. 578.

als Funktion von λ dar. In der Abb. 28 gilt die ausgezogene Kurve A für ein zweilinsiges Fernrohrobjektiv aus alten Glasarten. Die Abweichungen sind erheblich geringer wie bei einer einfachen Kronlinse, während bei dieser nahe $f_C - f_F = f_e : 60$ ist, ist hier Wf in dem gleichen Farbenbezirk nur etwa gleich $f_C : 2000$. Es wachsen von der hellsten Stelle des Spektrums bei $\lambda = 0{,}56\,\mu$ die Abweichungen zunächst nur langsam an. Für die Nähe dieser Stelle ist zweckmäßig die Brennweite ein Minimum, wenn das System der Beobachtung dient[1]. Verlegt man also von dieser Stelle die Einstellebene nach außen, so geht auch die Farbe im Kern des Zerstreuungskreises in Mischfarben über, und zwar nach Purpur. Bei Abdeckung des halben Objektivs treten auch hier die Farbensäume an dunkeln bzw. hellen Streifen hervor. Statt der grellen Spektralfarben bemerkt man hier nur zartere Mischfarben, die, je nachdem wie groß die Seitenabweichung ist und auf welche Wellenlänge das Minimum fällt, verschieden sind. Man vereinigt gewöhnlich die Strahlen für C und F, wenn das System zur Beobachtung irdischer Ziele dient. Das sekundäre Spektrum hängt von der Wahl der Glasarten ab. Die Werte von ϑ für die verschiedenen Farben ändern sich vom Übergang von einer Glasart zur anderen nahe in demselben Verhältnis. Man kann also den Gang der Dispersion für eine Glasart annähernd durch den ϑ-Wert für eine Farbe kennzeichnen. Stellt man für die optisch brauchbaren Glasarten den Wert von ϑ für die Wasserstofflinie $H\gamma$ als Funktion von ν für den Wellenlängenbezirk $C-F$ durch Punkte dar, deren Abszisse ν und deren Ordinate ϑ ist, so liegt der größte Teil der darstellenden Punkte nahe auf einer Geraden; auf ihr liegen auch die Punkte für O 60 und O 103, die Glasarten, für die die ausgezogene Kurve in Abb. 28 gilt. Für diese gewöhnlichen Glasarten gilt nahe $\vartheta = 1{,}674 - 0{,}0018\,\nu$, für sie ist also bei $H\gamma$ die Farbenabweichung $Wf = -0{,}0018 f$ und das sekundäre Spektrum unabhängig von der Wahl der Glasarten für das Objektiv. Setzt man bei einem dünnen zweilinsigen Objektiv die für die Achromasie geforderten Stärken ein, so wird

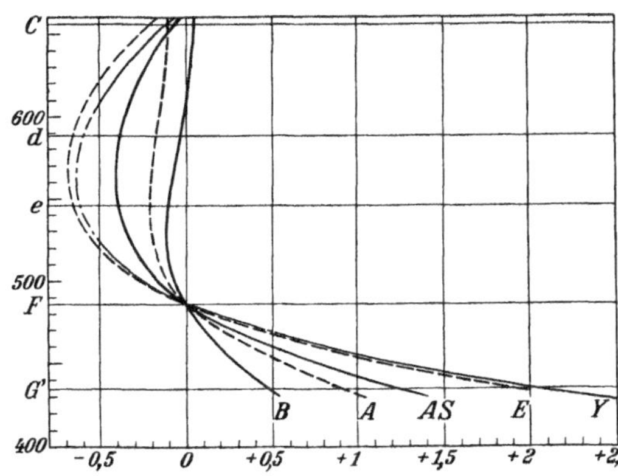

Abb. 28. Die Farbenlängsabweichung von Achromaten E, Y, zweilinsigen Apochromaten A, AS und einem dreilinsigen Apochromaten B ($F = 1000$).

$$Wf = -\frac{\vartheta_1 - \vartheta_2}{\nu_1 - \nu_2} f. \tag{55}$$

Der ν-Unterschied der beiden Glasarten darf nur klein sein, damit bei kleiner Abweichung von ϑ von dem gewöhnlichen Wert, wie sie SCHOTT bei Fernrohrflint erreichte, doch eine erhebliche Verringerung des sekundären Spektrums eintritt. Für ein dünnes dreilinsiges Objektiv liegen die Verhältnisse ähnlich, man faßt zweckmäßig die Linsen mit gleichem Vorzeichen zusammen. Sie mögen durch die Zeichen 1 und 2 gekennzeichnet sein. Dann kann man setzen

$$\Phi = \varphi_1 + \varphi_2; \qquad \frac{\Phi}{N} = \frac{\varphi_1}{\nu_1} + \frac{\varphi_2}{\nu_2}; \qquad \frac{\Theta\Phi}{N} = \frac{\vartheta_1\varphi_1}{\nu_1} + \frac{\vartheta_2\varphi_2}{\nu_2}. \tag{56}$$

Die Gesamtwirkung der beiden Linsen in bezug auf die Farbenkorrektion ent-

[1] SCHEIBNER, Abh d Sächs Ges d Wiss 11, S. 541 (1876).

spricht also der einer einzigen Linse mit den Werten Φ, N, Θ. Indem man φ_1 und φ_2 aus den Gleichungen fortschafft, wird

$$\frac{\Theta - \vartheta_1}{N - \nu_1} = \frac{\vartheta_2 - \vartheta_1}{\nu_2 - \nu_1}. \tag{57}$$

Der darstellende Punkt für die Ersatzlinse liegt also auf der Verbindungsgeraden der Punkte für die beiden Glasarten. Für die Hebung des sekundären Spektrums bietet so das dreilinsige System aus drei verschiedenen Glasarten keinen grundsätzlichen Vorteil. Wenn in Abb. 28 die Kurve des sekundären Spektrums für die dreilinsigen Objektive B aus neuen Glasarten günstiger ist als für das zweilinsige A, so liegt dies daran, daß bei dem dreilinsigen System die Ersatzlinse für die beiden Sammellinsen ein niedrigeres ν erhalten kann, ohne daß die Krümmungen, da sie auf mehr Flächen verteilt werden, zu stark werden. Ein Objektiv mit verringertem sekundärem Spektrum nennt man wohl einen Apochromaten.

Man kann nun die Frage aufwerfen, ob bei zwei getrennten dünnen Linsensystemen, die als Linsen mit beliebigem ν-Wert behandelt werden können, die Aufhebung des sekundären Spektrums auch dann möglich ist, wenn die ϑ-Werte der Glasarten der erwähnten Beziehung für gewöhnliche Silikatgläser entsprechen. Wir betrachten zu dem Zweck zunächst ein achromatisches teleskopisches System ($s_1 = s_2' = \infty$), dessen beide Glieder nicht farbenfrei sind. Verfolgt man die Strahlen durch die erste Linse in der Lichtrichtung, durch die zweite umgekehrt, so haben die Linsen einen gemeinsamen Brennpunkt sowohl für C wie für F, für F liegt er aber anders wie für C. Setzen wir nun eine kleine Farbenabweichung voraus, so ist $\varphi_1\nu_1 + \varphi_2\nu_2 = 0$. Es ist ferner $Ws_1' = -\vartheta_1:(\varphi_1\nu_1)$ und für die zweite Linse rückwärts gerechnet $Ws_2 = -\vartheta_2:(\varphi_2\nu_2)$. Die Gesamtabweichung ist die Summe, drückt man sie in σ_2 aus, so ist mit φ_2^2 zu multiplizieren. Dieser Wert ist aber auch gleich $W\sigma_2'$, also unter Benutzung der Achromasiebedingung $W\sigma_2' = (\vartheta_2 - \vartheta_1)\varphi_2:\nu_2$. Man überzeugt sich leicht, daß $W\sigma_2'$ negativ wie bei einer Sammellinse ist. Ergänzt man nun das teleskopische System zu einem Objektiv, indem man der zweiten Linse eine dünne achromatische Zusatzlinse mit Glasarten aus derselben Reihe unmittelbar auflegt, so kann man $W\sigma_2'$ nur dadurch gleich Null machen, daß man diese Zusatzlinse zerstreuend wählt, der Brennpunkt des Objektivs wird also virtuell. Wir gehen noch auf den Fall ein, daß im Brennpunkt der ersten Linse für die erste Farbe eine Linse steht, die die erste am Ort einer dritten Linse abbildet, und daß die erste und dritte Linse aus der gleichen Glasart bestehen. Es sei wieder ein kleiner Farbenbezirk vorausgesetzt. Die zweite Linse werde so geteilt, daß die Strahlen zwischen den Teilen parallel verlaufen, so daß die Brennweite der Teillinsen je gleich dem Abstande d_1 bzw. d_2 von der anderen zugekehrten Linse ist. Das erste Teilsystem besteht so aus der ersten Linse und der ersten Teillinse, das zweite aus der zweiten Teillinse und der dritten Linse. Für diese Teilsysteme, wenn das zweite rückwärts durchgerechnet wird, fallen die Brennpunkte für die erste Farbe in die Teillinsen. Außerdem ist der Farbenunterschied der Vergrößerung gehoben, wenn die Hauptstrahlen sich in dem Scheitel der ersten Linse und damit auch in dem der zweiten Linse kreuzen. Rechnet man auch für die zweite Farbe durch, und zwar für das zweite Teilsystem rückwärts, so ist im ersten Fall $Vs_2' = -1:(\varphi_1\nu_1)$, im zweiten $Vs_2' = -d_2^2:(\varphi_3\nu_1)$, wo d_2 gleich dem Abstand der zweiten und dritten Linse ist. Die Achromasiebedingung $\varphi_1\varphi_3 d_2^2 = -1$ wird also unabhängig von ν, also auch für $\nu:\vartheta$ erfüllt; das sekundäre Spektrum für die übrigen Farben ist gehoben. Da φ_1 nur positiv sein kann, wird φ_2 und damit auch s_2' negativ.

22. Die Arten der Farbenkorrektion. Ist noch sekundäres Spektrum vorhanden, so entsteht die Frage, für welche Wellenlängen die Schnittweiten gleichgemacht werden sollen. Es kommt darauf an, daß das Minimum der Kurve des sekundären Spektrums auf eine bestimmte Wellenlänge fällt. Da nun die Objektive aus den gewöhnlichen Glasarten nahe übereinstimmende Farbenkurven haben, ist es möglich, der Forderung dadurch zu genügen, daß man die Schnittweiten für zwei ausgewählte Wellenlängen gleichmacht. Man ist geneigt anzunehmen, daß es für die Farbenverbesserung am günstigsten ist, wenn der Scheitel der Kurve des sekundären Spektrums an der hellsten Stelle liegt, also etwa bei 0,555 μ, wie es auch von SCHEIBNER[1] und STREHL (Ziff. 30) empfohlen wird. Dies würde der Vereinigung von C und F für das Mittel aus den Schnittweiten für die Achsen- und Randstrahlen entsprechen. Objektive für irdischen Gebrauch sind auch meist so korrigiert, während Objektive für astronomische Beobachtungen gewöhnlich so korrigiert sind, daß das Minimum mehr nach dem roten Ende des Spektrums rückt. KINGSLAKE[2] fand durch Versuche mit einem Objektiv von 6,4 cm Öffnung und 80 cm Brennweite, dessen chromatische Korrektion mit einer afokalen Linse (Ziff. 20) verändert werden konnte, daß bei irdischen Zielen für schwächste Farbensäume das Minimum zwischen 0,49 und 0,52, dagegen für beste Definition zwischen 0,53 und 0,55 liegt, während es bei astronomischen Beobachtungen bei bester Definition zwischen 0,565 und 0,580 liegt. Dementsprechend hat man seit FRAUNHOFER, der auch schon den Hauptwert auf beste Definition legte, die astronomischen Objektive so korrigiert, daß das Minimum in der Nähe von 0,565 liegt, wie es Abb. 28 zeigt; das nicht dargestellte Lick-Objektiv, bei dem B und F vereinigt sind, weicht von dem Zeiss-Objektiv E entgegengesetzt wie das Yerkes-Objektiv Y ab. Für gewöhnliche photographische Platten liegt das Maximum der Empfindlichkeit im Violett bei der Linie $H\gamma$ ($\lambda = 0{,}434\,\mu$). Man vereinigt daher F und die violette Quecksilberlinie bei $\lambda = 0{,}401\,\mu$ und bezeichnet dies als aktinische Korrektion. Für die weniger empfindliche orthochromatische Platte in Verbindung mit einem geeigneten Filter kann auch ein für Beobachtung korrigiertes Objektiv verwendet werden. Während man diese aktinische Korrektion in der Astrophotographie anwendet, wird für die gewöhnlichen Zwecke der Photographie (Porträt und Landschaft) D mit $H\gamma$ vereinigt. So wird die Mattscheibe eben da auf das schärfste Bild eingestellt, wo auch die Platte das schärfste Bild aufnimmt. Den Unterschied zwischen diesen beiden Einstellungen bezeichnet man als Fokusdifferenz; seine Ausgleichung für ein unachromatisches Objektiv ist bei der gewöhnlichen Photographie dadurch erschwert, daß bei ihm der Einstellunterschied für kleinere Dingabstände sich mit diesem Abstand ändert. Beim astrophotographischen Objektiv kann er dagegen leicht berücksichtigt werden. Die schlechtere Vereinigung der chemisch wirksamen Strahlen hat für die gewöhnliche Photographie geringere Bedeutung, da die Brennweiten kleiner sind. In Abb. 29 sind auch die Kurven des sekundären Spektrums für diese anderen Arten der Korrektion eingezeichnet.

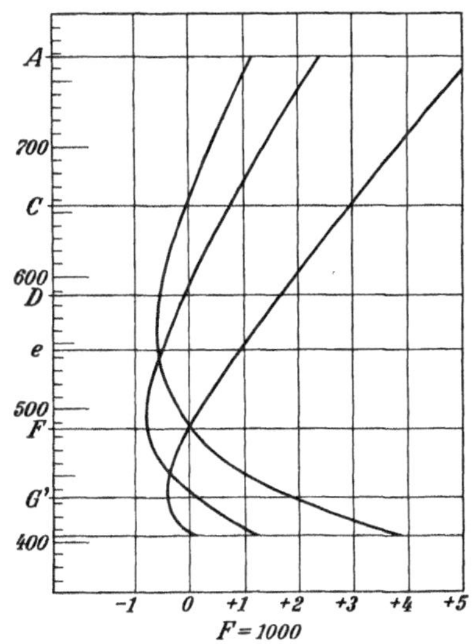

Abb. 29. Das sekundäre Spektrum bei verschiedenen Arten der Farbenkorrektion.

[1] Abh d Sächs Ges d Wiss 11, S. 541 (1876).
[2] Trans Opt Soc 28, S. 73 (1926/7).

23. Die Änderung der Bildfehler mit der Farbe. Gegenüber den Farbenfehlern des Bildortes und der Bildgröße hat die Änderung der Bildfehler mit der Farbe beim Fernrohr geringere Bedeutung. Ist die sphärische Abweichung für Rot gehoben, so besteht für ein gewöhnliches Fernrohrobjektiv eine nach dem blauen Ende des Spektrums zunehmende Überverbesserung; bei parallel einfallendem Strahlenbündel ändert sich die Farbenlängsabweichung mit dem Abstande des einfallenden Strahles von der Achse im Sinne der Überverbesserung. Vom Standpunkt der geometrischen Optik müßte man die engsten Einschnürungen für C und F zusammenlegen. Das richtige Ergebnis liefert aber erst die Beugungstheorie (Ziff. 32), nach der bei zonenfreier sphärischer Abweichung die beste Einstellung in der Mitte zwischen Achsen- und Randschnittpunkt liegt. Sie steht auch in Übereinstimmung mit der in der rechnenden Optik üblichen Korrektion, daß die Farbenlängsabweichungen für Achsen- und Randstrahl gleich und entgegengesetzt gemacht werden. Schon D'ALEMBERT[1] hat auf diesen Fehler, die Farbenabweichung (chromatische Differenz) der sphärischen Abweichung hingewiesen. Dieser Fehler hat beim Fernrohrobjektiv geringere Bedeutung. Die Farbenabweichung der Verzeichnung kommt bei Okularen in Betracht; man kann sie auch als eine Änderung der Farbenabweichung der Bildgröße mit dem Abstand des Bildpunktes von der Achse ansehen. Man wird daher diese Farbenabweichung nicht für die auf Grund der GAUSSischen Theorie berechnete Bildgröße heben, sondern für eine mittlere Zone des Gesichtsfeldes. Wenn der Dingpunkt sich von dem Rand nach der Achse bewegt, sollte die Breite des Spektrums, in die der Bildpunkt ausgezogen wird, in einer mittleren Zone den entgegengesetzten Wert wie am Rande annehmen. Wenn die Schärfe des Bildes am Rande unvollkommen ist, wird man hier auch wohl einen größeren Fehler zulassen.

24. Die Öffnungsblende. Für die Untersuchung der Abbildung von Punkten außer der Achse wurde angenommen, daß sich die Hauptstrahlen an einer bestimmten Stelle der Achse kreuzen und daß eine kreisförmige Blende an dieser Stelle die Strahlenbündel begrenzt. Im allgemeinen können für diese Begrenzung sowohl die Innenränder der Linsenfassungen wie besondere Blenden in Betracht kommen. Beide werden im folgenden als Blenden zusammengefaßt und sollen

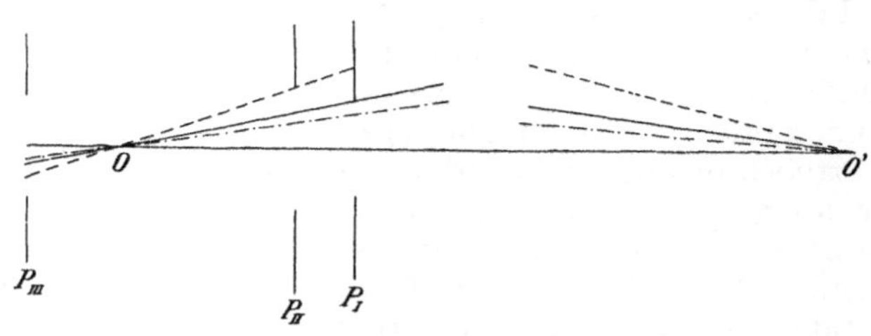

Abb. 30. Die Ermittlung der Öffnungsblende.

als zur Achse ausgerichtete und senkrechte Kreisöffnungen vorausgesetzt werden. Die Behandlung anderer Öffnungen kann nach denselben Grundsätzen erfolgen. Gehen Strahlen von einem Dingpunkt O in der Achse eines ausgerichteten Systems von Umdrehungsflächen aus und verfolgt man ein Strahlenbündel von genügender Öffnung, so wird dies durch eine der Blenden P am meisten beschränkt, wenn man von dem Grenzfall absieht, daß einige Blenden den gleichen Teil aussondern (Abb. 30). Die am meisten einschränkende Blende P_I bezeichnet man als Öffnungsblende. Zuweilen kann man sie dadurch erkennen, daß man das

[1] Opusc. math., III. Art., S. 742. Paris 1761/8.

Auge in den Ding- bzw. Bildpunkt bringt. Die Öffnungsblende begrenzt dann das beleuchtete Feld. Ist die Öffnungsblende von dem beobachtenden Auge durch Teile des abbildenden Systems getrennt, so sieht das Auge nur ein Bild der Öffnung. Das so im Ding- bzw. Bildraum entstandene Bild der Öffnungsblende *Bl* nennt man die Eintritts- bzw. Austrittspupille *PP* bzw. *P'P'* (Abb. 31). Es möge auch angenommen werden, daß für Punkte außer der Achse in der Dingebene weder eine andere Öffnungsblende die Strahlen begrenzt, noch eine erhebliche Änderung der Lage und Größe der Austrittspupille in Betracht kommt, wie sie dadurch entstehen kann, daß für die Abbildung der Öffnungsblende nun andere Strahlen, nämlich die durch die enge Öffnung um den Dingpunkt außer der Achse, maßgebend sind. Auch für etwas größeren oder kleineren Dingabstand soll dieselbe Öffnungsblende wirksam sein. Die Mitte dieser Öffnungsblende bestimmt nun den Kreuzungspunkt der Hauptstrahlen, durch die jedenfalls bei enger Öffnung die Abbildung festgelegt ist. Die durchgelassenen Hauptstrahlen größter Neigung begrenzen das Gesichtsfeld; die dingseitigen das dingseitige oder wahre (objektive), die bildseitigen das bildseitige oder scheinbare (subjektive) Gesichtsfeld. Die Blende, durch deren Rand sie gehen, ist die Gesichtsfeldblende, ihr Bild im Ding- bzw. Bildraum die Eintritts- bzw. Austrittsluke.

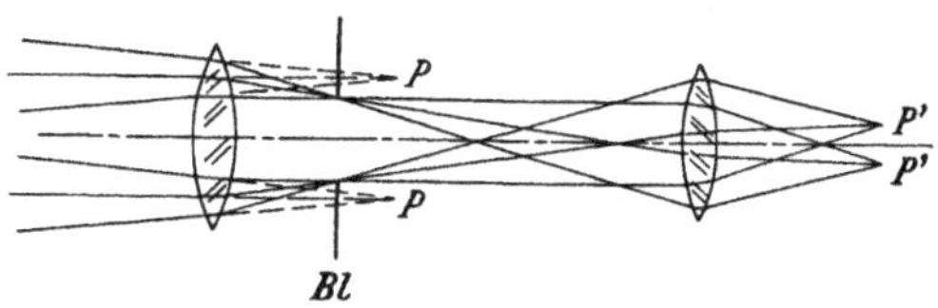

Abb. 31. Die Eintrittspupille *PP* und die Austrittspupille *P'P'* als Bilder der Öffnungsblende *Bl*.

Den Abbildungsvorgang stellt man sich in der folgenden Weise vor: Die Stellen des Dingraums, die überhaupt zur Abbildung gelangen, sind die, die von der Eintrittspupille aus unverdeckt erscheinen; sie bilden eine, wenn auch vielfach unregelmäßige und unstetige Bildfläche, abgesehen von Sonderfällen, wie der Abbildung der unendlich fernen Ebene des gestirnten Himmels. Das Bild der Dingfläche fällt mit dem Auffangschirm im Bildraum nur stellenweise zusammen. Es wird aber durch die Hauptstrahlen in die Auffangfläche projiziert. Statt nun so vorzugehen, ist es oft übersichtlicher, die Dingpunkte mit den Hauptstrahlen im Dingraum auf die unendlich ferne Ebene zu projizieren. Diese Projektion ist nichts anderes, als eine Zentralprojektion von der Eintrittspupille aus. Sie gibt das Bild, wie es dem Auge am Ort der Eintrittspupille erscheint. Die so festgelegten Hauptstrahlen bestimmen auf dem Auffangschirm ein größeres oder kleineres Bild, wobei noch Verzeichnung eintreten kann.

25. Die Abbildungstiefe. Die Punkte der unregelmäßigen Dingfläche können nun auch bei vollkommener Abbildung durch das System nicht gleichzeitig auf dem Auffangschirm vollkommen scharf abgebildet werden; dies würde nur für die Punkte der dem Auffangschirm zugeordneten Dingfläche, der Einstellfläche, zutreffen. Andere werden nur mit Zerstreuungskreisen abgebildet. Man kann nun die Dingfläche Punkt für Punkt in den Bildraum abbilden; durch die Austrittspupille und die Dingpunkte sind dann die abbildenden Büschel bestimmt, und ihr Schnitt mit dem Auffangschirm gibt den Zerstreuungskreis. Eine bessere Übersicht erhält man meist, wenn man die Zerstreuungskreise feststellt, die die Strahlenbündel im Dingraum in der Einstellfläche ausschneiden. Diese Bündel sind durch die Dingpunkte und die Eintrittspupille bestimmt. Bildet man nun diese Zerstreuungskreise auf dem Auffangschirm ab, so hat man das gleiche Ergebnis. Die Gesamtheit der Zerstreuungskreise in der Einstellfläche bzw. auf dem Auffangschirm bezeichnet man als Abbild bzw. Abbildskopie.

Bezeichnet man den Halbmesser der Eintrittspupille bzw. des Zerstreuungskreises mit p bzw. z, den Abstand der Dingpunktebene bzw. der Einstellebene von der Eintrittspupille mit ξ bzw. ξ_e, so ist (Abb. 32)

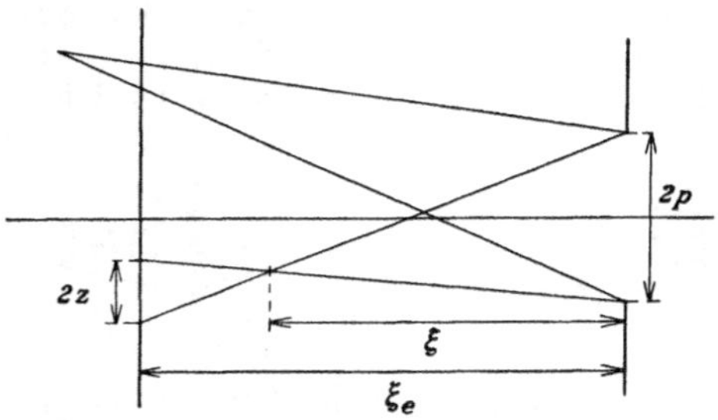

Abb. 32. Der Zerstreuungskreis eines nichteingestellten Punkts.

$$z = \frac{(\xi_e - \xi)p}{\xi}, \tag{58}$$

$$\frac{z}{\xi_e} = p\left(\frac{1}{\xi} - \frac{1}{\xi_e}\right). \tag{59}$$

Ist man so imstande, die Größe der Zerstreuungskreise zu bestimmen, und sieht man einen gewissen Durchmesser $z' = \beta z$ des Zerstreuungskreises auf dem Auffangschirm als Grenze für einen scharfen Bildpunkt an, so kann man weiter errechnen, bis zu welcher Grenze in der Tiefe des Raumes die scharfe Abbildung reicht. Der Abstand der vorderen Grenze von der Eintrittspupille sei ξ_v, der der hinteren ξ_h. Setzt man diese Größen in (59) ein und bildet unter Beachtung, daß z in beiden Fällen entgegengesetztes Vorzeichen hat, die Summe und den Unterschied der so erhaltenen Gleichungen, so ergibt sich

$$\frac{2}{\xi_e} = \frac{1}{\xi_h} + \frac{1}{\xi_v}, \tag{60}$$

$$\frac{2z}{p\,\xi_e} = \frac{1}{\xi_h} - \frac{1}{\xi_v} = T_D. \tag{61}$$

Die Tiefe T_D ist hier in Dioptrien zu messen (S. 93), in diesem Maß liegt die vordere und hintere Grenze gleich weit von der Einstellebene. Beim Fernrohr ist der zulässige Zerstreuungskreis $z' : \xi'_e = \Gamma z : \xi_e$ im Winkelmaß gegeben. Ist dieser 1′, die Vergrößerung $\Gamma = 6$, der halbe Objektivdurchmesser $p = 10$ mm, so ist $T_D = 0{,}0048$ Dptr; wenn die hintere Grenze im Unendlichen liegt, ist die vordere bei 210 m.

b) Das Bild als Beugungserscheinung[1].

26. Das Beugungsbild eines Lichtpunktes. Für ein volles Verständnis der optischen Abbildung muß die wellenförmige Ausbreitung des Lichtes berücksichtigt werden. Es möge zunächst angenommen werden, daß die abbildende Linsenfolge so beschaffen ist, daß die optischen Weglängen von dem Dingpunkt zum zugehörigen Bildpunkt gleich sind, also nach der früheren Ausdrucksweise die Strahlen wieder streng in einem Bildpunkt vereinigt werden, und daß eine achsensenkrechte Ebene wieder als solche abgebildet wird. Ferner wird zunächst angenommen, daß die Dingpunkte selbstleuchtend sind. Nach der Lehre von der Beugung wird die Lichtverteilung hinter der Öffnungsblende gefunden, indem man durch diese Blende eine Zwischenfläche legt und die Interferenzwirkung der von den Elementen dieser Fläche innerhalb der Blende ausgehenden Elementarwellen für den Bildraum bestimmt. Den einzelnen Punkt, für den man die Interferenzwirkung errechnet, nennt man den A u f p u n k t. Die Zwischenfläche legt man zweckmäßig so, daß ihre Elemente auf den Lichtwegen nahe senkrecht stehen; es ist dies möglich, da in den vorkommenden Fällen die Hellig-

[1] STREHL, Theorie d. Fernrohrs auf Grund der Beugung des Lichts. Leipzig: Barth 1894; Centr Z f Opt u Mech 28, S. 1 (1907); 41, S. 409 (1920); 47, S. 264 (1926); 48, S. 1 (1927); JENTZSCH, im Handbuch d. Physik von GEIGER u. SCHEEL Bd. 18, S. 255. Berlin: Julius Springer 1927; PICHT, Optische Abbildung. Die Wissenschaft Bd. 84. Braunschweig: Vieweg 1931.

keit des Beugungsbildes mit dem Abstand von dem leuchtenden Bildpunkt rasch abnimmt und so die Richtungsunterschiede der Lichtwege vom Element der Zwischenfläche zum Bildpunkt und Aufpunkt gering sind. Der Bildpunkt sei O'; die Austrittspupille begrenzt die Kugelwelle. Die Verbindungslinie der Mitte der Austrittspupille P' mit dem Punkt O' sei die eine Koordinatenachse; der Abstand des Aufpunktes von der achsensenkrechten Ebene in O', die als Brennebene bezeichnet werde, sei $\mathfrak{p}$, die Lage des Aufpunktes sei weiter durch den seitlichen Abstand σ von dieser Achse und den Polarwinkel $\omega = 0$ in der achsensenkrechten Ebene gekennzeichnet. Die Öffnung sei ein Kreis um P' mit dem Halbmesser p', die Lage eines Punktes in der Öffnung sei durch r, ω gegeben. Wir setzen $P'O' = \xi'$, dann ist die Beleuchtungsstärke im Aufpunkt, wenn sie in der Öffnung $= 1$ gesetzt wird,

$$B = \frac{C^2 + S^2}{\lambda^2 \xi'^2}, \tag{62}$$

$$C = \int_0^{p'} \int_0^{2\pi} \cos \frac{2\pi}{\lambda} \left(\frac{r \sigma \cos \omega}{\xi'} + \frac{\mathfrak{p} r^2}{2 \xi'^2} \right) r \, dr \, d\omega, \tag{63}$$

$$S = \int_0^{p'} \int_0^{2\pi} \sin \frac{2\pi}{\lambda} \left(\frac{r \sigma \cos \omega}{\xi'} + \frac{\mathfrak{p} r^2}{2 \xi'^2} \right) r \, dr \, d\omega. \tag{64}$$

Der Klammerausdruck stellt die Weglängenabweichung dar. Der Faktor $1 : \lambda^2 \xi'^2$ ergibt sich aus dem Energieprinzip, da die Lichtverteilung in einer achsensenkrechten Ebene von der Größe $\mathfrak{Z} = \frac{2\pi p' \sigma}{\lambda \xi'}$ abhängt; ebenso setzen wir $\mathfrak{P} = \frac{\pi \mathfrak{p} p'^2}{\lambda \xi'^2}$.

Für $\lambda = 500\ \mu\mu$ ergibt sich folgende Tabelle:

	$2p' : \xi' =$	1:5	1:10	1:20	1:40	1:80
$\mathfrak{Z} = 1$;	$\sigma =$	0,8	1,6	3,2	6,4	12,8 μ
$\mathfrak{P} = 2\pi$;	$\mathfrak{p} =$	0,1	0,4	1,6	6,4	25,6 mm

Die Schwingungsphase im Aufpunkt ist durch $\operatorname{tg} \gamma = S : C$ gegeben. Die Beugungserscheinung einer beliebigen Öffnung in der achsensenkrechten Ebene durch O' ($\mathfrak{p} = 0$) bezeichnet man nach FRAUNHOFER, die allgemeinere für andere Ebenen nach FRESNEL. Die genaue Berechnung der Lichtverteilung für den allgemeinen Fall bei kreis- und spaltförmiger Öffnung wurde von LOMMEL[1] gegeben; in der folgenden Tabelle sind die Werte nach MARTIN[2] aufgeführt, der die Beleuchtungs-

$\mathfrak{Z}$ \ $\mathfrak{P}$	0	$\pi:4$	$\pi:2$	$3\pi:4$	π	$5\pi:4$	$3\pi:2$	$7\pi:4$	2π	$9\pi:4$	$5\pi:2$	$11\pi:4$	3π
0	100,0	94,93	81,02	61,51	40,51	22,15	9,00	1,94	0	1,17	3,24	4,58	4,53
$2\pi:9$	88,45	84,00	71,75	54,47	35,90	19,66	8,02	1,77	0,04	1,06	2,87	4,05	3,97
$4\pi:9$	60,08	57,10	48,90	37,40	24,98	14,04	6,17	1,80	0,47	0,98	2,01	2,84	2,77
$2\pi:3$	29,53	28,28	24,77	19,86	14,37	9,35	5,42	2,95	1,74	1,41	1,50	1,62	1,55
$8\pi:9$	8,71	8,76	8,84	8,86	8,53	7,76	6,54	5,04	3,53	2,21	1,31	0,86	0,73
$10\pi:9$	0,66	1,32	3,02	5,28	7,21	9,21	7,60	6,68	4,75	2,79	1,31	0,56	0,48
$4\pi:3$	0,42	1,08	2,83	5,11	7,08	8,13	7,94	6,66	4,74	2,80	1,32	0,56	0,48
$14\pi:9$	1,64	2,06	3,15	4,54	5,74	6,34	6,16	5,25	3,93	2,56	1,49	0,85	0,67
$16\pi:9$	1,45	1,62	2,12	2,74	3,36	3,81	3,93	3,74	3,30	2,66	2,01	1,44	1,04
2π	0,46	0,52	0,76	1,05	1,53	2,12	2,69	3,14	3,30	3,14	2,67	2,04	1,56
$20\pi:9$	0	0,04	0,23	0,49	1,00	1,69	2,40	2,84	3,49	3,45	3,01	2,29	1,43
$22\pi:9$	0,21	0,25	0,41	0,67	1,12	1,73	2,09	2,91	3,20	3,72	2,76	2,14	1,38
$8\pi:3$	0,41	0,44	0,55	0,74	1,02	1,40	1,80	2,16	2,38	2,39	2,20	1,85	1,43
$26\pi:9$	0,27	0,29	0,31	0,43	0,58	0,79	1,04	1,32	1,44	1,76	1,85	1,80	1,46
$28\pi:9$	0,04	0,05	0,05	0,12	0,21	0,36	0,57	0,89	1,24	1,57	1,83	1,94	1,79
$10\pi:3$	0,02	0,02	0,05	0,09	0,18	0,32	0,55	0,85	1,21	1,86	1,56	1,96	1,62

[1] Münch Abh 15, S. 233 (1884).

[2] Trans Opt Soc 27, S. 249 (1925/6); STREHL, Z f Instrk 15, S. 362 (1895).

stärke in $O' = 100$ setzt. Setzt man die Beleuchtung in der Austrittspupille $= 1$, so ist die in der Mitte des Beugungsscheibchens $(p'^2\pi:\lambda\xi')^2$; STREHL nennt diesen Wert den **Lichtverdichtungsfaktor**, den in der Tabelle aufgeführten Wert dividiert durch 100 nennt er den **Interferenzfaktor** I. Die Lichtverteilung ist zur achsensenkrechten Ebene durch O' symmetrisch; in der Brennebene beobachtet man ein helles Scheibchen (Abb. 33, Kurve I mit der Abszisse $\mathfrak{Z}$), umgeben von hellen Ringen mit rasch abnehmender Helligkeit; die Helligkeit in der Ringmitte ist für den ersten bzw. zweiten Ring nur 1:57 bzw. 1:240 von der in der Scheibchenmitte; der erste Ring enthält nur 8%, der folgende nur 3% der Lichtmenge im mittleren Scheibchen. In der Brennebene ist die Lage des ersten dunklen Ringes durch $\mathfrak{Z} = 3{,}83$ gegeben, die der weiteren durch $\mathfrak{Z} = 7{,}02$ und 10,17, die der Maxima durch $\mathfrak{Z} = 0$; 5,14; 8,42; 11,61. Abb. 34 a_1, b_1, c_1 zeigt das entsprechende Beugungsbild bei verschiedener Belichtung.

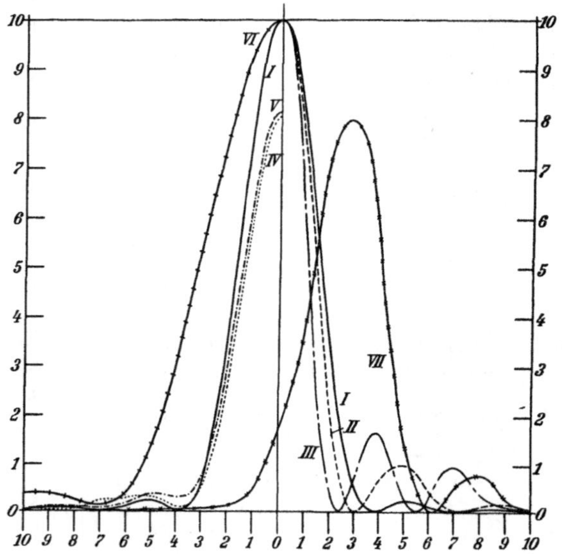

Abb. 33. Die Lichtverteilung in dem Beugungsbild eines Lichtpunkts: I. bei kreisförmiger Öffnung, II. bei Ringöffnung, III. bei unendlich schmaler Randzone, IV. bei abweichender Einstellung, V. bei sphärischer Abweichung, VI. bei Halbkreisöffnung senkrecht zum Hälftungsdurchmesser, VII. bei Koma.

Nach dem Satz von HELMHOLTZ ist $\mathfrak{Z}$ für zugeordnete Punkte des Ding- und Bildraums gleich; man beobachtet also im Bildraum die Beugungserscheinung, die der Austrittspupille als beugender Öffnung entspricht. Längs der optischen Achse wird der Gang der Helligkeit ebenfalls durch eine Wellenlinie abnehmender Amplitude dargestellt; in den Abständen $\mathfrak{P} = 2n\pi$, wo n eine ganze Zahl ist, ist die Helligkeit Null, an diesen Stellen kehrt sich also die Lichtverteilung mit der Änderung der Einstellung um. Bei $\mathfrak{P} = 4\pi$ ist die Beleuchtung schon nahe gleichmäßig. Bei abweichender Einstellung hält es RAYLEIGH[1] noch für unschädlich, wenn der Unterschied zwischen der längsten und kürzesten Weglänge $\lambda:4$, die sog. RAYLEIGHsche Grenze, nicht überschreitet. Geht man von einem Bildpunkt mit konstanter Weglänge zu einem um ds' in der Achse entfernten über, so ist für diesen der größte Weglängenunterschied Δ durch $2\Delta = ds'\sin^2 u'$ gegeben, wo u' der halbe Öffnungswinkel ist. Die Tiefe der scharfen Abbildung wird so für $\Delta = \lambda:4$ gleich $\lambda:\sin^2 u'$. Abb. 33, Kurve V stellt die Lichtverteilung im Beugungsscheibchen für diese RAYLEIGHsche Grenze dar.

27. Das Auflösungsvermögen. Hat man es mit zwei einander und der Achse benachbarten Lichtpunkten zu tun, so sind die Beleuchtungsstärken, die den beiden Lichtpunkten in den Punkten der Einstellebene entsprechen, zu addieren. Fällt die Mitte des Beugungsscheibchens des einen Punktes in den dunklen Ring des anderen (Abstand der Punkte im Beugungsmaß $\mathfrak{Z} = 3{,}83$), so sinkt die Beleuchtungs-

[1] Phil Mag 8, S. 410 (1879).

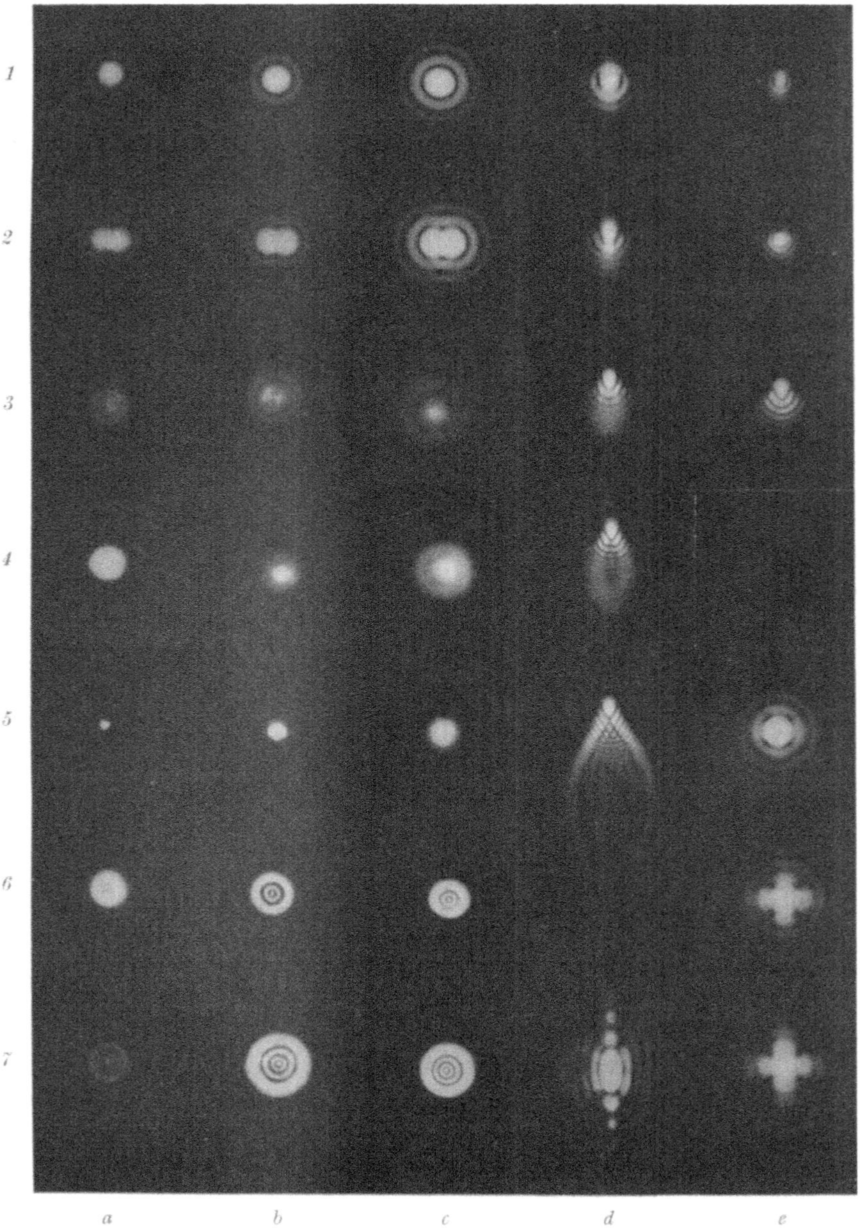

Abb. 34. Aufnahmen von Beugungsbildern: A. eines Lichtpunkts, a) bei kreisförmiger Öffnung mit verschiedener Belichtung (a_1, b_1, c_1), b) bei Halbkreisöffnung (d_7 nach Scheiner), c) bei sphärischer Abweichung verschiedener Größe mit verschiedener Einstellung (Reihen 3 bis 7 bis zu c nach Mrs. Griffiths), d) bei Koma von verschiedener Stärke (e_1, e_2, e_3) und mit verschiedener Öffnung (d_1 bis d_6), e) bei Astigmatismus verschiedener Stärke (e_5, e_6, e_7), B. eines Doppelsterns mit verschiedener Belichtung (a_2, b_2, c_2).

Die Aufnahmen ohne Herkunftsangabe sind wesentlich der Hilfe von Prof. A. Köhler, Jena, zu verdanken.

stärke in der Mitte zwischen den geometrisch-optischen Bildpunkten auf 73% der Maxima; nach RAYLEIGH[1] gilt dies meist als die Grenze für das Erkennen der Trennung der Lichtpunkte. Beim Fernrohr und photographischen Objektiv sieht man für entfernte Objekte den $\mathfrak{Z} = 3{,}83$ entsprechenden Abstand dividiert durch die Brennweite als das Maß des Auflösungsvermögens für Doppelpunkte an; es ist 136″ dividiert durch den Durchmesser D der Eintrittspupille in mm. Die Wahl von $\mathfrak{Z} = 3{,}83$ ist nicht frei von Willkür; es kommt außer anderem auf die Empfindlichkeit des Auges für Helligkeitsunterschiede an. STREHL empfiehlt daher, als theoretische Grenze des Auflösungsvermögens, die freilich nicht erreicht wird, den Wert $\mathfrak{Z} = 2{,}9$ anzusehen, für den der Abfall der Beleuchtungsstärke in der Mitte verschwindet; er mag als das theoretische Auflösungsvermögen bezeichnet werden. Nach MOURASHINSKY[2] sind für die Werte von $\mathfrak{Z} = 3{,}0$ bis 4,0 in Stufen von 0,1 die Werte von $I_{\min} : I_{\max}$ in Prozenten 99,95; 99,0; 97,0; 94,2; 91,4; 87,2; 83,2; 79,0; 73,5; 70,6; 66,5. Er findet, daß für $\mathfrak{Z}$ zwischen 3,0 und 3,8 die Maxima nicht in die geometrischen Bildpunkte fallen, sondern um so mehr nach der Mitte verschoben sind, je kleiner $\mathfrak{Z}$ ist. Abb. 35 zeigt nach ihm

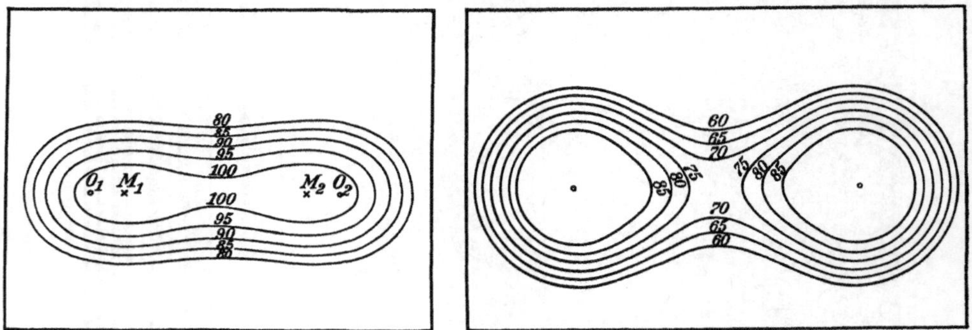

a b

Abb. 35. Die Lichtverteilung in Schichtendarstellung bei Übereinanderlagerung zweier Beugungsscheibchen: a) für $\mathfrak{Z} = 3{,}2$, b) für $\mathfrak{Z} = 3{,}83$ (Auflösungsgrenze eines Doppelsterns).

in Schichtendarstellung die Helligkeitsverteilung für die Abstände $\mathfrak{Z} = 3{,}2$ und 3,83; in der Darstellung für $\mathfrak{Z} = 3{,}2$ sind O_1 und O_2 die geometrischen Orte der beiden Sterne, M_1 und M_2 die Maxima. Er gibt auch solche Darstellungen für andere Werte von $\mathfrak{Z}$ und für ungleiche Helligkeit der beiden Sterne. Abb. 34 a_2, b_2, c_2, zeigt das Beugungsbild für $\mathfrak{Z} = 3{,}83$ bei verschiedner Belichtung. Es ist bisher angenommen worden, daß die beiden Lichtpunkte selbst leuchten, die ausgesandten Schwingungen inkohärent sind; sind es beleuchtete Punkte, so sind die Schwingungen kohärent, interferenzfähig, und es müssen die Lichtvektoren unter Berücksichtigung des Phasenunterschiedes zusammengesetzt werden. Bei Beleuchtung mit einer achsensenkrechten ebenen Welle ist das theoretische Auflösungsvermögen nur $\mathfrak{Z} = 4{,}6$; für dunkle Punkte auf hellem Grunde gelten dieselben Werte wie für helle auf dunklem Grunde. Besonders einfach ist die mathematische Behandlung für leuchtende Gerade, wenn die Öffnung rechteckig und den Geraden parallel ist[3]. Die Helligkeitsänderung mit der zur Geraden senkrechten x-Koordinate ist in diesem Fall durch $\sin^2 \mathfrak{Z}_x : \mathfrak{Z}_x^2$ gegeben, wo $\mathfrak{Z}_x = (2\pi x \sin u_x) : \lambda$ und u_x der halbe Öffnungswinkel in der x-Richtung ist. Um ein Hauptmaximum gruppieren sich symmetrisch Nebenmaxima, die rasch

---

[1] Phil Mag 8, S. 261 (1879); 9, S. 40 (1880).
[2] Phil Mag 46, S. 29 (1923).
[3] RAYLEIGH, Phil Mag 8, S. 261 (1879).

an Helligkeit abnehmen und die durch dunkle Streifen bei $\mathfrak{Z} = m\pi$ getrennt sind, wo m eine ganze Zahl ist. Hat man zwei parallele Lichtlinien im Abstand Δ, so addieren sich die Helligkeiten in den betreffenden Punkten. Es ist die Helligkeit

$$I = \text{konst.}\left[\left\{\frac{\sin\mathfrak{Z}(x)}{\mathfrak{Z}(x)}\right\}^2 + \left\{\frac{\sin\mathfrak{Z}(x-\Delta)}{\mathfrak{Z}(x-\Delta)}\right\}^2\right]. \tag{65}$$

Ist $\Delta = \lambda : 2\sin u_x$, so fallen die Stellen $\mathfrak{Z} = \pi$ des dunklen Streifens in dem einen Beugungsbild auf das Maximum in dem anderen. Zwischen den beiden Höchstwerten liegt eine Einsenkung mit 81% Helligkeit. Für die kreisförmige Öffnung ist die Auflösung eines Geradenpaars geringer als für die rechteckige, das theoretische Auflösungsvermögen $\mathfrak{Z} = 2{,}8$ bzw. $4{,}2$ für selbstleuchtende bzw. beleuchtete Gerade. Die Auflösung von Streifen endlicher Breite behandelt MOURASHINSKY[1]. Ist die Entfernung der Lichtlinien (oder Punkte) von der Öffnung groß $= E$, so mißt man zweckmäßig ihren Abstand im Winkelmaß $\Delta : E = \psi$. $2E\sin u_x$ ist dann die Breite der Öffnung $= B$, mithin $\psi = \lambda : B$. Δ und ψ dienen als Maß des Trennungs-, Unterscheidungs- oder Auflösungsvermögens.

28. Der Einfluß von Abdeckung und Absorption in der Öffnung. Durch Abblendung einzelner Zonen kann ein rascherer Lichtabfall in dem Beugungsscheibchen erreicht und dies so verkleinert werden; damit wird das Auflösungsvermögen erhöht[2], wie Abb. 33, Kurve *II* und *III* für die Fälle zeigt, daß die Mitte bis zum halben Durchmesser oder daß alles bis auf eine unendlich schmale Randzone abgeblendet ist. Im ersten Fall hat der erste dunkle Ring den Halbmesser $\mathfrak{Z} = 3{,}15$ statt $3{,}83$, aber die Intensität I in der Mitte des ersten hellen Rings ist auf 9,4% gestiegen; im zweiten Fall ist $\mathfrak{Z} = 2{,}4$ und $I = 16\%$. Ähnliche Wirkungen erhält man durch geringe sphärische Abweichung vom 1,5fachen der RAYLEIGHschen Grenze (Ziff. 26)[3]. Der steilere Lichtabfall wird jedoch immer mit Verlust an Helligkeit in der Mitte des Beugungsscheibchens und Erhöhung der Helligkeit in den umgebenden Ringen erkauft; dies ist aber ein Nachteil für die Definition.

Die Beugungserscheinungen einer halbkreisförmigen Öffnung haben für das Heliometer Bedeutung[4]; die Lichtverteilung als Funktion von $\mathfrak{Z}$ in der Richtung der Halbierungsebene ist dieselbe wie für die Kreisöffnung, senkrecht dazu ist sie durch die Kurve *VI* in Abb. 33 gegeben; der erste dunkle Ring liegt an der Stelle des zweiten dunklen Rings bei der Kreisöffnung. Photographien des Beugungsscheibchens geben SCHEINER (in Abb. 34 d_7 wiedergegeben) und EVERITT[5], der auch eine Isophotendarstellung bringt.

Nimmt die Absorption eines Objektivs mit dem Quadrat des Abstands von der optischen Achse zu, so wird das Auflösungsvermögen verringert, die Definition erhöht. Ähnliche Wirkung hat die Absorption beim farbenzerstreuenden Prisma[6].

---

[1] Phil Mag 47, S. 1105 (1924).

[2] AIRY, Trans Cambridge Phil Soc 5, S. 283 (1834); übers. Pogg Ann 45, S. 86 (1838); Phil Mag 18, S. 1 (1841); RAYLEIGH, M N 33, S. 59 (1873); Encycl Brit 24, § 11 (1888); ANDRÉ, Traité d'Astronomie Stellaire. Paris: Gauthier-Villars 1891; STREHL, Gymn.-Progr. Erlangen 1898; STONEY, Obs 23, S. 361 (1900); STEWARD, Phil Trans A 225, S. 131; Proc Opt Convention 1926, S. 776; ROY, C R 192, S. 461 (1931); B S A F 45, S. 424 (1931).

[3] KINGSLAKE, M N 87, S. 634 (1927).

[4] BRUNS, A N 104, S. 1 (1883); STRAUBEL, Diss. Jena 1888; A N 139, S. 225 (1896); STREHL, Z f Instrk 15, S. 362 (1895); MITRA, Proc Indian Ass Cult 6, S. 1 (1920).

[5] SCHEINER u. HIRAYAMA, Abh. Ak. Berlin Anhang 1894; EVERITT, Proc R Soc London A 83, S. 302 (1910).

[6] STRAUBEL, Verh Dsch Phys Ges 4, S. 332 (1902); Phys Z 4, S. 74 (1902); REESE, Ap J 13, S. 199 (1901); E. HOFFMANN, Diss. Jena 1912; WURM, Z f Astrophys 2, S. 133 (1931).

29. Die Abbildung von Rändern[1]. Um die Beleuchtung am Rande ausgedehnter leuchtender Flächen zu finden, verfährt man wie folgt. Man ersetzt das Flächenelement, für das die Beleuchtung gesucht wird, durch die Beugungserscheinung, die diesem als leuchtendem Element entspricht, und ermittelt die Lichtmenge, die in die geometrisch optische Bildgrenze fällt. Im folgenden sind die Beleuchtungsstärken für gleichmäßig helle Kreisscheiben als Funktion von $\mathfrak{Z}$ und für den Halbmesser $\mathfrak{Y}$ der Kreisscheiben im Beugungsmaß = 6, 4 bzw. 2 nach STREHL gegeben, der auch den Helligkeitsabfall am Rande bei Farbenabweichung untersuchte. Als Einheit = 100 gesetzt dient die durchschnittliche Lichtstärke des geometrisch-optischen Bildes. $\mathfrak{M}$ entspricht

$\mathfrak{Y} = 6$				4				2			
$\mathfrak{Z}$	M	M^2	$\mathfrak{M}$	$\mathfrak{Z}$	M	M^2	$\mathfrak{M}$	$\mathfrak{Z}$	M	M^2	$\mathfrak{M}$
0	85	72	90	0	140	196	84	0	78	61	62
	96,5	93	88,5		130,5	171	84		75,5	57	59
3	111	122,5	87,5	2	107	114,5	79,5	1	69	48	52
	95	90	76		74,5	55,5	63,5		59,5	35,5	42
6	49	24	42	4	42	17,5	39	2	47,5	22,5	31
	6	0,5	11		18	3	17		34,5	12	21
9	−8	0,5	2,5	6	1	0	5	3	22	5	12,5
	−1	0	2		−4	0	2		11	1	6,5
12	4	0	1	8	−3,5	0	1,5	4	2	0	3

dem Fall, daß das Licht von den einzelnen Stellen der Kreisscheibe nicht miteinander interferiert, M^2 dem Fall, daß Interferenz eintritt. Bei Planeten nimmt STREHL an, daß sie aus einer Unzahl von Stellen mosaikartig zusammengesetzt sind, die in wechselnder Verteilung nach Amplitude, Phase und Polarisation der Schwingung, von der Farbe abgesehen, teils übereinstimmen, teils nicht übereinstimmen. M hat für den Fall Bedeutung, daß zwei benachbarte Kreisscheiben miteinander interferieren, z. B. wenn mit dem Heliometer Kreisscheiben auf Berührung eingestellt werden; für die Überlagerung sind die Werte mit Berücksichtigung des Vorzeichens zu addieren, ehe man die Intensität durch Quadrieren erhält. Bemerkenswert ist, daß für beleuchtete Scheiben die Helligkeit in der Mitte größer ist als nach der geometrischen Optik, ferner daß in der Mitte ein dunkler Fleck auftreten kann, wie ihn PICKERING auf einem hellen Trabanten beobachtet hat. Andererseits kann, wie $Z = 4$ zeigt, die Helligkeit in der Mitte auf den doppelten Wert des geometrisch-optischen Bildes ansteigen. Ist das Bild der Scheibe sehr groß gegen das Beugungsscheibchen, so gilt die Lichtverteilung am Rande einer hellen Halbebene. Für diese ist die Beleuchtungsstärke am geometrischen Rande gleich der Hälfte des Wertes weit innerhalb des Bildes der leuchtenden Halbebene. Die Kurve der Beleuchtung als Funktion von $\mathfrak{Z}$ verläuft symmetrisch zum geometrischen Rand, die folgende Tabelle gibt nur die Werte innerhalb dieses Randes.

$\mathfrak{Z}$	0		2		4		6		8		10
M	50	80	100	109	106	99,5	95,5	96	100	103	102,5
M^2	25	64	102	118,5	112,5	99	91	92,5	100	105,5	105
$\mathfrak{M}$	50	75	89	94	95	96	97	97	97,5	98	98

[1] ANDRÉ, C R 82, S. 205, 607, 1191 u. 1229; 83, S. 946 (1876); J d Phys 5, S. 265 u. 304 (1876); Étude de la diffraction. Diss. Paris; Comparaison des effets optiques des petits et grands instruments d'astronomie. Lyon: Assoc. Typogr. 1889; Ann École norm 5 (1876); C R 83, S. 946 (1876); 94, S. 1401 (1882); Ann École norm 10 (1881); PERRY, M N 37, S. 56 (1876); STRUVE, Mém Acad St Pétersbourg 30, Nr. 8 (1882); Wied Ann 17, S. 1008 (1882); STREHL, Z f Instrk 16, S. 257 (1896); 17, S. 301 (1897); 18, S. 43 (1898); A N 158, S. 91 (1902); 165, S. 51 (1904); Centr Z f Opt u Mech 43, S. 417 (1922); 46, S. 47 (1925); 52, S. 19 (1932); NAGAOKA, Phil Mag 45, S. 1 (1898); BIRCK, Diss. Göttingen 1909.

NAGAOKA[1] gibt (Abb. 36) die Lichtverteilung für den Durchgang eines hellen bzw. dunklen Lichtpunktes über eine helle bzw. dunkle Scheibe. Diese Untersuchungen haben Bedeutung für Sternendurchgänge und für Messungen mit dem Doppelbildmikrometer; sie bilden die Grundlage für die Behandlung dieser Fragen durch die Kontrasttheorie. Nach HAMY[2] bewirkt ein Spalt vor dem Objektiv für die Messung von Sonnendurchmessern günstigeren Lichtabfall am Rande. Ist ε der scheinbare Halbmesser der Sonne, l die Länge und b die Breite des Spaltes und ist $m = \frac{\pi l \sin\varepsilon}{\lambda}$, $n = \frac{\pi b \sin\varepsilon}{\lambda}$, so ist die beste Form des Spaltes durch $n^2 = m:2$ gegeben. Er gibt zunächst ein Verfahren an, um durch Laboratoriumsversuche den Unterschied zwischen dem so festgestellten Sonnenrand und dem geometrischen zu erhalten. Später zeigt er, wie man aus zwei Beobachtungen mit verschiedener Spaltlänge und Fernrohrvergrößerung den geometrischen Durchmesser erhalten kann. Nach einem zweiten Verfahren mißt er die Sonne bei verschiedenen Durchmessern der Objektivöffnung, wobei aber die Okularbrennweite dieser Öffnung umgekehrt proportional ist, so daß die Austrittspupille bei beiden Messungen gleich ist. GROSSMANN[3] findet, daß man durch Beugung an einer dunklen Lamelle bzw. einem Lamellenkreuz vor dem Objektiv bei hellen Sternen die Einstellgenauigkeit erhöhen kann. STREHL[4] behandelt auch die Wahrnehmbarkeit von hellen oder dunklen, selbstleuchtenden oder beleuchteten Punkten, Geraden oder Flächen und die Frage, bei welchem Objektivdurchmesser diese am besten wahrgenommen werden. Zum Schluß sei noch auf Bd. II, 1. Hälfte dieses Handbuches Ziff. 48—50, verwiesen.

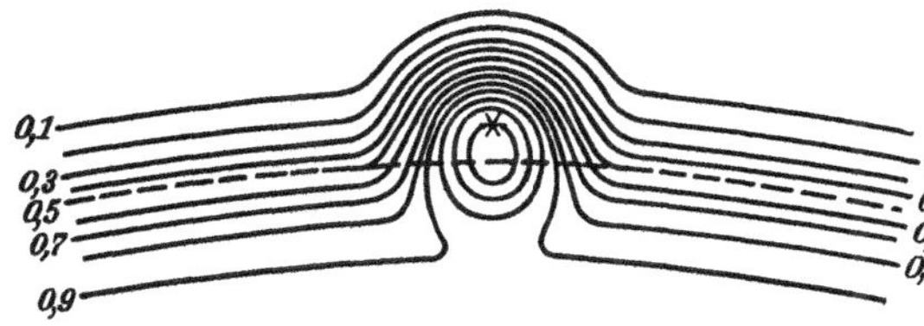

Abb. 36. Die Lichtverteilung in Schichtendarstellung beim Durchgang eines Sterns.

30. Die Farbenabweichung. Kennt man die Änderung der Lichtverteilung im Beugungsscheibchen mit der Einstellung $\mathfrak{P}$, so kann man den Einfluß der Farbenabweichung in der Achse einer Linse untersuchen. Es kommt ja darauf an, für die Farben, für die das Bild nicht in die Einstellebene fällt, in dieser Ebene die Lichtverteilung zu finden; die Helligkeiten sind zu addieren. Nach STREHL[5] teilt man das Spektrum in kleine Wellenlängenbezirke; außer dem Faktor $P = I:\lambda^2 = f(\mathfrak{P})$, der von dem Abstand des Bildpunktes für den betreffenden Bezirk von der Einstellebene abhängt, kommt es noch auf die spezifische Lichtstärke i des betreffenden Bezirks an, wie er durch die Untersuchungen der physiologischen Optik, besonders von ARTHUR KÖNIG, gegeben ist. Für das Auflösungsvermögen müßte man $i:\lambda$ nehmen, um seiner Zunahme mit abnehmendem λ Rechnung zu tragen; der Scheitel dieser Kurve liegt aber fast gleich mit dem der i-Kurve. Die gesamte Helligkeit ist dann in dem gewählten Achsenpunkt $\sum(Ii:\lambda^2)$. STREHL geht nun davon aus, daß es für das Erkennen von Einzelheiten, das Definitionsvermögen oder kurz die Definition, auf die Helligkeitsunterschiede der kleinsten, noch

[1] Ap J 51, S. 73 (1920).

[2] C R 165, S. 1082 (1917); 166, S. 240 u. 878; 167, S. 978 (1918); 169, S. 821 (1919); 170, S. 1143 (1920); 173, S. 888 (1921); 188, S. 1526 (1929); B A 1, S. 197 (1920); C R 185, S. 1230 (1927); 187, S. 624 u. 1089 (1928).

[3] A N 189, S. 161 (1911); KÜHL, ebenda 189, S. 329 (1911).

[4] Z f Instrk 17, S. 165 (1897); A N 158, S. 89 (1902); Z f Instrk 25, S. 199 (1905); MICHELSON, Ap J 2, S. 60 (1895); RAYLEIGH, J R Micr Soc 1903, S. 474.

[5] Z f Instrk 17, S. 50, 77, 165 u. 301 (1897); 19, S. 364 (1899); 23, S. 210 (1903); BUXTON, M N 85, S. 78 (1924).

wahrnehmbaren Einzelheiten ankommt. Er wählt daher als Maß der Definition, auch bei Aberrationen anderer Art, das Verhältnis der Helligkeit in der Mitte des Beugungsscheibchens für das mit Aberrationen behaftete Objektiv zu dem von Aberrationen freien; er nennt diesen Wert Z den Nutzeffekt. Diese Festsetzung bietet wenigstens den Vorteil, daß dieser Wert ohne allzu große Mühe errechnet werden kann. Z hängt von $F:D^2$ ab. Für die einfache Linse aus gewöhnlichem Kron $\nu = 60$ gilt nach STREHL folgende Tabelle:

$F:D^2$	25,6	12,8	6,4	3,2	1,6	0,8	0,4	0,2	0,1	0,05	0,025
Z	99	97	91	75	48	26	13	7	3	2	1

und für das achromatische Objektiv aus gewöhnlichen Silikatgläsern:

$F:D^2$	2,56	1,28	0,64	0,32	0,16	0,08	0,04	0,02	0,01	0,005	0,0025
Z	99	98	95	91	84	73	55	44	31	21	13

wenn F und D in mm gemessen werden. Die Kurve des sekundären Spektrums soll nach Ziff. 22 ihren Scheitel nahe an der hellsten Stelle des Spektrums haben. STREHL findet nun, daß die Definition am größten ist, wenn man auf den Scheitel der Farbenkurve einstellt, und daß eine andere Korrektion des Objektivs, bei der der Scheitel der Farbenkurve um 0,03 μ gegen den Scheitel der Helligkeitskurve verrückt ist, die Definition um 20% senkt, und weiter daß bei Einstellung auf eine Ebene für den Brennpunkt der Strahlen, die gegen die im Scheitel der Farbenkurve um 0,03 μ abweichen, die Definition auf die Hälfte sinkt. Dem widerspricht jedoch die leider vereinzelte Beobachtung von KEELER[1], daß man beim Lick-Refraktor das beste Bild erhält, wenn man 6,9 mm mehr nach außen einstellt. TAYLOR[2] stellte sich die Frage, wie groß die Dicke der Fokalschicht ist, d. h. der Schicht, die die Brennebenen von allen Strahlenarten enthält, die für die Leistung noch mitwirken. Er berücksichtigte noch Licht von einer Farbe, das in der Einstellebene keinen größeren Zerstreuungskreis ergab als den doppelten des Beugungsscheibchens für die eingestellte Farbe; die Einstellungsebene liegt also etwa in der Mitte der Fokalschicht, um die halbe Dicke gegen den Minimalfokus verschoben. Er fand durch Versuche mit astronomischen Objektiven bis 300 mm Durchmesser, daß für solche Objektive die Dicke der Fokalschicht nur vom Öffnungsverhältnis $D:F$ abhängt, und zwar $(F:D)^{1,6}$ proportional ist; für $D:F = 1:15$ war die Dicke 0,15 mm. Für das Lick-Objektiv findet STREHL die Definition $= 48\%$, für ein photographisches Fernrohr $D = 250$ und $f = 2500$ mm die Definition $= 55\%$. Bei den gebräuchlichen Öffnungsverhältnissen gewinnt man durch Verdoppelung der Brennweite um die Hälfte an Definition. Für die Definition $= 75$ muß nach den obigen Tabellen bei der einfachen Kronlinse $F = 3{,}2\,D^2$, bei dem Achromaten $F = 0{,}081\,D^2$ sein, wenn D und F in mm gemessen werden. CONRADY[3] geht davon aus, daß kein Licht zwischen C und F in der Einstellebene mehr als $\lambda:2$ Gangunterschied hat, er findet so $F = 0{,}11\,D^2$.

Durch das sekundäre Spektrum leidet weniger die Auflösung von Doppelsternen als die Definition, die für das Erkennen von Einzelheiten der Planetenoberflächen wichtig ist[4]. STREHL berechnet auch die Beleuchtung in außeraxialen Punkten der Einstellebene und findet, daß der Abfall der Helligkeit annähernd derselbe ist wie bei Farbenfreiheit.

31. Die sphärische Abweichung. Die sphärische Abweichung ist vielfach behandelt worden[5], auch strenger[6], zugleich Koma und Astigmatismus zuerst

[1] Publ A S P 2, S. 160 (1890). [2] M N 54, S. 67 (1893/4).

[3] M N 65, S. 594 (1905); 79, S. 575 (1919). [4] STREHL, A N 158, S. 89 (1902).

[5] STRAUBEL, Münch Ak Abh 18 I, S. 113 (1893); WALKER, Proc Phys Soc 24, S. 160 (1912); SILBERSTEIN, Phil Mag (6) 35, S. 30 (1918); GRIFFITHS, Trans Opt Soc 21, S. 37 (1920); RICHTER, Z f Instrk 45, S. 1 (1925).

[6] BRILLOUIN, Ann École norm 33, S. 17 (1916); FISCHER, Ann d Phys 72, S. 353 (1923).

von STREHL[1], strenger von STEWARD und PICHT[2]. Für die Behandlung der sphärischen Abweichung in der Achse vom Beugungsstandpunkt muß von der entsprechenden Wellenfläche ausgegangen werden, die eine von der Kugel abweichende Umdrehungsfläche ist. Es handelt sich zunächst darum, die Abweichung dieser Fläche gegen die Kugel in ihrer Abhängigkeit von der sphärischen Abweichung darzustellen, d. h. die Wellenfläche aus den gegebenen Normalen, den Strahlen, abzuleiten.

Ist z die Koordinate eines Punktes der Wellenfläche, gerechnet von ihrem Scheitel, wobei die Z-Achse in die optische Achse gelegt ist, r der Abstand dieses Punktes von der Achse, z_0 die Koordinate für einen Punkt gleichen Abstands auf der im Scheitel berührenden Kugel mit dem Radius ξ', und wird die sphärische Längsabweichung durch $\mathfrak{a} = \mathfrak{M} r^2 + \mathfrak{N} r^4$ dargestellt, so ist die Abweichung $z - z_0$ der Wellenfläche

$$z - z_0 = -\frac{\mathfrak{M} r^4}{4\xi'^2} - \frac{\mathfrak{N} r^6}{6\xi'^2}. \tag{66}$$

Setzt man bei $\mathfrak{N} = 0$ die Längsabweichung für den Randstrahl, für den $r = p$ ist, gleich a_r, so ist $\mathfrak{M} = a_r : p^2$, und in den Ausdrücken für C und S ist in der Klammer ein Glied $-a_r r^4 : (4\xi'^2 p^2)$ hinzuzusetzen, die Bildverschlechterung ist durch $\mathfrak{A} = \frac{\pi a_r p^2}{2\lambda \xi'^2}$ bestimmt. Die folgende Tabelle gibt die Definition in Prozenten für die beste Einstellebene für verschiedene $\mathfrak{A}$ nach STREHL:

$\mathfrak{A}$ =	0	1	2	3	4	5	6	7	8	9	10	15	25
I =	100	99	98	95	91	87	81	76	69	63	58	28	10

Die beste Einstellebene liegt in der Mitte zwischen den Schnittpunkten der Achsen- und der Randstrahlen, während die engste Einschnürung des Strahlenbündels zwischen diesem Punkt in der Mitte und dem Randschnittpunkt liegt. Betrachtet man ein Objektiv, bei dem die sphärische Abweichung für den Rand gehoben ist und durch den zweigliedrigen Ausdruck dargestellt wird, so kann man den Zwischenfehler durch die sphärische Abweichung für $r = p\sqrt{0{,}5}$ messen. Vergleicht man die Wirkung dieser Abweichung mit der einer gleichen sphärischen Abweichung $a_r = \mathfrak{M} p^2$, so zeigt sich die Herabsetzung der Definition geringer. Auf Grund der RAYLEIGHschen Grenze findet man für die beste Einstellebene die zulässige sphärische Längsabweichung $a_r = 4\lambda : \sin^2 u'$, wobei die Definition etwa 80% ist; bei aufgehobener Längsabweichung für den Rand ist die zulässige Zonenabweichung $6\lambda : \sin^2 u'$. Die Lichtverteilung im Beugungsscheibchen für den ersten Fall zeigt Abb. 33, Kurve IV. Die Aufnahmen von Mrs. GRIFFITHS in Abb. 34 zeigen die Veränderung der Beugungsfigur durch sphärische Abweichung, und zwar die Reihe a_5, b_5, c_5 das Beugungsscheibchen bei bester Einstellung ohne und mit einer sphärischen Unterkorrektion entsprechend λ und 2λ Gangunterschied; die Reihen a_3, b_3, c_3; a_4, b_4, c_4; a_6, b_6, c_6; a_7, b_7, c_7 geben die entsprechenden Bilder, wenn auf drei bzw. zwei Ringe außerhalb des Brennpunkts und zwei bzw. drei Ringe innerhalb des Brennpunkts eingestellt wird (s. auch Abb. 104). Ist ein Farbenunterschied der sphärischen Abweichung vorhanden, so ist die chromatische Korrektion für die Zone

[1] Z f Instrk 15, S. 362 (1895); 17, S. 301 (1897); 19, S. 364 (1899); 20, S. 266 (1900); 22, S. 213 (1902); 23, S. 6 u. 210 (1903); 24, S. 322 (1904); 47, S. 154 u. 297 (1927); CentrZ f Opt u Mech 45, S. 119 (1924); Phys Z 28, S. 476 (1927); CONRADY, M N 79, S. 575 (1919); Applied Optics and Optical Design. Oxford: Univ. Press. 1929; BUXTON, M N 81, S. 547 (1921); 83, S. 475 (1923); Proc Opt Convention 2, S. 759 (1926); MARTIN, Trans Opt Soc 26, S. 63 (1921/2); 27, S. 249 (1925/6).

[2] Ann d Phys 77, S. 685 (1925); 80, S. 491 (1926); Z f Instrk 50, S. 308 (1930); 51, S. 19, 77 u. 117 (1931); Z f techn Phys 12, S. 180 (1931); BORN, Naturwiss 20, S. 921 (1932); STEWARD, Phil Trans A 225, S. 131 (1926); Proc Opt Convention 2, S. 776 (1926).

$r = p\sqrt{0,5}$ herbeizuführen. Der bildverschlechternde Einfluß dieses Fehlers ist früher besonders beim Fernrohr überschätzt worden. Obwohl die zweilinsigen apochromatischen Fernrohrobjektive diesen Fehler im weit größeren Maße zeigen als die achromatischen, macht er sich hier nicht störend bemerkbar, bei den Achromaten ist er daher sicher ohne Bedeutung, wie sich auch aus den Rechnungen von STREHL ergibt.

Nach Miss CONRADY[1] tritt bei sphärischer Abweichung bis $0{,}7\,\lambda$ Gangunterschied in der Einstellebene kein erheblicher Verlust an Auflösungsvermögen ein, wohl aber an Kontrast und Definition. Der Fokus für bestes Auflösungsvermögen fällt wahrscheinlich nicht mit dem zusammen, wo Kontrast und Definition am besten ist. Ihre Experimentaluntersuchungen über die photographische Einstellebene bei gewöhnlicher sphärischer Abweichung hatten folgendes Ergebnis: Bei kleinerer Abweichung liegt die Einstellebene übereinstimmend mit der Beugungstheorie, jenseits von $1{,}5\,\lambda$ Gangunterschied in der besten Einstellebene bleibt sie in fester Lage zum GAUSSischen Bildpunkt; die stärker abweichenden Strahlen bilden nur einen größeren Halo. Auch wenn auf Verschwinden des Halos eingestellt wurde, war zwar der Abstand der Einstellebene vom GAUSSschen Bildpunkt größer, aber immer noch kleiner als der Abstand des kleinsten Zerstreuungskreises der geometrischen Optik. FLÜGGE[2] fand, daß die Einstellebene sich dem GAUSSischen Bildpunkt um so mehr nähert, je kleiner das schwarze Objekt ist; dies beruht wohl auch auf verschiedener Auffassung der Einstellebene. Er untersuchte besonders die Abbildung einer Kante und maß die Lichtverteilung mit dem Mikrophotometer, um die Kontrastlinien festzustellen. Erst wenn die Kontrastgrenzen so dicht beieinanderliegen, daß sie vom Auge nicht mehr getrennt werden, empfindet das Auge das Bild als scharf. Als Maß der Unschärfe sieht er daher die Breite des Flächenstückes an, das von den Kontrastlinien überdeckt wird. Er kam zu folgenden Ergebnissen: Die beste Einstellung bei gewöhnlicher sphärischer Abweichung liegt von dem GAUSSischen Bildpunkt um den 0,62fachen Betrag der Randabweichung entfernt; dies stimmt annähernd mit CONRADYS Einstellung für die halofreie Kantenabbildung überein. Bei Zonenabweichung ist sie dort, wo sich solche Strahlen in der Achse vereinigen, für deren Eintrittshöhe $h_2^2 - h_1^2 = 0{,}5\,h_{Rd}^2$ ist. Bei feinen Objekten nähert sich die beste Einstellung dem Umkehrpunkt der Aberrationskurve.

32. Koma, Astigmatismus und anderes. Wir gehen nun auf die Koma ein, soweit sie durch die SEIDELsche Theorie dargestellt wird. Mißt man sie durch den Schnittweitenunterschied $\mathfrak{t}$ der gegenüberliegenden Randstrahlen, so ist die Größe $\mathfrak{T} = \frac{\pi\,\mathfrak{t}}{3\lambda}\left(\frac{p}{\xi'}\right)^2$ maßgebend. Für strenge Anforderungen muß nach CONRADY $\mathfrak{T} < \pi:9$ sein. Für $\mathfrak{T} = 4:3$ stellt nach STEWARD Abb. 37 die Lichtverteilung in Schichtlinien dar; die gestrichelten Linien entsprechen den dunklen Ringen mit der Intensität 0. Abb. 33, Kurve *VII* gibt diese Lichtverteilung längs dem Hauptschnitt (X-Achse von Abb. 37) wieder; die Intensität $I_{\max}$ des Maximums beträgt noch 80% der der Mitte des idealen Beugungsscheibchens. Bezeichnet man in Abb. 20b die Spitze der Zerstreuungsfigur mit G und den nächsten Punkt des größten, d. h. dem Rande der Öffnung entsprechenden Zerstreuungskreises mit H, die Stelle von $I_{\max}$ mit M, so ist in diesem Fall $GM = \frac{2}{3}\,GH$; für $\mathfrak{T} = 4$ wird $GM = \frac{1}{2}\,GH$, das Maximum rückt nach der Spitze. Abb. 34 zeigt das Beugungsbild der Koma von verschiedener 1 bis 3facher Stärke (e_1, e_2, e_3) und bei verschiedener Öffnung von 1 : 1500 bis 1 : 4000 (d_1 bis d_5); e_1 ist gleich $^4/_9\,d_1$.

[1] Proc Opt Convention 2, S. 830 (1926).
[2] Z f Instrk 46, S. 333 (1926).

Für den Astigmatismus ist $\mathfrak{Q} = \frac{\pi \mathfrak{q}}{\lambda}\left(\frac{p}{\xi'}\right)^2$ maßgebend, wo $\mathfrak{q}$ der Unterschied der Schnittweiten für das sagittale und das tangentiale Büschel ist; wenn man die Lichtverteilung auf der einen Seite der Mittelebene zwischen den Brennebenen um 90° dreht, wird die ganze zu dieser Mittelebene symmetrisch. Im Beugungsscheibchen in der Mittelebene ist für $\mathfrak{Q} = 1$ die Beleuchtung in den Durchmessern parallel den Brennlinien am größten und nimmt gleichmäßig nach den ihren Winkel halbierenden Durchmessern ab. Für $\mathfrak{Q} = 1{,}4$ zerfällt der Ring in vier helle Bögen; zwischen ihnen und dem Scheibchen sinkt die Helligkeit nicht mehr auf Null herab. Für $\mathfrak{Q} = 2{,}5$ verschmelzen die Bögen mit dem Scheibchen; es erscheint ein helles Kreuz, längs dessen Armen die Helligkeit allmählich abnimmt; in den Winkelhalbierenden bemerkt man vier schwache Lichtpunkte, die Reste des zweiten Beugungsrings. Couder hält auf Grund praktischer Versuche $\mathfrak{Q} = 1{,}14$ für zulässig. Abb. 34 e_5, e_6, e_7 zeigt das Beugungsbild für Astigmatismus verschiedener Stärke (1, 2, $2^3/_4$) bei Einstellung auf die Mitte der Brennstrecke.

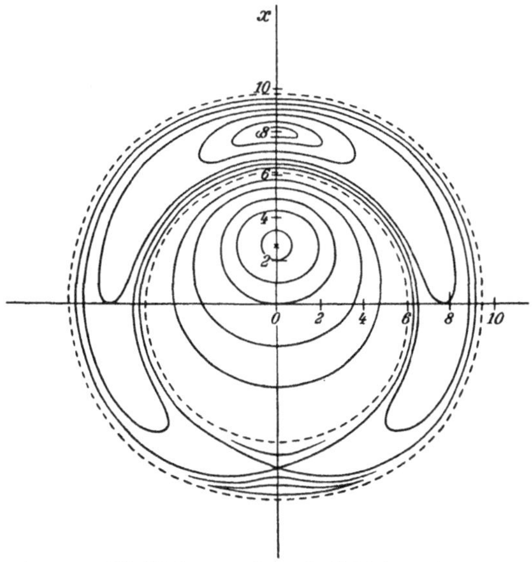

Abb. 37. Die Lichtverteilung in Schichtendarstellung bei Koma.

Den Einfluß von Luftschlieren behandelt Strehl[1], indem er annimmt, daß die Wellenfläche sinusförmig zylindrisch verbogen ist, und zwar um $\lambda:6$ bei einer Länge des Bogens von 100 mm. Er findet, daß die Definition bei größeren Objektiven nahe konstant auf etwa 55% herabgesetzt wird.

Strehl behandelt auch den Einfluß kombinierter Aberrationen[2]. Es ist oben gezeigt worden, daß das Auflösungsvermögen von selbstleuchtenden und beleuchteten Gegenständen verschieden ist. Bei Beobachtungen mit dem Mikroskop hat man es nun fast durchweg mit beleuchteten Gegenständen zu tun. Für diese Verhältnisse hat Abbe[3] seine Theorie der Bilderzeugung beim Mikroskop entwickelt; diese Theorie wurde von Stoney[4] auf die Beobachtung von Planetenoberflächen mit dem Fernrohr übertragen; Strehl neigt zu der Ansicht, daß deren Abbildung in der Mitte der von beleuchteten und der von selbstleuchtenden Gegenständen steht. Mandelstam[5] hat gezeigt, daß in vielen Fällen die Abbildung die gleiche ist, ob man es mit selbstleuchtenden oder mit beleuchteten Gegenständen zu tun hat. Endlich sei auf bisher noch nicht erwähnte Photographien von Beugungserscheinungen hingewiesen[6].

---

[1] Z f Instrk 22, S. 213 (1902); Wadsworth, Ap J 7, S. 70 (1898).
[2] Strehl, Centr Z f Opt u Mech 41, S. 21 (1920).
[3] Schultzes Arch f mikr Anat 9, S. 469 (1873); Lummer u. Reiche, Die Lehre v. d. Bildentstehung im Mikroskop. Braunschweig: Vieweg 1910.
[4] Phil Mag (6) 16, S. 318 (1908); Vorhies, Ap J 40, S. 311 (1914).
[5] Ann d Phys 35, S. 881 (1911); Laue, ebenda 43, 165 (1914).
[6] Arkadiew, Phys Z 14, S. 832 (1913); Raman, Phys Rev 13, S. 259 (1919); Wilberforce, Phil Mag 13, S. 154 (1932).

c) Der Bau des Fernrohrs.

33. Die Vergrößerung des Fernrohrs. Als die Grundformen der praktisch in Betracht kommenden Fernrohre kann man Systeme von brechenden und spiegelnden Umdrehungsflächen ansehen, die parallele Strahlen wieder als parallele austreten lassen, sog. teleskopische Systeme, deren Besonderheiten in der Abbildungslehre Ziff. 11 behandelt sind. Auch wenn Bild- und Dingabstand nicht unendlich sind, kann man durch Zusatzlinsen in der Eintritts- und Austrittspupille das System in ein teleskopisches verwandeln, ohne den Gang der Hauptstrahlen und die Öffnung der abbildenden Bündel zu ändern. Von dieser Erwägung ausgehend, soll hier bei der Behandlung des Fernrohrs zunächst ein teleskopisches System vorausgesetzt und erst im Anschluß daran der Fall des endlichen Ding- und Bildabstands behandelt werden. Es möge mit den Linsenfernrohren begonnen werden. Da die dicke Linse mit der Brennweite ∞ als Fernrohr keine praktische Bedeutung hat, so besteht die einfachste Art des Fernrohrs aus zwei getrennten Linsen, von denen die vordere als Objektiv, die hintere als Okular bezeichnet wird. Wir beschränken uns zunächst auf die GAUSSische Abbildung. Wie aus Abb. 17 hervorgeht, verhält sich der Durchmesser des austretenden Parallelstrahlenbündels zu dem des eintretenden, wie die Brennweite des Okulars f zu der des Objektivs F, wenn man die Gleichung (32) für die Brennweite auf Objektiv und Okular anwendet. Dies Verhältnis gilt nach dem früheren überhaupt für die Quervergrößerung B, die Vergrößerung von Strecken in achsensenkrechten Dingebenen, unabhängig vom Dingabstand; der umgekehrte, mit Γ bezeichnete Wert gilt für das Konvergenzverhältnis, die Winkelvergrößerung, insbesondere die der Hauptstrahlneigung gegen die Achse. Diesen Wert bezeichnet man hier als die Fernrohrvergrößerung. Sie ist also von der Lage der Eintrittspupille unabhängig. Liegt sie in der hinteren Hauptebene des Objektivs, so folgt allein aus der Abbildung des Okulars, daß, wie schon festgestellt, $\Gamma = -F:f$ ist. Die Fernrohrvergrößerung gibt an, in welchem Verhältnis der Winkel, unter dem der Gegenstand dem Auge durch das Fernrohr erscheint, gegenüber dem Winkel, unter dem er dem freien Auge erscheint, vergrößert ist. Da man gewöhnlich mit dem Fernrohr weit entfernte Gegenstände beobachtet, so kann der Winkel, unter dem der Gegenstand von der Eintrittspupille erscheint, gleich dem Winkel, unter dem der Gegenstand mit freiem Auge erscheint, gesetzt werden. Man kann so Γ als das Maß der wirklichen Vergrößerung des Fernrohrs ansehen. Ausnahmsweise, etwa, wenn bei physikalischen Messungen mit einem besonders langen Fernrohr mit kleinem Dingabstand gearbeitet wird, ist es aber nötig, auf die ursprüngliche Bedeutung der Vergrößerung als des Verhältnisses der Sehwinkel zurückzugehen. Infolge der Vergrößerung des Sehwinkels erscheint der Gegenstand nähergerückt. Dies hat aber nichts damit zu tun, in welcher Entfernung das Bild durch das Fernrohr entworfen wird. Der Eindruck für das Auge ist bei gleichem Bildwinkel derselbe, ob nun das Bild, wie hier zunächst angenommen wird, im Unendlichen liegt oder ob es für ein fehlsichtiges Auge in anderer endlicher Entfernung entworfen wird, da die Akkommodation dem Auge keinen Anhalt für die Entfernung gibt.

Wie schon erwähnt, ist die Vergrößerung auch das Verhältnis des Durchmessers des Querschnitts des eintretenden parallelen Strahlenbündels zu dem Durchmesser des austretenden. Man kann sie also messen, wenn man feststellt, wieviel Male das Bild eines Maßstabes, das das Fernrohr hinter dem Okular entwirft, kleiner ist als dieser Maßstab selbst. Hat man es bei näherem Ziel oder bei fehlsichtigen Augen mit keinen Parallelbüscheln zu tun, so kann man nur messen, wieviel Male die Austrittspupille kleiner ist als die Eintrittspupille. Um die Forderung paralleler Bündel nicht genau erfüllen zu müssen, wird man auch sonst die Querschnitte der Bündel in der Nähe dieser Pupillen messen. Die abgeleiteten Beziehungen sind nun auf dem Boden der GAUSSischen Theorie gefunden; sie gelten daher nicht uneingeschränkt für endliche Öffnungen und Hauptstrahlneigungen. Die Vergrößerung des Fernrohrs als die Winkelvergrößerung für kleine Hauptstrahlneigungen in den Pupillen festzulegen, erscheint aber allgemein zweckmäßig, da Einzelheiten am besten mit dem Fernrohr erkannt werden, wenn man es mit seiner Achse auf den Gegenstand richtet, da ja die Bildfehler in der Achse am geringsten sind. Im allgemeinen wird man nun vom Fernrohr eine treue, von Verzeichnung freie Wiedergabe verlangen. Nach (43) muß dann $y'\xi:y\xi'$ konstant gleich der Fernrohrvergrößerung in der Achse sein, da ja $\Delta p'$ gegen ξ' und Δp gegen ξ im allgemeinen vernachlässigt werden kann. Für größere Gegenstände wird man also $\operatorname{tg} w' : \operatorname{tg} w$ als die Vergrößerung ansehen, und dies bei der unmittelbaren Messung benutzen, wenn nötig aber nachträglich die Verzeichnung berücksichtigen.

34. Die Helligkeit des Fernrohrs. Für die Helligkeit des Fernrohrs ist einerseits der Querschnitt der vom Auge aufgenommenen Strahlen, andererseits die Leuchtkraft (Intensität) der Strahlen maßgebend. Man gibt die Helligkeit als das Verhältnis zur Helligkeit des mit freiem Auge gesehenen Gegenstandes an. Die Leuchtkraft der Strahlen wird nun beim Durchgang durch das Fernrohr vermindert. Erstens findet an jeder Grenzfläche zwischen Glas und Luft ein Reflexionsverlust statt; bei einer Fläche und senkrechtem Durchtritt ist das

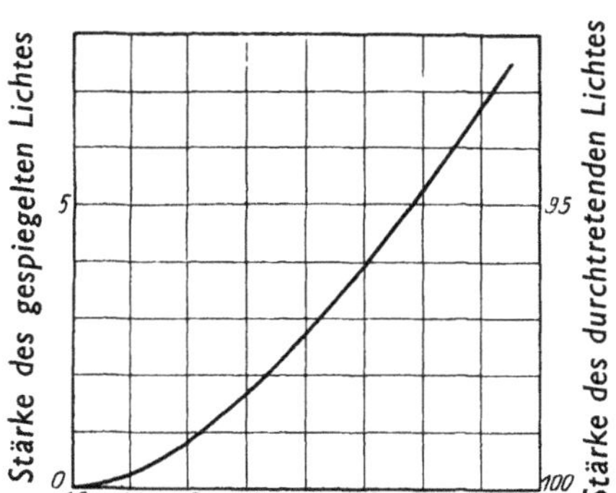

Abb. 38. Der Spiegelungsverlust in Prozenten bei senkrechtem Einfall für verschiedene Brechungsquotienten.

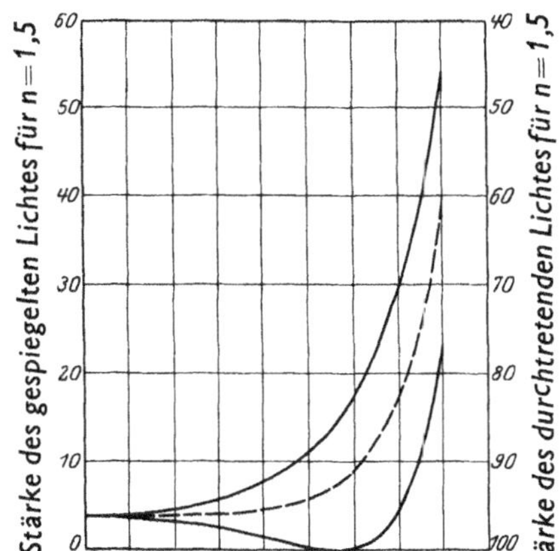

Abb. 39. Der Spiegelungsverlust in Prozenten an der Oberfläche eines Glases mit $n = 1{,}5$ für das ganze Licht (— — —) und für die senkrecht zueinander polarisierten Anteile (———).

Verhältnis des zurückgeworfenen zum einfallenden Licht $R = (n-1)^2 : (n+1)^2$; also ist für $n = 1{,}5$ der Reflexionsverlust 4%. Bei zehn Flächen ist er $1 - (1 - R)^{10}$ und steigt für $n = 1{,}5$ auf 33,5%. Abb. 38 stellt den Spiegelungsverlust an einer Fläche für verschiedene Brechzahlen dar. Mit größerem Einfallswinkel wird das Licht polarisiert, d. h. der Verlust ist für die in der Einfallsebene und die senkrecht zu ihr polarisierten Anteile verschieden; Abb. 39 stellt in Abhängigkeit vom Einfallswinkel ($n = 1{,}5$) den Verlust für die Anteile (———) und für das ganze Licht (— — —) dar. Mit größerem Einfallswinkel nimmt der Reflexionsverlust zu, bis $i = 45°$ ist aber die Zunahme noch klein. Zur Verminderung dieses Reflexionsverlustes werden die Linsen, wo es angeht, miteinander verkittet, da der Reflexionsverlust an der Kittfläche praktisch Null ist. Zweitens tritt eine Schwächung der Leuchtkraft durch Absorptionsverlust im Glase ein; dieser kann je nach der Wellenlänge des Lichtes erheblich verschieden sein; so ist er verschieden für photographische Systeme und für Beobachtungssysteme, namentlich bei Flintglas nimmt die Absorption nach dem blauen Ende des Spektrums rasch zu. Ist der Durchlässigkeitsfaktor für eine Schicht von 1 cm a, so ist er für eine Schicht von d cm gleich a^d.

Bei verminderter Helligkeit erweitert sich die Pupille des Auges etwas; dies reicht aber bei weitem nicht aus, um den Verlust durch Reflexion oder Absorption im Fernrohr auszugleichen. Praktisch hat meist die Augenpupille beim Sehen mit dem Fernrohr dieselbe Größe wie ohne. Da also der Querschnitt der Bündel im ersten Falle nicht größer sein kann, kann das Fernrohr nur Bilder von verminderter Helligkeit zeigen, soweit es sich um Gegenstände von endlicher Flächenwinkelgröße handelt. Eine Vergrößerung der Austrittspupille über die Größe der Augenpupille hinaus bringt keine Steigerung der Helligkeit. Sie hat nur den Vorteil, daß auch bei seitlicher Abweichung von der richtigen Augenhaltung noch die ganze Augenpupille mit Licht erfüllt wird. Ist umgekehrt die Austrittspupille des Fernrohrs m mal kleiner als die Augenpupille, so wird die Helligkeit im Verhältnis m^2 herabgesetzt. Die Vergrößerung Γ_0, bei der die Austrittspupille gleich der Augenpupille ist, bezeichnet man als Normalvergrößerung. Der Durchmesser der Augenpupille ist bei Tageslicht (für 10000 MK Feldhelligkeit) 2,1 mm, dagegen in der Dämmerung (für 0,0001 MK) 7,3 mm. Während also bei Tageslicht ein Fernrohr noch mit der Austrittspupille von etwa 2 mm Durchmesser die größtmögliche Helligkeit bieten kann, wird es in der Dämmerung nur noch etwa den 12. Teil der Helligkeit eines gleichartigen Fernrohrs mit 7 mm Austrittspupille zeigen. Bei der Normalvergrößerung nimmt das Fernrohr von der Flächeneinheit des Gegenstandes Γ_0^2 mal mehr Licht auf als das Auge unmittelbar, diese Lichtmenge wird aber auf eine Γ_0^2 mal größere entsprechende Fläche des Bildes ausgebreitet. Die Lichtstärke des Fernrohrs ist daher der Fläche seiner Austrittspupille proportional. Als Einheit wählt man gewöhnlich die Austrittspupille mit einem Kreis von 1 mm Durchmesser. Diese geometrische Lichtstärke ist noch mit dem Durchlässigkeitsfaktor zu multiplizieren, um die Lichtstärke des Fernrohrs zu erhalten. Bei Fernrohren gleicher Art kennzeichnet die geometrische Lichtstärke die Leistung des Fernrohrs genügend. Ein lichtstarkes Fernrohr kann seine Überlegenheit nur bei schwacher Beleuchtung zeigen, bei kleiner Augenpupille leistet es nicht mehr als ein solches, dessen Austrittspupille der Augenpupille gleichkommt.

Wenn ein Gegenstand von endlicher Winkelgröße durch ein Fernrohr mit der Durchlässigkeit 1 dem Auge vergrößert geboten wird, so muß, damit dies größere Bild ebenso hell erscheint, im Verhältnis Γ^2 mehr Licht aufgenommen werden, d. h. die Austrittspupille muß ebenso groß wie die Augenpupille $\Gamma = \Gamma_0$ sein, wie schon hervorgehoben wurde. Anders liegt der Fall, wenn die Winkelgröße des Bildes so klein ist, daß es dem Auge punktförmig erscheint. Eine kleine Lichtquelle auf dunklem Grunde erscheint ja in kleinerer Entfernung heller als in größerer, obwohl die Leuchtkraft der Strahlen dieselbe ist; es wird nur ein größerer Öffnungswinkel vom Auge aufgenommen. Man wird so erwarten, daß die Bilder von Sternen durch das Fernrohr in dem Verhältnis heller erscheinen, wie die Fläche der Eintrittspupille größer ist als die der Austrittspupille, wenn nur die Augenpupille alle Strahlen aufnimmt. Wenn ein Stern n ter Größe mit einem Objektiv von dem Durchmesser D_n erkannt wird, so braucht man für einen m ter Größe ein Objektiv mit dem Durchmesser $D_m = D_n \varrho^{\frac{m-n}{2}}$, wo ϱ das

Verhältnis der Lichtstärke aufeinanderfolgender Größenklassen ist; vorausgesetzt ist, daß die Leistung eines solchen Objektivs voll in Wirkung tritt. Ein Fernrohr mit $m$mal so großer Eintrittspupille wird also den Stern noch in der $m$fachen Entfernung sichtbar machen. Nach KÜHL[1] gilt dies auch noch, wenn bei Übervergrößerung das Beugungsscheibchen in erheblicher Winkelgröße sichtbar wird. Er erklärt dies auf Grund des folgenden Gesetzes von RICCO. Ist p_0 der Halbmesser der Augenpupille, i_s die eben merkliche Leuchtkraft des Gegenstandes und w der Sehwinkel, so ist nach diesem Gesetz das Produkt $i_s p_0^2 w^2$ konstant. Es gilt nach KÜHL noch, wenn 900 Zapfen erregt werden. Damit ein Stern sichtbar wird, muß die Beleuchtungsstärke B'_f des flächenhaften Sternbildes sich von dem Hintergrund um einen kleinen Bruchteil von etwa 1%, bei schwacher Beleuchtung um das Mehrfache von diesem Wert 1 unterscheiden. Der von dem Stern aufgenommene Lichtstrom ist nun der Fläche der Eintrittspupille πp^2 proportional; die Helligkeit des Himmelsgrundes als einer ausgedehnten Fläche ist nach dem Obigen $\pi p'^2$ proportional, wenn p' der Halbmesser der Austrittspupille und diese kleiner als die Augenpupille ist, wie es bei Sternbeobachtung der Fall ist. Außerdem wird noch der Himmelsgrund durch das Eigenlicht der Netzhaut aufgehellt. Dieses Licht setzt KÜHL πp_0^2 proportional, wo p_0 der Halbmesser der Augenpupille ist. Ist I_s die Leuchtkraft des eben sichtbaren Sterns, k_g bzw. k_e die Leuchtkraft des Himmels bzw. des Eigenlichts, so ergibt sich

$$\frac{I_s p^2}{k_g p'^2 + k_e p_0^2} = \text{konst.} \tag{67}$$

oder nach Einführung von $\Gamma = p:p'$; $\Gamma_0 = p:p_0$ und $I_{s,\infty}$ gleich dem Wert von I_s für $k_g = 0$, wo der Nachthimmel völlig dunkel ist,

$$I_s = I_{s,\infty}\left(1 - \frac{k_g}{k_e}\frac{\Gamma_0^2}{\Gamma^2}\right). \tag{68}$$

Mit der Übervergrößerung nimmt der Schwellenwert I_s ab, die Sichtbarkeit wird erhöht, da die Helligkeit des Himmelsgrundes herabgesetzt wird.

HERSCHEL[2] erwähnt, daß er mit seinem Spiegelfernrohr von 300 mm Öffnung die Uhr an einem entfernten Kirchturm bei Nacht ablesen konnte, während sie mit freiem Auge überhaupt nicht zu sehen war. Beobachtet man bei Nacht mit einem Fernrohr, dessen Pupille der des Auges genügend nahe kommt, so hat man den Eindruck einer Steigerung der Helligkeit, obwohl sie infolge der Reflexions- und Absorptionsverluste erheblich herabgesetzt ist. GEHLHOFF[3] erklärt dies dadurch, daß bei kleinem Sehwinkel der Reizschwellenwert für das vergrößerte Netzhautbild kleiner ist und daher eine kleinere Bildhelligkeit die Auslösung eines genügenden Reizes bewirkt. Es kommt wohl auch in Betracht, daß für das Erkennen von Formen die Unschärfe infolge der Aberrationen des Auges bei stärkerer Vergrößerung weniger stört.

Was die photographische Helligkeit von Lichtpunkten oder von Sternen betrifft, so muß auf die Größe des Beugungsscheibchens zurückgegangen werden[4]. Für $\lambda = 430\,\mu\mu$ ist die Größe im Winkelmaß $\delta_0 = 216'',4:D$; linear $d_0 = 0{,}00105\,F:D$, wobei in mm gemessen wird. Die Beleuchtungsstärke in dem Scheibchen ist, wenn γ einen Faktor bezeichnet,

$$B = \gamma\frac{D^2}{d_0^2} = \frac{\gamma D^4}{0{,}00105^2 F^2}. \tag{69}$$

---

[1] Sirius 51, S. 101 (1918). [2] Phil Trans 90, S. 67 (1800).
[3] Z f techn Phys 2, S. 245 (1921).
[4] v. OPPOLZER, Wiener Ak Ber 116, IIa, S. 1151 (1907).

Da d_0 bei mäßigem Öffnungsverhältnis die Korngröße übertrifft, wird B auch für die photographische Wirkung maßgebend sein. Wirken noch andere Ursachen proportional F verbreiternd auf das Lichtscheibchen, so ist

$$d = d_0 + mF = \frac{0{,}00105\,F}{D}\left(1 + \frac{mD}{0{,}00105}\right), \tag{70}$$

$$B = \frac{\gamma}{0{,}00105^2}\,\frac{D^4}{F^2} : \left(1 + \frac{mD}{0{,}00105}\right)^2 = \gamma\,\frac{D^4}{F^2} : (0{,}00105 + mD)^2. \tag{71}$$

Es kommt also für die photographische Wiedergabe auch der lichtschwächeren Sterne nicht nur auf den Objektivdurchmesser, sondern auch auf das Öffnungsverhältnis an. Der Vorteil des großen Öffnungsverhältnisses zeigte sich bei den Aufnahmen mit weit geöffneten Hohlspiegeln durch SCHAEBERLE[1] ($D = 33$ cm, $F = 51$ cm), VOGEL[2] ($D = 44$ cm, $F = 92{,}7$ cm) und OPPOLZER[3] ($D = 40$ cm; $F = 100$ cm) und mit besonders lichtstarken Objektiven (GUTHNICK und PRAGER[4]).

35. Das Auflösungsvermögen. Es ist oben Ziff. 27 die Abhängigkeit des Auflösungsvermögens vom Objektivdurchmesser begründet worden. Man prüft es bei kleineren Fernrohren am besten durch Gitter (Ziff. 62), weil bei Doppelsternen schon die semmelförmige Gestalt als Trennung angesehen werden kann. Bereits HERSCHEL[5] untersuchte den Einfluß des Objektivdurchmessers auf die Größe des Sternbildes und die Auflösung. Für Gitter fand FOUCAULT[6] mit mäßig starken astronomischen Fernrohren den theoretischen Wert: $\psi = 1{,}22\,\lambda : D = 138'' : D$, RAYLEIGH[7] mit schwächeren Fernrohren für rechteckige Öffnung $\psi = \lambda : D$, für kreisförmige $\psi = 1{,}1\,\lambda : D$, NOETZLI[8] für $D = 1$ bis 54 mm $\psi = [(77 : D) + 2]''$; er beobachtete mit dem STAMPFERschen Gitter; D ist immer in mm gerechnet. DAWES[9] gab auf Grund seiner Beobachtungen von Doppelsternen für mittlere Luftverhältnisse an $\psi = 116'' : D$. Ungünstig ist es, wenn ein schwacher Begleiter in den ersten hellen Ring fällt; um ihn auf eine dunkle Stelle zu bringen, half sich DAWES, indem er die Öffnung verkleinerte oder die Objektivlinsen dezentrierte; BARNARD[10] benutzte eine um die Achse drehbare sechseckige Blende vor dem Objektiv. Für die Trennung heller Doppelsterne kann auch Abdecken der Mitte des Objektivs von Vorteil sein (Ziff. 28); nach STEINHEIL[11] ist bei hellen Doppelsternen ein Rauchglas von Vorteil. Ein gutes Auge vermag bei nicht zu starker und nicht zu schwacher Beleuchtung einen Doppelpunkt bzw. eine Doppellinie mit 1′ Winkelabstand zu trennen. Um das Auflösungsvermögen des Fernrohrs auszunutzen, braucht man eine Vergrößerung gleich dem Objektivdurchmesser in mm; man nennt sie die nützliche oder förderliche Vergrößerung. Um bequemer zu sehen, wendet man aber bis vierfache Übervergrößerung an, HUYGENS[12] gibt in seiner Fernrohrtabelle Vergrößerungen gleich dem 1,4fachen des Durchmessers in mm an. LEWIS[13] gibt eine Tabelle über die Vergrößerungen, die verschiedene gute Doppelsternbeobachter benutzten, er leitet daraus für $D > 80$ ab, daß eine Vergrößerung $V = 28\sqrt{D}$ zweckmäßig ist. Je stärker nämlich die Vergrößerung ist, um so mehr macht sich die Luftunruhe störend bemerkbar. Aus einer weiteren Tabelle[14] findet er für das Auflösungsvermögen $122'' : D$, wenn die beiden Sterne nahe gleich hell

[1] Ap J 23, S. 109 (1903). [2] Berl Ak Ber 17, S. 332; Ap J 23, S. 370 (1906).
[3] Wiener Ak Ber 116, IIa, S. 1151 (1907). [4] Berl Ak Ber 21, S. 275 (1926).
[5] Phil Trans 76, S. 500 (1786); 95, S. 31 (1805). [6] Ann Obs Paris, Mém 5 (1858).
[7] Phil Mag 10, S. 116 (1880).
[8] Diss Zürich; Öst Z f Vermess 13, S. 26; Auszug in Z f Instrk 35, S. 65 (1915).
[9] Mem R A S 8, S. 63 (1835); 35, S. 154 (1867). [10] A N 182, S. 13 (1909).
[11] A N 64, S. 205 (1865).
[12] Op reliqu II, S. 158. Amstelodami: Jansson-Waesberg 1728.
[13] Obs 36, S. 423 (1913). [14] LEWIS, Obs 37, S. 372 (1914).

von der Größenklasse 5,7 und 6,4 sind; 216″:D, wenn die Größen 8,5 und 9,1 sind; 419″:D, wenn sie 6,2 und 9,5 sind; 914″:D, wenn sie 4,7 und 10,4 sind. PICKERING[1] gibt eine Skala für die Luftverhältnisse. Die Szintillation untersuchten besonders EXNER[2], RAYLEIGH[3], BIGOURDAN[4] und GALLISSOT[5]; DOUGLASS[6] zeigte, wie die Form der Sternbilder von der Größe der Luftwellen und der Objektivöffnung abhängt (siehe auch Ziff. 32); über atmosphärische Störungen siehe PEASE und COUDER[7]. Bei mittleren Luftverhältnissen ist in unserer Gegend schon bei etwa 150 mm Objektivdurchmesser das Szintillationsscheibchen ebenso groß wie das Beugungsscheibchen. Für die Beobachtung von Planeten wird man unter günstigen Bedingungen selten mehr als eine Objektivöffnung von 300 mm ausnutzen können. STEAVENSON[8] behandelt die Abhängigkeit der erkennbaren Sterngrößen vom Objektivdurchmesser. Mit dem Yerkes-Fernrohr wird noch die Größe 16,75 erkannt. KRITZINGER[9] gibt als Formel für die eben noch erkennbare Größenklasse $\mathfrak{M} = 2{,}2 + 5 \log D$ (D in mm); ANDRÉ setzt $\mathfrak{M} = 0{,}07 + 5 \log D$. Bei Tage kann man nach ELLISON[10] mit einem Fünfzöller noch die Sterne der dritten Größe erkennen, wenn der Abstand von der Sonne groß und die Luft klar ist, eine starke Vergrößerung benutzt wird und gut scharf eingestellt ist (man stellt am besten auf Venus ein). Mit dem Lick-Fernrohr von 96 cm Öffnung wird noch eine Trennung von 0,13″ erreicht und von 0,1″ angedeutet; mit dem Lembanger Fernrohr von 60 cm wird 0,25″ gemessen und 0,15″ erkannt[11].

Für irdische Beobachtung wird bei dunstiger Luft ein Nikol[12] oder auch ein Farbglas empfohlen. GHEURY[13] bemerkt, daß das Erkennen von lichtschwachen Nebeln durch Bewegen des Fernrohrs erleichtert wird. (Über Refraktion im Rohre, insbesondere infolge einseitiger Erwärmung siehe COUDER und RENTON[14].) Wenn bei einem 12 cm langen Rohre die Luft auf der einen Seite einen Grad wärmer ist, ist bei parallelem Strahlengang nach RAYLEIGH[15] der Unterschied der optischen Weglängen erst λ:4 und daher für die Bildgüte noch unschädlich. LANGLEY[16] empfiehlt Durchmischen der Luft.

Auch die photographische Platte vermag je nach ihrer Art nur Einzelheiten bis zu einer gewissen Feinheit wiederzugeben; je feinere sie wiedergibt, um so unempfindlicher ist sie aber meist. Auf die verwickelten Verhältnisse für das Auflösungsvermögen kann hier nicht eingegangen werden, es sei auf das Buch von ROSS[17] verwiesen; doch kommen für die Astrophotographie nur hochempfindliche Platten in Betracht, da die Verbreiterung der Bildscheibchen hauptsächlich durch Fehler des Objektivs infolge von Verbiegung und Mängeln des Glases, durch Luftunruhe und durch ungenaues Nachführen des Leitfernrohres bedingt ist.

36. Die Einteilung der Fernrohre. Damit eine vergrößernde Wirkung, wie sie fast durchweg erstrebt wird, zustande kommt, muß der absolute Wert von

---

[1] A N 129, S. 97 (1892).
[2] Wiener Ak Ber 84, S. 1038 (1881); 110, S. 73 (1901); Ap J 21, S. 368 (1905); EXNER u. VILLIGER, Wiener Ber 111, S. 1265 (1902); 113, S. 1019 (1904).
[3] Astron u Astrophys 12, S. 834 (1893). [4] C R 160, S. 415, 536 u. 579 (1915).
[5] C R 179, S. 459 (1924). [6] Pop Astr 5, S. 65 (1897/8); 6, S. 193 (1898).
[7] PEASE, Publ A S P 36, S. 191 (1924); COUDER, B A 7, S. 304 (1932).
[8] J B A A 25, S. 186 (1915); 26, S. 302 (1916).
[9] Sirius 49, S. 13 (1916); ANDRÉ, Traité d'Astronomie Stellaire, S. 113. Paris: Gauthier-Villars 1899.
[10] J B A A 26, S. 227 (1916).
[11] VOÛTE, Ann d Bosscha Sternw Lembang 4, 1. Teil (1932).
[12] POHL, Dinglers J 111, S. 96 (1849). [13] Nature 91, S. 86 (1913).
[14] RENTON, Nature 63, S. 334 (1901); COUDER, B A 7, S. 305 (1932).
[15] Encycl. Brit 24 (1888); Scientific Papers 3, S. 102; WADSWORTH, Ap J 16, S. 292 (1902).
[16] Am J of Science 15, S. 89 (1903).
[17] The Physics of the Developed Photographic Image. New York: Nostrand Co. 1924.

$\Gamma > 1$ sein, d. h. die Objektivbrennweite F größer als die Okularbrennweite f. Im übrigen dient als verkleinerndes Fernrohr ein vergrößerndes mit umgekehrtem Strahlengang und kann daher für die weitere Untersuchung ausscheiden. Als Fernrohr mit der Vergrößerung 1 verwendet man zwei gegeneinandergestellte gleiche Okulare. Für das vergrößernde Fernrohr aus zwei dünnen Linsen muß F positiv sein; es sind dann die beiden Fälle zu unterscheiden, daß f positiv oder negativ ist. Der erste Fall entspricht dem des astronomischen (Himmels-, KEPLERschen) Fernrohrs, der zweite dem des holländischen (GALILEIschen) Fernrohrs. Beim ersten ist Γ negativ und dementsprechend das Bild umgekehrt, während es beim zweiten aufrecht ist. Objektiv und Okular bestehen nun meist aus mehreren Linsen, damit eine ausreichende Bildgüte erzielt wird. Zum Objektiv rechnet man zweckmäßig die vorderen Linsen bis zu der Stelle, wo sich der Querschnitt des achsenparallelen einfallenden Bündels etwa bis auf die Größe der Austrittspupille zusammengezogen hat. Versteht man nun unter einem einfachen sammelnden bzw. zerstreuenden Linsensystem ein solches, das positive bzw. negative Brennweite besitzt und das bei dem Strahlengang des Fernrohrs zwischen seinen Linsen kein reelles Bild entwirft, das gegen das letzte Bild umgekehrt ist (ein Bild zwischen den Linsen wird z. B. bei dem Okular nach HUYGENS [Ziff. 45] entworfen), so kann man das astronomische Fernrohr dadurch kennzeichnen, daß sowohl Objektiv wie Okular einfache sammelnde Linsensysteme sind, während beim holländischen Fernrohr das Okular ein einfaches zerstreuendes ist; beim Erdfernrohr wird dagegen zwischen den Linsen ein gegen das letzte Bild umgekehrtes Bild entworfen. Das holländische Fernrohr ist auch dadurch von den anderen Linsenfernrohren verschieden, daß bei ihm kein reelles Bild innerhalb des Fernrohrs entsteht, ein Fadenkreuz also unmittelbar nicht angebracht werden kann. Man kann es daher als Fernrohr ohne Innenbild den anderen Linsenfernrohren mit Innenbild gegenüberstellen, die ohne weiteres als Meßfernrohre eingerichtet werden können.

37. Zur Geschichte des Fernrohrs. Als Erfinder des Fernrohrs gilt nach VAN SWINDENS[1] Untersuchungen J. LIPPERSHEY; das von DE WAARD[2] dagegen Vorgebrachte scheint mir nicht ausreichend. Jedenfalls hat LIPPERSHEY am 5. Oktober 1608 den Generalstaaten ein Fernrohr vorgelegt und erhielt 300 Gulden; auf Verlangen lieferte er am 15. Dezember ein binokulares Fernrohr und am 13. Februar 1609 noch zwei weitere solche und erhielt im ganzen 900 Gulden; die Linsen waren aus Bergkristall. Das nachgesuchte Patent wurde ihm allerdings am 15. Dezember 1608 verweigert, da verschiedene andere von der Erfindung Kenntnis hätten. Inzwischen hatte nämlich J. ADRIAENSZOON, genannt METIUS, ein Fernrohr eingereicht, von dem noch Verbesserung gewünscht, aber nicht geleistet wurde, und das mit 100 Gulden bezahlt wurde. Auch der älteste Bericht in dem Werk von SIRTURUS[3] vom Jahre 1618 nennt LIPPERSHEY als Erfinder. Als GALILEI Kunde von der holländischen Erfindung erhielt, baute er ebenfalls solche Fernrohre. Das zweite Fernrohr, mit dem er 1609 die Signorie von Venedig die Aussicht vom Markusturm bewundern ließ, war 60 cm lang, hatte 40 mm Durchmesser und 9fache Vergrößerung, es bestand aus einer plankonvexen und einer plankonkaven Linse[4]. KEPLER[5] gab 1611 das nach ihm benannte

[1] Nieuwe Verh I Kl Nederl Institut 1831, 3. Teil, S. 103; OLBERS, Schumachers Jahrb 1843, S. 57; DOBERCK, Obs 2, S. 364 (1879).

[2] De uitvinding der verrekijkers. s'Gravenhage: Smits 1906; FAVARO, Atti Ist Veneto 66, S. 4 (1906/7).

[3] Telescopium. Frankfurt: Jennis 1618. Auszug übersetzt: v. ROHR, Dtsch opt Woch 9, S. 396 (1923).

[4] FAVARO, Nuovo Arch Veneto 1, S. 55 (1891); Atti Ist Veneto 60, S. 317 (1900/1).

[5] Dioptrice. Augsburg 1611; Ostwalds Klass 144, S. 48 u. 51.

astronomische Fernrohr wie auch das terrestrische an. Es wurde zuerst von SCHEINER[1] ausgeführt, aber erst als Mitte der 40er Jahre SCHYRLE VON RHEYDT, nach dem das terrestrische Fernrohr auch als RHEITAsches Fernrohr bezeichnet wird, Optiker, besonders WIESEL in Augsburg, zur Herstellung veranlaßte, fanden diese Fernrohre Verbreitung, dann aber rasch, da man den Vorteil des größeren Gesichtsfeldes gegenüber dem holländischen, besonders bei den stärkeren Vergrößerungen für astronomische Zwecke, zu würdigen wußte. Für ein SCHYRLEsches Erdfernrohr gibt ZAHN[2] folgende Brennweiten: Objektiv 93 cm, einfach vergrößernde Umkehrlinse 7 cm, Okular 6,2 cm; ähnlich sind die eines erhaltenen Fernrohrs von COOK aus dem Jahre 1673 (Ziff. 48).

Über die Geschichte des Fernrohrs siehe WILDE[3], SERVUS[4], GERLAND[5], über die ältere Geschichte COURT, v. ROHR und BAXANDALL[6], über die des holländischen Fernrohrs[7], die des Erdfernrohrs[8], die des achromatischen Objektivs und die damit zusammenhängende des optischen Glases[9], sowie die des binokularen Fernrohrs[10] v. ROHR, über die des Spiegelfernrohrs GEISSLER[11], KLEIN[12] und SAFAŘIK[13].

38. Der Strahlengang beim astronomischen Fernrohr. Bei diesem Fernrohr ist meist die Fassung des Objektivs Öffnungsblende und zugleich Eintrittspupille; da die Gesamtdicke des Objektivs klein gegen die Brennweite zu sein pflegt, kann man die Eintrittspupille in die vordere Hauptebene des Objektivs legen. In Abb. 40 ist der Strahlengang für den Fall dargestellt, daß das Objektiv O_1 ein reelles Bild vor dem Okular $O_2 O_3$ entwirft und daß die Austrittspupille A, das vom Okular entworfene Bild des Objektivs, reell ist, hinter dem Okular liegt. Man sieht diese Austrittspupille als hellen Kreis, wenn man mit dem Auge in den Abstand der deutlichen Sehweite vom Okular zurückgeht. In der vorderen Brennebene des Okulars ist eine Gesichtsfeldblende G angeordnet, die eine scharfe Begrenzung des Gesichtsfeldes bewirkt, da sie zugleich mit dem Bild scharf gesehen wird. Die brauchbare Größe dieser Blende ist durch die Größe der Okularlinsen und die Güte ihrer Abbildung bestimmt.

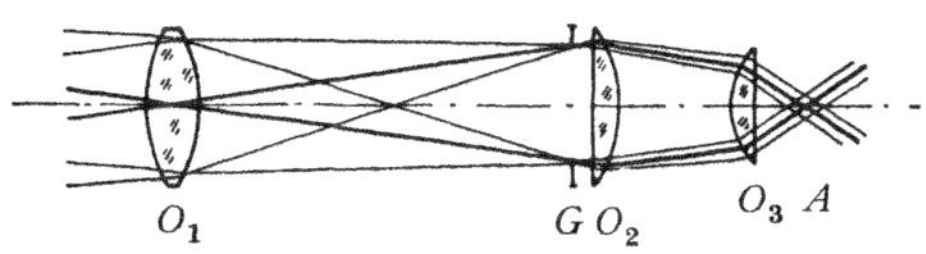

Abb. 40. Der Strahlengang beim astronomischen Fernrohr.

Wenn man durch das Fernrohr beobachtet, so bringt man die Mitte der Eintrittspupille des Auges zum Zusammenfallen mit der Mitte der Austrittspupille des Fernrohrs. Es bleibt dann der Hauptstrahlengang ungeändert und auch die Öffnung der Bündel, außer wenn der Durchmesser der Augenpupille nur ein Bruchteil von dem der Austrittspupille ist. In diesem Fall wird auch die Öffnung auf denselben Bruchteil beschränkt. Das Auffinden der richtigen Haltung des Auges wird durch eine Augenmuschel von entsprechender Höhe

---

[1] Rosa Ursina. Bracciani 1630.
[2] Oculus artificialis III, S. 137. Herbipoli: Heyl 1685.
[3] Geschichte d. Optik. Berlin: Rücker u. Püchler 1843.
[4] Die Geschichte d. Fernrohrs. Berlin: Julius Springer 1886.
[5] Geschichte d. Physik. München: Oldenbourg 1913.
[6] Trans Opt Soc 30, S. 207 (1928/9); BAXANDALL, ebenda 24, S. 304 (1922/3).
[7] v. ROHR, Z f Instrk 37, S. 65 (1917); Centr Z f Opt u Mech 43, S. 377 (1922); Dtsch opt Woch 9, S. 276 u. 396 (1923).
[8] v. ROHR, Z f Instrk 40, S. 15 (1920); 52, S. 517 (1932).
[9] v. ROHR, Z f Instrk 29, S. 50 (1909); Dtsch opt Woch 1915/6, S. 369.
[10] v. ROHR, Die binokularen Instrumente, 2. Aufl. Berlin: Julius Springer 1920.
[11] Technische Geschichte d. reflektierenden oder Spiegelteleskops. Dresden: Walther 1807.
[12] Centr Z f Opt u Mech 2, S. 121 (1881).
[13] Centr Z f Opt u Mech 15, S. 207 (1894).

erleichtert, die auch das Seitenlicht abhält. Ist das Auge dem Okular zu nahe oder zu weit davon, so wird das Gesichtsfeld verringert, da die seitlichen Bündel nicht mehr in das Auge gelangen können. Dieser Fall kann bei Okularen von sehr kurzer Brennweite eintreten, wo vielfach der Abstand der Austrittspupille von der letzten Okularlinse zu klein ist, oder wenn beim Einschalten eines Zenit- oder Reversionsprismas hinter dem Okular das Auge zu weit nach hinten gedrängt wird. Je nachdem in diesem Falle die Pupille des Auges größer oder kleiner ist als die Austrittspupille, begrenzt die Austrittspupille die Öffnung und die Augenpupille das Gesichtsfeld oder umgekehrt. Wenn Augen- und Austrittspupille zusammenfallen, kann das Gesichtsfeld nur mit ruhendem Auge überblickt werden. Da aber die Sehschärfe nach dem Rande der Netzhaut rasch abnimmt, werden für das genauere Sehen unwillkürlich Augendrehungen zu Hilfe genommen, damit das Bild auf der Netzhautgrube, der Stelle der größten Sehschärfe, entsteht. Man unterscheidet diese Art des Sehens als direktes von dem indirekten mit ruhendem Auge. Der Augendrehpunkt liegt etwa $10^1/_2$ mm hinter der Pupille. Für das direkte Sehen liegt der Kreuzungspunkt der Hauptstrahlen in dem Augendrehpunkt, in den man sich die Eintrittspupille des Auges zurückgeschoben denken kann. Beim astronomischen Fernrohr ist im allgemeinen dies direkte Sehen nur möglich, indem man außer der Augendrehung noch Querbewegungen des Kopfes zu Hilfe nimmt. Wollte man den Augendrehpunkt in die Austrittspupille bringen, so würde das Gesichtsfeld im indirekten Sehen beschnitten und damit die Orientierung zu sehr erschwert werden. Dem natürlichen Sehen nähert man sich um so mehr, je größer Austritts- und Augenpupille sind. Bei nicht zu großem Gesichtsfeld kann dann der Fall eintreten, daß man den Rand des Gesichtsfelds im direkten Sehen ohne Kopfbewegung wahrnehmen kann, allerdings bei beschränkter Öffnung der schiefen Bündel.

39. Das Objektiv für Beobachtung. Als Objektiv benutzte man in den ersten 100 Jahren nach der Erfindung des Fernrohrs eine einfache Sammellinse. Damit die Farbenabweichung in der Achse nicht zu störend wurde, mußte man sich mit kleinem Öffnungsverhältnis begnügen. Der Durchmesser des farbigen Zerstreuungskreises in der Brennebene wurde in Ziff. 20 zu $D:2\nu$ gefunden. Dieser Zerstreuungskreis erscheint durch das Okular unter dem Winkel $D:2\nu f = D\Gamma:2\nu F$. Setzt man die zulässige Größe gleich 5′ und $\nu = 60$, so ergibt sich $F = 5{,}6\,D\Gamma$, und wenn Γ gleich der Normalvergrößerung D in mm gewählt wird, $F = 5{,}6\,D^2$. Für $D = 25$ mm wird $F = 3500$. AUZOUT[1] fordert $F = 1{,}06\,D^2$, HUYGENS[2] $F = 1{,}4\,D^2$; CONRADY[3] $F = 3{,}8\,D^2$ (s. auch Ziff. 30). Für etwas größere Durchmesser war man daher genötigt, sehr lange Objektivbrennweiten zu verwenden; man ließ daher das Rohr fort; diese Luftfernrohre konnten aber nur unvollkommen mit der nötigen Genauigkeit gerichtet werden[4] (Abb. 41). Während 1655 HUYGENS noch mit einem Fernrohr von 57 mm Öffnung und 3,3 m Brennweite die Gestalt des Saturn und den Saturnmond Titan entdeckte, allerdings später auch zu Luftfernrohren überging, brauchte CASSINI ab 1671 für die Entdeckung von vier weiteren Saturnmonden CAMPANIsche Luftfernrohre von 35′ bis 136′ Länge (siehe auch die Berichte[5] über die von den Brüdern CHR. u. C. HUYGENS sowie die von CAMPANI hergestellten Objektive und deren

[1] Phil Trans abr. 1665, S. 191. [2] Op reliqu II, S. 158. Amstelodami 1728.

[3] J B A A 20, S. 299 (1910).

[4] HEVELIUS, Machinae coelestis pars prior. Gedani 1673; HUYGENS, Œuvres complètes IV, S. 227 u. 433. Nijhoff: La Haye; Astroscopia compendiaria, tubi optici molimine liberata. Haag 1684.

[5] KLEIN, Sirius 32, S. 277 (1899); SCHRÖDER, Centr Z f Opt u Mech 20, S. 171 (1899); NIJLAND, Hemel en Dampkr. 20, S. 241 (1922); HUYGENS, Œuvres complètes, Vorrede zu Bd. XV. Nijhoff: La Haye 1925.

Untersuchung). Bei zwei Objektiven von C. HUYGENS mit etwa 200 mm Öffnung und 60 bzw. 57 m Brennweite war die technische Ausführung bemerkenswert gut, die Beschaffenheit des Glases aber mangelhaft[1].

Wie in Ziff. 20 gezeigt wurde, läßt sich bei einem Objektiv aus zwei dünnen Linsen die Farbenlängsabweichung heben. NEWTON[2] hatte diese Möglichkeit verneint, da er auf Grund seiner Versuche annahm, daß die Dispersion der um 1 verminderten Brechzahl proportional ist, also der ν-Wert für verschiedene Stoffe gleich sei. Achromatische Objektive ließ zuerst CHESTER MOOR HALL 1729 herstellen, und zwar bis zur Größe von 2″; er hat aber über seine Erfindung nichts veröffentlicht[3]. So wurde diese Erfindung lange dem Optiker DOLLOND[4] zugeschrieben, der sich einen größeren Posten von optisch brauchbarem Flintglas gesichert hatte, das damals nur nebenbei bei der Fabrikation abfiel, und von 1758 ab Objektive in guter Beschaffenheit und größerer Zahl auf den Markt brachte. SHORT rühmt die Bildgüte eines Objektivs von 95 mm Durchmesser ($f = 107$ cm, Vergrößerung 150fach). Angaben über Objektive von DOLLONDS Bauart machen V. ROHR[5], RICHARD[6] und BOEGEHOLD[7].

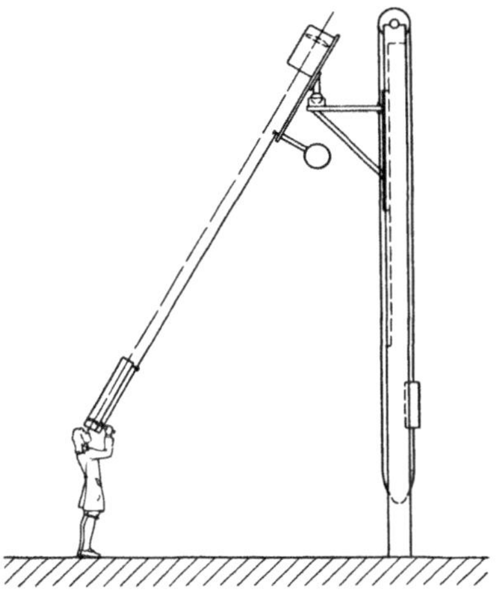

Abb. 41. Die Beobachtung mit einem Luftfernrohr im 17. Jahrhundert.

Bei dem zweilinsigen Objektiv können die Radien so gewählt werden, daß außer der Einhaltung einer vorgeschriebenen Brennweite und der Aufhebung der Farbenabweichung noch zwei Bedingungen erfüllt werden. Als die eine wählte man die Aufhebung der sphärischen Abweichung; erst FRAUNHOFER, dessen Bedeutung für die Optik zu seinem 100. Todestage wieder gebührend hervorgehoben wurde[8], erkannte, daß man als vierte Bedingung zweckmäßig die Aufhebung der Koma in der Nähe der Achse einführt. Die Erfüllung dieser Bedingung, die wohl auch mit seinem Namen bezeichnet wird, ist besonders wichtig, wenn mikrometrische Messungen in der Brennebene des Objektivs vorgenommen werden sollen, da dann für genaue Einstellung die symmetrische Form der Sternbilder nötig ist. Als Beispiel eines solchen Objektivs (Abb. 42) seien die Daten des FRAUNHOFERschen Heliometerobjektivs für Königsberg[9] ($F = 2553$; $D = 158$ mm) (Ziff. 16) angeführt, bei dem wie üblich die vordere Linse aus Kron ist. Die Radien sind $r_1 = 1891$; $r_2 = -753$; $r_3 = -768$; $r_4 = -2655$ mm; die Dicken $d_1 = 13{,}5$ und $d_2 = 9$; die Brechzahlen ${}_C n_1 = 1{,}524738$; ${}_F n_1 = 1{,}533699$;

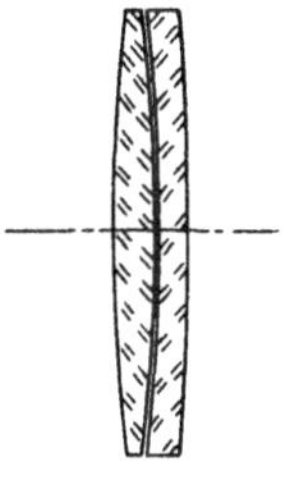

Abb. 42. Das Objektiv nach FRAUNHOFER.

---

[1] SAMPSON u. CONRADY, Proc R Soc Edinburgh 49, S. 289 (1929).

[2] Optics. 1. Buch, II, Prop. 3. London 1729; Ostwalds Klass 96, S. 83.

[3] PROSSER, Obs 40, S. 297; Optician 53, S. 203 (1917); v. ROHR, Centr Z f Opt u Mech No 41, S. 379 (1920); Z f Instrk 51, S. 85 u. 163 (1931).

[4] Phil Trans 50 II, S. 733 (1758); Engl Patent 721 (1758); Brief von SHORT, Phil Trans 55, S. 54 (1863).

[5] Z f Instrk 40, S. 15 (1920); Trans Opt Soc 27, S. 277 (1925/6).

[6] Bull Soc Fr Phot 11, S. 183 u. 252 (1924). [7] Trans Opt Soc 30, S. 41 (1928/9).

[8] Naturwiss 1926, Heft 23; v. ROHR, J. Fraunhofers Leben, Leistungen u. Wirksamkeit. Leipzig: Akad. Verlagsges. 1929.

[9] v. MERZ, Münch Ak Ber 28, S. 75 (1898).

$_Cn_2 = 1{,}630307$; $_Fn_2 = 1{,}648455$. Für das Objektiv der Yerkes-Sternwarte sind die entsprechenden Zahlen[1] $r_1 = -r_2 = 6950$; $r_3 = 6145$; $r_4 = 1219000$; $d_1 = 58$; $d_2 = 28$; Linsenabstand $A = 215{,}2$; $_Cn_1 = 1{,}513193$; $_Fn_1 = 1{,}522032$; $_Cn_2 = 1{,}610092$; $_Fn_2 = 1{,}626824$. HERSCHEL[2] wählte als vierte Bedingung die Hebung der sphärischen Abweichung für einen zweiten Achsendingpunkt in endlichem Abstand; diese Bauart weicht von der FRAUNHOFERS wenig ab.

Über die Berechnung der zweilinsigen unverkitteten Fernrohrobjektive gibt es eine reiche Literatur[3]. Liegt die Eintrittspupille im dünnen Objektiv oder ist die Koma gehoben, so ist die Bildkrümmung ϱ_s für die sagittalen Büschel bei der Brennweite 1 durch $1 + \sum(\varphi : n)$ und die stärkere ϱ_t für die tangentialen Büschel durch $3 + \sum(\varphi : n)$ gegeben. Der Astigmatismus[4], gemessen durch den Unterschied dieser Krümmungen, ist immer gleich 2. Für die gebräuchlichen Achromate ist annähernd $\varrho_s = -1{,}7$, $\varrho_t = -3{,}7$. Von Verzeichnung ist das gewöhnliche Fernrohrobjektiv, in dem sich die Hauptstrahlen kreuzen, praktisch frei; bei geeigneter Wahl der Glasarten können die inneren Radien gleichgemacht werden[5], so daß die Linsen zur Verringerung des Reflexionslichtverlustes mit Kanadabalsam verkittet werden können. Dies kommt jedoch nur für kleinere Öffnung bis etwa 50 mm oder wenn bei größerer Austrittspupille die Anforderungen an das Objektiv geringer sind, in Betracht, da der Kitt beim Erhärten das Objektiv verspannt[6]. Für kleinere Objektive pflegt man mit dem Öffnungsverhältnis bis etwa 1:4 zu gehen, bei 100 mm Objektivbrennweite ist die Zone der sphärischen Aberration etwa gleich 0,06 mm, die Änderung der sphärischen Abweichung mit der Farbe von C bis F etwa gleich 0,2 mm. Bei größeren astronomischen Objektiven begnügt man sich mit dem Öffnungsverhältnis 1:18, damit der Einfluß des sekundären Spektrums nicht zu störend wird; CONRADY[7] fordert $F = 0{,}1\,D^2$ in mm (s. auch die Tabelle von STREHL in Ziff. 30). Unter diesen Umständen sind die geringen Zonen der sphärischen Abweichung von keiner Bedeutung, und ihre Verringerung, die bei einem Objektiv aus drei Linsen möglich ist, kommt nur für Sonderfälle in Betracht.

GAUSS[8] hat eine Bauart des zweilinsigen Objektivs angegeben, bei der statt der Erfüllung der FRAUNHOFERschen Bedingung der Farbenunterschied der

---

[1] Ross, Ap J 76, S. 184 (1932). [2] Phil Trans 1821, S. 222.

[3] STAMPFER, Jahrb d polyt Inst Wien 13, S. 30 u. 52 (1828); SEIDEL, A N 35, S. 301 (1853); STEINHEIL, Gött Nachr 1865, S. 131; Münch Ak Ber 1867, S. 284; V J S 18, S. 255 (1883); A N 109, S. 208 (1884); MOSER, Z f Instrk 7, S. 225 (1887); STEINHEIL u. VOIT, Handbuch d. angewandten Optik. Leipzig: Teubner 1891; TAYLOR, M N 53, S. 359 (1893); CHARLIER, V J S 31, S. 266 (1896); Z f Instrk 18, S. 253 (1898); STEINHEIL, Z f Instrk 17, S. 338 (1897); HERZ, A N 147, S. 321 (1898); KERBER, Mechaniker 9, S. 157 (1901); STREHL, Z f Instrk 21, S. 10 (1901); HARTING, ebenda 19, S. 104 (1899); 29, S. 365 (1909); v. ROHR, Die Bilderzeugung in optischen Instrumenten. Berlin: Julius Springer 1904; CONRADY, M N 65, S. 594 (1905); TAYLOR, A System of Applied Optics. London: Macmillan 1906; STEINHEIL, Z f Instrk 26, S. 84 (1906); PELLETAN, Optique appliquée. Paris: Béranger 1910; SMITH, Nat Phys Lab Coll Res 13, S. 181 (1916); Trans Opt Soc 18, S. 160 (1917); Phil Mag (6) 36, S. 405 (1918); Trans Opt Soc 22, S. 111 (1920/1); Nat Phys Lab Coll Res 14, S. 99 (1920); EVERITT, Trans Opt Soc 17, S. 142 (1917); CHALMERS, ebenda 18, S. 183 (1917); ALLEN, Phil Mag (6) 35, S. 471 (1918); WOODWORTH, J Opt Soc Amer 4, S. 286 (1920); SMITH, Sc Pap Bur of Stand 18, S. 559 (1922/3); TARDY, Rev d'Opt 4, S. 305 (1925); GARDNER, Sc Pap Bur of Stand 22, S. 550 (1927).

[4] HARTING, Z f Instrk 19, S. 138 (1899); Wiener Ak Ber 108, S. 1387 (1899).

[5] MOSSOTTI, Nuova teoria d. stromenti ottici. Pisa: Nistri 1859; HARTING, Z f Instrk 18, S. 357 (1898); 20, S. 230 (1900); 28, S. 165 (1908); HÖEGH, ebenda 19, S. 37 (1899); SMITH, Nat Phys Lab Coll Res 13, S. 197 (1916); CRANZ, Z f Instrk 44, S. 237 (1924); MOFFITT, J Opt Soc Amer 11, S. 147 (1925); MOFFITT u. KASPEREIT, ebenda S. 275; CHRÉTIEN, C R 178, S. 470 (1924); H. SCHULZ, Z f techn Phys 12, S. 178 (1931).

[6] EBERHARD, Z f Instrk 23, S. 274 (1903). [7] J B A A 20, S. 299 (1910).

[8] Lindenaus Z f Astronomie 4, S. 345 (1817).

sphärischen Abweichung gehoben ist. Alle Flächen sind hier nach der Dingseite erhaben; für $F = 1000$ $(D = 77)$ ist $r_1 = 116{,}33$; $r_2 = 345{,}14$; $r_3 = 143{,}30$; $r_4 = 95{,}62$; $d_1 = 6{,}81$; $d_2 = 2{,}72$; $A = 1{,}70$; die Brechzahlen für Rot und Violett waren zu ${}_r n_1 = 1{,}50435$; ${}_v n_1 = 1{,}52598$; ${}_r n_2 = 1{,}58181$; ${}_v n_2 = 1{,}62173$ angenommen. Die Abweichung von der FRAUNHOFERschen Bedingung ist aber nicht groß, so daß die Bauart bei größeren Objektiven mit kleinem Öffnungsverhältnis für Beobachtung brauchbar ist. So sind Objektive dieser Art, auch mit Flint voraus, mehrfach mit gutem Erfolge ausgeführt worden[1], allerdings ohne daß farbenreinere Bilder erzielt wurden. Die Verringerung des sekundären Spektrums ist nach Ziff. 21 nur dadurch möglich, daß es SCHOTT gelungen ist, in dem Fernrohrflint ein Glas zu schmelzen, dessen Gang der Dispersion sich dem des Kronglases mehr nähert[2]. Da die Abweichung von dem Gang der Dispersion eines gewöhnlichen Silikatflints mit gleichem ν nur gering ist, muß der Unterschied der ν-Werte für die beiden Linsen klein sein; er beträgt nur etwa 10, während er bei den gewöhnlichen Achromaten über 20 beträgt. Dadurch ist man in dem Öffnungsverhältnis beschränkt, da sonst die Krümmungen zu stark werden. Der zweilinsige Apochromat wurde daher zunächst mit einem Öffnungsverhältnis von 1:18 (A-Objektiv von ZEISS) ausgeführt. Um das größere Öffnungsverhältnis von 1:15 zu erreichen, hat man ein wenig größere Farbenabweichung zugelassen (AS-Objektive von ZEISS)[3]. Mit einem dreilinsigen Objektiv, wie dem von TAYLOR[4] (Abb. 43) und dem B-Objektiv von ZEISS, läßt sich bei einem Öffnungsverhältnis von 1:15 eine nahezu völlige Aufhebung des sekundären Spektrums für Beobachtungszwecke erreichen (Abb. 28). Wegen der Schwierigkeit der Herstellung größerer Glasscheiben sind diese Apochromate bisher nur in kleinen Größen bis zu 30 cm ausgeführt worden[5]. Betreffend die älteren Bemühungen der Glastechnik zur Hebung des sekundären Spektrums sei auf die Forschungen v. ROHRS[6] verwiesen. Die älteren Versuche von BLAIR[7], mit Flüssigkeitslinsen diesen Fehler zu heben, hatten nur als Anreiz für die Glastechnik Bedeutung. Zur Verminderung des sekundären Spektrums kann man bei hellen Gegenständen Filter anwenden; geeignet ist das SCHOTTsche Glas F 16623, noch besser sind Gelatinefilter, z. B. mit Rapidfiltergrün II der Höchster Farbwerke, Farbstoffdichte 0,5; die Durchlässigkeit ist für 0,644 μ: 0,25; 0,578 μ: 0,68; 0,546 μ: 0,81; 0,480 μ: 0,52; 0,436 μ: 0,12; 0,405 μ: 0,065; siehe ferner ältere Vorschläge[8]. Zum besseren Erkennen irdischer Ziele eignet sich das SCHOTTsche Farbglas OG 3.

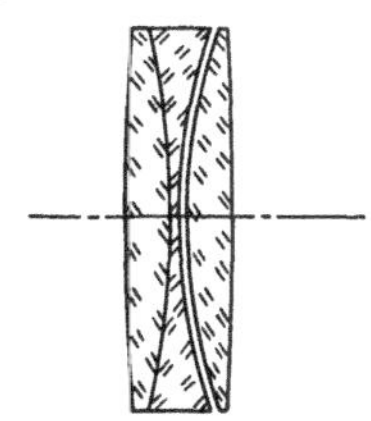

Abb. 43. Der Apochromat nach TAYLOR.

Als vor 100 Jahren die Herstellung größerer Flintglasscheiben außer in Benediktbeuern noch Schwierigkeit machte, wurde von BARLOW[9] die Zerstreuungslinse mitten zwischen der Kronlinse und ihrem Brennpunkt angeordnet und von ihm als Flüssigkeitslinse ausgebildet; an dieser Stelle braucht sie nur den halben

[1] KRÜSS, Z f Instrk 8, S. 7 (1888).
[2] WOLF, V J S 33, S. 261 (1898); Z f Instrk 19, S. 1 (1899).
[3] SONNEFELD, Centr Z f Opt u Mech 46, S. 235 (1925); SEITZ, Dtsch opt Woch 1925, S. 704.
[4] M N 54, S. 328 (1894); Engl Patent 17994 (1892).
[5] Engineering 58, S. 661 (1894).
[6] Z f Instr 29, S. 50 (1909); Dtsch opt Woch 1915/6, S. 369.
[7] Edinburgh Trans 3 II, S. 3 (1791).
[8] MITTENZWEY, A N 106, S. 45 (1883); SCHUR, Z f Instrk 4, S. 317 (1884); SEE u. PETERS, A N 152, S. 177 (1900); SAFAŘIK, V J S 18, S. 245 (1883).
[9] Phil Trans S. 105 (1828); S. 33 (1829); S. 9 (1831); S. 1 (1833); Pogg Ann 14, S. 313 (1828); Ann Chim Phys (2) 40, S. 351 (1829); PRECHTL, Jahrb d polyt Inst Wien 13, S. 125 (1828).

Durchmesser (s. auch den Bericht von HERSCHEL u. a. über die Leistung[1]). Die Flüssigkeitslinse hat aber den Nachteil, daß bei Temperaturänderung sich die Brechung der Flüssigkeit und, was am schlimmsten ist, in den verschiedenen Teilen verschieden ändert. ROGERS[2] verwendet zum Farbenausgleich an dieser Stelle eine zweifache dünne Linse von der Brennweite ∞ (Ziff. 20); die Gesamtbrennweite ist also hier gleich der der Hauptlinse; diese Objektivart hat Farbenunterschied der Vergrößerung, der aber durch sog. Kompensationsokulare gehoben werden kann. Solche Fernrohre wurden von PLÖSSL in Wien in größerer Zahl unter dem Namen Dialyt vertrieben.

40. Das photographische Objektiv. Die photographische Platte ist zwar etwa 10000mal unempfindlicher als das Auge, dieser Mangel kann aber durch lange Belichtung ausgeglichen werden, ja es können noch lichtschwächere Gegenstände als mit bloßem Auge entdeckt werden. Die photographischen Refraktoren für die Himmelskarte von 3,4 m Brennweite und 34 cm Öffnung liefern bei einstündiger Belichtung die Sterne der 13. Größenklasse, die mit dem gleichen

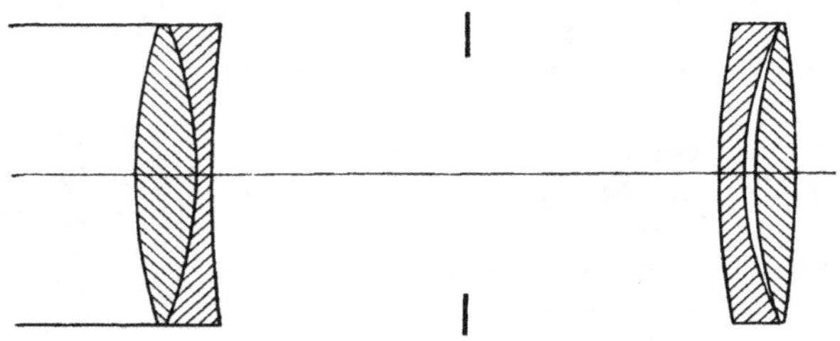

a

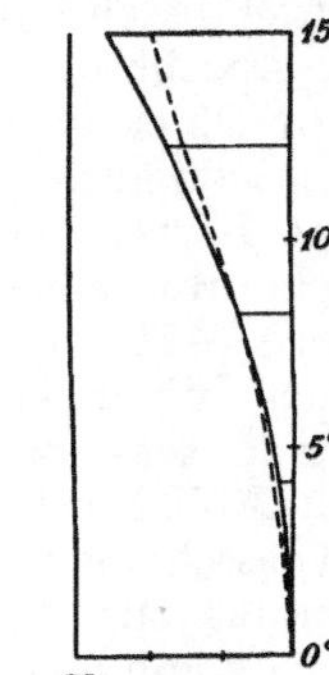

b

Abb. 44a u. b. Das Porträtobjektiv von PETZVAL mit Kurven für Bildkrümmung (sagittal ———, tangential – – –).

Objektiv noch eben wahrgenommen werden können. Die Photographie ist aber gegen Luftunruhe empfindlicher. Die Sternbilder werden dadurch verbreitert, sind aber noch rund.

Je nachdem ein Objektiv für Beobachtung oder für Photographie bestimmt ist, ist es verschieden chromatisch zu korrigieren (Ziff. 22). Die Radienverhältnisse werden dadurch nicht sehr geändert. Durch geringe Änderung des Linsenabstandes und Umdrehen der Kronlinse hat man die Korrektur der einen Art in die der anderen verwandelt, um das Objektiv abwechselnd für beide Zwecke zu gebrauchen[3]. Zu dem gleichen Zweck kann eine einfache Linse auf das Objektiv aufgesteckt werden. Um den Durchmesser kleiner halten zu können und so an Kosten zu sparen, hat man sie wohl zwischen Objektiv und Brennebene eingeschaltet[4]. Mit einem dünnen zweilinsigen System, einer afokalen Linse nach ROGERS[2], kann die Umkorrektion ohne Änderung der Gesamtbrennweite erreicht werden. In diesem Falle wird aber Farbenabweichung der Vergrößerung eingeführt, um so mehr, je näher diese Linse an den Brennpunkt rückt, also je kleiner sie ist. Ist die Zusatzlinse bei visuellem Gebrauch eingeschaltet, so kann dieser

[1] Proc R Soc London 3, S. 245 (1833).

[2] Edinburgh J of Science 9, S. 126 (1828) = Pogg Ann 14, S. 324 (1828); STAMPFER, Jahrb d polyt Inst Wien 14, S. 108 (1829); PRECHTL, ebenda 13, S. 220 (1828).

[3] PICKERING, Nature 36, S. 562 (1887).

[4] NEWALL, M N 54, S. 373 (1894); KEELER, Ap J 1, S. 101 (1895); BELOPOLSKI, ebenda 3, S. 147 (1896); LORD, ebenda 6, S. 87 (1897); FROST, ebenda 15, S. 12 (1902); VOGEL, Publ Potsdam 15, Nr. 45, S. 22 (1907); MOFFITT, J Opt Soc Amer 20, S. 457 (1930); PLASKETT, Ap J 25, S. 195 (1907); 32, S. 243 (1910); ROSS, ebenda 76, S. 184 (1932).

Fehler durch Kompensationsokulare, die dieselbe Farbenabweichung der Brennweiten besitzen, aufgehoben werden. Durch ein Zusatzsystem von zwei getrennten kleineren Linsen[1] kann die Umkorrektion und zugleich ein besser geebnetes Bild erreicht werden, ohne daß Farbenabweichung der Vergrößerung eintritt. Alle diese Einrichtungen sind nur als Notbehelf anzusehen. Bei derselben Bauart und Brennweite des Objektivs ist die Größe der Zerstreuungsfigur infolge von Bildkrümmung und Astigmatismus für einen Punkt außer der Achse dem Durchmesser des Objektivs und dem Quadrate der Hauptstrahlneigung proportional. Will man einen größeren Winkel noch scharf abbilden, so muß man den Objektivdurchmesser im quadratischen Verhältnis kleiner nehmen. Die Normalfernrohre für die photographische Himmelskarte von 340 mm Öffnung und 3,4 m Brennweite zeichnen 2,8° Gesichtsfeld aus. Lange Brennweiten dienen besonders zur Koordinaten- und Parallaxenbestimmung, zur Helligkeitsmessung und zu Spektralaufnahmen. Wo man größeres Gesichtsfeld braucht, wie für das Aufsuchen von Kometen und Planeten, das Studium von veränderlichen Sternen, von Meteoren und des Zodiakallichts, muß man Objektive von der Bauart der gewöhnlichen photographischen verwenden, bei denen Bildkrümmung und Astigmatismus nahezu gehoben sind. Bei dem PETZVALschen Objektiv[2] (Abb. 44a) sind die Bildkrümmungen noch $\varrho_s = \varrho_t = -0,4$; es zeichnet sich aber durch kleine Zonen der sphärischen Abweichung aus. Mit einem Objektiv von 160 mm Öffnung und 800 mm Brennweite werden etwa 7° ausgezeichnet. Durch einfache Bauart zeichnet sich das Triplet nach TAYLOR[3] (Abb. 45 a) aus, mit dem man bei gleicher Öffnung und Brennweite etwa 15° erhält. Zur Hebung der Zonenfehler kann man nach SONNEFELD[4] bei diesem Objektiv einer Fläche der Hinterlinse eine von der Kugel abweichende Gestalt geben. Das Tessar von RUDOLPH kann man seiner äußeren Form nach als ein Triplet mit verkitteter Hinterlinse beschreiben. Besonders geringe Verzeichnung, für 9° Gesichtsfeld nur 0,005% bei Hebung der übrigen Bildfehler, zeigt ein Objektiv von kleinerem Öffnungsverhältnis aus vier getrennten Linsen von ROSS[5] (Abb. 46a), das von SONNEFELD[6] durch Ein-

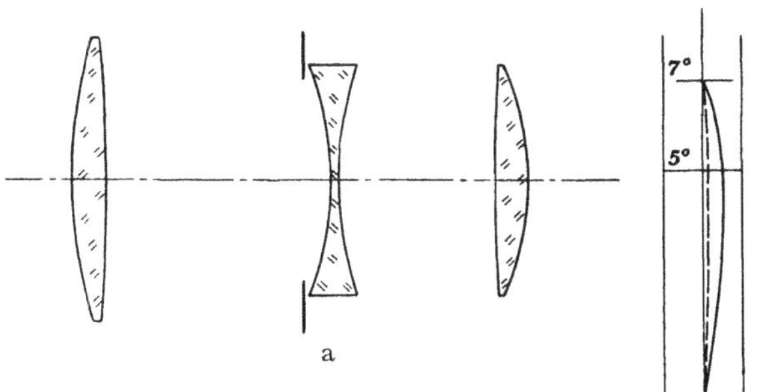

Abb. 45a u. b. Das Triplet nach TAYLOR.

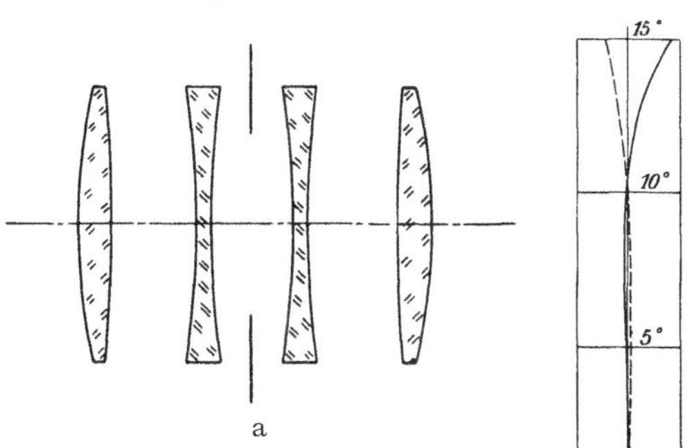

Abb. 46a u. b. Das Objektiv nach ROSS.

[1] BOEGEHOLD, Z f Instrk 30, S. 302 (1910); V J S 45, S. 302 (1910).
[2] v. ROHR, Z f Instrk 21, S. 49 (1901); BARNARD, Ap J 21, S. 35 (1905) ($D = 25{,}4$ cm).
[3] Engl Patent 15107 (1895); M N 64, S. 613 (1904); SCHWARZSCHILD, Gött Abh N F 4, Nr. 3 (1905); KERBER, Z f Instrk 35, S. 23 (1915); 36, S. 269 (1916); PETERS, Pop Astr 27, S. 349 (1919) ($D = 25{,}4$ cm).
[4] Centr Z f Opt u Mech 45, S. 268 (1924).
[5] J Opt Soc Amer 5, S. 123 (1921).
[6] Dtsch opt Woch 11, S. 17 (1925).

führung besonders lichtdurchlässiger Glasarten verbessert wurde. Bei dem Vierlinser mit großer Öffnung von SONNEFELD (Abb. 47), für den ebenfalls besonders lichtdurchlässige Glasarten gewählt sind und bei dem die Zonen der sphärischen Abweichung durch geringere Deformation gehoben werden können, ist bei $D = 400$ und $F = 2000$ noch ein Gesichtsfeld von 15° brauchbar, die Verzeichnung beträgt nur 0,02%. Abb. 48 gibt eine 0,75fach verkleinerte Aufnahme mit einem Objektiv von diesen Daten wieder (1° = 27 mm), bei der die optische Achse in der einen Ecke liegt. Über Versuche mit photographischen Objektiven verschiedener Bauart für Aufnahmen von Nebeln und veränderlichen Sternen siehe GUTHNICK und PRAGER[1] sowie SCHNELLER[2]. Für die Objektive von PETZVAL, TAYLOR und ROSS sind in Abb. 44b, 45b und 46b Kurven für die sagittale (———) und tangentiale (– – –) Bildkrümmung gegeben. Die Verzeichnung beträgt beim Objektiv von PETZVAL für 5°: 1,6‰, für 10°: 6,4‰, beim Triplet für 5° etwa 2‰, für 7°: 4‰ Abweichung gegen die Achsenbrennweite. Die Zone der sphärischen Abweichung beträgt beim Objektiv von PETZVAL mit 1:3,5 Öffnung 0,55 mm, beim Triplet mit 1:5 Öffnung 3,3 mm für $F = 1000$; beim Objektiv von ROSS ist sie etwa wie beim Triplet. Den Einfluß der Koma auf das Sternbild zeigt Abb. 80b u. c. Die Verzeichnung bei einem Triplet stellten SCHWASSMANN[3], bei einem Objektiv nach ROSS-SONNEFELD ARTHUR KÖNIG und HECKMANN[4] fest. WOLFER[5] untersuchte ein Triplet, FARNSWORTH[6] ein Doppelobjektiv, beide aus Glasarten mit größerer Ultraviolettdurchlässigkeit nach dem HARTMANNschen Verfahren.

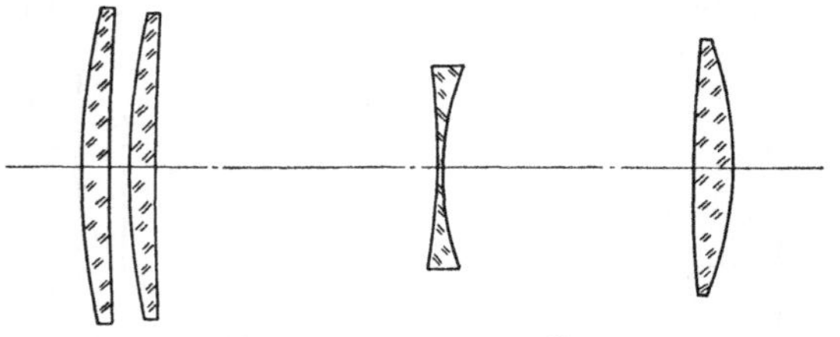

Abb. 47. Der Vierlinser nach SONNEFELD.

Abb. 48. Eine Aufnahme mit dem Vierlinser.

Das Bild der Sonne kann bei der großen Helligkeit auch unter Verwendung des Okulars zur Vergrößerung des Objektivbildes auf einen Schirm projiziert werden. Das Okular muß dann etwas herausgezogen werden, so daß es ein reelles Bild entwirft. Die Vergrößerung des Okulars ist gleich dem Schirmabstand von seinem hinteren Brennpunkt dividiert durch die Brennweite; die Gesamtbrennweite ist dann gleich der Objektivbrennweite mal der Vergrößerung des

[1] Berl Ak Ber 21, S. 275 (1926).
[2] Berlin-Babelsberg Veröff 8, Heft 6 (1931); KLUGHARDT, Z f Instrk 45, S. 262 (1925); BERTELE, Z f wiss Photogr 24, S. 31 (1926).
[3] Hamb Sternw Mitt 6, S. 26 (1921).
[4] V J S 63, S. 279 (1928).
[5] V J S 54, S. 268 (1919).
[6] Publ Yerkes Obs 4, Heft 5 (1926).

Okulares. Statt das Bild zu projizieren, kann man es auch auf einer photographischen Platte aufnehmen. Für schwächere Vergrößerung der Objektivbrennweite eignet sich noch mehr eine achromatische Zerstreuungslinse, die zwischen dem Objektiv und dessen Brennpunkt eingeschaltet wird und wie in Abb. 16 wirkt. Die Vergrößerung berechnet man in derselben Weise, nur liegt hier der hintere Brennpunkt der Zerstreuungslinse auf der dem Objektiv zugekehrten Seite. Bei gleicher Gesamtbrennweite rückt hier die Platte nicht so weit über den Objektivbrennpunkt hinaus. Diese Verbindung von Objektiv und Zerstreuungslinse bezeichnet man als Teleobjektiv, weil es zu Fernaufnahmen irdischer Gegenstände dient. Es wurde schon von KEPLER[1] beschrieben und von SCHEINER[2] für Sonnenprojektion benutzt. Über die Verwendung in der Astrophotographie siehe STEINHEIL[3].

41. Spektrographenobjektive. An die Objektive von Spektrographenkammern werden hinsichtlich der Bildkrümmung besondere Anforderungen gestellt; man verzichtet hier vielfach auf die Achromasie des Bildortes und damit auf die senkrechte Stellung der Platte zur Achse. Die Lage der Bildpunkte eines solchen Objektivs möge durch die Koordinaten x und y gekennzeichnet werden, wo x der Abstand von der achsensenkrechten Ebene im Bildpunkte der Farbe ist, der in die Achse des Objektivs fällt, und y der Abstand von dieser Achse. Wenn die Farben nacheinander auf das Minimum der Ablenkung eingestellt würden, so würde für den Bildpunkt einer Farbe angenähert gelten $x = c_1 \Delta n + c_2 (\Delta n)^2$. Liegen aber bei Einstellung auf das Minimum für eine ausgewählte Farbe die andersfarbigen Bildpunkte außer der Achse, so ist erstens der Unterschied ϱ_t der Krümmung der tangentialen Bildfläche für die ausgewählte Farbe gegen eine Krümmung, die gleich der Stärke $1:f$ des Objektivs ist, zu berücksichtigen; außerdem ist die Farbenabweichung des Kollimatorobjektivs zu berücksichtigen. Ist dies nur mit sekundärem Spektrum behaftet, so ist die Verschiebung der Bildpunkte nahe proportional $(\Delta n)^2$, und es kann mit Berücksichtigung der Tiefenvergrößerung für das Spaltbild diese Änderung als eine Änderung ϱ_k der Bildkrümmung angesetzt werden, so daß der Wert von x um ein Glied $y^2 \varrho_k$ zu vermehren ist. Ist ε die Ablenkung für eine Farbe gegen die Achse, so kann man $\operatorname{tg} \varepsilon = b_1 \Delta n + b_2 (\Delta n)^2$ ansetzen. Wird die Brennweite für diese Farbe mit f bezeichnet, so ist $y = f \operatorname{tg} \varepsilon$. Setzt man nun $f = 1 - a_1 \Delta n$, so ergibt sich, wenn nur die Glieder bis zur zweiten Ordnung mitgenommen werden,

$$\frac{x}{y} = \frac{c_1}{b_1} \left\{ 1 + \left[\frac{c_2}{c_1} - \frac{b_2}{b_1} + a_1 + \frac{b_1^2}{2 c_1 (\varrho_t + \varrho_k)} \right] \Delta n \right\}. \tag{72}$$

Wird nun eine Linsenfolge mit geeignetem Wert von ϱ_t gewählt, so kann der Faktor von Δn gleich Null gemacht werden. Das Bild ist dann annähernd geebnet und die Plattenneigung zur Achse durch $c_1 : b_1$ bestimmt[4]. Für kleineres Öffnungsverhältnis bis etwa 1:10 kommt man mit zwei Linsen von Meniskenform (die zerstreuende voraus) aus[5]; für größeres bis 1:3 braucht man drei getrennte Linsen[4] (Abb. 49). Man verwendet wohl auch nach BRASHEAR zwei einfache Sammellinsen im Abstande von nahe der halben Brennweite, von denen die eine deformiert ist[6]. PERRY[7] korrigiert mit dem Linsenabstand die Änderung

[1] KEPLER, Dioptrice, Augsburg 1611; Oswalds Klass. 144, S. 60.

[2] Refractiones coelestes, Ingolstadt 1617, S. 91; v. ROHR, Centr Z f Opt u Mech 46, S. 233 (1925).

[3] Brit J of Phot 46, S. 102 (1899).

[4] SCHWARZSCHILD, Berl Ak Ber 1912, S. 1220; WIMMER, Phys Z 16, S. 127 (1915).

[5] HARTMANN, Z f Instrk 20, S. 17 (1900); 24, S. 1 (1904); BELOPOLSKY, Pulk Mitt 1, S. 171 (1906).

[6] PLASKETT, Ap J 29, S. 290 (1909).

[7] Trans Opt Soc 33, S. 170 (1932/3).

der sphärischen Abweichung mit der Wellenlänge. Will man die Schiefstellung der Platte vermeiden, so muß das Objektiv achromatisch sein[1]; auch für diesen Fall ($c_1 = 0$) ergibt sich aus der Formel ein bestimmter Wert von ϱ_t für das Objektiv, wenn das Spektrum angenähert in eine Ebene fallen soll. Als besonders lichtstarke Objektive verwendet man wohl vergrößerte Mikroskopobjektive größerer Apertur[2]. Für Untersuchungen im ultravioletten Teil des Spektrums verwendet man Chromate aus Quarz und Achromate aus Quarz und Flußspat; Abb. 50c zeigt für einen solchen Achromaten die Kurve des sekundären Spektrums. Einen vierlinsigen Aplanaten aus Quarz und Flußspat gab GIFFORD[3] an. Der Ersatz des teuren Flußspats durch Steinsalz[4] oder Wasser[5] bedeutet sonst

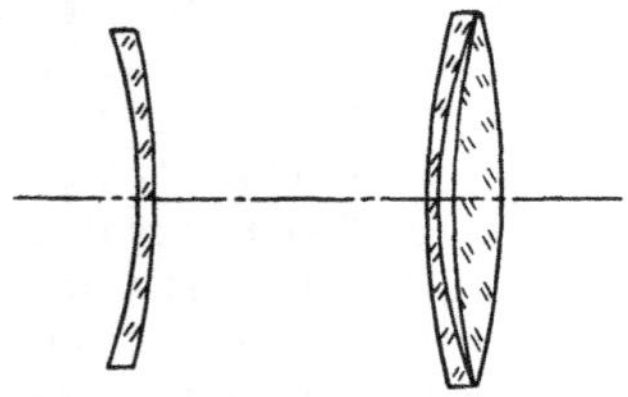

Abb. 49. Der Chromat nach SCHWARZSCHILD.

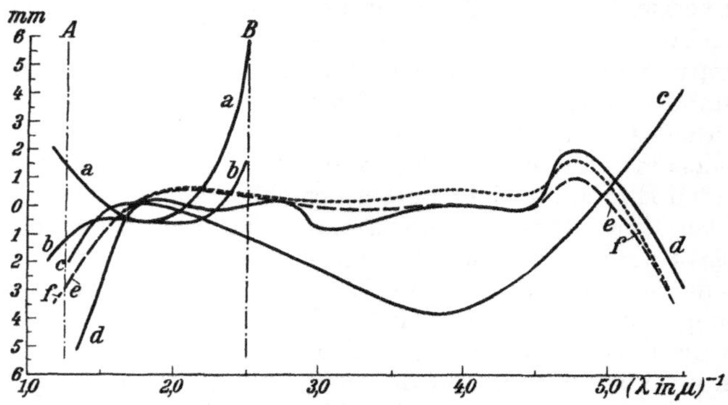

Abb. 50. Das sekundäre Spektrum von Spektrometerobjektiven, Abszisse Kehrwert der Wellenlänge in μ, Ordinate Abweichung in mm für $F = 1000$; a) für einen Achromaten aus Silikatgläsern, b) für einen dreiteiligen Apochromaten, c) für ein Objektiv aus Quarz und Flußspat, d) für ein Objektiv aus Quarz, Flußspat und Steinsalz, e) und f) für ein Objektiv aus Quarz, Flußspat und Sylvin. (Nach PERRY.)

keine Verbesserung. Dagegen wird durch Hinzunahme einer Wasserlinse[6] das sekundäre Spektrum verringert, noch mehr durch eine Linse aus Steinsalz oder Sylvin[7]. Die Hinzunahme von Glaslinsen[8] zu diesem Zweck kommt nur in Betracht, wenn man nicht viel über den sichtbaren Teil des Spektrums hinausgehen will. Abb. 50d, e, f zeigt den Einfluß der Hinzunahme von Steinsalz oder Sylvin bei Quarz-Flußspat-Objektiven auf das sekundäre Spektrum; die Krümmungssumme für die Linsen aus Flußspat (ϱ_1), Quarz (ϱ_2), Steinsalz (ϱ_3) und Sylvin (ϱ_4) ist für die *d*-Kurve $\varrho_1 = 10{,}4207$; $\varrho_2 = -6{,}7323$; $\varrho_3 = 0{,}26736$;

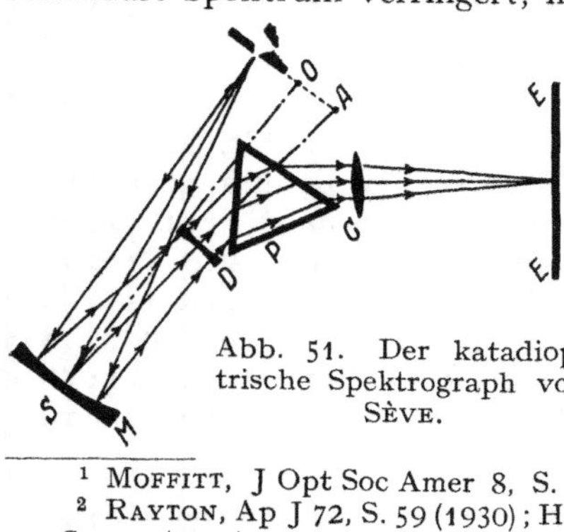

Abb. 51. Der katadioptrische Spektrograph von SÈVE.

[1] MOFFITT, J Opt Soc Amer 8, S. 365 (1924); PLASKETT, Ap J 59, S. 65 (1924).
[2] RAYTON, Ap J 72, S. 59 (1930); HUMASON, ebenda 71, S. 351 (1930); KRÄMER, Z f Instrk 51, S. 204 (1931).
[3] Trans Opt Soc 30, S. 34 (1928/9).
[4] MEGGERS u. BURNS, Sc Pap Bur of Stand 18, S. 185 (1922).
[5] BLOCH, Rev d'Opt 6, S. 31 (1927).
[6] BRICOUT, C R 188, S. 324 (1929); Rev d'Opt 10, S. 345 (1931).
[7] PERRY, J Sc Instr 9, S. 116 (1932). [8] TARDY, Rev d'Opt 6, S. 264 (1927).

für die e-Kurve $\varrho_1 = 10{,}0642$; $\varrho_2 = -6{,}3909$; $\varrho_4 = 0{,}22804$; für die f-Kurve $\varrho_1 = 10{,}1744$; $\varrho_2 = -6{,}4897$; $\varrho_4 = 0{,}24128$. Auch Hohlspiegel sind als Ersatz der Objektive empfohlen worden[1]; am besten wäre ein exzentrischer Parabolspiegel[2]; leider ist seine Herstellung sehr schwierig. Endlich ist noch die katadioptrische Anordnung von SÈVE[3] zu erwähnen; die vom Spalt ausgehenden Strahlen werden dort durch einen Hohlspiegel gesammelt und durch eine Zerstreuungslinse parallel gemacht; das Objektiv ist eine Sammellinse von gleicher Brennweite und aus gleichem Stoff, so daß die Farbenabweichung der beiden Linsen sich aufhebt (Abb. 51).

42. Über Glasbeschaffenheit. Für die Leistung des stärker vergrößernden Fernrohrs ist das Objektiv maßgebend. Es bestimmt die Bildschärfe in der Achse, die für Beobachtungszwecke entscheidend ist; die Farbenabweichung und die Ausführungsfehler, die das Bild in der Achse verschlechtern, können durch das Okular nicht ausgeglichen werden. Die größte Schwierigkeit für die Herstellung größerer Objektive ist die Beschaffung geeigneter Glasscheiben. Trotz aller Vorsicht beim Rühren der flüssigen Masse ist das Glas nach der Erkaltung nicht frei von Schlieren, Streifen abweichender chemischer Zusammensetzung und daher auch verschiedener Brechung[4]. Es wurden Unterschiede zwischen der Brechung der Schliere und der ihrer Umgebung bis zu vier Einheiten der 4. Dezimale festgestellt. Während einzelne scharfe Schlieren die Leistung des Objektivs kaum beeinträchtigen, sind Bündel von Schlieren und breite, verwaschene Schlieren gefährlich.

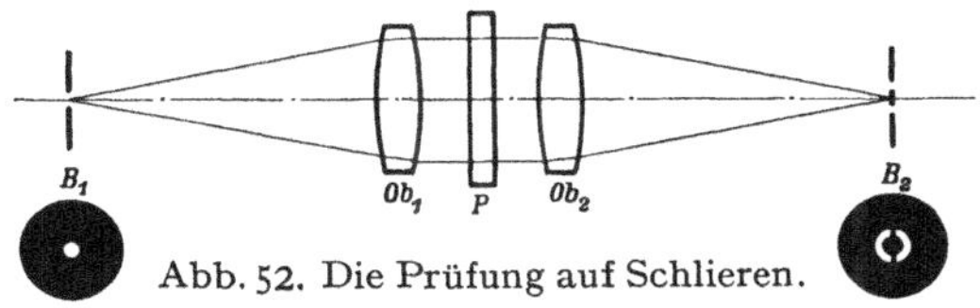

Abb. 52. Die Prüfung auf Schlieren.

Am einfachsten beobachtet man die Schlieren, wenn man durch die um Armeslänge entfernte Platte nach der Grenze von Hell und Dunkel, etwa dem Fensterrande, sieht und die Platte quer zur Blicklinie bewegt. Bequemer werden sie sichtbar gemacht, wenn man mit einer nahezu punktförmigen Lichtquelle eine Schattenprojektion der Platte auf einem von ihr entfernten Schirm entwirft. ARNULF gab ein Verfahren an, um durch stereoskopische Wahrnehmung die Lage der Schlieren der Tiefe nach festzustellen. Auch das FOUCAULTsche Schneidenverfahren (Ziff. 70) und das TÖPLERsche Schlierenverfahren können angewandt werden. Nach Abb. 52 wird das Bild der Öffnung B_1 durch die Blende B_2 abgedeckt, so daß nur Strahlen, die in der Glasplatte P zwischen den Objektiven Ob aus ihrem normalen Verlauf abgelenkt sind, an B_2 vorbei in das Auge gelangen können; der kreisförmigen Öffnung entspricht eine kreisförmige Deckblende wie in Abb. 52, noch besser ist kreisringförmige Öffnung und Blende. Um die Fehler der Oberfläche bei der Prüfung auszuschalten, empfiehlt es sich, die Platte in eine geeignete Flüssigkeit, Benzol, oder in eine Mischung mit gleicher Brechung aus α-Monochlornaphthalin und Gasolin einzutauchen. Abb. 53 zeigt die Aufnahme einer Glasscheibe mit Schlieren.

Ebenso zeigt das erkaltete Glas bei der Untersuchung im polarisierten Licht Spannung, die man durch nachträgliche Feinkühlung, d. h. Wiedererwärmen bis

---

[1] WADSWORTH, Phil Mag 38, S. 137 (1894); Ap J 2, S. 264 (1895); HOUSTON, Proc Opt Convention 2, S. 100 (1912).

[2] PICKERING, Nature 24, S. 389 (1881); POOR, Ap J 6, S. 440 (1897); SONNEFELD, Centr Z f Opt u Mech 43, S. 442 (1922).

[3] C R 182, S. 57 (1926); MEYERMANN, Z f Instrk 46, S. 485 (1926).

[4] MARTIN, Ann de l'École Norm sup 10 (1881); CZAPSKI, Z f Instrk 5, S. 117 (1885); MICHELSON, Sc Pap Bur of Stand 15, S. 41 (1919/20); SMITH, BENNETT u. MERRITT, ebenda 16, S. 75 (1920); ARNULF, Rev d'Opt 6, S. 1 (1927); J de Phys Bull No. 336, S. 36 (1933).

nahezu zum Weichwerden und besonders am Anfang langsame, sorgfältig geregelte Abkühlung möglichst zu beseitigen sucht[1]. Über den Spannungszustand von Fernrohrscheiben machte zuerst CZAPSKI[2] Versuche. Er beobachtete im polarisierten Licht, das parallel zur Platte durch die angeschliffenen parallelen Seitenflächen hindurchging. Nach ihm ist eine schnell gekühlte Platte in ihrer Mittelschicht gedehnt, nahe der Oberfläche zusammengepreßt, dazwischen aber liegt eine neutrale spannungsfreie Zone; es erklärt sich dies durch die schnellere Abkühlung der Oberfläche beim Erstarren. An der Oberfläche findet beim Durchgang parallel zur Platte eine stärkere Verzögerung des Lichtes statt als in der Mitte; die Brechzahl nimmt nach dem Rande zu. Diese Zunahme kann bei 30 mm Dicke eine Einheit der 4. Dezimale erreichen. ZSCHOKKE[3] fand bei gut gekühlten Platten die Brechzahl in der Mitte und am Rande bei senkrechtem Durchgang um $1^1/_2$ Einheiten der 4. Dezimale verschieden. Die Verzögerung findet CZAPSKI für das senkrecht zur Platte polarisierte Licht etwa halb so stark als für das parallel zu ihr polarisierte. Die Schichten gleicher Brechzahl stehen nach WILSING[4] bei Linsen in der Nähe der Achse auf dieser senkrecht, sie biegen am Rande um und rücken mehr zusammen. Die Zonenabweichung des Potsdamer Refraktors konnte WILSING durch Annahme schlechter Kühlung im wesentlichen erklären, dagegen fand er den Einfluß der Doppelbrechung auf die Bildgüte unmerklich. Der Abstand der beiden Bilder war unter 0,01 mm.

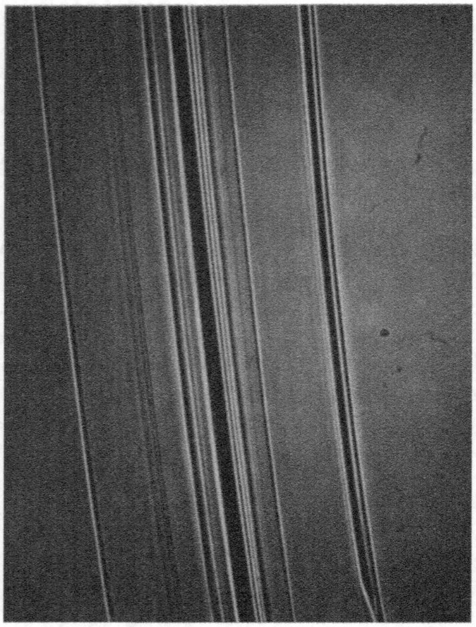

Abb. 53. Die Aufnahme einer Scheibe mit Schlieren.

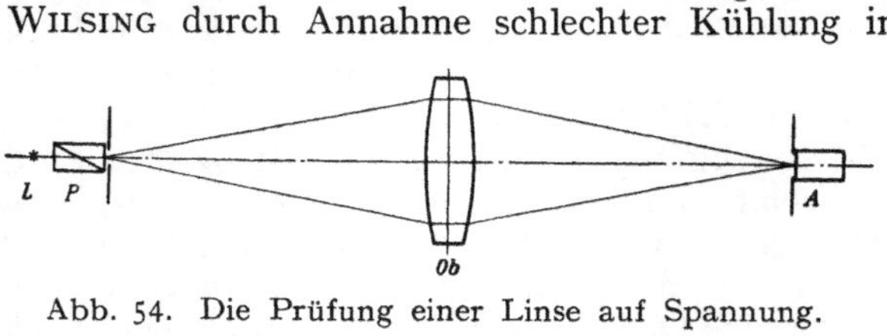

Abb. 54. Die Prüfung einer Linse auf Spannung.

Die Prüfung auf Spannung[5] erfolgt im polarisierten Licht nach Abb. 54. Die von der Lichtquelle L ausgehenden Strahlen durchsetzen den Polarisator P, die zu prüfende Linse Ob oder auch eine Linse und dann die zu prüfende Platte, zuletzt den Analysator A. Es ist zweckmäßig, wenn die Platte um die optische Achse oder statt dessen auch die beiden Nicols gemeinsam gedreht werden können. Wenn regelmäßige Spannung vorhanden ist, die bei nicht zu starkem

[1] SCHOTT, Z f Instrk 10, S. 42 (1890).
[2] Ann d Phys 42, S. 319 (1891).
[3] Z f Instrk 29, S. 286 (1909); Goerz-Festschrift 1911, S. 133.
[4] Berl Ak Ber 1913, S. 920; A N 198, S. 139 (1914); Z f Instrk 34, S. 341 (1914).
[5] E. u. L. MACH, Wiener Ber 98 II, S. 1327 (1889); SCHULZ, Phys Z 13, S. 1017 (1912); Z f Instrk 33, S. 247 (1913); ZSCHIMMER u. SCHULZ, Ann d Phys 42, S. 345 (1913); BOISSIER, Rev d'Opt 2, S. 107 (1923); TARDY, ebenda 8, S. 59 (1929).

Grade unbedenklich ist, beobachtet man ein Achsenkreuz ähnlich wie bei einer senkrecht zur Kristallachse geschnittenen Platte eines einachsigen Kristalls (Abb. 55). Man kann auch in Autokollimation (Ziff. 61) beobachten, und zwar bei einer Platte, wenn man hinter ihr einen Hohlspiegel aufstellt, von dessen Krümmungsmittelpunkt man das Licht ausgehen läßt; in Abb. 56 ist S dieser Hohlspiegel, Pl die zu prüfende Platte, die übrigen Bezeichnungen sind wie in Abb. 54. Ein Objektiv kann man ebenso durch Aufstellung vor einem Planspiegel prüfen. Hat man Platten mit unebenen, schlecht polierten Oberflächen, so läßt man das Licht einer großen, sehr hellen, das Licht diffus zerstreuenden Oberfläche von einem schwarzen Spiegel unter dem Polarisationswinkel reflektieren, ehe es durch die Platte und das NICOLsche Prisma ins Auge gelangt; es genügt dann, wenn man die Platte mit Schmieröl einfettet. Während diese Untersuchung ausreicht, um die optische Brauchbarkeit der Platte festzustellen, können verschiedene Verfahren zu einer genaueren Untersuchung der Doppelbrechung dienen; es handelt sich dabei meist um die Feststellung des Gangunterschiedes nach Verfahren, die den in der Kristallographie üblichen ähnlich sind. Man kann aber auch zu diesem Zweck das Messerschneidenverfahren von FOUCAULT (Ziff. 70) durch ein WOLLASTONsches Prisma in der Nähe des Bildes ergänzen, das dieses verdoppelt. Indem COUDER[1] bei fertigen Objektiven die Änderung der Schnittweiten beider Bilder für verschiedene Stellen der Öffnung in dieser Weise maß, erhielt er durch den Unterschied der Schnittweiten ein Maß für den Gangunterschied ε; er fand, daß nahezu $\varepsilon = a r^2$ gilt, wo r der Achsenabstand ist. Die Doppelbrechung nimmt also mit dem Quadrat des Abstandes r von der Mitte der Scheibe zu. Die langsamere Welle schwingt radial, in der Ebene durch die Mitte der Scheibe und den Strahl, die schnellere schwingt tangential. Bei einem Objektiv mit stärkerer Spannung dieser Art, aber sonst guter Beschaffenheit, verschwanden die Beugungsringe in einem Halo und traten erst wieder hervor, als so weit abgeblendet war, daß der Gangunterschied am Rande $0{,}09\,\mu$ betrug. Ändert sich der Gangunterschied längs des Randes bis zu $0{,}02\,\mu$, so ist auch in diesem Falle keinerlei Verschlechterung des Bildes zu entdecken. Starke Spannung kann die Erhaltung genauer Oberflächen bei Temperaturänderungen verhindern[2]. Aus der beobachteten Doppelbrechung erschließt COUDER die Verteilung der Spannungen in einer runden Glasplatte vom Durchmesser $2R$ und sehr geringer Dicke. Ist S die radial gerichtete Kraft, T die tangentiale, und zwar positiv, wenn Druckspannung vorliegt, so ist

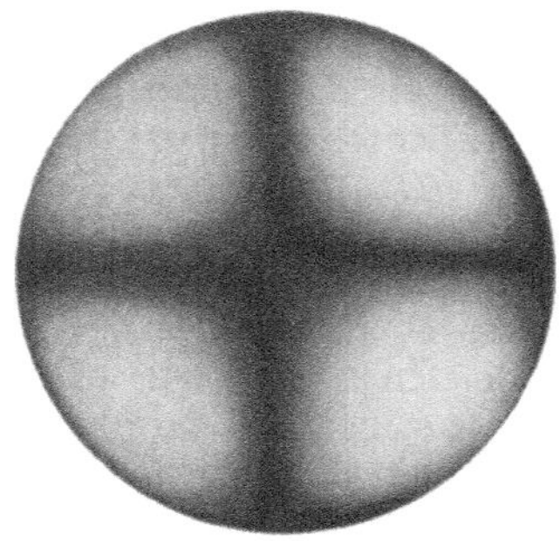

Abb. 55. Spannungsbild einer Scheibe.

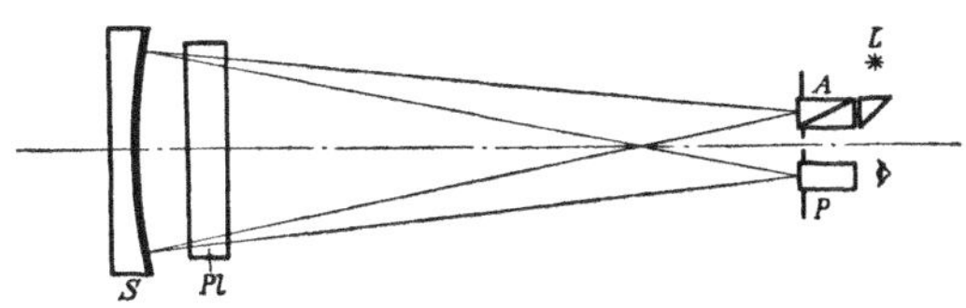

Abb. 56. Die Prüfung auf Spannung mit einem Spiegel in Autokollimation.

$$S = -\frac{a}{2k}(R^2 - r^2); \qquad T = -\frac{a}{2k}(R^2 - 3r^2); \tag{73}$$

a ist die obenerwähnte Konstante für die Doppelbrechung, k ist für Spiegelglas $0{,}0357 \cdot 10^{-3}$, für gewöhnliches Kron $0{,}0334 \cdot 10^{-3}$, für Schwerflint $0{,}0227 \cdot 10^{-3}$.

[1] B A 7, S. 353 (1932). [2] COMMON, Proc R Soc London 50, S. 252 (1891).

Bei einer untersuchten Scheibe von 1,2 m Durchmesser erreichte der Druck auf das cm² 120 kg.

Die Durchbiegung infolge der Schwere ist je nach der Lage des Objektivs verschieden; sie ist bei Linsen weniger gefährlich wie bei Spiegeln, da die Wirkungen der Veränderung der beiden Flächen der Linse sich gegenseitig nahe aufheben, die optische Weglänge von Bild- bis Dingpunkt wird ja nur wenig geändert. Die Durchbiegung ist am wenigsten schädlich, wenn die Strahlen die Linse im Minimum der Ablenkung durchsetzen (s. auch Ziff. 54)). Über die Verhütung von Feuchtigkeitsniederschlag auf Objektiven siehe STEAVENSON[1].

43. Absorption, Temperaturänderung und Zentrierung von Objektiven. Mit dem Lichtverlust beim Objektiv durch Reflexion an den Durchtrittsflächen der Linsen (Ziff. 34) und durch Absorption im Glase beschäftigt sich VOGEL[2]. Messungen der Absorption für verschiedene Glasarten im sichtbaren und ultravioletten Teil machten PFLÜGER[3] und KRÜSS[4]. MOORE[5] fand für den Lick-Refraktor mit Zusatzlinse für Photographie einen Lichtverlust von 49% für $\lambda = 0{,}45\,\mu$. GUTHNICK und PRAGER[6] erhielten bei einem Objektiv von 310 mm Öffnung und 5000 Brennweite eine Lichtdurchlässigkeit von 79% für $\lambda = 0{,}54\,\mu$, von 72% für $\lambda = 0{,}405\,\mu$ und von 44% für $\lambda = 0{,}365\,\mu$. Über die Lichtdurchlässigkeit von photographischen Objektiven siehe KLUGHARDT[7].

Es möge noch auf die Änderung der Brennweite eines dünnen Objektivs aus zwei Linsen mit der Temperatur eingegangen werden[8]. Neben der Änderung der Form durch die Ausdehnung kommt die Änderung dN der Brechzahl mit der Temperatur T in Betracht. α_1, α_2 und α_L seien die Ausdehnungskoeffizienten für die erste und zweite Linse sowie für Luft. Ist n bzw. N die Brechzahl des Glases, bezogen auf den leeren Raum bzw. auf Luft, und n_L die Brechzahl für Luft, so ist $N = n : n_L$, und es gilt angenähert

$$dN = dn - n\,dn_L. \tag{74}$$

Für die Abhängigkeit der Brechzahl n_L der Luft von der Temperatur T und dem Barometerstand p gilt, wenn bei dn_L höhere Glieder vernachlässigt werden,

$$n_L - 1 = \frac{n_{L,0} - 1}{1 + \alpha_L T}\,\frac{p}{760}; \qquad dn_L = -(n_{L,0} - 1)\,\alpha_L\,dt + (n_{L,0} - 1)\,\frac{dp}{760}. \tag{75}$$

Für die Änderung der Brennweite F ergibt sich nun, wenn die Krümmungsradien mit r_1 bis r_4 bezeichnet werden,

$$-\frac{dF}{F^2} = [\Delta N_1 - (N_1 - 1)\,\alpha_1]\left(\frac{1}{r_1} - \frac{1}{r_2}\right) + [\Delta N_2 - (N_2 - 1)\,\alpha_2]\left(\frac{1}{r_3} - \frac{1}{r_4}\right). \tag{76}$$

Diese Änderung der Brennweite kann durch passende Wahl der Glasarten oder durch eine entgegengesetzte Änderung ausgeglichen werden, die durch Änderung des Linsenabstands bewirkt wird, indem die Linsen an den Enden von Rohren sitzen, die verschiedene Ausdehnung haben und an dem dem Objektiv entgegengesetzten Ende miteinander verbunden sind[9]. Die Änderung der Brennweite mit der Temperatur ist jedoch nur klein, bei den gewöhnlichen Glasarten ergibt sich der Größenordnung nach $dF:F = 3 \cdot 10^{-5}$ für 1°. In solchem Falle wären Messingrohre Stahlrohren vorzuziehen; doch kommt es sehr auf die Glasarten

[1] J B A A 42, S. 101 (1932).
[2] Berl Ak Ber 46, S. 1219 (1896).
[3] Ann d Phys 11, S. 561 (1903).
[4] Z f Instrk 23, S. 197 (1903).
[5] Ap J 20, S. 292 (1904).
[6] Berlin-Babelsberg Veröff 1, S. 7 (1914).
[7] Centr Z f Opt u Mech 47, S. 79 (1926).
[8] KRÜGER, A N 60, S. 65 (1863); SUNDELL, ebenda 103, S. 19 (1882); 111, S. 257 (1885); HASTINGS, ebenda 105, S. 69 (1883); WADSWORTH, Ap J 17, S. 17 (1903).
[9] Soc d'Opt Dtsch. R. Patent 339895 (1919).

an. Beim Refraktor ($D = 65$ cm) von Berlin-Babelsberg ergab sich $5{,}7 \cdot 10^{-6}$ für $dF:F$, die Änderung der Einstellung $4{,}3 \cdot 10^{-6}$ in entgegengesetztem Sinne[1]. Beim Yerkes-Fernrohr wurde festgestellt, daß sich die Brennweite bei 1° Temperaturänderung um 0,43 mm, die Rohrlänge um 0,23 mm ändert. Eine Liste über solche Feststellungen bei verschiedenen großen Fernrohren gibt WADSWORTH[2]. Bei steigender Temperatur hinkt die Änderung im Glase nach, die Brennweite ist kürzer als berechnet und umgekehrt. Eine Objektivfassung, die Verspannung der Linsen bei Änderung der Temperatur ausschließen soll, gab STEINHEIL[3] an.

Um zu prüfen, ob die optische Achse des Objektivs mit der des Fernrohrs zusammenfällt, empfiehlt WOLLASTON[4] die Benutzung der Spiegelbilder, die von einem Lichtpunkt auf der Achse durch Reflexion an den Linsenflächen entstehen; dies Verfahren kann auch zum Ausrichten der Linsen eines Objektivs zueinander dienen. PRECHTL[5] benutzt ein auf das Objektiv aufgesetztes Zentrierfernrohr mit drei Füßen. Für das Ausrichten der photographischen Platte senkrecht und symmetrisch zur Achse eines Hohlspiegels bzw. eines Objektivs benutzen FARNSWORTH[6] bzw. ARTHUR KÖNIG und HECKMANN[7] ebenfalls ein solches. OLSSON[8] setzt an Stelle der photographischen Platte eine solche mit Gitter ein; er bewegt dann das Auge, bis sein Spiegelbild auf eine auf das Objektiv gesetzte kleine Blende fällt, und bezeichnet auf der Platte die anvisierte Stelle, die der Senkrechten von der Objektivmitte auf die Platte entspricht.

44. Große Refraktoren. Nach HOLLIS[9] werde hier gekürzt und ergänzt eine Liste der großen Fernrohre wiedergegeben.

Liste der Refraktoren mit 50 cm Öffnung und mehr.
[*B* für Beobachtung; *P* für Photographie; *T* technische Konstante (Ziff. 72)].

Öffnung in mm	Öffnungsverhältnis	Ort (•••): Muttersternwarte	Geschliffen von	Im Jahr	*T*
500	*B* 1:24	Potsdam	STEINHEIL	1903[10]	
500	*B* 1:16,2	Stockholm	GRUBB	1932[11]	
506	*B* 1:16,8	Oakland, Kalifornien	BRASHEAR	1914	
506	*BP* 1:16,8	Denver, U.S.A.	CLARK	1894	
506	*B* 1:16,8	Middleton, U.S.A.	CLARK	1925[12]	
559	*B* 1:17	Edinburgh, Calton Hill	WRAY	1862	außer Gebrauch
585	*B* 1:15,6	Princeton	CLARK	1881	
600	*B* (coudé) 1:30	Paris	HENRY	1889[13]	
600	*BP* 1:15	Hamburg-Bergedorf	STEINHEIL	1911[14]	0,15
600	*P* 1:24	Potsdam	ZEISS	1925[15]	0,311
600	*B* 1:18	Lembang, Java	ZEISS	1927	0,119
600	*P* 1:18	Lembang, Java	ZEISS	1927	0,155
600	*P* 1:13,5	Stockholm	GRUBB	1932[11]	
610	*B* 1:18	Swarthmore (Pennsylvania), Sproul Obs.	BRASHEAR	1911	

[1] STRUVE, Berlin-Babelsberg Veröff 3, Heft 1, S. 57. [2] M N 63, S. 573 (1903).
[3] Z f Instrk 14, S. 170 (1894).
[4] Phil Trans 1822, S. 32; Gilberts Ann 73, S. 261 (1825).
[5] Praktische Dioptrik. Wien: Heubner 1828. [6] Pop Astr 29, S. 207 (1921).
[7] V J S 63, S. 279 (1928). [8] A N 146, S. 137 (1898).
[9] Obs 21, S. 239 (1898); 37, S. 245 (1914); siehe auch Sirius 32, S. 37 (1899); HARPER, J Can R A S 23, S. 351 (1929); STEAVENSON, Obs 53, S. 311 (1930); LOCKYER, Nature 112, S. 284 (1923).
[10] VOGEL, Z f Instrk 22, S. 169 (1902); Publ Potsdam 15, Nr. 45 (1907).
[11] Engineering 131, S. 257 (1931); 132, S. 275 (1931).
[12] SLOCUM, Pop Astr 33, S. 171 (1925). [13] LOEWY, C R 118, S. 1295 (1894).
[14] SCHORR, V J S 50, S. 80 (1915). [15] FREUNDLICH, Die Sterne 5, S. 33 (1925).

Liste der Refraktoren mit 50 cm Öffnung und mehr. (Fortsetzung).

Öffnung in mm	Öffnungsverhältnis	Ort (...): Muttersternwarte	Geschliffen von	Im Jahr	T
610	B 1:15,5	Flagstaff, Arizona, Lowell Obs.	CLARK	1896[1]	
610	P 1:17,5	Santiago	GRUBB	1933	
610	P 1:11,2	Oxford	GRUBB	1902[2]	
610	P 1:11,2	Kapstadt	GRUBB	1897	
610	P 1:6	Bloemfontein S.A. (Harvard Coll. Cambridge, U.S.A.)	CLARK	1893[3]	(PETZVALsches Objektiv)
620	P 1:25,6	Meudon	HENRY	1891	
635	B 1:14,3	Cambridge Univ., England	COOKE und Sons	1889	
650	B 1:16	Berlin-Babelsberg	ZEISS	1914[4]	0,22
650	P 1:16	Mitaka b. Tokyo	ZEISS	1930	0,184
650	B 1:16	Belgrad	ZEISS	1930	0,181
660	P 1:16,7	Johannesburg (New Haven Connecticut)	FECKER	1926	
660	B 1:16	Johannesburg	GRUBB	1923[5]	
660	B 1:15	Charlottesville, Virginia, McCormick Obs.	CLARK	1874	
660	B 1:15	Washington, Naval Obs.	CLARK	1871[6]	
660	P 1:10,4	Greenwich	GRUBB	1897[7]	
680	B 1:15,5	Wien	GRUBB	1878[8]	0,46
685	B 1:17,8	Bloemfontein S. A. (Ann Arbor)	FECKER	1926	
700	B 1:30	Treptow	STEINHEIL	1896[9]	
711	B 1:11,9	Greenwich	GRUBB	1897[7]	
760	B 1:18,5	Pulkowa	CLARK	1885[10]	0,18
760	P 1:18,5	Pittsburg, Allegheny Obs.	BRASHEAR	1912	
760	B 1:20,8	Nizza	HENRY	1886	
800	P 1:15	Potsdam	STEINHEIL	1903[11]	0,34
830	B 1:19,5	Meudon b. Paris	HENRY	1889	
914	B 1:20	Mt. Hamilton, Lick Obs.	CLARK	1888[12]	
1020	B 1:19,4	Williams Bay, Yerkes Obs.	CLARK	1897[13]	0,16

Die Entwicklung der Refraktoren bis zu 50 cm Öffnung sei noch durch die folgenden Stufen gekennzeichnet: Dorpat 24,4 cm 1826[14]; München 30,5 cm 1837; Pulkowa 38 cm 1839. Endlich seien noch einige Quellen betreffend Normal-

[1] SEE, Pop Astr 4, S. 297 (1896/7); DOUGLASS, ebenda 4, S. 489 (1896/7).
[2] Engineering 82, S. 819 (1906).
[3] PICKERING, Sirius 32, S. 112 (1899).
[4] STRUVE, Berlin-Babelsberg Veröff 3, Heft 1 (1919).
[5] ROBBINS, Nature 112, S. 104 (1923).
[6] HALL, Pop Astr 27, S. 278 (1919); Publ Naval Obs 12, S. 1 (1930).
[7] Nature 56, S. 134 (1897); Mechaniker 9, S. 25 u. 52 (1901).
[8] Engineering 29, S. 7 (1880); 30, S. 424 (1880).
[9] HOPPE, Glasers Ann f Gewerbe u Bauw 49, S. 1 (1901); Mechaniker 6, S. 141 (1898); 10, S. 25 (1902).
[10] STRUVE, A N 102, S. 49 (1882); Der 30″-Refraktor der Sternwarte Pulkowa. Petersburg: Druckerei der K. Akad. 1889, z. T. russisch; W. E. P., Nature 42, S. 204 (1890).
[11] VOGEL, Z f Instrk 22, S. 169 (1902); Publ Potsdam 15, Nr. 45 (1907).
[12] YOUNG, Engl Mech 44, S. 149 (1887); Engineering 46, S. 155 (1888).
[13] HALE, Ap J 6, S. 147 u. 262 (1897); Engineer 76, S. 593; PAYNE, Pop Astr 1, S. 176 (1893/4).
[14] FRAUNHOFER, A N 4, S. 17 (1826); STRUVE, Dorpater Refraktor. Dorpat: Schünmann 1825; Mem R A S 2, S. 93 (1826); Description de l'Observatoire astronomique central de Poulkova. Petersburg: Impr. de l'Acad. des Sciences 1845.

refraktoren für Photographie[1] sowie über die Untersuchung der Objektive auf sphärische[2] und chromatische[3] Abweichung angegeben.

45. Die astronomischen Okulare. Als Okular[4] des astronomischen Fernrohrs verwendete man ursprünglich eine einfache Sammellinse. Ihr Hauptfehler ist der Farbenunterschied der Vergrößerung, der darauf beruht, daß die am Rand durchgehenden Hauptstrahlen für die verschiedenen Farben verschiedene Ablenkungen erfahren. Diesen Fehler beseitigte zuerst HUYGENS[5] bei dem nach ihm benannten Okular aus zwei getrennten Linsen A und B (Abb. 57). Nach Ziff. 21 ist es bei zwei Sammellinsen in größerem Abstand möglich, die Brennweiten für die zwei Farben gleichzumachen. Nun fallen bei stärkerer Vergrößerung die von der Objektivmitte ausgehenden Hauptstrahlen nahe parallel auf das Okular; wenn die Brennweiten für zwei Farben gleich sind, müssen also auch die Hauptstrahlen für diese beiden Farben in der gleichen Richtung austreten. Obwohl die verschiedenfarbigen Bilder in verschiedenen Ebenen hintereinander liegen, erscheinen sie unter dem gleichen Winkel, und die Fernrohrvergrößerung ist für beide Farben die gleiche, zum mindesten für ein kleines Gesichtsfeld. Durch geringe Abweichung von dieser Bauart des Okulars kann auch für endlichen Abstand des dingseitigen Kreuzungspunkts der Hauptstrahlen und für größere Hauptstrahlenneigung farbenfreie Vergrößerung erreicht werden. Für die Gesamtbrennweite 1 der Urform dieses Okulars ist $f_1 = 2:3$; $f_2 = 2$; $d = 4:3$. Der vordere Brennpunkt dieses Okulars ist virtuell; beim Fernrohr treffen also die vom Objektiv kommenden Strahlen, ehe sie sich zu einem Bildpunkt q vereinigen, auf die vordere Linse und werden erst in kürzerem Abstand hinter dieser in q' zu einem reellen Bildpunkt vereinigt. In dieser Bildebene ist auch die Gesichtsfeldblende anzubringen. Da sie nur durch die hintere Linse angesehen wird und von einem durch den Rand dieser Blende gehenden Hauptstrahl der blaue Bestandteil durch die hintere Linse stärker gebrochen wird, erscheint der Blendenrand blau gesäumt. Daß durch das ganze Okular ein Hauptstrahl ohne Farben abgelenkt wird, erklärt sich daraus, daß der blaue Strahl in der hinteren Linse näher der Achse auftrifft und so schwächer gebrochen wird. Das Okular nach HUYGENS eignet sich weniger für Fernrohre mit Mikrometer, da der Faden nur durch die hintere Linse angesehen wird und daher außerhalb der Mitte des Gesichtsfeldes Farbensäume zeigt. Die übrigen Bauarten der Okulare besitzen

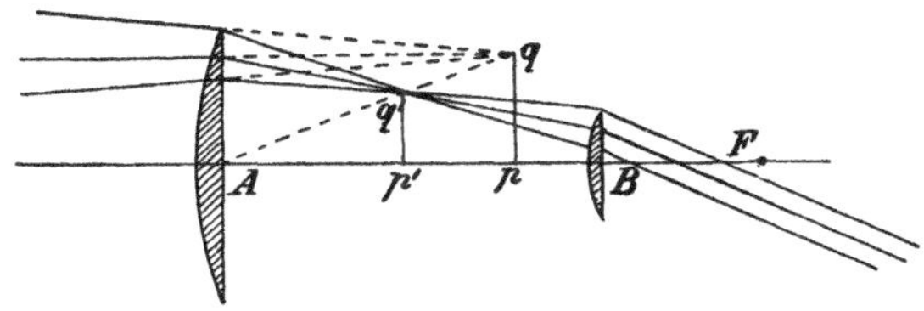

Abb. 57. Das HUYGENSsche Okular.

---

[1] GRUBB, Engineering 44, S. 626 (1887); 45, S. 402 (1888); 50, S. 720 (1890); VOGEL, Z f Instrk 9, S. 193 (1899).

[2] HANSKY, Bull Ac St Pétersbourg 20, Nr. 2 (1904) (Pulkowa); PLASKETT, Ap J 25, S. 195 (1907) (15″ Ottawa); HARTMANN, Publ Potsdam Nr. 46 (1908) (Potsdam u. andere); MILLER u. MARRIOTT, J Franklin Inst 178, S. 465 (1914) (24″ Sproul Obs); SCHORR, V J S 50, S. 80 (1915) (Hamburg); STRUVE, ebenda 52, S. 179 (1917) (Neubabelsberg); WIRTZ, A N 202, S. 95 (1916); DANJON, Rev d'Opt. 3, S. 305 (1924) (Straßburg); DEMETRESCU, ebenda 2, S. 452 (1923); 3, S. 530 (1924) (Bukarest); DEPPERMANN, Publ Manila Obs 1, Nr. 6 (1929).

[3] VOGEL, Berl Ak Ber 1880, S. 440; Publ Potsdam 4, Nr. 14 (1884); KEELER, Lick Publ 3, S. 174 (1894); CUNNINGS u. FAIRFIELD, Publ A S P 31, S. 25 (1919); KEELER, Ap J 3, S. 154 (1896); FOX, ebenda 27, S. 237 (1908) (Yerkes); FASSBENDER u. WETTHAUER, Z f Instrk 33, S. 265 (1913) (Achromate u. Apochromate).

[4] ZSCHOKKE, Centr Z f Opt u Mech 49, S. 336 (1928); BIOT, Ann de Bruxelles 52, S. 5 (1932).

[5] Dioptrica, Leyden: Boutesteyn 1703, Prop. 51.

reellen vorderen Brennpunkt; so kann auch beim Mikrometer das Okular leicht gegen eins mit anderer Vergrößerung umgewechselt werden. Das Okular von RAMSDEN[1] besteht ebenfalls aus zwei einfachen Linsen A und B, deren Einzelbrennweiten und Abstand gleich der Gesamtbrennweite ist. Ein parallel zur Achse einfallender Hauptstrahl wird durch die vordere Linse in seine farbigen Bestandteile zerlegt; da diese aber von der vorderen Brennebene der hinteren Linse ausgehen, treten sie in erster Näherung aus dieser Linse parallel aus. Die vordere Linse vergrößert nicht, sondern ändert nur die Richtung der Hauptstrahlen. Würde man sie fortlassen, so wäre das Gesichtsfeld durch die kleinere Hinterlinse bestimmt. Man nennt die Vorderlinse daher Feld- (Kollektiv-) Linse zum Unterschied von der hinteren (Augen-) Linse und dehnt diese Bezeichnung auch auf andere Okulare, wie z. B. das von HUYGENS, aus. Bei der praktischen Ausführung des Okulars nach RAMSDEN (Abb. 58) weicht man meist von der Grundform ab, damit sowohl die vordere Bildebene von der Feldlinse A wie auch die Austrittspupille von der Augenlinse B genügend Abstand erhält. Von dem Fernrohrbild pq entwirft zunächst A ein virtuelles Bild $p'q'$. Man nimmt etwas Farbenunterschied der Vergrößerung in Kauf. Will man diesen Fehler vermeiden, so bildet man nach KELLNER[2] die Augenlinse als verkittete, annähernd achromatische Doppellinse aus (Abb. 59). Dieses Okular hat das einfache nach RAMSDEN verdrängt. Es zeichnet sich vor dem nach HUYGENS auch durch den größeren Abstand des hinteren Brennpunkts von der Augenlinse aus und damit auch durch größeren Abstand der Austrittspupille; es ist so für kürzere Brennweiten vorzuziehen. Ähnlich wie bei den Objektiven kann der Farbenunterschied der Vergrößerung auch dadurch gehoben werden, daß man das Okular als achromatisches Linsensystem ohne größere Abstände ausbildet, bei dem auch die Farbenlängsabweichung nahezu gehoben ist. Hierher gehören die monozentrischen Okulare[3] aus drei miteinander verkitteten Linsen (Abb. 60) und die sog. orthoskopischen Okulare (Abb. 61), die entweder aus einer einfachen und einer dreifachen verkitteten Linse oder aus zwei verkitteten Doppellinsen bestehen. Diese Okulare besitzen noch größeren Abstand der Augenpupille als das KELLNERsche; sie eignen sich daher besonders für kürzere Brennweiten. Während man bei den bisher aufgeführten Okularen mit dem Gesichtsfeld nicht über 50° hinauszugehen pflegt, ist bei den Okularen von ERFLE[4] ein solches von 70° erreicht (Abb. 62).

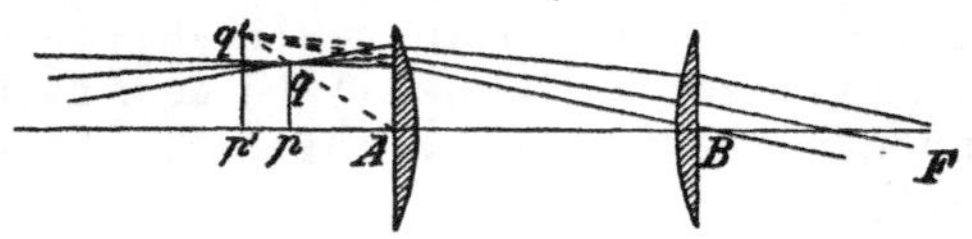

Abb. 58. Das RAMSDENsche Okular.

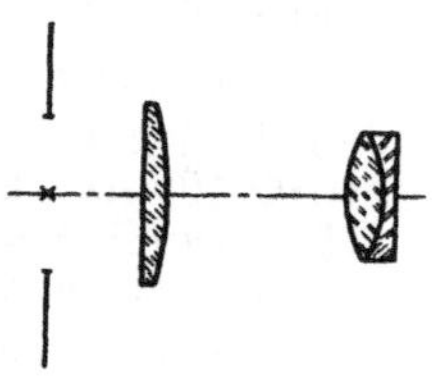
Abb. 59. Das KELLNERsche Okular.

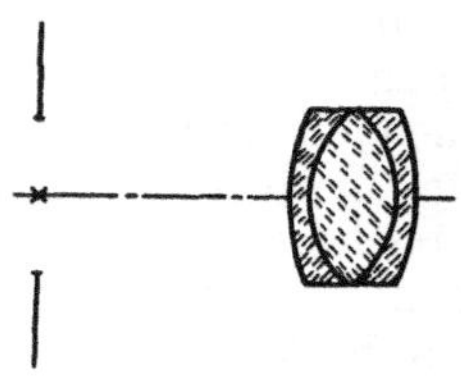
Abb. 60. Das monozentrische Okular.

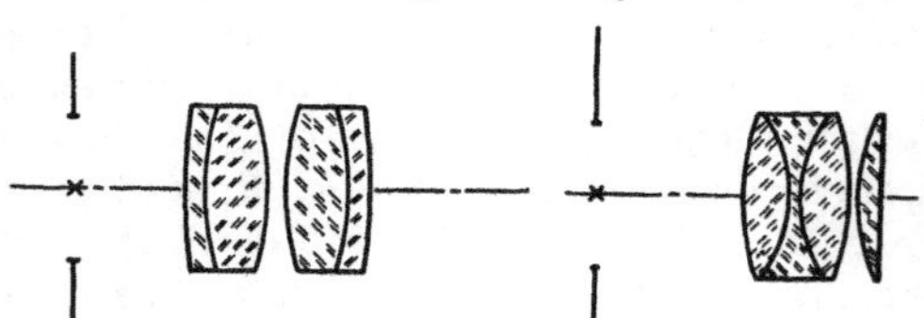
a b

Abb. 61. Orthoskopische Okulare: a) nach PLÖSSL, b) nach ABBE.

[1] Phil Trans 73, S. 94 (1783).
[2] Das orthoskopische Okular. Braunschweig: Vieweg 1849.
[3] STEINHEIL, Gött Nachr 1865, S. 140; KRÜSS, Pogg Ann 153, S. 601 (1874).
[4] Centr Z f Opt u Mech 42, S. 501 (1921).

Die Okulare werden meist auf Bildfeldebnung im übertragenen Sinne korrigiert, sie haben gewöhnlich geringe kissenförmige Verzeichnung, die infolge der kreisförmigen Begrenzung des Gesichtsfeldes weniger auffällt. Die Bildfehler der Okulare außer der Achse hat zuerst AIRY[1] untersucht, anastigmatische Okulare haben infolge ihres komplizierten Baus keine Verbreitung gefunden[2].

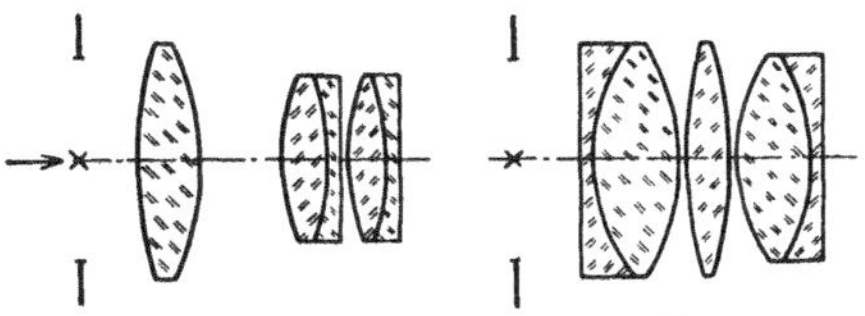

Abb. 62. 70°-Okulare nach ERFLE.

Die Okulare sind in der Richtung der optischen Achse verschiebbar, damit auch fehlsichtige Personen das Bild scharf einstellen können. Liegt der vordere Brennpunkt des Okulars hinter dem hinteren des Objektivs, so entsteht ein reelles Bild im Endlichen hinter dem Okular, das für einen Übersichtigen paßt. Liegt der Brennpunkt davor, so paßt das virtuelle Bild vor dem Okular für einen Kurzsichtigen. Aber auch rechtsichtige Beobachter stellen das Okular meist so ein, daß das Bild nicht im Unendlichen liegt, sondern entsprechend der Akkommodation von einigen Dioptrien auf die Nähe. Es ist daher zweckmäßig, beim Scharfstellen das Okular nach innen zu verschieben und anzuhalten, wenn das Bild eben scharf wird. Bei schwacher Beleuchtung stellen manche Beobachter anders ein. So fand RAYLEIGH[3] dann eine Verbesserung des Sehens ohne Fernrohr, wenn er eine Brille von $-1\,D$ aufsetzte. Vielleicht erklärt sich dies durch die sphärische Abweichung des Auges und gegebenenfalls des Okulars bei größerer Pupille. Bemerkenswert ist ferner, wie die Akkommodation beim Sehen durch das Fernrohr nahezu ausgeschaltet ist und mit welcher Sicherheit auch jüngere Personen immer in derselben Okularlage scharf einstellen. Fällt die Austrittspupille in den hinteren Brennpunkt des Okulars, wie es bei den astronomischen Fernrohren meist nahezu der Fall ist, besonders bei starker Fernrohrvergrößerung, so ist bei einer Verschiebung Δx des Okulars der Abstand des Bildes von der Austrittspupille $-f^2:\Delta x$. Ist dieser Abstand gleich dem Fernpunktsabstand des Auges, so ist die Okularverschiebung der Dioptrienzahl der Fernbrille proportional; man kann daher für die Verschiebung eine gleichmäßige Dioptrienteilung anbringen. Vergrößerung, Gesichtsfeld und Helligkeit werden durch die Verstellung des Okulars ein wenig verändert, und zwar wird in dem Verhältnis $1+f:(\Gamma x')$, wo $1000:x'$ die Dioptrienzahl ist, die Vergrößerung gesteigert, die Austrittspupille verkleinert, wenn man das Fernrohr für sich untersucht.

46. Das Sonnenokular. Für Sonnenbeobachtung braucht man eine starke Schwächung des Lichtes. HERSCHEL[4] benutzte die Reflexion des Lichts an der Vorderseite eines Glaskeils unter etwa 45°, wobei als Objektiv ein unversilberter Glasparabolspiegel diente (Helioskop). PORRO[5] ließ beim Spiegelfernrohr nach NEWTON das Licht an einem unversilberten Fangspiegel unter dem Polarisationswinkel reflektieren, dann an einem zweiten ebensolchen; durch Verdrehung der Spiegel zueinander wird die Helligkeit weiter abgeschwächt. BROWNING[6] verwendet zweimalige Reflexion an solchen Glaskeilen, MERZ[7] zwei Spiegel in PORROscher Anordnung. CHRISTIE[8] verwendet mehrmalige Spiegelung unter

[1] Cambr Phil Soc Trans 2, S. 267; 3, S. 1 (1827); Phil Mag (4) 25, S. 155 (1863); M N 23, S. 69 (1862).

[2] KERBER, Mechaniker 8, S. 109 (1900); CONRADY, M N 78, S. 445 (1918); TAYLOR, Trans Opt Soc 22, S. 63 (1920/1).

[3] Proc Cambr Phil Soc 4, S. 324 (1883).

[4] Results of the Observations at the Cape of Good Hope, S. 436. 1847; The Telescope, S. 112. Edinburgh: Black 1861.

[5] C R 46, S. 133 (1858). [6] M N 33, S. 58 u. 59 (1873).

[7] A N 66, S. 175 (1866); Carls Rep 12, S. 143 (1876). [8] M N 36, S. 117 (1875).

dem Polarisationswinkel in Verbindung mit einem drehbaren Nikol. PICKERING[1] benutzt die Spiegelung an der Kittschicht von zwei zu einem Würfel vereinigten rechtwinklig gleichschenkligen Prismen. ZENGER[2] vermied die dabei auftretenden Doppelbilder, indem er die Prismen zusammensprengte, d. h. ohne Kitt aneinanderpreßte, HILGER[3], indem er ein Glas- und ein Flüssigkeitsprisma zu einem Würfel verband, THORP[4] durch Verwendung eines absorbierenden dunklen Kitts. PRAZMOWSKI[5] verwendet einen HERSCHELschen Keil in Verbindung mit zwei gekreuzten Würfeln. COLZI[6] einen Keil 1 und einen dagegen drehbaren HILGERschen Würfel 2, 3 (Abb. 63); es sei auch auf Abb. 3, S. 62, im 4. Bande dieses Handbuchs verwiesen. Zur Änderung der Helligkeit dient auch vielfach ein Rauchglaskeil.

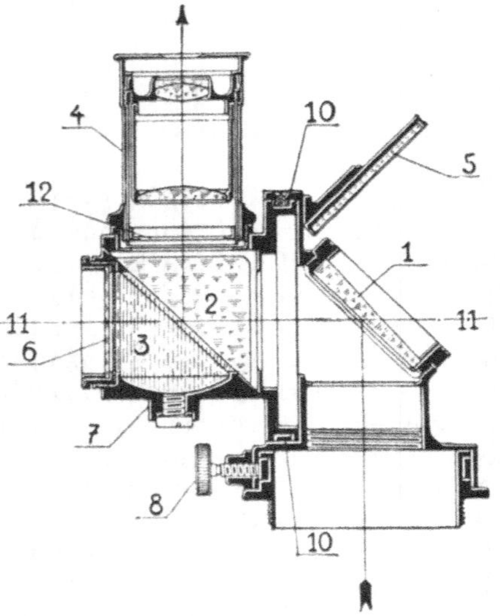

Abb. 63. Das Sonnenokular nach COLZI.

47. Das Fernrohr für Meßzwecke. Das astronomische Fernrohr ist dadurch von besonderer Bedeutung geworden, daß es durch Anbringung von Marken, insbesondere eines Fadenkreuzes, in der Brennebene des Objektivs zum Feststellen von Richtungen geeignet wird[7]. Die Visierlinie, auf der die Punkte liegen, die durch das Fernrohr mit dem Fadenkreuz in Deckung erscheinen, ist die Linie, die die Mitte der Eintrittspupille und die durch Rückstrahlung in den Dingraum abgebildete Fadenkreuzmitte miteinander verbindet; die Mitte der Eintrittspupille fällt gewöhnlich mit der Objektivmitte zusammen. Wird das Fadenkreuz in der Achsenrichtung verstellt und dadurch das Bild verschieden entfernter Gegenstände in der Fadenkreuzebene entworfen, so kann man als Visierlinie die Gerade ansehen, deren Bild mit der Verstellungsgeraden zusammenfällt. Um das Zielbild in die Ebene des Fadenkreuzes zu bringen, wird zunächst das Okular verschoben, bis das Fadenkreuz scharf ist, und dann das Fadenkreuz samt Okular gegen das Objektiv, bis auch das Bild scharf ist. Die letzte Einstellung wird genauer, besonders bei größerer Austrittspupille, wenn man darauf achtet, ob bei seitlicher Bewegung des Auges das Zielbild sich gegen das Fadenkreuz seitlich bewegt, ob Parallaxe vorhanden ist. Liegt das Zielbild um Δx vor oder hinter der Fadenkreuzebene, und ist der Öffnungswinkel der Strahlen $2u'$, so entsteht in der Fadenkreuzebene ein Zerstreuungskreis vom Durchmesser $2\Delta x \operatorname{tg} u'$. Wird das Auge nun seitlich bewegt, so wird durch die Augenpupille ein Teil der Austrittspupille abgeschnitten und damit auch von dem Zerstreuungskreis ein proportionales, ähnlich liegendes Stück. Der Schwerpunkt des Zerstreuungskreisrestes ist nun gegen die Mitte dieses Kreises verschoben und damit auch entsprechend der Bildort. Die beobachtete Parallaxe, der Abstand der äußersten Bildlagen, ist jedenfalls nur ein Bruchteil q des Durchmessers des Zerstreuungskreises, und zwar ein um so größerer, je größer der Durchmesser d

[1] Proc Amer Ac Febr. 1871. [2] M N 37, S. 439 (1876).
[3] M N 45, S. 60 (1884). [4] Engl Mech 77, S. 372 (1903).
[5] C R 79, S. 33 (1874). [6] ZEISS, Gebrauchsmuster 369844 (1909).
[7] GASCOIGNE, Phil Trans 1667, S. 161 u. 195; HAMMER, Z f Vermess 25, S. 513 (1896).

der Austrittspupille ist; für $d = 0{,}6$; 2; 5 ist nach ENGI[1] $q = 1:3$; $3:5$; $4:5$. Man kann die Parallaxe untersuchen, indem man einen Spalt über das Objektiv pendeln läßt, man ist dann von den Augenfehlern frei. Will man die Parallaxe genau feststellen, so macht man Zielungen mit Auge links und Auge rechts und vergleicht die Mittelwerte für diese Augenstellungen. Parallaxe kann auch durch Abbildungsfehler des Objektivs entstehen. Sphärische Abweichung gibt sich dadurch kund, daß für die angenähert beste Einstellung des Bildes bei Bewegung des Auges in einem Sinn das Bild dabei zum Fadenkreuz sich nicht immer in demselben Sinn mit oder gegen das Auge bewegt, sondern seinen Bewegungssinn umkehrt. Stärkerer Astigmatismus zeigt sich in verschiedener Parallaxe des waagerechten und senkrechten Fadens. Er ist meist auf schlechte Zentrierung oder Verspannung des Objektivs zurückzuführen; infolge Verspannung kann auch bei seitlicher Bewegung des Auges senkrechte Bewegung des Kreuzes eintreten. RAYLEIGH[2] fand den eben erkennbaren Einstellunterschied $\Delta x < \lambda : \mathrm{tg}^2 u'$ (Ziff. 26).

Bei Nacht braucht man vielfach künstliche Beleuchtung des Fadenkreuzes. Sind die beobachteten Ziele recht hell, so kann man das Gesichtsfeld aufhellen, indem man mitten vor das Objektiv eine kleinere beleuchtete schräge weiße Platte bringt[3] oder wohl auch das Licht, das vom Ziel kommt, durch eine kleinere Mattscheibe zum Teil über das Gesichtsfeld ausbreitet. Sind aber die Ziele ziemlich lichtschwach, so muß das Fadenkreuz leuchtend gemacht werden. Dabei darf nur das von dem Fadenkreuz abgebeugte oder zurückgeworfene Licht, nicht das vorbeigehende blendende Licht in das Auge gelangen; auch muß die Beleuchtung zur Achse symmetrisch sein[4]. Am einfachsten erreicht man dies[5] bei einem in Glas eingerissenen Kreuz, wenn die Glasplatte etwas dicker gewählt und der polierte Kreisrand bis auf einen Sektor für das seitlich einfallende Licht versilbert wird. Das Licht, etwa von einem elektrischen Lämpchen, wird zwischen den Planflächen durch Totalreflexion hin und her geworfen und auch von dem Rande wieder zurück; so wird eine breite allseitige Beleuchtung erreicht, ohne daß Licht unmittelbar in das Auge gelangt; die Strichfurchen werden mit einer geeigneten weißen Masse eingelassen, unbeleuchtet erscheinen sie im durchfallenden Licht des Bildes trotzdem schwarz. Gröbere Marken können auch mit Radiummasse eingelassen werden; für feinere Striche ordnet man diese Masse ringförmig um die Glasplatte an. Man kann auch das Licht durch einen schrägen ringförmigen Reflektor, der das axiale Bildbüschel umgibt, von vorn zuführen; es muß dann das direkte Licht durch eine die Austrittspupille umgebende Blende abgehalten werden, wenn dies nicht schon etwa durch die Fassung der Umkehrlinsen geschieht[6]. Für feinere Messungen ist dies auch bei den vorigen Anordnungen zweckmäßig, damit Fadenkreuz und Bild durch die gleichen Teile des Auges abgebildet werden.

Es seien endlich noch die Fadenbild- (Ghost-) Mikrometer kurz erwähnt, bei denen in der Brennebene des Fernrohrobjektivs ein helles Fadenbild entworfen wird. Am einfachsten erreichte dies STEINHEIL[7], indem er vor dem Objektiv einen Kollimator mit kleinerer Öffnung anbrachte, während LAMONT[8] das Fadenbild, das von einer Linse entworfen wird, mit einem schrägen, halbdurchlässigen Spiegel vor dem Brennpunkt des Objektivs hineinreflektierte. Bei

---

[1] Diss. Zürich 1917. [2] Phil Mag 20, S. 354 (1885).
[3] GASCOIGNE, Phil Trans 1667, S. 161 u. 195.
[4] FÖRSTER, Z f Instrk 1, S. 7 u. 119 (1881).
[5] PORRO, C R 32, S. 677 (1851).
[6] CZAPSKI, Z f Instrk 5, S. 347 (1885); WRIGHT, J B A A 31, S. 229 (1921).
[7] A N 5, S. 359 (1827). [8] Jahrb d Münch Sternw 1840, S. 187.

GRUBB und BURTON[1] (Abb. 64) werden die von dem Fadenkreuz *c* ausgehenden Strahlen *b* zuerst an einem Hohlspiegel *d*, dann an einem durchbrochenen Planspiegel *e* reflektiert und durch eine Linse *f* in der Brennebene *g* der vom Objektiv kommenden Strahlen *a* vor dem Okular vereinigt. Eine ähnliche Anordnung mit künstlichem Doppelstern benutzte HARGREAVES[2] zur Messung von Doppelsternen.

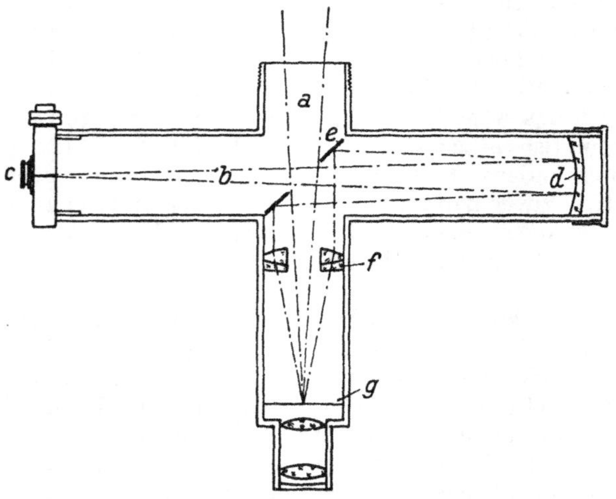

Abb. 64. Das Ghost-Mikrometer von GRUBB und BURTON.

Die Schwierigkeit der Beleuchtung und genauen Achsenverschiebung des Fadenkreuzes entfällt beim Richtfernrohr ohne Fadenkreuz von JEAURAT[3], bei dem im Gesichtsfeld zwei gleich große Bilder des Ziels entworfen werden, von denen das zweite in bezug auf das erste höhen- und seitenverkehrt ist; nur ein Punkt des Ziels kann also in beiden Bildern an derselben Stelle des Gesichtsfelds erscheinen, er ist der angerichtete Punkt. Trotz eines neueren Versuchs in dieser Richtung bei dem Okular von R. KÖNIG und SATORI[4] kommt es für allgemeinere Verwendung in der Astronomie nicht in Betracht. In dieser Art kann auch das AMICIsche geradsichtige Dachprisma (Abb. 70) als Richtmittel dienen, indem man das Auge in die Verlängerung der Dachkante bringt, so daß man im Vorbeisehen ein aufrechtes Bild und im Durchsehen ein umgekehrtes Bild erhält; die Visierlinie ist der Dachkante parallel.

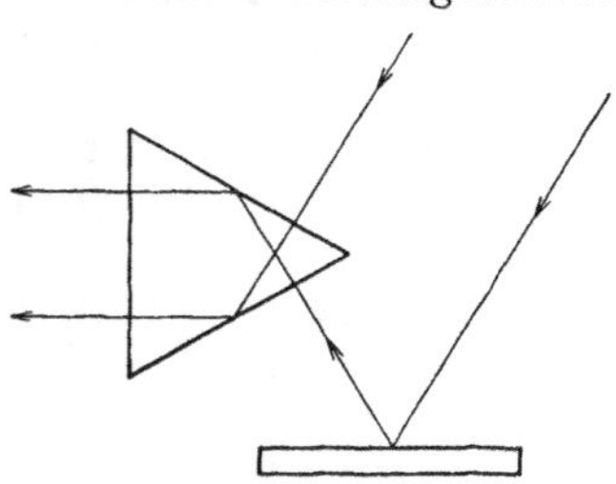
Abb. 65. Das Prismenastrolabium.

Sollen nur Seiten- (Höhen-) Winkel gemessen werden, so braucht das zweite Bild nur seiten- (höhen-) verkehrt zu sein; hierfür schlug AMICI sein Wendeprisma vor[5]. Bei dem Dipleidoskop zum Feststellen des Sterndurchgangs durch den Meridian wird so das eine Bild von einem einfachen Spiegel, das andere von einem Winkelspiegel geliefert. Die erste Form wurde von BLOXAM[6] angegeben und von DENT ausgeführt; dem gleichen Zweck[7] dient das Passageprisma von STEINHEIL und das Prismenastrolabium von CLAUDE und DRIENCOURT[8] (Abb. 65); hier wird das eine Bild des Sterns durch einen schwachen Doppelglaskeil in einen Doppelstern verwandelt, in dessen Mitte das andere Sternbild genau eingestellt werden kann, während die Einstellung auf Zusammenfallen der Sternbilder erheblich ungenauer ist.

[1] M N 41, S. 59 (1881). [2] M N 92, S. 72 u. 453 (1932).
[3] Phil Trans 1779, S. 130. [4] Z f Instrk 29, S. 315 (1909).
[5] Mem Soc Modena 19, S. 113 (1821).
[6] Engl. Patent 9793 (1843); ENCKE, A N 22, S. 305 (1845); HEINEN, Das Dipleidoskop. Düsseldorf: Bötticher 1847.
[7] STEINHEIL, A N 24, S. 270 (1846).
[8] L'Astrolabe à prisme. Paris: Gauthier-Villars 1910; BAKER, J of Scient Instr 1, S. 65 (1923/4).

48. Das Erdfernrohr. Da das holländische Fernrohr nur für schwache Vergrößerungen in Betracht kommt, hat man bei stärker vergrößernden Fernrohren ein aufrechtes Bild erreicht, indem man von dem umgekehrten Objektivbild durch eine Linse ein zweites nochmals umgekehrtes, also aufrechtes, reelles Bild entwirft und erst dahinter das Okular anordnet. Ein solches Fernrohr wird als terrestrisches (Erd-) Fernrohr bezeichnet, das Okular samt Umkehrlinse als terrestrisches (Erdfernrohr-) Okular. In der einfachsten Form besteht es heute aus vier plankonvexen Linsen in größerem Abstand (Abb. 66). Die erste Linse ist eine Feldlinse, die nur schwach vergrößert, aber die Hauptstrahlen

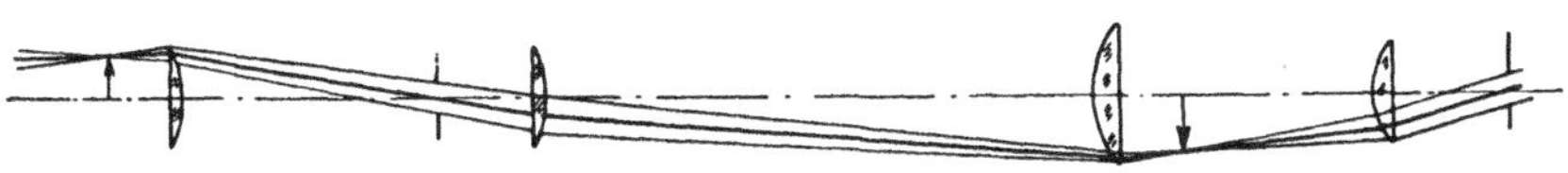

Abb. 66. Ein einfaches Erdfernrohrokular.

in kurzem Abstand vor der Umkehrlinse zur Kreuzung bringt; die hinteren Linsen bilden ein Okular nach HUYGENS. Die Abstände und Brennweiten der Linsen sind so gewählt, daß der Farbenunterschied der Vergrößerung gehoben ist. Das Okular zeigt außer der Achse befriedigende Bildschärfe und Verzeichnungsfreiheit, bei gehobenem Astigmatismus ist die Längsabweichung durch Bildkrümmung für $w = 18°$ etwa $1:16$ der Brennweite; es besitzt aber in der Achse nicht unerhebliche chromatische und sphärische Unterverbesserung. Wo dies Okular immer mit demselben Objektiv benutzt wird, kann diese Unterverbesserung durch entgegengesetzte des Objektivs ausgeglichen werden. Angaben über ein Okular von COCK (1673) findet man bei BAXANDALL[1], über die Okulare DOLLONDS bei SCHERFFER[2], über die FRAUNHOFERS bei PRECHTL und v. ROHR[3]. Die Daten eines Okulars der letzten Art sind im Sinne der Lichtrichtung gezählt für die Brennweiten $f_1 = 54$; $f_2 = 69{,}5$; $f_3 = 67$; $f_4 = 43$ und für die Linsenabstände gerechnet von den Hauptpunkten $a_1 = 76$; $a_2 = 138$; $a_3 = 66$ bei einer Gesamtbrennweite von $F = 25$. Kleinere Handfernrohre sind für den Transport zusammenschiebbar (Zugfernrohre). Während man gewöhnlich andere Vergrößerung durch Wechseln der Okulare erreicht, kann sie beim terrestrischen Okular auch durch Verschiebung von Linsen in der Achse erreicht werden[4]; man hat so in stetigem Übergang alle Zwischenvergrößerungen zur Verfügung. Damit das Bild bei der Verstellung ohne Nachstellung des Okulars scharf bleibt, müssen mindestens zwei Linsen oder Linsengruppen in Kupplung durch geeignete Mechanismen verschoben werden, und zwar am besten innere Linsen, damit das Okular stehenbleiben kann[5]. Es werden so entweder die Feldlinse und die Umkehrlinse verschoben, oder die Umkehrlinse besteht aus zwei für sich verschiebbaren Teilen (Abb. 67); die verschobenen Linsen müssen achromatisch sein. Ein solches Fernrohr mit veränderlicher Vergrößerung nennt man pan-

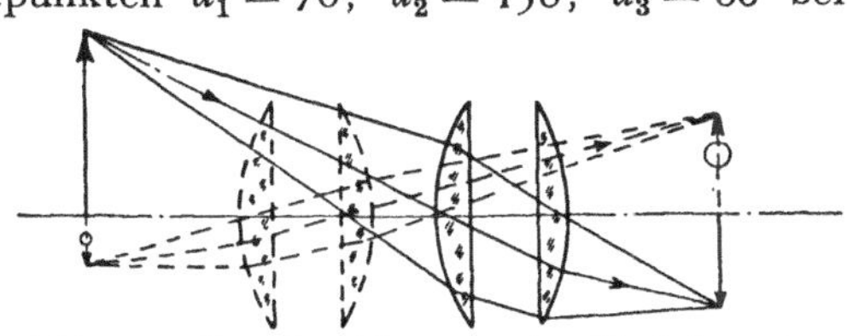

Abb. 67. Der Strahlengang im Umkehrsystem eines pankratischen Fernrohrs.

[1] BAXANDALL u. COURT, Proc Opt Convention 2, S. 529 (1926).
[2] Institutionum opticarum pars sec. Vindobonae: Trattner 1775.
[3] Praktische Dioptrik, S. 276. Wien: Heubner 1828; v. ROHR, Fraunhofers Leben. Leipzig. Akad. Verlagsges. 1929.
[4] CAUCHOIX, Franz. Patent 1745 (1815).
[5] SCHRÖDER, Z f Instrk 10, S. 133 (1890); ERFLE, ebenda 41, S. 107 (1921); DUNOYER, Rev d'Opt 3, S. 353 (1924).

kratisch. Beim Erdfernrohr mit mäßiger Vergrößerung kann auch das Objektiv aus einer einfachen Linse hergestellt und die Farbenabweichung im Umkehrsystem ausgeglichen werden; diese Bauart bietet aber keine praktischen Vorteile[1].

49. Das Prismenfernrohr. Statt durch Zwischenschalten eines Linsenumkehrsystems wird heute das Bild des astronomischen Fernrohrs meist durch Einschalten von bildumkehrenden Prismensystemen in den Strahlengang aufgerichtet. Wir haben in Ziff. 5 ein solches Prismensystem kennengelernt, das aus zwei Wendeprismen besteht; dieses hat aber den Nachteil, daß es infolge der Brechung des Achsenstrahls an den Ein- und Austrittsflächen nicht zwischen Objektiv und Okular verwendet werden kann. Bei der gebräuchlichsten Form nach PORRO[2] findet eine viermalige Reflexion statt (Abb. 68). Je zwei Prismen werden als ein Stück hergestellt, sie sind hier nur zur deutlichen Darstellung des Strahlenganges getrennt. In der dargestellten Lage besteht das Prismensystem aus einem rücksichtigen Doppelspiegel mit waagerechter und einem mit senkrechter Spiegelachse. Bei jedem entsteht das Bild durch Drehen des Gegenstandes um die Spiegelachse, die Schnittgerade der Spiegel, um 180°; die beiden Drehungen setzen sich zu einer solchen um 180° um die zu beiden Achsen senkrechte, also um die Blicklinie, zusammen. Bei der gezeichneten Lage kehrt der Doppelspiegel mit waagerechter Spiegelachse das Bild um, der andere bringt nur das Bild in die andere Richtung. Beim Einschalten dieses Prismensystems zwischen Objektiv und Okular findet eine starke Verkürzung des Fernrohrs statt, allerdings wird der Querschnitt größer (Abb. 78). Das Prismenfernrohr war berufen, die Lücke zwischen dem holländischen Fernrohr (Ziff. 50), das sich nur für schwache Vergrößerung eignet, und dem Erdfernrohr, das sich mehr für stärkere Vergrößerungen eignet, auszufüllen. Es hat sich namentlich als Handdoppelfernrohr mit Vergrößerung von 3- bis 18fach eingebürgert, nachdem es ABBE[3] gelungen war, die Schwierigkeiten der Glasbeschaffung und der technischen Herstellung zu überwinden. Ein zweites von PORRO angegebenes Prismensystemfernrohr (Abb. 69) findet besonders für stärkere Vergrößerung Verwendung. Endlich sind noch die sog. Dachprismen zu erwähnen. Die beiden Spiegel des Doppelprismas von DELABORNE (Ziff. 5) können an einem bildumkehrenden Prisma verkörpert werden (Abb. 70). Ist der Spiegelwinkel genau 90°, so ist

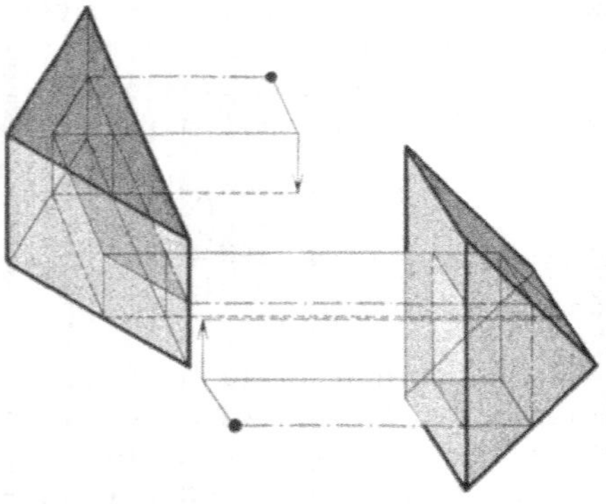

Abb. 68. Ein PORROsches Umkehrprisma erster Art.

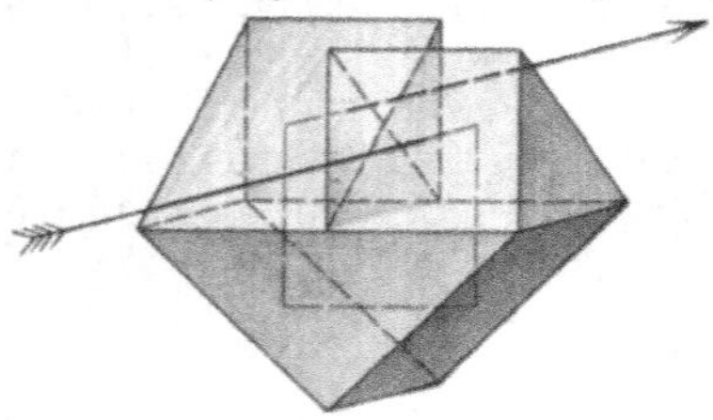

Abb. 69. Ein PORROsches Umkenrprisma zweiter Art.

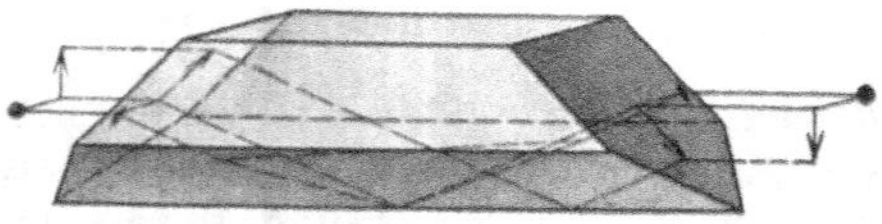

Abb. 70. Ein geradsichtiges Dachprisma.

---

[1] HASERT, Dtsch. R. Patent 20729 u. 43377 (1882/7); SCHRÖDER, Z f Instrk 6, S. 41 (1886).

[2] Engl. Patent 2377 (1854); Franz. Patent 19050 (1857).

[3] CZAPSKI, Verh d Ver z Beförd d Gewerbefl 1895, S. 39; Centr Z f Opt u Mech 17, S. 1 (1896); Dtsch Mech Z 5, S. 49 (1895).

das Bild des Prismas dasselbe, in welcher Reihenfolge auch die Spiegelungen erfolgen, da in jedem Fall das Bild um die Spiegelachse um 180° gedreht ist. Ein solches Prisma nennt man ein Dachprisma. Wegen des schrägen Durchtritts eignet sich dieses Prisma nach AMICI[1] aber nicht für die Verwendung zwischen Objektiv und Okular. Wird aber die Ablenkung durch Brechung an den Durchtrittsflächen durch solche in Spiegelprismen ersetzt, so erhält man ein brauchbares Umkehrprisma. Die Ablenkung an dem Dach kann nun in verschiedener Weise durch eine gerade Anzahl zusätzlicher Spiegelungen ergänzt werden (Abb. 71). Gedrängte Bauart gibt das Umkehrprisma nach MÖLLER[2] mit sechs Spiegelungen (Abb. 72). Durch die Verwendung der Dachprismen erhält der Prismenfeldstecher eine flache Form, allerdings verlangt das Prisma eine Einhaltung des 90°-Winkels bis auf Sekunden, da sonst die auftretenden Doppelbilder die Bildschärfe beeinträchtigen würden.

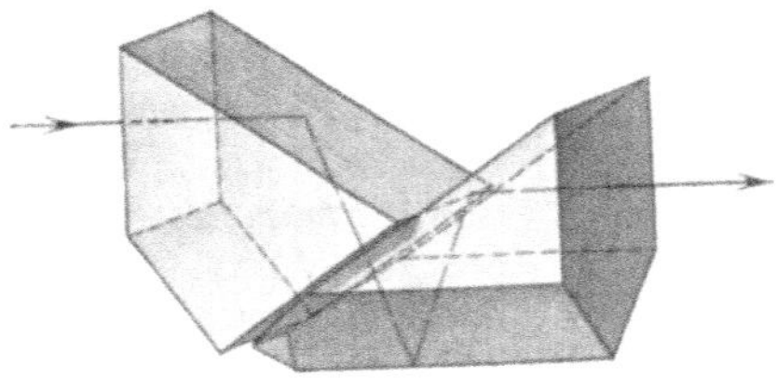

Abb. 71. Ein Umkehrprisma nach ABBE.

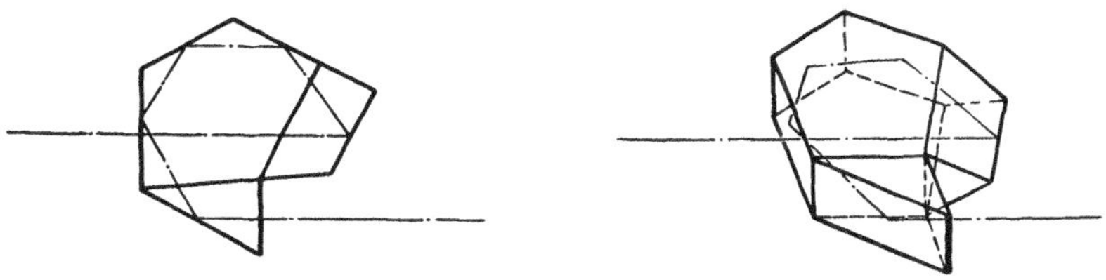

Abb. 72. Ein Umkehrprisma nach MÖLLER.

50. Das holländische Fernrohr. Das sammelnde Objektiv gibt ein umgekehrtes Bild, das durch das zerstreuende Okular nochmals umgekehrt wird und so aufrecht erscheint. Es ist heute nur für schwache Vergrößerung in Gebrauch. Betrachtet man das Fernrohr für sich, so ist das Objektiv oder eine Blende in dessen Nähe Öffnungsblende; die Austrittspupille des Fernrohrs ist daher virtuell, so daß das Auge nicht an ihren Ort gebracht werden kann. Es ist nun zu unterscheiden, ob die Austrittspupille größer oder kleiner als die Augenpupille ist. In dem ersten, gewöhnlich vorliegenden Falle (Abb. 73), auf den wir allein näher eingehen wollen, ist die Austrittspupille des Fernrohrs Gesichtsfeldblende, die Augenpupille A Öffnungsblende, worauf LUBIMOFF[3] hingewiesen hat; die älteren Lehrbücher geben eine falsche Darstellung. Das Fernrohr zeichnet sich so durch große Lichtstärke aus, da die Augenpupille auch bei schlechtem Licht unvermindert wirksam ist; dazu kommt noch, daß die Reflexionsverluste gering und, da gewöhnlich nur vier Grenzflächen gegen Luft vorhanden sind; dem steht entgegen, daß die größte Helligkeit nur in der Mitte des Gesichtsfeldes vorhanden ist, und daß besonders bei stärkerer Vergrößerung schon nicht weit von der Mitte die Helligkeit bis zum Rande des Gesichtsfeldes abfällt. Für das Folgende nehmen

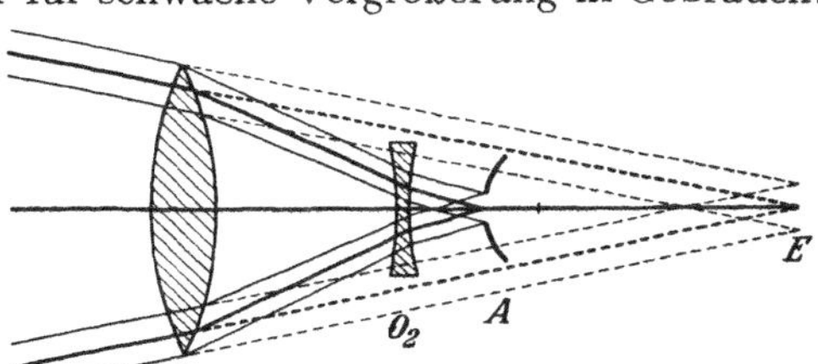

Abb. 73. Der Strahlengang beim holländischen Fernrohr.

[1] NACHET, C R 17, S. 917 (1843).
[2] Dtsch. R. Patent 358868 (1920).
[3] Pogg Ann 148, S. 405 (1873); CZAPSKI, Z f Instrk 7, S. 409 (1887); 8, S. 102 (1888).

wir an, daß die Fassung des Objektivs O_1 das Gesichtsfeld begrenzt. Das vom Okular O_2 entworfene virtuelle Bild der Fassung liegt nun so dicht vor dem Auge, daß die Begrenzung recht unscharf erscheint. Der Winkel, unter dem die Augenpupille von dem Blendenbild aus erscheint, ist die Winkelbreite der Ringzone abfallender Helligkeit; in ihr fällt die Helligkeit von dem Höchstwert, der für das Gebiet innerhalb des inneren Kreises der Ringzone durchweg gilt, allmählich auf Null ab. Der mittlere Kreis der Ringzone ist durch die Hauptstrahlen bestimmt, die durch die Gesichtsfeldblende gehen. Man kann diese Erscheinung auch dadurch erklären, daß für die Punkte des inneren Kreises des Gesichtsfeldes die vollen Bündel aufgenommen werden, und je weiter der Bildpunkt in die unscharfe Zone rückt, um so größere Teile des Bündels durch den Rand des Objektivs abgeblendet werden. Die Stelle, wo der Helligkeitsabfall einsetzt, hebt sich durch Kontrastwirkung als heller Ring ab. Es möge nun gezeigt werden, wovon die Größe des Gesichtsfeldes abhängt, wenn man es bis zur Mitte der Ringzone rechnet; das dingseitige Gesichtsfeld ist dann durch den Winkel gegeben, unter dem das Objektiv O_1 von der Eintrittspupille E erscheint. Bisher wurde der Kreuzungspunkt der Hauptstrahlen in der Augenpupille angenommen. Dies gilt aber nur für das Sehen mit ruhendem Auge, das indirekte Sehen, wie es namentlich zur Orientierung dient. Gewöhnlich wird auch das Gesichtsfeld für diesen Fall angegeben. Für jede genauere Beobachtung wird aber das Auge rasch, meist ohne daß es zum Bewußtsein kommt, mit seiner Visierlinie über den betrachteten Gegenstand hinweggeführt, da außerhalb der Netzhautgrube die Sehschärfe stark abfällt. Bei diesem direkten Sehen liegt aber der Kreuzungspunkt der Hauptstrahlen im Augendrehpunkt, in dem man sich die Augenpupille zurückgeschoben denken kann. Es ist daher auch der Augendrehpunkt für das scharfe Übersehen des Gesichtsfeldes maßgebend. Bezeichnet man nun den Abstand des Kreuzungspunktes A der Hauptstrahlen im Bildraum vom hinteren Hauptpunkt des Okulars mit a, so ist der Abstand vom hinteren Brennpunkt F_2' des Okulars $a - f$ und der Abstand der Eintrittspupille E von dem F_2' zugeordneten Bildpunkt, dem vorderen Objektivbrennpunkt F_1 durch $\Gamma^2(a - f)$ und der vom vorderen Hauptpunkt des Objektivs durch $\Gamma^2(a - f) - F$ gegeben. Führt man die Fernrohrlänge $l = F - f$ ein, so ist der Abstand $\Gamma(a\Gamma + l)$. Bezeichnet man den Objektivdurchmesser mit D und den halben dingseitigen Gesichtsfeldwinkel mit w, so ist

$$\operatorname{tg} w = \frac{D}{2\Gamma(a\Gamma + l)} . \tag{77}$$

Für das bildseitige Gesichtsfeld gilt $\operatorname{tg} w' = \Gamma \operatorname{tg} w$. Das praktisch erreichbare bildseitige Gesichtsfeld wird mit stärkerer Vergrößerung immer kleiner und ist auch bei schwacher Vergrößerung kleiner als beim astronomischen Fernrohr. Daten für holländische Fernrohre nach DOLLOND, FRAUNHOFER und PETZVAL veröffentlichte v. ROHR[1]. Über GALILEIS Fernrohre und ihre Prüfung siehe ABETTI u. a.[2]. Bei einem erhaltenen Fernrohr betrug der Durchmesser des Objektivs 5,8, seine Brennweite 168,9 cm, die Vergrößerung war 18fach.

51. Die dünne Sammellinse mit fernrohrähnlicher Wirkung. Es sei hier noch kurz erwähnt, daß auch eine einfache Sammellinse langer Brennweite wie ein Fernrohr vergrößernd wirken kann[3], wenn man das für die Nähe akkommodierte Auge in solchen Abstand hinter die Brennebene bringt, daß das Bild

[1] Phot Korr 43, S. 266 (1906); J. Fraunhofers Leben, Leistungen u. Wirksamkeit. Leipzig: Akad. Verlagsges. 1929.
[2] L'Universo 4, Nr. 9 (1923); Ciel et Terre 40, S. 12 (1924); RONCHI, L'Universo 4, Nr. 10 (1923); BAXANDALL, Trans Opt Soc 25, S. 141 (1923/4).
[3] DICK, Practical Astronomer, S. 232 u. 332. London: Seeley 1845.

deutlich wird; ein übersichtiges Auge ist in den entsprechenden Abstand davorzubringen; nur dieses erhält ein aufrechtes Bild. Die Vergrößerung ist gleich der Brennweite der Linse dividiert durch den Abstand des Auges von ihrem Brennpunkt. Der Strahlengang ähnelt dem beim holländischen Fernrohr; die Hauptstrahlen kreuzen sich im Augendrehpunkt, der Linsenrand begrenzt das kleine Gesichtsfeld. Statt der Linse kann auch ein Hohlspiegel benutzt werden. Indem HERSCHEL ohne Okular mit freiem Auge in den Spiegelseines großen Fernrohrs hineinsah, konnte er einen Saturnmond erkennen, in ähnlicher Weise sollen die Araber im Mittelalter vom Leuchtturm von Alexandria aus die ankommenden Schiffe beobachtet haben[1]. Es kann heute wohl als sicher gelten[2], daß die angeblichen Vorgängerschaften LIPPERSHEYS solche Fernrohre betreffen; aber erst durch seine Erfindung wurde die Bahn zur fortschreitenden Entwicklung des Fernrohrs eröffnet.

52. Das Doppelfernrohr. Das beidäugige Sehen bietet den Vorteil, daß die Tiefengliederung unmittelbar auf Grund der Verschiedenheit der Bilder in den beiden Augen erkannt wird, die darauf beruht, daß der Standpunkt des einen Auges von dem des anderen etwas verschieden ist. Es lassen sich allerdings nur Entfernungsunterschiede von nahe in der gleichen Blickrichtung liegenden Gegenständen erkennen, bei größerem seitlichem Winkelabstande der zu vergleichenden Punkte nimmt die Genauigkeit des Erkennens von Entfernungsunterschieden rasch ab. Die Genauigkeit nimmt außerdem mit dem Quadrate der Entfernung des Gegenstandes ab. Die Genauigkeit der Tiefenwahrnehmung wird durch Vergrößerung des Augenabstandes gesteigert; diese Wirkung kann man mit dem Telestereoskop von HELMHOLTZ[3] erreichen (Abb. 74). Bei diesem werden die Strahlen durch zwei rhombische Doppelspiegel *bc* versetzt. Man erhält denselben Eindruck, als wenn sich die Augen *dd* auf den Geraden *ab* um die Strecken *bcd* hinter *b* befänden. Ist also in Abb. 75 *ac* der Abstand der äußeren Spiegel und *I, II, III, IV, V* der Gegenstand, so erhalten die Augen im Abstand *ab* gleich *ac*:*n* als Bild das *n* mal verkleinerte Modell 1, 2, 3, 4, 5. Die Tiefendimensionen sind in diesem Modell zwar *n* mal verkleinert, aber, da es im *n* fach kleineren Abstand geboten wird und die Genauigkeit so n^2 mal gesteigert ist, werden die Tiefenunterschiede *n* mal genauer erkannt. Die Wirkung eines gewöhnlichen Doppelfernrohrs, bei dem Objektiv- und Okularachse zusammenfallen, läßt Abb. 76 erkennen, die Sehwinkel werden durch das Fernrohr Γ mal vergrößert, und man erhält

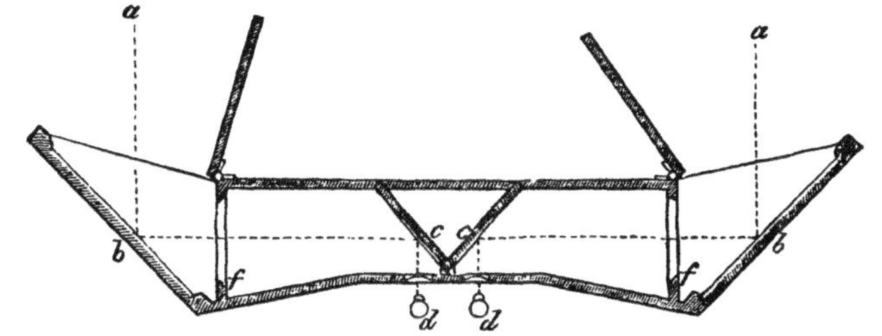

Abb. 74. Das Telestereoskop von HELMHOLTZ.

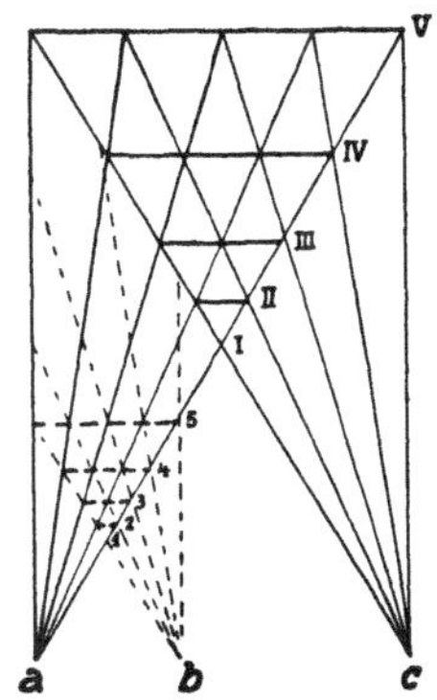

Abb. 75. Das Raumbild bei vergrößertem Abstande der Eintrittspupille.

[1] LIBRI, Histoire des sciences mathématiques en Italie, Bd 1, 2. Aufl. S. 215. Halle: Schmidt 1865.
[2] BAXANDALL, Trans Opt Soc 24, S. 304 (1922/3); v. ROHR, Centr Z f Opt u Mech 45, S. 66 (1924).
[3] Pogg Ann 102, S. 167 (1857); Phil Mag 15, S. 19 (1858); HARDIE, ebenda 15, S. 156 (1858).

das Raumbild (1) (2) (3) (4) (5), das für $\Gamma = n$ in den Tiefenverhältnissen mit dem Modell 1, 2, 3, 4, 5 übereinstimmt, so daß auch hier die Tiefenwahrnehmung Γmal größer ist; die Querdimensionen sind aber vergrößert[1]. Das Bild ist nicht raum-

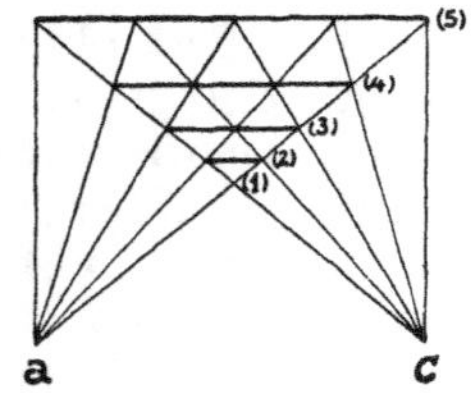

Abb. 76. Das Raumbild bei Fernrohrvergrößerung.

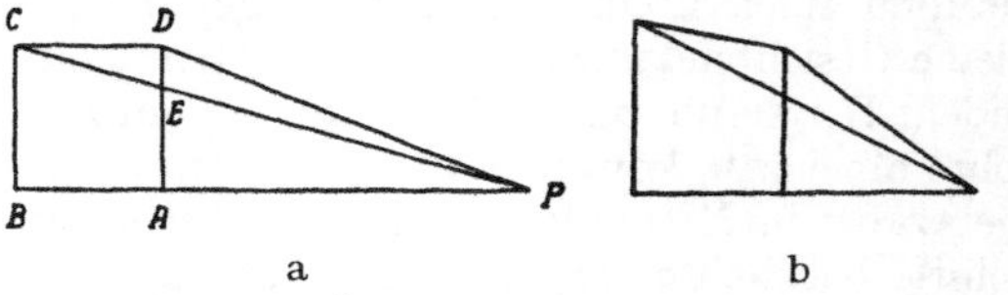

Abb. 77. Die Änderung der Raumvorstellung durch das Fernrohr.

richtig (orthomorph), sondern raumverzerrt (heteromorph). Die Gegenstände erscheinen so kulissenartig in der Sehrichtung zusammengedrängt; es ist dies eine notwendige Folge der Fernrohrvergrößerung. Es sei hier noch darauf hingewiesen, daß auch mit einem Auge gesehen die Perspektive durch das Fernrohr verfälscht ist, und zwar ist dies ebenfalls in der vergrößernden Wirkung des Fernrohrs begründet[2]. Wie aus Abb. 77 hervorgeht, wird durch Vergrößerung der Sehwinkel, unter dem dem Auge P die Seite $ABCD$ eines Würfels erscheint, entweder der Eindruck der Vergrößerung des Hintergrundes oder der der Zusammenpressung hervorgerufen. Dies fällt besonders auf, wenn man einen Gang oder eine Fensterfront entlang sieht. ABBE[3] hatte den glücklichen Einfall, den Grundgedanken des Telestereoskops auf das PORROsche Prismenfernrohr zu übertragen, indem er die beiden Einzelrohre so durch ein Gelenk verband, daß der Objektivabstand gegenüber dem Augenabstand gesteigert (Abb. 78) ist. Ist diese Steigerung das $n$fache, so ist die Tiefenunterscheidung $n$mal gesteigert; man bezeichnet n als spezifische Plastik, Γn als totale Plastik des Fernrohrs.

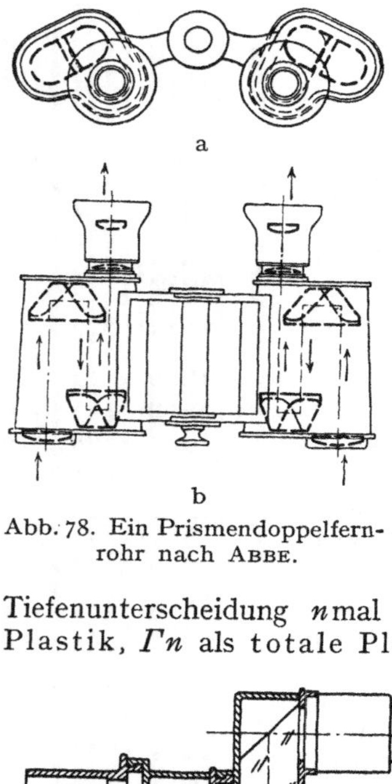

Abb. 78. Ein Prismendoppelfernrohr nach ABBE.

Für astronomische Beobachtungen mit stärkeren Vergrößerungen kommen Doppelfernrohre kaum in Betracht; man hat wohl auch solche ähnlich den Aussichtsfernrohren von Zeiß mit 110 und 130 mm Öffnung mit Erfolg benutzt, die Kosten stehen aber in keinem Verhältnis zum Vorteil[4]. So sind auch die Vorschläge von VALLACK[5] und GOLTZSCH[6] unbeachtet geblieben. THORNTHWAITE[7] hat die Strahlen vor der Brennebene durch einen halbdurchlässigen Spiegel zum Teil abgelenkt

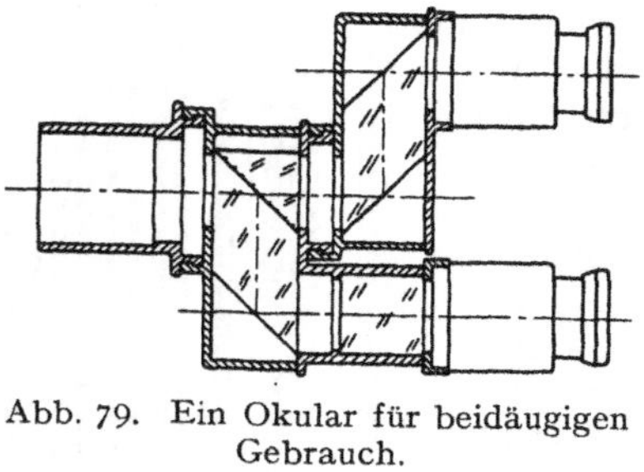

Abb. 79. Ein Okular für beidäugigen Gebrauch.

[1] PULFRICH, Z f Instrk 23, S. 133 (1903).
[2] v. ROHR, Münch Ak Ber 36, S. 487 (1906); D. optischen Instrumente. Leipzig: Teubner 1906.
[3] Dtsch R Patent 77086. 1893.
[4] EDGECOMB, Pop Astr 10, S. 523 (1902).
[5] M N 8, S. 139 (1848).
[6] Z f Instrk 1, S. 105 (1881).
[7] M N 37, S. 3 (1876).

und in ein zweites zum ersten paralleles Okular gelenkt, ähnlich verfährt Zeiß[1] (Abb. 79). Die beidäugige Beobachtung ermüdet die Augen weniger und erleichtert die räumliche Vorstellung.

Damit beim Sehen durch ein binokulares Fernrohr kein Augenzwang eintritt, müssen folgende Forderungen erfüllt sein: Die optischen Achsen, d. h. die Verbindungslinien der zugekehrten Hauptpunkte von Objektiv und Okular, müssen parallel sein, da die Augen besonders gegen einen Höhenfehler der Bilder empfindlich sind; die Bilder müssen gleich groß sein und keine Verdrehung gegeneinander zeigen.

53. Der Hohlspiegel als Objektiv. Wie oben gezeigt wurde, ist die Abbildung durch einen hohlen bzw. erhabenen Spiegel der durch eine sammelnde bzw. zerstreuende Linse verwandt. Schon bald nach der Erfindung des Fernrohrs erkannte man daher, daß man bei Fernrohren insbesondere das Objektiv durch einen Hohlspiegel ersetzen kann; diese Bauart war vor Erfindung des achromatischen Objektivs dem Linsenfernrohr für starke Vergrößerungen weit überlegen; sie konnte sich aber erst durchsetzen, als die Technik des Schleifens der schwierigeren Herstellung des Hohlspiegels gewachsen war. Was die monochromatische Abweichung des Kugelhohlspiegels mit der Eintrittspupille in der Scheitelebene betrifft, so ergibt die SEIDELsche Näherungstheorie für die tangentiale und die sagittale Komponente δ_t und δ_s der Seitenabweichung in der Brennebene, wenn u'_t und u'_s die Komponenten des halben Öffnungswinkels u' sind, w die Hauptstrahlenneigung und r der Krümmungsradius des Spiegels ist,

$$\frac{2\delta_t}{r} = \frac{u'^2 u'_t}{8} + \frac{(3u_t'^2 + u_s'^2)\,w}{4} + u'_t w^2, \tag{78}$$

$$\frac{2\delta_s}{r} = \frac{u'^2 u'_s}{8} + \frac{u'_t u'_s w}{2}. \tag{79}$$

Die sagittale Bildkrümmung und die Verzeichnung sind gleich Null. Der Radius der tangentialen Bildkrümmung ist $-F:4$. Die sphärische Seitenabweichung in der Achse $u'^3 r:16$ ist ein Achtel von der einer einfachen Linse bester Form und beträgt für einen Spiegel von $D = 100$ und $F = 1000$ mm nur 0,016 mm, wächst aber rasch mit größerem Öffnungsverhältnis. Nach Ziff. 31 ist der schädliche Einfluß $u'^4 F$ proportional. Durch eine dieser Größe proportionale Flächenabweichung in Richtung des Kugelradius kann die sphärische Abweichung gehoben werden. In der Tat ist die Abweichung des Umdrehungsparaboloids gegen die Kugel bei kleiner Öffnung dieser Größe proportional. Das Paraboloid ist daher auch für große Öffnung und fernen Dingpunkt frei von sphärischer Abweichung. Bei einem Spiegel von $D = 2{,}58$, $F = 12{,}88$ m ist die Abweichung des Paraboloids von der Kugel am Rande etwa $20\,\mu$. Im übrigen ergibt die SEIDELsche Theorie dieselben anderen Bildfehler für diese Flächenform wie für die Kugel. In Abb. 23 sind die Zerstreuungsfiguren außer der Achse in der Brennebene des Parabolspiegels wiedergegeben. Abb. 80a zeigt das entsprechende photographierte Sternbild im Vergleich mit solchen bei photographischen Objektiven.

Es soll noch untersucht werden, bei welchen Durchmessern und Brennweiten die sphärische Abweichung in der Achse beim Kugelspiegel noch unschädlich ist. Nach Ziff. 31 ist für die RAYLEIGHsche Grenze bei einer Definition von 80%

$$a_r = \frac{4\lambda}{\sin^2 u'} = \frac{16\lambda F^2}{D^2}, \tag{80}$$

wo a_r die sphärische Längsabweichung in der Achse für den Spiegelrand ist. Da nun $a_r = D^2:32F$ ist, ergibt sich für $\lambda = 0{,}55\,\mu$ die Beziehung $F^3 = 3{,}55\,D^4$, wo D und F in mm zu nehmen sind. Für $D = 100$ bzw. 300 mm ist also $F = 710$

[1] SEITZ, Die Sterne 1, S. 84 (1921/2).

bzw. 3060 zu nehmen. Die gleiche Regel mit einer größeren Konstanten gab schon SMITH[1] auf Grund der geometrischen Optik, indem er ähnlich wie bei der Farbenabweichung Ziff. 39 verfuhr.

Als Werkstoff diente früher Spiegelmetall, Legierungen von Cu, Zn, Sn, mit etwa 64% Reflexionsvermögen. Neuerdings, seit STEINHEIL[2] das LIEBIGsche Verfahren zur Versilberung einführte, verwendet man auf der Vorderfläche versilberte Glasspiegel; in frischem Zustande erreicht man bis zu 96% Reflexionsvermögen. Es wird Vorsorge getroffen, daß der Spiegel leicht neu versilbert werden kann. Das Verfahren findet man in den Anleitungen zur Selbstherstellung von Spiegelteleskopen (Ende von Ziff. 60) und in Zeitschriften[3] be-

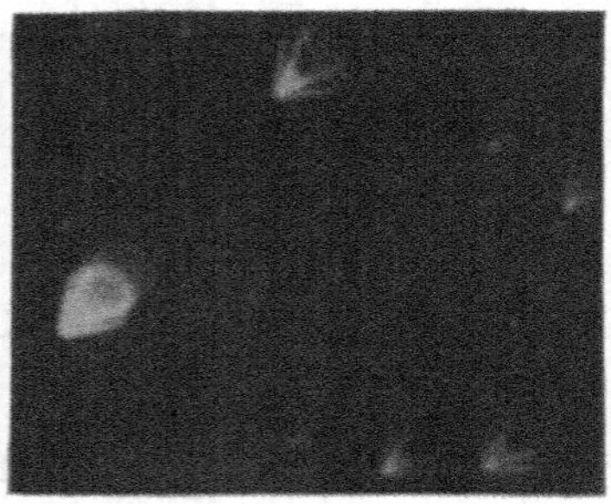

a

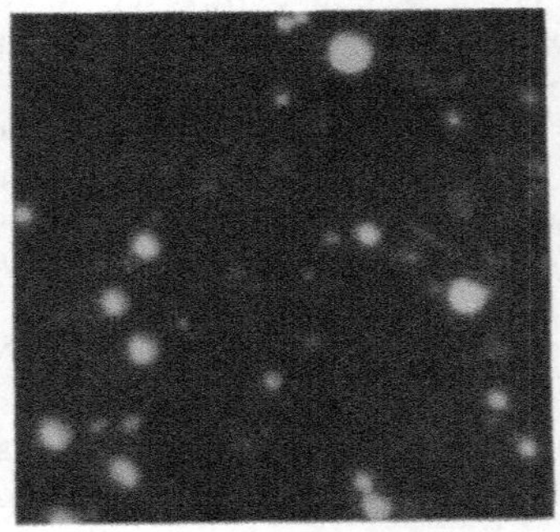

c

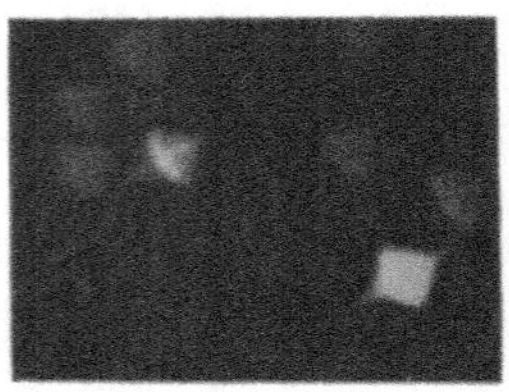

b

Abb. 80. Sternbilder außer der Achse: a) des Parabolspiegels ($D = 1000$; $F = 3000$; $w = 1°,8$), b) des PETZVALschen Objektivs ($D = 160$; $F = 800$; $w = 7°$), c) eines deformierten Tripletts ($D = 300$; $F = 1500$; $w = 5°,2$).

schrieben. Abb. 81 stellt das Reflexionsvermögen verschiedener Metalle in Abhängigkeit von der Wellenlänge dar[4]; Abb. 82 das von Silber und Stahl für verschiedene Einfallswinkel. Der Glasspiegel zeichnet sich durch geringeres Gewicht aus, die größere Gleichmäßigkeit des Gefüges und Blasenfreiheit begünstigen die genaue Flächengebung und die saubere Politur. Der Hohlspiegel hat namentlich bei großen Abmessungen manche Vorteile vor dem Objektiv; so kommt es, daß das größte Spiegelfernrohr eine Öffnung von $2^1/_2$ m Durchmesser gegenüber dem größten Linsenfernrohr von 1 m Durchmesser hat. Es ist leichter,

[1] A Compleat System of Opticks S. 146. Cambridge: Crownfield 1738. Übersetzt von KÄSTNER S. 191. Altenburg: Richter 1755.

[2] Augsb Allg Z 24. März 1856; A N 48, S. 145 (1858); M N 19, S. 56 (1858); FOUCAULT, C R 44, S. 339 (1857).

[3] LIEBIG, Ann d Chemie u. Pharmazie 98, S. 132 (1856); DINGLERS Polyt J 140, S. 204 (1856); MARTIN, Ann d Chimie et de Phys 15, S. 94 (1898); DINGLERS Polyt J 191, S. 43 (1869); WADSWORTH, Ap J 1, S. 252 (1895); CURTIS, Publ A S P 23, S. 13 (1911); MIETHE, Eders Jahrb. 27, S. 191 (1913); SILVERMAN u. NECKERMAN, Trans Amer Ceramic Soc 27, S. 351 (1919), übersetzt Centr Z f Opt u Mech 41, S. 107 (1920); Circular 32, Bureau of Standards; The Physical Society of London and the Optical Society, A Discussion on the Making of Reflecting Surfaces. London: Fleetway Press 1920, übersetzt von KALLENBACH, Centr Z f Opt u Mech 46, S. 186 (1925).

[4] COBLENTZ u. a., Bull Bur of Stand 2, S. 472 (1907); 7, S. 198 (1911); Sc Pap Bur of Stand 2, S. 343 (1929); 4, S. 189 (1930); HULBURT, Ap J 42, S. 203 (1915); 46, S. 1 (1917).

eine für den Spiegel geeignete Glasscheibe zu beschaffen, da es nur auf Spannungs- und Blasenfreiheit des Glases ankommt, auf Durchsichtigkeit und Schlieren-

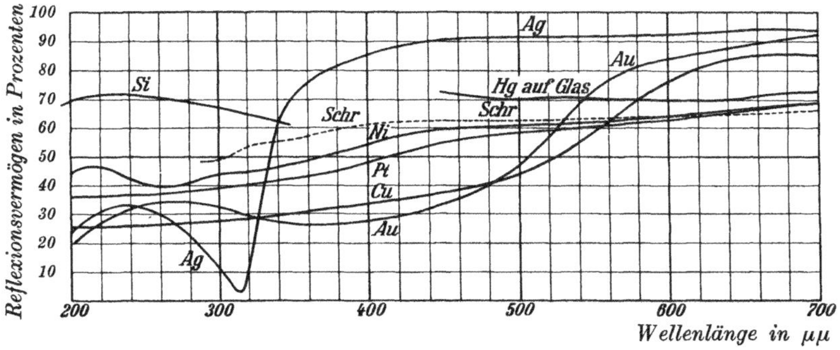

Abb. 81. Das Reflexionsvermögen einiger Metalle für verschiedene Wellenlängen: *Schr* Schröderesches Spiegelmetall (66 Cu + 22 Sn + 12 Zn).

freiheit wie bei der Linse aber nicht. Auch das Schleifen ist trotz der Abweichung von der Kugelform bei nur einer Fläche billiger. Während das Lickobjektiv von 96 cm Durchmesser 50000 Dollar kostete, betrug der Preis der Spiegel für das Victoriafernrohr (Hauptspiegel 184 cm, Fangspiegel 51 cm) nur 32000 Dollar, wobei das Steigen des Preises mit der zweiten Potenz des Durchmessers und die Geldentwertung zu berücksichtigen sind. Da das Spiegelfernrohr ein größeres Öffnungsverhältnis zuläßt, ist das Rohr kürzer, die Kosten von Montierung und Kuppel werden geringer. Andererseits ist der Spiegel gegen Abweichungen von der richtigen Form bei der Bearbeitung viermal so empfindlich. Auch Formänderungen infolge Durchbiegung und ungleicher Erwärmung sind erst recht beim Spiegel gefährlicher (Ziff. 54). Die Leistung des großen Spiegelfernrohrs auf Mt. Wilson kann nur ausgenutzt werden, wenn die Temperatur auf 1° konstant gehalten wird. So kommt es, daß das Linsenfernrohr feinere Doppelsterne auflöst.

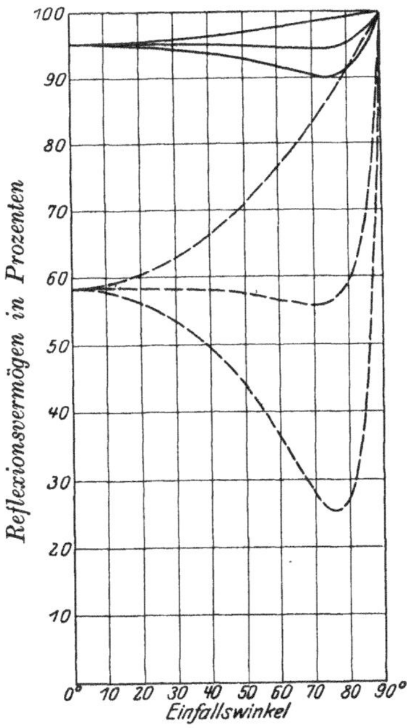

Abb. 82. Das Reflexionsvermögen von Silber (———) und Stahl (— — —) für verschiedene Einfallswinkel; obere und untere Kurve die senkrecht zueinander polarisierten Anteile.

Der Spiegel ist frei von sekundärem Spektrum, das bei wachsender Größe des Linsenfernrohrs immer störender wirkt. Das bedeutet bei größerem Spiegel auch einen merklichen Helligkeitsgewinn. Da Farben besser erkannt werden, eignet sich der Spiegel besonders zur Beobachtung von Planetenoberflächen. Foucault[1] bemerkt allerdings, daß er zarte Streifen auf dem Jupiter mit dem Linsenfernrohr besser erkennen konnte; der Helligkeitsunterschied war nicht mehr merklich, wohl aber der Farbenunterschied infolge des sekundären Spektrums. Ferner hat sich der Spiegel für das Studium von Nebeln bewährt. Spektroskopische Arbeiten sind erleichtert, da eine Neueinstellung für andere Stellen des Spek-

[1] Recueil des travaux scientifiques, S. 296. Paris: Gauthier-Villars 1878.

trums unnötig ist. Der Spiegel ist gleich gut in derselben Ausführung für Beobachtung wie für Photographie geeignet. Ebenso eignet er sich für die Untersuchung der Wärmestrahlen und für die der ultravioletten Strahlen, die vom Glas stärker absorbiert werden. Für die letzte Strahlenart sind Spiegel aus Platin, Nickel[1] und Spiegelmetall sowie mit Silizium überzogene[2] besser als versilberte, da Silber in der Nähe der Wellenlänge 300 $\mu\mu$ geringeres Reflexionsvermögen besitzt. Dafür ist es in dünner Schicht sogar durchlässig für diese Strahlen, und ein dünner Niederschlag auf einem Objektiv kann dazu dienen, diese Strahlen für die Untersuchung auszusondern[3]. Magnesiumniederschlag auf Quarz zeigt bei 0,25 μ 80% Reflexionsvermögen[4]. Ein Aluminiumniederschlag, der durch Verdampfen im Vakuum erzeugt wird und ziemlich haltbar sein soll, reflektiert bei $\lambda = 0{,}357\,\mu$ 70%, bei 0,305 μ 64% und bei 0,251 μ 53%[5]. Für Messungen ist das Linsenfernrohr überlegen, da eine Kippung des Spiegels die Visierlinie ändert, auch Rohrverbiegung infolge einseitiger Erwärmung die Visierlinie mehr ändert, und da beim Spiegel die unsymmetrischen Zerstreuungsfiguren der Bildpunkte außer der Achse eine genaue Einstellung hindern. Bei hellen Sternen kann man sich allerdings durch geeignete Blenden vor dem Objektiv helfen, die die vom Hauptstrahl getroffene Stelle der Zerstreuungsfigur hervorheben; Abb. 83 zeigt eine solche Sternaufnahme[6]. Ein Spiegel von gleichem Durchmesser und gleicher Brennweite wie die Normalfernrohre für die photographische Himmelskarte ($D = 340$, $F = 3400$ mm) zeigt bei dem gleichen Gesichtsfeld von 2,8° keine größeren Zerstreuungsflecken als dieses Fernrohr, die Bilder sind aber für die Ausmessung weit weniger geeignet. Infolge der Koma wird bei $n$facher Vergrößerung des Öffnungsverhältnisses das brauchbare Bildfeld n^2mal kleiner, während beim einfachen Fernrohrobjektiv infolge von Bildkrümmung und Astigmatismus das Bildfeld bei $n$mal größerem Öffnungsverhältnis nur $\sqrt{n}$mal kleiner wird. Trotzdem hat man den Spiegel für Öffnungsverhältnisse bis $1:2^1/_2$ und mehr für photographische Zwecke verwandt (S. 132); ein Objektiv mit diesem Öffnungsverhältnis müßte aus drei Linsen zusammengesetzt werden und hätte zu starkes sekundäres Spektrum und zu große Reflexions- und Absorptionsverluste. Die Frage, ob das Spiegel- oder das Linsenfernrohr sich für bestimmte Aufgaben mehr eignet, ist immer wieder erörtert worden[7].

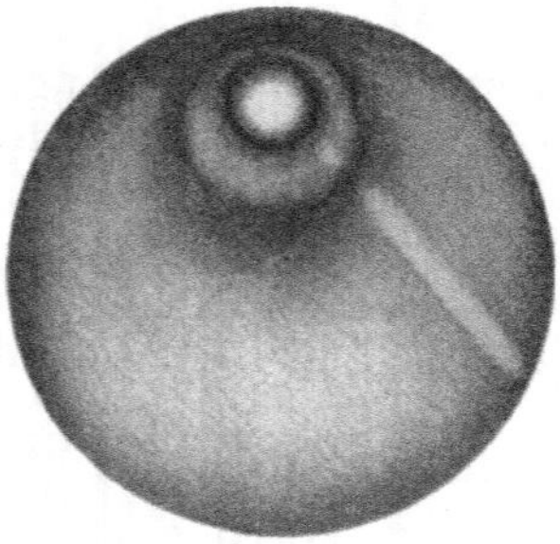

Abb. 83. Das extrafokale Sternbild eines Parabolspiegels mit Markierung der Mitte durch eine Blende.

54. Formänderungen durch Schwere und Wärme. Mit der Durchbiegung des Spiegels durch das eigene Gewicht hat sich besonders COUDER[8] beschäftigt. Zunächst stellte er fest, daß man unter den vorkommenden Verhältnissen die

[1] WOOD, Ap J 34, S. 404 (1911).

[2] SIEMENS u. HALSKE, Dtsch. R. Patent 352156 (1920).

[3] FOUCAULT, C R 63, S. 413 (1866); SCHWARZSCHILD u. VILLIGER, Phys Z 6, S. 737 (1905); Ap J 33, S. 284 u. 345 (1906); WOOD, M N 70, S. 226 (1910).

[4] Phys.-techn. Reichsanstalt, Z f Instrk 46, S. 176 (1926).

[5] WILLIAMS u. SABINE, Ap J 77, S. 317 (1933).

[6] PREY, Wiener Ak Ber 123, S. 1859 (1914); 127, S. 2253 (1918); HEPPERGER, Wiener Anz S. 343 (1918).

[7] FRAUNHOFER, A N 4, S. 17 (1826); ebenda S. 227 Briefe von SOUTH und HERSCHEL; HALE, Ap J 5, S. 119 (1897); WOLF, Nature 55, S. 582 (1897); PICKERING, Pop Astr 38, S. 134 (1930); SONNEFELD, Centr Z f Opt u Mech 52, S. 110 (1931); ROY, C R 192, S. 461 (1931).

[8] B A 7, S. 201 (1932); JONES, Proc R Soc London 88, S. 494 (1913).

Spiegelscheiben als vollkommen elastisch ohne Hysteresis ansehen kann, und daß bis etwa 3 m Durchmesser die Komponente der Schwere senkrecht zur optischen Achse keine bedeutende Rolle spielt. Er nimmt an, daß die biegenden Kräfte achsensymmetrisch sind, und behandelt so eine kreisförmige, horizontale, am Rande unterstützte Planplatte vom Durchmesser $2R$ und der Dicke d aus einem Stoff von der Dichte δ und dem Elastizitätsmodul E unter der Voraussetzung, daß $d^2 : R^2$ klein gegen 1 ist. Er erhält die Gleichung der Durchbiegungskurve eines Meridianschnittes, wo y die senkrechte Abweichung ist und $x : R = \xi$ gesetzt wird, durch Summation der Gleichungen für die beiden Fälle, daß einmal eine ideale Ringstütze von dem Radius $r_0 = \varrho R$ mit dem Gewicht der Scheibe gegen diese drückt, und daß das andere Mal die Scheibe sich durch ihr eigenes Gewicht verbiegt:

$$y = K g \frac{\delta}{E} \frac{R^4}{d^2} \varphi(\sigma, \varrho, \xi), \tag{81}$$

wo K ein Faktor, g die Erdbeschleunigung, σ der Poissonsche Koeffizient und die Funktion φ durch die Elastizitätstheorie gegeben ist. Er gibt für $\sigma = 0{,}25$ eine Tabelle für φ als Funktion von ξ und ϱ; für die weitere Betrachtung bringt er diese Gleichung in die Form $f(\xi) = \alpha + \beta\xi^2 + \gamma\xi^4$, wo das zweite Glied einer Änderung der Brennweite, das dritte einer Änderung der sphärischen Abweichung des Spiegels entspricht. Die folgende Tabelle gibt die Werte der Konstanten für verschiedene Werte von ϱ der Ringstütze:

ϱ	0	0,15	0,333	0,5	0,667	0,85	1
α	−1,549	−1,406	−1,020	−0,553	−0,033	+0,563	+1,350
β	+2,700	+2,348	+1,540	−0,685	−0,108	−0,805	−1,301
γ	−1,151	−0,942	−0,540	−0,132	+0,141	+0,242	+0,251

Für einen Planspiegel von 746 mm Durchmesser und 34,4 mm Dicke, dessen Ringstütze aus 100 gleichmäßig verteilten 30 mm langen Spiralfedern bestand, wurden durch Messung des Astigmatismus bei schrägem Lichteinfall die Koeffizienten β und γ für verschiedene ϱ bestimmt; sie stimmten befriedigend mit den durch Rechnung gefundenen Werten überein. Der Wert $\delta : E$ ist bei Kronglas und geschmolzenem Quarz etwa 0,34, bei Stahl 0,364 und bei Spiegelmetall 1,1. Das Glied $R^4 : d^2$ zeigt, daß es für die Durchbiegung nicht auf das Verhältnis $R : d$ ankommt; der Umstand, daß man bei großen Spiegeln ein zu hohes Gewicht vermeiden will, bedingt, daß der Wert bei dem großen Spiegel auf Mt. Wilson von 2560 mm Durchmesser und 306 mm Dicke auf 284 steigt, während er für einen Parabolspiegel von 186 mm Durchmesser und 32 mm Dicke nur 0,73 beträgt. Bei dem Metallspiegel von Lord Rosse von 1830 Durchmesser und 137 Dicke wird die Vergleichszahl unter Berücksichtigung des größeren $\delta : E$ etwa 1200. Couder fand weiter durch Versuche, daß bei Unterstützung des Spiegels an drei Punkten des Randes der Grenzwert $R^4 : d^2$, in cm gemessen, 1000 ist, wenn keine sphärische Überkorrektion bemerkbar sein soll. Bei dieser Art der Lagerung ist eine Abweichung der Wellenfläche von der Kugelform von 0,032 μ noch zulässig. Die Schichtlinien der Wellenfläche sind Sechsecke mit nach innen durchgebogenen Seiten; die drei Seiten in der Nähe der Auflagen sind mehrmals kürzer als die andern. Das Beugungsscheibchen des Sternbilds ist ein abgerundetes Dreieck mit den Spitzen nach den Lagerstellen zu, die Ringe sind hier unterbrochen. Für eine Randstütze mit sechs Punkten gilt $R^4 : d^2 < 9000$, bei Hinzufügung einer Mittelstütze < 12000; bei neun Randstützpunkten und drei auf einem Ring von einem Drittel Durchmesser < 45000. Dabei ist angenommen, daß die über drei hinausgehenden Stützen eines Rings regelbare Gewichte sind. Um den

Einfluß der Auflage zu verringern, empfiehlt COUDER[1], den Spiegel am Rande zu verstärken, so daß er eine einem Tamburin ähnliche Form erhält.

Die älteren Arten der Lagerung des Spiegels von J. F. W. HERSCHEL auf mehreren Wollschichten oder die von FOUCAULT auf einem Luftkissen haben den Nachteil, daß die Luft die Rückseite des Spiegels nicht frei umspülen kann und so der allseitig gleichmäßige Wärmeaustausch des Spiegels mit der Umgebung gehindert ist; außerdem ist beim Luftkissen die Erhaltung der Visierlinie nicht genügend gesichert. Man lagert daher die großen Spiegel auf einer größeren Anzahl regelmäßig verteilter kleinerer Flächen. Die eine Art wurde schon bei den älteren Spiegelfernrohren von ROSSE und LASSELL[2] angewandt, da beim Metallspiegel die Biegung eine noch größere Rolle spielt; sie findet sich heute bei den Spiegeln von Zeiss und dem in Victoria; Abb. 84 gibt die Lagerung von Zeiss wieder. Man geht hier von drei Stützpunkten aus, die gleichmäßig im Schwerpunktskreis verteilt sind. Auf jedem der drei Stützpunkte ruht ein in der Mitte auf einer Kugel kippbarer doppelarmiger Hebel, an jedem Ende trägt jeder dieser Hebel eine dreieckige Tragplatte, die wieder in der Mitte auf einer Kugel kippbar ruht; ebenso trägt jede Ecke des Dreiecks je auf einer Kugel kippbar eine runde Platte, so daß der Spiegel von 18 runden Platten getragen wird. Da alle Hebelarme unter sich und die Radien der dreieckigen Tragplatten unter sich gleich sind, müssen auch die Auflagedrucke aller 18 Platten gleich sein. Die andere Art der Lagerung wurde von RITCHEY[3] bei den großen Spiegeln auf Mt. Wilson angewandt. Hier wird der Spiegel von Hebeln getragen, deren Druck durch Gewichte geregelt werden kann; auf Verbesserungen dieser Art von PEASE und COUDER[4] sei nur verwiesen. Gegen Querverschiebungen wird der Spiegel am besten in der Mittelschicht abgestützt und die ungleiche Ausdehnung von Spiegel und Fassung berücksichtigt, etwa nach der STEINHEILschen Art (Ziff. 43). Die Empfindlichkeit gegen schlechte Lagerung zeigt ZSCHIMMER[5].

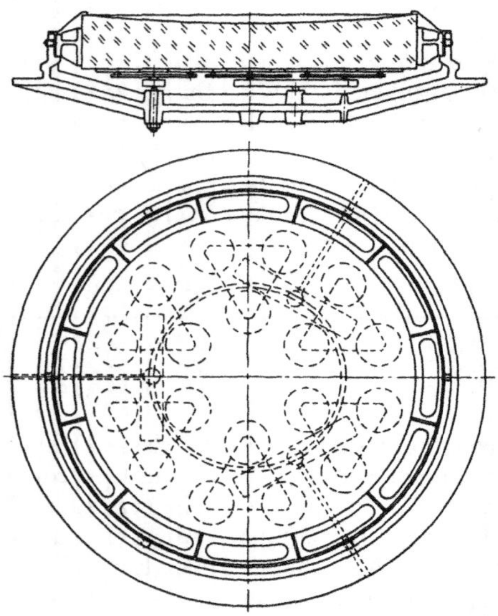

Abb. 84. Die Lagerung eines Fernrohrhohlspiegels nach Zeiss (MEYER).

Wenn der Spiegel und ebenso das Rohr sich vollkommen gleichmäßig durch die Wärme ausdehnen, so ist die Änderung ΔA des Auszugs für scharfes Bild $\Delta A : dT = F(\alpha_1 - \alpha_2)$, wo T die Temperatur, α_1 und α_2 die Ausdehnungskoeffizienten für Spiegel und Rohr sind. Wenn aber die Temperatur von der Vorderseite zur Rückseite sich gleichmäßig ändert und der Temperaturunterschied der beiden Seiten $T_1 - T_2$ ist, so ist die Brennweitenänderung $\Delta F = 2\alpha(T_1 - T_2)F^2 : d$, wo d die Dicke des Spiegels ist. Dieser Temperaturunter-

---

[1] C R 186, S. 311 (1928).

[2] ROSSE (OXMANSTOWN), Phil Trans 1840, S. 503; LASSELL, Report 20th Meeting B A S 1850, S. 150; COMMON, Obs. 3, S. 167 (1880).

[3] Ap J 5, S. 143 (1897).

[4] B A 7, S. 246 (1932); PEASE, Publ A S P 44, S. 308 (1932).

[5] Z f Instrk 33, S. 376 (1913).

schied ist nur zu einem ganz unerheblichen Teil auf die Ausstrahlung der Vorderseite gegen den Himmel zurückzuführen, im wesentlichen vielmehr darauf, daß bei der Abkühlung im Laufe der Nacht die Luftströme auf der Vorderseite sich freier entfalten können und daher diese Seite kälter als die Rückseite wird. Durch Versuche fand COUDER[1], daß die Zeit t, in der bei Erwärmung einer Seite die Brennweitenänderung den halben Wert der maximalen erreicht, von der Dicke des Spiegels nach der Formel $\log_{10} t = 0{,}656 + 1{,}908 \log_{10} d$ abhängt. Für den Wärmeausgleich innerhalb des Spiegels ist der Wert von $\eta = \alpha\delta c : k$ maßgebend, wo α der Ausdehnungskoeffizient, δ die Dichte, c die spezifische Wärme und k die Wärmeleitfähigkeit ist. Dieser Größe ist auch die Formänderung nach einer bestimmten Zeit proportional. Der Wert von $\eta \cdot 10^5$ ist für Spiegelglas 197, für Pyrexglas 25, für geschmolzenen Quarz 0,93, für Spiegelmetall 6,3 und für Stahl 4,7. Über Versuche mit einem Pyrexspiegel von 19 cm Durchmesser und mit verstärktem Rand berichtet COUDER[2] (s. auch PETTIT S. 181). Die beiden Fangspiegel des neuen Greenwicher Reflektors sind aus geschmolzenem undurchsichtigem Quarz, dem dünnere Platten aus durchsichtigem aufgeschmolzen sind. Solche Quarzplatten liefern unter dem Namen Vitriosil die deutschen Ton- und Steinzeugwerke, Berlin-Charlottenburg, Thermal Syndicate United, Wallsend/Tyne und Quartz Silice, Paris. Der Hauptspiegel des Reflektors der MILLS-Expedition (Ziff. 60) verlängerte in der ersten Hälfte der Nacht seine Brennweite rasch bis zu 3 mm. Die Schnelligkeit der Temperaturänderung war von stärkerem Einfluß als die Größe. Bessere Ventilation durch Öffnungen im Spiegelgehäuse verringerten die Änderung auf etwa die Hälfte. Am besten bewährte sich die umständliche Kühlung mit einer Kältemaschine, die etwa $2^1/_2$ Stunden vor Sonnenuntergang begann und nach einer Temperaturerniedrigung in der Nähe des Spiegels von 5 bis 6° C aufhörte; bei richtiger Abstimmung erzielte man für 1 oder 2 Stunden geringe Brennweitenänderungen. Die Versilberung der Rückseite war ohne merklichen Einfluß, was für den erwähnten geringen Einfluß der Ausstrahlung spricht[3]. RITCHEY[4] beobachtete beim 1,5 m-Spiegel von Mt. Wilson Verlängerung der Brennweite bis zu 1 mm, bei Anwendung einer isolierenden Kammer war die Änderung oft nur 0,127, gelegentlich 0,329. Nach PERRINE[5] zeigt ein mit Band am Rande frei aufgehängter Spiegel keine Änderung der Brennweite. Außerdem beobachtet man aber noch eine besondere Randwirkung, indem die äußere Zone sphärische Abweichung zeigt. Bei dem MILLS-Reflektor zeigte sich in der ersten Hälfte der Nacht bei fallender Temperatur Unterkorrektion. Ebenso beobachtete man beim Victoria-Spiegel[6], der nach dieser Richtung besonders genau untersucht wurde, Unterkorrektion des Randes, und zwar an einem ungünstigen Tage zuerst 55 Minuten nach Öffnung der Kuppel 3,57 mm, dann nach $3^1/_4$ Stunden 2,55; bei schwächerer Temperaturänderung während des Tages war $^1/_2$ Stunde nach Öffnung nur die äußerste 2 Zoll breite Zone unterkorrigiert. Die darauffolgende Änderung war gering; durch die Einhüllung des Spiegels wurden die Änderungen geringer. RITCHEY beobachtete Überkorrektionen; über seinen Wärmeschutz bei den großen Spiegeln s. Ziff. 60. Auch beim Refraktor beobachteten SCHLESINGER[7] und SCHORR eine Änderung der sphärischen Korrektion; bei fallender Temperatur im Laufe der Nacht tritt Unterkorrektion ein. Zur Vermeidung von Refraktionsstörungen im Rohre

---

[1] B A 7, S. 283 (1932). [2] C R 186, S. 311 (1928).
[3] WRIGHT, Publ Lick Obs 9, S. 25 (1911).
[4] Ap J 29, S. 198 (1909); 32, S. 26 (1910). [5] Publ A S P 30, S. 55 (1918).
[6] PLASKETT, Publ Astrophys Obs Victoria 1, Nr. 1 (1920).
[7] B S A F 29, S. 211 (1915); Wash Nat Ac Proc 1, S. 13 (1917); SCHORR, VJS 68, S. 189 (1933).

hat man sich heute bei den größeren Spiegelfernrohren für offenes Gitterrohr entschieden; COUDER verkleidet das Stahlgerüst mit dünnen Holzwänden.

55. Doppelspiegel mit größerem Gesichtsfeld. Um das brauchbare Gesichtsfeld zu vergrößern, hat SCHWARZSCHILD[1] vorgeschlagen, eine Gruppe von zwei Hohlspiegeln zu verwenden (Abb. 85a), von denen der zweite etwa halb so große Spiegel die Strahlen vom ersten vor ihrer Vereinigung im Bilde auffängt; die Platte liegt zwischen den Spiegeln. Die Anordnung ist also im Aufbau einem photographischen Doppelobjektiv ähnlich. Die Daten eines solchen Doppelspiegels für die Gesamtbrennweite 1 sind $r_1 = -5$; $r_2 = -1{,}67$ und Abstand $d_1 = 1{,}25$. Die Form des großen Spiegels nähert sich dem Hyperboloid, die des kleinen einem Ellipsoid und ist diesen Flächen bis zu einem Öffnungsverhältnis 1:3 praktisch gleich. Die Herstellung wird dadurch erschwert, daß beide Spiegel eine von der Kugel so erheblich abweichende Form erhalten müssen. Bei dieser Bauart ist außer der sphärischen Abweichung die Koma gehoben und Bildfeldebnung im übertragenen Sinne erreicht. Der Astigmatismus ist $2^1/_2$mal so klein wie beim einfachen Parabolspiegel. Die trigonometrische Durchrechnung für 1,5° Hauptstrahlneigung (3° Gesichtsfeld) ergab eine radiale Streuung von 18″; das brauchbare Gesichtsfeld ist also nahe gleich dem der Normalrefraktoren. CHRÉTIEN[2] hat die CASSEGRAINsche Bauart in ähnlicher Weise verbessert (Abb. 85b). Es mögen zunächst die Daten für einen ausgeführten Doppelspiegel von 505 mm Öffnung und 3450 mm Brennweite folgen, und zwar ebenfalls bezogen auf die Brennweite 1; sie sind $r_1 = -0{,}952$; $r_2 = 0{,}645$ und $d_1 = 0{,}307$. Das letzte Bild liegt dicht hinter dem Hauptspiegel. Der Astigmatismus ist gehoben; die Bildkrümmung ist 6,75mal stärker als der Kehrwert der Brennweite. Es wurden daher entsprechend gekrümmte Platten vorgeschlagen. Während sich SCHWARZSCHILDs Bauart mehr für das große Öffnungsverhältnis 1:3 bis 1:4 eignet, wird die CHRÉTIENs für 1:6 bis 1:8 empfohlen, zumal die Länge im Verhältnis zur Gesamtbrennweite nur etwa ein Drittel davon beträgt. Ein Vorteil davon ist auch die bequemere Zugänglichkeit der Platte und die geringere Verdeckung durch den Fangspiegel, die das Beugungsbild eines Sternes weniger beeinträchtigt. Den Wert dieser Doppelspiegel erkennt man, wenn man berücksichtigt, daß nach RITCHEY[3] beim 1,5 m-Spiegel auf Mt. Wilson im allgemeinen nur ein Gesichtsfeld von 38′ (84 mm) ausnutzbar ist, für feinere Messungen sogar nur 15′ (33 mm). Ein Doppelspiegel nach CHRÉTIEN von 1 m Durchmesser 1:6,8 ist von RITCHEY für das Naval Observatory in Washington hergestellt worden, ein solcher nach SCHWARZSCHILD für das Kirkwood-Observatorium der Universität Indiana im Bau.

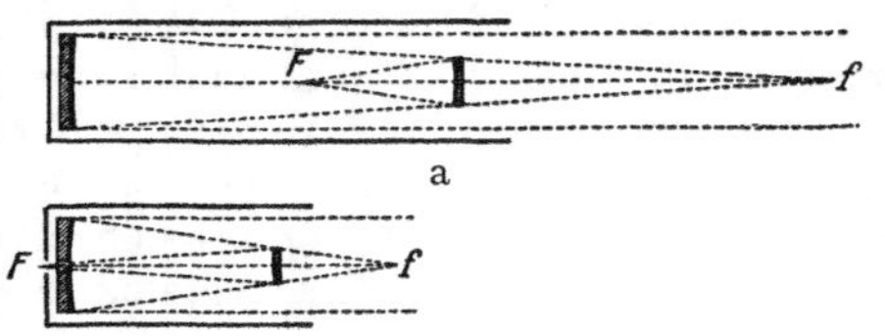

Abb. 85. Photographische Doppelspiegel nach a) SCHWARZSCHILD, b) CHRÉTIEN.

SAMPSON sucht nach dem Vorgang von ZENGER[4] eine ähnliche Verbesserung des Bildes durch ein mehrteiliges Linsensystem zwischen Objektiv und Brenn-

---

[1] Gött Abh N F 4, Nr. 2 (1905); BISKE, Z f Math u Phys 52, S. 191 (1905); BOULOUCH, C R 175, S. 1047 (1922); COUDER, ebenda 183, S. 1276 (1926).

[2] Rev d'Opt 1, S. 13 (1922); C R 185, S. 1125 (1927); RITCHEY u. CHRÉTIEN, B S A F 41, S. 541 (1927); RITCHEY, ebenda 41, S. 529 (1927); 42, S. 27 (1928); C R 185, S. 266 u. 1024 (1927); 191, S. 22 (1930); Trans Opt Soc 29, S. 197 (1927/8); J Can R A S 22, S. 159 (1928); L'évolution de l'astrophotographie. St. Gobain 1930.

[3] B S A F 42, S. 31 (1928).

[4] Sitzber d böhm Ges d Wiss Febr. 1875; Jan. 1877. SAMPSON, M N 73, S. 524; Obs 36, S. 248 (1913); Phil Trans 213, S. 27 (1914); VIOLETTE, Rev d'Opt 1, S. 397 (1922).

punkt zu erreichen; diese Einrichtung hat den Nachteil, daß mehr störendes Reflexlicht vorhanden ist. ROSS[1] verbesserte den 1,5 m Spiegel von Mt. Wilson durch eine afokale zweiteilige Zusatzlinse von 8″ Öffnung 15″ vor dem Brennpunkt. Eine zerstreuende achromatische Zusatzlinse kann wie beim Teleobjektiv dazu dienen, das Bild zu vergrößern[2].

SHAPLEY[3] steigerte das Öffnungsverhältnis des 2,5 m-Spiegels auf Mt. Wilson auf nahe das Doppelte, indem er dicht vor dem Brennpunkt ein photographisches Objektiv von $F = 75$ mm und $D:F = 1:1{,}9$ anordnete; er erzielte so bei Sternphotographie den Gewinn einer Größenklasse; das Gesichtsfeld betrug nur 6′. Ein ähnliches Zusatzsystem ist auch beim Refraktor von 60 cm Öffnung der Hamburger Sternwarte im Gebrauch[4]. ZARUBA[5] empfiehlt aplanatische Linsen als Zusatzlinsen. SCHMIDT[6] geht davon aus, daß ein Kugelspiegel mit Blende im Krümmungsmittelpunkt ein von Koma und Astigmatismus freies Bild auf einer Kugelfläche gibt, deren Radius gleich der Brennweite ist; die sphärische Abweichung soll durch eine durchbohrte deformierte Planplatte in der Brennebene gehoben werden. Ein solcher Spiegel von 44 cm Durchmesser und dem großen Öffnungsverhältnis 1 : 1,4 wurde von ihm für die Hamburger Sternwarte mit gutem Erfolg ausgeführt; die Korrektionsplatte hatte einen Durchmesser von 36 cm; die Aufnahmen werden auf einen gekrümmten Film gemacht; das komafreie Feld betrug 15°.

56. Die Spiegelfernrohre. Die Spiegelfernrohre für Beobachtung unterscheiden sich durch die Anordnung und Ausbildung des Okularteiles. Die einfachste Bauart geht auf ZUCCHI[7], den Erfinder des Spiegelfernrohrs (1616), allerdings mit Zerstreuungslinse als Okular, und auf LEMAIRE[8] zurück, sie ist aber nach HERSCHEL[9] benannt (Abb. 86); bei ihr ist das Okular am Rande des Rohres, schräg auf die Mitte des Spiegels gerichtet, angeordnet (Front View, Skew Telescope); das Bild zeigt alle Unvollkommenheiten, die in größerem Abstande von der Achse auftreten, außer wenn ein Parabolspiegel mit entsprechend exzentrischer Achse benutzt wird, der aber nicht in Betracht kommt. HERSCHEL selbst hat hauptsächlich Spiegel der von NEWTON angegebenen Bauart hergestellt, von 1774 bis 1795 allein 200 Stück von 7′ Brennweite, 150 von 10′ und 80 von 20′, außer den kleineren GREGORYS bis zu 10′ Brennweite. Der große Front View hatte 122 cm Durchmesser und 10 m Brennweite; das Gewicht betrug 960 kg; am Tage der Aufstellung (1789) entdeckte HERSCHEL damit den sechsten Saturnmond. Nach ihm hat wohl nur noch RAMAGE[10] Front Views gebaut. Über die Prüfung eines Fernrohrs von HERSCHEL berichteten neuerdings DAVIES, STEAVENSON und AINSLIE[11].

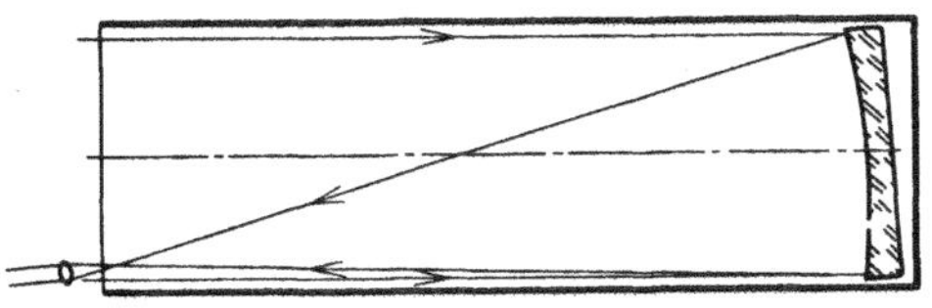

Abb. 86. Das Spiegelfernrohr nach HERSCHEL.

---

[1] Ap J 77, S. 243 (1933). [2] MILLOCHAU, C R 143, S. 33 (1904).
[3] Mt Wilson Comm 68 (1920); Wash Nat Ac Proc März 1920.
[4] SCHORR, V J S 68, 190 (1933). [5] B S A F 43, S. 81 (1929).
[6] Centr Z f Opt u Mech 52, S. 25 (1932); Mitt. Hamburg-Bergedorf 7, S. 15, (Nr 36) (1932).
[7] Optica philosophica. Lugdunum Batavorum 1, S. 126 (1652).
[8] Machines et inventions approuvées par l'académie des sciences Bd 6 (1735).
[9] Phil Trans 76, S. 499 (1786); 1795, S. 347.
[10] Mem R A S 2, S. 413 (1826).
[11] DAVIES, M N 84, S. 23 (1924); STEAVENSON, Obs 47, S. 262 (1924); 50, S. 114 (1927); 53, S. 311 (1930); Trans Opt Soc 26, S. 210 (1924/5); AINSLIE, J B A A 42, S. 65 (1932).

NEWTON[1] schaltete vor der Vereinigung der Strahlen zum Bild einen um 90° ablenkenden Spiegel (Fangspiegel) (Abb. 87) so ein, daß das Bild am Rande des Rohres entsteht und durch ein Okular beobachtet werden kann, wobei die Kopfhaltung meist bequemer als bei einem geradsichtigen Fernrohr ist; noch besser ist es, wenn das Okular um die Hauptrohrachse drehbar ist[2]. Man kann auch bei azimutaler Aufstellung die Strahlen vom Fangspiegel in die Kippachse reflektieren[3]. COUDER[4] neigt den Fangspiegel so, daß der Einfallswinkel i nur 25° ist; der Astigmatismus infolge Durchbiegung ist so 3,6mal geringer wie für $i = 45°$, ferner kann so der Spiegel eine kreisrunde Form erhalten, ohne zuviel Licht wegzunehmen, und der Einblick liegt dem Hauptspiegel näher. Soll keine Abschattung nach dem Rande des Gesichtsfeldes eintreten und ist D der Durchmesser des Hauptspiegels und G der der Gesichtsfeldblende des schwächsten Okulars, so gilt für den kleineren Durchmesser des Fangspiegels

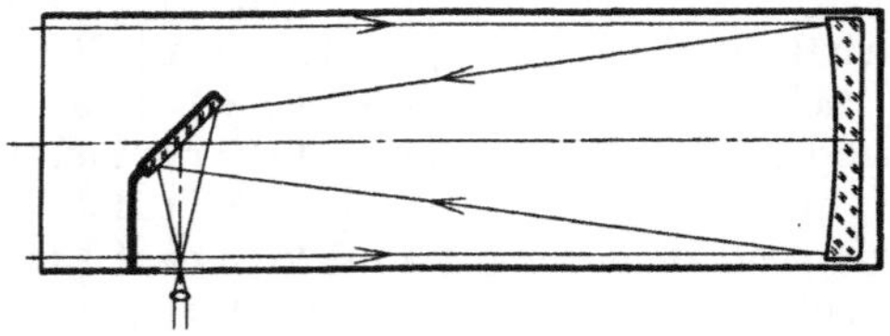

Abb. 87. Das Spiegelfernrohr nach NEWTON.

$$d = \frac{D^2}{2F} + G\frac{2F - D}{2F}. \tag{82}$$

Ist das Gesichtsfeld klein oder läßt man eine Abschattung nach dem Rande des Gesichtsfeldes zu, so hält der Fangspiegel von dem auf den Hauptspiegel fallenden Licht um so weniger zurück, je kleiner das Öffnungsverhältnis ist[5]. NEWTON gilt als der erste, der ein brauchbares Spiegelfernrohr zustande brachte (s. jedoch S. 175); er legte ein solches von $D = 1^1/_3''$, $F = 6^1/_4''$ und 38facher Vergrößerung 1671 der Royal Society vor, HADLEY 1722 ein solches von 6″ Öffnung, 1:10 mit 200facher Vergrößerung, das nahe das gleiche leistete wie das Luftfernrohr von HUYGENS von der gleichen Öffnung und 123′ Brennweite. Erst damit war für die Einführung des Spiegelfernrohrs die Bahn freigelegt. Man kann den Fangspiegel verkleinern, wenn man das Bild nahe dem Fangspiegel entstehen läßt und mit einem terrestrischen Okular beobachtet[1 u. 6]. Wollte man den Fangspiegel senkrecht zur Achse des Hauptspiegels stellen und ein Bild in der durchbrochenen Mitte des Hauptspiegels entwerfen, so müßte der Fangspiegel den halben Durchmesser des Hauptspiegels erhalten und würde zuviel Licht zurückhalten. Stellt man ihn aber in größerer Nähe der Brennebene des Hauptspiegels auf, so kann er kleineren Durchmesser erhalten. Damit aber das Bild in der durchbrochenen Mitte des Hauptspiegels entsteht und so zugänglich wird, muß der Fangspiegel eine entsprechende Scheitelkrümmung erhalten. Man wird so auf die Bauarten von CASSEGRAIN[7] (Abb. 88) und GREGORY[8] (Abb. 89) geführt. Bei der ersten ist ein erhabener Fangspiegel vor der Brennebene angeordnet, bei der zweiten ein hohler hinter der Brennebene. Der Strahlengang im ersten Fall entspricht dem des astronomischen Fernrohrs mit Teleobjektiv, der zweite dem des ter-

[1] Phil Trans abr. S. 196, 1638—1700 (1672); Opticks, Prop. 8. London 1704; Ostwalds Klass. 96, S. 71.

[2] AIRY, M N 13, S. 165 (1853). [3] COMMON, M N 53, S. 19 (1893).

[4] B A 7, S. 276 (1932).

[5] TENNANT, M N 47, S. 244 (1887); ROY, B S A F 42, S. 497 (1928).

[6] FOUCAULT, Ann Obs Paris 5 (1858); Recueil des travaux scientifiques, S. 278. Paris: Gauthier-Villars 1878.

[7] Phil Trans abr. S. 44, 1638—1700 (1672); J des Savans 1672, S. 204; TOMKINS, J B A A 41, S. 296 (1930); DALL, ebenda 41, S. 224 u. 296 (1931); ZSCHOKKE, Centr Z f Opt u Mech 52, S. 209 (1931).

[8] Optica promota S. 92. London: Thomson 1663.

restrischen Fernrohrs. Bei den Bauarten von NEWTON und CASSEGRAIN ist das Bild umgekehrt, bei der Bauart von GREGORY aufrecht. Hat der Fangspiegel m mal kleineren Durchmesser als der Hauptspiegel, ist seine Größe dem achsenparallel einfallenden Bündel angepaßt und wird das Bild im Ausbruch des Hauptspiegels von der Brennweite F entworfen, so ist die Dingweite für den Fangspiegel $F:m$; die Bildweite für diesen ist bei GREGORYS Bauart $F\left(1+\frac{1}{m}\right)$, bei der CASSEGRAINS $F\left(1-\frac{1}{m}\right)$. Da nun die Gesamtbrennweite zu F in demselben Verhältnis steht, wie die Bildweite des Fangspiegels zu seiner Dingweite, so ist sie bei der Bauart GREGORYS $(m+1)$ mal, bei der CASSEGRAINS $(m-1)$ mal so groß wie die des Hauptspiegels. Bei gleicher Vergrößerung des Bildes durch den Fangspiegel wird dessen Durchmesser bei der Bauart von CASSEGRAIN kleiner, ebenso auch das Fernrohr

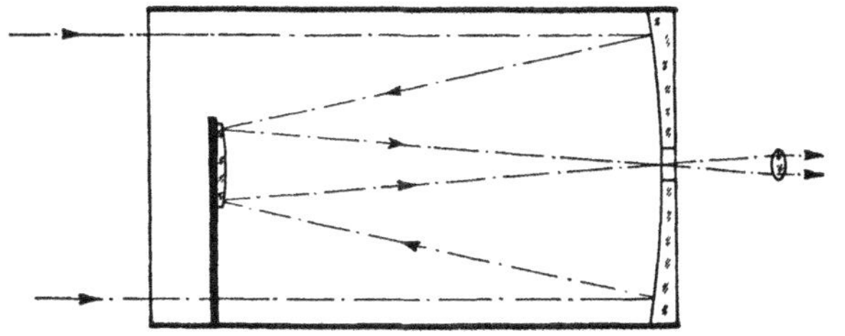

Abb. 88. Das Spiegelfernrohr nach CASSEGRAIN.

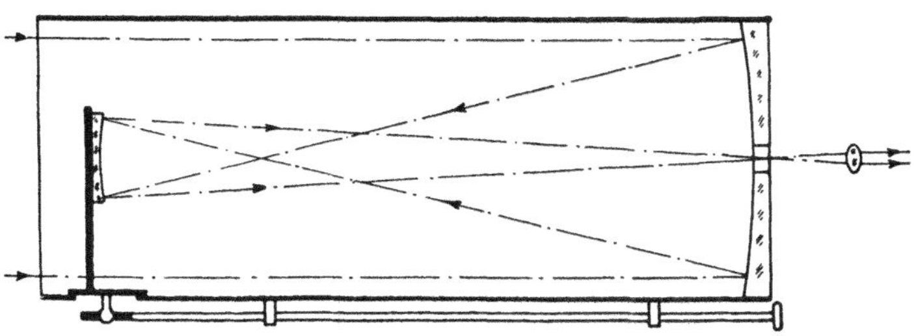

Abb. 89. Das Spiegelfernrohr nach GREGORY.

kürzer. Das Fernrohr von GREGORY wurde früher in kleineren Größen viel von Liebhaberastronomen benutzt. Zur Einstellung des scharfen Bildes dient meist die Verstellung des Fangspiegels. Für größere Fernrohre wählt man die Bauart von CASSEGRAIN. Will man den Ausbruch des Hauptspiegels vermeiden, sei es daß man ihn als Hindernis einer genauen Flächengebung ansieht oder daß man wegen Spannung ein Zerspringen beim Ausbohren befürchtet, so kann man mit NASMYTH[1] durch einen ebenen Fangspiegel dicht vor dem Hauptspiegel ähnlich wie bei NEWTON das Bild am Rande des Rohres entwerfen (Abb. 90). Es muß noch auf einen Nachteil der Bauarten von CASSEGRAIN und GREGORY aufmerksam gemacht werden. Um nämlich die Strahlen abzufangen, die, ohne von den beiden Spiegeln zurückgeworfen zu sein, unmittelbar in das Okular gelangen und das Bild verschleiern, muß man bei diesen Bauarten am Ort des Bildes des Fangspiegels hinter dem Okular, d. h. in der Nähe der Austrittspupille, eine Blende anbringen, deren Öffnung die gleiche Größe wie das Bild des Fangspiegels hat und so alle Strahlen, die am Fangspiegel vorbei unmittelbar das Okular treffen, abschneidet.

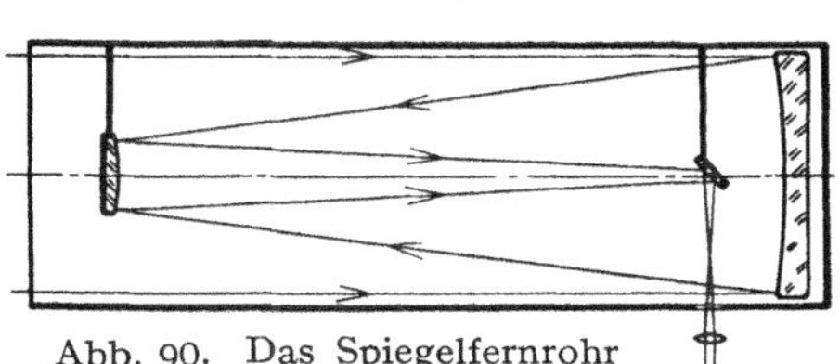

Abb. 90. Das Spiegelfernrohr nach NASMYTH.

[1] Dinglers J 119, S. 27 (1851); BABINET, C R 48, S. 861 (1859).

Durch diese Blende wird aber die Übersicht des Gesichtsfeldes erschwert, da nur noch eine Art Schlüssellochbeobachtung möglich ist. Über das Ausrichten von Haupt- und Fangspiegel sei auf die Quellen verwiesen[1]. In demselben Verhältnis, wie die Brennweite des Doppelspiegels größer ist als die des Hauptspiegels, ist das Öffnungsverhältnis des Hauptspiegels größer als das des Doppelspiegels. Entsprechend ist aber auch die Abweichung des Paraboloids von der Kugel beim Doppelspiegel größer als bei einem einfachen Spiegel gleicher Brennweite; die Schwierigkeit der Herstellung und auch der Zentrierung der beiden Spiegel wächst. Während man für die Bauart nach NEWTON vielfach das Öffnungsverhältnis 1:10 wählt, ist es bei der nach CASSEGRAIN meist nur etwa halb so groß; die letzte Bauart hat trotzdem kürzere Fernrohrlänge. SCHAER[2] ordnete bei Aufnahmen im Brennpunkt des Hauptspiegels einen unversilberten Fangspiegel vor dem Brennpunkt an, der nach Art des Uhrglases zwei parallele hyperbolische Flächen hatte und wie eine Planplatte wirkte. Dieses lichtschwächere, durch ein Okular vervollständigte CASSEGRAINsche Fernrohr diente ihm als Leitfernrohr. Als Abart der Bauart von CASSEGRAIN kann man das von FORSTER und FRITSCH[3] ausgebildete, aber schon 1825 angegebene[4] sog. Brachyteleskop ansehen (Abb. 91), das den Ausbruch des Hauptspiegels dadurch vermeidet, daß der erhabene Fangspiegel neben die auf den Hauptspiegel fallenden Strahlen verlegt ist. Der Achsenstrahl wird an beiden Spiegeln unter schiefem Einfall zurückgeworfen. Die Einfallswinkel werden so gewählt, daß der Astigmatismus für die Mitte des Bildfeldes gehoben ist, doch bleibt die Bildgüte geringer als beim CASSEGRAINschen Fernrohr. Eine ähnliche Einrichtung, aber ohne Okular, findet man schon bei ZAHN[5].

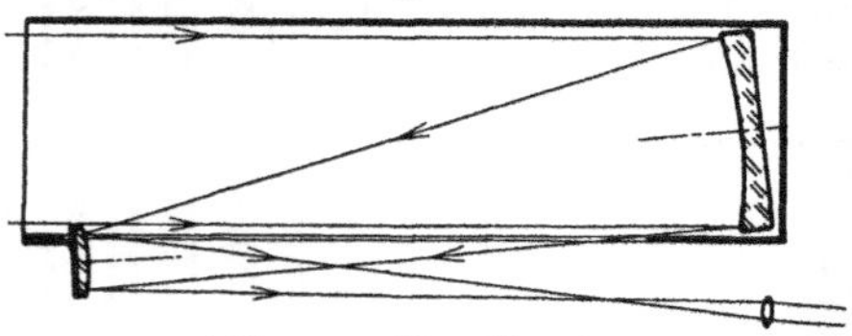

Abb. 91. Der Brachyt.

Die sphärische Abweichung wird bei den Bauarten nach CASSEGRAIN und GREGORY dadurch gehoben, daß die beiden Spiegel jeder für sich abweichungsfrei sind. Der Fangspiegel muß also hyperbolisch bzw. elliptisch sein, man kann so jeden Spiegel für sich prüfen und auswechseln; auch ist die Zentrierung der Spiegel zueinander weniger empfindlich. Haben beide Spiegel Kugelform, so kann die sphärische Abweichung nicht gehoben werden, da die des Hauptspiegels überwiegt[6]. Die Koma ist bei den Doppelspiegeln, wenn die Einzelspiegel frei von sphärischer Abweichung sind, von gleicher Größe wie bei dem Parabolspiegel gleicher Öffnung und gleicher Brennweite, dagegen ist Bildkrümmung und Astigmatismus bei den in Betracht kommenden Formen wesentlich stärker. Liegt beim CASSEGRAINschen die Öffnungsblende im Hauptspiegel und ist der Fangspiegel hyperbolisch, so ist für $F = 1$; $r_1 = -1:2$; $r_2 = +1:7{,}5$; $d_1 = 1:5$; die Bildkrümmung $\varrho_s = -15$; $\varrho_t = -23$. Beim GREGORYschen sind für $r_1 = -1:2$; $r_2 = -1:7{,}5$; $d_1 = 1:3$ die Werte $\varrho_s = 15$; $\varrho_t = 7$.

GREGORYsche Spiegelfernrohre wurden im 18. Jahrhundert viel benutzt und verdrängten die Luftfernrohre. SHORT, dessen Spiegel wegen ihrer Bildgüte

[1] KEELER, Ap J 11, S. 336 (1900); SCHLESINGER, ebenda 32, S. 376 (1910); COUDER, B A 7, S. 278 (1932).

[2] TIERCY, Publ Obs Genève 3, S. 253 (1932); V J S 68, S. 178 (1933).

[3] Dinglers J 226, S. 278 (1877); Carls Rep 24, S. 123 (1878); LIPPICH, Z f Math u Phys 24, S. 123 (1879); KLEIN, Centr Z f Opt u Mech 2, S. 121 (1881); 3, S. 49 (1882); TURNER, Obs 18, S. 81 (1895).

[4] COMMON, M N 55, S. 86 u. 325 (1895).

[5] Oculus artificialis II, S. 153. Herbipoli 1685.

[6] BATTELLI, Exners Rep 21, S. 524 (1885); v. HOFE, Centr Z f Opt u Mech 42, S. 177 (1921).

besonders berühmt waren, hat von 1732 bis 1768 etwa 1400 Spiegelfernrohre gebaut. Der größte von ihm verfertigte Spiegel hatte 55 cm Durchmesser und 3 m Brennweite. Es sind Spiegel von ihm erhalten, deren Reflexionsvermögen bis heute noch wenig gelitten haben soll. Angaben über seine Spiegelfernrohre macht SMITH[1]; es seien hier die Werte für ein kleineres angeführt: Brennweite des Hauptspiegels $f_1 = 244$ mm, Durchmesser $D_1 = 58$ mm, für den Fangspiegel gilt $f_2 = 38$ und $D_2 = 15$ mm, Abstand der Spiegel $A = 286$ mm, also Gesamtbrennweite $F = 2400$ mm; das HUYGENSsche Okular mit $f_3 = 42$ mm und 18° Gesichtsfeld gibt 57fache Vergrößerung. Ein Spiegelfernrohr im Museum zu Cherbourg soll nach der Gravierung 1666 von BLUNT für GREGORY gebaut sein[2]. Bei dem Spiegelfernrohr von MARTIN[3] fallen die Strahlen erst nach Ablenkung um 90° an einem großen Planspiegel auf den Objektivspiegel; das Bild wird durch einen Ausbruch im Planspiegel oder mit einem NEWTONschen Fangspiegel (Abb. 96) beobachtet. Über die Verwendung siehe auch Ziff. 59.

57. Die katadioptrischen Spiegelfernrohre. Den bisher behandelten Spiegelfernrohren, den reinen (katoptrischen), bei denen nur im Okular oder in dessen Nähe Linsen vorkommen, stehen die gemischten (katadioptrischen) Spiegelfernrohre gegenüber. Gegen einen Lacküberzug[4] als Schutz der Oberflächenversilberung bestehen Bedenken. Um die Versilberung durch einen Überzug, gewöhnlich von Kupfer, schützen zu können, wurde früher, wo man eine Neuversilberung mehr als jetzt scheute, vielfach als Spiegel eine auf der Rückfläche versilberte Linse vorgeschlagen. An die Güte des Glases werden hier höhere Ansprüche gestellt. Die Nachteile dieser Bauart, die bisher keine Verbreitung gefunden hat, sind die Nebenbilder, die durch ein- oder mehrmalige Zurückwerfung an der Grenze von Luft und Glas und darauffolgende ein- oder mehrmalige an der Silberschicht entstehen und die hier je etwa 4% des Lichtes enthalten, während beim Linsenfernrohr die durch zweifache Zurückwerfung an der Grenze von Glas und Luft entstandenen Nebenbilder nur 0,16% enthalten. Je weiter allerdings die Nebenbilder von der Brennebene abstehen, um so mehr ist ihr Licht in dieser ausgebreitet und die Helligkeit des Nebenlichtes vermindert. Man hat auch vorgeschlagen, bei einer einfachen Spiegellinse als Objektiv die Radien so zu wählen, daß die Nebenbilder mit dem Hauptbild zusammenfallen[5]; es läßt sich nach STRAUBEL[6] dies auch dann für große Öffnung erreichen, wenn zur Hebung der sphärischen Abweichung die Flächen von der Kugelgestalt abweichen. Die Schwierigkeit, die beiden Flächen zentriert zu erhalten, da die übliche Art des Abschleifens des Randes hier versagt, und die Herstellung zweier von der Kugel abweichenden Flächen stehen der Anwendung im Wege; dazu kommt noch, daß das Hauptbild und die Nebenbilder nicht gleich groß sind. Wählt man die Radien der Spiegellinse recht verschieden, so muß die Farbenabweichung dieser Linse durch andere Linsen aufgehoben werden. Die einfachste Anordnung ist ein aus zwei benachbarten Linsen bestehendes Objektiv mit versilberter Rückfläche[7].

---

[1] A Compleat System of Opticks. Cambridge: Crownfield 1738. Übersetzt von KÄSTNER, ALTENBURG, RICHTER 1755.

[2] B S A F 28, S. 507 (1914).

[3] System of Optics, S. 265. London: Hodges 1740; GEISSLER, Geschichte d. Spiegelteleskops, S. 188. Dresden: Walther 1807; STEINHEIL, A N 48, S. 148 (1858); SCHAER, B S A F 41, S. 36 (1927).

[4] PEROT, C R 149, S. 725 (1909); MIETHE, A N 208, S. 85 (1919).

[5] NEWTON, Opticks. London: Smith u. Walford 1704. Ostwalds Klass. 96. S. 71.

[6] ZEISS, Dtsch. R. Patent 400771 (1914).

[7] BARFUSS, A N 15, S. 286 (1838); 18, S. 197 (1841); MANGIN, Mém de l'officier du génie 25, S. 211 (1876); GOERZ, D. R. P. 82671 (1895); MIETHE u. a., D. totale Sonnenfinsternis vom 21. 8. 1914. Braunschweig: Vieweg 1916; SCHAER, A N 171, S. 315; B S A F 20, S. 281 (1906).

Will man der Kosten wegen mit einer einzigen großen Hauptspiegellinse auskommen[1], so bietet die Zentrierung der kleinen Zusatzlinsen Schwierigkeit. Auch für die Bauarten nach GREGORY und CASSEGRAIN hat man die Ausbildung beider Spiegel als Spiegellinsen versucht[2].

58. Die Medialfernrohre. Während bei diesen Bauarten das Spiegelfernrohr den Ausgangspunkt bildet, ist SCHUPMANN[3] bei den Medialfernrohren von dem Linsenfernrohr ausgegangen. Wie oben (Ziff. 21) gezeigt wurde, ist die Aufhebung des sekundären Spektrums bei einem Objektiv mit getrennten Linsen aus gewöhnlichen Glasarten wohl möglich, aber das Bild ist virtuell. Indem man die Hinterfläche der letzten Linse als Hohlspiegel ausbildet, kann man nun das virtuelle Bild in ein reelles, ebenso farbenreines verwandeln. Die Farben-

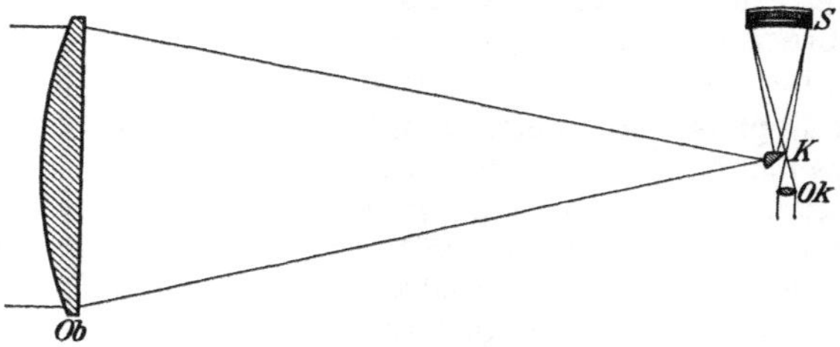

Abb. 92. Das Medial.

abweichung der einfachen Vorderlinse wird durch eine zerstreuende Hinterlinse aufgehoben, die beim Brachymedial zwischen Vorderlinse und Brennpunkt eingeschaltet ist, beim Medial hinter dem Brennpunkt. Bei diesem (Abb. 92) ist im Brennpunkt der ersten Linse *Ob* noch eine Feldlinse angeordnet, die die Vorderlinse am Ort der hinteren abbildet und so die Aufhebung der Farbenabweichung der Vergrößerung bewirkt. Beide Fernrohre haben seitlichen Einblick. Beim Brachymedial[4] (Abb. 93) wird durch einen unter 45° geneigten Spiegel *sp* in der Nähe der ersten Linse ein Bild vor dem seitlichen Okular *Ok* entworfen. Beim Medial wird von der schief gestellten Spiegellinse *S* das Bild neben der Brennebene der vorderen Linse entworfen. Die Knickung des Strahlengangs erfolgt beim Durchgang der Strahlen durch die Brennebene der Vorderlinse, um so das ablenkende Prisma *K* mit der Feldlinse aus einem Stück bilden zu können. Die Vorderlinse muß eine von der Kugelform abweichende Fläche haben, beim Brachymedial auch noch die Hinterlinse, wenn die Koma gehoben werden soll. Gegenüber den Spiegelfernrohren haben die Medialfernrohre den Vorteil, daß der Durchmesser der Spiegellinse nur ein Bruchteil der Öffnung des Fernrohrs ist und sich daher Verbiegungsfehler des Spiegels infolge von Schwere und ungleicher Erwärmung weniger geltend machen. Beim Brachymedial kann die Spiegellinse nur 2—3 mal so klein sein, da sonst die Farbenabweichung der Vergrößerung zu stark wird, die hier durch besondere (Kompensations-) Okulare oder eine zusätzliche Ver-

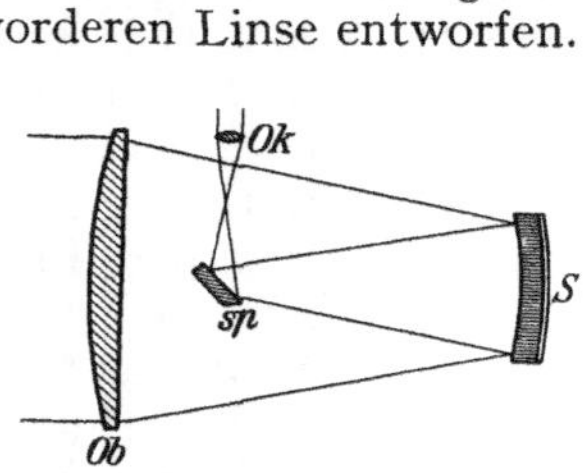

Abb. 93. Das Brachymedial.

[1] SMITH, Phil Trans 1740, S. 113; WHITTLE, Engl Mech 81, S. 288 (1905).

[2] AIRY, Cambridge Trans 2, S. 105 (1827). (25. 11. 1822); v. D. GROEBEN, Centr Z f Opt u Mech 6, S. 147 (1885).

[3] Die Medialfernrohre. Leipzig: Teubner 1899; Z f Instrk 33, S. 308 (1913); 41, S. 212 u. 253 (1921).

[4] HAMILTON, Engl Patent 3781 (1814).

besserungslinse gehoben werden muß, die auch zur Verringerung der Bildfehler außer der Achse ausgenutzt und dem als Prisma ausgebildeten Fangspiegel aufgekittet werden kann. Bei dem Medial kann die Spiegellinse etwa 5 mal kleiner gewählt werden, allerdings wird sie aus zwei Linsen zusammengesetzt. Die Schiefstellung dieser Linse ist hier ein Nachteil; wenn sich auch für die Mitte des Sehfeldes befriedigende Korrektion erreichen läßt, so kann doch ein größeres Gesichtsfeld nicht ausgenutzt werden, auch für mikrometrische Messungen ist es nicht recht geeignet. Es ist so nur einige Male mit Objektivdurchmessern bis zu 38,5 cm zur Ausführung gekommen[1].

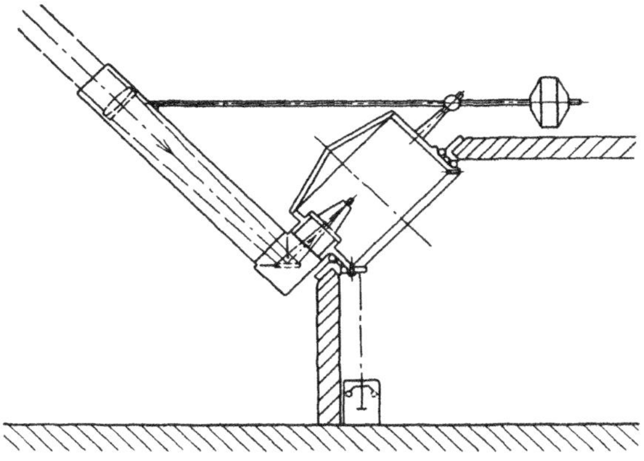

Abb. 94. Das Fernrohr nach HARTNESS.

59. Die Verbindung des Fernrohrs mit Planspiegeln zur Vereinfachung der Montierung. Linsen- und Spiegelfernrohr sind in verschiedener Weise mit ebenen Spiegeln verbunden worden. Die Verkürzung der Rohrlänge[2] ähnlich wie durch die PORRO-Prismen im Feldstecher hat keine Bedeutung gewonnen. Dagegen werden immer neue Vorschläge gemacht, um die Beobachtung bequemer zu machen, sie im geschlossenen Raum zu ermöglichen und so auch den Anschluß eines größeren Spektrographen zu erleichtern. Die einfachste optische Lösung bietet das gebrochene Fernrohr von HARTNESS[3], bei dem die Okularachse in die Deklinationsachse fällt (Abb. 94). Bei dem auf STEINHEIL zurückgehenden gebrochenen Äquatoreal von LOEWY[4] (Abb. 95) werden die Strahlen durch einen zweiten Spiegel aus der Deklinationsachse in die Polarachse gelenkt. Dieses Fernrohr wurde zweimal für Paris ausgeführt; das letzte hatte 60 cm Objektivdurchmesser und 18 m Brennweite[5]. Bei dem hier anwendbaren kleinen Öff-

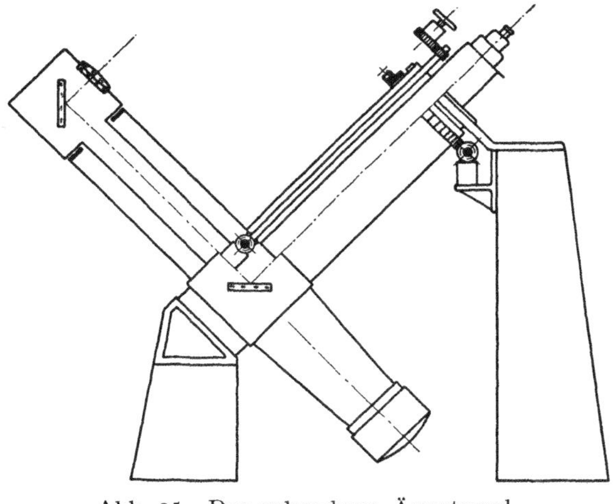

Abb. 95. Das gebrochene Äquatoreal.

[1] GRAFF, A N 158, S. 279 (1902); SCHUPMANN, ebenda 196, S. 101 (1913); MÜNDLER, ebenda 218, S. 235 (1923).
[2] SCHAER, B S A F 17, S. 454 (1903).
[3] J Amer Soc Mech Eng 1911, S. 1511; Obs 35, S. 83 (1912); Scient Amer 106, S. 218 (1912); Amer Pat 1045142; MITCHELL, Pop Astr 20, S. 337 (1912); ZARUBA, B S A F 43, S. 81 (1929).
[4] STEINHEIL, Münch gel Anz 14 (1842); LOEWY, C R 73, S. 851 (1871); J de Phys (2) 2, S. 349; C R 96, S. 735 (1883); Z f Instrk 4, S. 132 (1884); KNOPF, Z f Instrk 11, S. 17 (1891).
[5] LOEWY, C R 118, S. 1295 (1894); PUISEUX, Ann Obs Paris 21; auch sep. Paris: Gauthier-Villars.

nungsverhältnis ist der Zerstreuungskreis des sekundären Spektrums verringert. Kleinere Fernrohre dieser Art von 300 bis 400 mm Öffnung befinden sich in Nizza, Lyon, Besançon, Algier und Wien. Über die Theorie siehe LOEWY und PUISEUX[1]. Die Anordnung der beiden Spiegel an anderer Stelle des Strahlengangs

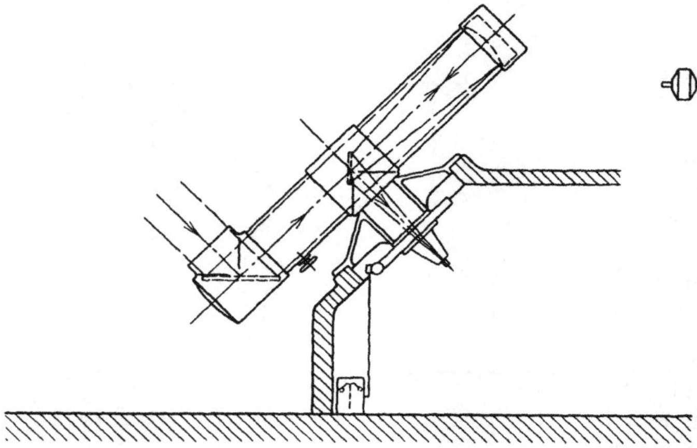

Abb. 96. Das Spiegelfernrohr nach BRASHEAR und BROOKS.

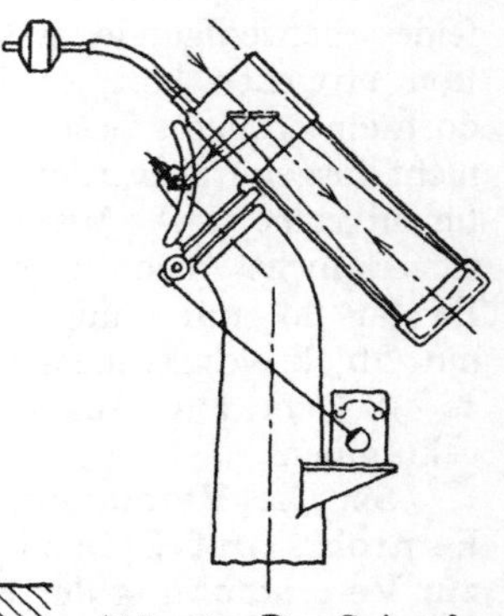

Abb. 97. Das Spiegelfernrohr nach PORTER.

empfehlen HERMITE, HAMY und LINDEMANN[2]. Mit der entsprechenden Ausbildung eines Spiegelfernrohrs beschäftigt sich LOEWY[3]; er ordnet entweder beide Planspiegel vor dem Parabolspiegel oder einen davor und den anderen dahinter an.

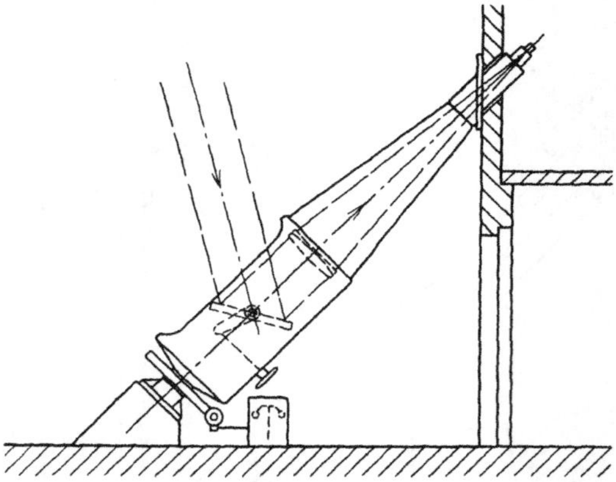

Abb. 98. Ein Fernrohr mit Polarheliostat.

Der Vorschlag von BRASHEAR und BROOKS[4] (Abb. 96) unterscheidet sich von dem letzten nur durch entgegengesetzten Einblick; PORTER[5] ordnet beide Spiegel zwischen Objektiv und Okular an, möglichst dicht am Okular (Abb. 97).

Der feste Einblick in Richtung der Polarachse kann nun auch mit einem Planspiegel in der verschiedensten Weise erreicht werden, allerdings unter Verzicht auf Beobachtung in der Nähe des Pols. Am einfachsten ist die Verbindung eines Fernrohrs in der Polarachse mit dem Polarheliostaten von BOFFAT[6] (Abb. 98); solche Fernrohre wurden für die Sternwarte in Cork[7] (Irland), in Harvard und in Yale[8] (LOOMIS-Refraktor) gebaut. Bringt man den Spiegel zwischen dem Objektiv

[1] C R 106, S. 704f. (1888).
[2] HERMITE, C R 99, S. 230 (1884); HAMY, ebenda 159, S. 505 (1914); LINDEMANN, A N 164, S. 389 (1904).
[3] B A 1, S. 265 (1884). [4] PORTER, Pop Astr 25, S. 296 (1917).
[5] Scient Amer 1926, S. 164. [6] J des Sçavans 1682, S. 339.
[7] GRUBB, Proc R Soc Dublin 2, S. 362 (1880); KONKOLY, Anleitung zu astronomischen Beobachtungen, S. 620. Braunschweig: Vieweg 1883.
[8] SCHLESINGER, Pop Astr 31, S. 77 (1923).

und dessen Brennebene an, so muß der Spiegel mit dem Objektivarm auf halbe Drehung gekuppelt sein, wie es GRUBB[1] für Cambridge ausführte (Abb. 99). Diese Bauart läßt sich auch nach dem Vorschlag von RANYARD[2] auf das Spiegelfernrohr von NASMYTH übertragen (Abb. 100). Sie wurde bei dem COMMONschen Spiegelfernrohr von 5′ Öffnung angewandt, das später in den Besitz des Harvard College überging[3], und bei den großen Spiegelfernrohren auf Mt. Wilson und in Córdoba, die auch die Benutzung nach NEWTON und NASMYTH gestatten. Endlich hat man auch das Spiegelfernrohr von MARTIN in verschiedener Weise für festen Einblick in der Polarachse anzupassen versucht. Man kann hier die Okularachse entweder in die Deklinations- oder in die Stundenachse legen[4]; im ersten Fall verzichtet man allerdings auf den festen Einblick, dafür fällt aber die Spiegelkippung fort. Statt hier den großen Spiegel zu durchbohren, kann man auch davor einen kleinen Fangspiegel anordnen[5]. Eine solche Anordnung wurde für Port Clyde ausgeführt.

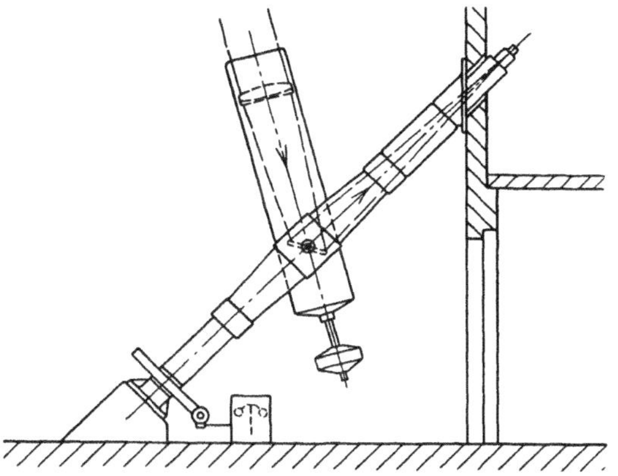

Abb. 99. Ein Fernrohr mit innerem Polarheliostat.

FOUCAULT[6] kam zuerst (1868) auf den Gedanken, einen Heliostaten, und zwar seinen gegen die ursprüngliche Form von FAHRENHEIT[7] verbesserten, mit einem festen Fernrohr zu verbinden, und zwar wählte er ein liegendes; er nannte den Heliostaten daher Siderostat. Ein solches photographisches Fernrohr wurde von LAUSSEDAT[8] für die Beobachtung des Venusdurchgangs 1874 vorgeschlagen und auch benutzt. Von dieser Art war auch das große Fernrohr für die Pariser Weltausstellung 1900 von 1,25 m Durchmesser und 60 m Brennweite[9]. Bei dieser Anordnung findet eine Drehung des Bildes auf der Platte mit der täglichen Bewegung statt, die von CORNU untersucht wurde. Er selbst[10] und

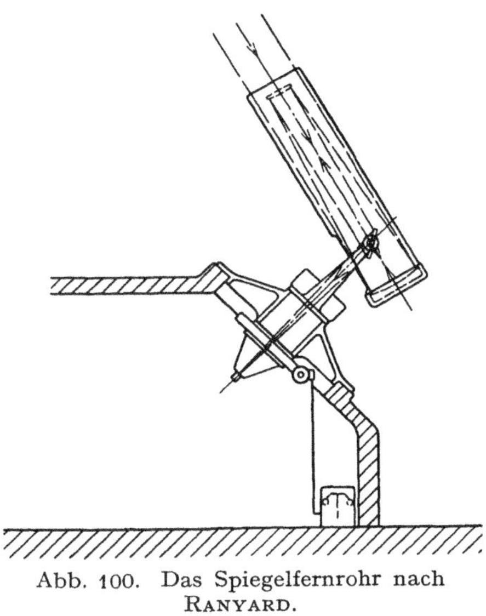

Abb. 100. Das Spiegelfernrohr nach RANYARD.

[1] Trans R Soc Dublin 3, S. 61 (1884); BALL, M N 59, S. 152 (1899).
[2] WADSWORTH, Ap J 5, S. 132 (1897).
[3] Pop Astr 14, S. 142 (1906).
[4] COMMON, M N 50, S. 402 (1890); DAVIES, ebenda 55, S. 400 (1895); SCHAER, A N 165, S. 346 (1904); PORTER, Pop Astr 29, S. 249 (1921).
[5] COMMON, M N 44, S. 366 (1884); PORTER, Pop Astr 24, S. 308 (1916).
[6] C R 54, S. 618; 55, S. 644 (1862); 66, S. 389 (1868); Franz. Patent 53377. 1862.
[7] s'GRAVESANDE, Physices elementa math. Leyden, 3. Aufl., II, S. 715. 1742.
[8] C R 79, S. 455 (1874).
[9] GAUTIER, Ann Bur des Long 1899; Bull Soc Astr Belg 4, S. 111; Z f Instrk 19, S. 150 (1899); LOEHR, Mechaniker 7, S. 76 (1899).
[10] CORNU, C R 130, S. 537; J de Phys (3) 9, S. 249; B A 17, S. 49; Ap J 11, S. 148 (1900); C R 132, S. 1013 (1901).

andere[1] gaben Einrichtungen zum selbsttätigen Nachdrehen der Platte an. Auch beim Spiegelfernrohr von MARTIN hat man den großen Spiegel als Siderostaten ausgebildet sowohl für stehendes (AMICI[2]) wie für liegendes[3] Fernrohr; AMICI ist so als Vorgänger FOUCAULTS anzusehen. Der Siderostat hat folgende Nachteile: Man kann nicht den ganzen Himmel beobachten, der Einfallswinkel des Spiegels ist veränderlich, bei größerem wird ein Teil des Lichtes abgeblendet, die Bilddrehung macht die Messung von Rektaszensionsunterschieden und von Doppelsternen unmöglich. Daher wird ihm heute der Coelostat von AUGUST[4] vorgezogen, bei dem der Spiegel der Polarachse parallel ist und um sie gedreht wird; wenn nötig, werden die Strahlen über einen Hilfsspiegel geleitet. Das Fernrohr kann hier nicht beliebig in der waagerechten Ebene gerichtet sein; man richtet es auf die Stelle des Auf- oder Untergangs des Sterns. Günstigere Ausnutzung des Spiegels infolge kleineren Einfallswinkels erhält man, wenn das Fernrohr geneigt ist oder ein Hilfsspiegel verwendet wird. Eine zusammenfassende Übersicht und Theorie für den Heliostaten und Coelostaten gibt W. HARTMANN[5], der auch den für die Hamburger Sternwarte ausgeführten Uranostaten behandelt. Bei dem waagerechten Fernrohr auf Mt. Wilson[6], das von SNOW gestiftet wurde, werden die Strahlen nach Reflexion am Coelostaten durch einen zweiten Spiegel mit 6° Neigung gegen die Horizontale auf einen der auswechselbaren Hohlspiegel von 61 cm Öffnung und 18,3 bzw. 43,6 m Brennweite geleitet; der Achsenstrahl verläuft zuletzt horizontal. Noch besser hat sich das HALEsche Turmfernrohr[7] der gleichen Sternwarte mit einem Objektiv von 30,5 cm Öffnung und 18,29 m Brennweite bewährt, da die Störungen durch Luftunruhe bei der senkrechten Anordnung der Fernrohrachse geringer sind. Bei einem zweiten, später gebauten Turm hat das Objektiv von gleicher Öffnung 45,7 m Brennweite. Bei dem Coelostaten des Potsdamer Turmfernrohrs[8] ($D = 60$, $F = 1450$ cm) (Abb. 101) kann das ganze System der beiden Spiegel B und C um die Achse des Objektivs O um $\pm 90°$ gedreht werden. Der Hauptspiegel B kann um die Achse A zurück-

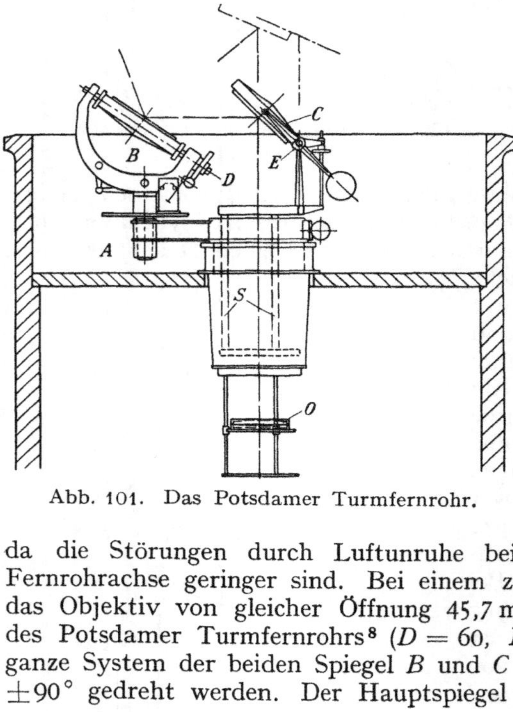

Abb. 101. Das Potsdamer Turmfernrohr.

[1] LIPPMANN, C R 132, S. 931; J de Phys 10, S. 415 (1901); TURNER, M N 61, S. 122 (1901); PLUMMER, ebenda 61, S. 402 (1901).

[2] v. BIELA, A N 5, S. 425 (1827).

[3] ANTHONY, M N 61, S. 616 (1901).

[4] RADICKE, Handbuch der Optik. Berlin: Nicolai 1839; FISCHER, Lehrbuch der mechanischen Naturlehre. Berlin: Nauck 1840. 4. Aufl., Bd. 2, S. 340; GRÜEL, Pogg Ann 72, S. 432 (1847); LITTROW, Wiener Ber 48 II, S. 337 (1863); LIPPMANN, C R 120, S. 1015 (1895); TURNER, M N 56, S. 408 (1896); DAVIES, J B A A 12, S. 359 (1902); BIGOURDAN, B A 22, S. 80 (1905); v. KLÜBER, Z f Instrk 52, S. 381 (1932).

[5] Astr Abh v Hamburg-Bergedorf 4, S. 1 (1928).

[6] HALE, Ap J 23, S. 6 (1906); ABBOT, Smithson Misc Coll 45 (1903).

[7] HALE, Ap J 25, S. 68 (1907); 27, S. 204 (1908); VAN MAANEN, J Can R A S 11, S. 223 (1918).

[8] v. D. PAHLEN, Z f Instrk 46, S. 49 (1926); FREUNDLICH, Das Turmteleskop der Einsteinstiftung. Berlin: Julius Springer 1927.

gedreht werden. Wenn die Teilkreise für beide Drehungen gleich anzeigen, steht die im Hauptspiegel B liegende Achse D der Weltachse parallel. Zur Anpassung an die Neigung der vom Hauptspiegel zurückgeworfenen Strahlen kann der Hilfsspiegel C um die waagerechte Achse E gekippt und sein Traggestell mit den drei Säulen S gehoben und gesenkt werden. Es sei noch auf Abb. 14, S. 71 im 4. Bande dieses Handbuchs verwiesen. Auf die Verbindung eines senkrechten Fernrohrs mit einem Flüssigkeitshorizont soll hier nicht eingegangen werden[1].

Beim Planspiegel mit schrägem Lichteinfall sind Formänderungen durch Schwere und Wärme viel gefährlicher als beim Parabolspiegel des Reflektors[2]. Biegt sich der letzte Spiegel bei einem Durchmesser von $2r = 100$ cm um $y = 1\,\mu$ durch, so ist die Änderung der Krümmung $\Delta\varrho = 2y:r^2 = 0{,}8 \cdot 10^{-7}$ und die Änderung der Brennweite $\Delta f = -2f^2\Delta\varrho$ für $f = 1000$ cm gleich 0,16 cm. Durch eine solche Änderung entsteht beim Einfallswinkel i Astigmatismus a, den man mit Hilfe von Formel (28) Ziff. 9 berechnen kann, wenn man $s = t = r = \infty$ und $n = -1$ setzt. Man findet

$$a = 2f^2\left(\frac{1}{\cos i} - \cos i\right)\Delta\varrho\,. \tag{83}$$

Wird das vom Zenit kommende Licht durch einen Planspiegel unter 45° in ein liegendes Fernrohr von der Brennweite 1000 cm reflektiert, so ist $a = 0{,}113$ cm, das ist etwa das 14fache der COUDERschen Grenze für den Astigmatismus (Ziff. 32). Änderungen der Form sind besonders bei Sonnenbeobachtungen zu befürchten. Bei dem SNOWschen Fernrohr beobachtete man Brennweitenänderungen von mehreren Zoll nach 10 Minuten Exposition, die allerdings wohl zum Teil auf die Änderungen des Hohlspiegels zurückzuführen sind; doch zeigte das Auftreten von Astigmatismus an, daß der Planspiegel mitwirkte. Beim HALEschen Turmfernrohr tritt nach halbstündiger Exposition keine merkliche Änderung der Brennweite ein; allerdings sind der kreisförmige Spiegel von 42,3 cm und der elliptische von 56,5 und 32,4 cm Durchmesser $30^1/_2$ cm dick. PETTIT[3] verglich verschiedene Planspiegel von 10 bis 30 Zoll Durchmesser bezüglich der Änderung der Brennweite, wenn sie mehrere Stunden Sonnenstrahlen ausgesetzt waren. Im allgemeinen wurden die Spiegel hohl, nur der Metallspiegel und der 30zöllige Spiegel des SNOWschen Fernrohrs wurden erhaben. Am besten bewährte sich Spiegelmetall und Pyrexglas, da hier nach 1 Stunde keine weitere Änderung der Fläche eintrat. HALE[4] bestimmte an einem Modell die Polarisation bei verschiedenen Stellungen der Spiegel, um magnetische Erscheinungen auf der Sonne untersuchen zu können.

60. Die großen Spiegelfernrohre. Aus der Aufstellung von HOLLIS u. a. (Ziff. 44) über die großen Spiegelfernrohre bis zu 20″ herab mag hier ein Auszug mit Ergänzung gegeben werden (S. 182).

Von besonders großen Spiegelfernrohren sind zur Zeit in Arbeit ein solches von 1,88 m Durchmesser 1:4,86 für das Dunlap Obs. in Toronto bei GRUBB und ein solches von 1,52 m Durchmesser 1:5,5 für die Oak Ridge Station des Harvard College, Cambridge, U S A, bei FECKER. Die außer Gebrauch befindlichen Spiegelfernrohre von HERSCHEL (S. 171), Lord ROSSE (91 und 184 cm)[5] und das von ihm selbst vor seinem Tode zerstörte von LASSELL (120 cm)[6] seien

[1] AIRY, Explanation of a proposed Construction of Zenith Sector. 1848; A N 102, S. 143 (1882); M N 46, S. 205 (1886); CHANDLER, ebenda 62, S. 122 (1902); PORRO, C R 36, S. 482 (1853); A N 48, S. 65 (1858); ABBE, ebenda 127, S. 89 (1891).

[2] COUDER, B A 7, S. 209 u. 227 (1932). [3] Ap J 58, S. 208 (1923).

[4] Publ A S P 24, S. 73 (1912).

[5] Phil Trans 1840, S. 503; 151, S. 681 (1861); DREYER, Obs 37, S. 262 u. 399 (1914).

[6] STRUVE, B Ac St Pétersbourg 7 (Nov. 1863); LASSELL, A N 63, S. 369 (1865); Carls Rep 1, S. 162 (1866); Mem R A S 36, S. 1 (1867).

Liste der Reflektoren mit 80 cm Öffnung und mehr.

Öffnung in cm	Öffnungsverhältnis des Hauptspiegels	Ort (...): Muttersternwarte	Geschliffen von (Umgeschliffen von)	Im Jahr	Bauart	Technische Konstante T, (Ziff. 72) Durchmesser des Zerstreuungskreises Z
80	1:4	Jenkintown, Mr. Gibson	Fecker	1930	Newton u. Cassegrain	
80	1:5,6	Marseille	Foucault	1873	Newton	
81	1:6	Forcalquier, Haute Provence	Couder	1932	Newton u. Cassegrain [1]	
82	1:12	La Plata	Henry (Zeiss)	vor 1900 (1930)	Newton u. Cassegrain	
83	1:6	Toulouse	Sécrétan	1891	Newton	
91	1:3,7	Cambridge, England	Calver	1890	Newton	
91	1:5	Tucson, Arizona, Steward Obs.	McDowell	1921	Newton u. Cassegrain	$Z = 0{,}2$ mm
91	1:5	Edinburgh	Grubb	1929	Cassegrain [2]	
91	1:5	Greenwich	Grubb	1933	Cassegrain	
91	1:5	Ann Arbor, Michigan	Brashear	1907	Cassegrain	
92	1:5,8	Mt. Hamilton, Lick Obs., Crossley-Reflektor	Calver (Grubb)	1879	Newton [3]	
93	1:5,6	Santiago, vorher Mills-Expedition	Brashear	1911	Cassegrain [4]	
100	1:3	Meudon	Henry	1886	Newton	
100	1:2,95	Jungfraujoch (Genf), zur Zeit im Umbau	Schaer	1911	Cassegrain [5]	
100	1:3	Genf	Schaer	1918	Cassegrain [5]	
100	1:2,93	Uccle b. Brüssel	Zeiss	1932	Cassegrain	$T = 0{,}248$
100	1:3	Hamburg-Bergedorf	Zeiss	1911	Newton [6]	
100	1:5	Merate b. Mailand	Zeiss	1926	Newton u. Cassegrain [7]	$T = 0{,}135$
100	1:4,5	Stockholm	Grubb	1930	Newton u. Cassegrain [8]	
102	1:5	Flagstaff, Arizona, Lowell Obs.	Clark	1909	Cassegrain [9]	
102	1:5	Krim, Simeis Obs.	Grubb	1923	Newton u. Nasmyth [10]	$Z = 0{,}036$
122	1:7,6	Melbourne	Grubb	1870	Cassegrain [11]	
120	1:6,5	Paris	Martin (Couder)	1875 (1932)	Newton [12]	
125	1:6,7	Berlin-Babelsberg	Zeiss	1923	Newton u. Nasmyth [13]	$T = 0{,}042$
152	1:5,4	Bloemfontein, S. A. (Harvard Coll. Cambridge, U. S. A.)	Calver (Fecker)	1891 (1929)	Common [14]	
152	1:5	Mt. Wilson	Ritchey	1909	Newton u. Ranyard [15]	
152	1:5	Córdoba, Argentinien	Mc Dowell	1922	Newton u. Ranyard [16]	
172	1:4,35	Delaware (Ohio), Perkins Obs.	Fecker	1932	Newton u. Cassegrain [17]	$T = 0{,}14$
184	1:5	Victoria, Canada	Brashear	1922	Newton u. Cassegrain [18]	
258	1:5	Mt. Wilson	Ritchey	1921	Newton u. Ranyard [19]	

[1] B S A F 47, S. 297 (1933).

[2] Sampson, Obs 52, S. 293 (1929); Young, Trans Opt Soc 31, S. 219 (1930); Scholl, Himmelswelt 40, S. 8 (1930); Grubb, Engineering 78, S. 288 (1929).

[3] Keeler, Ap J 11, S. 325 (1900); Publ Lick Obs 8, S. 7 (1908).

[4] Wright, Publ Lick Obs 9, S. 25 (1911).

[5] Schaer, Arch sc phys nat 33, S. 200 (1912); Tiercy, Publ Obs Genève 3, S. 253 (1932); V J S 68, S. 178 (1933).

[6] Mitt Sternw Hamburg-Bergedorf 1912.

[7] Martin u. Giotti, Mem Soc Astr It 4 (1927); Giotti, Publ Obs di Merate 1 II (1929).

[8] Minneskrift Stockholm Obs. Stockholm: Vetenskapsakad. 1931.

[9] Obs 32, S. 336 (1909).

[10] Grubb, J of Scient Instr 2, S. 1 (1924); Shajn, Bull Pulkowa 10, S. 450 (1926).

[11] Robinson u. Grubb, Phil Trans 159, S. 127 (1869).

[12] Nature 13, S. 229 (1875); Couder, B A 7, S. 423 (1931).

nur erwähnt. Für die beiden größten Spiegelfernrohre seien hier noch einige Angaben gemacht. Es bezeichnet f_1 die Brennweite des Hauptspiegels, D_1 seinen Durchmesser, d_1 seine Randdicke, P_1 sein Gewicht, f_2 bzw. D_2 die Brennweite bzw. den Durchmesser des erhabenen Fangspiegels, A den Abstand des Fangspiegels vom Hauptspiegel, F die Gesamtbrennweite. Es gilt nun für das große Spiegelfernrohr auf Mt. Wilson $D_1 = 258$ cm, $f_1 = 12{,}88$ m, $d_1 = 32{,}38$ cm, $P_1 = 4082$ kg, $D_2 = 73$ bzw. 63,5 cm, $F = 40{,}8$ bzw. 76,5 m. Die Längsabweichung des Hauptspiegels beträgt nicht mehr als 0,14 mm, der Spiegel wird durch Wasserheizung auf konstanter Temperatur gehalten. Die ganze Luftmasse der Kuppel von 3360 m^3 wird während des Tages abgeschlossen, erst am Abend werden Türen und Fenster kurze Zeit geöffnet, um kräftig zu ventilieren. Für den Victoria-Spiegel ist $D_1 = 184$ cm, $f_1 = 9{,}18$ m, der Ausbruch in der Mitte hat 25,7 cm Durchmesser, P_1 ist 1960 kg, $f_2 = 3{,}03$ m, $D_2 = 50{,}8$ cm, $A = 7$ m, $F = 32{,}92$ m. Die größte Längsabweichung beträgt 0,25 mm, und zwar für die Zone von 96 cm Durchmesser. Hier sind der Spiegel auf der Unterseite und am Rande und ebenso der geschlossene Teil des Rohres durch Steppdecken, die mit Wollfilz gefüllt sind, isoliert; ein gleicher Wärmeschutz auf der Oberseite wird erst vor der Beobachtung entfernt. In der Nähe des Spiegels ist so die Temperaturänderung nur ein Drittel von der in der Kuppel. Auf diese Weise wurde das Schutzdach aus Wollsteppdecken, das bei dem 2,5 m-Spiegel vorgesehen ist, entbehrlich.

Ein schwerlich ausführbarer Vorschlag von SYNGE[1] sei nur kurz erwähnt. Er ersetzt ein großes Spiegelfernrohr durch eine Gruppe kleinerer, deren Strahlen einem gemeinsamen Fernrohr zugeführt werden.

Über die Herstellung der Fernrohre findet man vielfach Angaben bei den Beschreibungen größerer Fernrohre; einige andere Quellen[2] seien noch angeführt, auch betreffend Poliermaschinen[3] und Selbstherstellung von Spiegelfernrohren[4]. Endlich sei noch auf das AMBRONNsche Handbuch[5] verwiesen.

---

[1] Phil Mag 10, S. 353 (1930).

[2] LASSELL, Mem R A S 18, S. 1 (1850); HERSCHEL, The Telescope. Edinburgh: Black 1861; COMMON, M N 39, S. 382 (1879); Mem R A S 46, S. 73 (1880/1); 50, S. 113 (1890/1); CALVER, M N 40, S. 17 (1880); GRUBB, Nature 34, S. 85 (1886); Z f Instrk 7, S. 101 (1887); Sirius 20, S. 7 (1887); CLARK, B S A F 8, S. 13 (1894); MAILHAT, ebenda 8, S. 123 (1894); SAFAŘIK, Centr Z f Opt u Mech 15, S. 207 (1894); SCHRÖDER, ebenda 18, S. 71 (1897); 20, S. 143 (1899); RITCHEY, Smithson Contr to Knowl 34 V (1904); Ap J 19, S. 59 (1904); TAYLOR, Proc Opt Convention 1926, S. 604; COUDER, B A 7, S. 237 (1932).

[3] OXMANTOWN (ROSSE), Phil Trans 1840, S. 503; LASSELL, M N 9, S. 29 (1849); Phil Trans 165, S. 303 (1875).

[4] v. KRUDY u. v. BRUNN, D. moderne Spiegelteleskop i. d. Astronomie 2. Aufl. Leipzig: Barth 1930; MIETHE, Selbstherstellung d. Spiegelteleskops. Stuttgart: Franckh 1920; BELL, The Telescope. New York: McGraw Hill 1922; WARREN DE LA RUE, M N 13, S. 45 (1852); INGALLS, Amateur Telescope Making. Scient Amer Publ 1926.

[5] Handbuch d. astronomischen Instrumentenkunde. Berlin: Julius Springer 1899.

Fortsetzung der Fußnoten von S. 182.

[13] STRUVE, Berlin-Babelsberg Veröff 3, Heft 1 (1919); GUTHNICK, V J S 68, S. 119 (1933).

[14] Mem R A S 50, S. 113 (1890/1).

[15] RITCHEY, Ap J 29, S. 198 (1909); 32, S. 26 (1910).

[16] Pop Astr 30, S. 593 (1922).

[17] FECKER, J Can R A S 24, S. 297 (1930); STETSON, Publ A A S 7, S. 36 (1930); J Opt Soc Amer 23, S. 293 (1933).

[18] PLASKETT, Pop Astr 27, S. 210 (1919); Publ A S P 30, S. 267 (1918); J Can R A S 14, S. 177 (1920); Ap J 49, S. 209 (1919); Publ Dom Obs Victoria 1, Nr. 1 (1920); siehe ferner Engineering 112, S. 207 (1921).

[19] HALE, Pop Astr 27, S. 563 (1919); Ann Rep of Mt Wilson Obs 18, S. 217 (1919); siehe ferner Pop Astr 29, S. 269 (1921); Centr Z f Opt u Mech 43, S. 373 (1922).

d) Die Prüfung des Fernrohrs.

61. Einleitung. Die Prüfung optischer Geräte dient dazu, ein Urteil über die Leistung, insbesondere die Güte der Abbildung zu begründen und ihre Wirkungsweise zu verstehen, wie sie sich aus den gemessenen Grundgrößen der Abbildung, d. h. Brennweiten, Brennpunktsorten, Vergrößerung, Gesichtsfeld, Lichtstärke, und aus den Aberrationen ergibt. Da es sich bei den Objektiven für astronomische Zwecke vorwiegend um Beobachtung entfernter Gegenstände handelt, solche aber bei manchen Anordnungen nicht bequem zur Verfügung stehen, spielt der Ersatz des Fernziels durch einen Kollimator eine besondere Rolle; dieser besteht aus einem Objektiv, in dessen Brennpunkt sich eine beleuchtete Marke befindet und das daher diese Marke im Unendlichen abbildet. Hat man den Abstand der Marke vom Objektiv genau für parallel austretende Strahlen abgestimmt, so kann er als Ersatz eines unendlich fernen Bildpunktes dienen. Die Öffnung des Kollimators sollte nicht kleiner sein als die des Objektivs, seine Brennweite nicht zu kurz, damit die Aberrationen gering sind und seine Marke genau an die richtige Stelle gebracht werden kann. Ist seine Brennweite F länger, so ist zwar die Bestimmung der Lage seines Brennpunktes bei gleicher Öffnung proportional der längeren Brennweite ungenauer, aber ein Fehler in der Einstellung des Kollimators macht sich in der Brennpunktslage des zu untersuchenden Objektivs mit der Brennweite f nur im Verhältnis $f^2:F^2$ geltend. Hat man drei Kollimatoren oder Fernrohre zur Verfügung, so kann man sie ohne entferntes Ziel richtig einstellen; wenn nämlich alle drei zu je zweien aufeinandergerichtet keine Parallaxe zeigen, sind alle drei richtig eingestellt. Oft wird auch das Verfahren der Autokollimation angewandt (Abb. 102). Mit Reflexionsprisma und wenn nötig Beleuchtungslinse, die die Lichtquelle L auf einer Lochblende O abbilden, wird ein Lichtpunkt möglichst dicht neben dem Brennpunkt des Objektivs erzeugt. Die davon ausgehenden Strahlen durchsetzen das Objektiv S und werden von einem zur Achse senkrechten geprüften Planspiegel Sp nahe in sich zurückgeworfen. Sie durchsetzen dann das Objektiv zum zweitenmal und vereinigen sich auf der anderen Seite in O' neben dem Brennpunkt. Die Abweichungen sind verdoppelt, das Verfahren ist daher doppelt so empfindlich. SCHRÖDER[1] ordnet für doppelte Autokollimation im Brennpunkt noch einen parallelen kleinen Spiegel an. Bei ruhiger Aufstellung und senkrechter optischer Achse kann auch ein Quecksilberhorizont als Planspiegel dienen. Der Planspiegel muß natürlich eine für den jeweiligen Zweck genügend genaue Ebene sein (über die Prüfung s. Ziff. 76). Für manche Zwecke, z. B. die Prüfung der Fehler außer der Achse, ist es vorteilhaft, wenn der Kollimator um die Eintrittspupille des zu prüfenden Objektivs geschwenkt werden kann wie der Kollimator eines Spektrometers oder wenn das Objektiv auf einem sog. Knotenpunktsschlitten (Tourniquet, nodal slide) drehbar angeordnet ist[2]. Ein solcher bildet einen Teil des in Abb. 105 abgebildeten Geräts. Das Objektiv I kann mit einem Kreuzschlitten quer zu und längs seiner optischen Achse verschoben werden, bis es mit seinem hinteren Knotenpunkt, hier identisch mit dem hinteren Hauptpunkt, über dem Drehpunkt des das Objektiv tragenden

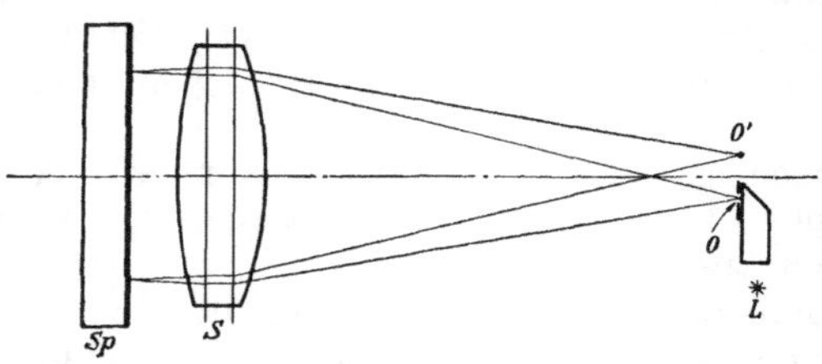

Abb. 102. Die Anordnung für Autokollimation.

[1] Z f Instrk 12, S. 153 (1892). [2] KINGSLAKE, J Opt Soc Amer 22, S. 207 (1932).

Armes Q steht. Soweit es sich nun um Objektive handelt, die ein annähernd ebenes Bildfeld haben, ist es angenehm, wenn die Platte, auf der das Bild des Objektivs aufgenommen wird, oder das zum Beobachten des Bildes dienende Okular bzw. Mikroskop selbsttätig in Richtung der Kollimatorachse so bewegt wird, daß die Einstellung für die Brennebene des zu prüfenden Objektivs bei der Drehung erhalten bleibt.

Da eine genaue Messung der Grundgrößen eine Berücksichtigung der nicht gehobenen Abbildungsfehler erfordert, ist es zweckmäßig, mit der Prüfung der sphärischen und chromatischen Aberrationen zu beginnen. Die zahlreichen, besonders in neuerer Zeit ausgebildeten Verfahren zur Prüfung der sphärischen Abweichung kann man nun grundsätzlich danach unterscheiden, ob die Abweichung der Wellenfläche, die gegen eine Bezugskugel in Richtung der Normalen dieser Kugel gemessen und die Deformation der Wellenfläche genannt wird, untersucht wird oder die Abweichung der Normalen dieser Wellenfläche, d. h. die sphärische Längs- oder Seitenabweichung dieser Strahlen, oder endlich die Abweichung der Krümmungsradien an den verschiedenen Stellen der Wellenfläche. Es mögen kurz die Beziehungen zwischen den Größen bei diesen verschiedenen Arten der Messung dargelegt werden. Bezeichnet man die Deformation mit δ, die Seitenabweichung der Mittelsenkrechten zur Sehne, die durch den Scheitel geht, mit ε, die Seitenabweichung der Normale mit η, die Längsabweichung der Krümmung gemessen auf der Achse mit σ, den Radius der Scheitelkrümmung der Welle mit s_0 und den Abstand des Punktes der Welle von der Achse mit r, so gelten die Beziehungen:

$$\delta = -\frac{r}{s_0}\varepsilon, \tag{84}$$

$$\eta = -s_0 \frac{d\delta}{dr}, \tag{85}$$

$$\sigma = -s_0 \frac{d\eta}{dr}. \tag{86}$$

Rechnungsmäßig ist somit der Übergang von der einen Art gemessener Abweichung zu der gesuchten anderen immer möglich. Es kann aber oft erwünscht sein, die gesuchten Größen unmittelbar zu messen, so die Abweichung der Wellenfläche, wenn man durch nachträgliche Korrektion der Linsen- oder Spiegelflächen die Leistung verbessern will, oder die sphärische Längsabweichung, wenn man die Ausführung mit der Rechnung vergleichen will. Wir beginnen mit der Prüfung auf Deformation, schicken aber einiges über die Prüfung ohne besondere Hilfsmittel voraus.

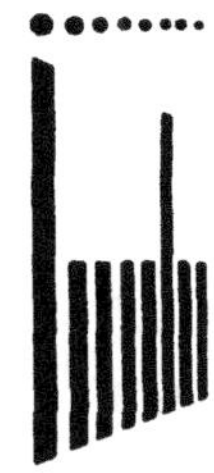

Abb. 103. STAMPFERS Gitter zur Prüfung des Auflösungsvermögens.

62. Die Prüfung ohne besondere Hilfsmittel. Als Prüfobjekt für kleinere Fernrohre eignen sich Wetterfahnen, die sich gegen den hellen Himmel abheben; mehr zu empfehlen sind Prüftafeln[1] mit geometrischen Figuren sowie waagrechten und senkrechten Liniengruppen von verschiedener Feinheit, wie sie vielfach angegeben wurden. Zur Prüfung des Auflösungsvermögens solcher Fernrohre eignet sich das STAMPFERsche Gitter[2] (Abb. 103) oder besser ein Gitter, das in verschiedener Größe projiziert werden kann. Den Astigmatismus mißt man als den Unterschied der Einstellung für waagrechte und senkrechte Linien; außer der Achse arbeitet man mit radialen und tangentialen Linien. Zur Prüfung der sphärischen Abweichung in der Achse eignet sich ein dunkler Streifen auf hellem Grund; stellt man mit voller Öffnung scharf ein und blendet die eine Objektiv-

[1] STRUVE, A N 13, S. 29 (1836); BIGOURDAN, C R 160, S. 18; MAHLKE, Dtsch opt Woch 1, S. 225 (1916); VOLKMANN, Sirius 56, S. 110 (1923).

[2] Prechtls Jahrb 19, S. 24 (1837); JEWELL, J Opt Soc Amer 2—3, S. 51 (1919).

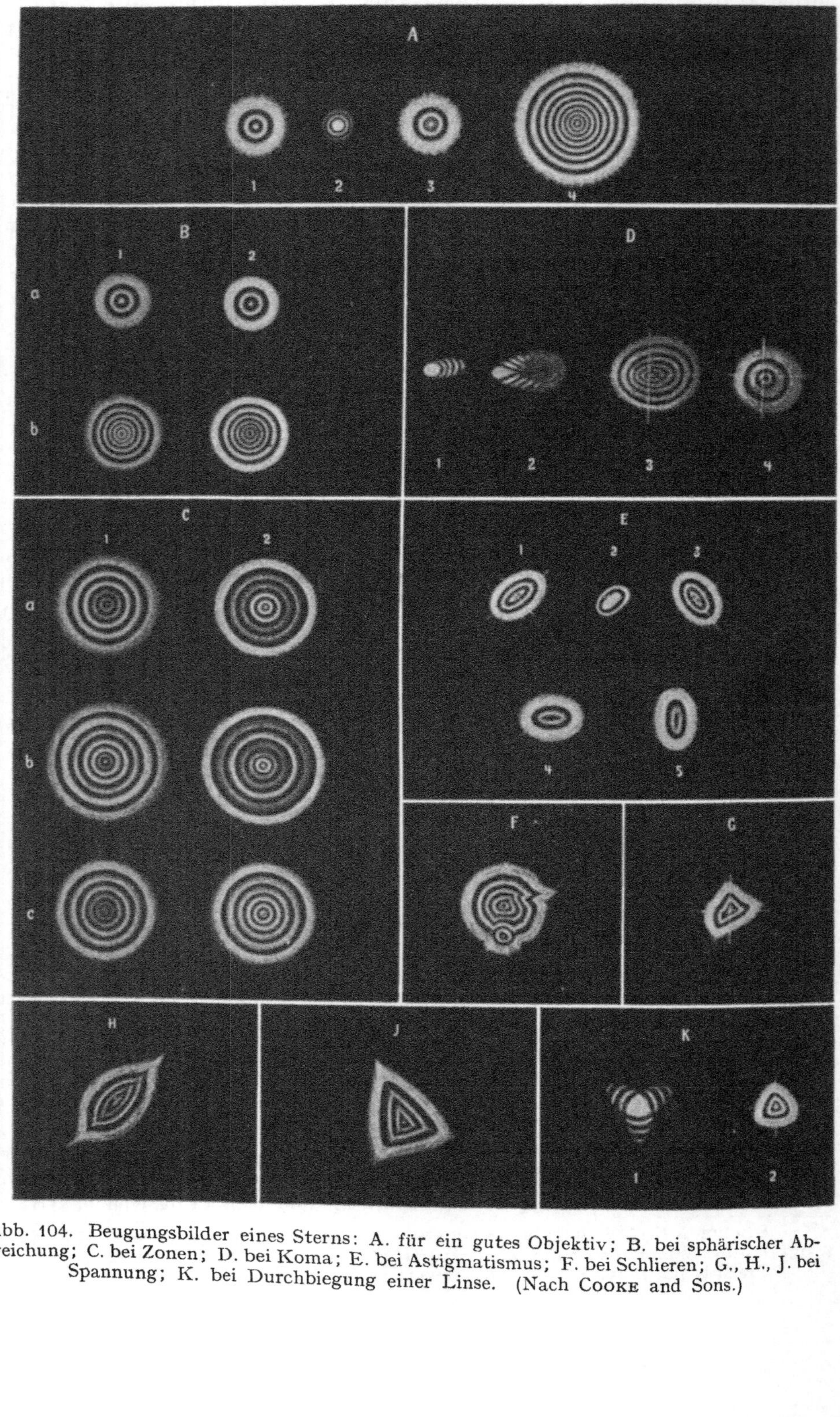

Abb. 104. Beugungsbilder eines Sterns: A. für ein gutes Objektiv; B. bei sphärischer Abweichung; C. bei Zonen; D. bei Koma; E. bei Astigmatismus; F. bei Schlieren; G., H., J. bei Spannung; K. bei Durchbiegung einer Linse. (Nach COOKE and Sons.)

hälfte so ab, daß die Hälftungslinie dem Streifen parallel ist, so wird die eine oder andere Kante unscharf, je nachdem Über- oder Unterkorrektion vorliegt. Die Abblendung kann auch dadurch erreicht werden, daß man das Auge seitlich bewegt und so mit dem Rand der Augenpupille die Austrittspupille abblendet. Das Objektiv allein kann man durch Parallaxe prüfen; stellt man bei sphärischer Abweichung auf die kleinste Parallaxe ein, so kehrt sich beim Bewegen des Auges in einem Sinn der Bewegungssinn des Bildpunktes um. Ebenso erkennt man nach NEWTON die Farbenabweichung durch Abblendung des halben Objektivs oder durch exzentrische Haltung des Auges. Bei richtiger Korrektion des Objektivs für Beobachtung treten infolge mäßigen sekundären Spektrums an den Rändern des dunklen Streifens die zarten Mischfarben apfelgrün und rosa auf; Unter- bzw. Überverbesserung gibt sich durch Umschlagen der letzten Farbe in Kirschrot bzw. Gelb kund. Farbenabweichung der Vergrößerung erkennt man daran, daß auch bei zentraler Haltung und vollem Objektiv einseitige Farbensäume auftreten, die nach dem Rande des Gesichtsfeldes greller werden. Dort erkennt man auch an der Durchbiegung gerader Linien die Verzeichnung.

63. Die Prüfung des Beugungsscheibchens. Auch größere Fernrohre kann man dadurch prüfen, daß man nach FOUCAULT[1] die Veränderung des Sternbildes beobachtet, die beim Heraus- und Hereinschieben des Okulars aus der Mittelstellung für ein scharfes Bild auftreten. Am besten wendet man eine mehrfache Übervergrößerung an, damit die Beugungsringe deutlich hervortreten. An der Hand von Bildern mögen die Erscheinungen bei guten und schlechten Objektiven beschrieben werden (Abb. 104). *A* 2 zeigt das Sternbild für ein gutes Objektiv im Brennpunkt, *A* 1, 3 und 4 nach Okularverstellung. *B* 1 bzw. 2 zeigt es bei sphärischer Überverbesserung verschiedener Größe innerhalb bzw. außerhalb des Brennpunkts oder bei Unterverbesserung außerhalb bzw. innerhalb des Brennpunkts. Stellt man bei sphärischer Unterverbesserung so weit vom Brennpunkt entfernt nach innen ein, daß drei oder vier Ringe sichtbar sind oder bei geringer sphärischer Abweichung noch weniger weit (2), so bemerkt man, daß die mittleren Ringe sehr schwach, die äußeren dagegen, und besonders der äußerste, scharf und hell aussehen; auf der andern Seite des Brennpunktes ist die Erscheinung komplementär. Zonenfehler äußern sich ebenfalls durch Lichtanhäufung in einzelnen Ringen (*C*), die Bilder 1 und 2 zeigen sie innerhalb bzw. außerhalb des Brennpunktes. Man erkennt sie am besten, wenn man bei mäßiger Vergrößerung das Bild eines recht hellen Sterns noch weiter außerhalb des Brennpunktes betrachtet. *D* zeigt Koma in verschiedener Stärke und bei verschiedener Einstellung, *E* Astigmatismus; diese Fehler können in der Achse infolge Dejustierung des Objektivs und auch außer der Achse auftreten. *F* zeigt den Einfluß von Schlieren (Streifen abweichender Brechung S. 145), *G*, *H*, *I* den der Verspannung durch die Fassung, *K* den der Durchbiegung bei Auflage auf drei Punkten.

64. TWYMANS Interferometer. Für die Feststellung der Deformation der Wellenfläche beim Durchgang durch ein optisches System wurde das MICHELSONsche Interferometer von TWYMAN[2] in passender Weise abgeändert (Abb. 105). Das monochromatische Licht einer Quecksilberlampe *A* wird durch die Linse *B* auf der kleinen Kreisblende *C* abgebildet, die von hier ausgehenden Strahlen werden durch die Kollimatorlinse *D* parallel gemacht und treffen auf den halbdurchlässigen Spiegel *E*; der reflektierte Teil der Strahlen wird durch den Plan-

---

[1] C R 47, S. 958 (1858); Ann de l' Obs de Paris 5, S. 197 (1858); M N 19, S. 284 (1859); TAYLOR (COOKE and Sons), Z f Instrk 14, S. 113 (1894).

[2] Ap J 48, S. 256 (1918); Phil Mag 35, S. 49 (1918); Phot J 42, S. 239 (1918); Trans Opt Soc 22, S. 174 (1921); Z f wiss Phot 22, S. 131 (1923); Phil Mag 42, S. 777 (1921); PERRY, Trans Opt Soc 25, S. 97 (1923/4); BUTKOW, Z f Phys 22, S. 384 (1924); 30, S. 268 (1924).

spiegel *F*, der in der Richtung seiner Normalen verschiebbar ist, in sich zurückgeworfen, durchsetzt *E* und wird durch die Linse *G* in der Blende *H* zu einem Bild von *C* vereinigt. Der andere Teil der Strahlen geht durch das zu prüfende Objektiv *I* und wird durch den erhabenen Kugelspiegel *K*, dessen Mittelpunkt in den Brennpunkt des Objektivs fällt, in sich zurückgeworfen; er gibt nach dem Durchgang durch das Objektiv und die Linse *G* und nach Reflexion an *E* ebenfalls in der Blende *H* ein Bild von *C*. Bei geeignetem Abstande des Spiegels *F* beobachtet ein hinter *H* befindliches Auge auf dem Objektiv Interferenzkurven, die die Abweichungen der Wellenfläche infolge der Fehler des Objektivs in derselben Weise anzeigen wie die Abweichungen einer Planplatte bei Prüfung mit einem Probeglas die FIZEAUschen Interferenzstreifen. Die Interferenzkurven geben die Abweichung der Wellenfläche in Schichtlinien. Der Krümmungsmittelpunkt des Spiegels *K* kann mit den Schrauben *S* in die optische Achse *CDI* des Objektivs und mit der Schraube *T* über die Achse *L* gebracht werden. Der Spiegelträger ist um die Achse schwenkbar, um den Spiegel zu untersuchen, und mit ihr in Richtung der optischen Achse des Objektivs verschiebbar, damit der Krümmungsmittelpunkt in den Brennpunkt des Objektivs gebracht werden kann. Das Objektiv kann mit einem Kreuzschlitten *M* quer zu und längs seiner optischen Achse verschoben werden, bis es mit seinem hinteren Knotenpunkt über der Achse steht, um die es mit dem Arm *Q* gedreht werden kann, damit auch die Wellenfläche für Bildpunkte außer der Achse untersucht werden kann. Es muß dabei der Krümmungsmittelpunkt des Spiegels *K* in der Brennebene gehalten werden, also Objektiv und Spiegel aus der Stellung in der Achse in die gezeichnete gebracht werden. Zu dem Zweck ist der Arm *Q* mit einem Querarm *P* verbunden, der durch ein Gewicht gegen eine Rolle *R* gezogen wird, die bei der Stellung zur Untersuchung des Achsenbrennpunktes gerade unter der Schwenkachse des Spiegelträgers steht. Eine verbesserte Anordnung für universelle Verwendung beschreibt DOWELL[1]. Abb. 106 zeigt eine Anordnung zur Prüfung eines größeren Objektivs in Autokollimation. Nach HAY[2] werden größere Objektive in Teilen untersucht. Das zu prüfende Objektiv, der Kugelspiegel und der ebene Bezugs-

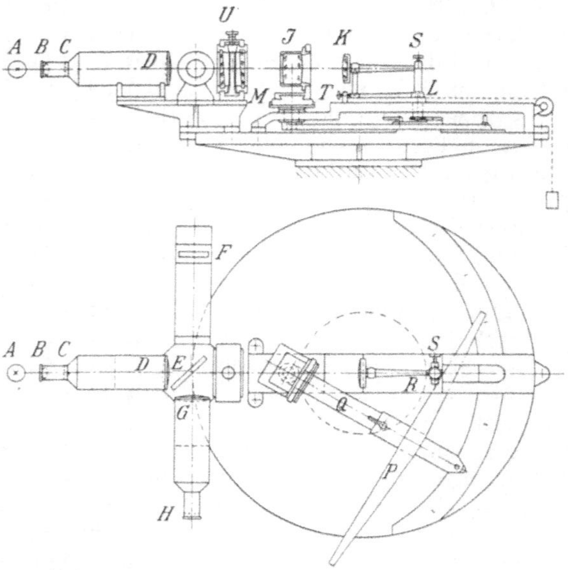

Abb. 105. Das Interferometer von TWYMAN.

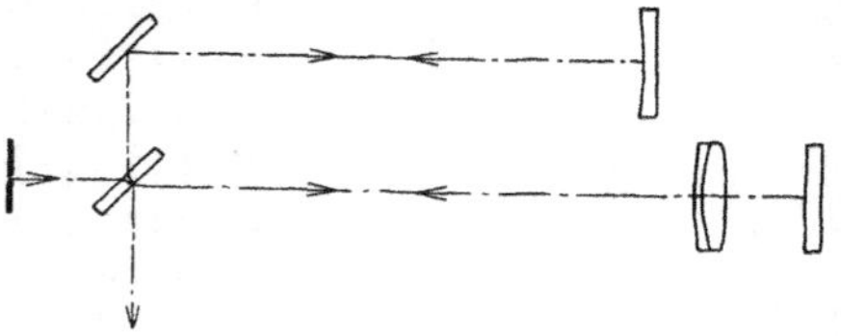
Abb. 106. Die Prüfung größerer Objektive nach TWYMAN.

[1] Proc Opt Convention 1926, S. 1032. [2] Trans Opt Soc 31, S. 91 (1929/30).

spiegel befinden sich auf einem gemeinsamen verschiebbaren Träger. Zwischen dem Bezugsspiegel und der Teilungsplatte ist noch ein 45°-Spiegel eingeschaltet, damit die Senkrechte zum Bezugsspiegel der Objektivachse parallel ist.

Die Abweichungen von der Wellenfläche können unmittelbar benutzt werden, um daraus die Definitionsgüte abzuleiten. Zwischen den Interferenzstreifen kann man weitere Linien gleichen Gangunterschiedes interpolieren, den Flächeninhalt F der Streifen zwischen aufeinanderfolgenden Linien bestimmen und die Größen F entsprechend dem Gangunterschied geometrisch addieren, ähnlich dem Verfahren mit CORNUS Spirale zur Auswertung der Beugungsintegrale; die Resultante der so aneinandergesetzten Strecken gibt den Lichtvektor, und sein Quadrat ist der Definition proportional. Zu den einzelnen Bildfehlern gehören kennzeichnende Interferenzbilder, die dem geübten Beobachter mit einem Blick den Korrektionszustand enthüllen. Abb. 107 zeigt die Interferenzbilder für Zonen der sphärischen Abweichung für Einstellung —0,1 und 0, für Koma für

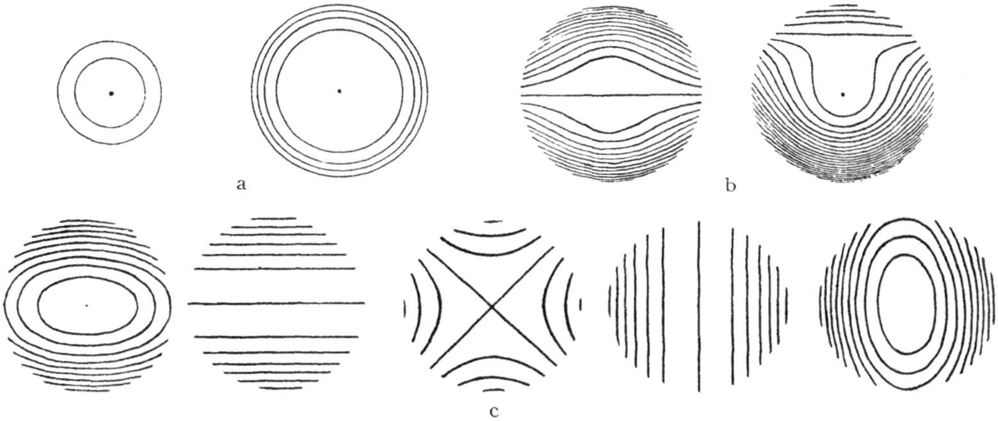

Abb. 107. Interferenzbilder bei TWYMANS Verfahren: a) sphärische Abweichung, b) Koma, c) Astigmatismus.

Einstellung 0 und 0,136 und für Astigmatismus für Einstellung —0,1912; —0,1234; —0,0956; —0,0478; 0. Man kann nun auch auf Grund der Beziehungen zwischen Wellenfläche und Strahlenvereinigung auf rechnerischem Wege die Verbindung mit den Ergebnissen der trigonometrischen Durchrechnung herstellen. Will man diese Rechnung vermeiden, so kann man mit Hilfe eines Drehkeilkompensators U (Abb. 105) die Strahlen vor dem Auftreffen auf das Objektiv so ablenken, daß die breite Mitte des Interferenzbildes an die Stelle des Objektivs rückt, für die die Winkelabweichung des Strahles von dem der Kugelwelle entsprechenden gesucht wird und die durch die Ablenkung des Kompensators gemessen wird. Der Kompensator dient auch dazu, die Verzeichnung im Winkelmaß zu geben. Das Interferometer von TWYMAN ist besonders für die Werkstattsuntersuchung von Objektiven mittlerer Größe geeignet, wie es die photographischen sind; es verlangt eine sorgfältige Justierung und eine sehr genaue Ausführung der drei Spiegel, auch ist es gegen ungleich erwärmte Luft empfindlich. Die Genauigkeit wird zu $\lambda:4$ angegeben.

65. WAETZMANNS Verfahren. WAETZMANN[1] benutzt eine von MASCART und LUMMER behandelte Interferenzerscheinung. Fällt ein Lichtstrahl (Abb. 108)

[1] Ann d Phys (4) 39, S. 1042 (1912); BRATKE u. WAETZMANN, Z f Phys 12, S. 253 (1922); Naturwiss 12, S. 225 (1923); BRATKE, Z f Phys 21, S. 9; 23, S. 239 (1924); HABERLAND, ebenda 24, S. 285 (1924).

auf eine planparallele Platte P auf, so wird er in zwei Strahlen *1* und *2* zerlegt, die im Brennpunkt F der Linse L vereinigt werden. Senkrecht zur optischen Achse ist ein Spiegel S angeordnet, der parallel zu sich selbst verschoben werden kann. Geht er durch F (Nullstellung), so treten nach Reflexion an S und Durchgang durch L die Strahlen parallel aus. Der an der Vorderfläche reflektierte Anteil *2'* von *2* und der an der Hinterfläche reflektierte Anteil *1'* von *1* haben den Gangunterschied Null. Fällt also ein Lichtbündel auf P auf, so erscheint das Gesichtsfeld des Okulars gleichmäßig hell. Wird aber der Spiegel um die Strecke e aus seiner Nullstellung verschoben, so treten die rückkehrenden Lichtstrahlen nicht mehr parallel aus der Linse aus, und man beobachtet mit dem Okular eine Interferenzerscheinung. Bezeichnet a den Abstand der Strahlen *1* und *2*, y den Abstand des Strahls *2* von der Achse und f die Brennweite der Linse, so ist der Gangunterschied Δ in der Reflexionsebene, wenn die Strahlen *1'* und *2'* nur geringe Neigung gegen die Achse haben

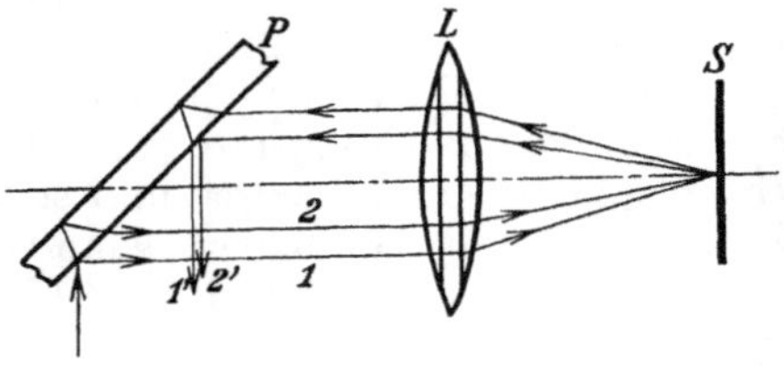

Abb. 108. Zum Verfahren von WAETZMANN.

$$\Delta = \frac{a(2y+a)e}{f^2}. \tag{87}$$

Die Ausdehnung der Untersuchung auf Strahlen außerhalb der Reflexionsebene zeigt, daß die Interferenzerscheinung zu dieser Ebene senkrechte Streifen bildet, wenn aus größerer Entfernung und mit kleiner Eintrittspupille beobachtet wird.

I

II

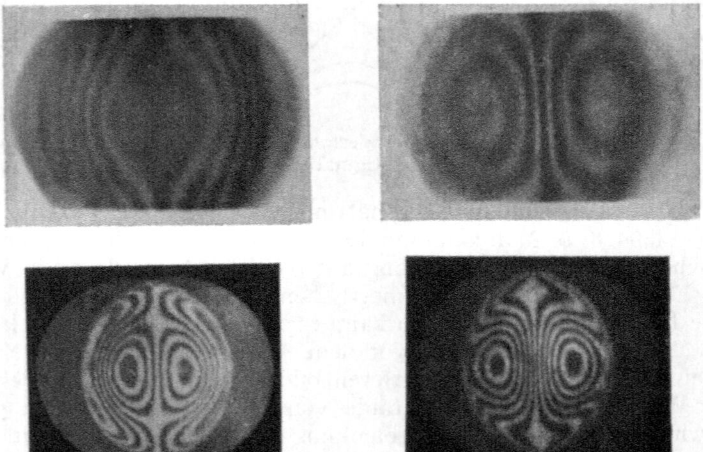

a b

Abb. 109. Interferenzbilder nach WAETZMANN: I. für gewöhnliche, II. für zonale sphärische Abweichung; Spiegel a) außerhalb, b) innerhalb des Brennpunkts.

Die Theorie führt aber nur dann zu dieser einfachen Interferenzerscheinung, wenn die Abbildung der Linse ideal ist; Abbildungsfehler der Linsen geben Abweichungen der Interferenzstreifen von der Geraden, aus denen rückwärts die Fehler der Linse ermittelt werden können. Abb. 109 zeigt die Interferenzbilder für gewöhnliche sphärische Abweichung und für Zonen dieser Abweichungen bei den Spiegelstellungen etwas außerhalb und etwas innerhalb des Brennpunktes.

Das Verfahren verlangt, daß die etwa vorhandenen Fehler der Planplatte berücksichtigt werden. Da die rückkehrenden Strahlen das Objektiv in der gegenüberliegenden Stelle durchsetzen, so muß man die Achsensymmetrie der Objektive voraussetzen. Will man dies nicht, so wird eine zweite Linse und eine zweite Planplatte gebraucht.

66. RONCHIS Verfahren. Die WAETZMANNsche Interferenzerscheinung erhält RONCHI[1] mit einfacheren Mitteln (Abb. 110). In die parallelen Strahlen, die von einem Kollimator mit Spalt kommen und durch das Objektiv L im Brennpunkt vereinigt werden, schaltet er vor dem Brennpunkt F ein Gitter R ein, so daß neben dem Spaltbild in F Beugungsspektra entstehen. Wirken nur die beiden erster Ordnung mit, so erhält man auf dem Schirm S das daneben dargestellte Bild mit Interferenzstreifen. Der Abstand des ersten Spektrums vom Spaltbild ist $d = y\lambda:b$, wo $y = RF$ und b das Gitterintervall ist. Die Streifenbreite ist $a = \lambda x - d$, wo $x = FS$ ist. Führt man die Frequenzen M und m gleich den Kehrwerten von a und b ein, so ist $M = my:x$; der Spalt soll nicht breiter als $\lambda:2D$ sein, wo D der Durchmesser des Objektivs ist. Die Streifensysteme rücken ineinander, wenn $m\lambda$ gleich dem halben Öffnungswinkel des Objektivs ist. Man kann auch den Doppelspiegel und das Biprisma für den FRESNELschen Interferenzversuch benutzen. ANDERSON und PORTER[2] benutzen statt des Spaltes ein Gitter zur Vermehrung der Helligkeit. Bei ihrer Autokollimationsanordnung dienen die Hälften eines einzigen Gitters als die beiden Gitter. Sie fanden das Verfahren ebenso genau wie das Messerschneidenverfahren (Ziff. 70). Neben diesem Verfahren verwendet RONCHI auch Kombinationsinterferenzen, die durch zwei hintereinandergeschaltete Gitter erzeugt werden. Es sei a_1 bzw. a_2 der Abstand des ersten bzw. zweiten, dem ersten parallelen und zentrierten Gitter vom Mittelpunkt P der Kugelwelle, m_1 bzw. m_2 die Gitterfrequenz, und b der Abstand des Schirms von P, so gilt $M_1 = \frac{m_1 a_1}{b}$; $M_2 = \frac{m_2 a_2}{b}$; der Lichtfleck P und die ersten seitlichen Spektren P_1' und P_2' neben ihm, die durch das erste und zweite Gitter entstehen, erzeugen Kombinationsinterferenzstreifen von der Frequenz $M' = M_1 - M_2$. Solche Kombinationsstreifen wurden schon von RAYLEIGH[3] benutzt, um die Regelmäßigkeit von Beugungsgittern zu prüfen. Durch die Änderung des Abstandes der Gitter kann die Frequenz Null erreicht werden, und man kann so unmittelbar die Längsabweichung von Strahlen bestimmen. Endlich sei noch LENOUVELS[4] Anordnung (A s t i g m o m e t e r) beschrieben (Abb. 111). Von der Lichtquelle S gehen Strahlen aus; drei durch Doppelpfeile dargestellte Linsen vereinigen sie in der Nähe des Gitters; die Strahlen durchsetzen das zu prüfende Objektiv O,

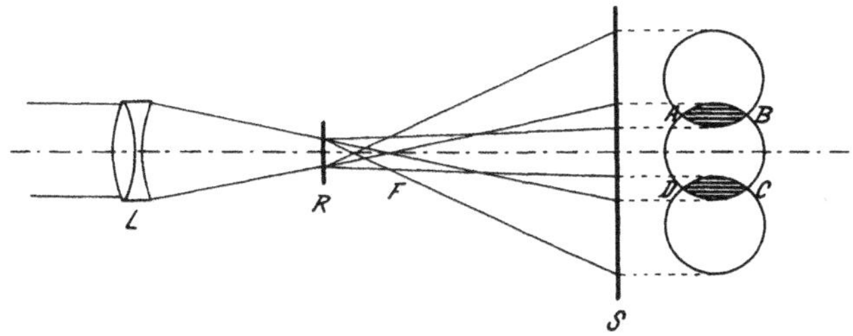

Abb. 110. Zum Verfahren von RONCHI.

[1] La prova dei sistemi ottici. Bologna: Zanichelli 1925; Ann Scuola N Sup Pisa 15 (1923); Rend Acc N Lincei 32, S. 162 (1923); 33, S. 23, 314 u. 504 (1924); Nuovo Cimento 26, S. 69 (1923); 1, S. 209 (1924); 7, S. 348 (1930); Z f Instrk 46, S. 553; Rev d'Opt 5, S. 441 (1926); FLÜGGE, Z f Instrk 46, S. 209 (1926); 49, S. 417 (1929); CICCONE, Nuovo Cimento 5, S. 14 (1928); BRUSCAGLIONI, ebenda 9, S. 23 (1932); Rend Acc N Lincei 15, S. 70 (1932).

[2] Ap J 70, S. 175 (1929). [3] Phil Mag 47, S. 81 (1874).

[4] Franz. Patent 553611 (1922); 587034 (1924); Rev d'Opt 3, S. 211 u. 315 (1924); 4, S. 294 (1925).

werden von dem Planspiegel V in sich zurückgeworfen und durch die schräge halbdurchlässige Planplatte in das Auge gelenkt. JENTZSCH[1] hat ein Verfahren mit gröberem Gitter ohne Beugungswirkung ausgearbeitet.

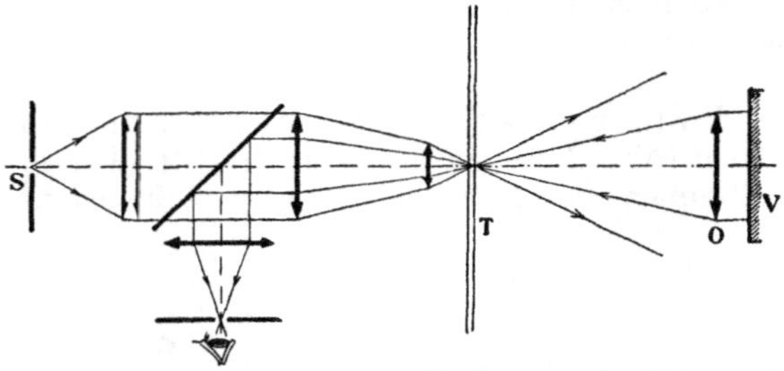

Abb. 111. LENOUVELS Verfahren mit Gitter.

67. HARTMANNS Verfahren. Zur Messung der Abweichungen größerer Objektive wird vorzugsweise das Verfahren von J. HARTMANN[2] angewandt. Nach ihm werden aus dem von einem Lichtpunkt ausgehenden Strahlenbündel Teilbündel ausgesondert, und zwar durch eine Blende vor dem System, die eine große Anzahl von nach Azimut und Zonen symmetrisch angeordneten Kreislöchern von passenden Größen (1:200 bis 1:400 der Brennweite) besitzt. Die Lage der Achse der zugehörigen Bildbündel wird durch die Durchstoßungspunkte (Mitten der Zerstreuungskreise) mit zwei zur Systemachse senkrechten Ebenen bestimmt, die annähernd gleich viel so weit vor und hinter dem Bildort liegen, daß die Durchstoßungspunkte noch in der richtigen Folge angeordnet sind. Statt der mikroskopischen Messung wird die photographische Aufnahme mit nachträglicher Messung durch den Komparator bevorzugt, wodurch die Fehler fortfallen, die mit dem Hintereinander der Einstellungen verbunden und für Unterschiedsmessungen besonders schädlich sind. Werden (Abb. 112) die Schnittweiten A auf der Achse und ebenso die Abstände A_1 und A_2 der Einstellebenen E_1 und E_2 von einem festen Achsenpunkt gerechnet und sind e_1 und e_2 die Abstände der Durchstoßungspunkte eines zur Achse symmetrischen Bündelpaares, so ist

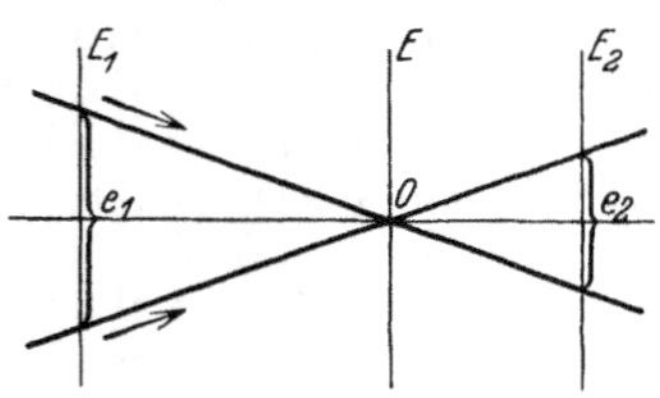

Abb. 112. Zu HARTMANNS Verfahren.

$$A = A_1 + \frac{e_1}{e_1 + e_2}(A_2 - A_1)\,. \tag{88}$$

Schneiden die Bildstrahlen den Hauptstrahl nicht, wie insbesondere, wenn der Lichtpunkt außer der Achse liegt, so können nur die seitlichen Abweichungen für passend gewählte Ebenen berechnet werden. Die Aufnahmen gewinnen erheblich an Schärfe, wenn man einfarbiges Licht verwendet (Abb. 113), wie es sich für genaue Messungen der sphärischen Abweichungen überhaupt empfiehlt. HARTMANN untersuchte ferner die Strahlenvereinigung außer der Achse, ebenso KINGSLAKE[3], der auch die Ableitung der Aberrationskoeffizienten aus den Messungen behandelte.

Bei dem HARTMANNschen Apparat (Abb. 114) dient eine optische Bank LC von 1 m Länge zur Aufnahme der Träger M für das zur Prüfung benutzte Raster und R für das zu untersuchende Objektiv. Dies wird, wie es bei den photographischen Kammern üblich ist, von einem Anschraubbrett getragen, das mit den Schrauben D befestigt und zentriert wird. M wird nach Grobverschiebung und Klemmung mit Handgriff G fein verstellt; die Mikrometerschraube trägt Teilung für 0,001 mm. Außerdem kann der Blendenträger E auf der Schiene Q

[1] Phys Z 29, S. 66 (1928); SCHULZE, Ann d Phys 85, S. 149 (1928).
[2] Z f Instrk 20, S. 17 (1900); 24, S. 1 (1904); Eders Jahrb 16, S. 151 (1902); 17, S. 665 (1903).
[3] Proc Opt Convention 1926, S. 839; Trans Opt Soc 27, S. 221 (1925/6); SMITH, ebenda S. 242.

quer verschoben werden. Q und LC tragen Teilungen für Ablesung auf 0,1 mm. Der Tisch H trägt die Lichtquelle. Das Beobachtungsfernrohr F kann innerhalb des Kreissektors B von 120° meßbar gegen LC verschwenkt werden. Es ist etwa 1 m lang und besitzt einen 40 cm langen Okularauszug, der mit

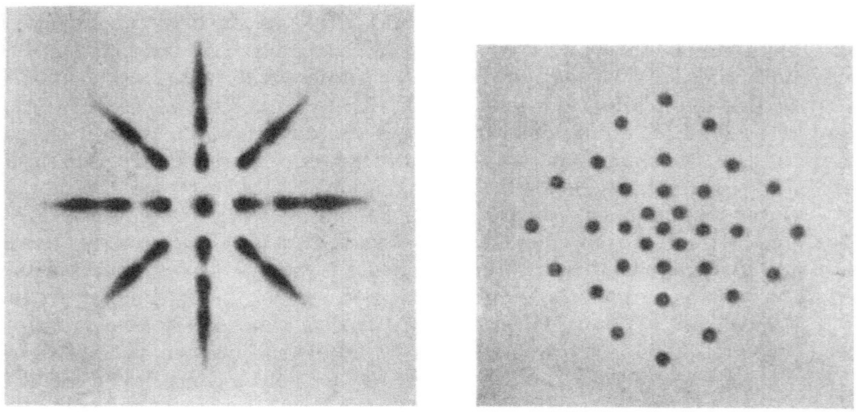

a b

Abb. 113. Aufnahmen nach HARTMANNS Verfahren mit a) weißem und b) einfarbigem Licht.

Spiegel S auf 0,1 mm abgelesen wird. An den Auszug kann mit Bajonettverschluß entweder ein Fadenmikrometer O, ein Rahmen zum Einschieben von Kassetten oder ein kleiner Spaltspektrograph mit 60°-Prisma angesetzt werden, und zwar in um 90° verdrehten Stellungen. Das Okular besitzt eine Drehscheibe mit Farbgläsern, außerdem kann ein geradsichtiges Prisma

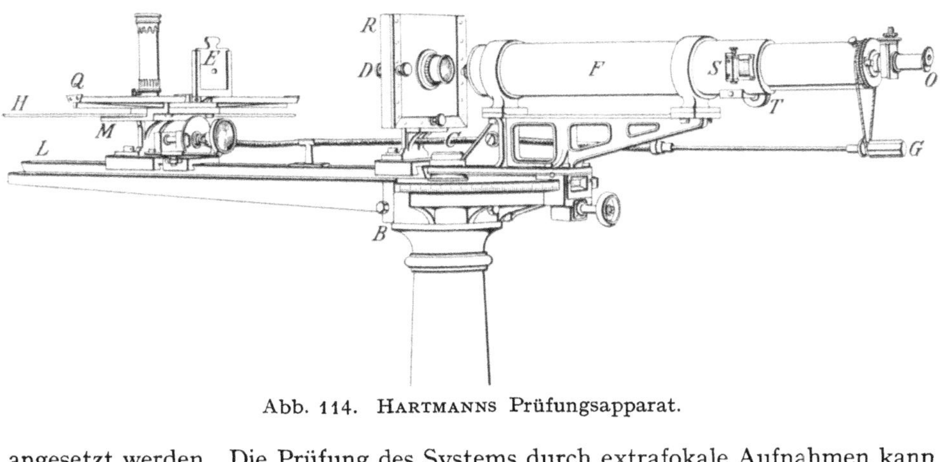

Abb. 114. HARTMANNS Prüfungsapparat.

angesetzt werden. Die Prüfung des Systems durch extrafokale Aufnahmen kann auf drei Arten erfolgen: 1. Bei zur Seite geschlagenem Fernrohr wird mit entferntem Lichtpunkt gearbeitet, M nimmt die Kassette auf; bei verdunkeltem Zimmer genügt ein übergehängtes Tuch als Ersatz des Balges. 2. Das Fernrohr dient als Kollimator, indem in seine Kassette eine Metallplatte mit einer sehr feinen Öffnung eingelegt und beleuchtet wird. 3. Man bringt die Metallplatte auf M an und macht dann mit dem Fernrohr unter Benutzung des Mikrometers, des Spektrographen oder der Kamera die extrafokalen Messungen, als ob man die Fehler des Fernrohrobjektivs bestimmen wollte. Nach FASSBENDER[1] ist das dritte Verfahren im Verhältnis der Brennweite des Fernrohrobjektivs zu der des Systems genauer als das zweite, das dafür eine geringere Beleuchtungsstärke verlangt, was bei Aufnahmen in Gelb oder Rot von Vorteil ist. Das Verfahren von HARTMANN wurde auch für die Untersuchung von Handfernrohren sowie von Parabolspiegeln nutzbar gemacht[2]. LEHMANN[3] hat es zur örtlichen Verbesserung von Objektiven benutzt; er hat, wie auch EBERHARD[4], ferner den Einfluß der Verkittung und der Fassung von Objektiven untersucht. CHALMERS[5] und KOHLRAUSCH[6] prüften photographische Objektive nach diesem Verfahren. MESLIN[7] benutzte es zur Einstellung der Platte eines photographischen Fernrohrs. Andere Anordnungen verdankt man GRAF und LINNIK[8], der auf der Platte die graphische Darstellung der sphärischen Abweichung erhält. TILLYER[9] verlegt die Blende dicht hinter das Objektiv. Nach seinem Verfahren wurde von BENNETT[10] eine größere Zahl photographischer Objektive verschiedener Bauart untersucht.

68. Das Doppelspaltverfahren. Für die Genauigkeit des HARTMANNschen Verfahrens ist es ungünstig, daß bei kleiner Lochgröße, genauer bei kleinem Öffnungsverhältnis der durch sie bestimmten Teilbündel, das Beugungsbild immer verschwommener und größer wird und so die Genauigkeit der Fadeneinstellung abnimmt. HARTMANN gibt für die Genauigkeit dieser Einstellung $8\,\mu$ an, andere $2{,}5\,\mu$. Diesem Nachteil sucht ein Verfahren abzuhelfen, das von CHALMERS[11] angegeben wurde und namentlich von VÄISÄLÄ[12] seine Ausbildung und genaue theoretische Begründung erfahren hat. Im einfachsten Fall bringt man vor das Objektiv einen Schirm mit zwei Löchern in passendem Abstand. Das von einer einfarbigen Lichtquelle kleiner Winkelgröße ausgehende Licht liefert dann in der Brennebene ein Interferenzstreifenbild. Durch Messung der Lage des mittleren Streifens wird die Richtung der Sehne bestimmt, die in der Wellenfläche die den Lochmitten entsprechenden Punkte verbindet, während bei dem Verfahren von HARTMANN Tangentialebenen der Wellenfläche bestimmt werden. Indem man das Lochpaar über einen Durchmesser der Öffnung wandern läßt, wird der entsprechende Schnitt der Wellenfläche bestimmt; mit Rücksicht auf vorhandenen Astigmatismus wird man mindestens zwei zueinander senkrechte Durchmesser untersuchen. Um die Helligkeit zu steigern, kann man die Löcher senkrecht zur Verbindungslinie länglich machen. Die Abweichung der Sehne wird zweckmäßig gegen eine von der Wellenfläche wenig abweichende Bezugskugel gemessen. Ist (Abb. 115) die Neigung der Sehne gegen die Tangente der Bezugs-

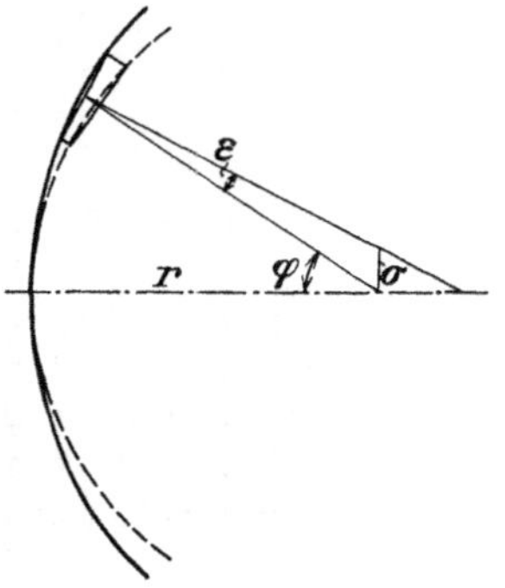

Abb. 115. Zur Prüfung nach CHALMERS.

[1] Z f Instrk 33, S. 177 (1913).
[2] MOURASHINSKY u. SAVOSTIANOFF, Trans Opt Soc 30, S. 49 (1928/9); ROMANOFF, Rev d'Opt 5, S. 341 (1926).
[3] Z f Instrk 22, S. 103 (1902); 23, S. 289 (1903). [4] Z f Instrk 23, S. 274 (1903).
[5] Phot J 29, S. 143; Proc Opt Convention 1, S. 24 (1905).
[6] Phot Korr 57, S. 45 (1920).
[7] J de Phys 9, S. 280 (1900); BAILLAUD, B A 1, S. 213 (1920).
[8] GRAF, Phys Z 25, S. 489 (1924); LINNIK, Z f Phys 71, S. 389 (1931).
[9] J Wash Acad 3, S. 481 (1913); TILLYER u. SCHULTZ, Sc Pap Bur of Stand 14, S. 341 (1918/9).
[10] Sc Pap Bur of Stand 19, S. 587 (1923/4).
[11] Proc Opt Convention 2, S. 156 (1912); COTTON, Physica 1, S. 274 (1921).
[12] Ann Univ Fenn Aboensis 1, Nr. 2 (1922); 2, Nr. 1 (1924).

kugel ε, der Halbmesser der Kugel r, der seitliche Abstand des mittleren Streifens von der Achse σ, die Neigung der Verbindungslinie von Kugel und Sehnenmitte gegen die Achse φ, so ist $\varepsilon = (\sigma \cos\varphi):r$. Entsprechend kann die Lage der Ebene durch drei Punkte der Wellenfläche mit Hilfe einer Blende gefunden werden, deren drei Löcher nicht in einer Geraden angeordnet sind, sondern am besten ein gleichseitiges Dreieck bilden. Wendet man drei parallele Spalte an, deren Mitten auf einer Geraden liegen, so kann man den Radius des Kreises bestimmen, der durch die den Löchern entsprechenden Punkte der Wellenfläche geht. Man hat beim Einschieben des Okulars die beiden zum Krümmungsmittelpunkt symmetrischen Einstellebenen zu suchen, bei denen an Stelle des ersten dunklen Streifens ein mit dem mittleren gleich heller auftritt. Entsprechend kann man mit vier Löchern auch die Krümmung an einer Stelle der Wellenfläche messen. Was die Genauigkeit des ersten Verfahrens mit zwei Löchern betrifft, so ist sie umgekehrt proportional dem Abstand der Löcher; bei einem Abstand von 13,2 mm und einer Brennweite von 750 mm betrug der mittlere Fehler der Fadeneinstellung etwa 0,4 μ. Es wurde in diesem Falle ein künstlicher Stern benutzt; läßt sich das Fernrohr nur kurze Zeit unbeweglich halten, so kann man ein zweites von dem Interferenzbild unabhängiges Bild des Sterns zum Vergleich benutzen. MERLAND[1] mißt den Gangunterschied mit dem JAMINschen Komparator. Er photographiert nacheinander bei Verschiebung des Doppelspalts die einzelnen Stellen der Interferenzbilder, die zu einem Durchmesser gehören, nebeneinander auf die Platte. MICHELSON[2] ordnet die eine Lochblende in der Achse fest an und verschiebt nur die andere. Dies Verfahren ist aber weniger günstig; bei großer Öffnung werden die Streifen zu eng. GARDNER und BENNETT[3] suchen die Vorteile der Verfahren von HARTMANN und CHALMERS zu vereinigen. Sie setzen eine Loch- oder Schlitzblende D vor oder hinter (Abb. 116) den Brennpunkt des Objektivs L und wählen den Loch- (Schlitz-) Abstand so, daß die Bildflecke auf der Platte P ineinandergreifen und Interferenzstreifen entstehen, auf die man genau einstellen kann (Abb. 117). Ist der Gangunterschied der beiden Strahlen, d. h. der Unterschied der Wellendeformation an den den beiden Löchern entsprechenden Stellen, Δ, die Interferenzstreifenbreite b und v die Verschiebung des mittleren Streifens infolge des Gangunterschiedes, so gilt $\Delta:\lambda = v:b$. Ist der Abstand der Schlitze e und die Breite der Schlitze B, so muß für n Interferenzstreifen $e = nB$ sein. Da die Helligkeit

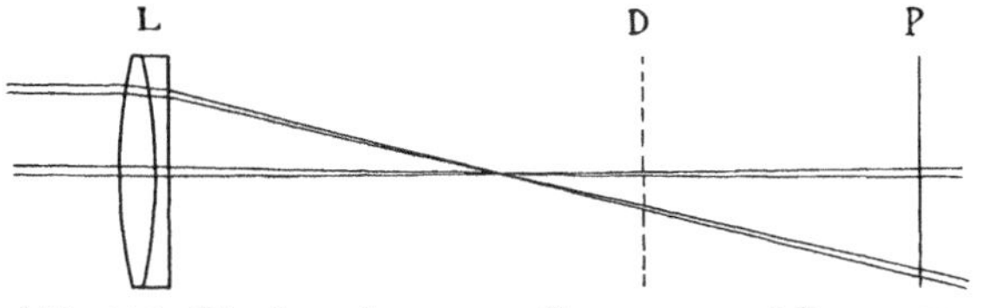

Abb. 116. Die Anordnung von GARDNER und BENNETT.

Abb. 117. Das Interferenzbild beim Verfahren von GARDNER und BENNETT.

[1] Rev d'Opt 3, S. 401 (1924). [2] Ap J 47, S. 283 (1918).
[3] J Opt Soc Amer 11, S. 441 (1925).

der Beugungsscheibchen am Rande auf Null sinkt, wählt man n etwas höher als die gewünschte Streifenzahl, für drei Streifen etwa gleich 5. Die Breite der Streifen auf der Platte ist $b = \lambda A : e$, wo A der Abstand der Platte von der Blende mit den Schlitzen ist.

In weiterer Verfolgung dieses Verfahrens gelangte BENNETT[1] zu folgender Anordnung. Statt der Lochblenden verwendet er ein Kreisgitter G und läßt die Strahlen erst hinter ihrem Vereinigungspunkt durch dieses hindurchtreten, wie es auch bei dem früheren Verfahren schon für den Fall der Autokollimation vorgeschlagen war, sowie für den von Linsen ganz kurzer Brennweite. Wie Abb. 118 zeigt, wird der Krater einer Bogenlampe durch einen Kondensor mit Kühltrog und monochromatischem WRATTEN-Filter 73 auf eine Blende S von 0,1 mm Durchmesser abgebildet, den künstlichen Stern. Das Objektiv L wird in Autokollimation mit dem Spiegel M geprüft; die Strahlen durchsetzen nach Vereinigung in S' das Kreisgitter G und liefern auf der Platte P ein aus Interferenzringen bestehendes Bild (Abb. 119), die dort entstehen, wo die unscharfen Beugungsbilder der Kreisringe ineinandergreifen. Ein Gangunterschied für zwei entsprechende Stellen aufeinanderfolgender Kreisringe bewirkt eine Verschiebung der Interferenzstreifen. Der Gangunterschied in Wellenlängen wird durch das Verhältnis der Verschiebung zum Abstand aufeinanderfolgender Interferenzringe gegeben. Für die Wahl der richtigen Verhältnisse gibt BENNETT folgende Gleichungen, in denen O_r die relative Öffnung ist, s die Ringschlitzbreite, e der Abstand zwischen den Mitten der aufeinanderfolgenden Ringschlitze, m die Zahl der Ringe, die bei der gegebenen Öffnung ausgenutzt wird, b der Halbmesser des auf die photographische Platte projizierten ausgenutzten äußersten Rings, g der Abstand GS', d der Abstand PG, w der Abstand aufeinanderfolgender Streifen, n die Anzahl der Streifen einer Interferenzgruppe (bei drei gut sichtbaren Streifen wählt man $n = 5$):

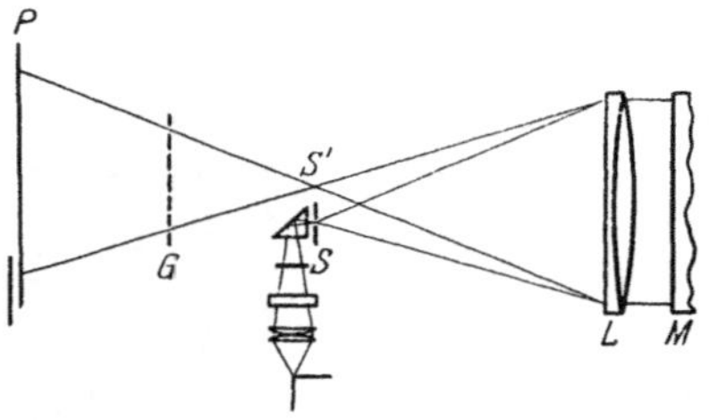

Abb. 118. Die Anordnung von BENNETT.

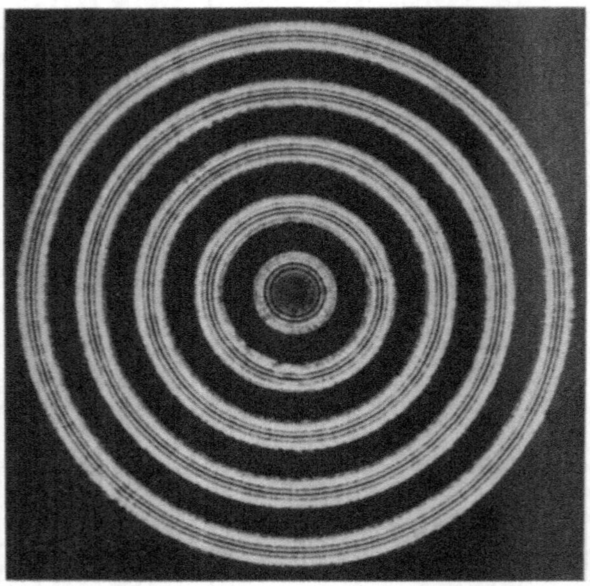
Abb. 119. Das Interferenzbild beim Verfahren von BENNETT.

$$b = 3mnw; \qquad 1 : P = w + 2O_r m\lambda; \tag{89}$$

$$e = ns = 2PO_r b\lambda; \qquad d = 2PO_r bw; \qquad g = 4PO_r^2 mb\lambda. \tag{90}$$

[1] Bur of Stand J of Research 2, S. 685 (1929).

69. WETTHAUERS Verfahren. Nach dem Vorgang von CLAUDET[1] benutzte PAUL[2] die Aufnahme einer schräg zur Achse stehenden Probetafel, dagegen KNIGHT[3] die Aufnahme auf eine schräg zur Achse stehende Platte. Dies von KNIGHT angeregte Verfahren hat durch WETTHAUER[4] eine vorzügliche Ausbildung erfahren; es gibt ein sehr anschauliches Bild der Fehler. Um die Abweichung in der Achse festzustellen, wird nach Abb. 120 das Bild eines doppelten oder einfachen Spalts S_1 durch das Kollimatorobjektiv O_1 und das zu prüfende Objektiv O_2 im Brennpunkt S_2 von O_2 auf einer Platte Ph aufgenom-

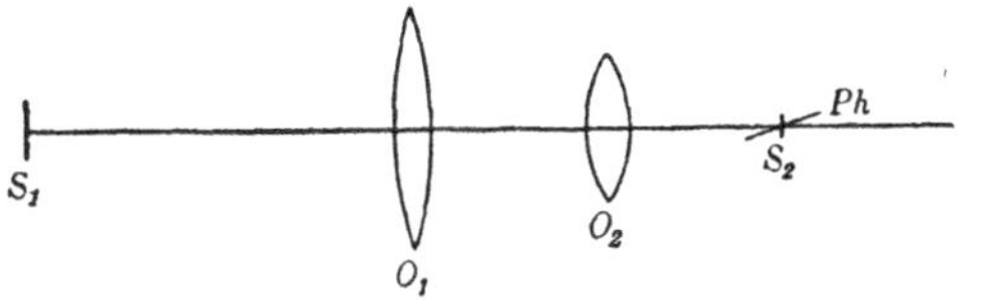

Abb. 120. Die Anordnung für WETTHAUERS Verfahren.

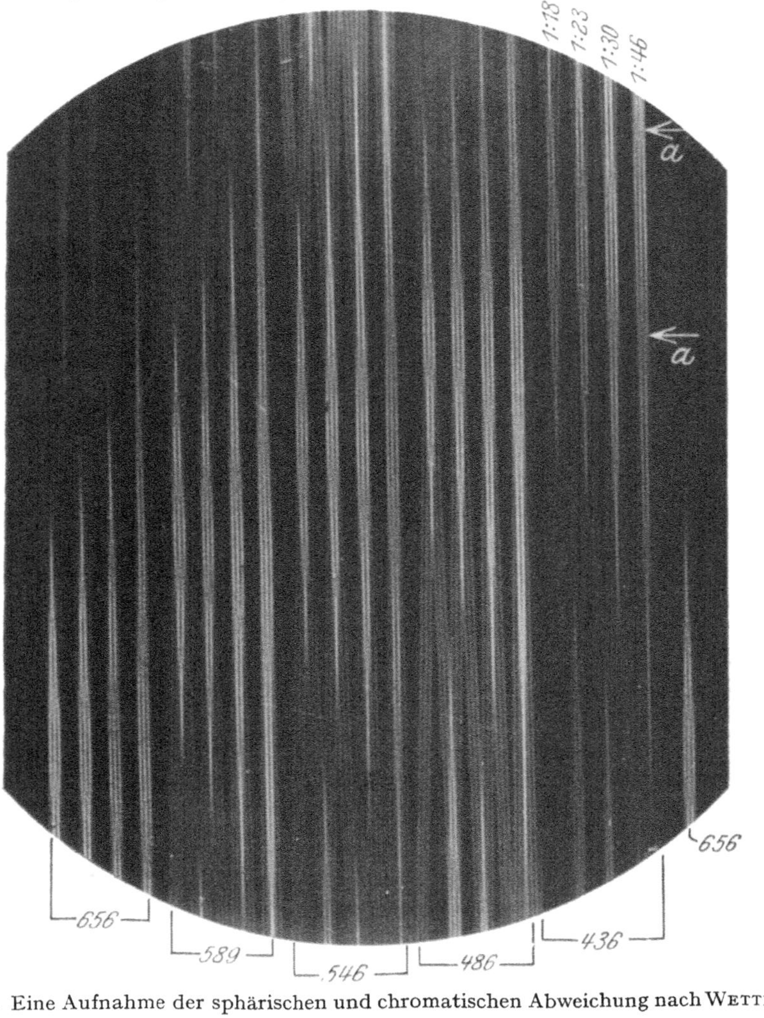

Abb. 121. Eine Aufnahme der sphärischen und chromatischen Abweichung nach WETTHAUER.

---

[1] Phil Mag 1, S. 478 (1851). [2] Phot J 1, S. 208 (1853/4). [3] CLAUDET, Phil Mag 35, S. 374 (1849).
[4] Z f Instrk 41, S. 148 (1921); 44, S. 189 (1924); 51, S. 393 u. 553 (1931); HERRIOT, J Opt Soc Amer 23, S. 123 (1933).

men, die zur Ebene durch Spalt und optische Achse senkrecht steht und gegen diese Achse schwach geneigt ist. Vor dem Objektiv werden Ringblenden angebracht, deren Breite etwa 1:100 der Brennweite ist. Bequemer und auch für die Prüfung außer der Achse geeignet ist eine Lochzonenblende; diese besteht aus einer Platte, auf der in V-Anordnung eine Reihe Löcher angebracht ist und die hinter einem über das ganze Objektiv reichenden Spalt verschoben wird, so daß nur je zwei symmetrisch zur Objektivmitte in einer zum Doppelspalt senkrechten Ebene liegende Öffnungen wirksam sind, deren Abstand von der Größe der Verschiebung abhängt. Die Platte wird beim Übergang von einer Ringzone oder von einem Lochpaar zum andern oder auch von einer Farbe zur andern in ihrer Ebene senkrecht zur optischen Achse verschoben. Man erhält so eine Reihe Spaltbilder nebeneinander; die Stellen größter Schärfe verbindet

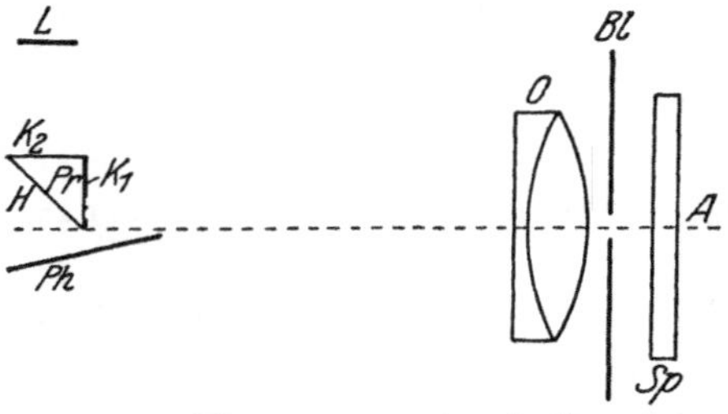

Abb. 122. WETTHAUERS Autokollimationsverfahren.

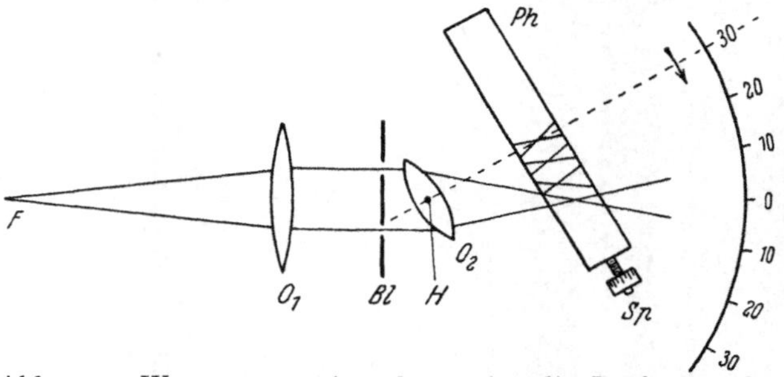

Abb. 123. WETTHAUERS Anordnung für die Prüfung außer der Achse.

Abb. 124. WETTHAUERS Doppelspalt mit Quergitter.

eine Kurve, die unmittelbar die sphärische und chromatische Längsabweichung darstellt. Abb. 121 stellt eine solche Aufnahme mit einem dreifachen Spalt dar. Bei der Ausmessung stellt man am besten auf die Enden *aa* der scharfen Stellen ein. Am besten beendet man die Aufnahme mit derselben größten Zonenblende

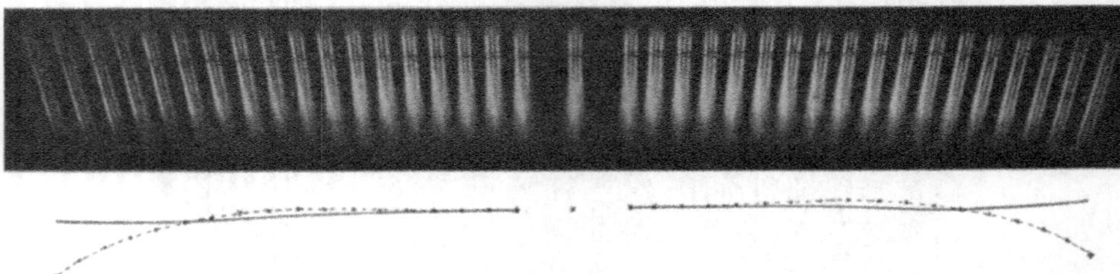
Abb. 125. Eine Aufnahme der sagittalen und tangentialen Bildkrümmung nach WETTHAUER.

und derselben Farbe, mit der sie begonnen wurde. Um die Fehler des Kollimators auszuschalten, kann man die in Abb. 122 dargestellte Anordnung für Autokollimation benutzen. Die Genauigkeit beträgt bei einem Öffnungsverhältnis 1:15 etwa $\pm 0,025$ mm und bei einem von 1:46 etwa $\pm 0,14$ mm; für die Untersuchung außer der Achse wird das Objektiv mit der Platte um seinen hinteren Knoten- (Haupt-) Punkt gedreht (Abb. 123). Wenn man die Aufnahmen bei verschiedenen Drehungswinkeln nebeneinander macht, erhält man so die Kurve für die tangentiale Bildkrümmung. Um auch die für die sagittale Bildkrümmung zu erhalten, benutzt man neben dem Doppelspalt angeordnet ein Quergitter, wie es Abb. 124 zeigt. In Abb. 125 sind solche Aufnahmen wiedergegeben, außerdem die daraus abgenommenen Kurven für die sagittale (———) und tangentiale (— — —) Bildkrümmung. Bleibt bei dieser Versuchsanordnung der Drehwinkel ungeändert und werden die Lochzonenblenden benutzt, so erhält man die Darstellung der Koma, wie sie Abb. 126 zeigt.

Abb. 126. Eine Aufnahme der Koma im Hauptschnitt nach WETTHAUER.

70. Das Messerschneidenverfahren. Für die rasche Übersicht über die Fehler und daher zur Prüfung größerer Objektive und Parabolspiegel bei der Herstellung ist besonders das auf HUYGENS[1] zurückgehende Schneidenverfahren von FOUCAULT[2] beliebt. Er benutzte es zunächst bei der Herstellung von Kugel- und Parabolspiegeln (s. auch DRAPER[3] u. a.), später aber auch bei der Herstellung von Objektiven, indem er diese mit Autokollimation an einem guten Planspiegel prüfte.

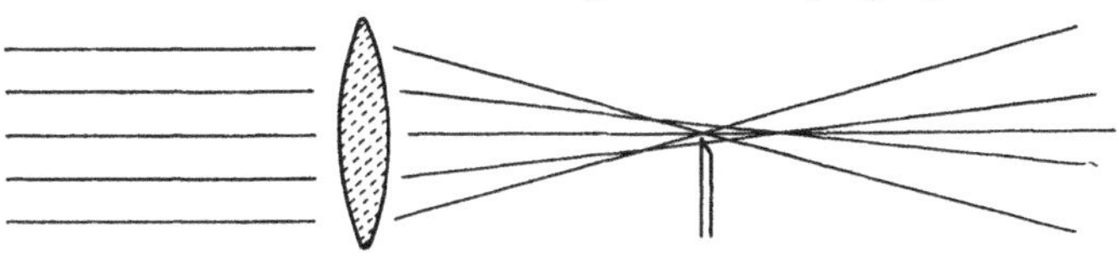

Abb. 127. Zum Schneidenverfahren.

Bei diesem Verfahren bringt man das Auge dicht hinter das Bild eines recht hellen Lichtpunktes von 0,05 bis 0,1 mm Durchmesser, der sich in der Nähe des Spiegelmittelpunktes bzw. Objektivbrennpunktes befindet, so daß die ganze Öffnung des Objektivs hell erleuchtet erscheint. Wird nun eine Schneide in der Nähe des Bildpunktes quer zur Achse durch das Strahlenbündel bewegt (Abb. 127), so sieht man ihren unscharfen Rand über die Öffnung wandern; wandert er im selben Sinne wie die Schneide, dann befindet sie sich innerhalb des Brennpunktes. Schiebt man die Schneide samt ihrem Schlitten vor und zurück, bis die Ebene ihrer Querbewegung durch den Lichtpunkt geht, so tritt die Verdunklung plötzlich ein. Vereinigen sich jedoch die Strahlen nicht zu einem Bildpunkt, so werden sie von den Schneiden früher oder später abgefangen, je nachdem, wo sie die Querebene durchstoßen. Sind die seitlichen Abweichungen nicht erheblich größer als der Lichtpunkt, so werden Halbschattenwirkungen auftreten, und man wird bei geeigneter Stellung der Schneide den Übergang von hell und dunkel auf der ganzen

[1] Opera reliqua, Amstelodami, 1, S. 211 (1728). Übersetzt Centr Z f Opt u Mech 20, S. 194 (1899).

[2] Ann Obs Paris 5; C R 47, S. 958 (1858); M N 19, S. 284 (1859); TAYLOR (COOKE and Sons), Z f Instrk 14, S. 113 (1894).

[3] Smiths Contr to Knowl 34, S. 13 (1864); RITCHEY, ebenda 34, S. 30 (1904); Ap J 19, S. 53 (1904); DAVIES, M N 69, S. 355 (1909).

Objektivfläche in den verschiedenen Stufen sehen. Die Öffnung erweckt die Täuschung eines Reliefs, das der Form entspricht, die die Wellenfläche zeigen würde, wenn ihre Abweichungen stark übertrieben wären und die scheinbare Schattenwirkung auf ihr durch ein Licht hervorgebracht wäre, das sich auf der anderen Seite befindet, als von der die Schneide herangeschoben wurde. Nach Miss CONRADY[1] ist die Genauigkeit $\lambda:8$ Phasenunterschied (ähnlich RITCHEY); sie gibt eine Reihe Bilder (Abb. 128), die bei diesem Verfahren die verschiedenen Bildfehler kennzeichnen; der Pfeil gibt die Richtung an, in der die Schneide herangeschoben wird; die Bilder werden durch Abb. 20c verständlich. Abb. 129 zeigt den Anblick eines Objektivs bei diesem Verfahren nach einer Photographie von HARTMANN[2]; man erkennt darauf die epizykloidischen Polierzonen. Er war der erste, der das Verfahren zur Prüfung fertiger Refraktoren an einem Himmelsstern benutzte, wobei er wegen der Luftunruhe photographierte (s. auch PORTER[3]). RITCHEY verwandte eine Schar von Sektorringblenden auf dem gleichen Durchmesser, WETTHAUER[4] Ringblenden verschiedener Größe, die auf einer Drehscheibe auswechselbar angeordnet waren. Auf diese Weise konnte durch Verschiebung der Schneide in der Achse die sphärische Abweichung gemessen werden. COJAN[5] erkannte, daß die Beurteilung der gleichen Helligkeit in symmetrischen Blenden darunter leidet, daß die zu vergleichenden Felder großen Abstand haben. Er machte daher photographische Aufnahmen für Stellungen der Schneide in verschiedenem Abstand vom Spiegel und untersuchte durch photometrische Ausmessung, wo die gegenüberliegenden Stellen gleich hell erschienen. Er wandte dies Verfahren auch auf sagittale Büschel an. Mit der Theorie des Schneidenverfahrens auf Grund der Beugungslehre beschäftigen sich RAYLEIGH[6] und BANERJI[7].

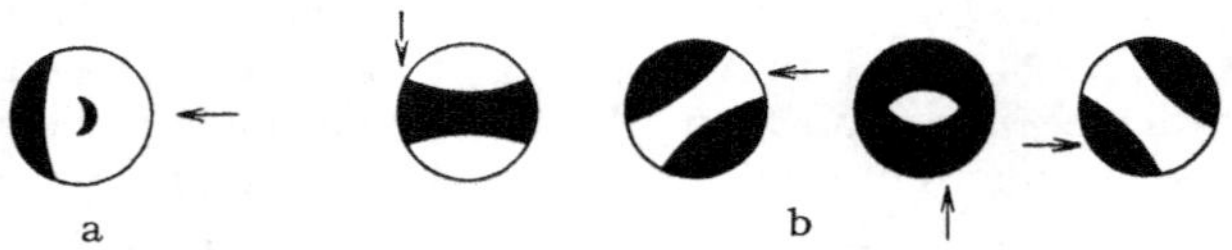

Abb. 128. Bilder beim Schneidenverfahren für a) sphärische Abweichung, b) Koma.

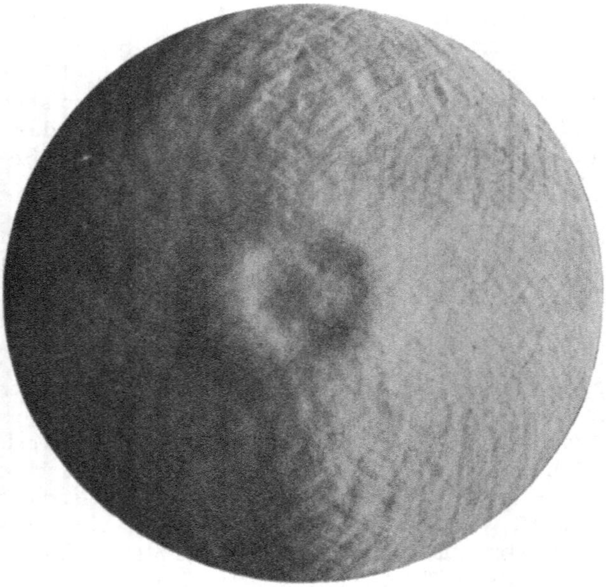

Abb. 129. Der Anblick eines Objektivs bei der Schneidenprobe.

Man kann das Schneidenverfahren auch gewissermaßen umkehren, indem man das Bild des leuchtenden Punktes nicht durch einen Schirm abblendet,

[1] Trans Opt Soc 25, S. 219 (1923/4). [2] Berl Ak Ber 1907, S. 935.
[3] Ap J 47, S. 324 (1918). [4] Z f Instrk 41, S. 184 (1921).
[5] C R 179, S. 893 (1924); 180, S. 1016 (1925). [6] Phil Mag 33, S. 161 (1917).
[7] Ap J 48, S. 50 (1918).

sondern durch eine feine Öffnung auffängt und herausblendet. Man sieht dann in der Öffnung des Systems diejenigen Stellen leuchten, die zu dem aufgefangenen Bilde beitragen, die anderen sind dunkel. Das Verfahren wurde von STRAUBEL[1] für kleine Linsensysteme empfohlen; er benutzte eine linienförmige Lichtquelle und einen Spalt. Das Verfahren besitzt vor dem anderen den Vorzug der Symmetrie, es liefert aber aus diesem Grunde nicht den Anschein des Reliefs.

71. Die Verfahren von YVON und STREHL. Ein auf FOUCAULT zurückgehendes Verfahren ist von YVON[2] als das der Grenzhalbschatten ausgebildet worden. Er bestimmt die Krümmungsradien der Wellenfläche an den verschiedenen Stellen, indem er die Längsverschiebung der Schneide bestimmt, die für die betreffende Stelle des Spiegels oder Objektivs einen gleichmäßigen, nicht einseitig abfallenden Halbschatten gibt. Hierher gehört auch das Verfahren von STREHL[3], der den Astigmatismus der Teilbündel mißt und daraus wie in Ziff. 4 auf die sphärische Abweichung umrechnet.

72. Die technische Konstante des Objektivs. Es ist nun noch die Frage, wie aus der festgestellten sphärischen Abweichung eines Objektivs ein Maßstab für die Güte des Objektivs gewonnen wird. LEHMANN[4] zerlegt das Objektiv in Zonen gleicher Breite und bildet das Mittel aus den ihnen entsprechenden Zerstreuungskreishalbmessern, indem er jedem das Gewicht entsprechend der Fläche der betreffenden Ringzone des Objektivs beilegt. Indem er noch durch die Brennweite f dividiert, setzt er seine technische Konstante T des Objektivs fest. Ist r der Halbmesser der Zone, Δs ihre sphärische Längsabweichung, also $(r:f)\,\Delta s$ die Seitenabweichung, so ist

$$T = \frac{200\,000}{f^2} \frac{\sum r^2 \Delta s}{\sum r}. \tag{91}$$

Am natürlichsten erscheint es, die Abweichungen der Schnittweiten gegen einen solchen Achsenpunkt zu rechnen, daß T den kleinsten Wert annimmt. VÄISÄLÄ[5] schlägt vor, nach folgenden Formeln zu rechnen, wo $\varrho = r:R$ und R der Halbmesser der Öffnung ist:

$$\Delta s_0 = 3\int_0^1 \varrho^2 \Delta s\, d\varrho\,, \tag{92}$$

$$T' = 400\,000\,\frac{R}{f^2}\int_0^1 \varrho^2 (\Delta s - \Delta s_0)\, d\varrho\,. \tag{93}$$

Beim Vergleich eines Objektivs von größerem Öffnungsverhältnis mit einem solchen von kleinerem ist von dem ersten kleinere Seitenabweichung in der Brennebene zu fordern, entsprechend dem kleineren Beugungsscheibchen[6].

DEMETRESCU[7] teilt die Objektivöffnung in m gleiche Flächenelemente; jedem Flächenelement entspricht ein Strahl, der einen Durchstoßungspunkt in einer achsensenkrechten Ebene in der Nähe des Brennpunktes bestimmt. Indem jedem Durchstoßungspunkt die Masse 1 beigelegt wird, wird die Lichtverdichtung durch das Trägheitsmoment S, bezogen auf den Schwerpunkt, gemessen. Den Querschnitt, für den dieses Trägheitsmoment am kleinsten ist, nennt er den Querschnitt der größten Lichtverdichtung. Eine gleichmäßig beleuchtete Kreisscheibe, die die gleiche Masse und das gleiche Trägheitsmoment S_1 wie dieser Querschnitt hat, hat den Radius $\sigma_1 = \sqrt{2S_1:m}$. Diesen Radius, bezogen auf die einer ding-

[1] Ber. d. internat. seism. Konf. Leipzig: Engelmann 1902.
[2] MARTIN, C R 70, S. 389 (1870); YVON, Rev d'Opt 4, S. 8 (1925).
[3] Z f Instrk 23, S. 6 (1903). [4] Z f Instrk 22, S. 327 (1902).
[5] Ann Univ Fenn Aboensis 1, Nr. 2 (1922).
[6] YVON, Rev d'Opt 4, S. 593 (1925). [7] B A 1, S. 15 (1920); Rev d'Opt 5, S. 193 (1926).

seitigen Winkelsekunde entsprechende Strecke in der Brennebene, nennt er das geometrische Trennungsvermögen σ_1'' und nennt $s = D\sigma_1''$, wo D der Objektivdurchmesser ist, den Trennungskoeffizienten, der ihm als Maß der Güte des Objektivs dient, wenn man Objektive verschiedener Größe vergleichen will. Er gibt ferner ziemlich verwickelte Formeln für den von ihm eingeführten globalen Astigmatismus, dem für die ganze Objektivöffnung gültigen, im Gegensatz zu dem sonst nur für kleine Objektivöffnung gültigen Astigmatismus.

Auch WILSING[1] bemerkte, daß die Prüfung der Objektive durch die Untersuchung des Auflösungsvermögens und die Betrachtung der Beugungsfiguren in der Nähe der Brennebene für eine Bestimmung der Nutzleistung des Objektivs nicht ausreicht. Er bestimmte die Abweichungen der Wellenfläche, um aus ihnen die Nutzleistung durch Rechnung zu finden, und führte dies bei dem Potsdamer Refraktor durch. STREHL (Ziff. 30) sieht als Maßstab für die Güte des Objektivs das Verhältnis Z zwischen der Beleuchtungsstärke im Achsenpunkt des Beugungsscheibchens des wirklichen und der im Achsenpunkt des fehlerfreien Objektivs an; die Einstellebene ist so zu bestimmen, daß die Beleuchtungsstärke möglichst groß ist. Für den Fall, daß die Abweichungen der Wellenfläche nur klein sind, findet VÄISÄLÄ[2], daß

$$Z = 1 - \left(\frac{2\pi}{\lambda}\right)^2 \varepsilon^2, \tag{94}$$

wo ε die mittlere Abweichung der Wellenfläche ist; die Gestalt der Wellenfläche ist also nebensächlich. VÄISÄLÄ gibt auch für den anderen Fall Rechenvorschriften. Für die Objektive der astronomischen Fernrohre dürfte Z der geeignete Maßstab der Güte sein, während man beim photographischen Objektiv, wo größere Abweichungen zugelassen werden, sich mit der Konstanten T begnügen kann. Um Objektive von verschiedenem Durchmesser hinsichtlich ihrer Leistung zu vergleichen, führt VÄISÄLÄ den effektiven Durchmesser des Objektivs $D\sqrt{Z}$ ein. Es mögen noch für einige größere Objektive die Werte von ε, Z, $D\sqrt{Z}$ und T gegeben werden:

	Durchm. cm	ε $\mu\mu$	Z	$D\sqrt{Z}$ cm	T
Yerkes	102	56	0,68	83,7	0,16
Potsdam	80	47	0,63	63,5	0,34
Pulkowa	76	25	0,92	73	0,18
Wien	68,5	50	0,73	57,7	0,46
Berlin-Babelsberg	65	37	0,84	59,6	0,22

73. Andere Bildfehler für eine Farbe. Die Prüfung auf Erfüllung der Sinusbedingung ist mit den beschriebenen Verfahren, soweit mit ihnen die Richtung der austretenden Strahlen genau genug bestimmt werden kann, ohne weiteres möglich. Es sei noch auf FASSBENDER[3] verwiesen, der mit dem ABBEschen Fokometer (S. 208) arbeitet, und auf BENNETT, der das Verfahren von HARTMANN benutzt. Sollen Bildwölbung und Astigmatismus gemessen werden, so wird bei dem HARTMANNschen Apparat (Ziff. 67) das Fernrohr nach Einstellung auf ∞ von 5° zu 5° verschwenkt und der Rasterträger auf der Querschiene entsprechend verschoben; jedesmal wird mit G auf horizontale und vertikale Striche eingestellt und an der Mikrometerschraube die Änderung der Einstellung abgelesen.

Die naheliegende Prüfung auf Verzeichnung besteht darin, daß man zu bekannten abgestuften Dinggrößen die zugehörigen Bildgrößen ausmißt. Für die Messung der Verzeichnung kleinerer Objektive ist der Knotenpunktschlitten[4]

[1] Publ Potsdam 15, Nr. 48 (1903). [2] Ann Univ Fenn Aboensis 2, S. 1 (1924).
[3] Z f Instrk 33, S. 210 (1913). [4] BENNETT, J Opt Soc Amer 16, S. 147 u. 235 (1927).

(Ziff. 61) und der Apparat von HARTMANN (Ziff. 67) geeignet. Bei mäßigen Verzeichnungsfehlern kann es ebenso bequem sein, auf der Dingseite bei umgekehrtem Strahlengang zu messen, indem man bei einem Fernrohrobjektiv etwa auf der Dingseite ein Spektrometer benutzt. Man kann die Verzeichnung auch bestimmen, indem man ermittelt, wieviel das Bild einer Dinggeraden außer der Achse auf eine bestimmte Strecke durchgebogen erscheint[1]. Beim montierten großen Objektiv ist folgendes Verfahren zweckmäßig[2]: Zwei Sterne gleicher Deklination, deren Abstand etwa gleich dem halben Plattendurchmesser ist, werden dreimal auf dieselbe Platte um ihren Abstand verschoben aufgenommen. Man kann auch im Laboratorium mit Planspiegel in Autokollimation prüfen, wenn man das Bild des Mittelstücks eines Gesichtsfelddurchmessers durch Neigen des Spiegels in seiner Richtung verschiebt und die Längenänderung mißt, oder senkrecht zu seiner Richtung verschiebt und die Durchbiegung mißt. Allgemein ist zu bemerken, daß man mit zur optischen Achse senkrechtem Spiegel nur die sphärische und chromatische Abweichung in der Achse sowie Bildkrümmung und Astigmatismus untersuchen kann und diese im doppelten Betrage mißt; Koma und Verzeichnung müssen dagegen mit in der Achse angeordnetem Objekt und Objektiv bei zur optischen Achse verschwenktem Spiegel untersucht werden. Bei dieser Prüfung der Bildfehler außer der Achse in Autokollimation darf der Hauptstrahlengang nicht zu abweichend von dem bei der Benutzung sein.

74. Die Farbenabweichung. Für die Messung der Farbenabweichung ist von RUTHERFURD[3] und VOGEL[4] ein einfaches Verfahren angegeben worden. Man bringt hinter das Fernrohrokular einen geradsichtigen Prismensatz und zieht so das Sternbild in ein Spektrum auseinander. An der Stelle derjenigen Farben, auf deren Bild das Okular eingestellt ist, zeigen sich Einschnürungen, die mit der Verschiebung des Okulars in der Achse wandern; so kann die Längsabweichung für Farben gemessen werden (Abb. 130). Bei schwächeren Okularen

Abb. 130. Die Farbenprobe nach RUTHERFORD.

kommt es darauf an, die Farbenabweichung des Auges auszuschalten, indem man sie besonders bestimmt. Am einfachsten geschieht dies bei Autokollimation, indem man die Farbenabweichung nicht nur für den Bildpunkt, sondern auch für den Lichtpunkt selbst bestimmt. YOUNG[5] verfährt ähnlich, nur stellt er auf die Bilder von Staubteilchen im Spalt scharf ein. Auch HARTMANN maß, ohne zu photographieren, bei seinem Verfahren die Farbenfehler mit Dispersionsprisma hinter dem Okular. Bei allen Verfahren zur Messung der sphärischen Abweichung kann die Farbenabweichung dadurch gefunden werden, daß man die Messungen für verschiedenfarbiges Licht ausführt, sei es nun das durch Farbfilter gesiebte Licht der Quecksilberlampe, die Na- und Cd-Gaslampe nach PIRANI, der Lichtbogen von mit Metallsalzen getränkten Kohlen oder die Funkenspektra von Metallen. Im allgemeinen ist das spektral zerlegte Licht einer Bogenlampe am besten. MARTIN und KINGSLAKE[6] benutzten beim Interferometer von TWYMAN die Verschiebung des Hohlspiegels zur Messung der Farbenabweichung.

---

[1] PAUL, Rev d'Opt 5, S. 328 (1926).
[2] ARTHUR KÖNIG u. HECKMANN, V J S 63, S. 279 (1928).
[3] Amer J of Science 35, S. 71 (1863).
[4] Berl Mon-Ber 1880, S. 433; A N 119, S. 293 (1888); WOLF, Wied Ann 33, S. 212 (1888); A N 120, S. 74 (1889).
[5] Amer J of Science 19, S. 454 (1880).
[6] Trans Opt Soc 25, S. 213 (1923/4).

Wegen der Unbequemlichkeit der großen Entfernung des Spektralapparates bringt HARTMANN[1] ein Objektivprisma vor die Blendenscheibe, während EBERHARD[2] einen Kollimator verwendet, dessen Objektivbrennweite so viel größer als die des Systems ist, daß seine Farbenabweichung, die nur im quadratischen Verhältnis der Brennweiten wirkt, vernachlässigt werden kann oder nur eine kleine Verbesserung bedingt; das System dient dabei als Kameraobjektiv des Spektrographen. Bei größeren Objektiven zerlegt HARTMANN die extrafokalen Bilder, und zwar gleichzeitig die Paare von zwei Zonen mit dem Spektrographen für die photographische Aufnahme (Abb. 131). Die Öffnungen der Blende liegen auf einem dem Spalt parallelen Durchmesser. HERTZSPRUNG[3] nimmt an, daß die normale Einstellung dem Umkehrpunkt der Kurve des sekundären Spektrums entspricht. Auf einer extrafokalen Aufnahme, bei der ein Gitter vor das Objektiv gesetzt ist, erscheinen in den Spektren erster Ordnung Knoten für die Wellenlängen, die in der Aufnahmeebene eingestellt sind und die aus dem Knoten-

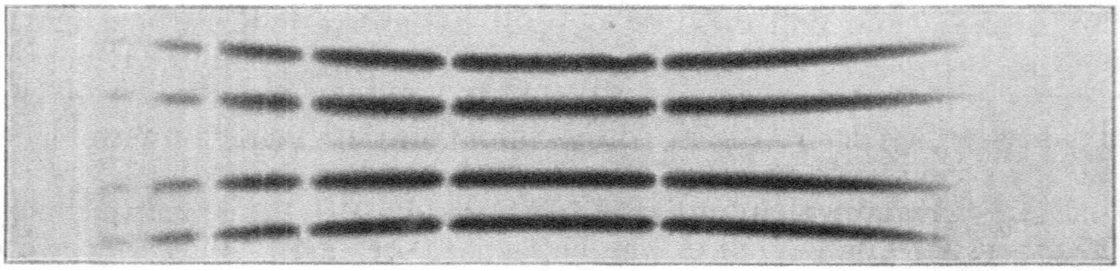

Abb. 131. Eine Aufnahme mit dem Spektrographen nach HARTMANNS Verfahren.

abstand berechnet werden können. Dann berechnet er die Konstanten der HARTMANNschen Formel für das sekundäre Spektrum. Statt der Einstellung für den Umkehrpunkt kann man auch eine zweite extrafokale Aufnahme machen, wobei man von der Annahme über die Einstellebene frei ist.

75. Das photographische Objektiv. Betreffend die in der Praxis übliche Prüfung der photographischen Objektive, insbesondere durch Aufnahmen einer großen Probetafel, sei auf die Quellen verwiesen[4]. Die Apparate sind meist mit einer Einrichtung zur Messung der Brennweite verbunden.

76. Der Spiegel. Ein besonderes Eingehen verlangt noch die Prüfung von Spiegeln. Kugelhohlspiegel prüft man auf sphärische Abweichung, indem man den Dingpunkt in den Kugelmittelpunkt bringt. Um Parabolspiegel herzustellen, prüfte FOUCAULT[5] mit seinen Verfahren, indem er vom Kugelspiegel ausgehend die Form allmählich änderte und die Lichtquelle in den verschiedenen Stufen der Arbeit immer weiter wegrückte. Man prüft auch wohl fortgesetzt im Mittelpunkt der Scheitelkugel, bis die gerechnete Abweichung der Flächennormalen erreicht ist, oder hebt sie bei der Prüfung durch ein Zusatzlinsensystem auf[6]. Hat man einen guten Planspiegel von genügender Größe zur Verfügung, so kann man in Autokollimation prüfen. FOUCAULT[7] brachte zu dem Zweck in der Mitte des Planspiegels ein Loch an; statt dessen kann man auch einen kleinen schrägen

---

[1] Z f Instrk 24, S. 8 (1904).
[2] Z f Instrk 23, S. 82 (1903).
[3] A N 207, S. 87 (1918).
[4] DARWIN, Proc R Soc 52, S. 403 (1892); BECK, Eders Jahrb 17, S. 257 (1903); ZSCHOKKE, ebenda 20, S. 71 (1906); Z f Reprod-Technik 7, S. 43 (1905); JEWELL, J Opt Soc Amer 2—3, S. 51 (1919).
[5] C R 47, S. 205 (1858); DAVIES, M N 69, S. 355 (1909).
[6] COUDER, Rev d'Opt 6, S. 49 (1927).
[7] MARTIN, C R 70, S. 446 (1870); RITCHEY, Ap J 19, S. 59 (1904).

Fangspiegel benutzen. SAMPSON[1] stellte den künstlichen Stern (Bild einer Punktlichtlampe von einer Stahlkugel) im Abstand 1,5 F vom Spiegel auf.

Bei dem Verfahren von OERTLING[2] wird eine Planfläche dadurch untersucht, daß man ein Parallelstrahlenbündel unter großem Einfallswinkel an ihr reflektieren läßt und etwa auftretenden Astigmatismus bei stärkerer Fernrohrvergrößerung mißt.

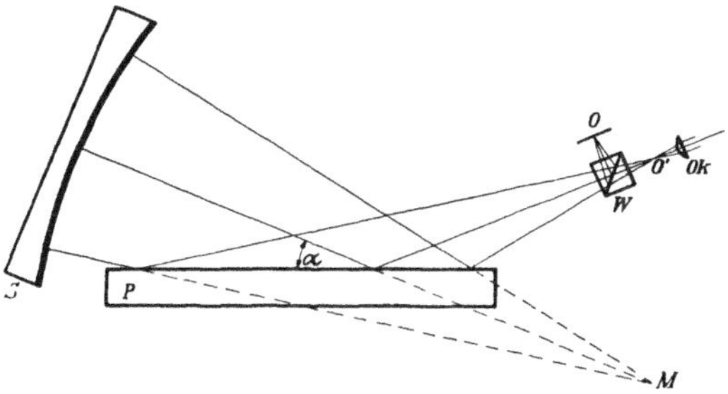

Abb. 132. Die Prüfung einer Planfläche mit Kugelhohlspiegel.

Hat man nach dem Schneidenverfahren einen guten Kugelspiegel hergestellt, so kann man ihn nach COMMON[3] zur Prüfung bei der Herstellung eines größeren Planspiegels benutzen (Abb. 132), indem man den Planspiegel neben dem Kugelspiegel so aufstellt, daß die von dem Lichtpunkt O ausgehenden Strahlen nach Durchgang durch ein halbdurchlässiges Prisma W unter größerem Einfallswinkel $(90 - \alpha)$ auf den Planspiegel P und dann wie sonst auf den Kugelspiegel S mit dem Mittelpunkt M treffen, so daß beim Rückgang über den Planspiegel das Bild wieder nahe am Lichtpunkt in O' entsteht, wo es durch das Okular Ok betrachtet werden kann; die Empfindlichkeit des Schneidenverfahrens ist so erhöht, da das OERTLINGsche Verfahren mit verwandt wird. Über andere Anordnungen siehe VÄISÄLÄ[4]. Mit dem Kugelspiegel als Hauptspiegel prüft HINDLE[5] den Fangspiegel des Cassegrain oder Gregory, indem er den Fangspiegel um die Brennweite des Hauptspiegels von diesem wegrückt, so daß bei Autokollimation die Strahlen am Hauptspiegel in sich zurückreflektiert werden.

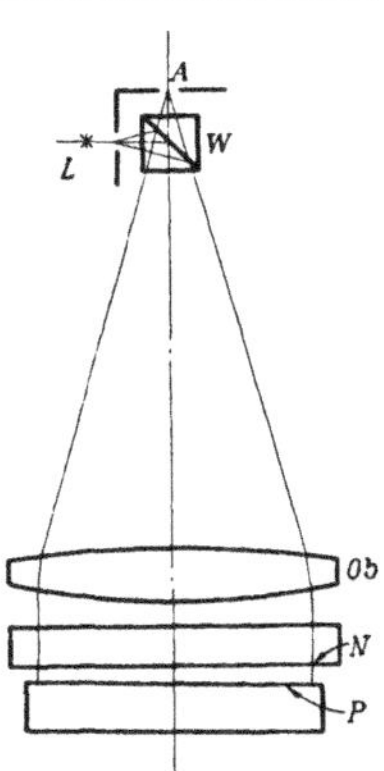

Abb. 133. Die Prüfung einer Planfläche nach FIZEAU.

Die optische Technik verwendet, um eine vorgeschriebene Krümmung stets in gleicher Genauigkeit herzustellen, das von FRAUNHOFER erfundene Probeglasverfahren. Man legt auf die zu untersuchende erhabene oder vertiefte Fläche nach sorgfältiger Reinigung ein vertieftes oder erhabenes Probeglas von entgegengesetzt gleicher Krümmung, wobei die Seite des Probeglases der zu prüfenden Fläche zugewandt ist, die die vorgeschriebene Krümmung besitzt. Die zwischen den beiden einander sehr benachbarten Flächen entstehenden NEWTONschen Ringe lassen die Gleichheit der Krümmungen beurteilen.

In dieser Weise prüft man nach FIZEAU[6] auch Planflächen. Zur unabhängigen Prüfung braucht man drei Planplatten; bei allen drei Kombinationen verschwinden die Ringe nur dann, wenn keine Platte gekrümmt ist. Für genaue Beobachtung mit einfarbigem Licht[7] eignet sich das Gerät nach Abb. 133. Von einer

[1] M N 91, S. 862 (1931).
[2] Verh d Ver z Bef d Gewerbefl 22, S. 60 (1843); Pogg Ann 59, S. 284 (1843); FOUCAULT, C R 69, S. 1101 (1869); PLATH, Centr Z f Opt u Mech 3, S. 265 (1882).
[3] M N 48, S. 105 (1887). [4] Ann Univ Fenn Aboensis 2, S. 1 (1924).
[5] Obs 54, S. 100 u. 186 (1931); M N 91, S. 592 (1931).
[6] Ann de Chim et Phys 8, S. 335 (1866).
[7] CZAPSKI, Z f Instrk 6, S. 293 (1886); MABBOUX, Rev d'Opt 6, S. 470 (1927); ARNULF, ebenda 9, S. 177 (1930); La mesure des rayons de courbure. Paris: Verlag d. Rev d'Opt 1930.

kleinen Lichtquelle L wird das Licht durch den Würfel mit halbdurchlässiger Silberschicht und die Linse Ob parallel auf die Probeplatte N und die Planplatte P gelenkt. Die zurückgeworfenen Strahlen geben für das Auge Interferenzstreifen, die die Kurven gleicher Dicke der Luftschicht zwischen den Platten darstellen. Größere Genauigkeit gibt das Verfahren von LUMMER[1] mit den HAIDINGERschen Interferenzstreifen; Abb. 134 zeigt die Anordnung für die Prüfung einer Planplatte auf konstante Dicke; ebenso läßt sich bei Prüfung einer Planfläche die Konstanz der Dicke der Luftschicht zwischen N und P in Abb. 133 untersuchen. Die Lichtquelle beleuchtet hier eine Mattscheibe M; das Prisma P_1 und die Linse Ob lenken das Licht auf die Planplatte. Das Licht, das von den beiden Flächen zurückgeworfen wird und weiter die Linse Ob und das Prisma P_2 durchsetzt, liefert in der Blende B ein System von Interferenzringen, das mit dem Okular Ok durch das Auge bei A beobachtet wird; die Blenden bei M und B befinden sich im Brennpunkt von Ob. Jedem Punkt des Interferenzbildes entsprechen so Strahlen gleicher Neigung in der Glasplatte. Man prüft nun, indem man die Platte in ihrer Ebene verschiebt; bei jeder Dickenänderung um $\lambda:4$ (im Glas gerechnet) wird die Mitte abwechselnd hell und dunkel. Bei wachsender Dicke quellen die Interferenzringe aus ihrem Mittelpunkt hervor, bei abnehmender versinken sie dort. Apparate für diesen Zweck wurden verschiedentlich angegeben; andere benutzen den RAYLEIGHschen oder den FABRY-PEROTschen Interferenzapparat[2] oder ähnlich wie beim MICHELSONschen Sterninterferometer die Sichtbarkeit der Interferenzstreifen[3]; auch das Interferometer von TWYMAN (Ziff. 63) ist gut geeignet.

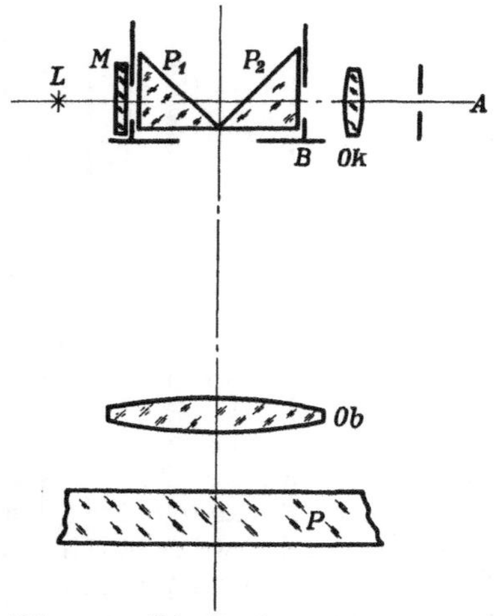

Abb. 134. Die Prüfung einer Planfläche nach LUMMER.

77. Die Bestimmung des Brennpunkts. Die Lage des Brennpunkts eines Objektivs wird bei der Prüfung auf sphärische Abweichung mit gefunden, wo es angeht, mit Kollimator als Ersatz des entfernten Ziels. Hierfür eignen sich besonders die Verfahren von HARTMANN, WETTHAUER (die Platte kann hierbei durch eine Mattscheibe ersetzt werden), PAUL (Ziff. 69) und das Schneidenverfahren von FOUCAULT; bei diesem dient am besten als Schneide die scharfe Kante des Prismas, das auf der Kathetenseite mit dieser Kante einen Belag trägt, in dem eine kleine Öffnung als Lichtpunkt ausgespart ist. Für geringere Genauigkeit stellt man einfach die Lage eines Fadenkreuzes fest, das bei Benutzung eines starken Okulars gleichzeitig mit dem Bild scharf erscheint oder das keine Parallaxe gegen das Bild zeigt. RAYLEIGH fand für die Genauigkeit der Scharfstellung seine Formel (Ziff. 26) bestätigt. Andere[4] fanden mehrmals höhere Genauigkeit; sie hängt von der Art des Fadenkreuzes und der Güte des Objektivs ab. Am genauesten wird die Einstellung auf Parallaxe, wenn man den Bildpunkt

[1] Wied Ann 23, S. 49 (1884); CZAPSKI, Z f Instrk 6, S. 293 (1886); Phys.-techn. Reichsanstalt, ebenda 41, S. 106 (1921); BRODHUN u. SCHÖNROCK, ebenda 22, S. 353 (1902); SCHULTZ, ebenda 32, S. 258 (1912); SCHULZ, ebenda 34, S. 252 (1914).

[2] BERKELEY u. THOMAS, Phil Mag 29, S. 613 (1915); DUFFIEUX, Rev d'Opt 11, S. 159 (1932).

[3] MÜNSTER, Phys Z 33, S. 505 (1932).

[4] FABRY, J de Phys 8, S. 11 (1919); ARNULF, VAN HEEL u. PERRIN, C R 187, S. 1044 (1928); 188, S. 860 (1929).

oder die Bildlinie zwischen die Fäden eines Okularschraubenmikrometers einstellt, und bei abwechselnder Abblendung der Hälfte des Objektivs, wobei die Halbierungslinie parallel dem Faden ist, das Mikrometer so lange in der Achse verschiebt, bis die Ablesung von der Blendenlage unabhängig ist. Autokollimation ist hier bequem, die auch DÉVÉ (S. 210) und LIPPMANN[1] etwas abgeändert benutzen. Bei diesem fällt das Licht in Richtung der optischen Achse ein und durchsetzt einen feinen geraden Riß in einem Silberbelag eines um 45° geneigten Spiegels; das zurückgehende Licht wird von dem Spiegel quer zur Achse in das Okular zurückgeworfen. Man beobachtet nun, ob das Spaltbild genau in den Spalt selbst paßt. Dies erkennt man sehr scharf, da bei richtiger Einstellung im dunklen Gesichtsfeld nur die Kanten des Spalts infolge der Farbenabweichung des Objektivs mit schwachen Farbensäumen aufleuchten. Andere Verfahren beruhen darauf, daß die Querverschiebung eines einfallenden Parallelstrahlenbündels von geringerer Breite als das Objektiv keine solche des Bildpunkts hervorruft[2].

Ist der Dingpunkt nicht so weit entfernt, um als unendlich angesehen zu werden, so genügt bei größerer Entfernung eine rohe Kenntnis der Lage des vorderen Brennpunkts und der Brennweite, um die Verschiebung des Bildpunkts in der Achse gegen den Brennpunkt berechnen zu können, so daß man an Stelle des Brennpunkts die Lage dieses Bildpunkts aufsuchen kann. Ist der Brennpunkt einer Zerstreuungslinse P oder ein anderer virtueller Brennpunkt zu bestimmen, so stellt man mit einem Fernrohr durch P hindurch auf einen unendlich fernen Bildpunkt ein. Wenn der Auszug nicht genügt, muß man ein genügend starkes sammelndes System vor das Fernrohr schalten; dann bringt man P aus dem Strahlengang und sucht den Ort einer Marke, die unmittelbar scharf erscheint (s. auch die Verfahren von ANDERSON und TOMKINS[3]). Endlich sei noch das Verfahren von SCHUSTER[4] zur Einstellung des Kollimators eines Spektralapparats erwähnt. Es beruht darauf, daß $di':di$, also auch $du':du$ fortwährend mit dem Einfallswinkel i abnimmt. Man wählt nun zwei Stellungen A und B des Prismas symmetrisch zum Minimum der Ablenkung, i sei für A am größten. Dann stellt man in Stellung A das Fernrohr auf das Zielbild ein, in Stellung B macht man es wieder scharf durch Verstellung des Kollimators und wiederholt dies, bis eine Neueinstellung unnötig wird.

78. Die Messung der Brennweite. Wenn der Einfluß der Aberrationen auf die Messung der Brennweite genügend genau bekannt ist, ist die erste Bedingung für eine genaue Messung dieser Größe erfüllt. Da die Bedeutung dieser Größe nur für die GAUSSische Abbildung, die des achsennahen Raums, festgelegt ist, die Messung selbst aber nur bei endlicher Öffnung und endlicher Hauptstrahlenneigung möglich ist, muß ein etwa vorhandener Einfluß der Abbildungsfehler berücksichtigt werden. Dies kann auch dadurch geschehen, daß die Messung für abgestufte Strahlenneigungen durchgeführt und der Grenzwert für kleine Neigung extrapoliert wird. Da bei kleiner Ungenauigkeit der Form der brechenden bzw. spiegelnden Flächen dieser Grenzübergang unsicher ist, kann man nicht erwarten, daß die verschiedenen Verfahren zur Messung der Brennweite zu genau dem gleichen Ergebnis führen. Nun kommt es ja auch meist nicht auf die Brennweite für den achsennahen Raum an, sondern man will nur die Brennweite benutzen, um die Bildgröße zu einem Ding von bestimmter Größe und bestimmtem Abstand zu berechnen. Eine besonders genaue Messung der

---

[1] C R 158, S. 88; J de Phys 4, S. 97 (1914).

[2] KERBER, D.R.P. 11521 (1880); LIPPMANN, C R 129, S. 569 (1899); 134, S. 16 (1902); J de Phys 1, S. 625 (1902); Phys.-techn. Reichsanstalt, Z f Instrk 40, S. 96 (1920).

[3] ANDERSON, Phil Mag 11, S. 789 (1906); TOMKINS, ebenda 15, S. 198 (1908).

[4] Phil Mag 7, S. 95 (1879).

Brennweite wird also zweckmäßig bei einem Strahlengang vorgenommen, der sich dem anschließt, für den die Bestimmung der Brennweite gebraucht wird. Daneben ist auch darauf Rücksicht zu nehmen, daß die Bildfehler bei dem benutzten Strahlengang klein sind. Handelt es sich um die Bestimmung der Umrechnungszahl für mikrometrische Messungen in der Brennebene eines Objektivs, so ist diese Zahl nur dann die Brennweite, wenn die Meßfäden sich wirklich in der hinteren Brennebene befinden. Es kommt hier auf die Bildgröße in der Fadenebene an, die man aus dem Bild in der Brennebene erhält, wenn man es aus der Austrittspupille, d. h. mit Hauptstrahlen, in die Fadenebene projiziert. Beim einfachen zweilinsigen Objektiv kann man die Austrittspupille im hinteren Hauptpunkt annehmen.

Für die Messung der Brennweite kann man sich sowohl der Bestimmung der Lage zugeordneter Achsenpunkte bedienen wie der Winkelvergrößerung und der Quervergrößerung für bestimmte Punkte. Zur Vereinfachung des Verfahrens wählt man mit Vorliebe ausgezeichnete Punktepaare. Nur Bildorte auf der Achse durch Einstellung auf Schärfe od. dgl. werden bei vielen Verfahren[1] benutzt, so von CORNU. Er bezeichnet den vorderen und hinteren Scheitel S_1 und S_2 des Systems durch Tusche und mißt mit einem Mikroskop den Abstand ε des von S_1 entworfenen Bildes S_1' von S_2; sind die Abstände der Brennpunkte von S_1 und S_2 gleich b_1 und b_2, so ist: $b_1(b_2+\varepsilon) = -f^2$. Andere[2] Verfahren benutzen die negativen Hauptpunkte. ERFLE[3] bestimmt die Lage des vorderen Brennpunkts und mißt für zwei Dinglagen die zugehörige Bildverschiebung; er berechnet so f aus den auf die Brennpunkte bezogenen Ding- und Bildabständen $\mathfrak{x}_1$, $\mathfrak{x}_2$ und $\mathfrak{x}_2' - \mathfrak{x}_1'$. Für die Messung der Brennweite der Zerstreuungslinse sei auf das Verfahren VON HOFES[4] hingewiesen. Er stellt sie in solchem Abstand vor dem Objektiv eines Fernrohrs auf, daß die Bildgröße ungeändert bleibt, d. h. im vorderen Brennpunkt des Objektivs. Aus der Verlängerung des Fernrohrs zum Scharfstellen ergibt sich dann f. ABBE[5] benutzt die Formel: $f = h' : \sin u$ und mißt zusammengehörige Werte h' und u. Er legt namentlich Wert darauf, von der Feststellung der Lage optischer Bilder auf der Achse unabhängig zu sein, die ihm zu ungenau erscheint, namentlich wenn das System für den Punkt nicht korrigiert ist. Sein Fokometer (Abb. 135) zeichnet sich durch Einfachheit und gedrängten Bau aus. Brennweiten beliebiger Größe bei Durchmessern von etwa 20 bis 100 mm können gut gemessen werden, auch zerstreuende Systeme ohne Hilfssystem. Es ist im wesentlichen ein umgeändertes Mikroskop. Der Tisch P ist für Querverschiebung eingerichtet, die mit Nonius N auf 0,02 mm abgelesen werden kann. Nahe unter der Tischebene befinden sich eine feine Glasteilung T_1 mit

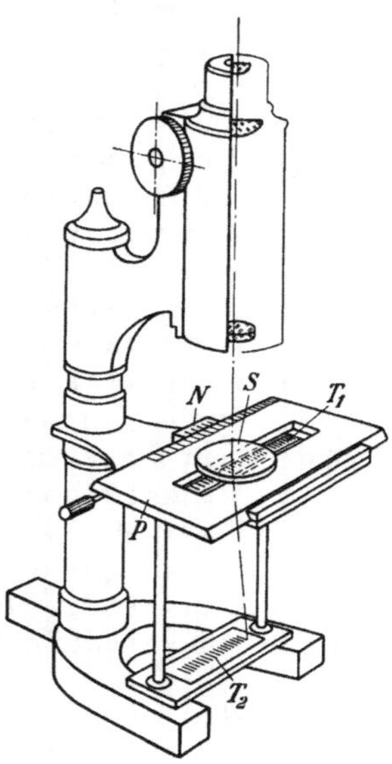

Abb. 135. Das ABBEsche Fokometer.

[1] GAUSS, A N 2, S. 371 (1824); CORNU, J de Phys 6, S. 276 (1877); MÉBIUS, ebenda 9, S. 511 (1890); MARTIN, Bull Soc fr Phot 9, S. 473 (1893); BLAKESLEY, Phil Mag 49, S. 447 (1900); DONGIER, Séance Soc fr de Phys S. 50 (1901).

[2] SILBERMANN, C R 14, S. 340 (1830); SCHRÖDER, Phot Mitt 23, S. 254 (1886); MERGIER, Séance Soc fr de Phys 1887, S. 193; SENTIS, J de Phys 8, S. 283 (1889); THOMPSON, J Soc of Arts 40, S. 22 (1891); ANDERSON, Phil Mag 31, S. 511 (1891).

[3] Z f Instrk 43, S. 54 (1923). [4] Z f techn Phys 3, S. 228 (1922).

[5] CZAPSKI, Z f Instrk 12, S. 185 (1892).

0,1 mm Strichabstand, die beiseite geschlagen werden kann, 100 mm tiefer oberhalb des Fußes eine größere zweite geteilte Glasplatte T_2. Das System S wird nun auf dem Tisch zentriert, bis das Bild der Mitte der unteren Teilung ungefähr auf das Mikroskopfadenkreuz einsteht. Wird nun das System mit dem Tisch seitlich verschoben, so kann die Neigung des Dingstrahles, der zu dem durch die Achse des Mikroskops festgelegten Bildstrahl gehört, durch die Durchstoßungspunkte in den beiden Teilungen festgestellt werden, indem man beobachtet, wo hier das Mikroskopfadenkreuz einsteht. Von der Scharfstellung des Mikroskops ist man dabei unabhängig, da nur ein Bild in der Achse des Mikroskops beobachtet wird. Man wiederholt die Messung mit annähernd der gleichen Verschiebung nach der anderen Seite. Bei FÉRY[1] durchsetzen die von einem Kollimator kommenden Strahlen das meßbar querverschiebbare System und werden von einem Fernrohr aufgenommen, das meßbar gedreht wird, bis es auf die Kollimatormarke einsteht; damit diese nach Einschaltung des Systems scharf gestellt werden kann, besitzt sie größere Verstellung in der Achse.

HARTMANN[2] mißt in ähnlicher Weise wie ABBE mit Komparator die Vergrößerung einer Teilung dicht unter dem System, um mit Hilfe einer rohen Kenntnis der Brennweite die Lage der Hauptpunkte zu finden. Daneben bestimmt er die genaue Lage des Brennpunkts nach seinem Verfahren und erhält die Brennweite als Abstand dieser Punkte. Im allgemeinen wird bei Fernrohrobjektiven die Brennweite als $y : \mathrm{tg}\, w'$ oder $y' : \mathrm{tg}\, w$ gemessen, wo y bzw. y' die Bildgröße im vorderen bzw. hinteren Brennpunkt ist. Das Objektiv befindet sich in solcher Lage, daß y bzw. y' sich auf die von den beiden Brennebenen bezieht, für die es korrigiert ist. Hierbei kommt es darauf an, daß wirklich in der Brennebene gemessen wird. HARTMANN trennt daher diese Messung von der Ermittlung der Lage der Brennebene. Bei dem einen Verfahren wird die Winkelgröße w einer entfernten Teilung und die lineare Größe y' ihres Bildes gemessen und der Abstand B des Hauptpunkts von der Einstellebene nach der Formel $B = y' : \mathrm{tg}\, w$ ausgerechnet; die Winkelgröße der Teilung wird als ihre Länge dividiert durch den Abstand vom vorderen Hauptpunkt gefunden, der nur roh bekannt zu sein braucht; die Lage der Brennebene wird besonders ermittelt. Die Brennweite ist der Abstand vom Brennpunkt und Hauptpunkt. HARTMANN hat die Anordnung auch umgekehrt, d. h. eine Teilung nahe im Brennpunkt des zu prüfenden Systems angebracht und mit einem Spektrometer, dessen Drehachse nahe im hinteren Knoten- (Haupt-) Punkt liegt, den Winkelabstand der Teilstrichbilder gemessen, um den Hauptpunkt zu finden. Ist die Teilung mit Beleuchtung für Autokollimation versehen, so kann man statt des Fernrohrs auch einen Planspiegel meßbar drehen. Mit dem Apparat von HARTMANN (S. 193) wird die Brennweite gemessen, indem ebenfalls neben der Lage des Brennpunkts die des Hauptpunkts ermittelt wird. Zu dem Zweck wird in E ein Raster eingelegt, sein Bild mit dem Fernrohrmikrometer ausgemessen und daraus die Lage des Hauptpunkts berechnet.

Der Hauptpunkt kann ferner nach AIRY und MOËSSARD[3] auch durch Drehung des Systems gefunden werden. Dreht man es um den hinteren Hauptpunkt, so ist bei den meisten Systemen die Bewegung des anderen Hauptpunkts gering, und bei nicht zu geringer Entfernung des Ziels wird das Bild dieses Ziels ruhig stehen. Man verschiebt daher das System in der Achse so lange, bis dies erreicht ist, dann liegt der hintere Hauptpunkt über dem Drehpunkt. Zweckmäßig hier-

[1] J de Phys 2, S. 755 (1903).

[2] Z f Instrk 24, S. 1 u. 109 (1904); Eders Jahrb 17, S. 665 (1903).

[3] AIRY, Explanation of a proposed Construction of Zenith Sector. Addendum. 1848; MOËSSARD, Étude des lentilles et objectifs photographiques. Paris: Gauthier-Villars 1889.

für ist der Knotenpunktsschlitten (Teil von Abb. 105). Um auch die Lage des Brennpunkts in ähnlicher Weise bestimmen zu können, dreht DÉVÉ[1] bei seinem Phakometer das Objektiv samt einem Planspiegel, der für Autokollimation senkrecht zur Achse davor angeordnet ist. Nur das Bild des Brennpunkts fällt hierbei unabhängig von der Drehung mit diesem Punkt selbst zusammen. Den Hauptpunkt findet er, indem er nur das Objektiv bei festem Spiegel dreht.

Die Brennweite eines Mikroskopobjektivs kann man bestimmen[2], indem man die Vergrößerung für einen bestimmten Tubusauszug mit Hilfe eines Objektmikrometers, einer Glasteilung mit 0,01 mm Strichabstand, und eines Okularmikrometers im unteren Brennpunkt des Okulars bestimmt. Hat man dann noch die Lage des oberen Brennpunkts des Objektivs ermittelt, so kann man aus der Vergrößerungsformel die Brennweite finden. Die Feststellung des Brennpunkts umgeht man, wenn man die Vergrößerung noch für einen zweiten erheblich verschiedenen Tubusauszug mißt. Die Brennweite eines Okulars kann man messen, indem man es auf den Mikroskoptisch bringt und das von ihm entworfene Bild einer entfernten Teilung mit dem Okularmikrometer des Mikroskops ausmißt; die Werte, die dem Okularmikrometer für Messungen im Dingraum des Mikroskops zukommen, werden vorher mit einem Objektmikrometer festgestellt. Aus dem Abstand der Teilung von dem vorderen Brennpunkt des zu prüfenden Systems und dessen Vergrößerung erhält man die Brennweite. Die Lage des vorderen Brennpunkts braucht nur roh bekannt zu sein; er kann auch in umgekehrter Lage des Systems mit dem Mikroskop bestimmt werden. Der Planspiegel des Mikroskops muß für das Verfahren genügend eben sein.

79. Die optische Messung von Radien. Auf optischem Wege können die Radien von Kugelspiegeln durch Feststellung der Größe und des Ortes von Spiegelbildern gemessen werden wie die Brennweite, da ja der Radius gleich der doppelten Brennweite ist. Schon SCHEINER[3] benutzte dies 1619, um den Radius der Hornhaut des Auges zu bestimmen. Hier kommen besonders die Verfahren[4] in Betracht, bei denen der Krümmungsmittelpunkt und sein Abstand von dem Spiegel bestimmt wird. Hat man ein für Autokollimation eingerichtetes Mikroskop, so bringt man auf der optischen Bank den Spiegel einmal in die Stellung, wo die Marke durch das Mikroskopobjektiv in den Kugelmittelpunkt abgebildet und so von diesem Bild als Objekt durch den Spiegel wieder ein zweites Bild an der gleichen Stelle entworfen wird; man erkennt dies daran, daß das schließlich in der Okularbrennebene entstehende Bild gegen die dortige Marke keine Parallaxe zeigt. Verschiebt man nun den Spiegel, bis sein Scheitel an den eingestellten Ort rückt, so kann man auf Stäubchen auf dem Spiegel einstellen; die Verschiebung ist der Krümmungsradius. Auch das Knotenpunktsverfahren ist geeignet (Abb. 136). F ist ein Fernrohr, mit dem man auf ein von der Kugelfläche K erzeugtes Bild einstellt. Die zu prüfende Kugelfläche ist mit Schrauben justierbar auf dem Schlitten *Schl* befestigt. Dieser verschiebt sich auf der Schiene SS, die um die Achse D drehbar ist. Wenn man nun durch Justieren und Verschieben erreicht hat, daß das Spiegelbild beim Drehen der Schiene um D sich nicht mehr gegen das Fadenkreuz verschiebt, liegt der Kugelmittelpunkt von K in der Drehachse D. Wird nun dieselbe Einstellung bei um 180° gedrehter Schiene

---

[1] Rev d'Opt 2, S. 85 (1923).

[2] DIPPEL, Grundzüge d. allgemeinen Mikroskopie. Braunschweig: Vieweg 1885.

[3] Oculus. Innsbruck: Agricola 1619. Übersetzt von v. ROHR, Z f ophth Opt 7, S. 38 (1919).

[4] OUDEMANS, A N 54, S. 261 (1861); PRYTZ, Ann d Phys 16, S. 735 (1905); MOFFITT, Phys Rev 13, S. 265 (1919); GUILD, Trans Opt Soc 22, S. 127 (1920/1); WETTHAUER, Z f Instrk 41, S. 106 (1921); ARNULF, Rev d'Opt 10, S. 22 (1931); La mesure des rayons de courbure. Paris: Verlag d. Rev d'Opt 1930.

wiederholt, so ist der mechanisch zu messende Abstand der Kugelfläche in den beiden Stellungen gleich dem doppelten Radius. Das unsichere Einstellen auf die Stäubchen kann man auf verschiedene Weise vermeiden. Da man das Zusammenfallen des Bildes mit sich selbst nicht gut erkennt, verdoppelt man entweder das Spiegelbild des Fadens, so daß man den Faden mitten zwischen den Doppelfäden sieht, oder man ordnet zwischen Objektiv und Marke einen halbdurchlässigen Spiegel an, der eine zweite Marke so zuspiegelt, daß deren ge-

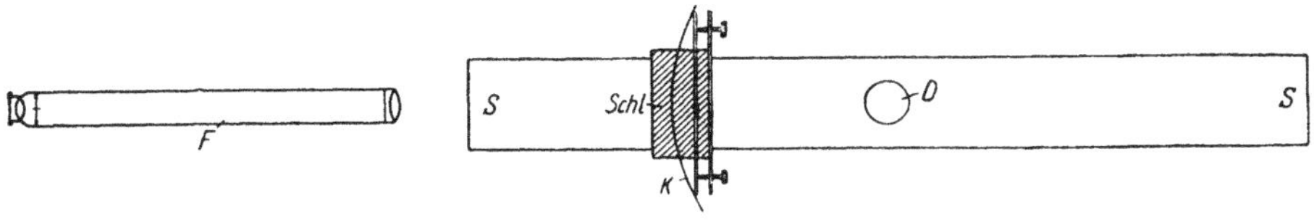

Abb. 136. Die Messung von Radien nach WETTHAUER.

spiegeltes Bild in derselben Ebene wie der Faden in der Okularbrennebene liegt. Der zu prüfende Spiegel kommt dann an die Stelle zu liegen, die in bezug auf das Objektiv der zugespiegelten Marke und der Okularmarke zugeordnet sind. Man kann auf diese Weise die Marken so verschieden auswählen, daß man gut erkennen kann, ob sie gleichzeitig scharf erscheinen. Nach MOFFITT kann man die Krümmung auch durch den Abstand des sagittalen und tangentialen Bildes für den Einfallswinkel 45° messen.

80. Die Messung der optischen Leistung. Die Vergrößerung des Fernrohrs maß schon GALILEI, indem er mit dem einen Auge durch das Fernrohr, mit dem anderen daran vorbei einen Gegenstand mit natürlicher Einteilung, z. B. einen Zaun, beobachtete. Am besten ist eine lotrechte Teilung; auch kann man das Fernrohr umgekehrt mit Verkleinerung benutzen. Mit Hilfe astronomischer Objekte maßen DUFOUR und OHNHEISER[1] die Vergrößerung; dieser mißt das Sonnenbild auf einem Schirm in zwei Abständen von der Austrittspupille. Nach LAGRANGE[2] kann man die Vergrößerung als das Verhältnis der Durchmesser von Ein- und Austrittspupille messen. Wenn die Eintrittspupille das Bild einer Blende ist, kann sie beim Fernrohr und beim photographischen Objektiv mit dem Komparator gemessen werden[3], indem man das zu prüfende System von der Einstellung auf den einen Rand des Blendenbildes bis zu der auf den anderen verschiebt. Beim photographischen Objektiv kann man auch das Auge in den hinteren Brennpunkt bringen und durch das Objektiv hindurch beobachten, wie groß der helle Kreis auf einem Maßstab vor dem Objektiv ist[4]. Die Austrittspupille des Fernrohrs mißt man mit dem RAMSDENschen Dynameter. Es ist dies eine Lupe von etwa 10facher Vergrößerung, in deren vorderer Brennebene sich eine Teilung von 10 mm Länge und 0,1 mm Strichabstand befindet; eine kleine Blende im hinteren Brennpunkt der Lupe macht von den Bildfehlern der Austrittspupille und der genauen Scharfstellung auf sie unabhängig. Nach Abb. 137 trägt das Rohr A am Ende die Teilung, Rohr B die Lupe L; durch Verschieben von B stellt man auf die Teilung, durch die von A auf die Austrittspupille ein. Eine Reihe Einrichtungen zur Messung von Vergrößerung, Öffnung und Gesichtsfeld beschreibt KELLNER[5]. Beim Doppelfernrohr ist die Prüfung

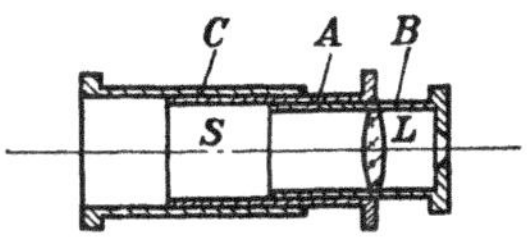

Abb. 137. Das RAMSDENsche Dynameter.

[1] DUFOUR, B S A F 9, S. 19 (1895); OHNHEISER, Sirius 40, S. 210 (1907).
[2] Mém de l'Acad Berlin 1812, S. 3.
[3] HARTMANN, Eders Jahrb 18, S. 5 (1904).
[4] MARTIN, Eders Jahrb 19, S. 26 (1905).
[5] Z f Instrk 20, S. 1 (1900); Diss. Jena 1899.

meist mit der auf Parallelität der optischen Achse verbunden, die für ein zwangloses beidäugiges Sehen wichtig ist. Es möge hier noch auf den Apparat von ZEISS aus dem Jahre 1908[1] eingegangen werden (Abb. 138). Er eignet sich für die Prüfung der optischen Leistung eines Doppelfernrohrs, da mit ihm zugleich die Parallelität der optischen Achsen geprüft werden kann. Als Ersatz des Fernzieles dient ein Doppelkollimator A, dessen beide Rohre und Visierlinien in starrer Verbindung und parallel sind und dessen Objektiven zwei entgegengesetzt drehbare rhombische Prismen $p_l p_r$ vorgelagert sind, um A an den Objektivabstand des zu untersuchenden Fernrohrs B anpassen zu können. Auf der (entgegengesetzten) Bildseite von B wird ein Doppelrichtfernrohr C mit schwacher Vergrößerung aufgestellt, dessen Rohre und Visierlinien ebenfalls in starrer Verbindung und parallel sind und dessen Objektive genügend groß sind, daß auch bei Einstellung von B für verschiedene Augenabstände die aus B austretenden Achsenstrahlen noch von C aufgenommen werden. In den Brennebenen a_l, a_r, c_l, c_r sind außer den Fadenkreuzen waagrechte Teilungen für Winkelmessungen vorgesehen, die nach den Winkeln abgestuft und beziffert sind, unter denen die von den betreffenden Strichen ausgehenden Strahlen nach dem Austritt aus dem zugehörigen Objektiv gegen die Visierachse von A bzw. C geneigt sind. Es sei noch bemerkt, daß statt des Doppelkollimators auch eine genügend entfernte Tafel mit entsprechenden Teilungen verwandt werden kann. Sind die beiden optischen Achsen von B einander parallel, so müssen die beiden parallelen Visierlinien von A nach dem Durchgang durch B noch parallel sein. Steht also das Fadenkreuz in c_r auf das Bild des Kreuzes in a_r ein, so muß auch das Kreuz in c_l auf das Bild des Kreuzes in a_l einstehen. Nun braucht die Parallelität nicht streng erreicht zu sein; die Augen können sich ohne Zwang auf mäßig abweichende Blickrichtungen einstellen, namentlich nach innen entsprechend der Einstellung für die Nähe dürfen die Augenachsen um größere Winkel verschwenkt sein. Man bringt daher in c_l ein Grenzrechteck an, innerhalb dessen das Bild des Kreuzes einstehen muß. Bei Prismenfernrohren kann infolge von Fehlern der Prismen oder ihrer Lagerung das Bild in achsensenkrechter Ebene verdreht sein; man erkennt dies daran, ob die Fadenkreuzbilder in a mit den Fadenkreuzen in c gleichgerichtet sind. Namentlich kommt es darauf an, daß kein Unterschied in den Verdrehungen für die rechte und linke Seite vorhanden ist. Den Unterschied in den Vergrößerungen erhält man aus den Messungen der Vergrößerungen für den rechten und linken Teil von B. Ist C unmittelbar auf A gerichtet, so stimmen die Bilder der Winkelteilungen in a_l und a_r nach der Größe mit den Winkelteilungen in c_l und c_r überein, $1°$ entspricht wieder $1°$; ist aber ein Doppelfernrohr B mit 5facher Vergrößerung zwischengeschaltet, so sind die Bilder der Winkelteilungen 5mal vergrößert, $1°$ in a_l und a_r entspricht $5°$ in c_l und c_r.

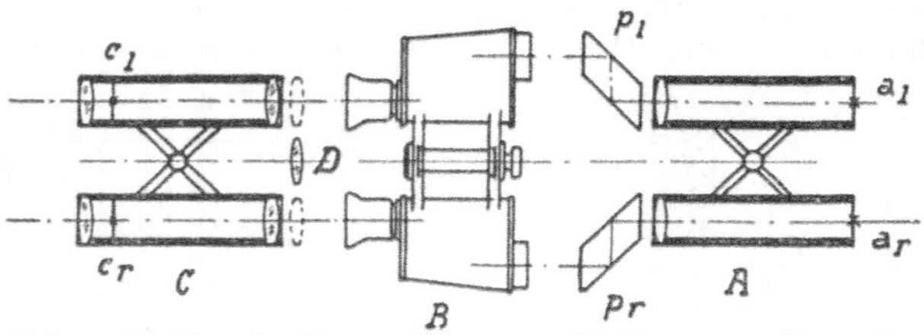

Abb. 138. Das Gerät von ZEISS zur Prüfung von Doppelfernrohren.

Auch das Verhältnis von Eintritts- und Austrittspupille gibt die Vergrößerung. Die Austrittspupille hat man ohnehin zu messen, da sie die Helligkeit bestimmt. Zu dem Zweck schaltet man vor das betreffende Objektiv von C eine

[1] SHACKLETON, Proc Opt Convention 2, S. 138 (1912); SMITH, J Opt Soc Amer 2—3, S. 76 (1919); RAIBAUD, Rev d'Opt 1, S. 481 (1922).

Lupe D und schiebt C so weit zurück, daß ein scharfes Bild der Austrittspupille in c_l bzw. c_r entsteht. Bei einer Brennweite von D von 57,3 mm kann die Winkelteilung in c_l bzw. c_r ohne weiteres als mm-Teilung zum Messen des Durchmessers der Austrittspupille dienen. Diese Einrichtung ist auch für holländische Fernrohre mit virtueller Austrittspupille brauchbar. Wenn man nicht sicher ist, daß die Objektivfassung von B als Eintrittspupille wirkt, indem Blenden dahinter den Achsenstrahlenquerschnitt verringern, setzt man eine kleinere Blende vor B und stellt fest, wievielmal diese größer ist als ihr von B entworfenes Bild. Die nach den beiden Verfahren ermittelten Vergrößerungen werden zuweilen nicht genau übereinstimmen (S. 129). Um das dingseitige Gesichtsfeld zu messen, schiebt man C beiseite und beobachtet unter Hineinschauen in B, welches Stück der Winkelteilung in a_l bzw. a_r durch die Gesichtsfeldblende von B ausgeschnitten wird. Bei holländischen Fernrohren muß bei der Gesichtsfeldmessung eine kleine Blende am Augenort angebracht werden, gewöhnlich setzt man sie 10 mm hinter die Augenlinse; außerdem muß darauf geachtet werden, daß das Kollimatorobjektiv nicht das Gesichtsfeld abblendet und bei der weit zurückliegenden Eintrittspupille dieses Fernrohrs nicht merkliche Verzeichnung besitzt. Bei den Messungen aller dieser Bestimmungsgrößen ist darauf zu achten, daß die Okulare von B für den Austritt von Parallelbündeln eingestellt sind; man bewirkt dies unabhängig von dem Augenzustande des Beobachters, wenn man die Okulare von B so einstellt, daß die Fadenkreuze in a_l bzw. a_r ohne Parallaxe auf die Kreuze in c_l bzw. c_r abgebildet werden. Damit wird zugleich der Nullpunkt der Dioptrienteilung der Okulare von B geprüft.

Endlich sei noch auf die Messung der Lichtdurchlässigkeiten von Objektiven und Fernrohren hingewiesen[1]. Beim Fernrohr bestimmt man die Beleuchtungsstärke der Austrittspupille; Moffitt und Taylor ziehen aber vor, die des Fernrohrbildes zu messen. Ein Kollimator liefert bei ihrem Verfahren ein entferntes Objekt von kleiner Größe, dessen Helligkeit mit einem Photometer einmal unmittelbar, das andere Mal nach Einschalten des Fernrohrs gemessen wird. Das Photometer enthält ein Fernrohr mit der Vergrößerung 1, dessen Austrittspupille durch eine Blende kleiner als die des zu untersuchenden Fernrohrs gehalten wird. Für die Messung der Lichtdurchlässigkeit von Prismen siehe noch Barot[2].

---

[1] Krüss, Z f Instrk 23, S. 8 (1903); Cheshire, Proc Opt Conv 2, S. 34 (1912); Wright, J Opt Soc of Amer 2—3, S. 65 (1919); Guild, Trans Opt Soc 23, S. 205 (1921/2); Moffitt, J Opt Soc Amer 4, S. 83 (1920); J Franklin Inst 190, S. 260 (1920); Pelzer, Diss. Aachen 1926; Z f Instrk 46, S. 354 (1926); Hrdlička, C R 189, S. 153 (1929); Rev d'Opt 9, S. 149 (1930); Moffitt u. Taylor, J Opt Soc Amer 8, S. 511 (1924); Mourashinsky, Optik des Handfernrohrs. Leningrad 1925 (russisch).

[2] Rev d'Opt 3, S. 459 (1924).

Kapitel 3.

Spektroskopie.

Von

C. Runge †-Göttingen.

Ergänzt von **K. W. Meissner**-Frankfurt a. M.

Mit 24 Abbildungen.

a) Theorie der Lichtbrechung durch Prismen.

1. Zerlegung des Lichtes. Um eine Lichtquelle auf ihre farbigen Bestandteile hin zu untersuchen, haben wir uns verschiedene Aufgaben zu stellen. Vor allem müssen wir Mittel finden, um die verschiedenen Farben voneinander zu trennen. Die nächste Aufgabe ist dann, die verschiedenfarbigen Bestandteile nach Schwingungszahl und Intensität zu messen.

Das erste Ziel wird erreicht durch jedes Experiment, bei dem das Licht je nach seiner Farbe sich verschieden verhält oder, genauer gesprochen, bei dem das Verhalten des Lichtes eine Funktion seiner Wellenlänge ist. Es stehen uns eine große Menge verschiedener Wege offen, aber die Praxis hat darunter nur zwei als hervorragend brauchbar erkannt: die Brechung und die Beugung des Lichtes.

2. Die Brechung des Lichtes beruht auf dem Umstande, daß die Lichtgeschwindigkeit in verschiedenen durchsichtigen Medien verschieden sein kann, und die bei der Brechung auftretende Farbenzerstreuung wieder darauf, daß das Verhältnis der Lichtgeschwindigkeiten in den beiden Medien mit der Farbe des Lichtes sich ändern kann. Wir betrachten zunächst die Brechung für Licht einer bestimmten Farbe.

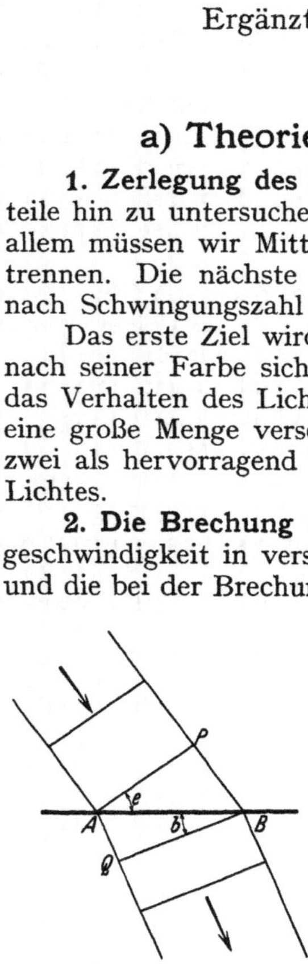

Abb. 1. Brechung einer Lichtwelle an einer ebenen Fläche.

Grenzt ein Medium mit einer ebenen Grenzfläche an ein zweites und ist für Licht von einer bestimmten Schwingungszahl die Lichtgeschwindigkeit und damit also die ihr proportionale Wellenlänge in dem zweiten Medium z. B. kleiner als in dem ersten, so werden ebene Lichtwellen, die in dem ersten Medium schräg auf die Grenzfläche fallen, gebrochen in der durch die Abbildung dargestellten Weise. Die Wellenebenen und die Grenzfläche sind dabei senkrecht zur Ebene der Zeichnung gedacht. Die Wellenlänge PB im ersten Medium wird im zweiten Medium auf AQ verkleinert, und die Winkel der Wellenebenen mit der Grenzfläche stehen in der Beziehung

$$\frac{\sin PAB}{\sin ABQ} = \frac{PB}{AQ} = \frac{v_1}{v_2},$$

wenn v_1 und v_2 die Lichtgeschwindigkeiten im ersten und zweiten Medium bedeuten. Den Winkel PAB nennen wir den Eintrittswinkel, den Winkel ABQ den Brechungswinkel und bezeichnen sie mit e und b. Konstruieren wir auf der Grenzfläche die Normale nach der Seite hin, nach der die Lichtbewegung läuft, so können wir Eintritts- und Brechungswinkel auch als die Winkel definieren, die der einfallende und der gebrochene „Strahl" mit dieser Normalen bilden.

Das durch die Gleichung (1) ausgedrückte Brechungsgesetz besagt, daß der Sinus des Einfallswinkels sich zum Sinus des Austrittswinkels verhält wie die Lichtgeschwindigkeit im ersten Medium zu der im zweiten. Beide Winkel sind spitz, und es ist daher $e > b$, wenn $v_1 > v_2$, dagegen $e < b$, wenn $v_1 < v_2$.

3. Das Brechungsdreieck. Wir wollen das Brechungsgesetz noch durch eine zweite Abbildung darstellen, in der wir die beiden Strahlen durch Vektoren repräsentieren, deren Betrag den Wellenlängen in beiden Medien umgekehrt proportional ist, und beide Vektoren von einem Punkte O aus abtragen. OE sei der einfallende, OB der gebrochene Strahl und $OE/OB = v_2/v_1$. Das Brechungsgesetz läßt sich dann so aussprechen, daß die dritte Seite des Dreiecks OEB, die Verbindungslinie EB, auf der Grenzfläche senkrecht stehen muß. Wir nennen OEB das Brechungsdreieck. Es treten aber zwei verschiedene Fälle auf, je nachdem $e > b$ oder $b > e$. Im ersten Fall hat EB die Richtung vom ersten zum zweiten Medium, im zweiten Fall die vom zweiten zum ersten. Wir wollen im ersten Fall von einer positiven Brechung sprechen, im zweiten von einer negativen. Im ersten Fall, in der die reziproke Lichtgeschwindigkeit zunimmt, wird durch die Brechung der Strahl der Normalen genähert, im zweiten Fall, wo die reziproke Lichtgeschwindigkeit abnimmt, wird er von der Normalen entfernt.

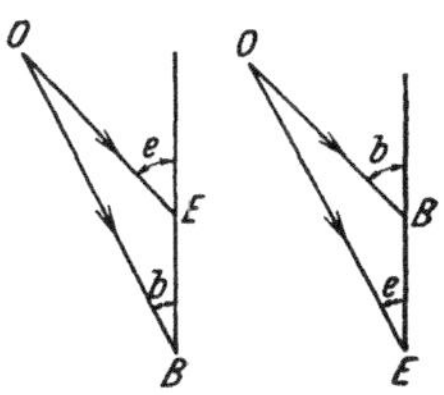

Abb. 2. Brechungsdreiecke.

4. Brechung durch ein Prisma. Wollen wir nun den Durchgang eines Strahles durch ein Prisma verfolgen, bei dem der gebrochene Strahl auf eine zweite Grenzfläche trifft, durch die er mit einer der ersten Brechung im Vorzeichen entgegengesetzten Brechung wieder in das erste Medium eintritt, so erlaubt die Konstruktion der Abb. 3, die eintretenden Richtungen zu übersehen. Wir nehmen zunächst an, daß die Normalen der beiden brechenden Flächen mit dem einfallenden Strahl in einer Ebene liegen, mit anderen Worten, daß die Schnittlinie der beiden Grenzflächen (die sog. brechende Kante des Prismas) auf dem eintretenden Strahl senkrecht steht, und daß die Lichtgeschwindigkeit im Prisma kleiner ist als die im umgebenden Medium. Da die zweite Brechung negativ ist, so haben wir BE' der Richtung der zweiten Normale entgegengesetzt zu ziehen und $\overline{OE'} = \overline{OE}$ zu machen; dann stellt der Vektor OE' den aus dem Prisma austretenden Strahl dar. Der Winkel EOE' ist die Gesamtablenkung und EBE' der brechende Winkel des Prismas. Das Verhältnis $OB/OE = v_1/v_2 = n$ heißt der Brechungsindex des zweiten Mediums gegen das erste.

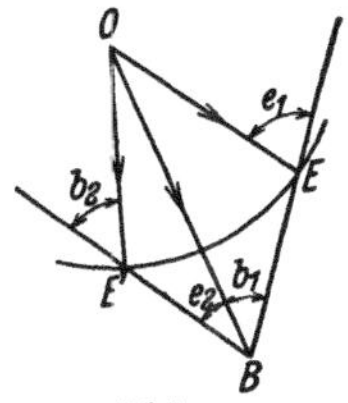

Abb. 3. Brechungsdreiecke eines Prismas.

5. Veränderung der Ablenkung mit der Lage des Prismas zum einfallenden Strahl. Drehen wir das Prisma um seine brechende Kante und denken wir uns dabei die Richtung des einfallenden Lichtes so geändert, daß der im Prisma verlaufende Strahl seine Richtung OB beibehält, dann rücken die Punkte E und E' auf dem mit dem Radius OE um O beschriebenen Kreisbogen in gleichem Sinne entlang. Es ist unmittelbar zu sehen, daß die Gesamtablenkung EOE' am kleinsten ist, wenn OB den Winkel EBE' halbiert, wenn also der einfallende und der aus dem Prisma austretende Strahl zu den brechenden Flächen symmetrisch liegen. Denn wenn BE sich um den Winkel $d\varphi$ um B dreht, so verschiebt sich E um

$$ds = \frac{BE\,d\varphi}{\cos e_1}.$$

Je größer b_1, um so größer werden BE und e_1, um so größer also auch $BE/\cos e_1$, und analog verschiebt sich E' um

$$ds' = \frac{BE'\,d\varphi}{\cos b_2},$$

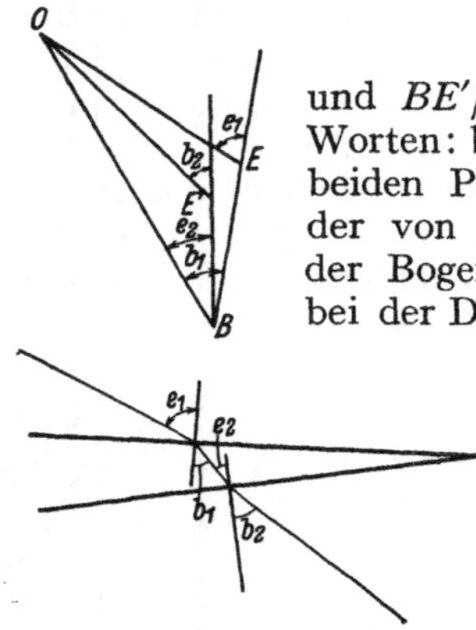

Abb. 4. Brechungsdreiecke eines Prismas und der Durchgang des Strahles durch das Prisma.

und $BE'/\cos b_2$ ist um so größer, je größer e_2. Mit anderen Worten: bei der Drehung des Winkels $E'BE$ um B wird von den beiden Punkten E und E' derjenige sich rascher verschieben, der von der Linie OB weiter entfernt ist. Daraus folgt, daß der Bogen EE' sich von der zu OB symmetrischen Lage aus bei der Drehung vergrößert, nach welcher Seite man auch dreht. Den größten Winkel EOE' erhält man, wenn BE oder BE' den Kreisbogen berührt, d. h. bei streifendem Ein- bzw. Austritt des Strahles. In diesem Grenzfall ist $\sin b_1 = v_2/v_1$ oder $\sin e_2 = v_2/v_1$. Wenn der Sinus des Brechungswinkels EBE' kleiner ist als v_2/v_1, so können E und E' auch auf derselben Seite von OB liegen. Wir werden dann gut tun, e_2 und b_2 Vorzeichen zu geben, die denen von e_1 und b_1 entgegengesetzt sind, damit auch in diesem Falle $b_1 + e_2$ der brechende Winkel und $e_1 + b_2 - (b_1 + e_2)$ die Gesamtablenkung sei. Abb. 4 zeigt für einen solchen Fall den Querschnitt des Prismas und den Durchgang des Lichtes zugleich mit den Brechungsdreiecken.

6. Das Minimum der Ablenkung. Das Minimum der Ablenkung tritt ein, wenn $e_1 = b_2$ und $b_1 = e_2$; daher $b_1 = \alpha/2$ (α gleich brechender Winkel) und $e_1 = \frac{D+\alpha}{2}$ (D gleich Gesamtablenkung) und wegen des Brechungsgesetzes

$$\sin\frac{D+\alpha}{2} = n \sin\frac{\alpha}{2}.$$

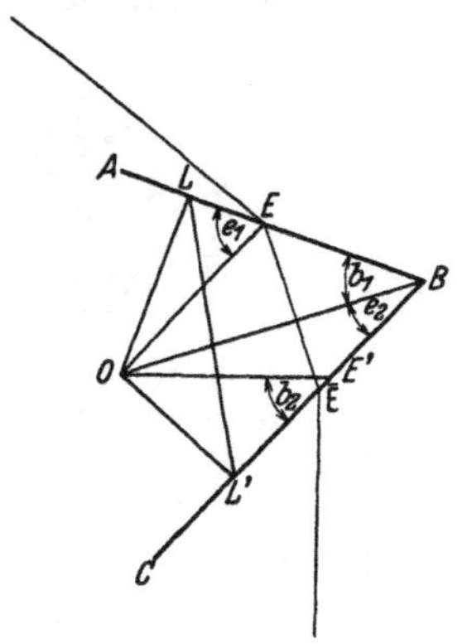

Abb. 5. Zusammenhang des Austritts- und Eintrittswinkels beim Prisma.

Nach dieser Gleichung berechnet sich der Brechungsindex n aus den Messungen der Gesamtablenkung D und des Brechungswinkels α (Methode von FRAUNHOFER).

7. Zweite graphische Konstruktion der Ablenkung durch ein Prisma. Statt durch das in Ziffer 4 geschilderte Verfahren kann man die Brechung eines Lichtstrahles durch ein Prisma auch auf folgende Weise konstruieren. Es stelle in Abb. 5 ABC den Querschnit des Prismas senkrecht zur brechenden Kante dar, die durch B läuft. Der Strahl treffe die erste brechende Fläche in E. Wir konstruieren das Dreieck BEO, in dem sich die Seiten EO und BO wie 1 zu n verhalten. Von E aus ziehen wir $E\bar{E}$ senkrecht zu BO und schlagen mit OE einen Kreisbogen um O bis zum Radius OE'. Der austretende Strahl verläßt dann die zweite brechende Fläche bei $\bar{E}$ in der Richtung senkrecht zu OE'. In $OEBE'$ erkennen wir die frühere Abb. 3 der beiden Brechungsdreiecke wieder, nur daß sie um 90° gedreht ist, entsprechend den Richtungen der drei Strahlen. Fällt man von O aus Lote OL und OL' auf die brechenden Flächen, so ist $BLOL'$ ein Kreisviereck mit dem Durchmesser $BO = n\,OE$ und, da in dem Dreieck LOL' die Seiten OL,

OL', LL' den Peripheriewinkeln b_1, e_2, α (brechender Winkel $= b_1 + e_2$) gegenüberliegen, so sind sie gleich

$$\begin{aligned} OL &= OB\sin b_1 = OE\,n\sin b_1 = OE\sin e_1\,,\\ OL' &= OB\sin e_2 = OL\,n\sin e_2 = OE\sin b_2\,,\\ LL' &= OB\sin\alpha = OE\,n\sin\alpha\,, \end{aligned}$$

und mithin ist nach dem Kosinussatz

$$\sin^2 e_1 + \sin^2 b_2 + 2\sin e_1 \sin b_2 \cos\alpha = n^2 \sin^2\alpha\,,$$

eine Formel, die unmittelbar die beiden Winkel e_1 und b_2 miteinander verknüpft, ohne daß man b_1 und e_2 zu betrachten braucht.

8. Allgemeine Berechnung des Brechungsindex. Um allgemein aus den Messungen von e_1, b_2, $\alpha = e_2 + b_1$ und $D = e_1 + b_2 - \alpha$, die sich mit dem Spektrometer ausführen lassen, den Brechungsindex $n = v_1/v_2$ zu berechnen, formt man am besten die beiden Gleichungen

$$\begin{aligned} \sin e_1 &= n\sin b_1\,,\\ \sin b_2 &= n\sin e_2 \end{aligned}$$

um, indem man sie zueinander addiert und voneinander subtrahiert. Nach Weglassung des Faktors 2 erhält man dann:

$$\begin{aligned} \sin\frac{e_1+b_2}{2}\cos\frac{e_1-b_2}{2} &= n\sin\frac{b_1+e_2}{2}\cos\frac{b_1-e_2}{2}\,,\\ \sin\frac{e_1-b_2}{2}\cos\frac{e_1+b_2}{2} &= n\sin\frac{b_1-e_2}{2}\cos\frac{b_1+e_2}{2}\,. \end{aligned}$$

In diesen beiden Gleichungen sind n und $\frac{b_1-e_2}{2}$ die beiden Unbekannten, da wir e_1, b_2, $b_1 + e_2 = \alpha$ als gemessen annehmen. Durch Division der linken und rechten Seiten hat man dann

$$\operatorname{tg}\frac{e_1-b_2}{2}\operatorname{cotg}\frac{e_1+b_2}{2} = \operatorname{tg}\frac{b_1-e_2}{2}\operatorname{cotg}\frac{b_1+e_2}{2}$$

oder

$$\operatorname{tg}\frac{b_1-e_2}{2} = \operatorname{tg}\frac{e_1-b_2}{2}\operatorname{cotg}\frac{D+\alpha}{2}\operatorname{tg}\frac{\alpha}{2}\,.$$

Aus dieser Gleichung ergibt sich $\frac{b_1-e_2}{2}$ und damit

$$n = \frac{\sin\frac{D+\alpha}{2}\cos\frac{e_1-b_2}{2}}{\sin\frac{\alpha}{2}\cos\frac{b_1-e_2}{2}} = \frac{\sin\frac{e_1-b_2}{2}\cos\frac{D+\alpha}{2}}{\cos\frac{\alpha}{2}\sin\frac{b_1-e_2}{2}}\,.$$

Sind $\frac{e_1-b_2}{2}$ und $\frac{b_1-e_3}{2}$ klein genug, d. h. ist man der symmetrischen Stellung nahe genug, so kann man bei Vernachlässigung eines Bruchteils von n von der Größe

$$\frac{1}{2}\left(\frac{b_1-e_2}{2}\right)^2 - \frac{1}{2}\left(\frac{b_1-b_2}{2}\right)^2 = -\frac{1}{2}\left(\frac{e_1-b_2}{2}\right)^2\left(1-\frac{\operatorname{tg}\frac{\alpha}{2}}{\operatorname{tg}\frac{D+\alpha}{2}}\right)$$

(bis auf Größen vierter Ordnung) die Formel anwenden, die für das Minimum der Ablenkung gilt,

$$n = \frac{\sin\frac{D+\alpha}{2}}{\sin\frac{\alpha}{2}}.$$

Selbst wenn z. B. e_1 und b_2 um einen Grad voneinander abweichen, so wird der Wert von n auf einen Bruchteil richtig sein, der kleiner ist als $4 \cdot 10^{-5}$.

9. Ablenkung durch zwei Prismen. Wird der aus dem Prisma austretende Strahl durch ein zweites Prisma, dessen brechende Kante der des ersten parallel ist, abermals abgelenkt, so kann der weitere Verlauf des Strahles durch eine Erweiterung der Abb. 3

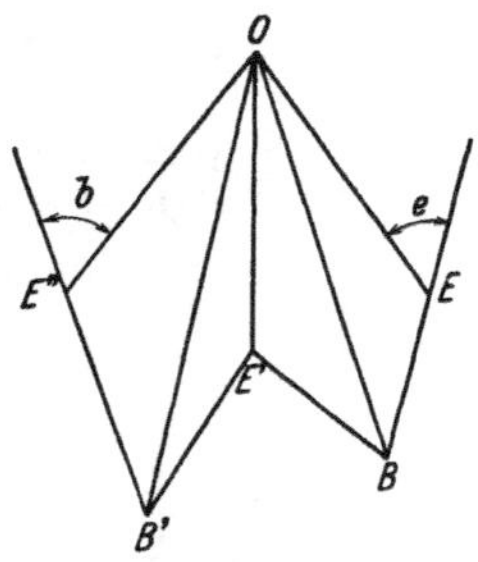

Abb. 6. Brechungsdreiecke bei zwei Prismen.

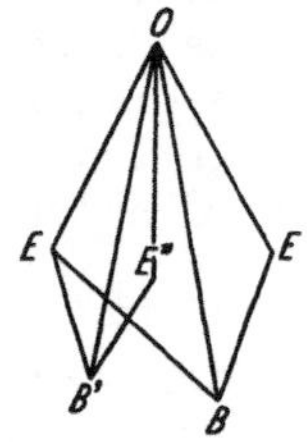

Abb. 7. Entgegengesetzte Brechungsdreiecke zweier Prismen.

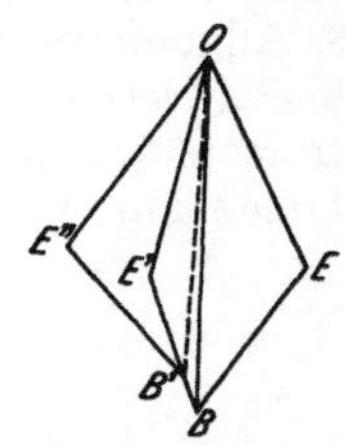

Abb. 8. Brechungsdreiecke zweier aneinanderliegender Prismen.

dargestellt werden, wie Abb. 6 zeigt. BE' und $B'E''$ geben die Richtungen der Normalen der brechenden Flächen des zweiten Prismas an. OB' ist die Richtung des Strahles im Innern des zweiten Prismas und OE'' die Richtung des aus dem zweiten Prisma austretenden Strahles. Es ist $OE = OE' = OE''$, und OB'/OE ist der Brechungsindex des zweiten Prismas, so daß, wenn beide Prismen aus demselben Material bestehen, $OB = OB'$ ist. In dem Falle der Abb. 6 hat die Ablenkung, die das zweite Prisma hervorruft, den gleichen Sinn wie die des ersten. Den anderen Fall stellt Abb. 7 dar. Wir wollen noch den Fall zeichnen, wo das zweite Prisma sich an das erste anlegt, so daß die erste brechende Fläche des zweiten Prismas mit der zweiten des ersten Prismas zusammenfällt. Die Brechungsexponenten der beiden Prismen sollen indessen voneinander verschieden sein (Abb. 8). Würden die Brechungsindizes gleich angenommen, so würden B und B' zusammenfallen. Dann wirken die beiden Prismen wie eins mit dem brechenden Winkel EBE'' und der Gesamtablenkung EOE''. Da der OE' entsprechende Strahl nicht zur Erscheinung kommt, so kann man dann die Linien OE' und $E'B'$ fortlassen.

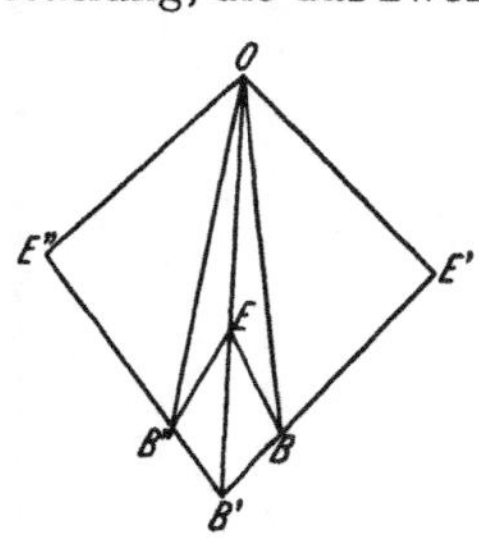

Abb. 9. Brechungsdreiecke beim geradsichtigen Prisma.

10. Das geradsichtige Prisma. Endlich wollen wir noch den Fall dreier Prismen zeichnen, die aneinandergelegt sind und keine Gesamtablenkung geben. Das erste und dritte Prisma sollen gleichen, das zweite einen größeren Brechungsindex haben (Abb. 9). Die Wirkung des ersten Prismas wird durch das Viereck $OEBE'$ dargestellt, die des zweiten durch $OE'B'E''$ und die des dritten durch $OE''B''E$. OB, OB', OB'' sind die Richtungen des Strahles im Innern der drei Prismen, während OE die Richtung beim Eintritt in das erste Prisma und beim Austritt aus dem dritten darstellt.

11. Schräger Durchgang durch ein Prisma. Es möge nun der allgemeine Fall des Durchgangs durch ein Prisma betrachtet werden, wenn der einfallende

Strahl nicht auf der brechenden Kante senkrecht steht. Die Abb. 3 stellt auch in diesem Fall den Verlauf des Strahles dar. Nur liegt jetzt die Normale BE' der zweiten brechenden Fläche nicht mehr in der Einfallsebene OEB, in welcher der Strahl sowohl vor seinem Eintritt in das Prisma wie während seines Laufes durch das Prisma verläuft, so daß die Austrittsebene $OE'B$ nicht mehr mit der Eintrittsebene zusammenfällt. Es bleibt aber $OE = OE'$, da ihr Verhältnis zu OB durch den Brechungsindex bestimmt ist, und EBE' bleibt, da BE und BE' die Normalen der brechenden Flächen sind, zur brechenden Kante des Prismas senkrecht. Wir können uns die Abb. 3 so vorstellen, daß $E'BE$ in der Ebene der Zeichnung liegt, während O den Mittelpunkt einer Kugel vom Radius $OE = OE'$ darstellt, die von der Ebene $E'BE$ nicht mehr in einem größten Kreise, sondern in einem kleineren Kreise geschnitten wird. Der Mittelpunkt dieses Kreises ist der Fußpunkt des von O auf die Zeichenebene gefällten Lotes. Daraus folgt unmittelbar, daß der eintretende und der austretende Strahl (OE und OE') mit der Zeichenebene, also auch mit der brechenden Kante (die ja auf der Zeichenebene senkrecht steht), gleiche Winkel bilden. Die senkrechten Projektionen der Strahlen OE und OE' auf die Zeichenebene liegen genau so wie in dem oben betrachteten Fall die Strahlen selbst. Bezeichnet also ε den Winkel, welchen OE und OE' mit der Zeichenebene machen, und β den Winkel, welchen OB, d. h. der im Prisma verlaufende Strahl, mit der Zeichenebene macht, so sind $OE\cos\varepsilon$, $OE'\cos\varepsilon$, $OB\cos\beta$ die Projektionen auf die Zeichenebene, d. h. es ist

$$\frac{OB\cos\beta}{OE\cos\varepsilon} = \frac{v_1}{v_2}\,\frac{\cos\beta}{\cos\varepsilon} = n\,\frac{\cos\beta}{\cos\varepsilon}\,.$$

Für die Projektionen auf die Zeichenebene haben wir mithin denselben Verlauf, als ob wir es mit einem Brechungsindex $\nu = n\,\dfrac{\cos\beta}{\cos\varepsilon}$ zu tun hätten.

Das Lot von O auf die Zeichenebene ist sowohl gleich $OB\sin\beta$ wie gleich $OE\sin\varepsilon$, daher $\sin\varepsilon/\sin\beta = OB/OE = n$ und folglich

$$\nu^2 = n^2\,\frac{1-\sin^2\beta}{\cos^2\varepsilon} = \frac{n^2}{\cos^2\varepsilon} - \frac{1}{\cos^2\varepsilon} + 1$$

oder

$$(\nu^2 - 1) = \frac{(n^2-1)}{\cos^2\varepsilon}$$

oder

$$\nu^2 - n^2 = (n^2 - 1)\,\mathrm{tg}^2\varepsilon\,.$$

Je größer also der Winkel ε, den der einfallende Strahl mit der brechenden Kante bildet, um so größer ist der Brechungsindex ν anzusetzen, nach dem die Projektionen auf der zur brechenden Kante senkrechten Ebene verlaufen.

Die Gesamtablenkung D ist der Winkel, den die Richtung OE' des austretenden Strahles mit der Richtung OE des eintretenden bildet. Bedeutet D' den Winkel zwischen den Projektionen auf die Zeichenebene, so ist der Zusammenhang zwischen D und D' unmittelbar durch die Betrachtung der halben Sehne $\frac{1}{2}EE'$ der räumlich aufgefaßten Abb. 3 gegeben. Denn einmal ist sie gleich

$$OE\sin D/2$$

und andererseits gleich

$$OE\cos\varepsilon\sin D'/2\,.$$

Mithin ist

$$\sin D/2 = \sin D'/2\cos\varepsilon\,.$$

Die Abb. 3, räumlich aufgefaßt, zeigt uns auch, daß bei einem gegebenen brechenden Winkel EBE' und gegebenem Brechungsindex $n = OB/OE$ das Minimum der Ablenkung $\sphericalangle EOE'$ eintritt, wenn B, E, O, E' in einer Ebene liegen und BO mit BE

und BE' gleiche Winkel bildet. Denn wenn wir BO und die Kugel um O mit dem Radius BO/n festhalten und den Winkel EBE' beliebig um B bewegen, wo E und E' die Punkte bedeuten, in denen die Schenkel des Winkels die Kugel von B aus zum erstenmal treffen, so wird der Winkel EOE' in jener symmetrischen Lage so klein wie möglich. Wenn man daher durch ein Prisma auf einen im Unendlichen parallel der brechenden Kante liegenden Spalt blickt, so wird er gekrümmt erscheinen, und zwar konkav nach der brechenden Kante hin. Denn die Blickrichtung wird um so weiter von der dem einfallenden Strahl entgegengesetzten Richtung abweichen, je stärker er abgelenkt wird.

12. Krümmung der Linien eines Prismenspektrums. Denken wir uns einen Spalt parallel der brechenden Kante, von dem einfarbiges Licht ausgeht, das durch eine Linse parallel gemacht wird. Das von der Mitte des Spaltes ausgehende Licht soll senkrecht zur brechenden Kante eines Prismas aus der Linse austreten und auf die eine Fläche des Prismas fallen, während die von den anderen Spaltpunkten herrührenden parallelen Lichtbündel gegen die brechende Kante geneigt sind. Nach dem Durchgang durch das Prisma sollen die Bündel durch eine zweite Linse in ihrer Brennebene punktförmig vereinigt werden. Die Achse der Linse sei dabei senkrecht zur brechenden Kante, so daß der Mittelpunkt des Spaltes in der Achse abgebildet wird. Das Bild des Spaltes erscheint dann gekrümmt. Wir wollen die Gestalt des Bildes untersuchen.

Ein Strahl, der gegen die zur brechenden Kante senkrechte Ebene geneigt ist, möge den Winkel ε mit ihr machen. Wir denken ihn uns auf diese Ebene senkrecht projiziert. Die senkrechte Projektion durchläuft das Prisma, wie in Ziff. 11 gezeigt wurde, gerade so, als ob sie ein Prisma von derselben Form, aber mit einem anderen Brechungsindex ν durchliefe, wo

$$\nu^2 - n^2 = (n^2 - 1)\,\mathrm{tg}^2\varepsilon\,.$$

Bezeichnen wir den Einfallswinkel der Projektion mit e_1 und den Austrittswinkel mit b_2', während b_2 den Austrittswinkel eines Strahles bezeichnet, der in der Projektionsebene mit demselben Einfallswinkel e_1 durch das Prisma abgelenkt wird, so ist nach Ziff. 7

$$\sin^2 e_1 + 2\sin e_1 \sin b_2 \cos\alpha + \sin^2 b_2 = n^2 \sin^2\alpha$$

und

$$\sin^2 e_1 + 2\sin e_1 \sin b_2' \cos\alpha + \sin^2 b_2' = \nu^2 \sin^2\alpha\,.$$

Durch Subtraktion der beiden Gleichungen erhalten wir

$$\sin^2 b_2' - \sin^2 b_2 + 2\sin e_1 \cos\alpha\,(\sin b_2' - \sin b_2) = (\nu^2 - n^2)\sin^2\alpha\,.$$

Wenn man der Kürze halber

$$\sin b_2' - \sin b_2 = u\,, \qquad \text{also} \qquad \sin^2 b_2' - \sin^2 b_2 = u\,(u + 2\sin b_2)$$

setzt, so erhält man für u die quadratische Gleichung

$$u^2 + 2\,(\sin b_2 + \sin e_1 \cos\alpha)\,u = (\nu^2 - n^2)\sin^2\alpha$$

und damit

$$u = \sqrt{(\nu^2 - n^2)\sin^2\alpha + (\sin b_2 + \sin e_1\cos\alpha)^2} - (\sin b_2 + \sin e_1 \cos\alpha)\,.$$

Die Wurzel ist mit dem positiven Vorzeichen zu nehmen, weil u für $\nu = n$ verschwindet. Zur bequemeren Berechnung führe man den Hilfswinkel β ein gemäß

$$\mathrm{tg}\,\beta = \frac{\sqrt{\nu^2 - n^2}\,\sin\alpha}{\sin b_2 + \sin e_1 \cos\alpha}\,,$$

dann ist

$$u = \sin b_2' - \sin b_2 = \operatorname{tg}\frac{\beta}{2}\sin\alpha\sqrt{\nu^2 - n^2}$$

oder, wenn man für $\nu^2 - n^2$ seinen Ausdruck in ε einsetzt,

$$\sin b_2' - \sin b_2 = \operatorname{tg}\frac{\beta}{2}\sin\alpha\sqrt{n^2 - 1}\operatorname{tg}\varepsilon\,,$$

wo

$$\operatorname{tg}\beta = \frac{\sqrt{n^2-1}\sin\alpha}{\sin b_2 + \sin e_1\cos\alpha}\operatorname{tg}\varepsilon\,.$$

Das Bild des Spaltes in der auf der Richtung b_2 senkrecht stehenden Fokalebene stellen wir in rechtwinkligen Koordinaten x, y dar. Die x-Achse verlaufe senkrecht zur brechenden Kante, und der Anfangspunkt liege da, wo die vom Mittelpunkt des Spaltes ausgehenden Strahlen die Fokalebene treffen. Ist f die Brennweite, so haben wir

$$x = f\operatorname{tg}(b_2' - b_2)\,,\qquad y = \frac{f}{\cos(b_2' - b_2)}\operatorname{tg}\varepsilon\,.$$

Für kleine Werte von ε ist β klein von derselben Ordnung; $\sin b_2' - \sin b_2$ und damit $b_2' - b_2$ sind von der Ordnung ε^2. Bei Vernachlässigung der Glieder von der Ordnung ε^4 haben wir dann

$$(b_2' - b_2)\cos b_2 = \frac{1}{2}\frac{\sin^2\alpha\,(n^2-1)}{\sin b_2 + \sin e_1\cos\alpha}\varepsilon^2$$

und somit angenähert

$$x = f m\varepsilon^2\,;\qquad y = f\varepsilon\,,$$

wo m der Kürze halber für

$$\frac{1}{2}\frac{\sin^2\alpha\,(n^2-1)}{\cos b_2(\sin b_2 + \sin e_1\cos\alpha)}$$

geschrieben ist. m ist das Verhältnis der halben Brennweite zum Krümmungsradius der Linie im Nullpunkt.

Sind die von der Mitte des Spaltes ausgehenden Strahlen beim Durchgang durch das Prisma im Minimum der Ablenkung, so ist $b_2 = e_1$ und $\sin e_1 = n\sin\alpha/2$.

Wir erhalten dann in der Gleichung

$$\sin b_2' - \sin b_2 = \operatorname{tg}\frac{\beta}{2}\sin\alpha\sqrt{n^2-1}\operatorname{tg}\varepsilon$$

für $\operatorname{tg}\beta$ den Ausdruck

$$\operatorname{tg}\beta = \frac{\sqrt{n^2-1}}{n}\frac{\operatorname{tg}\varepsilon}{\cos\alpha/2}\,.$$

Für kleine Werte von ε gehen daher die Ausdrücke für die Koordinaten der Spektrallinie über in

$$x = f m\varepsilon^2\,,\qquad y = f\varepsilon\,,$$

wo

$$m = \operatorname{tg} e_1\frac{n^2-1}{n^2}\,.$$

Bei den Spektroheliographen kommt es vor, daß man bei der Abbildung des Sonnenbildes den Winkel ε bis etwa 6°, also bis $\varepsilon = 0{,}1$ gehen läßt. Die Vernachlässigung von ε^4 in dem Ausdruck für x und von ε^3 in dem Ausdruck für y bedeutet dann einen relativen Fehler von der Ordnung ε^2. Wenn also für $\varepsilon = 0{,}1$ Fehler von der Ordnung eines Prozentes vermieden werden sollen, so reicht diese Annäherung nicht aus[1]. Es hat aber gar keine Schwierigkeit, nach den genauen Gleichungen zu rechnen.

---

[1] Vgl. W. S. Adams, The Curvature of the Spectral Lines in the Spectroheliograph. Ap J 11, S. 309 (1900).

Steht die Fokalebene nicht senkrecht auf der optischen Achse, so wird die Krümmung der Spektrallinie entsprechend geändert. Wird ferner Licht anderer Wellenlänge betrachtet, für das der vom Mittelpunkt des Spaltes durch die Mitte der ersten Linse laufende Strahl schräg zur optischen Achse aus der zweiten Linse austritt, so ist die Entfernung bis zum Bildpunkt an die Stelle von f zu setzen, wenn wir uns die Bildebene wieder senkrecht zu diesem Strahl denken.

Über die Krümmung der Spektrallinien beim Durchgang durch einen Prismensatz wird weiter unten gehandelt.

13. Minimum der Gesamtablenkung eines Strahles durch einen Prismensatz. Die Ablenkung eines Lichtstrahles durch zwei Prismen, auf deren zueinander parallelen brechenden Kanten er senkrecht steht, ist oben in Abb. 6 dargestellt worden. Die Gesamtablenkung D ist durch den Winkel EOE'' dargestellt. Aus der Abbildung erhellt sofort, daß die Gesamtablenkung D gleich ist der Summe des ersten Eintrittswinkels und des letzten Austrittswinkels, vermindert um den Winkel, den die erste Normale BE mit der letzen Normalen $B'E''$ macht. Denn man kann von der Richtung OE in die Richtung OE'' übergehen, indem man die Richtung OE zunächst in die Richtung EB, dann in die von $E''B'$ und endlich in die Richtung OE'' dreht. Wir sind dabei nicht daran gebunden, die Lichtgeschwindigkeit in den beiden Prismen oder auch in den Medien vor, zwischen und hinter den beiden Prismen gleich anzunehmen. Es müssen nur in der Abbildung die Längen OE, OB, OE', OB', OE'' den Lichtgeschwindigkeiten in den betreffenden Medien umgekehrt proportional sein. Man sieht unmittelbar, daß auch für beliebig viele Prismen dasselbe gelten muß. Die Gesamtablenkung unterscheidet sich von der Summe des ersten Eintrittswinkels und letzten Austrittswinkels nur um den Winkel, den die erste mit der letzten (p^{ten}) Normalen macht:

$$D = e_1 + b_p + \text{const.}$$

Bei Veränderung von e_1 ändert sich auch b_p, aber die Konstante bleibt dieselbe. Daraus folgt, daß die Gesamtablenkung D für verschiedene Eintrittswinkel nur dann ein Maximum oder Minimum haben kann, wenn

$$\frac{dD}{de_1} = 1 + \frac{db_p}{de_1} = 0, \quad \text{d. h.} \quad \frac{db_p}{de_1} = -1$$

ist, oder in Worten, wenn bei Drehung des einfallenden Strahles der letzte Austrittswinkel sich ebenso schnell, aber im entgegengesetzten Sinne ändert wie der erste Eintrittswinkel.

Um diesen Eintrittswinkel zu berechnen, muß b_p als Funktion von e_1 dargestellt werden. Das geschieht durch die Kette von Gleichungen

$$\frac{\sin e_1}{v_1} = \frac{\sin b_1}{v_2},$$
$$\frac{\sin e_2}{v_2} = \frac{\sin b_2}{v_3},$$
$$\vdots$$
$$\frac{\sin e_p}{v_p} = \frac{\sin b_p}{v_{p+1}},$$

wobei in der Regel $v_{p+1} = v_1$ sein wird, wenn der Strahl nach dem Durchgang durch die Prismen wieder in das erste Medium eintritt. Bei Veränderung von e_1 bleiben die Summen $b_1 + e_2$, $b_2 + e_3$, ..., $b_{p-1} + e_p$ unverändert. Denn das sind die Winkel zwischen den Richtungen aufeinanderfolgender Normalen oder, was dasselbe ist, zwischen aufeinanderfolgenden brechenden Flächen. Wir haben daher

$$\frac{de_k}{db_{k-1}} = -1.$$

Nun ist

$$\frac{d b_k}{d e_k} = \frac{v_{k+1}}{v_k} \frac{\cos e_k}{\cos b_k} = - \frac{d b_k}{d b_{k-1}}. \qquad (k = 2 \ldots p)$$

Mithin

$$\frac{d b_p}{d e_1} = \prod_{k=2}^{p} \frac{d b_k}{d b_{k-1}} \cdot \frac{d b_1}{d e_1} = (-1)^{p-1} \frac{v_{p+1}}{v_1} \prod_{k=1}^{p} \frac{\cos e_k}{\cos b_k}.$$

Da jedem Prisma zwei brechende Flächen entsprechen, so ist p gerade, und daher ergibt sich für ein Maximum oder Minimum der Gesamtablenkung die Gleichung

$$\frac{v_{p+1}}{v_1} \prod_{k=1}^{p} \frac{\cos e_k}{\cos b_k} = 1$$

oder für den Fall, wo $v_{p+1} = v_1$,

$$\prod_{k=1}^{p} \frac{\cos e_k}{\cos b_k} = 1 .$$

Die Berechnung des gesuchten Eintrittswinkels kann in der Weise geschehen, daß man zunächst durch Zeichnung für eine Reihe von Eintrittswinkeln e_1 die Gesamtablenkung D so genau, wie die Zeichnung es erlaubt, konstruiert. Hat man so einen Winkel gefunden, wo D ein Minimum hat, so dient der betreffende

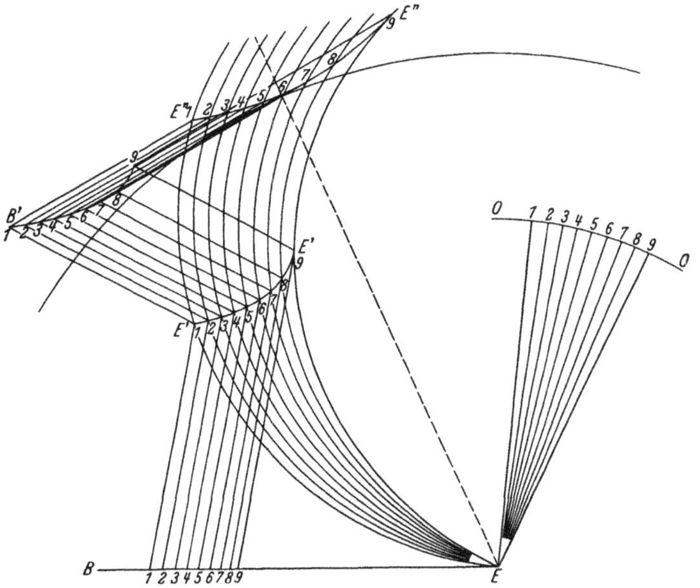

Abb. 10. Minimum der Ablenkung, Fall zweier Prismen.

Wert von e_1, da er noch nicht die erforderliche Genauigkeit haben wird, als erste Annäherung, mit der man nun den Wert von

$$\prod_{k=1}^{p} \frac{\cos e_k}{\cos b_k}$$

berechnet. Die Abweichung dieses Wertes von 1 liefert dann in der bekannten Weise die Verbesserung des Näherungswertes von e_1. Die Zeichnung läßt sich für eine größere Anzahl von Einfallswinkeln sehr rasch durchführen. Man hält dabei den Punkt E und die Grade EB fest, ändert dagegen die Punkte O, B, E' usw. in der Art, daß die Längen OE, OB, OE' usw. dieselben bleiben. Die Richtungen der Geraden BE', $E'B'$ usw. bleiben ebenfalls dieselben. Die verschiedenen Punkte O liegen also auf einem Kreisbogen um E vom Radius $1/v_1$. Die Punkte B werden dann gefunden, indem man mit dem Radius $1/v_2$ Kreisbögen um die Punkte O beschreibt und sie mit der Geraden EB schneidet. Durch die Reihe der Punkte B werden dann Parallelen in Richtung der zweiten Normale gezogen. Alsdann werden mit dem Radius $1/v_3$ um die Punkte O Kreisbögen geschlagen, von denen jeder mit der ihm entsprechenden Parallelen zum Schnitt gebracht wird usw. Die Gesamtablenkungen werden durch Kreisbögen dargestellt um die Punkte O, die alle von E ausgehen und den gleichen Radius besitzen. Die Größen der Ablenkungen können daher durch Kreisbögen, die um E geschlagen werden, miteinander verglichen werden. In Abb. 10 ist die Konstruktion für den Fall von zwei Prismen ausgeführt.

14. Astigmatismus. Fällt ein Bündel paralleler Lichtstrahlen gleicher Farbe auf eine ebene Trennungsfläche zweier optisch verschiedener Medien, so sind, wie wir gesehen haben, die gebrochenen Strahlen wieder einander parallel. Auch bei einer beliebigen Anzahl eben begrenzter, aufeinanderfolgender Medien muß also das in das letzte Medium tretende Bündel ebenfalls aus parallelen Lichtstrahlen bestehen oder, anders ausgedrückt, eine ebene Welle bleibt auch nach beliebig vielen Brechungen an ebenen Trennungsflächen homogener Medien eine ebene Welle.

Anders ist es, wenn die Lichtstrahlen von einem im Endlichen liegenden Punkte ausgehen oder, was dasselbe ist, wenn es sich um eine kugelförmige Welle handelt. Sie wird im allgemeinen nicht als Kugelwelle im letzten Medium heraustreten; die austretenden Lichtstrahlen werden sich nicht in einem Punkt schneiden, ein homozentrisches Strahlenbündel wird nach der Brechung ein nichthomozentrisches sein.

Von einem Punkte A in einem Medium von der Lichtgeschwindigkeit v_1 falle ein Lichtstrahl auf die ebene Begrenzung eines zweiten Mediums von der Lichtgeschwindigkeit v_2. Die Grenzfläche machen wir zur x, y-Ebene eines rechtwinkligen Koordinatensystems, dessen Anfangspunkt O wir in den Punkt legen, in dem der Strahl die Ebene trifft. Die x, z-Ebene legen wir durch den Punkt A. Wir wollen zunächst nur die Strahlen betrachten, die in der x, z-Ebene liegen und dem Strahl AO benachbart sind. Sie werden in dieser Ebene gebrochen. Der Weg eines benachbarten, bei der Abszisse x die Grenzfläche treffenden Strahles AP, soweit er im ersten Medium liegt, ist

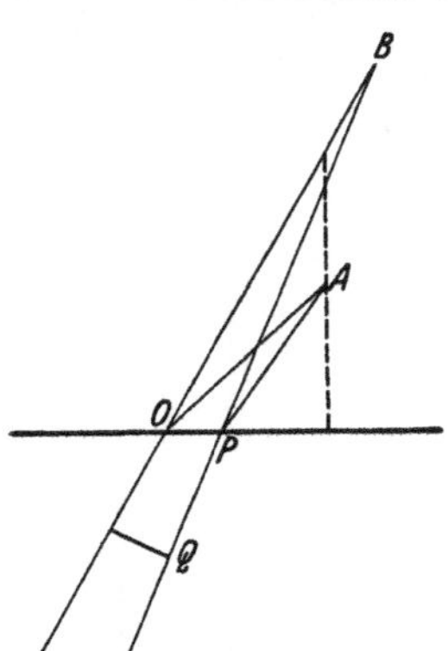

Abb. 11. Der Astigmatismus bei der Brechung an einer ebenen Fläche.

$$\sqrt{(x_a - x)^2 + z_a^2} = \sqrt{r_a^2 - 2 x_a x + x^2}\,,$$

wo $r_a = \overline{OA}$ gesetzt ist, oder nach Potenzen von x entwickelt

$$\overline{AP} = r_a - \frac{x_a}{r_a} x + \frac{1}{2} \frac{1}{r_a} \left(1 - \frac{x_a^2}{r_a^2}\right) x^2 + \cdots$$

Die Strahlen AP dringen mit veränderter Richtung in das zweite Medium ein. Die Lichtwelle, deren Normalen sie sind, wird in der x, z-Ebene durch einen Kreisbogen angenähert, der seinen Mittelpunkt in einem Punkte B des ersten Mediums haben wird (Abb. 11). Die Bedingung für die

Lage von B ist die, daß die von A ausgehende Lichtwelle zu gleicher Zeit an den verschiedenen Punkten des Kreisbogens eintrifft. Ist also PQ der Weg des gebrochenen Strahles bis zu dem Kreisbogen, so muß

$$\frac{AP}{v_1} + \frac{PQ}{v_2}$$

für die verschiedenen Lagen von P längs der brechenden Fläche möglichst konstant sein. Da nun $PQ = BQ - BP$ und BQ auf dem Kreisbogen immer denselben Wert hat, so muß auch

$$\frac{AP}{v_1} - \frac{BP}{v_2}$$

konstant sein.

Die Entwicklung nach Potenzen von x liefert für diese Größe

$$\frac{r_a}{v_1} - \frac{r_b}{v_2} - \left(\frac{x_a}{r_a v_1} - \frac{x_b}{r_b v_2}\right) x + \frac{1}{2}\left[\frac{1}{r_a v_1}\left(1 - \frac{x_a^2}{r_a^2}\right) - \frac{1}{r_b v_2}\left(1 - \frac{x_b^2}{r_b^2}\right)\right] x^2 + \cdots$$

Soll dies für hinreichend kleine Werte von x einen von x möglichst unabhängigen Wert haben, so müssen die Glieder niedrigster Ordnung in x so weit wie möglich zum Verschwinden gebracht werden. Das Glied erster Ordnung liefert die Bedingung

$$\frac{x_a}{r_a v_1} - \frac{x_b}{r_b v_2} = 0 \quad \text{oder} \quad \frac{\sin e}{v_1} = \frac{\sin b}{v_2},$$

das ist das Brechungsgesetz. Das Glied zweiter Ordnung liefert

$$\frac{\cos^2 e}{r_a v_1} = \frac{\cos^2 b}{r_b v_2}.$$

Daraus bestimmt sich die Lage des Punktes B. Die erste Gleichung liefert durch den Winkel b die Richtung von OB, und die zweite Gleichung bestimmt die Entfernung

$$\overline{OB} = r_b = \frac{v_1}{v_2} r_a \frac{\cos^2 b}{\cos^2 e}.$$

Was die Lage der Strahlen außerhalb der x, z-Ebene betrifft, so ist nur zu beachten, daß alles symmetrisch ist um eine durch A senkrecht zur brechenden Fläche gelegte Achse. Wir erhalten alle übrigen gebrochenen Strahlen, wenn wir die in der x, z-Ebene konstruierten, die angenähert durch B laufen, um diese Achse drehen. Da sie selbst die Achse schneiden, so tun das also auch alle übrigen Strahlen.

Der Punkt B liegt dagegen nicht auf der Achse und wird daher bei der Rotation einen Kreisbogen beschreiben. Der Punkt, wo OB die Achse schneidet, liegt im Abstand

$$\bar{r}_b = r_a \frac{\sin e}{\sin b} = \frac{v_1}{v_2} r_a$$

von O. Ist, wie in Abb. 11 angenommen, $v_2 < v_1$, so ist $e > b$, also $\cos^2 e < \cos^2 b$, mithin $\overline{OB} > \frac{v_1}{v_2} r_a$. Von den beiden Brennlinien des gebrochenen Strahlenbündels liegt also die zur Einfallsebene senkrechte weiter zurück als die in der Einfallsebene.

Wenn dagegen $v_2 > v_1$ und damit $e < b$ und $\cos^2 e > \cos^2 b$, so wird $\overline{OB} < \frac{v_1}{v_2} r_a$. Der Punkt B liegt dann von O aus diesseits der Achse, und die zur Einfallsebene senkrechte Brennlinie des gebrochenen Strahlenbündels liegt nicht so weit zurück wie die in die Einfallsebene fallende. Der Astigmatismus des gebrochenen Lichtbündels kann durch den Abstand

$$\frac{v_1}{v_2} r_a \left(\frac{\cos^2 b}{\cos^2 e} - 1\right)$$

der beiden Brennlinien gemessen werden, wenn wir ihn in dem einen Falle positiv, im anderen Falle negativ rechnen.

15. Winkeländerung der Strahlen infolge der Brechung. Betrachten wir zwei von A in der Einfallsebene ausgehende Strahlen, die den Winkel $d\omega$ miteinander bilden, so ist $\frac{r_a d\omega}{\cos e}$ der Abstand der Punkte, in denen sie die brechende Fläche treffen. Betrachten wir andererseits die beiden entsprechenden gebrochenen Strahlen, die den Winkel $d\omega'$ miteinander bilden, so wird derselbe Abstand ausgedrückt durch

$$\frac{r_b\, d\omega'}{\cos b}.$$

Mithin ergibt sich für das Winkelverhältnis $d\omega'/d\omega$, das auch Winkelvergrößerung genannt wird, der Wert

$$\frac{d\omega'}{d\omega} = \frac{r_a}{r_b}\,\frac{\cos b}{\cos e} = \frac{v_2}{v_1}\,\frac{\cos e}{\cos b}.$$

Zwei von A ausgehende, in der durch OA senkrecht zur Einfallsebene gelegten Ebene verlaufende Strahlen mögen auch den Winkel $d\omega$ miteinander bilden. Dann ist $r_a\, d\omega$ der Abstand der Punkte, in denen sie die brechende Fläche treffen. Ist nun $d\omega''$ der Winkel zwischen den entsprechenden gebrochenen Strahlen, so ist derselbe Abstand gleich $\bar{r}_b\, d\omega''$, d. h. gleich $\frac{v_1}{v_2} r_a\, d\omega''$, mithin:

$$\frac{d\omega''}{d\omega} = \frac{v_2}{v_1}.$$

Das gebrochene Strahlenbündel hat also in den beiden aufeinander senkrechten Ebenen die voneinander verschiedenen Winkelvergrößerungen

$$\frac{d\omega'}{d\omega} = \frac{v_2}{v_1}\,\frac{\cos e}{\cos b} \quad \text{und} \quad \frac{d\omega''}{d\omega} = \frac{v_2}{v_1}.$$

16. Astigmatismus bei mehreren Brechungen. Es möge nun berechnet werden, wie sich der Astigmatismus des Strahlenbündels ändert, wenn es auf weitere ebene brechende Flächen trifft, die wir aber alle parallel einer brechenden Kante voraussetzen, auf der das Strahlenbündel senkrecht steht. Die Einfallsebenen sämtlicher Brechungen fallen dann zusammen, und wir können für sich die Brennlinien betrachten, die auf der Einfallsebene senkrecht stehen, und ebenso für sich die Brennlinien, die in der Einfallsebene liegen.

Was zunächst die ersteren betrifft, so spielt für die zweite brechende Fläche der Punkt B dieselbe Rolle, die A für die erste gespielt hat. Ist nun d_1 die Länge des gebrochenen Strahles zwischen der ersten und zweiten brechenden Fläche, so tritt bei der zweiten Brechung $r_b + d_1$ für r_a ein. Wir schreiben daher

$$r'_a = r_b + d_1,$$

und indem wir r'_b die Entfernung der Brennlinie von der zweiten brechenden Fläche für das zweimal gebrochene Strahlenbündel nennen, erhalten wir analog der Gleichung für die erste Brechung

$$r_b = \frac{v_1}{v_2}\, r_a\, \frac{\cos^2 b_1}{\cos^2 e_1}$$

jetzt

$$r'_b = \frac{v_2}{v_3}\, r'_a\, \frac{\cos^2 b_2}{\cos^2 e_2} \qquad (r'_a = r_b + d_1)$$

und in gleicher Weise für die folgende Brechung

$$r''_b = \frac{v_3}{v_4}\, r''_a\, \frac{\cos^2 b_3}{\cos^2 e_3} \qquad (r''_a = r'_b + d_2)$$

usw.

Die zugehörigen Winkelvergrößerungen sind für die einzelnen aufeinanderfolgenden Brechungen

$$\frac{v_2}{v_1}\frac{\cos e_1}{\cos b_1}, \quad \frac{v_3}{v_2}\frac{\cos e_2}{\cos b_2}, \quad \ldots,$$

für das nach der $p$ten Brechung austretende Strahlenbündel also

$$\frac{v_{p+1}}{v_1}\prod_{k=1}^{p}\frac{\cos e_k}{\cos b_k}.$$

Für die in der Einfallsebene liegende Brennlinie fanden wir bei der ersten Brechung die Entfernung $\bar{r}_b$ von der brechenden Fläche

$$\bar{r}_b = \frac{v_1}{v_2}r_a.$$

Analog finden wir für die zweite Brechung

$$\bar{r}'_b = \frac{v_2}{v_3}\bar{r}'_a, \qquad (\bar{r}'_a = \bar{r}_b + d_1)$$

$$\bar{r}''_b = \frac{v_3}{v_4}\bar{r}''_a \qquad (\bar{r}''_a = \bar{r}'_b + d_2)$$

usw.

Die Winkelvergrößerungen sind

$$\frac{v_2}{v_1}, \quad \frac{v_3}{v_2}, \quad \ldots$$

und daher für das nach der $p$ten Brechung austretende Strahlenbündel

$$\frac{v_2}{v_1}\frac{v_3}{v_2}\cdots\frac{v_{p+1}}{v_p} = \frac{v_{p+1}}{v_1}.$$

Ist das letzte Medium dasselbe wie das erste, also $v_{p+1} = v_1$, so tritt mithin nur in der Einfallsebene die Winkelvergrößerung

$$\frac{v_{p+1}}{v_1}\prod\frac{\cos e_k}{\cos b_k}$$

ein. Auch hier erhalten wir den Wert 1 und damit keine Winkeländerung, wenn das Strahlenbündel im Minimum der Ablenkung liegt (vgl. Ziff. 13).

Der Astigmatismus des nach der $p$ten Brechung austretenden Strahlenbündels wird durch den Abstand

$$r_b^{(p-1)} - \bar{r}_b^{(p-1)}$$

gemessen.

Denken wir uns den Fall, daß die Strecken d zwischen den brechenden Flächen gegen die Entfernungen r vernachlässigt werden können, so wird

$$r_b^{(p-1)} = \frac{v_1}{v_{p+1}}r_a\prod_{k=1}^{p}\frac{\cos^2 b_k}{\cos^2 e_k}$$

und

$$\bar{r}_b^{(p-1)} = \frac{v_1}{v_{p+1}}r_a.$$

Der Abstand der beiden Brennlinien des austretenden Strahlenbündels wird mithin

$$\frac{v_1}{v_{p+1}}r_a\left(\prod_{k=1}^{p}\frac{\cos^2 b_k}{\cos^2 e_k} - 1\right).$$

Für das Minimum der Ablenkung fanden wir oben (Ziff. 13) die Bedingung

$$\frac{v_{p+1}}{v_1}\prod_{k=1}^{p}\frac{\cos e_k}{\cos b_k} = \pm 1\,,$$

also

$$\prod_{k=1}^{p}\frac{\cos^2 b_k}{\cos^2 e_k} = \left(\frac{v_{p+1}}{v_1}\right)^2.$$

Für diesen Fall ergibt sich also der Abstand der beiden Brennlinien gleich

$$r_a\left(\frac{v_{p+1}}{v_1} - \frac{v_1}{v_{p+1}}\right)$$

und mithin gleich Null, wenn die Lichtgeschwindigkeit im letzten Medium gleich der im ersten Medium ist.

Können die Wege d zwischen den brechenden Flächen gegen die Entfernungen r nicht vernachlässigt werden, so wird der Abstand der Brennlinien des austretenden Strahlenbüschels von den Werten der d abhängen.

Für den Fall von zwei Brechungen z. B. ist

$$r_b' = \frac{v_2}{v_3}\left(\frac{v_1}{v_2}\,\frac{\cos^2 b_1}{\cos^2 e_1}\,\frac{\cos^2 b_2}{\cos^2 e_2}\,r_a + \frac{\cos^2 b_2}{\cos^2 e_2}\,d\right),$$

$$\bar{r}_b' = \frac{v_2}{v_3}\left(\frac{v_1}{v_2}\,r_a + d\right)$$

und mithin der Abstand der Brennlinien gleich

$$\frac{v_1}{v_3}\left(\frac{\cos^2 b_1}{\cos^2 e_1}\,\frac{\cos^2 b_2}{\cos^2 e_2} - 1\right)r_a + \frac{v_2}{v_3}\left(\frac{\cos^2 b_2}{\cos^2 e_2} - 1\right)d\,.$$

Im Minimum der Ablenkung wird der Astigmatismus keineswegs verschwinden und kann für $v_1 = v_3$ auch nicht durch passende Wahl von r_a zum Verschwinden gebracht werden. Wenn indessen der Koeffizient von r_a nicht verschwindet, so läßt sich r_a so bestimmen, daß das Strahlenbündel stigmatisch wird. Fällt z. B. das Licht auf die erste Fläche senkrecht ein, so ist $e_1 = b_1 = 0$. Es wird der Astigmatismus also Null, wenn

$$v_1 r_a + v_2 d = 0\,,$$

d. h. das Bündel muß konvergierend auf die erste Fläche fallen mit dem Zentrum im Abstand $\frac{v_2}{v_1}d = -r_a$ hinter den Punkt, wo es die erste Fläche trifft.

Auch bei beliebig vielen Brechungen wird der Ausdruck für den Abstand der Brennlinien, wenn wir ihn als Funktion von r_a und der d-Werte ausdrücken, in r_a linear. Es gibt daher auf jedem eintretenden Strahl einen Punkt A von der Art, daß ein von A ausgehendes, unendlich schmales Strahlenbündel beim Austritt in das letzte Medium wieder stigmatisch ist.

Wenn wir den einfallenden Strahl parallel mit sich senkrecht zur brechenden Kante verschieben, so daß alle Einfalls- und Brechungswinkel dieselben bleiben, so wird der Abstand der Brennlinien des austretenden Büschels eine lineare Funktion von r_a und den sämtlichen d-Werten mit festen Koeffizienten. Nun sind aber offenbar die d-Werte lineare Funktionen der Parallelverschiebung, also ist auch der Wert von r_a, der den Astigmatismus zum Verschwinden bringt, eine lineare Funktion der Parallelverschiebung. Mithin liegen alle Punkte A auf einer Geraden. Da ferner auch $r_b^{(k-1)}$ eine lineare Funktion der Parallelverschiebung ist, so wird auch das Zentrum des austretenden stigmatischen Strahlenbündels sich auf einer Geraden verschieben.

17. Gesichtswinkel eines durch Prismen betrachteten Spaltes. Wir betrachteten oben (Ziff. 15) die Richtungsänderungen zweier von einer Lichtquelle A ausgehenden, senkrecht zur brechenden Kante verlaufenden Strahlen und das Verhältnis, in dem sich der kleine Winkel zwischen ihnen durch die Brechungen ändert. Wir können auch umgekehrt von einem Punkte eines austretenden Strahles ausgehen und einen benachbarten, durch denselben Punkt gehenden Strahl rückwärts durch die brechenden Medien verfolgen. Er wird im ersten Medium nicht durch den Punkt A gehen und mit dem durch A gehenden Strahl einen gewissen Winkel bilden. Das Verhältnis des Winkels im letzten Medium zu dem im ersten wird aber dasselbe sein, das oben für die Winkelvergrößerung berechnet und durch den Ausdruck

$$\frac{v_{p+1}}{v_1} \prod_{k=1}^{p} \frac{\cos e_k}{\cos b_k}$$

wiedergegeben wurde oder, wenn das letzte Medium mit dem ersten identisch ist, durch

$$\prod_{k=1}^{p} \frac{\cos e_k}{\cos b_k}.$$

Liegt A hinreichend weit von den brechenden Flächen entfernt, so können wir diesen Wert auch auffassen als die Änderung, welche die Winkelbreite eines zur brechenden Kante parallelen Spaltes erfährt, wenn er durch die brechenden Medien hindurch betrachtet wird. Im Minimum der Ablenkung erscheint er gleich breit, für andere Strahlengänge wird er je nach den größeren oder kleineren Werten von

$$\prod \frac{\cos e_k}{\cos b_k}$$

verbreitert oder verengert erscheinen. Durch ein Prisma betrachtet, wird z. B. bei streifendem Eintritt ($e_1 = 90°$) das Spaltbild unendlich schmal, bei streifendem Austritt ($b_2 = 90°$) unendlich verbreitert erscheinen.

18. Zusammenhang von Querschnitt und Richtungsunterschied eines Strahlenbündels bei Brechungen. Die Gesetze, nach denen sich das Strahlenbündel beim Durchgang durch die brechenden Flächen ändert, können in einer anderen Form ausgedrückt werden, indem wir nicht einen leuchtenden Punkt A, sondern eine kleine quer zum Strahl gelegene Strecke dq_A als Lichtquelle betrachten. Wir nehmen dq_A zunächst in der Einfallsebene an. Durch die erste Brechung wird dann für das gebrochene Strahlenbündel die entsprechende Querstrecke dq_B die Größe haben, die sich durch die Winkelvergrößerung

$$\frac{d\omega_B}{d\omega_A} = \frac{v_2}{v_1} \frac{\cos e_1}{\cos b_1}$$

ergibt, also

$$\frac{dq_B/r_B}{dq_A/r_A} = \frac{v_2}{v_1} \frac{\cos e_1}{\cos b_1}$$

oder

$$\frac{dq_B \cos b_1}{v_2 r_B} = \frac{dq_A \cos e_1}{v_1 r_A}.$$

Da nun

$$\frac{r_B\, d\omega_B}{\cos b_1} = \frac{r_A\, d\omega_A}{\cos e_1},$$

so folgt durch Multiplikation der rechten und linken Seiten der letzten beiden Gleichungen:

$$\frac{dq_B\, d\omega_B}{v_2} = \frac{dq_A\, d\omega_A}{v_1}.$$

Wenn man also den Querschnitt des Strahlenbündels in dem Punkte der zur Einfallsebene senkrechten Brennlinie mit seinem Öffnungswinkel multipliziert und durch die Lichtgeschwindigkeit dividiert, so bleibt dieser Wert bei der Brechung derselbe. Folglich muß nach der $p$ten Brechung der Querschnitt dq und die Öffnung $d\omega$ der Gleichung genügen

$$\frac{dq\,d\omega}{v_{p+1}} = \frac{dq_A\,d\omega_A}{v_1}$$

und für $v_{p+1} = v_1$

$$dq\,d\omega = dq_A\,d\omega_A\,.$$

Betrachten wir andererseits die von A ausgehenden Strahlen in einer zur Einfallsebene senkrechten Ebene und denken uns auch hier an Stelle des Punktes A eine kleine Strecke $d\bar{q}_A$ senkrecht zur Einfallsebene. Bei der Brechung geht dann A in B und $d\bar{q}_A$ in $d\bar{q}_B$ über, wobei $d\bar{q}_B = d\bar{q}_A$.

Der Öffnungswinkel $d\bar{\omega}_A$ geht in $d\bar{\omega}_B$ über, wobei, wie oben gezeigt,

$$\frac{d\bar{\omega}_A}{v_1} = \frac{d\bar{\omega}_B}{v_2}\,.$$

Wir haben also auch hier

$$\frac{d\bar{q}_A\,d\bar{\omega}_A}{v_1} = \frac{d\bar{q}_B\,d\bar{\omega}_B}{v_2}$$

und, da für jede Brechung das Analoge gilt, auch für das nach der $p$ten Brechung austretende Strahlenbündel

$$\frac{d\bar{q}\,d\bar{\omega}}{v_{p+1}} = \frac{d\bar{q}_A\,d\bar{\omega}_A}{v_1}$$

und für $v_{p+1} = v_1$

$$d\bar{q}\,d\bar{\omega} = d\bar{q}_A\,d\bar{\omega}_A\,.$$

Wir können nun beides zusammenfassen, wenn wir als Lichtquelle statt A ein kleines Rechteck $dq_A \cdot d\bar{q}_A$ betrachten.

Bezeichnen wir die Fläche dieses Rechtecks mit dQ_A und die Öffnung $d\omega_A \cdot d\bar{\omega}_A$ des ganzen Strahlenbündels mit $d\Omega_A$, so erhalten wir nach der $p$ten Brechung, vorausgesetzt, daß wir den Astigmatismus vernachlässigen dürfen, den Querschnitt dQ und die Öffnung $d\Omega$, die der Gleichung genügen müssen

$$\frac{dQ\,d\Omega}{v^2} = \frac{dQ_A\,d\Omega_A}{v_1^2}$$

oder für $v = v_1$

$$dQ\,d\Omega = dQ_A\,d\Omega_A\,.$$

Auf die Unveränderlichkeit von

$$\frac{dQ\,d\Omega}{v^2}$$

bei der Brechung hätten wir auch direkt aus einer Energiebetrachtung schließen können.

19. Vermeidung des Astigmatismus bei Brechung an ebenen Flächen. Der Astigmatismus bei der Brechung an ebenen Flächen wird ganz und gar vermieden, wenn man es mit ebenen Lichtwellen zu tun hat. Aus diesem Grunde wird bei spektroskopischen Prismenapparaten vor die brechenden Flächen eine Linse gesetzt, welche die vom Spalt ausgehenden Lichtwellen in ebene Wellen verwandelt oder, wie man auch sagen kann, welche den Spalt ins Unendliche verlegt. Die austretenden Lichtwellen sind dann ebenfalls eben, und eine hinter den Prismen angebrachte Linse entwirft ein Bild des Spaltes in der von ihm ausgehenden Farbe.

20. Die Farbenzerstreuung. Die Brechung des Lichtes kann nun dazu dienen, es in seine verschiedenen Farben zu zerlegen dadurch, daß in demselben Medium die verschiedenen Farben verschiedene Lichtgeschwindigkeiten haben.

An der Grenze zweier Medien, in denen das Verhältnis der Lichtgeschwindigkeiten $n = v_1/v_2$ für zwei Farben verschiedene Werte hat, werden die beiden Farben bei gleichem Einfallswinkel voneinander verschiedene Brechungswinkel haben. Bei weiteren Brechungen kann durch passende Anordnung der Richtungsunterschied der beiden Farben noch vergrößert werden, mit dem sie dann in das letzte Medium austreten, das in der Regel mit dem ersten übereinstimmt. In Abb. 12 ist für ein Prisma der Gang von drei Strahlen mit dem Brechungskoeffizienten $n = 1{,}4;\ 1{,}5;\ 1{,}6$ konstruiert, die in derselben Richtung auf das Prisma auffallen. Die drei Richtungen der austretenden Strahlen ergeben sich durch die Schnittpunkte E_1, E_2, E_3 der drei Normalen B_1E_1, B_2E_2, B_3E_3 mit dem um O geschlagenen Kreise. Die Punkte B_1, B_2, B_3 ergeben sich durch die Schnittpunkte der drei Kreisbögen mit den Radien $OB_1 = 1{,}4\,OE$; $OB_2 = 1{,}5\,OE$; $OB_3 = 1{,}6\,OE$ mit der Normalen EB. Die Farbenzerstreuung wird also einmal dadurch bewirkt, daß die Punkte B_1, B_2, B_3 auseinanderfallen, weil ihnen verschiedene Werte von n entsprechen, zweitens aber auch dadurch, daß die Punkte E_1, E_2, E_3 noch weiter auseinanderrücken. Mit wachsendem n rücken die Punkte E immer stärker auseinander.

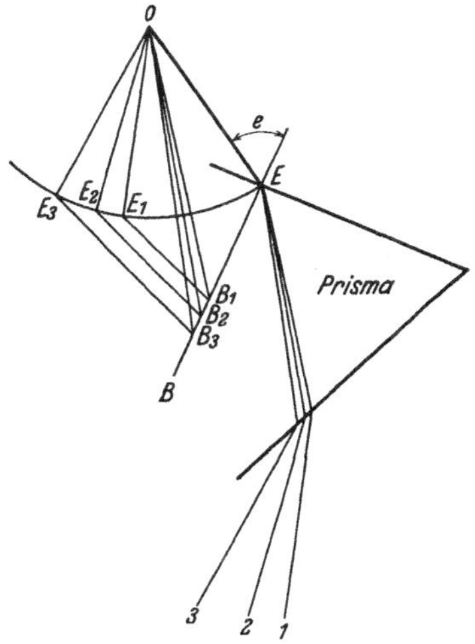

Abb. 12. Die Farbenzerstreuung durch ein Prisma.

21. Zusammenhang der Farbenzerstreuung mit der Dispersion eines Mediums. Die Farbenzerstreuung wird durch den Wert

$$\frac{dD}{d\lambda}$$

ausgedrückt, wo D die Ablenkung und λ die Wellenlänge der betrachteten Farbe bezeichnet. Sie läßt sich aus der Dispersion

$$\frac{dn}{d\lambda}$$

berechnen, d. h. aus der Änderung des Brechungskoeffizienten pro Einheit der Wellenlängenänderung.

Aus den Gleichungen

$$\sin e = n \sin b_1\,, \qquad b_1 + e_2 = \alpha$$

$$n \sin e_2 = \sin b_2$$

ergibt sich durch Differentiation

$$0 = \frac{dn}{d\lambda}\sin b_1 + n\cos b_1 \frac{db_1}{d\lambda}\,,$$

$$\frac{dn}{d\lambda}\sin e_2 - n\cos e_2 \frac{db_1}{d\lambda} = \cos b_2 \frac{db_2}{d\lambda}\,,$$

mithin, da $\frac{dD}{d\lambda} = \frac{db_2}{d\lambda}$,

$$\frac{dD}{d\lambda} = \frac{\sin\alpha}{\cos b_1 \cos b_2}\frac{dn}{d\lambda}\,.$$

Dieselbe Beziehung läßt sich auch aus der Abb. 12 ablesen. Denn $\frac{dn}{\cos b_1}$ ist die Verschiebung des Punktes B_ν, die der Änderung dn von OB_ν entspricht (OE gleich 1 angenommen), $\frac{\sin\alpha\, dn}{\cos b_1}$ ist die Projektion dieser Strecke senkrecht zu $B_\nu E_\nu$, und $\frac{\sin\alpha\, dn}{\cos b_1 \cos b_2}$ ist die entsprechende Verschiebung von E_ν.

22. Minimum der Farbenzerstreuung. Die Farbenzerstreuung wird unendlich groß, wenn der Strahl streifend austritt, weil dann $\cos b_2$ verschwindet. Für gleiche Werte von α, b_1, b_2 ist die Farbenzerstreuung bei Prismen aus verschiedenem Material proportional der Dispersion $dn/d\lambda$.

Bei gleichen Werten von α und $dn/d\lambda$ ist die Farbenzerstreuung um so größer, je kleiner

$$\cos b_1 \cos b_2 .$$

Sie kann also wohl unendlich groß, aber nicht Null werden. Ihr kleinster Wert entspricht dem größten Wert dieses Kosinusproduktes. Betrachten wir dieses als Funktion des zweiten Einfallswinkels e_2, so sehen wir, daß der Differentialquotient nach e_2

$$\sin b_1 \cos b_2 - \cos b_1 \sin b_2 \frac{d b_2}{d e_2}$$

für $e_2 = 0$ gleich $\sin b_1$, also positiv, und für $e_2 = \alpha$, und daher $b_1 = 0$ gleich $-\sin b_2 \frac{d b_2}{d e_2}$, also negativ ist. Bei $e_2 = 0$ steigt also der Wert von

$$\cos b_1 \cos b_2 ,$$

und bei $e_2 = \alpha$ nimmt er ab. Er muß mithin zwischen beiden ein Maximum besitzen. Wenn diesen Winkeln ein reeller Einfallswinkel entspricht, so gibt das ein Minimum der Farbenzerstreuung. Der Wert von e_2 wird errechnet, indem man den Differentialquotienten gleich Null setzt. Da

$$n \sin e_2 = \sin b_2 \quad \text{und daher} \quad \frac{n \cos e_2}{\cos b_2} = \frac{d b_2}{d e_2} ,$$

so erhalten wir

$$\sin b_1 \cos b_2 = \frac{\cos b_1 n^2 \sin e_2 \cos e_2}{\cos b_2}$$

oder

$$n^2 \operatorname{ctg} b_1 = \frac{\cos^2 b_2}{\sin e_2 \cos e_2} = \frac{1 - n^2 \sin^2 e_2}{\sin e_2 \cos e_2} = \operatorname{ctg} e_2 - (n^2 - 1) \operatorname{tg} e_2 .$$

Die rechte Seite ist für $e_2 = 0$ unendlich und nimmt mit wachsendem e_2 dauernd ab. Die linke Seite dagegen nimmt von $e_2 = 0$ $(b_1 = \alpha)$ bis $e_2 = \alpha$ dauernd zu und wird für $e_2 = \alpha$ $(b_1 = 0)$ unendlich. Es gibt daher zwischen 0 und α einen und nur einen Wert von e_2, wo beide Seiten einander gleich sind. Er wird für irgendeinen gegebenen Fall sehr rasch durch die regula falsi ermittelt. Für kleine Werte von b_1 und e_2, wie sie bei kleinen brechenden Winkeln vorkommen, ist genähert $\operatorname{ctg} b_1 = 1/b_1$ bis auf eine Größe von der Ordnung b_1, und ebenso ist $\operatorname{ctg} e_2 - (n^2 - 1) \operatorname{tg} e_2$ gleich $1/e_2$ bis auf eine Größe von der Ordnung e_2. Daher ist mit gleicher Annäherung

$$n^2/b_1 = 1/e_2 \quad \text{oder} \quad b_1 = n^2 e_2 .$$

Wächst e_2 über α hinaus, so wird b_1 negativ und damit auch die linke Seite der Gleichung. Die rechte Seite dagegen bleibt positiv. Hier kann also keine Wurzel mehr vorkommen. Der Wert von e_2 zwischen 0 und α, für den die Gleichung erfüllt ist, kann einen Wert von b_1 ergeben, für den $n \sin b_1$ größer als 1 ist. Dann entspricht ihm kein Strahlengang. Die kleinste Farbenzerstreuung findet dann bei streifender Inzidenz

$$n \sin b_1 = 1$$

statt.

Im Minimum der Ablenkung, wo $b_1 = \alpha/2$, $\sin b_2 = n \sin \alpha/2$, wird

$$\cos b_1 \cos b_2 = \cos \alpha/2 \sqrt{1 - n^2 \sin^2 \alpha/2}$$

und mithin

$$\frac{dD}{dn} = \frac{\sin \alpha}{\cos b_1 \cos b_2} = \frac{2 \sin \alpha/2}{\sqrt{1 - n^2 \sin^2 \alpha/2}}$$

oder, wenn wir $n \sin\alpha/2 = \sin e_1$ einführen,

$$\frac{dD}{dn} = \frac{2}{n} \operatorname{tg} e . \qquad (D = 2e_1 - \alpha)$$

Für denjenigen Einfallswinkel, für den das reflektierte Licht vollständig polarisiert ist, ist $\operatorname{tg} e = n$. Hier muß also immer

$$\frac{dD}{dn} = 2$$

sein.

23. Farbenzerstreuung bei mehreren Brechungen. Um auch für eine beliebige Anzahl von Brechungen die Farbenzerstreuung zu verfolgen, schreiben wir in den Brechungsgleichungen n_0, n_1, n_2, ... an Stelle der reziproken Geschwindigkeiten $1/v_1$, $1/v_2$, $1/v_3$, ..., so daß sie lauten:

$$\begin{aligned} n_0 \sin e_1 &= n_1 \sin b_1 , \\ n_1 \sin e_2 &= n_2 \sin b_2 , \qquad e_2 + b_1 = \alpha_1 , \\ n_2 \sin e_3 &= n_3 \sin b_3 , \qquad e_3 + b_2 = \alpha_2 . \\ &\vdots \end{aligned}$$

Wir betrachten nun den Einfallswinkel e_1 und die reziproken Lichtgeschwindigkeiten als Funktionen der Wellenlänge λ und haben zu untersuchen, wie dann der letzte Brechungswinkel b_p sich mit der Wellenlänge ändert. $de_1/d\lambda$ drückt die Farbenzerstreuung des einfallenden Lichtes, $db_p/d\lambda$ die des austretenden Lichtes aus. Durch Differentiation ergibt sich:

$$\begin{aligned} n_0 \cos e_1\, de_1 + \sin e_1\, dn_0 &= n_1 \cos b_1\, db_1 + \sin b_1\, dn_1 , \\ n_1 \cos e_2\, de_2 + \sin e_2\, dn_1 &= n_2 \cos b_2\, db_2 + \sin b_2\, dn_2 , \qquad de_2 = -db_1 , \\ &\vdots \\ n_{p-1} \cos e_p\, de_p + \sin e_p\, dn_{p-1} &= n_p \cos b_p\, db_p + \sin b_p\, dn_p , \qquad de_p = -db_{p-1} . \end{aligned}$$

Wir multiplizieren die letzte Gleichung mit

$$K_p = \frac{1}{\cos b_p} ,$$

die vorletzte mit

$$K_{p-1} = -\frac{\cos e_p}{\cos b_{p-1}} \cdot K_p$$

und addieren beide. Dadurch fallen die Glieder mit de_p und db_{p-1} gegeneinander fort, und dn_{p-1} wird, auf die rechte Seite gebracht, den Koeffizienten erhalten

$$K_{p-1} \sin b_{p-1} - K_p \sin e_p = -\frac{K_p \sin\alpha_{p-1}}{\cos b_{p-1}} .$$

Ebenso multiplizieren wir die drittletzte Gleichung mit

$$K_{p-2} = -\frac{\cos e_{p-1}}{\cos b_{p-2}} K_{p-1}$$

und addieren sie hinzu. Dadurch fallen die Glieder mit de_{p-1} und db_{p-2} gegeneinander fort, und dn_{p-2} erhält, auf die rechte Seite gebracht, den Koeffizienten

$$-K_{p-1} \frac{\sin\alpha_{p-2}}{\cos b_{p-2}}$$

usf., so daß sich schließlich ergibt

$$\begin{aligned} K_1 (n_0 \cos e_1\, de_1 + \sin e_1\, dn_0) = -K_2 \frac{\sin\alpha_1}{\cos b_1} dn_1 - \cdots - K_p \frac{\sin\alpha_{p-1}}{\cos b_{p-1}} dn_{p-1} \\ + n_p\, db_p + \operatorname{tg} b_p\, dn_p \end{aligned}$$

oder, wenn wir $n_0 = n_p = 1$ annehmen, unabhängig von der Wellenlänge:

$$K_1 \cos e_1 \, de_1 + K_2 \frac{\sin\alpha_1}{\cos b_1} dn_1 + \cdots + K_p \frac{\sin\alpha_{p-1}}{\cos b_{p-1}} dn_{p-1} = db_p .$$

Dabei ist

$$K_p = \frac{1}{\cos b_p}, \quad K_{p-1} = -\frac{\cos e_p}{\cos b_p \cos b_{p-1}}, \quad K_{p-2} = \frac{\cos e_p \cos e_{p-1}}{\cos b_p \cos b_{p-1} \cos b_{p-2}}, \quad \ldots,$$

$$K_1 = (-1)^{p-1} \frac{\cos e_p \cos e_{p-1} \ldots \cos e_2}{\cos b_p \cos b_{p-1} \ldots \cos b_2 \cos b_1}.$$

Die Glieder der Formel für db_p gewinnen eine einfache physikalische Bedeutung, wenn wir das oben (Ziff. 13) abgeleitete Winkeländerungsverhältnis einführen. Das Verhältnis, in dem ein kleiner Winkel durch die letzten ϱ Brechungen geändert wird, wurde oben (Ziff. 16) gleich

$$\frac{n_{p-\varrho}}{n_p} \frac{\cos e_p \cos e_{p-1} \ldots \cos e_{p-\varrho+1}}{\cos b_p \cos b_{p-1} \ldots \cos b_{p-\varrho+1}}$$

gefunden.

Bezeichnen wir dies mit W_ϱ, so ist

$$\cos b_p K_p = 1, \quad \cos b_{p-1} K_{p-1} = -\frac{W_1}{n_{p-1}}, \quad \cos b_{p-2} K_{p-2} = \frac{W_2}{n_{p-2}}, \ \ldots$$

und somit

$$db_p = \frac{\sin\alpha_{p-1}}{\cos b_{p-1} \cos b_p} dn_{p-1} - \frac{W_1}{n_{p-1}} \frac{\sin\alpha_{p-2}}{\cos b_{p-2} \cos b_{p-1}} dn_{p-2} - \cdots$$
$$\pm \frac{W_{p-2}}{n_2} \frac{\sin\alpha_1}{\cos b_1 \cos b_2} dn_1 \mp W_p de_1 .$$

$\frac{\sin\alpha_\nu}{\cos b_\nu \cos b_{\nu+1}} \frac{dn_\nu}{d\lambda}$ fanden wir oben (Ziff. 21) gleich der Farbenzerstreuung eines Prismas vom brechenden Winkel α_ν. Es setzt sich also die Farbenzerstreuung $\frac{db_p}{d\lambda}$, die durch die p Brechungen bewirkt wird, additiv aus den Zerstreuungen durch die einzelnen zwischen je zwei brechenden Flächen gelegenen Prismen zusammen, wenn wir jede mit den Faktoren W/n multiplizieren.

Wenden wir die Formel auf den Fall an, wo wir es mit einer Reihe von Prismen in einem Medium zu tun haben, dessen Lichtgeschwindigkeit wir gleich 1 setzen können, so ist p gerade und $n_2 = n_4 = \cdots = n_{p-1} = 1$ unabhängig von λ, und wir erhalten

$$db_p = \frac{\sin\alpha_{p-1}}{\cos b_{p-1} \cos b_p} dn_{p-1} + W_2 \frac{\sin\alpha_{p-3}}{\cos b_{p-3} \cos b_{p-2}} dn_{p-3} + \cdots$$
$$+ W_{p-2} \frac{\sin\alpha_1}{\cos b_1 \cos b_2} dn_1 - W_p de_1 .$$

Sind sämtliche Prismen im Minimum der Ablenkung, so sind die Größen W sämtlich 1, und wenn auch noch die Winkel bei jedem Prisma dieselben sind:

$$db_p = \frac{p}{2} \frac{\sin\alpha}{\cos\alpha/2 \cdot \sqrt{1 - n^2 \sin^2\alpha/2}} dn .$$

24. Die Krümmung der Spektrallinien im Prismenspektrum bei Anwendung mehrerer Prismen. Diese und die obige Formel erlauben nun auch die Krümmung der Spektrallinien in einem Spektralapparat zu berechnen, bei dem paralleles Licht durch einen Prismensatz läuft, dessen brechende Kanten alle parallel sind. Die Richtungsablenkung der Projektion eines Strahles auf eine zur brechenden Kante senkrechte Ebene gegen den in der Ebene verlaufenden Strahl ist, wie in Ziff. 11 gezeigt, geradeso zu berechnen, als ob für die Projektion die Brechungsexponenten andere geworden wären und es sich auch um einen Strahl handelte, der in der Projektionsebene verliefe. Um $d b_k$ zu berechnen, haben wir also nur für $d n_\alpha$ einzusetzen

$$\sqrt{n_\alpha^2 + (n_\alpha^2 - 1)\,\mathrm{tg}^2\varepsilon} - n_\alpha\,,$$

d. h. für kleine Werte von ε

$$\frac{1}{2}\,\frac{n_\alpha^2 - 1}{n_\alpha}\,\varepsilon^2\,.$$

Aus dem so gewonnenen Werte von $d b_k$ wird die Krümmung der Spektrallinie in derselben Weise wie in Ziff. 13 berechnet.

b) Theorie der Gitter und Interferenzspektroskope.

25. Interferenz von Lichtbündeln gleicher Phasendifferenz. Die zweite Methode, Licht in seine farbigen Bestandteile zu zerlegen, besteht darin, daß man das von einem Punkte ausgehende Licht in eine Anzahl von Lichtbündeln teilt, diese verschiedenen Lichtbündel durch Reflexion oder durch Brechung oder durch beides verschiedene Wege gehen läßt und sie dann wieder vereinigt. Handelt es sich um eine Reihe von n Lichtbündeln, und sind die n Wege, die sie zurückzulegen haben so abgemessen, daß die Zeit τ zwischen dem Eintreffen von je zwei in der Reihe aufeinanderfolgenden Lichtbündeln, die zu gleicher Zeit von der Lichtquelle ausgehen, dieselbe ist, so wird eine namhafte Lichtbewegung im Endpunkte der Bahn nur für solche Lichtwellen entstehen können, die mit gleicher Phase dort eintreffen. Wir wollen dabei zunächst voraussetzen, daß für die n Lichtwege nur ein Medium in Betracht kommt, dessen Lichtgeschwindigkeit für alle Farben als gleich betrachtet werden kann. Damit die Phase die gleiche sei, müssen in der Zeit τ gerade eine ganze oder zwei ganze oder überhaupt eine ganze Anzahl Lichtschwingungen vor sich gehen. Wenn also ν die Zahl der Lichtschwingungen in der Zeiteinheit ist, so muß $\nu\tau$ eine ganze positive oder negative Zahl sein. Ist das der Fall, so werden in der Tat alle Lichtwellen im Endpunkte der Bahn ihre Amplituden addieren. Für eine Schwingungszahl dagegen, für die $\nu\tau$ von einer ganzen Zahl um einen Bruchteil ε abweicht, wird die zweite Lichtwelle die erste nicht voll verstärken können. Für $\varepsilon = \pm\frac{1}{2}$ wird sie die erste im Endpunkte der Bahn sogar ganz aufheben und dafür an anderen Stellen des Raumes verstärken. Die Zusammensetzung der beiden Wellen läßt sich graphisch durch die Addition zweier Vektoren darstellen, die einen Winkel $2\pi\varepsilon$ miteinander bilden und deren Längen den Amplituden der beiden Lichtbündel proportional sind. Ihre geometrische Summe stellt dann durch ihre Länge die Amplitude der resultierenden Lichtbewegung und durch ihre Richtung ihre Phase dar (Abb. 13). Die dritte Lichtwelle ist durch einen Vektor darzustellen, der den Winkel $2\pi\cdot 2\varepsilon$ mit dem ersten bildet, die vierte durch den Winkel $2\pi\cdot 3\varepsilon$ usw. Ist ε so klein, daß selbst $2\pi(n-1)\varepsilon$ noch nicht größer ist als π, also der Phasenunterschied $(n-1)\varepsilon$ der ersten und letzten Welle noch nicht größer als $\frac{1}{2}$, so liegen alle n Vektoren auf einer Seite einer Geraden und werden im allgemeinen immer noch eine beträchtliche Resultante geben. Wird indessen $n\varepsilon$ gleich 1 und größer, so verteilen sich die Vektoren nach allen Richtungen, und ihre Resultante wird klein im Verhältnis zur Resultante in dem Falle $\varepsilon = 0$.

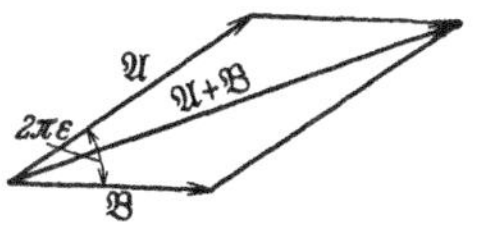

Abb. 13. Zusammensetzung zweier Wellen.

Ist n eine sehr große Zahl, so wird schon eine sehr kleine Phasendifferenz ε genügen, um die Intensität im Endpunkt der Bahn herunterzudrücken. D. h. die Schwingungszahlen

$$\nu = \frac{1}{\tau}\,,\quad \nu = \frac{2}{\tau}\quad \text{usw.}$$

des Lichtes, dessen Intensität durch Interferenz nicht geschwächt ist, werden scharf definiert sein. Für $\nu = \frac{m}{\tau}$ genügt, wie wir eben gesehen haben, schon die Änderung $\Delta\nu = \frac{\varepsilon}{\tau}$, wo $\varepsilon n = 1$, um die Lichtbewegung stark herabzusetzen. Dann ist

$$\frac{\Delta\nu}{\nu} = \frac{1}{nm}.$$

Durch die Anordnung der n Lichtwege ist auf diese Weise das Licht bestimmter Schwingungszahlen ausgesondert.

26. Die Kurve des Spektrums. Wir denken uns nun die Anordnung der Lichtwege so getroffen, daß für andere Werte von τ andere n Lichtwege in einem anderen Punkt im Raume enden, in welchem sie eine namhafte Lichtbewegung für die neuen Schwingungszahlen

$$\frac{m}{\tau}$$

hervorrufen. Die Punkte im Raume bilden dann als Funktion von τ eine Kurve, auf der das betrachtete Licht nach seinen Schwingungszahlen in ein Spektrum zerlegt ist. Wir nennen sie die Kurve des Spektrums. Jedem Punkte des Spektrums entspricht ein Wert von τ, aber allerdings nicht nur eine Schwingungszahl ν, sondern eine Reihe von Schwingungszahlen, die sich wie die ganzen Zahlen zueinander verhalten. Wir nennen auf der Kurve des Spektrums das Licht der Schwingungszahlen

$$\nu = \pm\frac{1}{\tau}$$

das Spektrum erster Ordnung, das Licht der Schwingungszahlen

$$\nu = \pm\frac{m}{\tau}$$

das Spektrum $m$ter Ordnung.

Wenn wir die Werte von τ längs der Kurve kennen, so lassen sich die Schwingungszahlen der verschiedenen Ordnungen berechnen. Die Werte von τ ergeben sich durch die Messung der Lichtgeschwindigkeit und der Unterschiede der n Lichtwege.

Gesetzt, wir hätten es mit Licht einer Farbe zu tun, so würde dies in den verschiedenen Ordnungen an den verschiedenen Stellen des Spektrums erscheinen, in erster Ordnung an der Stelle $\tau_1 = 1/\nu$, in $m$ter Ordnung an der Stelle $\tau_m = m\tau_1$, so daß wieder m/τ_m denselben Wert $\nu = 1/\tau_1$ ergibt.

27. Spektrallinien. In der Regel wird man die Lichtquelle nicht punktförmig machen, sondern man wird ihr Linienform geben, so daß auch die Punkte, in denen sich die Lichtwellen wieder vereinigen, zu Linien auseinandergezogen werden, die sich aber quer zum Spektrum erstrecken müssen, um die benachbarten Farben nicht durcheinanderzuwerfen. Das Spektrum wird dadurch aus einer Kurve zu einem Band auseinandergezogen.

In manchen Fällen läßt es sich nicht erreichen, daß ein Punkt der Lichtquelle durch die n Lichtwege punktförmig abgebildet wird. Die Abbildung wird dann astigmatisch, und das Spektrum wird aus der einen Brennlinie des astigmatischen Strahlenbüschels bestehen. Auch in diesem Falle kann man der Lichtquelle eine linienförmige Ausdehnung geben, wenn man darauf achtet, daß die den verschiedenen Punkten der Lichtquelle entsprechenden Brennlinien so gegeneinander verschoben sind, daß sie zusammen eine Linie bilden. Sie können nicht miteinander interferieren, weil ihnen verschiedene Punkte der Lichtquelle entsprechen, sondern ihre Intensitäten werden sich addieren, wo die Brennlinien übereinanderfallen.

28. Feinheit der Aufspaltung. Um eine große Feinheit der Aufspaltung zu erhalten, muß man, wie wir oben sahen, dem Produkte nm einen hinreichend großen Wert geben. Das kann für eine gegebene Schwingungszahl $\nu = m/\tau$ und einen gegebenen Wegunterschied zwischen dem ersten und letzten Lichtweg, der durch das Produkt aus $n\tau$ mit der Lichtgeschwindigkeit berechnet werden kann, erreicht werden durch einen kleinen Wert von τ und dementsprechend großen Wert von n ohne einen großen Wert von m; es kann aber auch erreicht werden durch einen großen Wert von τ und großen Wert von m ohne einen großen Wert von n.

Beide Fälle sind durch die gebräuchlichen Spektralapparate tatsächlich verwirklicht, und beide haben ihre Vorteile und Nachteile, wie nun des näheren auseinandergesetzt werden soll.

29. Das ebene Gitter. Eine spiegelnde ebene Fläche sei von einer großen Reihe dicht aneinander liegender gerader äquidistanter Furchen durchzogen, und es falle auf die Fläche Licht von einer punktförmigen Lichtquelle A auf, deren Entfernung groß genug ist, daß alle Strahlen nach der Fläche hin als parallel betrachtet werden können. Wir wollen eine durch die Lichtquelle parallel zu den Strahlen gelegte Ebene als senkrecht zu den Furchen annehmen und nur Strahlen in dieser Ebene betrachten. Die durchfurchte Fläche, die man Gitter nennt, kann in eine Anzahl Rechtecke eingeteilt werden, von denen jedes eine Furche enthält. Die Rechtecke gleichen einander genau und haben alle die Breite b. Jedes Rechteck wird durch die Bestrahlung zu einer Lichtquelle, die infolge der Furche ihr Licht nach allen Seiten sendet. Betrachten wir nun die Lichtbewegung in einem Punkte B der Strahlenebene, der ebenfalls weit genug entfernt liegt, daß die Strahlen von der Fläche nach B als parallel betrachtet werden können. Die Winkel, welche die Richtungen von der Fläche nach A und B mit der Flächennormalen bilden, seien φ_A und φ_B, auf der Seite von A positiv, auf der anderen negativ gerechnet. Der Unterschied der Wege von A über das erste Rechteck und von A über das zweite Rechteck bis B ist dann für entsprechende Punkte der beiden Rechtecke gleich

$$b \sin\varphi_B + b \sin\varphi_A ,$$

der Zeitunterschied zwischen dem Eintreffen des vom ersten und vom zweiten Rechteck zurückgeworfenen Lichtbündels also gleich

$$\tau = \frac{b \sin\varphi_B + b \sin\varphi_A}{c} ,$$

wenn c die Lichtgeschwindigkeit bedeutet. Derselbe Zeitunterschied liegt zwischen dem Eintreffen der Lichtstrahlen von je zwei aufeinanderfolgenden Lichtbündeln. Ist ν die Schwingungszahl des von A ausgehenden Lichtes, so werden wir in denjenigen Richtungen φ_B eine namhafte Lichtbewegung beobachten, für die $\nu\tau$ eine ganze Zahl ist. $\tau = 0$ bedeutet dabei $\sin\varphi_B + \sin\varphi_A = 0$, also $\varphi_B = -\varphi_A$, d. h. das von der Fläche nach dem Reflexionsgesetz zurückgeworfene Licht. Diese Richtung φ_B ist von ν unabhängig. Die Spektren der verschiedenen Ordnungen

$$\frac{b\nu}{c} (\sin\varphi_B + \sin\varphi_A) = \pm m$$

oder, wie wir auch schreiben können, wenn wir die Wellenlänge $\lambda = c/\nu$ einführen,

$$b (\sin\varphi_B + \sin\varphi_A) = \pm m\lambda$$

können wir uns durch eine Figur deutlich machen, wenn wir mit b über der Fläche einen Halbkreis beschreiben, dessen Radien die Richtung φ_A und die verschiedenen

Richtungen φ_B darstellen (Abb. 14). Wir projizieren den Endpunkt des Radius $-\varphi_A$, der den direkt reflektierten Strahl darstellt, auf den Durchmesser. Von diesem Punkte 0 aus tragen wir auf dem Durchmesser des Halbkreises nach beiden Seiten die Strecken 1λ, 2λ usw. auf, soweit sie auf dem Durchmesser Platz haben. Die den Teilpunkten entsprechenden Radien, deren Enden sich in den Punkten projizieren, stellen die Richtungen der verschiedenen Ordnungen dar. Die Zahl der Ordnungen kann, wie man sieht, nicht größer sein als $2\,b/\lambda$ (die Ordnung $m = 0$ mitgezählt). Bei den gebräuchlichen Gittern ist b in der Regel ungefähr gleich $2 \cdot 10^{-4}$ cm $= 20000 \cdot 10^{-8}$ cm. Grünes Licht von etwa $5000 \cdot 10^{-8}$ cm Wellenlänge wird dann in nicht mehr als 8 Ordnungen, violettes Licht von etwa $4000 \cdot 10^{-8}$ cm in nicht mehr als 10 Ordnungen auftreten. Um die höchste vorkommende Ordnung bei gegebenem b und λ möglichst hoch zu machen, wird man φ_A nahe an $90°$ gehen lassen. Dann rückt der Punkt 0 der Abb. 14 an das Ende des Durchmessers, und das andere Ende gibt den größten Wert von m. Für $b = 20000 \cdot 10^{-8}$ cm gehen 5000 Furchen auf ein Zentimeter. Bei einer durchfurchten Fläche von 15 cm wird die Zahl der Furchen also 75000. Bei grünem Licht wird der höchste Wert von m gleich 7. Das Produkt nm, das, wie in Ziff. 31 näher ausgeführt wird, die auflösende Kraft des Gitters bestimmt, wird also gleich 525000. Man sieht, daß eine Verkleinerung von b bei gleicher Breite der durchfurchten Fläche die auflösende Kraft nicht steigern würde. Denn obgleich $n = D/b$ (D die ganze Breite der durchfurchten Fläche) mit abnehmendem b wächst, so ist $m = 2\,b/\lambda$ und daher

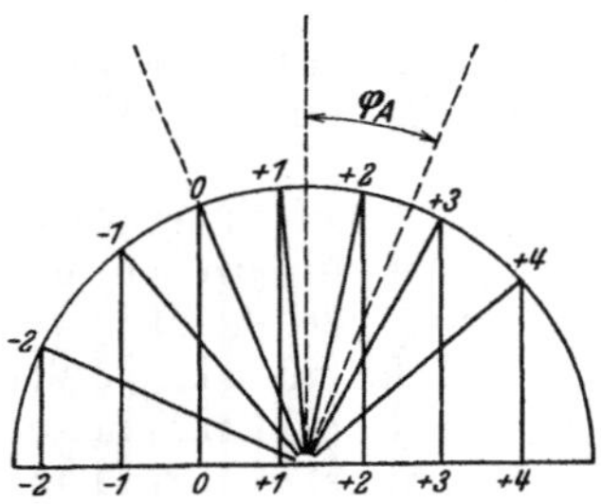

Abb. 14. Die verschiedenen Ordnungen im Gitterspektrum.

$$nm = 2D/\lambda\,.$$

D ist der größte Wegunterschied, der bei den n Strahlenbündeln vorkommen kann, D/λ also die Zahl der Wellen, die auf diesem größten Wegunterschied liegen. Auf diesen größten Wegunterschied also kommt es bei gegebener Wellenlänge an, wenn es sich um die auflösende Kraft handelt.

In der Praxis liegt die Lichtquelle A in der Regel nicht in weiter Entfernung, sondern wird durch eine Sammellinse, die das von A ausgehende Licht parallel auf das Gitter fallen läßt, virtuell ins Unendliche geworfen. Ebenso wird das von der durchfurchten Fläche zurückgeworfene Licht durch eine Sammellinse in einem Punkte B konzentriert, so daß für die verschiedenen Wellenlängen ein Spektrum entsteht, das von den verschiedenen Punkten B gebildet wird. Die beiden Sammellinsen können auch durch eine einzige ersetzt werden (Littrows Anordnung), die unmittelbar vor dem Gitter steht und deren optische Achse für höhere Ordnungen mit der Gitternormalen einen großen Winkel bilden muß. Bei jeder Stellung des Gitters gegen die Linsenachse überblickt man nur einen verhältnismäßig kleinen Teil des Spektrums, weil man sich nicht zu weit von der optischen Achse entfernen kann, ohne an Güte der Abbildung zuviel zu verlieren. Durch Drehung des Gitters gelangen dann die verschiedenen Wellenlängen in den Bereich der Betrachtung.

Im vorstehenden wurden nur Reflexionsgitter betrachtet, die in neuerer Zeit die hauptsächlich früher benutzten Transmissionsgitter verdrängt haben. Die Transmissionsgitter tragen auf einer Planplatte durchsichtigen Materials (Glas oder Quarz) die Gitterteilung und werden gewöhnlich so verwendet, daß das vom Kollimator kommende Licht senkrecht auf die Fläche fällt. Die unter dem

Winkel φ gebeugten Strahlen gelangen ins Fernrohr, und es besteht zwischen λ, φ und b (Gitterkonstante) die Beziehung

$$b \sin\varphi = m\lambda. \qquad (m = 1, 2, 3, \ldots)$$

Fällt aber das Licht unter dem Winkel ψ auf das Gitter auf, so lautet die Beziehung

$$b(\sin\psi \pm \sin\varphi) = m\lambda.$$

Das positive Zeichen gilt, wenn einfallender und gebeugter Strahl auf der gleichen, das negative, wenn die Strahlen auf verschiedenen Seiten des Einfallslotes liegen.

30. Formel für die Interferenz der *n* Lichtbündel. Die Zusammensetzung der n Lichtbündel im Punkte B möge auch mathematisch formuliert werden. Stellt im Punkte B

$$a \sin(\nu t 2\pi)$$

die Lichtbewegung dar, die von dem ersten Rechteck des ebenen Gitters herrührt, so wird die von dem zweiten Rechteck herrührende Bewegung durch

$$a \sin(\nu(t + \tau) 2\pi)$$

dargestellt, wo τ die Zeitdifferenz angibt, um welche die zweite Bewegung früher (τ positiv) oder später (τ negativ) in B eintrifft. Für jedes folgende Rechteck wird ein τ hinzutreten, so daß die Gesamtbewegung durch die Formel dargestellt wird:

$$\alpha[\sin(\nu t 2\pi) + \sin(\nu(t+\tau)2\pi) + \cdots + \sin(\nu(t + (n-1)\tau)2\pi)].$$

Wir setzen $\varphi = \nu t 2\pi$ und $\alpha = \nu\tau 2\pi$ und erhalten

$$a[\sin\varphi + \sin(\varphi + \alpha) + \sin(\varphi + 2\alpha) + \cdots + \sin(\varphi + (n-1)\alpha)].$$

Das ist der imaginäre Teil von

$$a(e^{\varphi i} + e^{(\varphi+\alpha)i} + \cdots + e^{(\varphi + (n-1)\alpha)i}) = a e^{\varphi i}(1 + e^{\alpha i} + \cdots + e^{(n-1)\alpha i})$$

$$= a e^{\varphi i} \frac{e^{n\alpha i} - 1}{e^{\alpha i} - 1} = a e^{\varphi i} e^{\frac{n-1}{2}\alpha i} \cdot \frac{e^{\frac{n}{2}\alpha i} - e^{-\frac{n}{2}\alpha i}}{e^{\frac{\alpha i}{2}} - e^{-\frac{\alpha i}{2}}}$$

$$= a e^{\varphi i} e^{\frac{n-1}{2}\alpha i} \frac{\sin\left(\frac{n}{2}\alpha\right)}{\sin\frac{\alpha}{2}}.$$

Der imaginäre Teil hiervon ist

$$a \frac{\sin\left(\frac{n}{2}\alpha\right)}{\sin\frac{\alpha}{2}} \sin\left(\varphi + \frac{n-1}{2}\alpha\right).$$

Mit anderen Worten: die n Lichtbewegungen setzen sich zu einer Lichtbewegung zusammen, deren Amplitude aus der Amplitude a jeder einzelnen durch die Multiplikation mit

$$\frac{\sin(n\nu\tau\pi)}{\sin(\nu\tau\pi)}$$

sich ergibt, deren Intensität also dem Quadrat dieses Ausdrucks proportional ist. Die Intensität erhält ihren größten Wert $a^2 n^2$, wenn alle n Lichtbewegungen in Phase sind, d. h. $\nu\tau$ eine ganze Zahl m ist. In dem obigen Ausdruck verschwinden dann Zähler und Nenner. Setzt man aber $\nu\tau = m + \varepsilon$, so erhält man

$$\pm \frac{\sin(n\varepsilon\pi)}{\sin(\varepsilon\pi)},$$

und das ist für hinreichend kleine Werte von ε beliebig wenig von

$$\pm \frac{n \varepsilon \pi}{\varepsilon \pi} = \pm n$$

verschieden, in das es also für $\varepsilon = 0$ übergeht. Die Intensität verschwindet, wenn $n \nu \tau$ eine ganze Zahl ist, ohne daß $\nu \tau$ zugleich ganz ist. Um uns von dem Verlauf der Intensität J als Funktion der Phasenänderung $\nu \tau$ ein Bild zu machen, denken wir uns zwischen $\nu \tau = m$ und $\nu \tau = m + 1$ als Abszissen die Ordinate

$$\frac{a^2}{\sin^2(\nu \tau \pi)}$$

gezeichnet. Die Kurve geht bei $\nu \tau = m$ und $m + 1$ ins Unendliche, während J an diesen Stellen seinen Maximalwert $n^2 a^2$ annimmt. Da $\sin^2(n \nu \tau \pi)$ immer kleiner als 1 ist, so bleibt J immer unter der gezeichneten Kurve, die es zwischen m und $m + 1$ nur in den Punkten $n \nu \tau = {}^3/_2, {}^5/_2, {}^7/_2 \ldots$ erreicht. Diese Ordinaten sind zwar nicht genau die Maxima von J, weichen aber schon für $n \nu \tau = {}^3/_2$ nur wenig von ihnen ab. Das erste Maximum von J zwischen m und $m + 1$ liegt z. B. nahezu bei $n \nu \tau = {}^3/_2$ und hat nahezu den Wert

$$a^2 \frac{1}{\sin^2\left(\frac{3\pi}{2n}\right)},$$

also für große Werte von n genähert

$$a^2 \frac{4}{9\pi^2} n^2,$$

d. h. weniger als 5% des größten Wertes.

Die Formel für die Intensität J stellt uns nicht nur dar, wie an einer bestimmten Stelle B des Spektrums für ein anderes ν die Intensität des Lichtes sich ändert, sondern auch, wie längs des Spektrums für eine festgehaltene Farbe ν die Intensität sich ändert. Wir haben dann nur als die Veränderliche die Größe τ aufzufassen, deren Wert sich ja längs des Spektrums ändert. Die Kurve, die J als Funktion von $\nu \tau$ darstellt, ist also zugleich das Bild der Intensitätsverteilung über den Querschnitt einer Spektrallinie. Sie besteht strenggenommen aus einem Hauptmaximum an der Stelle $\tau = m/\nu$, das aber auf beiden Seiten von sekundären Maximis ungefähr an den Stellen

$$\tau = \frac{m}{\nu} \pm \frac{3}{2\nu n}, \qquad \frac{m}{\nu} \pm \frac{5}{2\nu m} \quad \text{usf.}$$

begleitet ist. Diese sekundären Maxima bleiben in der Regel unter der Beobachtungsschwelle, außer wenn es sich um starke Linien handelt und wenn die Justierung sehr sorgfältig ist.

31. Die auflösende Kraft des Gitters. Eine benachbarte Spektrallinie, deren Schwingungszahl $\nu \pm \Delta\nu$ so viel von ν abweicht, daß ihr Hauptmaximum $m$ter Ordnung an die Stelle $\tau' = \tau \mp \frac{1}{\nu n}$ fällt, wo die Intensität der ersten Spektrallinie zum erstenmal verschwindet, ist noch als besondere Linie von der ersten zu unterscheiden. Bis auf Größen zweiter Ordnung ist aber $\frac{\Delta\nu}{\nu} = -\frac{\tau' - \tau}{\tau}$, mithin

$$\frac{\Delta\nu}{\nu} = \frac{1}{\tau \nu n} = \frac{1}{m n}.$$

RAYLEIGH hat die Größe $\nu/\Delta\nu = mn$ die „auflösende Kraft" des Gitters genannt. Das ist bis zu einem gewissen Grade willkürlich, denn es ist damit nicht gesagt, daß man nicht auch ein engeres Linienpaar noch als doppelt erkennen könnte.

32. Einfluß der Furchenform. Die Amplitude a des Lichtes, das von einem Rechteck zurückgeworfen wird, hängt von der Gestalt der Furchen ab und ist außerdem eine Funktion der Richtungen des einfallenden und des zurückgeworfenen Lichtes. Man kann sich z. B. die Furchen als Gräben mit ebenen Seitenflächen denken. Ist die Wellenlänge des Lichtes nur ein Bruchteil der Breite dieser Seitenflächen, so wird jede von ihnen das auffallende Licht im wesentlichen wie ein ebener Spiegel nach dem Reflexionsgesetz zurückwerfen. Das zurückgeworfene Licht wird dann in gewissen Ordnungen des Spektrums viel stärker sein können als in anderen, ja selbst als in dem direkten Bilde ($m = 0$). In der Regel zeigen die Gitter in den Spektren gleicher Ordnung auf entgegengesetzten Seiten des direkten Bildes ganz verschiedene Helligkeit. Auf derselben Seite des direkten Bildes müßte die Helligkeit einer Farbe mit wachsender Ordnungszahl abnehmen, weil die Dispersion zunimmt. Durch die besondere Gestalt der Furchen ist das aber manchmal nicht der Fall, so daß eine höhere Ordnung besonders hervortritt.

33. Koinzidenzen von Linien verschiedener Wellenlänge. Durch die beiden Sammellinsen, die das einfallende Licht parallel machen und das zurückgeworfene Licht wieder im Spektrum vereinigen, werden für die verschiedenen Farben in den Lichtwegen Unterschiede eingeführt, weil sich keine Sammellinse konstruieren läßt, die für alle Farben die gleiche Brennweite besitzt. Das kann unter Umständen ein Vorteil sein, weil dadurch die Spektren verschiedener Ordnungen unterschieden werden können. Bei Okularbeobachtungen allerdings sind sie schon durch die Farbe zu unterscheiden, bei photographischen Aufnahmen fällt dagegen diese Möglichkeit der Unterscheidung fort. Unter anderen Umständen kann es aber gerade erwünscht sein, die verschiedenen Ordnungen des Spektrums längs derselben Kurve übereinandergelagert zu erhalten, um die Wellenlängen zweier verschiedener Farben aufeinander zu beziehen. Wenn z. B. die eine Spektrallinie in dritter Ordnung mit einer anderen in vierter Ordnung zusammenfällt, so müssen die beiden Schwingungszahlen die Beziehungen

$$\nu_1 \tau = 3 \quad \text{und} \quad \nu_2 \tau = 4$$

für den gleichen Wert von τ erfüllen. Sie verhalten sich also wie $3:4$ und ihre Wellenlänge wie $4:3$. Auch wenn die beiden Linien nicht genau zusammenfallen, sondern nur nahe beieinander liegen, wird man ihr Verhältnis ermitteln können. Denn wenn $\nu_1 \tau = 3$, $\nu_2 \tau' = 4$ und τ' sehr wenig von τ verschieden ist, so wird eine auch nur grob richtige Schätzung des Maßstabes des Spektrums ermöglichen, mit hoher absoluter Genauigkeit anzugeben, welche Änderung $\Delta\nu$ von ν_2 dem Abstand der beiden Linien entspricht, so daß dann

$$\nu_1 : \nu_2 + \Delta\nu = 3 : 4.$$

34. Das Konkavgitter. Das Aufeinanderfallen der verschiedenen Ordnungen hat ROWLAND unter Verzicht auf die beiden Sammellinsen dadurch erreicht, daß er die Furchen statt auf eine ebene Fläche auf einen Hohlspiegel einritzte. Dieser Apparat wird ein Konkavgitter genannt. Das von einem leuchtenden Punkt ausgehende Licht wird dadurch ohne weitere Apparate in ein Spektrum auseinandergezogen, bei dem alle Ordnungen genau übereinanderfallen. Zugleich wird der große Vorteil erreicht, daß das Spektrum in allen vorhandenen Richtungen gleichzeitig beobachtet werden kann, während bei Anwendung von Sammellinsen oder Hohlspiegeln immer nur ein verhältnismäßig kleiner Teil des Spektrums entworfen wird. Welche Nachteile andererseits das Konkavgitter gegenüber dem ebenen Gitter besitzt, wird eine eingehendere Diskussion zeigen.

Von einem leuchtenden Punkte A falle ein Strahl auf einen Punkt P einer beliebig gekrümmten Fläche. Von P aus werde das Licht nach allen Richtungen zerstreut und gelange unter anderem auf geradem Wege nach einem Punkt B. Das Medium, in dem sich das Licht bewegt, sei überall dasselbe. Wir wollen untersuchen, wie sich die Phase des in B eintreffenden Lichtes ändert, wenn P auf der Fläche sich verschiebt. Die Zeit ergibt sich aus dem Wege

$$AP + PB$$

durch Division mit der Lichtgeschwindigkeit. Wir haben also die Änderungen dieses Weges zu untersuchen.

Denken wir uns ein Rotationsellipsoid mit den Brennpunkten A und B durch den Punkt P gelegt, das die Fläche in einer Kurve schneidet, so wird $AP + PB$ sich nicht ändern, wenn P sich längs dieser Kurve bewegt. Konstruieren wir nun eine Schar von konfokalen Rotationsellipsoiden, so erhalten wir auf der Fläche eine Kurvenschar, für die $AP + PB$ sich nicht ändern wird, wenn P sich längs irgendeiner Kurve der Schar bewegt. Wir wollen uns eine Reihe dieser Kurven so gezogen denken, daß der Weg $AP + PB$ sich von einer Kurve zur nächsten um $c\tau$ ändert, wo c die Lichtgeschwindigkeit und τ ein kleines Zeitintervall bedeutet. Dadurch wird die Fläche in eine Reihe von Streifen eingeteilt. Gesetzt nun, wir könnten durch Ritzen der Fläche bewirken, daß nur die Ränder der Streifen Licht zurückwerfen, während es zwischen den Rändern verschluckt wird, so würde die Lichtbewegung in B sich aus einer Reihe von Lichtbündeln zusammensetzen, von denen jedes gegen das vorhergehende um die Zeit τ verschoben ist. Ist nun ν die Schwingungszahl des Lichtes, so wird jedes Bündel um $\nu\tau$ Schwingungen gegen das vorhergehende verschoben sein. Wenn daher $\nu\tau$ gleich einer ganzen Zahl m ist, so werden sie alle mit der gleichen Phase in B eintreffen und sich verstärken (vgl. Ziff. 6). Licht von benachbarten Schwingungszahlen wird in B durch Interferenz sich aufheben, aber es leuchtet ein, daß bei passender Verschiebung von B wieder bis zu einem gewissen Grade die Phasengleichheit der Lichtbündel wird erreicht werden können, so daß also ein Spektrum entsteht, bei dem die verschiedenen Ordnungen zusammenfallen.

35. Die Lage des Spektrums beim Konkavgitter. Bei dem ROWLANDschen Konkavgitter wird eine sphärische Fläche in äquidistanten parallelen Ebenen geritzt. Wir wollen die xy-Ebenen senkrecht zu jenen Ebenen annehmen, den Nullpunkt in die Mitte der durchfurchten Fläche legen und den Mittelpunkt der Kugelfläche auf der x-Achse annehmen. Die Punkte A und B sollen beide in der xy-Ebene liegen, und wir wollen uns zunächst auf die Strahlen in der xy-Ebene beschränken. Ist P ein Punkt der Kugelfläche, wo sie von der xy-Ebene geschnitten wird, und sind x und y seine Koordinaten, so ist

$$x^2 + y^2 = 2\varrho x,$$

wobei ϱ den Radius der Kugel bedeutet. Es seien x_A, y_A die Koordinaten des Punktes A und r_A seine Entfernung vom Nullpunkt, so ist

$$\begin{aligned}\overline{AP} &= \sqrt{(x - x_A)^2 + (y - y_A)^2} = \sqrt{r_A^2 - 2x_A x - 2y_A y + x^2 + y^2}\\ &= \sqrt{r_A^2 + 2(\varrho - x_A)x - 2y_A y}\\ &= \sqrt{r_A^2 - 2y_A y + \left(1 - \frac{x_A}{\varrho}\right)(y^2 + x^2)}\,.\end{aligned}$$

Nun ist x gegen y von zweiter Ordnung, x^2 also von vierter Ordnung. Mithin erhalten wir durch Entwicklung nach Potenzen von y

$$\overline{AP} = r_A - \frac{y_A}{r_A}y + \left[1 - \frac{x_A}{\varrho} - \left(\frac{y_A}{r_A}\right)^2\right]\frac{y^2}{2r_A} + \text{höhere Ordnung}$$

und analog für $\overline{BP}$

$$\overline{BP} = r_B - \frac{y_B}{r_B}y + \left[1 - \frac{x_B}{\varrho} - \left(\frac{y_B}{r_B}\right)^2\right]\frac{y^2}{2r_B} + \text{höhere Ordnung.}$$

Sind φ_A und φ_B die Winkel der Richtungen OA und OB mit der x-Achse, so ist $x_A = r_A \cos\varphi_A$, $y_A = r_A \sin\varphi_A$ und analog für B. Mithin ergibt sich

$$\overline{AP} + \overline{BP} = r_A + r_B - (\sin\varphi_A + \sin\varphi_B)\,y$$
$$+ \left(\frac{\cos^2\varphi_A}{r_A} + \frac{\cos^2\varphi_B}{r_B} - \frac{\cos\varphi_A}{\varrho} - \frac{\cos\varphi_B}{\varrho}\right)\frac{y^2}{2} + \text{höhere Ordnung.}$$

Von einer Furche zur nächsten nimmt y in entsprechenden Punkten um einen Betrag b zu. Wir fragen, wie muß bei gegebener Lage von A der Punkt B gewählt werden, damit der Weg $\overline{AP} + \overline{BP}$ auch von Furche zu Furche mit hinreichender Genauigkeit immer um den gleichen Betrag $c\tau$ sich ändert? Dazu müßte $\overline{AP} + \overline{BP}$ linear von y abhängen, und der Koeffizient von y müßte gleich $c\tau/b$ sein; d. h. es müßten in der Entwicklung nach Potenzen von y alle Glieder verschwinden, die von höherer als der ersten Ordnung sind, und zugleich müßte

$$b(\sin\varphi_A + \sin\varphi_E) = c\tau$$

sein. Nehmen wir nun an, daß die Breite der durchfurchten Fläche klein ist gegen die Entfernungen r_A und r_B, so werden in der Entwicklung nach Potenzen von y die höheren Glieder eine geringere Rolle spielen. Wir werden daher die Lage von B so zu wählen haben, daß das Glied mit y^2 verschwindet, während das Nichtverschwinden der weiteren Glieder ertragen werden muß. Denn da wir nur die beiden Größen φ_B und r_B zur Verfügung haben, so können wir außer der Bedingung

$$b(\sin\varphi_A + \sin\varphi_B) = c\tau$$

nur noch eine Bedingung erfüllen. Diese zweite Bedingung ist:

$$\frac{\cos^2\phi_A}{r_A} + \frac{\cos^2\varphi_B}{r_B} - \frac{\cos\varphi_A}{\varrho} - \frac{\cos\varphi_B}{\varrho} = 0\,.$$

Durch die Erfüllung dieser beiden Bedingungen wird nun zwar die Zeitdifferenz τ von Furche zu Furche nicht genau denselben Wert haben; aber wenn die Abweichung von einem mittleren Wert so klein ist, daß die entsprechende Phasendifferenz bei der Interferenz der n Lichtbündel nicht in Betracht kommt, so können wir uns damit begnügen.

Die zweite Bedingung ist die Gleichung einer gewissen Kurve in Polarkoordinaten r_B, φ_B des Punktes B, die sich mit der Lage des Punktes A ändert. Wir können sie in der Form schreiben:

$$\cos\varphi_B\left(\frac{\varrho\cos\varphi_B}{r_B} - 1\right) = -\cos\varphi_A\left(\frac{\varrho\cos\varphi_A}{r_A} - 1\right).$$

Die rechte Seite der Gleichung ist von der Lage des Punktes B unabhängig. Für jede Richtung φ_B läßt sich dann r_B leicht berechnen. Auf der Kurve, die sich auf diese Weise für B ergibt, haben wir uns nun nach der ersten Gleichung eine τ-Skala angebracht zu denken, die in jedem Punkte durch die Gleichung

$$\nu\tau = m$$

(m eine ganze Zahl) (vgl. Ziff. 7), die Schwingungszahlen der verschiedenen Ordnungen bestimmt, die sich an der betreffenden Stelle überlagern. $\tau = 0$, also $\varphi_B = -\varphi_A$, entspricht dem direkten Bilde des Punktes A. Die zweite Gleichung geht dann in die gewöhnliche Gleichung der reflektierten Strahlen über

$$\cos\varphi\left(\frac{1}{r_A} + \frac{1}{r_B}\right) = \frac{2}{\varrho}\,.$$

36. Der ROWLANDsche Kreis. Ein spezieller Fall verdient besonders hervorgehoben zu werden. Liegt nämlich der Punkt A auf dem Kreise $r_A = \varrho\cos\varphi_A$, dessen Durchmesser die Strecke vom Anfangspunkt zum Mittelpunkt der Kugelfläche ist, so verschwindet die rechte Seite der Gleichung, und es wird

$$\frac{\varrho\cos\varphi_B}{r_B} - 1 = 0,$$

d. h. B muß ebenfalls auf demselben Kreise liegen. Dieser Kreis wird der ROWLANDsche Kreis genannt, und einige Methoden der Aufstellung des Konkavgitters benutzen ihn. ROWLAND setzt (vgl. Abb. 15) das Gitter G und die Kamera K zum Photographieren des Spektrums an die Enden eines Balkens von der Länge ϱ, der mit zwei Zapfen auf zwei Wagen ruht, die auf den beiden Schenkeln eines rechten Winkels rollen. Der Spalt S steht im Scheitel des rechten Winkels, und die Kamera bildet einen Kreisbogen vom Radius $\varrho/2$. K, G, S liegen durch diese Anordnung für jede Stellung des Balkens GK auf dem ROWLANDschen Kreise. Bei ROWLAND nimmt die Kamera einen verhältnismäßig kleinen Teil des Kreises ein. φ_B wird nicht größer als etwa 3°. Das hat den Vorteil, daß der Maßstab des Spektrums, auf Wellenlängen der ersten Ordnung bezogen, für den ganzen von der Kamera enthaltenen Bereich sehr nahe konstant ist. Denn in der ersten Ordnung ist

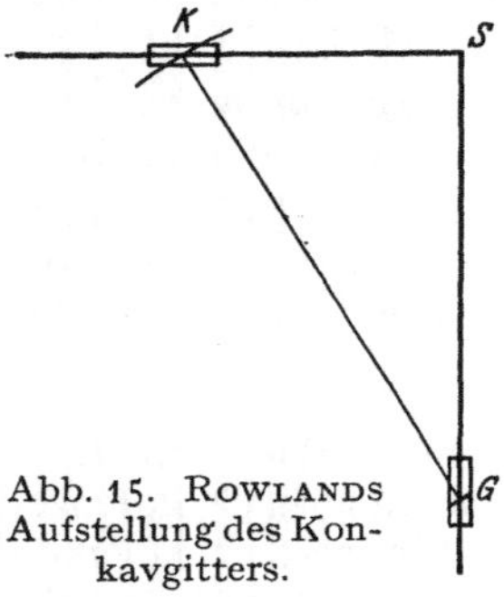

Abb. 15. ROWLANDS Aufstellung des Konkavgitters.

$$\nu\tau = \frac{c}{\lambda}\tau = 1,$$

also $d\lambda = c\,d\tau = b\cos\varphi_B\,d\varphi_B$. Das diesem Winkel $d\varphi_B$ entsprechende Stück ds des Spektrums hat die Länge $\varrho\,d\varphi_B$, da der Radius des Kamerakreises gleich $\varrho/2$ und der zugehörige Zentriwinkel gleich $2d\varphi_B$ ist. Mithin ist

$$\frac{d\lambda}{ds} = \frac{b}{\varrho}\cos\varphi_B = \frac{b}{\varrho} - \frac{2b}{\varrho}\sin^2\left(\frac{\varphi_B}{2}\right).$$

Da φ_B höchstens etwa gleich $^1/_{20}$ ist, so wird $d\lambda/ds$ etwa bis auf $^1/_{800}$ seines Betrages gleich b/ϱ sein. Oder anders ausgedrückt, wenn man mit λ_0 die Wellenlänge an der Stelle $\varphi_B = 0$ bezeichnet, so ist

$$\lambda - \lambda_0 = b\sin\varphi_B = b\sin\left(\frac{s}{\varrho}\right) = \frac{b}{\varrho}s - \frac{b}{6}\left(\frac{s}{\varrho}\right)^3 + \cdots$$

Setzt man $\lambda - \lambda_0 = \frac{b}{\varrho}s$, so wird man einen Fehler begehen von etwa der Größe

$$\frac{b}{6}\left(\frac{s}{\varrho}\right)^3 = (\lambda - \lambda_0)\,\frac{1}{6}\left(\frac{s}{\varrho}\right)^2,$$

also höchstens etwa $\frac{\lambda - \lambda_0}{2400}$. Bei den großen ROWLANDschen Gittern ($\varrho = 650$ cm, $b = 1{,}76 \cdot 10^{-4}$ cm) ist b/ϱ ungefähr gleich $2{,}7 \cdot 10^{-7}$, so daß auf 1 cm im Spektrum eine Wellenlängendifferenz von $27 \cdot 10^{-8}$ cm kommt. Für $\varphi_B = 3°$ z. B. wird also $\lambda - \lambda_0$ gleich $650 \cdot 10^{-8}$ cm, $\frac{\lambda - \lambda_0}{2400}$ gleich $0{,}27 \cdot 10^{-8}$ cm, ein Betrag, der keineswegs zu vernachlässigen ist, der aber ohne Schwierigkeit in Rechnung gestellt werden kann.

Eine andere Anordnung besteht darin, daß man die Kamera oder den Spalt oder auch beide auf den Endpunkt von Radien von der Länge $\varrho/2$ setzt, die um die Mitte zwischen Gitter und Zentrum der Kugelfläche drehbar sind (ABNEY). Eine dritte Aufstellung endlich setzt Spalt, Gitter und Kamera fest auf eine feste Unterlage, wobei die Kamera längs des ROWLANDschen Kreises auf beiden Seiten des Spaltes verläuft (RUNGE und PASCHEN). Als Unterlage dient für große

ROWLANDsche Gitter ein eisernes Gerüst aus I-Trägern, die längs des ROWLANDschen Kreises durch einen horizontalen Tisch verbunden sind und an ihrem einen Ende auf Stahlwalzen ruhen, so daß sie sich bei Temperaturänderungen ohne Spannung ausdehnen oder zusammenziehen können. Oder es besteht die feste Unterlage aus einem erschütterungsfreien Betonfußboden, der auf Pfeilern Gitter, Spalt und Kamera trägt.

Konkavgitter von kleinem Krümmungsradius werden zweckmäßig mit festem Gitter, Spalt und fester Kamera auf einer Spiegelglasplatte oder einer starken Schieferplatte aufgestellt.

Wird der Spalt außerhalb des ROWLANDschen Kreises angenommen, so liegt das Spektrum innerhalb von ihm. Hervorzuheben ist der Fall, daß man durch Linse oder Hohlspiegel den Spalt ins Unendliche wirft, das aufs Gitter fallende Licht also parallel macht (RUNGE und PASCHEN). Die Gleichung des Spektrums ist dann

$$\frac{\varrho \cos^2\varphi_B}{r_B} = \cos\varphi_B + \cos\varphi_A .$$

Der Grund, warum dieser Fall besondere Aufmerksamkeit verdient, wird sich bei der Betrachtung des Astigmatismus des vom Gitter zurückgeworfenen Lichtes zeigen.

37. Abweichungen vom ROWLANDschen Kreise. Bei den Konkavgittern wird in der Regel beobachtet, daß, wenn der Spalt auf dem ROWLANDschen Kreise steht, das Spektrum nicht genau auf dem ROWLANDschen Kreise liegt, sondern von dieser Lage ein klein wenig abweicht. Ebenso findet man, daß für irgendeine andere Stellung des Spaltes das Spektrum nicht genau die nach der obigen Formel berechnete Lage hat. Das läßt sich dadurch erklären, daß die Furchen nicht genau in Ebenen gleichen Abstandes gezogen sind, sondern daß der Abstand je zweier aufeinanderfolgenden Ebenen von der einen Seite des Gitters zur anderen sich ändert. Nehmen wir an, diese Änderung erfolge ganz gleichmäßig, so ist der Abstand y der μten Ebene vom Nullpunkt aus gezählt in der Form

$$y = b\mu + k\mu^2$$

anzusetzen, wodurch der Abstand zwischen der μten und $(\mu + 1)$ten Ebene gleich

$$b + k(2\mu + 1)$$

wird, also für jeden folgenden Wert von μ sich um $2k$ ändert.

Soll nun $\overline{AP} + \overline{PB}$ für jedes folgende μ sich möglichst genau immer um denselben Betrag ändern, so werden wir die Entwicklung nach Potenzen von y durch Einsetzen von

$$y = b\mu + k\mu^2$$

in eine solche nach Potenzen von μ zu verwandeln und den Koeffizienten von μ^2 gleich Null zu setzen haben.

Nun war

$$\overline{AP} + \overline{PB} = r_A + r_B - (\sin\varphi_A + \sin\varphi_B)\, y$$
$$+ \left[\frac{\cos\varphi_B}{r_B}(\varrho\cos\varphi_B - r_B) + \frac{\cos\varphi_A}{r_A}(\varrho\cos\varphi_A - r_A)\right]\frac{y^2}{2\varrho} + \cdots .$$

Bis zu den Gliedern zweiter Ordnung haben wir also nur $b\mu$ für y einzusetzen, und das Glied

$$-(\sin\varphi_A + \sin\varphi_B)\, k\mu^2$$

hinzuzufügen. Es bleibt dann die Bedingung

$$(\sin\varphi_A + \sin\varphi_B)\, b = c\tau$$

bestehen, aber die Gleichung des Spektrums wird:

$$\left[\frac{\cos\varphi_B}{r_B}(\varrho\cos\varphi_B - r_B) + \frac{\cos\varphi_A}{r_A}(\varrho\cos\varphi_A - r_A)\right]\frac{b^2}{2\varrho} = (\sin\varphi_A + \sin\varphi_B)\, k .$$

Sei $\bar{r}_B$ die Entfernung, die sich für $k = 0$ ergibt, für die also die eckige Klammer verschwindet. Dann ist:

$$\cos^2\varphi_B\left(\frac{1}{r_B} - \frac{1}{\bar{r}_B}\right) = (\sin\varphi_A + \sin\varphi_B)\frac{2k}{b^2} = \frac{2k}{b}\frac{c\tau}{b^2}.$$

Längs des Spektrums ändert sich also die Abweichung $\frac{1}{r_B} - \frac{1}{\bar{r}_B}$ proportional $\tau/\cos^2\varphi_B$. Im direkten Bilde ($\tau = 0$) ist sie Null und hat auf verschiedenen Seiten des direkten Bildes entgegengesetztes Vorzeichen.

Mit anderen Worten: ein kleiner, linear über das Gitter fortschreitender Fehler in der Gitterteilung wird durch die Veränderung in der Lage des Spektrums kompensiert. Auch bei ebenen Gittern wirkt sich eine monoton veränderliche Gitterkonstante in der Lage des Spektrums aus. Fällt paralleles Licht auf, so liegt das Spektrum nicht im Unendlichen, sondern im Endlichen. Das Gitter hat also „fokale Eigenschaften".

38. Astigmatismus. Wir haben bisher nur die Strahlen betrachtet, die von A ausgehend in der xy-Ebene verlaufen. Wollen wir auch die anderen auf die durchfurchte Fläche fallenden Strahlen berücksichtigen, so haben wir dem Punkt P eine von Null verschiedene z-Koordinate zu geben und die Gleichung der Kugelfläche in der Form

$$x^2 + y^2 + z^2 = 2\varrho x$$

anzusetzen. Die Reihenentwicklungen von $\overline{AP}$ und $\overline{PB}$ sind nun nach Potenzen von y und z zu machen. Es ist

$$\begin{aligned}\overline{AP}^2 &= (x - x_A)^2 + (y - y_A)^2 + z^2 = r_A^2 - 2x_A x - 2y_A y + x^2 + y^2 + z^2\\ &= r_A^2 - 2y_A y + 2(\varrho - x_A)x = r_A^2 - 2y_A y + \left(1 - \frac{x_A}{\varrho}\right)(x^2 + y^2 + z^2).\end{aligned}$$

Da x von zweiter Ordnung in y und z ist, so erhalten wir bis auf Glieder vierter Ordnung

$$\overline{AP}^2 = r_A^2 - 2y_A y + \left(1 - \frac{x_A}{\varrho}\right)(y^2 + z^2)$$

und somit ähnlich wie oben bis auf Glieder dritter Ordnung

$$\overline{AP} = r_A - \sin\varphi_A y + \frac{\cos\varphi_A}{\varrho}(\varrho\cos\varphi_A - r_A)\frac{y^2}{2r_A} + \left(1 - \frac{r_A\cos\varphi_A}{\varrho}\right)\frac{z^2}{2r_A}.$$

Die analoge Entwicklung gilt für $\overline{PB}$, und es ergibt sich daher für $\overline{AP} + \overline{PB}$ eine Entwicklung, deren lineares Glied wieder wie oben

$$-(\sin\varphi_A + \sin\varphi_B)\,y$$

ist, deren Glieder zweiter Ordnung jetzt aber die Form haben

$$\left[\frac{\cos\varphi_A}{\varrho r_A}(\varrho\cos\varphi_A - r_A) + \frac{\cos\varphi_B}{\varrho r_B}(\varrho\cos\varphi_B - r_B)\right]\frac{y^2}{2} + \left[\frac{1}{r_A} - \frac{\cos\varphi_A}{\varrho} + \frac{1}{r_B} - \frac{\cos\varphi_B}{\varrho}\right]\frac{z^2}{2}.$$

Jetzt wird es aber im allgemeinen nicht möglich sein, durch passende Wahl der Lage von B die Glieder zweiter Ordnung für beliebige Werte von y und z zum Verschwinden zu bringen. Denn wenn der Koeffizient von z^2 gleich Null gesetzt wird, so wird im allgemeinen nicht zugleich auch der Koeffizient von y^2 verschwinden können. Das sieht man am besten aus der Differenz der beiden Koeffizienten. Bezeichnen wir diese Koeffizienten mit K_y und K_z, so erhält man

$$K_z - K_y = \frac{\sin^2\varphi_A}{r_A} + \frac{\sin^2\varphi_B}{r_B}.$$

Für gleiches Vorzeichen von r_A und r_B, d. h. wenn A und B auf derselben Seite des Gitters liegen sollen, können die beiden Koeffizienten für endliche Werte von r_A und r_B nur dann gleichzeitig verschwinden, wenn φ_A und φ_B, also auch $\tau = 0$ ist. D. h. nur im direkten Bilde und nur wenn A auf der x-Achse liegt, kann das Verschwinden der Glieder zweiter Ordnung für beliebige Werte von y und z erreicht werden. Aber so gut, wie wir die Strahlen in der xy-Ebene für sich untersucht haben, können wir auch die Strahlen in der xz-Ebene für sich untersuchen. Sollen ihre Lichtwellen in B mit derselben Phase eintreffen, so muß der Koeffizient von z^2 verschwinden, wenn wir von den Gliedern höherer Ordnung absehen. Es wird also

$$K_z = \frac{1}{r_B} - \frac{\cos\varphi_B}{\varrho} + \frac{1}{r_A} - \frac{\cos\varphi_A}{\varrho} = 0.$$

Der Wert von r_B, der sich hieraus ergibt, muß größer sein als der Wert, der sich für dasselbe φ_B aus der Gleichung $K_y = 0$ ableitet. Denn da A und B beide vor dem Gitter liegen sollen, so ist $K_z - K_y$ positiv. Wenn also K_z verschwindet, so muß K_y negativ sein. Wenn nun für einen gewissen Wert von r_B $K_y = 0$ ist, so muß das Glied $\frac{\cos^2\varphi_B}{r_B}$, in dem allein r_B vorkommt, verkleinert werden, um K_y negativ zu machen, d. h. r_B muß vergrößert werden. Auf dem im Nullpunkt vom Gitter zurückgeworfenen Strahl OB, auf dem wir oben den Punkt B fanden, für den

$$(\sin\varphi_A + \sin\varphi_B)\, b = c\tau$$

und $K_y = 0$ ist, liegt also in größerer Entfernung ein zweiter Punkt B', für den die von der mittelsten Furche zurückgeworfenen Lichtwellen mit gleicher Phase eintreffen. Die entsprechenden durch B' laufenden Strahlen sind bei B zu einer der z-Achse parallelen Linie ausgebreitet, ebenso wie die oben betrachteten durch B in der xy-Ebene laufenden Strahlen in B' zu einer Linie ausgebreitet sind. Die beiden Linien sind die Brennlinien des gesamten durch

$$(\sin\varphi_A + \sin\varphi_b)\, b = c\tau$$

bestimmten, vom Gitter zurückgeworfenen Strahlenbündels. Eine punktförmige Lichtquelle A wird also in B nicht wieder punktförmig, sondern durch eine auf der xy-Ebene senkrecht stehende Brennlinie abgebildet, deren Länge l durch die Furchenlänge L und durch die Entfernungen r_B und $r_{B'}$ der beiden Brennlinien in der Proportion

$$l : L = r_{B'} - r_B : r_{B'}$$

gegeben ist. Da diese Brennlinie auf der Spektralkurve senkrecht steht, so erhält man ein brauchbares Spektrum, wenn man in A einen auf der xy-Ebene senkrechten Spalt aufstellt. Die verschiedenen Punkte des Spaltes werden dann zwar über oder unter dem Punkte B nicht punktförmig abgebildet, aber die verschiedenen Brennlinien fügen sich zu einer Spektrallinie zusammen. Wo die Brennlinien übereinanderfallen, addieren sich dabei die Intensitäten (es handelt sich ja um inkohärente überlagerte Strahlen), und man kann bei einiger Ausdehnung des Spaltes dieselbe Intensität wie bei stigmatischer Abbildung erreichen.

39. Fälle stigmatischer Abbildung. Wir fanden oben die Differenz der Koeffizienten K_y und K_z von $y^2/2$ und $z^2/2$ in der Entwicklung von $\overline{AP} + \overline{PB}$ gleich

$$\frac{\sin^2\varphi_A}{r_A} + \frac{\sin^2\varphi_B}{r_B}$$

und schlossen daraus, daß für positive Werte von r_A und r_B die beiden Koeffizienten nicht gleichzeitig verschwinden können. Wenn man aber eine der beiden Entfernungen r_A und r_B unendlich werden läßt und die Richtung des anderen Strahles in die Normale des Gitters legt, so verschwindet die Differenz der beiden Koeffizienten, und die Gleichung $K_z = 0$ wird mit $K_y = 0$ identisch. Dann fallen die Punkte B und B' zusammen, und der Astigmatismus verschwindet.

Wir gewinnen somit zwei Möglichkeiten stigmatischer Abbildung:

$$1.\quad r_A = \infty, \qquad \varphi_B = 0, \qquad \frac{1}{r_B} = \frac{1+\cos\varphi_A}{\varrho},$$

$$2.\quad \frac{1}{r_A} = \frac{1+\cos\varphi_B}{\varrho}, \qquad \varphi_A = 0, \qquad r_B = \infty.$$

Im ersten Fall lassen wir paralleles Licht in irgendeiner Richtung der xy-Ebene auf das Gitter fallen. Dann entsteht in der Richtung der Normalen im Abstand $r_B = \frac{\varrho/2}{\cos^2(\varphi_A/2)}$ ein stigmatisches Bild in den Farben $\nu = \pm\frac{m}{\tau}$ (m eine ganze Zahl), wo $b\sin\varphi_A = c\tau$. Links und rechts von diesem Punkt wird das Spektrum zwar nicht streng stigmatisch sein, aber der Astigmatismus wird von zweiter Ordnung in φ_B.

Im zweiten Fall bringen wir umgekehrt die Lichtquelle in einen Punkt der Gitternormalen in einer beliebigen Entfernung r_A, die nur zwischen ϱ und $\varrho/2$ liegen muß. Dann beobachten wir das in der Richtung φ_B austretende parallele Licht, wo

$$\cos\varphi_B = \frac{\varrho}{R_A} - 1,$$

z. B. durch ein auf unendlich eingestelltes Fernrohr und erhalten ein stigmatisches Bild der Lichtquelle.

40. Stigmatisches Spektrum durch astigmatische Spaltbeleuchtung. Auch für eine beliebige andere Lage des Spaltes kann man an irgendeiner verlangten Stelle des Spektrums eine stigmatische Abbildung des Spaltes erzielen, indem man durch den Spalt ein Lichtbündel mit geeignetem Astigmatismus treten läßt. Die eine Brennlinie dieses Lichtbündels muß in den Spalt gelegt werden, die andere Brennlinie in die richtige Entfernung vor den Spalt. Diese Entfernung läßt sich dadurch berechnen, daß man sich an der Stelle des Spektrums, an der man den Astigmatismus beseitigen will, eine punktförmige Lichtquelle denkt und die Lage der Brennlinien des Lichtbündels betrachtet, das in der Richtung des Spaltes vom Gitter zurückgeworfen wird. Die eine Brennlinie liegt im Spalt, die andere ergibt sich aus der Gleichung $K_z = 0$, wenn darin für r_A, φ_A die Werte eingesetzt werden, die der Spektralstelle entsprechen, und für φ_B der Wert, der dem Spalt entspricht. r_B ist dann die Entfernung der vor dem Spalt liegenden Brennlinie vom Gitter, also

$$\frac{1}{r_B} = \frac{\cos\varphi_A + \cos\varphi_B}{\varrho} - \frac{1}{r_A}.$$

Allerdings wird der Astigmatismus dadurch nur an der einen Stelle des Spektrums aufgehoben. Aber links und rechts davon ist er wenigstens gering.

Wird bei der festen Aufstellung von Spalt und Kamera auf dem ROWLANDschen Kreise der Astigmatismus an der Spektralstelle $\varphi_B = \sigma$, $r_B = \varrho$, also in der Gitternormalen korrigiert, so ist die zum Spalt senkrechte Brennlinie im Abstand

$$\frac{\varrho}{\cos\varphi_A}$$

anzuordnen, während der Spalt selbst den Abstand $\varrho\cos\varphi_A$ hat. Diese Brennlinie liegt also um den Betrag

$$\varrho\,\frac{\sin^2\varphi_A}{\cos\varphi_A}$$

vor dem Spalt. Links und rechts von dieser Stelle des Spektrums ist aber die zur Beseitigung des Astigmatismus erforderliche Brennlinie in größerer Entfernung vom Spalt anzunehmen. Sie hat also für die Stelle des Spektrums in der Gitternormalen ihre kleinste Entfernung vom Spalt, ändert diese also nur wenig für die benachbarten Stellen des Spektrums.

41. Einfluß einer Dispersion des Mediums auf die Koinzidenz verschiedener Ordnungen. Wir haben bisher angenommen, daß das Medium, in dem die Lichtbewegung vor sich geht, für alle Farben die gleiche Lichtgeschwindigkeit habe. Die Gleichung

$$(\sin\varphi_A + \sin\varphi_B)\, b = c\tau$$

ergibt für eine gegebene Lichtquelle und eine gegebene Stelle des Spektrums nur einen Wert von τ, und die verschiedenen Farben, die an dieser Stelle ihre Spektrallinie haben, sind durch

$$\nu\tau = m \qquad (m = 1, 2, \ldots)$$

gegeben, d. h. ihre Schwingungszahlen müssen sich wie die Ordnungen der Spektren verhalten, denen sie angehören. Wenn nun aber für zwei Ordnungen m und m' die Lichtgeschwindigkeiten c und c' nicht einander gleich sind, so erhalten wir an derselben Stelle des Spektrums nicht denselben Wert von τ, sondern zwei verschiedene Werte τ und τ', die durch die Gleichung

$$c\tau = c'\tau'$$

miteinander verbunden sind. Die zugehörigen Schwingungszahlen, für die

$$\nu\tau = m \quad \text{und} \quad \nu'\tau' = m',$$

verhalten sich dann also nicht wie $m : m'$, sondern wie $cm : c'm'$. Wohl aber verhält sich $\frac{\nu}{c}$ zu $\frac{\nu'}{c'}$ wie $m : m'$, d. h. also, es verhalten sich die Wellenlängen $\lambda = \frac{c}{\nu} 2\pi$ und $\lambda' = \frac{c' 2\pi}{\nu'}$ wie $m' : m$.

42. Die Aberration beim Konkavgitter. Wir haben bisher in der Entwicklung von $\overline{AP} + \overline{PB}$ nach Potenzen von y und z die Glieder von höherer als der zweiten Ordnung vernachlässigt. Wir wollen jetzt für $z = 0$ die Glieder dritter und vierter Ordnung entwickeln, um zu überschlagen, wie groß der begangene Fehler, die sog. Aberration ist. Es ist

$$\begin{aligned}
\overline{AP}^2 &= r_A^2 - 2y_A y - 2x_A x + y^2 + x^2 \\
&= r_A^2 - 2y_A y + y^2\left(1 - \frac{x_A}{\varrho}\right) + x^2\left(1 - \frac{x_A}{\varrho}\right) \\
&= (r_A - \sin\varphi_A y)^2 + y^2\left(\cos^2\varphi_A - \frac{r_A\cos\varphi_A}{\varrho}\right) + x^2\left(1 - \frac{r_A\cos\varphi_A}{\varrho}\right) \\
&= (r_A - \sin\varphi_A y)^2\left[1 + y^2\frac{\cos^2\varphi_A\,\varrho - r_A\cos\varphi_A}{\varrho(r_A - \sin\varphi_A y)^2} + x^2\frac{\varrho - r_A\cos\varphi_A}{\varrho(r_A - \sin\varphi_A y)^2}\right].
\end{aligned}$$

Werden die Koeffizienten von y^2 und x^2 in der eckigen Klammer mit u und v bezeichnet, so wird die Wurzel aus der eckigen Klammer gleich

$$\sqrt{1 + y^2 u + x^2 v} = 1 + \tfrac{1}{2} y^2 u + \tfrac{1}{2} x^2 v - \tfrac{1}{8} y^4 u^2 + \cdots.$$

Da x^2 von vierter Ordnung in y ist, so sind die durch Punkte angedeuteten Glieder von höherer als vierter Ordnung. Somit erhalten wir bis auf Glieder vierter Ordnung

$$\begin{aligned}
\overline{AP} = r_A - \sin\varphi_A y &+ \frac{1}{2} y^2 \frac{\cos^2\varphi_A\,\varrho - r_A\cos\varphi_A}{\varrho(r_A - \sin\varphi_A y)} + \frac{1}{2} x^2 \frac{\varrho - r_A\cos\varphi_A}{\varrho(r_A - \sin\varphi_A y)} \\
&- \frac{1}{8} y^4 \frac{(\cos^2\varphi_A\,\varrho - r_A\cos\varphi_A)^2}{\varrho^2(r_A - \sin\varphi_A y)^3}.
\end{aligned}$$

Da es uns auf Glieder fünfter Ordnung nicht ankommt, so können wir in den Nennern der letzten beiden Glieder, die beide von vierter Ordnung sind, statt

$r_A - \sin\varphi_A y$ auch r_A schreiben. Das Glied dritter Ordnung ergibt sich aus dem dritten Gliede gleich

$$\frac{1}{2}\frac{(\cos^2\varphi_A\varrho - r_A\cos\varphi_A)}{\varrho r_A}\frac{\sin\varphi_A y^3}{r_A},$$

während das Glied zweiter Ordnung die Form hat

$$\frac{1}{2}\frac{\cos^2\varphi_A\varrho - r_A\cos\varphi_A}{\varrho r_A}y^2,$$

wie oben schon gefunden wurde. Um die Entwicklung von $\overline{PB}$ zu erhalten, ist nur statt φ_A und r_A zu schreiben φ_B und r_B. In der Entwicklung von $\overline{AP} + \overline{PB}$ verschwinden die Glieder erster und zweiter Ordnung, und das Glied dritter Ordnung wird

$$\frac{1}{2}\left(\frac{\cos^2\varphi_A\varrho - r_A\cos\varphi_A}{\varrho r_A}\frac{\sin\varphi_A}{r_B} + \frac{\cos^2\varphi_B\varrho - r_B\cos\varphi_B}{\varrho r_B}\frac{\sin\varphi_B}{r_B}\right)y^3$$

oder, wie wir infolge des Verschwindens des Gliedes zweiter Ordnung auch schreiben können,

$$\frac{1}{2}\frac{\cos^2\varphi_A\varrho - r_A\cos\varphi_A}{\varrho r_A}\left(\frac{\sin\varphi_A}{r_A} - \frac{\sin\varphi_B}{r_B}\right)y^3.$$

Dieser Betrag darf, vorausgesetzt, daß man die höheren Glieder gegen ihn vernachlässigen darf, für den größten vorkommenden Wert von y nicht mehr als etwa den vierten Teil der Wellenlänge des Lichtes betragen. Sonst werden die n Lichtbündel sich zum Teil schon gegenseitig durch Interferenz schwächen.

Auf dem ROWLANDschen Kreis und ebenso in den oben betrachteten Fällen $\varphi_A = 0$, $r_B = \infty$ und $\varphi_B = 0$, $r_A = \infty$ verschwindet das Glied dritter Ordnung, und das Glied vierter Ordnung gibt dann die Aberration an. Es wird auf dem ROWLANDschen Kreise gleich

$$\frac{1}{8\varrho^2}\left(\frac{\sin^2\varphi_A}{r_A} + \frac{\sin^2\varphi_B}{r_B}\right)y^4.$$

Dieser Umstand, daß das Glied dritter Ordnung verschwindet, ist ein weiterer Grund, die Anordnung des Spaltes und des Spektrums auf dem ROWLANDschen Kreis zu bevorzugen. Bei dieser Anordnung darf die durchfurchte Fläche breiter sein als bei anderer Lage des Spaltes. An der Stelle des Spektrums z. B., die in der Gitternormalen liegt, haben wir in $m$ter Ordnung, da $\varphi_B = 0$,

$$\sin\varphi_A b = \lambda m.$$

Die zulässige Gitterbreite B ergibt sich dann aus

$$\frac{1}{8\varrho^2}\frac{\sin^2\varphi_A}{\varrho\cos\varphi_A}\cdot\frac{B^4}{16} = \frac{\lambda}{4}$$

zu

$$B = 2\varrho\sqrt[4]{\frac{2b\cos\varphi_A}{m\varrho\sin\varphi_A}}.$$

Für ein Konkavgitter von kleinem Krümmungsradius $\varrho = 100$ cm und $b = 1{,}7\cdot 10^{-4}$ cm ist z. B.

$$B = 8{,}6\sqrt[4]{\frac{\cot\varphi_A}{m}}\,\text{cm}.$$

Bei einer Breite der durchfurchten Fläche von 8,6 cm dürfte also $\cot\varphi_A$ nicht kleiner sein als m, wenn nicht die Strahlenbündel, die von den seitlichen Furchen ausgehen, anfangen sollen, die übrige Lichtbewegung an der betrachteten Stelle des Spektrums zu schwächen. Für die erste Ordnung würde $\varphi_A = 45°$ der Grenzwinkel sein, der nicht überschritten werden dürfte, für die zweite Ordnung etwa 27°, für die dritte etwa 19°.

43. Auflösungsvermögen des Prismas im Vergleich zum Gitter. Die Methode, durch die man das Auflösungsvermögen eines Gitters auf seine Breite zurückführt oder, besser gesagt, auf den Gangunterschied der über die beiden seitlichen Ränder der durchfurchten Fläche führenden Strahlen, läßt sich auch in analoger Weise anwenden, um die auflösende Kraft eines Prismas oder auch eines Prismensatzes zu ermitteln. Betrachten wir nämlich ein Strahlenbündel von gegebener Wellenlänge, das durch eine rechteckige Blende senkrecht hindurchtritt, so wird es in Richtung der Seiten des Rechtecks gebeugt. Die Lichtbewegung wird nicht nur senkrecht zur Blende sich fortpflanzen, sondern auch in benachbarten Richtungen. Ist $\varphi = 0$ die Richtung senkrecht zur Blende und φ der Winkel mit einer benachbarten Richtung in einer Ebene, die durch die Mitte der Blende senkrecht zu einer Seite des Rechtecks gelegt ist, so wird die Intensitätsverteilung mit wachsendem φ abnehmen und zum erstenmal in der Richtung, für die

$$\sin\varphi = \lambda/b,$$

verschwinden, wo b die Breite des Rechtecks in der betrachteten Ebene und λ die Wellenlänge des Lichtes ist. Teilt man nämlich das Rechteck durch die Mittellinie senkrecht zu der betrachteten Ebene in zwei gleiche Teile, so wird der Gangunterschied der zwei von den beiden Hälften in dieser Richtung ausgehenden Lichtbündel gerade eine halbe Wellenlänge, und dadurch heben sie sich gegenseitig auf. Für größere Winkel φ folgen dann weitere Maxima und Minima. Ähnlich wie oben werden wir nun schließen, daß die Farbenzerstreuung des Prismas oder des Prismensatzes zwei Farben voneinander trennt, wenn der Unterschied ihrer Wellenlängen dazu hinreicht, um das erste Minimum der benachbarten Wellenlänge in die Hauptrichtung der ursprünglichen Wellenlänge zu bringen. Wir haben also den Winkel zu berechnen, um welchen die aus tretende Wellenfront der Wellenlänge λ gedreht wird durch eine Änderung der Wellenlänge um $\delta\lambda$, und diesen Winkel haben wir gleich dem Winkel $\varphi = \lambda/b$ zu setzen, bei dem zwei Strahlenbündel voneinander getrennt werden können. Aus dieser Gleichung läßt sich dann $\delta\lambda/\lambda$ berechnen, d. h. die relative Änderung der Wellenlänge, die durch das Prisma oder das Prismensystem wahrgenommen werden kann.

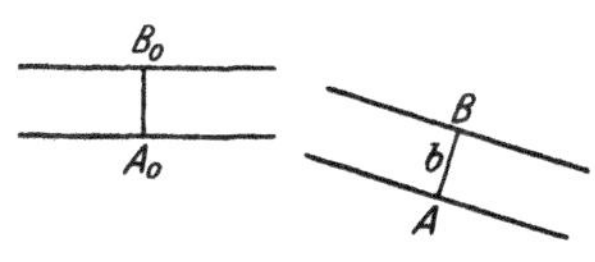

Abb. 16. Durchgang einer Welle durch ein Prismensystem.

Sei A_0B_0 die Wellenfront von der gegebenen Wellenlänge vor Eintritt in das Prismensystem (Abb. 16), AB die austretende Wellenfront, so ist die Zeit, die das Licht auf dem Wege von A_0 bis A gebraucht, gleich der Zeit auf dem Wege von B_0 bis B und ist kleiner als auf jedem benachbarten Wege zwischen denselben Punkten. Das Licht der benachbarten Wellenlänge $\lambda + \delta\lambda$ wird für dieselben Wege andere Zeiten gebrauchen wegen der veränderten Lichtgeschwindigkeiten in den brechenden Medien. Sei τ_B die Änderung der Zeit auf dem Wege B_0B und τ_A die auf dem Wege A_0A und c die Lichtgeschwindigkeit in dem letzten Medium, so ist die Schwenkung der Wellenfront gleich

$$(c\tau_B - c\tau_A)/b.$$

Ist s irgendein Wegteil in einem der brechenden Medien mit der Lichtgeschwindigkeit v für die Wellenlänge λ und v' für die Wellenlänge $\lambda + \delta\lambda$, so sind die entsprechenden beiden Zeiten

$$s/v \quad \text{und} \quad s/v'$$

und mit der Lichtgeschwindigkeit c multipliziert

$$ns \quad \text{und} \quad n's,$$

wo n und n' die Brechungskoeffizienten des Mediums gegen das letzte Medium bedeuten. Um also $c\tau_A$ zu berechnen, haben wir alle Wegteile des Weges A_0A mit den beiden Brechungskoeffizienten des betreffenden Mediums gegen das letzte Medium zu multiplizieren und die Differenz

$$(n' - n)s \quad \text{oder} \quad \frac{dn}{d\lambda} s\, d\lambda$$

zu bilden. Handelt es sich z. B. um einen Prismensatz aus gleicher Glassorte und sind S_A und S_B die Summen der im Glas verlaufenden Teile der Wege A_0A und B_0B, so ist

$$c\tau_A = \frac{dn}{d\lambda} S_A d\lambda, \qquad c\tau_B = \frac{dn}{d\lambda} S_B d\lambda$$

und mithin

$$\frac{\frac{dn}{d\lambda}(S_B - S_A)\, d\lambda}{b} = \frac{\lambda}{b}$$

oder

$$\frac{d\lambda}{\lambda} = \frac{1}{(S_B - S_A)\frac{dn}{d\lambda}}.$$

Für ein einziges Prisma, das voll ausgenutzt wird, so daß der eine Randstrahl die brechende Kante schneidet, der andere längs der Basis verläuft, ist $S_A = 0$ und S_B gleich der Basis. Die „auflösende Kraft“ $\lambda/d\lambda$ des Prismas ist dann also gleich der Basislänge multipliziert mit dem Differentialquotienten des Brechungskoeffizienten nach der Wellenlänge.

Wird aus zwei Prismen verschiedener Medien ein Prisma zusammengesetzt derart, daß der eine Randstrahl nur die Basis B_1 des einen Prismas mit dem Brechungskoeffizienten n, der andere nur die Basis B_2 des anderen Prismas mit dem Brechungskoeffizienten n_2 durchläuft, so ist die auflösende Kraft:

$$B_2 \frac{dn_2}{d\lambda} - B_1 \frac{dn_1}{d\lambda}.$$

Die Werte von $dn/d\lambda$ erhält man für irgendein brechendes Medium aus der Dispersionsformel. Es genügt z. B. in einem nicht zu großen Wellenlängenbereich die Formel

$$n = \alpha + \beta\lambda^{-2},$$

um mit ausreichender Genauigkeit den Brechungskoeffizienten als Funktion der Wellenlänge darzustellen. Dann ist

$$\frac{dn}{d\lambda} = -2\beta\lambda^{-3}$$

die auflösende Kraft eines Prismas, also

$$2B\beta\lambda^{-3}.$$

RAYLEIGH gibt ein Beispiel von Flintglas, bei dem

$$\beta = 0{,}984 \cdot 10^{-10}\ \text{cm}^2.$$

Für Licht der Wellenlänge $6 \cdot 10^{-5}$ cm wäre die auflösende Kraft daher, wenn B auch in Zentimetern ausgedrückt wird,

$$926B.$$

Die auflösende Kraft wird also für $B = 1$ cm gleich der eines Gitters von 926 Furchen in erster Ordnung. Der große Unterschied zwischen der auflösenden Kraft eines Gitters und der eines Prismas besteht aber darin, daß jene der Schwingungszahl proportional ist[1], diese aber ungefähr proportional der dritten Potenz der Schwingungszahl ansteigt und daher selbst bei mäßigen Dimensionen des Prismas für sehr kleine Wellenlängen der auflösenden Kraft selbst großer Gitter überlegen wird. Um im Orange die auflösende Kraft der zweiten Ordnung eines Gitters von 100000 Furchen zu haben, müßte ein Prismensatz aus dem oben betrachteten Flintglas eine gesamte Basislänge von zwei Metern haben. Für eine dreimal größere Schwingungszahl dagegen würde schon eine Basislänge von $7^1/_2$ cm genügen, um der zweiten Ordnung des Gitters äquivalent, und eine Basis von $22^1/_2$ cm, um der sechsten Ordnung des Gitters äquivalent zu sein.

44. Geister. Die Gitterspektren zeigen meistens in der Nähe starker Spektrallinien auf beiden Seiten eine Reihe schwächerer Begleiter, die nicht etwa zu Schwingungszahlen gehören, wie sie ihrer Stellung im Spektrum entsprechen würden, sondern von dem Lichte der starken Spektrallinie hervorgerufen sind. Sie entstehen durch Fehler in der Gitterteilung. Die Furchen des Gitters werden durch eine Diamantspitze geritzt, die sich immer in derselben Ebene über die Fläche hinwegbewegen läßt, während ein Schlitten, auf dem das Gitter ruht, durch die Drehung einer Schraube nach dem Ziehen einer Furche jedesmal um das gleiche kleine Stück weitergezogen wird. Auf der Schraube ist zu dem Zweck ein Zahnrad befestigt und wird von Furche zu Furche um je einen Zahn gedreht. Meistens weist nun das Zahnrad kleine Unregelmäßigkeiten auf, so daß die Furchen nicht völlig äquidistant werden, Unregelmäßigkeiten, die sich jedoch nach je einer vollen Umdrehung der Schraube genau wiederholen. Die n Strahlenbündel, die von den Furchen zurückgeworfen im Punkte B miteinander interferieren, erregen also eine Lichtbewegung gleich dem imaginären Teil von

$$e^{\nu(t+\alpha_0)2\pi i} + e^{\nu(t+\alpha_1)2\pi i} + \cdots + e^{\nu(t+\alpha_{n-1})2\pi i},$$

wobei jetzt aber die Zeitintervalle $\alpha_1, \alpha_2, \ldots$ nicht mehr die ganzen Vielfachen einer Zeit τ sind, wie es bei einem vollkommenen Gitter sein müßte, sondern wo

$$\alpha_\varkappa = (\varkappa + f(\varkappa))\tau.$$

$f(\varkappa)$ bedeutet hier einen kleinen positiven oder negativen echten Bruch, der nach einer vollen Umdrehung der Schraube wieder denselben Wert annimmt, aber für die verschiedenen Stellungen der Trommel verschiedene Werte haben kann.

Wir setzen nun
$$e^{\alpha_\varkappa 2\pi i} = e^{\varkappa\tau 2\pi i} \cdot e^{f(\varkappa)\tau 2\pi i}$$

und vernachlässigen in der Entwicklung von

$$e^{f(\varkappa)\tau 2\pi i}$$

nach Potenzen von $f(\varkappa)\tau 2\pi i$ die Glieder von höherer als der ersten Ordnung, wozu wir bei den sehr kleinen Bruchteilen $f(\varkappa)$ berechtigt sind. Dann wird

$$e^{\alpha_\varkappa 2\pi i} = e^{\varkappa\tau 2\pi i}(1 + f(\varkappa)\tau 2\pi i).$$

Die in B hervorgerufene Lichtbewegung besteht dann also aus zwei Teilen, dem imaginären Teil von

$$e^{\nu t 2\pi i} + e^{\nu(t+\tau)2\pi i} + e^{\nu(t+2\tau)2\pi i} + \cdots + e^{\nu(t+(n-1)\tau)2\pi i},$$

den wir schon oben (Ziff. 30) betrachtet haben und dessen Amplitude wir gleich

$$\frac{\sin(n\tau\pi)}{\sin(\tau\pi)}$$

fanden, und dem imaginären Teil von

$$2\pi\tau i e^{\nu t 2\pi i}[f(0) + e^{\nu\tau 2\pi i} f(1) + e^{2\nu\tau 2\pi i} f(2) + \cdots + e^{(n-1)\nu\tau 2\pi i} f(n-1)].$$

[1] Denn mit wachsender Schwingungszahl wächst die Ordnung, in der die Spektrallinie noch beobachtet werden kann.

Jetzt möge m die Zahl der Zähne des Zahnrades sein, durch das die Stellungen der Schraube bedingt sind, und r die Anzahl der Umdrehungen der Schraube, so daß also $n = mr$. Dann ist $f(\varkappa)$ eine Funktion von $\varkappa$ mit der Periode m und läßt sich in einer FOURIERschen Reihe darstellen

$$f(\varkappa) = a_0 + a_1 \sin(\varkappa 2\pi/m + \beta_1) + a_2 \sin(2\varkappa 2\pi/m + \beta_2) + \cdots.$$

Die Reihe ist nicht unendlich, da $f(\varkappa)$ nur für ganzzahlige Werte von $\varkappa$ definiert ist, sondern besteht, wenn m gerade ist, aus $(m/2 + 1)$, wenn m ungerade ist, aus $(m/2 + 1/2)$ Gliedern. Setzen wir die FOURIERsche Reihe für $f(\varkappa)$ oben ein, so wird dieser Ausdruck eine lineare Funktion von $a_0, a_1, \ldots$, und der Koeffizient von a_s wird:

$$2\pi\tau i e^{\nu t 2\pi i} \sum_{\varkappa=0}^{n-1} \sin(s\varkappa 2\pi/m + \beta_s)\, e^{\varkappa\nu\tau 2\pi i}.$$

Für die Glieder

$$\varkappa = \varkappa_1,\ \varkappa_1 + m,\ \varkappa_1 + 2m,\ \ldots,\ \varkappa_1 + (r-1)m \qquad (\varkappa_1 < m)$$

hat der Sinus dieselben Werte. Wir können sie daher zusammenfassen zu

$$\sin(s\varkappa_1 2\pi/m + \beta_s)\, e^{\varkappa_1\nu\tau 2\pi i}\,(1 + e^{m\nu\tau 2\pi i} + \cdots + e^{(r-1)m\nu\tau 2\pi i}).$$

Die Klammer wird ein gemeinsamer Faktor, der genau so gebildet ist wie die oben (Ziff. 30) betrachtete Summe, nur daß $m\tau$ an Stelle von τ getreten ist. Sie ist gleich

$$e^{(r-1)\nu m\tau\pi i}\, \frac{\sin(rm\nu\tau\pi)}{\sin(m\nu\tau)}.$$

Wir können diesen Faktor ausklammern und haben dann nur über $\varkappa_1 = 0, 1, \ldots, m-1$ zu summieren.

Die Summe

$$\sum_{\varkappa_1} \sin(s\varkappa_1 2\pi/m + \beta_s)\, e^{\varkappa_1\nu\tau 2\pi i}$$

wird gebildet, indem wir den Sinus wieder durch die Exponentialfunktion ausdrücken. Wir erhalten so die beiden Summen

$$\pm \frac{1}{2i} \sum_{\varkappa_1} e^{((\varkappa_1\nu\tau \pm s\varkappa_1/m) 2\pi \pm \beta_s) i}.$$

Das gibt analog wie oben

$$\pm \frac{1}{2i}\, e^{\beta_s i} \cdot e^{(m-1)(\nu\tau \pm s/m)\pi i}\, \frac{\sin m(\nu\tau \pm s/m)\pi}{\sin(\nu\tau \pm s/m)\pi}.$$

Somit erhalten wir aus dem Gliede

$$a_s \sin(s\varkappa 2\pi/m + \beta_s)$$

der FOURIERschen Entwicklung von $f(\varkappa)$ zwei Lichtbewegungen mit den Amplituden

$$a_s\pi\tau\, \frac{\sin m(\nu\tau \pm s/m)\pi}{\sin(\nu\tau \pm s/m)\pi}\, \frac{\sin(rm\nu\tau\pi)}{\sin(m\nu\tau\pi)}.$$

Der letzte Faktor hat seine Hauptmaxima an den Stellen des Spektrums, wo $\nu m\tau$ eine ganze Zahl ist. Das ist das Spektrum, das wir erhalten würden bei einer $m$mal so weiten Gitterteilung, einer Teilung also, wie sie einer vollen Umdrehung der Schraube entspricht. In der Tat ist dies ja eine genaue Periode der Gitterteilung. Die $m$te Ordnung dieser groben Gitterteilung fällt zusammen mit der ersten Ordnung der feinen, für die ja $\nu\tau = 1$. Aber nicht alle Hauptmaxima des letzten Faktors können eine beträchtliche Amplitude ergeben, sondern nur solche, für die auch der vorletzte Faktor eines seiner Hauptmaxima hat, d. h. nur an den Stellen des Spektrums, wo $\nu\tau \pm s/m$ eine ganze Zahl ist, wo also $\nu\tau$ sich um s/m von einer ganzen Zahl nach oben oder nach unten hin unterscheidet. Aber auch hier haben wir nur dann eine beträchtliche Intensität, wenn der

Koeffizient a_s der FOURIERschen Entwicklung der Gitterfehler groß genug ist. Ist dies der Fall, so ergibt das also z. B. in dritter Ordnung für die Schwingungszahl ν an beiden Seiten der Spektrallinie, die an der Stelle des Spektrums

$$\tau = 3/\nu = 3\lambda/c$$

erscheint, im Abstand

$$\Delta\tau = s/m\, 1/\nu$$

oder, in Wellenlängen dritter Ordnung gemessen, im Abstand

$$3\Delta\lambda = c\Delta\tau = s/m\lambda$$

eine begleitende Spektrallinie, deren Amplitude gleich ist

$$a_s \pi\tau m r = a_s \pi\tau n .$$

Man nennt diese Begleiter Geister und spricht bei $s = 1, 2, \ldots$ von dem ersten, zweiten Geist usw. Man will durch das Wort andeuten, daß die Spektrallinie eine andere Wellenlänge vortäuscht, die nicht ihrer Lage entspricht. Der Name erscheint weniger treffend, wenn man bedenkt, daß die genaue Periode des Gitters einer ganzen Umdrehung der Schraube entspricht, jeder Geist also nichts anderes ist als die Spektrallinie dieser Farbe in einer gewissen Ordnung des Spektrums, das von dem Gitter dieser großen Periode mb entworfen wird. Die kleine, nicht genau innegehaltene Periode b löscht dann alle Ordnungen fast ganz aus mit Ausnahme der $m$ten, $2m$ten usw.

Die beiden $s$ten Geister auf verschiedenen Seiten einer Spektrallinie sollten nach der Formel gleich intensiv sein. Das trifft auch einigermaßen zu. Bisweilen ist indessen ein Unterschied deutlich wahrzunehmen, der auf anderen Gitterfehlern beruhen muß, die man nicht kennt. Der Faktor τ in der Amplitude der Geister zeigt, daß dieselbe Farbe in den höheren Ordnungen stärkere Geister zeigen müßte. In zweiter Ordnung z. B. ist für dieselbe Schwingungszahl die Größe τ zweimal so groß, die Intensität der Geister also viermal so groß relativ zur Intensität der Hauptlinie. Auch das ist wenigstens insoweit richtig, als die Geister in höheren Ordnungen relativ zur Hauptlinie wesentlich an Intensität zunehmen.

In der Regel sind die ersten Geister die stärksten, aber ihre Intensität nimmt keineswegs gleichmäßig mit wachsender Ordnungszahl ab. Häufig ist der vierte Geist stärker als der zweite und dritte und ungefähr so stark wie der erste. Bei langen Expositionen starker Linien können manchmal auch bei sonst vorzüglichen Gittern 15 bis 20 Geister auf jeder Seite wahrgenommen werden. Sie lassen sich nicht selten gut verwenden, einmal dadurch, daß sie dieselbe Linie in einer Reihe ganz verschiedener Intensitäten zeigen, aus der man diejenige aussuchen kann, die z. B. ihre Komponenten bei der Zerlegung im magnetischen Felde am besten darstellt, oder sie lassen sich wie eine Skala zur Messung anderer dazwischenliegender Linien verwenden. Denn da man weiß, wieviel Furchen auf eine Umdrehung der Schraube kommen, so weiß man auch, welche Werte von τ den Stellen im Spektrum zukommen, an denen die Geister liegen.

TH. LYMAN hat zuerst darauf aufmerksam gemacht, daß außer diesen zuerst von ROWLAND theoretisch erklärten Geistern, die auf beiden Seiten ihrer Hauptlinie sich gruppieren, noch andere vorkommen in großer Entfernung von der Hauptlinie. Das wäre ja nun auch nach der ROWLANDschen Erklärung möglich. Es könnten in der FOURIERschen Entwicklung von $f(x)$ einzelne Koeffizienten a_s auch für hohe Werte von s beträchtliche Werte haben. Wenn z. B. die m Furchen, die auf eine Umdrehung der Schraube kommen, einen nach je 5 Furchen wiederkehrenden periodischen Fehler zeigen, so würden in der FOURIERschen Entwicklung die Koeffizienten a_s für $s = \frac{m}{5}, \frac{2m}{5}, \frac{3m}{5}, \frac{4m}{5}$ beträchtliche Werte haben, vorausgesetzt, daß m durch s teilbar ist. Oder wenn diese Voraussetzung nicht erfüllt ist, so haben diejenigen Koeffizienten a_s beträchtliche Werte, für welche die ganze Zahl s den nicht ganzzahligen Werten $\frac{m}{5}$, $\frac{2m}{5}$, $\frac{3m}{5}$, $\frac{4m}{5}$ nahekommt. Diese Geister müßten aber immer auf solche Stellen des Spektrums fallen, für die $\nu m \tau$ eine ganze Zahl ist, d. h. auf die Stellen, wie sie einem Gitter mit der Periode einer Schraubenumdrehung zukommen. Das ist aber bei den von LYMAN entdeckten Geistern nicht der Fall. Bei einem Gitter z. B., bei dem 750 Furchen auf eine Schraubenumdrehung kommen, finden sich die LYMANschen Geister an den Stellen eines Spektrums, die einer Periode von 175 Furchen entsprechen. Wenn wir diese Zahl 175 an die Stelle von $m = 750$ treten lassen und nun einen mit der neuen Periode sich wiederholenden Fehler der Furchen mit $f(\varkappa)$ bezeichnen und in eine FOURIERsche Reihe entwickeln, so würden wir, um die auftretenden Geister zu erklären, anzunehmen haben, daß a_s für $s = 67$ und 72, 103 und 108, ferner für 138 beträchtliche Werte hätte. Es ist bemerkenswert, daß diese Werte von s die Eigenschaft haben, daß $s/175$ nahe bei $2/5 = 70/175$, $3/5 = 105/175$ und $4/5 = 140/175$ liegen, so daß man vermuten muß, daß eine Periode von 5 Furchen außerdem noch eine Rolle spielt. Warum aber die Zwischenwerte, z. B. $s = 68, 69, 70, 71$, keine Rolle spielen, ist nicht ersichtlich. Auch ist nicht bekannt, woher die Periode von 175 Furchen stammt.

Man könnte auch an eine andere Art von periodischen Fehlern denken, bei denen nicht die Lage der Furchen, sondern ihre Gestalt periodisch geändert würde. Auch diese würden sowohl ROWLANDsche wie LYMANsche Geister erzeugen können. Man kann sich das so klar machen: Bei einem vollkommenen Gitter würde die Amplitude an einer Stelle des Spektrums die Form haben

$$a \frac{\sin(n\nu\tau\pi)}{\sin(\nu\tau\pi)},$$

wie oben gezeigt wurde. Ist m ein Teiler von n, so können wir diese Amplitude auch schreiben

$$a \frac{\sin(m\nu\tau\pi)}{\sin(\nu\tau\pi)} \cdot \frac{\sin(n\nu\tau\pi)}{\sin(m\nu\tau\pi)}$$

oder

$$A \frac{\sin(n\nu\tau\pi)}{\sin(m\nu\tau\pi)}, \qquad \text{wo} \qquad A = a \frac{\sin(m\nu\tau\pi)}{\sin(\nu\tau\pi)}.$$

d. h. wir können das Gitter auffassen als eine n/m malige Wiederholung der Gruppe von m Furchen. Im Spektrum aber verschwinden durch die Beschaffenheit dieser Gruppe alle Ordnungen mit Ausnahme der $m$ten, $2m$ten usw. Wird nun diese Gruppe von m Furchen periodisch gestört, sei es nun, daß ihre Abstände oder ihre Formen nicht die gleichen bleiben, so wird A nicht mehr an denselben Stellen verschwinden wie vorher, und es können die vorher durch das Verschwinden von A ausgelöschten Ordnungen wieder auftauchen. Bei den ROWLANDschen Geistern ist die Periode der m Furchen durch eine ganze Umdrehung der Schraube gegeben, und die Störung ist von der Art, daß nur die Ordnungen in der Nähe der $m$ten, $2m$ten usw. auftauchen. Bei den LYMANschen Geistern weicht die Periode der m Furchen von der Periode der Schraubenumdrehung ab, und die Störung ist von anderer Art, so daß die auftauchenden Ordnungen nicht notwendig in der Nähe der $m$ten, $2m$ten usw. liegen.

Bei Beobachtungen mit dem Auge erkennt man LYMANsche Geister daran, daß ihre Farbe nicht an die betreffende Stelle des Spektrums paßt. Um sie auch bei photographischen Aufnahmen zu erkennen, bringt man vor dem Spalt ein Prisma an, dessen brechende Kante senkrecht zum Spalt liegt. Das Spektrum erster Ordnung liegt dann nicht mehr in gleicher Höhe wie ohne das Prisma, sondern schräg und trennt sich von dem Spektrum zweiter Ordnung, das natürlich bei der gleichen Wellenlänge dieselbe Höhe haben muß wie die erste Ordnung. Aber diese Wellenlänge in der zweiten Ordnung koinzidiert mit der doppelten Wellenlänge in der ersten Ordnung, die dort also eine ganz andere Höhe hat. Ebenso trennen sich die höheren Ordnungen voneinander. Die LYMANschen Geister haben dazwischen die ihrer Wellenlänge entsprechende besondere Höhe. Beim Konkavgitter wird dabei am besten der Astigmatismus durch die oben besprochene Methode beseitigt. Sonst kann man infolge des Astigmatismus kleinere Höhenunterschiede des Spektrums nicht unterscheiden.

45. Apparate mit großem Gangunterschied aufeinanderfolgender Strahlenbündel. Bei den Gittern ist in der Regel der Furchenabstand so klein, daß hohe Ordnungen nicht vorkommen und ein großes Auflösungsvermögen nur durch eine entsprechend große Anzahl von Furchen erreicht wird. Bei einer anderen Klasse von Spektralapparaten ist die Zahl der interferierenden Strahlenbündel viel kleiner, dafür aber der Gangunterschied zweier aufeinanderfolgender entsprechend größer. Sie wirken wie ein Gitter mit großem Furchenabstand, bei dem ein Spektrum hoher Ordnung fast das ganze Licht vereinigt.

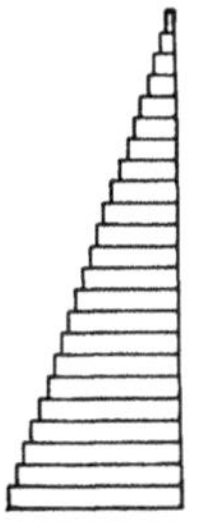

Abb. 17. Das Stufengitter.

46. Das Stufengitter, Echelon. Der erste Apparat dieser Art ist das von MICHELSON erfundene Stufengitter (Echelon spectroscope). Es besteht aus einer Anzahl planparalleler Glasplatten von genau gleicher Dicke. Durch Interferenzmethoden kann die Planparallelität und die Dicke bis auf kleine Bruchteile einer Wellenlänge geprüft werden. Die Platten werden treppenförmig angeordnet, so daß auf der einen Seite jede folgende ein gleich großes Stück der vorhergehenden frei läßt, während auf der anderen Seite alle gleich abschneiden (Abb. 17). Die Zahl der Platten geht bei den neuesten von A. HILGER in London angefertigten Instrumenten bis auf 50. Paralleles, auf die Grundplatte senkrecht auffallendes Licht teilt sich entsprechend den n Platten in $n+1$ Strahlenbündel, von denen das erste keine, das zweite nur die erste Platte, das dritte die zwei ersten usw., das $n+1$te alle n Platten durchsetzt. Ist c die Lichtgeschwindigkeit in der Luft, v die Lichtgeschwindigkeit im Glase und d die Dicke einer Glasplatte, so ist das zweite Lichtbündel gegen das erste um die Zeit $\tau = \frac{d}{v} - \frac{d}{c}$ verzögert, ebenso das dritte gegen das zweite um dieselbe Zeit usf. bis zum letzten. Werden die $n+1$ austretenden Lichtbündel durch eine Sammellinse in einem Punkte B vereinigt, so ist die hier entstehende Lichtbewegung durch die Superposition der $n+1$ Strahlenbündel gegeben, und die Amplitude wird, wie oben (Ziff. 6) gezeigt,

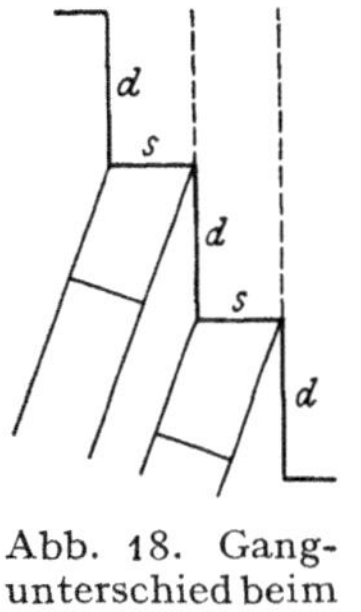

Abb. 18. Gangunterschied beim Stufengitter.

$$a\,\frac{\sin(N\nu\tau\pi)}{\sin(\nu\tau\pi)} \qquad (N = n+1).$$

Für Strahlenbündel, die im Glase dieselbe Richtung senkrecht zu den Platten haben, aber in einer anderen Richtung austreten (Abb. 18), ist

$$\tau = \frac{d}{v} - \frac{d}{c}\cos\vartheta + \frac{s}{c}\sin\vartheta\,,$$

wo ϑ den Winkel mit der Senkrechten und s die Breite einer Stufe bedeutet. Für kleine Richtungsabweichungen ϑ kann τ als lineare Funktion von ϑ angesehen werden. Wir erhalten also auch in jeder benachbarten Richtung n Strahlenbündel, die durch die Sammellinse in einem anderen Punkte B vereinigt werden und dort eine Lichtbewegung von der Amplitude

$$a\frac{\sin(N\nu\tau\pi)}{\sin(\nu\tau\pi)}$$

ergeben. Die Punkte B bilden also eine Kurve, längs der sich τ ungefähr linear mit dem Richtungswinkel ϑ verändert. Der Faktor a wird dabei aber für $\vartheta = 0$ seinen größten Wert haben und nach beiden Seiten hin rasch abnehmen. Die Abnahme hängt von der Stufenbreite ab. Das erste Minimum liegt bei $\sin\vartheta = \lambda/s$. Für eine gegebene Farbe erhalten wir auf der Kurve der Punkte B an den Stellen Maxima der Intensität, wo $\nu\tau$ gleich einer ganzen Zahl wird, genau wie bei einem Gitterspektrum an den Stellen, wo die Lichtbündel um die Zeit τ gegeneinander verzögert sind. Je dicker man die Glasplatten macht, um so größer wird τ und um so größer werden damit für ein gegebenes ν die ganzen Zahlen, denen $\nu\tau$ in den Intensitätsmaximis gleich wird.

Für kleine Werte von ϑ ist nach der obigen Formel genähert

$$\tau = \tau_0 + \frac{s}{c}\vartheta,$$

wenn wir mit τ_0 den Wert von τ für $\vartheta = 0$ bezeichnen. Die Richtungen, für die a einen beträchtlichen Wert hat, liegen für eine gegebene Wellenlänge λ zwischen $\vartheta = -\lambda/s$ und $\vartheta = +\lambda/s$, also zwischen

$$\tau = \tau_0 - \lambda/c \quad \text{und} \quad \tau = \tau_0 + \lambda/c$$

oder

$$\tau = \tau_0 - 1/\nu \quad \text{und} \quad \tau = \tau_0 + 1/\nu.$$

Nur dieser kleine Teil des Spektrums, an dessen Rändern a schon gleich Null wird, kommt für die Beobachtung in Frage. In diesem Teil des Spektrums läuft $\nu\tau$ von $\nu\tau_0 - 1$ bis $\nu\tau_0 + 1$. Zwischen diesen Grenzen können nicht mehr als zwei ganzzahlige Werte von $\nu\tau$ liegen. Das Licht der Schwingungszahl ν wird also zwei Spektrallinien hervorrufen, deren Ordnungen die beiden dem Werte $\nu\tau_0$ benachbarten ganzen Zahlen sind. Von diesen beiden Spektrallinien ist diejenige die stärkere, deren Ordnungszahl dem Werte $\nu\tau_0$ am nächsten kommt. Erreicht ihre Ordnungszahl den Wert $\nu\tau_0$, so verschwindet die zweite Spektrallinie.

Man kann auch das einfallende Licht einen Winkel mit der Plattennormalen machen lassen. Dann sind die Betrachtungen ganz ähnlich durchzuführen. τ_0 ist dann die Verzögerung in der schrägen Richtung und für ϑ tritt die Abweichung von der schrägen Richtung ein. Auf diese Weise kann man durch geringe Drehung des Stufengitters die zu beobachtende Spektrallinie immer in die Mitte des Feldes bringen, so daß sie nur in einer Ordnung auftritt.

Wenn sich beim Stufengitter die verschiedenen Ordnungen, in denen die verschiedenen im einfallenden Licht enthaltenen Farben sichtbar werden, nicht durcheinandermischen sollen, so muß noch ein zweiter farbenzerstreuender Apparat angewendet und durch eine geeignete Blende nur Licht von hinreichend einheitlicher Farbe in das Stufengitter hineingelassen werden, damit kein Zweifel darüber obwaltet, welche der erscheinenden Linien zur gleichen Ordnung gehören. Sonst kann es z. B. leicht eintreten, daß beim Beobachten einer Spektrallinie ein Begleiter, der auf der Seite kleinerer Wellenlängen erscheint, in Wirklichkeit von größerer Wellenlänge ist und nur in der nächstniedrigeren Ordnung beobachtet wird.

Um hier Irrtümer zu vermeiden, kann man einen zweiten hinreichend dispergierenden Apparat anbringen, dessen Spektrum senkrecht zum ersten verläuft. Die Spaltbilder gleicher Wellenlängen liegen dann auf derselben Höhe, während die Spaltbilder größerer oder kleinerer Wellenlänge die einen höher, die anderen tiefer abgelenkt werden, wie schon oben bei der Betrachtung der LYMANschen Geister bemerkt wurde. Es kommt vor, daß durch die Fehler eines Apparates schwache Begleiter einer Spektrallinie („Geister") vorgetäuscht werden, die in Wirklichkeit die gleiche Farbe wie die Spektrallinie selbst besitzen. Auch diese machen sich bei gekreuzten Spektren dadurch kenntlich, daß sie im zweiten Spektrum ebenso abgelenkt werden wie die Hauptlinie.

In neuerer Zeit sind von HILGER, London, und BERNHARD HALLE Nachf., Berlin, auch Reflexionsstufengitter hergestellt worden. Diese Instrumente, ebenfalls schon von MICHELSON angegeben, sind wesentlich schwerer herzustellen als die Stufengitter für Durchsicht. Vorteilhaft wird für die Herstellung Quarz verwendet.

47. Prinzip der Interferenzspektroskope von LUMMER und von FABRY und PEROT. Während MICHELSON zur Erzeugung der $n + 1$ miteinander interferierenden Strahlenbüschel n verschiedene planparallele Platten benutzt, sind zwei andere Apparate, der eine von LUMMER, der andere von PEROT und FABRY konstruiert worden, bei denen nur eine planparallele Platte verwendet wird, an deren Grenzen wiederholte Spiegelungen des Lichtes auftreten, durch die aus einem Strahlenbüschel n Strahlenbüschel hervorgehen, von denen wieder je zwei aufeinanderfolgende denselben Gangunterschied haben. Der Unterschied gegen die Gitter einschließlich des Stufengitters besteht im wesentlichen darin, daß bei jeder Spiegelung die Amplitude der Lichtschwingung in einem gewissen Verhältnis vermindert wird. An die Stelle der oben betrachteten Summe der $n + 1$ Lichtbewegungen von gleicher Amplitude tritt eine Summe von der Form

$$a \sin \nu t 2\pi + a k \sin \nu (t + \tau) 2\pi + a k^2 \sin \nu (t + 2\tau) 2\pi + \cdots + a k^n \sin \nu (t + n\tau) 2\pi,$$

die sich also dadurch von der früher betrachteten Summe unterscheidet, daß jede folgende Amplitude das $k$fache der vorhergehenden ist, wobei k ein echter Bruch ist. Wir können auch diese Summe als imaginären Teil einer geometrischen Reihe betrachten

$$a e^{\nu t 2\pi i}(1 + q + q^2 + \cdots + q^n) = a e^{\nu t 2\pi i} \frac{q^N - 1}{q - 1}, \qquad (N = n + 1)$$

wo $q = k e^{\nu\tau 2\pi i}$. Die Glieder q^p können wir uns wieder wie oben durch Vektoren in der komplexen Zahlenebene dargestellt denken, wobei gegen früher der Unterschied besteht, daß hier die Vektoren nicht gleich lang sind. Aber es bleibt die Tatsache, daß die Amplitude der resultierenden Bewegung am größten ist, wenn alle Vektoren die gleiche Richtung haben, d. h. wenn $\nu\tau$ eine ganze Zahl ist:

$$\frac{q^N - 1}{q - 1} = \frac{k^N e^{N\nu\tau 2\pi i} - 1}{k e^{\nu\tau 2\pi i} - 1}. \qquad (N = n + 1)$$

Man wird es nun so einzurichten haben, daß auch die schwächste der N Lichtbewegungen für die Interferenz noch eine Rolle spielt, d. h. man wird versuchen, den Wert von k der Eins möglichst nahezubringen, so daß selbst k^n noch in Betracht kommt. Dann wird die Wirkung ähnlich sein wie bei einem Gitter von n Furchen und dem Gangunterschied $c\tau$ zwischen zwei aufeinanderfolgenden Lichtbündeln.

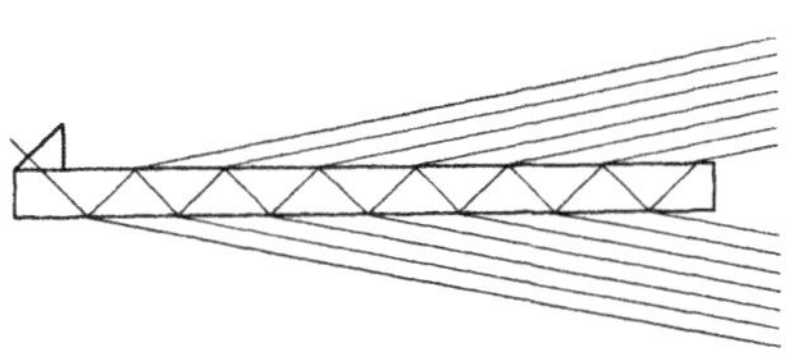

Abb. 19. LUMMER-GEHRCKE-Platte.

48. Die LUMMER-Platte. Bei der von LUMMER erfundenen „LUMMERschen Platte"[1] ist dies in einer von GEHRCKE angegebenen Weise erreicht. Auf das eine Ende einer rechteckigen planparallelen Glasplatte wird ein rechteckiges Prisma aufgekittet (Abb. 19), auf dessen Hypotenusenfläche Licht in solcher Richtung auffällt, daß es, in die Platte eindringend, beinahe unter dem Winkel

[1] O. LUMMER, Verh d Dtsch Phys Ges 3, S. 85 (1901); Phys Z 3, S. 172 (1902).

totaler Reflexion auf die gegenüberliegende Seite der Platte fällt. Der größte Teil des Lichtes wird reflektiert, und ein kleiner Bruchteil tritt beinahe streifend aus. Der reflektierte Teil fällt zurück auf die andere Seite der Platte und wird hier wiederum zum größten Teil reflektiert, während ein kleiner Bruchteil auf dieser Seite austritt usw. Auf diese Weise treten auf beiden Seiten eine Reihe von Strahlenbündeln aus, von denen jedes einen gegebenen Gangunterschied gegen das folgende hat. Vereinigt man sie durch eine Sammellinse in einem Punkte B, so entsteht dort eine namhafte Lichtbewegung, wenn $\nu\tau$ gleich einer ganzen Zahl ist, die der Ordnung beim Gitter entspricht. Je dicker die Glasplatte, desto größer ist τ, desto höher ist also die Ordnungszahl. Die auflösende Kraft wird, wenn man der totalen Reflexion hinreichend nahe ist, nahezu gleich dem Produkte der Ordnungszahl mit der Anzahl der auf einer Seite auftretenden Strahlenbüschel erhalten. Bei einer Platte von 1 cm Dicke erhält man für gelbes Licht etwa die Ordnung 40000, so daß bei etwas über 10 Strahlenbündeln zwei Linien noch getrennt werden, deren Wellenlängen um $\frac{1}{4} \cdot 10^{-5} \lambda$ voneinander abweichen.

Ebenso wie beim Stufengitter wird das Licht, ehe es in den Apparat tritt, durch ein Prisma oder Gitter zerlegt, und nur ein Teil dieses Spektrums herausgeblendet, klein genug, daß höchstens zwei aufeinanderfolgende Ordnungen gleichzeitig beobachtet werden. Mit Vorteil kann statt dessen die Methode der gekreuzten Spektren Verwendung finden. Zu diesem Zweck wird die Dispersionsrichtung der Platte senkrecht zu der eines Prismen- oder Gitterspektralapparates gestellt und eine Abbildung der Interferenzen auf dem Spalt des Spektrographen herbeigeführt.

49. Der Apparat von PEROT und FABRY. Bei dem Apparat von PEROT und FABRY werden die n Strahlenbündel ebenfalls durch wiederholte Spiegelung an den Grenzflächen einer Platte erzeugt. Aber während bei der LUMMERschen Platte nahe an den Winkel totaler Reflexion herangegangen wird, erreichen PEROT und FABRY eine kräftige Reflexion durch geeignet starke Versilberung der Grenzflächen. Sie können dadurch auch eine Luftplatte verwenden, die von planparallelen Grenzflächen zweier schwach keilförmiger Glasplatten begrenzt wird. Keilförmig sind sie deshalb, damit die an ihren äußeren Grenzflächen reflektierten Strahlen zur Seite geworfen werden. Dadurch werden auch störende Interferenzerscheinungen vermieden, die an den planparallelen Glasplatten selbst auftreten würden. Bei der LUMMERschen Anordnung würde eine Luftplatte nicht gut verwendet werden können, weil dann nur streifende Inzidenz eine hinreichende Reflexion geben und streifende Inzidenz eine sehr lange Platte verlangen würde, wenn die Zahl der interferierenden Strahlenbündel nicht zu klein werden soll. Doch hat LUMMER auch von dieser Anordnung bei seinem Interferenzphotometer Gebrauch gemacht. Bei der Anordnung von PEROT und FABRY kann die Richtung des Lichtes beliebig nahe an die Normale der Platte heranrücken. Das hat den Vorzug, daß auch bei einer geringen Plattengröße die Zahl der interferierenden Strahlenbündel eine beträchtliche sein kann.

Die Außenansicht eines neueren Instrumentes nach G. HANSEN in der Ausführung von CARL ZEISS, Jena, ist in Abb. 20 wiedergegeben.

Läßt man Lichtwellen einer bestimmten Wellenlänge in allen möglichen Richtungen auf eine solche Platte fallen und vereinigt die parallel austretenden Strahlen durch eine Sammellinse in einer der Platte parallelen Fokalebene, so erscheinen in dieser Ebene eine Reihe konzentrischer heller Ringe, die einer Reihe von aufeinanderfolgenden ganzzahligen Werten von $\nu\tau$ entsprechen, wo wie oben ν die Schwingungszahl und τ das Zeitintervall bedeutet, um welches die Wellen der interferierenden Strahlenbündel gleicher Richtung jedes gegen das folgende verschoben ist. Je schräger die Strahlen durch die Platte treten, um so geringer ist τ. Bei streifender Reflexion würde es verschwinden. In der Tat: ist e die Plattendicke, α der Winkel des Strahles mit der Normalen und c die Lichtgeschwindigkeit in der Platte, so ist

$$AB + BC - CD = c\tau = \frac{2e}{\cos\alpha} - 2e\,\mathrm{tg}\,\alpha\sin\alpha = 2e\cos\alpha$$

(Abb. 21). Jedem Werte von $c\tau$ entspricht demnach ein gewisser Reflexionswinkel, also ein gewisser Kegel des austretenden Lichtes und damit ein gewisser Ring in der Fokalebene, der sich mit wachsendem τ mehr und mehr zusammenzieht.

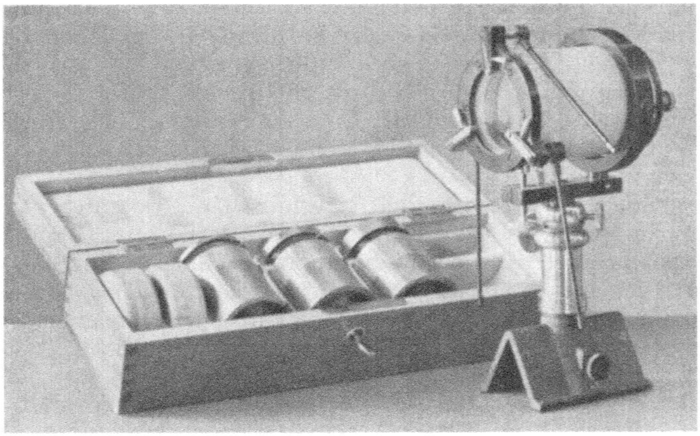

Abb. 20. Interferometer nach FABRY und PEROT (CARL ZEISS, Jena).

Die Sammellinse kann auch als Objektiv eines Fernrohres angesehen werden und das Okular des Fernrohres als eine Lupe, mit der man die Einzelheiten in der Fokalebene betrachtet. Die Lichtquelle wird hinreichend nahe vor die Luftplatte gelegt oder in ihr abgebildet, damit ein hinreichend geöffneter Kegel von Lichtstrahlen die Platte durchsetzt. Haben wir es mit Licht einer Wellenlänge $\lambda = c/\nu$ zu tun, so liegen die Ringe an den Stellen

$$\nu\tau = m \qquad \text{oder} \qquad c\tau = 2e\cos\alpha = mc/\nu = m\lambda .$$

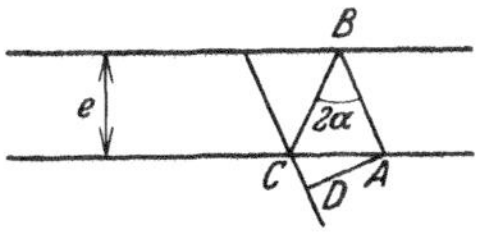

Abb. 21. Gangunterschied an einer Platte.

Kennt man also die Dicke e der Luftplatte, die dadurch möglichst unveränderlich gehalten wird, daß die Glas- oder Quarzplatten durch drei gleiche, temperaturunempfindliche Sperrkörper auseinandergehalten werden, auf die sie von drei Federn gepreßt werden, und die Ordnungszahl m eines Ringes, so kann man durch die Messung des Winkels α, den die Strahlen des Ringes mit der Normalen der Platte bilden, die Wellenlänge bestimmen.

PEROT und FABRY haben auch ein Interferometer konstruiert, bei dem die beiden Glasplatten, zwischen denen die Luftplatte liegt, so verschoben werden können, daß diese beständig planparallel bleibt. Nähern sich die Glasplatten einander, so ziehen sich die Interferenzringe zusammen. Jeder Ring geht schließlich in ein Scheibchen über und verschwindet dann im Zentrum, während vom Rande des mit dem Fernrohr überblickten Feldes Ringe niedrigerer Ordnungszahl heranrücken. Entfernen sich die Glasplatten voneinander, so tauchen aus dem Zentrum immer neue Scheibchen auf und erweitern sich zu Ringen, während die äußersten Ringe aus dem Felde des Fernrohrs herausrücken. Durch Abzählen der Ringe, die im Zentrum aufgetaucht sind, läßt sich auf diese Weise die Änderung der Entfernung der beiden Glasplatten in Wellenlängen messen, und umgekehrt: durch die Kenntnis, um wieviel die Entfernung der Glasplatten geändert ist, und durch das Abzählen der Ringe, die aufgetaucht sind, kann man die Wellenlänge des Lichtes bestimmen. Denn wenn für zwei Dicken e_1 und e_2 zwei Ringe mit den Ordnungszahlen m_1 und m_2 sich gerade in der Mitte zusammengezogen haben, so ist für beide $\alpha = 0$ und daher

$$2(e_2 - e_1) = (m_2 - m_1)\,\lambda\,.$$

Auf ähnliche Weise haben MICHELSON und MORLEY und später noch einmal MICHELSON und BENOÎT mit dem von MICHELSON konstruierten Interferometer die Wellenlänge der roten Kadmiumlinie bestimmt. Hierbei wurden allerdings nur zwei Strahlenbündel miteinander zur Interferenz gebracht, es fehlte also die „Gitterwirkung", der man scharfe Interferenzringe zu verdanken hat. Die wesentliche Verbesserung des Apparates von PEROT und FABRY besteht eben darin, daß durch die Versilberung der Grenzflächen die Zahl der interferierenden Strahlenbündel viel größer ist und dadurch die Schärfe der Interferenzringe ganz wesentlich gesteigert wird.

Die Leistungsfähigkeit des PEROT-FABRYschen Apparates hängt in erster Linie von einem guten Reflexionsvermögen der Platten ab. Ursprünglich wurde chemisch, später durch Kathodenzerstäubung versilbert. Für das ultraviolette Gebiet eignet sich aber Silber schlecht, es wird deshalb ein Nickelfilm vorgezogen. Durch ein von HOCHHEIM angegebenes Verfahren kann man neuerdings einen Aluminium-Silberfilm aufdampfen, der auch im Ultraviolett ein hohes Reflexionsvermögen besitzt.

Gesetzt, es werde ein Ring der $m$ten Ordnung beobachtet, so entspricht dem nächst kleineren Ring die $m+1$te und dem nächst größeren die $m-1$te Ordnung. Das Licht habe die Wellenlänge λ. Läßt man nun außer diesem Licht noch weiteres Licht von etwas größeren oder kleineren Wellenlängen λ' in den Apparat hinein, die sich aber um nicht mehr als etwa $\frac{1}{3}\frac{\lambda}{m}$ nach oben und nach unten von λ unterscheiden sollen, so haben dessen Ringe $m$ter Ordnung für $\lambda' < \lambda$ etwas größere Radien als der Radius des Ringes $m$ter Ordnung von λ und für $\lambda' > \lambda$ etwas kleinere. Sie erreichen aber natürlich nicht die Ringe $m-1$ter und $m+1$ter Ordnung der Wellenlänge λ. Denn für diese müßte ja

$$m\lambda' = (m \mp 1)\,\lambda\,,$$

d. h.

$$\lambda' = \lambda \mp \frac{\lambda}{m}\,,$$

der Unterschied der Wellenlänge also dreimal so groß sein. Diese Ringe $m$ter Ordnung stellen dann also ein Stück des Spektrums von $\lambda - \frac{1}{3}\frac{\lambda}{m}$ bis $\lambda + \frac{1}{3}\frac{\lambda}{m}$ dar. Wenn die Reflexion der Silberschichten so abgepaßt ist, daß alle diese Ringe durch die Interferenz einer beträchtlichen Anzahl von Strahlenbündeln zustande kommen, so wird dieses Stück des Spektrums noch feine Einzelheiten zeigen, deren Breite klein gegen seine eigene Breite $\frac{2}{3}\frac{\lambda}{m}$ ist. Dabei kann es sich natürlich auch um Absorptionslinien handeln, die einen leuchtenden Hintergrund unterbrechen. Ist z. B. die Luftplatte 3 mm dick, so ist für eine Wellenlänge von 6000 A die Ordnung der Ringe von mäßigem Radius nahezu gleich 10000 und das betrachtete Stück des Spektrums also etwa 0,4 A breit. Eine Stelle dieses Spektrums ist dann sehr wohl mit einer Genauigkeit von 0,001 A bestimmbar, wenn auch zwei Linien, die getrennt wahrgenommen werden sollten, erheblich weiter voneinander getrennt sein müßten. Dasselbe Stück des Spektrums sehen wir dann auch in der Umgebung der benachbarten Ringe in anderen Ordnungen.

Wird ein größeres Intervall von Lichtwellen zugelassen, so dehnen sich alle diese Spektren aus und fangen an, übereinanderzugreifen, genau wie bei den anderen auf Interferenz von n Strahlenbündeln beruhenden Apparaten.

Der Wellenlängenunterschied $\Delta\lambda = (\lambda' - \lambda)$ zweier Linien λ und λ', der gerade hinreicht, um das Ringsystem von λ' gegen das von λ um eine Streifenbreite zu verschieben, wird als „nutzbares Spektralgebiet" oder als „Dispersionsgebiet" bezeichnet. Seine Größe ergibt sich daraus, daß in diesem Falle die Ordnung m der Wellenlänge λ' zusammenfällt mit der Ordnung $(m + 1)$ von λ. Es gilt also

$$m\lambda' = (m + 1)\,\lambda\,, \qquad \text{somit} \qquad m(\lambda' - \lambda) = \lambda$$

und

$$\Delta\lambda = \frac{\lambda}{m} = \frac{\lambda^2}{2e}\,, \qquad (\text{da ja } m\lambda \approx 2e)$$

wo e die Dicke der Luftplatte ist.

Für eine Wellenlänge von 6000 A beträgt also das Dispersionsgebiet bei einem Plattenabstand von 10 mm 0,180 A.

Von der Verwendbarkeit interferometrischer Methoden zur Untersuchung von Absorptionsspektren (Sonnenspektrum) wird weiter unten (Ziff. 53) gehandelt.

Der Maßstab in einem solchen Spektrum $m$ter Ordnung ist nicht konstant. Nennen wir den in der Fokalebene gemessenen Radius R und die Brennweite der Sammellinse f, so daß

$$R = f\,\mathrm{tg}\,\alpha\,,$$

so finden wir, da

$$2e\cos\alpha = m\lambda\,,$$

$$d\lambda = -\frac{2e}{mf}\sin\alpha\cos^2\alpha\,dR$$

$$= -\frac{2e}{m}\,\frac{Rf}{(f^2 + R^2)^{3/2}}\,dR\,.$$

Die Dispersion des Spektrums ist also

$$-\frac{dR}{d\lambda} = \frac{m\,(f^2 + R^2)^{3/2}}{2dRf}$$

und damit unendlich für $R = 0$ und Null für $R = \infty$. In der Regel ist R^2 gegen f^2 zu vernachlässigen, d. h. es werden nur Winkel α in Betracht kommen, die wenige Grade nicht übersteigen. Dann kann man

$$R = f\,\alpha \qquad \text{und} \qquad \lambda = \frac{2e}{m}\left(1 - \frac{R^2}{2f^2}\right)$$

setzen oder, wenn für $R = R_0$ die Wellenlänge $\lambda = \lambda_0$ ist:

$$\lambda_0 - \lambda = \frac{e}{mf^2}\,(R^2 - R_0^2)\,,$$

und da aus

$$2e\cos\alpha = m\lambda$$

folgt, daß bis auf Größen von der Ordnung α^2

$$2e = m\lambda\,,$$

so kann man auch schreiben

$$\lambda_0 - \lambda = \frac{\lambda}{2f^2}\,(R^2 - R_0^2)\,.$$

Gleichen Änderungen von R^2 werden dann also in dem betrachteten Spektrum $m$ter Ordnung gleiche Änderungen der Wellenlänge entsprechen, aber nicht gleichen Änderungen von R. Das muß bei der Bestimmung von Wellenlängendifferenzen innerhalb des Spektrums wohl berücksichtigt werden.

Auch ohne Kenntnis der Brennweite f des abbildenden Systems läßt sich die Wellenlängendifferenz $\lambda_0 - \lambda$ zweier eng benachbarter Spektrallinien durch die Vermessung des jeder Spektrallinie zugehörigen Ringsystems bestimmen. Werden die zur Wellenlänge λ gehörigen Radien mit R, die zu λ_0 gehörigen mit r bezeichnet, so gelten folgende Zuordnungen:

Ordnungszahl	λ	λ_0
m	R_m	r_m
$m-1$	R_{m-1}	r_{m-1}
$m-2$	R_{m-2}	r_{m-2}
$\vdots$	$\vdots$	$\vdots$

Es gilt dann nach der Grundformel der PEROT-FABRY-Platte:

$$\lambda = \frac{2e}{m}\left(1 - \frac{R_m^2}{2f^2}\right), \qquad \lambda_0 = \frac{2e}{m}\left(1 - \frac{r_m^2}{2f^2}\right),$$

$$\lambda = \frac{2e}{m-k}\left(1 - \frac{R_{m-k}^2}{2f^2}\right), \qquad \lambda_0 = \frac{2e}{m}\left(1 - \frac{R_{m-k}^2}{2f^2}\right).$$

Hieraus folgt einerseits

$$\frac{R_{m-k}^2 - R_m^2}{k} = \lambda\frac{f^2}{e} = \text{const}_1, \qquad \frac{r_{m-k}^2 - r_m^2}{k} = \lambda_0\frac{f^2}{e} = \text{const}_2$$

und andererseits

$$\lambda_0 - \lambda = \frac{e}{m f^2}(R_m^2 - r_m^2) = \frac{\lambda}{2f^2}(R_m^2 - r_m^2).$$

Unter Verwendung der zuerst gewonnenen Folgerung läßt sich f^2 eliminieren, und es ergibt sich

$$\lambda_0 - \lambda = \frac{1}{2e}\frac{R_m^2 - r_m^2}{N}\cdot\lambda^2,$$

wo der Nenner $N = \dfrac{R_{m-k}^2 - R_m^2}{k}$ ist.

Ist aus dem Ringsystem die spektroskopisch oft wichtigere Differenz der Wellenzahlen abzuleiten, so ergibt sich analog:

$$\nu - \nu_0 = \frac{1}{2e}\frac{R_m^2 - r_m^2}{N}.$$

Wichtig ist natürlich die richtige Kombination der Radien gleicher Ordnungszahl R und r, wozu im allgemeinen eine Vermessung der Ringsysteme bei zwei verschiedenen Distanzen dienlich ist.

50. Koinzidenzmethode. Ebenso wie bei dem ROWLANDschen Konkavgitter durch die Überlagerung von Spektren verschiedener Ordnung das Verhältnis zweier Wellenlängen mit hoher Genauigkeit bestimmt werden kann, so kann dasselbe auch mit dem Stufengitter, der LUMMER-Platte und der Luftplatte von PEROT und FABRY geschehen. Mit dem Stufengitter und der LUMMER-Platte würde man allerdings auf diese Weise die Wellenlängenverhältnisse in dem betreffenden Glase finden, während die Spektroskopie sie in Luft verlangt. Die schwache Dispersion der Luft ist jetzt genau genug bekannt[1], um die Wellenlängenverhältnisse dann auch auf das Vakuum zu übertragen.

---

[1] MEGGERS u. PETERS, Measurements of the Index of Refraction of Air for Wavelengths from 2218 to 9000 A. Sc Pap Bur of Stand Oct. 1918, Nr. 327.

Mit dem Apparat von Perot und Fabry verfährt man so, daß man das Licht der beiden Wellenlängen λ und λ' nacheinander in den Apparat einfallen läßt und das eine Mal den Radius eines Ringes, das andere Mal den Radius eines nahezu gleich großen Ringes mißt. Wenn man nun die eine Wellenlänge λ und die Ordnungszahl m des zugehörigen Ringes schon kennt, so kann man in dem Spektrum $m$ter Ordnung, das sich auf beiden Seiten dieses Ringes zeigen würde, wenn man λ sich verändern ließe, die Wellenlänge $\lambda + \Delta\lambda$ der Stelle bestimmen, die gerade an die Stelle des Ringes der Wellenlänge λ' fällt. Nach dem Obigen ist dann

$$-\Delta\lambda = \frac{\lambda}{2f^2}(R'^2 - R^2),$$

wenn R der zu λ und R' der zu λ' gehörige Radius ist. Jetzt fällt der Ring von λ' mit dem fingierten Ring von $\lambda + \Delta\lambda$ zusammen. Ist daher m' die Ordnungszahl des Ringes von λ', so muß der Gangunterschied $m'\lambda'$ gleich $m(\lambda + \Delta\lambda)$ sein, d. h.

$$\lambda' = \frac{m}{m'}\lambda\left(1 + \frac{R^2}{2f^2} - \frac{R'^2}{2f^2}\right).$$

Es bleibt also nur noch übrig, die Ordnungszahl m' zu bestimmen. Man kann nun annehmen, daß die Wellenlänge λ' ebenfalls mit beträchtlicher Genauigkeit (von vielleicht ein Dreißigtausendstel od. dgl.) bekannt ist, so daß m' mit derselben Genauigkeit aus der Gleichung

$$m'\lambda' = m(\lambda + \Delta\lambda)$$

berechnet werden kann. Da m' nun eine ganze Zahl ist, so braucht man ihr nur bis auf einen Betrag, der kleiner ist als $^1/_2$, nahe zu sein, um den genauen Wert zu kennen. Wenn in diesem Falle also m' von der Ordnung 10000 und auf ein Dreißigtausendstel ermittelt wäre, so würde es damit genau bekannt sein.

Auch den Wert der ganzen Zahl m kann man in ähnlicher Weise durch Anwendung von Licht mehrerer bekannter Wellenlängen ermitteln. Gesetzt, die Dicke d der Luftplatte von etwa 3 mm wäre bis auf 0,01 mm bekannt, so wäre damit aus der Gleichung

$$2e\cos\alpha = m\lambda$$

z. B. für $\lambda = 6000$ A der Wert von m ungefähr gleich 10000 ± 34 bekannt. Bestimmt man nun für eine andere Wellenlänge λ' in der eben besprochenen Weise die Wellenlänge $\lambda + \Delta\lambda$, die in $m$ter Ordnung mit ihr koinzidiert, so erhält man

$$m' = m\frac{\lambda + \Delta\lambda}{\lambda'}, \qquad \left(\Delta\lambda = \frac{R^2 - R'^2}{2f^2}\right)$$

wobei wir die Genauigkeit von $\frac{\lambda + \Delta\lambda}{\lambda'}$ so hoch voraussetzen können, daß der Fehler von $m\frac{\lambda + \Delta\lambda}{\lambda'}$ klein gegen 1 ist. Jetzt suchen wir aus den 69 Werten von m des Intervalles 10000 ± 34 diejenigen aus, für die $m\frac{\lambda + \Delta\lambda}{\lambda'}$ nicht mehr, als die Fehlergrenzen es erlauben, von einer ganzen Zahl abweicht. Gesetzt, es ergeben sich für zwei Werte m_1, m_2 zwei ganzzahlige Werte von $m\frac{\lambda + \Delta\lambda}{\lambda'}$ und es wäre $\frac{\lambda + \Delta\lambda}{\lambda'}$ gleich einer ganzen Zahl, vermehrt oder vermindert um einen Bruch ε, so müßten auch $m_1\varepsilon$ und $m_2\varepsilon$ ganze Zahlen sein und damit auch $(m_2 - m_1)\varepsilon$, folglich die Differenz zwischen m_1 und m_2 mindestens gleich $1/\varepsilon$. Wäre also in unserem Falle $\varepsilon < 1/69$, so könnte es in dem betrachteten Intervall nur eine Zahl m geben, für die $m \frac{\lambda + \Delta\lambda}{\lambda'}$ einen ganzzahligen Wert hat.

Ist ε dagegen nicht klein genug, um das Auftreten mehrerer Werte von m auszuschließen, und werden mehrere Werte gefunden, für die $m \frac{\lambda + \Delta\lambda}{\lambda'}$ um nicht mehr von einer ganzen Zahl abweicht, als die Fehlergrenzen es erlauben, so hat man dasselbe Verfahren an Stelle von λ' noch mit anderen Wellenlängen zu wiederholen und denjenigen Wert m auszusuchen, der in allen Fällen eine ganze Zahl für die Ordnung des betrachteten Ringes der betreffenden Wellenlänge liefert.

Wir haben in unserem Beispiel vorausgesetzt, daß die Dicke der Luftschicht auf $^1/_{300}$ ihres Betrages bekannt sei. Man sieht leicht, daß man auch mit einem viel gröberen Näherungswert auskommt, wenn das Verhältnis $\frac{\lambda + \Delta\lambda}{\lambda'}$ einer ganzen Zahl entsprechend näher kommt. Mit m ist dann auch e mit hoher Genauigkeit gefunden.

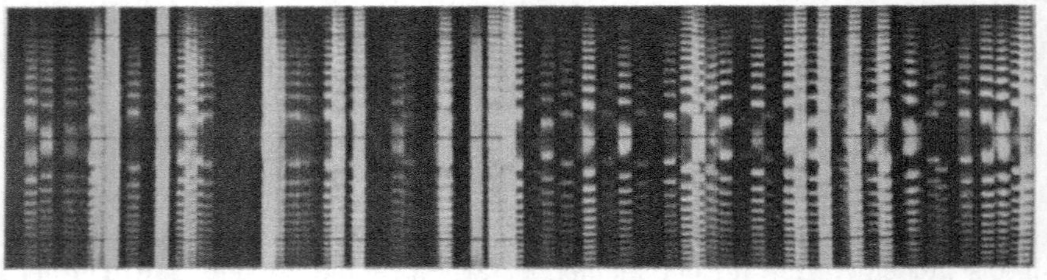

Abb. 22. Spektrum mit Interferenzen einer planparallelen Luftplatte.

Um also eine Wellenlänge λ' auf eine schon bekannte Wellenlänge λ zu beziehen, hat man nur nötig, den Durchmesser je eines von den Ringen zu messen, die von den beiden Farben in der Fokalebene der hinter der Luftplatte stehenden Linse entworfen werden. Mit der Brennweite der Linsen bestimmen die Durchmesser die Winkel der die Luftplatte durchsetzenden Strahlen mit der Plattennormalen. Man bringt zu dem Ende den Spalt eines stigmatischen Spektroskops in der Fokalebene so an, daß er durch das Zentrum der Ringe läuft. Im Spektrum zeigen sich dann die Linien durch dunkle Intervalle unterbrochen. Die hellen Teile entsprechen den Teilen des Spaltes, über die die Ringe laufen. Indem man nun den Maßstab der Abbildung des Spaltes in den Spektrallinien bestimmt, hat man die Mittel in der Hand, für jede Spektrallinie den wahren Durchmesser des betreffenden Kreises auf dem Spalt zu ermitteln und auf diese Weise die Verhältnisse der Wellenlängen aller auf einer Spektralaufnahme erscheinenden Farben zu messen. Eine derartige Aufnahme zeigt Abb. 22.

Man kann jedoch auch ohne Kenntnis des Maßstabes der Spaltabbildung und ohne die Brennweite des abbildenden Systems zu bestimmen, eine Wellenlängenbestimmung ausführen, indem man für jede Spektrallinie mehrere Ringdurchmesser ermittelt und aus ihren Werten auf die im allgemeinen nicht ganzzahlige Ordnungszahl im Zentrum der Ringe schließt. Dieses Verfahren, zuerst von ST. JOHN vorgeschlagen, wurde in der Folgezeit vielfach, z. B. von ST. JOHN und BABCOCK, ROBERTSON, CHILDS, BURNS und KIESS, JACKSON, wegen der größeren Einfachheit angewendet. Dieses Verfahren gründet sich auf folgende Überlegung.

Nach der Grundformel gilt für die Ordnungszahl eines hellen Ringes mit Radius R die Beziehung

$$m = \frac{2e}{\lambda}\left(1 - \frac{R^2}{2f^2}\right),$$

für das Zentrum des Ringsystems erhalten wir die nicht ganzzahlige Ordnungszahl

$$m_0 + \varepsilon = \frac{2e}{\lambda},$$

wo m_0 die Ordnungszahl des innersten, voll entwickelten Ringes und ε einen Bruch bedeutet; für die ersten aufeinanderfolgenden Ringe erhalten wir

$$\begin{aligned} m_0 &= \frac{2e}{\lambda} - \frac{e}{\lambda}\frac{R_0^2}{f^2}, &\quad \text{also} \quad \varepsilon &= \frac{e}{\lambda}\frac{R_0^2}{f^2}, \\ m_0 - 1 = m_1 &= \frac{2e}{\lambda} - \frac{e}{\lambda}\frac{R_1^2}{f^2}, &\quad \text{also} \quad \varepsilon &= \frac{e}{\lambda}\frac{R_1^2}{f^2} - 1, \\ &\vdots \\ m_0 - k = m_k &= \frac{2e}{\lambda} - \frac{e}{\lambda}\frac{R_k^2}{f^2}, &\quad \text{also} \quad \varepsilon &= \frac{e}{\lambda}\frac{R_k^2}{f^2} - k. \end{aligned}$$

Durch Messung zweier Ringe R_i und R_k erhält man also den Bruchteil ε aus den Gleichungen

$$\varepsilon + i = \frac{e}{\lambda}\frac{R_i^2}{f^2},$$

$$\varepsilon + k = \frac{e}{\lambda}\frac{R_k^2}{f^2}$$

zu

$$\varepsilon = \frac{R_i^2}{R_k^2 - R_i^2}(k - i) - i$$

oder für die Rechnung bequemer

$$\varepsilon = \frac{R_i^2}{(R_k^2 - R_i^2)/(k - i)} - i.$$

Wie sich aus den Ausgangsgleichungen ersehen läßt, sind die Differenzen aufeinanderfolgender R^2 konstant, die R_i^2 einer Linie bilden also eine arithmetische Reihe erster Ordnung, deren Differenz gleich dem Nenner in dem zuletzt gegebenen Werte für ε ist. Da die praktische Messung von vornherein die Durchmesser $2R = D$ liefert, ersetzt man selbstverständlich in der obigen Gleichung $R_{i,k}$ durch $D_{i,k}$.

Um diese Methode anzuwenden, ist es aber unumgänglich notwendig, daß als abbildendes System und auch für die Spektrographenoptik vollkommen korrigierte Systeme ohne Verzeichnungsfehler verwendet werden. Die Prüfung der Konstanz von $(D_i^2 - D_{i-1}^2)$ ist zugleich eine Prüfung für die Güte der verwendeten Optik.

Enthält eine photographische Aufnahme viele Linien, so kann man die für die verschiedenen Linien erhaltenen Werte für $(D_i^2 - D_{i-1}^2)$ als Funktion der Wellenlänge darstellen und mit einer so zu erhaltenden Ausgleichskurve die endgültigen Bestimmungen des Bruchteils ε vornehmen; die Ermittlung der ganzzahligen Werte m erfolgt ganz ähnlich wie oben geschildert. Eine eindeutige Prüfung ergibt nur die Auswertung zweier Meßreihen mit verschiedenem Abstand e, die ohnehin nötig ist, um eine Korrektion anbringen zu können, die wir bisher nicht beachtet haben und von der die folgende Ziffer ausführlich handeln wird.

51. Phasensprung bei der Reflexion. Bisher ist angenommen, daß die Dicke der Luftplatte für Licht aller Wellenlängen gleich anzusetzen sei. Das ist nicht ganz richtig. Bei der Reflexion an einer Silberschicht dringt das Licht je nach seiner Wellenlänge verschieden tief ein. Man muß daher für die verschiedenen Wellenlängen die Dicke der Luftschicht etwas verschieden ansetzen, wenn die Formel

$$2e\cos\alpha = m\lambda$$

richtig bleiben soll.

Für eine Wellenlänge λ_0 sei die Dicke der Luftschicht mit e_0 bezeichnet, worin die kleine, durch die Reflexion von der Silberschicht verursachte Vergrößerung der Schicht eingeschlossen sein soll. Dann ist bei derselben Stellung der Glasplatten für eine andere Wellenlänge λ an Stelle von e_0 zu setzen

$$e_0 + \delta_\lambda .$$

Dabei ist δ_λ nur von λ, nicht von e_0 abhängig. δ_λ behält seinen Wert, wenn wir den Abstand der Glasplatten verändern. Dann gilt für jedes λ und jedes e_0 die Gleichung

$$2(e_0 + \delta_\lambda)\cos\alpha = m\lambda .$$

Nun hatten wir oben das Verhältnis $\lambda : \lambda_0$ unter Vernachlässigung von δ_λ bestimmt und dadurch eine etwas fehlerhafte Wellenlänge $\bar{\lambda}$ ermittelt:

$$2e_0\cos\alpha = m\bar{\lambda} .$$

Demnach ist die wahre Wellenlänge λ gleich

$$\lambda = \bar{\lambda}\left(1 + \frac{\delta_\lambda}{e_0}\right).$$

Wenn wir also mit einer anderen Dicke e_0' die Ermittlung wiederholen, so müssen wir einen anderen Wert $\bar{\lambda}'$ finden, für den die Gleichung gilt

$$\lambda = \bar{\lambda}'\left(1 + \frac{\delta_\lambda}{e_0'}\right),$$

und daher ist

$$\frac{\bar{\lambda}'}{\bar{\lambda}} = \frac{1 + \delta_\lambda/e_0}{1 + \delta_\lambda/e_0'}$$

oder

$$\delta_\lambda\left(\bar{\lambda}/e_0 - \bar{\lambda}'/e_0'\right) = \bar{\lambda}' - \bar{\lambda} .$$

Um δ_λ so genau wie möglich zu finden, werden wir $\bar{\lambda}' - \bar{\lambda}$ so groß wie möglich zu machen suchen. Wir werden also die eine Dicke groß, die andere klein wählen. Wenn e_0/e_0' nur ein kleiner Bruchteil ist, so ist

$$\delta_\lambda = \frac{\bar{\lambda}' - \bar{\lambda}}{\bar{\lambda}}\, e_0 ,$$

und da jetzt der Unterschied von $\bar{\lambda}'$ und λ klein ist gegen den von $\bar{\lambda}$ und λ, so können wir ohne wesentliche Fehler auch schreiben:

$$\delta_\lambda = \frac{\lambda - \bar{\lambda}}{\bar{\lambda}}\, e_0 ;$$

die an der Wellenlänge $\bar{\lambda}$ anzubringende Korrektion

$$\Delta\lambda = \bar{\lambda}\,\frac{\delta_\lambda}{e_0}$$

wird also

$$\Delta\lambda = (\bar{\lambda}' - \bar{\lambda})\,\frac{e_0'}{e_0' - e_0} .$$

Perot und Fabry empfehlen, gleichzeitig mit Licht von der Wellenlänge λ und λ_0 zu beleuchten und den Ring von λ auszusuchen, der mit dem von λ_0 zusammenfällt, so daß

$$m_0 \lambda_0 = m \bar{\lambda},$$

$$\delta_\lambda = (m\lambda - m_0\lambda_0) \frac{d_0}{m_0\lambda_0},$$

worin mit ausreichender Genauigkeit $\frac{d_0}{m_0\lambda_0}$ gleich $\frac{1}{2}$ gesetzt werden kann. Sie ermitteln bei zwei besonders dicken Versilberungen gegen $\lambda_0 = 5080$ A die folgenden Dickenänderungen:

λ	δ_λ	λ	δ_λ
644	$-4{,}4$ $\mu\mu$	508	$0{,}0$ $\mu\mu$
546	$-2{,}3$,,	436	$+4{,}3$,,

Das würde bei einer Dicke der Luftschicht von $d_0 = 10$ mm Korrektionen in ebensoviel Zehnmillionstel der Wellenlänge ergeben, als die Werte von δ Einheiten in $\mu\mu$ enthalten, in diesem Falle also Korrektionen von $-2{,}8$, $-1{,}3$, 0, $+1{,}9$ Tausendstel A. Bei kleinerer Dicke der Luftschicht würden die Korrektionen entsprechend größer sein. Aber man sieht, daß selbst bei dreimal größeren Korrektionen der Wert von δ nur auf 10% sicher zu sein braucht, um die Korrektion auf ein Tausendstel A genau zu machen.

52. Einfluß der Luftdispersion. Eine weitere Korrektion kann unter Umständen notwendig werden, wenn bei verschiedenen Zuständen der Luft beobachtet wird. Bezeichnen nämlich n_λ und $n_{\lambda'}$ die Brechungsexponenten der Luft für die Wellenlängen λ und λ', so sind λn_λ und $\lambda' n_{\lambda'}$ die Wellenlängen im luftleeren Raum. Mithin behält

$$\frac{\lambda}{\lambda'} \cdot \frac{n_\lambda}{n_{\lambda'}}$$

bei verschiedenen Zuständen der Luft denselben Wert, und es ist

$$\frac{d(\lambda/\lambda')}{\lambda/\lambda'} = \frac{dn_{\lambda'}}{n_{\lambda'}} - \frac{dn_\lambda}{n_\lambda}.$$

Für verschiedene Dichten ϱ der Luft ändert sich nun der Brechungsindex bei festgehaltener Wellenlänge nach der Formel

$$n_\lambda - 1 = c_\lambda \varrho,$$

wo c_λ zwar von λ, aber nicht von ϱ abhängt. Damit wird

$$\frac{dn_\lambda}{n_\lambda - 1} = D\frac{d\varrho}{\varrho}$$

und folglich

$$\frac{d(\lambda/\lambda')}{\lambda/\lambda'} = \left(\frac{1}{n_\lambda} - \frac{1}{n_{\lambda'}}\right)\frac{d\varrho}{\varrho},$$

d. h. die relative Änderung des Verhältnisses zweier Wellenlängen bei verschiedenen Luftdichten ist gleich der relativen Änderung der Luftdichte, multipliziert mit der Differenz der reziproken Brechungsexponenten. Für zwei Wellenlängen, von denen die eine im roten, die andere im ultravioletten Teil des Spektrums liegt, etwa bei 7000 A und 2000 A, hat die Differenz der reziproken Brechungsexponenten etwa den Wert $5 \cdot 10^{-5}$, so daß eine Dichtigkeitsänderung von 1% das Verhältnis der Wellenlängen schon um $5 \cdot 10^{-7}$ seines Betrages ändern würde. Bei Messungen, die eine Genauigkeit von einem Tausendstel einer Ångströmschen

Einheit anstreben, muß daher eine entsprechende Korrektur angebracht werden, um sie auf einen normalen Zustand zu reduzieren.

Bei der praktischen Durchführung der interferometrischen Wellenlängenmessung verfährt man gewöhnlich so, daß man eine Wellenlänge als Normale zugrunde legt. Für die Messung von Normalen zweiter Ordnung gilt als Standardwellenlänge die der roten Kadmiumlinie 6438,4696 A, ein Wert, der für 15° C und 760 mm Hg und trockene Luft gilt. Auch wenn die Bedingungen andere sind (z. B. 10° C, 735 mm Hg), legt man doch den vorgenannten Wert zunächst zugrunde und bringt erst an den endgültigen Wellenlängenwerten die nötige Korrektion an.

Für die Ableitung der Korrektion legen wir die folgenden Bezeichnungen zugrunde:

Standardlinie: Wellenlänge λ', Brechungsindex n',
Unbekannte Linie: Wellenlänge λ, Brechungsindex n,

bei den Versuchsbedingungen

Temp. t° C, Druck h mm Hg.

Ebenso gelte λ'_0, n'_0, λ_0, n_0 für die Wellenlängen und Brechungsindizes bei Normalbedingungen (760 mm und 15° C). Dann gilt, wenn m die Ordnungszahl bedeutet:

$$\lambda = \frac{m'}{m}\lambda'.$$

In Wirklichkeit rechnen wir aber mit λ'_0 statt λ' und setzen:

$$\lambda = \frac{m'}{m}\lambda'_0.$$

Der Unterschied, also die später anzubringende Korrektion, ist somit

$$\delta = \lambda_0 - \frac{m'}{m}\lambda'_0 = \lambda_0\left(1 - \frac{m'\lambda'_0}{m\lambda_0}\right) = \lambda_0\left(1 - \frac{\lambda\lambda'_0}{\lambda'\lambda_0}\right).$$

Da nun $\lambda/\lambda_0 = n_0/n$ und $\lambda'/\lambda'_0 = n'_0/n'$, so folgt

$$\delta = \lambda_0\left(1 - \frac{n_0 n'}{n'_0 n}\right) = \lambda_0\left(\frac{n'_0 n - n_0 n'}{n'_0 n}\right) = \lambda_0(n'_0 n - n_0 n'),$$

da $n'_0 n$ nahe gleich eins ist.

Wird die Luftdichte durch ϱ bezeichnet (Index 0 bedeute wieder Normalbedingungen), so gilt

$$\frac{n-1}{\varrho} = \frac{n_0 - 1}{\varrho_0}, \qquad \frac{n'-1}{\varrho} = \frac{n'_0 - 1}{\varrho_0}.$$

Setzt man die hieraus sich ergebenden Werte von n und n' oben ein, so ergibt sich

$$\delta = \lambda_0(n_0 - n'_0)\frac{\varrho - \varrho_0}{\varrho_0}.$$

Der Faktor $\frac{\varrho - \varrho_0}{\varrho_0}$ läßt sich in Funktion von Druck und Temperatur leicht tabellarisch darstellen, und ebenso läßt sich, sofern die Normallinie festliegt, der Wert δ ebenfalls tabellarisch anordnen. Bequeme Tabellen geben MEGGERS und PETERS, Bull Bur of Stand 14, S. 728 (1919) für Cd 6438, 4696 als Normale erster Ordnung. Diese Korrektionen sind im allgemeinen klein, aber durchaus nicht zu vernachlässigen; besonders im Ultraviolett steigen die Werte stark an. Wird z. B. eine Linie bei 2500 A an Cd 6438 A bei einer Temperatur von 25° C und einem Druck von 700 mm Hg angeschlossen, so ergibt sich eine Korrektion von $-0{,}007$ A, bei einer Temperatur von 9° C wäre sie nur $-0{,}004$ A.

Auch bei Relativmessungen mit dem Gitter hat man der Dispersion der Luft Rechnung zu tragen, falls man nach der Koinzidenzmethode Linien verschiedener Ordnungen miteinander vergleicht. Fällt bei den Versuchsbedingungen t° C, p mm Druck eine Linie λ erster Ordnung mit einer Linie λ' $m$ter Ordnung zusammen, so gilt

$$\lambda = m\lambda'.$$

Ist λ' eine bekannte Normale, die in den Wellenlängentafeln als λ_0', bezogen auf 760 mm und 15° C, angegeben ist, so rechnen wir aber nach der Beziehung

$$\lambda^* = m\lambda_0',$$

erhalten also nicht das gesuchte λ_0, sondern es weicht λ^* von λ_0 ab um

$$\delta = \lambda_0\left(1 - m\frac{\lambda_0'}{\lambda_0}\right) = \lambda_0\left(1 - \frac{\lambda}{\lambda'}\frac{\lambda_0'}{\lambda_0}\right).$$

Naturgemäß ist dies die gleiche Formel, die wir für die interferometrischen Messungen angesetzt hatten. Wir kommen also auch hier zu der Endformel

$$\delta = \lambda_0(n_0 - n_0')\frac{\varrho - \varrho_0}{\varrho_0}.$$

53. Interferenzen im kontinuierlichen Spektrum. FRAUNHOFERsche Linien. Wie schon oben (Ziff. 49) ausgeführt wurde, kann man den Apparat von PEROT und FABRY und natürlich ebenso jedes Interferenzspektroskop auch für die Untersuchung von Absorptionslinien ohne weiteres verwenden, solange der verwendete kontinuierliche Untergrund eine kleinere Ausdehnung als das Dispersionsgebiet $\Delta\lambda = \lambda/m$ besitzt. Wie zuerst FABRY und BUISSON gezeigt haben, lassen sich aber die Interferenzmethoden auch dann anwenden, wenn es sich um ein ausgedehntes Kontinuum mit Absorptionslinien, wie wir es etwa im Sonnenspektrum vor uns haben, handelt[1].

Läßt man durch eine planparallele versilberte Luftplatte, die in der früher beschriebenen Weise vor dem Spalt eines stigmatischen Spektralapparates montiert ist, Licht von einer kontinuierlichen Lichtquelle fallen, so erhält man im Spektrum ein System gekrümmter heller und dunkler Interferenzstreifen von parabolischer Form, deren konkave Seite gegen kürzere Wellenlängen gerichtet ist (kanneliertes Spektrum) (Abb. 23).

Diese Erscheinung erklärt sich folgendermaßen: Nach der Grundformel der PEROT-FABRY-Platte $m = \frac{2e}{\lambda}\left(1 - \frac{R^2}{2f^2}\right)$ erhält man an all den Stellen im kontinuierlichen Spektrum Helligkeit, für die m ganzzahlig ist, an allen anderen Stellen wird die Intensität rasch abfallen und für Stellen mit halbzahligem m verschwinden. Ein heller Interferenzstreifen im Spektrum entspricht einem bestimmten festgehaltenen m, die beiden benachbarten den Werten $m \pm 1$. Für ein festgehaltenes m gibt die obige Formel die Kurvenform im Normalspektrum wieder, und wie man sieht, sind die Kurven nach dieser Näherungsformel Parabeln, die an den Stellen $\lambda = 2e/m$ senkrecht zur Dispersionsrichtung, also tangierend zur Spaltrichtung, verlaufen[2]. Zwei konsekutive Parabeln haben an der der Spaltmitte entsprechenden Stelle den Wellenlängenabstand $\Delta\lambda = 2e/m^2 = \lambda/m$, also gleich der Größe des Dispersionsgebietes.

Ist nun das Kontinuum von Absorptionslinien durchzogen, so werden diese das System der Interferenzparabeln schneiden und dadurch die hellen Kurven-

[1] Über Interferenzen mit planparallelen Platten im kontinuierlichen Spektrum handelt auch eine ältere Arbeit von E. GEHRCKE und O. REICHENHEIM: Verh D Phys Ges 4, S. 209 (1906). Hier handelt es sich aber nicht um Untersuchungen von Absorptionslinien.

[2] Bei Berücksichtigung größerer Neigung der aus der Luftplatte austretenden Strahlen, also bei Verwendung eines sehr hohen Spaltes, sind die Interferenzstreifen durch Kurven vierter Ordnung wiederzugeben.

züge unterbrechen, gerade an den Stellen, an denen eine Emissionslinie gleicher Wellenlänge Maxima der Intensität besäße.

Die Abb. 23a gibt ein „kanneliertes Spektrum" eines kontinuierlich leuchtenden Körpers (Krater der Bogenlampe) wieder; der Spalt ist sehr eng, das Reflexionsvermögen der Luftplatte ziemlich groß, so daß man sehr schmale Intensitätsmaxima erhält. Die Etalondistanz ist klein gehalten, ca. 0,5 mm, um das Wesentliche der Erscheinung deutlich in Erscheinung treten lassen zu können. Außerdem sieht man durch Zwischenschaltung einer mit NaCl gefärbten Bunsenflamme in den Strahlengang vor dem Etalon die beiden Natriumlinien in Absorption. Die dunklen Absorptionsstellen treten zwar in Erscheinung, sind aber für Meßzwecke ungeeignet; es wäre günstiger, wenn sie in der Dispersionsrichtung des Spektrographen eine größere Breite hätten.

a b

Abb. 23. Interferenzen einer Planparallelplatte im kontinuierlichen Licht.

Dies läßt sich nun durch Verbreiterung des Spaltes leicht erreichen. Macht man nämlich den Spalt weiter, so verbreitern sich die hellen Interferenzkurven des kannelierten Spektrums um einen der Spaltweite entsprechenden Betrag. In diesen Interferenzkurven gehört einem bestimmten Vertikalabstand vom Scheitel der Kurve eine bestimmte Wellenlänge zu, da jedem Punkt des Spaltes durch die Luftplatte eine bestimmte Wellenlänge zugeordnet wird. Dementsprechend werden bei der Erweiterung des Spaltes die bei Vorhandensein einer Absorptionslinie auftretenden schmalen Interferenzgebiete in der Dispersionsrichtung auseinandergezogen und dadurch deutlicher sichtbar (Abb. 23b). Ein Optimum wird erhalten, wenn man die Breite des Spaltes so wählt, daß aufeinanderfolgende Interferenzkurven sich gerade berühren. Ist dies der Fall, so verschwindet die Kannelierung vollkommen, dem Auge erscheint das Spektrum als kontinuierliches Spektrum, das sich aber natürlich von einem bei weitem Spalt und ohne

Interferenzapparat erhaltenen kontinuierlichen Spektrum wesentlich unterscheidet. Sehen wir von der etwa bei Prismenapparaten auftretenden Krümmung der Spektrallinien ab, so wird in dem zuletzt angeführten Fall jede monochromatische Strahlung gleichmäßig ein dem rechteckigen Spalt entsprechendes Rechteck erfüllen, und die benachbarten Wellenlängen werden zu einer Vermischung der Strahlung Anlaß geben. Ganz anders liegen die Verhältnisse bei dem durch Verbreiterung des Spaltes aus dem kannelierten Spektrum hervorgegangenen „Kontinuum".

Hier nimmt eine Strahlung bestimmter Wellenlänge nur ein kleines, in horizontaler Richtung sich erstreckendes Gebiet ein, dessen Länge durch die Breite des Spaltes, dessen Höhe durch den Wellenlängenbereich $\Delta\lambda$ der Strahlung gegeben ist. Die benachbarten Strahlungen lagern sich mit einer kleinen, der Spektroskopdispersion entsprechenden Horizontalverschiebung übereinander und nur, weil das Auge nicht befähigt ist, kleine Wellenlängenunterschiede durch Farbenverschiedenheit zu erkennen, nimmt es dieses Spektrum als normal strukturiertes Kontinuum hin.

Da der Scheitelabstand konsekutiver Interferenzstreifen gleich $\lambda^2/2e$ ist, so sieht man, daß bei Gitter- wie Prismenspektroskopen die Einstellung auf Verschwinden des Streifen nur für einen kleinen Teil des Spektrums möglich ist. Dies macht bei der Anwendung des Verfahrens auf die Messung ausgedehnter Absorptionsspektren eine große Anzahl von Aufnahmen mit verschiedenen Spaltbreiten notwendig.

Bei diesen Betrachtungen ist vorausgesetzt, daß man es mit unendlich schmalen Interferenzstreifen und Absorptionslinien zu tun hat. Die Durchführung der Betrachtungen für den Fall einer beschränkten Zahl interferierender Strahlenbüschel und endlicher Linienbreite bietet keine Schwierigkeit. In qualitativer Weise sind diese Verhältnisse bereits von FABRY und BUISSON diskutiert [J. de Physique (4) 9, S. 197 (1910)][1]. Eine quantitative Durchrechnung, die für die Verwendung der Methode zur Analyse der Linienform von Absorptionslinien von Wichtigkeit wäre, ist noch nicht durchgeführt.

c) Wellenlängensysteme[2].

54. Zur Geschichte der Wellenlängenbestimmungen. Für die Bestimmung der Wellenlänge des Lichts haben seit den ersten Versuchen von THOMAS YOUNG[3] Beugungserscheinungen und Interferenzerscheinungen im engeren Sinne gedient, und je nach dem Stande der Wissenschaft hat eine Methode die andere abgelöst. Einen hervorragenden Platz aber nimmt in der ersten Zeit der Wellenlängenmessungen die Leistung von J. FRAUNHOFER ein, der sich in zwei grundlegenden Arbeiten[4] mit der Beugung des Lichts an Gittern beschäftigte und dabei zum erstenmal Wellenlängen exakt definierter Lichtarten, nämlich der FRAUNHOFERschen Linien im Sonnenspektrum messen konnte. Diese Arbeiten FRAUNHOFERS waren der wissenschaftlichen Spektroskopie der Folgezeit insofern wegbestimmend, als das Beugungsgitter bis zu den Arbeiten ROWLANDS vorherrschend blieb. Die Genauigkeit in der Wellenlängenmessung ging mit der Arbeit FRAUNHOFERS sprunghaft in die Höhe. Mit den von ihm hergestellten Glasgittern gelang es ihm, die Wellenlängen der FRAUNHOFERschen Linien C, D, F, G, H mit einer

[1] Siehe auch CH. E. ST. JOHN, Ap J 67, S. 195 (1928); K. BURNS u. WM. F. MEGGERS, Publ Allegh Obs 6, Nr. 7, S. 105 (1927).
[2] Verfasser K. W. MEISSNER.
[3] Lectures on Natural Philosophy. London 1807.
[4] Denkschr d K Ak d Wiss München 8, S. 1 (1821/22); Gilberts Ann d Phys 74, S. 337 (1823).

Genauigkeit von weniger als 1‰ herzuleiten (D-Linie $2{,}175 \cdot 10^{-5}$ Pariser Zoll $= 0{,}588\,\mu$). Diese Arbeit von FRAUNHOFER war aber auch noch in einer anderen Richtung wegbestimmend: das Sonnenspektrum war durch die große Zahl „fixer Linien" und durch die Bequemlichkeit seiner Erzeugung als Normalspektrum besonders geeignet, die Messung der Wellenlängen der stärksten FRAUNHOFERschen Linien erschien für die nächste Zukunft als wichtigste Aufgabe, besonders nachdem KIRCHHOFF und BUNSEN die Spektralanalyse als jungen Zweig der exakten Naturwissenschaften begründet hatten[1]. Bei der Durchmusterung der Spektren durch die genannten Forscher (1860/61) lag noch viel Willkür in der Festlegung der einzelnen Linien. Die Beziehung ihrer Lage auf eine willkürliche Skala, eine gewisse Abhängigkeit von einem bestimmten Apparattypus (Glasspektrograph, Dispersion des Prismas), ließ im Grunde die Benennung der jungen Wissenschaft Spektroskopie als exakte Wissenschaft noch nicht in vollem Maße zu.

Sie wurde es aber, als A. J. ÅNGSTRÖM mit Hilfe von drei NOBERTschen Gittern die genaue Vermessung und Zeichnung des Sonnenspektrums durchführte[2] (1868). Durch diese nicht hoch genug zu schätzende Arbeit war die Möglichkeit geschaffen, mit beliebigen Apparaten, seien es Gitter- oder Prismenapparate, die Messung und Identifizierung von Spektrallinien durch Reduktion auf das Normalsonnenspektrum auszuführen. An die Stelle der nach einer vollkommen willkürlichen Skala erfolgten Relativmessung der Linien mit dem BUNSEN-KIRCHHOFFschen Spektroskop trat jetzt die Relativmessung in bezug auf eine physikalische, durch die Wellenlänge des betreffenden Lichts gegebene Skala. In diesem Sinne bilden die Arbeiten von ÅNGSTRÖM einen Markstein in der Entwicklung der Spektroskopie. Die Einheit, in der die Messungen von ÅNGSTRÖM durchgeführt wurden, war 10^{-8} cm $= 10^{-10}$ m („tenth metre" nach STONEY), eine Einheit, die als ÅNGSTRÖMsche Einheit (Å.E. oder einfach A) noch heute als Grundlage unserer Messungen im gewöhnlichen Spektralgebiet dient, während im Röntgengebiet nach dem Vorgang von SIEGBAHN die X-Einheit $= 10^{-3}$ A benutzt wird.

Die Absicht ÅNGSTRÖMS, durch seine Messungen ein Standardwerk der Wissenschaft zu schenken, wurde durch einen bedauerlichen Irrtum vereitelt. ÅNGSTRÖM hatte seine Messungen mit drei NOBERTschen Gittern ausgeführt, deren Gitterkonstante er an das Normalmeter in Upsala anschloß. Unglücklicherweise wurde dessen Länge durch Anschluß an das Normalmeter in Paris von TRESCA unrichtig zu 999,81 mm bestimmt anstatt zu 999,94 mm, was später von LINDHAGEN gefunden wurde. Dieser Fehler war ÅNGSTRÖM nach Abschluß seiner umfangreichen Messungen bekannt, und er selbst hat noch seinen Schüler THALÉN dazu angeregt, die große Umrechnungsarbeit vorzunehmen. THALÉN selbst hat diese Arbeit durchgeführt[3] und außerdem das Werk von ÅNGSTRÖM noch weiter ausgedehnt, indem er durch Relativmessungen die Funkenspektra aller damals bekannten Elemente an die ÅNGSTRÖMsche Skala anschloß. Er verwendete für diese Arbeit einen Prismenspektrographen großer Dispersion.

Die Fortführung und Erweiterung der ÅNGSTRÖM-THALÉNschen Arbeiten ist besonders CORNU[4] zu danken, der mit photographischen Methoden in das ultraviolette Gebiet vordrang.

---

[1] Pogg Ann 110, S. 161 (1860); 113, S. 337 (1861).

[2] Recherches sur le spectre solaire. Upsala 1868 u. Berlin 1869; Pogg Ann 123, S. 489 (1864).

[3] Nov Acta Reg Soc Sc Upsal (3) 6 (1868); 9, S. 1 (1875); 12, S. 1 (1884).

[4] Ann École Norm sup (2) 3, S. 421 (1874); 9, S. 21 (1880).

Durch den unglücklichen Anschluß der ÅNGSTRÖMschen Messungen an das Normalmeter und die dadurch später notwendigen Korrektionen war das Vertrauen der Spektroskopiker zu den ÅNGSTRÖM-THALÉNschen Tafeln erschüttert. Neumessungen von Wellenlängen schienen erforderlich und wurden auch in der Folgezeit von MÜLLER und KEMPF[1], KURLBAUM[2], PEIRCE[3] und besonders von BELL[4] ausgeführt. Diesem standen mehrere hervorragende, von ROWLAND geteilte Plangitter zur Verfügung. Bei allen diesen Messungen diente als Lichtquelle eine Natriumflamme, deren beide Linien D_1 und D_2 ausgemessen wurden. Durch genauen Anschluß der Gitterkonstante an das Normalmeter erhielten diese Beobachter für D_1 Werte, die in guter Übereinstimmung waren (vgl. Tab. 1).

Tabelle 1.

Beobachter	Wellenlänge	Gewicht
ÅNGSTRÖM	5895,81	1
MÜLLER u. KEMPF	5896,25	2
KURLBAUM	5895,90	2
PEIRCE	5896,20	5
BELL	5896,20	10
Mittel	5896,156	

Den größten Aufschwung nahm die Spektroskopie durch die Arbeiten von ROWLAND[5], dem durch die Konstruktion einer ganz vorzüglichen Teilmaschine die Teilung von Gittern gelang, die alle bisher geschaffenen an Güte weit überragten. Durch die Erfindung des Konkavgitters (Kap. 3, Ziff. 34) beschenkte er die Wissenschaft mit einem Universalinstrument, das für jeden Spektralbereich geeignet war und ohne Zuhilfenahme von Linsen oder abbildenden Systemen ein Spektrum entwarf. Mit den Arbeiten von ROWLAND können wir den Beginn einer neuen Epoche der exakten Spektroskopie datieren.

55. Das ROWLANDsche Wellenlängensystem. Durch die Erfindung und weitgehend befriedigende Herstellung des Konkavgitters (1882) hatte ROWLAND ein Hilfsmittel gefunden, das wie kein zweites dazu geeignet war, Relativmessungen nach der Koinzidenzmethode (Ziff. 33) auszuführen. Mit Hilfe eines großen Konkavgitters von über 6 m Krümmungsradius wurden die Spektren der Sonne und der verschiedenen Elemente untersucht. Die bei den Relativmessungen erzielte Genauigkeit war von ROWLAND selbst auf wenige Tausendstel A geschätzt worden, und das Wellenlängensystem ROWLANDs galt fast allgemein als so zuverlässig, daß es bis 1906 allen Wellenlängenmessungen physikalischer oder astrophysikalischer Art zugrunde gelegt wurde.

Für die Methode der Koinzidenzmessung mit dem Gitter ist im Grunde die Kenntnis der Wellenlänge nur einer Spektrallinie erforderlich. Als Grundlage für seine Messungen verwendete ROWLAND als primäre Normale (Primary Standard) die Wellenlänge der D_1-Linie des Natriums, die von den in Tabelle 1 angegebenen Beobachtern bestimmt worden war. Durch Beilegung verschiedenen Gewichts erhielt ROWLAND aus diesen Messungen als Mittelwert den seinem Wellenlängensystem zugrunde liegenden Wert für

$$D_1 : \lambda_{\text{Rowl.}}\ 5896{,}156\ \text{A}.$$

Der Wert dieser Wellenlänge gilt für Luft normaler Zusammensetzung von 20° C und 760 mm Druck. ROWLAND legte seine umfangreichen Beobachtungen nieder in dem Standardwerk „A Preliminary Table of Solar Spectrum Wave Lengths“,

[1] Potsdam Publ 5 (1886). [2] Wied Ann 33, S. 159 u. 381 (1888).
[3] Amer J of Sc (3) 18, S. 51 (1879); Nature 24, S. 262 (1881).
[4] Amer J of Sc (3) 33, S. 167 (1887); 35, S. 265 u. 347 (1888); Phil Mag (5) 23, S. 265 (1887); 25, S. 255 u. 350 (1888).
[5] Amer J of Sc (3) 33, S. 182 (1887); Phil Mag (5) 23, S. 257 (1887); 27, S. 479 (1889); 31, S. 49 (1891); Astr and Astroph 12, S. 321 (1893); Ap J 1 bis 5 (1895/98).

deren Veröffentlichung in den Jahren 1895 bis 1897 erfolgte[1]. Ein ausgezeichneter Atlas vervollständigt diese Tabellen. Der Atlas gibt auf einzelnen Tafeln das ganze Sonnenspektrum wieder. Jedes Spektralgebiet ist mit einer Skala versehen, auf der die Wellenlänge jeder einzelnen Linie mit einer Genauigkeit von 0,01 A abzulesen ist. Außer dieser Arbeit wurden von ROWLAND die Spektren einer großen Anzahl von Elementen ausgemessen und auf ihre Anwesenheit im Sonnenspektrum untersucht. Die ROWLANDschen Messungen dienten für eine ganze Generation von Spektroskopikern als Standardwerk. Von den zahlreichen Forschern, die sich mit der Weiterführung des Werkes von ROWLAND befaßten, seien genannt: HARTLEY, LIVEING und DEWAR, EDER und VALENTA, KAYSER und RUNGE, EXNER und HASCHECK.

Daß das ROWLANDsche, in der Preliminary Table endgültig festgelegte Wellensystem nicht frei ist von systematischen Fehlern, wurde in der Folgezeit von verschiedenen Beobachtern festgestellt. Es trat dies besonders bei der Vergleichung weit voneinander liegender Spektralgebiete in Erscheinung und es zeigte sich, daß in dem ROWLANDschen System langsam verlaufende Unregelmäßigkeiten vorhanden sind. Die Abweichungen, die über längere Strecken mancher Spektralgebiete konstant blieben, betrugen bis zu 0,02 A. Derartige Beobachtungen wurden zuerst von MÜLLER[2] und später von KAYSER[3], FABRY und PEROT[4] sowie EBERHARD[5] gemacht.

HARTMANN[6] unterzog das ROWLANDsche Wellenlängensystem einer eingehenden Kritik und machte ins einzelne gehende Vorschläge zur Gewinnung eines in sich richtigen korrigierten ROWLANDschen Systems. In diesen Arbeiten findet man neben wertvollen Angaben über die Entstehungsweise der ROWLANDschen Wellenlängenwerte auch sehr beachtenswerte Ausführungen über grundsätzliche Forderungen, die an ein brauchbares Wellenlängensystem zu stellen sind. Durch HARTMANNS Arbeiten wurde die Unzulänglichkeit des ROWLANDschen Systems besonders deutlich vor Augen geführt und die Aufstellung eines Planes zur Schaffung eines neuen Systems beschleunigt (s. Ziff. 58).

56. MICHELSONS Messungen mit dem Interferometer. Wenngleich die Messungen ROWLANDS alle Messungen seiner Vorgänger an Genauigkeit weit übertrafen, so genügten sie doch sehr bald nicht mehr den Anforderungen, als MICHELSON durch die Konstruktion seines Interferometers[7] eine neue Möglichkeit genauer absoluter Wellenlängenmessungen geschaffen hatte. Mit dem neuen Instrument war es möglich, mit praktisch beliebig großem Gangunterschied zu arbeiten, insofern nur die Homogenität des verwendeten Lichts dies zuließ. Zum erstenmal in der Geschichte der Wellenlängenmessungen sehen wir in den Arbeiten von MICHELSON die Frage nach der Beschaffenheit der Spektrallinien, ihrer Feinstruktur, Intensitätsverteilung auftreten und in einer für die nachherige Auswahl der Normalwellenlängen so wichtigen Vorarbeit hat MICHELSON eine große Reihe von Spektrallinien aus der sog. Sichtbarkeitskurve auf ihre Zusammensetzung analysiert. Bei der Prüfung von nahezu 100 verschiedenen Spektrallinien ergaben sich als besonders homogen oder aus homogenen Komponenten zusammengesetzt drei Linien des Kadmiumdampfes, von denen die rote als die

---

[1] Chicago Univ Press 1898, 392 S, 8°.

[2] Potsdam Publ 8, S. 49 (1891).

[3] Ann Chim Phys 7, S. 25 u. 98 (1902).

[4] Ann d Phys 4, 3, S. 195 (1900).

[5] Ap J 17, S. 141 (1903).

[6] Z f wiss Photogr 1, S. 215 (1903); 2, S. 164 (1904); Ap J 20, S. 41 (1904); vgl. auch Astr Mitt Sternw Gött 19 (1916).

[7] A. A. MICHELSON u. E. W. MORLEY, Amer J of Sc 34, S. 427 (1887); 38, S. 181 (1889); Phil Mag (5) 24, S. 463 (1887); A. A. MICHELSON, ebenda (5) 13, S. 236 (1882); 31, S. 256 u. 338 (1891); 34, S. 280 (1892); J de Phys (3) 3, S. 5 (1894); BENOÎT, Trav et Mém Bur Inst des Poids et Mes 11 (1895).

geeignetste erschien. Die für die Erzeugung des Kadmiumdampfes dienende Lichtquelle war eine hochevakuierte, mit Kadmium beschickte, auf ca. 300° erhitzte GEISSLER-Röhre, die mit hochgespanntem Strom betrieben wurde[1]. Die Werte, die MICHELSON für die drei Linien fand, sind folgende: rot $6438{,}4722 \cdot 10^{-8}$ cm; grün $5085{,}8240 \cdot 10^{-8}$ cm; blau $4799{,}9107 \cdot 10^{-8}$ cm. Diese Werte gelten für normale Luft von 15° C und 760 mm Hg. Der Gehalt an Feuchtigkeit der Luft ist dabei unberücksichtigt geblieben.

Die Werte von ROWLAND für dieselben Linien sind wesentlich andere. Für 20° C und 760 mm Druck ist nämlich Cd rot: 6438,680 A, Cd grün: 5086,001 A und Cd blau: 4800,097 A. Wie man sieht, sind die Abweichungen zwischen den Werten von MICHELSON und ROWLAND recht beträchtlich, wenn man die große relative Genauigkeit der ROWLANDschen Messungen bedenkt. Die Unterschiede sind in erster Linie auf den zu großen Wert der ROWLANDschen Primär-Normallinie zurückzuführen (nach neueren Bestimmungen wäre die Wellenlänge $D_{1(\mathrm{Rowl.})}$ 5896,156 A zu verkleinern um 0,212 A). Wäre dies aber der einzige Fehler, so könnte die ganze Wellenlängentabelle ROWLANDS sehr leicht umgerechnet werden, da die anzubringenden Korrektionen einfach den Wellenlängen proportional wären. Daß die Verhältnisse aber nicht so einfach liegen, zeigen die Vergleichszahlen in der Zusammenstellung der Kadmiumlinien. Würde man die grüne und blaue Kadmiumlinie in der angegebenen Weise ändern, so ergäben sich Korrektionen von −0,164 bis −0,155 A für die grüne bzw. blaue Linie und korrigierte Wellenlängen von 5085,837 bzw. 4799,942 A. Nach dem MICHELSONschen Ergebnis wären also auch die relativen Wellenlängen von ROWLAND um 0,013 bzw. 0,037 A fehlerhaft. Diese Fehler sind zwar wesentlich kleiner als die aller spektroskopischen Messungen vor ROWLAND, sie übertreffen aber ROWLANDS eigene Schätzung bei weitem. Wie man heute weiß, verteilen sich die Korrektionen auch ziemlich unregelmäßig auf das ganze Spektrum (s. Ziff. 66), und es dürfte schwer sein, die einzelnen Gründe für diese Verteilung zu analysieren. Die Methode der Koinzidenzen ist an und für sich sicher unverfänglich, obgleich sie in der von ROWLAND angewendeten Form des schrittweisen Anschlusses neuer Linien und durch das angewendete Ausgleichsverfahren großen Fehlerquellen Zulaß gestattet. Die Hauptfehlerquelle liegt wohl in dem Bestreben, die Wellenlängen des Sonnenspektrums mit denen der Bogenspektren in Einklang zu bringen. Dadurch entstanden nicht mehr zu übersehende und ungleichmäßig verteilte Fehler[2].

Dies ergibt sich ganz besonders aus den Untersuchungen von JEWELL[3], der bei der Ausmessung von ROWLANDschen Platten Unterschiede in der Wellenlänge von Sonnenlinien und den entsprechenden Linien der Laboratoriumslichtquellen fand. Die Wellenlängen im Lichtbogen von Eisen, Natrium, Kobalt, Mangan, Strontium, Barium und Kalzium waren meist nach der kurzwelligen Seite gegen die Sonnenlinien verschoben und in verschiedenen Beträgen selbst bei Linien des gleichen Elements. Diese Verschiebungen betragen in einigen Fällen mehr als 0,02 A.

57. Druckverschiebung der Spektrallinien. Einen Grund für die Verschiebung der Spektrallinien fanden HUMPHREYS und MOHLER[4]. Nach ihren Beobachtungen verschieben sich die Spektrallinien eines unter höheren Druck gesetzten Lichtbogens ungefähr proportional dem Druck, und zwar nach der kurzwelligen

[1] Eine Lampe ähnlicher Art beschreibt neuerdings G. S. MONK, Ap J 62, S. 375 (1925).

[2] Siehe besonders die Ziff. 55 angeführten Abhandlungen von J. HARTMANN.

[3] Ap J 3, S. 89 (1896); J de Phys (3) 6, S. 84 (1897).

[4] Ap J 3, S. 114 (1896); 4, S. 17 u. 249 (1896); 6, S. 169 (1897); J de Phys (3) 6, S. 82 (1897); J. S. AMES u. W. J. HUMPHREYS, Phil Mag (5) 44, S. 119 (1897).

Seite des Spektrums. Aus dieser Beobachtung schließen sie, daß die von JEWELL beobachteten Differenzen auf die höheren Drucke zurückzuführen sind, die in der umkehrenden Schicht der Sonne herrschen. Wie immer aber auch die Deutung der JEWELLschen Beobachtungen ausfallen mochte, so viel war klar, daß die führende Rolle, die das Sonnenspektrum bisher als Normalspektrum spielte, ihm genommen werden und daß nach einem anderen Standardspektrum Umschau gehalten werden mußte. Die hohe Meßgenauigkeit, die die interferometrischen Methoden und die größten ROWLANDschen Konkavgitter in die spektroskopischen Messungen gebracht hatten, machten den Plan eines neuen Systems von Normallinien dringend notwendig.

58. Plan eines neuen Wellenlängensystems. Um der Unsicherheit im ROWLANDschen Wellenlängensystem ein Ende zu machen, wurde auf Anregung von G. E. HALE im Jahre 1904 eine internationale Vereinigung „International Union for Cooperation in Solar Research" gegründet, die den Zweck haben sollte, ein neues System von Normalen aufzustellen. Die erste Zusammenkunft fand im Jahre 1904 in St. Louis statt, die zweite 1905 in Oxford. Hier wurde beschlossen, das von MICHELSON begründete Wellenlängensystem international anzunehmen. Als dann nach dem von FABRY und PEROT[1] ersonnenen, abgeänderten interferometrischen Verfahren eine Neubestimmung der roten Kadmiumlinie durchgeführt worden war, wurde bei der 3. internationalen Versammlung im Jahre 1907 zu Meudon die Definition der ÅNGSTRÖMschen Einheit dadurch beschlossen, daß für die Wellenlänge der im GEISSLER-Rohr nach MICHELSON erzeugten roten Kadmiumlinie in trockener Luft von 15° C und 760 mm Hg der Wert

$$\mathbf{Cd_{rot}: \lambda_{int} = 6438{,}4696\ A}$$

angesetzt wurde. Die rote Kadmiumlinie sollte künftig für alle Wellenlängenmessungen als „Normallinie erster Ordnung" dienen. Die Genauigkeit, die bei diesen Messungen erreicht wurde, ist so groß, daß man annehmen kann, der Wert der Wellenlängen sei bis auf ein Zehnmilliontel, d. h. weniger als 0,001 A, genau. Faßt man umgekehrt die Definition der ÅNGSTRÖM-Einheit als durch die Wellenlänge der roten Kadmiumlinie gegeben auf, so ist anzunehmen, daß die ÅNGSTRÖM-Einheit mit einer Genauigkeit von etwa ein Fünfmilliontel mit dem Hundertmilliontel eines Zentimeters übereinstimmt, wobei das Zentimeter definiert ist als der 100. Teil des von der Internationalen Meterkonvention bestimmten, im Bureau International des Poids et Mesures in Sèvres bei Paris aufbewahrten Strichmaßes aus Platin-Iridium bei 0° C.

Eine größere Genauigkeit als die jetzt erreichte wird kaum zu erlangen sein. Die spektroskopische Genauigkeit ließe sich an und für sich weitertreiben, aber die Entfernung der Endstriche des Mètre des Archives ist nicht genauer definiert. Die Endstriche haben keine absolute Feinheit und die mikroskopische Einstellung bietet keine absolute Sicherheit. Die Fehlergrenze, innerhalb der eine Kopie des Meters mit dem Prototyp verglichen werden kann, ist nach BENOÎT etwa 0,2 μ, d. h. eben ein Fünfmilliontel. Es ist auch keineswegs sicher, daß die Endstriche auf dem Meter-Prototyp im Laufe der Zeiten unverändert bleiben, während man viel eher wird annehmen können, daß die Wellenlänge der roten Kadmiumlinie unter den angegebenen Bedingungen immer dieselbe ist und in jedem Laboratorium leicht reproduziert werden kann.

59. Internationale ÅNGSTRÖM-Einheit. Normallinien zweiter Ordnung. Auf der dritten Zusammenkunft der Internationalen Union in Pasadena (Mt. Wilson)

[1] C R 126, S. 1624 (1898); Ann Chim Phys (7) 12, S. 459 (1897); J. R. BENOÎT, CH. FABRY u. H. BUISSON, C R 144, S. 1082 (1907); Z f Instrk 27, S. 309 (1907).

im Jahre 1910 wurde die durch die Festsetzung der Wellenlänge der roten Kadmiumlinie gegebene ÅNGSTRÖM-Einheit zur Unterscheidung von der ursprünglichen Einheit 10^{-10} m als Internationale ÅNGSTRÖM-Einheit, I.A., bezeichnet. Dadurch wird die Frage nach der Genauigkeit des Anschlusses dieser Einheit an den hundertmillionten Teil eines Zentimeters zu einer zweiten, den Spektroskopiker nicht weiter interessierenden Frage.

Ferner wurde auf dieser Versammlung beschlossen, ein System von „Wellenlängennormalen zweiter Ordnung" durch interferometrischen Anschluß an die rote Kadmiumlinie zu schaffen. Die Arbeiten von ROWLAND waren in dieser Frage von einschneidender Bedeutung einmal insofern, als das Konkavgitter sich nicht als hinreichend zur Ermittlung von Normalen zweiter Ordnung eignete, und zweitens insofern, als sich besonders durch die Arbeiten von JEWELL schon gezeigt hatte, daß das Sonnenspektrum als Standardspektrum vollkommen ungeeignet sei. Die FRAUNHOFERschen Linien, die seit ÅNGSTRÖM als besonders vorteilhaft zur Schaffung eines Normalensystems galten, gaben diese führende Stellung nun an besonders scharfe Eisenlinien ab, und bereits im Jahre 1910 konnten auf Grund von Messungen von FABRY und BUISSON[1] in Marseille, von PFUND[2] in Baltimore und von EVERSHEIM[3] in Bonn eine Liste von 49 Eisenlinien zwischen 4200 und 6500 A als Normalen zweiter Ordnung des internationalen Systems erklärt werden. Der Anschluß an die Normalen erster Ordnung war nach den Beschlüssen von 1907 nach der FABRY und PEROTschen interferometrischen Methode durchgeführt worden. Im Jahre 1913 (Bonn) wurde noch eine Reihe von Eisenlinien dazugenommen, so daß nun ein genügend gesichertes System von Wellenlängen im Bereich von 3371 und 6750 I.A. festzuliegen schien. Die Messungen der einzelnen Beobachter stimmten bei den meisten Linien innerhalb von 0,003 A überein, und es schien die Ansicht gerechtfertigt, daß die endgültigen Werte auf ein bis zwei Tausendstel A richtig sein würden. Aber es sollte sich bald zeigen, daß man hinsichtlich der Wahl und Definition der Lichtquelle zu leichtfertig vorgegangen war.

60. Poleffekt. Bei dem Versuch, die Wellenlängen weiterer Eisenlinien zwischen den Normallinien zweiter Ordnung mit einem großen Konkavgitter zu interpolieren, fand GOOS[4], daß die Wellenlänge einer Eisenlinie an verschiedenen Stellen des Lichtbogens zwischen Eisenelektroden merklich verschieden sein kann. GALE und ADAMS[5] hatten in Fortsetzung der in Ziff. 57 zitierten Arbeit von HUMPHREYS und MOHLER die Druckverschiebung der Eisenlinien zwischen 3600 und 6700 A untersucht und gefunden, daß man vier mit a, b, c, d bezeichnete Gruppen von Linien hinsichtlich der Druckverschiebung unterscheiden kann. In der gleichen Spektralgegend verhalten sich die Druckverschiebungen dieser vier Gruppen wie 1:1,5:3,4:6,6, und innerhalb jeder Gruppe wachsen sie ungefähr proportional der dritten Potenz der Wellenlänge mit dieser an, nehmen also im rotwelligen Gebiet große Werte an. GALE war nun der Ansicht, daß die von ihm an den verschiedenen Teilen des Eisenbogens beobachteten Verschiebungen im wesentlichen dem verschiedenen Druck an den verschiedenen Teilen des Lichtbogens zuzuschreiben seien. Spätere Untersuchungen von ST. JOHN und BABCOCK[6] zeigten jedoch, daß außer dem Druck auch der Poleffekt eine Rolle spielt. Dieser Poleffekt besteht darin, daß manche Linien in der Nähe des

[1] C R 143, S. 165 (1906); J de Phys (4) 7, S. 169 (1908).
[2] Ap J 28, S. 197 (1908). [3] Ann d Phys (4) 30, S. 815 (1909).
[4] Z f wiss Photogr 11, S. 1 u. 305 (1912); 12, S. 259 (1913); Ap J 35, S. 221 (1912); 37, S. 48 (1913); 38, S. 141 (1913); A N 199, S. 33 (1914).
[5] Ap J 35, S. 10 (1912); Phys Rev 34, S. 143 (1912).
[6] Phys Rev (2) 9, S. 577 (1917); Ap J 42, S. 231 (1915); 46, S. 138 (1917).

negativen Poles eines Eisenbogens eine unsymmetrische Verbreiterung und eine Verschiebung erfahren. Wie TAKAMINE[1] später zeigen konnte, ist der Poleffekt nichts anderes als der durch das elektrische Feld im Lichtbogen hervorgerufene Starkeffekt. Übrigens hängt auch die Druckverschiebung sehr wahrscheinlich mit dem Starkeffekt zusammen, den die elektrischen Felder der benachbarten Gasmoleküle erzeugen.

Alle diese Untersuchungen zeigten, daß die Lichtquelle, die man zur Erzeugung von Normallinien zu benutzen gedenkt, hinsichtlich aller Betriebsdaten genauestens zu definieren ist. ST. JOHN und BABCOCK[2] schlugen nun einen in atmosphärischer Luft brennenden Eisenbogen von 12 mm Länge vor, aus dessen Mitte ein Stück von nur 1,25 mm Länge ausgeblendet wird und der mit einer maximalen Stromstärke von 5 Ampere betrieben werden soll.

Die Erkenntnis dieser Veränderlichkeit der Wellenlängen hat gezeigt, daß eine Reihe von Normallinien zweiter Ordnung, die auf der Zusammenkunft in Bonn 1913 noch durch eine Liste von Wellenlängen ergänzt worden war, kein restloses Zutrauen verdient. Eines war klar, sollte ein einheitliches und einwandfreies Wellenlängensystem geschaffen werden, so war es dringend notwendig, ganz besonders auch den Lichtquellen, ihren einzelnen Daten und Betriebsbedingungen die größte Aufmerksamkeit zu widmen.

Mit diesen Fragen beschäftigte sich nun in tiefschürfender Weise die „Commission des étalons de longueur d'onde et des tables de spectres solaires" der International Astronomical Union (I.A.U.), die in den Jahren 1922 (Rom), 1925 (Cambridge), 1928 (Leiden) und 1932 (Cambridge, Mass.) getagt hat. Die Beschlüsse und Beratungen dieser Kommission sind niedergelegt in den „Transactions of the International Astronomical Union", von denen zur Zeit vier Bände, 1922/25/28/32, vorliegen.

Überblicken wir noch einmal rückschauend alles, was an intensiver Arbeit seit ÅNGSTRÖM bis zum Jahre 1920 geleistet worden ist, so können wir konstatieren, daß zur Begründung eines abgeschlossenen Wellenlängensystems einwandfreie Methoden zur Bestimmung einer primären Normale geschaffen worden sind und daß die Messung einer solchen mit großer Präzision erfolgt ist. Wir können ferner als Erfolg verbuchen, daß bequeme, einwandfreie Methoden durchgearbeitet wurden, mit denen es ohne die Fehler, die beim Konkavgitter unvermeidlich sind, möglich ist, an die „Normale erster Ordnung" weitere Linien als „Normalen zweiter Ordnung" anzuschließen, in einem so engen Bereich, daß zur Bestimmung von „Normalen dritter Ordnung" das Konkavgitter zur bequemen Interpolation in seine Rechte treten kann. Als unzureichend ist aber anzusehen, daß es trotz aller dieser Möglichkeiten und aller aufgewendeten Arbeit bis zu dem genannten Jahr 1920 nicht gelungen ist, ein restlos einwandfreies Wellenlängensystem mit Hilfe des Eisenspektrums zu schaffen. Erst durch die intensive Zusammenarbeit, die durch die obengenannte Kommission der I.A.U. eingeleitet wurde, ist man in den nächsten Jahren zu diesem Ziel gelangt.

61. Die Arbeiten der Commission des étalons de longueur d'onde et des tables de spectres solaires. Nachdem die Spektroskopiker eine fast 50jährige Erfahrung auf dem Gebiet der Schaffung eines Normalensystems hinter sich hatten, wußte man bei der ersten Zusammenkunft der I.A.U. im Jahre 1922 im wesentlichen Bescheid, welche Bedingungen ein Normalensystem zu erfüllen habe. Drei Fragen sind von wesentlicher Bedeutung: 1. Ist die primäre Normallinie Cd 6438 international anzuerkennen? 2. Welche Lichtquellen sind für ein Normalensystem

[1] Ap J 50, S. 23 (1919). [2] Ap J 42, S. 231 (1915); 46, S. 138 (1917).

zweiter Ordnung geeignet? 3. Wahl des Normalensystems zweiter Ordnung und Schaffung von Normalen dritter Ordnung.

Die Frage nach der absoluten Wellenlänge der primären Normallinie ist im Grunde genommen für die Interessen der Spektroskopie, bei der nur Wellenlängen- und Wellenzahlendifferenzen Bedeutung haben, unwesentlich. Die absolute Wellenlänge geht in der Atomphysik nur in die absolute Normierung der Terme, d. h. der Energieniveaus des Atoms, ein. Hierfür ist aber noch nicht einmal die Genauigkeit nötig, die etwa der absoluten Bestimmung ÅNGSTRÖMS zukommt. Vom Standpunkt der Atomphysik aus wäre es daher zweckentsprechend, die Wellenlänge irgendeiner Spektrallinie willkürlich als Einheit zu wählen, von dieser Linie ausgehend auf interferometrischem Wege die übrigen Linien zu bestimmen und nur dort, wo es not tut, von den willkürlichen Einheiten zu den absoluten überzugehen. Das Verhältnis der willkürlichen zur absoluten Einheit würde dabei durch besondere Messungen zu ermitteln sein, und dieses Verhältnis könnte auch je nach dem Stande der Meßtechnik zu verschiedenen Zeiten mit immer größerer Genauigkeit ermittelt werden, ohne daß das Wellenlängen- und Wellenzahlensystem sich in irgendeiner Weise ändern müßte. Die einzige Forderung, die aufgestellt werden muß, ist die der eindeutigen, in allen Laboratorien leicht möglichen Erzeugung und Reproduktion der als primäre Normale gewählten Wellenlänge. Mit dieser Überlegung decken sich auch die Beschlüsse der I.A.U., und es seien kurz die Empfehlungen und Beschlüsse hinsichtlich der primären Normalen aufgeführt. Im Jahre 1922 wird die primäre Normale betreffend folgendes ausgeführt: Die bemerkenswerte Schärfe der roten Kadmiumlinie, die außerordentliche Genauigkeit, mit der das Meter in dieser Einheit ausgewertet wurde, und die endgültige Definition der internationalen ÅNGSTRÖM-Einheit durch die International Union for Cooperation in Solar Research in Paris im Jahre 1907 scheinen die primäre Standardlinie außer Frage zu stellen. Sollte das Internationale Bureau für Maß und Gewicht eine andere, vielleicht mehr geeignete Wellenlänge als Längennormale annehmen, so würde sich konsequenterweise die Notwendigkeit ergeben, das Verhältnis zwischen der ÅNGSTRÖM-Einheit und der neuen Längeneinheit zu bestimmen.

Blieb also damit der Zahlenwert der primären Standardlinie außer Frage, so ergaben doch Erfahrungen beim Anschluß sekundärer Normalen die Notwendigkeit, für die Lichtquellen, mit der die primäre Normale erzeugt wird, genaue Daten zu geben. Es erhob sich die Frage, ob man sich streng an die von MICHELSON geschaffene Form einer Kadmiumlampe zu halten habe oder ob man auch, wie es vielfach geschehen war, Quarzvakuum-Kadmiumbogenlampen verwenden dürfe.

Im Jahre 1925 wurden dann von der I.A.U. folgende Einzelheiten für die Erzeugung der primären Wellenlängennormalen provisorisch angenommen:

„L'étalon primaire de longueur d'ondes, λ 6438,4696 du cadmium, sera produit par un courant électrique à haute tension dans un tube à vide portant des électrodes intérieures. La lampe sera maintenue à une température ne dépassant 320° C, et devra donner des différences de marche d'au moins 200000 longueurs d'ondes. La valeur efficace du courant d'excitation ne dépassera pas 0,05 ampère. À la température de la salle, le tube ne sera pas lumineux quand il sera connecté au circuit habituel à haute tension."

Mit dieser eingehenden Präzisierung der Normallichtquelle stimmt leider die Definition der Internationalen Konferenz für Maß und Gewicht im Jahre 1927 nicht überein, bei der offenbar durch Unachtsamkeit auf den Wortlaut des ursprünglichen Vorschlags der I.A.U. von 1925 zurückgegriffen wurde.

Die von der Internationalen Konferenz für Maß und Gewicht gegebene nähere Beschreibung lautet folgendermaßen:

„La lumière doit être produite par un courant électrique à haute tension continu ou alternatif, de fréquence industrielle (à l'exclusion de la haute fréquence), dans un tube à vide ayant des électrodes intérieures. La lampe doit avoir un volume ne dépassant pas 25 cm^3 et un tube capillaire dont le diamètre ne soit pas inférieur à 2 mm; elle doit être maintenue à une température voisine de 320°, et la valeur du courant qui la traverse ne doit pas excéder 0,02 ampère. À la température ambiante, le tube ne doit pas être lumineux lorsque le circuit à haute tension y est établi."

Der Hauptunterschied der beiden Auffassungen besteht also darin, daß die I.A.U. die Forderung der Möglichkeit, bei einem Mindestgangunterschied von 200000 Wellenlängen noch klare Interferenzen zu haben, als ungenügendes Charakteristikum der Lichtquelle ansieht, während die I. K. f. M. u. G. dies durch die Angabe eines Mindestvolumens der Lampe zu erreichen glaubt. Besonders BABCOCK [Trans Internat Astr Union 3, S. 237 (1928)] trat für die von der I.A.U. gegebene Formulierung ein, in der Überzeugung, daß die spektroskopisch klar zum Ausdruck kommende Forderung des Mindestgangunterschieds die Vorschrift von Temperatur, Stromstärke und Volumen der Lampe unnötig mache; die Einschränkung, daß die Lampe bei Zimmertemperatur mit dem verwandten Hochspannungsaggregat nicht angeregt werden kann, hält er dagegen für nützlich, da dadurch vermieden wird, daß gasförmige Verunreinigungen (Stickstoff- oder Kohlenwasserstoffbanden) durch zu starken Untergrund die Interferenzstreifen stören, wenn etwa nur mit einem Rotfilter die rote Linie ausgeblendet wird.

Nach Lage der Dinge ist also die endgültige einheitliche Formulierung noch abzuwarten, ebenso ist noch zukünftigen Beschlüssen überlassen, ob eine „engherzige Festlegung" der Normallichtquelle notwendig ist, oder ob nicht auch der Kadmium-Vakuumbogen zugelassen werden kann. Untersuchungen über die Zulässigkeit solcher Lichtquellen sind in neuerer Zeit verschiedentlich ausgeführt worden. So hat JACKSON[1] interferometrische Untersuchungen über den Ersatz der MICHELSON-Lampe durch den Kadmium-Vakuumbogen angestellt. Er kommt zu dem Resultat, daß bei Verwendung reinen Kadmiums die rote Linie der Bogenlampe sich identisch mit der der MICHELSONschen Lampe ergibt bis auf $1/10^7$ oder auf 0,0006 A. Schon im Jahre 1926 hatte BROWN[2] geschlossen, daß der Unterschied in der Wellenlänge der roten Linie in den beiden Lichtquellen kleiner ist als 0,001 A, was auch mit den Beobachtungen einiger früherer Forscher übereinstimmt. Diese relativ gute Übereinstimmung der Emission zweier so verschiedener Lichtquellen läßt auch die Differenz in den beiden grundlegenden Definitionen der I.A.U. und I. K. f. M. u. G. nicht so tragisch erscheinen, doch ist zu hoffen, das in Bälde eine übereinstimmende Charakterisierung der primären Lichtquelle gegeben wird. Zu warnen ist nach den Untersuchungen von JACKSON und BURNS vor dem Gebrauch der Quarz-Kadmium-Quecksilberdampflampe. JACKSON untersuchte verschiedene Typen, von denen sich aber keine als brauchbar zur Erzeugung von Standardwellenlängen erwies. Auch BURNS hatte gefunden, daß Amalgamlampen durchweg zu hohe Werte für die Wellenlänge der roten Kadmiumlinie ergeben.

Eine neue Form der Kadmiumlampe wurde von NAGAOKA und SUGIURA[3] beschrieben. Bis zu einer Interferometerplattendistanz von 20 cm blieben die

[1] Proc Roy Soc A 133, S. 563 (1931). [2] J Opt Soc Am 13, S. 183, (1926).
[3] Sc Pap Inst Ph CH Res Tokyo 1929, Nr. 191.

Interferenzen klar sichtbar, bei weiterer Vergrößerung der Distanz treten periodisch Schwankungen in der Deutlichkeit der Streifen auf, woraus auf eine komplizierte Struktur der Linien geschlossen wird.

62. Vergleiche des Meters mit der Standardlinie wurden auch in neuerer Zeit wiederholt. So haben WATANABE und IMAIZUMI[1] eine Präzisionsmessung durchgeführt, die in außerordentlich guter Übereinstimmung mit den früheren Werten ist. Daraus würde folgen, daß auch nach 30 Jahren keine Änderung des Meterprototyps festzustellen war. Auch im National Physical Laboratory in Teddington (England) wurden mit einem neuen Wellenlängenkomparator Neumessungen der Meterlänge in Einheiten der roten mit der MICHELSON-Lampe erzeugten Kadmiumlinie vorgenommen, und zwar in Luft wie auch im Vakuum. Das vorläufige Ergebnis ist folgendes:

Versuchsbedingungen	Anzahl Wellenlängen auf 1 Meter	Wellenlänge
Normalluft (trockene Luft bei 15° C und 760 mm Hg mit 0,03% Kohlensäure).	1 553 163 69	0,6438 4714 10^{-6} m
Vakuum	1 552 734 44	0,6440 2513 10^{-6} m

Die Übereinstimmung mit dem zur Zeit gültigen internationalen Wert liegt nicht mehr innerhalb der von FABRY und BUISSON angenommenen Fehlergrenze. Eine Kontrolle der Messungen ergibt sich aus dem Brechungsindex, der aus der Luft- und Vakuummessung folgt. Es ergibt sich $n = 1{,}00027645$, während von anderen Beobachtern gefunden wird:

PÉRARD	1,000276413
MEGGERS und PETERS	1,000275814
STOLL	1,000275894

Ein Urteil über die erreichte Genauigkeit läßt sich aus dem Vergleich mit bisherigen Resultaten über den Brechungsindex nicht geben, der Wert von PÉRARD erscheint, verglichen mit den übrigen Werten, als unbedingt zu hoch. Außer diesen Messungen sind im Zusammenhang mit der Frage nach einer geeigneten primären Normalen auch Versuche der Physikalisch-Technischen Reichsanstalt zu Charlottenburg zu erwähnen, die KÖSTERS und seine Mitarbeiter[2] ausgeführt haben. Hier werden besonders die scharfen Linien von Krypton herangezogen, die bis zu besonders hohen Gangunterschieden noch Interferenzen geben.

63. Normallinien zweiter Ordnung. Wie wir schon oben bei der kurzen Übersicht gesehen haben, ist der erste Plan, ein System von Normallinien zweiter Ordnung mit Hilfe von Eisenlinien zu schaffen, daran gescheitert, daß die verschiedenen Beobachter zu Werten kamen, die weit außerhalb der Genauigkeitsgrenze der einzelnen Meßreihen lagen. Der Grund wurde in der Lichtquelle selbst erkannt, der Poleffekt trat störend in Wirksamkeit (s. Ziff. 60). Aus diesem Grunde wurde schon im Jahre 1915 der zuerst von PFUND[3] beschriebene „PFUND-Bogen" als Normaleisenlichtquelle vorgeschlagen, und die I.A.U. hat im Jahre 1922 folgenden Beschluß gefaßt: Das Eisenspektrum soll mit einem PFUND-Bogen erzeugt werden, der mit einem Strom von 210 bis 250 Volt Spannung und einer Stromstärke von 5 oder weniger Ampere betrieben werden soll; der Bogen soll eine Länge von 12 bis 15 mm haben, die Beobachtung soll senkrecht

[1] Proc Imp Ac Japan 4, S. 350 (1928).
[2] W. KÖSTERS, P. LAMPE und A. P. WEBER, Phys ZS 29, S. 233 (1928).
[3] Ap J 27, S. 297 (1908).

zur Achse des Bogens erfolgen und eine Zentralzone von maximal 1 bis 1,5 mm Ausdehnung umfassen. Den oberen (negativen) Pol soll ein Eisenstab von 6 bis 7 mm bilden, der untere (positive) Pol soll eine Perle von Eisenoxyd tragen.

Außer den Eisenlinien waren aber auch andere geeignete, leicht zu erzeugende Linien als Normalen zweiter Ordnung bestimmt und angenommen worden. Besonders im Orange und Rot des Spektrums war dies wegen der Linienarmut des Eisenbogens erwünscht. Hier boten sich ganz besonders die Neon- und Argonlinien dar (vgl. Ziff. 65 und 67).

64. Die sekundären Normalen des Eisenbogenspektrums. Auf die einzelnen Etappen, Verhandlungen und Vorschläge der Kommission der I.A.U. braucht hier wohl nicht im einzelnen eingegangen zu werden. Seit der Versammlung im Jahre 1928 liegt ein Verzeichnis einer großen Zahl sekundärer Eisennormallinien vor, die sich durch viele einzelne Untersuchungen als geeignet für diesen Zweck erwiesen haben. Die Wellenlängen dieser endgültig angenommenen Werte unterscheiden sich von den ursprünglichen Vorschlägen von 1922 im Betrage von wenigen Tausendstel, wie aus Tabelle 2 hervorgeht. In Tabelle 3 sind die endgültig angenommenen Wellenlängen mit Intensitätsangabe und neuerer Charakterisierung zusammengestellt[1].

Tabelle 2. Reduktion der auf das Normalensystem von 1922 [Trans I A U 1, S. 41 (1922)] bezogenen Wellenlängen auf das Normalensystem von 1928.

Wellenlängenbereich	Korrektion für λ_{1922}	Wellenlängenbereich	Korrektion für λ_{1922}
bis 4000 A	−0,001 A	6125 bis 6290	−0,006
4000 bis 5600	−0,002	6290 „ 6455	−0,007
5600 „ 5780	−0,003	6455 „ 6630	−0,008
5780 „ 5960	−0,004	6630 „ 6790	−0,009
5960 „ 6125	−0,005		

Die einzelnen Bezeichnungen bedeuten folgendes: Die Intensitätswerte sind Relativwerte, schwächste Linien mit 1, stärkste mit 10 bezeichnet. Die Buchstaben *r* und *R*, die als Zusatz bei den Intensitäten angefügt sind, bezeichnen enge bzw. weite Umkehrung und sind den Beobachtungen von BURNS entnommen. In der dritten Kolumne bezeichnen die Buchstaben a, b, c, d die Zugehörigkeit der Linien zu einer der von GALE und ADAMS[2] angegebenen vier Gruppen (vgl. Ziff. 60).

65. Sekundäre Normallinien des Neon- und Kryptonspektrums. Wie schon am Ende der vorigen Ziffer erwähnt wurde, war es wünschenswert, besonders im Orange und Rot wegen der Linienarmut des Eisenspektrums Linien anderer geeigneter Elemente als sekundäre Normalen zu bestimmen. Als besonders geeignet erscheinen für diesen Zweck Neon und Argon.

Die Neonlinien waren zur Zeit der Versammlung der I.A.U. 1922 schon von mehreren Beobachtern mit guter Übereinstimmung gemessen worden, und so wurde 1922 eine Reihe von Neonlinien als sekundäre Normalen bestimmt und 1925 durch Hinzufügung einiger Linien vermehrt. Besondere Bedingungen für

[1] Die Anordnung der Tabelle ist in einer Hinsicht von der bei den Spektroskopikern sonst üblichen verschieden, insofern die Linien von kleinen nach großen Wellenlängen aufeinanderfolgen, während der Spektroskopiker die Anordnung mit wachsenden Wellenzahlen, die ja die Hauptrolle bei theoretischen Arbeiten spielen, vorzieht. Falls die Wellenlängenmessung selbst im Vordergrund steht, wie es bei diesen Normallinientafeln der Fall ist, erscheint die in der Tabelle gegebene Anordnung allerdings zweckmäßig, immerhin wäre eine einheitliche Handhabung sehr zu begrüßen.

[2] Ap J 35, S. 10 (1912); ST. JOHN u. L. W. WARE, ebenda 36, S. 14 (1912); 37, S. 391 (1913); 39, S. 5 (1913); H. D. BABCOCK, Phys Rev (2) 30, S. 366 (1927); A. S. KING, Ap J 35, S. 183, (1912).

Tabelle 3. Eisen-Normallinien zweiter Ordnung (1928).

λ I.A.	Int.	Gruppe	λ I.A.	Int.	Gruppe	λ I.A.	Int.	Gruppe
3370,787	6		3824,444	6*R*	a	4147,673	4	b
3401,522	4	b	3825,884	8*R*	b	4156,803	4	b
3465,863	6*R*	a	3827,825	6*R*	b	4170,906	2	b
3476,705	5*r*	a	3834,225	7*R*	b	4175,640	4	b
3497,844	5*r*	a	3839,259	5	a?	4184,895	4	b
3513,820	5	b	3840,439	6*R*	b	4202,031	7*r*	b
3521,264	5*r*	b	3841,051	6*R*	b	4203,987	3	b
3558,518	5*r*	b	3843,259	5	b	4213,650	2	b
3565,381	6*R*	b	3846,803	5	b?	4216,186	4	a
3576,760	4		3849,969	5	b	4219,364	5	b
3581,195	8*R*	b	3850,820	5	b	4250,790	8	b
3584,663	5		3856,373	6*R*	a	4260,479	10	d
3585,320	6*r*	b	3859,913	7*R*	a	4267,830	2	b
3586,114	5		3865,526	6*R*	b	4271,764	8*r*	b
3589,107	4	b	3867,219	3	b	4282,406	6	a
3608,861	6*R*	b	3872,504	6*r*	b	4285,445	2	b
3617,788	6	b	3873,763	4	b	4294,128	6	b
3618,769	6*R*	b	3878,021	6*r*	b	4298,040	2	
3621,463	6		3878,575	6*R*	a	4305,455	2	b
3631,464	6*R*	b	3886,284	7*R*	a	4307,906	8*r*	b
3647,844	6*R*	b	3887,051	6*r*	b	4315,087	5	a
3649,508	6		3888,517	7	b	4325,765	9*r*	b
3651,469	6	b	3895,658	5*r*	a	4337,049	5	b
3669,523	6	b	3899,709	6*r*	a	4352,737	4	a
3676,314	6	b	3902,948	7*r*	b	4358,505	2	b
3677,630	6		3906,482	5*r*	a	4369,774	3	b
3679,915	5*r*	a	3907,937	3	b	4375,932	5	a
3687,458	6*R*	b	3917,185	5	b	4383,547	10*R*	b
3695,054	3	b	3920,260	6*r*	a	4390,954	3	b
3704,463	5	b	3922,914	6*R*	a	4404,752	8*r*	b
3705,567	6*R*	a	3927,922	6*r*	a	4408,419	4	b
3719,935	8*R*	a	3930,299	7*R*	a	4415,125	8*r*	b
3722,564	6*R*	a	3935,815	4	b	4422,570	4	b
3724,380	6	b?	3940,882	4	b	4427,312	5	a
3727,621	6*R*	b	3942,443	3	b	4430,618	4	b
3732,399	6	b	3948,779	4	b	4442,343	5	b
3733,319	6*R*	a	3956,681	4	b	4443,197	3	b
3734,867	9*R*	b	3966,066	7	b	4447,722	5	b
3737,133	7*R*	a	3967,423	4	b	4454,383	3	b
3738,308	4	b	3969,261	7*r*	b	4459,121	5	b
3748,264	6*R*	a	4005,246	7	b	4461,654	4	a
3749,487	8*R*	b	4014,534	4	b	4466,554	5	b
3758,235	7*R*	b	4045,815	8*R*	b	4489,741	3	a
3760,052	5	b	4063,597	8*R*	b	4494,568	5	b
3763,790	6*R*	b	4066,979	4	b	4517,530	2	d?
3765,542	6	b	4067,275	3	b	4528,619	7	b
3767,194	6*R*	b	4071,740	7*R*	b	4531,152	5	b
3787,883	6*R*	b	4107,492	5	b	4547,851	3	b
3790,095	4	b	4114,449	4	b	4592,655	4	b
3795,004	6*r*	b	4118,549	6	b	4602,944	4	b
3797,517	5	b	4121,806	2	b	4647,437	4	b
3798,513	6*r*	b	4127,612	4	b	4667,459	4	b?
3799,549	6*r*	b	4132,060	7	b	4678,852	5	b?
3805,345	6	b	4134,681	5	b	4691,414	4	b?
3815,842	7*R*	b	4143,871	7	b	4707,281	5	d

Tabelle 3 (Fortsetzung).

λ I.A.	Int.	Gruppe	λ I.A.	Int.	Gruppe	λ I.A.	Int.	Gruppe
4710,286	3	b	5167,491	8	a	5586,763	6	d
4733,596	3	b	5168,901	3	a	5615,652	6	d
4741,533	3	b	5171,599	7	a	5624,549	5	d
4745,806	3	b	5198,714	4	b	5658,826	4	d
4772,817	3	b	5202,339	5	b	5662,525	3	d
4786,810	3	b	5216,278	5	a	6027,057	2	b
4789,654	3	b	5227,192	8	a	6065,487	4	b
4859,748	5	d	5242,495	3	a?	6136,620	4	b
4878,218	5	d	5250,650	3	b	6137,696	4	b
4903,317	5	d	5270,360	8	a	6191,562	5	b
4918,999	8	d	5307,365	2	a	6230,728	5	b
4924,776	3	b	5328,534	4	a	6252,561	4	b
4939,690	3	a	5341,026	5	a	6265,140	3	b
4966,096	5	d	5371,493	7	a	6318,022	4	b
4994,133	3	a	5397,131	6	a	6335,335	4	b
5001,871	5	d	5405,778	6	a	6393,605	5	b
5012,071	4	a	5429,699	6	a	6421,355	4	b
5041,759	4	a	5434,527	6	a	6430,851	5	b
5049,825	5	b	5446,920	6	a	6494,985	5	b
5051,636	4	a	5455,613	6	a	6546,245	5	b
5083,342	4	a	5497,519	4	a	6592,919	5	b
5110,414	4	a	5501,469	4	a	6663,446	4	b
5123,723	4	a	5506,782	4	a	6677,993	5	b
5127,363	3	a	5569,625	5	d			
5150,843	4	a	5572,849	5	d			

die Erzeugung dieser Linien wurden nicht gegeben. Es hätte einer gewissen Vorsicht entsprochen, wenn die Interferenzfähigkeit der Linien vorgeschrieben worden wäre. Durch große Stromdichte, lange Schichtdicke und hohe Temperatur können auch diese Neonlinien eine relativ große Breite erhalten, ebenso ist die Selbstumkehr, die bei diesen Linien leicht auftritt, unter Umständen ebenfalls störend. Die Linie 6402 A, bei der dies relativ am leichtesten auftritt, ist allerdings von vornherein nicht in die Liste der sekundären Normalen aufgenommen worden.

Die im Rot und Beginn des Ultrarot liegenden Argonlinien, die ebenfalls sehr günstig wären, wurden bisher noch nicht zur Wahl als sekundäre Normalen vorgeschlagen, die einzelnen Meßreihen der verschiedenen Beobachter zeigen auch noch zu große Abweichungen, als daß sich dies rechtfertigen ließe.

Tabelle 4. Neonnormalen (unverändert seit 1922).

5852,488	6074,337	6266,495	6532,882	7032,412
5881,896	6096,163	6304,789	6598,953	7173,938
5944,834	6143,062	6334,428	6678,276	7245,165
5975,534	6163,594	6382,991	6717,042	7535,785
6029,998	6217,280	6506,528	6929,466	

Dagegen wurden die im Wellenlängengebiet 4273 bis 4502 A liegenden, durch große Schärfe ausgezeichneten Linien des Kryptonspektrums von der I.A.U. im Jahre 1932 als sekundäre Normalen angenommen.

In den Tabellen 4 und 5 sind die Neon- und Kryptonnormalen zusammengestellt. Für die letztgenannten wurden außer den international angenommenen Wellenlängen die Messungen von drei Beobachtern angeführt, um die gute Übereinstimmung vor Augen zu führen.

66. Normallinien im Sonnenspektrum. Für die Astrophysik ist außer den bisher behandelten Lichtquellen ganz besonders auch das Sonnenspektrum von wesentlicher Bedeutung, und deshalb sah es die I.A.U. auch als ihre Aufgabe an, ein Normalliniensystem im Sonnenspektrum zu schaffen. Mit dieser Aufgabe wurde schon 1925 begonnen, wobei sich auch ganz besonders das Mt. Wilson-Observatorium beteiligt hat. Unter Zugrundelegung der sekundären Standardlinien von 1922 wurden eine Reihe von geeigneten Sonnenlinien festgelegt und relativ zu diesen noch andere Sonnenlinien bestimmt. Durch Entwurf einer Korrektionstabelle für die Wellenlängenunterschiede der ursprünglichen ROWLANDschen Werte war es möglich, diese ausgedehnten, schon vorliegenden Messungen zu verwerten. Das Ergebnis dieser Untersuchungen ist niedergelegt in der wertvollen umfangreichen Veröffentlichung der Carnegie Institution of Washington vom Jahre 1928: „Revision of Rowlands Preliminary Tables of Solar Spectrum Wave-Lengths (Mitarbeiter: CH. E. ST. JOHN, CH. E. MOORE, L. M. WARE, E. F. ADAMS, H. D. BABCOCK).

Die Veröffentlichung von ROWLANDS P.T. begann im Jahre 1895. Wir haben schon in der geschichtlichen Übersicht das für die Entwicklung der Spektroskopie und der Physik der Sonne so eminent wichtige Werk näher besprochen und gesehen, weshalb die Wellenlängenwerte des ROWLANDschen Systems nicht als Normalwerte beibehalten werden konnten. Nachdem nun im Jahre 1907 das auf den Wert der roten Kadmiumlinie gegründete internationale Wellenlängensystem festgelegt war, erschien eine Revision des großen Standardwerkes als wichtige Aufgabe der Heliophysiker. In der eben erwähnten Revision des Mt. Wilson-Observatoriums ist diese Aufgabe restlos durchgeführt. Die Resultate fußen auf zwei unabhängigen Meßreihen. In jeder wurde eine große Zahl von Linien, die sich hinsichtlich Lage und Ungestörtheit für Normallinien eignen, ausgemessen. Ein 30- bzw. 75-Fuß-Spektrograph in Verbindung mit dem 60- bzw. 150-Fuß-Turmteleskop dienten der Untersuchung, wobei der PFUND-Bogen gleichzeitig mit dem von der Mitte der Sonnenscheibe emittierten Licht aufgenommen wurde. In einer zweiten unabhängigen Serie wurde das Sonnenspektrum mit dem Interferometer gemessen. Beide Serien wurden für die Bewegung der Erde korrigiert und zeigten nur kleine Abweichungen, die nur in wenigen Fällen 0,002 A überschritten. Mit Hilfe dieser als Normalen dienenden Linien wurde dann eine viel größere Zahl durch Interpolation von Spektrogrammen großer Dispersion bestimmt, so daß es mit ihrer Hilfe möglich war, eine Korrektionskurve für die Wellenlängenunterschiede $\Delta\lambda = \lambda_{\text{Rowl.}} - \lambda_{\text{I.A.}}$ in Funktion der Wellenlänge zu entwerfen. Die Abb. 24 gibt ein stark verkleinertes Bild dieser Kurve. Der tatsächlich für die Korrektion verwendete Linienzug war im Original 4,5 m lang, und für den Ordinatenmaßstab war 0,001 A = 2,5 mm. Auch aus der verkleinerten Reproduktion geht hervor, wie unregelmäßig die Korrektion $\Delta\lambda$ mit der Wellenlänge verläuft. In dieser Unregelmäßigkeit kommt zum Ausdruck, daß das ROWLANDsche Wellenlängensystem eben nicht so in sich zusammenhängend ist, wie ROWLAND selbst angenommen hat. Mit Hilfe dieser

Tabelle 5. Kryptonnormalen (1932).

λ I.A.	JACKSON[1]	HUMPHREYS[2]	MEGGERS[3]
4273,9702	,9702	,9705	,9696
4282,9688	,9689	,9686	,967
4318,5522	,5522	,5523	,552
4319,5800	,5801	,5798	,580
4362,6425	,6425	,6429	,6422
4376,1220	,1221	,1217	,122
4399,9674	,9673	,9675	,969
4453,9179	,9179	,9183	,9174
4463,6903	,6906	,6897	,690
4502,3546	,3548	,3546	,354

[1] (Noch nicht publiziert) Trans I A U 4, S. 75 (1932).
[2] J Res Bur Stand 3 Res Pap Nr. 245, S. 1041 (1930).
[3] Sc Pap Bur of Stand 1921, Nr. 414.

Korrektion konnten nun alle ROWLANDschen Wellenlängen verwertet werden, was insbesondere für die Zuordnung zu den Linien der Elemente von großer Wichtigkeit war.

Die revidierte Tafel geht in vielen Beziehungen weit über die ROWLANDschen Tafeln hinaus. Erstens ist der beobachtete Wellenlängenbereich erheblich größer; während ROWLANDS Tafel mit der Wellenlänge 7330 abschließt, wird hier in einer besonderen Tafel (Table III, S. 206) eine Vermessung des Sonnenspektrums von λ 7333 und λ 10218 A gegeben. In der Tafel selbst werden außer der Wellenlänge, Intensität und Elementzugehörigkeit auch Aussagen über das Auftreten der betreffenden Linien im Sonnenfleckenspektrum gemacht. Ferner ist bei jeder Linie, soweit bekannt, Temperatur- und Druckklasse und außerdem

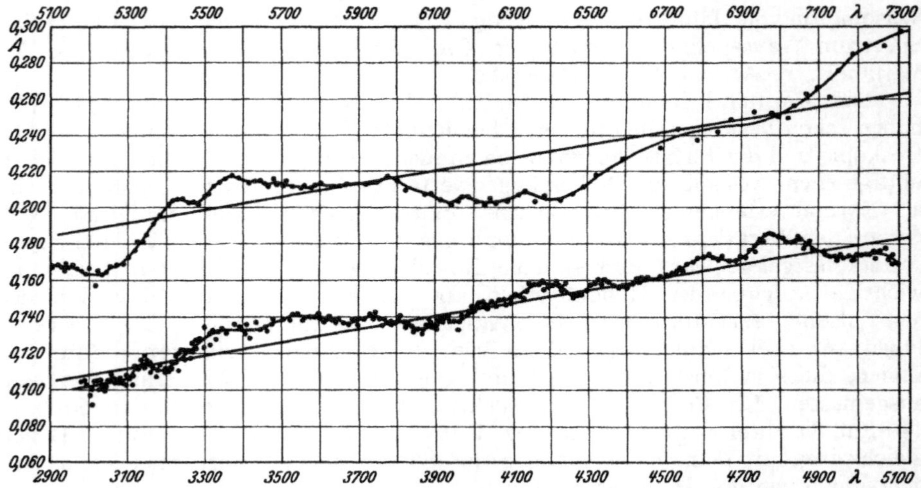

Abb. 24. Wellenlängendifferenz $\Delta\lambda = \lambda_{\text{Rowl.}} - \lambda_{\text{I.A.}}$ in Funktion der Wellenlänge.

das Anregungspotential angegeben. Für die Druckklassifikation sind fünf Gruppen a bis e vorhanden und nach den Ergebnissen von GALE und ADAMS, ST. JOHN und WARE, BABCOCK und ferner KING angeführt[1]. Die Temperaturklassifikation erfolgt ebenfalls nach den fünf Klassen I bis V nach KING. Außer der Haupttabelle und der schon obenerwähnten Tabelle werden in einer Tabelle Zusätze und Verbesserungen gebracht, eine weitere Tabelle stellt die stärksten, noch nicht identifizierten Sonnenlinien zusammen, eine vierte Tabelle enthält die normalerweise in der Chromosphäre allein vorhandenen Linien, und Tabelle 5 enthält eine Zusammenstellung der Koronalinien. In Tabelle 6 endlich sind die Termbezeichnungen für die Anregungspotentiale zusammengestellt. Dieses Tabellenwerk stellt eines der hervorragendsten Werke der Spektroskopie und der astrophysikalischen Literatur dar.

Was die Wellenlängenwerte anbelangt, so sind nicht unerhebliche Korrektionen anzubringen. Der „Revision" liegt das Standardsystem vom Jahre 1922 zugrunde, das aber 1928 revidiert wurde (vgl. Ziff. 64). Um Übereinstimmung mit den jetzt geltenden Werten zu erhalten, sind also die schon in Tabelle 2 angegebenen Korrektionen zu berücksichtigen.

Eine Liste international angenommener Sonnennormalen ist in Tabelle 6 zusammengestellt.

---

[1] A. H. PFUND, Ap J 27, S. 297 (1908).

Tabelle 6. Sonnennormalen zweiter Ordnung[1].

λ I.A.	El.	Int.	λ I.A.	El.	Int.	λ I.A.	El.	Int.
3592,027	V^+	2	4208,608	Fe	3	4630,128	Fe	4
3635,469	TiFe	4	4220,347	Fe	3	4635,853	Fe	2
3650,538		2	4233,612	Fe	6	4637,510	Fe	5
3672,712	Fe^-	3	4241,123	Fe^-	2	4638,017	Fe	4
3695,056	Fe	5	4246,837	Sc^+	5	4643,470	Fe	4
3710,292	Y^+	3	4257,661	Mn	2	4647,442	Fe	4
3725,496	Fe	3	4266,968	Fe	3	4656,474	Ti	3
3741,065	Ti	4	4276,680	Fe	2	4664,794	—CrNa?	3
3752,418	Fe	3	4282,412	Fe	5	4678,172		3*N*
3760,537	Fe	4	4291,472	Fe	2	4678,854	Fe	6
3769,994	Fe	4	4318,659	CaTi	4	4683,567	Fe	3
3781,190	Fe	3	4331,651	Ni	2	4690,144	—Fe	4
3793,876	CrFe	2	4337,925	Ti^+	4	4700,162		4
3804,015	Fe	3	4348,947	Fe	2	4704,954	Fe	4
3821,187	Fe	4	4365,904	Fe	2	4720,999	Fe	2
3836,090	Ti^+	2	4389,253	Fe	2	4728,552	Fe	4
3843,264	Fe	4	4398,020	Y^+	1	4733,598	Fe	4
3897,458	Fe	2	4416,828	Fe^+	2	4735,848	Fe	3
3906,752	FeV	4	4425,444	Ca	4	4736,783	Fe	6
3916,737	Fe	5	4430,622	Fe	3	4741,535	Fe	3
3937,336	Fe	3	4439,888	Fe	1	4745,807	Fe	4
3949,959	Fe	5	4451,588	Mn	3	4772,823	Fe	4
3953,861	Fe^-	3	4454,388	Fe	3	4788,765	Fe	3
3960,284	Fe	4	4459,755	Cr—V	1	4789,658	Fe	3
3963,691	Cr	3	4470,485	Ni	2	4802,887	Fe	2
3977,747	Fe	6	4481,616	Fe	1	4824,143	Cr^+—Fe	3
3991,121	Cr—Zr^+	3	4502,221	Mn	2	4832,719	Ni—Fe	3
4003,769	$FeCe^+$—Ti	3	4508,289	Fe^+	4	4839,551	Fe	3
4016,423	Fe	2	4512,741	Ti	3	4939,694	Fe	3
4029,642	Fe—Zr^+	5	4517,534	Fe	3	4983,260	Fe	3
4030,190	Fe	2	4525,146	Fe	5	4994,138	Fe	3
4037,121		2	4531,631	Fe	2	5002,798	Fe	2
4053,824	Ti^+Fe	3	4534,785	Ti	4	5014,951	Fe	3
4062,447	Fe	5	4541,523	$CrFe^+$	2	5028,133	Fe	2
4073,767	$FeCe^+$	4	4547,853	Fe	3	5079,745	Fe	4
4079,843	Fe	3	4548,770	Ti	2	5090,782	Fe	5
4082,943	MnV	4	4550,773	Fe	2	5109,657	Fe	2
4091,557	Fe	3	4563,766	Ti^+	4	5150,852	Fe	4
4094,938	Ca	4	4571,102	Mg	5	5159,065	Fe	2
4107,492	Fe	5	4571,982	Ti^+	6	5198,718	Fe	3
4120,212	Fe	4	4576,339	Fe^+	2	5225,534	Fe	2
4136,527	Fe	4	4578,559	Ca	3	5242,500	Fe	2
4139,936	Fe	6	4587,134	Fe	2	5253,468	Fe	2
4154,814	Fe	4	4589,953	Ti^+	3	5273,389	Fe—Nd^+	2
4163,654	Ti^+Cr—Fe	4	4598,125	Fe	3	5288,533	Fe	2
4168,620	Fe	2	4602,008	Fe	3	5300,751	Cr	2
4178,859	Fe^+	3	4602,949	Fe	6	5307,369	Fe	3
4184,900	Fe, Cr	4	4607,654	Fe	4	5322,049	Fe	3
4191,683	Fe	3	4617,276	Ti	3	5332,908	Fe	4
4198,638	V—Fe	3	4625,052	Fe	5	5348,326	Cr	4

[1] Die Intensitätsangabe wurde ROWLANDS Prel. Table entnommen. Die zweite Kolumne schließt sich an die „Revision of Rowl. Prel. Tab." des Mt. Wilson-Observatoriums an. — Die Wellenlängen dieser Tabelle stimmen nicht mit denen der „Revision" überein, da dieser die Standardlinien von 1922 zugrunde lagen. Die betreffenden Korrektionen sind in Tabelle 2 zusammengestellt.

Tabelle 6 (Fortsetzung).

λ I.A.	El.	Int.	λ I.A.	El.	Int.	λ I.A.	El.	Int.
5365,407	Fe	3	6003,022	Fe	6	6240,653	Fe	3
5379,581	Fe	3	6008,566	Fe	6	6244,476		2
5389,486	Fe	3	6013,497	Mn	6	6245,620	Sc+	1
5398,287	Fe	3	6016,647	Mn	6	6246,327	Fe	8
5409,799	Cr	4	6024,068	Fe	7	6247,562	Fe+	2
5415,210	Fe	5	6027,059	Fe	4	6252,565	Fe	7
5432,955	Fe	2	6042,104	Fe	3	6254,253	Fe	5
5445,053	Fe	4	6065,494	Fe	7	6256,367	FeNi	6
5462,970	Fe	3	6078,499	Fe	5	6258,110	Ti	2
5473,910	Fe	3	6079,016	Fe	2	6258,713	Ti	3
5487,755	Fe	3	6082,718	Fe	1	6265,141	Fe	5
5501,477	Fe	5	6085,257	Ti—Fe	2	6270,231	Fe	3
5512,989	Ca	4	6086,288	Ni	1	6279,101	Atm. O	3
5525,552	Fe	2	6089,574	Fe	1	6279,896	Atm. O	2
5534,848	Fe+	2	6090,216	V	2	6280,393	Atm. O	2
5546,514	Fe	2	6093,649	Fe	3	6280,622	Fe	3
5590,126	Ca	3	6096,671	Fe	3	6281,178	Atm. O	1
5601,286	Ca	3	6102,183	Fe	6	6281,956	Atm. O	2
5624,558	Fe	4	6102,727	Ca	9	6283,796	Atm. O	1
5641,448	Fe	2	6111,078	Ni	2	6289,398	Atm. O	1
5655,500	Fe	2	6116,198	Ni	4	6290,221	Atm. O	2
5667,524	Fe	2	6122,226	Ca	10	6292,162	Atm. O	2
5679,032	Fe	3	6127,912	Fe	3	6292,958	Atm. O	3
5690,433	Si	3	6128,984	Ni	1	6295,178	Atm. O	3
5701,557	Fe	4	6136,624	Fe	8	6295,960	Atm. O	3
5731,772	Fe	4	6137,002	Fe	3	6297,799	Fe	5
5741,856	Fe	2	6137,702	Fe	7	6299,228	Atm. O	3
5752,042	Fe	4	6141,727	Ba+—Fe	7	6301,508	Fe	7
5760,841	Ni	2	6145,020		2	6302,499	Fe	5
5805,226	Ni	4	6149,249	Fe+	2	6302,764	Atm. O	2
5809,224	Fe	4	6151,623	Fe	4	6305,810	Atm. O	2
5816,380	Fe	5	6154,230	Na	2	6306,565	Atm. O	2
5853,688	Ba+	5	6157,733	Fe	5	6309,886	Atm. O	2
5857,459	Ca	8	6161,295	Ca	4	6315,314	Fe	2
5859,596	Fe	5	6162,180	Ca	15	6315,814	Fe	1
5862,368	Fe	6	6165,363	Fe	3	6318,027	Fe	6
5866,461	Ti	3	6166,440	Ca	5	6322,694	Fe	4
5867,572	Ca	2	6169,564	Ca	7	6327,604	Ni	2
5892,883	Ni	4	6170,516	Fe—Ni	6	6330,852	Fe	2
5898,166	Atm. *wv*	4	6173,341	Fe	5	6335,337	Fe	6
5905,680	Fe	4	6175,370	Ni	3	6336,830	Fe	7
5916,257	Fe	3	6176,816	Ni	5	6344,155	Fe	4
5919,054	Atm. *wv*	5	6180,209	Fe	5	6355,035	Fe	4
5919,644	Atm. *wv*	7	6186,717	Ni	2	6358,687	Fe	6
5927,797	Fe		6187,995	Fe	4	6378,256	Ni	2
5930,191	Fe	6	6191,571	Fe	9	6380,750	Fe	4
5932,092	Atm. *wv*	5	6200,321	Fe	6	6393,612	Fe	7
5934,665	Fe	5	6213,437	Fe	6	6400,009	Fe	8
5946,006	Atm. *wv*	3	6215,149	Fe	5	6400,323	Fe	2
5952,726	Fe	4	6216,358	V	1	6408,026	Fe	5
5956,706	Fe	4	6219,287	Fe	6	6411,658	Fe	7
5975,353	Fe	3	6226,740	Fe	1	6419,956	Fe	4
5976,787	Fe	4	6229,232	Fe	1	6421,360	Fe	7
5983,688	Fe	5	6230,736	Fe—V	8	6430,856	Fe	5
5984,826	Fe	6	6232,648	Fe	3	6449,820	Ca	6

Tabelle 6 (Fortsetzung).

λ I.A.	El.	Int.	λ I.A.	El.	Int.	λ I.A.	El.	Int.
6455,605	Ca	2	6677,997	Fe	5	6986,579	Atm. *wv*	3 *N*
6456,391	Fe^+	3	6717,687	Ca	5	6988,986	Atm. *wv*	3
6471,668	Ca	5	6810,267	Fe	3	7022,957	Fe	2
6475,632	Fe	2	6858,155	Fe	2	7023,504	Atm. *wv*	2
6482,809	Ni	1	6870,946	Atm. O	8	7027,478	Atm. *wv*	2
6493,788	Ca	6	6879,928	Atm. O	6	7034,910	—Fe	2 *N*
6494,994	Fe	8	6918,122	Atm. O	9	7122,206	Ni	4
6498,945	Fe	1	6919,002	Atm. O	9			
6499,654	Ca	4	6923,302	Atm. O	9			
6516,083	Fe^+	2	6924,172	Atm. O	9			
6518,373	Fe	2	6928,728	Atm. O	4			
6569,224	Fe	5	6934,422	Atm. O	2			
6592,926	Fe	6	6959,452	Atm. *wv*	3			
6609,118	Fe	3	6961,260	Atm. *wv*	4			
6643,638	Ni	5	6978,862	Fe	2			

67. Normalen zweiter Ordnung für das kurz- und das langwellige Gebiet (unter 3370 und über 6750 A) sind mangels genügend zahlreicher Einzelmessungen noch nicht international angenommen worden. Es sind aber schon so umfangreiche Vorarbeiten durchgeführt worden, daß mit einer endgültigen Festlegung geeigneter Normalen auch in diesen Spektralgebieten für die allernächste Zeit zu rechnen sein dürfte.

Im ultravioletten Gebiet existieren vorzügliche Messungen von BURNS und WALTERS sowie C. V. JACKSON, die in dem Spektralintervall 2327 bis 3356 A zum Teil gute Übereinstimmung zeigen, aber nicht in dem Maße, wie man es von Normalen zweiter Ordnung erwarten kann. Eine noch weiter in das Ultraviolett reichende Meßreihe an einem Vakuum-Eisenbogen geht auf BURNS und WALTERS zurück und reicht bis zu 2157 A.

Der Vakuumbogen hat gegenüber dem gewöhnlichen Luftbogen mannigfache Vorteile, die ihn für eine Standardlichtquelle vorteilhaft erscheinen lassen. Er gibt schärfere Linien und weniger Selbstumkehr und ist weitgehend frei von Druckverschiebungen und Poleffekt. Vom astrophysikalischen Standpunkt ist seine Anwendung auch deshalb empfehlenswert, weil seine Bedingungen mehr denen des Sonnenspektrums entsprechen. Für das äußerste Ultraviolett kommt nur der Vakuumbogen in Betracht, und so wäre es nur konsequent, wenn diese Lichtquelle für das ganze Spektralgebiet als Normallichtquelle adoptiert würde. Diese Bemerkung hat auch Gültigkeit für die Lichtbogen mit anderen Metallen. Für die Messungen im langwelligen Rot und Beginn des Ultrarot liegen ebenfalls noch keine genügend umfangreiche Meßreihen an Laboratoriumslichtquellen vor. In diesem Spektralgebiet ist ganz besonders auch der Umstand störend, daß die einzelnen Spektren im allgemeinen wenig linienreich sind, so daß es schwer ist, Normalen im vorgesehenen Abstand von 50 A zu schaffen. Es wird hier aller Wahrscheinlichkeit nach ein Normalensystem nur durch Verwendung verschiedener Lichtquellen aufgestellt werden können. Wie im Orange und kurzwelligen Rot das Neonspektrum ausgezeichnet als Normalspektrum geeignet ist, so wird in dem Gebiet von 6965 A bis 9212 A das Argonspektrum eine Reihe allerdings nicht dicht genug liegender Linien liefern können. Die beiden vorliegenden Meßreihen von MEISSNER[1] und von MEGGERS[2] zeigen schon eine sehr gute Übereinstimmung, und es ist bei dem heutigen Stand der Ultrarotphotographie kein Problem mehr,

[1] Ann d Phys 51, S. 95 (1916).
[2] Sc Pap Bur of Stand 17, S. 193 (1921); Phys Rev (2) 18, S. 160 (1921).

diese Messungen mit der gleichen Genauigkeit auszuführen, wie es bei Neon möglich war.

Für das Sonnenspektrum liegen die Verhältnisse etwas günstiger. Hier liegen schon interferometrische Messungen von atmosphärischen und Sonnenlinien bis zur Wellenlänge 9000 A vor [BABCOCK, Ap J 53, S. 140 (1927)] und darüber hinaus noch weniger genaue Messungen bis etwa 11200 A. Eine Tabelle dieser vorübergehend als Normalen dienenden Linien findet man in den Trans Internat Astr Union 4, S. 83 (1932). Für die endgültige Annahme als Normal-Sonnenlinien sind aber noch Kontrollmessungen unumgänglich notwendig.

68. Normalen dritter Ordnung oder tertiäre Normalen werden die Linien genannt, deren Wellenlänge durch Interpolation zwischen Normalen zweiter Ordnung mit Gittern oder andern Spektralapparaten gewonnen worden sind. Als tertiäre Normalen sind also auch solche Wellenlängen anzusprechen, die zwar mit interferometrischen Methoden bestimmt, aber an sekundäre Normalen angeschlossen wurden. Ganz besonders wird man hierzu auch solche interferometrische Messungen zu rechnen haben, bei denen die Korrektion für den Phasensprung (s. Ziff. 51) mit Hilfe bekannter Normallinien gewonnen wurde.

Man kann darüber im Zweifel sein, ob es für die exakte Wellenlängenmessung nötig ist, tertiäre Normalen international festzulegen; da nämlich die sekundären Normalen schon sehr eng liegen, in einem mittleren Abstand von 50 A, wird eine Interpolation unbekannter Linien mit Hilfsmitteln genügend großer Dispersion immer möglich sein; für spezielle Zwecke allerdings kann die Kenntnis noch enger liegender Normalen von Wert sein.

Ein Wellenlängensystem von Normalen dritter Ordnung ist tatsächlich schon bei der Versammlung der I.A.U. in Rom 1922 international angenommen worden und umfaßt etwa 300 Eisenlinien. Wie schon in Ziff. 64 erwähnt wurde, mußten die damals festgesetzten Normalen zweiter Ordnung noch eine zum Teil wesentliche Korrektion erfahren, die in dem Wellenlängensystem von 1928 berücksichtigt wurde. Außerdem sind ursprünglich als tertiäre Normalen bestimmte Linien in die Reihe der sekundären gerückt. Ein international angenommenes System tertiärer Normalen besteht zur Zeit nicht, da sich die Beschlüsse von 1928 nur auf die sekundären beziehen. Immerhin ist es möglich, die Tabelle von 1922 mit den in unserer Tabelle 2 gegebenen Korrektionen zu versehen, um so einem Bedürfnis enger liegender Normalen gerecht zu werden. Diesen Zwecken soll die Tabelle 7 dienen, die wie die Tabelle 3 eingerichtet ist und zusammen mit den Normalen zweiter Ordnung der Tabelle 3 ein engliegendes Normalensystem bietet. An den Wellenlängen dieser Tabelle dürfte sich in der Folgezeit wenig ändern.

Für viele Zwecke können die Normalen des Eisenbogens auch durch die an andern Spektren gewonnenen Messungen ersetzt werden, sofern es nicht auf eine große Meßgenauigkeit ankommt. Es gibt ausgezeichnete Messungen der Edelgase, von Kadmium, Kupfer, Titan und vielen andern Elementen, die nach den Umständen ausgesucht werden können. Besonders für den Bereich kurzer und langer Wellenlängen wird man auf eine entsprechende Auswahl angewiesen sein.

69. Gesetzmäßigkeiten der Spektren und ihre Anwendung auf die Prüfung eines Normalliniensystems. Die großen Fortschritte in der Erforschung der Gesetzmäßigkeiten von Linienspektren haben nicht nur ein atomphysikalisches Interesse, sondern können auch für die Kontrolle eines Normalensystems, sei es auch nur in geringem Umfange, herangezogen werden. Dies ist dadurch möglich, daß nach dem Kombinationsprinzip von RITZ bei der Kombination eines vielfachen Terms mit anderen Termen in verschiedenen Teilen des Spektrums Schwingungsdifferenzen auftreten können, deren Konstanz ein Maß für

Tabelle 7. Eisennormalen dritter Ordnung (Werte von 1922 korr. auf Skala 1928).

λ I.A.	Int.	Gruppe	λ I.A.	Int.	Gruppe	λ I.A.	Int.	Gruppe
3379,022	4		3794,341	3		4367,581	2	b
3380,114	5		3806,701	6		4387,897	2	b
3392,656	5		3807,540	4		4407,714	2	b
3396,980	3	b	3808,731	2		4435,152	2	a
3399,336	6	d	3814,526	2		4476,022	7	b
3401,522	4	b	3821,181	6		4490,086	2	
3402,261	4	b	3833,312	6 *R*	b	4514,191	2	b
3407,462	7	d	3852,576	5		4587,134	2	b
3413,135	7	d	3871,751	2		4602,006	2	b
3417,844	6		3883,283	2		4619,295	4	b?
3418,510	5		3884,361	2	b	4630,126	3	b
3424,288	6		3903,902	3	b	4632,916	3	b
3427,121	6	d	3910,847	2	b	4638,017	4	b?
3445,152	4	d	3925,946	3	b	4654,502	4	b
3447,281	6		3932,629	3	b	4673,171	3	
3450,331	6		3937,331	2	b	4736,780	5	d
3458,305	3	b	3952,605	4	b	4788,760	2	b
3485,342	6	d	3956,460	4	b	4802,884	2	
3489,672	4		3971,326	4	b	5041,074	3	a
3495,290	4	b	3977,745	5	d	5098,704	4	b
3497,109	4		3981,775	3	b	5151,914	3	a
3506,500	5	b	3983,961	5	b	5192,361	8	d
3529,820	4		3986,176	3	b	5232,955	8	d
3541,087	6		3990,379	1	b	5266,567	8	d
3542,079	5		3997,396	6	d	5269,538	10	a
3545,641	5		4009,716	5	a	5302,313	5	d
3556,880	6 *r*		4021,870	5	d	5324,194	6	d
3582,201	4		4031,964	2	b	5332,901	2	a
3594,633	5		4044,614	2	b	6127,909	2	b
3603,206	5		4062,446	4	b	6157,728	2	b
3606,681	5	d	4067,983	5	b	6165,362	2	b
3623,187	5		4074,790	3	d?	6173,338	2	b
3625,148	5		4076,640	5		6200,317	2	b
3630,351	3		4085,009	2	b	6219,284	3	b
3632,040	6		4095,975	3	b	6254,261	3	b
3638,299	6		4098,183	3	b	6297,796	3	b
3640,391	6	d	4100,741	2	b	6322,689	3	b
3645,824	4		4109,807	4	b	6344,154	2	b
3659,519	5		4120,210	2	b	6380,746	3	b
3684,111	5	b	4122,521	2	b	6462,730	4	b
3690,730	2	b	4132,903	3	b	6475,631	3	b
3702,033	1		4137,001	3	b	6518,374	3	b
3707,049	3		4143,419	5	b	6575,021	3	b
3711,225	2	b	4154,502	4	b	6609,117	4	b
3715,914	2	b?	4154,502	4	b	6750,156	4	b
3742,622	1		4177,597	2	a			
3745,563	7 *R*	a	4181,759	6	b			
3745,902	5 *r*	a	4191,441	6	d			
3753,614	6	d	4226,424	2	b			
3756,941	3	b	4233,613	6	d			
3774,826	2		4245,259	2	b			
3776,456	2	b	4266,968	2	b			
3781,189	1		4327,099	2	b			
3785,949	5		4346,559	2	b			
3786,679	3		4351,550	2	b			

die Meßgenauigkeit sein kann, sofern man die strenge Gültigkeit des Kombinationsprinzips postuliert. Besonders bei komplizierten Multiplettstrukturen kann eine solche Prüfung mit Vorteil angewendet werden. Solche Kontrollen wurden für das Neonspektrum von MEISSNER[1], von MEGGERS und BURNS[2] und für das Eisenspektrum von MEGGERS[3] durchgeführt.

Solange es dabei bleibt, daß durch dieses Verfahren nur eine Prüfung von Meßreihen durchgeführt wird, ist dagegen kein Einwand zu erheben. Wenn aber, wie es auch schon vorgeschlagen wurde, es dazu kommen sollte, daß man auf diesem Wege, ausgehend von bekannten Normalen und bekannten Mittelwerten der Termdifferenzen, die genauen Wellenlängen bisher nur ungenau gemessener Linien erschlösse, die dann offenbar die Rolle von tertiären Normalen zu übernehmen hätten, so wird man vom Standpunkt unvoreingenommener strenger Meßkunst sich ablehnend verhalten müssen. Nur in besonderen Fällen wird man einen solchen Weg als Notmaßnahme einschlagen dürfen. Auch wenn man die strenge Gültigkeit des Kombinationsprinzips annimmt, an der zu zweifeln wir nicht den geringsten Grund haben, so könnte doch bei der Berechnung einer Wellenlänge auf die angegebene Weise ein falscher Wert gefunden werden, wenn etwa die betreffende Linie durch schwache, theoretisch nicht vorauszusehende Begleiter in Wirklichkeit verschoben wäre.

Vorschläge in dieser Richtung wurden besonders für das Eisenspektrum gemacht. Es sei diesbezüglich verwiesen auf Trans Internat Astr Union 4, S. 65 ff. (1932), wo sich auch eine Termtabelle des Fe I-Spektrums auf Grund der Arbeiten von MEGGERS, BABCOCK, BURNS und WALTERS findet.

70. Umrechnung von Wellenlängen aus dem ROWLANDschen in das Internationale System. Wenngleich durch zahlreiche Arbeiten die Spektrallinien vieler Elemente schon im Internationalen System gemessen worden sind und die Zeit wohl nicht mehr fern ist, wo für alle Elemente Neumessungen vorliegen werden, so besteht heute doch noch manchmal das Bedürfnis, eine Umrechnung älterer, fast durchweg auf das ROWLAND-System bezogener Messungen vornehmen zu können. Dies gilt ganz besonders auch für astrophysikalische Beobachtungen. Wie schon oben mehrmals auseinandergesetzt wurde, ist eine solche Umrechnung durchaus nicht leicht, da das ROWLANDsche System durch große Unregelmäßigkeiten ausgezeichnet ist. Dazu kommt noch, daß bei vielen älteren Messungen oft nicht mehr zu eruieren ist, ob das Sonnenspektrum selbst als Normalspektrum gedient hat oder ob etwa gegen Eisenlinien gemessen wurde, für deren Wellenlängen die Preliminary Table-Werte genommen wurden.

Nimmt man die Wellenlängen der Preliminary Table als Repräsentanten des ROWLANDschen Systems, so kann man unter Heranziehung von Messungen im Internationalen System eine Tabelle der Differenzen $\lambda_{\mathrm{Rowl.}} - \lambda_{\mathrm{I.A.}}$ aufstellen und etwa durch graphischen Ausgleich zu mittleren Korrektionswerten gelangen. In dieser Weise hat zuerst KAYSER eine Umrechnungstabelle aufgestellt. Für 125 Metallinien wurde die Differenz Rowl.—I.A. gebildet und die Korrektionen graphisch ermittelt. Dieses Verfahren ist, wie auch KAYSER[4] selbst angibt, nicht einwandfrei, da ein Vergleich von FRAUNHOFERschen Linien mit den entsprechenden Linien des Bogens nicht statthaft ist. Nur für Ansprüche an geringe Genauigkeit wird dieses Verfahren genügen. Einwandfrei ist das in Ziff. 66 beschriebene Vorgehen, bei dem es sich um den Vergleich von Sonnenlinien handelt.

---

[1] Phys Z 17, S. 549 (1916).
[2] Sc Pap Bur of Stand 18, S. 188 (1922); K. BURNS, J Opt Soc Amer 11, S. 301 (1925).
[3] Ap J 60, S. 60 (1924).
[4] Handb d Spektroskopie 6.

In umfassender Weise nahm auch HARTMANN[1] das Problem der Umrechnung vor. Durch Relativmessungen einer Reihe von Linien des Eisenbogens gegen FRAUNHOFERsche Linien wurde ein Reduktionsfaktor für die Umwandlung ermittelt und die Ergebnisse tabellarisch niedergelegt. Auf Einzelheiten dieser Arbeit soll hier nicht eingegangen werden; da ihre Ergebnisse bei der erfolgten Weiterentwicklung der Wellenlängenmessungen nicht mehr so von Bedeutung sind wie zu der Zeit ihrer Entstehung.

Im allgemeinen wird man bei derartigen Umrechnungen keine große Genauigkeit anstreben, vielmehr wird man sich mit $\pm 0{,}02$ A begnügen. In diesem Falle ist auch das KAYSERsche Verfahren unverfänglich, und eine nähere Prüfung der Umrechnungstabellen von KAYSER und HARTMANN und der aus der Abb. 24 folgenden Korrektionen zeigt, daß innerhalb der genannten Fehlergrenze die drei Korrektionen gut übereinstimmen. Die folgenden Tabellen, die auf Grund der angegebenen Quellen aufgestellt wurden, werden im allgemeinen vollkommen ausreichen. Bei der Benutzung der Tabellen ist aber immer darauf zu achten, ob der zu reduzierende Wellenlängenwert bei Gittermessung in erster oder in höherer Ordnung gewonnen wurde, denn dadurch verändern sich die anzubringenden Korrektionen oft stark.

Tabelle 8. Umrechnung des ROWLANDschen Wellenlängensystems auf das Internationale.
Differenzen $\lambda_{\text{Rowl.}} - \lambda_{\text{I.A.}}$.

Nach Revision P. T.		Nach J. HARTMANN		Nach H. KAYSER	
Wellenlänge	Differenz	Wellenlänge	Differenz	Wellenlänge	Differenz
				1900	
					0,07
				2150	
					0,08
		2300		2400	
			0,09		0,09
		2535		2600	
			0,10		0,10
2935		2800		2850	
	0,11		0,11		0,11
3210		3075		3100	
	0,12		0,12		0,12
3485		3350		3300	
	0,13		0,13		0,13
3760		3600		3550	
	0,14		0,14		0,14
4035		3875		3850	
	0,15		0,15		0,15
4310		4150		4020	
	0,16		0,16		0,16
4585		4400		4250	
	0,17		0,17		0,17
4860		4700		4450	
	0,18		0,18		0,18
5135		4975		4800	
	0,19		0,19		0,19
5400		5250		5150	
	0,20		0,20		0,20
5685		5510		5500	
	0,21		0,21		0,21
5960		5750		5800	
	0,22		0,22		0,22
6235		6020		6100	
	0,23		0,23		0,23
6510		6300		6430	
	0,24		0,24		0,24
6785		6550		6750	
	0,25		0,25		0,25
7050		6825		7000	
	0,26		0,26		
7325		7100			
			0,27		
		7350			

d) Literaturverzeichnis.

Lichtbrechung durch Prismen.

Allgemeine Werke.

Handb. der Experimentalphysik (WIEN-HARMS) XXI, S. 212 (1927).
Handb. der Physik (GEIGER-SCHEEL) XVIII, S. 225 (1927).
Lord RAYLEIGH, Scientific Papers Vol. I, Cambridge 1899.
Grundzüge der Theorie der optischen Instrumente von S. CZAPSKI und O. EPPENSTEIN, 3. Aufl 1924.

[1] Astr Mitt Sternw Gött XIX (1916).

H. KAYSER, Handb. der Spektroskopie I, Kap. 3 (Verfasser H. KONEN); hier auch ältere Literatur.
E. C. C. BALY, Spectroscopy, 3d ed. in 4 vol. New York and London I 1924; II 1927; III 1927. Deutsche Übersetzung der ersten Auflage von R. WACHSMUTH. Berlin: Julius Springer 1908.

Beugungsgitter.

Allgemeine Werke.

Handb. der Experimentalphysik (WIEN-HARMS) XXI, S. 260 (1927); Theorie XXI, S. 278 (1927).
Handb. der Physik (GEIGER-SCHEEL) Bd. XX.
H. KAYSER, Handb. der Spektroskopie I, Kap. 4.
E. C. C. BALY, Spectroscopy, 3d ed. (s. oben).

Spezielle Abhandlungen.

Ebene Gitter.

J. FRAUNHOFER, Denkschr d K Ak d Wiss München 8, S. 1 (1821/22); Gilberts Ann d Phys 74, S. 337 (1823).
Lord RAYLEIGH, Phil Mag (4) 47, S. 81 u. 193 (1874).
H. A. ROWLAND, Johns Hopkins Un Circ 1882, Nr. 16, S. 248; Phil Mag (5) 13, S. 469 (1882); Nature 26, S. 211 (1882).

Konkavgitter.

H. A. ROWLAND, Amer J of Sc (3) 26, S. 87 (1883); Phil Mag 16, S. 197 (1883); Astr and Astroph 12, S. 129 (1893).
J. S. AMES, Johns Hopkins Un Circ 8, Nr. 73, S. 69 (1889).
C. RUNGE, in Kaysers Handb. der Spektroskopie I, Kap. 4, S. 452 (1900). (Theorie vom Jahre 1888.)
C. RUNGE und R. MANNKOPFF, Z Phys 45, S. 13 (1927).

Gitteraufstellung.

H. A. ROWLAND, l. c.
J. S. AMES, Johns Hopkins Un Circ 8, S. 69 (1889).
C. RUNGE u. F. PASCHEN, Anh z d Abh d Berl Akad d Wiss 1902.
C. ABNEY, Phil Trans 177, S. 457 (1886).
H. KONEN, Z f wiss Photogr 1, S. 325 (1903).
H. KAYSER u. P. EVERSHEIM, Phys Z 14, S. 1001 (1913).
A. EAGLE, Ap J 31, S. 120 (1910.
F. L. O. WADSWORTH, Ap J 3, S. 56 (1896).
C. RUNGE u. F. PASCHEN, Wied Ann 61, S. 641 (1897).
W. F. MEGGERS u. K. BURNS, Sc Pap Bur of Stand 18, S. 185 (1922).

Gitterfehler. Fokale Eigenschaften.

H. A. ROWLAND, Astr and Astroph 12, S. 129 (1893).
A. CORNU, C R 80, S. 645 (1875); 116, S. 1215 (1893); 117, S. 1032 (1893).
C. M. SPARROW, Ap J 49, S. 65 (1919).

Geister.

G. QUINCKE, Pogg Ann 146, S. 1 (1872).
C. S. PEIRCE, Amer J of Math 2, S. 330 (1879).
H. A. ROWLAND, Astr and Astroph 12, S. 129 (1893).
TH. LYMANN, Phys Rev 12, S. 1 (1901) 16, S. 257 (1903).
C. RUNGE, Ann d Phys 71, S. 178 (1923), J Opt Soc Amer 6, S. 429, (1922).
E. BUCHWALD, Ann d Phys 80, S. 279 (1926).

Stufengitter (ECHELON).

A. A. MICHELSON, Ap J 8, S. 36 (1898); J de Phys (3) 8, S. 305 (1899).
E. GEHRCKE, Ann d Phys 18, S. 1074 (1905).
— Anwendung der Interferenzen. Braunschweig 1906.
R. A. HOUSTON, Phil Trans 7, S. 456 (1904).
B. GALITZIN, Bull Acad Petersburg 5, S. 76 (1905).
F. TWYMAN, Proc Opt Conv 1, S. 53 (1905).
M. v. LAUE, Phys Z 6, S. 283 (1905).
O. OLDENBERG, Ann d Phys 67, S. 253 (1922).
H. C. VAN GEEL, Rev d'Opt 2, S. 445 (1923).
E. LAU, Z f Phys 80, S. 100 (1933).
P. GÖRLICH, Z f Phys 80, S. 105 (1933).

Lummer-Gehrcke-Platte.

O. Lummer, Verh d Dtsch Phys Ges 3, S. 85 (1901); Phys Z 3, S. 172 (1902).
O. Lummer u. E. Gehrcke, Verh d Dtsch Phys Ges 4, S. 337 (1902); Berl Akad Ber 2, S. 11 (1902); Ann d Phys 10, S. 457 (1903).
E. Gehrcke, Verh d Dtsch Phys Ges 7, S. 236 (1905).
E. Gehrcke u. O. v. Baeyer, Ann d Phys 20, S. 269 (1906).
E. Gehrcke und O. Reichenheim, Verh d Dtsch Phys Ges 4, S. 209 (1906).
O. v. Baeyer, Verh d Dtsch Phys Ges 10, S. 733 (1908); 11, S. 118 (1909); Phys Z 9, S. 831 (1908).
E. Gehrcke, Verh. d. Dtsch Phys Ges 11, S. 141 (1909).
N. Galli u. K. Försterling, Phys Z 18, S. 155 (1917).
H. P. Waran, London R S Proc A 100, S. 419 (1922).
E. Lau, Z f Instrk 43, S. 311 (1923).
J. K. Robertson, J Opt Soc Amer 11, S. 559 (1925).
A. Schrammen, Ann d Phys (4) 83, S. 1161 (1927).

Interferometer nach Fabry und Perot.

Ch. Fabry u. A. Perot, Ann Chim Phys (7) 12, S. 459 (1897); 16, S. 115 u. 289 (1899); 22, S. 564 (1901); 24, S. 119 (1901); 25, S. 98 (1902) (Étalon); Ap J 15, S. 73 u. 261 (1901).
Ch. Fabry, C R 140, S. 848 (1905). (Spektrale Zerlegung.)
Lord Rayleigh, Phil Mag (6) 11, S. 685 (1906).
Ch. Fabry u. H. Buisson, C R 143, S. 165 (1906); 144, S. 1155 (1907); Ap J 28. S. 169 (1908).
A. H. Pfund, Ap J 28, S. 197 (1908).
H. C. Rentschler, Ap J 28, S. 345 (1908).
Ch. Fabry u. H. Buisson, J de Phys (4) 7, S. 169 (1908); 8, S. 73 u. 960 (1909); 9, S. 197 (1910). (Anwendung auf Fraunhofersche Linien.); 9, S. 298, 421 u. 929 (1910).
P. P. Koch, Ann d Phys 34, S. 377 (1911); Z f Instrk 31, S. 378 (1911).
E. Gehrcke u. E. Lau, Phys Z 31, S. 973 (1930).
E. Lau, Ann d Phys 10, S. 71 (1932).
E. Lau u. E. Richter, Z f Phys 63, S. 313 (1931); 76, S. 190 (1932).

Astro- und geophysikalische Anwendungen des Interferometers.

Ch. Fabry u. H. Buisson, Ap J 33, S. 406 (1911); Application to the Study of Nebulae.
H. D. Babcock, Ap J 57, S. 209 (1923). (Grüne Nordlichtlinie.)

Wellenlängenmessungen.

Allgemeine Übersicht enthalten:

Transactions of the International Astronomical Union I (1922); II (1925); III (1928); IV (1932).
Kaysers Handb. der Spektroskopie.
E. C. C. Baly, Spectroscopy.
P. Eversheim, Wellenlängenmessungen des Lichtes im sichtbaren und unsichtbaren Spektralbereich. Sammlung Vieweg Nr. 82. Braunschweig 1926.

Druckverschiebung.

W. J. Humphreys u. J. F. Mohler, Ap J 3, S. 114 (1896); 4, S. 249 (1896).
W. J. Humphreys, Ap J 6, S. 169 (1897); 22, S. 217 (1905); 26, S. 18 (1907); 35, S. 268 (1912).
G. E. Hale u. N. A. Kent, Ap J 17, S. 154 (1903).
J. A. Anderson, Ap J 24, S. 221 (1906).
W. G. Duffield, Ap J 26, S. 375 (1907); Phil Trans A 208, S. 11 (1908); 211, S. 33 (1911).
R. Rossi, London R S Proc A 83, S. 414 (1910); Ap J 34, S. 21 (1911).
Ch. Fabry u. H. Buisson, Ap J 31, S. 112 (1910).
H. G. Gale u. W. S. Adams, Ap J 35, S. 10 (1912); 37, S. 391 (1913).
A. S. King, Ap J 35, S. 183 (1912); 34, S. 37 (1911).
H. D. Babcock, Ap J 67, S. 240 (1928).
B. T. Barnes, Ap J 63, S. 127 (1926).
M. Petersen u. J. B. Green, Ap J 62, S. 49 (1925).
L. F. Miller, Ap J 53, S. 224 (1921).
T. H. Havelock, Ap J 35, S. 304 (1912).
M. Kulp (Theorie), Z f Phys 79, S. 495 (1932).

Poleffekt.

F. Goos, Ap J 38, S. 141 (1913); Z f wiss Photogr 12, S. 259 (1913).
Ch. E. St. John u. H. D. Babcock, Ap J 42, S. 231 (1915); 46, S. 138 (1917).

H. NAGAOKA, Ap J 53, S. 329 (1921).
H. G. GALE u. W. T. WHITNEY, Ap J 43, S. 161 (1916).
W. T. WHITNEY, Ap J 44, S. 65 (1916).
H. G. GALE, Ap J 45, S. 142 (1917).
F. T. HOLMES, Phys Rev (2) 35, S. 652 (1930).
R. E. HARRIES, Ap J 59, S. 261 (1924).
T. ROYDS, Kodaikanal Bull 1916, Nr. 38 u. 40; Ap J 45, S. 112 (1917).
G. S. MONK, Ap J 57, S. 222 (1923).
M. ADAM, Ann d Phys (5) 15, S. 568 (1932).

Normalen zweiter Ordnung.

Eisenbogen.

P. EVERSHEIM, Ann d Phys (4) 30, S. 315 (1909); Ap J 31, S. 76 (1910); Ann d Phys (4) 36, S. 1071 (1911); 45, S. 454 (1914).
CH. FABRY u. H. BUISSON, Ap J 31, S. 97 (1910).
A. H. PFUND, Johns Hopkins Univ Circ (2) 2, S. 29 (1910).
H. KAYSER, CH. FABRY u. J. S. AMES, Ap J 32, S. 215 (1910); 33, S. 85 (1911).
F. GOOS, Z f wiss Photogr 11, S. 1 u. 305 (1912); 12, S. 259 (1913); Ap J 35, S. 221 (1912); 37, S. 48 (1913); 38, S. 141 (1913); A N 199, S. 33 (1914).
H. BUISSON u. CH. FABRY, Ann d Phys (4) 38, S. 245 (1912).
K. BURNS, C R 156, S. 1611 (1913); J de Phys (5) 3, S. 457 (1913); Lick Bull 8, S. 27 (1913); Sc Pap Bur of Stand Nr. 251; Bull 12, S. 179 (1915).
H. KAYSER, J. S. AMES, H. BUISSON u. F. PASCHEN, Ap J 39, S. 93 (1914).
K. BURNS, C R 160, S. 243 (1915).
K. BURNS, W. F. MEGGERS u. P. W. MERRILL, Bull Bur of Stand 13, S. 245 (1916).
W. F. MEGGERS u. C. C. KIESS, Sc Pap Bur of Stand 1918, Nr. 324.
CH. E. ST. JOHN u. H. D. BABCOCK, Ap J 53, S. 260 (1921).
W. F. MEGGERS, C. C. KIESS u. K. BURNS, Sc Pap Bur of Stand 19, S. 263, Nr. 478 (1924).
G. S. MONK, Ap J 62, S. 375 (1925).
H. D. BABCOCK, Ap J 66, S. 256 (1927); P. Wallerath Ann d Phys 75, S. 37 (1924); W. Kleinewefers, Z f Phys 42, S. 211 (1927).
K. BURNS, Publ Allegh Obs 6, S. 141 (1927).
K. BURNS u. F. M. WALTERS, Publ Allegh Obs 8, S. 39 (1929). (Vakuumbogen.)
C. V. JACKSON, London R S Proc A 130, S. 403 (1931); 133, S. 553 (1931).

Neon.

K. W. MEISSNER, Ann d Phys (4) 51, S. 95 (1916); 58, S. 333 (1919).
K. BURNS, W. F. MEGGERS u. P. W. MERRILL, Bull Bur of Stand 14, S. 765 (1918).
P. WALLERATH, Ann d Phys (4) 75, S. 37 (1924).
H. D. BABCOCK, Ap J 66, S. 256 (1927).
G. S. MONK, Ap J 62, S. 375 (1925).
J. G. PRIEST, Bull Bur of Stand 8, S. 539 (1912).

Titan.

FR. L. BROWN, Ap J 56, S. 53 (1922).
H. CREW, Ap J 60, S. 108 (1924).

Argon.

K. W. MEISSNER, Ann d Phys (4) 51, S. 95 (1916).
W. F. MEGGERS, Sc Pap Bur of Stand 17, S. 193 (1921; Phys Rev (2) 18, S. 160 (1921).

Krypton.

W. F. MEGGERS, Sc Pap Bur of Stand 1921, Nr. 414.
A. PÉRARD, C R 176, S. 1060 (1923); 194, S. 1633 (1932).
C. J. HUMPHREYS, J Res Bur of Stand 3, Res Pap Nr. 245, S. 1041 (1930).
C. V. JACKSON, Trans I A U 4, S. 76 (1932); London R S Proc A 138, S. 1471 (1932).

Kapitel 4.

Sternspektrographie und Bestimmung von Radialgeschwindigkeiten.

Von

G. EBERHARD-Potsdam.

Mit 27 Abbildungen.

a) Allgemeine Prinzipien für die Konstruktion eines Sternspektrographen[1].

1. Mechanische Stabilität des Spektrographen. Der Sternspektrograph unterscheidet sich prinzipiell nicht von einem Laboratoriumsspektrographen, er besitzt, wie dieser, Spalt, Kollimator, Prismen, Kamera und Kassette. Da ersterer aber unter anderen äußeren Verhältnissen benutzt wird als ein Laboratoriumsspektrograph, kommen einige zusätzliche Bedingungen hinzu, die erfüllt sein müssen, damit das Instrument unter diesen Verhältnissen fehlerfrei funktioniert. Der Sternspektrograph wird nämlich in Verbindung mit einem Fernrohr gebraucht, das die verschiedensten Lagen gegen den Horizont annehmen kann, so daß der Spektrograph keine feste, unveränderliche Aufstellung hat wie im Laboratorium. Infolgedessen muß der mechanische Aufbau so stabil sein, daß der Spektrograph in allen Lagen und bei allen Lagenänderungen unverändert bleibt. Er darf keinen Biegungen in sich unterworfen sein, d. h. Kollimator, Prismen und Kamera dürfen keinerlei Bewegungen gegeneinander ausführen, in welcher Lage auch immer der Apparat gebraucht wird und wie sich auch seine Lage während der meist sehr lange dauernden Aufnahme ändert.

Diese Bedingung hat man von Anfang an zu erfüllen gestrebt, sie ist z. B. bei der Konstruktion des VOGELschen Spektrographen, mit dem die ersten brauchbaren Radialgeschwindigkeiten von Sternen erhalten wurden, in weitgehendem Maße berücksichtigt worden, und bei den Spektrographen der neuesten Zeit ist sie wohl stets in voller Strenge erfüllt. Es wird später bei der Beschreibung einzelner Apparate besprochen werden, auf welche Weise diese erforderliche hohe mechanische Stabilität gewonnen wird.

Der Spektrograph muß aber nicht nur in sich selbst stabil sein, er muß auch so fest mit dem Fernrohr verbunden sein, daß die optischen Achsen des Fernrohrs und des Kollimators eine unveränderliche Lage gegeneinander behalten,

[1] Man vgl. hierzu: J. E. KEELER, Elementary Principles Governing the Efficiency of Spectroscopes for Astronomical Purposes. Sid. Messenger 10, S. 433 (1891); H. F. NEWALL, On the General Design of Spectrographs to be attached to Equatorials of Large Aperture, considered chiefly from the Point of View of Tremor-Discs. M N 65, S. 608 (1905); J. S. PLASKETT, Report of the Chief Astronomer 1909. Appendix 2, S. 153. Ottawa 1910; F. L. O. WADSWORTH, General Considerations respecting the Design of Astronomical Spectroscopes. Ap J 1, S. 52 (1895).

welche Lage auch immer das Fernrohr einnimmt. Auch diese Frage wird bei der Beschreibung einzelner Apparate behandelt werden.

2. Thermische Stabilität des Spektrographen. Verschiebungen der einzelnen Teile des Spektrographen gegeneinander können auch dann entstehen, wenn der Apparat bei sich verändernden Temperaturen gebraucht wird. Da der Spektrograph nicht wie im Laboratorium in einem Raume konstanter Temperatur verwendet wird, sondern in offenen Räumen, z. B. Kuppeln, deren Temperatur durch die nächtliche Abkühlung oder durch Winde mehr oder minder sinkt, lassen sich solche inneren Bewegungen infolge der thermischen Ausdehnung der zum Bau verwendeten Materialien nicht vermeiden. Aber das ist nicht die einzige Einwirkung von Temperaturänderungen. Während nämlich die zum Aufbau verwendeten metallischen Teile sich verhältnismäßig schnell und gleichmäßig auf die im Beobachtungsraum herrschende Temperatur einstellen und dann, falls diese konstant bleibt, sich nicht mehr ändern, passen sich die optischen Teile, besonders die Prismen mit ihren großen Glasmassen, nur langsam der herrschenden Temperatur an. Sie können, auch wenn sie sich schon einige Zeit in konstanter Temperatur befinden, noch weit von dem inneren thermischen Gleichgewicht entfernt sein. Die Folge davon ist, daß die optische Abbildung nicht fehlerfrei ist und sich, wenigstens während längerer Expositionszeiten, ändert. Sternaufnahmen wie Laboratoriumsversuche haben gezeigt, daß die thermischen Störungen der Abbildung Beträge annehmen, die so groß sind, daß die gewünschte Genauigkeit der Messungen nicht erreicht werden kann, welche bei Aufstellung des Instrumentes in einem Raum dauernd konstanter Temperatur leicht erhalten wird.

Die zweite Bedingung, die für einen Sternspektrographen realisiert sein muß, ist mithin, daß man den ganzen Apparat in eine Hülle einschließt, durch welche der Apparat während vieler Stunden auf gleichbleibender Temperatur gehalten werden kann. Anfänglich glaubte man die Temperaturkonstanz dadurch erreichen zu können, daß man den Apparat mit wärmeisolierenden Materialien (Wolldecken, Federkissen usw.) umgab, wie z. B. bei dem ersten MILLS-Spektrographen des Lick-Observatoriums, aber es zeigte sich bald, daß diese Art des Schutzes namentlich bei längeren Belichtungen nicht genügt. Man ging dazu über, den ganzen Apparat in einen elektrisch geheizten Kasten einzuschließen, dessen Innentemperatur für beliebig lange Zeit automatisch konstant gehalten wird. Die Beschreibung einer solchen Heizvorrichtung wird später gegeben werden.

3. Die Optik des Spektrographen. Für einen Sternspektrographen ist endlich noch eine dritte Bedingung zu erfüllen: er muß das ganze Licht eines Sternes, welches mittels des Fernrohrobjektives auf den Spalt konzentriert wird, aufnehmen. Das Öffnungsverhältnis des Kollimators muß gleich oder größer als das des Fernrohrobjektives sein. Der Kollimator muß also in seinen Dimensionen dem vorhandenen Fernrohr angepaßt werden, wenn der Spektrograph die Leistung des Fernrohrs ganz ausnutzen soll.

Die Erfüllung dieser Bedingung ist für die Leistungsfähigkeit des Spektrographen von besonderer Bedeutung, da die kosmischen Lichtquellen mit Ausnahme einiger wenigen Objekte an sich eine so geringe Intensität besitzen, daß von ihr nichts durch eine unrichtige Dimensionierung der Spektrographen verloren werden darf. Im Laboratorium hat man es auch häufig mit schwachen Lichtquellen zu tun, kann aber stets ohne große Kosten die Linse, die zur Projektion dient, so wählen, daß das Kollimatorobjektiv voll ausgefüllt ist, außerdem können die Belichtungszeiten meist beliebig verlängert werden. Für Laboratoriumszwecke bestimmt der vorhandene Spektrograph die Dimensionen der

Projektionslinse, dagegen ist bei der Aufnahme von Sternspektren das vorhandene Fernrohr maßgebend für den Spektrographen.

Sind Öffnung und Brennweite des Kollimators bestimmt, so ergeben sich ohne weiteres die Größe der Prismen sowie die Öffnung der Kameralinse sowohl für einen Laboratoriums- wie auch für einen Sternspektrographen. Die Kameralinse soll innerhalb des gewünschten Wellenlängenbezirkes die gesamten aus den Prismen austretenden Strahlenbündel aufnehmen und zu einem Bilde des Spektrums vereinigen, sie muß also eine Öffnung besitzen, die der der austretenden Strahlenbündel gleich ist, und sie muß eine solche Konstruktion haben, daß sie den ganzen gewünschten Wellenlängenbezirk scharf auf der photographischen Platte abbildet. Die Größe ihrer Brennweite richtet sich nach der Aufgabe, die zu lösen ist. Soll eine große lineare Ausdehnung des Spektrums (lineare Dispersion) erhalten werden, so ist die Brennweite groß, etwa gleich der des Kollimatorobjektives zu wählen. Dieser Fall liegt vor, wenn etwa die Radialgeschwindigkeiten heller Sterne mit großer Genauigkeit gemessen werden sollen. Sind die Sterne schwach, so ist die Brennweite der Kameralinse klein zu wählen, die lineare Ausdehnung des Spektrums wird dann entsprechend dem Verhältnis: $\frac{\text{Brennweite der Kamera}}{\text{Brennweite des Kollimators}}$ kleiner, gleichzeitig wird die Breite des Spektrums in demselben Verhältnis abnehmen, die Lichtstärke des Spektrographen aber umgekehrt dem Quadrat des obigen Verhältnisses zunehmen. Diese Zunahme der Lichtstärke kann man bei der Aufnahme flächenhafter Objekte (Planeten, Nebel) nutzbar machen, nicht aber bei der Aufnahme von Sternen, wenigstens nicht voll entsprechend dem reziproken Quadrat des obigen Verhältnisses. Die Sternspektren sind bei fester Pointierung auf den Stern nahezu fadenförmig. Um die Linien in ihnen erkennen und ausmessen zu können, muß man die fadenförmigen Spektren verbreitern, was meist schon während der Aufnahme dadurch bewirkt wird, daß man das Uhrwerk des Fernrohrs in geeignetem Betrage vor- oder nachgehen läßt. Die geringste, zur Ausmessung eines Sternspektrums noch brauchbare Breite beträgt etwa 0,15 bis 0,20 mm. Besitzt nun die Kamera eine kurze Brennweite, so ist es nötig, um diese Breite zu erhalten, den Stern über eine größere Strecke auf dem Spalt laufen zu lassen, als es bei einer Kamera mit längerer Brennweite nötig ist. Der Gewinn an Lichtstärke für Sternaufnahmen bei kurzer Brennweite der Kamera beruht somit nur auf einer Verkleinerung der linearen Dispersion und ist daher in jedem Fall kleiner als bei der Aufnahme flächenhafter Objekte. Immerhin wird eine merkliche Abkürzung der Belichtungszeit erzielt bei der Verwendung einer kurzen Kamera; freilich ist sie mit einer Verringerung der linearen Dispersion und damit einer Abnahme der Meßgenauigkeit erkauft.

Da Spektrogramme, die mit einer Kameralinse von kurzer Brennweite und großem Öffnungsverhältnis aufgenommen werden, meist einen ziemlich großen Wellenlängenbereich umfassen sollen, ist es nötig, für die Kameralinse eine besondere Konstruktion zu wählen. Eine gute Gesichtsfeldebnung muß für den ganzen in Betracht kommenden Wellenlängenbereich durchgeführt sein, außerdem muß die Kameralinse sich in einem ebenso guten Korrektionszustand befinden wie die mit kleinerem Öffnungsverhältnis. Man wird daher meistens auf Spezialkonstruktionen, z. B. auf nichtsphärische Systeme, zurückgreifen müssen[1].

---

[1] Man vgl. hierzu: J. HARTMANN, Über ein neues Kameraobjektiv für Spektrographen. Z f Instrk 24, S. 257 (1904); J. WILSING, Über die Bildebnung bei Spektrographenobjektiven. Ebenda 26, S. 101 (1906); K. SCHWARZSCHILD, Über Spektrographenobjektive. Sitzber d Preuß Akad Math Phys Kl 1912 S. 1220; J. S. PLASKETT, Report of the Chief Astronomer 1909. Appendix 2, S. 170. Ottawa 1910.

Auf die Spektrographenobjektive wird in Ziff. 11 noch einmal näher eingegangen.

4. Das Fernrohr[1]. Im vorhergehenden ist der Fall behandelt worden, daß für ein bereits vorhandenes Fernrohr ein zu ihm passender Spektrograph konstruiert werden soll. Man kann aber fragen, wie muß das Fernrohr beschaffen sein, damit ein mit ihm verbundener, richtig angepaßter Spektrograph es ermöglicht, Spektra lichtschwacher Objekte aufzunehmen.

Bei der Erörterung der Verhältnisse sind zwei Fälle zu unterscheiden, je nachdem es sich um flächenhafte Objekte (Planeten, Nebel usw.) oder um Sterne, d. h. nahezu punktförmige Objekte, handelt.

α) Es werde zunächst der erste Fall behandelt, und es sei vorausgesetzt, daß die bereits oben aufgestellte Bedingung: gleiches Öffnungsverhältnis für Fernrohr und Kollimator, erfüllt sei, d. h. alles vom Fernrohrobjektiv aufgefangene Licht soll auch vom Kollimator aufgenommen werden. Die Flächenhelligkeit des Bildes, welches vom Objektiv auf dem Spalt erzeugt wird, ist proportional dem Quadrate des Öffnungsverhältnisses des Fernrohrobjektives. Man könnte nun annehmen, daß ein Fernrohr kurzer Brennweite für die Aufnahme des Spektrums eines flächenhaften Objektes günstiger ist als ein Objektiv gleicher Öffnung, aber langer Brennweite, da das auf dem Spalt erzeugte Bild der Fläche im ersten Fall heller ist als im zweiten. Es läßt sich aber leicht zeigen, daß dieser Schluß irrig ist, die Helligkeit des Spektrums eines flächenhaften Objektes ist unabhängig von der Winkelöffnung des Fernrohrs, sie ist vielmehr bestimmt durch die Öffnung des Kollimators. Es seien O, F, S Öffnung, Brennweite und Flächeninhalt des Fernrohrobjektives, o, f, s die entsprechenden Größen der Kollimatorlinse, ferner sei, wie bereits erwähnt, die Bedingung: $\frac{O}{F} = \frac{o}{f}$ erfüllt. Das aufzunehmende Objekt sei eine kleine gleichmäßig erleuchtete Fläche, die Einheit der Lichtmenge sei die Menge, welche auf eine Fläche fällt, die gleich der Fläche s des Kollimatorobjektives ist. Dann ist die Lichtmenge S, welche auf das Fernrohrobjektiv fällt:

$$\frac{S}{s} = \left(\frac{O}{o}\right)^2 = \left(\frac{F}{f}\right)^2.$$

Alles dieses Licht fällt auf die Kollimatorlinse und findet sich daher im virtuellen Bild, welches von dieser Linse in unendlicher Entfernung erzeugt wird. Die Winkelgröße dieses virtuellen Bildes ist gleich F/f mal, die Winkelfläche (angulare Fläche) aber $(F/f)^2$ mal der des Objektes. Es ist somit $(F/f)^2$ mal soviel Licht verteilt auf eine $(F/f)^2$ mal so große Fläche, d. h. die Helligkeit des virtuellen Bildes ist die gleiche wie die des Objektes. Die Helligkeit des virtuellen Bildes bestimmt nun die Helligkeit des Spektrums, folglich ist die Helligkeit des Spektrums eines entfernten flächenhaften Objektes unabhängig von der Winkelöffnung (Öffnungsverhältnis) des Fernrohrobjektives, d. h. ein Fernrohrobjektiv mit großer Brennweite ist für die Beobachtung des Spektrums eines Flächengebildes ebenso geeignet wie ein Fernrohr derselben Öffnung, aber kurzer Brennweite. Die Lichtstärke ist somit einzig und allein durch die Öffnung des Kollimators bestimmt, und je größer man diese wählt, um so lichtstärker wird der Spektrograph sein.

β) Handelt es sich darum, zu überlegen, wie das Fernrohr gewählt werden muß, damit ein mit ihm verbundener Spektrograph es gestattet, Spektra schwacher und sehr schwacher Sterne aufzunehmen — das ist zur Zeit wohl die wichtigste

[1] J. E. KEELER, Elementary Principles Governing the Efficiency of Spectroscopes for Astronomical Purposes. Sid. Messenger 10, S. 433 (1891); C. S. HASTINGS, Report of the Eclipse Expedition to Caroline Island May 1883. Wash Nat Ac Mem 2, S. 108 (1884).

Aufgabe —, so ist zu berücksichtigen, daß das Bild eines Sternes kein Punkt, sondern ein Scheibchen von bestimmtem Durchmesser ist. Es sei vorausgesetzt, daß das Objektiv bzw. der Spiegel vollkommen fehlerfrei sei, ferner zur Vereinfachung der Betrachtung, daß der Stern monochromatisches Licht aussende. Das von einem Objektiv erzeugte Bild eines Sternes besteht dann bekanntlich aus einem zentralen Beugungsscheibchen, welches von einer Anzahl heller und dunkler Ringe umgeben ist. Die Lichtmenge, die im Brennpunkte des Objektives im Ringe vom Radius ϱ vorhanden ist, beträgt dann [Handb. der Astrophysik Bd. II, 2. Hälfte, S. 562, Formel (16)]:

$$U(\varrho) = k\frac{\pi}{4}d^2\left(\frac{z}{2}\right)^2\left\{1 - \frac{1}{2}\left(\frac{z}{2}\right)^2 + \frac{5}{36}\left(\frac{z}{2}\right)^4 \mp \cdots\right\},$$

wo $z = \frac{\varrho d}{\lambda'}$, $\lambda' = \frac{\lambda}{\pi \sin 1'}$, d der Durchmesser des Objektives, ϱ der in Bogenminuten gemessene Radius eines unendlich schmalen Beugungsringes, λ die Wellenlänge des Sternlichtes ist und der Faktor k die Verluste durch Absorption und Reflexion darstellt[1]. Für die vorliegende Betrachtung genügt es, sich auf das zentrale Beugungsscheibchen zu beschränken, das 84% des gesamten Sternlichtes enthält. Der Wert der Hilfsvariabeln z für dieses Scheibchen ($z = 3{,}83$) folgt aus der Beugungstheorie. Nach der obigen Formel ist die Lichtmenge in diesem zentralen Scheibchen allein durch die Größe der Oberfläche des Objektives $\left(\frac{\pi}{4}d^2\right)$ bestimmt, d. h. für Aufnahmen schwacher Sterne ist ein Objektiv großer Öffnung nötig. Über die Brennweite, welche diesem Objektiv zu geben ist, sagt die Theorie nichts aus, die Lichtmenge im zentralen Beugungsscheibchen ist unabhängig von der Brennweite. Sie ist daher nur vom Gesichtspunkte der Praxis aus zu wählen.

Man geht zweckmäßigerweise wieder von der Größe der Prismen und der Öffnung des Kameraobjektives aus. Letzteres muß bei großer Öffnung eine kurze Brennweite besitzen. Im Gegensatz hierzu muß die Brennweite des Kollimatorobjektives im Verhältnis zu der des Kameraobjektives groß gewählt werden, damit eine möglichst große Lichtkonzentration im Spektrogramm erzielt werden kann. Aber auch noch ein anderer Grund spricht für einen langen Kollimator. Der Durchmesser des vom Fernrohrobjektiv erzeugten Sternbildchens ist infolge der mehr oder minder vorhandenen Luftunruhe stets wesentlich größer als der des zentralen Sternscheibchens nach der Beugungstheorie. Beispielsweise fand NEWALL[2] in Cambridge für Nächte mit mittelgutem Luftzustand für den Durchmesser des Sternbildchens 5″, für weniger guten, sehr häufigen Luftzustand aber 8″ bis 10″, und seine Angaben stimmen durchaus mit langjährigen Erfahrungen anderer Observatorien, z. B. von Potsdam[3]. Um nun solche Nächte für die Aufnahme von Sternspektren verwenden zu können, ist der Spalt des Spektrographen entsprechend weit zu öffnen[4]. Das bedingt aber eine Vergrößerung der Brennweite des Kollimatorobjektives, da sonst die Rein-

[1] Eine Ableitung dieser Formel findet sich in: MASCART, Traité d'optique Bd. I, S. 312 (1889); K. STREHL, Theorie des Fernrohrs, S. 89. 1894; G. MÜLLER, Photometrie der Gestirne, S. 165. 1897. Letztere Ableitung enthält übrigens einen Rechenfehler.

[2] M N 56, S. 108 (1896).

[3] J. S. PLASKETT gibt auf Grund sehr eingehender spezieller Studien an, daß in Ottawa der Bilddurchmesser eines Sternes nur in sehr seltenen Fällen 2″, im allgemeinen aber beträchtlich größer ist, während er theoretisch 0″,57 für den 15 inch-Refraktor sein sollte (Report of the Chief Astronomer, S. 156. Ottawa 1910).

[4] W. W. CAMPBELL [Ap J 8, S. 124 (1898)] betont besonders, daß er aus diesem Grunde den Kollimator für den MILLS-Spektrographen so lang gemacht hat, als es die Größe der Prismen erlaubte.

heit des Spektrums zu gering würde. Betrachtet man nämlich die Formel von SCHUSTER $P = \frac{\lambda}{\lambda + d\psi} R$ $\left(d = \text{Spaltweite}, \ \psi = \frac{o}{f}, \ R = \text{auflösende Kraft}\right)$ für die Reinheit P des Spektrums als gültig, so ist $\frac{o}{f} = \psi$ möglichst klein zu wählen.

Mit der Brennweite und Öffnung des Kollimatorobjektives ist bei gegebenem Durchmesser des Fernrohrobjektives auch seine Brennweite eindeutig bestimmt, da auch hier die Bedingung gilt:

$$\frac{\text{Öffnung des Fernrohrobjektives}}{\text{Brennweite des Fernrohrobjektives}} = \frac{\text{Öffnung des Kollimatorobjektives}}{\text{Brennweite des Kollimatorobjektives}}.$$

Es folgt also aus diesen Erwägungen, das eine große Brennweite des Fernrohrobjektives für die Aufnahme der Spektra lichtschwacher Sterne vorteilhaft ist, und in der Tat haben gerade die Fernrohre, mit denen die meisten Sternspektren aufgenommen worden sind, z. B. die Refraktoren des Lick- und des Yerkes-Observatoriums, die Spiegel des Mount Wilson- und des Victoria-Observatoriums nicht nur große Öffnungen, sondern auch große Brennweiten.

Die Erörterungen der Ziff. 4 stellen praktische Erwägungen dar, wie sie der Astrophysiker bei der Konstruktion seiner Spektrographen anzustellen pflegt. Obwohl sie sich immer bewährt haben, bedeuten sie keineswegs eine wirkliche Lösung der Aufgabe. Diese müßte wohl auf beugungstheoretischer Grundlage behandelt werden, etwa in der Weise, wie A. SCHUSTER[1] bei seinen Untersuchungen über die Theorie der Spektroskope verfahren ist. Diese bezieht sich auf Spektroskope, mit denen Emissionsspektra beobachtet werden sollen und läßt sich, wie SCHUSTER[2] ausführt, nicht ohne weiteres übertragen auf Apparate, mit denen Absorptionsspektren, wie die der Sonne und der Sterne, aufgenommen werden sollen. Eine strenge Behandlung dieses Falles steht bisher noch aus, wäre aber sehr erwünscht. Inzwischen hat man die SCHUSTERsche Formel wenigstens als eine Annäherung für solche Rechnungen benutzt.

5. Das Teleskop und der Spektrograph des Astrophysikalischen Observatoriums in Victoria, B.C. Ein schönes Beispiel zu den in der vorhergehenden Ziffer gegebenen Überlegungen bietet die Konstruktion des Spektrographen und des großen Teleskopes in Victoria. J. S. PLASKETT[3] ließ sich nämlich von ganz ähnlichen Gedankengängen, wie es die obigen sind, bei der Ausarbeitung des Planes für diese Instrumente leiten. Er sagt (S. 81) von dem Spektrographen: „. . . the telescope may more properly be called an accessory of the spectrograph . . .“ Das Teleskop, das in der Hauptsache zu Radialgeschwindigkeitsmessungen und spektrographischen Arbeiten verwendet werden sollte, mußte natürlich eine möglichst große Öffnung bekommen, damit die Spektra schwacher Sterne aufgenommen werden können. Aus technischen und finanziellen Gründen kam daher nur ein Spiegel in Betracht, um so mehr, als ein solcher gerade für spektrographische Arbeiten wesentliche Vorzüge vor einem Objektiv hat. Der Kollimator sollte eine große Brennweite erhalten, da PLASKETT den Vorteil, den eine solche besitzt, während seiner früheren Tätigkeit auf diesem Gebiete in Ottawa erkannt hatte. Die Beschaffung großer, optisch einwandfreier Prismen war damals ziemlich schwierig. Da ADAMS sehr gute Prismen mit 63 mm wirk-

[1] Introduction to the Theory of Optics, S. 140ff. 1904; The Optics of the Spectroscope. Ap J 21, S. 196ff. (1905).

[2] L. c. S. 148: The above treatment of the subject is based on the consideration of spectra of bright lines, and cannot without modification be applied to the absorption phenomena exhibited in the spectra of sun and stars.

[3] Description of Building and Equipment. Publ Dom Astrophys Obs Victoria, B.C., 1, S. 7 (1922).

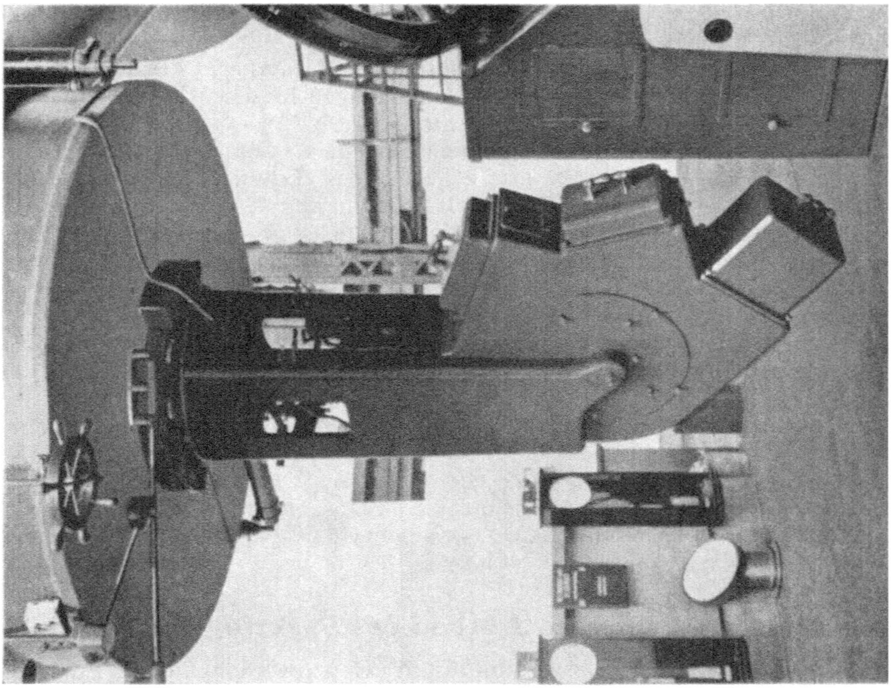

b

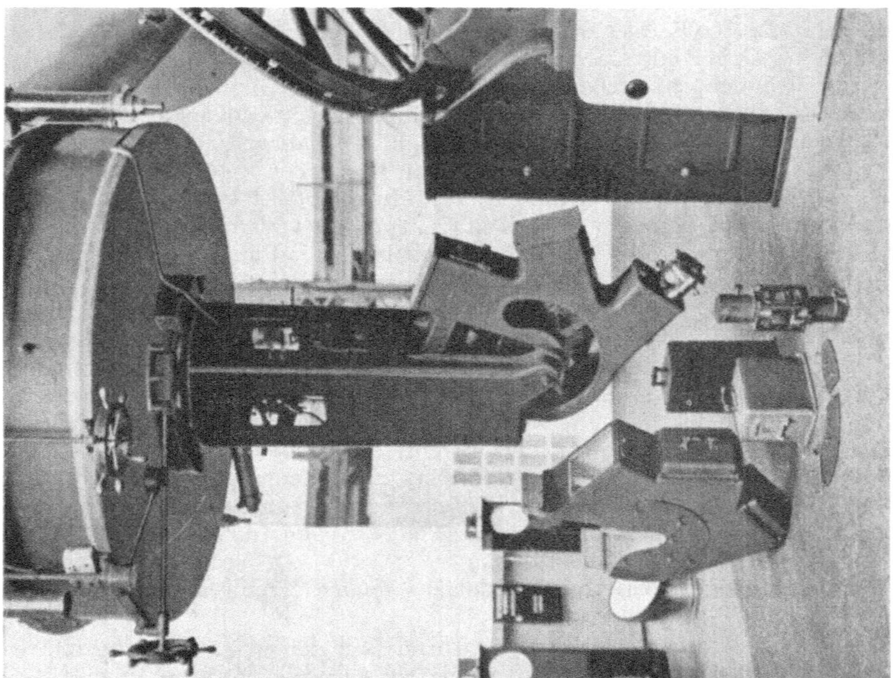

a

Abb. 1a u. b. Der Spektrograph des Astrophysikalischen Observatoriums in Victoria, B.C.

samer Öffnung erworben hatte, beschränkte sich PLASKETT auch auf diese Größe, wodurch die Öffnung des Kollimatorobjektives festgelegt war. Es handelte sich nun noch um die Wahl der Brennweiten des Spiegels und des Kollimators. Die Länge des Teleskopes durfte, wiederum aus technischen und finanziellen Gründen, nicht zu groß werden, das Öffnungsverhältnis dagegen mußte, um einen langen Kollimator verwenden zu können, klein werden. Beide Bedingungen ließen sich gleichzeitig dadurch erfüllen, daß das Teleskop als CASSEGRAIN-System ausgebaut wurde, was auch für die Anbringung der Spektrographen am Teleskop vorteilhaft war. PLASKETT wählte das auch sonst für Teleskope häufig angewendete Öffnungsverhältnis 1:18. Es kam somit folgendes Instrument zustande:

Teleskop: Öffnung 1,8 m, Äquivalentbrennweite 33 m.

Spektrograph: Kollimator (Brashear-Triplet, mit Uhrenöl verkittet), Öffnung 63 mm, Brennweite 1143 mm. Drei Prismen mit brechendem Winkel von 63° aus dem Glas Jena O 118, Seitenlänge 123 mm, 129 mm, 135 mm, Basis 128 mm, 135 mm, 141 mm. Kameraobjektive mit 76 mm Öffnung und Brennweiten von 381 mm, 711 mm, 940 mm.

Diese Konstruktion hat sich in jeder Beziehung bewährt, die Leistungen des Instrumentes sind ganz ausgezeichnet. Es gehört nicht nur zu den größten, sondern auch zu den besten überhaupt vorhandenen Teleskopen, und das gleiche gilt auch für den Spektrographen (Abb. 1).

b) Der mechanische Aufbau des Spektrographen.

6. Einleitung. In Ziff. 1 war darauf hingewiesen worden, daß ein Spektrograph, der mit einem Fernrohr verbunden wird, welches in verschiedenen Lagen gegen den Horizont gebraucht wird, eine ganz besonders gute mechanische Stabilität besitzen muß. Der Spektrograph soll bei allen Bewegungen des Fernrohrs in sich fest und unveränderlich bleiben, damit sich seine einzelnen Teile nicht gegeneinander verschieben können. Er muß weiterhin so gebaut und an das Fernrohr angebracht sein, daß die optische Achse des Kollimators eine Verlängerung der optischen Achse des Fernrohrs bildet und auch bei Bewegung des letzteren bleibt. Diese Bedingung wird wohl stets schon vom Mechaniker bei dem Bau des Spektrographen erfüllt. Eine Prüfung läßt sich übrigens leicht ausführen. VOGEL [Publ Astrophys Abs 7, Teil 1, S. 13 (1892)] verfährt folgendermaßen: Das Objektiv des Fernrohrs wird stark abgeblendet und auf das Objektiv des Kollimators ein Ring aufgesetzt, welcher eine matte Glasscheibe trägt, in die konzentrische Ringe eingeätzt sind. Der Spalt wird auf einige Zehntel Millimeter geöffnet und seine Höhe so verkleinert, daß an Stelle des Spaltes eine kleine quadratische Öffnung genau in der optischen Achse des Kollimators entsteht. Nun wird das Fernrohr auf den Mittelpunkt der Sonnenscheibe gerichtet, und es entsteht dann auf der Mattscheibe hinter dem Kollimatorobjektiv ein runder heller Fleck, der genau in der Mitte der Mattscheibe liegen muß, wenn die Achsen des Fernrohrs und des Kollimators zusammenfallen. Andernfalls ist die Lage des Spektrographen mit Hilfe der Schrauben, die zur Anbringung des Spektrographen am Fernrohr dienen, so lange zu ändern, bis der helle Fleck in die Mitte der Mattscheibe kommt.

Auf dem Lick-Observatorium wurde ganz ähnlich verfahren [Lick Publ 16, S. XXVf (1928)].

Es ist ganz natürlich, daß man sich beim Bau der ersten Spektrographen durch die Konstruktion der früher benutzten Astrospektroskope leiten ließ, deren mechanische Ausführung schon recht gut war. Und so kam es, daß selbst die ersten Spektrographen, z. B. der von VOGEL für das Potsdamer Observatorium gebaute, bereits eine hohe, wohl genügende Stabilität besaßen. Das gilt wenigstens für die meisten Spektrographen mit mehreren Prismen, die einen viel gedrungeneren Aufbau zuließen, als die mit nur einem Prisma. Trotzdem hat man auch später, als sich die Form der Spektrographen mehr oder minder änderte, niemals außer acht gelassen, eine möglichst hohe Festigkeit anzustreben. Es mag z. B. auf den BRUCE-Spektrographen von E. B. FROST[1] und auf den Spektrographen V des Potsdamer Observatoriums[2] hingewiesen werden. Letzterer ergab eine

Abb. 2. Der BRUCE-Spektrograph des Yerkes-Observatoriums.

maximale Biegung von 0,0030 mm, ein Betrag, der sehr nahe gleich der maximalen Biegung des weiter unten beschriebenen zweiten MILLS-Spektrographen (0,0025 mm) ist.

Es mag hier gleich noch erwähnt werden, daß diese älteren Apparate mit Hilfe eines Tellers oder Flansches (s. die Abb. 2, 3, 4) an das Fernrohr angeschraubt und so mit ihm fest verbunden wurden.

7. Konstruktion von W. H. WRIGHT. Eine von allen früheren Apparaten abweichende Konstruktion, die einen hohen Grad von Biegungsfreiheit aufweist, hat W. H. WRIGHT angegeben. WRIGHT betrachtet den Spektrographen als aus zwei voneinander ganz unabhängigen selbständigen Teilen bestehend, nämlich: 1. der eigentliche Spektrograph; dieser soll ein in sich möglichst festes, sich nicht in sich biegendes Gebilde sein; 2. die Vorrichtung zur Verbindung dieses ersten Teiles mit dem Fernrohr. Sie soll gleichfalls möglichst geringe Biegung aufweisen und den Spektrographen so halten, daß sich die doch immer noch verbleibende Biegung nicht auf die einzelnen Teile des Spektrographen übertragen und eine Biegung in ihm selbst erzeugen kann. Der Fehler, der in der Biegung der Tragevorrichtung seinen Ursprung hat, besteht darin, daß die

[1] Ap J 15, S. 1 (1902). [2] Z f Instrk 30, S. 29 (1910).

Achsen von Fernrohr und Kollimator nicht ganz zusammenfallen, daß also in der Hauptsache nur ein kleiner Lichtverlust eintritt, während eine Biegung im Spektrographen selbst Fehler in den Werten der Radialgeschwindigkeit hervorruft und daher sich bei weitem schädlicher auswirkt als der erste Fehler. Da sich WRIGHTS Konstruktion ausgezeichnet bewährt hat und seitdem fast ausschließlich verwendet wird, sei sie mit des Verfassers eigenen Worten hier wiedergegeben[1]:

"Heretofore most spectrographs have been fastened to the telescope somewhere near the slit end, and have projected outward from their supports, a form of

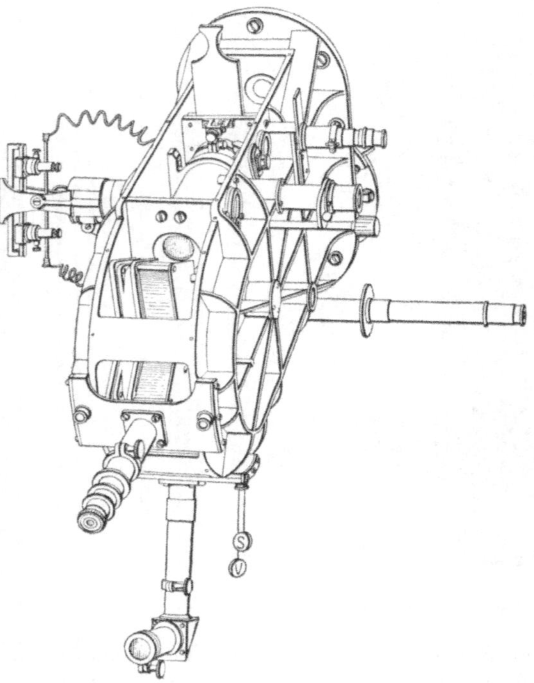

Abb. 3.

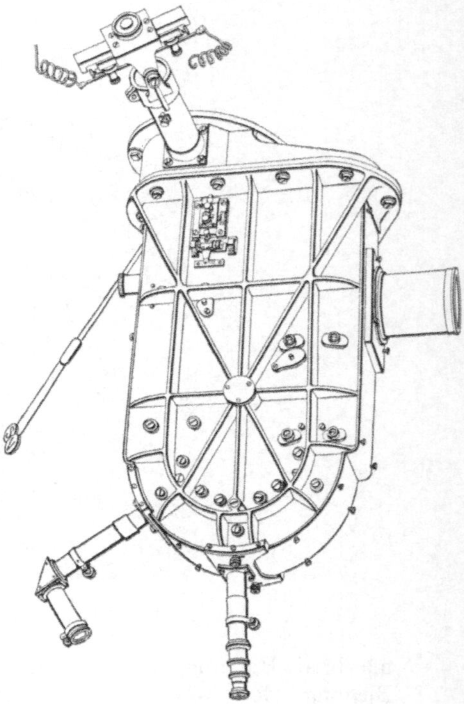

Abb. 4.

Abb. 3 u. 4. Spektrograph V des Potsdamer Observatoriums.

mounting hardly calculated to give a minimum of flexure As an engineering analogy, we may consider the case of a projecting beam, one end of which is securely fastened in a wall, as indicated in Fig. 8 (Abb. 5). Let Δ represent the maximum linear displacement due to the bending of the beam under its own weight, and α the maximum angular deflection. By resting the beam on two supports s_1 and s_2, one under each end, the corresponding quantities are reduced to

$$\Delta' = \frac{5}{48}\Delta, \qquad \alpha' = \frac{1}{2}\alpha.$$

By bringing s_1 and s_2 closer together the flexure can be still further reduced, there being a value

$$f s_1 = s_2 g = \frac{l}{2}\left(1 - \frac{1}{3}\sqrt{3}\right) = 0{,}211\, l,$$

[1] Publ Lick Obs 9, S. 50f (1907).

for which α'' vanishes and $\Delta'' = \frac{1}{208}\Delta$. Under such circumstances the relative positions of two pieces of apparatus, one at f and the other at g, would be unaffected by flexure, or what amounts to the same thing, by the position of the beam with reference to the vertical.

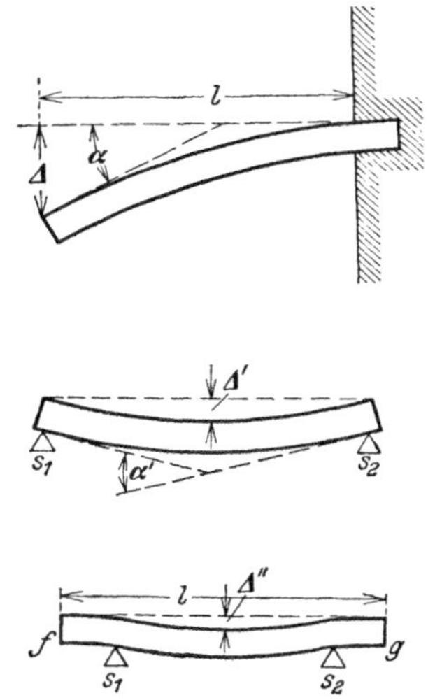

Abb. 5. Biegung eines Stabes.

In designing the spectrograph an attempt was made to take advantage of the class of phenomena here exemplified by furnishing the spectrograph with a support near each end. The instrument is shown in Fig. 9 (Abb. 6). It consists of a ribbed steel casting which, for want of a better name, we shall refer to as the main frame, to which are attached by screws: the slit mechanism, the prism box, and the camera tube. Each one of the latter three parts is independent of the other two. The light passes from the slit to the collimator lens through a hole bored lengthwise through the main frame. Near the upper end of this frame, and forming a part of it, is a circular disk at right angles to, and centered on, the axis of collimation. This disk, the edges of which are turned to a spherical surface, fits into a cylindrical brass ring shown in the photograph. The ring forms the forward, or upper, support of the spectroscope, and allows a motion of the instrument along, or rotation around, the line of collimation. The other support consists of a rod swiveled in the main frame close to the prism box. This rod has a free swing through a sufficient angle, in a plane which stands at right angles to the prism box and parallel to the axis of collimation. These supports are themselves held in the framework or cradle of angle irons shown

Abb. 6. Zweiter Mills-Spektrograph des Lick-Observatoriums.

in Figs. 9 and 10 (Abb. 7 u. 8). The ends of the upper rod are fastened securely to the channel iron cross-pieces, while those of the lower rest in slides, which, by means of hand screws shown in the figures, may be moved in a direction parallel to the axis of collimation. By means of these screws, through the motion of the whole instrument, the slit is adjusted to the focus of the telescope.

The prism box is made up of sheet steel reinforced inside by webs. The prisms rest on buttons of hard rubber, which are screwed to one side of the box. These buttons serve as good heat insulators between the glass and metal. The prisms are held in place by hard rubber stops also fastened to the side of the prism box.

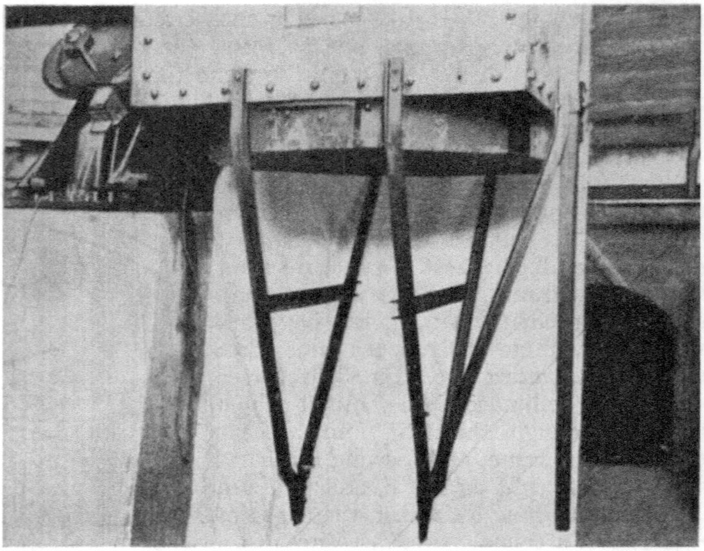

Abb. 7. Das den Spektrographen tragende Gestell.

These stops have to be adjusted with some care to insure freedom from strain in the prisms. The latter are set in their computed places, which are marked on the side of the box, and are not otherwise adjusted for minimum deviation. Flat springs rest against the tops of the prisms, and on these a light pressure is exerted by screws through the opposite side of the box.

Abb. 8. Der Spektrograph im Gestell.

The camera is focussed by racking the objective along the axis of collimation. The lens is mounted near the middle of a brass cylinder which moves longitudinally in a sleeve. While there may be no good reason for condemning the use of a moving camera objective, our preference, based on experience with both systems, is for a stationary cell as being less liable to strain the lens.

The alignment of the spectroscope in collimation is effected in one direction by means of nuts which secure the ends of the supporting rods in the angle iron framework, and in the other through slotted holes for the screws which hold the two channel irons carrying the upper supporting rod to the rest of the framework.

It will be seen that this system of mounting, while providing supports for the spectrograph at two points, precludes all possibility of any strain being transmitted from the supporting system to the instrument."

8. Konstruktion des Einprismenspektrographen von J. S. PLASKETT. Wesentlich schwieriger ist es, dem Einprismenspektrographen einen einwandfreien mechanischen Aufbau zu geben infolge der weniger gedrungenen Form, welche er im Vergleich zum Dreiprismenapparat besitzt. Obwohl auch hier schon manche ältere Apparate sich als durchaus genügend biegungsfrei erwiesen haben, hat man in neuerer Zeit fast allgemein die von W. H. WRIGHT angegebenen Konstruktionsprinzipien auch für Einprismenspektrographen angewendet. FRANK SCHLESINGER[1] (MELLON-Spektrograph), R. H. CURTISS (Detroit)[2], J. S. PLASKETT (Ottawa)[3] schlossen sich beispielsweise beim Bau ihrer Einprismenspektrographen eng an die Prinzipien WRIGHTS an. Es mag hier die durch gute Abbildungen illustrierte Beschreibung von J. S. PLASKETT gleichfalls im Wortlaut abgedruckt werden:

„The Mechanical Parts. — As outlined above the instrument consists essentially of two parts—1. A rigid, hollow, triangular shaped, steel box containing at the obtuse angle the prism, and at the two acute angles the slit and plate and comprising the spectrograph proper; 2. the T iron frame or cradle attached to the end plate of the telescope, in which the spectrograph proper is flexibly supported, and which serves to keep it collimated without flexure of this support producing any stresses in the box itself.

The Spectrograph Box. The box consists of two triangular shaped plates made of hard saw steel about 1,7 mm thick forming the sides, while the edges consist of plates of the same material and thickness, 79,4 mm ($3^1/_2$ inches) wide. In addition to the edges there are a number of internal braces and supports of the same material, well shown in Fig. 4 (Abb. 9), which gives a good idea of the construction of the box. These braces as well as the edges of the box have pieces of small angle iron securely riveted along both edges, to which the side plates are firmly screwed. These angle irons are not shown in the figure, as the frame was first put together, the angles then riveted on and finally the plates screwed to these angles and to the internal castings, the heads of the screws being shown on the side of the box in Fig. 2 (Abb. 10). It was constructed in this manner to prevent as far as possible any internal stresses in the frame of the box. In addition there are iron castings A, B, C, D, E, F, Fig. 4 (Abb. 9), planed to exactly the same width as the edges and braces. A, may be called the main casting, having a hole bored through the centre through which the principal supporting shaft passes. The two legs projecting from the triangular part are bored out to fit the collimator and camera tubes. The casting, D, is also bored out for the collimator tube and forms the end plate of the box, while the casting F, is bored out to carry the upper end of the camera tube. C, and E, have clearance around them and do not touch the collimator tube, the upper support being attached to the centre of C. The part, B, has the third supporting shaft screwed into the centre of each side, and also forms the connection between the box proper and the camera end. The latter is made separate, so that camera objectives of different focal lenghts may be used if desired.

[1] Publ Allegheny Obs 2, Nr. 1 (1910).
[2] Publ Obs Michigan I, S. 43f (1912).
[3] Report of the Chief Astronomer 1909, S. 161ff. Ottawa 1910.

The prism is mounted in a separate cast-iron cell, but is prevented from touching the metal at any point by facings of hard rubber about 3 mm thick, and is kept in its adjusted position by hard rubber stops. It is held firmly in this position in the cell by gentle pressure produced by three small clamp screws passing through the top of the cell and bearing upon one of the facings of hard rubber 3 mm thick, above mentioned, resting on top of the prism. The base of the cell is surfaced flat, and rests in its compartment on one of the side plates, to which it is rigidly attached by five screws passing through slotted holes to permit of adjustment for minimum deviation.

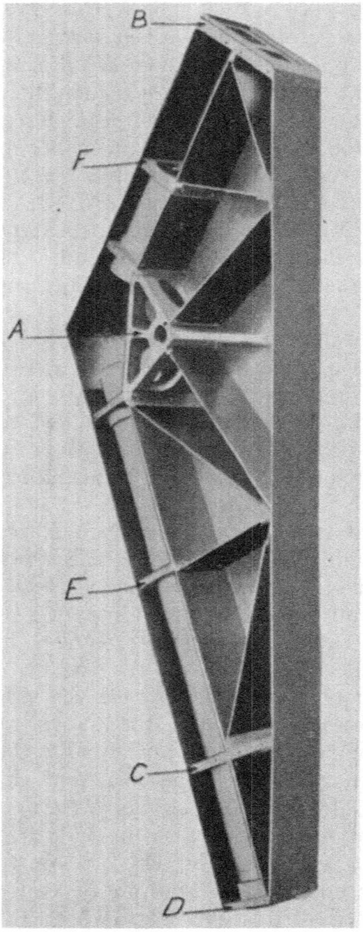

Abb. 9. Einprismenspektrograph des Ottawa-Observatoriums.

Collimator and camera tubes are provided with racks and pinions for adjustment, their position being read on millimetre scales, the one attached to the camera being provided with a vernier, reading to tenths of a millimetre. The collimator tube is provided with two clamps screws, one at the top and one at the bottom bearing, while the camera tube has a single clamp screw at the front end. The pinion and clamp wheels and the scales are well shown in Figs. 2 (Abb. 10) and 3 (Abb. 11). The camera attachment, whose form and construction can be fairly well obtained from Figs. 2 and 3, is built in box form of the same material, and is firmly screwed to the casting, *B*, Fig. 4 (Abb. 9), it and the spectrograph box thus forming what is to all intents and purposes one continuous piece. Between the sides of the camera box, swivels the plate holder attachment which is quite similar in form to the one used with the other spectrograph. It consists essentially of a semi-cylinder 79,4 mm long, 101,6 mm diameter, pivoted along its axis between the sides of the box to permit a wide range in plate inclination. This cylinder is constructed from a section cut from a piece of 4-inch brass tubing, on the ends of which pieces of heavy brass plate are screwed and soldered, and on the plane of section is fastened the brass camera back provided with screws for clamping the holders firmly in place. The plate holder carrier has solidly constructed ways permitting lateral movement of about 15 mm, enabling a number of narrow spectra to be made side by side on the same plate if desired. The axis on which the camera back rotates is provided with knurled clamping wheels, while other screws moving in concentric slots enable adjustment and firm clamping to be effected in any desired position, read off on graduations on the cylinder.

As will readily be seen from its design and construction and from the character of the material from which it is made, this spectrograph is exceedingly rigid and the flexure produced by changes of position, however supported, would be very small. This flexure however, is reduced to a vanishingly small quantity by the new supporting system used in this instrument. The self-contained spectrograph box is, as has been indicated above, supported flexibly on three points in the carrying cradle.

The Supporting Cradle. — This truss made of $1^3/_8$″ T steel is attached at the upper end to a heavy ring casting, which is fastened by the same three swivel bolts used for the other spectrograph to the end plate of the telescope, the mode

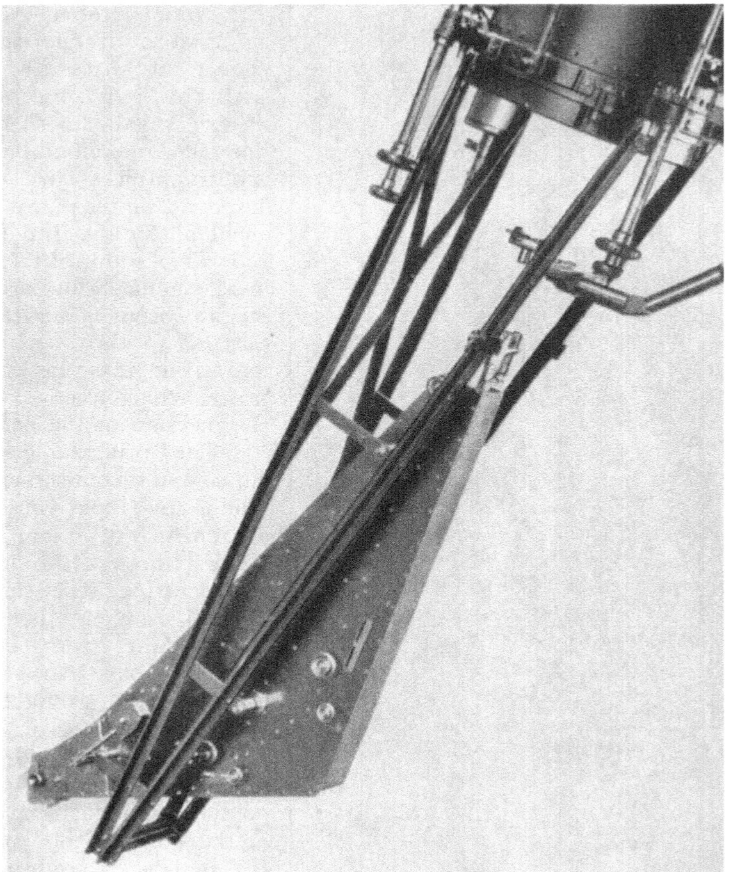

Abb. 10. Einprismenspektrograph des Ottawa-Observatoriums.

of attachment being shown in Fig. 3 (Abb. 11), which with Fig. 4 (Abb. 9), well shows the form of the truss. It is evident that the only flexure of this truss in a direction parallel to the sides of the spectrograph will be that due to the extension of one arm and compression of the other in each pair, and this will hence be very slight. Owing to the fact that these two pairs of trusses had to be separated about 20 cm at the lower end to admit the spectrograph with outside temperature case between them, it is evident that flexure in a direction at right angles, parallel to the movement in right ascension, will be greater. This is minimized as much as possible by joining the two ends by a solid webbed casting and by introducing cross braces at the upper end of the truss as shown. At small hour angles, however, which it is desirable for many reasons to use as far as possible, the component of the weight in this direction will be very small and the flexure negligible. Even at large hour angles which are sometimes required, the flexure cannot be great. In any case from the method of attaching cradle and box, to be presently described, no flexure of the cradle can induce any stresses in the box and the only effect of such flexure will be to slightly alter the axis of collimation of the spectrograph. This can not, however, induce any displacement of the spectral lines, not only on account of its relatively small magnitude but also because it can occur practically only parallel to the spectrum lines and to the refracting edge of the prism, which have no effect on the position of the line.

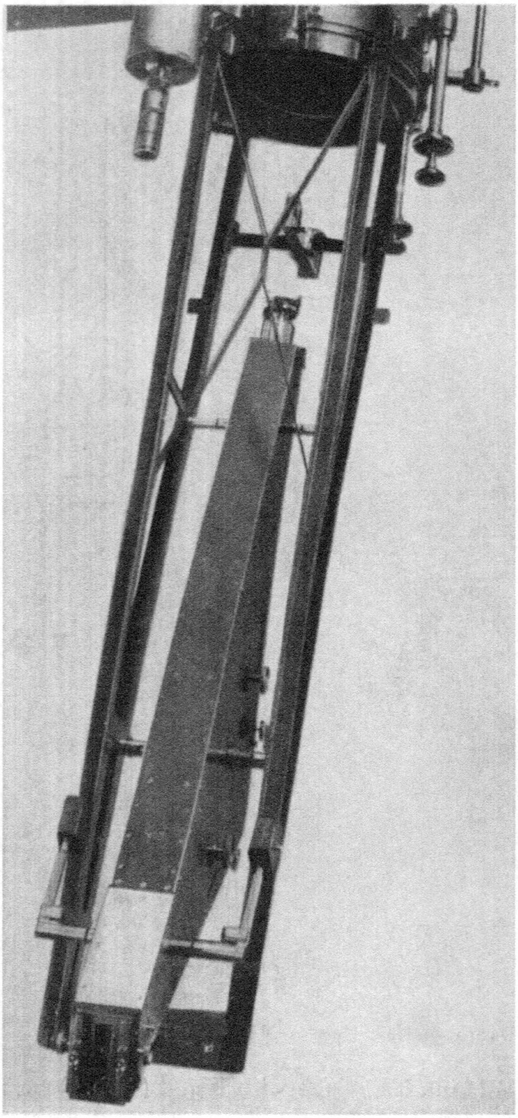

Abb. 11. Einprismenspektrograph des Ottawa-Observatoriums.

This principal and central support and connection between cradle and box consists of a shaft 1 inch (25,4 mm) diameter passing through the hole in the main casting. This shaft is left the full size of the hole only for about 2 mm at the centre, so that the box is free to swivel in every direction around the centre to the extent of 2 or 3 degrees. This swivelling motion is, however, limited, by projecting points on the shaft at the ends of the hole, to one parallel to the motion in right ascension and to the slit, rotation around the axis of collimation being prevented. Consequently any flexure of the cradle can not induce any distorting stress in the box.

The upper supporting shaft has a transverse hole in the centre through which a pin screwed into casting *C* passes, thus allowing longitudinal motion parallel to the axis of collimation as well as swivelling motion in every direction.

The third point of support consists of shafts rigidly screwed into the centre of each side of casting *B*. A second short shaft at each side carried by plates screwed to the cradle, as shown (Figs. 2 [Abb. 10] and 3 [Abb. 11]), is placed about 2,5 cm from the first in a direction which, if produced would nearly pass through the centre of mass of the box. A lever attached to these two shafts at each side in such a way as to allow more than sufficient motion without binding, carries a counterbalancing weight, the combined resultant upward thrust of the two on the box being computed to equal the proportional part of the weight that should be carried by this support.

The box is hence carried equally on the three supports without any possibility of distortional stresses occurring in it due to flexure of the cradle, the only effect of such flexure being to slightly change the axis of collimation, which at the utmost can only induce displacements of the second order in the position of the spectral lines."

9. Gitterspektrograph von P. W. Merrill und E. C. Nichols. Einen mechanisch sehr stabilen, sehr leistungsfähigen Sternspektrographen mit einem Plangitter haben P. W. Merrill und E. C. Nichols für das Mt. Wilson-Observatorium konstruiert. Da ein solcher Spektrograph nur selten und für ganz spezielle Zwecke (Photographie der roten und ultraroten Teile der Sternspektra) gebraucht wird, soll eine Beschreibung desselben hier nicht gegeben, sondern nur auf die von P. W. Merrill hingewiesen werden[1].

10. Anordnung der Beobachtungen zu möglichster Vermeidung der Biegung. Eine völlige Vermeidung der Biegung dürfte wegen der Elastizität und der Plastizität der zum Aufbau verwendeten Metalle kaum möglich sein, sie ist aber auch nicht erforderlich, denn es kommt nur darauf an, daß während der Belichtungszeit keine Änderung der Biegung eintritt. Es ist daher auch zweckmäßig, nicht sofort nach der Einstellung des Fernrohrs auf den Stern mit der Spektralaufnahme zu beginnen, sondern erst nach einiger Zeit, damit der Apparat Gelegenheit hat, einen stabilen Zustand und damit innere Ruhe zu erreichen. Bei sehr langen Belichtungen ist die Aufnahme, wenn irgendmöglich, symmetrisch um den Meridian herum zu machen, da in dieser Lage die Änderung der Biegung gering ist. Man ersieht dies aus einer von R. H. Curtiss aufgestellten Formel[2], welche die Beziehung zwischen der durch Biegung entstehenden Verlagerung F einer Spektrallinie gegen ihre mittlere Lage in der Richtung der Geschwindigkeitsverschiebung (die Verlagerung ist positiv nach dem roten Ende des Spektrums hin), den Koordinaten δ, t des Sterns und der geographischen Breite φ gibt:

$$F = \pm F_m [-\sin\varphi\cos(\delta+\alpha) + \cos\varphi\sin(\delta+\alpha)\cos t],$$

worin F_m der maximale Wert von F im Meridian ist (+ wenn das Fernrohr östlich vom Pfeiler liegt und nach einem Punkt nördlich vom Zenit gerichtet ist). Die Achse der Biegung ist die Linie durch den Spalt in der Ebene der Dispersion des Spektrographen. Sie liegt vertikal, wenn $F = 0$ ist. Schließlich ist α der Winkel zwischen dieser Biegungsachse und der Achse des Fernrohrs bzw. des Kollimators. Beträgt die Biegung zur Zeit

$$t_1: \quad F = F_1,$$
$$t_2: \quad F = F_2,$$

so stellt

$$F_2 - F_1 = \pm F_m \cos\varphi\sin(\delta+\alpha)[\cos t_2 - \cos t_1]$$

die Änderung der durch die Biegung erzeugten Linienverschiebung während der Expositionszeit $t_2 - t_1$ dar. Das obere bzw. untere Vorzeichen bezieht sich auf die östliche bzw. westliche Lage des Fernrohrs.

[1] Ap J 74, S. 188 (1931) = Mt Wilson Contr Nr. 432.

[2] Publ Obs Michigan 1, S. 46f. (1912). Man vergleiche hierzu auch Publ Allegheny Obs 2, S. 5f. (1912).

Im großen und ganzen kann gesagt werden, daß man den Einfluß der Biegung auf die Genauigkeit der Beobachtungen ebenso überschätzt hat wie zu anderen Zeiten den Einfluß optischer Mängel oder nicht genügender Temperaturkonstanz. Alle durch diese Einflüsse in die Messungen hineinkommenden Fehler sind bei einigermaßen brauchbaren Apparaten ganz wesentlich geringer als die Fehler, die infolge unrichtiger Einstellung des Sterns auf den Spalt (Einstellfehler) oder mangelhaften Haltens auf dem Spalte während der Belichtung (Haltefehler) entstehen und gleichfalls systematischer Natur sind.

c) Spektrographenobjektive.

11. Spektrographenobjektive. Die Anforderungen an die Schärfe der Abbildung bei Objektiven für Sternspektrographen sind sehr hohe, da die Genauigkeit der Messungen der Spektren, welche fast stets nur eine geringe lineare Ausdehnung haben, in weit höherem Maße von der guten Abbildung abhängt als bei Spektren sehr großer linearer Ausdehnung, wie es z. B. die von den großen Gitterspektrographen der Laboratorien erzeugten sind. Es ist weiterhin wesentlich, daß ein möglichst großer Wellenlängenbezirk in den aufgenommenen Sternspektren gemessen werden kann, namentlich bei Aufnahmen mit geringer Dispersion.

Die Forderungen, die man an das Kollimatorobjektiv zu stellen hat, sind indessen leicht zu erfüllen. Die Kollimatorlinse soll den in seiner Achse befindlichen Spalt scharf ins Unendliche abbilden und außerdem gut achromatisiert sein. Es genügt daher meist ein Objektiv vom Typus des astronomischen Fernrohrs, welches zur besseren Achromatisierung aber aus drei statt aus nur zwei Linsen zusammengesetzt ist. Sein Öffnungsverhältnis ist klein, da der Kollimator, wenn irgend möglich, eine große Brennweite im Vergleich zu seiner Öffnung haben soll. Entstehen Schwierigkeiten im mechanischen Aufbau eines Spektrographen durch einen sehr langen Kollimator, so kann nach dem Vorgang von P. W. MERRILL[1] statt des astronomischen Objektives ein geeignetes Teleobjektiv als Kollimatorlinse verwendet und dadurch ein gedrängterer Aufbau des Spektrographen erreicht werden.

Wesentlich höher sind die Ansprüche, die an das Kameraobjektiv zu stellen sind. Es soll das ganze ausgedehnte Sternspektrum auf der ganzen Platte zu scharfer Abbildung bringen, ohne daß die Platte zu stark gegen die optische Achse der Kamera geneigt werden muß, und in den meisten Fällen soll es ein großes oder sogar sehr großes Öffnungsverhältnis, also eine relativ kurze Brennweite besitzen, damit der Spektrograph möglichst lichtstark wird. Das sind Bedingungen, die selbst heute bei dem hohen Stande der technischen Optik sich nicht restlos erfüllen lassen, so daß man besonders bei Objektiven von sehr großem Öffnungsverhältnis meist auf völlige Schärfe der Abbildung verzichten muß. K. SCHWARZSCHILD[2] hat die Aufgabe, ein Kameraobjektiv für Spektrographen zu berechnen, theoretisch behandelt, nachdem schon J. HARTMANN[3] und J. WILSING[4] sich mit diesem Problem beschäftigt hatten. Es sei auf diese drei Abhandlungen hingewiesen.

Bei den älteren Spektrographen ist als Kameraobjektiv ein Objektiv vom Typus des astronomischen Fernrohrs verwendet worden. Es ist zur Bestimmung der Radialgeschwindigkeiten meist nur ein sehr kleines Stück des Sternspektrums gemessen worden, das sich durch ein solches Objektiv mit guter Schärfe abbilden

[1] Ap J 68, S. 425 (1928); 74, S. 209 (1931) = Mt Wilson Contr Nr. 432.
[2] Sitzber Akad Wiss Berl Math Phys Kl 1912, S. 1220.
[3] Z f Instrk 24, S. 257 (1904). [4] Z f Instrk 26, S. 101 (1906).

läßt. Da es sich damals um die Untersuchung der helleren und hellsten Sterne handelte, brauchte das Objektiv auch kein großes Öffnungsverhältnis zu besitzen, das sich ja bei dieser Art von Objektiven nicht herstellen läßt. So wurde seine Öffnung meist etwas größer als die des Kollimatorobjektives, seine Brennweite gleich oder ein wenig kleiner als dessen Brennweite gewählt. Es ist bekannt, daß ältere Spektrographen dieser Art Resultate von ganz ausgezeichneter Genauigkeit lieferten. Erst später, als man zu schwächeren Sternen überging, wurde die Frage der Lichtstärke des Spektrographen aktuell und damit auch die nach der Herstellung von Kameraobjektiven mit großem Öffnungsverhältnis.

Zunächst griff man zu den lichtstarken Objektiven, die der Photograph für seine Zwecke verwendet, und manche Typen dieser Objektive, beispielsweise die Tessare von ZEISS, erwiesen sich als sehr brauchbar, so daß sie auch jetzt noch vielfach Verwendung in Sternspektrographen finden.

Dann berechneten HARTMANN und SCHWARZSCHILD ihre „Chromate", letzterer einen Typus vom Öffnungsverhältnis 1:4,5, deren Ausführung von ZEISS in Jena übernommen wurde. Diese Objektive ermöglichen eine sehr scharfe Abbildung eines großen Stückes des Sternspektrums, erfordern aber eine ziemlich starke Neigung der Platte gegen die optische Achse, was gewisse Schwierigkeiten mit sich bringt. Eine gering fehlerhafte Einstellung des Fokus erzeugt merkliche Fehler in den Radialgeschwindigkeiten.

Eine große Zahl von Kameraobjektiven verschiedener Typen hat 1909 J. S. PLASKETT[1] auf ihre Eignung für Spektrographen mit einem oder drei Prismen untersucht. Er ist 1923 nochmals auf dieses Thema zurückgekommen, als er den Spektrographen für das Victoria-Observatorium konstruierte[2]. Inzwischen hatte G. W. MOFFITT[3] Kameraobjektive von großem Öffnungsverhältnis (bis 1:2) berechnet, die ein modifizierter PETZVAL-Typus sind. J. S. PLASKETT hat ein solches von 3 inch Öffnung und 10 inch Brennweite mit dem obenerwähnten Spektrographen ausprobiert und gefunden, daß es bei zwei oder drei Prismen ausgezeichnete Definition und ein ebenes Feld gibt, während letzteres bei Verwendung von nur einem Prisma stark konvex gekrümmt ist. PLASKETT führt aus, daß diese Konvexität von den chromatischen Aberrationen der Linsen von Kollimator und Kamera herrührt. Diese Aberration wird bei Verwendung von zwei oder drei Prismen nahezu kompensiert durch die normale Bildfeldkrümmung der Kameralinsen. MOFFITT hat dann aber auch für Einprismenspektrographen ein Kameraobjektiv vom Öffnungsverhältnis 1:3 berechnet und hergestellt.

Ein Kameraobjektiv mit dem extrem großen Öffnungsverhältnis $o/f = 1{,}6$ hat 1930 W. B. RAYTON konstruiert. Es ist die achtfache Vergrößerung eines Mikroskopobjektives und besitzt 50 mm Öffnung bei 32 mm Brennweite. M. L. HUMASON[4] hat es bei einem Spektrographen für das 100 inch-Teleskop (Cassegrainfokus) des Mt. Wilson-Observatoriums verwendet und zur Aufnahme der Spektra der schwächsten Objekte, besonders der kleinen schwachen Spiralnebel, benutzt. Der Kollimator dieses Spektrographen hat eine Brennweite von 61 cm, das Flintglasprisma einen brechenden Winkel von 60°. Die Dispersion pro mm beträgt 418 A bei $\lambda = 4350$. Als Spaltweite wird für Sterne 0,18 mm, für Nebel 0,20 bis 0,60 mm verwendet. Die Definition der Spektra ist nach der Aussage von HUMASON sehr gut. Für die Bestimmung der Radialgeschwindigkeit von Sternen eignet sich dieser Spektrograph wegen der sehr kleinen Dispersion

[1] Ap J 29, S. 290 (1908); Report of the Chief Astronomer for 1909, S. 170. Ottawa 1910.
[2] Pop Astr 31, S. 659 (1923); Ap J 59, S. 65 (1924).
[3] J Opt Soc Amer 8, S. 365 (1924).
[4] Ap J 71, S. 351 (1930) = Mt Wilson Contr Nr. 400.

nicht, der wahrscheinliche Fehler einer Sternaufnahme beträgt ± 50 km, bei Nebelaufnahmen ± 100 km. Bei den enormen Radialgeschwindigkeiten dieser Objekte spielt aber ein solcher Fehler keine Rolle. Der Spektrograph eignet sich aber für das Studium der Spektra sehr schwacher Sterne, wie der Novae in Spiralnebeln. Dieses RAYTON-Objektiv hat die Expositionszeiten im Verhältnis von 1:2 bis 1:3 gegenüber dem vorher benutzten Kameraobjektiv herabgemindert, so daß sich noch Nebel spektrographieren lassen, deren Aufnahme früher ganz aussichtslos war. HUMASON gibt in seiner Abhandlung (The Rayton Short-Focus Spectrographic Objective[1]) einige Abbildungen, welche es gestatten, sich eine Vorstellung von den Aufnahmen mit diesem Spektrographen zu machen. Nähere Angaben über die Optik dieser Kameralinse hat W. B. RAYTON in seiner Abhandlung: „Two High-speed Camera Objectives for Astronomical Spectrographs" gemacht[2].

Wie man aus vorstehenden Erörterungen sieht, lassen sich allgemeine Vorschriften, welches Kameraobjektiv für einen bestimmten Spektrographen geeignet ist, nicht geben. Es ist vielmehr durch praktische Versuche mit verschiedenen Objektivtypen festzustellen, welches zu wählen ist. Da heute zahlreiche Objektive auch mit sehr großem Öffnungsverhältnis (bis zu 1:1) in ausgezeichneter Ausführung im Handel sind (Kinoobjektive), wird sich wohl stets eines finden lassen, welches für den speziellen Zweck brauchbar ist.

d) Die Spaltblende.

12. Allgemeines. Die Radialbewegung eines Sterns gegen die Erde wird aus der Verschiebung des Sternspektrums gegen das Spektrum einer auf der Erde befindlichen künstlichen Lichtquelle bestimmt. Die Spektra beider Lichtquellen dürfen auf der Platte nicht zusammenfallen, es muß daher eine Vorrichtung vorhanden sein, die es gestattet, während der Belichtung der Vergleichslichtquelle den Teil des Spaltes zu verdecken, durch den das Sternlicht geht. Bedingung für die Abblendevorrichtung ist, daß der Weg des Lichtes der Vergleichslichtquelle möglichst nahe identisch ist mit dem Weg des Lichtes des Sterns im Spektrographen oder mit anderen Worten: Die Kollimatorlinse muß völlig erleuchtet sein durch das Licht, welches von jedem Punkt der beleuchteten Stelle des Spaltes herrührt. Wenn früher öfters eine Vakuumröhre mit leuchtendem Wasserstoff oder Helium in so großer Entfernung vom Spalte als Vergleichslichtquelle benutzt wurde, daß nur ein sehr geringer Teil des vom Fernrohrobjektiv kommenden Sternlichtes verlorenging, so ist die obige wesentliche Bedingung nicht erfüllt gewesen. Die Kollimatorlinse war nur unvollständig und anders als durch den Stern erleuchtet, durch optische Mängel in den Linsen oder in den Prismen würden die Radialgeschwindigkeit fehlerhaft werden.

Eine zweite Bedingung, und zwar mechanischer Art, kommt hinzu. Ist die Spaltblende so eingerichtet, daß sie im Verlauf der Aufnahme bewegt oder verschoben werden muß, so darf die ganze Einrichtung nicht auf dem Spaltkopf angebracht sein, da dieser durch die Bewegung der Blende leicht, wenn auch vielleicht nur wenig, aus seiner Lage gegen die anderen optischen Teile des Spektrographen gebracht werden kann. Die Blendenvorrichtung soll in diesem Fall an dem Gehäuse des Spektrographen oder an dem Gestell, mit welchem dieser am Fernrohr angesetzt wird, angebaut sein. Die einfachste derartige Vorrichtung ist eine verschiebbare Blende, welche in der einen Lage das Licht des Sterns durchläßt und das der Lichtquelle abblendet, in der anderen Lage den Spalt für die Lichtquelle frei läßt, ihn aber für den Stern bedeckt.

[1] Ap J 71, S. 351 (1930) = Mt Wilson Contr Nr. 400. [2] Ap J 72, S. 59 (1930).

31. Die Spaltblende von J. Hartmann. Als Beispiel einer einfachen, aber sehr praktischen Spaltblende sei die von J. HARTMANN[1] beschrieben. Dicht vor dem Spalt ist ein Schieber aus Messingblech angebracht, der sich senkrecht zur Richtung des Spaltes etwa 2 cm hin und her bewegen läßt. Der Schieber enthält eine Öffnung von der aus Abb. 12 ersichtlichen Form. Der mittlere Teil der Öffnung ist ein Rechteck $ABCD$ von etwas mehr als der Höhe des Spaltes und von genügender Breite. An diese Öffnung setzt sich links ein gleichschenkliges Dreieck EFG, welches ermöglicht, einem in der Mitte des Spaltes erzeugten Spektrum eine beliebige Breite von etwa 3 mm herab bis zu etwa 0,1 mm zu geben. Nach rechts hin setzt sich an die Seite BC ein Rechteck $HIKL$, in welches eine dem Dreieck EFG ähnliche Zunge MNO hineinragt. Durch diese Zunge kann man eine bis zu 3 mm lange Strecke in der Mitte des Spaltes zudecken, während neben derselben der Spalt zur Aufnahme der Vergleichsspektren frei bleibt. Um den Vergleichsspektren eine Breite gleich der des Sternspektrums zu geben, ist auf dem Schieber noch ein zweiter, kleinerer angebracht, der nur eine dreieckige Öffnung PQR enthält, die in ihrer Form möglichst der Zunge MNO gleicht, von welcher sie beim Gebrauche, wie aus Abb. 13 ersichtlich, zum Teil ausgefüllt wird. Dieser obere Schieber läßt sich auf dem unteren in der Richtung senkrecht zum Spalte um einige Millimeter verschieben und wird vom Stege S durch Reibung festgehalten. Je nachdem man ihn in einer mehr oder weniger nach links gelegenen Stellung auf dem unteren Schieber einstellt, bekommen die Vergleichsspektra eine größere oder geringere Breite. Die Bewegung der ganzen Blende wird seitlich begrenzt durch die verstellbaren Anschlagschrauben U und V, gegen welche der Vorsprung T, der auch zugleich als Griff dient, stößt. Durch diese Anschläge ist es ermöglicht, stets wieder genau dieselben Stellen der Blende vor den Spalt zu bringen und so während einer Reihe von Aufnahmen allen Spektren die gleiche Breite zu geben. Die HARTMANNsche Blende ist möglichst nahe vor dem Spalt anzubringen. Da sie aber bewegt wird, wenn man vom Sternspektrum auf das Vergleichsspektrum übergeht oder umgekehrt, soll sie am Spektrographengestell und nicht am Spaltkopf selbst befestigt sein. Zur Belichtung des Vergleichsspektrums wird in den Lichtweg ein Spiegel eingeschoben bzw. vorgeklappt, der 45° gegen die Kollimatorachse geneigt ist und das Licht einer kleinen, seitlich befindlichen Bogenlampe in den Spektrographen hineinreflektiert.

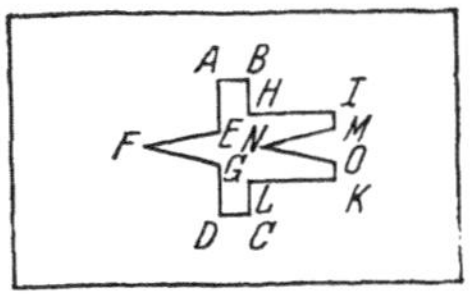

Abb. 12. Spaltblende nach HARTMANN.

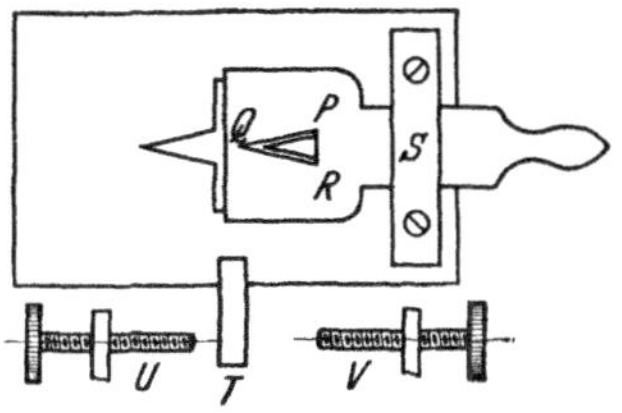

Abb. 13. Spaltblende nach HARTMANN.

14. Die Spaltblende von W. H. Wright. Während bei dieser Art Spaltblende die Belichtung durch den Stern unterbrochen werden muß, wenn das Vergleichsspektrum aufkopiert wird, ist dies bei der von W. H. WRIGHT konstruierten Blende nicht erforderlich. Da auch diese sich als sehr zweckmäßig erwiesen hat und bei neueren Apparaten vielfach in mehr oder minder geänderter Form angewendet wird, werde auch sie hier beschrieben[2].

In dem oberen Teil der Abb. 14 ist die Blende von vorn gesehen in der Ebene senkrecht zur Kollimatorachse, im unteren Teil ist ein Durchschnitt durch den Kollimator und den Spalt gegeben. Es ist ss' der Spalt, P, P' sind

[1] Z f Instrk 20, S. 57 (1900) = Ap J 12, S. 46 (1900). [2] Ap J 12, S. 274 (1900).

kleine Reflexionsprismen, die auf beweglichen Schlittenführungen c, c' befestigt sind. Letztere können durch eine rechts- und linkshändig geschnittene Schraube M bewegt werden, so daß die Höhe des Spaltes beliebig verändert werden kann. L und L' sind Kondensorlinsen von 19 mm Brennweite, welche die zwischen den Eisenelektroden I und I' überspringenden Funken auf dem Spalte in den Punkten i und i' abbilden. Die Linien IL und $I'L'$ machen einen Winkel von 8° mit der Spaltplatte, die Winkel bei i und i' betragen 49°. Da die Lage des Brennpunktes des Lick-Refraktors bei Temperaturänderungen ziemlich stark variiert und der ganze Spektrograph sich nicht in Richtung der optischen Achse des

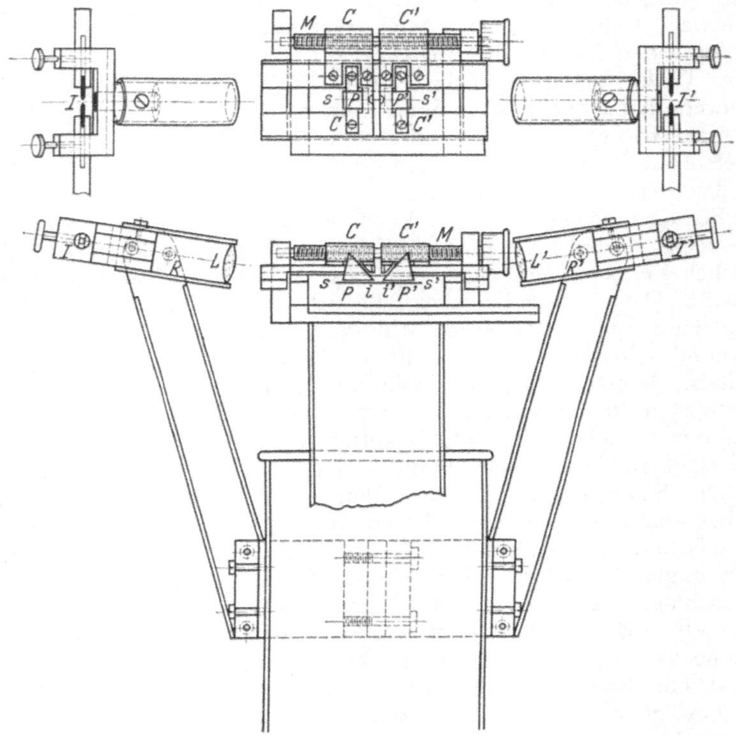

Abb. 14. Spaltblende von W. H. WRIGHT.

Refraktors verschieben läßt, mußte der Kollimator verschiebbar gemacht werden und die Spaltblende nebst den Vergleichslichtquellen am Kollimator selbst, statt am Spektrographengestell angebracht werden, so daß die zweite obige Bedingung nicht erfüllt ist. Bei dem sehr stabilen Aufbau des Lickspektrographen sind aber Störungen hierdurch nicht eingetreten, zumal die ganze Vorrichtung für die Aufkopierung der Vergleichsspektren nicht berührt zu werden braucht, wenn sie erst einmal vor Beginn der Arbeiten eingestellt ist. Den beiden Linsen L und L', welche die Funken zwischen den Elektroden auf den Spalt projizieren, ist eine größere Öffnung (9 mm) als nötig (2 mm) gegeben worden, damit die Kollimatorlinse unter allen Umständen voll und gleichmäßig erleuchtet ist. Natürlich sind trotzdem die Linsen und die Elektroden genau zu justieren.

W. H. WRIGHT benutzt als Vergleichsspektrum das Funkenspektrum zwischen Eisenelektroden. Bei den meisten neueren Spektrographen wird aber das Bogenspektrum zwischen geeigneten Metallelektroden (Fe, Ti, Legierungen von Fe + Ti, Fe + V usw.) bevorzugt. Es ist dann an Stelle der Projektionsvorrichtung zur Erzeugung des Funkens eine kleine Bogenlampe angebracht, die an das Lichtnetz angeschlossen wird und es gestattet, einen Bogen bei niedrigerer Stromstärke zu brennen. Durch Vorschaltung einer geeigneten Mattscheibe wird das Licht des Bogens diffus gemacht.

15. Die Spaltblende von J. S. Plaskett. Eine Vereinigung der Vorzüge beider oben beschriebenen Spaltblendenvorrichtungen ist in der von J. S. PLASKETT[1] konstruierten erreicht worden, deren Hauptteile nun noch kurz beschrieben werden sollen. Genau über dem Spalt sind zwei rechtwinklige Prismen angebracht, welche das Licht der Vergleichslampe von seiner ursprünglichen Richtung, senkrecht zur optischen Achse des Kollimators und ebenfalls senkrecht zum Spalt ablenken, und es so durch den Spalt hindurch in den Spektrographen hineinreflektieren. Die Kanten der Prismen liegen parallel zum Spalt, nicht senkrecht wie bei der WRIGHTschen Konstruktion. Sie können in Kontakt gebracht oder symmetrisch zur Mitte der Länge des Spaltes voneinander entfernt werden mit Hilfe einer rechts- und linkshändig geschnittenen Schraube. Die Fassungen der Prismen, der Mechanismus zur Trennung derselben und die Prismen selbst können als Ganzes senkrecht zum Spalt bewegt werden, in der Richtung zur Lichtquelle hin oder von ihr hinweg. Die Prismen werden nebst ihren Fassungen durch dünne Metallplatten gehalten, welche sich genau über den Spaltbacken befinden, ohne sie aber zu berühren. Diese Metallplatten haben die Gestalt der Abb. 15 und dienen gleichzeitig als Blenden zur Begrenzung der Länge und Lage des Stern- und des Vergleichsspektrums. Die keilförmige Öffnung *a* zwischen den beiden Platten begrenzt die Breite des Sternspektrums. Sind die Platten und Prismen in Kontakt, so gibt die keilförmige Öffnung *a* eine Breite des Sternspektrums von 0 bis 0,5 mm. Damit das Licht des Sterns zum Spalt kann, ist eine rechteckige Kerbe von genügender Breite in die Kanten der Prismen eingeschliffen, und zwar da, wo sie über die keilförmige Öffnung *a* kommen. Außerhalb dieser Öffnung sind zwei rechteckige Öffnungen *b*, *b* von 1 mm Breite und 6 mm Länge in jede der beiden Platten gemacht, so daß das Vergleichslicht, welches von den Hypotenusen der Prismen reflektiert wird, durch den Spalt hindurchgehen und ein Vergleichsspektrum zu beiden Seiten des Sternspektrums erzeugen kann, genau symmetrisch zu diesem, mit Linien von stets derselben Länge und demselben Abstand voneinander, solange die Distanz der Prismen nicht geändert wird. Für die Sternaufnahmen sind die Prismen und die Diaphragmenplatten in Kontakt, die Breite des Sternspektrums kann beliebig zwischen 0 und 0,5 mm dadurch eingestellt werden, daß die ganze Spaltblendenvorrichtung so weit verschoben wird, bis die gewünschte Breite erreicht ist. Stets sind die zwei Öffnungen *b* für das Vergleichsspektrum über dem Spalt, das Vergleichsspektrum kann also aufgenommen werden, wann und so oft es gewünscht wird, ohne daß der Spaltkopf berührt oder die Sternbelichtung unterbrochen wird. PLASKETTS Spaltenblendenvorrichtung hat gegenüber der

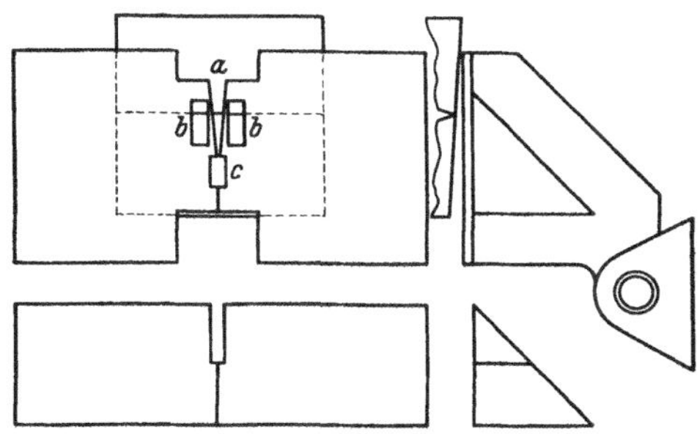

Abb. 15. Spaltblende von PLASKETT.

[1] Publ Dom Astrophys Obs Victoria, B.C. 1, S. 85 (1922).

von WRIGHT den Vorzug, daß nur eine Lichtquelle und nicht zwei verschiedene für die Aufkopierung des Vergleichsspektrums nötig sind. Die Vergleichslinien erscheinen daher auf der photographischen Platte in der gleichen Intensität zu beiden Seiten des Sternspektrums, was sich wohl mit der WRIGHTschen Vorrichtung nur schwer erreichen läßt. Weiterhin ist die Vergleichslichtquelle nicht am Kollimatorrohr befestigt, sondern am Spektrographengestell, und ist somit völlig getrennt vom Spaltkopf.

16. Wann und wie oft soll das Vergleichsspektrum aufkopiert werden? Die Frage, wie oft und wann man das Vergleichsspektrum aufkopieren soll, ist viel erörtert worden. Meist genügt es, vor und nach der Sternaufnahme das Vergleichsspektrum zu belichten, evtl. noch ein drittes Mal in der Mitte der Aufnahme. Am Lick-Observatorium finden vier Belichtungen des Vergleichsspektrums statt:

1. die starken Fe-Linien auf die eine Seite des Sternspektrums,
2. „ schwachen „ „ „ andere „ „ „
3. „ schwachen „ „ „ erste „ „ „
4. „ starken „ „ „ zweite „ „ „

W. H. WRIGHT hat ganz allgemein[1] untersucht, wie man am besten die Belichtungen des Vergleichsspektrums während einer Sternaufnahme anordnet. Die Änderung der Biegung und auch eventuelle Temperaturänderungen im Spektrographen verlaufen nicht proportional der Zeit t. Wenn man sich die Lage einer Spektrallinie als Funktion der Zeit, gezählt von der Mitte der Exposition, durch eine Potenzreihe $x = a + bt + ct^2 + dt^3 + \cdots$, dargestellt denkt, ist die mittlere Lage x_0 des kontinuierlich während der Zeit T aufgenommenen Sternspektrums durch $x_0 = a + \frac{c}{12} T^2$ gegeben. Bei diskontinuierlichen Aufnahmen des Vergleichsspektrums hat man daher darauf zu achten, daß im Mittel derselben das quadratische Glied den Faktor $c/12$ erhält, während die ungeraden Potenzen durch symmetrische Anordnung gegen die Mitte der Belichtung von selbst herausfallen. Bei der Besprechung der Arbeit von WRIGHT führt KÜSTNER[2] noch folgendes aus: Wird das Fe-Spektrum zu Anfang und zu Ende aufgenommen, so erhält c den Faktor $\frac{1}{4}$, so daß ein Fehler von $\frac{c}{6} T^2$ in der Lage der Fe-Linien relativ gegen die Sternlinien entsteht. Es wäre dann eine Aufnahme in der Mitte, deren Fehler $\frac{c}{12} T^2$ sein würde, noch vorzuziehen. Verläuft die photographische Lichtwirkung proportional der Zeit, so kann der verlangte Faktor $c/12$ und damit die genaue Elimination der quadratischen Zeitglieder so erzielt werden, daß man das Fe am Anfang τ sec, in der Mitte 4τ sec und am Ende nochmals τ sec exponiert (SIMPSONsche Regel). Bei längeren Sternaufnahmen zieht es KÜSTNER vor, zur besseren Elimination unregelmäßiger und zufälliger Änderungen im Spektrographen mehr Fe-Spektra aufzunehmen und diese zum Teil nicht auf, sondern dicht nebeneinander zu legen, was mit der HARTMANNschen Blende möglich ist, weil so in jedem gegebenen Fall die tatsächlich eingetretene Verschiebung durch die Messung scharf kontrolliert werden kann. Es stehen dann zahlreiche Kombinationen zur Verfügung, die den Faktor $c/12$ entweder streng oder mit hinreichender Genauigkeit ergeben und die sich allmählich dem Grenzfall sehr zahlreicher, gleich langer, in sehr kurzen Pausen erfolgender Expositionen nähern. Das Idealste wäre es natürlich, das Vergleichsspektrum kontinuierlich mit dem Stern aufzunehmen. Die Spaltblendevorrichtung von WRIGHT würde dies gestatten.

---

[1] Ap J 12, S. 277 (1900). [2] A N 166, S. 205 (1904).

17. Spaltweite und Expositionszeit. Die größte Spaltweite, die angewendet werden darf, ist die, welche dem Durchmesser des vom Fernrohr erzeugten Sternbildchens entspricht. Es ist dabei der Luftruhezustand zu berücksichtigen, von dem die Größe des Sternscheibchens weitgehend beeinflußt wird. Man vergleiche hierzu die wertvollen Untersuchungen von NEWALL[1], der diesem Umstande eine besondere Behandlung gewidmet hat.

Eine jede Verengerung des Spaltes erzeugt einen Lichtverlust und damit eine Verlängerung der Expositionszeit. Dieser Lichtverlust entsteht aus zwei Ursachen: erstens tritt bei Verengerung des Spaltes überhaupt weniger Licht in den Apparat hinein und zweitens wird das Beugungsbild des erleuchteten Spaltes verändert. Die sekundären Lichtmaxima des Beugungsbildes rücken bei Verengerung des Spaltes weiter ab von der optischen Achse, und das zentrale Beugungsbild verbreitert sich. Von einer gewissen Spaltbreite ab fallen nun zuerst die Nebenmaxima und bei weiterer Verengerung des Spaltes auch Teile des zentralen Bildes nicht mehr auf das Kollimatorobjektiv, sondern auf die Wände des Kollimatorrohrs. Es geht also Licht verloren, und zwar um so mehr, je enger der Spalt ist.

Spaltweite	Expositionszeit
0,102 mm	13,0 sec
89	15,0
76	17,5
63	22,0
51	30,0
46	34,5
38	42,5
33	49,5
30	55,0
25	66,0
23	77,0
20	86,5
18	103,0
15	134,0
13	172,0

Eine experimentelle Untersuchung der Verhältnisse rührt von J. H. MOORE[2] her. Er richtete den Lick-Refraktor, an welchem der neue MILLS-Spektrograph angesetzt war, nach dem Nordhimmel und nahm bei verschiedenen Spaltbreiten Spektra des Himmelslichtes auf. Die Expositionszeiten wurden so abgestimmt, daß alle Spektra sehr nahe gleiche Schwärzung aufwiesen. Aus diesen Versuchen ergaben sich die in der nebenstehenden Tabelle angeführten Zahlen. Trägt man die Spaltweiten als Abszissen, die Expositionszeiten als Ordinaten auf und zieht eine Kurve durch die so erhaltenen Punkte, so zeigt sich, daß diese Kurve eine starke Krümmung aufweist und bei kleinen Spaltweiten sehr steil ansteigt. Wäre keine Beugung vorhanden, so würden die Intensitäten und angenähert auch die Expositionszeiten proportional der Spaltweite sein, und die Kurve würde zu einer gegen die Abszissenachse geneigten Geraden. Der Lichtverlust infolge von Beugung ist also sehr merklich, und er wächst besonders schnell bei kleinen Spaltweiten.

Dieser Lichtverlust würde sich kompensieren lassen dadurch, daß man dem Kollimatorobjektiv eine entsprechend größere Öffnung geben würde bei unveränderter Brennweite. Hierdurch würde freilich die Reinheit P des Spektrums nach der Formel von SCHUSTER abnehmen und man müßte das Auflösungsvermögen R des Prismensystems entsprechend vergrößern, wenn die Reinheit unverändert erhalten werden soll. Dieses Verfahren dürfte schließlich durch technische Schwierigkeiten (sehr große Prismen) begrenzt sein.

Es bleibt daher in allen Fällen, in denen es sich um die Aufnahme der Spektren lichtschwacher Sterne handelt, nichts weiter übrig, als auf eine große Reinheit zu verzichten und das einfachste Mittel anzuwenden: den Spalt so weit zu öffnen, wie es der Durchmesser des durch das Fernrohr erzeugten Sternbildchens bei mittlerer Luftruhe erlaubt. Die Lichtmenge, die dann in den Spektrographen hineinkommt, ist die größtmögliche, und die Schwächung durch die Beugung hält sich in mäßigen Grenzen. Die Dauer der Exposition hängt

[1] M N 65, S. 618 (1905). [2] Lick Bull 3, S. 42 (1904) = Ap J 20, S. 285 (1904).

dann von dem Verhältnis der Brennweiten des Kollimator- und des Kameraobjektives ab. Je länger der Kollimator im Verhältnis zur Kamera ist, um so kürzer wird die Belichtungszeit.

Beispielsweise gibt J. H. MOORE 0,033 mm als die häufigst angewendete Spaltweite des neuen MILLS-Spektrographen an, und er führt aus, daß die Reinheit der Spektren immer noch genügend groß ist, so daß die Genauigkeit der Messung des Spektrums nicht leidet.

Kommt es darauf an, die Spaltweite genau zu kennen, so genügt es nicht, sie mit der die Spaltbacken bewegenden Schraube zu messen, da der Nullpunkt der Spaltweite, d. h. die Schraubeneinstellung, bei der der Spalt völlig geschlossen ist, sich nicht genau festlegen läßt und außerdem nicht konstant bleibt, sondern sich bei häufigem Gebrauch der Spaltschraube verschiebt. Es ist dann ein Verfahren zu wählen, das NEWALL[1] ausgearbeitet hat und „diffractional method of estimating slit-widths" nennt. Im allgemeinen wird dieser Fall nur selten vorkommen.

18. Spaltweite und Reinheit des Spektrums. Die Spaltweite bestimmt nicht nur die Expositionszeit, die nötig ist, um mit einem gegebenen Spektrographen das Spektrum eines Sternes bestimmter Helligkeit zu erhalten, sondern auch die „Reinheit" (Purity) des Spektrums. Als Beziehung zwischen Spaltweite s und Reinheit P benutzt man die bekannte Formel von A. SCHUSTER[2]:

$$P = \frac{\lambda R}{\lambda + s\psi},$$

in der R das Auflösungsvermögen, λ die Wellenlänge und ψ das Öffnungsverhältnis (angulare Öffnung) des Kollimators ist. Inwieweit diese Formel für astrospektrographische Aufnahmen angewendet werden darf, wo kontinuierliche Spektren mit Absorptionslinien die Regel sind, während die Ableitung der Formel für diskontinuierliche Spektren (Emissionsspektren) gilt[3], ist bisher nicht untersucht worden. Ebensowenig liegt ein quantitativer Vergleich der Formel mit den Ergebnissen von Versuchen vor. Es finden sich nur vereinzelte Angaben, wo nach dieser Formel berechnete, also theoretische Reinheiten mit den aus entsprechenden Beobachtungen folgenden Werten verglichen sind. Im allgemeinen zeigt sich aus diesen Angaben, daß die tatsächliche Reinheit nahe gleich der berechneten ist, so daß man hieraus wohl schließen darf, daß die Formel von SCHUSTER wenigstens qualitativ richtige Werte auch für kontinuierliche Spektren gibt.

Beispielsweise gibt W. W. CAMPBELL[4] für den MILLS-Spektrographen, dessen Kollimatoröffnung 37,4 mm, Kollimatorbrennweite 722 mm ist, folgende Zahlen: $R = 74{,}2$, $s = 0{,}0084$ mm, $P = \frac{1}{2} R = 37{,}1$. Es müßten danach zwei monochromatische Linien noch trennbar sein für $\Delta\lambda = 0{,}117$ A. Die Beobachtung zeigte, daß bei dieser Spaltweite die Linien λ 4348,003 und λ 4348,130 ($\Delta\lambda = 0{,}127$) leicht getrennt werden konnten. Sie waren gerade noch getrennt für eine Spaltweite von 0,012 mm, für welche Spaltbreite die theoretische Trennung $\Delta\lambda = 0{,}142$ A ist.

Mit einer Spaltweite von $s = 0{,}02$ mm, $P = 21{,}9$ ist nach der Formel $\Delta\lambda = 0{,}198$ A. Die beiden Linien des Sonnenspektrums λ 4320,907 und 4321,119 ($\Delta\lambda = 0{,}212$ A) zeigten sich völlig getrennt, und sie blieben getrennt, bis der Spalt auf 0,029 mm geöffnet wurde. Die dieser Spaltweite entsprechende

[1] M N 65, S. 609 (1905).

[2] H. KAYSER, Handb. der Spektroskopie I, S. 551ff u. 576ff. (1900); A. SCHUSTER, Introduction to the Theory of Optics, S. 140ff. 1904; The Optics of the Spectroscope. Ap J 21, S. 97 (1905).

[3] A. SCHUSTER, Introduction, S. 148.

[4] Ap J 8, S. 135 (1898).

theoretische Zahl würde $\Delta\lambda = 0{,}261$ A sein. Diese Angaben beziehen sich sämtlich auf eine visuelle Beobachtung des Spektrums.

Campbell hat aber auch einige Zahlen für photographische Aufnahmen gegeben. Mit Eastman lantern plates ließen sich Linien gerade noch bis $\Delta\lambda = 0{,}15$ A trennen, Linien mit $\Delta\lambda = 0{,}20$ A waren weit getrennt. Mit hochempfindlichen Platten und einer Spaltweite von 0,02 mm waren auf einigen Sternspektrogrammen die Linien λ 4337,216 und λ 4337,414 ($\Delta\lambda = 0{,}198$ A) gerade noch getrennt, das ist genau die theoretische Grenze für $s = 0{,}02$ mm. Letztere Angaben zeigen außerdem, wie stark die Reinheit des Spektrums durch die Korngröße der photographischen Emulsion beeinflußt wird. Analoge Resultate wurden mit dem Spektrographen IV (3 Prismen, Öffnung des Kollimators 30 mm, Brennweite 300 mm, Kamerabrennweite 350 mm) des Potsdamer Observatoriums erhalten. Bei Anwendung fast kornloser, lichthoffreier Platten ließen sich die beiden Cr-Linien λ 4333,617 und λ 4333,882 des Sonnenspektrums bei einer Spaltweite von $s = 0{,}01$ mm gerade eben noch trennen, wenn die Exposition genau richtig war und eine geeignete Entwicklungsmethode angewendet wurde. Auf hochempfindlichen Platten war nicht nur keine Trennung mehr vorhanden, sondern diese Doppellinie hob sich nur noch so wenig von dem kontinuierlichem Grunde ab, daß sie nur mit geringer Genauigkeit zu messen war.

Die Trennungsfähigkeit eines Spektrographen wird bei Aufnahmen von Sternspektren niemals wirklich ausgenutzt, da sie durch den photographischen Prozeß in sehr erheblichem Maße herabgesetzt wird, indem die lineare Ausdehnung des Spektrums auf der Platte fast stets viel zu gering ist im Verhältnis zur Größe des Kornes der Emulsionsschicht. Eine Verlängerung der Kamerabrennweite oder die Verwendung sehr feinkörniger Platten erhöht daher die praktische Trennungsfähigkeit des Spektrographen, die stets wesentlich kleiner als die wirkliche ist.

Es kommt auch hinzu, daß Spaltweiten, wie sie nötig sind, um die volle Reinheit zu erreichen, die ein gegebener Spektrograph liefern könnte, sich in der Praxis kaum anwenden lassen aus dem Grunde, daß die zu spektrographierenden Objekte fast immer zu lichtschwach sind. Bei der Aufnahme schwacher Sterne muß der Spalt so weit geöffnet werden, als es möglich ist, ohne daß zu große Fehler in den Radialgeschwindigkeiten entstehen. Bei der Aufnahme lichtschwächster Objekte wie der Spiralnebel wird der Spalt sogar so weit geöffnet, daß das resultierende Spektrum gerade noch eine durch seine Liniengruppen erzeugte Struktur zeigt, einzelne Linien aber mit Ausnahme der Kalziumlinien H und K überhaupt nicht mehr sichtbar sind. Nur unter dieser Bedingung lassen sich Spektra dieser äußerst lichtschwachen Objekte erhalten.

Spektra, die mit so großen Spaltweiten aufgenommen sind, lassen sich natürlich nicht mehr auf die Weise ausmessen, wie sonst Sternspektra gemessen werden. Man verfährt so, daß man Spektra von hellen Sternen mit bekanntem Spektraltypus und mit bekannter Radialgeschwindigkeit unter Anwendung ebenso großer Spaltweite wie das lichtschwache Objekt aufnimmt und die beiden Spektren dann im Spektrokomparator von Hartmann oder nach dem Verfahren von Curtiss miteinander vergleicht und die Verschiebung beider Spektren gegeneinander mißt. Eine hohe Genauigkeit läßt sich natürlich nicht erreichen, sie ist auch wohl meist nicht nötig.

Einen praktischen Versuch, in welchem Maße eine Erweiterung des Spaltes die Messungen ungenauer macht, stellte J. S. Plaskett[1] an. Er benutzte teils einen Spektrographen mit einem Prisma (Kamerabrennweite 525 mm), teils

---

[1] Ap J 28, S. 259 (1908).

einen mit drei Prismen (Kamerabrennweite 525 mm bzw. 275 mm) und nahm mit Spaltweiten von 0,025, 0,038, 0,051, 0,076 mm 66 Platten von β Orionis auf. Als Resultat ergab sich, daß wenigstens bei Sternen der frühen Typen eine Spaltbreite von 0,051 mm ohne jede Schädigung der Genauigkeit verwendet werden kann. Systematische Fehler traten nicht auf und die zufälligen erhöhten sich nicht. Bei Benutzung der größeren Dispersion konnte der Spalt ohne Schaden sogar noch weiter als 0,051 mm geöffnet werden. Da der Durchmesser des Sternbildchens im Brennpunkte des Ottawa-Refraktors selbst bei den kürzesten Expositionen selten kleiner als 0,055 mm ist, kann man diesen unerwarteten Befund wohl damit erklären, daß die Luftunruhe und die erheblich längere Belichtungszeit, die bei der Benutzung der großen Dispersion auch bei großer Spaltweite nötig war, so wirkten, als wäre der Spalt in seiner ganzen Breite (0,076 mm) gleichmäßig erleuchtet. Bei Benutzung des Spektrographen mit der kleinen Dispersion traten dagegen bei einer Spaltweite von 0,076 mm systematische Fehler im Betrag von $+2$ km auf, auch wuchsen die zufälligen Fehler recht merklich an.

Wie die vorstehenden Ausführungen zeigen, spielt die Reinheit des Spektrums in der Astrospektrographie nicht die große Rolle wie bei Versuchen im Laboratorium. Die Lichtstärke ist der maßgebende Faktor, die Reinheit des Astrospektrographen ist auch stets weit höher, als sie in der Praxis ausgenutzt werden kann. In einigen Fällen, wie bei der Untersuchung und Identifizierung der einzelnen Linien des Spektrums der hellsten Sterne, ist freilich eine möglichst hohe Reinheit nötig. Man muß Spezialinstrumente für diese Zwecke bauen, die dieser Notwendigkeit Rechnung tragen.

e) Hilfsapparate für den Spektrographen.

19. Der Thermostat und Temperaturregler. In Ziff. 2 ist gezeigt worden, daß der Spektrograph während des Gebrauches auf sehr nahe konstanter Temperatur gehalten werden muß, wenn einwandfreie Aufnahmen gelingen sollen. Man hat zuerst geglaubt, dies dadurch erreichen zu können, daß man den Apparat in schlechte Wärmeleiter (wollene Decken, Federkissen, Pelze usw.) einhüllte, aber bald bemerkte man, daß hierdurch der Wärmeaustausch nur verzögert, aber nicht verhindert wird. Bei länger andauernder gleichmäßiger Abnahme der äußeren Luftwärme findet schließlich die Temperaturabnahme innen und außen mit derselben Geschwindigkeit statt. Man muß also eine Vorrichtung um den Spektrographen herum schaffen, die es ermöglicht, den Apparat künstlich zu erwärmen, so daß die Temperatur desselben trotz Sinkens der äußeren Lufttemperatur ungeändert erhalten wird. Ein Steigen der Lufttemperatur während der Beobachtungen, die in den Abend- und Nachtstunden angestellt werden, tritt erfahrungsgemäß nur ganz selten auf, man braucht also auf diesen Ausnahmefall nicht Rücksicht zu nehmen. Es würde technisch auch nicht leicht sein, für einen Astrospektrographen eine Einrichtung zu schaffen, die auch bei steigender Lufttemperatur die Temperaturkonstanz des Spektrographen gewährleistet. Für fest aufgestellte Spektrographen wie die in einem Laboratorium genügt es, sie in einen überall geschlossenen Metallkasten zu bringen und diesen in ein Wasserbad konstanter Temperatur, etwa fließendes Wasser aus einer städtischen Wasserleitung, zu setzen oder ihn mit schmelzendem Eis zu umgeben. DESLANDRES[1] hat, wohl als einziger, diesen naheliegenden Weg beschritten, obwohl er für einen mit einem Fernrohr verbundenen Spektrographen nicht zu empfehlen ist wegen der großen Belastung des Fernrohrs und der

[1] B A 15, S. 49 (1898).

unbequemen Handhabung. Es ist daher besser, die sehr seltenen Nächte mit Temperaturanstieg als ungeeignet für spektrographische Beobachtungen anzusehen und sie zu anderen zu verwenden.

Eine Konstanthaltung der Spektrographentemperatur bei abnehmender Luftwärme bietet dagegen keinerlei Schwierigkeiten, da sich überall leicht eine regulierbare oder sich automatisch regulierende elektrische Heizeinrichtung bauen läßt. Als erster hat H. C. LORD[1] eine derartige Einrichtung konstruiert und benutzt. CAMPBELL und WRIGHT[2] folgten ihm bald nach, und seitdem ist wohl kein Sternspektrograph ohne eine solche Vorrichtung in Gebrauch. Im Prinzip sind diese Heizapparate sämtlich gleich gebaut, sie unterscheiden sich nur in kleinen, meist unwichtigen Einzelheiten, so daß es genügt, hier einen einzigen als Beispiel zu beschreiben.

20. Der Thermostat von J. HARTMANN. Als solcher sei der von J. HARTMANN[3] gewählt, der auf Grund eingehender thermischer Versuche ausgedacht ist und sich in langjährigem Gebrauch in jeder Beziehung bewährt hat. HARTMANN

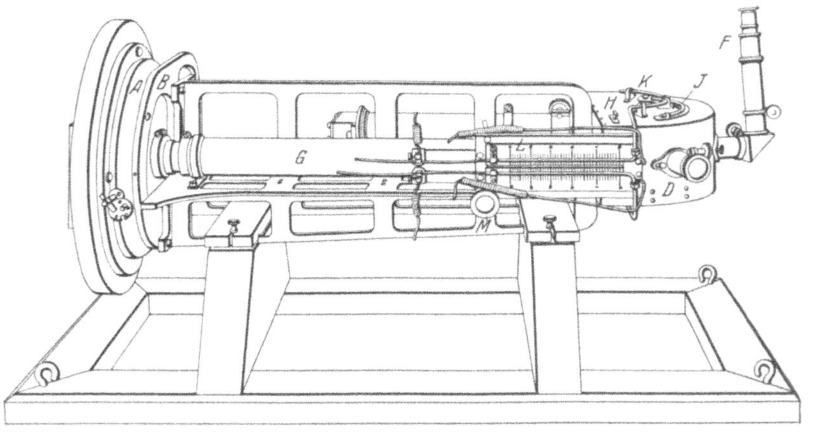

Abb. 16. Der Spektrograph III des Potsdamer Observatoriums.

bringt, wie vor ihm CAMPBELL und WRIGHT, das Kontrollthermometer (*K* der Abb. 16), das die Temperatur regelt, nicht im Innern der Prismenbüchse an, sondern außerhalb derselben in einem geräumigen, leichten Holzkasten, der den ganzen Spektrographen umschließt. Diese Anordnung bietet den Vorteil, daß schon jede kleine Temperaturänderung, die außerhalb der Prismenbüchse eintritt, rechtzeitig durch Einschalten des Heizstromes korrigiert werden kann. HARTMANN geht noch einen Schritt weiter, indem er auf beiden Seiten der Prismenbüchse je ein solches Kontrollthermometer anbringt, damit Schichtungen der Temperatur im Kasten möglichst unschädlich gemacht werden. In Abb. 17 ist das Thermometer innerhalb der Prismenbüchse mit *J*, das eine der langen, halbkreisgebogenen Gefäße von zwei Quecksilberkontaktthermometern[4] außerhalb der Prismenbüchse mit *K* bezeichnet. Die Kapillaren dieser beiden Thermometer sind durch mehrfache Biegung nach der Seite des Kollimators hingeführt, wo sie parallel nebeneinander auf ihren Skalen *L* befestigt sind. Dicht unter

[1] Ap J 8, S. 65 (1898). [2] Ap J 11, S. 259 (1900).
[3] Z f Instrk 21, S. 313 (1901); Ap J 15, S. 172 (1902).
[4] Statt der Quecksilberkontaktthermometer sind auch Metallthermometer oder Thermosäulen benutzt worden, die manche Vorteile vor dem Quecksilberthermometer besitzen [Publ Lick Obs 9, S. 54 (1907)].

dem Ende der Skalen sind Platindrähte bis zum Kontakt mit dem Quecksilber eingeschmolzen. Durch das offene Ende der 0,5 mm weiten Kapillaren sind zwei 0,3 mm starke Platindrähte eingeführt, die durch Zahntrieb mittels des Schlüssels *M* auf beliebige Punkte der Skalen eingestellt werden können. Der ganze Apparat ist in einen Holzkasten eingeschlossen, der noch durch wärmeisolierende Stoffe gegen plötzliche oder sehr rasche Wärmeänderungen, z. B. durch starken Wind, geschützt werden kann (Abb. 17). Im Innern des Kastens sind den halbkreisförmigen Grundflächen der Prismenbüchsen gegenüber zwei elektrische Heizkörper angebracht; der eine dieser Körper ist auf dem geöffneten Deckel in Abb. 17 zu sehen. Es ist ein hölzerner Rahmen *OO*, der innen zwei Glasstäbe trägt, zwischen denen ein 20 m langer, 0,24 mm starker Neusilber-

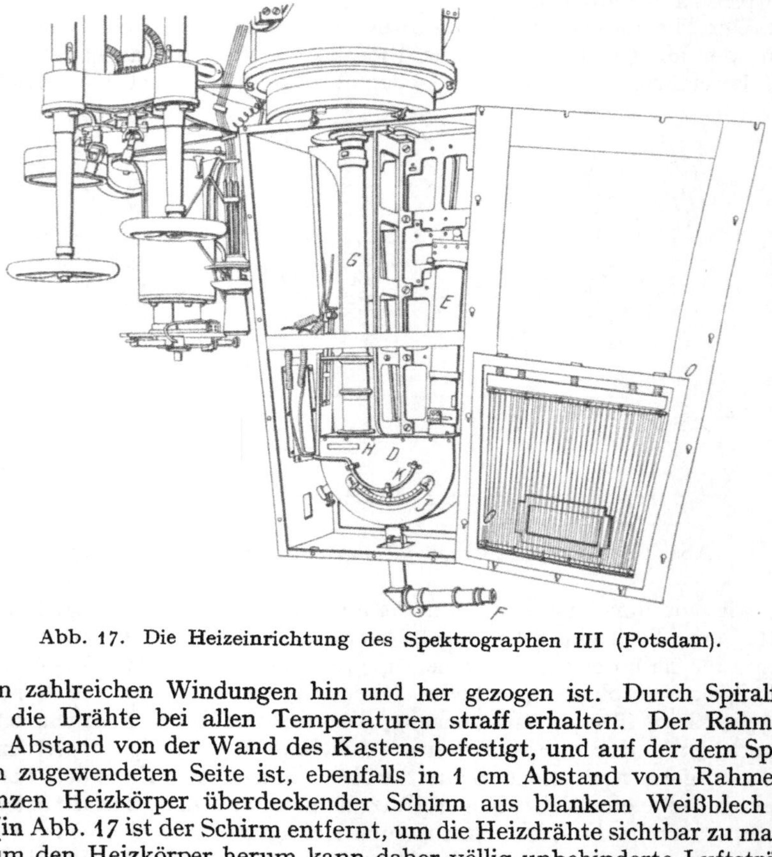

Abb. 17. Die Heizeinrichtung des Spektrographen III (Potsdam).

draht in zahlreichen Windungen hin und her gezogen ist. Durch Spiralfedern werden die Drähte bei allen Temperaturen straff erhalten. Der Rahmen ist in 1 cm Abstand von der Wand des Kastens befestigt, und auf der dem Spektrographen zugewendeten Seite ist, ebenfalls in 1 cm Abstand vom Rahmen, ein den ganzen Heizkörper überdeckender Schirm aus blankem Weißblech angebracht (in Abb. 17 ist der Schirm entfernt, um die Heizdrähte sichtbar zu machen). Rings um den Heizkörper herum kann daher völlig unbehinderte Luftströmung stattfinden. Diese Strömung im Innern des Kastens ist von größter Wichtigkeit, da ohne dieselbe leicht starke Wärmeschichtungen und folglich ungleiche Erwärmungen der einzelnen Teile des Apparates eintreten könnten. Um schon durch die Heizung selbst eine Luftströmung im Kasten hervorzurufen, hat HARTMANN die Heizkörper nicht über die ganzen Flächen des Kastens ausgedehnt, sondern, wie in der Abb. 17 ersichtlich, auf denjenigen Teil des Kastens beschränkt, der während der Beobachtungen am tiefsten liegt. Bei der Erwärmung der Drähte wird die warme Luft zunächst nach oben steigen und die dort befindliche abgekühlte Luft herunterdrücken. Erst wenn die erwärmte

Luft auf diese Weise wieder bis zu den Kontrollthermometern K gelangt ist, steigen diese und bewirken dadurch die Unterbrechung des Heizstromes. Um schädliche Wärmeschichtungen im Kasten möglichst auszuschließen, hat HARTMANN die Heizung in zwei ganz selbständige, völlig voneinander unabhängige Teile zerlegt: das obere in der Abb. 17 sichtbare Kontrollthermometer K reguliert nur den Strom in dem im Deckel des Kastens befindlichen, in der Abbildung ebenfalls sichtbaren Heizkörper, während das unter der Prismenbüchse befindliche Thermometer unabhängig davon den unteren Heizkörper reguliert. Hat man daher beide Kontrollthermometer vor der Beobachtung auf dieselbe Temperaturhöhe eingestellt, so ist man sicher, daß auf beiden Seiten der Prismenbüchse dauernd dieselbe Temperatur vorhanden sein wird.

In neueren Ausführungen der Heizeinrichtung sind im Innern des Kastens noch zwei kleine Elektromotoren mit fächerähnlichen Windflügeln untergebracht, durch deren Bewegung eine gute Durchmischung der Luft im Innern des Heizkastens erzeugt wird[1].

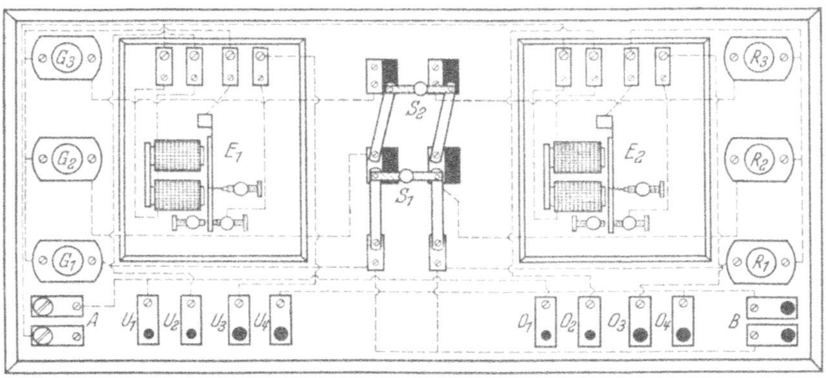

Abb. 18. Das Schaltbrett für die Heizeinrichtung.

Die acht Drahtleitungen (vier zu den Quecksilberkontaktthermometern und vier zu den Heizspiralen) sind zu zwei 5 m langen Kabeln vereinigt und führen nach einem auf dem Beobachtungsstuhl angebrachten Schaltbrett, dessen Anordnung in Abb. 18 dargestellt ist. Auch das Schaltbrett hat zwei getrennte, vollkommen gleichartige Hälften. Die rechte Hälfte entspricht der oberen Heizung, die linke der unteren; in die Stöpselkontakte $O_1 O_2 O_3 O_4$ und $U_1 U_2 U_3 U_4$ werden die Enden der Kabeldrähte eingeführt. Die Stöpsellöcher $O_3 O_4$ und $U_3 U_4$ für die Heizung besitzen einen größeren Durchmesser als die anderen für die Kontrollthermometer, so daß ein Verwechseln der Leitungen nicht möglich ist. Durch die beiden Klemmen A wird der Strom eines LECLANCHÉ-Elements zugeführt. Derselbe geht, wie das Schaltschema Abb. 18 zeigt, durch die Elektromagnete der beiden auf Ruhestrom eingestellten Relais E_1 und E_2 und nach den Klemmen $O_1 O_2$ und $U_1 U_2$. Haben die Quecksilberfäden der Thermometer Kontakt mit den Platindrähten, so ist der Relaisstrom geschlossen, die Anker der Elektromagneten sind angezogen und hierdurch ist der Heizstrom unterbrochen. Sinkt eines der Thermometer unter die eingestellte Temperatur, so wird der betreffende Relaisstrom unterbrochen, der losgelassene Anker des Elektromagneten schließt den entsprechenden Heizstrom.

[1] D. GILL, Description of the Cape Observatory, Part II, S. 30. 1913; Publ Dom Astrophys Obs Victoria, 1, S. 92 (1922).

Letzterer wird durch die beiden Klemmen B der Schaltbretter zugeführt, er wird dem Lichtnetz (110 Volt) entnommen. Zunächst wird er nach den beiden Doppelschaltern S_1 und S_2 geführt, welche es ermöglichen, je nach Bedarf drei verschiedene Widerstände einzuschalten und hierdurch seine Stärke zu ändern.

Als Widerstände benutzt HARTMANN Glühlampen, die in die Fassungen $R_1 R_2 R_3$ und $G_1 G_2 G_3$ eingeschraubt werden. Sind beide Schalter nach rechts gelegt (wie S_2 in Abb. 18), so geht der Strom nur durch die Lampe R_1 bzw. G_1, von da nach dem Relais und, falls dieses geschlossen ist, durch das Kabel nach dem Heizkörper. Schließt man die Verbindung bei S_1, indem man diesen Schalter wie in der Abbildung nach links legt, so geht der Strom gleichzeitig durch die parallel geschalteten Lampen R_1 und R_2 bzw. G_1 und G_2 usw.

Um die beiden Heizkreise leicht unterscheidbar zu machen, hat HARTMANN die der oberen Heizung entsprechenden Lampen (R) rot, die der unteren (G) grün gefärbt. An dem in gleichmäßigen Intervallen erfolgenden Aufleuchten der roten und der grünen Lampen kann der Beobachter ohne weiteres kontrollieren, ob die ganze Heizeinrichtung richtig funktioniert. Die Einstellung der Platinkontakte der Kontrollthermometer K hat nach folgenden Überlegungen zu geschehen. Man beabsichtigt, vom Momente dieser Einstellung an die Temperatur der Prismen konstant zu halten, und zu diesem Zwecke müßte man die Kontakte der augenblicklichen Prismentemperatur entsprechend einstellen. Die Prismentemperatur ist aber nicht bekannt, denn das Thermometer J zeigt die Temperatur der Luft in der Prismenbüchse, aber nicht die der Prismen an, die nur sehr langsam einer Temperaturänderung folgen. HARTMANN[1] hat nun gezeigt, daß ein dem Abkühlungsgesetz folgender Körper stets sehr nahe diejenige Temperatur besitzt, welche in der umgebenden Luft $1/\gamma$ Minuten vorher geherrscht hat. γ ist die Konstante des NEWTONschen Abkühlungsgesetzes, sie kennzeichnet die Geschwindigkeit, mit der ein Instrument einer gegebenen Temperaturschwankung folgt. Für den Spektrographen III des Potsdamer Observatoriums hat HARTMANN gefunden: $1/\gamma = 92$. Danach werden sich die Prismen sehr nahe auf der Lufttemperatur befinden, die etwa $1^1/_2$ Stunde früher beim Apparate herrsche. Letztere wird an einem neben dem Spektrographen angebrachten Thermographen entnommen. Man könnte übrigens die Prismentemperatur auch durch ein mit den Prismen selbst verbundenes Thermoelement messen.

21. Der Thermostat von J. S. PLASKETT. Heizeinrichtungen, welche der oben beschriebenen ähnlich sind, haben sich überall fast stets bewährt. Bei sehr starkem Temperaturabfall hat aber PLASKETT[2] in Ottawa mehrfach gefunden, daß die Temperatur in der Prismenbüchse während weniger Beobachtungsstunden um fast einen halben Grad fiel, obwohl die Temperatur im Heizkasten stationär blieb. Nach PLASKETT ist dieser Temperaturabfall eine Folge der Wärmeleitung in den metallischen Teilen des Spektrographen, welche der freien Luft und dadurch rascher und starker Abkühlung ausgesetzt sind, d. h. in dem nicht im Heizkasten befindlichen oberen Teile des Spektrographen und in dem Spaltkopf. J. S. PLASKETT hat, durch diese Beobachtung veranlaßt, dem Ausbau der Heizeinrichtung des Victoria-Spektrographen ganz besondere Aufmerksamkeit gewidmet, um eine wirkliche, dauernde Temperaturkonstanz im Spektrographen zu erreichen. Nach dem Vorgang von D. GILL[3] versah er dieses Instrument mit einem „CALLENDAR regulator and recorder" der Cambridge Scientific Instrument Co., welcher nicht nur die Temperatur konstant hält, sondern sie auch laufend aufzeichnet. Eine Beschreibung dieses ziemlich komplizierten In-

---

[1] Z f Instrk 17, S. 14 (1897). [2] J Can R A S 16, S. 91 (1922).

[3] Description of the Cape Observatory, Part. II, S. 28, Tafeln 13, 14, 15. 1913.

strumentes ist von GILL gegeben, und auch PLASKETT[1] schildert die etwas einfachere Ausführung des in Victoria verwendeten, auf welche hier nur verwiesen werden kann. Im Prinzip ist dieser Apparat ein Widerstandsthermometer. Ein feiner Platindraht, der infolge der sich ändernden Temperatur seinen Widerstand gegen den elektrischen Strom ändert, wird an Stelle des Quecksilberkontaktes benutzt. Als Vorteil betrachtet PLASKETT, daß dieser feine Draht sehr viel schneller auf Temperaturänderungen anspricht als die relativ große Quecksilbermenge des Thermometers, d. h. er besitzt eine wesentlich geringere thermische Trägheit. Da der Draht ziemlich lang genommen werden kann, läßt er sich an die verschiedenen Teile des Spektrographen führen. So liegt er bei dem Victoria-Instrument zum Teil in der Nähe der Heizdrähte, zum Teil in der Prismenbüchse selbst, wodurch die Temperatur des ganzen Spektrographen gleichmäßiger gehalten werden kann, als wenn die Regulierung der Temperatur nur von einer Stelle aus erfolgt. PLASKETT gibt an, daß sich der CALLENDAR regulator and recorder bestens bewährt hat. Da der Apparat nicht nur die Temperatur reguliert, sondern sie auch fortlaufend aufzeichnet, kann man aus den Registrierkurven ersehen, ob er dauernd richtig funktioniert hat und in welcher Temperatur der Spektrograph sich während der Beobachtungszeit befunden hat.

22. Literaturangaben über Thermostaten und Temperaturregler. An folgenden Stellen finden sich weitere Angaben über Thermostaten und Thermoregulatoren:

ADAMS, Ap J 35, S. 167 (1921); CAMPBELL, ebenda 11, S. 259 (1900); H. DARWIN, ebenda 20, S. 347 (1904); DESLANDRES, B A 15, S. 49 (1898); FROST, Ap J 15, S. 11 (1902); GILL, Description of the Cape Observatory, Part. II, S. 28ff. 1913; HARTMANN, Ap J 15, S. 172 (1902); LORD, ebenda 8, S. 65 (1898); PLASKETT, J Can R A S 16, S. 91 (1922); Publ Dom Astrophys Obs Victoria, 1, S. 88 u. 92 (1922); SLIPHER, Ap J 20, S. 7 (1904); WRIGHT, Publ Lick Obs 9, S. 54 (1907).

23. Die Einrichtung zum Einstellen und Halten des Sternes auf dem Spalt. Allgemeines. Als Radialgeschwindigkeitsbestimmungen heller Sterne von mehreren Observatorien vorlagen, fanden sich bei der Vergleichung der von den verschiedenen Beobachtern erhaltenen Werte eines jeden einzelnen Sternes größere Differenzen, als nach der inneren Genauigkeit der Messungen erwartet werden konnte. Es zeigte sich, daß diese Differenzen systematischer Natur waren derart, daß alle Radialgeschwindigkeiten, die auf dem einen Observatorium bestimmt waren, in gleichem Sinn und nahe in gleichem Betrag von den entsprechenden eines anderen Observatoriums abwichen. Diese Differenzen konnten weder von optischen Mängeln des Spektrographen, noch von Biegungen, noch von schlechter Temperaturregulierung herrühren, da Kontrollaufnahmen des Mondes und der Planeten genau die Radialgeschwindigkeiten ergaben, die nach der Theorie dieser Himmelskörper vorhanden sein mußte. Man erkannte dann (Ziff. 10), daß Fehler in den Radialgeschwindigkeiten entstehen müssen, wenn der Spektrographenspalt nicht durch die Mitte des vom Fernrohr gelieferten Sternbildchens hindurchgeht, sei es nun, daß bei der Einstellung des Sterns auf den Spalt ein Fehler in dieser Beziehung gemacht (Einstellfehler) oder aber daß die an sich richtige Einstellung während der langen Dauer der Belichtung nicht unverändert beibehalten worden war (Haltefehler).

Diese Fehler hängen zunächst von der verwendeten Spaltbreite ab, d. h. sie sind um so größer, je weiter der Spalt geöffnet wird. Sie sind ferner bei gleicher Spaltöffnung für Apparate geringer Dispersion größer als für solche großer Dispersion, und schließlich sind sie noch, auch wenn ein und derselbe Spektro-

---

[1] J Can R A S 16, S. 91 (1922). Tafel 1, S. 96.

graph mit unveränderter Spaltweite verwendet wird, von der Persönlichkeit des Beobachters abhängig. Letztere Art von Fehler ist eine persönliche Gleichung des Beobachters, deren Größe selbst für den einzelnen Beobachter nicht konstant zu sein braucht, sondern zeitlich oder auch je nach dem benutzten Fernrohr und Spektrographen und je nach der Helligkeit des aufzunehmenden Sternes variiert. Im Wesen ist diese persönliche Gleichung ganz identisch mit der, welche sich bei Meridianbeobachtungen bemerkbar macht (Ziff. 34).

24. Ältere Verfahren. Wenn der Einstell- und der Haltefehler eben wegen seiner Abhängigkeit vom Beobachter sich wohl kaum ganz beseitigen läßt, so muß man doch darauf bedacht sein, ihn wenigstens in seiner Größe möglichst herabzumindern, indem man Einstell- und Haltevorrichtungen benutzt, die es ermöglichen, die Lage des vom Fernrohr erzeugten Sternbildchens auf dem Spalt möglichst gut und bequem beobachten und evtl. korrigieren zu können. Ein solches Verfahren besteht darin, daß man das von der ersten Prismenfläche reflektierte Bild des im Spalte erscheinenden Sterns mit einem kleinen Fernrohr betrachtet. Wie Abb. 16 des Potsdamer Spektrographen III zeigt, kann zu diesem Zweck das kleine Beobachtungsrohr *F* in die Buchse *C* gesteckt werden. Ist der Stern genügend hell, so kann auch das durch das erste Prisma erzeugte, von der ersten Fläche des zweiten Prismas reflektierte Spektrum beobachtet werden, wie die Abbildung gleichfalls zeigt. Dieses Verfahren ist früher fast ganz allgemein lange Zeit hindurch benutzt worden, z. B. in Potsdam, Lick, Pulkowa usw. Bei sehr großer Sorgfalt hat es befriedigende Resultate ergeben. Es setzt ein großes, lichtstarkes Fernrohr voraus, da sonst das durch den Spalt geschwächte, vom Prisma reflektierte Licht auch bei hellen Sternen zu geringe Intensität besitzt. Der Spalt darf nicht zu eng genommen werden, damit Beugungserscheinungen das Bild des Spaltes und des Sternes nicht so stark verändern, daß das Einstellen und Halten unsicher oder gar ungenau wird. Bei großer Unruhe des Sternbildes werden diese beiden Operationen auch bei den üblichen Spaltbreiten schwierig und vielfach ungenau. Das Verfahren strengt die Augen, wenn schwächere Sterne beobachtet werden, sehr erheblich an und führt bald zu einer Ermüdung derselben.

Eine zweite Methode, die aber nur dann anwendbar ist, wenn ein Doppelfernrohr, d. h. wenn neben dem den Spektrographen tragenden Fernrohr noch ein genügend starkes Leitrohr vorhanden ist, wie z. B. bei einigen Himmelskartenrefraktoren, ist auch mehrfach praktisch verwendet worden. Die Einstellung geschieht bei dieser Methode folgendermaßen. Während ein Beobachter vor Beginn der Aufnahme das Sternspektrum mit einer passenden Lupe betrachtet und durch Bewegung der Deklinationsfeinbewegung den Stern so auf den Spalt führt, daß das Spektrum möglichst hell erscheint, stellt ein zweiter Beobachter das Fadenmikrometer des Leitrohres so ein, daß der Stern biseziert wird. Während der ganzen Dauer der Exposition wird dann der Stern in der gleichen Stellung auf dem Mikrometerfaden gehalten. Diese Methode ist zwar bequemer als die erste, aber ungenauer, da der Beobachter sich bei der Einstellung mit der Lupe durch eine Schätzung der Helligkeit leiten lassen muß, was an sich etwas unsicher ist, namentlich bei wechselnder Luftunruhe; aber selbst wenn die Einstellung fehlerfrei erfolgt ist, kann bei längeren Belichtungen ein Haltefehler entstehen, einmal durch die Abhängigkeit der Refraktion von der Wellenlänge und zweitens durch differentielle Biegung der zwei Fernrohre gegeneinander. Aufnahmen ein und desselben Sterns zeigen größere Differenzen in den Werten der Radialgeschwindigkeit als bei Verwendung der ersten Methode.

25. Verfahren von HUGGINS. Man ist daher ganz allgemein zu einer dritten Methode übergegangen, die von HUGGINS berei ts1880 im Prinzip und 1893 genau in der Form der heutigen Anwendung angegeben und benutzt worden, somit die älteste und nach den heutigen Erfahrungen trotzdem die beste Methode ist[1]. HUGGINS ließ die Spaltbacken aus Spiegelmetall herstellen und hochglanzpolieren, so daß sie wie ein Spiegel reflektieren. Diese Spaltbacken wurden nun aber nicht senkrecht zur optischen Achse des Fernrohrs gestellt, sondern sie erhielten eine kleine Neigung (2° bis 5°) gegen diese. Das von ihnen reflek-

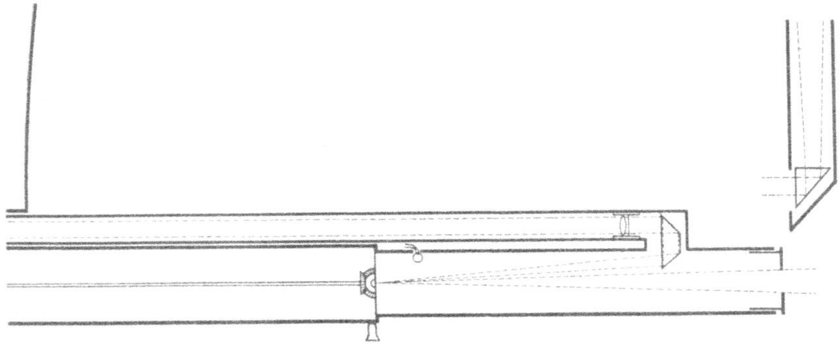

Abb. 19a. Haltevorrichtung von HUGGINS (Spaltteil).

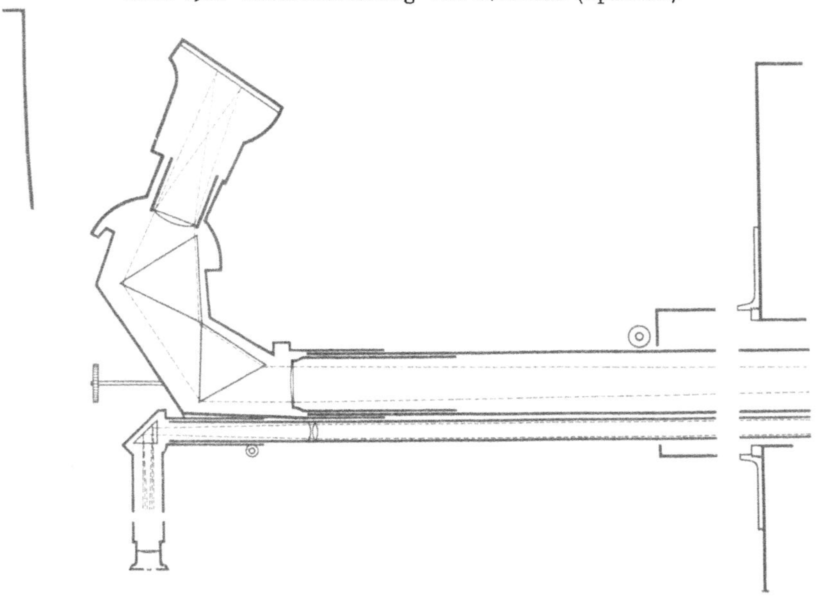

Abb. 19b. Haltevorrichtung von HUGGINS (Kamerateil).

tierte Licht wurde durch ein seitlich angebrachtes, in einiger Entfernung vom Spaltkopfe befindliches Prisma aufgefangen, um nahezu 180° abgelenkt, danach durch ein achromatisches Objektiv, in dessen Brennpunkt sich der Spalt befindet, parallel gemacht und dann durch ein kleines, für den Beobachter bequem zugängliches Fernrohr wieder zu einem Bild vereinigt. Der Beobachter sieht somit den Spalt und das auf ihn durch das Hauptfernrohr projizierte Bild des Sternes und kann somit den Stern leicht richtig auf den Spalt bringen und ihn in dieser Stellung während der ganzen Belichtung halten. Abb. 19a, 19b gibt

[1] Publ William Huggins Obs 2, S. 12ff. u. 16ff. (1909).

die Zeichnung des Apparates, den HUGGINS für den Ultraviolettspektrographen seines Tulse Hill-Reflektors konstruiert hat, in so klarer Weise, daß eine weitere Erläuterung nicht nötig ist[1]. Die Methode von HUGGINS ist, wie die praktischen Erfahrungen zeigen, den beiden anderen erheblich überlegen. Besonders günstige Resultate ergibt sie, wenn der Spektrograph an einem photographisch korrigierten Refraktor angebracht wird. Beim Hineinsehen in das Haltefernrohr sieht man die Spaltbacken erleuchtet durch die nicht durch das Objektiv vereinigten Strahlen und auf dem Spalt selbst das kleine blaue Sternscheibchen, welches durch das photographisch achromatisierte Objektiv erzeugt wird. Es läßt sich leicht in eine richtige Stellung auf den Spalt bringen. Das Objektiv wirkt ähnlich wie ein Farbenfilter. Der Haltefehler infolge der Farbenabhängigkeit der Refraktion wird auf ein Minimum reduziert.

Bei Reflektoren liegen die Verhältnisse in dieser Beziehung wesentlich ungünstiger. Eine besondere Haltevorrichtung hat E. B. FROST für den BRUCE-Spektrographen konstruiert. Im Prinzip ist die HUGGINSsche Anordnung beibehalten worden. Durch Drehen eines zusätzlichen Spiegels kann aber auch das von der ersten Prismenfläche reflektierte Bild des Spaltes betrachtet werden. Auf diese Weise können beide Haltemethoden je nach Belieben angewendet werden[2].

f) Die Optik einiger besonders bekannter Spektrographen.

26. Die Optik des zweiten MILLS-Spektrographen [Publ Lick Obs 9, Pt. 3 (1907)].

Durchmesser des großen Spiegels	92,9 cm
Durchmesser des kleinen Spiegels	24,2 „
Brennweite des großen Spiegels	533 „
Distanz zwischen den beiden Spiegeln	394 „
Distanz des Brennpunktes des großen Spiegels von dem kleinen Spiegel	140 „
Distanz des kleinen Spiegels vom Brennpunkt des Systems	442 „
Äquivalentbrennweite	16,9 m

Kollimator { Öffnung 5 cm (auf 4,29 cm abgeblendet). Brennweite 80 cm.

Prismen (Jena O 102):	Kantenlänge 49 mm,	Seitenlänge 82 mm
	„ 51 „	„ 89 „
	„ 51 „	„ 97 „

Brechender Winkel 63° 28′.

Kamera { lange { Öffnung 6,3 cm, Brennweite 54 cm; kurze { Öffnung 6,3 cm, Brennweite 40 cm.

27. Die Optik des Victoria-Spektrographen [Publ Dom Astrophys Obs Victoria 1, Nr. 1 (1922); J Can R A S 14, S. 177 (1920)].

Durchmesser des großen Spiegels	1,84 m
Brennweite des großen Spiegels	9,18 „
Durchmesser des kleinen Spiegels	0,49 „
Brennweite des kleinen Spiegels	3,01 „
Distanz zwischen den beiden Spiegeln	6,98 „
Äquivalentbrennweite	32,9 „

Kollimator (regular Brashear triplet): Durchmesser 63 mm, Brennweite 1143 mm.

[1] Publ William Huggins Obs 2, S. 23 (1909).
[2] Ap J 15, S. 8 (1902).

Prismen[1] (Jena O 118):	Seitenlänge	122,9 mm,	Basis	128,2 mm
	„	129,1 „	„	134,6 „
	„	135,3 „	„	141,0 „

Brechender Winkel 63°.

Kamera	lange	Öffnung 76 mm (HASTINGS Brashear triplet), Brennweite 940 mm;
	mittlere	Öffnung 76 mm (HASTINGS Brashear triplet), Brennweite 711 mm;
	kurze	Öffnung 76 mm (COOKE separated triplet), Brennweite 381 mm.

28. Die Optik des Einprismenspektrographen der Sternwarte Berlin-Babelsberg[2].

Durchmesser des großen Spiegels 1,25 m.
Äquivalentbrennweite 25 m.
Kollimator: Öffnung 50 mm, Brennweite 995 mm.
Prismen[1] (Jena O 118): Kantenlänge 56 mm, Seitenlänge 120,8 mm.
Brechender Winkel 66°,6.

Kamera: Öffnung	60 mm,	Brennweite 233 mm
„	60 „	„ 480 „
„	60 „	„ 720 „

29. Literaturangaben über Beschreibungen von Spektrographen.

W. S. ADAMS, The Three Prism Stellar Spectrograph of the Mt Wilson Observatory. Ap J 35, S. 163 (1912); W. W. CAMPBELL, The Mills Spectrograph of the Lick Observatory. Ebenda 8, S. 123 (1898); R. H. CURTISS, The Single Prism Spectrograph of the Detroit Observatory. Publ Astr Obs Univ Michigan I, S. 37 (1912); G. EBERHARD, Neuer Spektrograph für astrophysikalische Zwecke. Z f Instrk 30, S. 29 (1910); E. B. FROST, The Bruce Spectrograph of the Yerkes Observatory. Ap J 15, S. 1 (1902); D. GILL, Description of the Cape Observatory, Pt. II, S. 18 (1913); P. GUTHNICK, Der Einprismenspektrograph .... am 125 cm-Reflektor der Sternwarte Berlin-Babelsberg. Sitzber Preuß Akad 1930, S. 3; M. HAMY, Le spectrographe stellaire de l'observatoire de Paris. Ann Obs Paris 32, Fasc. 2 (1924); A. HNATEK, Untersuchungen über das Rothschild-Coudé und den Spektrographen der k.k. Universitäts-Sternwarte Wien, Ann 25, Nr. 1 (1913); J. HARTMANN, Ein Quarzspektrograph für astrophysikalische Zwecke. Z f Instrk 25, S. 161 (1905); P. W. MERRILL, A Plane-Grating Spectrograph für the Red and Infra-red Regions of Stellar Spectra. Ap J 74, S. 188 (1931); Mt Wilson Contr Nr. 432; H. F. NEWALL, Description of a Four Prism Spectrograph Attached to the 25 inch Visual Refractor of the Cambridge Observatory. M N 65, S. 636 (1905); J. S. PLASKETT, The Ottawa Spectrographs. J Can R A S S, S. 286 (1909); Report of the Chief Astronomer for 1909, S. 163. Ottawa 1910; The Victoria Spectrograph. Publ Dom Astrophys Obs Victoria I, Nr. 1, S. 81 (1922); The Ultraviolet Spectrograph of the 72 inch Telescope. Pop Astr 31, S. 20 (1923); FR. SCHLESINGER, A Description of the Mellon Spectrograph. Publ Allegheny Obs 2, S. 1 (1912); V. M. SLIPHER, The Lowell Spectrograph. Ap J 20, S. 1 (1904); H. C. VOGEL, Untersuchungen über die Eigenbewegung der Sterne im Visionsradius auf spektrographischem Wege. Potsdam Publ 7, S. 5 (1892); Description of the Spectrographs for the Great Refractor at Potsdam. Ap J 11, S. 393 (1900);

---

[1] O 118 ist nach den Untersuchungen von J. S. PLASKETT wesentlich lichtdurchlässiger als O 102.

[2] P. GUTHNICK, Der Einprismenspektrograph . . . der Sternwarte Berlin-Babelsberg. Sitzber Preuß Akad Math Phys Kl 1930 I, S. 3.

W. H. WRIGHT, The Quartz Spectrograph of the Lick Observatory. Lick Bull 9, S. 52 (1917); Description of the Instruments and Methods of the D. O. Mills Expedition. Publ Lick Obs 9, Pt. 3, S. 25 (1907).

g) Systematische Fehler bei der Aufnahme von Spektren.

Bei der Aufnahme und Auswertung von Sternspektrogrammen werden, wie bei allen Beobachtungen und Messungen, Fehler zufälliger und systematischer Natur auftreten. Die Wirkungen der ersteren lassen sich dadurch unschädlich machen, daß nicht nur eine oder wenige Platten ein und desselben Sternes aufgenommen und ausgemessen werden (einmal oder auch mehrmals), sondern eine große Zahl Platten und jede Platte mehrmals gemessen wird. Diese Art von Fehlern ist, wie auch sonst überall, von geringer Bedeutung für die Spektralbeobachtungen, hingegen können systematische Fehler in sehr erheblichem Maße den Wert der Beobachtungen herabdrücken. Es ist deshalb von großer Wichtigkeit, die verschiedenen Arten von systematischen Fehlern bei Spektralmessungen, ihre Ursachen und die Abhilfemittel gegen sie zu kennen. Deshalb soll hier ausführlich auf diese Fehler eingegangen werden.

30. Optische Mängel des Spektrographen. Die erste Quelle für das Auftreten dieser Fehler sind Mängel im optischen System des Spektrographen: Zonenfehler, Astigmatismus und starke Krümmung des Bildfeldes der Linsen, Krümmungen der Prismenflächen, Ungleichmäßigkeiten (z. B. Schlieren) in dem Glase der Prismen selbst. Bei den modernen Apparaten ist das Vorhandensein solcher Mängel kaum wahrscheinlich, da die optischen Werkstätten heutzutage über zahlreiche und wirksame Mittel und Wege verfügen, die zu liefernden Linsen und Prismen auf Fehler zu prüfen und vorhandene Fehler fortzuschaffen (s. Bd. I, Abschnitt 2). Trotzdem wird es gut sein, einen neuen Spektrographen in bezug auf die Güte der optischen Teile zu prüfen, ehe man ihn zur Bestimmung von Radialbewegungen verwendet, zumal eine solche Prüfung in einfacher und wenig zeitraubender Weise geschehen kann. Gröbere Mängel des optischen Systems wird man schon dadurch finden, daß man von dem Emissionsspektrum eines Elementes, das scharfe Spektrallinien besitzt, unter Zuhilfenahme der Spaltblende zwei Aufnahmen auf dieselbe Platte macht, von denen die eine kurz, die zweite aber lang belichtet wird. Sind Fehler vorhanden, so werden die Linien des lang belichteten Spektrums Verschiebungen gegen die des kurzbelichteten aufweisen. Ein besseres Verfahren, welches auch quantitative Resultate gibt, ist von CORNU und später von HARTMANN[1] in erweiterter und wesentlich verbesserter Form angegeben worden. Es ist zweifellos das genaueste, erfordert aber mehr Zeit und Arbeit als das erstere. Man wird es daher erst dann anwenden, wenn das erste Verfahren einen Verdacht auf optische Mängel aufkommen läßt. HARTMANN setzt auf das Kollimatorobjektiv eine Blende mit einem rechteckigen, zur brechenden Kante des Prismas parallelen Schlitz von einigen Millimeter Breite und von einer Höhe, die dem Durchmesser des Objektivs entspricht. Es bleibt hierdurch nur ein bestimmt definierter Teil des optischen Systems frei, z. B. der eine Randteil. Nun wird ein Emissionsspektrum (etwa Eisen) photographiert, hierauf die Blende entfernt und durch eine zweite ersetzt, die einen ebensolchen Schlitz besitzt, der aber nur die zentralen Teile des Systems freiläßt (Zentralblende). Unter Anwendung der Spaltblende wird wiederum eine Aufnahme gemacht, und diese wird eine Verschiebung des Spektrums gegen das der ersten Aufnahme zeigen, falls optische Fehler vorhanden sind; der Betrag dieser Verschiebung ergibt ein Urteil über die Größe des

---

[1] Z f Instrk 20, S. 17 u. 47 (1900); Ap J 11, S. 400 (1900); 12, S. 430 (1900).

Fehlers, und der Abstand des Blendenschlitzes von der Mitte der Zentralblende ergibt den Ort, wo der Fehler im optischen System ist. Indem man das aus dem Kollimator austretende Strahlenbündel durch verschiedene Blenden in einzelne Abschnitte zerlegt und durch Aufnahmen die Verschiebung der durch die verschiedenen Abschnitte erhaltenen Spektra gegen das durch die Zentralblende erhaltene Spektrum mißt, kann man die Fehler des ganzen optischen Systems finden. Dieses Verfahren setzt freilich voraus, daß der Fokus der Kameralinse genau bestimmt und die Platte genau in ihn eingestellt ist. Ob diese Bedingung erfüllt ist oder nicht, ersieht man aus den Aufnahmen selbst. Zeigen nämlich die Spektra, welche durch die Mitte des optischen Systems aufgenommen sind (Zentralblende), eine Verschiebung gegen die Spektra, die durch die seitlichen Teile des Systems erhalten wurden, so können zwei Fälle eintreten: Entweder zeigt sich in den Verschiebungen ein gleichmäßig fortschreitender Gang, so daß das Spektrum der einen Randpartie gegen das der Mitte etwa nach längeren Wellenlängen, das der anderen Randpartien aber nach kürzeren Wellenlängen verschoben ist; dies ist das Anzeichen, daß die Platte nicht im richtigen Fokus stand. Sind dagegen Verschiebungen der beiden Randpartien gegen die Mitte nach derselben Richtung vorhanden, so liegen Fehler des optischen Teiles vor. Der Grund für diese Regel ist von selbst einleuchtend. HARTMANN fand beispielsweise für einen Einprismenspektrographen folgende Verschiebungen:

Erster Rand	+0,040 mm
	+0,014
	0,000
Mitte	0,000
	+0,003
	+0,020
Zweiter Rand	+0,050.

Da diese Verschiebungen das gleiche Vorzeichen haben (sie liegen alle in der Richtung nach den kürzeren Wellenlängen), so können bei keiner Fokussierung alle Strahlen zu einem scharfen Bilde vereinigt werden. Bei der darauffolgenden Prüfung der einzelnen optischen Teile zeigte sich, daß das Prisma fehlerhaft war und durch ein neues ersetzt werden mußte. Für die Anwendung dieses Verfahrens ist es von Wichtigkeit, daß der ganze Spektrograph in thermischem Gleichgewicht ist, damit nicht Änderungen in den optischen und mechanischen Teilen des Apparates in der Zeit zwischen den einzelnen Aufnahmen eintreten, zumal wenn diese Zwischenzeit nicht sehr kurz ist. Bei nicht vorhandenem thermischen Gleichgewicht können aber auch dadurch unscharfe Spektra entstehen, daß die optischen Teile, besonders die Prismen nicht mehr als homogene Glasmassen angesehen werden können, wie sie es in thermischem Gleichgewicht wirklich sind.

Sind durch eines dieser Verfahren Mängel im optischen System nachgewiesen, so hat man nun zu suchen, welcher Teil des Systems dafür verantwortlich zu machen ist. Es sind die Objektive und Prismen einzeln zu untersuchen, und der fehlerhafte Teil muß verbessert oder, wenn dies nicht möglich ist, durch einen neuen ersetzt werden. Hier kann nicht näher auf die Methoden der Einzeluntersuchung eingegangen werden, sondern es sei auf den zweiten Abschnitt dieses Bandes verwiesen oder auf folgende Schriften: A. CORNU, Sur le spectre normal du soleil, partie ultraviolette. II. Partie. Ann École Norm, II. Série, 9, S. 21 (1880); J. HARTMANN, Bemerkungen über den Bau und die Justierung von Spektrographen. Z f Instrk 20, S. 17, 47 (1900); G. EBERHARD, Untersuchungen über den Spektrographen IV des Astrophysikalischen Observatoriums.

Potsdam Publ 18, Nr. 54 (1907) [hier ist ein Beispiel für die Untersuchung eines Spektrographen in voller Ausführlichkeit gegeben].

31. Falscher Fokus. Ist die photographische Platte nicht im Fokus des Kameraobjektives, so entsteht eine Unschärfe der Spektrallinien; die Linien werden, wenn man von einem kleinen Bezirke um die optische Achse des Kameraobjektivs herum absieht, nicht symmetrisch verbreitert, sondern einseitig. Da nun das Spektrum der Vergleichslichtquelle Emissionslinien, das des Sternes Absorptionslinien besitzt, wirkt sich ein falscher Fokus bei den Linien des ersteren anders aus als bei den Sternlinien. Diese unsymmetrische Unschärfe nimmt Beträge an, die von der Intensität der Linien abhängen. Eine sehr schwache Emissionslinie nämlich erleidet keine oder eine nur geringe Verschiebung, eine starke hingegen größere Verschiebungen. Im Sternspektrum selbst können schwache Linien ganz verschwinden, stärkere werden geschwächt und verschoben, ganz starke noch weiter verschoben. Der Betrag der Verschiebungen ist nicht identisch mit dem einer verschobenen Emissionslinie. Bereits beim Messen macht sich eine Unsicherheit bemerkbar, die schon allein zu systematischen Fehlern führen kann und auch meist führen wird. Ist die photographische Platte zur optischen Achse geneigt, so treten bei unrichtigem Fokus noch größere Fehler auf. Beispielsweise macht sich bei einem Chromaten nach HARTMANN oder SCHWARZSCHILD von etwa 30 cm Brennweite schon eine falsche Fokaleinstellung von 0,2 mm sehr bemerkbar, die verschiedenen Sternlinien ergeben verschiedene Radialgeschwindigkeiten, und der Mittelwert aus ihnen ist um Beträge von einigen Kilometern verfälscht. Es ist daher von größter Wichtigkeit, die Bestimmung und richtige Einstellung des Fokus für die verschiedenen Temperaturen, bei welchen der Spektrograph gebraucht wird, mit sehr großer Sorgfalt auszuführen. Die einfachste Methode besteht darin, daß man eine große Reihe Sonnenspektra bei verschiedenen Einstellungen, in ziemlich engen Intervallen, aufnimmt. Die richtige Fokalstellung ist dann die, bei der die Trennung dicht beieinander liegender Spektrallinien am besten ist. Der Gebrauch feinkörniger Platten erleichtert die Auswahl unter den Platten und steigert die Genauigkeit in erheblichem Maße. Die geringe Empfindlichkeit dieser Plattensorten bietet den weiteren Vorteil, daß man trotz der großen Intensität des Sonnenlichtes die richtige Expositionszeit leicht finden kann. Falsche Belichtungen verschlechtern das Aussehen des Sonnenspektrums stark und geben bei der Auswahl der besten Platten zu Täuschungen Anlaß.

Besitzt die Kamera eine Einrichtung, die Plattenneigung zu verändern, so erhält man genauere Bestimmungen, wenn man die Plattenneigung möglichst groß macht. Das Gebiet der scharfen Linien wird dann in den Spektrogrammen verkleinert und die Auswahl der günstigsten Einstellung dadurch wesentlich einfacher und sicherer.

Statt des Sonnenspektrums kann man sich für die Fokussierung auch eines Emissionsspektrums mit zahlreichen scharfen Linien bedienen, erfahrungsgemäß sind die Resultate aber weniger genau als bei Benutzung des Sonnenspektrums.

Eine andere Methode, den richtigen Fokus zu finden, hat HARTMANN angegeben. Sie ist aber nur anwendbar, wenn das optische System fehlerfrei ist. Setzt man vor das Kollimatorobjektiv eine Blende mit zwei Schlitzen (parallel zur brechenden Kante des Prismas), die genügend seitlich von der optischen Achse und symmetrisch zu ihr sind, und macht dann je eine extrafokale und intrafokale Aufnahme eines Emissionsspektrums mit scharfen Linien, etwa unter Benutzung der Spaltblende, auf dieselbe Platte, so erhält man zwei Spektra, in denen jede Linie doppelt ist. Durch Ausmessung der Distanzen dieser beiden Linien sowohl auf den extrafokalen wie auf den intrafokalen Aufnahmen berechnet sich dann unter Anwendung der Skalenangaben bei beiden Einstellungen der richtige Fokus für eine jede Spektrallinie und damit eine eventuelle Krümmung des Gesichtsfeldes und die Neigung der Platte gegen die optische Achse. Ist die Bildfläche keine Ebene, sondern eine gekrümmte Fläche, so kann auf diese Weise auch diejenige Neigung der Platte gefunden werden, bei der die Platte ein möglichst großes Stück des Spektrums scharf abbildet.

Fokalbestimmungen sind für die verschiedenen Temperaturen auszuführen, unter denen der Spektrograph gebraucht wird, und zwar für Temperaturen von etwa 5° zu 5° oder in noch engeren Temperaturintervallen, falls die Lage des Fokus sich als sehr temperaturempfindlich erweist. Sind die Einzellinsen der beiden Spektrographenobjektive verkittet, so ist es erwünscht, von Zeit zu Zeit eine Fokalbestimmung zu wiederholen zur Kontrolle, ob sich etwa der Fokus infolge Eintrocknens des Kanadabalsams zwischen den Einzellinsen im Laufe der Zeit geändert hat und Deformationen der Linsen hierdurch eingetreten sind[1].

Für den Spektrographen IV des Potsdamer Observatoriums, der eine Kamera von 35 cm Brennweite besitzt, ergab sich beispielsweise folgende Temperaturabhängigkeit des Fokus:

t	F	
−10° C	31,86 mm	Bei sehr hohen und besonders bei abnorm tiefen Temperaturen (unter −10° C) war überhaupt kein sicherer Fokus zu erhalten, das ganze optische System war zu stark deformiert.
− 5	,87	
0	,86	
+ 5	,80	
+10	,67	
+15	,48	
+20	,27	
+25	,04	

32. Temperaturänderungen während der Aufnahme. Sehr große, systematisch verlaufende Fehler treten auf, wenn sich die Temperatur des Spektrographen während der Aufnahme ändert. In der folgenden Tabelle sind einige Beispiele von Änderungen Δv der Radialgeschwindigkeit für eine Temperaturänderung von 1° C gegeben, aus denen man ersehen kann, wie stark ein Spektrograph auf eine Temperaturänderung zu reagieren pflegt.

Spektrograph	Prisma	Δv pro 1° C	Quelle
D des Potsdamer Observatoriums	1	+19 km	Z f Instrk 26, S. 315 (1901).
III „ „ „	3	+15	
A „ „ „	2 Compound	+17	
IV „ „ „	3	+17	Potsdam Publ 18, Nr. 54, S. 80 (1908).
Des Lick-Observatory	1	+36	Lick Bull 3, S. 25 (1904).

Die Änderung der Radialgeschwindigkeit infolge von Temperaturänderungen setzt sich aus zwei Teilen zusammen: Änderungen im optischen System einerseits und Änderungen in den mechanischen Teilen andererseits, beide überlagern sich. Die ersteren Verschiebungen sind durch Änderungen des Brechungsindex, insbesondere der Prismen, veranlaßt und hängen von der Glassorte ab. So sind sie kleiner bei Crownglas als bei Flintglas. Die sich überlagernden anderen Verschiebungen entstehen durch die thermische Ausdehnung der Metallteile des Apparates. Man kann im voraus nie wissen, wie sich ein Spektrograph infolge des Zusammenwirkens dieser beiden Einflüsse verhält. Beispielsweise erhielt Hartmann[2] für die verschiedenen Wellenlängen bei dem Spektrographen I (ein

[1] Z f Instrk 23, S. 274 (1903). [2] Z f Instrk 21, S. 315 (1901).

Prisma) des Potsdamer Observatoriums folgende Änderungen Δv der Radialgeschwindigkeit bei einer Temperaturänderung von 1° C:

λ	Δv	λ	Δv	λ	Δv	λ	Δv
3800	+4,5 km	4200	+0,6 km	4500	−2,7 km	4800	−5,9 km
3900	+3,5	4300	−0,6	4600	−3,8	4900	−7,0
4000	+2,6	4400	−1,6	4700	−4,8	5000	−8,0
4100	+1,7						

Es zeigt sich somit ein sehr stark ausgesprochener Gang für die einzelnen Wellenlängen, während der Spektrograph III (drei Prismen) wohl auch einen systematischen Gang, aber von sehr geringer Größe, aufweist,

λ	Spektrograph III Δv	Spektrograph A Δv
4100	+15,5 km	+17,0 km
4200	+15,4	+17,2
4300	+15,2	+17,4
4400	+15,0	+17,6
4500	+14,8	+17,8

ebenso wie der Spektrograph *A* (zwei Compoundprismen).

Auf jeden Fall ersieht man aus diesen Zahlen, daß große, systematisch verlaufende Fehler bei Temperaturänderungen während einer Spektralaufnahme entstehen können, und daß es folglich absolut nötig ist, den Apparat auf konstanter Temperatur zu halten. Glücklicherweise läßt sich diese Forderung durch Einschließen des gesamten Apparates in einen auf elektrischem Wege heizbaren Kasten leicht erfüllen, und kein moderner Spektrograph dürfte mehr ohne einen solchen verwendet werden, wenn es sich um Aufnahmen handelt, die länger als wenige Minuten dauern. Immerhin bieten sich auch dann noch gewisse Schwierigkeiten. An Tagen mit starker Sonnenstrahlung wird die Lufttemperatur in der das Instrument enthaltenden Kuppel stark ansteigen, und dieser Anstieg wird sich, wenn auch verringert und in der Phase verschoben, auch im Spektrographen vollziehen. Bei Beginn der Beobachtungen ist der Spektrograph meist noch nicht in thermischem Gleichgewicht, sondern es wird die thermische Bewegung noch fortbestehen, auch wenn man den Apparat durch Inbetriebsetzung der elektrischen Heizung konstant auf der Temperatur hält, die die Thermometer bei Beginn der Beobachtung anzeigen. Da die Beobachtungen meist abends beginnen, wo die Temperatur sowohl der Kuppel als auch die des Spektrographen absinkt, werden alle Aufnahmen nach einer Seite hin systematisch gefälscht. Das beste wäre, wenn man den Spektrographen dauernd auf ein und derselben Temperatur halten und damit verhindern könnte, daß er seinen täglichen Temperaturverlauf vollzieht. Das hat aber große Schwierigkeiten und ist infolgedessen wohl auch noch kaum durchgeführt worden. Im allgemeinen werden diese Fehler nicht bedeutend sein. Näheres über den Verlauf der Temperatur in einem Spektrographen in bezug auf den Temperaturverlauf in der Kuppel ist weiter oben bereits mitgeteilt worden.

33. Biegung. Bei der Besprechung der Bedingungen, die ein Astrospektrograph zu erfüllen hat, war auch die erwähnt, daß seine mechanische Stabilität besonders groß sein muß, d. h. daß keine Biegung innerhalb des Spektrographen selbst vorhanden sein darf, weil er in allen Lagen zur Vertikalen gebraucht wird. Man hat wohl ohne Zweifel von Anfang an darauf geachtet, daß diese Bedingung erfüllt ist, aber eigentliche Untersuchungen über die Biegung eines Astrospektrographen sind kaum bekannt geworden. KEELER[1], DESLANDRES[2], HARTMANN[3] geben an, daß die Biegung in ihren Instrumenten unmerklich klein sei; dagegen fand KÜSTNER[4] für den Bonner Spektrographen einen recht hohen Wert für die stündliche Linienverschiebung durch Biegungsänderung, der selbst in den gewöhnlichen Gebrauchslagen 6,9 km/sec erreicht. Es kommt nämlich für die Aufnahme von Sternspektren nicht auf die Biegung selbst, sondern nur auf ihre Änderung mit dem Stundenwinkel bei konstanter Deklination an, d. h. die Größe der Biegung an sich ist für die Beobachtungen gleichgültig, wenn sie nur möglichst konstant bleibt und sich nicht mit dem Stundenwinkel ändert. Die Änderung der Biegung ist nun, wie leicht einzusehen, nicht proportional der Zeit. Denkt man sich die Lage x einer Spektrallinie als Funktion der Zeit infolge der Biegungsänderung, gezählt von der Mitte der Exposition an, durch eine Potenzreihe dargestellt:

$$x = a + bt + ct^2 + dt^3 + \cdots,$$

so hat der Faktor c infolge der Biegung merkliche mit dem Stundenwinkel der Aufnahme systematisch wechselnde Beträge. Kopiert man das Vergleichsspektrum am Anfang und Ende der Exposition auf oder nur in der Mitte, so entstehen systematische Fehler in den Werten der Radialgeschwindigkeiten.

Da auch der Potsdamer Spektrograph IV in den Radialgeschwindigkeiten häufig beobachteter Sterne mit konstanter Radialbewegung systematische Gänge aufwies, die vom Stundenwinkel abhängen, so ist dieser Apparat experimentell gründlich durchuntersucht worden[5]. Diese Arbeit verlief so, daß für einen gewissen Deklinationsgrad Aufnahmen des Eisenspektrums beim Stundenwinkel $t = 0^h$ und bei den zu untersuchenden anderen Stundenwinkeln t_n auf dieselbe Platte unter Anwendung der Spaltblende gemacht wurden. In der folgenden Tabelle ist die Differenz der Biegung zwischen dem Stundenwinkel t_n und dem

Stundenwinkel	Biegungsdifferenz				
	$\delta = 0°$	$\delta = 20°$	$\delta = 50°$	$\delta = 80°$	$\delta = 90°$
-12^h	$-0^R,0016$	$-0^R,0106$	$-0^R,0236$	$-0^R,0246$	
11	−0 ,0032	−0 ,0107			
10	−0 ,0020	−0 ,0074	− 192		
9		−0 .0048	− 111	−0 ,0126	
8	−0 ,0003		− 69		
6	+0 ,0004	−0 ,0007	− 36	−0 ,0061	
5			− 14		
4	+0 ,0018	+0 ,0013	+ 6		
3			+ 5	+0 ,0009	
2	+0 ,0039	+0 ,0022	+ 5	+0 ,0006	
− 1			+ 27		
+ 1			− 3		
2	+0 ,0010	−0 ,0004	+ 3		
3				−0, 0012	$-0^R,0024$
4	+0 ,0024	−0 ,0016	− 32		
6	−0 ,0012	−0 ,0049	− 76	−0, 0122	−0 ,0125
8	+0 ,0011		− 152		
9		−0 ,0134		−0 ,0222	−0 ,0254
10	−0 ,0029	−0 ,0144	− 236	−0 ,0268	−0 ,0278
11	−0 ,0023	−0 ,0148		−0 ,0264	−0 ,0288
12	−0 ,0018	−0 ,0128	− 227	−0 ,0243	−0 ,0281
13	−0 ,0023	−0 ,0133	− 208		
+14		−0 ,0119	−0 ,0199	−0 ,0201	−0 ,0266

[1] Publ Lick Obs 3, S. 180 (1894). [2] B A 15, S. 55 (1898).
[3] A N 155, S. 118 (1901). [4] A N 166, S. 204 (1904). [5] Z f Instrk 30, S. 29 (1910).

Stundenwinkel $t = 0^{\mathrm{h}}$ für die Deklinationen $\delta = 0°, 20°, 50°, 80°, 90°$ gegeben. Die Zahlen beziehen sich auf die Spektralgegend um λ 4300 herum und sind in Revolutionen der Meßschraube: $1^{\mathrm{R}} = 0{,}5^{\mathrm{mm}}$, entsprechend einer Radialbewegung von 555 km/sec angegeben. Das negative Vorzeichen deutet an, daß das bei dem Stundenwinkel t_n aufgenommene Spektrum gegen das bei $t = 0^{\mathrm{h}}$ erhaltene nach der Richtung der größeren Wellenlängen (nach Rot) verschoben ist. Alle Aufnahmen sind in der Fernrohrlage: „Achse voran" gemacht.

Eine graphische Darstellung dieser Messungen zeigt, daß die Biegungskurven für verschiedene Deklinationen große Ähnlichkeiten besitzen. Das Minimum liegt bei $t = -1^{\mathrm{h}}$, die Maxima bei -13^{h} und $+14^{\mathrm{h}}$. Die Kurven sind symmetrisch zu der durch -1^{h} gehenden Achse.

Das Maximum der Biegung zeigt natürlich eine starke Abhängigkeit von der Deklination, es wächst mit zunehmender nördlicher Deklination. Dieses Maximum läßt sich durch die Formel

$$-0^{\mathrm{R}},0304 \sin(9°,5 + \delta)$$

darstellen. Setzt man $\theta = 11^{\mathrm{h}} - t$, so läßt sich beispielsweise die Biegungskurve b für $\delta = 50°$ durch folgende trigonometrische Reihe darstellen:

$$\begin{aligned} b = -0^{\mathrm{R}},0083 &- 0^{\mathrm{R}},0119 \cos\theta - 0^{\mathrm{R}},0034 \cos 2\theta - 0^{\mathrm{R}},0010 \cos 3\theta \\ &+ 0\ ,0001 \cos 4\theta + 0\ ,0003 \cos 5\theta + \cdots \\ &+ 0\ ,0002 \sin\theta\,. \end{aligned}$$

Wichtig ist natürlich die Frage, in welchen Stundenwinkeln die Beobachtungen am wenigsten unter der Biegung leiden. Die stündliche Änderung der Biegung als Funktion des Stundenwinkels ist für $\delta = 50°$ durch die wenig konvergente, aber die Beobachtungen gut darstellende Formel:

$$\begin{aligned} +0^{\mathrm{R}},0001 &- 0^{\mathrm{R}},0003 \cos\theta - 0^{\mathrm{R}},0009 \cos 2\theta - 0^{\mathrm{R}},0009 \cos 3\theta \\ &- 0\ ,0003 \cos 4\theta + 0\ ,0009 \cos 5\theta + 0\ ,0005 \cos 6\theta \\ &- 0\ ,0033 \sin\theta - 0\ ,0018 \sin 2\theta - 0\ ,0004 \sin 3\theta \\ &+ 0\ ,0007 \sin 4\theta + 0\ ,0007 \sin 5\theta \end{aligned}$$

gegeben.

Es ist weiter versucht worden, für konstanten Stundenwinkel ($t = 0^{\mathrm{h}}$) die Biegungsdifferenz: Biegung bei $z = z_n°$ minus Biegung bei $z = 0°$, d. h. die Abhängigkeit der Biegung von der Zenitdistanz z allein zu bestimmen. Diese Differenz ließ sich ebenfalls durch eine trigonometrische Reihe:

$$+0^{\mathrm{R}},001 - 0^{\mathrm{R}},0019 \sin z + 0^{\mathrm{R}},0043 \sin 3z - 0^{\mathrm{R}},0017 \sin 5z$$

darstellen.

Die innere Biegung, die durch Bewegungen im System: Spalt, Kollimator, Prismen, Kamera, Platte entsteht, verursacht ein Unscharfwerden der Spektrallinien. Da der Stern Absorptionslinien, das Vergleichsspektrum Emissionslinien hat, wirkt sich das Unscharfwerden der Linien im Sternspektrum in anderer Weise aus als im Vergleichsspektrum, und hierdurch entsteht ein systematischer Fehler. Es läßt sich nicht leicht übersehen, wie und in welchem Betrage eine innere Biegung die Radialgeschwindigkeit beeinflußt, um so mehr, als das Unscharfwerden starker Emissionslinien nicht das gleiche ist wie das schwacher, und genau dasselbe gilt auch für die Absorptionslinien des Sterns, hier noch abhängig von der wirklichen Schärfe dieser Linien.

Einen Teil der durch die Biegung im Apparat selbst erzeugten Fehler hat man durch eine geeignete zeitliche Verteilung des Vergleichsspektrums unschädlich zu machen versucht, und dies ist gewiß auch bis zu einem gewissen Grad gelungen. Man sah aber doch ein, daß es besser sei, den Spektrographen selbst so stabil zu bauen, daß Störungen durch Biegung überhaupt nicht mehr zu befürchten sind. Alle modernen Spektrographen dürften kaum noch systematische Fehler infolge von innerer Biegung haben. Immerhin wird es gut sein, ehe man einen neuen Apparat in Benutzung nimmt, ihn auf das Vorhandensein von Biegung im Laboratorium zu prüfen, indem man ein Emissionsspektrum in den zwei extremen Lagen aufnimmt, in welchen die relative Biegung ein Maximum haben müßte.

34. Systematische Fehler infolge der Biegung des Fernrohrs selbst. Bei Radialgeschwindigkeitsbestimmungen mit dem zweiten MILLS-Spektrographen zeigte sich, daß die Radialgeschwindigkeit eines Sterns verschieden ausfiel, je nachdem das Fernrohr (36-Zöller des Lick-Observatoriums) während der Aufnahme eine östliche oder westliche Lage gegen den das Fernrohr tragenden Pfeiler hatte. Diese Differenz war nicht unbeträchtlich, beispielsweise erreichte sie den Wert von $-0{,}88$ km für fünf Objekte, deren mittlere Zenitdistanz $64°$ war. Auch bei Radialgeschwindigkeitsbestimmungen an Planeten war sie vorhanden, so daß sie nicht durch einen Einstellfehler verursacht sein konnte. Ihre Größe hing von der Zenitdistanz ab in dem Sinne, daß sie im Meridian am kleinsten war und mit wachsender Zenitdistanz gleichfalls wuchs. Auch die Spaltweite beeinflußte die Größe dieser Differenz. Eine eingehende Untersuchung zeigte, daß eine starke Biegung des Rohres des 36-Zöllers die Ursache dieser Anomalie war, die Achsen von Fernrohr und Kollimator fielen nicht in allen Lagen des Fernrohrs zusammen, sondern sie bildeten einen von der Lage des Fernrohrs abhängigen Winkel miteinander. Wären die optischen Teile des Spektrographen völlig fehlerfrei, so könnte natürlich eine solche Biegung des Teleskoprohrs nur einen Lichtverlust erzeugen, aber keine derartigen von der Lage des Fernrohrs abhängigen Fehler. Das ist aber offenbar nicht der Fall gewesen. TH. S. JACOBSEN[1] hat diesen Fehler für den zweiten MILLS-Spektrographen, wenn er am 36-Zöller verwendet wurde, genau untersucht.

Die Biegung des Teleskopes hängt ab vom Sinus der Zenitdistanz, und die Verschiebung des Sternspektrums infolge dieser Biegung senkrecht zum Spalt ist proportional der Komponente der Biegung in dieser Richtung. Diese Komponente f der Biegung senkrecht zum Spalt in einer beliebigen Lage des Teleskopes ist gegeben durch die Gleichung

$$f = f_0 \sin z \cos q = f_0 (\cos\delta \sin\varphi - \sin\delta \cos\varphi \cos t)\,,$$

da der Spalt des Spektrographen parallel zum Äquator ist.

Es bedeutet in dieser Gleichung f_0 den Maximalbetrag des Biegungseffektes für eine bestimmte Spaltweite, d. h. f_0 ist der Effekt für den Fall, daß das Teleskop im Meridian liegt, östlich vom Fernrohrpfeiler, und nach dem Südpunkt des Horizontes gerichtet ist. Liegt das Fernrohr westlich vom Pfeiler, so erhält f_0 das negative Vorzeichen. Weiterhin sind:

z die Zenitdistanz des Sterns,
q der parallaktische Winkel des Sterns,
φ die Breite des Beobachters,
δ die Deklination des Sterns,
t der Stundenwinkel des Sterns.

Der Biegungseffekt ist Null für alle Punkte des Himmels, welche auf der Kurve: $\sin z \cos q = 0$ liegen. Diese Kurve ist der Ort der Punkte, wo die Deklinationskreise die Vertikalkreise rechtwinklig schneiden. Daß obige Gleichung eine gute Darstellung der Verhältnisse gibt, zeigte sich dadurch, daß die wahrscheinlichen Fehler sich bei ihrer Anwendung stark verminderten.

[1] Lick Bull 12, S. 138 (1926); Publ Lick Obs 16, S. XXVf. (1928).

Die Konstante f_0 der Formel bestimmt sich dadurch, daß eine jede Beobachtung eine Gleichung

$$f_0 = f \operatorname{cosec} z \sec q$$

liefert. Es wird also f_0 am besten gefunden durch Beobachtung von Sternen in möglichst großer Zenitdistanz nahe dem Meridian.

Wie oben erwähnt, spielt aber auch die Spaltbreite eine Rolle, f_0 ist von der Spaltbreite s abhängig. JACOBSEN fand für den zweiten MILLS-Spektrographen, wenn er am 36zölligen Refraktor benutzt wird:

$$f_0 = -0{,}375 \cdot s \text{ km/sec},$$

wenn s in tausendstel Zoll gemessen ist.

Im allgemeinen wird dieser systematische Fehler (Kollimationsfehler) bei modernen Spektrographen nur selten in höherem Betrage zu finden sein, da man gelernt hat, die optischen Teile sehr genau auf Fehler zu untersuchen, und falls sich Mängel finden, sie wohl stets gegen fehlerfreie austauscht. Auch dürfte die Biegung des eigentlichen Fernrohrs nicht mehr so hohe Beträge erreichen, da die Rohre jetzt weit stabiler gebaut werden und sie bei Spiegeln wenigstens (Cassegrain) fast stets eine geringere Länge besitzen.

Auf jeden Fall ist es leicht, zu prüfen, ob ein derartiger Fehler vorhanden ist, man braucht nur Spektrogramme heller Sterne in großer Zenitdistanz in beiden Lagen des Fernrohrs aufzunehmen und nachzusehen, ob die Radialgeschwindigkeit sich mit der Lage des Fernrohrs ändert.

35. Einstell- und Haltefehler. Ein weiterer systematischer Fehler ist der sog. Einstell- bzw. Haltefehler (Guiding error). Das Vergleichsspektrum wird so aufkopiert, daß man als Lichtquelle eine durch eine Bogenlampe oder einen elektrischen Funken beleuchtete, mattierte Glasscheibe oder Milchglasplatte benutzt, so daß der Spalt des Spektrographen gleichmäßig erleuchtet ist. Beim Ausmessen des Vergleichsspektrums ist somit alles auf die Mitte der Emissionslinien des Vergleichsspektrums, also auf die Mitte des gleichmäßig erleuchteten Spaltes bezogen. Ist das Sternspektrum so aufgenommen, daß die Mitte des Sternbildchens in der Mitte des Spaltes liegt, so ist der Spalt ebenfalls gleichmäßig beleuchtet, und man erhält einen richtigen Wert der Radialgeschwindigkeit, indem beide Lichtquellen als in der Mitte des Spaltes, d. h. als an derselben Stelle des Spaltes befindlich angenommen werden können. Diese Verhältnisse ändern sich aber sofort, wenn der Stern etwas seitlich im Spalte steht, d. h. näher der einen Kante ist als der anderen; der Spalt ist dann durch den Stern nicht mehr gleichmäßig erleuchtet. Es ist natürlich, daß dann die Radialgeschwindigkeit des Sterns fehlerhaft gefunden werden muß, zu groß oder zu klein, je nachdem der Stern bei der Aufnahme näher der einen oder der anderen Kante stand. Unter Umständen ist das Kollimatorobjektiv dann ebenfalls nicht mehr gleichmäßig erleuchtet, und falls dieses oder überhaupt das optische System Mängel hat, kommt noch ein weiterer Fehler in die Radialgeschwindigkeit hinein. Hier sei angenommen, daß das optische System fehlerfrei sei, um die prinzipielle Bedeutung des Haltefehlers besser hervortreten zu lassen.

Bei den älteren Einrichtungen der Spektrographen stellte man meist den Stern so ein, daß man vor der Aufnahme mittels einer Lupe, die an Stelle der photographischen Platte eingesetzt wurde, das Sternspektrum beobachtete und mittels der Feinbewegung der Deklinationsachse dann den Stern so auf den Spalt brachte, daß sein Spektrum in möglichst großer Helligkeit erschien. Das war besonders bei unruhiger Luft eine delikate Operation, die nicht immer so glückte, daß das Sternbildchen nun auch wirklich sich in der Mitte des Spaltes befand, d. h. ihn gleichmäßig erleuchtete, wie es sein sollte. Es galt zwar als Regel, den

Spalt enger zu machen, als der Durchmesser des Sternbildes war, z. B. für einen Sternbilddurchmesser von 0,05 mm den Spalt höchstens 0,03 mm weit zu machen. Trotz dieser Regel war aber das Sternbildchen nicht immer mit Sicherheit so auf die Mitte des Spaltes zu bringen, daß der Spalt als gleichmäßig beleuchtet angesehen werden konnte, wie er es doch bei der Aufnahme des Vergleichsspektrums tatsächlich ist, denn bei unruhiger Luft läßt es sich kaum ausführen, den Schwerpunkt des Sternbildchens oder Sternscheibchens ganz genau in die Mitte des Spaltes zu bringen, auch wenn letzterer noch viel enger ist, als der Durchmesser dieses Scheibchens beträgt. Die großen Abweichungen, die zwischen den in den ersten Zeiten der Sternspektrographie erhaltenen Werten der Radialgeschwindigkeiten vorhanden waren, dürften zum größten Teil auf den Einstellfehler oder besser gesagt auf den Einstell- und den Haltefehler zurückzuführen sein. Merkwürdigerweise wurde man auf die Möglichkeit des Vorkommens dieses Fehlers erst sehr spät aufmerksam, obwohl er doch ziemlich große numerische Beträge erreichen kann. Es ist wohl erst KÜSTNER[1], der sich desselben bewußt wurde, denn er sagt: „An exact test of the observed radial velocities of stars can in my opinion be obtained only by the observation of a source of light of precisely known radial velocity and as similar as possible to a star, under conditions as closely possible the same in the observation of the star.“ Er schlägt dann für große, lichtstarke Instrumente vor, die Radialgeschwindigkeiten der hellsten kleinen Planeten oder der Jupitersateliten zu bestimmen und mit den theoretisch genau bekannten Werten der Geschwindigkeiten zu vergleichen. Er diskutiert auch noch andere Möglichkeiten, bis er schließlich mit ZURHELLEN isolierte, leuchtende Bergspitzen in der Nachtseite des Mondes, nahe dem Terminator, spektrographisch aufnahm. Auf diese Weise fand er, daß die in Bonn beobachteten Radialgeschwindigkeiten der Sterne um rund -1 km/sec zu korrigieren seien. Merkwürdigerweise ist diese Anregung KÜSTNERS lange unbeachtet geblieben, und erst 1915 wurde W. W. CAMPBELL[2] bei Beobachtungen der Venus auf diese Ursache des Vorkommens systematischer Fehler aufmerksam. Er erkannte ebenfalls, daß eine nicht gleichförmige, sondern asymmetrische Erleuchtung des Spaltes derartige Fehler erzeugen könne, und er führte aus, daß systematische Fehler auch in den Radialgeschwindigkeiten der Sterne auf die Weise entstehen könnten, daß der Beobachter beim Führen des Sternes die Tendenz hat, die Mitte des Sternscheibchens näher der einen Kante des Spaltes zu halten als der anderen. Der Einstell- und der Haltefehler waren, wie schon erwähnt, besonders zu befürchten, als man noch nicht die Einrichtung für das Einstellen und Halten des Sterns auf dem Spalt besaß, die heutzutage bei jedem modernen Instrument vorhanden ist, und die die Möglichkeit bietet, die Lage des Sternscheibchens auf dem Spektrographenspalt selbst zu beobachten. Aber auch nach dieser Vervollkommnung der Instrumente können noch solche systematische Fehler vorkommen, wenn auch vielleicht nicht mehr in so beträchtlicher Größe.

Wegen des großen Einflusses, den ein Einstell- bzw. Haltefehler auf die Radialgeschwindigkeitsbestimmung ausüben kann, sollen die Ursachen für seine Entstehung näher betrachtet werden, die auch noch für die neueren Apparate gelten.

Zunächst liegt die Möglichkeit vor, daß der Beobachter das Sternscheibchen vor der Beobachtung selbst nicht richtig auf die Spaltöffnung bringt. Solche physiologischen oder psychologischen Eigentümlichkeiten sind schon bei Messungen anderer Art bemerkt worden, und es wird von ihnen weiter unten bei der Besprechung der Ausmessung der Spektren noch die Rede sein. Es mag nur

---

[1] Ap J 27, S. 323 (1908). [2] Publ A S P 27, S. 129 (1915).

erwähnt werden, daß solche Fehler gesetzmäßigen, von Person zu Person wechselnden Charakter und Größenbetrag haben und häufig für lange Zeiten in konstanter Form erhalten bleiben.

Eine unrichtige, unsymmetrische Einstellung kann aber auch durch einen Zentrierungsfehler des Objektives des Fernrohrs, an dem der Spektrograph befestigt ist, entstehen, nur daß hier der Einstellungsfehler meist konstant bleibt. Durch eine schlechte und wie es scheint sogar veränderliche Zentrierung der Korrektionslinse des großen Refraktors in Pulkowa haben die dort bestimmten Radialgeschwindigkeiten systematische Fehler erhalten, wie BELOPOLSKY[1] nachwies. Fehler derselben Art, wenn wohl auch von geringerem Betrage, entstehen, wenn das Fernrohrobjektiv selbst fehlerhaft ist und in der Lichtverteilung nicht ganz gleichmäßige Scheibchen als Bilder der Sterne gibt.

Ist der Stern zu Beginn der Exposition in die richtige Lage auf den Spalt gebracht, so kann ein Haltefehler in die Radialgeschwindigkeit kommen, wenn die Führung des Sterns unachtsam erfolgt, die Refraktion und die atmosphärische Dispersion sich während der Belichtung ändern durch Veränderung der Zenitdistanz des Sterns oder wenn infolge unrichtiger Aufstellung des Fernrohrs selbst der Stern seine Lage gegen die Spaltmitte ändert.

Aus dem vorher Angeführten ergibt sich, daß man dem Einstell- und dem Haltefehler (Fehler der Führung) große Aufmerksamkeit zuwenden muß. Es sollte jeder Beobachter Versuche wie KÜSTNER anstellen und weiterhin prüfen, ob ein Gang entsprechend dem Stundenwinkel in den Radialgeschwindigkeitswerten eines möglichst häufig beobachteten Sternes sich zeigt.

36. Einstell- und Haltefehler infolge der atmosphärischen Dispersion. Das Bild eines Sternes ist infolge der atmosphärischen Dispersion weder ein Punkt noch ein Scheibchen, in welchem das Licht der verschiedenen Wellenlängen symmetrisch zur Mitte des Gebildes verteilt ist, sondern ein kleines Spektrum, dessen Ausdehnung von der Zenitdistanz des Sterns abhängig ist. Das Spektrum ist bei großer Zenitdistanz länger als bei kleiner, d. h. die Ausdehnung des Spektrums ist für einen gegebenen Beobachtungsort abhängig von der Deklination und dem Stundenwinkel des Sterns. Sie ist am geringsten beim Meridiandurchgang und wächst mit zunehmendem östlichen bzw. westlichen Stundenwinkel. Wird der Stern durch das optische System des Fernrohres auf den Spalt projiziert und wird sein Bild mittels einer Haltevorrichtung (kleines Fernrohr oder Mikroskop) so auf den Spalt justiert und auf ihm gehalten, daß dem Auge das von den spiegelnden Spaltbacken reflektierte Bild symmetrisch zur Mitte des Spaltes erscheint, so wird hauptsächlich das Wellenlängengebiet des atmosphärischen Sternspektrums richtig auf die Spaltmitte fallen, für das das Auge am empfindlichsten ist, d. h. das Gebiet um 550 $\mu\mu$ herum. Das durch den Spektrographen erhaltene Spektrum wird somit für das Gebiet um 550 $\mu\mu$ richtige Wellenlängen bzw. Radialgeschwindigkeiten ergeben, während die Wellenlängengebiete zu beiden Seiten von 550 $\mu\mu$, als nicht in der Mitte des Spaltes liegend, systematische Abweichungen zeigen müssen, die um so größer werden, je weiter ab von 550 $\mu\mu$ die Wellenlängengebiete liegen, vorausgesetzt daß der Spalt eine solche Breite hat, daß die betreffenden Wellenlängengebiete des atmosphärischen Sternspektrums überhaupt noch in den Spektrographen hineingelangen. Die aus einem Spektrogramm erhaltenen Radialgeschwindigkeiten werden also einen von der Wellenlänge abhängigen Gang aufweisen, der einen Hinweis für das Vorhandensein eines solchen Haltefehlers ist, falls der Spektrograph fehlerfrei ist.

---

[1] Ap J 21, S. 55 (1905).

Besonders leicht werden diese systematischen Abweichungen auftreten, wenn als Aufnahmefernrohr ein Spiegelteleskop benutzt wird, und sie werden um so größer sein, je größer die Brennweite des Spiegelsystems ist. Bei Benutzung eines Objektivs, das meist nur für einen beschränkten Wellenlängenbereich achromatisch ist, wirkt das Objektiv etwa wie ein Filter: man erhält denjenigen Teil des atmosphärischen Sternspektrums in richtiger Lage auf dem Spalte, für welchen das Objektiv achromatisiert ist, der also für das Auge der hellste ist. Die Zerstreuungsscheibchen der von dem achromatisierten Bereiche weiter abliegenden Gebiete werden groß und damit auch schwach. Ist z. B. das Objektiv für den Wellenlängenbezirk λ 400 bis 450 $\mu\mu$ achromatisiert, so sieht der Beobachter bei richtiger Einstellung des Spektrographenspaltes in den Fokus des Fernrohres ein kleines blaues Scheibchen auf dem Spalte, das sich leicht in die richtige Lage zum Spalt bringen und in dieser halten läßt. Die Spektrogramme ergeben richtige Radialgeschwindigkeiten für den Wellenlängenbezirk λ 400 bis 450 $\mu\mu$, aber bei Vorhandensein atmosphärischer Dispersion systematisch fehlerhafte für weiter abliegende Bezirke wie etwa für λ 350 bis 390 $\mu\mu$. Diese Abweichungen werden um so größer werden, je weiter ab der Wellenlängenbezirk von dem der Achromatisierung abliegt, für den man den Stern auf den Spalt justiert und hält. Je weiter der Spalt geöffnet wird, um so größer sind diese Abweichungen.

Da, wie bereits erwähnt, die Länge des atmosphärischen Sternspektrums sowohl von der Deklination wie von dem Stundenwinkel des Sterns abhängt und außerdem dieses Spektrum seine Lage gegen die Spaltrichtung und den Spalt selbst ändert, so wird man eine veränderliche Radialgeschwindigkeit erhalten, wenn man eine größere Reihe von Spektren ein und desselben Sterns während einer Nacht in verschiedenen Stundenwinkeln aufnimmt. Die so erhaltene Radialgeschwindigkeit wird sich dann als Funktion des Stundenwinkels darstellen lassen, vorausgesetzt daß der Stern eine konstante oder eine so langsame veränderliche Radialgeschwindigkeit besitzt, daß sie als konstant für einen Tag angesehen werden kann.

Die Abhängigkeit der Radialgeschwindigkeit vom Stundenwinkel ist somit ein Anzeichen dafür, daß ein Einstell- oder Haltefehler vorliegt. Bei Vorhandensein einer größeren Anzahl von Spektrogrammen eines einzelnen Sternes sollte man diese stets nach dem Stundenwinkel ordnen und prüfen, ob eine Abhängigkeit zwischen Radialgeschwindigkeit und Stundenwinkel vorhanden ist. Freilich wird es nicht immer leicht sein, diese Abhängigkeit mit Sicherheit festzustellen, da der Zustand der Atmosphäre, insbesondere die Luftunruhe, den Betrag des systematischen Fehlers mehr oder minder beeinflussen kann.

Da die atmosphärische Dispersion für einen gegebenen Beobachtungsort auch von der Deklination des Sterns abhängt, so können die Radialgeschwindigkeiten auch noch einen systematischen, von der Deklination der Sterne abhängigen Fehler aufweisen, der sich dem von dem Stundenwinkel abhängigen Fehler überlagert. Dieser Fehler wird sich insbesondere bei der Vergleichung zweier Kataloge von Radialgeschwindigkeiten bemerkbar machen, in welchen eine genügend große Zahl gemeinsamer Sterne verschiedener Deklination vorhanden ist, vorausgesetzt daß die beiden Observatorien, auf denen die Kataloge gewonnen wurden, eine merklich verschiedene geographische Breite besitzen. Man erfaßt den Stundenwinkel- und den Deklinationsfehler zusammen, wenn man die Abhängigkeit der Radialgeschwindigkeiten von der Zenitdistanz der Sterne zu der gegebenen Beobachtungszeit prüft.

Der Haltefehler, der durch die atmosphärische Dispersion entsteht, hängt aber auch noch von der Helligkeit und dem Spektraltypus der Sterne ab. Der

Wellenlängenbezirk, der bei einem hellen Stern noch wirksam für das Auge und die photographische Platte ist, ist größer als bei einem schwachen Stern, er ist auch größer für einen B- oder A-Stern als für einen gleich hellen vom Typus G bis M. Somit entstehen durch diese Art des Haltefehlers auch noch systematische Fehler der Radialgeschwindigkeiten, die von der Helligkeit und dem Spektraltypus abhängen, so daß die atmosphärische Dispersion außerordentlich komplizierte Verhältnisse für sehr genaue Bestimmungen der Radialgeschwindigkeit schafft.

Das einfachste und sicherste Mittel, die Einstell- bzw. Haltefehler infolge atmosphärischer Dispersion zu vermeiden, besteht darin, daß man die Beobachtungen nur in sehr kleinen Zenitdistanzen ausführt. In den Fällen, wo dies nicht möglich ist, muß man auf die Aufnahme des Gesamtspektrums oder großer Teile desselben verzichten und sich auf kleinere beschränken. Die Größe dieser Teile hängt vom Betrage der Zenitdistanz ab. Je größer diese ist, um so kleinere Teile sind brauchbar. Ein Kriterium dafür, daß man den Teil nicht zu groß gewählt hat, besteht darin, daß der Betrag der Radialgeschwindigkeit eines Sterns für alle Linien der ganzen gemessenen Strecke gleichbleiben muß. Bei der Einstellung des Sterns auf den Spalt hat man darauf zu achten, daß das Licht der Spektralgegend, die vermessen werden soll, richtig auf die Mitte des Spaltes fallen muß. Das ist nicht immer leicht auszuführen. W. H. WRIGHT hat diese Operation sehr eingehend geschildert, und da seine Darstellung der ganzen Frage sehr klar ist, soll sie hier ausführlich und wörtlich wiedergegeben werden. Sie bezieht sich auf das Einstellen eines Sterns auf den Spalt bei Benutzung eines Reflektors, wo die richtige Einstellung besonders schwierig wird[1]. „Although a mirror forms an achromatic image, one does not have to observe very far from the zenith with a powerful reflecting telescope to notice a strong tinge of color bordering the image of a star, due to atmospheric dispersion. This effect of zenith distance is more noticeable with a reflector than with a refractor, as with the latter instrument there is always more or less color about. At a zenith distance of 25° the color is very pronounced. It becomes then a matter of importance, where the following is done with the use of a reflecting slit, to determine the position in the elongated star image at which the slit must be placed in order to allow the greatest amount of light, of the wave-length used, to enter the spectograph. For the purpose of making such a determination the telescope was pointed at a bright star (α Hydrae) whose zenith-distance was about 25°. One observer looking into the small finding telescope kept the image of the star from drifting in right ascension, while the other looking into the spectroscope moved the telescope in declination untill the brightness of the blue spectrum was at maximum. The position of the slit on the image was then noted by the first observer. In this way it was found that the brightest spectrum was resulted when the slit crossed the visually brightest part of the somewhat elongated star image. The experiments were repeated, using the star α Leonis at a zenith distance of about 45°. While the atmospheric spectrum was much more pronounced in this case, the result of the tests was about the same. As we are not accustomed to observe at zenith distances as great as that used in the second test, the practice is followed of placing the slit across the visually brightest part of the image."

W. H. WRIGHT hat noch ein zweites Verfahren angegeben, wie man den Einstell- bzw. Haltefehler infolge atmosphärischer Dispersion vermeiden kann[2]. Es besteht darin, daß der Spalt des Spektrographen nicht wie üblich parallel

---

[1] Publ Lick Obs 9, S. 45 (1907). [2] Lick Bull 12, S. 109 (1926).

dem Äquator gestellt wird, sondern in der Richtung des atmosphärischen Spektrums, d. h. also stets senkrecht. Auf diese Weise kann das Licht aller Wellenlängen in den Spalt eintreten. Der Spektrograph muß somit im Positionswinkel drehbar sein. Das Spektrum wird durch Hin- und Herbewegen des Fernrohrs in Richtung der Deklination verbreitert. Dieses Verfahren ist besonders für Aufnahmen im Ultraviolett, z. B. mit Hilfe eines Quarzspektrographen, geeignet. Ob es schon bei Radialgeschwindigkeits-Bestimmungen verwendet wurde, ist nicht bekannt.

37. Verziehungen der Schicht der photographischen Platte. Als letzte Quelle für systematische Fehler bei der Aufnahme von Sternspektren kommen noch Schichtverziehungen der photographischen Platte in Betracht, freilich dürften sie nur ausnahmsweise eine Rolle spielen. Eine Schichtverziehung wird meistens nur einzelne Spektrallinien und die aus ihnen folgenden Radialgeschwindigkeiten beeinflussen und damit den Mittelwert der ganzen Platte. Es ist aber nicht wahrscheinlich, daß auf einer zweiten Platte eine Schichtverziehung in demselben Sinn vorkommt, so daß die Schichtverziehung im allgemeinen nur in der Art eines zufälligen Fehlers wirken wird, außer wenn die Platten bei den photographischen Manipulationen allesamt in gleicher, unrichtiger Weise behandelt werden. Das dürfte aber wohl kaum vorkommen und ist außerdem jedenfalls vermeidbar.

h) Systematische Fehler bei der Ausmessung der Spektrogramme.

38. Fehler des Meßapparates. Der eigentlich messende Teil des Apparates, die Meßschraube (bzw. der Maßstab), kann periodische und fortschreitende Fehler besitzen, deren Vernachlässigung systematische Fehler in den Radialgeschwindigkeiten zur Folge hat. Es braucht aber hier nicht näher auf diese Fehlerquelle eingegangen zu werden, da sie bei allen astronomischen Messungen eine Rolle spielt und keine Eigentümlichkeit spektroskopischer Messungen ist. Es werden die Fehler der Schraube ermittelt und an die Messungen angebracht genau in der Weise wie bei anderen astronomischen Arbeiten. Die fortschreitenden Fehler werden übrigens zum großen Teil durch Benutzung eines linienreichen Vergleichsspektrums unschädlich gemacht.

Es ist wohl selbstverständlich, daß der Meßapparat in einem Raum mit konstanter Temperatur aufgestellt wird, damit thermische Änderungen der Meßschraube oder anderer Teile des Apparates während der Messung vermieden werden.

Großes Gewicht ist darauf zu legen, daß die Beleuchtungsvorrichtung richtig und in fester Lage gegen das Meßmikroskop angebracht ist. Die optischen Teile des Apparates, speziell die Mikroskopobjektive, sind selten fehlerfrei, so daß durch eine Veränderung der Lage der Beleuchtungslampe während der Messung systematische Fehler in den Messungen entstehen. Bei feststehendem Mikroskop und beweglicher Platte ist es daher am zweckmäßigsten, die Beleuchtungsvorrichtung, etwa eine mattierte Metallfadenlampe, fest mit dem Mikroskop zu verbinden, so daß Lagenänderungen überhaupt nicht vorkommen können. Den besten Ort für die Lampe findet man dadurch, daß man das Okular des Mikroskopes entfernt und das Auge in den Brennpunkt des Objektivsystems bringt. Erscheint letzteres dann als gleichmäßig erleuchtete Scheibe, so ist die beste Stellung der Lampe gefunden, in der sie dann ein für allemal befestigt wird.

39. Die Linienkrümmung[1]. Das Abbild des geradlinigen Spaltes auf der photographischen Platte, eine Spektrallinie, ist beim Prismenspektrographen

[1] J. Hartmann, A N 155, S. 98 (1901).

eine Parabel, deren konkave Seite in der Richtung nach kürzeren Wellenlängen hin liegt. Das Sternspektrum, das zwischen den Vergleichsspektren aufgenommen wird, liegt im Scheitel der Parabel oder in der Nähe desselben, besitzt infolge der Linienkrümmung also eine Verschiebung gegen die beiden außen liegenden Vergleichsspektren. Letztere müssen durch eine Korrektion auf das Sternspektrum bezogen werden, so daß diese Verschiebung des Sternspektrums gegen die Vergleichsspektra aufgehoben wird. Die Korrektion ist meist nicht sehr groß, wenn der Spalt richtig gegen das Prismensystem steht, hat aber einen systematischen Charakter und kann daher nicht vernachlässigt werden. Daher soll hier etwas näher auf die Bestimmung der Linienkrümmung eingegangen werden. Es sei vorausgesetzt, daß die Spektren in einem Meßapparat vermessen werden, der es gestattet, rechtwinklige Koordinaten zu messen. Die Platte wird zunächst im Meßapparat so justiert, daß das Sternspektrum parallel zur Meßschraube liegt. Es seien x_1 und y_1, x_3 und y_3 die rechtwinkligen Koordinaten der Mitten der Vergleichsspektren. Dann ist

$$y_0 = \frac{y_1 + y_3}{2}$$

die Ordinate der Mitte zwischen diesen beiden gemessenen Punkten und $y_3 - y_0 = y_0 - y_1 = D$ ist der Abstand der Punkte y_1 und y_3 von der Mitte der Vergleichsspektren. Der Ordinate y_0 entspricht eine Abszisse x_0.

Die Mitte des Sternspektrums besitze die Koordinaten x_2 und y_2, dann ist $y_2 - y_0 = d$ der Abstand der Mitte des Sternspektrums von der Mitte der Vergleichsspektren. Ist das Sternspektrum bei der Exposition richtig in die Mitte der Vergleichsspektren gekommen, so ist $y_2 - y_0 = d = 0$. Das wird im allgemeinen wohl selten in Strenge erreicht werden. Steht der Spalt senkrecht auf der Mittellinie des Spektrums und ebenso auch der Meßfaden, so ist bekanntlich die Gleichung einer Spektrallinie

$$x - x_0 = a(y - y_0)^2,$$

worin $x_0 = \frac{x_1 + x_3}{2}$ und y_0 die Koordinaten des Parabelscheitels sind.

Diese beiden Bedingungen, besonders die erstere, werden aber meistens nicht erfüllt sein, und es gilt dann die allgemeine Gleichung

$$x - x_0 = a(y - y_0)^2 + b(y - y_0), \tag{1}$$

wo a eine Konstante ist, die allein von den optischen Verhältnissen des Spektrographen und der Wellenlänge abhängt, während die Konstante b durch die Stellung des Spaltes und die Neigung des Meßfadens gegen die Mittellinie des Spektrums bestimmt wird. Für die Mitten der Linien des Vergleichsspektrums gelten dann die Gleichungen

$$\left.\begin{aligned} x_1 - x_0 &= aD^2 - bD, \\ x_3 - x_0 &= aD^2 + bD, \end{aligned}\right\} \tag{2}$$

somit

$$b = \frac{x_3 - x_1}{2D}. \tag{3}$$

Für das Sternspektrum ist

$$x_2 - x_0 = ad^2 + bd = -\Delta x, \tag{4}$$

wenn mit $-\Delta x$ die an die Messungen der Abszissen des Vergleichsspektrums anzubringende Korrektion bezeichnet wird. Aus (2) und (4) folgt für diese Korrektion

$$-\Delta x = a(d - D)^2 + bd. \tag{5}$$

Fällt die Mitte des Sternspektrums mit der Mitte der Vergleichsspektren zusammen: $(y_2 - y_0 = d = 0)$, d. h. werden die Einstellungen auf die Vergleichsspektren genau symmetrisch auf beiden Seiten des Sternspektrums ausgeführt, so folgt für die Korrektion

$$\Delta x = a D^2 . \qquad (6)$$

Es ist in diesem Fall somit gleichgültig, ob die Spektrallinien und der Meßfaden senkrecht auf der Richtung des Sternspektrums stehen, auch können die drei Spektren beliebig weit seitwärts im Spalte, d. h. auf einem Arm der Parabel liegen, wenn nur das Sternspektrum symmetrisch zwischen den gemessenen Punkten der Vergleichsspektren gemessen wird. Diese Bedingung wird stets erfüllbar sein, da die Vergleichsspektren ziemlich lange Linien besitzen und man bei der Messung diejenigen Punkte in den beiden Vergleichsspektren wählt, die gleichweit von dem Sternspektrum entfernt sind. In dem Fall, daß eine solche Auswahl aber nicht möglich ist, muß die Korrektion aus der allgemeinen Formel (5) berechnet werden.

Zur Bestimmung der Konstante a der Formel (6) stellt man auf einer Linie der Vergleichsspektren eine Anzahl von Punkten x_n, y_n für äquidistante Werte von y ein und berechnet a aus diesen symmetrisch zur Mitte liegenden Einstellungen unter Anwendung der Methode der kleinsten Quadrate.

Wie schon erwähnt, ist die Konstante a eine Funktion a_λ der Wellenlängen. Man hat daher a_λ für eine Reihe von Wellenlängen λ zu bestimmen. Es zeigt nun die Erfahrung, daß diese verschiedenen Werte a_λ sich als eine lineare Funktion der Abszissen x_λ bzw. der Schraubenablesung s_λ darstellen lassen. Beispielsweise ist für den Spektrographen IV des Potsdamer Observatoriums[1]

$$a_\lambda = +0^{\mathrm{R}},0190 + 0,000098\,(s_\lambda - 21^{\mathrm{R}},36) ,$$

wo s_λ der Wert von x_λ für die gemessene Spektrallinie ist. 1 R der Meßschraube beträgt 0,5 mm. Ist die Konstante a_λ genügend genau bestimmt, so berechnet man mittels ihres Wertes eine Tafel für die Korrektionen, die an die Schraubenablesungen der Sternlinien anzubringen sind, um das Sternspektrum auf das Vergleichsspektrum reduziert zu erhalten. Folgende Tafel gilt für den Spektrographen IV.

$2D$	$R = 0$	$R = 20$	$R = 30$	$R = 40$	$R = 60$
0,20 mm	0^{R},0002	0^{R},002	0^{R},002	0^{R},002	0^{R},002
,30	4	4	5	5	5
,40	7	8	8	8	9
,50	11	12	12	13	14
,60	15	17	18	19	20
,70	20	23	24	25	27
,80	27	30	32	33	36
,90	34	38	40	42	45
1,00	42	47	50	52	57

Unter $2D$ ist der gegenseitige Abstand der zwei symmetrisch zum Sternspektrum gelegenen Punkte der Vergleichsspektren oder der doppelte Abstand der zu vermessenden Stelle des Sternspektrums von dem Vergleichsspektrum zu verstehen. Die Tabelle ist so zu verwenden, daß man die Zahlen derselben positiv zu den Schraubenablesungen der Sternlinien hinzuzufügen hat, um das Sternspektrum auf das Vergleichsspektrum reduziert zu erhalten. Der Ablesung $R = 21^{\mathrm{R}},36$ entspricht die Wellenlänge $\lambda = 4308$. Auch die Konstante b ist von der Wellenlänge abhängig, so daß man bei der Benutzung der allgemeinen

[1] Potsdam Publ 18, Nr. 54, S. 68 (1907).

Formel (5) auch b als Funktion der Wellenlänge bzw. der Schraubenablesung s_λ anzusetzen hat ($b = -0^{\mathrm{R}},0103 - 0,000037\, s_\lambda$). Man kann diese Formel übrigens vereinfachen, wenn man beim Ausmessen der Spektren den Meßfaden so dreht, daß $x_3 - x_1 = 0$ wird. Es fällt dann das zweite Glied der Formel (5) weg.

Bei Spektrographen, die nicht genügend stabil gebaut sind, so daß sich die Spaltrichtung gegen die Richtung der brechenden Kante der Prismen verändert, wird b auch von der Lage des Spektrographen abhängen, während die Konstante a stets unverändert bleibt, wenn nichts an den optischen Teilen des Spektrographen geändert wird. Auch aus diesem Grunde ist es zweckmäßig, die Aufnahme und die Vermessung der Spektrogramme so anzuordnen, daß man die Formel (6) verwenden kann.

40. Der Einstellungsfehler. Beim Ausmessen der Spektrogramme können schließlich noch systematische Fehler psychologischer Art begangen werden dadurch, daß der Meßfaden nicht genau auf die Mitte einer Spektrallinie eingestellt wird, sondern unwillkürlich ein wenig seitlich. Dieser Fehler zeigt eine Abhängigkeit von der Breite der Spektrallinie in der Weise, daß sein Betrag für breite Linien größer als für schmale ist. HARTMANN[1] hat diese Art von Fehlern untersucht und gefunden, daß die Abhängigkeit des Fehlers f von der Breite l der Linie sich durch einen Zweig einer Hyperbel

$$l^2 = a f^2 + b f$$

darstellen läßt (a, b sind Konstanten), und es scheint, daß diese Gesetzmäßigkeit nicht nur für seine eigenen Messungen, sondern auch für die anderer Beobachter sowohl der Form als auch wenigstens der Größenordnung nach besteht. Der Betrag selbst ist natürlich für verschiedene Beobachter nicht gleich.

Diese Art von Fehlern kommt bei astronomischen Messungen sehr häufig vor, die Helligkeitsgleichung ist z. B. ein spezieller Fall derselben. Da aber dieser Fehler nicht nur systematischen Charakter besitzt, sondern auch unter Umständen sehr merkbare Größe haben kann, sind die Messungen von vornherein so anzuordnen, daß er ganz oder wenigstens zum größten Teil eliminiert wird. Das kann dadurch geschehen, daß die Ausmessung unter Vorsetzen eines Reversionsprismas vor das Okular des Meßapparates stattfindet. Die Einstellungen werden dann zweimal ausgeführt derart, daß das Prisma bei der zweiten Messung um 90° gedreht wird, wodurch sich der Meßfaden scheinbar in einer Richtung bewegt, die der der ersten Messung entgegengesetzt ist. Ein zweites Verfahren, ohne Anwendung eines Reversionsprismas, besteht darin, daß das Spektrogramm bei der zweiten Messung umgelegt wird, so daß der Meßfaden einmal im Sinne wachsender und das zweitemal im Sinne abnehmender Wellenlänge sich bewegt. Die praktische Erfahrung hat gezeigt, daß dieses zweite Verfahren meist bessere Resultate als das erste ergibt.

Das Mittel beider Einstellungen, sowohl das nach dem ersten, als auch das nach dem zweiten Verfahren, kann als ganz oder wenigstens als nahezu fehlerfrei angesehen werden.

Auch bei der Messung der Absorptionslinien eines Sternspektrums scheint ein derartiger Fehler aufzutreten, doch ist er meist von wesentlich geringerem Betrage.

Exakte und sehr ausführliche Untersuchungen über psychologische Fehler dieser Art hat P. LABITZKE[2] in seiner Dissertation „Experimentelle Untersuchungen über Fehler bei Mitteeinstellungen" veröffentlicht. Es soll auf diese wertvolle Abhandlung hingewiesen werden, die auch zahlreiche Literaturangaben enthält. Auf sie näher einzugehen, würde hier zu weit führen.

---

[1] A N 155, S. 95 (1901). [2] Astr Mitt Sternwarte Göttingen 18 (1924).

i. Verwandlung der Messungen (Schraubenablesungen) in Wellenlängen.

41. Die Formel von CORNU[1]. Nachdem die Ausmessung der Platte beendet ist und an die Ergebnisse die Korrektionen für Schraubenfehler, systematische Einstellungsfehler, Linienkrümmung usw. angebracht sind, handelt es sich darum, einen funktionellen Zusammenhang zwischen den durch die Messung erhaltenen Zahlenwerten (s), deren Einheit ganz beliebig sein kann (Millimeter, Schraubenumdrehung usw.) und den ihnen entsprechenden Wellenlängen (λ) herzustellen. Bei den sehr verwickelten optischen Verhältnissen eines Spektrographen ist es von vornherein nicht wahrscheinlich, daß auf theoretischem Wege eine solche Beziehung zwischen s und λ zu finden ist. Man ist daher darauf angewiesen, eine empirische Formel zu benutzen, eine Interpolationsformel, die sich den Messungen möglichst gut anschließt. Als die Messungen noch eine geringe Genauigkeit besaßen und man sich mit Wellenlängenangaben von drei bis vier Stellen begnügte, war es das nächstliegende, sich eines graphischen Reduktionsverfahrens zu bedienen, d. h. die Messungen als Abszissen, die bekannten Wellenlängen als Ordinaten in Millimeterpapier einzuzeichnen und eine sich möglichst eng an die einzelnen Punkte anschließende, glatte Kurve hindurchzulegen, aus der dann die gesuchten Wellenlängenwerte entnommen werden konnten. Dieses Verfahren gab genügend genaue Werte, und es würde sich auch heute noch, wo man für die Wellenlängen sechs- bis siebenstellige Zahlen benutzt, verwenden lassen, wenn die Interpolationskurven nicht außerordentlich große Dimensionen annehmen würden, was nicht nur unbequem, sondern auch wenig genau ist, weil sich solche Kurven kaum mit der nötigen Sicherheit zeichnen lassen dürften. Einer graphischen Darstellung haftet weiterhin häufig eine gewisse Willkür an, so daß ein rechnerisches Verfahren vielfach schon aus diesem Grunde einem graphischen vorzuziehen ist.

CORNU[1] bemerkte nun als erster bei der Aufzeichnung einer Kurve zur Umwandlung der Messungen (s) in Wellenlängen (λ) die große Ähnlichkeit dieser Kurve mit einer gleichseitigen Hyperbel, deren Asymptoten parallel den Koordinatenachsen sind (rechtwinklige Hyperbel), und es glückte ihm der Versuch, seine Messungen s durch eine Formel

$$s - s_0 = \frac{c}{\lambda - \lambda_0} \tag{1}$$

mit hinreichender Genauigkeit darzustellen. Die Größen s_0, λ_0, c sind Konstanten, die aus den bekannten Wellenlängen zu bestimmen sind, und zwar bedeutet s_0 eine additive Konstante, die von der zufälligen Einlegung des Spektrums in den Meßapparat abhängt, c dagegen den Skalenwert der Platte. CORNU hat seine Formel aber ausdrücklich als eine rein empirische Interpolationsformel bezeichnet. Merkwürdigerweise ist diese Formel trotz ihrer bewiesenen guten Brauchbarkeit nach CORNU nicht mehr angewendet worden, sondern vollkommen verschollen.

42. Die Formel von HARTMANN[2]. Es ist nun das Verdienst von HARTMANN, nicht nur auf diese Formel hingewiesen und ihre gute Brauchbarkeit von neuem durch genaue Messungen dargetan zu haben, sondern sie auch noch durch Hinzufügung einer weiteren, aus den Messungen zu bestimmenden Konstante (α) verbessert zu haben, durch welche zwar die Rechenarbeit bei der

---

[1] Sur le spectrenormal du soleil, partie ultra-violette, II. Partie. Ann de l'Ecole norm sup., II. sér. 9, S. 21 (1880). Die Formel findet sich auf S. 62ff.

[2] Publ Potsdam Nr. 42 (1898); Ap J 8, S. 218 (1898).

Umwandlung der Messungsergebnisse in Wellenlängen vermehrt, aber die Genauigkeit der Rechnung ganz wesentlich erhöht wurde. Die Formel von HARTMANN lautet:

$$s - s_0 = \frac{c}{(\lambda - \lambda_0)^\alpha}\,. \tag{2}$$

Sie stellt die spektrographischen Messungen über einen nicht allzu großen Messungsbereich nicht nur vollkommen dar, wie beispielsweise[1] folgende Tabelle zeigt, sondern sie erfaßt auch für große Messungsbereiche den funktionalen Zusammenhang zwischen s und λ so weitgehend, daß nur noch eine kleine, leicht und sicher auszuführende graphische Interpolation nötig ist, um die überhaupt erreichbare Genauigkeit zu sichern. Die praktische Erfahrung hat gezeigt, daß man eine solche zusätzliche Verbesserung (sie kann übrigens auch ohne Mühe rechnerisch erfolgen, da die Verbesserungen sich fast stets durch eine einfache Formel darstellen lassen) immer nötig hat, wenn man eine für eine bestimmte Platte gefundene Formel auch auf andere Platten anwenden will. Die Werte der vier Konstanten der Formel (2) hängen nämlich ziemlich stark von der Apparattemperatur ab, bei welcher die Aufnahmen gewonnen wurden, und können sich von Platte zu Platte so merklich ändern, daß die für eine bestimmte Platte berechnete Formel nicht ohne weiteres für Platten anwendbar bleibt, die bei einer anderen Temperatur erhalten wurden. Durch die zusätzliche graphische oder rechnerische Verbesserung kann aber in diesem Fall ein vollständiger Anschluß erreicht werden, und man braucht dann nicht für jede einzelne Platte die etwas umständliche Berechnung von (2) vorzunehmen.

s	λ ROWLAND	λ Formel	$\lambda_R - \lambda_F$
14^R,8974	4673,347	4673,344	+0,003
17 ,2885	4654,743	4654,759	− 16
20 ,1446	4633,078	4633,075	+ 3
25 ,6502	4592,796	4592,789	+ 7
29 ,7600	4563,939	4563,954	− 15
31 ,1828	4554,211	4554,207	+ 4
38 ,1030	4508,455	4508,444	+ 11
40 ,2562	4494,738	4494,740	− 2
43 ,2288	4476,214	4476,219	− 5
47 ,9205	4447,892	4447,893	− 1
51 ,7405	4425,608	4425,614	− 6
54 ,8733	4407,851	4407,847	+ 4
60 ,6717	4376,107	4376,103	+ 4
63 ,7593	4359,784	4359,780	+ 4
67 ,4763	4340,634	4340,638	− 4
71 ,8454	4318,817	4318,825	− 8
79 ,4465	4282,565	4282,548	+ 17
81 ,0921	4274,958	4274,965	− 7
85 ,6317	4254,505	4254,502	+ 3
90 ,9952	4231,183	4231,183	0,000

Es ist also eigentlich überhaupt gar nicht nötig, sich die Arbeit einer strengen Aufstellung der Gleichung (2) zu machen, es genügt vielmehr, Gleichung (2) so zu berechnen, daß die nachträglich anzubringenden Korrektionen so klein bleiben, daß sie mit voller Sicherheit graphisch oder rechnerisch erlangt werden können. Das ist stets dann der Fall, wenn man ein Vergleichsspektrum mit vielen, günstig verteilten Linien (Fe, Ti usw.) hat, deren Wellenlängen mit genügender Genauigkeit bekannt sind. Ein solches Vergleichsspektrum steht heutzutage stets zur Verfügung.

43. Die Berechnung der Formel (1) nach CORNU. Trotz dieser Erfahrung soll doch gezeigt werden, wie man die Konstanten der Gleichungen (1) und (2) streng berechnet. Man wird bei allen Anwendungen zunächst von der CORNUschen Formel ausgehen und erst, wenn sich zeigt, daß diese nicht genügt, die mühsamer zu berechnende HARTMANNsche Formel heranziehen.

Für die Bestimmung der drei Konstanten s_0, λ_0, c der Gleichung (1) genügen drei Linien, die zweckmäßig so ausgesucht werden, daß die erste am

---

[1] A N 155, S. 103 (1901). Die Formel selbst lautet: $\lambda = 3280{,}596 + \left(\frac{[4{,}3568195]}{s + 280{,}5608}\right)^{\frac{1}{0{,}6}}$.

Beginn, die zweite in der Mitte und die dritte am Ende der Messungsreihe liegt. Es ist dann

$$\lambda_n - \lambda_0 = \frac{c}{s_n - s_0}, \qquad n = 1, 2, 3$$

oder nach den Unbekannten aufgelöst:

$$\left.\begin{aligned} s_0 &= \frac{s_1(\lambda_1-\lambda_2)(s_3-s_2) - s_3(\lambda_2-\lambda_3)(s_2-s_1)}{(\lambda_1-\lambda_2)(s_3-s_2) - (\lambda_2-\lambda_3)(s_2-s_1)}, \quad c = \frac{(s_3-s_0)(s_1-s_0)(\lambda_1-\lambda_3)}{s_3-s_1}, \\ \lambda_0 &= \lambda_1 - \frac{c}{s_1-s_0} = \lambda_2 - \frac{c}{s_2-s_0} = \lambda_3 - \frac{c}{s_3-s_0}. \end{aligned}\right\} \tag{3}$$

Die drei Werte von λ_0 müssen, falls die Rechnung richtig geführt wurde, übereinstimmen. Will man mehr als drei Linien zur Bestimmung der Konstanten von (1) verwenden (das ist immer von Vorteil, da zufällige Messungsfehler in den s_n unvermeidlich und Fehler in den Wellenlängen λ_n wohl häufig vorhanden sind), so benutzt man die aus (3) erhaltenen Werte von s_0, λ_0, c als erste Annäherung, die man unter Anwendung aller übrigen gemessenen Linien nach der Methode der kleinsten Quadrate verbessert. Es ist:

$$\left.\begin{aligned} d\lambda_n &= d\lambda_0 + \frac{\lambda_n-\lambda_0}{s_n-s_0}\,ds_0 + \frac{\lambda_n-\lambda_0}{c}\,dc \\ \text{oder} \qquad d\lambda_n &= d\lambda_0 + \frac{c}{(s_n-s_0)^2}\,ds_0 + \frac{dc}{s_n-s_0}. \end{aligned}\right\} \tag{4}$$

Es hat sich nun aber gezeigt, daß bei der Berechnung einer der Gleichungen (4) mittels der Methode der kleinsten Quadrate fast immer die Korrektionen $d\lambda_0$, ds_0, dc mit nur geringem Gewicht, also wenig sicher, gefunden werden. Setzt man aber $d\lambda_0 = 0$ und bestimmt nur die ds_0 und dc, so fällt dieser Mißstand fort, und man erhält die Konstanten der Gleichung (1) fast stets so, daß Gleichung (1) in dieser durch zahlreiche Linien bestimmten Gestalt die Beobachtungen wesentlich besser darstellt als bei einem Anschluß an nur drei Linien. Statt die Gleichungen (4) für jede einzelne Wellenlänge λ_n aufzustellen, kann man eine Anzahl Werte $d\lambda_n$ zu einem „Normalort“ zusammenfassen und für den Mittelwert der dazugehörigen λ_n das entsprechende s_n mittels der provisorischen Gleichung (1) berechnen. Auf diese Weise wird eine Arbeitsersparnis ohne Einbuße an Genauigkeit erzielt.

44. Die Berechnung der Formel (2) von HARTMANN. Da diese Formel sich nicht mehr direkt auflösen läßt, muß man die vier Konstanten derselben durch das Verfahren der sukzessiven Näherungen finden. HARTMANN schlägt dazu folgenden Weg ein[1]. Er nimmt für λ_0 und α plausible Werte an und ändert diese so lange, bis fünf Messungen s_n möglichst gut dargestellt werden. Da große Änderungen von α nur kleine Änderungen in der Darstellung der Beobachtungen bewirken, wird man leicht ein passendes α finden (s. nächste Ziffer). Man wähle also aus der Messungsreihe fünf möglichst gut bestimmte und gleichmäßig verteilte Linien aus mit den Wellenlängen $\lambda_1, \lambda_2, \ldots, \lambda_5$ $(\lambda_1 < \lambda_2 < \cdots < \lambda_5)$; die entsprechenden Schraubenablesungen seien $s_1, s_2, \ldots, s_5$ $(s_1 > s_2 > \cdots > s_5)$. Setzt man nun zur Abkürzung

$$\beta_n = \frac{1}{(\lambda_n - \lambda_0)^\alpha},$$

so wird die HARTMANNsche Formel:

$$s_n - s_0 = c\beta_n. \qquad (n = 1, 2, 3, 4, 5) \tag{5}$$

[1] Z f Instrk 37, S. 166 (1917).

Markiert man dann die in der ersten Hypothesenrechnung vorkommenden λ_0, s_0, c durch einen Strich oben: λ_0', s_0', c', so erhält man aus den Messungen s_1 und s_5

$$c' = \frac{s_1 - s_5}{\beta_1 - \beta_5}$$

und damit

$$s_{01}' = s_1 - c'\beta_1, \qquad s_{05}' = s_5 - c'\beta_5,$$

wenn man die aus der ersten und fünften Linie gefundenen provisorischen Werte von s_0' mit den unteren Indizes 1 und 5 (s_{01}', s_{05}') versieht. Es ist nun

$$s_{01}' = s_{05}',$$

aber der aus der dritten Linie s_3 gefundene Wert von

$$s_{03}' = s_3 - c'\beta_3$$

wird meist von den s_{01}' und s_{05}' verschieden sein, etwa

$$s_{03}' - s_{01}' = \Delta_3'.$$

Die erste Regel von HARTMANN besagt dann: Ist Δ_3' negativ, dann ist der angenommene Wert von λ_0' zu klein; ist Δ_3' positiv, so ist λ_0' zu groß genommen.

Aus dieser Regel ersieht man, in welchem Sinne man bei unverändertem α das λ_0' zu einer zweiten Hypothesenrechnung (λ_0'') ändern muß. Diese wird dann auf gleiche Weise durchgeführt, und man erhält wiederum eine Differenz:

$$\Delta_3'' = s_{03}'' - s_{01}'',$$

wo die Größen s_{01}'', s_{03}'', Δ_3'' als zur zweiten Hypothese gehörend durch zwei Striche oben gekennzeichnet sind.

Für die dritte Näherung wird man einen Wert:

$$\lambda_0''' = \lambda_0'' + \Delta_3'' \frac{\lambda_0'' - \lambda_0'}{\Delta_3'' - \Delta_3'}$$

wählen.

Diese Näherungen sind so lange durchzuführen, bis die Differenz Δ_3 genügend klein geworden ist, d. h. bis die drei Messungen nahe denselben Wert s_0 liefern, ein Anzeichen dafür, daß die Gleichungen (5) durch das betreffende System von Konstanten: α, λ_0, s_0, c sehr nahe erfüllt sind. Nun hat man noch eine Verbesserung des ursprünglich angenommenen Wertes der Konstanten α vorzunehmen, und das geschieht auf folgende Weise. Man setzt die aus der letzten Hypothesenrechnung gefundenen λ_0, s_0, c auch in die zweite und vierte Gleichung (5), wodurch man Werte s_{02} und s_{04} erhält, die von den $s_{01} = s_{03} = s_{05}$ meist verschieden sein werden. Man hat also wieder Differenzen:

$$\Delta_2 = s_{02} - s_{01} \qquad \text{und} \qquad \Delta_4 = s_{04} - s_{01}.$$

Dann besagt die zweite Regel von HARTMANN: Der Anschluß der Dispersionsformel an die Beobachtungen kann so lange durch Annahme eines anderen Wertes von α verbessert werden, als die Differenzen Δ_2 und Δ_4 entgegengesetztes Vorzeichen haben, und zwar ist α zu verkleinern, wenn Δ_2 negativ, zu vergrößern, wenn Δ_2 positiv ist. Dagegen ist die Anschlußfähigkeit der Formel erschöpft, wenn die Darstellungsreste (Δ_2 und Δ_4) in der ersten und zweiten Hälfte der Messungsreihe gleiches Vorzeichen haben und nahe gleich groß sind.

Aus dieser Regel erkennt man den Sinn, in welchem der ursprünglich angenommene Wert von α zu ändern ist. Nach Annahme eines zweiten entsprechend der Regel geänderten Wertes von α muß dann wiederum eine Reihe von Hydothesen über λ_0 nach dem oben geschilderten Verfahren durchgerechnet werden, bis der ersten, dritten und fünften Messung genügt ist. Dann ersieht man wieder aus den Differenzen Δ_2 und Δ_4, ob der zweite für α angenommene Wert geeignet ist. Alle diese Näherungen sind erst dann beendet, wenn den fünf Gleichungen (5) möglichst gut genügt wird. Zum Schluß wird man die Messungen sämtlicher Linien mittels der zuletzt gewonnenen Formel berechnen und prüfen, wie sie durch die Formel dargestellt werden. Sind die Differenzen zwischen dem bekannten und dem berechneten Wert noch merklich, so wird man die HARTMANNsche Formel durch einen Anschluß an sämtliche Messungen mittels der Methode der kleinsten Quadrate weiter verbessern (Ziff. 46).

45. Der numerische Wert der Konstanten α. Über die Größe des Exponenten α läßt sich a priori nichts sagen. In der folgenden Tabelle sind die Werte

Observatorium	Zahl der Prismen	α	Quelle
Allegheny	1	1	Publ Allegheny Obs 1, S. 13 u. 15
Cambridge (England) . . .	1	0,8	M N 71, S. 667
Detroit	1	1	Publ Astr Obs Univ Michigan 1, S. 141
Ottawa	1	1	Report of the Chief Astronomer 1909, S. 175.
Potsdam Spektr. D . . .	1	1,0	—
Potsdam Spektr. I	1	1,0	Potsdam Publ 12, Nr. 42, S. 23
Potsdam Spektr. VI . . .	1	0,9	—
Victoria B.C.	1	1	Publ Astrophys Obs Victoria 1, S. 331
Wien	1	0,9—1,0	Wien, Ann 25, Nr. 1, S. 45
Cambridge (England) . . .	2	0,6	M N 71, S. 667
Bonn	3	0,5	A N 166, S. 182
Emerson McMillin	3	0,6	Ap J 21, S. 309
Potsdam Spektr. III . . .	3	0,6	A N 155, S. 103
Potsdam Spektr. IV . . .	3	0,66—0,7	Potsdam Publ 18, Nr. 54, S. 58
Potsdam Spektr. V . . .	3	0,7	(Visueller Teil des Spektrums)
Pulkowa	3	0,6	Ap J 19, S. 88
Victoria B.C.	3	1	Publ Astrophys Obs Victoria 1, S. 331
Cambridge (England) . . .	4	0,25	M N 71, S. 667
Cape of Good Hope . . .	4	1	Cape Annals 10, Pt. 2, S. 30B.
Potsdam, Quarzspektrograph Q und UQ . . .	1	4—5	Astr Mitt Göttingen Nr. 16, S. 15

von α für eine Anzahl Spektrographen zusammengestellt. Aus ihr folgt rein statistisch, daß α für Einprismenspektrographen in der Nähe von $\alpha = 1$, für Dreiprismenspektrographen in der Nähe von $\alpha = 0{,}6$ liegt, ferner daß α mit wachsender Zahl der Prismen abnimmt. Wenn man berücksichtigt, daß die Prismen der Spektrographen der verschiedenen Observatorien aus verschiedenen Glassorten bestehen, daß die Kollimator- und Kameraobjektive verschiedene Konstruktionen und Brennweiten besitzen (für Wien und Pulkowa gilt $\alpha = 0{,}6$ sowohl für ein kurz-, als auch für ein langbrennweitiges Kameraobjektiv), daß ferner die Spektrographen für verschiedene Wellenlängenbezirke gebraucht werden (Spektr. V Potsdam z. B. für λ 4800 bis λ 6500), so scheint es, als ob der Wert von α im wesentlichen von der Zahl der Prismen abhängt. Das ist eine bemerkenswerte Tatsache, für die keine Erklärung bekannt ist. Gewiß haben manche Beobachter sich darauf beschränkt, zur Vereinfachung der Rechnung $\alpha = 1$ anzunehmen und die dann meist schon kleinen Differenzen zwischen den bekannten und den aus der Formel berechneten Wellenlängen nachträglich auszugleichen, aber z. B. für die Spektrographen von Potsdam und Wien ist eine Reihe Werte von α durchgerechnet und der günstigste ausgenutzt worden, so daß es doch den Anschein hat, als ob sich eine Gesetzmäßigkeit in den Zahlenwerten von α der obigen Tabelle ausspräche. Jedenfalls kann man aus ihr entnehmen, daß man bei Versuchen, die Konstante α für einen Glasprismenspektrographen genau zu finden, bei einem Prisma vom Werte $\alpha = 1$, bei drei Prismen vom Werte $\alpha = 0{,}6$ auszugehen hat. Für Spektrographen mit Prismen aus anderem Material als Glas, z. B. aus Quarz, nimmt dagegen α ganz andere Werte an, wie die letzte Reihe der Tabelle zeigt.

46. Anschluß der HARTMANNschen Formel an zahlreiche Messungswerte. Zur Ableitung der HARTMANNschen Formel sind nach seinen sehr zweckmäßigen Rechenvorschriften nur fünf Messungen verwendet worden. Es ist Voraussetzung, daß sowohl die Wellenlängen dieser fünf Linien mit großer Genauigkeit bekannt sind, als auch insbesondere, daß die Messungen selbst möglichst fehlerfrei sind. Beide Bedingungen werden meist nicht erfüllt sein, und man wird deshalb wünschen, die Formel durch Anschluß an zahlreiche Messungwerte so zu verbessern, daß sie alle möglichst gut darstellt.

Aus den vorangehenden Rechnungen sind nun bereits gute Näherungswerte für die vier Konstanten α, c, λ_0, s_0 vorhanden, die man als Ausgangswerte für eine Verbesserungsrechnung nach der Methode der kleinsten Quadrate benutzen kann. Die Differentiation der HARTMANNschen Gleichung liefert die Differentialformeln:

$$\Delta\lambda_n = \Delta\lambda_0 + \frac{1}{\alpha}\frac{\lambda_n - \lambda_0}{s_n - s_0}\Delta s_0 + \frac{1}{\alpha}\frac{\lambda_n - \lambda_0}{c}\Delta c\,,$$

$$\Delta s_n = \Delta s_0 + \alpha\frac{s_n - s_0}{\lambda_n - \lambda_0}\Delta\lambda_0 + \frac{s_n - s_0}{c}\Delta c\,.$$

Die Konstante α ist in diesen Formeln als bekannt und nichtverbesserungsbedürftig angenommen worden. Im allgemeinen bringen nur große Änderungen von α Verbesserungen in der Darstellung der Messungen durch die HARTMANNsche Gleichung. Da man aber bei den vorangehenden Näherungsverfahren doch verschiedene Werte des Exponenten α durchzuprobieren und für einen jeden eine Formel zu rechnen hat, so hat man schon ein Urteil, welcher Wert α zu wählen sein wird. Man berechnet nämlich mittels der aus fünf Messungen abgeleiteten Formeln die $\Delta\lambda_n$ bzw. Δs_n für alle gemessenen Linien und bildet die Fehlerquadrate $(\Delta\lambda_n)^2$ bzw. $(\Delta s_n)^2$ für jeden durchprobierten Wert α. Man trägt dann die Summe der Fehlerquadrate als Ordinaten, die zugehörigen Exponenten α als Abszissen in Millimeterpapier ein und erhält so eine Kurve, aus der man denjenigen Wert von α als den besten entnimmt, für den die Summe der Fehlerquadrate am kleinsten ist.

Hat man auf diese Weise α bestimmt, so löst man eine der obigen Gleichungen nach der Methode der kleinsten Quadrate auf. Auch hier zeigt sich, daß die Korrektionen $\Delta\lambda_0$, Δs_0, Δc nur unsicher gefunden werden, wenn man nicht $\Delta\lambda_0 = 0$ setzt. Daß diese Vereinfachung erlaubt ist, haben verschiedene ausgeführte numerische Rechnungen erwiesen.

Numerische Beispiele für die Berechnung der HARTMANNschen Formel sind enthalten in Potsdam Publ 18, Nr. 54 (1907) sowie in Ann Univ-Sternw Wien 25, Nr. 1 (1913).

47. Darstellung der Messungen durch die HARTMANNsche Gleichung. Es zeigte sich bei den zahlreichen Anwendungen der HARTMANNschen Formel, auch wenn sie durch einen Anschluß mittels der Methode der kleinsten Quadrate an eine sehr große Zahl von Linien des Vergleichsspektrums gewonnen worden war, daß sie im allgemeinen nicht imstande ist, die Messungen in aller Strenge darzustellen, sobald der Wellenlängenbezirk groß ist, wie es bei den meisten modernen Spektrographen der Fall ist. Bei großem Bereich werden stets Differenzen zwischen den bekannten Wellenlängen der Vergleichslinien und den nach der Formel berechneten vorhanden sein, und diese Differenzen besitzen keinen zufälligen, sondern einen systematischen Charakter. HARTMANN fand, daß diese systematischen Differenzen nicht allein durch Fehler im System der benutzten Wellenlängen oder durch Messungsfehler selbst verursacht werden, sondern daß seine Gleichung, die ja nur eine Interpolationsformel ist, zur Darstellung großer Wellenlängenbezirke eben nicht ausreicht. Dieser Tatsache sollte stets Rechnung getragen werden namentlich dann, wenn in einem weit ausgedehnten Spektrum aus wenigen bekannten Linien die Formel berechnet und dann zur Wellenlängenbestimmung anderer Linien benutzt wird, ein Fall, der z. B. bei der Auswertung eines mit dem Objektivprisma erhaltenen Flashspektrums eintritt.

Bei sorgfältiger Berechnung der Formel werden die verbleibenden Differenzen aber selbst in einem weiten Wellenlängenbezirk so klein bleiben, daß sie durch eine graphische Verbesserung mit voller Sicherheit und restlos beseitigt werden können. Man trägt die Wellenlänge etwa in ganzen Ångströmeinheiten als Abszissen in Millimeterpapier ein, die zugehörigen Differenzen als Ordinaten, und legt durch die so erhaltenen Punkte eine glatte, sich möglichst eng anschließende Kurve. Aus dieser können dann die Korrektionen entnommen und an die aus der Formel berechneten Wellenlängenwerte angebracht werden (siehe Abb. 20). Selbstverständlich kann an Stelle des graphischen Verfahrens auch ein rechnerisches treten.

Die Anwendung dieses einfachen Verfahrens kann übrigens weiter ausgedehnt werden. Auch bei Anschluß der HARTMANNschen Formel an nur fünf Linien wird man fast immer eine Formel erhalten, die schon so nahe richtig ist, daß die verbleibenden Differenzen zwischen den bekannten und den aus der Formel berechneten Wellenlängen so klein sind, daß sie auf die soeben beschriebene Art mit voller Sicherheit korrigiert werden können. Ja in vielen Fällen kann man auf die Bestimmung des Exponenten α überhaupt verzichten, $\alpha = 1$ setzen und aus den verbleibenden Abweichungen graphisch oder rechnerisch die nötigen Korrektionen bestimmen. Der Sinn der HARTMANNschen Formel ist eben der, die funktionelle Abhängigkeit zwischen den Messungen und den Wellenlängen nur in der Hauptsache und so weit zu erfassen, daß die weitere Verbesserung leicht und sicher graphisch ausgeführt werden kann. Sowohl CORNU als auch HARTMANN sind sich durchaus bewußt gewesen, daß ihre Formeln nicht physikalischer, sondern interpolatorischer Natur sind.

48. Auswahl der Linien zur Ableitung der Interpolationsformel. Die Wahl der Linien, die zur Berechnung benutzt werden sollen, muß natürlich mit großer Sorgfalt vorgenommen werden. Linien, die unscharf, einseitig verwaschen sind, ebenso solche, die eng benachbarte Begleiter haben, können nicht gebraucht werden. Da die Linien des Vergleichsspektrums demselben Wellenlängensystem angehören müssen, in dem die Sternlinien bestimmt werden, entnahm man früher die Wellenlängen auch der Vergleichslinien der „Preliminary Table of Solar Spectrum Wave-Lengths“ von ROWLAND, die mehrere Jahrzehnte hindurch als Grundlage für alle astrophysikalischen Spektraluntersuchungen gedient hat. Im Sonnenspektrum gibt es aber verhältnismäßig nur sehr wenige wirklich einfache Linien. Es kommt hinzu, daß eng benachbarte Linien, die in den Aufnahmen mit sehr großer Dispersion noch getrennt sind, in den Aufnahmen mittels der Sternspektrographen nicht mehr getrennt werden können, sondern zusammenfließen. Dies erschwert natürlich in hohem Maße die Auswahl der Linien. Man hat sich allgemein damit beholfen, daß man bei Entnahme der Wellenlängen aus der Preliminary Table in solchen Fällen den

Wellenlängen als Gewicht die Intensitätsangaben ROWLANDs gab und für die mit dem Sternspektrographen erhaltenen Linien als Wellenlängen das Mittel der Wellenlängen unter Berücksichtigung dieser Gewichte nahm. Im allgemeinen hat man die Erfahrung gemacht, daß diese gewichteten Mittelwerte zuverlässige Wellenlängen geben wenigstens für die Sterne, die ein dem Sonnenspektrum gleiches oder ähnliches Spektrum besitzen.

Nachdem nun die „Revision of ROWLAND's Preliminary Table of Solar Spectrum Wave-Lengths"[1] (R.P.T.) erschienen ist, wird man in Zukunft diese Tafel zum Vergleich mit den Sternspektren benutzen. Das System der R.P.T. ist, wie ADAMS[2] ausführt, ein einheitliches System, während die Wellenlängen der Laboratoriumsmessungen nicht notwendigerweise homogen sind. Bei Benutzung der R.P.T.-Wellenlängen für die Sternlinien und der aus Laboratoriumsmessungen folgenden Wellenlängen für die Vergleichslinien, wird der Stern an die Sonne angeschlossen. Es ist in diesem Falle folgendes zu berücksichtigen. Zwischen den Sonnen- und Laboratoriumswellenlängen besteht eine kleine Verschiebung (etwa +0,5 km pro sek), die wahrscheinlich durch die Rotverschiebung der Relativitätstheorie verursacht ist und keine Geschwindigkeit bedeutet. Diese Verschiebung ist in der resultierenden Radialgeschwindigkeit des Sterns enthalten und muß, falls man die Radialgeschwindigkeit davon frei haben will, durch Anbringung einer Korrektion von etwa 0,5 km mit richtigem Vorzeichen beseitigt werden. Benutzt man die Wellenlängen der R.P.T. sowohl für die Sternlinien, als auch für die Vergleichslinien, so ist natürlich diese Korrektion nicht nòtig. Die „Revision" enthält außer den Wellenlängen der Linien und den Intensitäten der letzteren noch eine große Zahl höchst wertvoller spektroskopischer und astrophysikalischer Daten, so daß sie zweifellos das Standardwerk für die nächsten Jahrzehnte sein wird. Man verdankt dieses große Werk den langjährigen Arbeiten der Astrophysiker und Physiker des Mt. Wilson-Observatoriums.

49. Abhängigkeit der Konstanten der Interpolationsformel von der Temperatur. Da die Dispersion der Prismen und die Fokaleinstellungen des Kollimators und der Kamera von der Temperatur abhängig sind, müssen auch die Konstanten der Interpolationsformel, insbesondere der Skalenwert c, Funktionen der Temperatur sein. Die Erfahrung hat gezeigt, daß der Exponent α unempfindlich in bezug auf die Temperatur ist und ein einmal berechneter Wert für alle Temperaturen beibehalten werden kann. Bei den anderen Konstanten ist die Temperaturabhängigkeit so ausgeprägt, daß man eine Formel, die für die Temperatur t gültig ist, kaum mehr zu Reduktionen von Platten brauchen kann, die bei Temperaturen erhalten wurden, die von t um $\pm 5°$ abweichen. Nachstehende Tabelle läßt diese Tatsache[3] (Spektrograph III Potsdam) klar erkennen. Der einfachste Weg wäre, für jedes Sternspektrogramm eine eigene Formel zu rechnen oder wenigstens für eine größere Anzahl von Spektren, die bei verschiedenen Temperaturen aufgenommen sind. Das wäre aber eine sehr zeitraubende Arbeit, ferner würden die zufälligen Fehler der Messungen und auch der Wellenlängen zu stark die Rechnung beeinflussen und die Auffindung eines einfachen

$s_3 - s_1$	t	λ_0 A	s_0	$\log c$
$67^R,508$	−15°	3277,6	$298^R,62$	4,3551637
67 ,750	− 4	3278,7	299 ,52	4,3559912
67 ,992	+ 7	3279,8	300 ,41	4,3568142
68 ,234	+18	3280,9	301 ,30	4,3576286
68 ,476	+29	3282,0	302 ,18	4,3584374

[1] Carnegie Institution of Washington. Publication Nr. 396. Washington 1928.
[2] Transactions I.A.U. 4, S. 185 (1933).
[3] A N 155, S. 107 (1901). Tabelle XIII.

Zusammenhanges zwischen den Konstanten der Formel einerseits und der Temperatur andererseits erschweren. HARTMANN hat daher in seiner bereits öfter erwähnten Abhandlung (S. 105) folgendes Verfahren angegeben, das von diesen Nachteilen frei ist und sich bei langjähriger Anwendung z. B. auf dem Potsdamer Observatorium auf das beste bewährt hat.

Zunächst benutzt HARTMANN als unabhängige Variable nicht die Temperatur, die das Thermometer des Spektrographen anzeigt, sondern die lineare Ausdehnung $(s_3 - s_1)$ zwischen den zwei äußersten Linien λ_1 und λ_3 des Spektrums, die noch sicher zu messen sind. Dies ist insofern vorteilhaft, als das Thermometer wohl nur ausnahmsweise, jedenfalls sehr selten, die momentane, während der Aufnahme wirklich vorhandene Temperatur der optischen Teile, besonders der Prismen, des Spektrographen angibt. Das Verfahren von HARTMANN gestaltet sich demnach so: Für die Bestimmung der drei Konstanten c, λ_0, s_0 (α wird als unabhängig von der Temperatur und als unveränderlich angenommen) sind drei Messungen s_1, s_2, s_3 von drei Linien λ_1, λ_2, λ_3 nötig. Diese drei Linien mißt man in einer Reihe von Spektren, die bei möglichst verschiedenen Temperaturen erhalten worden sind. Die drei Linien seien möglichst gleichmäßig über das Spektrum verteilt, d. h. es mögen λ_1 etwa am Anfang, λ_2 in der Mitte, λ_3 am Ende des meßbaren Bereiches liegen. Den Zahlenwert s_2 für die mittlere Linie λ_2 kann man willkürlich festsetzen: es soll s_2 denselben Wert bei allen Temperaturen besitzen. Das heißt weiter nichts, als daß die zu messende Platte so in den Meßapparat eingelegt wird, daß die mittlere Linie λ_2 stets dieselbe Schraubenablesung ergibt. Diese Festsetzung stellt also keine Beschränkung dar. Die einzelnen Messungen werden aber nun nicht direkt zur Bestimmung von λ_0, s_0, c benutzt, sondern erst einer Ausgleichung unterzogen, durch welche die zufälligen Fehler der Messungen möglichst unschädlich gemacht werden. Man könnte etwa ansetzen:

$$\frac{s_2 - s_1}{s_3 - s_1} = a_1 + a_2 t + a_3 t^2 + \cdots.$$

Besser ist es aber, wenn man als unabhängige Variable nicht t, sondern, wie bereits oben erwähnt, $s_3 - s_1$ wählt:

$$\frac{s_2 - s_1}{s_3 - s_1} = b_1 + b_2(s_3 - s_1) + b_3(s_3 - s_2)^2 + \cdots,$$

oder man stellt $\log\frac{s_2 - s_1}{s_3 - s_1}$ als Potenzreihe von $s_3 - s_1$ dar, was in manchen Fällen etwas bequemer ist. Dieses Gleichungssystem, das so viele Gleichungen enthält, als man Spektralaufnahmen bei verschiedenen Temperaturen hat, wird nach der Methode der kleinsten Quadrate aufgelöst. In den meisten Fällen können das quadratische und die höheren Glieder vernachlässigt werden. Das lineare Glied ist aber, wie man sofort sieht, immer mitzunehmen, da $\frac{s_2 - s_1}{s_3 - s_1}$ nicht konstant ist, d. h. man kann nicht von einem Spektrum zum anderen durch alleinige Änderung der Konstante c übergehen. Als Beispiel sei die für den Potsdamer Spektrographen IV erhaltene Formel angeführt:

$$\frac{s_2 - s_1}{s_3 - s_1} = 0{,}35489 - 0{,}001236(s_3 - s_1)$$

oder

$$\log\frac{s_2 - s_1}{s_3 - s_1} = [9{,}54915] - 0{,}00159(s_3 - s_1).$$

Mittels dieser Formel und dem einmal festgesetzten Wert von s_2 berechnet man nun eine Anzahl äquidistanter Werte von $s_3 - s_1$, daraus die s_1 und s_3

und mit diesen dann die drei Konstanten s_0, λ_0, c. Für den Potsdamer Spektrographen IV ergaben sich beispielsweise folgende Zahlen:

t	$s_3 - s_1$	s_1	s_2	s_3	λ_0 A	s_0	$\log c$
+25°	36R,313	18R,742	30R,000	55R,055	3126,0	−179R,933	4,472934
+20	36 ,267	18 ,754	30 ,000	55 ,021	3124,0	−180 ,055	4,473700
+15	36 ,221	18 ,766	30 ,000	54 ,987	3122,5	−180 ,070	4,474116
+10	36 ,174	18 ,779	30 ,000	54 ,953	3121,3	−180 ,029	4,474339
+ 5	36 ,128	18 ,791	30 ,000	54 ,919	3120,0	−180 ,012	4,474635
0	36 ,082	18 ,804	30 ,000	54 ,886	3119,0	−179 ,936	4,474735
− 5	36 ,036	18 ,816	30 ,000	54 ,852	3118,0	−179 ,858	4,474828
−10	35 ,990	18 ,829	30 ,000	54 ,819	3116,8	−179 ,815	4,475047

Die in der ersten Kolumne enthaltenen t entsprechen angenähert den in der folgenden Kolumne stehenden $s_3 - s_1$.

50. Berechnung von Reduktionstafeln mittels der HARTMANNschen Formel[1]. Handelt es sich nicht um die Auswertung einiger einzelnen Spektren, sondern um die einer großen Zahl, so ist es zweckmäßig, mit Hilfe der für verschiedene Temperaturen gewonnenen Formeln Tafeln zu rechnen, aus denen sich durch einfache Interpolation die gewünschten Werte finden lassen. Je nach der Reduktionsmethode wird man entweder Tafeln mit dem Argument s_n (Schraubenablesung) rechnen, aus denen man dann die λ_n interpoliert, oder aber Tafeln mit dem Argument λ_n, aus denen man die zugehörigen s_n entnimmt. Tabelle 1

Tabelle 1.

t	−10°		−5°		0°		+5°		+10°		+15°		+20°	
$s_3 - s_1$	35R,990		36R,036		36R,082		36R,128		36R,174		36R,221		36R,267	
s_n	λ_n (A)		λ_n (A)		λ_n (A)		λ_n (A)		λ_n (A)		λ_n (A)		λ_n (A)	
18R,0	4524,85	108	4524,72	108	4524,59	108	4524,45	108	4524,33	107	4524,19	107	4524,07	107
,1	23,77	107	23,64	107	23,51	107	23,37	107	23,26	107	23,12	107	23,00	107
,2	22,70	108	22,57	107	22,44	107	22,30	107	22,19	107	22,05	106	21,93	107
,3	21,62	107	21,50	108	21,37	107	21,23	107	21,12	107	20,99	107	20,86	107
,4	20,55	107	20,42	107	20,30	107	20,16	107	20,05	107	19,92	107	19,79	106
,5	19,48	107	19,35	107	19,23	107	19,09	106	18,98	107	18,85	106	18,73	106
,6	18,41	107	18,28	107	18,16	106	18,03	106	17,91	107	17,79	106	17,67	106
,7	17,34	107	17,21	106	17,10	107	16,97	107	16,84	106	16,73	106	16,61	106
,8	16,27	106	16,15	107	16,03	106	15,90	106	15,78	106	15,67	106	15,55	106
,9	15,21	107	15,08	106	14,97	107	14,84	106	14,72	106	14,61	106	14,49	106
19 ,0	4514,14		4514,02		4513,90		4513,78		4513,66		4513,55		4513,43	
...	...		...		...									
40 ,0	4317,65	83	4317,74	82	4317,84	82	4317,92	82	4318,02	82	4318,11	82	4318,20	81
,1	16,82	82	16,92	82	17,02	82	17,10	82	17,20	82	17,29	82	17,39	82
,2	16,00	82	16,10	82	16,20	82	16,28	81	16,38	82	16,47	81	16,57	82
,3	15,18	82	15,28	82	15,38	82	15,47	82	15,56	82	15,66	81	15,75	81
,4	14,36	81	14,46	82	14,56	81	14,65	81	14,74	81	14,85	82	14,94	81
,5	13,55	82	13,64	82	13,75	81	13,84	82	13,93	81	14,03	81	14,13	82
,6	12,73	81	12,82	81	12,94	82	13,02	81	13,12	81	13,22	81	13,31	81
,7	11,92	82	12,01	82	12,12	81	12,21	81	12,31	81	12,41	81	12,50	81
,8	11,10	81	11,19	81	11,31	81	11,40	81	11,50	81	11,60	81	11,69	81
,9	10,29	82	10,38	82	10,50	82	10,59	81	10,69	81	10,79	81	10,88	81
41 ,0	4309,47		4309,56		4309,68		4309,78		4309,88		4309,98		4310,07	

gibt ein Beispiel für die erste Art von Tafeln (Potsdamer Spektrograph IV), die folgende Tabelle 2 ein solches für die zweite Art (Potsdamer Spektrograph IV).

[1] A N 155, S. 108 (1901); 182, S. 361 (1909).

Tabelle 2.

λ	−10°	−5°	0°	+5°	+10°	+15°	+20°
4531,33	17 R,402	17 R,388	17 R,375	17 R,362	17 R,350	17 R,337	17 R,325
28,80	17 ,635	17 ,622	17 ,609	17 ,596	17 ,584	17 ,572	17 ,559
25,31	17 ,957	17 ,945	17 ,932	17 ,920	17 ,908	17 ,896	17 ,884
4494,75	20 ,845	20 ,835	20 ,825	20 ,815	20 ,807	20 ,798	20 ,788
89,93	21 ,310	21 ,301	21 ,292	21 ,282	21 ,274	21 ,265	21 ,256
84,42	21 ,846	21 ,836	21 ,828	21 ,819	21 ,812	21 ,803	21 ,795
76,21	22 ,650	22 ,642	22 ,634	22 ,626	22 ,620	22 ,612	22 ,604
69,57	23 ,307	23 ,299	23 ,293	23 ,285	23 ,279	23 ,272	23 ,265
66,74	23 ,589	23 ,581	23 ,575	23 ,568	23 ,562	23 ,555	23 ,548
61,84	24 ,078	24 ,071	24 ,066	24 ,059	24 ,053	24 ,047	24 ,041
54,57	24 ,811	24 ,805	24 ,800	24 ,794	24 ,789	24 ,784	24 ,778
47,91	25 ,488	25 ,483	25 ,478	25 ,473	25 ,469	25 ,464	25 ,459
42,52	26 ,040	26 ,036	26 ,031	26 ,027	26 ,023	26 ,019	26 ,014
30,80	27 ,255	27 ,251	27 ,248	27 ,245	27 ,242	27 ,240	27 ,236
27,49	27 ,600	27 ,597	27 ,595	27 ,592	27 ,590	27 ,587	27 ,584
⋮	⋮	⋮	⋮	⋮	⋮	⋮	⋮

Für die Linien des Vergleichsspektrums (Fe), deren λ_n bekannt sind, werden mit Hilfe der Hartmannschen Formel ein für allemal die Schraubenablesungen für die verschiedenen $s_3 - s_1$ berechnet. Die folgende Tabelle 3 gibt eine Probe einer derartigen Tafel, und zwar für den Spektrographen III.

Tabelle 3.

Linie Nr.	λ_n	$s_3 - s_1$ 67 R,860	$s_3 - s_1$ 67 R,948	$s_3 - s_1$ 68 R,036	$s_3 - s_1$ 68 R,124
1	4572,16	8 R,697	8 R,640	8 R,584	8 R,526
2	4554,21	11 ,296	11 ,242	11 ,190	11 ,136
3	4549,77	11 ,949	11 ,895	11 ,843	11 ,790
4	4534,17	14 ,268	14 ,218	14 ,169	14 ,119
5	4522,87	15 ,978	15 ,930	15 ,883	15 ,836
⋮	⋮	⋮	⋮	⋮	⋮

51. Verwandlung von Wellenlängendifferenzen oder Schraubenablesungsdifferenzen in Kilometer. Die Radialgeschwindigkeit V eines Sterns in der Gesichtslinie ist nach dem Dopplerschen Prinzip

$$V = \frac{L}{\lambda} d\lambda,$$

wo L die Lichtgeschwindigkeit (299860 km) ist. In nachstehender Tabelle 4 sind die Umwandlungsfaktoren L/λ für den Bereich von 4000 bis 4600 A gegeben. Die Zahl V stellt die Bewegung in Kilometern pro Sekunde dar, welche einer Verschiebung um ein A entspricht. Hat man Schraubenablesungsdifferenzen statt Wellenlängendifferenzen in Kilometer zu verwandeln, so hat man $d\lambda$ in

$$V = \frac{L}{\lambda} d\lambda$$

durch ds zu ersetzen:

$$d\lambda = -\frac{(\lambda - \lambda_0)^{\alpha+1}}{\alpha c} ds$$

Da die Konstanten λ_0 und c temperaturabhängig sind, wie in Ziff. 49 dargelegt ist, so müssen sie der Temperatur entsprechend genommen werden. Zweckmäßigerweise wird man aber den Koeffizienten für die verschiedenen vorkommenden Temperaturen tabulieren. Tabelle 5 gibt ein Beispiel hierfür (Potsdamer Spektrograph III). Sie enthält die Anzahl Kilometer, die einer Schrauben-

Tabelle 4.

λ (A)	V (km)	Diff.	log V	λ (A)	V (km)	Diff.	log V
4000	74,965	187	1,87486	4300	69,735	162	1,84345
10	,778	186	1,87377	10	,573	161	1,84244
20	,592	185	1,87269	20	,412	160	1,84143
30	,407	184	1,87161	30	,252	160	1,84043
40	,223	184	1,87054	40	69,092	159	1,83943
50	74,039	182	1,86946	50	68,933	158	1,83843
60	73,857	181	1,86839	60	,775	157	1,83743
70	,676	181	1,86732	70	,618	157	1,83644
80	,495	180	1,86626	80	,461	156	1,83544
90	,315	179	1,86519	90	,305	155	1,83445
4100	73,136	177	1,86413	4400	68,150	154	1,83347
10	72,959	177	1,86308	10	67,996	154	1,83248
20	,782	177	1,86202	20	,842	153	1,83150
30	,605	175	1,86097	30	,689	153	1,83051
40	,430	175	1,85992	40	,536	152	1,82954
50	,255	173	1,85887	50	,384	151	1,82856
60	72,082	173	1,85783	60	,233	150	1,82758
70	71,909	172	1,85678	70	67,083	150	1,82661
80	,737	171	1,85574	80	66,933	149	1,82564
90	,566	171	1,85470	90	,784	148	1,82467
4200	,395	170	1,85367	4500	,636	148	1,823371
10	,226	169	1,85264	10	,488	147	1,822741
20	71,057	168	1,85161	20	,341	147	1,821780
30	70,889	167	1,85058	30	,194	146	1,820820
40	,722	167	1,84955	40	66,048	145	1,819862
50	,555	165	1,84853	50	65,903	144	1,818908
60	,390	165	1,84751	60	,759	144	1,817954
70	,225	164	1,84649	70	,615	143	1,817003
80	70,061	163	1,84547	80	,472	143	1,816054
90	69,898	163	1,84446	90	,329	142	1,815106
4300	69,735		1,84345	4600	65,187		1,814161

revolution entsprechen bei den links stehenden Wellenlängen, und zwar für die verschiedenen Temperaturen, die durch die $s_3 - s_1 = 67^{\mathrm{R}},860$ usw. bestimmt sind.

Tabelle 5.

λ	$s_3 - s_1$				
	$67^{\mathrm{R}},860$	$67^{\mathrm{R}},948$	$68^{\mathrm{R}},036$	$68^{\mathrm{R}},124$	...
4572,16	458,0 km	457,4 km	456,8 km	456,2 km	...
4554,21	449,7	449,1	448,5	447,9	...
4549,77	447,6	447,0	446,5	445,9	...
4534,17	440,3	439,7	439,2	438,6	...
4522,87	435,1	434,5	434,0	433,4	...
⋮	⋮	⋮	⋮	⋮	⋮

52. Bestimmung der Wellenlänge mit Hilfe der Interpolationsformeln. In den vorstehenden Ziffern ist bereits mehrfach von der Bestimmung der Wellenlänge mittels der Formeln gesprochen worden. Es soll hier nun nochmals der Gang der Berechnung dargestellt und durch ein Beispiel erläutert werden. Es sei vorausgesetzt, daß neben dem Spektrum, dessen Linien unbekannte, zu bestimmende Wellenlängen haben, sich ein Vergleichsspektrum mit möglichst vielen und gleichmäßig verteilten Linien befindet, deren Wellenlängen genau bekannt sind. Diese Voraussetzung ist heute bei den Sternspektren stets erfüllt, da man immer ein Vergleichsspektrum aufkopiert.

Die Interpolationsformel gibt, wie bereits erwähnt, in größeren Bereichen, wie sie meist oder wenigstens vielfach bei den Sternspektren in Frage kommen, keine strenge, sondern nur eine mehr oder minder angenäherte Beziehung zwischen den gemessenen Größen (z. B. den Schraubenablesungen) und den entsprechenden Wellenlängen, und zwar selbst dann, wenn die vier Konstanten der HARTMANNschen Formel aus sämtlichen Vergleichslinien unter Anwendung der Methode der kleinsten Quadrate gefunden wurden. Die Differenzen zwischen den aus der Formel berechneten Wellenlängen und den strengen Werten derselben sind aber sehr klein. Unter diesen Umständen kann man nun weitergehen und die Interpolationsformel schon dann als genügend genau ansehen, wenn jene Differenzen so klein bleiben, daß eine nachträgliche Korrektion mit Sicherheit und mit einer den Messungen entsprechenden Genauigkeit abgeleitet werden kann. Es kann somit gleich von vornherein auf eine möglichst strenge Ableitung der Formel verzichtet werden, und weitgehende praktische Erfahrung hat gezeigt, daß dies durchweg erlaubt ist. Zunächst kann man für einen Spektrographen mit einem Prisma die Konstante $\alpha = 1$, für einen solchen mit drei Prismen $\alpha = 0{,}6$ setzen. Weiterhin können die drei anderen Konstanten (λ_0, s_0, c) der Formel aus Messungen von nur drei Linien berechnet werden, von denen die erste nahe am Anfang, die zweite nahe der Mitte und die dritte nahe am Ende des Spektrogrammes liegt. Die Berechnung der Interpolationsformel ist auf diese Weise sehr stark vereinfacht.

Nr.	M	λ	$\lambda - \lambda_c$	$\lambda - \lambda'_c$
1	6^R,366	4528,798	±0,000	−0,006
2	9 ,593	4494,738	+ 9	+ 5
3	11 ,406	4476,185	− 14	− 17
4	14 ,263	4447,892	− 24	+ 23
5	16 ,388	4427,482	+ 39	+ 38
6	17 ,680	1415,293	+ 11	+ 11
7	18 ,803	4404,927	+ 55	+ 55
8	21 ,136	4383,720	+ 22	+ 22
9	24 ,653	4352,908	+ 21	+ 9
10	26 ,500	4337,216	0	+ 3
11	29 ,160	4315,262	+ 22	+ 24
12	30 ,046	4308,081	+ 16	+ 18
13	31 ,772	4294,301	− 4	0
14	33 ,270	4282,565	− 20	− 16
15	36 ,140	4260,640	− 32	− 27
16	37 ,437	4250,945	− 49	− 45
17	37 ,528	4250,287	− 35	− 30
18	40 ,645	4227,606	− 53	− 51
19	44 ,275	4202,198	− 25	− 18
20	46 ,800	4185,058	− 55	− 49
21	51 ,102	4156,970	− 17	− 11
22	52 ,544	4147,836	− 10	− 2
23	55 ,056	4132,235	+ 3	+ 10
24	57 ,286	4118,708	0,000	+ 6

Mittels der so gewonnenen Formel berechnet man die Wellenlängen (λ_c) der übrigen Vergleichsspektrumlinien und vergleicht die so erhaltenen Werte mit den bekannten strengen λ. Die Differenzen $\lambda - \lambda_c$ werden zur Gewinnung der Korrektionen benutzt. Am zweckmäßigsten ist es, diese Korrektionen auf graphischem Wege abzuleiten. Man trägt die Schraubenablesungen der Vergleichslinien als Abszissen, die entsprechenden $\lambda - \lambda_c$ als Ordinaten in Millimeterpapier ein und legt durch die so erhaltenen Punkte eine glatte, sich möglichst gut anschließende Kurve. Aus dieser lassen sich die Korrektionen unmittelbar ablesen, die an die aus der Formel berechneten Wellenlängen λ_c der Sternlinien anzubringen sind, um richtige Werte für die Wellenlängen zu erhalten. Selbstverständlich kann statt des graphischen Prozesses auch ein rechnerischer verwendet werden, er ist aber im allgemeinen umständlicher und mit größerer Arbeit verbunden als ersterer.

Durch ein Beispiel wird das ganze Verfahren am besten klar werden. Ein mit dem Potsdamer Spektrographen IV erhaltenes Eisenspektrum wurde ausgemessen (Kolumne 2 der obenstehenden Tabelle) und unter Annahme von $\alpha = 0{,}8$ ($\alpha = 0{,}6$ bis $0{,}7$ wäre besser gewesen, aber es ist absichtlich ein ungünstigerer Wert gewählt worden) aus den Linien Nr. 1, 13, 24 folgende Formel gerechnet:

$$\lambda_c = 3054{,}50 + \left(\frac{[4{,}7676638]}{s + 164{,}555}\right)^{\frac{1}{0,8}}.$$

Mittels dieser Formel sind die λ_c der übrigen Linien berechnet und die Differenzen $\lambda - \lambda_c$ gebildet worden (Kolumne 4). Diese Differenzen sind klein, haben aber einen systematischen Verlauf, d. h. die Formel allein genügt nicht für eine Wellenlängenbestimmung. In Abb. 20 sind deshalb die Schraubenablesungen R als Abszissen, die Differenzen als Ordinaten eingetragen, und eine Kurve ist gezeichnet worden, welche die Korrektionen zu entnehmen gestattet. Wären nun Linien unbekannter Wellenlänge mitgemessen worden, so hätte man für sie mit der Formel zunächst die genäherten Wellenlängen zu berechnen und an diese die Korrektionen anzubringen, die ihrer Lage entsprechend aus der Kurve folgen, wodurch schließlich die strengen Werte der Wellenlängen erhalten werden.

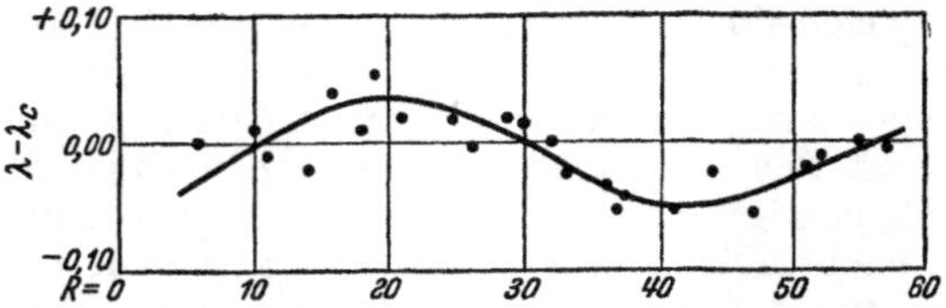

Abb. 20. Graphische Ausgleichung der $\lambda - \lambda_c$.

Wenn man berücksichtigt, daß sich die Messungen von 410 A nur über eine Strecke von 25 mm auf den Spektrogrammen verteilen, so erkennt man, daß durch die angenäherte Formel, in Verbindung mit der graphischen Korrektion, eine Genauigkeit erzielt ist, die nichts zu wünschen übrigläßt. Eine strenge Ausgleichung unter Anwendung sämtlicher Eisenlinien würde folgende Formel ergeben:

$$\lambda_c' = 3054{,}50 + \left(\frac{[4{,}7676484]}{s + 164{,}5485}\right)^{\frac{1}{0,8}},$$

und die letzte Kolumne der Tabelle zeigt, daß die Darstellung der Messungen durch sie ebensowenig befriedigend ist wie die durch die angenäherte Formel, man müßte somit auch die aus der obigen Formel gerechneten λ_c' durch zusätzliche Korrektionen verbessern.

53. Bestimmung von Wellenlängen aus Konkavgitteraufnahmen. Es mag hier nebenbei erwähnt werden, daß auch die Bestimmung von Wellenlängen aus Gitteraufnahmen auf die gleiche Weise erfolgt, nur fällt die Berechnung der Interpolationsformel weg. Man mißt also zwei möglichst weit voneinander entfernte Linien λ_1 und λ_2 des Vergleichsspektrums, dann ist der Quotient $\frac{\lambda_2 - \lambda_1}{s_2 - s_1}$ nahe konstant für den ganzen Spektralbereich auf der Platte, vorausgesetzt, daß man ihn nicht zu groß gewählt hat. Mit Hilfe dieses Quotienten berechnet man für die anderen Vergleichslinien die angenäherten Wellenlängen λ_c, bildet wiederum die Differenzen $\lambda - \lambda_c$ für alle Linien und erhält durch eine rechnerische oder, wie oben gezeigt, graphische Ausgleichung die Korrektionen, die an die λ_c der Linien anzubringen sind, deren genaue Wellenlängen gefunden werden sollen.

k. Die Bestimmung der Radialgeschwindigkeit eines Sternes mit Hilfe der Formeln von CORNU und HARTMANN.

54. Einleitung. Die Reduktion der Messungen eines Sternspektrums kann auf zweierlei Weise erfolgen: entweder geht man gleich von Anfang an von den Schraubenablesungen auf die Wellenlängen über (Verfahren LUDENDORFF-

EBERHARD[1]) oder man behält erstere bis zum Schluß bei (Verfahren CAMPBELL, HARTMANN usw.[2]). Es ist schwer abzuschätzen, welches der beiden Verfahren den Vorzug verdient. Die zu leistende Arbeit ist nahezu die gleiche, es hängt daher in der Hauptsache die Wahl des Verfahrens von dem persönlichen Geschmack und der Gewohnheit des Beobachters ab. Beide Verfahren werden wesentlich erleichtert und abgekürzt, wenn man nicht für jedes einzelne Sternspektrum die Interpolationsformel, und sei es auch nur die einfache von CORNU, abzuleiten hat, sondern ein für allemal berechnete Tafeln benutzen kann. Da wohl ein jedes Observatorium, das die Bestimmung von Radialgeschwindigkeiten als Programm hat, solche Tafeln besitzen oder anlegen wird, soll für das Folgende das Vorhandensein solcher Tafeln vorausgesetzt werden. Übrigens gestaltet sich im Prinzip der Arbeitsgang nicht wesentlich anders, wenn diese Voraussetzung nicht erfüllt ist.

55. Erstes Verfahren[1]. Nachdem das Sternspektrogramm ausgemessen ist, wird die Differenz der Schraubenablesungen der beiden äußersten noch zur Verwendung geeigneten Linien des Vergleichsspektrums gebildet, dann diejenige der Tafeln (Ziff. 49) ausgesucht, welche möglichst nahe dieselbe Differenz für die beiden benutzten Vergleichslinien gibt. In dem nun folgenden Beispiel, welches am besten den weiteren Gang der Reduktion zeigt, würde dies die Tafel für $+10^\circ$ C sein. Die folgende Tabelle enthält ein Stück der Ausmessung und

1	2	3	4	5	6	7	8	9	10	11
Fe 20^{R},812	20^{R},807	−5	−5		A	A	A	km	km	
22 ,092			−4	22^{R},088	4481,59	4481,40	+0,19	66,9	+12,7	Mg
Fe 22 ,623	22 ,620	−3	−4							
23 ,344			−3	23 ,341	4468,94	4468,66	+0,28	67,1	+18,8	Ti
Fe 23 ,565	23 ,562	−3	−3							
Fe 24 ,057	24 ,053	−4	−3							
25 ,852			−2	25 ,850	4444,20	4443,98	+0,22	67,5	+14,8	Ti
Fe 27 ,591	27 ,590	−1	−2							
28 ,870			−1	28 ,869	4415,43	4415,29	+0,14	67,9	+ 9,5	Fe
Fe 28 ,885	28 ,882	−3	−1							
Fe 30 ,000	30 ,000	0	0							
32 ,312			+1	32 ,313	4383,89	4383,72	+0,17	68,4	+11,6	Fe
Fe 32 ,331	32 ,332	+1	+1							
Fe 33 ,184	33 ,186	+2	+1							

Reduktion des Spektrums von γ Geminorum, das am 5. April 1909 mit dem Potsdamer Spektrographen IV aufgenommen worden war. Kol. 1 enthält die Schraubenablesungen der Linien des Stern- und des Eisenspektrums, Kol. 2 die Schraubenablesungen für die Eisenlinien nach den Werten der Tabelle 2, Ziff. 49 (Referenzspektrum). Die Differenzen Kol. 2 — Kol. 1 in der Kol. 3 werden nun graphisch ausgeglichen (Kol. 4), und die ausgeglichenen Differenzen (Kol. 4) werden an die den Linien des Sternspektrums entsprechenden Schraubenablesungen von Kol. 1 angebracht, so daß Kol. 5 die auf das Referenzspektrum reduzierten Messungen der Sternlinien darstellt. Nunmehr wird auf Wellenlängen übergegangen dadurch, daß man aus den Tafeln (Tab. 1, Ziff. 49) die Wellenlängen entnimmt, welche den Schraubenablesungen der Kol. 5 entsprechen. Auf diese Weise wird Kol. 6 erhalten. In Kol. 7 sind die Wellenlängen der Linien enthalten, mit denen die Linien des Sternspektrums identifiziert wurden. Die Differenz Kol. 6 — Kol. 7 ist in Kol. 8 aufgeschrieben, sie stellt die Verschiebung der Sternlinien infolge von Radialbewegung dar, und man hat diese Zahlen nur noch mit einem Faktor (Kol. 9) zu multiplizieren, um die ursprünglich in Ångströmeinheiten aus-

[1] A N 182, S. 361 (1909). [2] A N 155, S. 81ff. (1901); Ap J 8, S. 142 (1898).

gedrückten Verschiebungen in Kilometern zu erhalten (Kol. 10). Die Umwandlungsfaktoren werden einer Tafel mit dem Argument Wellenlänge entnommen (Ziff. 50, Tab. 4); sie sind, im Gegensatz zu den bei dem zweiten Verfahren zu verwendenden Faktoren von der Temperatur unabhängig. Kol. 10 enthält somit die gesuchte Radialgeschwindigkeit für die Linien des Sternspektrums, die den chemischen Elementen der Kol. 11 zugehören.

Bei diesem ersten Verfahren hat man also für jede Platte die Wellenlängen der Sternlinien aus den Tafeln zu interpolieren, was aber bei richtiger Anlage der Tafeln eine leichte und kleine Mühe ist.

56. Zweites Verfahren. Hat man eine große Anzahl Spektrogramme ein und desselben Sternes zu bearbeiten, so ist das zweite Verfahren vielleicht etwas vorteilhafter als das erste, namentlich wenn man auch hier Tafeln benutzen kann. Der Arbeitsgang soll für das zweite Verfahren gleichfalls wieder an einem Beispiel erläutert werden. Es werde das Spektrum von α Ursae minoris reduziert, welches am 15. April 1900 mit dem Potsdamer Spektrographen III aufgenommen worden ist[1]. Die folgende Tabelle enthält die gesamte Rechnung, und zwar bedeuten die Zahlen der Kol. 1 die Messungsresultate (Schraubenablesungen)

	1	2	3	4	5	6	7	8	9
Fe	4^{R},581	4^{R},588	+7						
Fe	7 ,486	7 ,489	+3					km	km
	11 ,234			+6	11^{R},240	11^{R},242	+ 2	449	+0,9
	11 ,878			+6	11 ,884	11 ,895	+11	447	+4,9
Fe	12 ,430	12 ,433	+3						
	14 ,200			+6	14 ,206	14 ,218	+12	440	+5,3
Fe	15 ,024	15 ,028	+4						
Fe	15 ,335	15 ,358	+3						
	16 ,300			+6	16 ,306	16 ,307	+ 1	433	+0,4
	17 ,046			+6	17 ,052	17 ,059	+ 7	431	+3,0
	18 ,139			+6	18 ,145	18 ,149	+ 4	428	+1,7
	19 ,237			+7	19 ,244	19 ,243	− 1	424	−0,4
Fe	19 ,936	19 ,940	+4						
	19 ,916			+7	19 ,923	19 ,937	+14	423	+5,9
Fe	20 ,296	20 ,301	+5						
Fe	22 ,268	22 ,273	+5						
	23 ,256			+7	23 ,263	23 ,269	+ 6	413	+2,5
Fe	23 ,268	23 ,274	+6						
	24 ,488			+7	24 ,495	24 ,500	+ 5	410	+2,0
Fe	24 ,814	24 ,817	+3						
	25 ,135			+7	25 ,142	25 ,140	− 2	408	−0,8
Fe	25 ,622	25 ,627	+5						
	26 ,028			+7	26 ,035	26 ,051	+16	405	+6,5
	31 ,436			+6	31 ,442	31 ,451	+ 9	391	+3,5
Fe	31 ,437	31 ,440	+3						
	33 ,270			+5	33 ,275	33 ,275	0	386	0,0
Fe	33 ,565	33 ,573	+8						
	35 ,407			+4	35 ,411	35 ,413	+ 2	380	+0,8
	37 ,154			+4	37 ,158	37 ,166	+ 8	376	+3,0
Fe	39 ,009	39 ,005	−4						
Fe	40 ,678	40 ,679	+1						

für das Vergleichsspektrum (Fe) wie für das Sternspektrum. Man bildet wiederum die Differenz der Ablesungen der beiden äußersten Vergleichslinien und sucht aus den Tafeln für das Referenzspektrum (Tab. 3, Ziff. 49) diejenige aus, welche für diese zwei Linien nahe die gleiche Differenz besitzt. Aus dieser Tafel entnimmt man dann die Zahlen der Kol. 2 und mittels der Differenz

[1] A N 155, S. 87 (1901); Ap J 8, S. 142 (1898).

Kol. 2 — Kol. 1 = Kol. 3 kann man das gemessene Spektrum auf das der Tafel (Referenzspektrum) reduzieren. Natürlich werden die Differenzen Kol. 3 vorher wieder irgendwie ausgeglichen (Kol. 4), und mittels dieser ausgeglichenen Werte werden dann auch die Linien des Sternes auf das System der Tafel (Referenzspektrum) gebracht (Kol. 5). Jetzt sind die Sternlinien wieder zu identifizieren, etwa durch Vergleich mit dem Sonnenspektrum, und danach entnimmt man für diese so gefundenen Wellenlängen Tafeln, welche der Tabelle 2, Ziff. 49, entsprechen würden, die zu diesen Wellenlängen gehörenden Schraubenablesungen (Kol. 6). Die Differenz Kol. 6 — Kol. 5 = Kol. 7 stellt dann die Verschiebung infolge von Radialbewegung dar, und zwar in Einheiten der Meßschraube. Um diese aber in Kilometern ausgedrückt zu erhalten, sind die Zahlen der Kol. 7 mit einem Faktor (Kol. 8) zu multiplizieren, der gleichfalls tabuliert ist (Tab. 5, Ziff. 50). Es ist zu beachten, daß bei diesem zweiten Verfahren dieser Faktor temperaturabhängig ist, also Tafeln für verschiedene Temperaturen berechnet werden müssen.

57. Die Reduktionsmethode von R. H. CURTISS[1]. Das Prinzip, welches diesem Verfahren zugrunde liegt, ist das gleiche wie bei den anderen vorstehend auseinandergesetzten Methoden. Das auszuwertende Spektrum wird mit Hilfe des Vergleichsspektrums auf die Dispersion eines Standardspektrums reduziert, welches durch Aufnahme einer Lichtquelle erhalten ist, die keine oder eine genau bekannte Geschwindigkeit besitzt. Die Verschiebung der Sternlinien gegen die Linien des Standardspektrums ist dann der Effekt, der durch die Bewegung des Sternes gegen die Standardlichtquelle erzeugt wird. Der Unterschied gegen die anderen Methoden liegt allein in der Art der Herstellung des Standardspektrums.

CURTISS verfährt folgendermaßen: Neben das Spektrum eines Himmelskörpers, dessen Radialbewegung gut bekannt ist, beispielsweise der Sonne (CURTISS verwendet auch das Spektrum des Himmelslichtes), wird ein Metallspektrum als Vergleichsspektrum, wie auch sonst üblich, aufgenommen. Beide Spektren werden sehr sorgfältig ausgemessen, aber nicht weiter reduziert. Die in Einheiten der Meßschraube ausgedrückten Resultate bilden das Normalspektrum, die ,,Velocity Standard Table“ (Tab. 1), die an Stelle der Reduktionstafeln tritt, welche bei den anderen Verfahren mit Hilfe einer Interpolationsformel gewonnen werden. Die in der ersten Spalte der Tabelle enthaltenen Wellenlängen brauchen nur angenähert, etwa auf $^1/_{10}$ bis $^2/_{10}$ A, bekannt zu sein.

Soll nun ein Sternspektrum bearbeitet werden, so wird dieses nebst seinem Vergleichsspektrum (Metallspektrum) ausgemessen, dann werden die Differenzen der Messungen des Vergleichsspektrums gegen die Messungen des Standardspektrums gebildet. Diese Differenzen dienen wie auch bei den anderen Verfahren dazu, das Sternspektrum auf die Dispersion des Normalspektrums zu reduzieren. Am einfachsten ist diese Reduktion wieder durch ein graphisches Verfahren (Zeichnung einer Kurve) auszuführen. Diese Kurve gibt dann die Korrektionen, die an die Sternlinien anzubringen sind, um diese gleichfalls auf das Normalspektrum zu reduzieren. Nach Anbringung dieser Korrektionen geben die Differenzen Normalspektrum minus Sternspektrum bereits die in Einheiten des Schraubenwertes ausgedrückte Radialbewegung des Sterns, bezogen auf die Radialbewegung des als Standard benutzten Himmelskörpers, etwa der Sonne. Um die Radialbewegung in Kilometern ausgedrückt zu erhalten, ist noch die Multiplikation mit einem Umwandlungsfaktor nötig (Tab. 1, letzte Spalte, enthält diesen Faktor, und zwar die Zahl der Kilometer pro Revolution der Schraube).

---

[1] Lick Bull 3, S. 19 (1904); Ap J 20, S. 149 (1904).

Zur Berechnung dieses Faktors, und nur dazu, ist eine angenäherte Kenntnis der Wellenlängen des Normalspektrums (Tab. 1, erste Spalte) nötig. Es genügt in allen Fällen, die Wellenlängen etwa auf $^1/_{10}$ A zu kennen, man kann sie also einem Atlas oder einer Tafel des Sonnenspektrums entnehmen.

Tabelle 1.

λ	Stern	Eisen	km
4344,1	45^R,095		1000
4352,0	45 ,611		1010
4360,0	46 ,113		1010
4375,4	47 ,186		1020
4383,7		47^R,765	
4384,5	47 ,814		1030
4395,0	48 ,544		1040
4401,2	48 ,895		1040
4404,9	49 ,161		1050
4404,9		49 ,164	
4415,3		49 ,835	
4415,3	49 ,837		1050
4417,9	50 ,002		1050
4422,8	50 ,308		1060
4443,0	51 ,647		1070
4451,3	52 ,102		1080
4455,4	52 ,397		1080
4462,0	52 ,806		1090
4466,7		53 ,106	
4476,2		53 ,689	
4482,0	54 ,002		1100
4494,7	54 ,806		1110
4494,7		54 ,812	
4501,3	55 ,220		1120
4571,8	59 ,332		1170
4584,0		60 ,012	

Tabelle 2.

λ	Stern	Eisen	Korr.	Δ	V (km)
4352,0	45^R,639		−2	+26	+26
60,0	46 ,130		−3	+14	+14
75,4	47 ,213		−3	+24	+24
83,7		47^R,766			
84,5	47 ,840		−3	+23	+24
95,0	48 ,567		−4	+19	+20
4401,2	48 ,912		−4	+13	+14
04,9	49 ,188		−4	+23	+24
04,9		49 ,170			
15,3		49 ,840			
15,3	49 ,870		−5	+28	+29
17,9	50 ,037		−5	+30	+31
43,0	51 ,673		−5	+21	+22
55,4	52 ,422		−6	+19	+21
62,0	52 ,845		−6	+33	+36
76,2		53 ,699			
94,7		54 ,815			
4501,3	55 ,240		−7	+13	+15
71,8	59 ,350		−4	+14	+16
84,0		60 ,015			

Als Beispiel für das Verfahren sei die Reduktion eines Teiles der Platte 56a von W Sagittarii[1] nach CURTISS gegeben. Die erste Spalte der Tabelle 2 enthält die angenäherten Wellenlängen der Stern- und Eisenlinien, die zweite Spalte die entsprechenden Messungen der Platte in Einheiten der Meßschraube, die dritte die Messungen der Eisenlinien, die vierte die an die Messungen der Sternlinien anzubringenden Korrektionen, durch welche die Platte auf die Velocity Standard Table (Tab. 1)[2] bezogen wird. Sie wurden durch graphische Ausgleichung der Eisenspektren auf den beiden Platten gewonnen. Unter Δ ist dann die Verschiebung der Linien des Sternspektrums gegen die des Standardspektrums in Einheiten der Meßschraube angeführt. Werden diese Δ mit den Umwandlungsfaktoren (Tab. 1, letzte Spalte) multipliziert, so resultiert die unter V stehende Radialbewegung.

Wie ersichtlich, fällt bei dieser Methode die Berechnung einer Interpolationsformel fort, an ihre Stelle tritt eben die Velocity Standard Table. Sind Spektra zu bearbeiten, die bei verschiedenen Temperaturen des Spektrographen erhalten wurden, so genügt diese eine Velocity Standard Table nicht, sondern es sind entsprechende Tafeln für die verschiedenen Temperaturen aufzustellen, ganz ebenso wie bei den früher auseinandergesetzten Verfahren Interpolationsformeln für verschiedene Temperaturen zu berechnen sind. Der Arbeitsaufwand bei der Anwendung der Methode von CURTISS dürfte ungefähr derselbe wie bei den anderen Methoden sein, aber die von CURTISS besitzt gewisse Vorzüge vor den anderen. Die Resultate sind nämlich unabhängig von den Werten der Wellenlängen, da diese bei der Reduktion nicht direkt gebraucht werden, im Gegensatz zu den anderen Verfahren. Die Linien der Vergleichsspektren dienen erstens

[1] Lick Bull 3, S. 34 (1904). [2] Lick Bull 3, S. 30 (1904).

dazu, die Dispersion des Sternspektrums der des Standardspektrums gleichzumachen und zweitens eine Koinzidenz zwischen den beiden Spektren herzustellen derart, daß die Verschiebung der Sternlinien gegen die Linien des Standardspektrums ohne weiteres den DOPPLER-Effekt darstellen. Eine genaue Kenntnis der Wellenlängen der Linien der Vergleichsspektren ist dazu aber unnötig. Ebensowenig werden die Wellenlängen der Linien des Sternspektrums und des Standardspektrums für die Reduktion gebraucht.

Ein zweiter Vorzug des Verfahrens von CURTISS ist, daß das Auftreten gewisser systematischer Fehler, die bei den anderen Methoden fast unvermeidbar sind, verhindert oder wenigstens die Größe dieser Fehler stark vermindert wird. Hat man die Lage von Absorptionslinien gegen die von Emissionslinien zu messen, so spielen bei der Verschiedenartigkeit der zu messenden Gebilde Auffassungsfehler häufig eine große Rolle. Diese fallen bei dem Verfahren von CURTISS wohl fort, da bei ihm nur gleichartige Gebilde gegeneinander vermessen werden, die Verschiebung der Absorptionslinien des Sternspektrums gegen die Absorptionslinien des Standardspektrums.

Auch diejenigen systematischen Fehler werden nahezu unschädlich gemacht, die dadurch entstehen, daß der optische Teil des Spektrographen nicht ganz fehlerfrei ist oder der Fokus der Kamera bei der Aufnahme nicht ganz richtig eingestellt war. Beide Ursachen wirken sich verschieden aus, je nachdem man es mit Emissions- oder Absorptionslinien zu tun hat. Es entsteht somit ein Fehler, ebenfalls systematischer Art, wenn die Lage von Absorptionslinien gegen die von Emissionslinien, oder umgekehrt, zu vermessen ist. Der Fehler wird gering oder verschwindet ganz, wenn man wie bei CURTISS die gegenseitige Lage von Linien gleicher Art mißt, wenigstens dann, wenn die beiden Platten angenähert die gleichen Schwärzungen besitzen.

Die Anwendung des Verfahrens von CURTISS ist am zweckmäßigsten für den Fall, daß zahlreiche Spektren ein und desselben Sternes oder von Sternen ein und desselben Spektraltypus auszuwerten sind. Da sich das Sonnenspektrum am besten als Normalspektrum eignet, ist die Reduktion eines Sternes vom Sonnentypus am leichtesten und sichersten auszuführen. Im Prinzip kann man natürlich als Standardspektrum das eines jeden Sternes wählen, wenn nur dessen Radialbewegung bekannt ist, z. B. auch einen Stern vom Typus A, aber die Vorzüge des Verfahrens machen sich am meisten geltend bei Sternen mit linienreichen Spektren.

58. Die Messung und Reduktion von Spektren mit dem Spektrokomparator von HARTMANN[1]. Bei der Methode von CURTISS wird, wie oben auseinandergesetzt, das Sternspektrum mittels des Sonnenspektrums reduziert. Die Vergleichsspektren (Metallbogen) auf den Platten des Sonnen- und des Sternspektrums dienen nur dazu, eine Verbindung zwischen beiden letzteren herzustellen, gewissermaßen eine Übertragung des Spektrums der Sonne auf die Platte des Sternspektrums auszuführen. Diese Übertragung läßt sich, wie HARTMANN fand, mit Hilfe optischer und mechanischer Einrichtungen (Spektrokomparator) noch wesentlich vereinfachen, so daß die Arbeit des Messens und Reduzierens erheblich abgekürzt wird und außerdem noch die Genauigkeit steigt.

Das Prinzip, welches dem Verfahren von HARTMANN zugrunde liegt, ist höchst einfach. Durch die Konstruktion des Apparates wird es ermöglicht, je ein Stück des Spektrums der Sonne („Fundamentalspektrum"), des zu messenden Sternes und der beiden Vergleichsspektren gleichzeitig nebeneinander zu sehen (Abb. 25a u. b). Durch Drehen einer Schraube S (Abb. 22 u. 23) bringt man nacheinander das Sternspektrum mit dem danebenliegenden Sonnenspektrum und dann

[1] Ap J 20, S. 338 (1904); 24, S. 285 (1906); Z f Instrk 26, S. 205 (1906); Potsdam Publ 18, Nr. 53, S. 1 (1906).

die Vergleichsspektren der beiden Platten zur Koinzidenz. (Zur Herstellung der Koinzidenz der Sonnen- und Sternlinien werden nicht nur gut begrenzte oder symmetrische Sternlinien benutzt, sondern auch breite Gruppen, Kanten von Bändern und selbst die im Negativ dunklen Zwischenräume zwischen Linien.) Man bildet hierauf die Differenz der Schraubenablesungen, bei denen diese beiden Koinzidenzen stattfinden, sie entspricht der noch in Schraubenteilen ausgedrück-

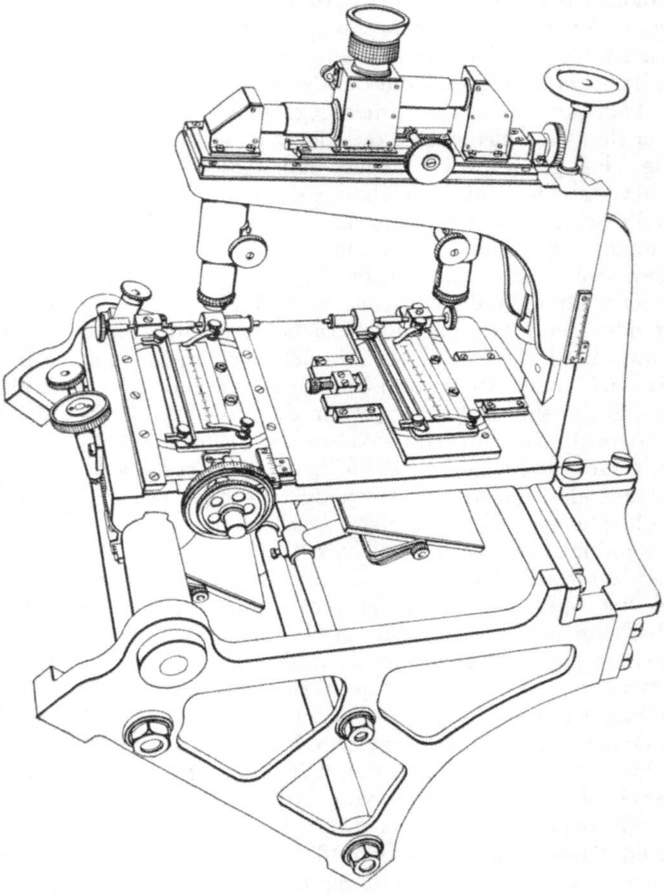

Abb. 21. Der Spektrokomparator von HARTMANN.

ten Radialgeschwindigkeit. Durch Multiplikation der Differenz mit einem Umwandlungsfaktor wird die Radialgeschwindigkeit in Kilometern ausgedrückt erhalten. Nachdem ein Stück des Spektrums so vermessen ist, wird ein zweites eingestellt und in gleicher Weise behandelt usw., bis die ganze brauchbare Strecke des Sternspektrums ausgewertet ist. Es wird sonach die Radialgeschwindigkeit des Sternes nicht aus einer mehr oder minder großen Zahl einzelner Linien des Spektrums erhalten, sondern aus einigen größeren Stücken des Spektrums mit zahlreichen Linien und Liniengruppen, was eine wesentliche Verkürzung der Meß- und Rechenarbeit bedeutet. Es fällt auch die vielfach schwierige und unsichere Identifizierung der einzelnen Linien fort, nur wird vorausgesetzt, daß das Sternspektrum dem Fundamentalspektrum nahe gleicht.

Eine genaue Kenntnis der Wellenlängen der Sternlinien sowie der Vergleichslinien ist nicht nötig, da die Wellenlängen nur zur Berechnung des Umwandlungsfaktors gebraucht werden, während bei den anderen Verfahren (außer dem von CURTISS) die Radialgeschwindigkeit von der Genauigkeit der Werte der Wellenlängen direkt abhängt.

Dieses Verfahren von HARTMANN eignet sich besonders zur Auswertung linienreicher Spektren, namentlich wenn zahlreiche Platten ein und desselben Sterns (Sterne mit variabler Radialgeschwindigkeit) oder von Sternen desselben

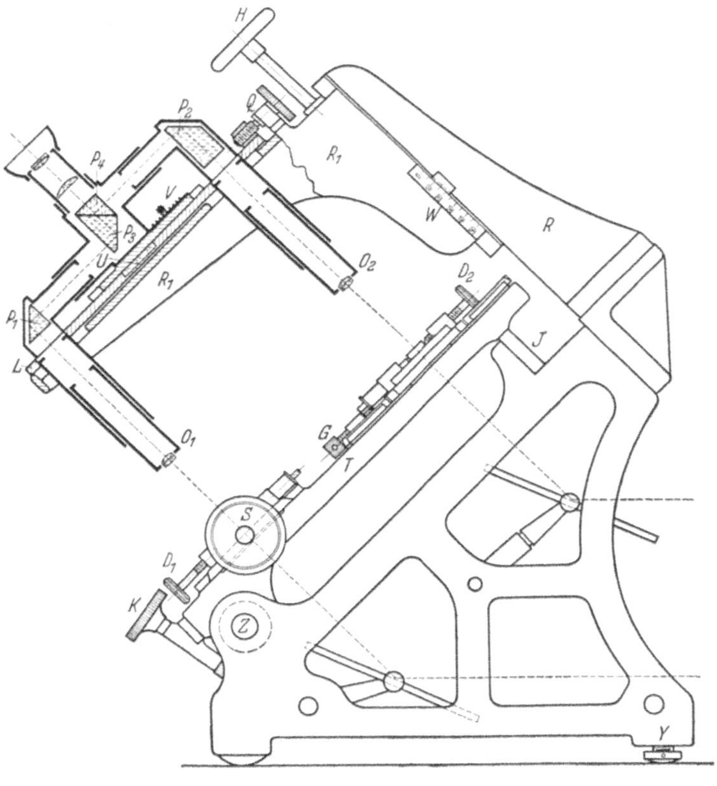

Abb. 22. Querschnitt durch den Spektrokomparator.

Typus vorhanden sind, d. h. für differentielle Messungen. Dazu gehört auch die Bestimmung der Sonnenparallaxe aus spektroskopischen Messungen. Der einzige Mangel des Verfahrens besteht darin, daß man über die chemische Zusammensetzung, den Ionisationszustand des Sternes usw. nichts erfährt, ferner daß man nicht, wie bei den anderen Verfahren, außer der Radialgeschwindigkeit des Sterns auch noch nachträgliche Korrektionen der Wellenlängen der Sternlinien erhält.

59. Beschreibung des Apparates. Eine Gesamtansicht des Apparates gibt Abb. 21, einen näheren Einblick in den Bau desselben gewähren die Konstruktionszeichnungen Abb. 22, 23, an Hand deren die Beschreibung HARTMANNS[1] wiedergegeben werden soll.

[1] Z f Instrk 26, S. 205ff. (1906).

„Der Tisch des Meßapparates, auf welchem die beiden zu vergleichenden Spektrogramme befestigt werden, ist in Abb. 23 in ein Fünftel der natürlichen Größe dargestellt; er enthält die Vorrichtungen zur Justierung der Lage der beiden Platten. Das Sonnenspektrum wird mittels zweier Mikroskopklemmen auf der Platte A_1 befestigt, die zur Beleuchtung des Spektrums einen 1 cm breiten und 12 cm langen Ausschnitt hat. Diese Platte kann zunächst durch die Schraube D_1 und die Gegenfeder F_1 zentrisch um den kurzen Zapfen E_1 gedreht werden, der in der unter A_1 liegenden Platte B_1 gelagert ist. Letztere läuft in den Schwalbenschwanzführungen C und wird auf der Tischplatte T durch die Mikrometerschraube S von rechts nach links verschoben. Die Schraube hat eine Ganghöhe von 0,5 mm, und ihre Trommel ist in 100 Teile geteilt . . . Zwei lange, unterhalb des Tisches liegende Spiralfedern drücken die Platte B_1 gegen die abgerundete, auf einer Achatplatte laufende Spitze der Schraube. Die Zahl der ganzen Schraubenumdrehungen wird bei X an einer 0,5 mm-Teilung abgelesen.

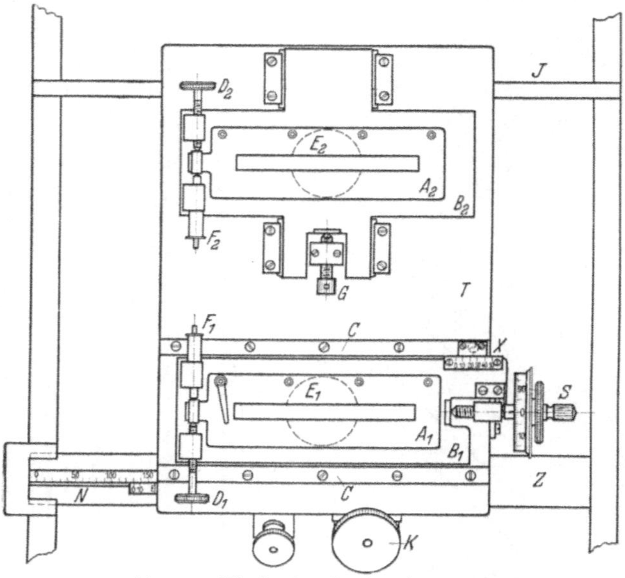

Abb. 23. Tisch des Spektrokomparators.

Das auszumessende Sternspektrum wird in gleicher Weise auf der um den Zapfen E_2 drehbaren Platte A_2 befestigt. Die diese tragende Platte B_2 ist mittels der Schraube G von unten nach oben gegen die Tischplatte T verschiebbar, so daß hierdurch der Abstand der beiden Spektra voneinander reguliert werden kann.

Die ganze Tischplatte T ist auf dem 35 mm starken Stahlzylinder Z und auf der ebenen Stahlschiene J um 12 cm von links nach rechts verschiebbar. Die Verschiebung erfolgt mittels einer unterhalb liegenden Zahnstange durch den Knopf K, neben welchem eine Klemme zur Befestigung der Tischplatte in unveränderlicher Stellung vorgesehen ist. Die Stellung des Triebes kann an der 0,5 mm-Teilung N mit Nonius und Lupe abgelesen werden.

Der Tisch T wird in der aus Abb. 23 ersichtlichen Weise von seinen Führungen Z und J in einer 45° geneigten Linie getragen. Über ihm erhebt sich der Träger RR_1 eines Doppelmikroskopes, dessen Konstruktion aus dem in Abb. 22 gegebenen Durchschnitt zu erkennen ist. Die optischen Achsen der beiden Objektive O_1 und O_2 sind senkrecht auf die beiden auf dem Tische befestigten Spektrogramme gerichtet. Die beiden mit 41 mm langen, durch Zahntrieb verstellbaren Auszügen versehenen Objektivrohre sind in festem Abstand voneinander auf der Platte L befestigt, welche in einer Schwalbenschwanzführung auf der Oberfläche des Trägers R_1 gleitet und durch die Schraube Q um etwa 1 cm verschoben werden kann. Am oberen Ende der beiden Objektivrohre wird der Lichtstrahl durch die rechtwinkligen Prismen P_1 und P_2 nach dem Prismenkörper $P_3 P_4$ hin reflektiert. In der Berührungsfläche der Prismen P_3 und P_4 findet die Vereinigung der beiden Strahlenbündel in folgender Weise statt.

Auf der Hypotenuse des Prismas P_4 ist eine Fläche von der in Abb. 24 durch Schraffierung bezeichneten Form versilbert, und hierauf ist das Prisma mit dem Prisma P_3 verkittet worden; im Okular hat das Gesichtsfeld die durch die Kreislinie umgrenzte Gestalt. Sind die beiden Spektra in der angegebenen Weise unter die Mikroskope O_1 und O_2 gelegt und richtig justiert, so erblickt man, wie Abb. 25a u. b zeigen, auf den schraffierten Flächenstücken Teile des Sternspektrums bzw. seines Vergleichsspektrums, während das übrige Gesichtsfeld vom Bilde des unter O_1 liegenden Sonnenspektrums ausgefüllt wird.

Durch die Mitte der Hypothenusenfläche des Prismas P_4 ist noch senkrecht zu den Spiegelstreifen eine feine schwarze Linie (Faden) abgezogen. Sie dient nicht zum eigentlichen Messen, sondern nur zur rohen Markierung der Mitte des Gesichtsfeldes ... Da der Faden 45° gegen die optische Achse des Okulars geneigt ist, so kann immer nur eine kurze Strecke desselben im Gesichtsfelde scharf erscheinen, ebenso wie auch die Begrenzung der beiden seitlichen Spiegelstreifen etwas unscharf erscheinen wird, wenn man das Okular auf den mittleren scharf einstellt. Für die Messungen selbst ist dies gänzlich belanglos, da bei richtiger Beleuchtung der Platten der Beobachter die Spiegel überhaupt nicht sieht, sondern lediglich die in ihnen reflektierten Bilder, die streng in der Einstellebene liegen.

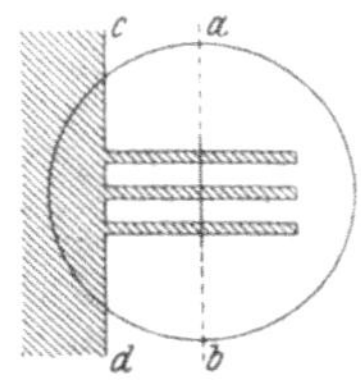

Abb. 24. Hypotenuse des Prismas P_4.

Der Prismenkörper $P_3 P_4$ ist in einem Kästchen montiert, aus welchem er mit seiner Fassung leicht herausgenommen werden kann, um ihn durch einen anderen zu ersetzen. Hierdurch ist es ermöglicht, nach Belieben verschiedene Formen der Spiegel zu verwenden ...

Das den Prismenkörper enthaltende und auch das Okular tragende Kästchen ist auf einem Schlitten befestigt, der durch den Trieb V verschoben werden kann; seine Stellung ist an einer Millimetereinteilung U abzulesen. Nähert man es dem Mikroskop O_1, so wird dieses verkürzt und seine Vergrößerung also vermindert, während gleichzeitig die Vergrößerung von O_2 verstärkt wird. Durch diese allmähliche Veränderung der relativen Vergrößerung der beiden Mikroskope ist es dem Beobachter ermöglicht, die im Gesichtsfeld erscheinenden Bilder der beiden Spektrogramme so genau gleich groß zu machen, daß sie in ihrer ganzen Ausdehnung gleichzeitig zur scharfen Koinzidenz gebracht werden können ...

Es ist endlich noch zu erwähnen, daß der obere Teil R_1 des Mikroskopträgers sich an dem unteren Teile R in einer Schwalbenschwanzführung durch Drehung des Handrades H um 5 cm auf und ab bewegen läßt. Diese Bewegung dient dazu, um die Vergrößerung beider Mikroskope so zu verändern, daß die Breitendimensionen der Bilder der Spektra genau der gegebenen Breite der Spiegel im Prismenkörper entsprechen, so daß die beiden seitlichen Spiegelstreifen mitten in die Vergleichsspektra zu liegen kommen. Diese Höhenstellung der Mikroskope wird an der Millimeterskala W abgelesen.“

60. Vorbereitungen zu den Messungen mit dem Spektrokomparator. Die Prüfung des Apparates beschränkt sich auf eine Untersuchung der Meßschraube in bezug auf Fehler periodischer Natur. Da bei den Messungen stets nur Bruchteile einer Schraubenumdrehung benutzt werden, sind fortschreitende Fehler der Schraube ohne Wirkung.

„Zur Erleichterung der Messungen bestimmt man noch einige Konstanten des Apparats, nämlich die Mittelstellungen an den Teilungen N, X und U, sowie eine kleine Tabelle für die Höheneinstellung W. Als Mittelstellung N_0 des Tisches wird die bezeichnet, bei welcher sich das Bild des Drehungsmittelpunktes des Zapfens E_2 auf dem Faden befindet. Klemmt man den Tisch in dieser Lage fest und verschiebt dann den Schlitten B_1 mittels der Schraube so lange, bis auch der Drehungsmittelpunkt von E_1 auf dem Faden liegt, so ergibt sich die Ablesung X_0.

Die Skala U dient zur Einstellung der relativen Vergrößerung der beiden Mikroskope (Bilddehnung). Um die Stellung U_0, bei welcher beide Vergrößerungen genau gleich sind, zu finden, legt man irgend zwei Platten, auf denen sich ein scharfer Strich befindet, unter die Mikroskope und bringt die Bilder der Striche im Gesichtsfeld durch Drehen der Meßschraube in die Koinzidenzstellung. Bewegt man dann den Tisch auf der Zylinderführung hin und her, so bleiben die Striche nur dann im ganzen Gesichtsfeld in Koinzidenz, wenn beide Mikroskope gleich stark vergrößern. Bewegt sich die unter O_1 liegende Marke weniger als die andere, so ist ihr Bild weniger vergrößert, das Mikroskop O_1 ist zu kurz, und der Prismenkörper ist daher mittels des Triebes V nach oben, der $+$-Richtung der Teilung U zu verschieben. Bei dieser Verschiebung wird nun die scharfe Einstellung der Bilder etwas gestört, und man muß dieselbe durch neue Fokussierung der beiden Objektivauszüge berichtigen. Zur Erleichterung dieser auch bei der Ausmessung der Spektra öfter wiederkehrenden Verrichtung sind die Zahntriebe dieser Auszüge so angebracht, daß zur Herstellung der scharfen Einstellung diese beiden Triebe immer in derselben Richtung gedreht werden müssen, in welcher man zuvor den Trieb V gedreht hat. Auch merke man sich ein für allemal die Richtung, in welcher diese Drehung von V auszuführen ist: Wenn das Bild des unter O_1 liegenden Spektrums zu klein ist, dann ist der Prismenkörper nach oben hin zu verschieben.

Als letzte Erleichterung der späteren Messungen kann man noch ein Täfelchen herstellen, welches für die verschiedenen Breitendimensionen der Spektra die anzuwendende Einstellung an der Höhenskala W angibt. Die Höhe des Mikroskopträgers R_1 soll bei den Messungen immer so eingestellt werden, daß die beiden äußeren Spiegelstreifen mitten in den Bildern der Eisenspektra liegen. Um diese Einstellung mittels der Skala W rasch zu finden, braucht man nur zu ermitteln, welcher Größe des Objektes diese Spiegeldistanz bei den verschiedenen Ablesungen W entspricht; mißt man dann bei dem auszumessenden Spektrum die Distanz der Mitten der Vergleichsspektra, so kann man das entsprechende W unmittelbar einstellen.

Zur Aufstellung des erwähnten Täfelchens legt man eine Zehntelmillimeterteilung, die auf einer Glasplatte von nahe derselben Dicke wie die auszumessenden Spektrogramme angebracht ist, auf die Platte A_1, so daß die Teilstriche horizontal liegen. Während die Bilddehnung dauernd auf U_0 eingestellt bleibt, stellt man der Reihe nach die verschiedenen Ablesungen der Skala W ein, fokussiert jedesmal scharf mit dem Objektivauszug und schätzt die Distanz der Mitte der beiden äußeren Spiegel nach der Skala ein".

61. Die Messungen selbst. „Auf der Platte des Sonnenspektrums (Fundamentalspektrum) bezeichnet man durch dicht neben das Eisenspektrum gesetzte Punkte eine Anzahl von Stellen und numeriert dieselben in der aus Abb. 25a u. b ersichtlichen Weise. Diese Stellen werden so ausgewählt, daß sich, sobald der Punkt auf den Faden gebracht wird, eine Anzahl guter Linien des Eisenspektrums zu beiden Seiten des Fadens auf den Spiegelstreifen befinden. Für die so bezeichneten Punkte des Spektrums berechnet man die Geschwindigkeitsfaktoren s, d. h. diejenigen Geschwindigkeiten, welchen an den betreffenden Stellen eine Linienverschiebung um 1^R der Meßschraube entspricht ...

Die Ausmessung eines Sternspektrums findet nun folgendermaßen statt: Man stellt den ... Wert von W und die Bilddehnung U_0 ein. Ist X die zufällige Stellung der Meßschraube, so schiebt man den Tisch auf die Ablesung $N = N_0 - X_0 + X$; in dieser Stellung befindet sich die Achse des Zapfens E_1 auf dem Faden. Dann befestigt man das Fundamentalspektrum auf der Platte A_1; als Lage I ist diejenige bezeichnet, in welcher die größeren Wellenlängen rechts liegen, im Mikroskop also links erscheinen. Man stellt das Okular scharf auf den mittleren Spiegelstreifen ein und bringt dann mit dem Objektivauszug O_1 das Bild der Platte zur scharfen Einstellung. Dann stellt man mit der Schraube Q den mittleren Spiegel genau auf die Mitte des Fundamentalspektrums, schiebt den Tisch mittels des Triebes K bis an das Ende des Spektrums und stellt dieses durch die Schraube D_1 wieder wie vorher symmetrisch zum Spiegel. Hiermit ist das Fundamentalspektrum parallel zur Zylinderführung gerichtet und seine Justierung beendigt ... Fast ebenso einfach ist die Justierung des Sternspektrums. Man befestigt dasselbe auf der Platte A_2 und schiebt es hierbei gleich so, daß dieselbe Stelle des Spektrums im Gesichtsfelde erscheint wie vom Fundamentalspektrum. Man stellt das Objektiv O_2 scharf ein, bringt den Tisch in die Mittellage N_0 und verschiebt nun mittels der Schraube G das Sternspektrum so lange, bis es in gleicher Höhe mit dem Fundamentalspektrum im Gesichtsfelde erscheint. Man richte sich hierbei nur nach den Eisenlinien beider Platten und vergleiche sie nahe bei der Trennungslinie cd in Abb. 24. Dann schiebt man den Tisch wieder seitwärts ans Ende der Spektra und stellt durch die Schraube D_2 die gleiche Höhenlage abermals her. Hierdurch ist auch das Sternspektrum der Zylinderführung parallel gerichtet.

Sodann ist die Bilddehnung mittels des Triebes V so einzustellen, daß die beiden Spektra im Gesichtsfelde genau gleich groß erscheinen ...

Ist das Sternspektrum, wie es häufig der Fall ist, nicht in seiner ganzen Breite gleichmäßig belichtet, so verschiebt man endlich mittels der Schraube Q

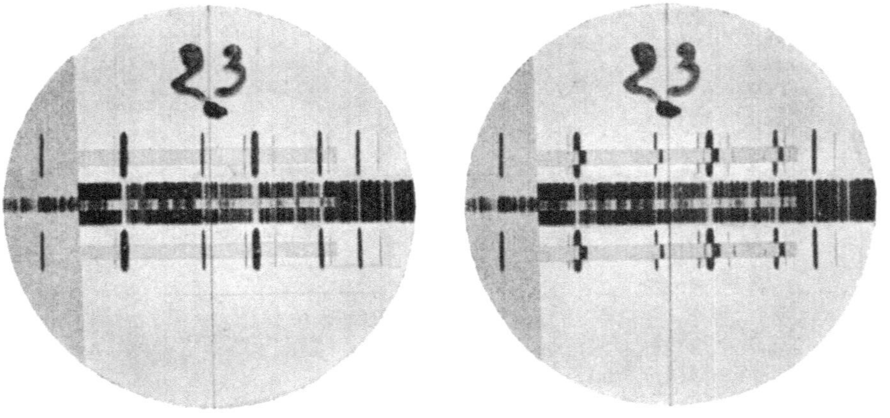

a b

Abb. 25a u. b. Messung eines Spektrogrammes im Spektrokomparator.

die Mikroskope so, daß der mittlere Spiegelstreifen die schönste Stelle aus dem Sternspektrum aufnimmt ...

Die eigentliche Messung besteht nun lediglich darin, daß man, während sich einer der numerierten Punkte auf dem Faden befindet, durch Drehen der Meßschraube S nacheinander das Sternspektrum mit dem nebenliegenden Fundamentalspektrum und dann die Eisenspektra zur Koinzidenz bringt, wie dies aus Abb. 25a u. b zu ersehen ist. Da die Spektra in ihrer ganzen im Gesichtsfeld sichtbaren Länge genau koinzidieren, so erkennt man auf einen Blick, welche Linien in beiden gemeinsam und zur Herstellung der Koinzidenz zu verwenden sind . . .

Hat man das Spektrum in der Lage I ausgemessen, so dreht man dasselbe und auch das Fundamentalspektrum um 180° und wiederholt die Messung in der Lage II. Hierdurch werden die von der Lage abhängigen psychophysischen Fehler eliminiert. Gleichzeitig mit diesen eliminiert man nun hierbei auch den . . . geringen Einfluß des periodischen Schraubenfehlers auf das Resultat. Man hat zu diesem Zweck nur darauf zu achten, daß die Messung in der Lage II bei einer um 180° verschiedenen Schraubenablesung gemacht wird."

62. Reduktion der Messungen. HARTMANN erläutert die Reduktion der Messungen an einem Beispiel, das in der Hauptsache gleichfalls hier reproduziert werden soll.

Platte III 775. α Bootis 26. Mai 1905, $9^h 44^m$ MEZ. Fundamentalspektrum III 758.
Marke 13: λ 4606, Marke 34: λ 4070.

Marke	Lage I			Lage II			$\frac{d_1+d_2}{2}$	s	$V_* - V_0$
	Fe	*	d_1	Fe	*	d_2			
13	27^R,403	27^R,382	+0^R,021	27^R,876	27^R,901	+0^R,025	+0^R,023	479	+11,0 km
14	,406	,380	26	,875	,899	24	25	465	11,6
15	,404	,377	27	,876	,900	24	25	450	11,5
16	,408	,376	32	,869	,898	29	30	437	13,3
17	,410	,380	30	,873	,902	29	29	422	12,4
18	,413	,385	28	,870	,900	30	29	407	11,8
19	,423	,395	28	,862	,891	29	28	396	11,3
20	,424	,392	32	,860	,886	26	29	383	11,1
21	,427	,389	38	,856	,888	32	35	373	13,1
22	,427	,398	29	,856	,889	33	31	361	11,2
23	,426	,393	33	,853	,882	29	31	349	10,8
24	,427	,392	35	,852	,885	33	34	337	11,5
25	,427	,388	39	,857	,889	32	35	326	11,6
26	,423	,390	33	,857	,888	31	32	315	10,1
27	,426	,385	41	,855	,893	38	39	304	12,0
28	,423	,380	43	,858	,893	35	39	294	11,5
29	,424	,386	38	,857	,892	35	36	285	10,4
30	,426	,380	46	,856	,900	44	45	275	12,4
31	,421	,373	48	,856	,905	49	48	266	12,9
32	,421	,378	43	,859	,900	41	42	259	10,9
33	,424	,380	44	,855	,898	43	43	252	11,0
34	,430	,377	53	,852	,895	43	48	244	11,7
								Mittel:	+11,60

Die vier mit Fe und * überschriebenen Spalten enthalten die bei der Messung niedergeschriebenen Schraubenablesungen. Man bildet daraus den Betrag der Linienverschiebung, nämlich

$$\text{in Lage I:} \quad d_1 = \text{Fe} - *,$$
$$\text{in Lage II:} \quad d_2 = * - \text{Fe}.$$

Die Spalte $d = \frac{d_1 + d_2}{2}$ gibt die Mittel der Verschiebung in Teilen der Meßschraube. Mit Hilfe der Umwandlungsfaktoren s werden die d in Kilometer verwandelt. Die Spalte $V_* - V_0$ enthält die gesuchten Geschwindigkeitsdifferenzen zwischen Stern und Fundamentalspektrum.

Als Fundamentalspektrum diente ein Sonnenspektrum (16. Mai 1905). Da die Komparatormessung den Unterschied der Geschwindigkeiten von Stern und

Sonne liefert, muß die Geschwindigkeit der Sonne für das Fundamentalspektrum bekannt sein. Man berechnet sie am einfachsten aus den in den astronomischen Ephemeriden gegebenen Werten des Radiusvektors, da diese schon alle Störungen enthalten. Hierzu kommt noch die Komponente der Erdrotation. Die Summe dieser beiden Korrektionen beträgt im vorliegenden Fall $+0{,}31$ km, so daß sich V_* zu $+11{,}91$ km ergibt. V_* ist somit die wahre Radialgeschwindigkeit des Sterns gegen den Beobachter. Die Reduktion ($-16{,}65$ km) von V_* auf die Sonne wird in der üblichen Weise berechnet und angebracht, so daß sich für die Radialgeschwindigkeit von α Bootis, bezogen auf die Sonne, schließlich ergibt: $V = -4{,}74$ km.

Der Spektrokomparator eignet sich übrigens auch sehr zu vergleichenden Studien über die Spektra verschiedener Sterne.

l) Systematische Fehler bei der Reduktion von Sternspektrogrammen.

63. Einleitung. Die Reduktion der Messungen eines Sternspektrums verläuft, in wenigen Worten ausgedrückt, in folgender Weise. Aus den Messungen der Vergleichsspektrumlinien wird eine Beziehung abgeleitet zwischen diesen Messungen und den etwa in einem physikalischen Laboratorium bestimmten Wellenlängen dieser Linien (Interpolationsformel). Mittels dieser Beziehung werden dann aus den Messungen der Sternspektrumlinien die Wellenlängen dieser Linien berechnet und diese Wellenlängen dann mit den Wellenlängen der entsprechenden Linien des Sonnenspektrums verglichen. Es wird also vorausgesetzt, daß die Linien des Sternes identisch mit denen der Sonne sind. Aus der Differenz der Wellenlängen zwischen Sonnenlinien und Sternlinien folgt dann die Radialgeschwindigkeit des Sterns, bezogen auf die Sonne. (Die Radialgeschwindigkeit, die sich unmittelbar aus den Messungen ergibt, ist die des Sterns gegen die Erde, die Reduktion auf die Sonne wird aus den bekannten Elementen der Erdbewegung berechnet und angebracht.) Bei dieser Auswertung der Messungen des Sternspektrums können nun systematische Fehler verschiedener Art entstehen. Diese sollen hier besprochen werden.

64. Fehler der Wellenlänge einer einzelnen Linie. Zunächst können die Wellenlängen einzelner Linien sowohl des Vergleichs- als auch des Sonnenspektrums größere zufällige Fehler besitzen. Die Fehler der ersteren Linien werden bereits bei der Ableitung der Interpolationsformel bemerkt und durch eine passende Ausgleichung beseitigt. Fehler einzelner Wellenlängen der Sonnenlinien bewirken, daß die Radialgeschwindigkeit aus diesen Linien gegen die Radialgeschwindigkeiten aus den anderen Linien größere Abweichungen zeigt, so daß das Mittel der Radialgeschwindigkeiten aus sämtlichen Linien systematisch gefälscht wird. Das ist besonders dann der Fall, wenn das Sternspektrum nur wenige Linien enthält. Beispielsweise beeinflußte eine falsche Wellenlänge der $H\delta$-Linie im Sonnenspektrum die Radialgeschwindigkeiten der Sterne, die fast nur die Linien des Wasserstoffes enthalten, worauf CAMPBELL hingewiesen hat.

Der Fehler in der Wellenlänge einer solchen Linie läßt sich nun aus einer großen Anzahl von Spektren desselben Sternes oder von Sternen desselben Spektraltypus folgendermaßen bestimmen: Es wird die Radialgeschwindigkeit unter Ausschluß der Linie mit der fehlerhaften Wellenlänge berechnet und die Differenz zwischen dieser Radialgeschwindigkeit und der Radialgeschwindigkeit, die mit der fehlerhaften Wellenlänge berechnet ist, gebildet. Ist eine größere Anzahl von Spektren gemessen worden, so wird das Mittel dieser Differenzen als frei von zufälligen Fehlern angesehen werden können, so daß es zur Korrektion der Wellenlänge der fehlerhaften Linie benutzt werden kann. Die Wellenlänge dieser Linie ist dann in jeder einzelnen Aufnahme um den Betrag zu korrigieren, der aus obiger Differenz folgt. Wenn dann wieder das Mittel der Radialgeschwindigkeiten aller Linien einer jeden Platte von neuem gebildet wird, so ist dieses Mittel nun frei von dem systematischen Fehler, der durch die falsche Wellenlänge der Spektrallinie entstand. In dieser Weise ist z. B. HARTMANN[1] vorgegangen.

65. Fehler des Wellenlängensystems. Weiterhin kann das Wellenlängensystem des Vergleichsspektrums vom Wellenlängensystem der Sonnenlinien abweichen. Bei der Reduktion der Sternlinienmessungen mit Hilfe des Vergleichsspektrums (z. B. Fe) werden die Wellenlängen der Sternlinien im System der Vergleichslinien gefunden. Weicht dieses System von dem der Sonnenlinien ab, so werden die Differenzen der Sternlinien gegen die Sonnenlinien systematischen Charakter aufweisen und dadurch wird auch die Radialgeschwindigkeit systematisch verfälscht sein. Dieser Fehler dürfte sehr vielen Radialgeschwindigkeiten anhaften, die bis zur Revision der Preliminary Table ROWLANDs bestimmt worden sind. Als Vergleichsspektrum wurde damals nämlich fast allgemein das Spektrum des Eisens benutzt, dessen Wellenlängen von KAYSER[2] zwar im Anschluß an das System ROWLANDs bestimmt worden sind, aber nicht streng dem System von ROWLAND entsprechen. (Eine ausführliche Diskussion des Verhältnisses zwischen den KAYSERschen Wellenlängen des Eisenspektrums und dem System von ROWLAND ist von HARTMANN[3] gegeben worden, auf welche hier hingewiesen werden soll, da eine ausführliche Darstellung der Untersuchungen von HARTMANN hier zu weit führen würde.) Wurden die Linien des Sternspektrums nach der Preliminary Table of Solar Spectrum Wave-Lengths (P.T.) identifiziert und ihre Wellenlängen aus der P.T. entnommen, während für die Vergleichsspektrumlinien die KAYSERschen Tafeln benutzt wurden, so werden alle Radialgeschwindigkeiten, die auf diese Weise bestimmt sind, einen systematischen Fehler besitzen, dessen Betrag von der Größe des Unterschiedes der beiden Systeme abhängt. Eine Befreiung der Radialgeschwindigkeiten der früheren Bestimmungen könnte nur durch eine Neureduktion aller Messungen unter Anwendung der „Revision of ROWLAND's Preliminary Table of Solar Spectrum Wave-Lengths" (R.P.T.), Washington 1928, erhalten werden, deren System dasselbe ist wie das der jetzt gebräuchlichen Wellenlängentafeln der Elemente (System I.A.[4]).

66. Fehler bei der Linienidentifizierung. Der schwierigste und unsicherste Teil der Bestimmung von Radialgeschwindigkeiten ist die Identifizierung der Sternlinien mit den Linien der chemischen Elemente. Man geht dabei so vor, daß man aus einigen ohne weiteres identifizierbaren Linien, z. B. denen des Wasserstoffes, die Radialgeschwindigkeit angenähert ableitet, mit dieser dann die Wellenlängen der nicht bekannten Sternlinien verbessert und unter Benutzung von Wellenlängentafeln nachsucht, welchem Elemente diese Linien angehören können. Ist die Identifizierung auf diese Weise gelungen, so sind dann die Wellenlängen genau bekannt, und es wird dann die Radialgeschwindigkeit aus einer jeden Sternlinie gerechnet und das Plattenmittel der Radialgeschwindigkeit gebildet. Hierauf wird geprüft, ob die Identifizierung für alle Linien richtig ausgeführt worden ist, d. h. ob die Radialgeschwindigkeiten der

[1] A N 155, S. 112 (1901).
[2] Ann d Phys (4) 3, S. 195 (1900); Ap J 13, S. 329 (1901); Handb. der Spektroskopie 6, S. 891 (1912).
[3] Ap J 18, S. 167 (1903); 20, S. 41 (1904); Astr Mitt Göttingen 19 (1916).
[4] Man vgl. hierzu und zum folgenden: Transactions of the International Astronomical Union I, S. 35ff. (1922); II, S. 40ff. (1925); III, S. 77ff. (1928); IV, S. 58ff. (1933), ferner Abschnitt 3 dieses Bandes.

einzelnen Linien genügend genau mit dem Mittelwert der Platte übereinstimmen. Für diejenigen Linien, die zu stark vom Plattenmittel abweichen, wird das Verfahren wiederholt, bis genügende Übereinstimmung erreicht ist.

Früher, als erst Wellenlängentafeln nur weniger Elemente vorhanden und die Angaben außerdem mit starken Unrichtigkeiten zufälliger oder systematischer Art behaftet waren, war man für die Identifizierung ausschließlich auf die P.T. ROWLANDS angewiesen. Diese Art der Identifizierung ist aber ebenfalls eine Quelle systematischer Fehler gewesen, denn es ist zweifelhaft, ob die Bedingungen, unter denen eine Absorptionslinie auf der Sonne entsteht, identisch mit denen auf den Sternen sind. Die Annahme einer Gleichheit der physikalischen Verhältnisse auf der Sonne und den Sternen gilt wohl nur für Sterne mit einem sonnenähnlichen Spektrum, d. h. für Sterne vom Spektraltypus G, und für diese kaum in voller Strenge, da z. B. auch die absolute Helligkeit des Sternes in Betracht kommt (Riese, Zwerg). Außer der Temperatur werden eben noch Druck, chemische Zusammensetzung, DOPPLER-Effekte, STARK-Effekte usw. Veränderungen in den Werten der Wellenlängen erzeugen können[1]. Jedenfalls ist die Berechtigung für die Annahme einer Gleichheit der Wellenlänge in der Sonne und in dem Stern durch spezielle Untersuchungen nachzuweisen, wenn von systematischen Fehlern dieser Art freie Radialgeschwindigkeiten erhalten werden sollen.

Unter diese Gattung von systematischen Fehlern fallen auch die, welche durch die verschiedenen physikalischen Bedingungen, unter denen das Vergleichsspektrum erzeugt wird, entstehen. So kann z. B. die Radialgeschwindigkeit eines Sternes bis zu einem gewissen Betrag verschieden ausfallen, je nachdem als Vergleichsspektrum der Eisenbogen oder ein auf andere Art (Vakuumbogen, PFUND-Bogen) erzeugtes Vergleichsspektrum benutzt wird. Um vergleichbare Werte für die auf verschiedenen Observatorien bestimmten Radialgeschwindigkeiten zu erhalten, ist eine internationale Festsetzung über die Art der Erzeugung des Vergleichsspektrums nötig. Ein solcher Vorschlag ist bereits gemacht worden[2]: „In order to obtain lines of constant wave-length, constant intensity distribution and adapted to high orders of interference, the adoption is recommended of the Pfund arc [Ap J 27, S. 297 (1908)] operated between 110 and 250 volts, with 5 amperes or less, at a length of 12 to 15 millimetres used over a central-zone at right angles to the axis of the arc, not to exceed 1 to 1,5 millimetres in width, and with an iron rod 6 to 7 millimetres diameter as the upper pole and a bead of oxide of iron as the lower pole." Leider ist die Handhabung des PFUND-Bogens mit experimentellen Schwierigkeiten verbunden, so daß man ihn wohl schwerlich in Verbindung mit einem Sternspektrographen verwenden kann. Es bleibt also nichts übrig, als aus dem gewöhnlichen Eisenbogen eine Anzahl geeigneter Linien auszusuchen, diese im Laboratorium an den PFUND-Bogen anzuschließen und so das Sternspektrum auf indirektem Wege auf den PFUND-Bogen zu beziehen.

Nun kommt aber noch eine weitere sehr große Schwierigkeit für die Identifizierung der Sternlinien zu den obengenannten hinzu. Sowohl die Sonne als

---

[1] Die Wellenlänge einer Linie oder Liniengruppe ist bis zu einem gewissen Betrag abhängig von der Höhe der Schicht, in welcher die Absorption stattfindet. Nach den Werten MITCHELLS [Ap J 38, S. 407 (1913)] für die Höhe in der Chromosphäre, bis zu welcher einzelne Linien hinaufreichen, ist die mittlere Höhe der Schicht in der Sonne für 49 vielgebrauchte Linien etwa 583 km. Die mittlere Höhe der Schicht für 47 Linien, die bei der Reduktion der Spektrogramme von η Aquilae und ζ Geminorum verwendet wurden, ergab sich nach S. TH. JACOBSEN [Lick Bull 12, S. 140 (1926)] zu 580 km, das ist also ein Wert, der nur wenig von der mittleren Höhe der Schicht abweicht, in der die entsprechenden Linien in der Sonne entstehen.

[2] Transactions of the International Astronomical Union I, S. 36 (1922).

auch die Sterne der Spektraltypen F bis N besitzen zahlreiche so eng benachbarte Linien, daß das Spektrogramm infolge der kleinen Dispersion der Sternspektrographen diese Linien nicht mehr einzeln, sondern in eine Linie zusammengewachsen zeigt. Meist sind gerade die ausgeprägtesten, am sichersten zu messenden Sternlinien nicht einfache Linien, sondern Liniengruppen (blends), die der Spektrograph als eine einzelne Linie erscheinen läßt, während sie bei der großen Dispersion in den Darstellungen des Sonnenspektrums sich in eng benachbarte Linien auflösen. Die Identifizierung dieser Gruppen und die Feststellung der Wellenlänge einer solchen Gruppe im Sternspektrum ist meist sehr schwierig und setzt große praktische Erfahrung voraus. Man ist gezwungen, Versuche zu machen, ob eine Sternlinie eine mit der vorläufig bestimmten Radialgeschwindigkeit besser harmonierende Radialgeschwindigkeit gibt, wenn man sie als einfache Linie oder als Liniengruppe auffaßt, so daß in zahlreichen Fällen eine gewisse Willkür bei der Identifizierung nicht zu vermeiden ist. Besteht die Linie im Sternspektrum aber aus einer Gruppe, so ist es noch zweifelhaft, welche Wellenlänge man ihr zuweisen soll. Der beste Weg zur Entscheidung dieser Frage ist auch heute noch der, daß man nachsieht, welche Linien im Sonnenspektrum die betreffende Gruppe bilden und bei der Mittelbildung der Wellenlänge aus den einzelnen Linien der Wellenlänge einer jeden dieser einzelnen Linien die Intensitätszahlen der P.T. ROWLANDS bzw. die der R.P.T. als Gewichte beilegt[1]. Beispielsweise ergeben die Linien

4592,707 Ni, Intensität 2

4592,840 Fe, Intensität 4

als gewichtetes Mittel 4592,796. Die Übereinstimmung der Radialgeschwindigkeit aus der so berechneten Wellenlänge mit der aus anderen Linien folgenden Radialgeschwindigkeit ist das Kriterium dafür, daß die Mittelbildung in richtiger Weise vorgenommen worden ist. Für Sterne vom Sonnentypus oder von einem nahe benachbarten Spektraltypus führt dieser Weg meist zum Erfolg. Sobald aber Sterne anderer Typen vorliegen, können Fehler entstehen, selbst wenn die betreffende Gruppe aus denselben Einzellinien wie in der Sonne besteht, denn die Intensitäten dieser letzteren sind für die verschiedenen Spektraltypen nicht die gleichen. Weiterhin brauchen die zu einer Linie im Sternspektrogramm zusammenfließenden Linien nicht einmal dieselben wie in der Sonne zu sein, es können in einem Stern eines anderen Spektraltypus noch Linien zur Gruppe hinzukommen oder aus ihr verschwinden, die in der Sonne nicht oder in ganz anderen Intensitäten vorhanden sind. Es entstehen somit auch hierdurch Fehler, die einen systematischen, vom Spektraltypus abhängigen Charakter besitzen. Außer dem Spektraltypus kann auch die absolute Helligkeit des Sternes von Einfluß sein, d. h. seine sonstige physikalische Beschaffenheit. Dieselbe Liniengruppe kann in einem Zwerg eine andere Wellenlänge haben als in einem Riesen desselben Spektraltypus, weil die die Gruppen bildenden Linien andere Intensitäten in dem Zwerg haben können als in einem Riesen. Es kommt hinzu, daß die Wellenlänge einer solchen Gruppe auch noch von der Stärke der Exposition des Spektrogramms abhängt, indem schwache, einseitig liegende Begleiter starker Linien bei kräftiger Exposition verschwinden, sich aber bei schwacher Exposition bemerkbar machen und somit die Wellenlänge der Gruppe beeinflussen. S. TH. JACOBSEN[2] fand bei verschieden lang exponierten Platten ein und desselben Sternes Änderungen der Radialgeschwindigkeit im Betrage von 2 bis 3 km bei so beschaffenen Gruppen. Auch KÜSTNER[3] machte diese Erfahrung. Besonders

[1] J. HARTMANN, A N 155, S. 104 (1901). [2] Lick Bull 12, S. 139 (1926).
[3] A N 169, S. 245 (1905).

unübersichtlich gestalten sich die Verhältnisse für die Sterne, die neben Linien auch noch Banden besitzen.

S. ALBRECHT[1] hat sich in mehreren Arbeiten eingehend mit der Änderung der Wellenlänge in Abhängigkeit vom Spektraltypus beschäftigt, und wenn auch seine Untersuchungen noch nicht abgeschlossen sind, hat er doch bereits reiches und wertvolles Material über diese Frage beigebracht. Als Beispiele seien nach S. ALBRECHT folgende Sternlinien angeführt, die eine solche systematische Verschiebung in Abhängigkeit vom Spektraltypus zeigen.

λ P.T.	Element	Intensität Sonne	Intensität Sonnenflecke	ΔRG	Spektraltypus
4258,219	$Fe^+ Zr^+$	1 N	—	− 3,6 km	F
4258,477	Fe	2	3−4	+ 4,1	K
				+ 5,0	Mb
4352,908	Fe	4	} 7−8	− 1,0 km	F8G
4353,044	V	0		+ 0,8	G−G5
				+ 2,2	K
				+ 3,0	K2−K5
				+ 4,7	Mb
4416,636	V	0	2−3	+ 0,6 km	F
4416,985	Fe^+	2	1−2	+ 1,3	K
				−16,3	Mb
4390,149	V	2	5	− 3,2 km	G
				− 2,7	K
				− 0,4	K5
				+ 1,3	Mb
4468,663	Ti^+	5	3	− 2,1 km	F
				− 1,0	F8
				− 0,9	G
				+ 0,2	G5
				+ 1,3	K
				+ 4,3	K5
				+ 4,7	Mb

Es ist aus den drei ersten Beispielen deutlich zu sehen, daß die Wellenlänge der Gruppe dadurch eine Verschiebung entsprechend dem Spektraltypus erleidet, daß eine Einzellinie oder aber beide ihre Intensität ändern, daß also eine Mittelbildung für die Wellenlänge der Gruppe unter Annahme der Intensitäten der P.T. als Gewichte nicht erlaubt ist für Sterne aller Spektraltypen. Dasselbe scheint auch für die Linie 4468,663 zu gelten. Neben ihr liegt nämlich, um 0,25 A nach längeren Wellen zu, eine in der Sonne schwache Vanadiumlinie. Diese ist in den Sonnenflecken stärker als in der Sonne selbst, nimmt also an Intensität zu bei den späteren Typen, während die Linie des Ti^+ in den Sonnenflecken schwächer als in der Sonne selbst ist, bei späteren Typen somit wahrscheinlich noch weiter an Intensität verliert. Aus der Intensitätsvariation dieser beiden Linien läßt sich daher der Gang ΔRG in den Radialgeschwindigkeiten zwanglos erklären. Dieser Fall zeigt besonders deutlich, wie vorsichtig bei der Identifizierung vorzugehen ist. Unklar liegen die Verhältnisse bei der Linie 4390,149 Hier scheint eine Erklärung der Wellenlängenänderung durch benachbarte Linien nicht möglich zu sein. Die Linie gehört zu den stärksten Linien des Vanadiums, ihre Intensität ist in den Sonnenflecken erheblich größer als in der Sonne selbst.

[1] Boletín Córdoba Obs Nr. 1; Lick Bull 4, S. 90 (1906); Ap J 24, S. 333 (1906); 40, S. 277 (1918). Man vgl. auch hierzu noch: J. VOÛTE, On Changes of the Wave-lengths of Certain Lines in Stellar Spectra Depending upon the Type. Ap J 47, S. 137 (1918); S. TH. JACOBSEN, Lick Bull 12, S. 139 (1926).

Im Funken ist diese Linie nach EXNER und HASCHECK umgekehrt. Es ist möglich, daß die Wellenlängenänderung durch eine Änderung des Aussehens der Vanadiumlinie erzeugt wird.

Die Aufgabe der Linienidentifizierung in den Fällen, in welchen eng benachbarte Linien zu einer Gruppe (blend) in den Spektren zusammenwachsen, welche mit einem der üblichen Sternspektrographen erhalten werden, wird erst dann restlos gelöst werden können, wenn die Spektra der hellsten Sterne der verschiedenen Typen mit einem Spektrographen aufgenommen worden sind, dessen Dispersion mit der der P.T. vergleichbar ist, eine Arbeit, die auf dem Mt Wilson Observatory mit Erfolg begonnen wurde. Bis diese Untersuchung beendet ist, sind die Identifizierungen mit Hilfe der R.P.T. vorzunehmen, die vollkommener als die P.T. ist, außerdem sind die Resultate der Untersuchungen von S. ALBRECHT zu verwenden. Auch die neueren spektroskopischen Arbeiten, speziell die über die Serien in den Spektren der Elemente sowie die Ionisationstheorie können vielfach Hinweise geben, wie eine Identifizierung möglich und vorzunehmen ist.

Primäre Standards		Sekundäre Standards	
λ	Atom	λ	Atom
3933,664	Ca II	4009,27	He I
64,727	He I	4153,304	O II
68,465	Ca II	68,97	He I
70,075	H	4351,270	O II
94,996	N II	79,100	N III
4026,189	He I	4510,906	N III
69,794 [1]	O II	14,861	N III
72,162	O II	23,59	N III
75,868	O II	4634,145	N III
88,863	Si IV	38,857	O II
97,330	N III	40,632	N III
4101,738	H	41,873	N III
03,394	N III	49,141	O II
16,104	Si IV	50,844	O II
19,221	O II	51,46	C III
20,812	He I		
28,053	Si II		
30,884	Si II		
43,759	He I		
4267,16 [2]	C II		
4317,144	O II		
19,635	O II		
40,466	H		
49,428	O II		
87,928	He I		
4414,904	O II		
16,975	O II		
37,549	He I		
71,477	He I		
81,228 [3]	Mg II		
4541,61	He II		
52,654	Si III		
67,872	Si III		
74,777	Si III		
90,974	O II		
96,178	O II		
4685,74	He II		
4713,143	He I		
4861,327	H		
4921,929	He I		

Hat man zahlreiche Spektrogramme entweder eines einzelnen Sternes oder von mehreren Sternen desselben Typus, so kann man empirisch eine Korrektion für die für eine Liniengruppe angenommene Wellenlänge herleiten, indem man die Radialgeschwindigkeiten, die die betreffende Gruppe gibt, mit der Radialgeschwindigkeit der Plattenmittel vergleicht. Stimmen beide innerhalb der erreichbaren Genauigkeit überein, so ist das ein Zeichen dafür, daß die Wellenlänge der Gruppe richtig angenommen worden ist. Man verfährt also für eine Liniengruppe in gleicher Weise wie für eine einzelne Linie, wie bereits oben auseinandergesetzt wurde.

67. Wellenlängen für die Linien der O- und B-Sterne. Besondere Schwierigkeiten bietet die Identifizierung der Spektrallinien bei den Sternen der Spektralklassen O und B, da das Sonnenspektrum, das man meist zur Identifizierung benutzt, die Linien dieser Sterne nicht enthält. Man ist gezwungen, die Wellenlängen dieser Linien Laboratoriumsmessungen zu entnehmen, welche aber in sehr zahlreichen Einzelveröffentlichungen zerstreut sind und daher mit Mühe zusammengesucht werden müssen. Auf Wunsch der Internationalen Astronomischen Union hat I. A. PEARCE auf sehr sorgfältigem Wege eine Liste der hauptsächlich vorkommenden Linien der O- und B-Sterne zusammengestellt, welche in den Transactions der I A U 4, S. 187, veröffentlicht ist und ihrer großen Zweckmäßigkeit wegen nebenstehend abgedruckt wird.

[1] blend: 4069,636 (4) + 4069,899 (6) O II. [2] blend: 4267,27 (10) + 4267,02 (8) C II.
[3] blend: 4481,327 (1) + 4481,129 (1) Mg II.

Es ist zu dieser Tabelle zu bemerken, daß die Wellenlängen der Stern- und Vergleichslinien auf Laboratoriumsmessungen basiert sind, die Radialgeschwindigkeiten also nicht homogen sein können mit denen, die auf die Linien des Sonnenspektrums bezogen sind. Zwischen den Wellenlängen der Revised ROWLAND Table und den Laboratoriumsmessungen besteht eine Differenz von etwa +0,5 km/sec. Eine Liste der Linien der A-Sterne, die von W. E. HARPER zusammengestellt ist, findet sich in den Transactions 4, S. 188. Sie enthält die Wellenlängen derjenigen Sternlinien, die auf dem Victoria-Observatorium zur Bestimmung der Radialgeschwindigkeiten der A-Sterne verwendet werden. Man vergleiche hierzu auch die Tafel von R. K. YOUNG, die sich in den Publ Dom Astrophys Obs Victoria 2, S. 7f. (1921) befindet und als Grundlage für die Tabelle von HARPER gedient hat.

68. Systematische Unterschiede der auf verschiedenen Observatorien bestimmten Radialgeschwindigkeiten. Der „General Catalogue" von J. H. MOORE. Als man die Radialgeschwindigkeiten verglich, die auf verschiedenen Observatorien erhalten worden waren, bemerkte man schon sehr bald, daß zwischen den Werten der einzelnen Observatorien nicht nur zufällige, sondern systematisch verlaufende Differenzen existierten, die nicht selten bis zu einigen Kilometern betrugen. Eine Ableitung des systematischen Unterschiedes war aber damals nicht möglich, da nur wenige Observatorien sich überhaupt mit der Bestimmung von Radialgeschwindigkeiten beschäftigten und daher nur für ganz wenige Sterne Werte von auch nur zwei Observatorien zur Verfügung standen. E. B. FROST[1] schlug daher 1902 vor, jedes Jahr eine Anzahl Sterne auf allen diesen Observatorien zu beobachten, diese Sterne gewissermaßen als Standardsterne anzusehen und sie zu benutzen, um das System der Radialgeschwindigkeiten des einen Observatoriums auf das System des anderen zu reduzieren. Dieser Vorschlag erhielt die Zustimmung von allen maßgebenden Persönlichkeiten (BELOPOLSKY, CAMPBELL, DESLANDRES, GILL, Lord, NEWALL, VOGEL), und in der Tat sind auch solche Beobachtungen angestellt und zum Teil veröffentlicht worden, beispielsweise von FROST und ADAMS[2], BELOPOLSKY[3], SLIPHER[4] usw. Zweifellos war dieser Plan sehr gut, aber er war, wie sich dann herausstellte, nicht weitgehend genug, denn LUDENDORFF[5] zeigte 1914, daß die systematischen Fehler der Radialgeschwindigkeiten vom Spektraltypus abhängig sind, und das ist durch spätere, mit sehr gutem, großem Material durchgeführte Untersuchungen durch J. H. MOORE bestätigt worden[6]. Die ausführlichsten und zur Zeit besten Tabellen der systematischen Unterschiede der Radialgeschwindig-

	Oe5—B5		B8—A3	
	Δv	n	Δv	n
Lick — Victoria	+0,06 km	57	+0,95 km	33
Lick — Mt Wilson	+0,22	39	−0,10	75
Lick — Yerkes	−0,29	122	−0,95	238
Lick — Michigan	−0,5	8	+0,5	8
Lick — Ottawa	+0,2	7	+1,00	15
Lick — Ottawa (1920 bis 1922)	+9,3	28	+9,2	3
Lick — Allegheny	—	—	0,0	4
Lick — Wien	—	—	−1,5	11
Victoria — Mt Wilson	−0,12	53	−0,7	9
Victoria — Yerkes	−0,32	58	−2,00	43
Mt Wilson — Yerkes	−0,66	30	−0,96	76
Yerkes — Ottawa	—	—	+1,6	16
Mt Wilson — Ottawa	—	—	+1,5	10

[1] Ap J 16, S. 169 (1902). [2] Ap J 18, S. 237 (1903). [3] Ap J 19, S. 85 (1904).
[4] Ap J 22, S. 318 (1905). [5] A N 197, S. 1 (1914).
[6] Publ Lick Obs 16, S. XXXI (1928).

	A5—F4		F5—G4		G5—K4		K5—M	
	Δv	n	Δv	n	Δv	n	Δv	n
Lick — Victoria	+1,01 km	17	+1,30 km	26	+0,34 km	65	+1,00 km	21
Lick — Mt Wilson	−0,19	33	+0,33	69	−0,45	184	−0,76	84
Lick — Cape	+0,54	29	+0,92	60	−0,15	275	+0,08	91
Lick — Bonn	−0,8	1	−0,20	49	−1,64	140	−2,71	27
Lick — Yerkes	−0,04	37	+0,04	7	−0,23	10	−2,10	3
Lick — Ottawa	+3,6	1	−0,5	2	0,0	7	−3,2	1
Lick — Ottawa (1920 bis 1922)	+9,6	3	+11,6	1	—	—	—	—
Lick — Michigan	—	—	+3,4	4	+1,57	9	+1,0	4
Lick — Allegheny	+3,1	4	—	—	—	—	+4,8	1
Lick — Potsdam	0,0	1	+1,4	3	−1,0	7	—	—
Lick — Pulkowa	+0,6	2	+2,4	2	−0,1	9	—	—
Lick — Paris	+0,6	2	+2,2	2	−0,3	6	+1,2	2
Lick — Cambridge	—	—	0,0	2	+1,80	8	+5,7	1
Lick — Columbus	—	—	−2,16	7	−2,14	16	−1,0	1
Lick — Lowell	—	—	−0,2	2	−0,6	7	—	—
Lick — Wien	+2,6	3	+2,1	3	−9,0	2	−5,3	1
Victoria — Mt Wilson	−1,19	23	−0,69	63	−0,73	127	−1,80	34

keitsbeobachtungen verschiedener Observatorien sind in den Publikationen des Lick-Observatoriums[1] enthalten, und sie werden hier reproduziert.

Mit Hilfe dieser Tabellen können die verschiedenen Beobachtungen von Radialgeschwindigkeiten auf ein einheitliches System reduziert werden, wie das nötig ist, wenn man die Geschwindigkeiten für stellarstatistische Untersuchungen oder für Bahnbestimmungen spektroskopischer Doppelsterne braucht. Es ist natürlich zu beachten, daß die in den Tabellen angegebenen Differenzen statistische Mittel sind, also für den einzelnen Stern nicht immer in aller Strenge gültig zu sein brauchen. J. H. MOORE[2] hat bei der Bearbeitung seines „General Catalogue of the Radial Velocities of Stars, Nebulae, and Clusters" mit Hilfe dieser Tabellen systematische Korrektionen für die Werte der verschiedenen Observatorien abgeleitet und so das ganze Material vereinheitlicht. Vorstehende Tabelle enthält die von MOORE benutzten Korrektionen, in Kilometern ausgedrückt.

	A	F	G	K	M
Victoria	+1,0	+1,0	+1,0	+0,3	+1,0
Mt Wilson	0,0	0,0	+0,3	−0,5	−0,8
Cape	—	+0,5	+0,9	−0,2	0,0
Bonn	—	—	−0,2	−1,6	−2,7
Yerkes	−1,0	0,0	−0,5	−0,5	−0,5
Ottawa	+1,0	—	—	—	—
Ottawa (1920 bis 1922)	+9,4	+9,4	+9,4	+9,4	+9,4
Michigan	0,0	+1,8	+1,8	+1,8	+1,8
Cambridge	—	—	+1,8	+1,8	+1,8
Columbus	—	—	−2,0	−2,0	−2,0

Da J. H. MOOREs G.C. für lange Zeit der Fundamentalkatalog für Radialgeschwindigkeiten sein wird, sei hier noch nebenbei erwähnt, daß er 6980 Objekte umfaßt, sehr sorgfältig und zweckmäßig zusammengestellt ist und wohl das gesamte zur Zeit vorhandene Material enthält, so daß alle früheren Kataloge entbehrlich werden. Die 6980 Objekte verteilen sich folgendermaßen auf die verschiedenen Spektralklassen:

O Sterne	63
B „	1079
A „	1376
F „	548
G „	870
K „	1997
M „	727
N „	25
R „	36
S „	1
Pec „	17
Gasnebel	133
Kugelhaufen	18
Extragalaktische Nebel	90
Summa	6980

[1] Publ Lick Obs 18, S. XI f. (1932). [2] Publ Lick Obs 18 (1932).

Es wird immer nötig sein, daß ein jeder Beobachter seine Messungen auf das Vorhandensein systematischer Fehler, wie sie in den vorhergehenden Ziffern besprochen sind, selbst und möglichst scharf nach den dort angegebenen Verfahren prüft. Sehr beachtenswert sind die Ausführungen, welche in der Einleitung zum Bd. 16 der Publ Lick Obs auf S. XIff. enthalten sind:

1. Es sind Spektrogramme von Sonne, Venus, Mars, Mond aufzunehmen und die aus ihnen sich ergebenden Radialgeschwindigkeiten mit den theoretisch bekannten zu vergleichen. Falls man sicher ist, daß instrumentelle Fehler nicht vorhanden sind, ist aus einer großen Anzahl derartiger Aufnahmen ein Wert für den systematischen Fehler des betreffenden Beobachters zu bestimmen und so an die Messungen anzubringen, daß er jederzeit wieder entfernt werden kann, wenn sich dies später einmal als wünschenswert herausstellt.

2. Es sind die Radialgeschwindigkeiten einer kleinen Anzahl von Sternen aller Spektralklassen (mit Ausnahme von G0) zu bestimmen. Diese Sterne sollen hell sein, gut meßbare Linien haben und eine konstante Radialgeschwindigkeit besitzen. Von jedem Stern ist unter günstigsten Beobachtungsbedingungen eine größere Anzahl von Aufnahmen zu machen. Diese Sterne sind demnach als Standardsterne nach dem Plane von FROST anzusehen (s. die nächste Ziffer).

3. Sollen neben Spektrographen großer Dispersion auch solche mit geringer benutzt werden, so ist mit letzteren eine Anzahl derselben Standardsterne wie unter 2. aufzunehmen und zu prüfen, ob zwischen beiden Instrumenten systematische Fehler in den Beträgen der Radialgeschwindigkeiten vorhanden sind, und zwar sind in beiden Spektren einmal dieselben Sternlinien zu messen und dann diejenigen, welche sich zur Messung bei kleiner Dispersion besonders eignen. Wahrscheinlich ist nämlich vielfach ein systematischer Unterschied in den Radialgeschwindigkeiten vorhanden, der von der Auswahl der Linien abhängt.

Die Bestimmung der systematischen Fehler eines Radialgeschwindigkeitskataloges kann übrigens zur Zeit nur als eine provisorische Arbeit angesehen werden, die es ermöglicht, Beobachtungen verschiedener Observatorien aufeinander zu reduzieren. Die wahren systematischen Fehler der Radialgeschwindigkeiten und damit diese selbst werden erst dann einmal gefunden werden können, wenn man genauer weiß, wie sich die Spektrallinien der verschiedenen Elemente, besonders die verschiedenen Linienserien in den Atmosphären der Sterne verhalten und wenn bisher noch ungeklärte Erscheinungen und Effekte (z. B. der K-Effekt) ihre Deutung gefunden haben.

69. Verzeichnis von Fundamentalsternen für die Radialgeschwindigkeitsbestimmung. Die Internationale Astronomische Union (I A U) hat das Bedürfnis eines Verzeichnisses von Fundamentalsternen für Radialgeschwindigkeitsmessungen anerkannt. In ihren Transactions 3, S. 171, ist eine Liste heller Sterne der verschiedenen Spektraltypen gegeben, sie sei hier abgedruckt:

Stern	*AR*	Dekl.	m	Spektrum	*RG*
α Cassiopeiae	$0^h\ 34^m,8$	+55° 59′	2,47	K0	− 3,4 km
β Ceti	0 38 ,6	−18 32	2,24	K0	+13,1
α Arietis	2 1 ,5	+22 59	2,23	K2	−14,1
α Ceti	2 57 ,1	+ 3 42	2,82	Ma	−25,4
α Persei	3 17 ,2	+49 30	1,90	F5	− 2,5
α Tauri	4 30 ,3	+16 18	1,06	K5	+54,4
β Leporis	5 24 ,0	−20 50	2,96	G0	−13,7
α Leporis	5 28 ,3	−17 54	2,69	F0	+24,4
α Carinae	6 21 ,7	−52 38	−0,86	F0	+20,2
β Geminorum	7 39 ,2	+28 16	1,21	K0	+ 3,6
α Hydrae	9 22 ,7	− 8 14	2,16	K2	− 4,2
ε Leonis	9 40 ,2	+24 14	3,12	G0p	+ 5,0

Stern	*AR*	Dekl.	m	Spektrum	*RG*
η Leonis . . .	$10^h\ 1^m,9$	$+17°\ 15'$	3,58	A0p	+ 2,4 km
β Virginis . .	11 45 ,5	+ 2 20	3,80	F8	+ 4,7
γ Crucis . . .	12 25 ,6	−56 33	1,61	Mb	+21,3
β Corvi	12 29 ,1	−22 51	2,84	G5	− 7,5
α Bootis . . .	14 11 ,1	+19 42	0,24	K0	− 5,1
δ Ophiuchi . .	16 9 ,1	− 3 26	3,03	Ma	−19,3
α Triang. austr	16 38 ,1	−68 51	1,88	K2	− 3,6
α Herculis . .	17 10 ,1	+14 30	3,48	Mb	−32,0
δ Sagittarii . .	18 14 ,6	−29 52	2,84	K0	−19,9
α Lyrae	18 33 ,6	+38 41	0,14	A0	−13,2
γ Aquilae . . .	19 41 ,5	+10 22	2,80	K2	− 1,9
β Aquarii . . .	21 26 ,3	− 6 1	3,07	G0	+ 6,1
ε Pegasi . . .	21 39 ,3	+ 9 25	2,54	K0	+ 5,4
ι Piscium . . .	23 34 ,8	+ 5 5	4,28	F8	+ 4,8

Es hat sich aber als notwendig erwiesen, auch für schwache Sterne eine solche Liste aufzustellen (Transactions 4, S. 181), die in folgender Tabelle wiedergegeben ist:

Stern	*AR*	Dekl.	m	Spektrum	*RG*
Lal 1045 . . .	$0^h\ 37^m$	$+39°\ 47'$	7,5	K5	− 62 km
Lal 1966 . . .	1 5	+61 9	7,9	F3s	−325
Groom 864 . .	4 36	+41 59	7,3	G1	+105
Lal 15565 . .	7 56	+29 27	6,9	G7	+ 14
Lal 21185 . . .	10 59	+36 28	7,6	M2	− 87
Groom 1830 . .	11 49	+38 15	6,5	G8	− 98
Cinn 1695 . . .	13 9	+17 55	7,8	F9s	+ 49
Groom 2305 . .	16 2	+39 21	6,8	G8	− 60
Groom 2875 . .	19 30	+58 26	6,7	K5	+ 12
Lal 43876 . . .	22 25	+16 53	7,5	G9	− 40
Fed 4371 . . .	23 2	+68 0	7,5	G2	− 21

Als Ergänzung ist noch eine Liste von O- und B-Sternen nach Beobachtungen von PLASKETT und PEARCE angefügt (Transactions 4, S. 181):

O- und B-Sterne.

Stern	*AR*	Dekl.	m	Spektrum	*RG*
H.D. 886 . . .	$0^h\ 8^m,1$	$+14°\ 38'$	2,87	B2ss	+ 5,0 km
H.D. 3360 . .	0 31 ,4	+53 21	3,72	B2sk	+ 2,1
H.D. 34078 . .	5 9 ,7	+34 12	5,81	O9ssk	+59,3
H.D. 36591 . .	5 27 ,7	− 1 40	5,30	B2sk	+34,3
H.D. 37128 . .	5 31 ,1	− 1 16	1,75	B0k	+25,8
H.D. 160762 .	17 36 ,6	+46 4	3,79	B3s	−18,0
H.D. 166182 .	18 4 ,4	+20 48	4,43	B2sk	−13,0

m. Reduktion der Radialgeschwindigkeiten auf die Sonne.

70. Einleitung. Die Radialgeschwindigkeit, die unmittelbar aus der Messung eines Sternspektrums erhalten wird, stellt die Radialgeschwindigkeit des Sterns gegen den Beobachter dar, sie ist also das Resultat der Bewegung des Sterns und des Beobachters, der selbst in Bewegung begriffen ist, da er ja an der Bewegung der Erde (Revolution und Rotation) teilnimmt. Es muß die aus dem Spektrogramm folgende Radialgeschwindigkeit veränderlich sein, selbst wenn ein Stern mit konstanter Geschwindigkeit beobachtet wurde, und zwar um den Betrag, um welchen sich die Radialgeschwindigkeit des Beobachters ändert. Man hat daher von Anfang an die Radialgeschwindigkeiten der Sterne nicht auf den Ort des Beobachters, sondern auf die Sonne bezogen[1]. Um diese Reduktion der Radialgeschwindigkeit auf die Sonne vorzunehmen, ist die Radialgeschwindigkeit des Beobachters aus den bekannten Elementen der Erdbahn und der Erdrotation zu berechnen.

71. Jährliche Bewegung der Erde. Die Berechnung der Radialgeschwindigkeit der Erde infolge ihrer Bahnbewegung um die Sonne kann auf zweierlei Weise ausgeführt werden, je nachdem man von den elliptischen Bahnelementen der Erde ausgeht, also die Störungen der Erdbewegung durch Mond und Planeten vernachlässigt, oder aber die in den Ephemeriden gegebenen rechtwinkligen Koordinaten X, Y, Z der Sonne benutzt und so die Störungen berücksichtigt. Es seien

λ, β die mittlere Länge und Breite des beobachteten Sternes,
$\odot$ die mittlere Länge der Sonne zur Zeit der Beobachtung,
Π die Länge der Sonne im Perigäum ($\Pi = 281°$),
} mittl. Äquinoktium des Jahresanfanges

A der Äquatorealhalbmesser der Erde, in km ausgedrückt, nach BESSEL 6377,397 km [3,80464],

a die Halbachse der Erdbahn, $a = \frac{A}{p \sin 1''} = 149480000$ km [8,17458],

p die Sonnenparallaxe (8″,80),

e (bzw. $\sin\varphi$) die Erdbahnexzentrizität (0,01675),

T die Länge des siderischen Jahres, ausgedrückt in Sekunden mittlerer Zeit, 31558150 [7,49911],

$90° - i$ der Winkel zwischen der Richtung, nach der die Erde sich bewegt, und dem Radiusvektor der Erdbahn,

v die mittlere Geschwindigkeit der Erde, ausgedrückt in km, $v = \frac{a}{\sqrt{1-e^2}} \frac{2\pi}{T} = 29{,}765$ km [1,47371],

v_1 die Radialgeschwindigkeit der Erde zur Zeit der Beobachtung,

x_E die gesuchte Reduktion auf die Sonne, d. h. die Projektion von v_1 auf die Gesichtslinie.

Dann ist[2]

$$\operatorname{tg} i = \frac{e \sin(\odot - \Pi)}{1 + e \cos(\odot - \Pi)}, \quad (1) \qquad v_1 = \frac{a}{\sqrt{1-e^2}} \frac{2\pi}{T} [1 + e \cos(\odot - \Pi)] \sec i, \quad (2)$$

$$\left.\begin{aligned} x_E &= -\frac{a}{\sqrt{1-e^2}} \frac{2\pi}{T} [1 + e \cos(\odot - \Pi)] \sin(\lambda - \odot + i) \cos\beta \sec i \\ &= v \cos\beta \sin(\odot - \lambda) + v e \cos\beta \sin(\Pi - \lambda) . \end{aligned}\right\} \quad (3)$$

Setzt man noch

$$\left.\begin{aligned} b &= v \cos\beta , \qquad c = v e \cos\beta \sin(\Pi - \lambda) , \\ x_E &= b \sin(\odot - \lambda) + c . \end{aligned}\right\} \quad (4)$$

so ist

Da weder b noch c die Sonnenlänge $\odot$ enthalten, sind sie für lange Zeiten für einen jeden Stern als Konstanten zu betrachten. Es ändert sich nämlich β nicht mehr als um 49″ im Jahrhundert, $\Pi - \lambda$ um 20′. Es können daher für jeden Stern b und c für ein Jahrhundert tabuliert werden, ohne daß ein Fehler in x_E im Betrag von 0,01 km pro sec entsteht. Solche Tafeln sind z. B. von F. SCHLESINGER für die helleren Sterne der Nordhalbkugel berechnet worden[3]. Eine

---

[1] H. C. VOGEL, Potsdam Publ 7, S. 92 (1892); W. W. CAMPBELL, Astronomy and Astrophysics 11, S. 319 (1892); Stellar Motions, S. 64. 1913; SCHEINER-FROST, Treatise on Astronomical Spectroscopy, S. 338. 1894; F. SCHLESINGER, Ap J 10, S. 1 (1899); FR. W. KÜSTNER, A N 169, S. 254 (1905).

[2] Eine Ableitung dieser Formeln findet sich in CHAUVENET, Manual of Spherical and Practical Astronomy 1, S. 635.

[3] Ap J 10, S. 1 (1899).

Tafel für die i und v_1 hat CAMPBELL[1] gegeben mit der Sonnenlänge $\odot$ als Argument, dessen Wert für die Zeit der Beobachtung aus den Ephemeriden zu entnehmen ist.

Soll die Berechnung ekliptikaler Koordinaten des Sternes vermieden werden, so ist folgender Weg einzuschlagen[2]. Es seien

α, δ die Äquatorealkoordinaten eines Sterns,

A, D die Äquatorealkoordinaten des Punktes der Ekliptik, nach welchem sich die Erde mit einer Geschwindigkeit v_1 zur Zeit der Beobachtung bewegt (Zielpunkt oder Apex der Erdbewegung),

dann ist die Reduktion auf die Sonne $v_1 \cos\psi$, wenn ψ der Winkel zwischen den Richtungen nach dem Stern und dem Zielpunkt der Erdbewegung bedeutet oder

$$x_E = v_1 [\sin D \sin\delta + \cos D \cos(\alpha - A) \cos\delta] \,. \tag{5}$$

Ist ε die Schiefe der Ekliptik, so berechnet sich A aus

$$\operatorname{tg} A = \cos\varepsilon \operatorname{cotg}(\odot - i) \,. \tag{6}$$

v_1 und i können den obenerwähnten Tafeln von CAMPBELL entnommen werden. Der Wert von D folgt aus

$$\operatorname{tg} D = \sin A \operatorname{tg}\varepsilon \,. \tag{7}$$

Man berechnet also zunächst A und D mittels (6) und (7) und erhält dann die Reduktion x_E auf die Sonne aus (5).

Zur näherungsweisen Berechnung der Reduktion auf die Sonne haben H. K. PALMER[3] und J. HARTMANN[4] Vorschriften angegeben, graphische Verfahren F. HENROTEAU[5] und G. VAN BIESBROECK[2].

Eine zweite Art der Berechnung läßt sich, wie oben erwähnt, mit Hilfe der in den Ephemeriden von 12 zu 12 Stunden gegebenen äquatorealen rechtwinkligen Koordinaten der Sonne durchführen[6]. Es seien dX, dY, dZ die äquatorealen Komponenten der Erdgeschwindigkeit, bezogen auf den Sonnenmittelpunkt, und zwar dX die Komponente der Erdbewegung in der Richtung parallel zur Linie der Äquinoktien, dY die Komponente senkrecht zu dX und parallel zur Ebene des Äquators, dZ die Komponente senkrecht zur Ebene des Äquators.

In den Ephemeriden sind die Werte der äquatorealen rechtwinkligen Koordinaten der Sonne von 12 zu 12 Stunden gegeben, im Berliner Jahrbuch von 1896 an die Differenzen $\Delta X, \Delta Y, \Delta Z$ dieser Koordinaten für die Stunden 6^h und 18^h Berliner mittlerer Sonnenzeit eines jeden Tages. Es ist klar, daß diese Differenzen als die Geschwindigkeitskomponenten im oben definierten Sinne betrachtet werden können, die Zeiteinheit sind 12 Stunden, die Längeneinheit ist der mittlere Radiusvektor der Erdbahn. (Eine Reduktion dieser Differenzen $\Delta X, \Delta Y, \Delta Z$ auf die Differentialquotienten dX, dY, dZ ist bei dem 12stündigen Intervall nämlich stets Null.) Die Korrektion x_E ergibt sich dann, wenn α, δ die Rektaszension und die Deklination des Sternes für dasselbe mittlere Äquinoktium sind, zu:

$$x_E = -[\Delta X \cos\delta \cos\alpha + \Delta Y \cos\delta \sin\alpha + \Delta Z \sin\delta] K \,, \tag{8}$$

die zu den beobachteten Radialgeschwindigkeiten hinzuzufügen ist. Der Faktor K stellt den Übergang auf Kilometer und Zeitsekunden dar:

$$K = \frac{a}{43\,200} \,, \qquad \log K = [3{,}53910] \,.$$

(Sind die Differenzen $\Delta X, \Delta Y, \Delta Z$ in Einheiten der 7. Dezimale angegeben, so ist $\log K = [6{,}53910 - 10]$.) Zur Berechnung von K ist $p = 8'',80$ und der

[1] Stellar Motions, S. 68.
[2] G. VAN BIESBROECK, Ap J 64, S. 258 (1926).
[3] Lick Bull 4, S. 70 (1906).
[4] A N 173, S. 97 (1906).
[5] Pop Astr 33, S. 248 (1925).
[6] F. SCHLESINGER, Ap J 9, S. 159 (1899); FR. W. KÜSTNER, A N 169, S. 256 (1905).

Äquatorealhalbmesser der Erde nach BESSEL benutzt. Das negative Vorzeichen in (8) ist infolge des Überganges von der Sonnen- auf die Erdkoordinaten hinzugekommen. Zur Erleichterung der Interpolation von $\Delta X, \Delta Y, \Delta Z$ hat SCHLESINGER eine Hilfstafel gegeben[1]. Wie schon erwähnt, sind bei dieser Art der Berechnung die Störungen, die die Erde durch den Mond und die Planeten erleidet, berücksichtigt.

72. Monatliche Bewegung der Erde. Die Korrektion wegen der monatlichen Geschwindigkeit der Erde (Bewegung des Schwerpunktes Erde—Mond), ist stets gering, infolgedessen können bei Berechnung derselben die geringe Neigung gegen die Ekliptik und die Exzentrizität der Mondbahn unberücksichtigt bleiben. Die Korrektion ergibt sich zu

$$x_{☾} = -v_{☾} \cos\beta \sin(☾ - \lambda), \tag{9}$$

wo $v_{☾}$ die Geschwindigkeit in km pro sek ist, welche die Erde durch ihre Bewegung um den Schwerpunkt Erde—Mond besitzt, und ☾ die Länge des Mondes zur Zeit der Beobachtung.

Die Konstante $v_{☾}$ berechnet sich folgendermaßen: Die Masse des Mondes ist $\frac{1}{81,70}$, die mittlere Entfernung des Mondes ist $60,27\,A$, die Länge des siderischen Monats in Sterntagen ist 27,3965. Daraus folgt

$$v_{☾} = \frac{60,27}{82,70} \cdot \frac{v_d}{27,3965} = 0,0124 \text{ km } [8,0924]\,. \tag{10}$$

v_d ist die Konstante der täglichen Geschwindigkeit: $v_d = \frac{2\pi A}{86164,1}$ (86164,1 ist die Länge des Sterntages in mittleren Sekunden). Die Korrektion $x_{☾}$ ist nur an Messungen sehr hoher Genauigkeit anzubringen, da ihr maximaler Wert $\pm 0,0124$ km/sec beträgt.

73. Tägliche Bewegung der Erde. Die Korrektion wegen der täglichen Bewegung der Erde ist

$$x_d = -v_d\,\varrho \cos\varphi' \sin t \cos\delta\,, \tag{11}$$

wenn ϱ und φ' der Radiusvektor und die geozentrische Breite des Beobachtungsortes, t und δ Stundenwinkel und Deklination des Sterns sind. Für

$$v_d = \frac{2\pi A}{86164,1} \qquad \text{ergibt sich} \qquad v_d = 0,465 \text{ km } [9,6675]\,. \tag{12}$$

Die Korrektion x_d ist negativ, wenn der Stern westlich vom Meridian, positiv, wenn er östlich vom Meridian beobachtet wurde. Sie läßt sich für ein jedes Observatorium tabulieren mit dem Stundenwinkel t als Argument und der Deklination δ als zweitem Argument. W. W. CAMPBELL[2] gab eine solche Tafel für das Lick-Observatorium, und sie kann leicht durch Multiplikation mit $\frac{\cos\varphi}{\cos \text{Breite des Lick Obs}}$ für die Breite φ umgerechnet werden.

74. Bewegung der Erde durch planetare Störungen. Die planetaren Störungen der Erdgeschwindigkeit werden, wie bereits oben erwähnt, streng berücksichtigt, wenn man die Korrektion für die jährliche Geschwindigkeit der Erde mit Hilfe der Differenzen $\Delta X, \Delta Y, \Delta Z$ berechnet. Der Betrag ist stets sehr klein und dürfte kaum 0,01 km erreichen.

75. Reduktion der Radialgeschwindigkeit auf den Schwerpunkt des Sonnensystems[3]. Bisher ist die Bewegung der Erde in bezug auf den Mittelpunkt der Sonne betrachtet worden. KÜSTNER hat nun darauf aufmerksam gemacht, daß in Strenge die Beobachtungen auf den Schwerpunkt des Sonnensystems zu reduzieren sind, und er hat gezeigt, daß bei Reduktion von Beobachtungen

---

[1] Ap J 9, S. 160 (1899). [2] Stellar Motions, S. 69. [3] A N 169, S. 257 (1905).

sehr großer Genauigkeit, wie z. B. bei der Bestimmung der Sonnenparallaxe, die Radialgeschwindigkeiten auf den Schwerpunkt des Sonnensystems bezogen werden müssen. In Betracht kommen nur Jupiter und Saturn; da der Einfluß dieser Planeten auf die Lage des Schwerpunktes des Sonnensystems an sich gering ist, können die Einwirkungen der einzelnen Planeten getrennt behandelt und außerdem die kleinen Neigungen und Exzentrizitäten der Planetenbahnen vernachlässigt werden. Die linearen Geschwindigkeiten der Planeten sind dann umgekehrt proportional den Quadratwurzeln aus den großen Halbachsen (a_p), und es ist ferner, um die entsprechende Geschwindigkeit der Sonne zu erhalten, der Divisor $M+1$ hinzuzufügen, wenn M die Sonnenmasse in Einheiten der Masse der Planeten ist. Es wird somit die an die beobachtete Radialgeschwindigkeit anzubringende Korrektion

$$x_p = \frac{v}{(M+1)\sqrt{a_p}} \cos\beta \sin(l-\lambda)\,, \tag{13}$$

wenn l die heliozentrische Länge des Planeten ist. KÜSTNER berechnet für

$$M_{♄} = 3501{,}6$$

und

$$M_{♃} = 1047{,}4\,,$$

die Korrektionen

$$x_{♄} = 0{,}0027 \text{ km}$$

$$x_{♃} = 0{,}0124 \text{ ,, },$$

so daß die vereinte Wirkung dieser beiden Planeten im Maximum auf 0,015 km anwachsen kann, ein Betrag, der bei genauen Messungen in der Tat nicht vernachlässigt werden darf.

76. Berechnung der Radialgeschwindigkeit eines Planeten gegen die Erde. Ein sehr geeignetes Mittel, die Spektrographen in bezug auf die Genauigkeit der mit ihnen erhaltenen Radialgeschwindigkeiten zu prüfen, ist die Bestimmung der Radialgeschwindigkeit eines Planeten. Der aus den Messungen erhaltene Wert muß mit dem aus den astronomischen Tafeln berechneten übereinstimmen. Für diese Berechnung ist folgendes zu beachten[1]. Das Licht eines Planeten ist kein Eigenlicht, sondern reflektiertes Sonnenlicht. Ist nun die Planetenbahn nicht rein kreisförmig, so erleidet das Planetenlicht bereits einen DOPPLER-Effekt, da der Planet während seines Umlaufes um die Sonne sich dieser bald nähert, bald wieder entfernt. Wird er von der Erde aus spektrographisch beobachtet, so kommt der DOPPLER-Effekt noch hinzu, der durch die Distanzänderung zwischen Erde und Planet entsteht. Man hat also einmal die Radialgeschwindigkeit des Planeten gegen die Sonne und dann die des Planeten gegen die Erde zu berechnen. Die Summe dieser beiden DOPPLER-Effekte gibt dann die Radialgeschwindigkeit des Planeten gegen die Erde.

Die Berechnung gestaltet sich nun nach CAMPBELL[2] folgendermaßen. Aus einer der Ephemeriden wird $\log D = f$ entnommen, wo D die Distanz der Mittelpunkte von Sonne und Planet bzw. Erde und Planet bedeutet. Die Radialgeschwindigkeit pro km und sek des Planeten gegen die Sonne bzw. der Erde gegen den Planeten ist dann

$$\frac{dD}{dt} = \frac{149\,500\,000}{\omega m} D\,,$$

wo ω die Zeiteinheit der Ephemeride und m der Modulus der BRIGGSschen Logarithmen ist $(\log m = 9{,}63\,778 - 10)$.

[1] C. NIVEN, M N 34, S. 345 (1874); H. POINCARÉ, C R 120, S. 420 (1895).
[2] Ap J 8, S. 151 (1898); Stellar Motions S. 59.

Es handelt sich nun darum, D aus den Ephemeriden zu interpolieren. T sei das Datum in der Ephemeride, welches der Zeit t der Beobachtung am nächsten liegt. Für die Interpolation ergibt sich dann folgendes, in der üblichen Weise geschriebenes Schema:

		I. Differenz	II. Differenz	III. Differenz	
$T-2\omega$	$f(T-2\omega)$	a_{11}	b'		
$T-\omega$	$f(T-\omega)$	a_1		c_1	
T	$f(T)$	a	b	c	d
$T+\omega$	$f(T+\omega)$	a'	b_1	c'	
$T+2\omega$	$f(T+2\omega)$	a''			

worin $a = \frac{1}{2}(a_1 + a')$, $c = \frac{1}{2}(c_1 + c')$ ist.

Es sei der Zeitmoment, für den die Radialgeschwindigkeit berechnet werden soll, $T + t$ und $n = \frac{t}{\omega}$, dann folgt

$$\log D = f(T+t) = f(T) + \left(a - \frac{c}{6}\right)n + \left(\frac{b}{2} - \frac{d}{24}\right)n^2 + \frac{c}{6}n^3 + \frac{d}{24}n^4 + \cdots$$

und somit (14)

$$\frac{dD}{dt} = V_p = \frac{149\,500\,000}{m\omega} D\left[a - \frac{c}{6} + \left(b - \frac{d}{12}\right)n + \frac{c}{2}n^2 + \frac{d}{6}n^3 + \cdots\right]. \qquad (14)$$

Ist ω ein mittlerer Sonnentag $= 86400$ sek, so ergibt sich der Logarithmus des Zahlenfaktors zu [3,6003]. An der erwähnten Stelle[1] gibt CAMPBELL als Beispiel die Berechnung der Radialgeschwindigkeit der Venus gegen die Erde.

77. Berechnung der Radialgeschwindigkeit des Mondes gegen die Erde. Wenn kein Planet in geeigneter Stellung am Himmel ist, wird häufig ein Vergleich der beobachteten Radialgeschwindigkeit des Mondes gegen die Erde zur Prüfung des Spektrographen verwendet, indem sie mit der aus den Mondtafeln berechneten verglichen wird. Auch diese Aufgabe ist von CAMPBELL behandelt[2] worden. Ganz analog wie bei der Berechnung der Radialgeschwindigkeit eines Planeten gegen die Erde ist auch hier zu beachten, daß der Mond kein selbstleuchtender Körper ist. Aber beim Mond gestalten sich die Verhältnisse sehr viel komplizierter. Es setzt sich die Radialgeschwindigkeit des Mondes gegen den Beobachter auf der Erde aus folgenden Teilen zusammen:

V_1 = Radialgeschwindigkeit des Erdmittelpunktes gegen die Sonne,

V_2 = Radialgeschwindigkeit des Mondes gegen den Erdmittelpunkt,

V_3 = die Komponente der Radialgeschwindigkeit V_2 in Richtung der Verbindungslinie Sonne—Mond,

V_4 = die Komponente der Bahngeschwindigkeit des Mondes (bezogen auf den Erdmittelpunkt) in dem größten Kreis, der durch die Sonne und den Mond geht.

Die Radialgeschwindigkeit infolge der Drehung des Mondes um seine Achse ist zu vernachlässigen, da sie 0,005 km nicht übersteigt; die Radialgeschwindigkeit V_5 infolge der Drehung der Erde um ihre Achse wird nach den oben gegebenen Vorschriften berechnet.

Die gesuchte Radialgeschwindigkeit V des Mondes gegen den Beobachter auf der Erde ergibt sich somit zu

$$V = V_1 + V_2 + V_3 + V_4 - V_5. \qquad (15)$$

[1] Ap J 8, S. 151 (1898); Stellar Motions S. 59. [2] Ap J 11, S. 141 (1900).

Es sind nun die einzelnen Komponenten von V zu berechnen.

a) Ist $\log D_1$ der Logarithmus des Radiusvektors der Erde und a die stündliche Änderung von $\log D_1$, m der Modul der BRIGGSschen Logarithmen, $\omega_1 = 3600$ die Zahl der Sekunden in einer Stunde, so ist

$$V_1 = \frac{149\,500\,000}{\omega_1 m} D_1 a = [4{,}9805]\, D_1 a\,. \tag{16}$$

D_1 und a sind z. B. im Nautical Almanac tabuliert.

b) Es sei

R der Äquatorealhalbmesser der Erde in Kilometern,
D_2 die Distanz des Mondes vom Erdmittelpunkt,
p die Horizontalparallaxe des Mondes,
Δp die Änderung dieser Parallaxe in 12 Stunden, so ist

$$D_2 = \frac{R}{\sin p} = \frac{[3{,}8047]}{\sin p}\,,$$

$$V_2 = \frac{dD_2}{dt} = \frac{-R\sin 1''}{3600}\frac{\cos p}{\sin^2 p}\Delta p = -[4{,}9340]\frac{\cos p}{\sin^2 p}\Delta p\,. \tag{17}$$

p und Δp sind ebenfalls im Nautical Almanac tabuliert.

c) Ist E die Winkeldistanz zwischen Sonne und Mond, so ist

$$V_3 = -V_2 \cos E\,. \tag{18}$$

Die „Monddistanz" E ist gleichfalls im Nautical Almanac enthalten mit Ausnahme der Zeiten um den Vollmond herum. Für diese Zeiten berechnet sich E und dE/dt nach folgenden Formeln[1]:

$$\cos E = \sin\delta\sin\mathfrak{D} + \cos\delta\cos\mathfrak{D}\cos(A-\alpha)\,,$$

$$\sin E\frac{dE}{dt} = \sin\delta\cos\mathfrak{D}\left[\cos(A-\alpha)\frac{d\delta}{dt} - \frac{d\mathfrak{D}}{dt}\right] + \cos\delta\sin\mathfrak{D}\left[\cos(A-\alpha)\frac{d\mathfrak{D}}{dt} - \frac{d\delta}{dt}\right] + \cos\delta\cos\mathfrak{D}\sin(A-\alpha)\frac{d(A-\alpha)}{dt}\,,$$

wenn

A die Rektaszension der Sonne,
α die Rektaszension des Mondes,
$\mathfrak{D}$ die Deklination der Sonne,
δ die Deklination des Mondes ist.

d) Ist ΔE die Änderung von E in einer Sekunde (positiv oder negativ, je nachdem die Distanz wächst oder abnimmt), so ist

$$V_4 = \sin 1'' D_2 \sin E\,\Delta E = [4{,}6856]\, D_2 \sin E\,\Delta E\,, \tag{19}$$

$$D_2 = \frac{R}{\sin p} = \frac{[3{,}8047]}{\sin p}$$

Die Monddistanz und das arithmetische Komplement von $\log(\Delta E)$ sind aus dem Nautical Almanac zu entnehmen.

Ein Beispiel für diese Rechnung ist von CAMPBELL in der oben zitierten Abhandlung gegeben worden.

78. Spektrographische Bestimmung der Aberrationskonstante bzw. der Sonnenparallaxe[2,3,4]. Der Gedanke, aus Messungen der Radialgeschwindigkeit geeignet ausgewählter Sterne die Sonnenparallaxe zu bestimmen, liegt sehr nahe, und er ist fast so alt, wie die Messung von Radialgeschwindigkeiten über-

---

[1] R. H. CURTISS, Lick Bull 3, S. 112 (1905). Ein Beispiel ist auch hier durchgerechnet.
[2] A N 169, S. 241 (1905). [3] Obs 31, S. 239 (1908).
[4] Ann Cape Obs 10, Pt. 3 (1909).

haupt. Diese Messungen mußten aber erst weitgehend vervollkommnet werden, ehe eine solche Bestimmung Wert haben konnte. Der erste, der den Versuch tatsächlich durchführte, war F. KÜSTNER[1]; er konnte zeigen, daß sorgfältige Messungen eine so hohe Genauigkeit besitzen, daß die spektrographische Messung der Sonnenparallaxe den anderen Methoden der Parallaxenbestimmung nicht nachsteht, diese aber an Arbeitsökonomie übertrifft.

Im Prinzip ist das ganze Verfahren höchst einfach. Durch die Ausmessung eines Sternspektrogramms wird die Verschiebung $\Delta\lambda$ gefunden, welche eine Spektrallinie der Wellenlänge λ durch die Bewegung des Sterns erfährt. Diese Verschiebung $\Delta\lambda$ ergibt durch Multiplikation mit U/λ (U = Lichtgeschwindigkeit in km) nach dem DOPPLERschen Prinzip die Radialgeschwindigkeit V des Sterns gegen die Erde.

V setzt sich aus zwei Teilen zusammen: der Radialgeschwindigkeit v_s des Sternes gegen die Sonne und der Komponente v_E der Erdbewegung in Richtung des Sternes für den Zeitmoment der Beobachtung

$$V = v_s + v_E .$$

Nun ist $v_E = v\cos\beta\,[\sin(\odot - l) + e\sin(\Pi - l)]$, wo die Konstante der Erdbewegung $v = \frac{2\pi a\sec\varphi}{T} = \frac{2\pi A\sec\varphi}{p\sin 1'' T}$, l, β die Länge und Breite des Sterns, $\odot$ die Länge der Sonne, Π die Perihellänge der Sonne, $e = \sin\varphi$ die Exzentrizität der Erdbahn, p die Sonnenparallaxe in Bogensekunden, a der Erdbahnhalbmesser, A der Äquatorealhalbmesser der Erde (in km), T die Länge des siderischen Jahres, ausgedrückt in Sekunden mittlerer Zeit, sind.

Zwischen V und der auf dem Spektrogramm gemessenen Verschiebung $\Delta\lambda$ besteht somit die Beziehung:

$$V = \frac{\Delta\lambda}{\lambda}U = v_s + v\cos\beta\,[\sin(\odot - l) + e\sin(\Pi - l)]$$

oder

$$\frac{\Delta\lambda}{\lambda} = \frac{v_s}{U} + \frac{v}{U}\cos\beta\,[\sin(\odot - l) + e\sin(\Pi - l)]$$

$$= \frac{v_s}{U} + k\sin 1''\cos\beta\,[\sin(\odot - l) + e\sin(\Pi - l)]\,,$$

da $k = \frac{v}{U\sin 1''}$ die Aberrationskonstante in Bogensekunden ist.

Als primäres Resultat folgt somit aus der Ausmessung von Sternspektrogrammen die Aberrationskonstante k und nicht die Sonnenparallaxe p, zu deren Berechnung eine Kenntnis der Konstanten A und U nötig ist. Die Genauigkeit, mit der p erhalten wird, hängt außer von der Genauigkeit der Messungen noch von der Genauigkeit der Werte von A und U ab, und der Wert der Sonnenparallaxe ist erst als ein sekundäres Resultat der Vermessung von Sternspektrogrammen anzusehen. Auf diese Verhältnisse hat H. C. PLUMMER[2] hingewiesen, nachdem KÜSTNER[1] seine bekannte spektrographische Messung der Sonnenparallaxe veröffentlicht hatte.

KÜSTNER verfuhr folgendermaßen: Für die Radialgeschwindigkeit v_s des beobachteten Sternes wurde ein angenäherter Wert v_s^0 zugrunde gelegt, zu dem eine Korrektion x hinzukommt, so daß $v_s^0 + x$ der wahrscheinlichste Wert der Radialgeschwindigkeit des Sternes ist. In gleicher Weise wird ein angenäherter Wert v^0 der Konstante der Erdgeschwindigkeit durch eine Korrektion y verbessert, so daß

$$V = v_s^0 + x + (v^0 + y)\cos\beta\,[\sin(\odot - l) + e\sin(\Pi - l)]$$

---

[1] A N 169, S. 241 (1905). [2] Obs 31, S. 239 (1908).

ist oder

$$n = V - v_s^0 - v^0 \cos\beta\,[\sin(\odot - l) + e\sin(\Pi - l)]$$
$$= x + y\cos\beta\,[\sin(\odot - l) + e\sin(\Pi - l)] = x + y\frac{v_E}{v^0}\,.$$

Eine jede Platte gibt somit eine lineare Gleichung $n = x + by$, die Gesamtheit dieser Gleichungen wird dann nach der Methode der kleinsten Quadrate aufgelöst, die x und y werden an die Ausgangswerte v_s^0 und v^0 angebracht. Es folgt dann aus

$$\frac{vT}{2\pi \sec\varphi} = a \quad \text{die Sonnenparallaxe} \quad p = \frac{A}{a \sin 1''}\,.$$

Die Korrektionen für die tägliche und monatliche Bewegung der Erde und die Reduktion auf den Schwerpunkt des Sonnensystems sind natürlich vorher an die gemessene Radialgeschwindigkeit anzubringen. Besitzt der beobachtete Stern eine veränderliche Radialgeschwindigkeit (z. B. α Scorpii), so ist auch dies zu berücksichtigen.

Die zu beobachtenden Sterne sollen nicht zu weit von der Ekliptik abstehen; die günstigsten Beobachtungszeiten für die Bestimmung der Aberrationskonstante bzw. der Sonnenparallaxe sind diejenigen, in welchen der Winkel Stern—Sonne—Erde nahe 90° ist (d. h. die Zeit der beiden Quadraturen). Es mag noch erwähnt werden, daß für diese Art von Spektralmessungen sich der HARTMANNsche Spektrokomparator ganz besonders gut eignet, da die Linienidentifizierung für diese Aufgabe keine Rolle spielt, sondern nur Änderungen der Radialgeschwindigkeit und nicht diese selbst in Betracht kommen.

Eine auf größerem Beobachtungsmaterial beruhende Bestimmung der beiden Konstanten ist auf dem Cape Observatory ausgeführt worden [Ann Cape Obs 10, Pt. 3 (1909)], eine weitere auf der Bonner Sternwarte. (Veröffentl. Nr 25, 1930.)

79. Bestimmung der Rotation eines Planeten durch spektrographische Beobachtungen. Wie in Bd. IV ds. Handb. S. 158ff. auseinandergesetzt wurde, lassen sich aus spektroskopischen Beobachtungen die Rotationselemente der Sonne mit großer Genauigkeit bestimmen[1]. Das legte den Gedanken nahe, unter Benutzung eines Fernrohrs großer Brennweite dieses Verfahren auch auf die großen Planeten anzuwenden, und in der Tat haben derartige Messungen sehr gute Resultate ergeben.

Wird der Spalt des Spektrographen so durch das in der Brennebene des Fernrohrs entstehende Bild des Planeten gelegt, daß die Spaltrichtung mit der Projektion der Rotationsachse zusammenfällt, so weisen die Linien im Planetenspektrum keinerlei Lagenänderung gegen die Vergleichslinien auf. (In diesen und den folgenden Betrachtungen sei immer von der Bahnbewegung des Planeten und der Erde um die Sonne ganz abgesehen.) In jeder anderen Lage des Spaltes werden sie dagegen nicht parallel zu den Linien des Vergleichsspektrums sein. In dem Spektrum des Planetenrandes, dessen Rotationsbewegung auf die Erde hinzielt, werden die Linien nach dem DOPPLERschen Prinzip nach dem violetten Teile, an dem gegenüberliegenden Rande nach dem roten Teile des Spektrums hin verschoben sein. Aus dieser Verschiebung läßt sich die Rotationsgeschwindigkeit der betreffenden Planetenpunkte berechnen.

Nun ist aber folgendes zu beachten. Im Gegensatz zur Rotationsbestimmung der Sonne, die ein selbstleuchtender Körper ist, hat man bei Messungen an Planeten zu berücksichtigen, daß diese in reflektiertem Sonnenlichte leuchten.

---

[1] Man vgl. hierzu die beiden klassischen Abhandlungen von DUNÉR, Nova Acta Reg Soc Sc Ups (III) 14, Nr. 13 (1891); (IV) 1, Nr. 6 (1907).

Das ändert die Verhältnisse, wie eine Anwendung des DOPPLERschen Prinzipes zeigt[1].

Es reflektiere ein Planet Sonnenlicht nach der Erde, sein Abstand von der Erde sei R, der von der Sonne aber R'. Zum Zeitpunkt $t = 0$ gehe eine Lichtschwingung von der Sonne aus, sie treffe den Planeten und werde von diesem zur Erde reflektiert. Sie langt hier zur Zeit $\frac{R + R'}{V}$ an, wenn mit V die Lichtgeschwindigkeit bezeichnet wird. Die nächste Schwingung geht von der Sonne zur Zeit $t = \tau$ aus, wenn τ die Periode der betrachteten Lichtschwingung ist. Im Verlaufe der Zeit τ haben sich aber die Distanzen R und R' in $R + \tau\frac{dR}{dt}$ und $R' + \tau\frac{dR'}{dt}$ geändert. Die Zeit, zu welcher diese zweite Schwingung auf der Erde eintrifft, ist jetzt:

$$\tau + \frac{R + R'}{V} + \frac{\tau}{V}\left(\frac{dR}{dt} + \frac{dR'}{dt}\right).$$

Die scheinbare Periode ist somit $\tau\left[1 + \frac{1}{V}\left(\frac{dR}{dt} + \frac{dR'}{dt}\right)\right]$, und die Verschiebung der Spektrallinie ist nicht $\frac{dR}{dt}$ proportional, sondern $\frac{dR}{dt} + \frac{dR'}{dt}$.

Dieser Fall liegt bei der Rotationsbestimmung eines Planeten vor, der infolge seiner Rotation eine Radialbewegung sowohl in bezug auf die Sonne wie auf den Beobachter auf der Erde besitzt. Es sei v_r die lineare äquatoriale Rotationsgeschwindigkeit eines Planeten. Die Differenz der Geschwindigkeiten für die beiden äußersten Punkte des Äquatorialdurchmessers einer Planetenscheibe ist somit $2v_r$. Das Licht des Planeten ist aber kein Eigenlicht, es kommt von der Sonne; das Licht, welches die beiden äußersten Punkte des Äquatorialdurchmessers erhalten, ist daher bereits verändert eben durch die Rotation des Planeten in bezug auf die Sonne. Es muß bereits die Differenz $2v_r$ aufweisen, wenn es in diffuses Licht auf dem Planeten umgewandelt wird. Für einen Beobachter auf der Erde müssen zur Zeit der Planetenopposition somit die beiden äußersten Punkte des Äquatorialdurchmessers eine Geschwindigkeitsdifferenz $4v_r$ besitzen, d. h. den vierfachen Betrag der wirklichen Rotationsgeschwindigkeit.

Der erste, der auf diese Konsequenz des DOPPLERschen Prinzipes hingewiesen hat, ist C. NIVEN[2], später E. W. MAUNDER[3], H. DESLANDRES[4] und H. POINCARÉ[1].

Die Rotationsbestimmung wird nun folgendermaßen ausgeführt. Der Spalt des Spektrographen wird so gestellt, daß er im Äquator des Planeten liegt. Dann wird ein Spektrum des Planeten erhalten, dessen Linien, wie bereits oben erwähnt, nicht parallel zu den Linien des Vergleichsspektrums liegen. In der nächsten Ziffer wird gezeigt, daß die durch die Planetenrotation affizierten Spektrallinien gerade Linien bilden, aber eine bestimmte, von der Planetenrotation abhängige Neigung gegen die Linien des Vergleichsspektrums besitzen. Man kann nun die Messungen an den geneigten Linien auf zwei Arten machen.

Wird die Verschiebung der beiden äußersten Punkte der Linien des Planeten gemessen, so wird die lineare, äquatoriale Radialbewegung des Planeten erhalten. W. W. CAMPBELL[5] gibt für die Berechnung dieser Messungen folgende Formeln an. Es sei

i der Winkel am Planeten zwischen Sonne und Erde (in den Ephemeriden tabuliert),

ψ_s der Winkel, den die Richtung nach der Sonne mit der Ebene des Planetenäquators bildet,

---

[1] C R 120, S. 420 (1895). [2] M N 34, S. 345 (1874). [3] Obs 8, S. 118 (1885).
[4] C R 120, S. 417 (1895). [5] Stellar Motions, S. 94. New Haven 1913.

ψ_e der Winkel, den die Richtung nach der Erde mit der Ebene des Planetenäquators bildet,

V_0 die äquatoriale Rotationsgeschwindigkeit des Planeten in km pro sek,

v_1 die (spektrographische) Radialgeschwindigkeit des Äquatorpunktes an dem einen Rande der Planetenscheibe,

v_2 die Radialgeschwindigkeit des Äquatorpunktes an dem anderen Rande der Planetenscheibe.

Dann ist:

$$v_1 = V_0 (\cos\psi_s + \cos i \cos\psi_e), \qquad v_2 = V_0 (\cos\psi_e + \cos i \cos\psi_s)$$

und damit

$$v_1 - v_2 = V_0 (1 + \cos i)(\cos\psi_s + \cos\psi_e).$$

Stehen Sonne und Erde nahe in der Äquatorebene des Planeten, so ist $v_1 - v_2 = 2V_0(1 + \cos i)$; ist ferner der Planet in Opposition oder in oberer Konjunktion, so ist $v_1 - v_2 = 4\,V_0$.

Hieraus folgt, daß ein äußerer Planet am vorteilhaftesten zur Zeit der Opposition, ein innerer zur Zeit der oberen Konjunktion gemessen wird, weil dann $v_1 - v_2$ den maximalen Betrag von $4\,V_0$ besitzt. Ähnliche Formeln gab A. BELOPOLSKY[1].

Die zweite Methode besteht darin[2], daß man nicht Verschiebungen der Spektrallinien, sondern mit Hilfe eines Positionsmikrometers die Neigung der durch die Planetenrotation beeinflußten Spektrallinien gegen die Vergleichslinien mißt. Ist

D die lineare Dispersion für die gemessene Spektrallinie in A pro mm,

L die Lichtgeschwindigkeit,

ϱ die halbe Breite des Spektrums in mm,

λ die Wellenlänge der Linien,

β der Winkel, den die Richtung nach der Erde (Sonne) mit der Äquatorebene bildet,

so folgt nach J. KEELER[3]

$$V_0 = \frac{\varrho D L \operatorname{tg}\varphi}{2\lambda \cos\beta}.$$

ϱ wird aus dem Winkelhalbmesser des Planeten und der bekannten Brennweite des Objektivs berechnet, da die Messung auf dem Spektrogramm zu unsicher sein würde.

Diese Methode, die wohl zuerst von DESLANDRES (1895) angewendet wurde, gibt, wie auch J. KEELER bestätigt, sehr genaue Resultate.

Mehrfach sind Messungen der Rotation von Planeten auf spektrographischem Wege ausgeführt worden, und es hat sich gezeigt, daß z. B. für Jupiter sowohl nach den Messungen von H. DESLANDRES als auch von A. BELOPOLSKY[1] die spektrographisch gefundene Rotationsperiode in guter Übereinstimmung mit der ist, die aus direkten Beobachtungen folgt. Erstere Methode ist besonders wertvoll für die Planeten, welche keine Oberflächendetails besitzen, so daß ihre Rotation durch direkte Beobachtung des Planeten nicht gefunden werden kann. So bestimmten LOWELL[4] und SLIPHER 1911 auf spektrographischem Wege die Rotationsdauer des Uranus zu $10^3/_4$ Stunden, die Rotation findet in retrograder Richtung statt. J. H. MOORE und D. H. MENZEL[5] bestätigten 1930 diese Messungen, indem sie die Rotationsdauer zu 10,84 Stunden (retrograd) fanden. Diese beiden Beobachter haben ferner versucht, auch die Rotationsdauer des Neptun aus spektrographischen Aufnahmen abzuleiten[6]. Sie geben als provisorischen

[1] A N 139, S. 209 (1896). [2] C R 120, S. 419 (1895). [3] Ap J 1, S. 423 (1895).
[4] Lowell Bull 2, S. 17 (1911). [5] Publ A S P 42, S. 330 (1930).
[6] Publ A S P 40, S. 234 (1928).

Wert der Rotationsdauer 16 Stunden, die Rotation findet in direktem Sinne statt, während sich der Satellit rückläufig bewegt. Bei Merkur und Venus sind alle Versuche, eine Rotation spektrographisch nachzuweisen, bisher ergebnislos verlaufen.

80. Spektrographische Bestimmung der Rotationsperiode der Saturnringe. Das schönste Ergebnis der Rotationsbestimmung auf spektrographischem Wege ist der Nachweis, daß der Ring des Saturn nicht wie ein fester Körper rotiert, sondern aus kleinen Teilen bestehen muß, die sich nach den KEPLERschen Gesetzen um den Saturn herumbewegen. Dieser Nachweis ist von J. KEELER[1] zuerst (1895) geführt worden, und die Ergebnisse KEELERS sind von H. DESLANDRES[2], A. BELOPOLSKY[3] und besonders von W. W. CAMPELL[4] in vollem Umfang bestätigt worden. Es soll hier ein kurzer Auszug aus den zwei berühmten Abhandlungen von KEELER[1] gegeben werden, die Details sind in den beiden Abhandlungen selbst nachzusehen.

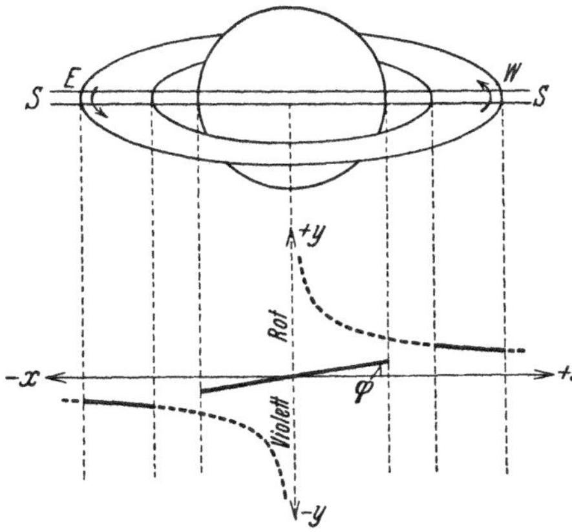

Abb. 26. DOPPLER-Effekt im Spektrum des Saturnringes.

KEELER bestimmt die Gestalt einer Spektrallinie im Spektrum des rotierenden Planeten, wenn der Spalt S in der großen Achse des Ringes liegt. Die Radialbewegung des ganzen Saturnsystems bleibe außer Betracht. Der obere Teil der Abb. 26 stellt das Bild des Saturn auf dem Spalte des Spektrographen dar, die horizontale Linie im unteren Teil von Abb. 26 ist eine unverschobene Spektrallinie, etwa eine Vergleichslinie. Diese Linie werde als x-Achse und die durch ihre Mitte gehende senkrechte Linie (punktiert) als y-Achse genommen. Das rote Ende des Spektrums liege in der $+y$-Richtung. Kollimator und Kamera des Spektrographen sollen gleiche Brennweite haben, so daß die Breite des Spektrums gleich ist der Länge des beleuchteten Teiles des Spaltes. Ein Punkt der verschobenen Linie habe die Koordinaten x, y, und es sei

v die Radialgeschwindigkeit eines Punktes auf dem Saturn, der dem Punkte x, y entspricht,

V' die Geschwindigkeit eines Punktes im Saturnäquator,

α der Winkel zwischen der Gesichtslinie und dem Radius des Saturn, welcher durch den Punkt geht, der x, y entspricht,

2ϱ die Breite des Spektrums,

β der Winkel, den die Richtung nach der Erde und der Sonne mit der Ebene des Ringes macht, wenn Saturn in oder nahe der Opposition ist.

Die Verschiebung y ist proportional der Radialgeschwindigkeit und man hat, falls mit a ein Proportionalitätsfaktor bezeichnet wird:

$$x = \varrho \sin\alpha,$$

$$y = av = aV' \sin\alpha \cos\beta$$

und

$$\frac{y}{x} = \frac{aV'\cos\beta}{\varrho} = \text{konstant} = \operatorname{tg}\varphi. \tag{1}$$

[1] Ap J 1, S. 416 (1895); 2, S. 63 (1895). [2] C R 120, S. 1155 (1895).
[3] A N 139, S. 1 (1895). [4] Ap J 2, S. 127 (1895).

Letztere Gleichung zeigt, daß die Linien im Spektrum eines rotierenden Planeten gerade Linien sind, die aber gegen die Vergleichslinien um den Winkel φ geneigt sind. Diesen Satz hatte bereits H. DESLANDRES[1] gefunden, und er hat ihn auch auf den Fall erweitert, daß der Spalt parallel der Äquatorebene des Planeten ist, aber nicht mit dieser zusammenfällt. Auch in diesem Fall[2] gilt Gleichung (1). Eine Spektrallinie des Planeten ist in Abb. 26 durch die dick ausgezogene, gegen die x-Achse um den Winkel φ geneigte gerade Linie dargestellt. Man kann aus Gleichung (1) die Größe V' und damit die Rotationsperiode des Planeten bestimmen, falls man den Winkel φ mißt. Es sei L die Lichtgeschwindigkeit (km), λ die Wellenlänge der gemessenen Linie in A ausgedrückt, D die lineare Dispersion des Spektrums in der Gegend der gemessenen Linie, ausgedrückt in A pro mm, ϱ die halbe Breite des Spektrums in mm, so folgt aus dem DOPPLERschen Prinzip:

$$y = x\,\mathrm{tg}\,\varphi = \frac{2v\lambda}{LD}, \qquad v = x\,\mathrm{tg}\,\varphi\,\frac{DL}{2\lambda}$$

und falls man $x = \varrho$ setzt,

$$V' = \frac{\varrho\, D L\,\mathrm{tg}\,\varphi}{2\lambda\cos\beta}.$$

Diese Methode der Bestimmung der Geschwindigkeit im Äquator eines Planeten gibt, wie bereits erwähnt, sehr gute Resultate und ist häufig benutzt worden, zuerst wohl von H. DESLANDRES bei der Bestimmung der Rotation des Jupiter.

J. KEELER hat nun weiter die Lage und Gestalt einer vom Ring herrührenden Spektrallinie berechnet, unter der Annahme, daß dieser aus einzelnen, nach den KEPLERschen Gesetzen um den Saturn sich bewegenden Teilchen besteht.

Ist T die Umlaufszeit eines solchen Teilchens und R seine Entfernung vom Mittelpunkte des Saturnkörpers, so ist nach dem dritten KEPLERschen Gesetz

$$T^2 = c R^3,$$

oder, da $TV = 2\pi R$ ist,

$$V^2 = \frac{4\pi^2}{cR}.$$

Da x proportional R, und y proportional v ($v = V\cos\beta$) ist, läßt sich die vorhergehende Gleichung in der Form schreiben:

$$xy^2 = b.$$

Diese Kurve ist in Abb. 26 gestrichelt gezeichnet, die dick ausgezogenen Teile geben die Lage und Gestalt einer Spektrallinie des Ringes wieder. Man sieht aus Abb. 26, daß eine Spektrallinie des Ringes keine Fortsetzung einer Linie derselben Wellenlänge ist, welche vom Planeten selbst herrührt. Vergleicht man nun Abb. 26 mit Abb. 27, die auf einer Originalaufnahme des Saturnspektrums von SLIPHER beruht, so sieht man deutlich, daß beide in allen Teilen völlig übereinstimmen. KEELER hat unter Benutzung der Durchmesserbestimmungen des Saturn und seiner Ringe (ϱ und R) sowie aus dem bekannten Werte der Rotationszeit ($10^{\mathrm{h}},23$) des Planeten nach obigen Formeln die Radialgeschwindigkeiten für den Rand des Planeten und für den Ring berechnet und gefunden, daß diese berechneten Werte in bester Übereinstimmung mit den aus den Radialgeschwindigkeitsmessungen sind. Die genauesten Messungen, die von W. W. CAMPHELL[3] herrühren, ergeben für

die Rotationsgeschwindigkeit des Planeten im Äquator: 9,77 km (berechnet 10,29 km),

die Geschwindigkeit in der Mitte des Ringsystems: 17,37 km (berechnet 18,78 km).

[1] C R 120, S. 417 (1895). [2] Ap J 2, S. 64 (1895). [3] Ap J 2, S. 127 (1895).

Die Abb. 26 und 27 zeigen, daß die innere Kante des Ringes schneller rotiert als die äußere, und zwar beträgt der Überschuß rechnungsmäßig 3,87 km. Die Beobachtungen ergaben 3,13 km. Nach diesen Resultaten ist kein Zweifel an

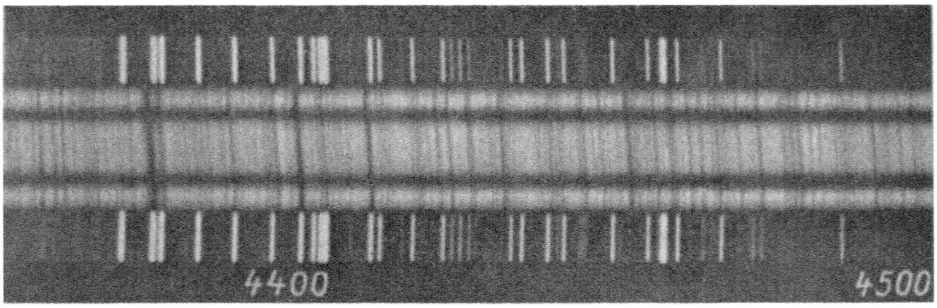

Abb. 27. Neigung der Linien im Spektrum des Saturnsystems (nach V. M. SLIPHER aus NEWCOMB-ENGELMANN, Populäre Astronomie, VII. Aufl.).

der meteorischen Natur des Saturnringes mehr möglich, um so mehr, als auch sehr genaue photometrische Beobachtungen mit dieser Ansicht in vollem Einklang sind. Eine Messung von Radialgeschwindigkeiten hat Aufklärung über die physische Beschaffenheit eines Himmelsobjektes, des Saturnringes, gegeben, gewiß eine merkwürdige Tatsache!

n) Die Bestimmung von Radialgeschwindigkeiten mit dem Objektivprisma.

81. Erste Versuche. Als E. C. PICKERING seine berühmte Spektraldurchmusterung, den DRAPER-Katalog, herstellte, erkannte er, welchen großen Vorteil die Verwendung eines guten Objektivprismas für Spektralaufnahmen bietet. Man konnte nicht nur in einer einzigen Aufnahme die Spektra zahlreicher Sterne erhalten, was bei Massenaufnahmen für statistische Untersuchungen, Durchmusterungen usw. eine enorme Arbeitsersparnis bedeutet, sondern darüber hinaus ermöglichte die große Lichtstärke dieses Apparates bei immerhin mäßigen Expositionszeiten die Spektra so schwacher Sterne zu photographieren, welche mit einem Spaltspektrographen überhaupt nicht aufnehmbar sein würden. Während nämlich bei letzterem nur wenige Prozente des durch das Objektiv gesammelten Sternlichtes für die Erzeugung des Spektrums verwendet werden, geht beim Objektivprisma nur ein sehr kleiner Teil des Sternlichtes nutzlos verloren. Es kam PICKERING schon damals der Gedanke, das Objektivprisma auch für die Bestimmung der Radialgeschwindigkeiten nutzbar zu machen, und bereits 1891 machte er verschiedene dahingehende Vorschläge[1]. Inzwischen hatte Miss A. C. MAURY durch Aufnahmen mit dem Objektivprisma die veränderliche Radialgeschwindigkeit von β Aurigae entdeckt[2], und später wurde auf dem Harvard-Observatorium auch die Doppelsternnatur von ζ Ursae majoris erkannt. PICKERING ist immer wieder auf diesen Gedanken zurückgekommen und hat Versuche in dieser Richtung hin angestellt.

Die Bestimmung von Radialgeschwindigkeiten mit Hilfe des Objektivprismas ist durch den Umstand erschwert, daß sich nicht wie beim Spaltspektrographen das Spektrum einer irdischen Lichtquelle aufkopieren läßt, gegen das die Verschiebung des Sternspektrums gemessen werden könnte. Auch Absorptionsspektra, die eine gewisse Anzahl scharfer Linien besitzen, sind damals und auch

[1] Harv Ann 26, S. XXI (1891). [2] Harv Ann 26, S. XXIV (1891).

heute noch nicht bekannt geworden. PICKERING hatte zunächst daran gedacht, die Absorptionslinien der atmosphärischen Luft (tellurische Linien) benutzen zu können, sie erwiesen sich aber als viel zu schwach, auch dürfte ihre Gestalt und Wellenlänge von den Druck- und Temperaturverhältnissen der Atmosphäre abhängen, so daß sie schon aus diesem Grunde nicht als Vergleichslinien in Betracht kommen. Der nächstliegende Gedanke, das Spektrum eines Sternes mit bekannter Radialgeschwindigkeit neben das des zu untersuchenden Sternes zu photographieren, erwies sich dadurch als unausführbar, daß die Pointierung auf die beiden Sterne absolut gleich sein müßte und auch das Instrument beim Übergang von einem Stern zum anderen keinerlei Veränderungen, wie z. B. Biegungen, erleiden dürfte. Das sind praktisch unerfüllbare Bedingungen. Der Unterschied in der Pointierung auch bei sorgfältigstem Arbeiten ist wesentlich größer, als es in den weitaus meisten Fällen die Verschiebung der zwei Sterne gegeneinander infolge von Radialgeschwindigkeit ist. Zum mindesten müßte eine Marke (Referenzpunkt) auf der Aufnahme vorhanden sein, die den Unterschied in der Pointierung erkennbar und meßbar macht. E. C. PICKERING hat zahlreiche Versuche gemacht[1], einen solchen Referenzpunkt für ein jedes Spektrum auf der Platte durch ein achromatisches Prisma oder Reflexionsprismen herzustellen, die vor dem eigentlichen Objektivprisma befestigt waren (use of a point of reference formed by throwing an auxiliary image of the star into the field by means of a small achromatic prism or by reflecting prisms[1]). Diese Versuche sind indessen gescheitert[2].

82. Benutzung der Neodymlinie. PICKERING prüfte dann noch eine andere Methode, die er gleichfalls schon 1891 vorgeschlagen hatte[3,4]. Sie besteht in der Benutzung einer künstlichen Absorptionslinie als Marke. Eine Küvette mit der die Absorptionslinie erzeugenden Lösung wurde vor die photographische Platte gesetzt. Es zeigte sich, daß Lösungen eines Neodymsalzes von bestimmter Konzentration, beispielsweise 1 Teil gesättigte Neodymchloridlösung verdünnt mit 5 Teilen Wasser in eine Küvette von 4 mm lichter Weite, eine einigermaßen scharfe Absorptionslinie geben, deren Wellenlänge von R. W. WOOD zu 4272,90, bezogen auf das Wellenlängensystem des Eisenspektrums von KAYSER und RUNGE, bestimmt wurde[5]. Die Wellenlänge dieser Linie erwies sich als unabhängig von der Temperatur. Es wird aus der Verschiebung der ruhenden künstlichen Absorptionslinie gegen die Linien des bewegten Sterns die Radial-

α Coronae.

MEZ 1912	SCHWARZSCHILD	JORDAN
April 21,6	+27 km	+44 km
22,4	+32	+37
23,6	+25	+23
25,4	+ 7	+ 8
26,4	− 8	0
27,5	+ 2	− 7
28,4	−13	−12
Mai 1,5	−32	−22
5,5	−14	−15
14,5	−19	− 5
17,4	−15	−18
23,4	−17	− 5
30,6	− 5	+ 3
31,6	− 7	− 4
Juni 1,5	+ 3	− 9
3,5	− 4	−17
5,5	−21	−23
8,6	−27	−21

[1] Harv Ann 26, S. XXI (1891); Harv Circ 13 (1896).

[2] Eine ähnliche, aber wesentlich kompliziertere Vorrichtung ist von H. DESLANDRES [A N 139, S. 241 (1896)] angegeben worden. Wie es scheint, hat aber weder DESLANDRES noch ein anderer praktische Versuche mit dieser Anordnung gemacht. Das gleiche gilt von zwei sehr komplizierten Anordnungen, welche M. HAMY angab [C R 158, S. 81 (1914); 167, S. 9 (1918)].

[3] Harv Ann 26, S. XXI (1891).

[4] Harv Circ 154 = Ap J 31, S. 372 (1910).

[5] Ap J 31, S. 376 u. 460 (1910). WOOD hat auch noch andere Substanzen untersucht, aber die Linie des Neodymchlorides hat sich doch am geeignetsten erwiesen.

geschwindigkeit abgeleitet. E. C. PICKERING hat dieses höchst einfache Verfahren seltsamerweise niemals selbst angewendet. Erst SCHWARZSCHILD hat es zur Messung der Radialgeschwindigkeit von α Coronae borealis benutzt[1], um sich ein Urteil über diese Methode durch einen praktischen Versuch zu bilden. SCHWARZSCHILD verglich seine Messungen mit den aus den Elementen von F. C. JORDAN[2] folgenden Geschwindigkeiten, und es ergab sich daraus für die Messungen mit dem Objektivprisma als wahrscheinlicher Fehler des auf durchschnittlich sechs Spektren beruhenden Abendwertes $\pm 5{,}7$ km, der wahrscheinliche Fehler des einzelnen Spektrums zu ± 13 km. Die vorstehende Tabelle enthält die von SCHWARZSCHILD gemessenen und die aus den Elementen von JORDAN berechneten Radialgeschwindigkeiten. Die Aufnahmen SCHWARZSCHILDS sind mit einem UV-Flintprisma und einem ZEISSschen Triplet ($f = 1494$ mm) gemacht, die Ausdehnung des Spektrums zwischen $H\gamma$ und K beträgt 10,3 mm.

SCHWARZSCHILD bezeichnet die Resultate als „halbwegs brauchbar"[3]. Benutzt wurde in einer Küvette von 10 mm lichter Weite eine Lösung von 1 Teil reinem Neodymchlorid in 6 Teilen Wasser. Fräulein A. LINDSTEDT hatte die Wellenlänge der Neodymlösung dieser Konzentration zu 4272,80 (System ROWLAND) bestimmt. Diese Konzentration erwies sich als besonders günstig, da bei höheren Konzentrationen die Linie unsymmetrisch und damit für Messungen von Radialgeschwindigkeiten unbrauchbar wird[4]. Später hat T. S. GRAHAM[5] nochmals dieses Verfahren mit einer größeren Zahl (20) von Sternen auf einer Harvardplatte vom März 1915 (Mitte: A.R. $= 12^h 36^m$, Dekl. $= +40° 30'$) durchgeführt. Drei von den von GRAHAM gemessenen Sternen kommen im Lick General Catalogue vor, und der Vergleich ergibt:

	GRAHAM	Lick General Catalogue
+42°,2307	− 5,0 km	− 6,9 km
B 3321	+69,0	+81
β Can ven	+ 9,7	+ 6,9

also ein etwas günstigeres Resultat, als das von SCHWARZSCHILD. T. S. GRAHAM erörtert die Meß- und Reduktionsmethode ausführlich in der obenerwähnten Abhandlung.

83. Dritte Methode von PICKERING. Noch eine dritte Methode wurde von PICKERING angegeben[6] und ausprobiert, und sie scheint nach der umfangreichen Untersuchung von SCHWARZSCHILD[7] die aussichtsreichste zu sein. Das Prinzip dieser PICKERINGschen sog. „Reversionsmethode" ist folgendes. Es wird eine Aufnahme einer Sterngegend mittels des Objektivprismas gemacht, dann wird das Prisma um 180° um die Achse der Kamera gedreht und eine zweite Aufnahme derselben Sterngegend auf dieselbe Platte gemacht. Man erhält dann bei geeigneter Einstellung des Instrumentes unmittelbar nebeneinander auf der Platte zwei Spektra eines jeden Sternes, die entgegengesetzt gerichtet sind. Die Radialgeschwindigkeit bewirkt eine Verschiebung beider Spektra gegeneinander, und zwar wird die Wirkung im Vergleich zum einzelnen Spektrum verdoppelt, da die beiden entgegengesetzt laufenden Spektren auch nach entgegengesetzter Richtung verschoben sind. Aus dieser Verschiebung ist die Radialgeschwindigkeit zu bestimmen.

---

[1] A N 194, S. 241 (1913).
[2] Publ Allegheny Obs I, Nr. 12 (1909).
[3] Potsdam Publ Nr. 69, S. 12 (1913).
[4] Potsdam Publ Nr. 69, S. 19 (1913).
[5] J Can R A S 12, S. 129 (1918).
[6] Harv Circ 13 (1896); 110 (1906); 154 (1910) = Ap J 31, S. 372 (1910).
[7] Potsdam Publ Nr. 69 (1913).

Statt das vor dem Objektiv drehbar angebrachte Prisma um 180° zu drehen, kann man bei einem parallaktisch aufgestellten Fernrohr auch die Lage des gesamten Instrumentes wechseln, etwa statt „Achse voran" bei der zweiten Aufnahme „Achse folgt" nehmen, ohne das Prisma zu bewegen. Dann ist aber die Kassette um 180° zu drehen.

Das PICKERINGsche Reversionsverfahren gestaltet sich nach SCHWARZSCHILD[1] dann folgendermaßen: „Man denke sich alle Sterne so nahe der Plattenmitte, daß die tatsächlich sehr starke Verzeichnung und Dispersionsverschiedenheit bei verschiedener Lage der Lichtquelle keine Rolle spielt Man mißt die Abstände zwischen entsprechenden Spektrallinien in den beiden Spektren jedes Sternes. Diese Abstände müssen für alle achsennahen Sterne übereinstimmen, so lange keine Radialgeschwindigkeiten vorhanden sind. Eine Radialgeschwindigkeit bewirkt, wie gesagt, eine Verschiebung der Linien in beiden Spektren des betreffenden Sternes nach entgegengesetzten Richtungen auf der Platte und damit eine Änderung jenes Abstandes, aus der die Radialgeschwindigkeit zu bestimmen ist. Da es praktisch kaum möglich sein dürfte, den Abstand der Spektren, z. B. des Pointiersternes, unveränderlich zu halten oder mit genügender Genauigkeit zu reproduzieren, so ist klar, daß man nur die Unterschiede der Abstände der Spektrallinien von Stern zu Stern zur Bestimmung der Radialgeschwindigkeiten verwerten kann, daß man also auf diese Weise von vornherein nur Aussichten hat, relative Radialgeschwindigkeiten der Sterne jeder Platte zu gewinnen . . .

Es soll jetzt das rechnerische Verfahren — immer noch unter Beschränkung auf den Idealfall achsennaher Sterne — näher dargelegt werden. Man zähle die x-Koordinate parallel der Richtung der Spektren, und zwar in Richtung wachsender Wellenlänge der Spektren der ersten Aufnahme. Es sei x der Wert der Koordinate für eine bestimmte Wellenlänge im ersten Spektrum eines Sternes, x' der Wert für dieselbe Wellenlänge im zweiten Spektrum. Was der Messung unterliegt, ist dann der Abstand $s = x - x'$ für eine Reihe von Wellenlängen für jeden Stern. Für einen Stern ohne Radialgeschwindigkeit würde gelten:

$$s = x - x' = \alpha + M(\lambda),$$

wo α eine von der Einstellung des Instrumentes bei beiden Aufnahmen abhängige Konstante, $M(\lambda)$ eine Funktion der Wellenlänge ist, welche die doppelte Länge des vom Prisma entworfenen Spektrums, von irgendeiner Wellenlänge an gezählt, oder kurz gesagt, die ‚doppelte Dispersion des Prismas' bezeichnet. Hat der Stern die Radialgeschwindigkeit v in Teilen der Lichtgeschwindigkeit, so geht λ über in $\lambda(1 + v)$, und an Stelle der vorstehenden Gleichung tritt die andere:

$$s = x - x' = \alpha + M(\lambda) + vL(\lambda),$$

wo zur Abkürzung

$$L(\lambda) = \lambda \frac{\delta M}{\delta \lambda}$$

gesetzt ist.

Man wird nun praktisch so verfahren: Man mittelt für jede Wellenlänge die Messungen sämtlicher Sterne. Indem man diese Mittelung durch Überstreichen kennzeichnet, erhält man:

$$\overline{x - x'} = \alpha + M(\lambda) + L(\lambda)\bar{v} = H(\lambda),$$

wo $\bar{v}$ die mittlere Radialgeschwindigkeit der Sterne der Platte ist. Diese Größe $H(\lambda)$ stellt die tatsächliche mittlere Länge der Spektra auf der Platte — kurz gesagt, die mittlere Dispersion — dar. Man erhält aus der Beobachtung den Wert von $H(\lambda)$ für eine Anzahl diskreter Spektrallinien. Man wird dann in

[1] Potsdam Publ Nr. 69, S. 9 (1913).

der Praxis so verfahren, daß man auf Grund einer HARTMANNschen Dispersionsformel eine ‚normale‘ Dispersion ableitet, die Abweichung der tatsächlichen Dispersion $H(\lambda)$ von der normalen bildet, graphisch aufträgt und durch eine glatte Kurve ausgleicht. Natürlich ist dabei Identifikation der Linien vorausgesetzt.

Ist $H(\lambda)$ bekannt, so kann man es von jedem gemessenen Linienabstand $x - x'$ subtrahieren und erhält:

$$x - x' - H(\lambda) = L(\lambda)(v - \bar{v}) .$$

Jede Linie in jedem Sternspektrum gibt eine solche Gleichung für $v - \bar{v}$. Das in geeigneter Weise gebildete Mittel aus den Einzelwerten $v - \bar{v}$ für jeden Stern gibt die Radialgeschwindigkeit des Sternes, bezogen auf die mittlere Radialgeschwindigkeit aller Sterne der Platte.“

Wesentlich komplizierter gestaltet sich das Verfahren für die nichtachsennahen Sterne. SCHWARZSCHILD hat die allgemeine, „elementare, aber mühsame Theorie des Objektivprismas“ in der schon mehrfach erwähnten Abhandlung gegeben; auf sie soll hier besonders hingewiesen werden, da sich ein kurzer Auszug aus ihr nicht machen läßt. Da einer der Hauptvorzüge dieser Art der Bestimmung von Radialgeschwindigkeiten gerade darin besteht, daß man diese für eine große Zahl von Sternen durch Bearbeitung nur einer Platte erhält, also in der Hauptsache mit Spektren außerhalb der Achse zu tun hat, stellt SCHWARZSCHILDs Abhandlung eine grundlegende Vorarbeit für alle derartigen Untersuchungen dar.

Durch eine Kombination der Reversionsmethode mit der Neodymfiltermethode hat SCHWARZSCHILD auch die absoluten Radialgeschwindigkeiten mit dem Objektivprisma bestimmen können. Ein gleiches ist möglich, wenn die Platte Sterne enthält, deren Radialgeschwindigkeiten bekannt sind. Beide Fälle sind von SCHWARZSCHILD theoretisch behandelt und an der Hand einiger wirklichen Aufnahmen geprüft und erläutert worden. Vergleicht man seine Resultate mit den Angaben des Lick General Catalogue, so ergibt sich folgende Zusammenstellung:

α Cygni-Gegend[1]			Hyaden[2]				
Boss	SCHWARZSCHILD	Lick G.C.	Boss	SCHWARZSCHILD			Lick G.C.
5283	−25 km	−22 km	1000	+34 km	+32 km	+22 km	+38 km
5316	− 4	−15	1029	+48	+21	+30	+35
5317	−39	−32	1036	+20	+37	+26	+32
5361	−18	− 7	1055	+56	+53	+53	+39
5365	−23	−22	1056	+ 2	+33	+27	+39
44°,3617	−19	−14					
5375	− 1	−16	Platte	1593	1933	1937	

Als Schlußergebnis seiner Untersuchungen sagt SCHWARZSCHILD[3]: „Die mitgeteilten Beobachtungen und ihre Reduktion sind in erster Linie Beispiele für die theoretischen Ableitungen. Da ich alle Messungen und Rechnungen selbst ausführte, sind sie nicht so zahlreich geworden, daß sie ein abschließendes Urteil über die Methode ermöglichten. Immerhin scheint mir, daß die Möglichkeit, Radialgeschwindigkeiten aus einer Platte mit einem wahrscheinlichen Fehler von 7 km/sec zu gewinnen, dargetan und der absolute Skeptizismus widerlegt ist. Der ersehnte Königsweg zur Bestimmung zahlreicher Radialgeschwindigkeiten mittels des Objektivprismas dürfte freilich in der Reversionsmethode schwerlich gegeben sein. Der Arbeitsaufwand, der dabei auf den einzelnen Stern

[1] Potsdam Publ Nr. 69, S. 40 (1913). [2] Potsdam Publ Nr. 69, S. 41 (1913).
[3] Potsdam Publ Nr. 69, S. 6 (1913).

kommt, ist im Verhältnis zur erzielten Genauigkeit viel zu erheblich." Hierzu mag noch bemerkt werden, daß die von SCHWARZSCHILD behandelten Platten mit einem für diese Aufgabe ziemlich ungeeigneten Instrument aufgenommen worden sind; es wäre daher erwünscht, wenn eine weitere sorgfältige, auf größerem Material beruhende Untersuchung unternommen würde. Erst dann ließe sich ein sicheres Urteil über den Wert von Radialgeschwindigkeitsbestimmungen mit Hilfe eines Objektivprismas fällen.

Es mag noch erwähnt werden, daß SCHWARZSCHILD bei diesen Untersuchungen einen spektroskopischen Doppelstern, 63 Tauri, auffand, dessen Variabilität durch Aufnahmen mit einem Spaltspektrographen bestätigt wurde[1].

84. Die Methode von PICKERING-ORBINSKY. Aus historischen Gründen werde schließlich noch eine letzte Methode behandelt, die gleichfalls von PICKERING herrührt und dann besonders von A. ORBINSKY[2] empfohlen wurde, praktisch aber völlig versagt hat[3].

ORBINSKY, der diese Methode ausführlicher behandelt hat, schlägt folgendes Verfahren vor. Es sei V die Lichtgeschwindigkeit, v die Radialgeschwindigkeit des Sterns. Nach dem DOPPLERschen Prinzip ist dann

$$\Delta\lambda = \frac{v}{V}\lambda,$$

wenn $\Delta\lambda$ die Veränderung der Wellenlänge λ infolge der Radialgeschwindigkeit v ist. Bezeichnet nun n die Zahl der Umdrehungen der Meßschraube für $1\,\mu\mu$, so hat man für die zwei Wellenlängen λ_1 und λ_2 die Ausdrücke:

$$d\lambda_1 = n_1\Delta\lambda_1 = n_1\lambda_1\frac{v}{V},$$

$$d\lambda_2 = n_2\Delta\lambda_2 = n_2\lambda_2\frac{v}{V},$$

und hieraus folgt

$$v = \frac{d\lambda_1 - d\lambda_2}{n_1\lambda_1 - n_2\lambda_2}V$$

als absolute Radialgeschwindigkeit des Sternes, wenn die Distanzen $d\lambda_1$ und $d\lambda_2$ relativ zu den Spektrallinien einer unbewegten Lichtquelle gemessen sind. Photographiert man nun mittels des Objektivprismas neben das Spektrum des zu untersuchenden Sternes das eines Sternes mit bekannter Radialgeschwindigkeit, so kann man $d\lambda_1$ und $d\lambda_2$ messen, und zwar sind dies differentielle Messungen, die sich mit großer Genauigkeit ausführen lassen; man erhält somit die Radialgeschwindigkeit des zu untersuchenden Sternes, bezogen auf den Stern mit bekannter Radialgeschwindigkeit. Natürlich müssen die Wellenlängen λ_1 und λ_2 korrigiert werden für die Geschwindigkeit des Vergleichssternes. Für die Ausübung dieses Verfahrens ist es wichtig, daß das Objektivprisma eine möglichst hohe Dispersion besitzt, und daß man für die Messungen einen möglichst großen Wellenlängenbezirk benutzt.

Diese Methode benutzt also die Veränderung der Dispersion im Spektrum infolge vorhandener Radialgeschwindigkeit, also einen Effekt höherer Ordnung gegenüber der Verschiebung der Spektren gegeneinander infolge von Radialgeschwindigkeit, und man kann sich nicht wundern, daß Radialgeschwindigkeitsbestimmungen auf diesem Wege sich nicht auch nur mit einiger Sicherheit ausführen lassen, um so mehr, als meistens die Dispersion von Objektivprismen relativ klein ist. Eine wirkliche Ausführung dieses Verfahrens in der Praxis ist bisher nicht veröffentlicht worden.

---

[1] Potsdam Publ Nr. 69, S. 42 (1913); A N 196, S. 117 (1913).
[2] A N 138, S. 9 (1895).
[3] Ap J 31, S. 372 (1910) = Harv Circ 154 (1910).

Kapitel 5.

Apparate und Methoden zur Messung der Gesamtstrahlung der Himmelskörper.

Von

WALTER E. BERNHEIMER-Wien.

Mit 53 Abbildungen.

a) Allgemeines zur Messung der Gesamtstrahlung.

1. Einleitende Bemerkungen. Je nach dem verwendeten Meßapparate erfassen die Strahlungsmessungen die von den Himmelskörpern emittierte Energie in einem engeren oder breiteren Spektralbezirk. Dabei ist es natürlich, daß der Meßapparat, z. B. das Auge oder die Photozelle, die Wirkung der Emissions- und Absorptionslinien sowie des kontinuierlichen Untergrundes des betreffenden Spektralbezirkes nicht zu trennen vermag. Ferner ist hervorzuheben, daß eine direkte Vergleichung der Messungsergebnisse verschiedener Apparattypen unzulässig ist, da die Empfindlichkeitsfunktion $A(\lambda)$ für jeden Apparat verschieden ist. Strenggenommen setzt sich die Funktion $A(\lambda)$ noch aus zwei Komponenten zusammen, aus $e(\lambda)$, der Empfindlichkeitsfunktion des eigentlichen Strahlungsempfängers, und $o(\lambda)$, dem Durchlässigkeitsvermögen der gesamten Optik, die von der Strahlung auf dem Wege zum Empfänger passiert werden muß. Solange es sich um Relativmessungen handelt, pflegt man $e(\lambda)$ und $o(\lambda)$ zu vernachlässigen, prinzipiell fehlt aber hierfür die Berechtigung.

In Erweiterung der Aufgaben der selektiven Strahlungsmessungen bezwecken die Messungen mit nichtselektiven Apparaten, z. B. mit Bolometer, Thermoelement, Radiometer, die vereinigte Energie aller Wellenlängen oder in Verbindung mit einem Spektralapparat die Energiekurve im ganzen Wellenlängenbereich festzustellen. Auf der Erde ist diese Aufgabe nicht restlos zu erfüllen, da die Atmosphäre der Beobachtung der Strahlung der Himmelskörper sowohl im kurzwelligen als auch im langwelligen Gebiete eine Grenze setzt. Will man Absolutwerte der Strahlung erhalten, so muß man für den nicht beobachteten ultravioletten und infraroten Anteil Korrekturen ermitteln, ein ungemein schwieriges und unbefriedigendes Beginnen, das eigentlich nur dann exakt wäre, wenn die Fixsterne schwarze Strahler wären (s. z. B. diesbezügliche Korrekturen bei der Ermittlung der Gesamtstrahlung der Sonne, Ziff. 15 u. 17). Durch die Wirkung der Erdatmosphäre treten aber auch in den von den Meßapparaten erfaßbaren Spektralgebieten Störungen auf derart, als wäre die Atmosphäre selbst ein selektives Filter (s. Abb. 38 in Ziff. 33). In der Bestimmung der Funktion $a(\lambda)$, des Transmissionskoeffizienten der Erdatmosphäre, liegt die wichtigste Aufgabe für extraterrestrische bzw. absolute Strahlungsmessungen. Während diesem Probleme bei den Untersuchungen der Sonnenstrahlung stets größte Aufmerksamkeit geschenkt wird — ohne daß es freilich bis heute gelungen ist, die auftretenden Schwierigkeiten gänzlich zu überwinden —, findet man bei den Gesamtstrahlungsmessungen der Fixsterne im allgemeinen nur gewisse Ansätze zur Berücksichtigung der Funktion $a(\lambda)$. Es ist daher in den meisten Fällen noch verfrüht, von Ergebnissen absoluter Strahlungsmessungen zu sprechen, unter keinen Umständen aber dann, wenn die Meßdaten überhaupt nur auf das Zenit (Luftmasse $m = 1$) reduziert worden sind.

Werden für spezielle Untersuchungen Filter verwendet, so muß man auch noch eine entsprechende Funktion $f(\lambda)$ berücksichtigen. Man kann demnach, wenn $E(\lambda)$ die gemessene Strahlung, $E_0(\lambda)$ die wahre extraterrestrische Strahlung des Himmelskörpers und K eine Konstante bedeuten, folgenden Ansatz machen:

$$E(\lambda)\,d\lambda = K \cdot E_0(\lambda)\,d\lambda \cdot A(\lambda) \cdot a(\lambda) \cdot f(\lambda)\,.$$

Sind alle Funktionen festgelegt, so erhält man aus der Gesamtstrahlungsmessung einen absoluten Energiewert, der in $\mathrm{gcal\,cm^{-2}\,min^{-1}}$, oder durch Multiplikation mit

$$\frac{4{,}1863}{60} \times 10^7 = 0{,}6977 \times 10^6$$

in $\mathrm{erg\,cm^{-2}\,sec^{-1}}$ ausgedrückt wird. Für die Sonne erhält man nach den letzten Daten (Ziff. 20) der Smithsonian-Institution

$$\int_0^\infty E_0\,d\lambda = 1{,}940\,\mathrm{gcal\,cm^{-2}\,min^{-1}} = 1{,}3535 \times 10^6\,\mathrm{erg\,cm^{-2}\,sec^{-1}}$$

für Beteigeuze, α UMa und Boss 2935 auf Grund der Mt. Wilson-Beobachtungen (Ziff. 33) die naturgemäß weniger sicheren Werte[1]:

Tabelle 1.

Stern	Sp.	m_v	m_r	$\mathrm{gcal\,cm^{-2}\,min^{-1}}$	$\mathrm{erg\,cm^{-2}\,sec^{-1}}$
α Ori	M2	$+0^{\mathrm{m}},92$	$-1^{\mathrm{m}},67$	$132{,}4 \cdot 10^{-12}$	$92{,}37 \cdot 10^{-6}$
α UMa	G8	$+1\ ,95$	$+1\ ,11$	$9{,}1 \cdot 10^{-12}$	$6{,}35 \cdot 10^{-6}$
Boss 2935	M2	$+7\ ,6$	$+5\ ,36$	$0{,}2 \cdot 10^{-12}$	$0{,}14 \cdot 10^{-6}$

Nach Laboratoriumseichungen sind die entsprechenden Daten für einen Stern der radiometrischen Größe $m_r = 0$:

$$17{,}3 \cdot 10^{-12}\,\mathrm{gcal\,cm^{-2}\,min^{-1}} = 12{,}07 \cdot 10^{-6}\,\mathrm{erg\,cm^{-2}\,sec^{-1}}.$$

Die Hauptaufgabe der Gesamtstrahlungsmessungen mit nichtselektiven Instrumenten besteht wohl in der Festlegung absoluter Energiewerte[2]. Daneben sind aber die Messungen mit solchen Apparaten auch noch deshalb von Bedeutung, weil es bei Verwendung geeigneter Filter möglich ist, speziellen Aufschluß über die infrarote Strahlung der Himmelskörper zu gewinnen. Inwieweit es gelungen ist, auch mit Hilfe von selektiven Meßapparaten, wie lichtelektrische Zelle und photographische Platte, in das langwellige Spektralgebiet einzudringen, wird in Abschnitt b) dargelegt werden.

2. Das Prinzip der Meßapparate. Bei den astrophysikalischen Untersuchungen der Gesamtstrahlung kommen je nach der Aufgabe die verschiedensten Apparate zur Anwendung. Eine Reihe von Instrumenten dient ausschließlich

---

[1] Die Definition der radiometrischen Helligkeit (Größenklasse) m_r ist in der Ziff. 3 gegeben.

[2] Die weitere Aufgabe, aus den Ergebnissen der Strahlungsmessungen Sterntemperaturen abzuleiten, wird von A. BRILL in dem Kapitel: Die Temperatur der Fixsterne, ds. Handb. Bd. V/1, behandelt. Siehe auch Bd. IV, Kap. 1: Strahlung und Temperatur der Sonne, Beitrag von W. E. BERNHEIMER, und Bd. II/1, Kap. 4: Spektralphotometrie, Beitrag von A. BRILL.

für Strahlungsmessungen der Sonne. Es sind dies vor allem die Pyrheliometer. Daneben gibt es noch zahlreiche aktinometrische Meßinstrumente, die zu rein meteorologischen Aufgaben herangezogen werden, bei denen also von vornherein auf extraterrestrische Strahlungswerte verzichtet wird.

Die sog. sekundären Pyrheliometer sind einfache, nach dem Kalorimeterprinzip arbeitende Anzeigeinstrumente der Wärmestrahlung. Die gemessene Temperaturzunahme eines Präzisionsthermometers wird der auffallenden Wärmeenergie proportional gesetzt. Wesentlich komplizierter sind die sog. Primärpyrheliometer, wie das K. ÅNGSTRÖMsche Kompensationspyrheliometer (Ziff. 9) und die amerikanischen sog. Water-Flow- und Water-Stir-Pyrheliometer (Ziff. 10), die als Standardinstrumente für absolute Sonnenstrahlungsmessungen herangezogen werden. Bei diesen Typen verwendet man Thermoelemente bzw. Platinwiderstandsthermometer in Verbindung mit einem „schwarzen Körper" als Empfänger. Die Thermoelemente bzw. Widerstandsthermometer versehen hier also nur den Dienst als Hilfsinstrumente. Ähnliches gilt hinsichtlich der Thermoelemente für das Pyranometer (Ziff. 16), einen Apparat zur Messung der Himmelsstrahlung, der wegen seiner nunmehrigen Verwendung für Solarkonstantenbestimmungen nach der sog. kurzen Methode (Ziff. 17) ebenfalls als ein astrophysikalisches Meßinstrument bezeichnet werden kann.

Das Bolometer bzw. Spektrobolometer (Ziff. 12 und 13) dient für Sonnenstrahlungsmessungen, wurde aber auch schon für Strahlungsmessungen der Fixsterne herangezogen (Abschnitt j). Das Bolometer ist im Prinzip ein Widerstandsthermometer. In einer Wheatstoneschen Brücke werden zwei Zweige durch dünne geschwärzte Metallstreifen von hohem Temperaturkoeffizienten (z. B. aus Platin, Nickel) gebildet, einer von ihnen dient als Empfänger. Die anderen beiden Zweige der Brücke sind Manganindrähte. Die durch Bestrahlung des Empfängers bewirkte Widerstandsänderung der Brücke wird galvanometrisch gemessen.

Die Hauptinstrumente[1] für nichtselektive Strahlungsmessungen der Fixsterne sind Thermoelemente, Radiomikrometer und Radiometer. Im Gegensatz zum Bolometer entfällt bei diesen Typen eine Batterie als Stromquelle. Thermoelemente, die je nach der Aufgabe einzeln oder zu sog. Thermosäulen vereinigt verwendet werden, bestehen aus dünnen Drähten verschiedener Legierung, die an den Enden zusammengelötet sind. An den Lötstellen bilden kleine Scheibchen (meist aus Zinn) die eigentlichen Empfänger bei den astrophysikalischen Messungen. Man bezeichnet das bestrahlte Scheibchen als warme oder aktive, das unbestrahlte als kalte oder inaktive Lötstelle. Die bei der Bestrahlung eines Empfängerscheibchens aus der Temperaturdifferenz der „warmen" und „kalten" Lötstelle sich entwickelnde Thermokraft wird galvanometrisch gemessen (s. Ziff. 29 bis 33 und 40). Mitunter werden abwechselnd beide Empfängerscheibchen bestrahlt, womit eine Verdoppelung des Galvanometerausschlages verbunden ist (vgl. Abb. 37, Ziff. 33).

Radiometer und Radiomikrometer werden in der Literatur vielfach nicht auseinandergehalten oder auch miteinander verwechselt[2], sind aber nach Aufbau und physikalischer Wirkungsweise völlig wesensverschieden.

Das Radiomikrometer ist die Kombination eines Thermoelementes mit einer in einem Magnetfelde hängenden Drahtschleife. Die von der Erwärmung der Lötstelle ausgelöste Thermokraft bewirkt einen Strom in der Schleife. Die nun-

---

[1] Zahlreiche Literaturangaben finden sich u. a. in W. W. COBLENTZ, J Opt Soc Amer 5, S. 131 (1921) und in derselben Zeitschrift 7, S. 439 (1923).

[2] Zum Beispiel MÜLLER-POUILLET, Lehrbuch d. Phys. V/2, Phys. d. Kosmos, S. 61 u. 272. Braunschweig 1928.

mehr einsetzende BIOT-SAVARTsche Kraft dreht die Drahtschleife in die Richtung senkrecht zum Magnetfelde, in entgegengesetzter Richtung macht sich das Bestreben des Aufhängefadens bemerkbar, die Ruhelage wieder zu erreichen. Der bei dem schließlich erfolgenden Ausgleich der Kräfte sich ergebende Torsionswinkel der Schleife dient als Maß der einstrahlenden Energie (s. Ziff. 27).

Das Radiometer, wie es bei astrophysikalischen Untersuchungen verwendet wird, beruht auf Neukonstruktionen der CROOKESschen Lichtmühle. In einem evakuierten Gefäß sind die Radiometerflügel, an den Vorderseiten geschwärzte Scheibchen, drehbar an einem Quarzdraht aufgehängt. Bei Bestrahlung der Vorderseite eines Flügels setzt eine Drehung des Radiometers ein, hervorgerufen durch den Rückstoß der auftreffenden Gasmoleküle (Radiometerkraft). In entgegengesetzter Richtung sucht der Aufhängefaden wieder in die ursprüngliche Lage zurückzukehren. Der Drehungswinkel, angezeigt durch die Stellung eines am Radiometer befestigten Spiegelchens, ist ein Maß der zu untersuchenden Strahlungsintensität.

Wie bereits angedeutet, werden in der Literatur die genannten Instrumente und die mit ihnen ausgeführten Messungen der Gesamtstrahlung nicht immer richtig unterschieden. So spricht man mitunter von radiomikrometrischen Messungen und meint Untersuchungen mit einem Radiometer, man erwähnt radiometrische Messungen, das verwendete Instrument war aber kein Radiometer, sondern ein Thermoelement.

Prinzipiell sollten die Messungsergebnisse der Gesamtstrahlung, gleichgültig, ob sie mit Thermoelement, Radiomikrometer oder Radiometer gewonnen sind, als radiometrische Helligkeiten (s. die Definition in Ziff. 3) bezeichnet werden. 1925 lehnt W. W. COBLENTZ[1] die Bezeichnung bolometrische Größenklasse deshalb ab, weil das Bolometer nur eines von mehreren nichtselektiven Instrumenten sei. Eine scharfe Unterscheidung der Begriffe radiometrische und bolometrische Helligkeit muß aber vor allem aus folgenden Gründen vorgenommen werden.

Radiometrische Helligkeiten sind die Ergebnisse der Messungen der Gesamtstrahlung der Sterne, wobei es gleichgültig ist, welcher Instrumente man sich bei der Beobachtung bedient hat. Als bolometrische Helligkeiten bezeichnet man dagegen die theoretischen Idealwerte der Gesamtstrahlung. Sie haben demnach mit dem Bolometerinstrumente nichts zu tun und können überhaupt niemals durch direkte Messungen erfaßt werden, da die Voraussetzung fehlt, daß die in Ziff. 1 genannten Funktionen $A(\lambda)$, die Empfindlichkeitsfunktion der ganzen Apparaturen, und $a(\lambda)$, der Transmissionskoeffizient der Atmosphäre, Konstanten sind.

Die auf dem Mt. Wilson durch thermoelektrische Messungen gewonnenen radiometrischen Helligkeiten (s. Ziff. 33) sind unter gewissen vereinfachten Annahmen in bolometrische Helligkeiten (s. folgende Ziffer) umgewandelt worden. Die notwendigen Reduktionen in strengerer Weise durchzuführen, wird eine dankbare Aufgabe für die Zukunft sein.

3. Definition der Begriffe: bolometrische und radiometrische Größe, Wasserzellenabsorption und Wärmeindex. Als theoretisches Maß für die absolute Gesamtstrahlung wird die bolometrische Helligkeit m_b, ausgedrückt in Größenklassen, eingeführt[2], wobei, wie in Ziff. 2 hervorgehoben, die Wellenlängenabhängigkeit der Apparatur fortfällt. Zur Reduktion bolometrischer Helligkeiten auf ein System, das auf Beobachtungen beruht und bei dem demnach die Funktionen $A(\lambda)$ und $a(\lambda)$ auftreten, bedarf es der Einführung von Korrek-

[1] J Franklin Inst 1925, S. 5. [2] A. S. EDDINGTON, Z f Phys 7, S. 251 (1921).

tionen, die vom Spektraltypus des strahlenden Sternes abhängig sein werden. Nimmt man an, daß die Sternstrahlung dem PLANCKschen Gesetz folge, so können die genannten Korrektionen in ihrer Beziehung zu c_2/T, d. i. zur effektiven Temperatur der Sterne, dargestellt werden. Die Korrektion wird ein Minimum bei einem Stern jener effektiven Temperatur aufweisen, die der Temperatur eines schwarzen Körpers gleichkommt, der für die betreffende Apparatur die maximale Wirksamkeit aufweist. Für den Augenapparat ist dies nach EDDINGTON die Temperatur von 6500°. Die hinsichtlich des Nullpunktes natürlich willkürliche bolometrische Größenskala wird nun so festgesetzt, daß für Sterne der effektiven Temperatur von 6500° die Korrektur verschwindet, also $m_b = m_v$ wird. Die erste Korrektionstabelle, berechnet nach NUTTINGS[1] Messungen für die Energien im visuellen System, wurde 1921 von A. S. EDDINGTON[2] veröffentlicht und 1923 von K. F. BOTTLINGER[3] erweitert. 1924 hat J. HOPMANN[4] im Zusammenhang mit seinen kolorimetrischen Untersuchungen eine Tabelle gegeben, die von den früheren nur wenig verschieden ist. In Tabelle 2 findet sich die Korrektionstabelle, die EDDINGTON zuletzt veröffentlicht hat[5]. Die Differenzen gegenüber der ersten Tabelle EDDINGTONS sind nur unbedeutend und betragen für $T_{\text{eff}} = 3000°$ $0^m{,}04$, für 6000° $0^m{,}02$ und für 12,000°, die letzte in der ersten Tabelle angeführte Temperatur, $0^m{,}05$.

Tabelle 2.
Tabelle der Korrektionen $m_b - m_v$ für verschiedene T_{eff} (nach EDDINGTON).

T_{eff}	$m_b - m_v$	T_{eff}	$m_b - m_v$	T_{eff}	$m_b - m_v$
2500°	$-2^m{,}71$	6 000°	$-0^m{,}02$	11 500°	$-0^m{,}50$
2750	−2 ,13	6 500	−0 ,00	12 000	−0 ,58
3000	−1 ,67	7 000	−0 ,00	13 000	−0 ,73
3250	−1 ,32	7 500	−0 ,02	14 000	−0 ,89
3500	−1 ,03	8 000	−0 ,06	15 000	−1 ,04
3750	−0 ,80	8 500	−0 ,10	16 000	−1 ,19
4000	−0 ,62	9 000	−0 ,16	17 000	−1 ,34
4250	−0 ,47	9 500	−0 ,22	18 000	−1 ,49
4500	−0 ,35	10 000	−0 ,29	19 000	−1 ,63
5000	−0 ,18	10 500	−0 ,36	20 000	$-1^m{,}77$
5500	$-0^m{,}08$	11 000	$-0^m{,}43$		

In gleicher Weise wie zwischen bolometrischem und visuellem System wurde auch eine Beziehung zwischen bolometrischem und radiometrischem System der Gesamtstrahlungsmessungen aufgestellt. Vorher mußte natürlich die Umwandlung der radiometrischen Messungsergebnisse in ein Größenklassensystem und die Festlegung des Nullpunktes dieser radiometrischen Größenskala erfolgen.

Während z. B. bei den thermoelektrischen Untersuchungen von COBLENTZ (s. Ziff. 31) nur die bei den einzelnen Sternen erzielten Galvanometerausschläge veröffentlicht wurden, haben PETTIT und NICHOLSON[6] ihre Messungsergebnisse in ein radiometrisches Größenklassensystem eingeordnet. Die gewählte Bezeichnung „radiometrische Größenklasse" stammt aus dem Jahre 1922[7]. Zur Definition des Nullpunktes wurde festgelegt: Es soll die radiometrische Größe eines Sternes S gleich sein der visuellen Größenklasse eines typischen A0-Sternes, der den bei S beobachteten Galvanometerausschlag ergeben würde. Als Standardstern der Klasse A0 wählte man α Lyr ($m_v = 0{,}14$), der bei den ersten Versuchen am Hooker-Spiegel einen Ausschlag von 42,41 mm hervorgerufen hatte. Bei-

[1] Phil Mag (6) 29, S. 304 (1915). [2] Z f Phys (l. c.).
[3] Berlin-Babelsberg Veröff 3, Nr. 4 (1923). [4] A N 222, S. 232 (1924).
[5] Der innere Aufbau der Sterne, Tab. 16, S. 171. Berlin 1928.
[6] Ap J 68, S. 279 (1928). [7] Publ A S P 34, S. 181 (1922).

spielsweise gab nun R Leo ($m_v = 9^m,2$, Md) einen Ausschlag von 17,56 mm. Einen gleich großen Ausschlag erzielt aber ein A0-Stern der visuellen Helligkeit $m_v = 1^m,10$. Es ist demnach die radiometrische Größenklasse von R Leo $m_r = 1^m,1$.

Die derart definierte radiometrische Helligkeit berücksichtigt weder $a(\lambda)$ noch $A(\lambda)$ (s. Ziff. 1), es ist daher unter keinen Umständen zulässig, etwa in einem derartigen Falle von bolometrischen Helligkeiten zu sprechen.

In der bereits genannten Veröffentlichung aus dem Jahre 1922 werden auch Wärmeindex (W.I.) und Wasserzellenabsorption definiert. Es ist

$$\text{W.I.} = m_v - m_r ,$$

wobei 1928 noch genauer festgelegt wurde[1], daß sowohl bei m_r wie bei m_v die Zenitreduktion (Reduktion auf Luftmasse $m = 1$ Mt. Wilson), bei m_r überdies die Reduktion auf ein Steinsalzfenster des Empfängergefäßes und auf einen bestimmten Reflexionszustand der beiden verwendeten Spiegel durchgeführt wird. Nach der oben angeführten Definition ist also für den Standardstern der Spektralklasse A0 der Wärmeindex gleich Null.

Durch Verwendung einer Wasserzelle von 1 cm Dicke als Filter (s. Ziff. 31 und 33) gewinnt man die sog. Wasserzellenabsorption (W.Z.A.), die folgendermaßen abgeleitet wird: Es ist der in Größenklassen ausgedrückte Bruchteil der von der Wasserzelle absorbierten Strahlung

$$\text{W.Z.A.} = 0{,}4 \log \frac{\text{Galvan.-Ausschlag ohne Zelle}}{\text{Galvan.-Ausschlag mit Zelle}} .$$

Bei der W.Z.A. ist eine Zenitreduktion nicht eingeschlossen, da für die beobachteten Zenitdistanzen die Differentialextinktion als unbedeutend angenommen wurde. Für die Ableitung von Sterntemperaturen (s. ds. Handb. V/1, Kap. 3: A. BRILL, Die Temperaturen der Fixsterne, Ziff. 22) ist die W.Z.A. dem W.I. insofern überlegen, daß die Empfindlichkeitsfunktion der W.Z.A. sicherer festgelegt werden kann, als die in den W.I. eingehende Empfindlichkeitsfunktion des Augenapparates.

In die oben definierten Größenklassenskalen der radiometrischen Helligkeit, des W.I. und der W.Z.A., läßt sich auch die Meterkerze einordnen. Im System des Mt. Wilson ist für diese Standard-Lichtquelle $m_r = -20^m,00$, der W.I. $5^m,82$, wenn m_v zu $-14^m,18$ angenommen wird[2] und die W.Z.A. zu $2^m,7$.

Der Zusammenhang zwischen bolometrischen und radiometrischen Helligkeiten ist schließlich durch folgenden Ausdruck gegeben:

$$m_b = m_r - \Delta m_r + (\text{W.I.}^* + \Delta m_r^*) .$$

Hier bedeuten Δm_r die an die beobachtete radiometrische Größe m_r anzubringende Korrektion für $A(\lambda)$, den Strahlungsverlust in der Apparatur, und $a(\lambda)$, den Transmissionskoeffizienten der Erdatmosphäre. Die im Klammerausdruck zusammengefaßte additive Konstante dient zur Festlegung des Skalennullpunktes und bedeutet den W.I. plus der Reduktionsgröße auf extraterrestrische Strahlung für den Standardstern, dessen bolometrische Helligkeit gleich der radiometrischen angenommen wird. E. PETTIT und S. B. NICHOLSON[1] bestimmten den Nullpunkt aus radiometrischen Daten von Procyon, ε Leo und acht Riesen der Spektralklassen F5–G5. Von EDDINGTONS Bestimmungen weicht ihre Skala nur um etwa 0,1 Größenklassen ab. Sie erhalten dann den Klammerausdruck $(\text{W.I.}^* + \Delta m_r^*) = +0{,}9$. Bei der Unsicherheit in der Bestimmung von Δm_r kann die nach dieser

---

[1] Ap J 68, S. 279 (1928). [2] Smithson Phys Tables 1921, S. 413.

Formel aus m_r abgeleitete bolometrische Helligkeit naturgemäß nur als ein angenäherter Wert angesehen werden.

b) Selektive Strahlungsmessungen im Infraroten.

4. Die Anwendung der Selenzellen. Handelt es sich darum, selektive Strahlungsmessungen hoher Genauigkeit durchzuführen, so sind die lichtelektrischen Methoden[1] allen anderen Methoden weit überlegen. Abgesehen von den in Ziff. 5 angeführten Photozellen wird durchweg im kurzwelligen Spektralbereiche gearbeitet. Das Maximum der Empfindlichkeit der in Babelsberg vorwiegend verwendeten Kalium-Argon-Zellen liegt bei λ 4400, das der Na-Zelle etwa bei λ 4200, das der Rubidiumzellen etwa bei λ 4800. Durch P. GUTHNICK[2] und H. ROSENBERG[3] ungefähr gleichzeitig der Astrophysik dienstbar gemacht, haben die Alkalizellen im Laufe der Jahre in Neubabelsberg und neuerdings auch auf einigen amerikanischen Sternwarten ein außerordentlich aufschlußreiches und zuverlässiges Material geliefert. In jüngster Zeit wurden Alkalizellen auch zur Strahlungsmessung von Sternhaufen und Nebeln herangezogen[4]. Mit der Kaliumzelle und Blau- bzw. Gelbfilter sind wichtige Farbenindexbestimmungen vorgenommen worden[5], die zeigen, daß die Nachteile eines schmalen ausgefilterten Spektralbereiches durch die Vorteile der außerordentlichen Meßgenauigkeit im weitesten Maße übertroffen werden, so daß diese Farbenindizes den photographischen etwa um das Doppelte überlegen sind. Gelingt es, den Untersuchungsbereich noch weiter gegen die langen Wellen hin auszudehnen, so wird man aus der Kombination mehrerer mit lichtelektrischen Methoden in verschiedenen Spektralbereichen gewonnener Strahlungsmessungen wichtige Aufschlüsse über die spektrale Energieverteilung der Sterne bekommen können.

Die Selenzellen ermöglichen, auch mit lichtelektrischen Methoden in das langwellige Spektralgebiet einzudringen, und sind wegen dieser Eigenschaft, die eine Ergänzung der mit den Alkalizellen gewonnenen Ergebnisse gestattet, in neuerer Zeit wieder stärker beachtet worden. Historisch gesehen, reicht die astrophysikalische Anwendung der Selenzellen weiter zurück. Bereits 1895 veröffentlicht G. M. MINCHIN eine Arbeit „The Electrical Measurement of Star-Light"[6]. Er arbeitete an einem Spiegel mit selbstkonstruierten primären Selenzellen[7] und untersuchte ein Dutzend Sterne bis herab zu 3^m, darunter auch die Planeten Venus und Jupiter. Später wurde die Selenzelle wohl erst wieder von E. RUHMER mit der nach ihm benannten Konstruktion bei der partiellen Sonnenfinsternis 1902 Mai 31[8] und der totalen Mondesfinsternis 1903 April 11 verwendet[9]. Die Sonnenfinsternis 1905 August 30 brachte Untersuchungen von TH. WULF und J. D. LUCAS[10] in Tortosa. Registrierungen wurden nicht vorgenommen. Dagegen erfolgte eine Registrierung der Sonnenstrahlung mittels einer Ruhmer-Zelle bei derselben Finsternis durch die Hamburger Expedition in Souk-Ahras[11]. In der Veröffentlichung ist der Intensitätsverlauf in Lux dargestellt. Eine weitere photographische Registrierung von Selenmessungen hat L. ANCEL[12] bei der

[1] Siehe die ausführlichen Darlegungen im Beitrag von H. ROSENBERG, ds. Handb. II/1, Kap. 4.

[2] A N 196, S. 357 (1913). [3] V J S 48, S. 210 (1913).

[4] J. STEBBINS, Wash Nat Ac Proc 19, S. 222 (1933).

[5] P. GUTHNICK, Berlin-Babelsberg Veröff 2, H. 3, S. 30 (1918); P. GUTHNICK u. P. HÜGELER, A N 210, S. 345 (1920); K. F. BOTTLINGER, Berlin-Babelsberg Veröff 3, H. 4 (1923); W. BECKER, ebenda 10, H. 3 (1933).

[6] London R S Proc 58, S. 142 (1895); s. auch ebenda 59, S. 231 (1896).

[7] Phil Mag (5) 31, S. 207 (1891). [8] Weltall 3, S. 63 (1902).

[9] Weltall 3, S. 200 (1903); s. auch Elektrotechn Z, Dezember 1904.

[10] Phys Z 6, S. 838 (1905). [11] Hamburg Astr Abh 3, Nr. 1 (1913).

[12] C R 155, S. 267 (1912).

Finsternis 1912 April 17 vorgenommen. Er verwendete bereits recht empfindliche Zellen, 34 × 23 mm, mit sehr dünner Selenschicht. Wenige Jahre später gibt E. E. FOURNIER D'ALBE[1] der Meinung Ausdruck, daß es möglich sein werde, mit Selenzellen Sterne der Größenklasse 17^m zu entdecken.

Die bedeutendsten Verbesserungen des Selenphotometers sind jedoch J. STEBBINS[2] zu verdanken. 1907 erschien seine erste Veröffentlichung, eine Selenphotometrie des Mondes unter Verwendung von Ruhmer-Zellen, hauptsächlich aber von neuen Giltay-Zellen. Die Zeit der maximalen Phase der partiellen Mondfinsternis wurde auf 1^m genau bestimmt. Im Gegensatz zu der bei den bereits genannten Versuchen von RUHMER gewählten Dauerbelichtung erfolgen nunmehr Expositionen von 10^s, eine Methode, die sich auch später bewährt hat. Beobachtungen außerhalb der Finsternis zeigten die Variation der Totalhelligkeit mit der Phase, wobei die Intensitätsskala an die Normalkerze angeschlossen wurde. Die verschiedenen Farbenempfindlichkeiten der Ruhmer- und Giltay-Zellen werden erkannt und im folgenden Jahre näher untersucht[3]. Den Zellen ist ein charakteristisches Maximum in der Gegend von λ 7000 eigen, bei den Giltay-Zellen findet sich noch ein sekundäres Maximum bei λ 5900. Im übrigen gilt hier ähnlich wie bei den Alkalizellen, daß die selektive Empfindlichkeit bei jedem einzelnen Individuum gesondert untersucht werden muß. Die spektrale Empfindlichkeit der Selenzellen läßt sich bei der Herstellung bis zu einem gewissen Grade beeinflussen. Diesbezügliche Versuche wurden von F. C. BROWN und L. P. SIEG[4] eingehend diskutiert. Wie A. H. PFUND[5] in einer wenig beachteten Notiz hervorhebt, sind die von STEBBINS und BROWN gegebenen Kurven keine absoluten Empfindlichkeitskurven, da die Energieverteilung der Lichtquelle (Sonne) dabei nicht berücksichtigt worden ist. Er bemerkt auch gegenüber STEBBINS, man dürfe selenphotometrische Ergebnisse nicht ohne weiteres mit visuellen vergleichen, da die effektiven Wellenlängen verschieden seien. Dies ist natürlich richtig, doch liegt gerade in der Verschiedenheit des Empfindlichkeitsmaximums der Wert der neuen Methode, ein Umstand, der 1918 wohl noch nicht klar zu erfassen war. PFUND erwähnt noch nebenbei, daß es nicht schwierig sei, Selenzellen zu verwenden, deren effektive Empfängerfläche bis auf weniger als 1 mm^2 herabgesetzt werde. Es sei dann möglich, diese Fläche durch extrafokale Sternbilder zu erfassen, wodurch in Verbindung mit einem hochempfindlichen Galvanometer gute Ergebnisse erwartet werden können. Der Gedankengang von PFUND war richtig und wurde durch die 1930 von W. E. BERNHEIMER[6] veröffentlichten Versuchsergebnisse bestätigt. Bei den STEBBINSschen Untersuchungen von 1910, die als die klassischen astrophysikalischen Selenarbeiten zu bezeichnen sind, wird aber noch mit Selenzellen großer Flächen gearbeitet. Die STEBBINSsche Anordnung verwendet eine Giltaysche Drahtzelle von 18 × 26 mm Fläche, das extrafokale Sternbild hat einen Durchmesser von 7 mm. Wegen der starken Temperaturabhängigkeit wurde der an einen 12-Zöller montierte Empfänger in Eis gepackt.

Mit einem empfindlichen Galvanometer (1 mm Ausschlag auf einer Skala in 1 m Entfernung $= 2{,}4 \cdot 10^{-10}$ Amp) gelang es dann, Sterne bis $3^m{,}5$ zu erfassen. Veröffentlicht wurden Beobachtungen des HALLEYschen Kometen[7] und der Lichtschwankungen des Algol[8]. Bei letzterer Untersuchung konnte das sekundäre Minimum aufgedeckt werden. Versuche mit einem Selenphotometer sind erst

[1] The Illuminating Engineer 10, S. 115 (1917. [2] Ap J 26, S. 326 (1907).
[3] J. STEBBINS, The Colour-Sensibility of Selenium Cells. Ap J 27, S. 183 (1908).
[4] Phys Rev (2) 4, S. 48 (1914). [5] Ap J 28, S. 83 (1908).
[6] V J S 65, S. 255 (1930). [7] Ap J 32, S. 179 (1910).
[8] Ap J 32, S. 185 (1910).

neuerdings wieder von W. E. BERNHEIMER[1] aufgenommen worden. An Stelle der Giltayschen Drahtzelle wurde mit einer Thirringschen Kondensatorzelle mit kreisförmiger Selenfläche von 1 mm Durchmesser bei einem extrafokalen Sternbilde von 0,6 mm Durchmesser gearbeitet. Diese Anordnung brachte gegenüber der STEBBINSschen Apparatur einen wesentlichen Gewinn mit sich. So konnten 1930 Juli noch Sterne $7^m,8$ erfaßt werden. Durch Verwendung einer zweiten Zelle, die in der Brückenschaltung als Kompensationszelle diente, war es möglich, auf Eispackungen zur Konstanthaltung der Temperatur zu verzichten. Bei Untersuchungen des Lichtwechsels des Cepheiden η Aql, die BERNHEIMER mit dieser Apparatur vorgenommen hat[2], gelang der Nachweis eines ungewöhnlichen Lichtausbruches, der zeitlich mit dem Einsetzen der sekundären Welle in der Lichtkurve dieses Veränderlichen zusammenfiel.

Die verwendete Kondensatorzelle besitzt ähnlich wie die Giltayzelle ein ausgeprägtes Maximum λ 7100, die Empfindlichkeit reicht jedoch, wie aus Abb. 1 hervorgeht, noch wesentlich weiter in das langwellige Gebiet hinein. Auch diese Kurve kann wegen Nichtberücksichtigung der Energieverteilung im Spektrum der verwendeten Lichtquelle nicht als absolut bezeichnet werden. Sie zeigt jedoch in deutlicher Weise das spektrale Verhalten der Selenzelle relativ zum Thermoelement (s. Ziff. 30 und 40), welch letzteres die Integralstrahlung bis in das äußere Infrarot zu messen gestattet.

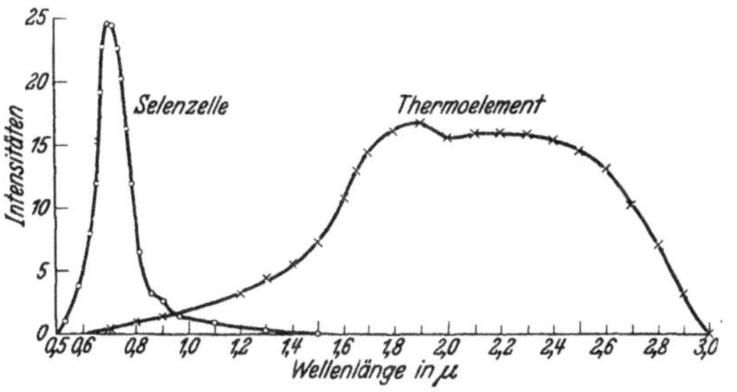

Abb. 1. Vergleichung der spektralen Empfindlichkeitsverteilung bei Selenzelle und Thermoelement.

Es wäre für die weitere Entwicklung der Energiemessungen in den Sternspektren von Bedeutung, wenn es in Zukunft gelänge, neben den von Kaliumzelle und Selenzelle zu messenden Spektralgebieten noch einen dritten weit im Infrarot gelegenen Bereich mit gleicher Genauigkeit lichtelektrisch zu erfassen. Dies ist nicht unmöglich, wenn auch bisher das dafür in jeder Hinsicht geeignete Material noch nicht gefunden ist. Nach G. P. BARNARD[3] kennt man jedenfalls noch 19 Substanzen, die ähnlich wirken wie Se, jedoch Maxima aufweisen, die wesentlich weiter im langwelligen Gebiete liegen. So haben Thalofidezellen[4] (Thalliumoxysulfid) einen ähnlichen Dunkelwiderstand wie Selenzellen. Die genannte Substanz wird auf eine Quarzplatte aufgeschmolzen und in ein evakuiertes Rohr aus Kupfer-Rubinglas eingesetzt. Die Versuche ergaben, daß die Empfindlichkeit bis λ 12000 reicht, das Hauptmaximum lag bei λ 10000, ein sekundäres Maximum bei λ 8500. Eine starke Empfindlichkeitszunahme, insbesondere im kurzwelligen Bereiche, ist bei abnehmender Temperatur festzustellen.

Bi_2S_3-Zellen sind im visuellen Gebiete allem Anschein nach sogar noch empfindlicher als Selenzellen, bei Abkühlung auf -166° zeigten sich zwei Maxima bei λ 6400 und λ 10000. Ag_2S-Zellen weisen ein Empfindlichkeitsmaximum bei λ 13500 auf, MoS_2-Zellen bei λ 7000, 8500, 10200 und selbst noch bei λ 18000. Astrophysikalische Anwendungen all dieser genannten Zellen sind bisher noch

[1] V J S 65, S. 255 (1930); Forsch u Fortschr 7, S. 83 (1931); Lund Medd II, Nr. 61 (1931).
[2] Lund Medd II, Nr. 61 (1931). [3] The Selenium Cell. London 1930.
[4] T. W. CASE, Phys Rev 15, S. 289 (1920).

nicht bekanntgeworden, dagegen liegen neuerdings Versuche mit Cäsium-Photozellen vor, die im Infrarot eine große Empfindlichkeit besitzen.

5. Versuche mit Photozellen im Infraroten. In jüngster Zeit hat J. S. HALL[1] auf dem Yale-Observatorium Versuche angestellt, um mit Hilfe von Alkalizellen in das langwellige Spektralgebiet vorzudringen. Wie u. a. R. SEWIG[2] gezeigt hat, reicht von den bisher verwendeten Photozellen die Cäsiumzelle noch am weitesten in das rote Spektralgebiet hinein. HALL verwendet nun Zellen, die von den Bell-Telephon-Laboratories nach einer Konstruktion von C. H. PRESCOTT herausgebracht wurden und als „Cäsiumoxyd-auf-Silber-Photozellen" bezeichnet werden. Nach den Angaben von HALL besitzen sie ihre Maximalempfindlichkeit bei λ 8000. Nähere Angaben über die Konstruktion sind in Aussicht gestellt, bisher aber noch nicht veröffentlicht worden. Die neuen Zellen zeigten die unwillkommene Erscheinung, daß auch ohne Belichtung der Kathode Photoströme auftreten. Nach Laboratoriumsuntersuchungen von KOLLER[3] und neueren Versuchen von KINGSBURRY und STILWELL[4] ist dieser Dunkelstrom sowohl von der Temperatur als auch von der angelegten Spannung abhängig. Er läßt sich nach den Erfahrungen von HALL durch Abkühlung der Zellen auf -10° bis auf $3 \cdot 10^{-11}$ Amp herabsetzen. Für erfolgversprechende astronomische Arbeiten ist dieser Betrag natürlich noch immer um einige Zehnerpotenzen zu groß. In ähnlicher Weise wie bei den älteren Selenarbeiten (s. Ziff. 4) wurde mit einer Kühlung vorgegangen, und zwar die Temperatur durch CO_2-Schnee bis auf etwa -40° herabgesetzt. Es ist so gelungen, den Dunkelstrom unter $5 \cdot 10^{-14}$ Amp zu bringen, ja bei der zuletzt verwendeten Zelle soll er nicht einmal mehr $5 \cdot 10^{-16}$ Amp erreicht haben. Nach Göttinger Versuchen[5], von F. LÖHLE vorgenommen, leiden aber diese Zellen offenbar durch einen derartigen Abkühlungsprozeß. Die HALLsche Zelle ist in einem Dewargefäß montiert. Als Exsikkator wird, wie vielfach üblich, Phosphorpentoxyd verwendet. Bei den Arbeiten am 15zölligen Loomiszölostaten wurden gleiche Ausschläge für einen A0-Stern der Größe 4^m und einen K0-Stern der Größe 5^m erzielt. Für die Sterne des Bereiches von $3^m,0$ bis $6^m,5$ ließ sich eine angenäherte Proportionalität zwischen Helligkeit und Photostrom feststellen. Nach einem kurzen Bericht auf dem Meeting der Amer Astr Soc 1932, Dezember[6], sind inzwischen größere Beobachtungsreihen erhalten worden. Der w.F. einer Yale-Helligkeit wird zu $\pm 0^m,012$ angegeben. Inwieweit sich die HALLschen Photozellen für die Erforschung der Infrarotstrahlung der Gestirne eignen, kann erst nach dem Vorliegen der einzelnen Ergebnisse entschieden werden. Den bereits genannten Versuchen von F. LÖHLE zufolge dürften aber derartige Photozellen für astrophysikalische Untersuchungen größter Genauigkeit nicht genügende Stabilität besitzen.

6. Die Erschließung des langwelligen Spektralbereiches mittels der photographischen Platte. Das langwellige Spektralgebiet, das lange Zeit hindurch nur durch Selenphotometer, Radiometer und die thermoelektrischen Meßmethoden erfaßt werden konnte, wird in den letzten Jahren nun allmählich auch durch photographische Hilfsmittel der Beobachtung zugänglich gemacht.

Die Entwicklung begann wohl mit den Untersuchungen der Höchster Farbwerke, woselbst durch E. KÖNIG und B. HOMOLKA wichtige Rotsensibilisatoren entdeckt wurden. Es handelt sich hier um die Farbstoffe Pinazyanol und Dizyanin, durch die die Maximalempfindlichkeit sensibilisierter Platten gegen den langwelligen Spektralbereich hin ausgedehnt werden konnte. Im ersteren Fall liegen

---

[1] Wash Nat Ac Proc 18, S. 365 (1932).
[2] Z f Phys 76, S. 91 (1932).
[3] Phys Rev 33, S. 1082 (1929).
[4] Phys Rev 37, S. 1549 (1931).
[5] Z f Astrophys 6, S. 293 (1933).
[6] Publ A A S 7, S. 147 (1933).

die Empfindlichkeitsmaxima bei λ 6400, im zweiten bei λ 6900. Eine der ersten astronomischen Anwendungen stammt wohl von R. W. WOOD[1]. Er berichtet, 1916 auf der Mt. Wilson-Sternwarte u. a. auch infrarote Jupiter- und Saturnaufnahmen erhalten zu haben, die mit panchromatischen Spezial-Platten und einem von der Eastman-Kodak-Gesellschaft gelieferten Gelatinefilter (Durchlässigkeit über λ 7000) vorgenommen wurden. Nähere Angaben, insbesondere über Sensibilisierung der Platten, liegen nicht vor.

Ein wesentlicher technischer Fortschritt findet sich in einer Arbeit von G. SCHEIBE[2], die einen Farbstoff beschreibt, mit dem eine noch weiter in das infrarote Gebiet hineinreichende Sensibilisierung photographischer Platten möglich sei. Als Empfindlichkeitsmaximum wird λ 7110 angegeben, es scheinen jedoch

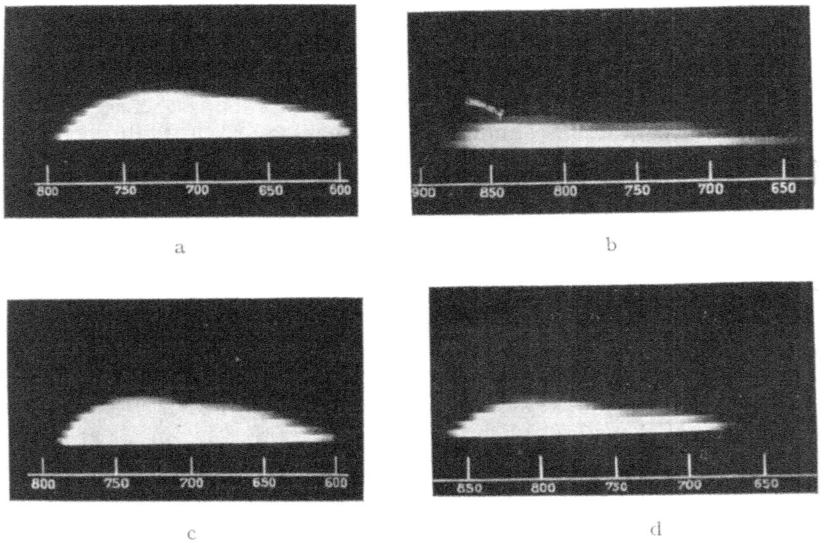

Abb. 2. Die spektrale Empfindlichkeit infrarot sensibilisierter Platten, aufgenommen durch Agfa-Rotfilter Nr 42. Folgende Sensibilisatoren sind angewendet: a) Rubrozyanin, b) Allozyanin, c) Agfa-Farbstoff 730, d) Agfa-Farbstoff 810. Die Belichtungszeit ist bei a, c und d dieselbe, bei b zehnmal so groß. [Veröff d wiss Zentr Lab d I. G. Farben A. G. 1 (1930).]

mit diesem Sensibilisator keine nennenswerten praktischen Erprobungen angestellt worden zu sein. 1920 folgte der von der Eastman-Kodak-Gesellschaft herausgebrachte wichtige Farbstoff Kryptozyanin, der E. Q. ADAMS und H. L. HALLER[3] zu verdanken ist. Rund 300 A sind damit gewonnen, die größte Empfindlichkeit liegt etwas über λ 7400. Für die von W. H. WRIGHT[4] 1924 auf der Lick-Sternwarte vorgenommenen bedeutsamen Untersuchungen des Mars im infraroten Lichte wurde von der Eastman-Kodak-Gesellschaft eine spezielle Kryptozyaninplatte mit einem Empfindlichkeitsmaximum bei λ 7600 hergestellt, die in Verbindung mit dem Filter Wratten Nr. 7 verwendet wurde. WRIGHT machte schon damals darauf aufmerksam, daß die kräftige Sauerstoffbande *A* der Erdatmosphäre sich naturgemäß bei Benutzung dieser Platte bemerkbar macht und als unerwünschtes Farbfilter wirksam wird. Bei den neuen Aufnahmen gelegentlich der Marsopposition 1926[5] hat W. H. WRIGHT in sechs Spektralbereichen gearbeitet.

[1] Ap J 43, S. 310 (1916) = Mt Wilson Contr Nr. 113.
[2] Diss Erlangen 1918, S. 10.
[3] J Amer Chem Soc 42, S. 2661 (1920).
[4] Lick Bull 12, S. 48 (1924).
[5] Lick Bull 13, S. 50 (1927).

Hier interessieren nur die Rot- und Infrarotaufnahmen. Die ersteren erfolgten mit Eastman-Process-Pinazyanol-Platte (Nr. 4407 P), Maximalempfindlichkeit bei λ 6500, die anderen wieder mit Eastman-Process-Kryptozyanin-Platte (Nr. 4407 C), Empfindlichkeitsmaximum bei λ 7600. In beiden Fällen wurde jedoch nicht mehr mit Gelatinefiltern gearbeitet, sondern mit farbigen Seleniumglasfiltern von Chance-Hilger. Im selben Jahre sind auch Eastman-Kryptozyanin-Platten von F. E. Ross[1] für Infrarotaufnahmen des Mars, 1927 ebenfalls von Ross für Venusaufnahmen[2] verwendet worden.

Neben den wichtigen mit Bolometer und Thermosäule vorgenommenen Untersuchungen über die langwellige Koronastrahlung (s. Ziff. 22) liegen auch photographische Arbeiten vor, die mit sensibilisierten Platten erfolgt sind. So haben E. PETTIT und S. B. NICHOLSON[3] mit Spezialrapid-Panchromatic-Platten und Eastmanfilter „F" den jenseits λ 6100 gelegenen Spektralbereich untersucht, anderseits haben bei derselben Sonnenfinsternis H. D. CURTIS und K. BURNS[4] mit einem Dizyaninfilm gearbeitet, der eine Untersuchung des Koronaspektrums und des Flashspektrums im Spektralbereiche λ 5800 bis λ 8800 ermöglichte.

Ein dem Kryptozyanin ähnlicher Sensibilisator ist im Jahre 1928 von der I. G. Farben A.-G. unter dem Namen Rubrozyanin in den Handel gebracht worden. Hierher gehört auch die Platte „A. Calzavarra" (1930), die ein Empfindlichkeitsmaximum bei λ 7450 besitzt.

Ein neuer Vorstoß in das infrarote Gebiet ist dann wiederum dem wissenschaftlichen Laboratorium der I. G. Farben A.-G. zu verdanken, das einen Sensibilisator mit einem Maximum bei λ 8100 erzeugte. Dieser Farbstoff wird für die Agfa-Platte „Rapid 810" verwendet, die ebenso wie die früheren Erzeugnisse der Agfa, Rapid 730 und Hart 730, etwa eine halbjährige Lagerfähigkeit besitzt. Die Platte Nr. 810, die eine gute Empfindlichkeit im Spektralgebiete von λ 7500 bis λ 8500 aufweist, wurde nach Hypersensibilisierung für das Gebiet λ 5900 bis 7100 auch bereits für astrophysikalische Untersuchungen herangezogen. R. WILDT und E. MEYER[5] haben damit das Jupiterspektrum untersucht und hierbei eine neue Bande λ 7700 bis λ 8100 gefunden. Die Fragen der Hypersensibilisierung panchromatischer Platten sind u. a. von R. WILDT behandelt worden[6]. Ein Rezept zur Hypersensibilisierung der Infrarotplatten der Agfa hat kürzlich K. Ross[7] gegeben.

Mit der genannten Platte 810 ist jedoch noch nicht das Maximum erreicht, es gelang die Herstellung des Allozyanins (I. G. Farben A.-G. 1929) mit einem Empfindlichkeitsmaximum bei λ 8300. Wie aus Abb. 2 hervorgeht, ist jedoch die allgemeine Empfindlichkeit der mit Allozyanin sensibilisierten Platten geringer als bei der Agfa-Platte „Rapid 810". Der Allozyaninfarbstoff dürfte wohl im wesentlichen mit dem Sensibilisator Neozyanin übereinstimmen, der bereits 1925 von M. L. DUNDON, A. L. SCHÖN, R. M. BRIGGS[8] entdeckt worden ist. Auch diese Autoren geben das Empfindlichkeitsmaximum zu λ 8300 an. Die Neozyaninplatte hat in der Astrophysik z. B. bei den Arbeiten von L. D'AZAMBUJA[9] Anwendung gefunden, der Chromosphärenaufnahmen im Licht der Linie des ionisierten Kalziums λ 8542 durchgeführt hat. Auch die photographischen Aufnahmen des Sonnenspektrums im Bereiche von λ 10000 bis λ 11000 von H. D. BABCOCK[10] wurden mit Neozyaninsensibilisierung vorgenommen. Schließlich verdanken wir W. ZEH[11] die Entdeckung des Agfa-Farbstoffes Nr. 855. Dieser

[1] Ap J 64, S. 243 (1926). [2] Ap J 68, S. 57 (1928). [3] Ap J 62, S. 202 (1925).
[4] Allegheny Publ 6, S. 95 (1925). [5] Gött Veröff 1931, H. 19.
[6] Gött Veröff 1931, H. 20. [7] Zeiss Nachr H. 4, S. 19 (1933).
[8] J Opt Soc Amer 12, S. 397 (1926). [9] C R 187, S. 201 (1928).
[10] Publ A S P 41, S. 274 (1929). [11] Siehe W. DIETERLE, Phot Korr 68, S. 103 (1932).

Sensibilisator ist für eine Spezialinfrarotplatte verwendet worden, bei der das Empfindlichkeitsmaximum bis auf λ 8550 hinausgeschoben werden konnte. Auch diese neue Platte wurde bereits für astrophysikalische Untersuchungen herangezogen. WILDT[1] berichtet, daß es bei starker Überbelichtung noch möglich war, das Jupiterspektrum bis zu λ 9500 photographisch zu erfassen. Ein der Agfa-Infrarotplatte Rapid 855 analoges Erzeugnis ist von der Kodak-Gesellschaft unter der Bezeichnung „P“-Platte herausgebracht und von C. E. MEES[2] beschrieben worden. Die spektrale Empfindlichkeit (Maximum bei ca. λ 8500) ist aus Abb. 3a ersichtlich. In einer jüngsten Veröffentlichung[3] berichtet MEES u. a. über eine neue Infrarotplatte der Kodak-Gesellschaft, die Platte „R“, die eine besonders hohe Empfindlichkeit im Bereiche von λ 7400 bis λ 8400 besitzt. In derselben Veröffentlichung finden sich auch einige wenige Angaben über die verbesserte Kodakplatte „Q“, die ebenso wie ein neues Erzeugnis der I. G. Farben A.-G., die Infrarotplatte „Rapid 960“[4], den letzten und dabei sehr wesentlichen Fortschritt in der Erschließung des infraroten Spektralgebietes darstellt. Die mit Xenozyanin sensibilisierte Platte „Q“ ist ungefähr bis λ 11000 empfindlich und erreicht ihr Empfindlichkeitsmaximum bei etwa λ 9800. Ein Bild der spektralen Empfindlichkeit ist in Abb. 3b wiedergegeben. Die relative Empfindlichkeit der neuen Agfaplatte „Rapid 960“ sowie die der bereits erwähnten übrigen Infrarotplatten der Agfa, „Rapid 730“, „810“, „855“ kann aus Abb. 4 entnommen werden. Wie J. EGGERT[5] kürzlich hervorgehoben hat, bieten derartige Empfindlichkeitsangaben photographischer Platten, ganz besonders aber der infrarot sensibilisierten, nur ein ungefähres Bild der wahren Verhältnisse. Man muß sich jedoch mit diesen Angaben begnügen, da eine Bestimmung der Empfindlichkeit im absoluten Maße, etwa in der Art, wie sie G. LEIMBACH[6] vorgenommen hat, bei Infrarotplatten, hauptsächlich

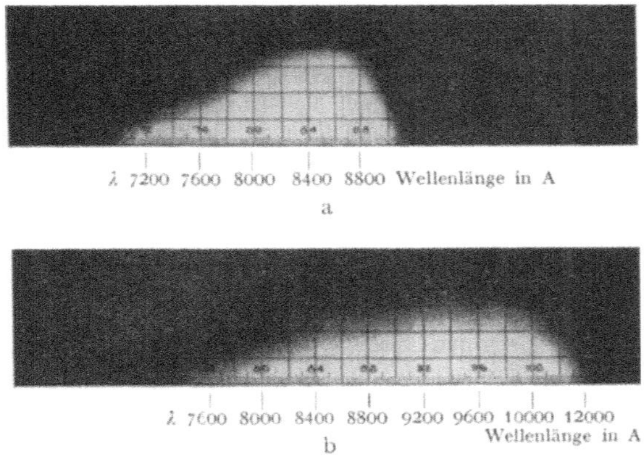

Abb. 3. Die spektrale Empfindlichkeit der Infrarotplatten „P“ und „Q“ der Eastman-Kodak-Gesellschaft. (Die Intensitätsskalen der beiden Teile der Abb. sind voneinander unabhängig.) [J Opt Soc Amer 23 (1933).]

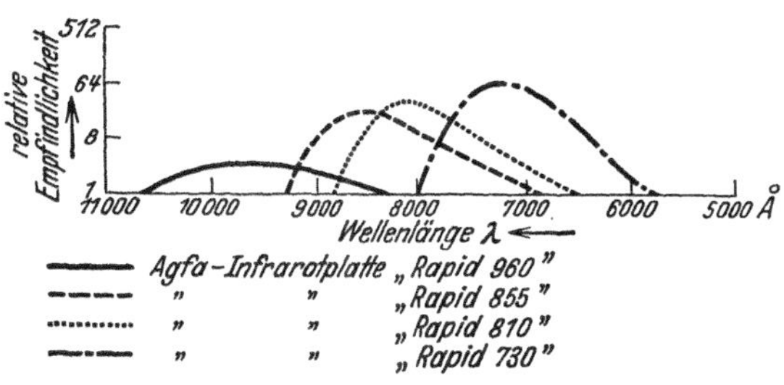

Abb. 4. Die spektrale Empfindlichkeit der Infrarotplatten der Agfa für Nitralicht. (Schematische Darstellung.) [Z f techn Phys 14, S. 177 (1933).]

[1] Gött Veröff 1932, H. 22.
[2] J Opt Soc Amer 21, S. 753 (1931); 22, S. 204 (1932).
[3] J Opt Soc Amer 23, S. 229 (1933).
[4] Siehe K. Ross, Zeiss Nachr 4, S. 19 (1933).
[5] Z f techn Phys 14, S. 177 (1933).
[6] Z f wiss Photogr 7, S. 205 (1909).

infolge der Abhängigkeit der Empfindlichkeit vom Alter der sensibilisierten Schichte, auf sehr große Schwierigkeiten stößt.

Mit den genannten neuen Platten „Q" und „Rapid 960" hat der Vorstoß in das infrarote Gebiet wohl noch nicht sein Ende erreicht, weitere Erfolge sind gewiß zu erwarten. Eine Grenze hierfür ist aber, wie EGGERT[1] darlegt, dadurch gegeben, daß die Empfindlichkeit der infrarot sensibilisierten Schichten mit wachsender Wellenlänge im allgemeinen abnimmt und auch die Haltbarkeit der Platten, je weiter sie gegen das äußerste Infrarot sensibilisiert sind, aus chemischen Gründen allmählich geringer wird. Die theoretische Grenze wäre nach Berechnungen von M. CZERNY[2] etwa bei λ 20000 (20 μ) erreicht, da in diesem Bereiche wegen dauernder Einwirkung der bei einer mittleren Temperatur bereits sehr fühlbaren Raum- und Körperstrahlung die photographischen Schichten gar bald verschleiern würden. Die rasche Entwicklung, die in den letzten Jahren die Methoden der Sensibilisierung im Infraroten genommen hat, eröffnen für die Astrophysik ein weites und vielversprechendes Arbeitsfeld. Es ist nicht zu zweifeln, daß die photographischen und photoelektrischen Methoden im langwelligen Spektralbereiche bald so weit vorgeschritten sein werden, daß sie eine wertvolle Ergänzung zu den thermoelektrischen und radiometrischen Gesamtstrahlungsmessungen geben können.

c) Aktinometer und Pyrheliometer zur Messung der Gesamtstrahlung der Sonne.

7. Allgemeines. Einige Typen sekundärer Meßinstrumente. Zur Messung der Gesamtstrahlung der Sonne sind im Laufe der Jahre zahlreiche Instrumenttypen herausgebracht worden, die aber vorwiegend meteorologischen Zwecken dienen. Einige wenige, wie das sekundäre Silver-Disk-Pyrheliometer (Ziff. 8), das absolute K. ÅNGSTRÖMsche Kompensationspyrheliometer (Ziff. 9) und die absoluten Water-Flow- und Water-Stir-Pyrheliometer der Smithsonian-Institution (Ziff. 10), haben jedoch durch ihre Verwendung bei der Bestimmung der Solarkonstante auch astrophysikalische Bedeutung gewonnen. Die sekundären Instrumente dienen nur Relativmessungen, ihre Ergebnisse müssen erst an Standardinstrumenten geeicht werden. Die primären Instrumente liefern Daten in gcal, auf ihre Ergebnisse sind die Standardskalen, wie die K. ÅNGSTRÖMsche und die „Smithsonian 1913 Revised Scale", aufgebaut.

Es wurde seinerzeit von CROVA vorgeschlagen, die Primärinstrumente als Pyrheliometer bzw. als Pyrheliographen, die Sekundärinstrumente jedoch einheitlich als Aktinometer zu bezeichnen. Demnach sollte z. B. das Silver-Disk-Instrument Aktinometer und nicht Pyrheliometer genannt werden. Da der Vorschlag CROVAs nicht durchgedrungen ist, läßt sich der Charakter der Instrumente aus ihrer Bezeichnung nicht entnehmen. Im übrigen existieren auch sekundäre Instrumente, die nachträglich in Apparaturen für absolute Messungen umgebaut wurden. Im folgenden sowie in Ziff. 8 sollen einige Instrumente hervorgehoben werden, die größere Verbreitung gefunden haben. Bezüglich näherer Einzelheiten der vorwiegend meteorologischen Zwecken dienenden Apparate sei auf einige zusammenfassende Arbeiten (in chronologischer Reihenfolge) hingewiesen:

1. R. DIETZIUS, Die Hilfsmittel zur Messung der Sonnenstrahlung. Naturwiss 11, S. 246 (1923).
2. K. KÄHLER, Meßmethoden der Sonnen- und Himmelsstrahlung. Handb. der biolog. Arbeitsmethoden, Abt. II, Heft 3, S. 379. 1923.

---

[1] l. c. [2] Z f Elektrotechn 36, S. 615 (1930).

3. F. M. EXNER, Physik der Sonnen- und Himmelsstrahlung. Handb. der Lichttherapie, S. 13. 1927.
4. K. BÜTTNER u. F. ALBRECHT, Zur Theorie von Aktinometern und Pyranometern. I und II, Gerlands Beitr 22, S. 13 (1929); 26, S. 241 (1930).

Nach K. BÜTTNER und F. ALBRECHT[1] kann man die Meßinstrumente in zwei Gruppen sondern: In die Gruppe I fallen die Apparate, bei denen prinzipiell eine Temperaturmessung des Empfängers selbst vorgenommen wird, also unmittelbare Vergleichsmessungen der Empfängerumgebung fehlen. Hier kann also eine einzige Ablesung nicht genügen, man braucht mehrere Messungen im bestrahlten und unbestrahlten Zustand. Beispiele: MICHELSON-Aktinometer (diese Ziffer), Silver-Disk (Ziff. 8).

Verwendet man hingegen Apparate (Gruppe II), bei denen die Messung in der Bestimmung einer Temperaturdifferenz zwischen Empfänger und Schutzkörper besteht, wie dies z. B. bei den thermoelektrisch arbeitenden Apparaten oder bei dem ALBRECHTschen Heizbandbolometer der Fall ist (diese Ziffer), so läßt sich die Strahlungsintensität prinzipiell durch einen einzigen Messungsakt feststellen. Bedeutet nämlich $l(E, H)$ die wirksame Wärmeleitung zwischen Empfänger und Schutzmantel, T_E die Temperatur des Empfängers, T_H die an der Innenseite der Schutzhülle herrschende Temperatur, so wird die den Empfänger treffende Strahlung

$$S = l(E, H) \cdot [T_E - T_H] .$$

Fortlaufende Registrierungen sind eigentlich nur mit derartigen Apparaten sinnvoll. Meteorologische Instrumente dieser Gruppe, die mit Thermoelementen (s. Ziff. 30, 32, 40) arbeiten, sind z. B. das LINKE-Aktinometer[2], der Pyrheliograph von DORNO-THILENIUS[3] und das vielverwendete Aktinometer von GORCZINSKY[4]. Letzteres besitzt MOLLsche Thermosäulen (s. Abb. 48—50 und Beschreibung in Ziff. 40) mit Elementen von einigen Mikron Dicke der Kombination Manganin-Konstantan. Eine Variante des Apparates von GORCZINSKY zur Messung der Sonnenstrahlung auf einer horizontalen Fläche, Solarimeter genannt, vereinigt Galvanometer und thermoelektrisches System in einem Universalinstrument. Entsprechend der MOLLschen Konstruktion kann die ganze Oberfläche der Thermosäule der Sonnenstrahlung ausgesetzt sein, ein Umstand, der hinsichtlich des Randeffektes (s. Ziff. 9) wichtig ist. Die Thermosäule ist hier mit einer Halbkugel aus Flintglas bedeckt und in einem Messingzylinder eingebaut. Der hermetische Abschluß des Gehäuses macht Luftfeuchtigkeit einflußlos.

Schließlich sei noch ein Meßinstrument der zweiten Gruppe angeführt, bei dem die Temperaturdifferenz statt durch Thermoelemente durch eine Bolometeranordnung (s. Ziff. 12 u. 13) gemessen wird. Dieses sog. Heizbandbolometer wurde von F. ALBRECHT[5] entwickelt; es gestattet, die Messungen in bequemer Weise vorzunehmen, und kann auch prinzipiell als Absolutinstrument dienen. Der sog. Randeffekt ist der Konstruktion nach hier nur in beschränktem Maße zu erwarten. Die Sonnenstrahlung erwärmt ein frei gespanntes, geschwärztes Kupferband, das elektrisch geheizt werden kann; das Heizband ist mit einem dünnen Platindraht leitend verbunden. Eine zweite Kupferlamelle an der Innenwand hängt ebenfalls mit einem Platindraht zusammen, der mit dem ersten Draht in einer Brückenanordnung geschaltet ist. Der Ausschlag eines Galvanometers ist proportional der Temperaturdifferenz der beiden Platindrähte, mithin auch der Temperaturdifferenz der beiden Kupferlamellen. Bemerkenswert ist bei dieser Apparatur, daß die Sonnenstrahlung ohne Durchlaufen einer Glas-

---

[1] Gerlands Beitr 22, S. 13 (1929). [2] Z f techn Phys 1924, S. 59.
[3] Met Z 39, S. 303 (1922). [4] M Weather Rev June 1924; Met Z 44, S. 5 (1927).
[5] Met Z 43, S. 495 (1926).

schicht unmittelbar am Empfänger wirksam ist. Hierdurch entfallen die Vorsorgen zur Elimination störender Absorptionen innerhalb des Instrumentes.

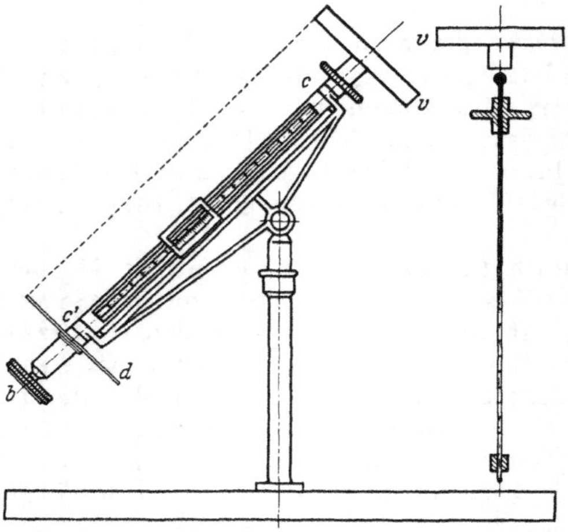

Abb. 5. Schematisches Bild der ersten Konstruktion des Pyrheliometers von C. S. POUILLET. (E. PRINGSHEIM, Physik der Sonne. Leipzig 1910.)

Zur ersten Gruppe von Meßinstrumenten gehört, wie erwähnt, das Bimetallaktinometer von W. A. MICHELSON[1], das nur in erschütterungsfreier Aufstellung einigermaßen verläßlich ist. Die Strahlung fällt hier auf eine in einem Metallzylinder ruhende feine geschwärzte bimetallische Lamelle (Platin-Kupfer oder Eisen-Invar), deren eines Ende frei beweglich ist. Die durch die auffallende Strahlung bewirkte Verbiegung der Lamelle wird durch ein Mikroskop mit Okularmikrometer gemessen und gewährt ein Maß für die Strahlungsintensität. Eine wesentlich verbesserte Konstruktion von W. MARTEN[2] ist frei von Temperaturkoeffizienten, die bimetallische Lamelle besteht hier aus Invar-Konstantan. L. W. POLLAK[3] hat in der Absicht, das MICHELSONsche Aktinometer auch zu absoluten Messungen heranziehen zu können, folgende Abänderung vorgenommen: Die bimetallische Lamelle wird durch einen geschlitzten bimetallischen Streifen ersetzt, der zu Eichzwecken mit einem elektrischen Kompensationsstrom beschickt werden kann[4]. Im übrigen liegt auch eine Neukonstruktion des „Michelson" durch K. BÜTTNER und F. ALBRECHT[5] vor, bei der der störende Temperaturgang des Nullpunktes beim MICHELSON-Aktinometer durch eine Kompensationslamelle ausgeglichen wird. Durch diese Abänderung ergibt sich demnach hier ein Bimetallaktinometer, das in die zweite Gruppe der Meßinstrumente einzureihen wäre.

8. Das sekundäre Silver-Disk-Pyrheliometer. Neben dem Bimetallaktinometer gehört der ersten Gruppe vor allem das sekundäre Silver-Disk-Pyrheliometer an, das bei den Arbeiten des Smithsonian-Observatoriums weitestgehende Anwendung gefunden hat. Es arbeitet nach dem Kalorimeterprinzip, das sich zum ersten Male bei dem klassischen Pyrheliometer von C. S. POUILLET[6] findet. Die erste Konstruktion von POUILLET aus dem Jahre 1837 ist in Abb. 5 wiedergegeben. *v* ist ein zylindrisches, wassergefülltes Gefäß von 15 cm Höhe und 5 cm Halbmesser, dessen äußerer Deckel aus dünnem, geschwärztem Silberblech besteht. Es enthält die Kugel eines Thermometers, das in die Metallröhre *cc'* eingelassen wird und durch den Knopf *b* um die eigene Achse gedreht werden kann. Durch die Drehung während der Beobachtung wird das Thermometer gleichmäßig vom Wasser umspült, wodurch ein sicherer Temperaturausgleich gewährleistet ist. Während der Beobachtung ist darauf zu achten, daß das zylindrische Gefäß von der Sonnenstrahlung senkrecht getroffen wird. Bei der einfachen, leicht zu orientierenden Konstruktion ist dies auch bequem zu bewerkstelligen.

[1] Phys Z 9, S. 18 (1908); Met Z 25, S. 246 (1908).
[2] Veröff Preuß Met Inst Nr. 267, S. 15 (1912).
[3] Met Z 42, S. 196 (1925). [4] Siehe auch Z f Instrk 45, S. 247 (1925).
[5] Gerlands Beitr 26, S. 243 (1930).
[6] C R 7, S. 24 (1828); Pogg Ann 45, S. 25 u. 481 (1838).

Die von C. G. ABBOT[1] bei dem „Silver-Disk" getroffenen Anordnung kann aus Abb. 6 entnommen werden. In einem langen, dünnen Rohr befindet sich ein Präzisionsthermometer, das im Bereich von $-15°$ bis $+50°$ in Zehntelgrade geteilt ist. Das Thermometer ist geknickt und mündet mit dem Quecksilberbehälter in einem kleinen Silbergefäß a, dem eigentlichen Strahlungsempfänger. Zur Herstellung einer guten Wärmeleitung zwischen Silberkapsel und Thermometer ist auch der enge Zwischenraum zwischen beiden mit Quecksilber ausgefüllt. Die silberne Kapsel wird von drei in der Abbildung nicht ersichtlichen Trägern gehalten und ist zum Schutze gegen Wärmeeinwirkung der Umgebung in ein Kupfergehäuse G und dieses wieder in eine Holzwandung d eingeschlossen. Die Sonnenstrahlung fällt durch die Blende k, die das Holzgehäuse gegen die Strahlung abschirmt, in das Rohr e und passiert drei Blenden f_1, f_2 und f_3 mit kreisförmigen Öffnungen. f_3 ist die kleinste Blende und hat zudem noch einen geringeren Durchmesser als die silberne Kapsel a selbst. An einem mit der Stange g verbundenen Handgriff werden die Klappblenden h betätigt. Der Beobachtungsvorgang ist sehr einfach. Nach Pointierung auf die Sonne wird die Klappblende geöffnet, 100 Sekunden lang belichtet, abgelesen, Verschluß geschlossen, nach 20 Sekunden wieder abgelesen, Verschluß geöffnet, 100 Sekunden belichtet usw. Die Ablesungen erfolgen auf $^1/_{100}°$, der wahrscheinliche Fehler übersteigt erfahrungsgemäß nicht 0,3%. Das Instrument ist leicht transportabel und in einer einfachen parallaktischen Montierung aufgestellt.

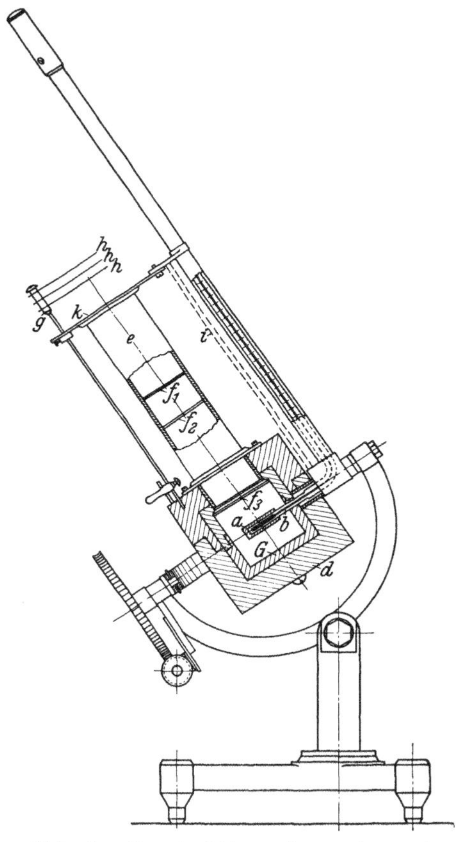

Abb. 6. Konstruktionsschema des ersten Silver-Disk-Pyrheliometers von C.G. ABBOT. [Smithson Misc Coll 56 (1911).]

Die mit diesem Instrument gewonnenen Daten werden nicht in Kalorien umgewandelt, sondern dienen ausschließlich als Vergleichswerte verschiedener Stationen. Es sind Strahlungswerte, die der Intensität der Sonnenstrahlung auf der Erdoberfläche proportional angenommen werden können.

Dadurch, daß Beobachtungen bei verschiedenen Luftmassen vorgenommen werden, ergibt sich die Möglichkeit, den Strahlungsverlust in der Erdatmosphäre bis zu einem gewissen Grade zu berücksichtigen. Bei den Bestimmungen der Solarkonstante werden die Pyrheliometermessungen mit den Ergebnissen der spektrobolometrischen Messungen kombiniert (s. Ziff. 15 u. 17).

Die Silver-Disk-Pyrheliometer, die in gleicher Ausführung an den Beobachtungsstationen der Smithonian-Institution, aber auch an vielen europäischen Stationen Verwendung gefunden haben, sind im Laufe der Jahre durch kleine

[1] Smithson Misc Coll 56, Nr. 19 (1911); Smithson Ann 3, S. 47 (1913).

Abänderungen immer weiter vervollkommnet worden. Der allerneueste Typus ist in Ziff. 38 beschrieben. Als Sekundärinstrumente müssen die Silver-Disk-Pyrheliometer an absoluten Instrumenten geeicht werden. Dies geschieht mit Hilfe des K. ÅNGSTRÖMschen Kompensationspyrheliometers (Ziff. 9) oder durch Vergleichung mit den Absolutinstrumenten der Smithsonian-Institution, dem Water-Flow- oder Water-Stir-Pyrheliometer (Ziff. 10).

9. Das primäre K. ÅNGSTRÖMsche Kompensationspyrheliometer. Die wichtigste Aufgabe für die Messung der Gesamtstrahlung der Sonne liegt in der Konstruktion von Standardinstrumenten, deren Messungsergebnisse Absolutwerte zu liefern gestatten und demgemäß zur Eichung der zahlreichen sekundären Instrumente dienen können. Sekundäre Meßinstrumente lassen sich durch die Verwendung eines elektrischen Kompensationsverfahrens prinzipiell in absolute Instrumente umwandeln. Wie in Ziff. 7 angedeutet, geschah dies z. B. durch die POLLAKsche Abänderung des MICHELSON-Bimetallaktinometers. Die Verwendung elektrischer Kompensationsmethoden geht auf das Jahr 1893 zurück[1]. Ganz besondere Bedeutung als Standardinstrument hat im Laufe der Zeit das K. ÅNGSTRÖMsche Kompensationspyrheliometer erlangt. Es ist wohl zu unterscheiden von einer früheren Konstruktion K. ÅNGSTRÖMS, dem sog. Differentialpyrheliometer[2]. Auch dieses Instrument war als Absolutinstrument gedacht, ist aber später nicht mehr verwendet worden. Es besitzt zwei kreisförmige Platten aus massivem Kupfer, die als Kalorimeter dienen. Die Sonnenstrahlung wird abwechselnd der einen und der anderen der geschwärzten Platten zugeführt. Es entsteht jedesmal eine Temperaturdifferenz ΔT, die durch Thermoelemente gemessen und an einem Galvanometer abgelesen wird. Man beobachtet nun die Zeiten t, während deren ΔT das Zeichen wechselt. Ist A die Absorptionsfläche der Kalorimeterplatte, c die Wärmekapazität, so ergibt sich die auffallende Wärmemenge zu

$$S = \frac{2\Delta T c}{A t}.$$

Der gewählte Meßvorgang besteht also in einer Zeitbestimmung und in einer Ablesung des Galvanometerausschlages. Das Instrument hat zwei Konstanten, die nur einmal bestimmt werden müssen, die Fläche A der Kalorimeterplatten und ihre Wärmekapazität c.

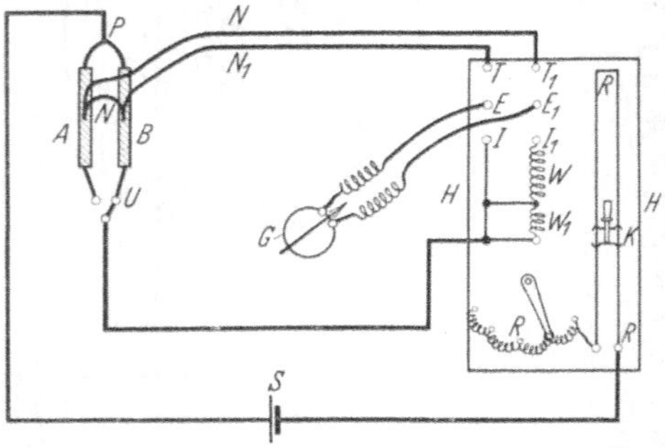

Abb. 7. Schaltungsschema des Kompensationspyrheliometers von K. ÅNGSTRÖM. [Nova Acta Reg Soc Sc Upsal (3) 16.]

Das Kompensationspyrheliometer ist, wie erwähnt, im Jahre 1893 entwickelt worden[3] und wurde späterhin von K. ÅNGSTRÖM[4] mehrfach beschrieben. Die wesentlichen Bestandteile und das Schaltungsschema können aus Abb. 7 entnommen werden. Den Meßkörper bilden zwei dünne Streifen A und B, ursprünglich aus Platin, später aus Manganinblech[5], die auf einer Seite geschwärzt sind und in einem Ebonitrahmen angebracht werden, der wieder in ein Rohr eingeschoben ist. Die Rückseite der Streifen ist mit Glimmerplättchen belegt,

[1] K. ÅNGSTRÖM, Nova Acta Reg Soc Sc Upsal (3) 16 (1893). Gleichzeitig auch von F. KURLBAUM vorgeschlagen.
[2] Nova Acta Reg Soc Sc Upsal (3) 13 (1886).
[3] Nova Acta Reg Soc Sc Upsal (3) 16 (1893).
[4] Ap J 9, S. 339 (1899); Ann d Phys 67, S. 633 (1899); Nova Acta Reg Soc Sc Upsal (3) 20, S. 1 (1900).
[5] W. MARTEN, Veröff Preuß Met Instr 1913, Nr. 267.

welche die Lötstellen der Thermoelemente N und N_1 tragen. Auf einem Brett rechts sind ein Kommutator T, E, I, T_1, E_1 und I_1, der Rheostat R mit dem Schleifkontakt K sowie die Widerstände W und W_1 befestigt. Belichtet man den einen der Streifen, so wird der elektrische Kompensationsstrom durch den anderen Streifen geschickt und die Stromstärke so lange reguliert, bis wieder dieselbe Temperaturdifferenz thermoelektrisch angezeigt wird. Dann besteht die Annahme, daß die dem Streifen A durch Strahlung zugeführte Wärmemenge jener Wärmemenge gleich ist, die durch den elektrischen Strom dem Streifen B zuerteilt wird. Ist die gemessene Stärke des elektrischen Kompensationsstromes i Ampere, der elektrische Widerstand r Ohm/cm, b die Breite der Streifen in cm, und a das Absorptionsvermögen der geschwärzten Fläche, so beträgt die Wärmemenge, die in der Sekunde pro Flächeneinheit erzeugt wird,

$$S = \frac{i^2 r}{b a}.$$

Reduziert man auf gcal/min, so erhält man

$$S = \frac{60 i^2 r}{4{,}19 b a} = k i^2 \text{ gcal min}^{-1} \text{ cm}^{-2}.$$

Bei jeder Beobachtung sind zwei Messungen auszuführen, einerseits die Einstellung auf gleiche Temperaturdifferenz, andererseits die Messung der Stromstärke. Zur Festlegung der Konstanten bedarf es einer Bestimmung der Absorptionsfläche und des Leitungswiderstandes des Streifens.

Im Jahre 1905 wurde auf der Innsbrucker[1] und Oxforder[2] Konferenz das K. ÅNGSTRÖM-Pyrheliometer zum Standardinstrument der Sonnenforschung bestimmt. Gegenüber der amerikanischen Skala Smithsonian Revised Scale[3] (s. folgende Ziffer) ergaben sich nennenswerte Differenzen, die freilich späterhin allmählich geringer wurden. Sie betrugen 1908 9,2%[4], 1911 5,5%[5] und 1913 3,9%[6]. Aus dieser Abnahme geht hervor, daß sich im Laufe der Jahre offenbar die amerikanische Skala verbessert hat. Jedenfalls aber scheint die ÅNGSTRÖMsche Skala zu tief zu liegen. Die Frage der Ursachen dieser Differenz sind 1914 von ANDERS ÅNGSTRÖM und 1922 von W. MARTEN eingehend diskutiert worden. A. ÅNGSTRÖM[7] weist auf einen Fehler des K. ÅNGSTRÖM-Kompensationspyrheliometers hin, den man als Randeffekt zu bezeichnen pflegt. Während nämlich der Kompensationsstrom naturgemäß einen Streifen in seiner ganzen Ausdehnung durchfließt, wird bei der Bestrahlung des Streifens durch die Sonne das Gebiet der Kanten des Streifens im Schatten bleiben. Auf Grund des derart entstehenden Randeffektes und noch einer zweiten aufgedeckten Fehlerquelle sind nach A. ÅNGSTRÖM die Ergebnisse mit dem Kompensationspyrheliometer um +1,3% zu korrigieren. Es verbleibt demnach gegen die amerikanische Skala nur mehr eine Diskrepanz von 2,6%. Nun beträgt der Randeffekt beim ÅNGSTRÖMschen Pyrheliometer nach einer sorgfältigen Neubearbeitung durch W. MARTEN[8] 2,8%, auf diese Weise würde sich also eine weitere Annäherung der beiden Skalen ergeben. Die Frage bedarf jedoch noch der endgültigen Klärung, da, wie aus Ziff. 10 und 39 hervorgeht, es heute nicht mehr feststeht, daß die amerikanische Skala absolut richtig ist.

Hinsichtlich des ÅNGSTRÖMschen Kompensationsinstrumentes (seit 1906 gilt das in Upsala befindliche Pyrheliometer Nr. 70 als internationales Normal-

[1] Rapport Conf Met Int Paris 1907, S. 13.
[2] Trans IU Solar Research, Manchester 1, S. 239 (1906).
[3] Smithson Misc Coll 60, Nr. 18 (1913). [4] Smithson Ann 2, S. 47 (1908).
[5] Ap J 33, S. 154 (1911). [6] Smithson Ann 3, S. 72 (1913).
[7] Met Z 31, S. 369 (1914). [8] Met Z 39, S. 342 (1922).

instrument) erfolgte 1924 eine sorgfältige Neubestimmung der Instrumentalkonstante k durch E. BÄCKLIN[1]. Von großer Wichtigkeit ist die Feststellung desselben Autors in einer zweiten Abhandlung[2], daß das Kompensationspyrheliometer Nr. 70 während der 19 Jahre seit seiner Indienststellung völlig konstant geblieben ist. Es ist demnach seit 1906 auch in der ÅNGSTRÖMschen Standardskala keine Nullpunktsänderung eingetreten.

In der folgenden Ziffer sollen nun die amerikanischen Primärinstrumente behandelt werden, auf denen die Smithsonian-Skala gegründet ist.

10. Die Primärinstrumente der Smithsonian-Observatorien. Bei den gewöhnlichen Formen der Pyrheliometer ist eine wesentliche Fehlerquelle dadurch gegeben, daß die im Empfänger gemessene Strahlung den Strahlungsanzeiger nicht völlig erreicht, da ein wenn auch geringer Teil der Strahlung wieder durch Konvektion ausgestrahlt wird. Dieser zwar geringe Verlust ist rechnerisch schwer zu erfassen, zumal er variabel ist und von verschiedenen Umständen, wie z. B. Neigungen des Apparates, Windströmungen, wie auch von der Temperaturverteilung im Innern des Apparates abhängt.

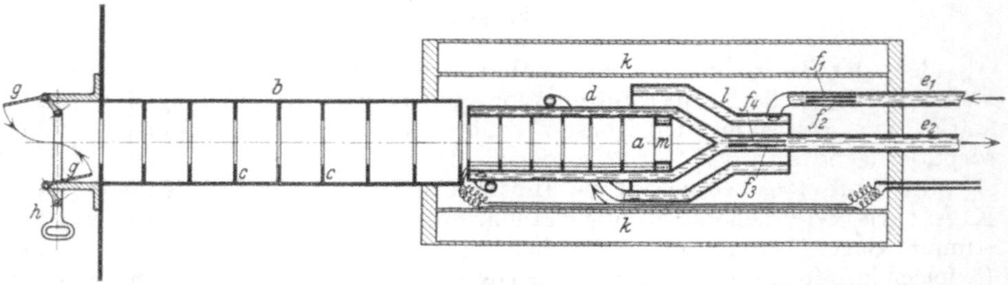

Abb. 8. Schematische Skizze des ABBOTschen Standardpyrheliometers, „Water-Flow-Pyrheliometer Nr. 1". [Smithson Ann 2 (1908).]

Das Astrophysikalische Observatorium der Smithsonian-Institution hat diesen Problemen seit 1903 große Aufmerksamkeit geschenkt und nach verschiedenen Vorversuchen ein sog. Water-Flow-Pyrheliometer herausgebracht, das als absoluter Strahlungsmesser bezeichnet werden kann und demnach als Standardinstrument zur Eichung der sekundären Pyrheliometer dienen soll. Das angestrebte Ziel lag in der Konstruktion eines „schwarzen Körpers" als Empfängerkammer. Weiter sollte die vom Empfänger absorbierte Strahlung nicht direkt gemessen werden, sondern vorerst in einem die Kammer einhüllenden Flüssigkeitsstrom eine Temperaturerhöhung bewirken, welch letztere dann gemessen wird. Ursprünglich benutzte man Quecksilber, später Nitrobenzol und schließlich Wasser. Die Konstruktion des ersten „Water-Flow-Pyrheliometers Nr. 1"[3] ist aus Abb. 8 ersichtlich. Nach Öffnung des Verschlusses g, h fällt die Strahlung in das innen geschwärzte Ansatzrohr b, das zur Ausblendung der Sonnenstrahlung mit mehreren gegen den Empfänger hin immer kleiner werdenden Diaphragmen c versehen ist. Das Kalorimetergefäß k enthält im Innern den eigentlichen Meßkörper a, ein zylindrisches geschwärztes Rohr mit konisch sich verjüngendem Ende. Zwischen den Wänden des Rohres a und den Wänden d des inneren Mantels fließt Wasser, das bei e_1 in das Kalorimeter eintritt und bei e_2 wieder den äußeren Mantel verläßt. Die WHEATSTONEsche Brückenanordnung, das elektrische Thermometer zur Messung der Temperaturerhöhung des Wassers, wird von vier Platindrähten f_1, f_2, f_3 und f_4 gebildet.

[1] Ark Mat Astr Fys 19a, Nr. 10 (1925). [2] Ark Mat Astr Fys 19a, Nr. 18 (1925).
[3] Smithson Ann 2, S. 39 (1908).

Wie es sich bald herausstellte, lag in der Anordnung dieser Platindrähte zum Wasserstrom eine Fehlerquelle verborgen. Es wird nämlich bei dieser Konstruktion die Wassertemperatur noch etwas weiter erhöht, nachdem sie bereits durch f_1 und f_2 angezeigt worden ist. Dadurch müssen aber die Meßresultate zu hoch ausfallen. Bei den späteren Konstruktionen Nr. 2, 3 und 4 wurde dieser Fehler vermieden. An der mit m bezeichneten Stelle der Abb. 8 liegt zur Kontrolle der Meßgenauigkeit eine Drahtspule bekannten Widerstandes, die elektrisch geheizt werden kann. Der resultierende Temperaturanstieg des Wassers wird in diesem Falle in ebensolcher Weise gemessen, als hätte man es mit der Messung der Sonnenstrahlung selbst zu tun. In der Konstruktion liegt hier bereits der erste Ansatz zu der viele Jahre später eingeführten Kompensationsmethode (s. Ziff. 39). Zu der Apparatur gehören noch komplizierte Anordnungen, die den Wasserfluß in das Kalorimeter regulieren, sowie die Geschwindigkeit des Flusses zu messen gestatten.

Die Water-Flow-Pyrheliometer Nr. 2 und 3, die 1907 und 1909 entwickelt wurden[1], sind prinzipiell ähnlich gebaut und unterscheiden sich von der ersten Type durch eine verfeinerte Konstruktion und durch eine bessere Anordnung des die WHEATSTONEsche Brücke bildenden elektrischen Thermometers.

Die Temperaturänderung in der Apparatur, die von der Sonnenstrahlung bzw. elektrischen Heizung bewirkt wird, macht sich an den beiden im Ausflußrohr befindlichen Armen der Brücke bemerkbar. Der Widerstand dieser Arme ist nahezu gleich und sei Q, ihr mittlerer Temperaturkoeffizient q genannt. Bezeichnet man ferner den Widerstand des an einem dieser Arme liegenden Shunts, durch den das Brückengleichgewicht erzielt wird, mit e, und die einem Galvanometerausschlag σ entsprechende Änderung des Widerstandes e mit Δ, so erhält man, wenn schließlich S gleich dem durch Einwirkung der Sonnenstrahlung bewirkten Galvanometerausschlag, a gleich der Öffnung der innersten Blende, die von der Sonnenstrahlung passiert wird, und w gleich der Geschwindigkeit des Wasserflusses ist, für die Sonnenstrahlung R den Ausdruck

$$R = \frac{w}{a} \frac{S}{\sigma} \cdot \frac{Q}{qe} \frac{\Delta}{(Q + e + \Delta)\left(1 + \frac{e}{Q+e}\right)},$$

der von ABBOT zur Reduktion der Messungen verwendet wird.

Zur Kontrolle der mit dem Water-Flow-Pyrheliometer gewonnenen „absoluten“ Skala wurde vom Astrophysikalischen Observatorium der Smithsonian-Institution ein zweites Instrument gebaut, das eine etwas abweichende Wirkungsweise besitzt. Bei diesem Water-Stir-Pyrheliometer[2] fällt die zu messende Sonnenstrahlung nach Öffnung der Blende C (s. Abb. 9) in eine unten konisch verlaufende Empfängerkammer AA, deren Innenwände wie üblich geschwärzt sind. Diese Kammer ruht in einem mit destilliertem Wasser gefüllten Gefäße DD, dem Kalorimeter. Zwischen der Kammer und den Wänden des Gefäßes DD ist ein Widerstandsthermometer F angebracht. Es besteht aus vier Drähten, und zwar zwei Platin- und zwei Manganindrähten, die auf einem isolierten Träger aufgewickelt sind. Die Anordnung enthält noch ein Quecksilberthermometer, das bei E in den Apparat eingeschoben wird. Schließlich besteht die Möglichkeit, in die Absorptionskammer einen elektrischen Strom bekannter Größe einzuführen, dessen Wärmewirkung in gleicher Weise wie die Wärmestrahlung der Sonne gemessen wird. Dieser Kompensationsstrom durchfließt den Widerstand G, eine Spule aus Manganindraht, die, wie aus der Abb. 9 hervorgeht, in der Kammer AA angebracht ist.

[1] Smithson Ann 3, S. 52 (1913). [2] Smithson Ann 3, S. 64 (1913).

Das Wasser im Kalorimeter wird nun mittels der motorisch angetriebenen Vorrichtung *BB* in eine rasche Wirbelbewegung versetzt, wodurch die für das sichere Arbeiten der Apparatur notwendige kräftige Durchmischung erreicht wird. Vor Beginn der Beobachtung wird das Widerstandsthermometer *F*, das über einen regulierbaren Widerstand mit einem Galvanometer verbunden ist, durch Veränderung dieses Widerstandes auf einen Gleichgewichtszustand ge-

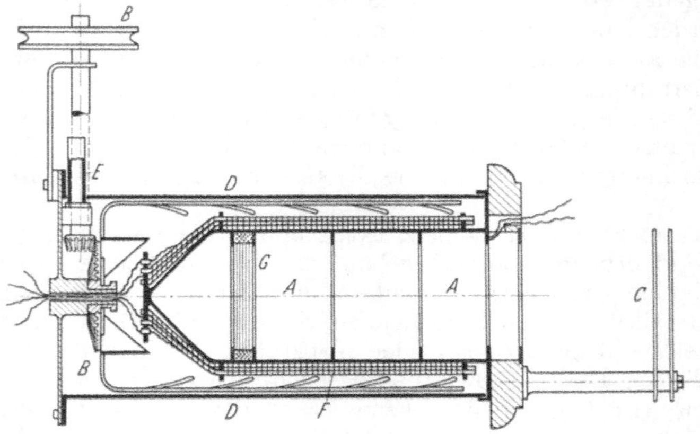

Abb. 9. Schematisches Bild des ABBOTschen Standardpyrheliometers, „Water-Stir-Pyrheliometer Nr. 4". [Smithson Ann 3 (1913).]

bracht. Innerhalb eines Zeitraumes von 20 Minuten wird der Apparat sodann in geeigneten Intervallen der Sonnenstrahlung ausgesetzt bzw. durch den elektrischen Strom künstlich erwärmt. Am Galvanometer werden die Ausschläge abgelesen, die sich aus den Temperaturänderungen ergeben, und zwar sowohl während der Erwärmung als auch vor und nach der Erwärmung.

Die Reduktion der Skala der Galvanometerausschläge auf eine Temperaturskala erfolgt dadurch, daß man die Temperaturwerte des Quecksilberthermometers *E* mit den Einstellungen des variablen Widerstandes im Augenblick der Ausbalanzierung des Thermometers *F* vergleicht. Die Beziehung zwischen einer Widerstandsänderung $\varDelta$ und einer Änderung des Galvanometerausschlages D läßt sich aus der Formel

$$D = K_1 \frac{\varDelta}{e(e+\varDelta)}$$

ableiten, wobei e den Widerstand, K_1 eine Konstante bedeuten. Schließlich ergibt sich die Beziehung zwischen der Widerstandsänderung $\varDelta$ und der entsprechenden Temperaturänderung dT aus dem Ausdruck

$$dT = [K_2 + (e - e_0) K_3] \frac{\varDelta}{e(e+\varDelta)}.$$

Die Konstanten K_2, K_3 und e_0 werden am Tage der Beobachtung ein für allemal ermittelt, die Konstante K_1 der ersten Gleichung jedesmal vor und nach jeder einzelnen Beobachtung.

Das Water-Stir-Pyrheliometer wurde in ähnlicher Weise wie das Water-Flow-Pyrheliometer nicht nur zur Vergleichung verschiedener sekundärer Pyrheliometer verwendet, sondern hat auch zur Ableitung der Absolutskala, der sog. Smithsonian-Revised-Scale von 1913 gedient[1]. Alle veröffentlichten Werte der Solarkonstante sind auf diese Absolutskala bezogen,

[1] C. G. ABBOT u. L. B. ALDRICH. Ap J 33, S. 125 (1911).

die allgemein auch als zuverlässig angesehen wird. Insbesondere die Untersuchungen von W. MARTEN [1], der die Diskrepanz zwischen der K. ÅNGSTRÖMschen und der Smithsonian-Revised-Scale auf die Auswirkung eines „Randeffektes" (s. Ziff. 9) beim ÅNGSTRÖMschen Kompensationspyrheliometer zurückführte, haben das Vertrauen in die Smithsonian-Skala gestärkt. Erst in neuester Zeit beginnt man an der Richtigkeit des Nullpunktes dieser Skala zu zweifeln, insbesondere als 1931 und 1932 neue Absolutinstrumente [s. Abschnitt l), Ziff. 39] entwickelt wurden, die hinsichtlich der Vermeidung verschiedener Fehlerquellen den bisherigen Water-Flow- und Water-Stir-Pyrheliometern wesentlich überlegen sind.

d) Bolometer und Spektrobolometer zur Messung der Gesamtstrahlung der Sonne.

11. Historische Bemerkungen. W. HERSCHEL[2] stellte bereits 1800 fest, daß bei Bestrahlung eines Thermometers durch die Sonne Wärmeeffekte auftreten, die nicht von der sichtbaren Sonnenstrahlung herrühren können. Er schließt, daß zumindest 50% der Gesamtstrahlung eine Wärmestrahlung sei, die jedoch in keinem direkten Zusammenhang mit der sichtbaren Strahlung stünde, wenn auch offenbar Brechung und Reflexion an Glas nach gleichen Gesetzen vor sich ginge. MACEDONIO MELLONI war wohl der erste, der in klarer Weise erkannte, daß die Wärmestrahlung von gleicher Natur wie die sichtbare Strahlung sei. Im besonderen mögen folgende Arbeiten dieses Forschers genannt werden: „Observations sur la nouvelle méthode thermographique de Mr. Herschel et sur son application au spectre solaire"[3] und „Sur l'identité des diverses radiations lumineuses calorifiques et chimiques"[4]. In der erstgenannten Arbeit weist MELLONI auf eine im gleichen Jahre veröffentlichte Untersuchung hin, die JOHN HERSCHEL[5] mit einem „Prismenthermograph" vorgenommen hat und die deutliche Absorptionen im infraroten Teil des Sonnenspektrums aufdecken konnte. MELLONI erkannte auch bereits die Bedeutung der Steinsalzprismen für die Untersuchungen im langwelligen Spektralbereiche. 1859 wurde von J. MÜLLER[6] die Grenze des infraroten Sonnenspektrums bei 1,8 μ angegeben. Demselben Autor verdanken wir übrigens eines der ersten Verfahren für die Umwandlung des prismatischen Spektrums in ein Normalspektrum. Einige Jahre später erkennt JOHN TYNDALL[7], daß gewiß zwei Drittel der Gesamtstrahlung der Sonne von Strahlung aus dem infraroten Gebiete bestritten wird. Demgemäß müsse, so meint er, auch der Maximalwert der Energiekurve im Infrarot gelegen sein. Die Jahre 1871—1883 bringen die ersten Versuche, die spektrale Energieverteilung im Infraroten noch genauer zu erfassen. Diesbezüglich seien hervorgehoben Arbeiten von W. ABNEY[8] (λ 7150 bis λ 10000), A. E. BECQUEREL[9] (bis λ 14000) und J. DRAPER[10].

Die erste Anwendung des Spektrobolometers erfolgte 1880 durch S. P. LANGLEY[11], drei Jahre später wurde bereits durch E. PRINGSHEIM[12] das Radiometer in die Sonnenphysik eingeführt. Bemerkenswerterweise reichten Untersuchungen des infraroten Sonnenspektrums mit Thermoelementen weiter zurück. Es sind dies 1871 und 1872 veröffentlichte Arbeiten von M. S. LAMANSKY, die uns die erste Erkenntnis der großen Absorptionsbanden im Infraroten gebracht haben.

---

[1] Met Z 39, S. 342 (1922). [2] Phil Trans 90, S. 284 (1800).
[3] Ann Chim Phys (2) 74 (1840). [4] Ann Chim Phys (3) 15 (1842); (3) 22 (1846).
[5] Phil Trans 130, S. 1 (1840). [6] Phil Mag (4) 17, S. 233 (1859).
[7] Phil Trans 156, S. 1 (1866). [8] Phil Trans 171, S. 653 (1880); 177, S. 457 (1886).
[9] Ann Chim Phys (5) 10, S. 5 (1877); (5) 30, S. 5 (1883).
[10] Phil Mag (5) 11, S. 157 (1881). [11] Wash Proc Acad Arts Sc 16, S. 342 (1881).
[12] Wied Ann 18, S. 32 (1883).

12. Die Apparate von S. P. LANGLEY und C. G. ABBOT. Ein entscheidender Fortschritt in den Methoden zur Strahlungsmessung der Sonne ist durch die Arbeiten der Smithsonian-Beobachter gegeben. LANGLEY, der die Bedeutung der Thermoelemente nicht unterschätzte und dem auch die Arbeiten von BOYS mit dem Radiomikrometer (Ziff. 27) bekannt waren, ist von dem einmal gefaßten Plane, die Sonnenuntersuchungen mit Hilfe des Bolometers vorzunehmen, nicht mehr abgegangen. Und tatsächlich ist es ihm und seinem Schüler und Nachfolger C. G. ABBOT auch gelungen, das Bolometer[1] zu großer Wirksamkeit zu steigern. Die erste Konstruktion stammt aus dem Jahre 1880[2]. Im folgenden Jahr gelingt LANGLEY[3] die Beobachtung des Sonnenspektrums bis λ 28000. 1887 berichtet LANGLEY gemeinsam mit E. W. VERY[4] über Untersuchungen mit dem Bolometer am Monde.

Der empfindliche Teil des Bolometers besteht aus dünnen, geschwärzten Platinstreifen, welche die Sonnenstrahlung absorbieren. Diese Streifen bilden zwei Zweige einer Wheatstoneschen Brücke, die derart abgeglichen wird, daß ein im Stromkreis eingebautes Galvanometer sich normal in Ruhelage befindet. Wird belichtet, so bewirkt die absorbierte Strahlung eine Temperaturerhöhung der Streifen und demzufolge eine meßbare Störung des Brückengleichgewichtes. Das Schaltungsschema ist in Abb. 10 ersichtlich. *b* und *b'* sind die Bolometerstreifen, *c* und *c'* Spulen aus Manganindraht, die Widerstände der beiden anderen Brückenzweige. Die Widerstände *e* und *d* dienen zur Feinregulierung des Brückengleichgewichtes. *a* ist die Spannungsquelle, *G* das Galvanometer. Die Regulierung der für die Anordnung günstigsten Stromstärke (Größenordnung 0,1 Amp), die am Milliamperemeter *h* abgelesen wird, erfolgt schließlich durch den variablen Widerstand *i*. Dieser erste Entwurf ist im wesentlichen erhalten geblieben. Spätere Verbesserungen beziehen sich vor allem auf die Wahl des Materiales, luftdichten Abschluß, spezielle Anordnungen der Brücke usw. Neuere Arbeiten über Bolometer haben u. a. O. LUMMER und F. KURLBAUM[5], F. PASCHEN[6] veröffentlicht.

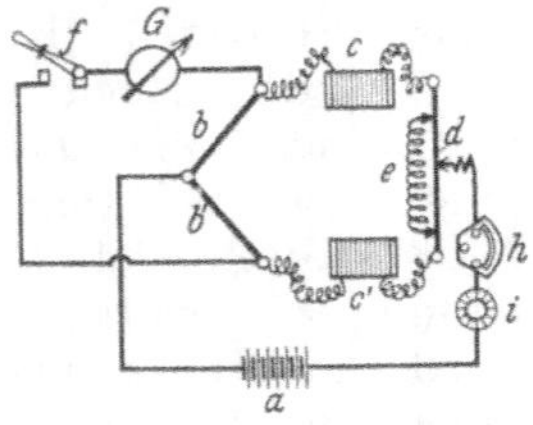

Abb. 10. Schematische Skizze der Brückenanordnung des LANGLEYschen Bolometers (Konstruktion von 1896). [Smithson Ann 1 (1900).]

Eine ganz wesentliche Verbesserung wurde neuerdings durch Anwendung von Vakuumbolometern erzielt. Diesbezügliche Konstruktionsangaben sind von WARBURG, LEITHÄUSER und JOHANSEN[7], LEIMBACH[8], BUCHWALD[9] veröffentlicht. Das modernste Bolometer von LEIMBACH wurde 1924 beschrieben[10]. Hier werden für die Bolometerstreifen glattgewalzte Wollaston-Drähte von 0,003 mm Querschnitt verwendet. Diese Streifen haben dann eine Dicke von 0,00028 mm und eine Breite von 0,025 mm. Die Empfindlichkeit dieses Apparates ist sehr groß. Eine Meterkerze gibt bei einem Meter Skalenabstand einen Ausschlag von 200 cm. Dieses Bolometer scheint für astrophysikalische Zwecke bisher noch nicht verwendet worden zu sein.

Das Vakuumbolometer ABBOTS wurde in seiner ersten Gestalt 1911 konstruiert[11] und steht in verbesserter Ausführung bei den Smithsonian-Beobachtern seit 1925 in regelmäßiger Verwendung[12].

---

[1] Smithson Ann 1, S. 47ff. (1900); 2, S. 28ff. (1908); 3, S. 34 u. 42 (1913); 4, S. 45 (1922).
[2] Beschrieben in Wash Proc Acad Arts Sc 16, S. 342 (1881).
[3] C R 95, S. 482 (1882); Wied Ann 19, S. 226 u. 384 (1883); 22, S. 598 (1884).
[4] Wash Mem 4, S. 107 (1887).
[5] Wied Ann 46, S. 204 (1892).
[6] Wied Ann 48, S. 275 (1893).
[7] Wied Ann (4) 24, S. 25 (1907).
[8] Wied Ann (4) 33, S. 308 (1910).
[9] Wied Ann (4) 35, S. 928 (1910).
[10] Ann Phys 28, S. 236 (1924).
[11] Smithson Ann 3, S. 20 (1913).
[12] Smithson Ann 4, S. 45 (1920); 5, S. 75 (1932).

Bei diesem Bolometertyp ist der Empfänger in einem Glasballon eingeschlossen, der evakuiert wird. Natürlich wurde besondere Sorgfalt auf die Wahl optimaler Dimensionen der Bolometerstreifen gelegt. Es ist schließlich gelungen, wie Vergleichsmessungen unter gleichen Bedingungen ergaben, die Empfindlichkeit gegenüber dem alten Typus um eine Zehnerpotenz zu steigern. Mit empfindlichem Galvanometer lassen sich noch Temperaturänderungen von $1 \cdot 10^{-8}$ Grad feststellen.

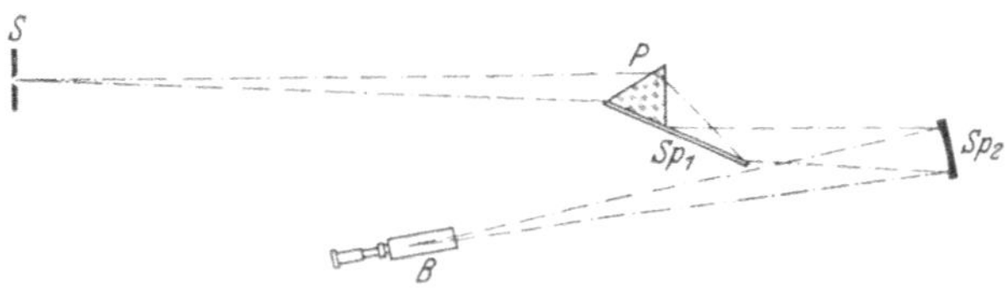

Abb. 11. Schematischer Strahlengang im Spektrobolometer, das von S. P. LANGLEY in den Jahren 1893 bis 1896 verwendet wurde. [Smithson Ann 1 (1900).]

Diese Erfolge führten zur Erwägung, mit Hilfe von Vakuumbolometern auch zur Messung der Energieverteilung in den Sternspektren zu schreiten[1]. Wie in Ziff. 34 und 35 auseinandergesetzt wird, sind derartige Versuche 1922 auch tatsächlich auf dem Mt. Wilson ausgeführt worden, doch sind die Ergebnisse viel zu ungenau geblieben. Bei den Untersuchungen der Energieverteilung im Sonnenspektrum (Ziff. 14) und den Bestimmungen der Solarkonstante (Ziff. 15) hat dagegen das Vakuumbolometer in Verbindung mit einem Spektralapparat (Spektrobolometer) bemerkenswerte Ergebnisse gezeitigt.

Die einfachste Form des Spektrobolometers[2], wie sie von 1893 bis 1896 von den Smithsonian-Beobachtern verwendet wurde, ersieht man aus dem schematischen Bild der Abb. 11. Die Strahlung fällt durch den Spalt S auf das Steinsalzprisma P, das nach LANGLEYs Vorschlag mit einem ebenen Spiegel Sp_1 fest verbunden ist. Ein Konkavspiegel Sp_2 vereinigt sodann die von der Kombination $P - Sp_1$ kommende Strahlung auf den Empfänger des Bolometers B. Die Wir-

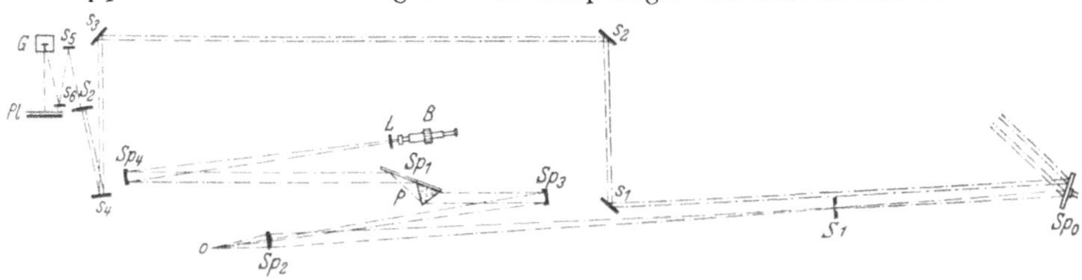

Abb. 12. Schematischer Strahlengang im Spektrobolometer nach der Anordnung, die ab 1897 von den Smithsonian-Beobachtern verwendet wurde. [Smithson Ann 1 (1900).]

kungsweise der neueren Konstruktion LANGLEYs[3], die ab 1897 in Verwendung trat, ist in Abb. 12 schematisch dargestellt. Das Sonnenlicht fällt auf den Spiegel Sp_0 des Siderostaten und wird von hier auf zwei Wegen weitergeleitet. Weg I: Die Strahlung passiert den vertikalen Spalt S_1 und sodann das als Kollimator wirksame Paar zylindrischer Spiegel Sp_2 (konvex) und Sp_3 (konkav). Das parallel gemachte Strahlenbündel fällt auf das Prisma P. Mit diesem Prisma ist wie bei der früheren Anordnung ein ebener Spiegel Sp_1 verbunden. Dieses kombinierte System, das wir auch bei der WILSINGschen Konstruktion (s. Abb. 13 in Ziff. 13) finden, wirft die zu messende Strahlung im Wege des konkaven Spiegels Sp_4 auf den Meßstreifen des Bolometers B. Die kleine Doppelkonvex-Steinsalzlinse l ist so justiert, daß die Höhe des Spektrums schließlich mit der Höhe des

[1] Smithson Ann 4, S. 59 (1920). [2] Smithson Ann 1, S. 30 (1900).
[3] Smithson Ann 1, S. 44 (1900).

Bolometerstreifens übereinstimmt. — Weg II: Andererseits wird das auf den Siderostaten einfallende Licht vom Spiegel *a* über vier ebene Hilfsspiegel s_1, s_2, s_3, s_4 auf den Spalt S_2 gelenkt und gelangt sodann über die weiteren ebenen Spiegel s_5 und s_6 bei *G* zum kleinen Konkavspiegel des Galvanometers. Entsprechend den Ausschlägen des Galvanometers kann dann auf der Platte *Pl* das Bild des Spaltes S_2 abgebildet werden.

Bei den Arbeiten mit diesem Instrument waren anfangs nicht weniger als vier Beobachter gleichzeitig tätig. Der eine versah am Spektrobolometer die Einstellungen auf die verschiedenen Meßstellungen des Prismas, der zweite vollführte die Ablesungen an der Galvanometerskala, der dritte pointierte den Siderostaten, der vierte schließlich notierte die einzelnen Messungsergebnisse. Durch Verbesserung des Apparates und eine Anordnung für automatische Registrierungen wurde es später möglich, mit einem einzigen Beobachter auszukommen. Dieses Instrument, Bolograph genannt, ist im Jahre 1894 von LANGLEY zum ersten Male konstruiert worden[1] und steht mit geringfügigen Änderungen noch heute in Verwendung. Die Auswertung der Bologramme nach dem von den Smithsonian-Beobachtern geübten Verfahren ist in Ziff. 15 bzw. 17 dargelegt. Ein in mancher Hinsicht dem Spektrobolometer der Smithsonian-Beobachter ähnlicher Apparat ist nach Angaben von J. WILSING für Potsdam entworfen worden. Die ungemein sorgfältige Konstruktion ist in der folgenden Ziffer an der Hand der schematischen Abb. 13 beschrieben, dabei werden auch die wesentlichen Züge der Potsdamer Beobachtungsmethode entwickelt.

13. Spektrobolometer und Meßmethode von J. WILSING. J. WILSING in Potsdam hat in Erweiterung seiner Untersuchungen über die Energieverteilung im photographischen und visuellen Spektralgebiet der Sonne[2] (s. ds. Handb. Beitrag BERNHEIMER, Bd. IV, Kap. 1, Ziff. 14 u. 17) auch spektrobolometrische Messungen angestellt, die eine wichtige Ergänzung zu den amerikanischen Arbeiten darstellen. Die Ergebnisse sind ähnlich wie bei WILSINGS früheren Untersuchungen an die Energieverteilung im Spektrum eines schwarzen Strahlers angeschlossen. Das Bolometer wurde von TOEPFER hergestellt und besteht aus zwei geschwärzten Platinstreifen von 12 mm Länge, $7 \cdot 10^{-1}$ mm Breite und $4 \cdot 10^{-4}$ mm Dicke. Diese Streifen bilden zwei Zweige einer Brückenanordnung. Die beiden anderen Zweige bestehen aus Manganindrahtspulen hohen Widerstands, die zum Teil im Bolometergehäuse montiert sind, zum Teil auf einem damit verbundenen Schaltbrett ruhen. Der Brückenstrom, dessen Intensität der auf einen der beiden Platinstreifen fallenden Energie proportional angenommen werden kann, wird galvanometrisch gemessen. Die Anordnung des Bolometers und des Schaltbrettes sind aus Abb. 13 zu entnehmen. Der Bolometerbehälter besteht aus einem Messingrohr von 9 cm Durchmesser und 10 cm Länge, das zum Strahlungsschutz von einem wassergefüllten Mantel umschlossen ist. Zur Justierung des Bolometers dient das auf der Rückseite des Behälters aufgeschraubte kleine Fernrohr.

Die Sonnenstrahlung wird von einem Heliostaten durch den Spalt 1 des Spektralapparates auf den Kollimator, einen versilberten Hohlspiegel von 4 cm Öffnung und 40 cm Brennweite, geleitet. Die nunmehr parallelen Strahlen treffen auf einen Planspiegel, der in ähnlicher Weise wie bei der Konstruktion von LANGLEY (s. Ziff. 12) mit einem 16°-Flintglasprisma derart fest verbunden ist, daß die Strahlen, die schließlich auf den Bolometerstreifen fallen, das Prisma stets im Minimum der Ablenkung passieren. Die Einstellung der Kombination Prisma und Planspiegel ist bequem zu bewerkstelligen und wird

[1] Phil Mag (6) 2, S. 119 (1901); s. auch Smithson Ann 1, S. 22 u. 69 (1900).
[2] Potsdam Publ 22, Nr. 66 (1913).

mittels eines kleinen Fernrohres an einer Kreiseinteilung abgelesen. Diese Ablesevorrichtung ist in Abb. 13 links unten gezeichnet. In den weiteren Strahlen-

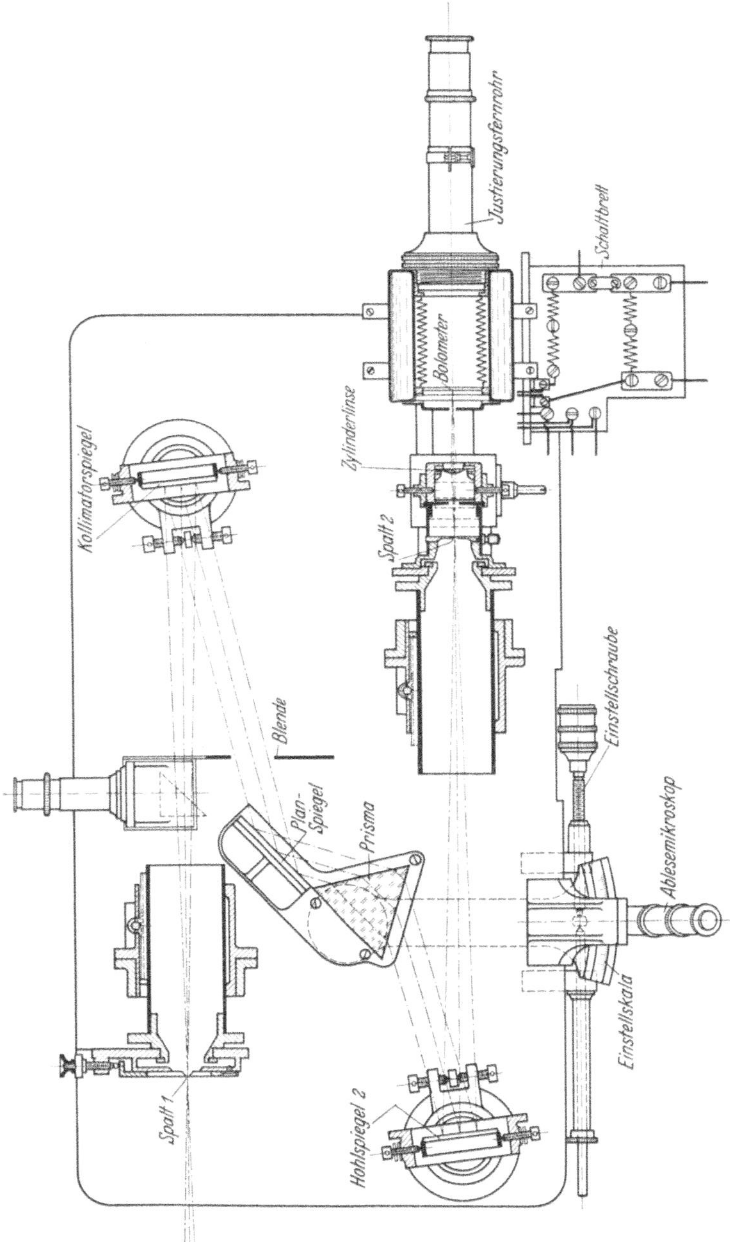

Abb. 13. Schematische Darstellung des von J. Wilsing in Potsdam verwendeten Spektrobolometers. (Potsdam Publ Bd. 23.)

gang ist ein Hohlspiegel eingeführt, dessen Ausmaße mit denen des ersten Spiegels übereinstimmen. Im Brennpunkt des Spiegels befindet sich der Spalt 2. Wie aus der Abbildung ersichtlich, ist zwischen Spalt 2 und dem Bolometer noch eine plankonvexe Zylinderlinse meßbar zu verschieben. Die Breite von Spalt 2 und die Entfernung der Zylinderlinse und des Bolometerstreifens sind so gewählt, daß das Bild des Spaltes 2 um eine Kleinigkeit schmaler als der Bolometerstreifen selbst ist. Bei den Vergleichsmessungen der Strahlung des schwarzen Körpers hat man, abgesehen von der Entfernung des Heliostatenspiegels, das optische System unverändert gelassen.

Nach Voruntersuchungen über die Dispersion des Prismas und Feststellung der Beziehung zwischen Wellenlänge und Einstellung am Kreissektor des Bolometers wurde die Messung der Sonnenstrahlung an 20 verschiedenen Stellen des Spektrums zwischen $\lambda\,4510$ und $\lambda\,23400$ vorgenommen, wobei die ersten neun Stellen (der Bereich unter $\lambda\,6000$) zur Bestimmung der atmosphärischen Extinktion diente. Für die Auswahl der Meßstellen war maßgebend, daß im Spektrum sich hier keine kräftigen Absorptionslinien und vor allem keine atmosphärischen Absorptionsbanden vorfanden. Zu diesen Meßstellen erster Ordnung kamen gelegentlich noch 15 weitere Meßstellen der Energiekurve zwischen $\lambda\,6150$ und $\lambda\,21120$, und schließlich wurden durch relative Anschlüsse noch zahlreiche Zwischenpunkte der Energiekurve festgelegt, die sich auch an Stellen mit Absorption befanden. Das endgültige Verzeichnis enthält 146 Energiewerte im Bereiche von $\lambda\,6600$ bis $\lambda\,23400$.

Bei den Messungen sind mehrere Stellen des Spektrums zu Gruppen vereinigt worden, wobei in jeder Gruppe stets auch eine Messung des Galvanometerausschlages bei $\lambda\,10260$ ($1{,}026\,\mu$) vorgenommen wurde. Alle Messungen reduzierte man dann auf diesen Wert, der etwa dem Intensitätsmaximum im prismatischen Spektrum entsprach. Die Messung einer Gruppe einschließlich der Wiederholung in umgekehrter Richtung konnte bei dem Galvanometer von $7^s{,}5$ Schwingungsdauer in 15 Minuten, bei dem zweiten Galvanometer von 2^s Schwingungsdauer in etwa 7 Minuten erledigt werden.

Sind A_λ und $A_{1,026\,\mu}$ die beobachteten Ausschläge, so ist es einleuchtend, daß dieses beobachtete Energieverhältnis $A_\lambda/A_{1,026\,\mu}$ noch mehrfacher Verbesserungen (s. die Darlegungen in Ziff. 1) bedarf, um auf das wahre Energieverhältnis $E_\lambda/E_{1,026\,\mu}$ überführt werden zu können. Neben der Dispersion des Prismas mit der Wellenlänge ist noch die Änderung der Durchlässigkeit des Bolometers und des Reflexionskoeffizienten des Heliostaten und schließlich die Wirkung der atmosphärischen Absorption zu berücksichtigen. Es ist nämlich

$$\log\frac{E_\lambda}{E_{1,026\,\mu}} = \log\frac{A_\lambda}{A_{1,026\,\mu}} - \log c_{\lambda,\,1,026\,\mu}\cdot r_{\lambda,\,1,026\,\mu} - l_z \log\frac{q_\lambda}{q_{1,026\,\mu}}\,,$$

wobei c und r die genannten instrumentellen Verbesserungen, l_z die beobachtete Luftmasse ($\sec z$) und q den atmosphärischen Transmissionskoeffizienten bedeuten. Die Absorption der Strahlung im Bolometer wurde an einem schwarzen Körper festgestellt, einem Heraeusschen Laboratoriumsofen, dessen Temperatur wiederum durch eine Thermosäule der Kombination von Platin mit Platin-Rhodium (s. Ziff. 30) direkt gemessen wurde. Die absolute Temperatur dieses schwarzen Körpers betrug 1560°. Sind I_{λ_1} und I_{λ_2} die an den Stellen λ_1 und λ_2 des Spektrums des schwarzen Körpers gemessenen Energiemengen und U_{λ_1} und U_{λ_2} die aus dem PLANCKschen Gesetz berechneten entsprechenden Energiemengen, so gilt offenbar

$$\frac{I_{\lambda_2}}{I_{\lambda_1}} = c_{\lambda_2\lambda_1}\cdot\frac{U_{\lambda_2}}{U_{\lambda_1}}$$

und

$$c_{\lambda_2\lambda_1} = \frac{p_{\lambda_2}}{p_{\lambda_1}}\,\frac{\dfrac{\delta_{\lambda_2}}{\delta_v}}{\dfrac{\delta_{\lambda_1}}{\delta_v}}\,,$$

wobei p_{λ_1} und p_{λ_2} die Transmissionskoeffizienten des Bolometers und $\delta_{\lambda_1}/\delta_v$ bzw. $\delta_{\lambda_2}/\delta_v$ die von der Ablenkung v abhängigen prismatischen Zerstreuungen darstellen. Setzt man, wie es WILSING getan hat, zur Vereinfachung für U_λ die WIENsche Beziehung, so erhält man aus den bei der Temperatur T gewonnenen Ausschlägen I_{λ_1} und I_{λ_2} schließlich

$$\log c_{\lambda_2\lambda_1} = \log \frac{I_{\lambda_2}}{I_{\lambda_1}} + 5 \log \frac{\lambda_2}{\lambda_1} + \frac{14\,200 \log e}{T} \cdot \left(\frac{1}{\lambda_2} - \frac{1}{\lambda_1}\right).$$

Es sei darauf aufmerksam gemacht, daß die Absorption im Bolometer aus der Strahlung des schwarzen Körpers nur im Gebiete λ 6600 bis λ 23400 ermittelt wurde. Im Gebiete unter λ 6600 berechnete man sie nur aus der seinerzeit photographisch gewonnenen Energiekurve[1]. Es ist also, wie schon WILSING betont hat, hier ein Zusammenhang zwischen photographischen und bolometrischen Messungen vorhanden.

Es erübrigt sich noch die Bestimmung der anderen Instrumentalverbesserungen $r_{\lambda_2\lambda_1}$, des Verhältnisses der Reflexionskoeffizienten an dem Heliostatenspiegel. Diese Korrektion ermittelte man durch direkte Messungen jener Intensitätsunterschiede, die sich durch Reflexion der Strahlung einer Tantalbandlampe am Heliostatenspiegel ergab. Sind A'_λ und A_λ die Galvanometerausschläge, die sich mit und ohne Verwendung des Heliostatenspiegels ergeben, so gilt

$$r_{\lambda_2\lambda_1} \cdot \frac{A_{\lambda_1}}{A_{\lambda_2}} = \frac{A'_{\lambda_1}}{A'_{\lambda_2}}.$$

Bezeichnet man mit $I_{\odot\lambda_1}$, $I_{\odot\lambda_2}$ nunmehr die im Sonnenspektrum beobachteten Energiewerte, so sind die von Absorption und Reflexion in der Apparatur befreiten Energiewerte $E_{\odot\lambda_1}$ und $E_{\odot\lambda_2}$ durch folgende Beziehung gegeben:

$$\frac{I_{\odot\lambda_2}}{I_{\odot\lambda_1}} = c_{\lambda_2\lambda_1} \cdot r_{\lambda_2\lambda_1} \cdot \frac{E_{\odot\lambda_2}}{E_{\odot\lambda_1}}.$$

Um schließlich die gewünschten extraterrestrischen Energiewerte zu erhalten, ist dann nur mehr an die Ergebnisse der Betrag des atmosphärischen Transmissionskoeffizienten $l_z \cdot q_{\lambda_2}/q_{\lambda_1}$ anzubringen. Diese atmosphärischen Transmissionskoeffizienten wurden von WILSING analog dem von den Smithsonian-Beobachtern geübten Vorgang (Ziff. 15) aus einzelnen Tagesreihen bestimmt, zu Jahresmitteln vereinigt und schließlich in einer für den Beobachtungsort gültigen Normalkurve[2] zusammengestellt. Eine weitere Diskussion des Strahlungsverlustes in der Erdatmosphäre, wie er sich aus neuerlichen bolometrischen Messungen der Jahre 1917 bis 1918 für Potsdam ergeben hat, ist von J. WILSING 1924 veröffentlicht worden[3]. Spezielle Ergebnisse der Untersuchungen WILSINGS sind im Beitrag BERNHEIMER (ds. Handb. Bd. IV, Kap. 1), die Frage der Extinktion der Erdatmosphäre im Beitrag SCHOENBERG (ds. Handb. Bd. II/1, Kap. 1) behandelt. Unzweifelhaft liegt die große Bedeutung der Methode WILSINGS in dem vollzogenen Anschluß an eine Strahlungsquelle des Laboratoriums. Bei den Untersuchungen des Astrophysikalischen Observatoriums der Smithsonian-Institution, die in Ziff. 14 und 15 dargelegt werden, sind derartige Vergleichungen nicht vorgenommen worden, doch ist es gewiß auch hier auf Grund vieljähriger Erfahrungen und durch immer neue Verbesserungen in den Beobachtungs- und Reduktionsmethoden gelungen, wichtige Ergebnisse zu erzielen.

14. Das Verfahren der Smithsonian-Beobachter zur Bestimmung der Energieverteilung im Sonnenspektrum. Die bei der Bestimmung der Solar-

[1] Potsdam Publ 22, Nr. 66 (1913).
[2] Potsdam Publ 23, Nr. 72, S. 88 (1917).
[3] Potsdam Publ 25, Nr. 80 (1924).

konstante regelmäßig vorgenommenen Ausmessungen der Bologramme (s. die folgende Ziff. 15) geben über die extraterrestrische Energieverteilung im Sonnenspektrum noch unvollkommen Aufschluß[1]. Es ist daher zur Erkenntnis des Verlaufes der Energiekurve nötig, noch spezielle Messungen vorzunehmen, und zwar handelt es sich in erster Linie darum, die Absorption der Strahlung im verwendeten optischen Systeme (Zoelostat und Spektralapparat) genauer festzustellen. So hatte sich herausgestellt, daß die Energieverteilung im Sonnenspektrum, wie sie für die Ableitung der Werte der Solarkonstante in den Bänden 3 und 4 der Smithsonian Annals gedient hat, nicht als wahre extraterrestrische Energiekurve angesehen werden kann. Dies liegt u. a. darin, daß der selektiven Absorption des Bolometers nicht Rechnung getragen wurde. Eine Energiekurve, die aus der Annahme einer für alle Wellenlängen gleichmäßigen Absorption im Apparat abgeleitet ist, muß prinzipiell nur als eine erste Annäherung angesehen werden.

Noch bei den Mt. Wilson-Untersuchungen von 1905[2], die zweifellos den 1903 veröffentlichten Ergebnissen[3], insbesondere im Bereich λ 4000 bis λ 5000, überlegen waren, ist die Ableitung der spektralen Energiekurve der Sonnenstrahlung im Rahmen der allgemeinen Untersuchungen über die Solarkonstante erfolgt.

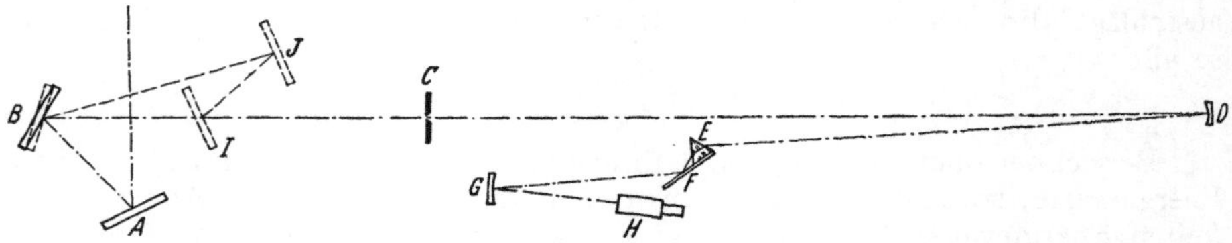

Abb. 14. Die Berücksichtigung der Reflexion an den Zoelostatenspiegeln bei der Bestimmung der Energiekurve der Sonne. Die Anordnung bei den Arbeiten der Smithsonian-Beobachter. [Smithson Ann 2 (1908).]

Der Vorgang war folgendermaßen. Man bestimmte zuerst aus zahlreichen Bologrammen eines günstigen Tages die Transmissionskoeffizienten der Atmosphäre für verschiedene Wellenlängen. In der Zeit des Sonnenhöchststandes ermittelte man sodann die Instrumentalkonstanten, nämlich die relative Durchlässigkeit des Spektralapparates für verschiedene λ und das Reflexionsvermögen des Siderostaten. Die letztgenannte Konstante ergab sich dadurch, daß Bologramme unter drei verschiedenen instrumentellen Bedingungen aufgenommen wurden. Erstens mit Verwendung der beiden Originalspiegel (A und B in Abb. 14), zweitens mit einem Paar Reservespiegel I und J und drittens mit Verwendung einer Kombination der Original- und Reservespiegel.

Die Ermittlung der selektiven Durchlässigkeit des Spektralapparates erfolgt (s. Abb. 15) mit einem Hilfsspektroskop K, L, M, N, O, das in den Strahlengang des Hauptspektroskopes so eingeschaltet wird, daß nahezu monochromatische Strahlung auf den Spalt C und damit in den Hauptspektralapparat geworfen wird. Man beobachtet nun mit dem Bolometer in der Normalstellung H die Ausschläge für einige ausgewählte Wellenlängen. Die Bologramme geben dann die relative Intensität für diese Wellenlängen einschließlich der Instrumentalabsorption. Dann verlegt man das Bolometer nach H', also an die Stelle des Spaltes C, und mißt neuerdings die Ausschläge für dieselben Wellenlängen. Das Verhältnis der Galvanometerausschläge in dieser Stellung zu den entsprechenden Werten des Bologramms in der Stellung H ist der Durchlässigkeit

[1] C. G. ABBOT u. F. E. FOWLE, Ap J 29, S. 280 (1909).
[2] Smithson Ann 2, S. 104 (1908). [3] Smithson Misc Coll 45, S. 74 (1903).

des Hauptspektroskops umgekehrt proportional und dient somit zur Ableitung des Strahlungsverlustes im Instrumente.

Unter Berücksichtigung der so gefundenen instrumentellen Korrektionen und der Korrektion für die atmosphärische Absorption erhält man die prismatische Energieverteilung im Sonnenspektrum außerhalb der Atmosphäre. Die Methode ist also wesentlich primitiver als das in der vorhergehenden Ziffer dargelegte Verfahren von WILSING. Die Umwandlung auf die Normalkurve (mit Wellenlängen als Abszissen) erfolgt nach einem graphischen Verfahren. Mit λ als Abszisse und der prismatischen Abweichung Θ als Ordinate wird ein Diagramm gezeichnet und sodann für zahlreiche Werte der Wellenlänge die Tangente an die Kurve, $d\Theta/d\lambda$, abgeleitet. Damit sind die Umwandlungsfaktoren gegeben. Die endgültige Normalkurve ist jedoch nicht ganz gesichert, vor allem deshalb, weil ja die Schwankungen der Luftdurchsichtigkeit während der Zeit, die zur Ableitung der Instrumentalabsorption benötigt wird, nicht berücksichtigt sind.

Erst 1923[1] ist man sich darüber klar geworden, daß die oben angedeutete Methode zur Ermittlung des Strahlungsverlustes im Spektralapparate die selektive Absorption im Bolometer nicht berücksichtigt. Gesetzt den Fall, die Absorption

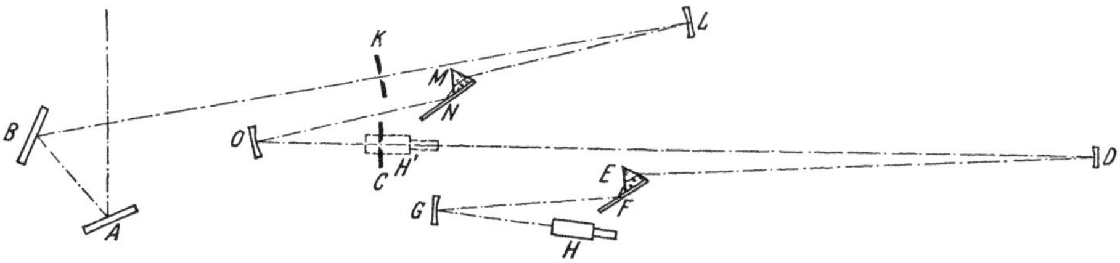

Abb. 15. Die Berücksichtigung der Absorption im Spektralapparat bei der Bestimmung der Energiekurve der Sonne. Die Anordnung bei den Arbeiten der Smithsonian-Beobachter. [Smithson Ann 2 (1908).]

im Bolometer sei im kurzwelligen Gebiete geringer als im Infraroten, so würde durch dieses Verhalten auch die Form der Energiekurve verfälscht werden. ABBOT, FOWLE und ALDRICH[1] glauben jedoch bei der vereinfachten Annahme bleiben zu können, daß die Absorption im Bolometer für den ganzen Bereich, also für λ 3000 bis λ 30000, von derselben Größenordnung sei, und stützten sich auf die Feststellungen anderer Autoren, daß geschwärzte Empfängeroberflächen 97% der auffallenden Totalstrahlung absorbieren.

Von den Smithsonian-Beobachtern wurden 1903 bis 1910 zahlreiche Bestimmungen der Form der Energiekurve der Sonne vorgenommen, wobei die Methode unverändert blieb, jedoch gewisse Abänderungen hinsichtlich Zoelostaten und Prismenmaterial zu verzeichnen sind. Eine übersichtliche Zusammenstellung der verschiedenen instrumentellen Bedingungen bei all diesen Versuchen hat ABBOT[2] 1911 gegeben. Einige dieser Bestimmungen sind wegen nichthomogener Skala der Galvanometerausschläge unsicher, andere wegen der Verwendung eines Quarzprismas von schlechter Durchlässigkeit[3] fehlerhaft. Die mittlere Energiekurve aus den Bestimmungen 1903 bis 1910 ist, wie aus Abb. 16 hervorgeht, auch nach Ausschluß aller mit Quarzprisma erhaltenen Daten zweifellos nicht verläßlich, immerhin aber noch besser als die in den Jahren 1916 bis 1918 gewonnene Kurve[4]. Bedenken gegen die Ergebnisse von 1916 bis 1918,

[1] Smithson Misc Coll 74, Nr. 7 (1923).
[2] Ap J 34, S. 280 (1911); Smithson Ann 4, S. 194 (1913).
[3] Siehe die diesbezügliche Bemerkung im Smithson Ann 5, S. 15 (1932).
[4] Einzelwerte siehe Smithson Ann 4, Tabelle 58, S. 203 (1922).

die nach gleicher Methode, aber bei Verwendung von Stellitspiegeln im Zoelostaten gewonnen wurden, sind schon bei Publikation des Bandes 4 der Smithson Ann 1920 aufgetreten, konnten aber durch ABBOT und seine Mitarbeiter erst 1923 als stichhaltig erkannt werden, als die wichtigen Neubestimmungen der Jahre 1920 und 1922 reduziert vorlagen[1]. Die Messungen von 1920 wurden auf dem Mt. Wilson vorgenommen[2], die Methode blieb unverändert, doch gelangten im Zoelostaten neue Stellitspiegel zur Anwendung, ferner hat man an 6 Tagen mit größter Sorgfalt die Durchlässigkeit des Spektralapparates (Prismen aus UV-Kronglas im Haupt- und Hilfsspektroskop) sowie an 5 Tagen mit hoher Solarkonstante und an 5 Tagen mit niederer Solarkonstante die atmosphärische Transmission ermittelt. Die Einzelwerte der Ergebnisse sind in Abb. 16 durch ×× gekennzeichnet.

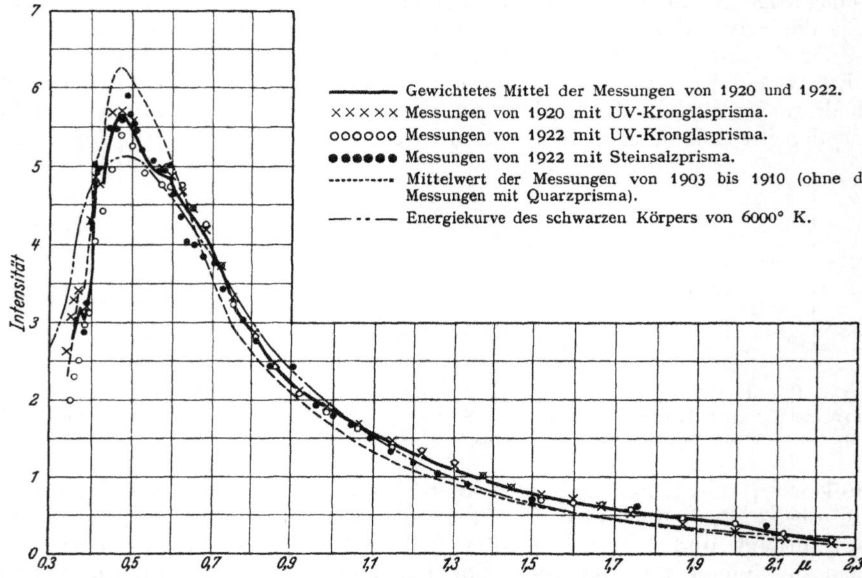

Abb. 16. Die neuen Bestimmungen der Energiekurve der Sonne durch die Smithsonian-Beobachter, verglichen mit älteren Daten. [Smithson Misc Coll 74 (1923).]

Die letzte und sorgfältigste Neubestimmung erfolgte 1922, ebenfalls auf dem Mt. Wilson[3]. Vor allem wurde versucht, der Verfälschung des ultravioletten Teiles der Energiekurve zu begegnen. Es hatten sich nämlich drei verschiedene Streueffekte gezeigt, von denen einer die Intensität herabsetzte, die zwei anderen sie erhöhten. Man benutzte nun im Hilfsspektroskop neben dem UV-Kronglasprisma vor allem Flintglasprismen und im Hauptspektralapparat UV-Kronglas- und Steinsalzprismen. Die neuen UV-Prismen-Intensitäten (oo in Abb. 16) stimmen mit den UV-Prismen-Werten aus 1920 zwischen λ 5000 und λ 17000 recht gut überein, bei Wellenlängen unter λ 5000 sind die neuen Werte durchweg kleiner, die Differenz beträgt im Mittel 10%, steigt aber bei den kürzesten Wellen bis auf 30% an. Die Messungen mit dem Steinsalzprisma (•• in Abb. 16) zeigen hingegen im ganzen Bereiche, also auch im kurzwelligen Gebiete, eine sehr gute Übereinstimmung mit den Daten von 1920. Die Abweichungen über λ 17000 sind wohl in erster Linie auf die in diesem Bereiche fortschreitende Abnahme der Durchlässigkeit in den UV-Prismen zurückzuführen.

[1] C. G. ABBOT, F. E. FOWLE u. L. B. ALDRICH, Smithson Misc Coll 74, Nr. 7 (1923).
[2] Smithson Ann 5, S. 12 (1932). [3] Smithson Ann 5, S. 15 (1932).

Der von den Smithsonian-Beobachtern aus spektralbolometrischen Messungen ermittelte Verlauf der Energiekurve der Sonne ist bis heute wohl am besten durch das gewichtete Mittel der Beobachtungen von 1920 bis 1922 (die ausgezogene Kurve in Abb. 16)[1] dargestellt, wie im übrigen auch aus der Vergleichung mit der Energiekurve des schwarzen Körpers (— - - - — in Abb. 16) hervorgeht. Freilich darf nicht übersehen werden, daß die empirische extraterrestrische Energiekurve sowohl im ultravioletten als auch im ultraroten Gebiete noch reichlich unsicher bleibt. Demgemäß treten auch beträchtliche Schwierigkeiten auf, wenn es sich wie bei der Bestimmung der Solarkonstante (s. folgende Ziff. 15) darum handelt, die Korrektionen der Bologramme für das nichtbeobachtete ultraviolette Gebiet, also etwa unter λ 3900, und das nichterfaßte infrarote Gebiet, also etwa über λ 24000, rechnerisch zu erfassen. Auch die letzten diesbezüglichen, 1927 veröffentlichten Untersuchungen[2] (Ziff. 15) haben hierin noch keine wesentliche Klärung bringen können.

15. Das Verfahren der Smithsonian-Beobachter zur Ableitung der Solarkonstante nach der „langen Methode"[3]. Wie in Ziff. 14 hervorgehoben, sind erst in neuerer Zeit spektralbolometrische Untersuchungen der Smithsonian-Beobachter ausschließlich zum Zwecke der Ermittlung der extraterrestrischen Energiekurve der Sonne vorgenommen worden. Diese Bestimmungen erfolgten nur an Tagen besonderer Luftdurchsichtigkeit, zugleich wurde auch versucht, mit größter Sorgfalt den Strahlungsverlust in der Apparatur festzulegen. Bei der Bestimmung der Solarkonstante dagegen bilden die spektralbolometrischen Untersuchungen eine Ergänzung zu den pyrheliometrischen Messungen und dienen nur zur Ableitung der atmosphärischen Transmissionskoeffizienten. Hier sind also auch Tage ungünstigeren Luftzustandes herangezogen, und die Instrumentalkonstanten für weniger wichtig erachtet worden. Schon durch die Untersuchungen von LANGLEY im Jahre 1881 war es klar, daß die pyrheliometrischen Messungsresultate, wenn sie nach der BOUGUERschen Formel

$$\log E = m \log a + \log E_0$$

— wobei E die bei der Luftmasse m gemessene, E_0 die extraterrestrische Strahlung, a den Transmissionskoeffizienten der Atmosphäre deuten — auf die Luftmasse $m = 0$ reduziert werden, zu geringe Werte der Solarkonstante ergeben, da die stärkere Absorption im kurzwelligen Gebiete nicht berücksichtigt wurde. Aus dieser Erkenntnis ergibt sich eine modifizierte Methode, die im wesentlichen auch heute noch Verwendung findet. Einerseits wird bei verschiedenem m die Gesamtstrahlung mittels des Pyrheliometers (Ziff. 8) in absoluten Einheiten gemessen (P), andererseits aber werden mit Hilfe des Spektrobolometers die Transmissionskoeffizienten der Erdatmosphäre für ausgewählte Wellenlängen bestimmt. Der Arbeitsvorgang setzt sich folgendermaßen zusammen: An einem Tage werden bei verschiedenen Zenitdistanzen im Bereiche von 40° bis 75° vier bis sieben Pyrheliometermessungen und gleichzeitig auch spektralbolometrische Messungen vorgenommen, welch letztere alle auf einer Platte registriert werden. Das in Abb. 17 gegebene Beispiel der Montezuma-Station enthält fünf derartige Bologramme übereinander. Die als gestrichelte Linie angedeutete Nullage jeder Kurve wird durch Unterbrechen der Expositionen kontrolliert. Wie man aus der Abbildung erkennt, ist das Spektrum

[1] Die Ordinaten dieser gemittelten Energiekurve im absoluten Maße (Erg pro Quadratzentimeter und Sekunde) hat 1924 M. MINNAERT (B A N 2, S. 75) gegeben; s. auch diesbezüglich ds. Handb. 4, Kap. 1, Ziff. 10 u. 28, Beitrag BERNHEIMER, und ebenda V/1, Kap. 3, Ziff. 18 u. 24, Beitrag BRILL.

[2] C. G. ABBOT, Gerlands Beitr 16, S. 350 (1927).

[3] Smithson Ann 2, S. 13 u. 50 (1908); 3, S. 21 u. 39 (1913); 4, S. 323 (1922); 5, S. 103 (1932).

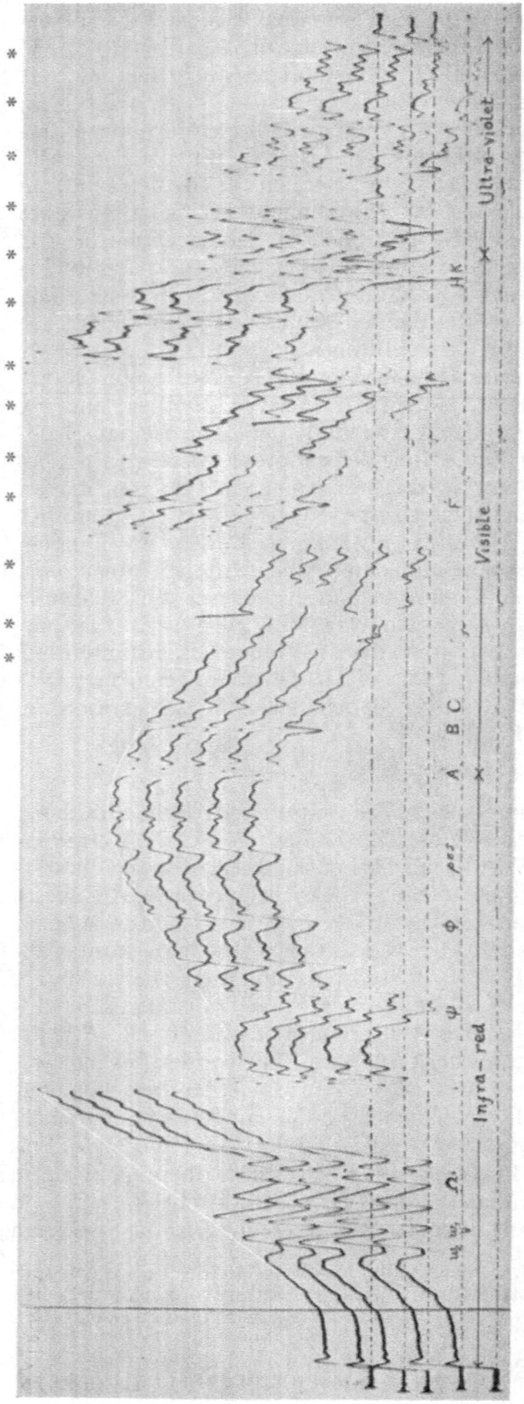

Abb. 17. Registrierstreifen des Spektrobolometers der Station Montezuma. Gewählt ist ein Tag sehr durchsichtiger Luft. Nichtsdestoweniger ist die Bande Ψ stark hervortretend, während die Bande $\varrho\sigma\tau$, im Gegensatz zu Tagen getrübter Atmosphäre, kaum merklich ist (s. diesbez. Ziff. 17 u. 18). An den mit * bzw. mit weißen senkrechten Strichen angedeuteten Stellen der Abbildung werden die Ordinaten des Bologramms ausgemessen. [Smithson Ann 5 (1932).]

zum Zwecke einer übersichtlichen Registrierung auf einer einzigen Platte in einzelne Abschnitte mit Ordinaten derselben Größenordnung zerlegt worden, wobei die notwendige Herabsetzung der Intensität in den drei zentralen Abschnitten mittels dreier verschiedener rotierender Sektoren erzielt wurde. Durch die Spitzen des Bologramms pflegt man nunmehr eine glatte Kurve zu ziehen, wobei die verschiedenen Absorptionsbanden, wie Ω, Ψ, Φ, $\varrho\sigma\tau$ usw. vorerst unberücksichtigt bleiben. An etwa 40 in gleichen Abständen voneinander gewählten Stellen der Abszissenachse werden sodann die Höhen der Ordinaten ausgemessen und ihre Summe I_e als der Fläche des Bologramms proportional angesehen. Neuerdings[1] bedient man sich eines etwas abgeänderten Verfahrens, das den Vorzug größerer Genauigkeit haben soll. Man wählt nämlich die Meßpunkte direkt aus charakteristischen Stellen der Bolographenkurve; im Beispiel der Abb. 17 sind 13 dieser Stellen durch eine weiß gezeichnete Ordinate bzw. durch einen * oberhalb des Registrierstreifens angedeutet. Eine glatte Kurve (ebenfalls weiß gezeichnet) wird jetzt nur mehr zur Überbrückung der Absorptionsbanden im infraroten Gebiete bis etwa zur Bande B gezogen. Die Ablesungen erfolgen in den letzten Jahren an einem speziellen Meßapparat.

[1] Smithson Ann 5, S. 96 (1932).

An die gewonnene Flächenzahl I_e sind noch zwei Korrektionen K_r und K_s anzubringen, um I'_e, die Maßzahl für die Sonnenenergie an der Erdoberfläche, zu erhalten. Es gilt

$$I'_e = I_e + K_r - K_s .$$

K_r stellt die Beträge der ultravioletten und infraroten Strahlung dar, die bereits außerhalb des vom Spektrobolometer erfaßten Gebietes liegen, das sind die Wellenlängen unter λ 3900, neuerdings unter λ 3700, und die Wellenlängen über λ 24000, neuerdings über λ 25000. Auf diese Korrektion, deren Wert notgedrungen mehrfach abzuändern war, werden wir im folgenden noch zurückkommen. K_s sind die Flächen der atmosphärischen Absorptionsbanden in den Bologrammen, die naturgemäß von I_e in Abzug zu bringen sind.

Man besitzt also pro Tag 5 bis 7 Werte von I'_e, die der Intensität der Sonnenstrahlung an der Erdoberfläche für einzelne Luftmassen proportional wären, wenn die Empfindlichkeit des Bolometers und die mittlere Durchlässigkeit der Optik während des ganzen Beobachtungsvorganges konstant geblieben wäre. Diese Bedingung ist, wie in Ziff. 14 bereits auseinandergesetzt, nicht voll erfüllt. Nun verfügt man allerdings dadurch über eine gewisse Kontrollmöglichkeit, daß ja gleichzeitig auch die Messungen P mit dem Pyrheliometer (Silver-Disk, Ziff. 8) vorliegen. Man berechnet da den Wert P/I'_e für jedes Bologramm und korrigiert die Ordinaten durch Multiplikation mit den Differenzen dieser Quotienten vom Tagesmittelwert. Zugleich ergibt die Heranziehung der Pyrheliometerablesungen die Umwandlung auf eine absolute Skala. Der Quotient P/I'_e stellt die Zahl der Kalorien pro cm² und Minute für die Einheit der Bolographenkurve dar.

Eingangs dieser Ziffer haben wir bereits darauf hingewiesen, daß die Intensität außerhalb der Erdatmosphäre mit Hilfe der Transmissionskoeffizienten für ausgewählte Wellenlängen abgeleitet wird. Die Transmissionskoeffizienten werden nun aus dem Zusammenhang zwischen den Logarithmen der Ordinaten in I'_e und den beobachteten Luftmassen m auf graphischem Wege ermittelt. Daß dieser bei der „langen Methode" zur Bestimmung der Solarkonstante gewählte Extrapolationsvorgang hinreichend genau ist, muß bezweifelt werden, sonst wäre es nicht denkbar, daß H. Knox-Shaw[1], G. Granquist[2] und W. E. Bernheimer[3] in Daten verschiedener Zeitepochen Beziehungen zwischen definitiven Werten der Solarkonstante und gleichzeitig beobachteten Transmissionskoeffizienten aufdecken konnten.

Nach Durchführung dieser Extrapolation erhält man also schließlich Ordinaten eines „extraterrestrischen" Bologramms, deren Summe als Maßzahl der extraterrestrischen Strahlung dient. Auch hier ist diese Maßzahl I_0 wieder um den mutmaßlichen Betrag der vom Spektrobolometer nicht mehr registrierten ultravioletten und infraroten Strahlung K_r zu korrigieren. Man erhält dann

$$I'_0 = I_0 + K_r ,$$

und wenn δ_1 die momentane, δ_0 die mittlere Sonnendistanz bedeutet, als Endresultat für die Solarkonstante

$$S = \frac{P}{I'_e} I'_0 \left(\frac{\delta_1}{\delta_0}\right)^2 .$$

Wie man sieht, sind es, wenn die Instrumentalfehler als streng berücksichtigt gelten, vor allem drei Schwierigkeiten, mit denen diese Methode zu kämpfen hat: die Unsicherheiten bei der Ermittlung der Transmissionskoeffizienten und die

---

[1] Helwan Bull 17 (1915); 23 (1921); 30 (1924).

[2] Medd fr Vet Akad Nobelinst 5, Nr. 13 (Stockholm 1919).

[3] Seeliger-Festschr 1924, S. 452.

Unsicherheiten in der Bestimmung von K_s und K_r. Der ultraviolette Anteil von K_r wurde z. B. bei den Untersuchungen von 1908 noch wesentlich unterschätzt. Erst die Beobachtungen auf dem Mt. Whitney, die sich bis zur Wellenlänge λ 2900 erstreckten, haben eine bessere Bestimmung dieser Korrektion ermöglicht. Sie ergab sich zu 1,58% der Solarkonstante[1]. Dieser Betrag wird 1922 von ABBOT[2] noch immer als unvollkommen angesehen, im übrigen hat schon 1914 E. KRON[3] dagegen Bedenken geäußert. Die letzte Neubestimmung, die 1927 veröffentlicht wurde, verdanken wir wieder C. G. ABBOT[4], sie liefert auf Grund sorgfältiger Berichtigung der Fehlerquellen nun eine mehr als doppelt so hohe Ultraviolettkorrektion, nämlich 3,44% der Solarkonstante.

Die Korrektion für den nichtbeobachteten infraroten Teil wurde lange Zeit hindurch unterschätzt, und zwar beträchtlich mehr, als es bei der UV-Korrektion der Fall war. So rechnete man noch in den Veröffentlichungen von 1922[5] mit einer Korrektion von 0,55% der Solarkonstante, statt mit 2,0%, einem Ergebnis neuer Messungen von ABBOT und ALDRICH[6] (s. vorhergehende Ziffer) mit Steinsalzprismen. Die Infrarotkorrektion ist also um 1,45%, die UV-Korrektion um 1,86% der Solarkonstante größer als bisher angenommen. Demnach beträgt die Gesamterhöhung der Korrektion gegenüber den in Smithsonian Ann 4 veröffentlichten Daten 3,31% der Solarkonstante. Wie ABBOT im übrigen bemerkt, ist auch diese neue Korrektion nicht völlig befriedigend. Aus einer 1927 veröffentlichten Bemerkung, die 1932 unverändert abgedruckt wurde, geht jedoch hervor, daß der Fehler in K_r nicht berücksichtigt werde, da er durch einen der Größenordnung nach gleichen Fehler im entgegengesetzten Sinne kompensiert sei, der sich bei der Reduktion auf die Pyrheliometerskala gezeigt habe. Aus diesem Grunde haben die Smithsonian-Beobachter die Daten der Solarkonstante (s. Tab. 3 u. 4 in Ziff. 20) unverändert gelassen.

Die nennenswerte Unsicherheit, die andererseits bei der Festlegung der Korrektion K_s (atmosphärische Absorptionsbanden) und bei der Bestimmung der Transmissionskoeffizienten entsteht, kann auch heute noch nicht als überwunden angesehen werden. Man bedient sich hier einer von F. E. FOWLE[7] in den Smithsonian Ann 4, Kap. 3 entwickelten Methode, die einen für die Praxis geeigneten einfachen Weg der Auswertung der Bologramme weist. Man mißt die Ordinaten des Fußpunktes der größten Einsenkung einer Bande ϱ und die entsprechende Ordinate ϱ_{sc}, die durch die glatte Kurve bestimmt ist. Der Quotient der Ordinaten ϱ/ϱ_{sc} steht nun in einer Beziehung zur Flächenzahl der Bande. Diese Beziehung wird aus zahlreichen empirischen Kurven festgelegt, so daß man schließlich aus bestimmten gemessenen Werten der Ordinatenquotienten die Fläche der betreffenden Bande im Bologramm auf etwa 1% genau erhalten kann. Als besonders charakteristisch wurde ursprünglich die Bande $\varrho\sigma\tau$ (siehe Abb. 17) angesehen, die im übrigen auch bei der sog. „kurzen" Methode der Solarkonstantenbestimmung eine Rolle spielt. Neuerdings wird vorwiegend die Bande Ψ verwendet (s. Methode II, Ziff. 18). Wie bereits eingangs dieser Ziffer erwähnt, bringt das FOWLEsche Verfahren den atmosphärischen Einfluß in den Solarkonstantenwerten nicht völlig zum Verschwinden. Gewisse Verbesserungen ergeben sich jedoch durch die Heranziehung gleichzeitiger Pyranometermessungen. Der dann gewählte Reduktionsvorgang soll in Ziff. 17 dargelegt werden.

---

[1] Smithson Ann 3, S. 39 (1913). [2] Smithson Ann 4, S. 164 (1928).
[3] V J S 49, S. 53 (1914); Ann d Phys (4) 45, S. 377 (1914).
[4] Gerlands Beitr 16, S. 344 (1927); Smithson Ann 5, S. 103 (1932).
[5] Smithson Ann 4, S. 131ff. (1922). [6] Smithson Misc Coll 74, Nr. 7 (1923).
[7] Ap J 37, S. 359 (1913); 38, S. 392 (1913); s. auch ds. Handb. II/1, Kap. 1, Beitrag SCHOENBERG.

e) Das Pyranometer und seine astrophysikalische Anwendung.

16. Typen des Pyranometers. Von den Instrumenten, die zur Messung der Himmelsstrahlung sowie zur Messung der nächtlichen Ausstrahlung dienen, hat das sog. Pyranometer auch astrophysikalische Bedeutung gewonnen. Es wird nunmehr auch bei der Bestimmung der Solarkonstante herangezogen, und zwar in Verbindung mit dem Pyrheliometer und Spektrobolometer. Die neue Methode, auf die wir noch zurückkommen werden, gestattet, wiederholt an einem Tage vollständige Messungen auszuführen, da für einen Wert der Solarkonstante im Prinzip bereits eine Beobachtung bei einer einzigen Zenitdistanz der Sonne genügt. Ein weiterer Vorteil der Methode besteht darin, daß es auch möglich ist, Tage mit schwankenden Bewölkungsverhältnissen in das Arbeitsprogramm aufnehmen zu können. Die Messungen lassen sich in etwa 15 Minuten, die Rechnungen zur Ableitung der Solarkonstante, die nach den Angaben der Smithsonian-Beobachter bisher etwa 15 Stunden gedauert haben, in etwa 2 Stunden erledigen.

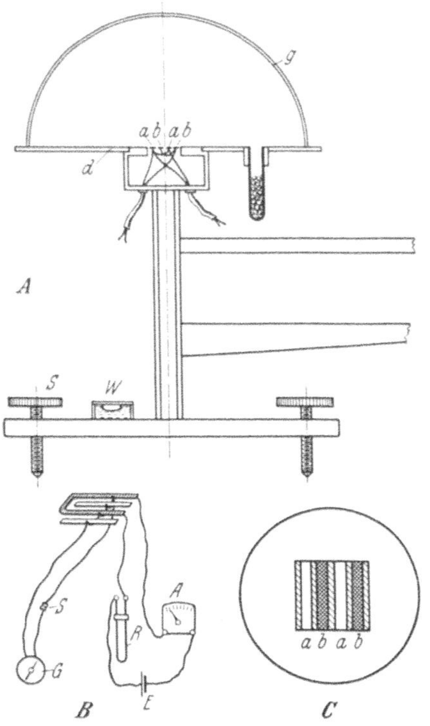

Abb. 18. Das Pyranometer von Anders Ångström. Oben (A) schematisches Bild des ganzen Apparates. Links unten (B) Schaltungsschema, rechts unten (C) schematische Anordnung der Metallstreifen des Empfängers (im übrigen siehe Text). [Medd Met-Hydr Anst 4 Stockholm (1928).]

Gegenwärtig bestehen zwei Typen von Pyranometern, das ÅNGSTRÖMsche und das Smithsonian-Pyranometer, die aber in ihrer Wirkungsweise prinzipiell nur wenig verschieden sind. Das von ANDERS ÅNGSTRÖM entwickelte Pyranometer wurde zuerst im Jahre 1919 beschrieben[1]. Später ist das Instrument von A. ÅNGSTRÖM und C. DORNO[2] in Verbindung mit einem registrierenden Galvanometer auch zur Messung der Totalenergie der Sonne verwendet worden. Im übrigen dient es aber vorwiegend zur Lösung meteorologischer Aufgaben, die in diesem Handbuche übergangen werden können. Die verbesserte Konstruktion von A. ÅNGSTRÖM[3] ähnelt dem von ihm seinerzeit gebauten Pyrgeometer, einem rein meteorologischen Apparat. Wie aus der nebenstehenden Abbildung 18A entnommen werden kann, ruht beim ÅNGSTRÖMschen Pyranometer eine Glocke g aus Flintglas hoher Durchlässigkeit auf einer Metallscheibe d. Die Empfängerstreifen $abab$ sind in der Metallscheibe eingelassen. Die Streifen werden wie üblich geschwärzt, die mit a bezeichneten aber dann nachträglich mit einem weißen Farbüberzug versehen. Als Farbstoff verwendet man Magnesiumoxyd, in einer späteren Konstruktion Zinkoxyd. Die Anordnung des schwarzen und weißen Streifens ist in der Skizze C (rechts unten) ersichtlich. An der Rückseite der Streifen befinden sich die Lötstellen eines Thermoelementes, dessen Thermostrom mit einem Galvanometer G gemessen wird.

[1] M Weather Rev Nov. 1919. [2] M Weather Rev März 1921.
[3] Medd Meteor Hydr Anst Stockholm 4, Nr. 3 (1928).

Die Wirkungsweise der Apparatur ist folgende: Bei der Exposition des Empfängers bewirkt die auftreffende Strahlung im Pyranometer eine Temperaturdifferenz, veranlaßt durch den Umstand, daß die schwarzen Streifen naturgemäß mehr Strahlung absorbieren als die weißen. Das Galvanometer G, das an die Lötstellen angeschlossen ist, zeigt dann einen gewissen Ausschlag. Nun wird den weißen Streifen ein Kompensationsstrom zugeführt und am Schiebewiderstand R so lange reguliert, bis das Galvanometer wieder auf die Nullage einspielt. Die sich ergebende Stromstärke C wird am Milliamperemeter A (s. Abb. 18B) abgelesen. Es ist die zu messende Strahlung

$$R = KC^2,$$

wobei K eine Instrumentalkonstante darstellt.

Das Pyranometer der Smithsonian-Beobachter ist von ABBOT und ALDRICH[1] in zwei Abhandlungen beschrieben worden. Nach mehrfachen Verbesserungen entstand das Pyranometer[2], das zuerst bei den Solarkonstantenbestimmungen in Calama zur Verwendung gelangte. Der Empfänger besteht hier aus zwei Manganinstreifen von 6 mm Länge und 2 mm Breite. Die Dicke des einen Streifens ist jedoch um eine Zehnerpotenz größer als die des zweiten, nämlich $3 \cdot 10^{-2}$ mm gegenüber $3 \cdot 10^{-3}$ mm. Dadurch wird ein ähnlicher Effekt erzielt wie bei dem ÅNGSTRÖMschen Pyranometer durch die Wahl von schwarzen und weißen Streifen. Infolge der verschiedenen Dicke bewirkt nämlich die Strahlung, die gleichzeitig beide Streifen trifft, schließlich eine Temperaturdifferenz, die thermoelektrisch gemessen wird. Zwei Thermoelemente der Kombination Tellur-Platin sind in Serie geschaltet an der Rückseite der Streifen angeordnet, deren Thermostrom an einem Galvanometer die auftretende Temperaturdifferenz angibt.

Der Beobachtungsvorgang ist folgender. Der Empfänger wird der Strahlung ausgesetzt, infolge der unterschiedlichen Dicke der beiden Manganinstreifen tritt eine gewisse Temperaturdifferenz auf, die sich wieder in einem gewissen Ausschlag auswirkt. Nun wird der Empfänger abgeschirmt. Nach etwa 30 Sekunden wird dann beiden Streifen zugleich ein elektrischer Strom zugeführt und dermaßen abgeglichen, daß durch die elektrische Erwärmung ein ungefähr ebenso großer Ausschlag wie früher erzielt wird. Es ist also die Energie des elektrischen Stromes, für jeden Streifen in Wärme umgesetzt, dann gleich der Energie der Strahlung, die von jedem Streifen absorbiert wird. Ist C die Stromstärke, A_R der Ausschlag bei Bestrahlung, A_C der durch den Heizstrom bewirkte Ausschlag, so ist die Strahlungsintensität

$$R = K \frac{A_R}{A_C} C^2.$$

K ist eine Instrumentalkonstante; bei dem Pyranometer A.P.O. Nr. 6 (versehen mit einer Glasglocke wie in Abb. 18) ist $K = 2{,}54\,\mathrm{gcal\,cm^{-2}\,min^{-1}}$. Es schien nicht nötig, exakte Kompensation durchzuführen, da die beobachteten Ausschläge erfahrungsgemäß dem Quadrate des Heizstroms streng proportional waren. Wenn die gemessene Strahlung R einen Ausschlag A_2 und ein Strom C_1 einen davon etwas abweichenden Ausschlag A_1 bewirkte, so konnte R durch einen Strom C_2 kompensiert werden, der nur folgender Bedingung genügen mußte:

$$\frac{C_1^2}{C_2^2} = \frac{A_1}{A_2},$$

[1] The Pyranometer—an Instrument for Measuring Sky-Radiation, Smithson Misc Coll 66, Nr. 7 (1916); The Use of the Pyranometer, ebenda 66, Nr. 11 (1916).

[2] Smithson Ann 4, S. 65ff. (1922).

Bei den Bestimmungen der Solarkonstante wird das Pyranometer auf einer äquatorialen Montierung, damit die Ebene des Empfängers senkrecht zur einfallenden Sonnenstrahlung zu stehen kommt, befestigt. Das Instrument wird auf 30° Winkelöffnung abgeblendet und außerdem noch durch eine Zentralblende gegen direktes Sonnenlicht abgeschirmt. Pointiert man auf die Sonne, so mißt dann das Pyranometer die Himmelshelligkeit in einem Kreisring von etwa 15° bis 30° Winkeldistanz.

Nach den ersten Jahren der Anwendung des Pyranometers ergab sich die Notwendigkeit gewisser Verbesserungen, die hauptsächlich bezweckten, daß die

Abb. 19. Teilbild der südafrikanischen Station des Smithsonian-Observatoriums auf dem Berge Brukkaros (1600 m). Der Beobachter bedient (im Bilde rechts) die beiden Pyrheliometer und das auf derselben Montierung angebrachte Pyranometer. [Smithson Ann 5 (1932).]

gleichmäßige Bestrahlung aller Stellen der Pyranometerstreifen bei allen Sonnenhöhen gewährleistet bleibt. Bei der letzten Anordnung[1] ruht der Apparat in einem Gehäuse, dessen Inneres gegen den Empfänger hin konisch verläuft und mit vier Blenden von 77, 57, 34 und 16 mm Öffnung versehen ist. Die äußerste Blende gestattet, die Himmelshelligkeit in einem Winkeldurchmesser von 29° zu messen, die hier angebrachte Zentralblende von 18 mm Durchmesser beschattet nicht nur die Sonne selbst, sondern zur Sicherheit auch ihre weitere Umgebung, insgesamt ein Feld von 7° Winkeldurchmesser. Dadurch erreicht man, daß beim Passieren der Himmelsstrahlung durch die innerste Öffnung des Behälters kein Streulicht der Sonne den Empfänger erreichen kann. Die äußere Form dieses neuesten Pyranometertyps ist aus Abb. 21, Ziff. 18 ersichtlich. In den letzten Jahren wird auf den Beobachtungsstationen des Smithsonian-Observatoriums dieses Pyranometer immer mit einem Zwillingspaar von Pyrheliometern auf einer gemeinsamen Montierung befestigt, so daß auf diese Weise die Bedienung aller

[1] Smithson Ann 5, S. 92 (1932).

Instrumente gleichzeitig erfolgen kann. Abb. 19 zeigt eine solche Aufstellung an der Mt. Brukkaros-Station des Smithsonian-Observatoriums.

17. Die Anwendung des Pyranometers bei den „kurzen" Methoden zur Bestimmung der Solarkonstante. Die Anwendung des Pyranometers bei der Bestimmung der Solarkonstante führt zu einem vereinfachten Beobachtungs- und Reduktionsverfahren, das von den Smithsonian-Beobachtern im Gegensatz zu der in Ziff. 15 dargelegten ursprünglichen LANGLEY-ABBOTschen Methode als „kurze Methode" (s. ds. Handb. IV, Kap. 1, Beitrag BERNHEIMER, Ziff. 23) bezeichnet wird. Es handelt sich hier einmal um die kurze Methode, die 1918 in Calama eingeführt wurde (Methode I). Dabei entfällt die spektrobolometrische Bestimmung der Transmissionskoeffizienten der Atmosphäre für verschiedene Wellenlängen. Eine weitere Vereinfachung brachte dann die neue Montezuma-Methode (Methode II), bei der das Spektrobolometer nur mehr zum Zwecke der Bestimmung der Infrarotabsorption benutzt wird. Gewisse Abänderungen der Methode sind neuerdings für die Stationen Table Mountain und Mt. Brukkaros zur Einführung gekommen (Methode III).

Die erste kurze Methode[1] geht von folgender Überlegung aus: Die Durchlässigkeit der Atmosphäre ist im wesentlichen vom Feuchtigkeitsgrad und von Staubpartikelchen der Luft abhängig. Nach den grundlegenden Untersuchungen von FOWLE[2] ist die Intensität der Infrarotbanden $\varrho\sigma\tau$ bzw. Ψ für den Gehalt an Wasserdampf charakteristisch. Man kann, wie dies auch bei der ursprünglichen langen Methode der Fall ist (Ziff. 15), das Verhältnis ϱ/ϱ_{sc} als Maß des bei der Beobachtung herrschenden Wasserdampfgehaltes der Luft heranziehen, wobei ϱ die Ordinate des Fußpunktes dieser Bande und ϱ_{sc} die Ordinate ihrer höchsten Erhebung im Bologramm bedeuten. Andererseits hat es sich erwiesen, daß für den Grad der Verunreinigung der Atmosphäre durch Staub und Partikelchen vulkanischen Ursprungs die Himmelshelligkeit charakteristisch ist, wie sie mit Hilfe des Pyranometers ermittelt werden kann. Es läßt sich dann der Zustand der Atmosphäre durch eine Funktion F ausdrücken. Man erhält z. B. für eine Beobachtung bei der Luftmasse $m = 2$

$$F_2 = \frac{H_2}{\varrho/\varrho_{sc}},$$

wobei H_2 das Ergebnis der Pyranometermessung darstellt. Es wurde nun aus dem Material eines längeren Zeitraumes, aus dem Beobachtungen gleichzeitig mit Bolometer und Pyrheliometer, aber auch mit Pyranometer vorlagen, die Beziehung zwischen F und den nach der alten Methode ermittelten Transmissionskoeffizienten der Atmosphäre für verschiedene Wellenlängen abgeleitet, und zwar sowohl für Luftmasse 2 wie 3. Derart gewann man Korrektionstabellen, aus denen für eine bestimmte beobachtete Luftmasse und ein bestimmtes F die Transmissionskoeffizienten unmittelbar entnommen werden konnten. Es erübrigt sich dann zur Bestimmung der Solarkonstante nur mehr die Extrapolation auf Luftmasse $m = 0$, die in ganz analoger Weise wie bei der alten Methode erfolgt. Mit Hilfe des gefundenen Transmissionskoeffizienten und der gegebenen Luftmasse wird die Fläche B des Bologramms ausgemessen und, nachdem noch die Fläche C der Absorptionsbanden berücksichtigt ist, auf die Fläche A eines extraterrestrischen Bologramms umgerechnet. Ist schließlich das Ergebnis der gleichzeitig mit der Pyranometermessung vorgenommenen Beobachtung mit dem Pyrheliometer P, die mittlere Distanz Sonne-Erde δ_0 und die Distanz zur Zeit der Beobachtung δ_1, so ergibt sich die Solarkonstante aus der Beziehung

$$S = P\frac{A}{B - C}\left(\frac{\delta_1}{\delta_0}\right)^2.$$

[1] Smithson Ann 4, S. 79ff. (1922). [2] Ap J 38, S. 392 (1913).

Die neue Vereinfachung der „kurzen Methode" (Methode II), wie sie nunmehr in der Station Montezuma in Gebrauch steht[1], benutzt das Bologramm nur mehr für die Ausmessung der Absorptionsfläche im Infraroten und ersetzt die Ausmessung der übrigen Teile durch die Verwendung von Tabellen, die aus sorgfältig ausgewählten Eichdaten aufgebaut werden. Beobachtet wird wieder gleichzeitig mit Pyrheliometer und Pyranometer. Im Bologramm wird nunmehr die Fläche der Bande Ψ bei λ 11000 ausgemessen, sie tritt an Stelle der früher verwendeten Bande bei λ 9200 (s. die diesbezügliche Bemerkung in Ziff. 15). Ist D die Fläche

Abb. 20. Teilbild der chilenischen Station Montezuma (2700 m) des Smithsonian-Observatoriums. Infolge der hervorragenden Beobachtungsbedingungen besitzen die hier gewonnenen Daten der Solarkonstante das doppelte Gewicht der an den übrigen Bergstationen erzielten Ergebnisse. [Smithson Ann 5 (1932).]

von Ψ in mm², H die Pyranometerablesung, reduziert auf gcal, und P das Ergebnis der Pyrheliometermessung, so ergibt sich vorerst ein Wert der Funktion F

$$F = \frac{H \cdot D}{P}.$$

Geht man nun mit dem auf eine Standardluftmasse reduzierten Wert von F in eine Tabelle ein, so findet man zu dem Argument der beobachteten Luftmasse m unmittelbar a_i, d. i. die Fläche innerhalb der Atmosphäre, die bisher immer erst aus den Bologrammen gewonnen werden konnte. Die Tabelle liefert außerdem a_0, die theoretisch zu erwartende Fläche des Bologramms außerhalb der Atmosphäre. An die beobachtete Fläche a_i sind wie bei der langen Methode noch mehrfache Korrektionen anzubringen, die aber hier durchweg aus Tabellen entnommen werden können. Man bildet den Ausdruck

$$I = \frac{a_0}{a_i + K_r - K_s},$$

wobei K_r sich aus den Korrektionen für den von der Strahlungsmessung nicht erfaßten ultravioletten und infraroten Bereich der Sonnenstrahlung (s. Ziff. 15),

[1] Smithson Ann 5, S. 110ff. (1932).

K_s aus den Korrektionen für die H_2O-Banden und die von der Luftmasse m abhängigen „m-Banden" zusammensetzt. Verschiedene Tabellen liefern sowohl die den beobachteten F und m entsprechenden beiden K_r-Werte, als auch die beiden K_s-Werte. Ist schließlich p der Reduktionsfaktor für die Umwandlung der Pyrheliometerablesung in gcal, so ergibt sich die Solarkonstante aus

$$S = IP\,p\left(\frac{\delta_1}{\delta_0}\right)^2.$$

Diese verbesserte Methode der Pyranometerreduktion (Methode II), die sich nach den Angaben der Beobachter in Montezuma bewährt haben soll, hat nun in den Stationen Table Mountain und Mt. Brukkaros vielfach zu unzuverlässigen Ergebnissen geführt. Man war daher gezwungen, neuerliche Abänderungen durchzuführen[1], die eine noch bessere Erfassung der störenden Einwirkung der jeweils auf diesen Stationen herrschenden Lufttrübungen ermöglichen sollten (Methode III). Zu diesem Zweck wurde aus dem Zeitraum 1925 bis 1930 das Material von 1000 Tagen gesichtet und der Gang der Werte der Pyranometermessungen mit der Luftfeuchtigkeit abgeleitet. Es ergab sich dann für die Luftmasse $m = 2$ statistisch eine bestimmte Kurve, die Abbot als normale Pyranometrie bezeichnete. Andererseits wurde in weiteren Eichkurven für bestimmte Wellenlängen auch der Zusammenhang zwischen den atmosphärischen Transmissionskoeffizienten und der Feuchtigkeit festgelegt. Nun untersuchte man, welche Abweichungen von diesen Kurven eintreten, sobald Tage herangezogen werden, die nicht mehr eine „normale Pyranometrie" gezeitigt haben. Trägt man nun diese Abweichungen als Ordinaten und die Pyranometerexzesse selbst als Abszissen auf, so erhält man für bestimmte Feuchtigkeitswerte neue Reduktionskurven. Man könnte nach diesen Vorarbeiten nunmehr zur Berechnung der Solarkonstante auf die kurze Calama-Methode (Methode I) übergehen, müßte aber dann wieder die mühevollen Auswertungen des Bologrammes hinzunehmen. Um dies zu vermeiden, wurde entschieden, sich der verbesserten Montezuma-Methode (Methode II) zu bedienen. Um die hierfür entwickelten Tabellen verwenden zu können, war es nur noch nötig, Zwischentabellen zu schaffen, die auf Grund eines sorgfältig ausgewählten Eichmaterials die Funktion F, reduziert auf die Luftmasse $m = 2$, für jeden möglichen Wert der Feuchtigkeit und des Pyranometerexzesses ergeben.

f) Die Ergebnisse der Messungsmethoden der Solarkonstante.

18. Die Zuverlässigkeit der Pyranometermessungen. Die Messungen mit dem Pyranometer werden nunmehr auf allen Beobachtungsstationen des Smithsonian-Observatoriums durchgeführt und haben sich im allgemeinen gut bewährt. Die Möglichkeit, wiederholt am Tage vollständige Messungen durchzuführen, und die verhältnismäßig einfachen Reduktionen nach den kurzen Methoden haben in den letzten Jahren eine ganz wesentliche Vermehrung der verfügbaren Daten gebracht, wie es mit Zuhilfenahme der alten Methode zur Bestimmung der Solarkonstante nie denkbar gewesen wäre.

Das Pyranometer ist ein zuverlässig arbeitender Meßapparat. Wichtig ist auch der Umstand, daß erst ein Fehler von 20% im Pyranometerergebnis einen Fehler von 1% in dem schließlichen Wert der Solarkonstante hervorrufen kann. Im Laufe der Jahre haben sich nur zweimal nennenswerte Unstimmigkeiten gezeigt, die leicht zu beheben waren. So ergaben im August 1927 die Beobachtungen von Table Mountain einen plötzlichen Anstieg in den Werten der Solarkonstante,

[1] Smithson Ann 5, S. 114ff. (1932).

der, wie freilich erst im September 1928 festgestellt wurde, darauf zurückzuführen war, daß durch Schadhaftwerden der Schwärzung der äußersten Pyranometerblende Sonnenstreulicht in die Apparatur eingedrungen ist. Der Meßfehler ließ sich jedoch nachträglich für die einzelnen Monate zahlenmäßig bestimmen. Es mußte die Solarkonstante um rund 0,003 gcal oder etwa 0,1% korrigiert werden. Bei einer zweiten Änderung der Pyranometerkonstante, die kurz darauf eintrat und ebenfalls technischer Natur war, ergab sich ein Fehler in der Solarkonstante von 0,002 gcal.

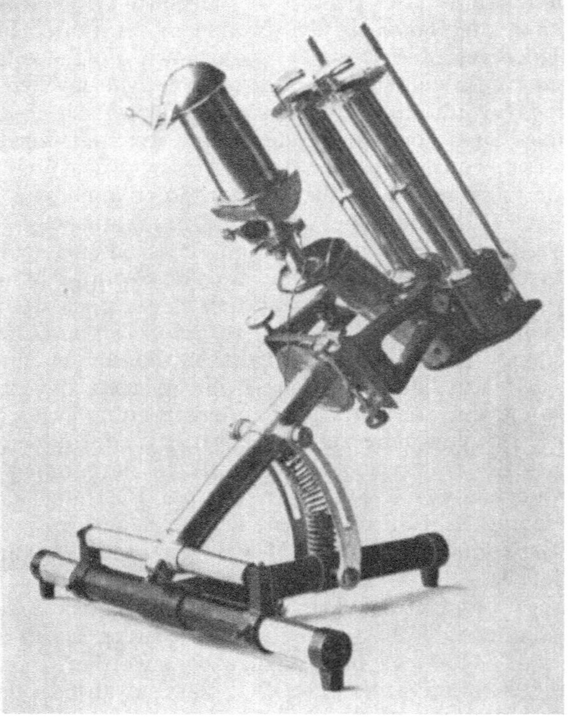

Abb. 21. Die neueste Pyranometertype (links) in gemeinsamer Montierung mit der verbesserten Form des Silver-Disk-Pyrheliometers (Zwillingssystem), wie sie nunmehr auf den Stationen des Smithsonian-Observatoriums in Verwendung stehen. [Smithson Ann 5 (1932).]

Die Zuverlässigkeit der ermittelten Werte der Solarkonstante wird daher wohl kaum durch die Verwendung des Pyranometers gefährdet, zweifellos aber durch die Schwierigkeiten, die die Reduktionsmethoden selbst mit sich bringen.

Wenn auch die drei genannten kurzen Methoden zur Bestimmung der Solarkonstante eine nicht zu unterschätzende Arbeitsverminderung bedeuten und zugleich auch prinzipielle Verbesserungen in sich schließen, so kann doch nicht verhehlt werden, daß mit den mehrfachen Vereinfachungen ungeachtet aller sorgfältigen Vorsorgen naturgemäß auch nicht unbedenkliche Schematisierungen verbunden sind. So kann man die meisten Eichkurven, die den in Ziff. 17 genannten Tabellen zugrunde liegen, wohl kaum als gesichert ansehen, da die Einzelwerte, auf denen sie aufgebaut sind, ganz außerordentlich streuen[1]. Die Beobachter des Smithsonian-Observatoriums glauben jedoch den Ergebnissen nach den „kurzen" Methoden zumindest gleiche Genauigkeit zuschreiben zu können wie denjenigen, die nach der ursprünglichen „langen" Methode von LANGLEY und ABBOT gewonnen sind. Theoretisch müßten die kurzen Verfahren sogar vorzuziehen sein, da sie den momentanen Luftzustand mit Hilfe der zusätzlichen Pyranometermessungen noch wesentlich schärfer erfassen. Dies wäre für die Zuverlässigkeit der Endergebnisse von großer Bedeutung. Es hat sich nämlich gezeigt, insbesondere durch Untersuchungen von T. E. ECKERSLEY[2], H. KNOX-SHAW[3] und W. E. BERNHEIMER[4], daß die nach der langen Methode ermittelten

[1] Siehe z. B. Smithson Ann 5, Fig. 17, S. 116 und Fig. 18, S. 117 (1932).
[2] Helwan Bull 14 (1914). [3] Helwan Bull 17 (1915); 23 (1921); 30 (1924).
[4] Seeliger-Festschr 1924; s. auch ds. Handb. IV, Kap. 1, Ziff. 22.

sog. definitiven Solarkonstanten von den Transmissionskoeffizienten der Erdatmosphäre, wie sie an den gleichen Tagen beobachtet wurden, nicht unabhängig waren. Bei der kurzen Methode ist, wie in der vorhergehenden Ziffer auseinandergesetzt, die Trübung der Atmosphäre zweifellos schon besser berücksichtigt, doch sind, wie BERNHEIMER[1] zeigen konnte, auch bei den nach Methode I in Calama ermittelten Solarkonstanten die genannten Zusammenhänge noch nicht aufgehoben. Es scheint dies u. a. darauf zurückzuführen sein, daß die Berücksichtigung der Absorptionsbanden bei der Auswertung des Bologramms nicht hinreichend ist. Der bei der Methode II bewerkstelligte Ersatz der Bande $\varrho\sigma\tau$ durch die Bande Ψ, die für den momentanen Himmelszustand offenbar ein geeigneteres Maß darstellt (siehe auch die Bemerkung zu Abb. 17, Ziff. 15), hat nur wenig geholfen. Diese großen Schwierigkeiten, die eigentlich die Berechnung von „absoluten" Solarkonstanten illusorisch machen, werden im übrigen neuerdings auch von ABBOT[2] anerkannt. Er stellt sogar fest, daß man niemals hoffen könne, eine ganz zuverlässige Messung der Wasserdampfabsorption zu erhalten, wie sorgfältig auch die Wasserdampfbanden im Infraroten bestimmt worden sind. Dasselbe gelte auch für die Festlegung des Zusammenhanges zwischen der Funktion F und a, den Transmissionskoeffizienten der Atmosphäre für verschiedene Wellenlängen, eine Festlegung, die nur angenähert erfolgen könne. Aus diesen Gründen sind auch heute noch die nach der langen Methode abgeleiteten „definitiven" Werte der Solarkonstante von der Luftfeuchtigkeit abhängig, die nach den kurzen Methoden gewonnenen von dem Wasserdampfgehalt bzw. der Funktion F. Sie können also strenggenommen nicht als Daten für die extraterrestrische Sonnenstrahlung angesehen werden.

19. Versuche zur Verbesserung „definitiver" Werte der Solarkonstante. Die in der vorhergehenden Ziff. 18 dargelegten Schwierigkeiten, den Einfluß atmosphärischer Störungen bei der Bestimmung der Solarkonstante direkt zu eliminieren, führten zu dem Versuche, den Korrektionen auf statistischen Wegen beizukommen. Bei den Messungen nach den kurzen Methoden, die ein großes Material gleichzeitig von mehreren Stationen geliefert haben, wurde folgender Weg[3] beschritten. Man hat die definitiven Solarkonstantenwerte in Gruppen zusammengefaßt, wobei zu jeder Gruppe Daten mit identischem Wasserdampfgehalt der Atmosphäre herangezogen wurden. Dasselbe geschah für die Ergebnisse einer zweiten Station. Da die Solarkonstante an einem bestimmten Tage für beide Stationen als gleich groß angenommen werden kann, so ergeben dann die Vergleichungen der Stationen eine große Zahl von unabhängigen Beziehungen, aus denen der Übergang von einer Gruppe zu einer anderen hinsichtlich der Einwirkung des Atmosphärenzustandes auf die „definitiven" Solarkonstanten abzuleiten war. Einzelheiten dieser Korrektionsmethode und ihre Ergebnisse sind nicht veröffentlicht, eine Nachprüfung ist demnach nicht möglich. Ein anderes Verfahren zur Verbesserung „definitiver" Solarkonstantenwerte ist auf die sog. „Selected Pyrheliometry" gegründet. C. F. MARVIN[4] hat wohl zuerst darauf aufmerksam gemacht, daß eine unabhängige Methode zur Bestimmung eventueller Schwankungen der Solarkonstante darin bestünde, daß man, bei Verzicht auf eine Extrapolation auf die extraterrestrische Strahlung, die Ergebnisse der Pyrheliometermessungen zweier Stationen hinsichtlich ihres Ganges untersucht, vorausgesetzt, daß sie bei gleichen Luftmassen und angenähert gleicher Luftdurchlässigkeit gewonnen worden sind. 1926 wurde die Methode von ABBOT[5] kurz beschrieben[6]

---

[1] l. c. [2] Smithson Ann 5, S. 120 (1932).
[3] C. G. ABBOT, Smithson Ann 5, S. 120 (1932). [4] M Weather Rev 53, Nr. 7 (1925).
[5] M Weather Rev 54, S. 191 (1926); s. auch Smithson Misc Coll 80, Nr. 2 (1926).
[6] Siehe auch Beitrag BERNHEIMER, ds. Handb. IV, Kap. 1, Ziff. 24.

Neuerdings ist die Methode für Montezuma angewendet worden[1], wobei für den Zeitraum 1920 bis 1924 sowie 1925 bis 1929 alle Pyrheliometerergebnisse gleicher Luftfeuchtigkeit monatweise untersucht wurden. Die mittlere Abweichung der Werte war von der Größenordnung eines halben Prozentes, ein Umstand, der auf die Zuverlässigkeit der Beobachtungsmethode hinweist. Die übrigbleibende geringfügige jährliche Variation der Abweichungen in den beiden Perioden hatte einen verschiedenen Charakter und wird von ABBOT zum Teil reellen Schwankungen der Solarkonstante zugeschrieben. Die Daten der „Selected Pyrheliometry“ gestatten schließlich auch die gewonnenen Beobachtungsergebnisse der neuen Bergstationen an die alte Mt. Wilson-Skala anzuschließen. So ließen sich für Montezuma zu bestimmten Werten von m und F statistisch ermittelte diesbezügliche Korrektionen ableiten. Je nach den zugehörigen F und m ergeben sich Korrektionen zwischen 0,01 und 0,04 gcal. Inwieweit gerade die alte Skala als absolut angesehen werden kann, ist heute wohl nicht ohne weiteres zu entscheiden, muß aber eher bezweifelt werden. So haben in jüngster Zeit Messungen mit dem ABBOTschen neuen Water-Flow-Pyrheliometer Nr. 5 (s. Ziff. 39) gezeigt, daß die alte Absolutskala allem Anschein nach

Tabelle 3. Dekadenmittel der Solarkonstante 1920 bis 1930.
(„Preferred Solar Constants“ ABBOTS, siehe Text S. 452.)

Dekade		1920	1921	1922	1923	1924	1925	1926	1927	1928	1929	1930
Januar	1	1,968	1,964	1,938	1,934	1,936	1,945	1,939	1,940	1,937	1,929	1,935
	2	67	56	45	24	40	39	40	39	32	33	38
	3	59	50	48	18	41	47	34	37	37	32	36
Februar	1	58	42	44	25	36	41	35	39	44	33	34
	2	54	54	49	34	35	49	41	44	40	27	40
	3	56	54	48	(15)	37	40	30	42	41	30	43
März	1	59	54	47	25	44	41	38	36	47	29	40
	2	48	39	41	30	41	36	39	43	46	30	37
	3	32	42	32	30	39	41	34	43	45	31	39
April	1	48	49	30	33	39	45	30	44	43	32	41
	2	56	45	30	25	43	50	35	47	39	40	38
	3	52	46	25	31	44	46	40	45	42	37	39
Mai	1	50	50	23	27	43	46	38	46	42	38	42
	2	61	49	32	30	46	50	38	42	49	34	42
	3	50	50	24	34	47	54	43	45	46	35	42
Juni	1	43	27	20	18	51	43	39	50	46	35	45
	2	34	39	15	32	53	43	45	44	51	32	44
	3	38	36	12	32	53	48	41	45	45	32	40
Juli	1	45	52	00	34	46	52	41	48	43	33	44
	2	40	53	13	28	50	54	44	45	39	32	50
	3	51	48	23	44	43	47	41	46	40	34	46
August	1	30	44	17	42	50	49	43	43	41	31	44
	2	27	57	19	40	40	41	41	40	34	32	44
	3	32	37	21	41	30	42	42	42	38	30	41
September	1	51	50	21	45	41	56	41	41	41	28	39
	2	44	57	(15)	43	50	46	38	41	35	28	34
	3	44	50	19	40	46	50	43	48	23	32	41
Oktober	1	42	55	26	42	50	42	36	45	29	31	37
	2	51	61	21	42	50	49	37	43	32	33	37
	3	38	53	14	39	49	46	31	41	27	30	38
November	1	52	58	28	34	47	44	32	43	25	32	38
	2	48	52	25	43	49	48	30	43	29	35	39
	3	43	55	20	41	44	44	32	43	30	40	35
Dezember	1	57	53	25	42	42	44	35	44	29	41	40
	2	57	50	22	40	47	45	34	38	26	39	43
	3	1,949	1,948	1,930	1,922	1,939	1,946	1,935	1,938	1,932	1,939	1,949

[1] Smithson Ann 5, S. 133 (1932).

um nicht weniger als 2,5% zu hoch ist. Demnach würde der bisher als richtig angenommene Mittelwert der Solarkonstante (Mittel der Jahre 1920 bis 1930) von 1,94 auf 1,89 herabgesetzt werden müssen. Wenn auch bisher diese Korrektion noch nicht berücksichtigt wurde, so wird sich dies in Zukunft wohl nicht umgehen lassen, um so mehr, als für eine Reihe von Problemen der Fixsternastronomie ein gesicherter Absolutwert der Solarkonstante von Wichtigkeit ist.

20. „Preferred Solar Constants". In diesem Zusammenhang mag es von Interesse sein, eine Zusammenstellung der neuesten Werte der Solarkonstante zu geben. Es ist wohl kein Zweifel, daß die in Amerika vorgenommenen Messungen bis zur Errichtung der Station Calama in Chile noch nicht eine derartige Genauigkeit besitzen, daß es sich lohnt, auf Einzelwerte einzugehen. Von erheblich größerer Genauigkeit sind die Messungen des Zeitraumes von 1920 bis 1930, um so mehr, als sie größtenteils gleichzeitig an mehreren Stationen angestellt wurden. Die in früheren Veröffentlichungen mitgeteilten Ergebnisse aus dieser Zeit sind 1932 von Abbot nach mehreren Gesichtspunkten revidiert und schließlich die wahrscheinlichsten Werte der Dekadenmittel und Monatsmittel in der letzterschienenen Veröffentlichung[1] mitgeteilt worden. In Tabelle 3 geben wir vorerst jene Dekadenmittel für die Jahre 1920 bis 1930, die als wahrscheinlichste Werte bezeichnet wurden. Bis einschließlich Dezember 1925 haben zur Ableitung dieser Daten Beobachtungen von Calama, Harqua Hala und Montezuma gedient. Für die Jahre 1926 bis 1930 beziehen sich die Daten vorwiegend auf solche Montezuma-Tage, an denen nach der kurzen Methode (s. Ziff. 18) beobachtet wurde. Diese Werte sind gemittelt und die Beobachtungen anderer Stationen dann auf dieses System reduziert worden. Die 10-Tages-Mittel dieser Tabelle sollen im allgemeinen befriedigende Werte darstellen, doch sind die Monatsmittel, im übrigen für die Jahre nach 1926 auf Daten gegründet, die zum Teil von den Grundlagen zu der Tabelle der Dekadenmittel abweichen, offenbar von höherer Zuverlässigkeit. Diese nach Abbot wahrscheinlichsten Werte der Monatsmittel der Solarkonstante von 1920 bis 1930 sind in Tabelle 4 wiedergegeben. Für die Jahre 1920 bis 1925 stellen diese Werte Mittelwerte aus den Daten der vorhergehenden Tabelle dar und beruhen demnach auf Beobachtungen von Harqua Hala, Calama sowie auf Montezuma-Beobachtungen nach der kurzen Methode. Für die Zeit von 1926 bis 1930 sind es gewichtete Mittelwerte dreier Stationen, wobei den Ergebnissen von Montezuma das Gewicht 2, jenen von Table Mountain und Mt. Brukkaros je das Gewicht 1 zuerkannt wurde. Für

Tabelle 4. Monatsmittel der Solarkonstante 1920 bis 1930.
(„Preferred Solar Constants" Abbots, siehe Text.)

1920	1921	1922	1923	1924	1925	1926	1927	1928	1929	1930	
1,965	1,957	1,944	1,925	1,938	1,944	1,940	1,941	1,938	1,933	1,941	Januar
56	50	47	25	36	43	36	42	42	33	40	Februar
46	45	40	28	41	39	37	43	45	32	39	März
52	47	28	30	42	47	36	44	42	34	41	April
54	50	26	30	45	50	40	44	46	36	44	Mai
38	34	16	27	52	45	43	47	48	33	43	Juni
45	51	12	35	46	51	42	45	43	33	43	Juli
30	46	19	41	40	44	43	43	40	32	41	August
46	52	18	43	46	51	41	44	39	29	35	September
44	56	20	41	50	46	35	44	31	31	35	Oktober
48	55	24	39	47	45	32	44	29	38	38	November
54	50	26	30	43	45	38	41	28	42	41	Dezember
1,948	1,949	1,927	1,933	1,944	1,946	1,939	1,943	1,938	1,934	1,940	Jahresmittel

[1] Smithson Ann 5, S. 277 (1932).

die genannte Zeit liegen tatsächlich Monatsmittel dreier Stationen vor, wodurch zweifellos den Daten größere Wahrscheinlichkeit zukommt. Nur in 3 Fällen gründen sich die Tabellenwerte der letzten 5 Jahre auf zwei Stationsergebnisse. Die Ausnahmen sind folgende: 1927 Juni fehlt Mt. Brukkaros, 1928 September und 1929 Januar Montezuma.

Über die Fragen der Veränderlichkeit der Solarkonstante wird an anderer Stelle dieses Handbuches berichtet[1]. Hier sei nur hervorgehoben, daß die verschiedenen Verbesserungen der Beobachtungsmethoden, die im Laufe der Jahre zur Einführung gelangt sind, zweifellos auch eine Verminderung der Streuung in den „definitiven" Werten der Solarkonstante mit sich gebracht haben. Die großen Schwankungen von mehreren Prozenten, die noch bis 1918 auf dem Mt. Wilson beobachtet wurden, sind in Calama nicht mehr aufgetreten. Noch geringer wurden die Schwankungen dann in Montezuma, Harqua Hala bzw. auf den neuen Stationen in Table Mountain und Mt. Brukkaros. Aus dem neuen derzeit verfügbaren Material der Tabelle ergeben sich nunmehr folgende in Tabelle 5 wiedergegebene Jahresmittel und ihre Streuung.

Tabelle 5. Jahresmittel der Solarkonstante 1920 bis 1930 und ihre Streuung.

Jahr	Solarkonstante	Streuung in gcal	Streuung in Proz.
1920	1,948	±0,0087	±0,45
1921	49	59	30
1922	27	108	56
1923	33	60	31
1924	44	46	24
1925	46	33	17
1926	39	34	17
1927	43	17	09
1928	38	65	34
1929	34	24	12
1930	40	28	14

Wie aus Tabelle 5 hervorgeht, hat die Abnahme der Schwankungen auch in den letzten Jahren neue Fortschritte gemacht. Einzig 1928 hat aus unbekannten Gründen eine etwas höhere Veränderlichkeit gezeigt. Jedenfalls ist es bemerkenswert, daß die an und für sich bereits sehr geringe mittlere Jahresstreuung im Zeitraum 1920 bis 1924 im Betrage von 0,39%, im Zeitraum 1925 bis 1930 selbst mit Einschluß des Jahres 1928 auf 0,17%, demnach unter die Hälfte herabgegangen ist. Es ist vielleicht nicht unberechtigt, hieraus den Schluß zu ziehen, daß die Realität der Schwankungen, soweit sie auf extraterrestrische Ursachen zurückgeführt wird, kaum als gesichert angesehen werden kann.

g) Bolometer und Thermoelement bei Strahlungsuntersuchungen der Sonnenflecke und der Korona.

21. Die Arbeiten von 1905 und 1922 zur Intensitätsmessung der Sonnenflecke. Die an sich naheliegende Aufgabe, das Spektrobolometer für Untersuchungen der Energieverteilung im Spektrum der Sonnenflecke heranzuziehen, ist, soweit bekannt, nur ein einziges Mal bei den Versuchen ABBOTS[2] von 1905 am Snow-Teleskop des Mt. Wilson-Observatoriums durchgeführt worden. Es wurde dasselbe Spektrobolometer, das auch zu den sonstigen Strahlungsmessungen gedient hatte, verwendet, nur die Höhe des Spaltes derart verkleinert, daß bei Einstellung auf die Mitte des zu untersuchenden Fleckes die Spalthöhe noch kleiner war als der Fleck im Durchmesser. Spezielle Ergebnisse liegen nur von einem einzigen Tage vor, an dem sieben Bologramme aufgenommen und aus ihnen Energiewerte für die Wellenlängen λ 4480, λ 5860, λ 7990, λ 12180 und λ 21150 erhalten wurden. Innerhalb des Sonnenfleckes hat man die Inten-

[1] Beitrag BERNHEIMER, ds. Handb. IV, Kap. 1. [2] Smithson Ann 2, S. 233 (1908).

sität von vier verschiedenen wohldefinierten Punkten gemessen und jedesmal das Intensitätsverhältnis zur umgebenden Photosphäre bestimmt. Aus den wenigen Daten geht nur hervor, daß einerseits das Intensitätsverhältnis: Fleck/Photosphäre gegen das Fleckenzentrum hin abnimmt, wie es — aber freilich nur für kleine Flecken — bereits von K. SCHWARZSCHILD und W. VILLIGER[1] bei ihren Arbeiten im Bereiche von λ 3200 gezeigt wurde, und daß andererseits der Kontrast Fleck/Photosphäre nach den kurzen Wellen hin wesentlich zunimmt. Es steigt der Kontrast nach diesen Messungen von λ 21150 bis λ 4480 auf etwa das Doppelte an. Vom Beobachter wird festgestellt, daß die absoluten Intensitätswerte in einzelnen Wellenlängen des Fleckes wohl zu hoch sein dürften, da im Fleckengebiet Streulicht der Photosphäre mitgemessen wurde. Eine wichtige Fehlerquelle ist jedoch bei diesen Untersuchungen überhaupt nicht beachtet worden: Es fehlt jede Diskussion über den Strahlungsverlust, sowohl in der Apparatur wie auch in der Erdatmosphäre.

Ähnliche Versuche sind erst 1922 wieder aufgenommen worden[2], diesmal mit Verwendung von Thermoelementen in Verbindung mit einem Monochromator. Diese Untersuchungen wurden von E. PETTIT und S. B. NICHOLSON mit dem 150 Fuß-Turmteleskop des Mt. Wilson-Observatoriums angestellt. Das Arbeitsprogramm bestand neben der Erforschung der spektralen Energieverteilung hier auch in einer direkten Bestimmung der Gesamtstrahlung der Umbra mit Hilfe eines Thermoelementes. Das Element befand sich unmittelbar hinter einem mit einer Nadel durchstochenen Karton im Fokus des Turmteleskops. Durch diese Blende von etwa 0,01 mm Durchmesser wurde die Gesamtstrahlung der Umbra und der Photosphäre zu beiden Seiten des Fleckes gemessen. Das Intensitätsverhältnis: Fleck/Photosphäre ergab sich zu 0,471 gegenüber 0,477, dem Wert, der sich aus der Vergleichung der von den Energiekurven eingeschlossenen Flächen berechnen ließ. Die gute Übereinstimmung ist bemerkenswert.

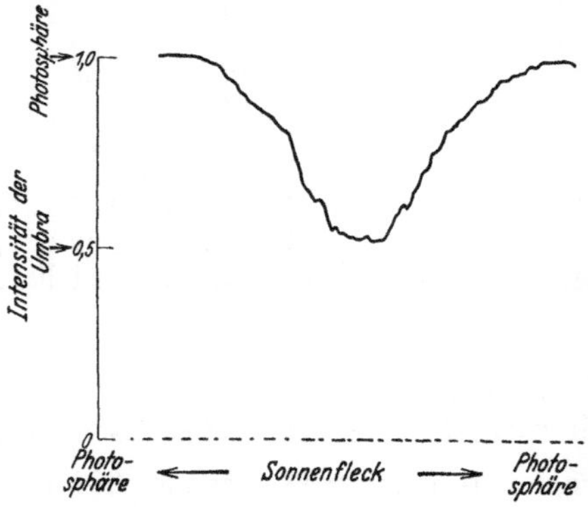

Abb. 22. Registrierkurve der Gesamtstrahlung längs eines Sonnenfleckendurchmessers. Gemessen mit Thermoelement auf dem Mt. Wilson. [Ap J 71 (1930).]

Das Thermoelement in Verbindung mit dem „Nadelstichdiaphragma" fand bei diesen Untersuchungen überdies auch zur Festlegung des Energieverlaufes der Gesamtstrahlung längs eines Fleckendurchmessers Verwendung. Die beim langsamen Vorbeiziehen des Fleckes jeweils erzielten Galvanometerausschläge wurden photographisch registriert und derart die in Abb. 22 wiedergegebene Intensitätskurve gewonnen. Auffallend ist hier die kontinuierliche Abnahme der Totalenergie von der Photosphäre über die Penumbra zur Umbra. Dieses einfache und direkte Meßverfahren, seit 1922 kaum wieder angewendet, verdient in Zukunft für systematische Fleckenuntersuchungen herangezogen zu werden, da derartige, regelmäßig vorgenommene Messungen wegen ihres objektiven Charakters zweifellos von großem Werte wären. Diese Beobachtungen sind um so mehr von besonderem Interesse, als die genannten, in Abb. 22 wiedergegebenen, Ergebnisse aus Gesamtstrahlungsmessungen bei selektiven Strahlungsuntersuchungen nicht bestätigt worden sind. So hat eine photographische Photo-

[1] Ap J 23, S. 345 (1906). [2] E. PETTIT u. S. B. NICHOLSON, Ap J 71, S. 153 (1930).

metrie im Ultravioletten durch H. STREBEL und B. THÜRING[1] eine deutliche Aufhellung des Innenrandes der Penumbra ergeben. Ein ähnliches Verhalten ist auch in einigen Fällen durch Untersuchungen von N. BARABASCHEFF und B. SEMEJKIN[2], die mit Diapositivplatten und Gelbfilter gearbeitet haben, angedeutet worden.

Bei den amerikanischen Messungen der spektralen Energieverteilung leitete man die Strahlung durch das obenerwähnte Diaphragma auf den Spalt eines Monochromators[3], der mit einem Vakuum-Thermoelement in Verbindung stand. Die Galvanometerausschläge wurden photographisch registriert, wobei die Anordnung derart reguliert war, daß das Spektrum von λ 4000 bis λ 20000 innerhalb von 15 Minuten durchlaufen wurde. Auf derselben Platte wurden drei

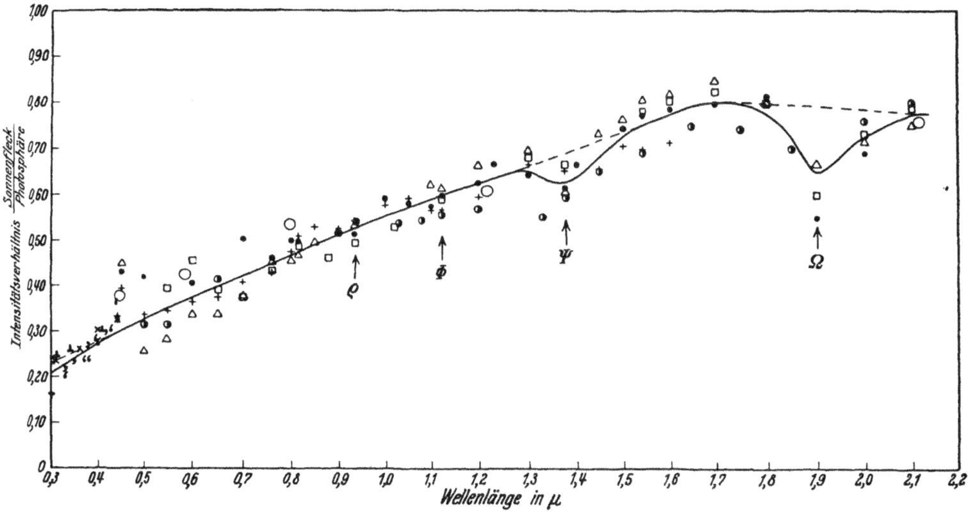

Abb. 23. Die Energiekurve des Intensitätsverhältnisses $\frac{\text{Sonnenfleck}}{\text{Photosphäre}}$ auf Grund bolometrischer und thermoelektrischer Messungen. Die Zeichen o entsprechen den bolometrischen Ergebnissen von ABBOT, die übrigen Zeichen stellen die Ergebnisse verschiedener Meßserien dar, die PETTIT und NICHOLSON mit Thermoelement und Monochromator gewonnen haben. Die Pfeile unterhalb der Kurve geben die Stellen der Absorptionsbanden ϱ', Φ, Ψ und Ω an. (Siehe auch Abb. 17, S. 440.) [Ap J 71 (1930).]

Registrierkurven aufgenommen, eine von einem Punkt knapp nördlich der Penumbra, die zweite von einem Punkt der Umbra und die dritte von einem Punkt knapp südlich der Penumbra.

Die gewonnene Energiekurve des Intensitätsverhältnisses: Fleck/Photosphäre ist in Abb. 23 wiedergegeben. Die mit o bezeichneten Punkte entsprechen den 1905 von ABBOT bolometrisch bestimmten Werten. Die Übereinstimmung ist bemerkenswert. Ob die beiden konvexen Stellen der Kurve reell sind, ist von PETTIT und NICHOLSON nicht entschieden worden. Es ist aber wohl kaum zweifelhaft, daß diese Einsenkungen künstlich dadurch hervorgerufen wurden, daß es nicht gelungen ist, die Absorptionen der Wasserdampfbanden Ψ und Ω bei der Reduktion zu berücksichtigen. Diese Ansicht wird neuerdings auch von M. MINNAERT und A. J. N. WANDERS[4] vertreten. Im übrigen machen die beiden Forscher

[1] Z. f. Astrophys. 5, S. 96 (1932). [2] Z. f. Astrophys. 5. S. 54 (1932).
[3] Konstruktion von HILGER, beschrieben in Ap J 66, S. 43 (1927); Mt Wilson Contr Nr. 336.
[4] Z f Astrophys 5, S. 297 (1932).

mit Recht darauf aufmerksam, daß den amerikanischen Beobachtungen noch ein weiterer Fehler anhaftet, der auch bei den ABBOTschen Resultaten hervorgehoben wurde. Es bedarf noch einer Korrektion für den Strahlungsverlust in Apparatur und Erdatmosphäre. MINNAERT und WANDERS nehmen an, daß die an die Fleckenintensitäten anzubringenden Korrekturen für alle Wellenlängen 10% der Photosphärenstrahlung betragen, und kommen dann zu dem bedeutsamen Ergebnis, daß die von PETTIT und NICHOLSON mit Monochromator und Thermoelement gewonnene Intensitätskurve in sehr guter Übereinstimmung stehe zu der theoretischen Kurve, die sich beim Vorherrschen eines reinen Strahlungsgleichgewichtes in den optisch zugänglichen Gebieten eines Sonnenfleckes berechnen läßt.

22. Die Untersuchungen der Korona mit Bolometer und Thermosäule. Die meisten Untersuchungen der Korona sind mit photographischen Methoden angestellt worden, behandeln demnach nur die Strahlung in einem ausgewählten

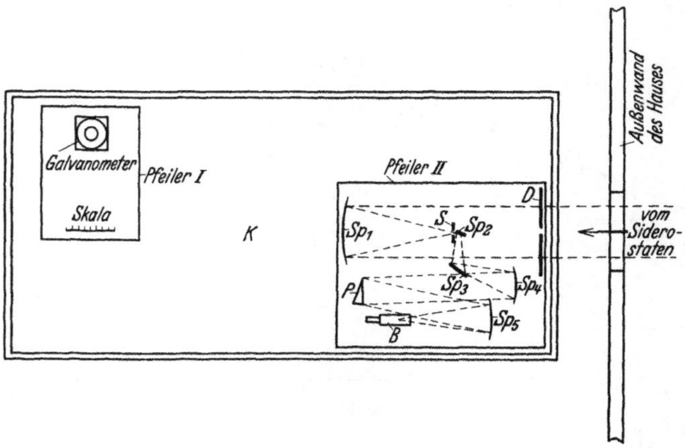

Abb. 24. Die erste Versuchsanordnung zur spektrobolometrischen Messung der Koronastrahlung, ausgeführt von C. G. ABBOT und C. E. MENDENHALL bei der Sonnenfinsternis 1900 Mai 28. [Ap J 12 (1900).]

Spektralbereiche. Dasselbe gilt für die Untersuchungen mit lichtelektrischem Photometer, wie sie zum ersten Male 1918[1] und dann wieder bei der Finsternis von 1922[2] ausgeführt wurden.

Eigentümlicherweise wurden nur bei wenigen Finsternissen Versuche unternommen, zur Strahlungsmessung Bolometer und Thermosäule heranzuziehen, obwohl es von großer Bedeutung wäre, auch die Gesamtstrahlung der Korona erfassen zu können. Die erste Anwendung des Bolometers erfolgte wohl im Jahre 1900[3] durch Beobachter des Smithsonian-Observatoriums. Die gewählte instrumentelle Anordnung ist aus Abb. 24 ersichtlich. Innerhalb der doppelwandigen Beobachtungskammer K wurden auf dem Pfeiler I das Galvanometer und die Meßskala, auf dem Pfeiler II das Bolometer und das optische Hilfsgerät aufgestellt. Die Sonnenstrahlung, bezw. die Strahlung der Korona, fällt von dem außerhalb des Hauses montierten Siderostaten durch ein Katzenaugen-Diaphragma D auf den 50 cm-Spiegel Sp_1, in dessen Brennpunkte der Spalt S und knapp hinter ihm der kleine ebene Spiegel Sp_2 befestigt ist. Mittels des zweiten ebenen Spiegels Sp_3 und des Kollimatorspiegels Sp_4 wird die Strahlung auf das an einer Fläche

[1] J. STEBBINS u. J. KUNZ, Ap J 49, S. 151 (1919).
[2] G. H. BRIGGS, Ap J 60, S. 280 (1924).
[3] C. G. ABBOT, Ap J 12, S. 69 (1900).

versilberte Prisma P gelenkt und erreicht schließlich nach Reflexion an dem 26 cm-Spiegel Sp_5 das Bolometer B. Den mit dieser Apparatur gewonnenen Beobachtungen kann wegen zu großer Unsicherheit nur historische Bedeutung zuerkannt werden. Dasselbe gilt für die bei derselben Finsternis mit fast identischer Apparatur vorgenommenen Messungen von G. E. HALE[1]. Dagegen haben bei der Sonnenfinsternis 1908 Januar 3 Versuche von ABBOT und MOORE[2] mit verbesserten Hilfsmitteln bereits positive Ergebnisse gebracht. Zur Verwendung kamen Bolometer großer Empfindlichkeit. 1 mm Ausschlag der Galvanometerskala entsprach einer Temperaturänderung von $1 \cdot 10^{-5}$ Graden. Es war Vorsorge getroffen, ausschließlich langwellige Strahlung untersuchen zu können. Zu diesem Zwecke wurde in den Strahlengang ein dünnes Asphaltfilter eingeschoben. Andererseits verzichtete man auf Strahlung größer als $3\,\mu$ dadurch, daß vor dem Bolometer noch eine 3 mm dicke Glasplatte angebracht wurde. Beobachtet wurde mit einem parallaktisch montierten 50,5 cm-Spiegel von 100 cm Brennweite. Berücksichtigte man den Strahlungsverlust beim Durchgang durch die Glasplatte, so zeigte sich, daß die Strahlung der inneren Korona jener des Mondes gleichkam. Die Filtermessungen ergaben eigentümlicherweise, daß die Korona in einer Distanz von 0,25 Sonnenradien um 9% mehr infrarote Strahlen emittierte als die Sonne, wobei freilich zu berücksichtigen ist, daß die Strahlung über $3\,\mu$ infolge des Glasfensters ausgeschlossen war.

Thermoelektrische[3] Untersuchungen der Koronastrahlung sind bei der Sonnenfinsternis 1925 Januar 24 von zwei Expeditionen vorgenommen worden. Bei der einen Expedition haben H. T. STETSON und W. W. COBLENTZ[4] an einem 15 cm-Spiegel von 127 cm Brennweite mit Thermoelementen gearbeitet. In der Absicht, noch weiter ins Infrarote zu kommen, als es bei den genannten Untersuchungen von 1908 der Fall war, wurde das Gehäuse der Vakuum-Thermosäule mit einem Fenster aus Flußspat versehen. Diese Thermosäule bestand aus fünf in Serie geschalteten Elementen Wismut-Silber und besaß einen Gesamtwiderstand von 9 Ω. Jedes Element hatte zwei gleich große Empfänger (A und B der Abb. 25) von den Dimensionen $1{,}5 \times 5$ mm. Der Apparat war leicht zu bedienen, und es konnten entweder beide Empfänger zugleich (Festlegung des Nullpunktes) oder ein Empfänger allein der Strahlung ausgesetzt werden. Zur Prüfung der ABBOTschen Ergebnisse von 1908 wurde auch mit Vorschaltung einer 1 cm-Glyzerinzelle gearbeitet, die nach Laboratoriumsversuchen von COBLENTZ[5] eine gleiche Durchlässigkeit wie eine Wasserzelle besitzt. Sollte die Korona tatsächlich eine nennenswerte Infrarotstrahlung emittieren, so müßten sich wesentlich geringere Galvanometerausschläge nach Durchgang der Strahlung durch die Glyzerinzelle ergeben.

Der Beobachtungsvorgang umfaßte vier Serien: Serie Ia) die Empfänger A und B werden auf die dunkle Mondscheibe gerichtet, b) Empfänger A auf Korona-West, B als „kalte" Lötstelle, c) A und B wieder auf den Mond. Das Ergebnis der ersten Messungsserie beruht auf dem Ausschlag $b = \frac{a+c}{2}$. Bei der Serie II wurde die Glyzerinzelle vorgeschaltet, im übrigen die Beobachtungen der Serie I wiederholt. Serie IIIa und c wie bei I, IIIb nunmehr mit Empfänger B auf Korona-Ost und A als „kalte" Lötstelle. Serie IV schließlich analog wie Serie III, nur mit dem Unterschied, daß hier wieder die Glyzerinzelle vorgeschaltet wurde.

Es zeigte sich, daß von der Glyzerinzelle nur etwa 33% der Gesamtstrahlung durchgelassen wurden, womit das ABBOTsche Ergebnis qualitativ bestätigt ist.

---

[1] Ap J 12, S. 87 (1900). [2] Smithson Ann 4, S. 3 (1913).
[3] Nähere Angaben über Thermoelemente siehe Ziff. 2, 29, 30, 32 und 40.
[4] Ap J 62, S. 128 (1925). [5] Bull Bur of Stand 17, S. 272 (1921).

Der Betrag an infraroter Koronastrahlung wäre sogar noch wesentlich größer. Man könnte dies dadurch erklären, daß bei den älteren Versuchen bereits bei 3 μ der Strahlung eine Grenze gesetzt war, hier aber noch weitere langwellige Strahlung hinzugekommen ist. Andererseits muß aber darauf hingewiesen werden, daß die Ergebnisse einer zweiten Sonnenfinsternisexpedition des Jahres 1925, thermoelektrische Untersuchungen von E. PETTIT und S. B. NICHOLSON[1], das große Übergewicht der infraroten Koronastrahlung nicht bestätigen konnten. Hier wurde an einem 50,5 cm-Spiegel von 101 cm Brennweite (dem umgeschliffenen ABBOTschen Spiegel von 1908) ebenfalls mit einem Vakuum-Thermoelement gemessen. Dieses Thermoelement besteht aus zwei Empfängerscheibchen, 5 mm

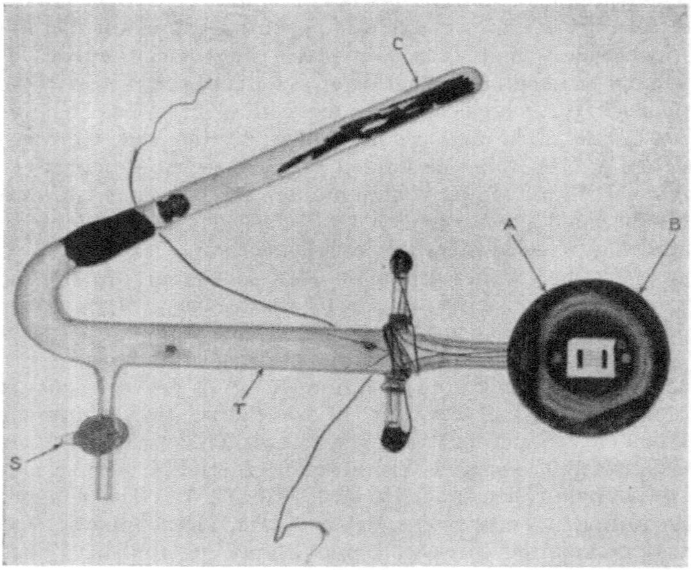

Abb. 25. Die von H. T. STETSON und W. W. COBLENTZ bei der Sonnenfinsternis 1925 Januar 24 verwendete Apparatur zur thermoelektrischen Messung der Koronastahlung. Rechts die Thermosäule mit den beiden gleichdimensionierten Empfängern *A* und *B*; *S* der Stöpselverschluß des evakuierten Glasröhrchens *T*, links oben Ansatzrohr *C*, gefüllt mit metallischem Kalzium. [Ap J 62 (1929).]

voneinander entfernt, eine Distanz, die im vorliegenden Falle dem abgebildeten Mondradius gleichkam. Wurde ein Empfänger auf die Korona 4',6 westlich des Mondrandes gerichtet, so stand der zweite Empfänger auf der dunklen Mondscheibe, 12',4 innerhalb des Randes. Es wurde abwechselnd bei der Stellung „Korona-West" und „Korona-Ost" gearbeitet. Um während der Finsternis für alle Fälle die geeignetste Empfindlichkeit der Apparatur zur Verfügung zu haben, wurden praktische Vorkehrungen getroffen. Wäre die Empfindlichkeit zu groß gewesen, so sollten dem zum Galvanometer in Serie geschalteten Stöpselrheostaten Stöpsel entnommen werden, im umgekehrten Falle stand ein zweites Galvanometer von 6mal größerer Empfindlichkeit in Bereitschaft, das rasch in den Stromkreis einzuschalten war. Zur Durchführung einer Vergleichung der Gesamtstrahlung von Korona und Sonne hat man an einem der Finsternis folgenden Tage mit einem Hilfsspiegel bei gleicher Sonnenhöhe thermoelektrische Messungen vorgenommen.

[1] Ap J 62, S. 202 (1925).

Um mit Sicherheit die Gesamtstrahlung der Korona bis in das äußerste Infrarot zu erhalten, war das Gehäuse des Thermoelements mit einem Steinsalzfenster versehen. Andererseits wurde, um einzelne Spektralbereiche aussondern zu können, ähnlich wie bei den Planeten-Untersuchungen (s. Ziff. 31 und 33), auch mit Absorptionsfiltern gearbeitet. Zur Anwendung gelangte die 1 cm-Wasserzelle, die bereits bei den ersten thermoelektrischen Untersuchungen[1] von 1922 (s. Ziff. 33) benutzt wurde. Sie läßt nur mehr wenig Energie über 1,1 μ durch und absorbiert Strahlung größer als 1,4 μ. Daneben wurde die Koronastrahlung auch nach Durchgang durch ein Mikroskopdeckgläschen von 0,165 mm Dicke gemessen. Dieses Filter, das zum ersten Male 1924 bei den thermoelektrischen Untersuchungen der Strahlung des Planeten Mars[2] Anwendung fand, läßt nur mehr wenig Energie über 4 μ durch; Strahlung über 8 μ wird bereits völlig absorbiert. Mehrfache Einstellungen der Korona ergaben folgende mittlere Ausschläge: Wasserzelle 47,1, Deckgläschen 61,4 und ohne Filter 65,4. Auffallend ist der geringe Unterschied zwischen der Gesamtstrahlung und der Strahlung nach Passieren des Mikroskopdeckgläschens. Die prozentuale Verteilung der Strahlung bei Korona und Sonne in verschiedenen Spektralbereichen, wie sie sich aus den gewonnenen Ausschlägen errechnen läßt, ersieht man aus nachstehender kleinen Tabelle:

Spektralbereich in μ	0,3 bis 1,3	1,3 bis 5,5	8 bis 14
Korona	77,6%	22,4%	0,0
Sonne	71,4	28,6	0,0

Es zeigt sich demnach, daß die Koronastrahlung im Bereich unter 1,3 μ wohl relativ größer als die Sonnenstrahlung, der Unterschied aber nicht bedeutend ist. Zwischen 1,3 und 5,5 μ kehrt sich das Verhältnis sogar um, und über 8 μ fehlt praktisch jede Strahlung. Die Ergebnisse von PETTIT und NICHOLSON sind demnach mit den früher genannten Ergebnissen nicht vereinbar. Man steht vor der noch ungeklärten Erscheinung, daß bei derselben Finsternis thermoelektrische Messungen der Koronastrahlung mit prinzipiell analoger Apparatur bei der einen Expedition eine Wasserzellentransmission von etwa 33%, bei der anderen von 78% gezeigt haben. Reduziert man auf gleiche Skala, so ist das Verhältnis der beiden Wasserzellenausschläge sogar von der Größenordnung 1:3. Von Interesse ist noch der Versuch, einen Absolutwert der Koronastrahlung anzugeben. Nimmt man zur Zeit der Finsternis die Solarkonstante zu 1,93 $\mathrm{gcal\,cm^{-2}min^{-1}}$ an, so ergibt sich für die Korona nach den Messungen von PETTIT und NICHOLSON ein Energiewert von $2{,}14 \cdot 10^{-6}\,\mathrm{gcal\,cm^{-2}min^{-1}}$, wobei in diese Bestimmung die nicht gesicherte Annahme eingeht, daß der Strahlungsverlust in der Erdatmosphäre für Sonne und Korona gleich groß ist.

Die theoretische Energieverteilung im kontinuierlichen Spektrum der Korona hat J. WOLTJER JR.[3] unter Annahme der Zerstreuung durch freie Elektronen behandelt und ist zu dem Schluß gekommen, daß die kurzwelligen Strahlen bis in das rote Gebiet in Korona und Sonne übereinstimmen, daß dagegen die infrarote Strahlung in der Korona überwiege. Im übrigen ist die praktische Übereinstimmung von Korona- und Sonnenspektrum für das Gebiet von λ 3820 bis λ 4840 durch die Untersuchungen von H. LUDENDORFF[4] bereits einwandfrei nachgewiesen und neuerdings von W. GROTRIAN[5] auch für das Gebiet von λ 3400 bis λ 6500 bestätigt worden. Ungeklärt bleiben aber, wie eingangs in dieser Ziffer

[1] Ap J 56, S. 295 (1922). [2] Pop Astr 32, S. 601 (1924). [3] B A N 3, S. 103 (1926).
[4] Berl Ak Ber 1925, S. 85. [5] Z f Astrophys 3, S. 199 (1931).

auseinandergesetzt, die Verhältnisse im infraroten Gebiet. In Abänderung seiner ersten Mitteilung bemerkt nun WOLTJER in einer zweiten Arbeit[1], daß eine Entscheidung kaum möglich sei, da die der Beobachtung zugängliche Strahlung noch dieselbe zentrale Verteilung aufweise wie die Sonne. WOLTJERS Berechnungen sind von PETTIT und NICHOLSON[2] in einer strengeren Form wiederholt worden. Sie finden zwar eine größere Infrarotstrahlung der Korona, glauben aber, daß es nicht möglich sei, mit Hilfe der Wasserzelle den Überschuß zu erkennen. Theoretisch sei nämlich die Wasserzellentransmission der Sonne 72% und jene der Korona 70 oder 68%, je nachdem, welche Theorie herangezogen wird. Die Beobachtungen von PETTIT und NICHOLSON stimmen jedenfalls mit der Theorie gut überein, da sie nur um 8 bzw. 10% abweichen. Dem gegenüber stehen aber noch immer die früher genannten gleichzeitigen Beobachtungen von STETSON und COBLENTZ mit einer Wasserzellentransmission von 33% und demgemäß einer Abweichung von dem theoretischen Werte um 37 bzw. 35%. Solange nicht neue Beobachtungen einwandfrei Fehler bei den Untersuchungen von STETSON und COBLENTZ nachweisen können, ist eine Entscheidung in dieser wichtigen Frage noch offen.

Bei der Finsternis 1926 Januar 14 ist von H. T. STETSON, W. W. COBLENTZ, W. ARNOLD und W. A. SPURR[3] der Versuch gemacht worden, neuerlich die Wasserzellentransmission der Koronastrahlung zu bestimmen, dünne Zirrusschleier und die tropische Luftfeuchtigkeit von Benkoelen haben jedoch die Messungen unmöglich gemacht.

h) Anwendung der Thermoelemente zur Messung der ultravioletten Sonnenstrahlung.

23. Die Apparatur von E. PETTIT zur Strahlungsmessung bei λ 3200. Strahlungsmessungen im kurzwelligen Gebiete werden mit Hilfe der Photographie oder mit Anwendung der Alkalizellen vorgenommen. Über die hier zur Verwendung kommenden Methoden ist an anderen Stellen dieses Handbuches berichtet (Beiträge A. BRILL, II/1, Kap. 2 und H. ROSENBERG, II/1, Kap. 4). In dem vorliegenden Abschnitt sollen jedoch jene Instrumente und Methoden behandelt werden, bei denen der kurzwellige Spektralbereich mit Hilfe von Thermoelementen untersucht wird. In erster Linie handelt es sich um die auf dem Mt. Wilson-Observatorium und in Tucson, Arizona, vorgenommenen modernen Arbeiten von E. PETTIT[4].

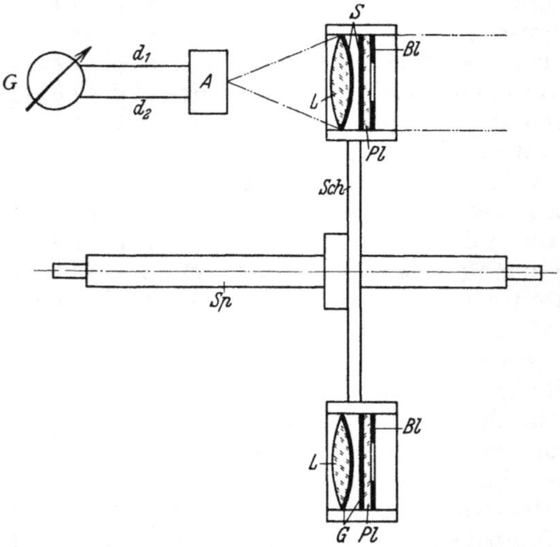

Abb. 26. Schematisches Bild des PETTITschen Apparates zur Messung der ultravioletten Sonnenstrahlung.

Die von PETTIT verwendete Apparatur ist in Abb. 26 schematisch dargestellt. A ist eine Thermosäule, und zwar in der Anord-

[1] B A N 3, S. 163 (1926). [2] Ap J 64, S. 136 (1926). [3] Ap J 66, S. 65 (1927).
[4] Publ A S P 38, S. 21 (1926); Pop Astr 34, S. 631 (1926); Wash Nat Ac Proc 13, S. 380 (1927); s. auch Comm Solar and Terr Relationships I. Report, S. 54 (1926); II. Report, S. 91 (1929); III. Report, S. 105 (1931).

nung, mit der die meisten Untersuchungen angestellt wurden, eine kompensierte Vakuumsäule. Erst in letzter Zeit verwendet man bei diesen Arbeiten wieder alte Thermosäulen vom Luftzellentypus. d_1 und d_2 sind die Zuführungsleitungen zu einem empfindlichen Galvanometer. Um eine Spindel *Sp* als Achse rotiert eine Scheibe *Sch*, die je zwei symmetrisch angeordnete optische Systeme trägt. Jedes dieser Systeme besteht aus einer kurzbrennweitigen Quarzlinse *L* (Öffnung 1″, $f = 2''$) und einer Quarzplatte *Pl*. An den Innenseiten sind Linse und Platte in dem einen System versilbert (*S*), im anderen vergoldet (*G*). Im direkten Kontakte mit der Platte *Pl* ist an der Außenseite eine kupferne Blende angebracht, die die Öffnung für die Silberlinse auf 8,08 mm, für die Goldlinse auf 9,35 mm herabsetzt. Durch

Abb. 27. Die Anordnung des thermoelektrischen Meßapparates am Sechszöller der Mt. Wilson-Sternwarte. [Ap J 75 (1932).]

Drehung der Scheibe, die mit einem Uhrwerk gekuppelt ist, wird wechselweise das erste oder das zweite System in den Strahlengang Sonne-Thermosäule gebracht. Das Silberfilter läßt Strahlen zwischen λ 3100 und λ 3300 durch, ein sehr spitzes Maximum liegt bei λ 3200. Das Goldfilter ist durchlässig für die Wellenlängen λ 4000 bis λ 6000, ein verhältnismäßig flaches Maximum ergibt sich bei λ 5000. Gemessen wird demnach das Intensitätsverhältnis Ultraviolett: Grün, das zu einer Ermittelung der ultravioletten Sonnenstrahlung führen soll.

Die Apparatur wurde bisher auf dem Mt. Wilson und in Tucson verwendet. In Abb. 27 ersieht man die gewählte Anordnung in Verbindung mit dem sechszölligen Refraktor des Mt. Wilson-Observatoriums. In dem geöffneten Gehäuse befindet sich die Thermosäule *T*, hinter ihr erkennt man die Scheibe, als Träger der beiden optischen Systeme, vor ihr sitzt ein kleines Vergrößerungsglas *I*, mit dem die richtige Einstellung des „grünen" Sternbildes auf die Thermosäule kontrolliert wird. Der Motor *M* mit der Friktionsscheibe *D* betreibt die Spindel, an deren unterem Ende die Hemmung *E* ersichtlich ist. Diese wird in Intervallen von

1 Minute mittels eines Magneten automatisch gelöst. Die mit *C* bezeichneten Kabelschnüre verbinden einerseits die Hemmungsmagneten mit der Kontaktuhr, andererseits die Thermosäule mit dem Galvanometer. Auf der Polarachse des Sechszöllers ist schließlich parallel mit dem Stundenkreise ein Zahnrad *W* montiert, das mit der photographischen Registriervorrichtung in Verbindung steht. Die Anordnung ist derart reguliert, daß die Platte in der Stunde um 27 mm vorrückt. Es können die Beobachtungen eines neunstündigen Zeitintervalles, das sind 135 Intensitätsmessungen des Energieverhältnisses UV: Grün von je 4^m Dauer, auf einer einzigen Platte des gewählten Formates registriert werden.

24. Methoden zur Reduktion der Beobachtungen. Aus den Registrierkurven werden die einzelnen Beobachtungen graphisch ausgewertet und die Logarithmen des Intensitätsverhältnisses UV/Grün sodann in einem Diagramm als Ordinaten, die Luftmassen $m = \sec z$ als Abszissen aufgetragen. Die so gewonnenen Punkte lassen sich durch eine Gerade darstellen. Es wird nun angenommen, daß dieselbe Beziehung zwischen m und UV/Grün auch für die nichtbeobachteten Luftmassen, also auch für $m = 1$ und $m = 0$ gelte. PETTIT bestimmt demnach aus der Lage der Schnittpunkte der extrapolierten Geraden mit den Ordinaten die entsprechenden Werte des Intensitätsverhältnisses. Die Schwankungen des Intensitätsverhältnisses UV/Grün werden unter der Annahme, daß sich die Intensität für Grün nicht ändere, als reelle Schwankungen der ultravioletten Sonnenstrahlung angesehen. Es entsteht nun die Frage, ob bei dieser Reduktionsmethode tatsächlich eine zuverlässige Extrapolation auf Luftmasse 0 vorgenommen wird, um so mehr, als es sich herausstellte, daß die mit der PETTITschen Apparatur ermittelte kräftige Schwankung der kurzwelligen Sonnenstrahlung in gleicher Weise zum Vorschein kommt, wenn bis Luftmasse 1 oder Luftmasse 0 extrapoliert wird. Nach mehrfachen Untersuchungen von W. E. BERNHEIMER[1] scheint es sich jedoch im wesentlichen nicht um Schwankungen der extraterrestrischen Sonnenstrahlung handeln zu können, zumal in den veröffentlichten Daten ein ausgeprägter jährlicher Gang nachzuweisen war. In einer vor kurzem erschienenen ausführlichen Arbeit wird von PETTIT[2] die Möglichkeit störender Effekte in den Ergebnissen zugegeben. Zwecks Diskussion des atmosphärischen Einflusses leitet er für jeden Monat des Zeitraums 1925 bis 1931 das Verhältnis

$$\frac{(\mathrm{UV/Grün})_{m_1}}{(\mathrm{UV/Grün})_{m_0}}$$

ab. Merkwürdigerweise bleibt nun dieses Verhältnis praktisch immer unverändert. Es treten nur ganz geringfügige Schwankungen auf, die jedoch keine Beziehung mit dem Gange der endgültigen Daten der extraterrestrischen Ultraviolett-Strahlung nachweisen. Die Konstanz des Verhältnisses wird von PETTIT als Beweis für eine verhältnismäßig gute Elimination des atmosphärischen Einflusses angesehen. Dieser Schluß ist aber wohl nur dann zulässig, wenn die berechneten Werte für $m = 0$ tatsächlich extraterrestrisch sind. Das ist aber schwer denkbar, da den Angaben der Beobachter zufolge die extrapolierten extraterrestrischen Strahlungswerte selbst bei Zirrus und Dunst ungestört bleiben. Nur bei den Nachmittagsmessungen, die für die endgültigen Daten ausgeschlossen wurden, ist nach PETTIT eine Verfälschung durch Talnebel eingetreten. Immerhin ist auch nach neuen Untersuchungen von BERNHEIMER (unveröffentlicht), die nunmehr Daten von 1907 Tagen aus dem Zeitraum 1925 April bis 1933 Juni

[1] Naturwiss 16, S. 526 (1928); ds. Handb. IV, Kap. 1 (1929); M Weather Rev 57, S. 412 (1930); Meteor Z 47, S. 190 (1930); Lund Obs Circ Nr. 2 (1931); Comm Solar and Terr Relationships III. Report, S. 16 (1931).

[2] Ap J 75, S. 185 (1932).

umfassen, der jährliche Gang unverändert festgestellt worden. Die beobachteten Schwankungen der ultravioletten Sonnenstrahlung, die im Falle ihrer extraterrestrischen Realität entweder Temperaturschwankungen der Sonne von etwa 1000° oder kräftige Intensitätsschwankungen der Absorptionsbande bei λ 3200 andeuten müßten, sind also offenbar im wesentlichen durch Vorgänge in der Erdatmosphäre bedingt. Es ist nicht anzunehmen, daß entscheidende instrumentelle Fehler vorliegen, dagegen ist zu erwarten, daß eine Verbesserung der Reduktionsmethoden, die etwa nach Art der kurzen Methoden der Smithsonian-Beobachter (s. Ziff. 17) eine schärfere Erfassung des jeweiligen Luftzustandes ermöglichen, zum erwünschten Ziele führen werden. Vor allem sollten nach einem Vorschlag von Bernheimer gleichzeitige Beobachtungen auf der nördlichen und der südlichen Halbkugel vorgenommen werden. G. Abetti, der sich den von Bernheimer vorgebrachten Argumenten anschließt, schlägt neuerdings vor[1], das Problem durch spezielle UV-Spektrographen anzugehen und mit ihrer Hilfe, bei gleichzeitigem Anschluß an künstliche Lichtquellen, monochromatische Strahlungskurven in mehreren Spektralbezirken, abzuleiten. Nach einem Berichte von J. Dufay[2] sind derartige Prüfungsversuche der amerikanischen Ergebnisse in Lyon begonnen worden.

25. Das Meßverfahren von W. W. Coblentz und R. Stair. Neben den in voriger Ziffer angeführten Untersuchungen von Pettit ist nunmehr auch von anderer Seite beabsichtigt, Messungen der ultravioletten Sonnenstrahlung mit Thermoelementen vorzunehmen, Ergebnisse sind jedoch bisher noch nicht bekanntgeworden. W. W. Coblentz und R. Stair[3] haben sich die Aufgabe gestellt, die kurzwelligste Sonnenstrahlung unterhalb von λ 3130 zu messen. Das Verfahren beruht auf einer Filtermethode in Verbindung mit thermoelektrischen Apparaturen. In ähnlicher Weise wie bei den Untersuchungen von Pettit wird auf eine Vakuum-Thermosäule Verzicht geleistet und ein nichtselektives Thermoelement der Kombination Kupfer-Konstantan in Luft verwendet. Zur Ausschaltung des sichtbaren und infraroten Spektralgebietes wird in den Strahlengang eine Quarzzelle mit einer Wasserschicht von 1 cm Dicke sowie ein Spezialfilter (Corning-Glasfilter G 985 A) eingesetzt. Das optische System ist dann von maximaler Durchlässigkeit für den Bereich von λ 2500 bis λ 4400. Nach erfolgter Beobachtung in dieser Anordnung wird eine neuerliche Messung vorgenommen, diesmal jedoch nach Vorschalten von Barium-Flintglasplatten, die ausschließlich Strahlung oberhalb der Wellenlänge λ 3130 durchlassen. Es besteht auf diese Weise keine Schwierigkeit, die gesuchte Strahlungsenergie im kurzwelligsten Bereiche unter λ 3130 rechnerisch abzuleiten. Sie ergibt sich aus den Differenzen der Galvanometerausschläge, wie sie ohne und mit den Barium-Flintfiltern beobachtet wurden. Es wäre von großem Interesse, wenn Messungen mit diesem Apparate, bei dem eine Genauigkeit von 1% unschwer zu erzielen ist, gleichzeitig mit Beobachtungen nach der Pettitschen Anordnung vorgenommen würden, einerseits zur gegenseitigen Kontrolle, anderseits aber vor allem aus dem Grunde, weil vermutete Schwankungen der Sonnenstrahlung in dem von Coblentz und Stair erfaßten Spektralgebiete wohl noch größere Amplituden zeigen müßten, als in dem mit dem Silberfilter beobachteten Gebiete Pettits.

26. Pettits Meßanordnung zur Bestimmung der spektralen Energieverteilung. Neuerdings haben Thermoelemente in Verbindung mit einem Monochromator auch bei der Bestimmung der Energieverteilung im kurzwelligen Sonnenspektrum Verwendung gefunden. Hinsichtlich des Monochromators ist

---

[1] Comm Solar and Terr Relationships III. Report, S. 5 (1931).
[2] Comité Nat Franç d'Astr, Congrès Nat d'Astr, Juli 1931, S. 52 (1931).
[3] Bur of Stand J of Res 6, S. 951 (1931).

folgende Erwägung maßgebend. Die in Ziff. 14 dargelegte Methode ABBOTs zur spektrobolometrischen Messung der Energieverteilung im gesamten Sonnenspektrum arbeitet mit unveränderten Spaltbreiten des Monochromators im ganzen Bereiche. Erst nachträglich wird die Korrektion für die veränderliche Dispersion an die Ergebnisse angebracht und sodann das prismatische Spektrum des Bologramms auf das normale Spektrum reduziert. Der Vorteil der Methode liegt darin, daß etwaige durch Veränderung der Spaltbreite während der Messung auftretende Fehler ausgeschlossen werden; andererseits darf aber nicht außer acht gelassen werden, daß die Dispersionskorrektionen, vor allem im Ultravioletten, derart anwachsen, daß die Endergebnisse ernstlich gefährdet werden. Dieser Nachteil hat sich, wie in Ziff. 35 noch dargelegt werden wird, bei den

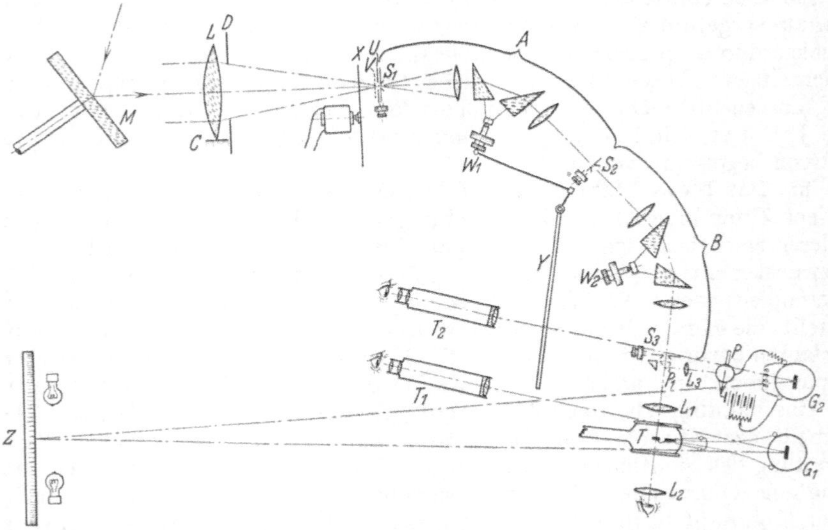

Abb. 28. Quarz-Doppelmonochromator mit Thermosäule und Photozelle zur Messung der Energieverteilung im kurzwelligen Sonnenspektrum. Schematische Skizze der 1931 von E. PETTIT in Tucson, Arizona, verwendeten Apparatur. [Ap J 75 (1932).]

mit Hilfe des Spektrobolometers vorgenommenen Energiemessungen in den Fixsternspektren ungemein störend ausgewirkt.

Bei den Sonnenuntersuchungen im kurzwelligen Spektralbereich, die 1931 mit Doppelmonochromator und Thermoelement, bzw. Photozelle, von E. PETTIT[1] in Tucson, Arizona, vorgenommen wurden, ließ man den ersten Spalt des Monochromators im allgemeinen unverändert, dagegen veränderte man den zweiten entsprechend der Dispersion. Bei einigen wenigen Versuchen wurde sogar auch die Konstanz der Breite des ersten Spaltes aufgegeben.

Die Messungen erfolgten mit einer Vakuum-Thermosäule T von vier Elementen der Kombination Wismut — Wismut + 5% Zinn (vgl. Ziff. 30 u. 32). Die Ausschläge des dazugehörigen Galvanometers G_1 wurden mit dem Ablesefernrohr T_1 und der Skala z beobachtet (s. Abb. 28). Für die kürzesten Wellenlängen konnte man die Thermosäule durch eine Na-Photozelle aus Quarz (Maximalempfindlichkeit bei λ 3200) ersetzen, die einfach durch Vorschalten des kleinen Quarzprismas P_1 bzw. der Quarzlinse L_3 in den Strahlengang gebracht wurde.

[1] Ap J 75, S. 204 (1932).

Die entsprechenden Ausschläge des Galvanometers G_2 wurden dann an derselben Skala z mit dem Ablesefernrohr T_2 beobachtet. Die Photozelle bewirkte einen Ausschlag von 700 mm, wenn die Thermosäule einen solchen von 30 mm ergab.

Bei den Messungen des totalen kurzwelligen Sonnenlichtes befand sich im Strahlengang zwischen dem Stellitsiderostaten M und dem ersten Spalt S_1 des ersten Monochromators nur ein vierzölliges Diaphragma; bei den Messungen der Strahlung aus dem Zentrum der Sonnenscheibe allein wurde dagegen die in Abb. 28 wiedergegebene Anordnung eingeschaltet. Sie besteht aus einer zwölfzölligen Quarzlinse L und einem Diaphragma D und besitzt noch eine bei C angedeutete Fokussierungsskala sowie einen rotierenden Sektor X zur wahlweisen Herabsetzung der Galvanometerausschläge auf ein Zehntel des ursprünglichen Wertes. Die beiden Monochromatoren A und B sind in gleicher Weise gebaut. Der gerade Spalt S_2, der beiden gemeinsam ist, bildet den Ausgangsspalt von A und den Eingangsspalt von B. S_1 ist der Eingangsspalt von A und S_3 der Ausgangsspalt von B, welche beide gekrümmt sind. Jeder Monochromator enthält zwei Quarzlinsen und zwei 30°-Quarzprismen. Um beim Eingang von A die Erwärmung des Spaltes S_1 herabzusetzen, ist hier noch ein breiter Spalt U angebracht, der durch den Verschluß V betätigt wird. W_1 und W_2 sind Mikrometerschrauben zur Orientierung der Prismensätze. Die Energieverteilung wurde im Bereich von λ 7000 bis λ 2900 bei 22 verschiedenen Einstellungen gemessen, wobei 12 Stellen auch mit der Photozelle registriert wurden. Zur Festlegung der gesamten Energiekurve benötigte man rund eine Stunde.

Bei der Reduktion der Messungen waren die Reflexion des Siderostaten, die Durchlässigkeit des Monochromators und die atmosphärische Transmission zu berücksichtigen. Arbeitete man mit Thermosäule, so war auch noch der Strahlungsverlust durch die Linse L_1, bei den Messungen der zentralen Sonnenintensität überdies auch jener durch die Linse L zu berücksichtigen. Die Bestimmung der atmosphärischen Transmission erfolgte auf folgende Weise: Aus einem Diagramm mit dem jeder Wellenlänge entsprechenden Logarithmus der Galvanometerausschläge und $\sec z$ als Koordinaten wurden die zu Luftmasse 1 und 0 gehörigen Werte extrapoliert und die Differenz der Werte für $m = 1$ und $m = 0$ als Logarithmus der atmosphärischen Transmission ($\log Tr$) angesehen. Die Beobachtungen eines jeden Tages wurden dann mit Hilfe dieses Wertes $\log Tr$ sowohl auf Luftmasse 1 wie 0 zufolge nachstehender Beziehungen der BOUGUERschen Theorie reduziert:

$$\log d_0 = \log d - \sec z \log Tr\,,$$
$$\log d_z = \log d_0 + \log Tr\,,$$

wobei d den bei der Luftmasse $\sec z$ durchschnittlich beobachteten Galvanometerausschlag, Tr den oben ermittelten Wert der atmosphärischen Transmission, d_z und d_0 die aus der Extrapolation folgenden Galvanometerausschläge für Luftmasse 1 und 0 darstellen. Es erübrigt sich dann noch, d_z und d_0 um die Summe der bereits genannten Beträge des Strahlungsverlustes in den einzelnen Teilen der Apparatur zu korrigieren.

Beobachtungen sind nur an 8 Tagen erhalten worden. Man kann daher die Ergebnisse, wie kräftiger Abfall der Energiekurve bei λ 4000 und λ 3200 und ungefähre Konstanz zwischen λ 3900 und λ 3200 kaum als endgültig ansehen, um so mehr, als die Berücksichtigung des Strahlungsverlustes in Apparatur und Atmosphäre nicht genügend streng erfolgt ist. Bedenken in dieser Richtung sind u. a. von R. WILDT[1] vorgebracht worden, der speziell auf die im übrigen auch

[1] Himmelswelt 32, S. 204 (1932).

von PETTIT[1] selbst bemerkte Unstimmigkeit hinweist, daß die zentrale Sonnenenergie im ultravioletten Gebiete wesentlich geringer erscheint, als die Energie der totalen Sonnenscheibe. Dies steht mit allen bisherigen Erfahrungen in Widerspruch. Ob dieses Ergebnis durch eine fehlerhafte Ermittelung des Strahlungsverlustes der Quarzlinse L verursacht ist, oder ob andere instrumentelle Fehlerquellen vorliegen, wird erst bei zukünftigen Neubestimmungen festzustellen sein; diese müßten dann unbedingt auch auf ein größeres Material gegründet sein und hätten vor allem die Extinktionswirkung in der Erdatmosphäre schärfer zu erfassen.

i) Methoden und Instrumente zur Messung der Gesamtstrahlung der Planeten und Fixsterne mit Thermoelementen und Radiometern.

27. Historische Untersuchungen. Die Untersuchungen über die Wärmestrahlung der Sonne gehen, wie in Ziff. 11 auseinandergesetzt, bis zu den 1800 von W. HERSCHEL[2] vorgenommenen Versuchen zurück, die bolometrischen Meßmethoden sind im wesentlichen bereits 1882 von S. P. LANGLEY[3] entwickelt worden.

Dagegen verzeichnen wir den ersten Versuch, die Gesamtstrahlung eines Planeten zu bestimmen, nicht früher als 1913. Es handelt sich hier um die thermoelektrischen Experimente von A. H. PFUND[4] auf der Allegheny-Sternwarte (s. Ziff. 29). Systematische Arbeiten über die Gesamtstrahlung der Planeten hat W. W. COBLENTZ nach erfolgversprechenden Vorversuchen im Jahre 1914[5] ab 1922[6] veröffentlicht (s. Ziff. 31), über die Mt. Wilson-Untersuchungen von PETTIT und S. B. NICHOLSON erfolgte die erste Mitteilung 1923 beim 13. Meeting der Am Astr Soc[7].

Wesentlich weiter zurück als die Messungen der Wärmestrahlung der Planeten liegen die ersten Versuche, die die Fixsterne als Objekt haben. Bereits 1868[8] verwendet W. HUGGINS Thermoelemente. Er arbeitet an einem 8-Zöller und benutzt zwei Paare von Thermoelementen der Kombination Bi — Sb. Nach 4 bis 5 Minuten Exposition erzielt er Ausschläge bei Arktur, Pollux, Regulus und Sirius. Bald darauf stellt E. J. STONE[9] mit Thermoelementen an einem Refraktor von $12^3/_4$ Zoll Öffnung das Verhältnis der Wärmestrahlung Arktur/Wega zu 3/2 fest. Wenn auch dieses Ergebnis der Größenordnung nach richtig ist, so ist zu bedenken, daß die STONEsche Apparatur außerordentlich primitiv war, da für einen einzigen Ausschlag 10 Minuten lang exponiert wurde. Wie wir heute rückblickend erkennen müssen, sind sowohl die Versuche von HUGGINS als auch die von STONE mit völligen untauglichen Mitteln erfolgt und die damals vermuteten Ergebnisse nicht als reell anzusehen. Bis 1890 sind neuere Versuche nicht mehr vorhanden, abgesehen von den ganz unwahrscheinlichen Angaben von T. A. EDISON, 1878 mit seinem „Mikro-Tasimeter"[10], in Verbindung mit einem 4-Zöller, Galvanometerausschläge von α Boo erhalten zu haben[11]. 1890 veröffentlichte C. V. BOYS[12] seine an einem 16zölligen Spiegel vorgenommenen

[1] Ap J 75, S. 218 (1932). [2] Phil Trans London 90, S. 284 (1800).
[3] C R 95, S. 482 (1882). [4] Publ Allegheny 3, S. 43 (1913).
[5] Lick Bull 8, S. 104 (1915); Sc Pap Bur of Stand 1914, Nr. 244.
[6] Erste Mitteilung: Oktober 1922 beim Meeting der Opt Soc Am; veröffentlicht in Pop Astr 31, S. 105 (1923).
[7] Pop Astr 31, S. 657 (1923). [8] London R S Proc 17, S. 309 (1868/69).
[9] London R S Proc 18, S. 159 (1869/70). [10] Chem News 28 (1878).
[11] Use of the Tasimeter for Measurement of the Heat of Stars and of the Sun's Corona, Amer J Sci 67, S. 52 (1879).
[12] London R S Proc 47, S. 480 (1890).

Untersuchungen mit einem von ihm konstruierten sog. Radiomikrometer[1]. Der Empfänger hatte eine Oberfläche von 4 mm², die Aufhängevorrichtung bestand in einem Quarzfaden. Die Schwingungsperiode betrug 10 Sekunden. Über die Empfindlichkeit seiner Apparaturen macht BOYS folgende Angaben: Ohne Fernrohr wurde durch eine Kerze in 152 cm Entfernung ein Ausschlag von 60 mm erzielt; in Verbindung mit dem genannten Spiegelteleskop bewirkte eine Kerze in einer Distanz von 250,7 Yard bei trockener Witterung einen Ausschlag von 38 mm. BOYS berechnete, daß durch seine instrumentelle Anordnung $1{,}5 \cdot 10^{-5}$ der Wärmestrahlung des Vollmondes erfaßt werden könnte. Bei seinen Versuchen soll sich bei der Venus ein meßbarer Ausschlag ergeben haben, Versuche bei Jupiter, Saturn, α Boo, α Lyr, α Aur und α Aql sind negativ ausgefallen. Da zweifellos das Radiomikrometer von BOYS den von HUGGINS und STONE verwendeten thermoelektrischen Meßapparaten an Empfindlichkeit überlegen war, so müssen wohl die von HUGGINS und STONE veröffentlichten Ergebnisse auf sekundären Effekten innerhalb der Apparatur beruhen und können nicht als reelle, extraterrestrische Strahlungsmessungen angesehen werden. Dieser Verdacht wurde schon von BOYS geltend gemacht und durch die späteren Arbeiten von E. F. NICHOLS[2] (Ziff. 28) bekräftigt. Auf Grund moderner Erfahrungen muß man die Arbeiten von BOYS als die ersten astrophysikalischen Wärmestrahlungsmessungen bezeichnen, wobei aber auch hier nicht mit voller Sicherheit angegeben werden kann, ob der beobachtete Ausschlag bei Venus als reell anzusehen ist.

Das Radiomikrometer ist von äußeren magnetischen Einflüssen frei und verdient daher größere Beachtung. Wenn auch späterhin W. W. COBLENTZ eine Neukonstruktion[3] dieses Meßinstrumentes entwickelte, so sind doch astrophysikalische Anwendungen, soweit bekannt, nicht mehr vorgenommen worden. Der Grund dürfte darin bestehen, daß die Thermoelemente dem Radiomikrometer an Empfindlichkeit überlegen sind, obwohl es neuerdings, wie etwa durch das Radiomikrometer von H. WITT[4], gelungen ist, gegenüber dem BOYSschen Instrument eine ganz wesentliche Empfindlichkeitssteigerung zu erzielen. So ist es durch eine nennenswerte Verringerung der Dimensionen von Drahtschleife und Spiegelchen mit dem WITTschen Apparate bei einer Normalkerze als Lichtquelle und einem Skalenabstand von einem Meter möglich, noch einen Ausschlag von 500 mm zu erreichen.

28. Die Radiometermessungen von E. F. NICHOLS. Das von E. F. NICHOLS[5] konstruierte Torsionsradiometer, eine Verbesserung der CROOKESschen Lichtmühle[6], ermöglichte, ernstlich an astrophysikalische Strahlungsmessungen heranzugehen. Die Versuche erfolgten 1898 und mit verbesserter Anordnung 1900 auf der Yerkes-Sternwarte durch NICHOLS mit Unterstützung von A. L. COLTON und C. E. ST. JOHN[2]. Das Radiometer hatte geschwärzte Flügel von 2 mm Durchmesser, der Abstand der Mittelpunkte betrug 4,5 mm. Die Flügel waren mittels eines feinen, 32 mm langen Quarzfadens, der in einem Stahldraht endigte, in die Aufhängevorrichtung eingelassen. Die Schwingungsperiode betrug 10 bis 11 Sekunden, bei der verbesserten Konstruktion von 1900 13 Sekunden. Der maximale Effekt wurde in 5 bis 7 Sekunden erreicht. Das Radiometer ruht wie üblich

---

[1] London R S Proc 42, S. 189 (1887). Das Radiomikrometer ist unabhängig von BOYS auch von D'ARSONVAL (Soc Franç de Phys 1886, S. 30 u. 77) erfunden worden.

[2] Ap J 13, S. 101 (1901).

[3] Bull Bur of Stand 2, S. 479 (1906); 7, S. 243 (1911).

[4] Phys Z 21, S. 344 (1920).

[5] Beschrieben in Wied Ann 60, S. 401 (1897); Phys Rev 4, S. 297 (1897).

[6] London R S Proc 22, S. 32 u. 373 (1874); 24, S. 276 (1876); 25, S. 304 (1877); 28, S. 29 (1877). — Die Radiometerliteratur bis zu den Arbeiten von NICHOLS (110 Hinweise) findet sich in Winkelmanns Handb. der Phys. 2, S. 262 (1896).

in einem möglichst luftdicht gehaltenen Behälter. Die Strahlung fällt durch ein Flußspatfenster auf den Empfänger. Die günstigste Wirkungsweise ergab sich mit einer Anordnung, bei der der Abstand zwischen Flügeln und Fenster 2,5 bis 3 mm betrug. Es ist zu beachten, daß die selektive Absorption des Flußspatfensters streng in Rechnung zu ziehen gewesen wäre. Jedenfalls dürfte bei der NICHOLSschen Apparatur Strahlung über λ 8000 zum größten Teile, über λ 9400 vollständig vom Flußspatfenster absorbiert worden sein.

Bei den in Verbindung mit einem 61 cm-Spiegel vorgenommenen Versuchen arbeiteten zwei Beobachter. Der eine notierte am Ablesefernrohr die Ausschläge, der andere pointierte mit Hilfe der Feinbewegung eines Heliostaten den Stern auf einem Flügel des Radiometers. Es wurden zweierlei Ausschläge gemessen: einerseits die bei der Belichtung erfolgten, andererseits solche, die sich bei der Verdunkelung des Flügels ergaben. Die kombinierten Mittelwerte wurden dann für die Ergebnisse herangezogen. Die Empfindlichkeit des Radiometers kann folgendermaßen charakterisiert werden: Ohne Spiegel erzielte eine Meterkerze einen Ausschlag von $5{,}2 \cdot 10^2$ mm, demzufolge mit dem Spiegel theoretisch einen Ausschlag von $5 \cdot 10^7$ mm. Dies gilt für die Anordnung von 1898. Bei den Versuchen des Jahres 1900 erhöhte sich der Ausschlag auf $7{,}2 \cdot 10^2$ bzw. auf $6{,}87 \cdot 10^7$ mm. Die NICHOLSsche Apparatur war 10mal empfindlicher als jene von BOYS. Berücksichtigt man noch die von beiden verwendeten Spiegel, so steigt das Verhältnis auf rund 26:1.

Folgende numerischen Ergebnisse[1] NICHOLS' seien hervorgehoben: α Boo gab einen Ausschlag, der der Wärmestrahlung von $1 \cdot 10^{-8}$ Meterkerzen entspricht. Die Wärmestrahlung von α Lyr war rund 50% geringer. In beiden Fällen ist eine Berücksichtigung der Extinktion in der Erdatmosphäre nicht erfolgt. Bei den Untersuchungen von 1900 ist der Versuch einer Zenitreduktion gemacht worden, die nach mannigfachen Diskussionen schließlich auf eine Anwendung der visuellen Tabelle G. MÜLLERS[2] hinausläuft. Immerhin verdienen die Endergebnisse NICHOLS auch heute noch ein gewisses Interesse: Bezeichnet man die radiometrisch gemessene Energie von Wega mit 1,0, so findet man für Saturn 0,74, für Arktur 2,2 und schließlich für Jupiter 4,7. Bemerkenswerterweise[3] wird die gegenüber Wega mehr als doppelt so große Wärmestrahlung von Arktur dahin gedeutet, daß der Arktur zwar eine geringere Photosphärentemperatur besitze, jedoch „may be of sufficiently greater angular diameter, to equal Vega in light and surpass it in total intensity".

29. Die Untersuchungen von A. H. PFUND. Angeregt durch die von NICHOLS (s. Ziff. 28) mit einem Radiometer erhaltenen Messungsergebnisse, wurden im Jahre 1913 von A. H. PFUND[4] an dem 30zölligen Spiegel des Allegheny-Observatoriums neue Strahlungsmessungen vorgenommen. Für das Gelingen der Versuche war der Umstand ausschlaggebend, daß PFUND ein neues Thermoelement entwickelt hatte, das dem Radiometer NICHOLS' nahezu gleichwertig war. Reduziert man die gewonnenen Ausschläge auf gleiche Spiegelöffnungen, so war die PFUNDsche Anordnung der Apparatur NICHOLS' etwa dreifach überlegen. Die Messungen am Himmel wurden nur kurze Zeit hindurch vorgenommen. Beobachtungsergebnisse sind nur für eine einzige Nacht (1913 September 22) veröffentlicht worden, in der Jupiter, Wega und Atair gemessen wurden.

Das Thermoelement wurde, wie erwähnt, von PFUND selbst konstruiert und stellt einen wesentlichen Fortschritt gegenüber älteren Typen dar. In Abb. 29 bedeuten A und B die beiden geschwärzten Empfängerscheibchen des Vakuum-

[1] Ap J 13, S. 101 (1901). [2] Photometrie der Gestirne. Leipzig 1897.
[3] In Anbetracht des Veröffentlichungsjahres 1901.
[4] Publ Allegheny 3, S. 43 (1913).

Thermoelementes, die abwechselnd als „warme" und „kalte" Lötstelle wirken (s. Ziff. 2). Ihre Fläche beträgt 1,1 mm², der gegenseitige Abstand 4 mm. Die Streifen 1 und 2' sind Wismut- und Zinklegierungen, 1' und 2 Wismut- und Antimonlegierungen. Es liegt hier eine Kompensationsanordnung vor. Sowohl der Empfänger *A* wie *B* besteht aus zwei gegeneinander isolierten Teilen. Jede thermische Veränderung der Umgebung beeinflußt die beiden Systeme in gleicher Weise und wird derart unwirksam. Das Gleichgewicht kann ausschließlich nur durch die Sternstrahlung gestört werden, die auf ein einziges System geleitet wird. Eine Neukonstruktion desselben Autors[1], die jedoch bei den astrophysikalischen Versuchen noch nicht zur Verwendung gelangt ist, verbessert die Kompensation dadurch, daß die Empfängerscheibchen einander noch mehr genähert werden. Bei diesem Thermoelement beträgt der Zwischenraum nur mehr $^1/_2$ mm. [Vgl. diesbezüglich die ähnliche Anordnung bei COBLENTZ (Ziff. 30).]

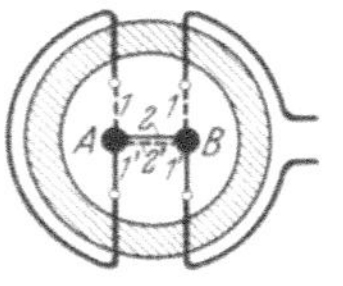

Abb. 29. Schematische Skizze des thermoelektrischen Empfängers von A. H. PFUND (1913). [Publ Allegh Obs 3 (1916).

Das Galvanometer vom d'Arsonval-Typus war in einem Nebenraum auf einem erschütterungsfreien Pfeiler aufgestellt. Die Spiegelablesung konnte noch bei 5 m Distanz vorgenommen werden, in welchem Falle die Empfindlichkeit $6 \cdot 10^{-9}$ Amp/mm betrug. Am Spiegelteleskop erfolgte folgende Anordnung: Im Cassegrain-Fokus wurde die Messingröhre *A* der Apparatur (Abb. 30) eingeschoben. Der thermoelektrische Empfänger ist in der Hülle *B* eingeschlossen, die bei *C* mit dem Rohre *A* verbunden ist. Die zu messende Sternstrahlung fällt durch ein Flußspatfenster *F* auf das Thermoelement. Die Einstellung läßt sich mittels des Okulars *E* durch das Fenster *G* kontrollieren. Der Evakuator *H* steht, wie aus der Abbildung ersichtlich, mit dem Gehäuse *B* an der unteren Seite in Verbindung. Von den Klemmschrauben *P* führen die Leitungen zum Galvanometer.

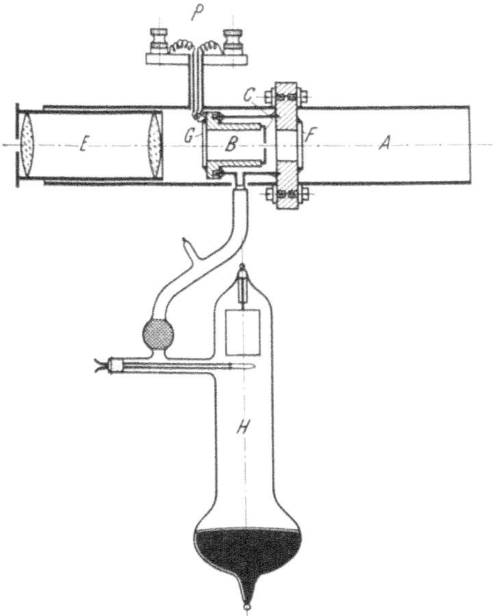

Abb. 30. Schematisches Bild der thermoelektrischen Anordnung bei den Versuchen von A. H. PFUND auf der Allegheny-Sternwarte. [Publ Allegh Obs 3 (1916).]

Der Beobachtungsvorgang spielt sich folgendermaßen ab. Die Apparatur wird so lange gedreht, bis die Deklinationsrichtung mit der Verbindungslinie der Empfängerscheibchen übereinstimmt. Es wird dann das Sternbild auf den einen der Empfänger geleitet und der Beobachter am Galvanometer durch ein Signal avisiert. Nach erfolgter Ablesung vollzieht sich die Messung am zweiten Empfänger. Der Wechsel kann in einer Sekunde bewerkstelligt werden, bis zur Ablesung des Galvanometerausschlages ließ man aber 20 Sekunden verstreichen. Die nächste Ablesung folgte mit Empfängerwechsel in der umgekehrten Reihenfolge. Die

[1] Phys Z 13, S. 870 (1912).

größte Abweichung in den Messungen erreichte etwa 10% des Mittelwertes. Die PFUNDsche Apparatur erzielte bei Wega einen Ausschlag von 7,5, bei Atair von 2,0 mm. Das Ergebnis bei Jupiter (Ausschlag von 3,0 mm) ist wohl bedeutungslos, da die Jupiterscheibe mit 8,4 mm^2 wesentlich größer war als das Empfängerscheibchen von 1,1 mm^2. Der eigentlich naheliegende Versuch, die Vorteile des kleinen Empfängers auszunützen und mit ihm verschiedene Regionen der Planetenoberfläche abzutasten, ist von PFUND nicht vorgenommen worden. Man findet diesen Gedanken und zugleich die erfolgreiche praktische Durchführung erst bei den Untersuchungen von W. W. COBLENTZ (Ziff. 30 und 31).

30. Die thermoelektrischen Meßinstrumente von W. W. COBLENTZ. Die Anwendung der Thermoelemente bei den Strahlungsmessungen der Planeten und Fixsterne hat zu wesentlichen Erfolgen erst durch die Arbeiten von W. W. COBLENTZ und seiner Mitarbeiter geführt, die auf der Lick- und später auf der Lowell-Sternwarte vorgenommen wurden. Gleichwertige Ergebnisse mit zum Teil ähnlicher Apparatur erzielten dann auch E. PETTIT und S. B. NICHOLSON (Ziff. 32 und 33) auf dem Mt. Wilson.

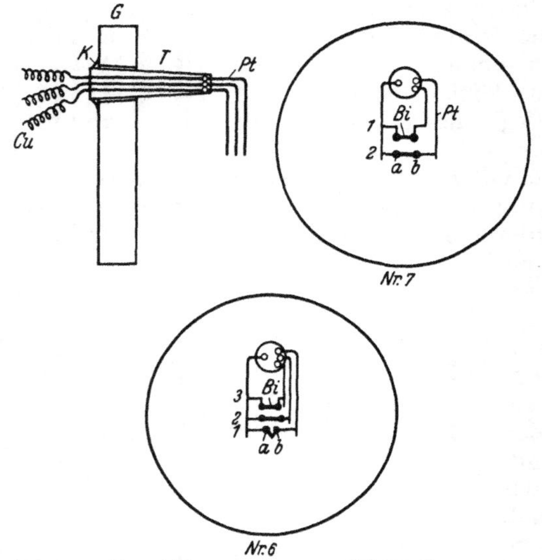

Abb. 31. Zwei Typen der von W. W. COBLENTZ verwendeten thermoelektrischen Meßkörper. Nr. 7 mit zwei, Nr. 6 mit drei Thermoelementen. Die schematische Skizze links oben zeigt die Einführung der Zuleitungsdrähte in das Innere des Meßkörpers. [Lick Bull 8 (1915).]

Die Vorversuche von COBLENTZ zur Entwicklung wirksamer, für astrophysikalische Zwecke geeigneter Thermoelemente reichen noch weiter zurück als die Arbeiten von A. H. PFUND (Ziff. 29). Bereits 1911 erfolgten Mitteilungen diesbezüglicher Ergebnisse[1]. Weitere technische Angaben werden in den Jahren 1914 bis 1921 veröffentlicht[2]. Der Meßapparat von 1911[3] arbeitete mit einer Thermosäule von zehn Elementen der Kombination Bi-Ag, die in einem Punkte zusammenliefen. Hier war das eigentliche Empfängerscheibchen aufgelötet. Es bestand aus einer flachgepreßten Zinnkugel und hatte einen Durchmesser von 1 mm. Wie Laboratoriumsversuche ergaben, war diese vorläufige Anordnung der PFUNDschen Apparatur bereits etwa 5fach überlegen. In der Absicht, die Empfindlichkeit noch wesentlich zu steigern, ist COBLENTZ von dieser Konstruktion bald abgekommen. Es erwies sich praktischer, an Stelle einer Thermosäule nur ein einziges Element zu verwenden, das jedoch zur Herabsetzung der Wärmekapazität aus Drähten größtmöglicher Feinheit bestehen sollte. COBLENTZ hatte nämlich erkannt[4], daß geringe Wärmekapazität und geringe Wärmeleitfähigkeit für die Empfindlichkeit des Elementes ausschlaggebender sind, als eine hohe thermo-

[1] Bull Bur of Stand 9, S. 30 (1911).
[2] Siehe besonders Bull Bur of Stand 11, S. 131 (1914); 13, S. 423 (1916); 14, S. 507 (1918); 17, S. 8 (1920); J Opt Soc Amer 5, S. 131 (1921).
[3] Bull Bur of Stand 9, S. 30 (1911); Pop Astr 21, S. 105 (1923).
[4] Bull Bur of Stand 11, S. 131 (1914).

elektrische Kraft infolge des verwendeten Materiales. Einer wesentlichen Herabsetzung der Dimensionen der Empfängerscheibchen stand prinzipiell nichts im Wege, da ja im Brennpunkt des Fernrohres gearbeitet werden sollte. So entstand eine Konstruktion, die zum ersten Male im Sommer 1913 am 26 Zöller des Naval-Observatoriums und im folgenden Sommer am 36zölligen Crossley-Spiegel der Lick-Sternwarte in Verwendung trat[1]. Diese Anordnung war der PFUNDschen etwa 120mal überlegen. Die Versuche wurden mit Kriegsausbruch eingestellt und erst nach 7 Jahren wieder aufgenommen, die thermoelektrische Anordnung ließ man aber im Prinzip unverändert.

In einem ausgepumpten Glasgehäuse — daher Vakuum-Thermoelement — befindet sich der Meßkörper (s. Abb. 31), und zwar bei Apparat Nr. 7 zwei, bei Apparat Nr. 6 drei Paare von Thermoelementen, die nach Belieben verwendet werden können. Bei Type Nr. 7 besteht das Element 1 aus Wismut und einer Legierung von Wismut und 5% Zinn, das Element 2 aus der Kombination Wismut-Platin. Die Drahtdicke ist bei diesen auf der Lick-Sternwarte verwendeten Elementen von der Größenordnung $7 \cdot 10^{-2}$ mm. Jedes Element trägt an den Lötstellen *a* und *b* flache geschwärzte Empfängerscheibchen aus Zinn. COBLENTZ arbeitete ursprünglich, im Gegensatz zu PFUND und den Mt. Wilson-Beobachtern (Ziff. 32), nur mit einem Empfänger und verzichtete derart auf den doppelten Galvanometerausschlag, der bei abwechselnder Belichtung der Empfänger *a* und *b* zu erzielen wäre. Die Durchmesser der Empfängerscheibchen sind 1a 0,38, 1b 0,44, 2a 0,29 und 2b 0,33 mm. Im dreifachen Meßkörper Nr. 6 ist das Element 3 ebenso zusammengesetzt wie das Element 1 in Nr. 7, die Elemente 1 und 2 in Nr. 6 ebenso wie Element 2 in Nr. 7. Der Unterschied der Elemente 1 und 2 liegt nur in der Anordnung der beiden Empfängerscheibchen. Die U-förmige Verbindung der Empfänger in Nr. 6 (1) bringt die Empfängerscheibchen sehr nahe aneinander (Distanz 0,5 bis 1,0 mm [s. auch die analoge Anordnung auf dem Mt. Wilson, Abb. 35C in Ziff. 32]); ein Vorteil, der erst 1921 bei abwechselnder Verwendung beider Empfängerscheibchen in Erscheinung trat. So findet sich diese Anordnung zum Beispiel[2] bei den Meßgeräten Nr. 9 und 12, die sich vor allem auch dadurch auszeichnen, daß es hier gelungen ist, die Drahtdicke bis auf 2 bis $3 \cdot 10^{-3}$ mm zu verringern. Beim Apparat Nr. 12, ebenso bei Nr. 4, dient jetzt als Drahtmaterial der Elemente die Kombination Bi mit einer Legierung von Platin-Rhodium. Auf dem Pt-Rh-Draht sind wieder die Empfänger, flach gepreßte Zinnscheibchen, angebracht. In der Absicht, mit ihnen auch Detailmessungen einzelner Regionen von Mars und Jupiter vornehmen zu können, sind die Dimensionen der Empfängerscheibchen 1922 neuerlich verkleinert worden. Sie kommen bereits nach 2^s bis 3^s Belichtung in Temperaturgleichgewicht, gegenüber einem Zeitraum von 8^s bis 10^s bei den früheren Modellen. Die Befestigung der Elemente ist in der linken oberen Skizze der Abb. 31 zu ersehen. Die Pt-Drähte sind in ein Glasröhrchen *T* eingelassen, das wiederum bei *K* in das Fenster *G* des Gehäuses eingekittet ist. Das Gehäuse selbst ist in Abb. 32 wiedergegeben. Dieses Bild zeigt das Meßgerät in der Form, die bei allen Arbeiten von COBLENTZ und seinen Mitarbeitern verwendet wurde. Die Thermoelemente *Th* sind in der früher geschilderten Weise in dem evakuierten Glasbehälter *B* angebracht, dessen langes Ansatzrohr zum Zwecke der Erhaltung des Vakuums mit metallischem Kalzium gefüllt ist. Die zu messende Strahlung fällt durch das Fenster *F*, das entweder aus Flußspat oder Steinsalz besteht, auf den Empfänger in *B*. Da es sich zeigte, daß auch bei Sternen von spätem

---

[1] Lick Bull 8, S. 104 (1915). — Diese Veröffentlichung ist inhaltlich gleichlautend mit der Arbeit in Bull Bur of Stand 11, S. 613 (1915) oder Sc Pap Bur of Stand 1915, Nr. 244.

[2] Bull Bur of Stand 17, S. 725 (1922); 18, S. 535 (1922).

Spektraltypus eine Strahlung größer als 4μ höchstens 1 bis 10% der Gesamtstrahlung ausmache[1], genügen im allgemeinen Fenster aus Quarz. Auf der Rückseite *R* des Gefäßes gestattet ein Glasfenster den Einblick auf den Empfänger. Mittels eines Okulares (s. Abb. 33 in Ziff. 31) kontrolliert man durch dieses Fenster die Lage des Planetenscheibchens bzw. des zu messenden Fixsternes.

31. Die Untersuchungen von W. W. COBLENTZ. Die von W. W. COBLENTZ und seinen Mitarbeitern 1914 mit dem 36zölligen Crossley-Reflektor der Lick-Sternwarte, 1921, 1922 und 1924 mit dem 40zölligen Reflektor der Lowell-Sternwarte vorgenommenen Untersuchungen behandelten folgende Probleme: 1. die Gesamtstrahlung von Fixsternen; 2. die Wasserzellenabsorption (Definition Ziff. 3) von Fixsternen; 3. Strahlungsmessungen der Fixsterne in mehreren Spektralbereichen und 4. Strahlungsmessungen der Planeten.

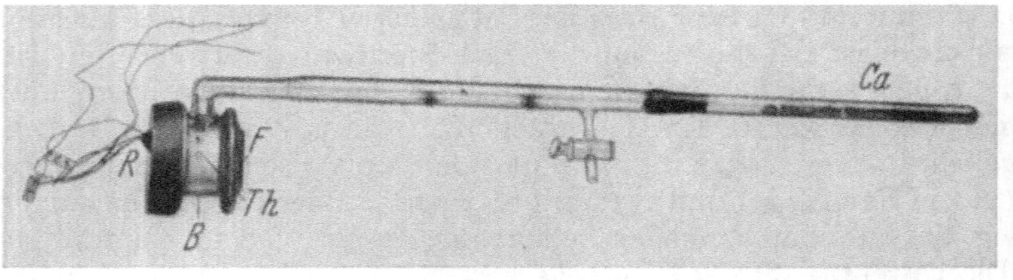

Abb. 32. Die thermoelektrischen Strahlungsmessungen von W. W. COBLENTZ. Der auf der Lick- und Lowell-Sternwarte verwendete evakuierte Behälter für die Thermoelemente. (Im übrigen siehe Text.)

Die größte Beobachtungsreihe von Gesamtstrahlungsmessungen der Fixsterne (110 Objekte) wurde 1914 auf der Lick-Sternwarte gewonnen[2]. In Verbindung mit dem Crossley-Spiegel und bei einer Galvanometerempfindlichkeit von $1 \cdot 10^{-10}$ Amp konnten quantitative Ergebnisse bis zur Größenklasse $5^{m},3$ und qualitative Ergebnisse bis $6^{m},7$ erzielt werden. Es sei noch bemerkt, daß die 1921 vorgenommene Wiederholung einiger Messungen auf der Lowell-Sternwarte keine Erhöhung der Empfindlichkeit gebracht hat[3]. In der Lick-Arbeit werden die erhaltenen Ausschläge für die einzelnen Sterne in Zentimetern, bzw. in Einheiten der Galvanometerempfindlichkeit gegeben, und zwar getrennt für die beiden Empfänger Nr. 6, Element 3b, und Nr. 7, Element 1a (s. Abb. 31). Die Kontrollmessungen, die für einige Sterne 1921 in Flagstaff vorgenommen wurden[4], ergaben befriedigende Übereinstimmung. Einige Ergebnisse, zusammengefaßt aus beiden Beobachtungsreihen, sind in Tabelle 6 angeführt. Demnach ist bei gleichen visuellen Helligkeiten die Totalstrahlung von Sternen M bis N 3- bis 4mal größer als bei Sternen

Tabelle 6. Galvanometerausschläge (G.A.) thermoelektrischer Messungen für einige Fixsterne (nach den Beobachtungen von W. W. COBLENTZ 1914 und 1921).

Stern	*Sp*	m_v	G.A.
α Aql	A5	+0,90	1,89
α Tau	K5	1,06	6,03
α Ori	Ma	0,92	15,0
α CrB	A0	2,32	0,48
β UMa	A0	2,44	0,37
γ Dra	K5	2,42	1,65
δ Cap	A5	2,98	0,28
β Aqr	G	3,07	0,55
ν Tau	A	3,94	0,12
γ Tau	G	3,86	0,36
δ Tau	K	3,93	0,52
81 φ Peg	Ma	5,23	0,22
19 Psc	M	5,30	0,46

[1] Ap J 55, S. 20 (1922). [2] Lick Bull 8, S. 104 (1915).
[3] Bull Bur of Stand 18, S. 558 (1922).
[4] Ap J 55, S. 20 (1922); Bull Bur of Stand 17, S. 725 (1922).

der Klassen B bis A. Eine Umwandlung der Ausschläge in radiometrische Helligkeiten (s. Ziff. 3) ist bei diesen Arbeiten von COBLENTZ nicht vorgenommen worden. Es fehlen auch alle Angaben über den Strahlungsverlust in der Erdatmosphäre, so daß von absoluten Messungen natürlich nicht gesprochen werden kann.

In der Erwägung, daß Vergleichungen früher und später Spektraltypen durch Totalstrahlungsmessungen allein unsicher sind, hat COBLENTZ bereits 1914 den Versuch unternommen, durch Vorschalten einer Wasserzelle relative Intensitätsmessungen in zwei breiten Spektralbezirken eines Sternes zu gewinnen. Diese Wasserzelle ist 1 cm dick und durch dünne Quarzfenster abgeschlossen. Sie ist durchlässig für Strahlung von λ 3000 bis λ 10000, in geringem Maße auch noch bis λ 14000. Eine Gesamtstrahlungsmessung und eine Messung mit Wasserzelle ist demnach ein einfaches und rasches Mittel zur Bestimmung der infraroten Sternstrahlung. Für B- und A-Sterne betrug die Wasserzellendurchlässigkeit 82% [1]. Da die maximal zu beobachtende Durchlässigkeit der Wasserzelle etwa 91% beträgt und der Verlust durch die Spiegel noch zu berücksichtigen ist, besitzen also Sterne von frühem Spektraltypus praktisch keine infrarote Strahlung über λ 10000 (1,0 μ). Demgegenüber ist die Wasserzellendurchlässigkeit bei ε Gem (G5) 66%, bei α Tau (K5) 42% und bei α Ori (Ma) 34%. Eigentümlicherweise ist die Durchlässigkeit bei Doppelsternen geringer, als sie dem Spektraltypus gemäß sein sollte. Dies ist besonders bemerkenswert bei Sirius mit 65%, gegenüber Wega mit 75%. Entgegen der Ansicht, daß der Siriusbegleiter dem A-Typus angehört, weist COBLENTZ auf die im übrigen wohl in Vergessenheit geratene Tatsache hin, daß der Siriusbegleiter auf Grund der thermoelektrischen Messungen eine 2- bis 3mal so große Infrarotstrahlung besitzen müsse als Sirius. Die Messungsergebnisse mit und ohne Wasserzelle, die COBLENTZ 1914 und 1921 bei Fixsternen erhalten hat, sind 1923 von J. WILSING[2] zur Prüfung der Potsdamer Temperaturskala verwendet worden.

Neben der Wasserzelle hat COBLENTZ zur Durchführung der dritten und vierten der obengenannten Aufgaben noch weitere Filter verwendet[3]. So gab ein Gelbglas in Verbindung mit der Wasserzelle Strahlung im Bereiche von λ 4300 bis λ 14000, ein Rotglas mit der Wasserzelle im Bereiche von λ 6000 bis λ 14000. Durch Kombination mit den Meßergebnissen bei Verwendung der Wasserzelle allein ergaben sich die Bezirke λ 3000 bis λ 6000 bzw. λ 4300 bis λ 6000. Mit einem Quarzfenster erhielt man Strahlung von λ 3000 bis λ 41000, mit dem Flußspatfenster Strahlung bis λ 100000 (10 μ) und mit einem Steinsalzfenster Strahlung bis 150000 (15 μ), bei welcher Wellenlänge die Atmosphäre selbst bereits als strenges Filter wirkt. Die verschiedenen Filter sind während der Beobachtung einzeln oder kombiniert sehr rasch einzusetzen. Drei von ihnen erkennt man in Abb. 33, wo sie mit F_1, F_2 und F_3 bezeichnet sind. Sie werden durch die Hebel H_1 und H_2 in den Strahlengang eingeschaltet. Das Lämpchen dient zur Beleuchtung während der Bedienung dieser Hebel. Die Abbildung zeigt zugleich das Okular O, mit welchem der Stern justiert wird. Die ganze Anordnung ist so montiert, daß der Meßapparat, wie er in Abb. 33 wiedergegeben ist, an die Stelle der photographischen Kassette in den Reflektor eingeschoben werden kann.

Mit Hilfe der Filter bestimmte COBLENTZ die Energieverteilung in den Spektren von 16 Sternen[4]. Folgende Spektralbereiche konnten einzeln erfaßt werden, wobei die Einwirkung der Absorptionsbanden jedoch unberücksichtigt geblieben

[1] Bull Bur of Stand 17, S. 725 (1922); Pop Astr 3, S. 105 (1923).
[2] A N 220, S. 1 (1923); s. auch Beitrag BRILL, ds. Handb. V/1, Kap. 3, Ziff. 22.
[3] Siehe z. B. Bull Bur of Stand 17, S. 725 (1922); Pop Astr 31, S. 105 (1923); Publ A S P 36, S. 220 (1924); J Franklin Inst Juni 1925.
[4] Bull Bur of Stand 17, S. 725 (1922); Sc Pap Bur of Stand 1922, Nr. 438.

ist: λ 3000 bis λ 4300, λ 4300 bis λ 6000, λ 6000 bis λ 14000, λ 14000 bis λ 41000 und λ 41000 bis λ 100000 (10 μ). Auch diese Messungen können nicht als Absolutmessungen angesehen werden, sondern ergeben nur die Strahlungsenergien, wie sie an der Erdoberfläche beobachtet werden. Für die A-Sterne zeigte sich das Energiemaximum im Bereiche zwischen λ 3000 und λ 4000, bei den K- und M-Sternen zwischen λ 7000 und λ 9000. Die aus diesen Messungen nach dem PLANCKschen Gesetz errechneten Sterntemperaturen finden sich in Tabelle 5 des Beitrages von A. BRILL, ds. Handb. V/1, S. 150 in der Rubrik „COBLENTZ". Über die Versuche, die Energieverteilung in den Sternspektren mit Hilfe des Bolometers und des Radiometers zu erfassen, wird in den folgenden Ziff. 34 und 37 berichtet.

Die Arbeiten der genannten vierten Aufgabe[1], die Bestimmung der von einem Planeten kommenden Strahlung, erfolgten ebenfalls mit Verwendung der Wasserzelle und der anderen obengenannten Filter. Über diese Untersuchungen wird im

Abb. 33. Der thermoelektrische Meßapparat von W. W. COBLENTZ (siehe Abb. 32), fertig montiert zum Einsetzen in den Okularteil des Reflektors. F_1, F_2, F_3 sind ausschwenkbare Filter, H_1 und H_2 die zugehörigen Bedienungsgriffe.

Beitrag von K. GRAFF, ds. Handb. IV, Kap. 3, berichtet. Wie schon erwähnt, sind thermoelektrische Untersuchungen mit ähnlicher Apparatur auf der Mt. Wilson-Sternwarte von E. PETTIT und S. B. NICHOLSON (Ziff. 32 u. 33) vorgenommen worden. Eine Vergleichung der Ergebnisse, soweit sie die Strahlungsmessungen des Planeten Mars betreffen, hat COBLENTZ im Jahre 1926 veröffentlicht[2]. Die COBLENTZschen Werte der Wasserzellenabsorption einiger auf der Lowell-Sternwarte beobachteten Fixsterne sind 1928 von E. PETTIT und S. B. NICHOLSON[3] mit den Mt. Wilson-Ergebnissen (s. Ziff. 33) verglichen worden.

32. Die thermoelektrischen Meßinstrumente auf der Mt. Wilson-Sternwarte. Wie in Ziff. 30 erwähnt, ist nach den erfolgreichen Arbeiten von W. W. COBLENTZ, die 1913 auf der Lick-Sternwarte vorgenommen wurden, in den thermoelektrischen Untersuchungen der Fixsterne eine mehrjährige Unterbrechung eingetreten. COBLENTZ hat seine Messungen erst wieder im Sommer 1921 auf der Lowell-Sternwarte aufgenommen. Bald darauf gingen E. PETTIT und S. B. NICHOLSON daran, auch auf der Mt. Wilson-Sternwarte analoge

---

[1] Siehe Pop Astr 30, S. 551 (1922); 31, S. 105 (1923); 32, S. 546 u. 570 (1924); Publ ASP 36, S. 220 u. 272 (1924); Wash Nat Ac Proc 11, S. 34 (1925); J Franklin Inst Juni 1925; Lowell Bull 3, S. 91 (1925); Pop Astr 33, S. 297 (1925); A N 224, S. 361 (1925); Pop Astr 33, S. 310 u. 363 (1925); Bull Bur of Stand 20, S. 371 (1925); Ap J 63, S. 177 (1926).

[2] A N 227, S. 421 (1926). [3] Ap J 68, Fig. 2 auf S. 293 (1928).

Messungen mit Thermoelementen durchzuführen. Das erste veröffentlichte Ergebnis[1] bezieht sich auf die Messung der Gesamtstrahlung von o Cet am 6. Dezember 1921.

Im Laufe der Jahre verwendeten die genannten Beobachter im wesentlichen drei verschiedene Typen thermoelektrischer Instrumente, die in Abb. 34 wiedergegeben sind. Insbesondere die mit 3 bezeichnete Vorrichtung wurde für astrophysikalische Messungen herangezogen.

Bereits im Jahre 1895 hatte LEBEDEW[2] darauf hingewiesen, daß bei Evakuierung des Empfängergefäßes die Empfindlichkeit eines Thermoelementes

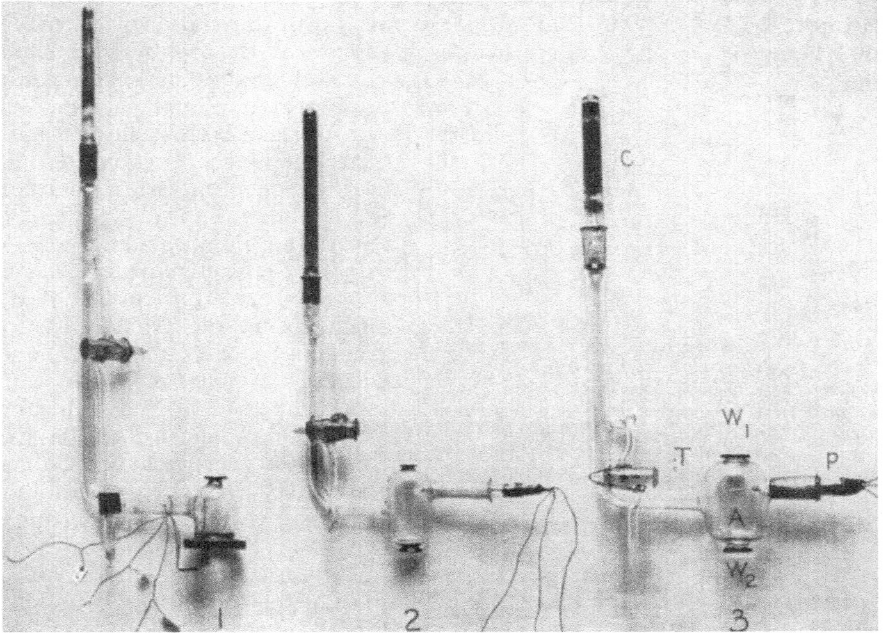

Abb. 34. Drei verschiedene Typen der auf dem Mt. Wilson verwendeten thermoelektrischen Meßapparate. (Vgl. den Apparat von COBLENTZ, Abb. 32, S. 472). [Ap J 56 (1922).]

wesentlich gesteigert werden kann. Auch bei den astrophysikalischen Untersuchungen von PFUND (Ziff. 29), COBLENTZ (Ziff. 30 u. 31) sowie bei den Mt. Wilson-Arbeiten hat man sich meistens der Vakuum-Thermoelemente bedient, erst in neuester Zeit (s. Ziff. 23 u. 25) pflegt man auch wieder Elemente in Luft zu verwenden. PFUND hatte bei seinen Versuchen auf der Allegheny-Sternwarte Vakuumelemente mit einer sechsfachen Empfindlichkeitssteigerung zur Verfügung, COBLENTZ konnte bei seinen Typen gegenüber nichtevakuierten Empfängern einen 4,5 fachen Gewinn feststellen. Der Zusammenhang zwischen Empfindlichkeit und Druck im Inneren des Empfängergehäuses ist von PETTIT und NICHOLSON im Laboratorium eingehend geprüft worden. Es zeigte sich, daß hier mehrere Faktoren maßgebend sind, da selbst Thermoelemente aus gleichem Material und von identischer Bauart ein verschiedenes Verhalten aufwiesen. Im allgemeinen genügte bei den Thermoelementen der Kombination Ag-Te eine Evakuierung auf $1 \cdot 10^{-2}$ mm, dagegen mußte bei der Kombination Bi-Sn bis

[1] Publ A S P 34, S. 132 (1922). [2] Ann d Phys 56, S. 12 (1895).

auf $1 \cdot 10^{-4}$ mm Druck herabgegangen werden, um einen nennenswerten Effekt zu erzielen. Die geringste von Pettit und Nicholson[1] erreichte Empfindlichkeitssteigerung gegenüber Elementen in Luft war zweifach, die größte elffach, in beiden Fällen bei einem Druck von $1 \cdot 10^{-4}$ mm. Zur Erhaltung des Vakuums ist auch bei den neuen Arbeiten der Mt. Wilson-Sternwarte entsprechend den von Coblentz früher gewonnenen Erfahrungen metallisches Kalzium verwendet worden. Es befindet sich bei *C* der Abb. 34 (3) in einem Röhrchen von 14 mm Durchmesser, bestehend aus reinem Quarz. Der Behälter *A* des Strahlungsapparates aus Pyrexglas hat einen inneren Durchmesser von 42 mm und eine Wandstärke von 1,5 mm. Hier eingebettet befindet sich das auf kleinstmögliche Dimensionen gebrachte Thermoelement, zu dem durch den Stöpsel *P* drei feine Platindrähte führen. Die zu messende Strahlung fällt durch das Quarzfenster W_1 von 1,5 mm Dicke. Das andere Fenster W_2 dient zur Beobachtung der sicheren Einstellung des Sternbildes auf dem geschwärzten Empfängerscheibchen. Im übrigen besteht die Möglichkeit, durch einfache Drehung des Stöpsels *P* den Empfänger nach unten zu wenden und die zu messende Strahlung nunmehr durch das Fenster W_2 eintreten zu lassen.

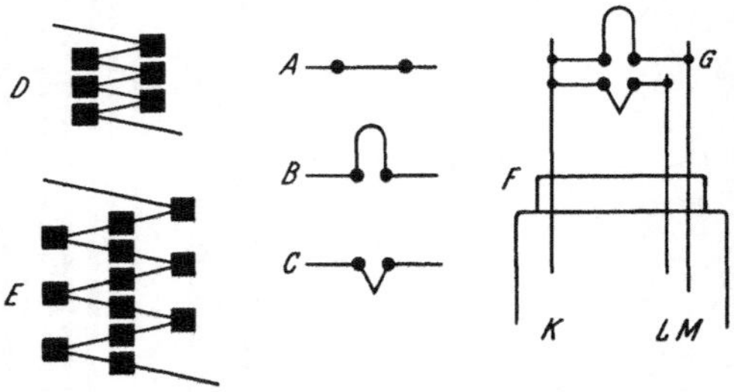

Abb. 35. Verschiedene Formen der auf dem Mt. Wilson verwendeten Thermoelemente. *A*, *B*, *C* drei Typen von Thermoelementen, *F* schematisches Bild eines Doppelthermoelementes mit seinen Platin-Zuführungsdrähten *K*, *L* und *M*; *D* und *E* sind Formen von Thermosäulen, die bei Spektralarbeiten Verwendung fanden. [Ap J 56 (1922).]

Bei der Konstruktion der Elemente sind die üblichen Anforderungen beachtet und die verschiedensten Metalle und Verbindungen versucht worden. Nach fünfjähriger Erfahrung scheinen die besten Ergebnisse[2] mit der auch von Coblentz seinerzeit verwendeten Kombination Wismut gegen eine Legierung von Wismut mit 5% Zinn zu erzielen zu sein. Bei den Arbeiten des Jahres 1922[3] hatten die Metalldrähte der Elemente eine Länge von 3 mm und die Dimensionen $8 \cdot 10^{-3}$ mal $1 \cdot 10^{-1}$ mm. An den beiden Lötstellen bildeten, wie üblich, geschwärzte Zinnscheibchen von $5 \cdot 10^{-1}$ mm Durchmesser und $1 \cdot 10^{-2}$ mm Dicke die eigentlichen Empfänger, wobei nach den Erfahrungen von Pfund (Ziff. 29) abwechselnd das eine und das andere Scheibchen der Sternstrahlung ausgesetzt wurde, welcher Vorgang eine Verdoppelung der Galvanometerausschläge (siehe Abb. 37, S. 479) herbeiführt.

Die ursprünglich gewählte Anordnung der Empfängerscheibchen ersieht man aus der obersten Skizze *A* der Abb. 35. Später hat man die Scheibchen einander näher gebracht und den Draht der Verbindung U-förmig gewunden wie in Skizze *B*, oder es wurde in jenen Fällen, wo das Material dies nicht zuließ, die in Skizze *C* wiedergegebene Form der Verbindung gewählt. Die rechts gezeichnete Skizze *F* zeigt ein schematisches Bild eines bei den astrophysikalischen Untersuchungen verwendeten Doppelelementes und seine Verbindung mit den drei herausführenden Platindrähten *K*, *L* und *M*. (Es sind dies die drei Ausführungsdrähte, die in ihrem weiteren Verlauf in den Bildern der Instrumenttypen [Abb. 34, S. 475] zu ersehen sind.) Die Skizzen *D* und *E* der Abb. 35 schließlich zeigen die schematische Anordnung von Thermosäulen, die Pettit und Nicholson bei ihren Spektralarbeiten verwendet haben.

[1] Ap J 56, S. 259 (1922). [2] Ap J 68, S. 279 (1928). [3] Ap J 56, S. 259 (1922).

Einige Angaben über die Herstellung neuer Elemente für thermoelektrische Spektraluntersuchungen sind 1929 veröffentlicht worden[1]. Hier werden an die beiden Enden eines überaus feinen Kupferstreifens Drähte von Wismut bzw. Wismut + 5% Zinnlegierung angelötet. Letztere sind wiederum mit Kupferdrähten von 0,015 mm Querschnitt zusammengelötet. Diese Kupferdrähte hängen schließlich mit den Platinausführungsdrähten zusammen. Wie sorgfältige Laboratoriumsmessungen zeigten, ist es gelungen, den Querschnitt des erstgenannten Kupferstreifens auf 0,49 μ herabzusetzen.

Das Gewicht der normal verwendeten Thermoelemente ist von der Größenordnung 0,03 mg. Die Thermoelemente, die zu den Arbeiten am Hooker-

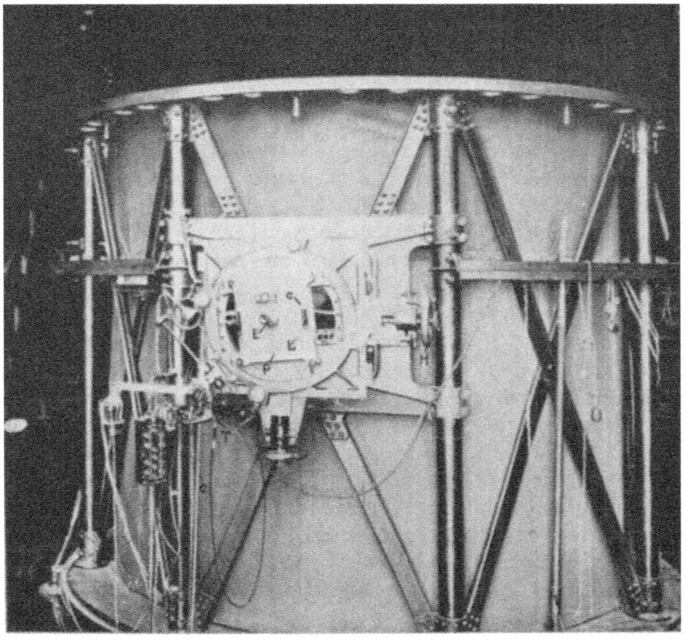

Abb. 36. Das obere Ende des Hooker-Spiegels auf dem Mt. Wilson, versehen mit der thermoelektrischen Meßvorrichtung (siehe Text). [Pop Astr 32 (1924).]

Teleskop der Mt. Wilson-Sternwarte herangezogen wurden, hatten Empfängerscheibchen von je 0,5 mm Durchmesser und 0,03 mg Gewicht. Das Gewicht des Kompensationssystems (die Empfängerscheibchen der „warmen" und „kalten" Lötstellen zusammen) einschließlich der Verbindungsdrähte betrug 0,1 mg.

Für die Beobachtung mit dem Hookerspiegel wurde das Meßgerät unmittelbar an der photographischen Kasseteneinrichtung des Newton-Fokus angebracht, und zwar hinter dem Okular E (Abb. 36) an der Platte P des Kreuzschlittens befestigt. Durch das Okular E pointierte man den Stern (Planeten) auf eines der beiden Empfängerscheibchen. Die Verschiebung des Beobachtungsobjektes von einem Empfänger zum anderen war mit dem Handgriff H leicht zu bewerkstelligen. Der bei L angedeutete kleine Hebel diente, analog wie die beiden Bedienungsgriffe H_1 und H_2 bei der Anordnung von COBLENTZ (Abb. 33), zur Vorschaltung der Filter. Die Leitungsführung vom Thermoelement zum Galvanometer

[1] E. PETTIT, Publ A S P 41, S. 272 (1929).

ist bei *c* zu erkennen. Bei *T* befand sich ein Telephon zur raschen Verständigung des am Okular des Newton-Fokus arbeitenden Beobachters mit dem entfernten zweiten Beobachter, der die Ausschläge des Galvanometers zu notieren hatte.

Gearbeitet wurde mit einem Galvanometer der Empfindlichkeit $5 \cdot 10^{-10}$ Amp pro mm Skalenlänge, späterhin mit einem solchen von $3 \cdot 10^{-10}$ Amp/mm. Die Skala befand sich in beiden Fällen in 8 m Distanz. Die gewählte Anordnung gestattete, noch 0,1 mm genau abzulesen. Im Falle der photographischen Registrierung (s. Abb. 37, S. 479) wird der w.F. eines Galvanometerausschlages zu $\pm 0{,}015$ mm veranschlagt, im übrigen ergab sich ein Wechseln der Genauigkeit mit der Jahreszeit. Die Temperaturempfindlichkeit der Anordnung betrug bei Verwendung des erstgenannten Galvanometers etwa $8 \cdot 10^{-5}$ Grad/mm.

33. Die Untersuchungen von E. Pettit und S. B. Nicholson. Die thermoelektrischen Untersuchungen mit dem 100zölligen Hooker-Spiegel der Mt. Wilson-Sternwarte an Fixsternen, zeitweise an Planeten, haben im Dezember 1921 begonnen und wurden, soweit bekannt, bis 1927 fortgeführt, Strahlungsmessungen des Mondes liegen auch noch aus 1929 vor[1]. Die speziellen thermoelektrischen Untersuchungen der ultravioletten Sonnenstrahlung[2] (s. Ziff. 23 u. 24) werden seit 1924 vorgenommen und sind auch heute noch Programmarbeiten dieses Observatoriums.

Insgesamt hat man 12 verschiedene Empfangsapparate gebaut, die Unterschiede beziehen sich im wesentlichen aber nur auf das Material der Fenster des evakuierten Empfängergehäuses. Verwendet werden, wohl nach dem Vorbild von COBLENTZ, Mikroskopdeckgläser, Quarz, Flußspat und Steinsalzfenster. Der Durchlässigkeitsbereich für ein Deckgläschen von 0,165 mm Dicke reicht von λ 3000 bis λ 80000 (8 μ), des Flußspatfensters (Dicke 4 mm) von λ 3000 bis λ 120000 (12 μ) und des 2 mm starken Steinsalzfensters von λ 3000 bis λ 140000 (14 μ). Die sorgfältig ermittelten Transmissionskurven[3] (vgl. diesbezüglich die wichtige Untersuchung[4] von PETTIT und NICHOLSON aus dem Jahre 1927 über die Eigenschaften von 44 Filtern) sind aus Abb. 38, S. 481 zu ersehen. Ebenso wie auf der Lick- und Lowell-Sternwarte kam auch auf dem Mt. Wilson eine 1 cm dicke Wasserzelle zur Anwendung, zum ersten Male 1922 gelegentlich der thermoelektrischen Untersuchungen einiger langperiodischer Veränderlichen[5]. Die Wasserzelle läßt praktisch alle Strahlung bis 1,1 μ durch, Strahlung zwischen 1,1 und 1,4 μ wird zum großen Teil, die über 1,4 μ völlig absorbiert. Es sei darauf hingewiesen, daß die maximalen Galvanometerausschläge, die ein Stern bei Vorschalten der Wasserzelle erzielen kann, niemals 90% der ohne Wasserzelle beobachteten Ausschläge übersteigt. Die Wirkung dieses Filters kann aus den in Abb. 37 wiedergegebenen Beispielen ersehen werden. Sie zeigen photographische Registrierungen der Galvanometerausschläge von α Lyr (A0), α Boo (K0), α Her (Mb) und R Hya (Md10). Da, wie in Ziff. 32 erwähnt, die beiden Empfängerscheibchen eines Thermoelementes abwechselnd bestrahlt werden, erhält man zwei Reihen von Registrierungen, deren Abstand dem doppelten Galvanometerausschlag entspricht. Die in der Abbildung ersichtlichen zentralen Marken zwischen diesen beiden Reihen zeigen die Galvanometerruhelage im unbestrahlten Zustand an. Durch regelmäßige Registrierung der Dunkelstellung ist eine stete Kontrolle einer eventuellen Galvanometertrift gewährleistet. Bei jedem Stern wird abwechselnd mit und ohne Vorschalten der Wasserzelle gearbeitet. Die Abbildung zeigt links die Ausschläge ohne Filter und rechts die Ausschläge mit Wasserzelle; die mit fortschreitendem Spektraltypus zunehmende Wasserzellenabsorption ist deutlich

---

[1] Ap J 71, S. 102 (1930).
[2] Ap J 75, S. 185 (1932).
[3] Fig. 1 auf S. 104 in Ap J 71 (1930).
[4] Ap J 66, S. 43 (1927).
[5] Publ A S P 34, S. 181 (1922).

Messungen

ohne Filter mit Wasserzelle

α Lyr
$0^m,14$ A0

α Boo
$0^m,24$ K0

α Her
$3^m,0$ Mb

R Hya
$8^m,0$ Md10

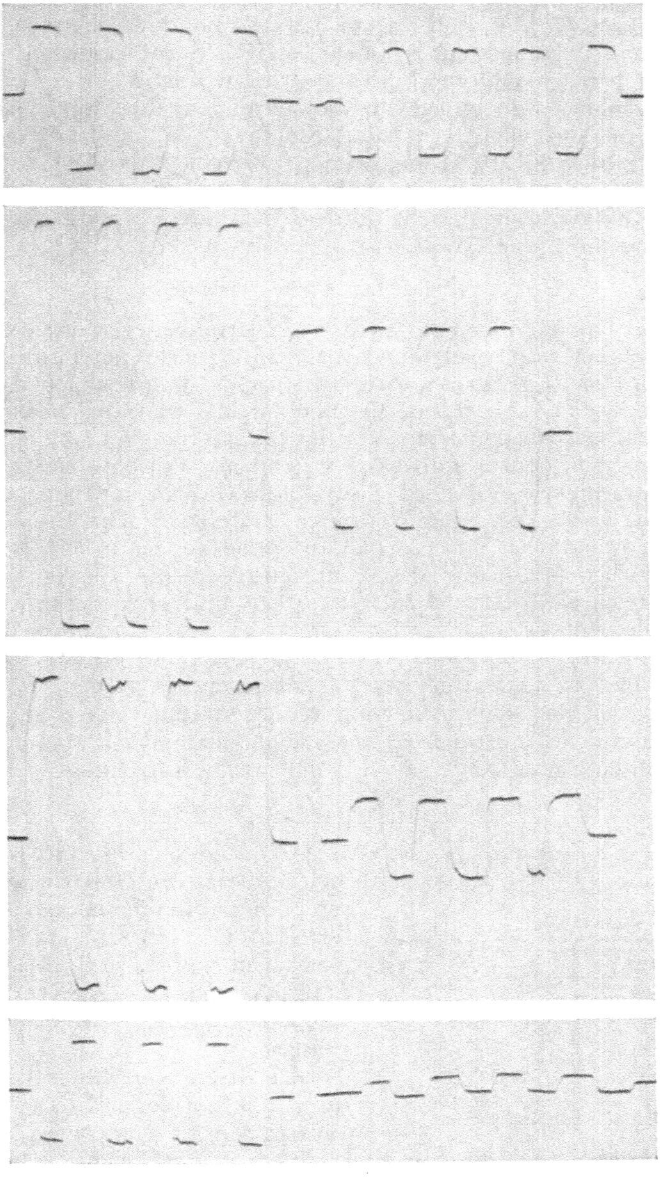

Abb. 37. Thermoelektrische Untersuchungen auf dem Mt. Wilson. Die Galvanometerausschläge bei Sternen von verschiedenem Spektraltypus, photographisch registriert. Rechts Ausschläge mit Filter (Wasserzelle), links ohne Filter. Bei jedem Stern entsprechen die oberen Marken der Belichtung des Empfängerscheibchens *a*, die unteren des Empfängerscheibchens *b* (siehe z. B. Abb. 31, S. 470). Die mittleren Marken zeigen die Nullage bei unbelichtetem Zustand an. [Ap J 56 (1922)].

zu erkennen. Bei der Untersuchung des gesamten auf dem Mt. Wilson erhaltenen Materials[1], in das sich bemerkenswerterweise die von COBLENTZ auf der Lowell-Sternwarte gewonnenen Ergebnisse[2] zwanglos einordnen lassen, zeigt sich ein fast vollkommener linearer Zusammenhang zwischen der Wasserzellenabsorption in Größenklassen (W.Z.A. definiert in Ziff. 3) und der Spektralklasse der betreffenden Sterne. Demgemäß ist auch die W.Z.A. zur Ermittlung von Sterntemperaturen bereits weitgehend herangezogen worden[3].

Die Galvanometerausschläge für die Messungen ohne Filter (Gesamtstrahlung) der Sterne sind von PETTIT und NICHOLSON in „radiometrische Größenklassen" (Definition in Ziff. 3) umgewandelt worden. Zur Vereinheitlichung der gewonnenen Daten sind an die scheinbaren radiometrischen Größen m_r^s durchweg drei Korrektionen angebracht worden. Die erste Korrektion bestand in der Zenitreduktion für den Mt. Wilson

$$\Delta_1 m_r = -A\,(\sec z - 1)\,,$$

wobei zur Bestimmung des Faktors A folgendermaßen verfahren wurde. Jede Nacht beobachtete man zwei Standardsterne bei mehreren Luftmassen ($\sec z$), den einen Stern vor, den anderen nach Mitternacht. Man zeichnete dann in einem Diagramm mit $\sec z$ als Abszissenachse und mit log der Galvanometerausschläge als Ordinate die gewonnenen Daten der Standardsterne ein und extrapolierte die so erhaltene Gerade bis zur Luftmasse 1 (Zenit Mt. Wilson). So erhält man den für eine Zenithelligkeit geltenden zusätzlichen Galvanometerausschlag, der, in Größenklassen verwandelt, den Faktor A darstellt. Nach diesem im übrigen nicht völlig einwandfreien Vorgang (vgl. die Bemerkungen in Ziff. 24) erhält man A-Werte zwischen $0^m,07$ und $0^m,49$, im Mittel $0^m,16$. Der durchschnittliche Betrag der ersten Korrektion $\Delta_1 m_r$ war $-0^m,05$ und überstieg in 6% der beobachteten Fälle $-0^m,15$.

Die zweite Korrektion reduziert die Helligkeiten auf die Ergebnisse, die bei frischer Versilberung der Spiegel des 100-Zöllers erzielt werden. Ist D die Zahl der Tage, die seit der Neuversilberung verflossen sind, und S ein empirischer Reduktionsfaktor, der naturgemäß eine starke Abhängigkeit vom Spektraltypus der untersuchten Sterne zeigt, so wird die zweite Korrektion

$$\Delta_2 m_r = D \cdot S\,.$$

Bei den extremen Spektraltypen erreicht sie $0^m,2$, im Durchschnitt ist sie von der Größenordnung $\pm 0^m,08$. Es sei noch bemerkt, daß im Hinblick auf den Nullpunkt der radiometrischen Größenskala der Faktor S für A0-Sterne zu Null angenommen wurde; in Wirklichkeit erfolgt natürlich auch bei A0-Sternen ein Strahlungsverlust infolge Reflexion an den Spiegeln.

Tabelle 7.

m_r	Ausschlag	m_r	Ausschlag
−1	250,00 mm	+5	1,00 mm
0	100,00	+6	0,40
+1	39,80	+7	0,16
+2	15,90	+8	0,06
+3	6,30	+9	0,02
+4	2,51	+10	0,01

Die dritte Korrektion $\Delta_3 m_r$ bezweckt die Reduktion der mit Glas, Quarz- oder Flußspatfenster vorgenommenen Messungen auf die bei Verwendung eines Steinsalzfenster im Gehäuse erzielten Ergebnisse. Auch diese Korrektion steht naturgemäß in Abhängigkeit vom Spektraltypus der untersuchten Sterne.

[1] Ap J 68, S. 279 (1928) = Mt Wilson Contr Nr. 369.

[2] Bull Bur of Stand 17, S. 725 (1922); s. auch Ap J 55, S. 20 (1922).

[3] Siehe den Beitrag von A. BRILL, Die Temperaturen der Fixsterne. Ds. Handb. V/1, Kap. 1, Ziff. 22.

Unter normalen Verhältnissen erzielte man für α Aql ($m_v = +0^m{,}89$, $m_r = 0^m{,}74$, Spektrum A2n) einen Ausschlag von 49,4 mm. Bei dieser Empfindlichkeit ist zwischen Galvanometerausschlag und m_r vorstehender Zusammenhang gegeben (Tab. 7).

Wie bereits in Ziff. 3 auseinandergesetzt, ist auch der Versuch gemacht worden, die auf dem Mt. Wilson gewonnenen radiometrischen Größen m_r in bolometrische m_b umzuwandeln. Hierzu ist eine Berücksichtigung des Strahlungsverlustes in der Apparatur und in der Erdatmosphäre Bedingung. Nennt man nun Δm_r die aus beiden Quellen stammende Korrektion der radiometrischen Größe, so wird

$$m_b = m_r - \Delta m_r + (\text{W.I.}^* + \Delta m_r^*)\,,$$

wobei durch den Klammerausdruck der Nullpunkt festgelegt wird. Es bedeutet der Klammerausdruck den Wärmeindex plus Korrektion eines Standardsterns * mit der effektiven Temperatur jenes schwarzen Strahlers, für den radiometrische

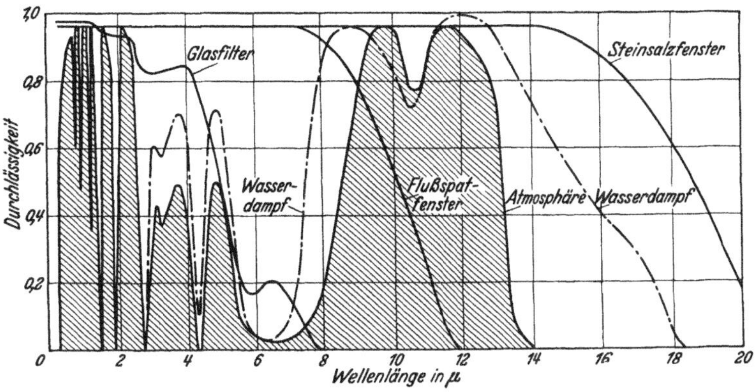

Abb. 38. Die angenommene Durchlässigkeit der Atmosphäre über dem Mt. Wilson in verschiedenen Wellenlängen (Begrenzungskurve der gestrichelten Fläche), sowie Transmissionskurven des Wasserdampfes und einiger bei den thermoelektrischen Untersuchungen verwendeten Filter. [Ap J 71 (1930).]

und bolometrische Helligkeit zusammenfallen. Im System des Mt. Wilson wird der Klammerausdruck gleich 0,9 gesetzt. Es ist einleuchtend, daß eine Bestimmung der Korrektion Δm_r mit großen Schwierigkeiten verknüpft ist, ein ähnliches, aber fast unlösbares Problem, wie es schon bei der in den Abschnitten d) bis f) behandelten Ermittelung extraterrestrischer Strahlungswerte der Sonne aufgetreten ist. Die Mt. Wilson-Beobachter verwenden ebenso wie die Smithsonian-Beobachter die von F. E. FOWLE[1] ermittelten Transmissionskoeffizienten der Erdatmosphäre. Die aus diesen Daten abgeleitete Transmissionskurve des „Atmosphärenfilters" ist in Abb. 38 wiedergegeben. Sie ist aber keineswegs als endgültig anzusehen. Noch wesentlich unsicherer ist die in der gleichen Abbildung ersichtliche Kurve der Wasserdampfabsorption bei 0,082 cm Dampfdruck, die nur durch eine 900proz. Extrapolation der Laboratoriumsergebnisse gewonnen werden konnte. Wenn man bedenkt, daß eine 50proz. Schwankung des Wasserdampfgehaltes der Luft über dem Mt. Wilson bereits eine 11proz. Änderung des Transmissionskoeffizienten bewirkt, so ist verständlich, daß die 1928 veröffentlichten bolometrischen Helligkeiten[2] von 124 Fixsternen nur als eine erste Näherung angesehen werden müssen. Dasselbe gilt für die in derselben Arbeit gegebenen

[1] Smithson Misc Coll 68, Nr. 8 (1917). [2] Table III, S. 288ff. in Ap J 68 (1928).

Energiewerte in Kalorien (Beispiele sind in Tab. 1, Ziff. 1 mitgeteilt), die auf Grund von Laboratoriumseichungen des Empfängers nach Berücksichtigung derselben Korrektion Δm_r abgeleitet worden sind. Die große Bedeutung der thermoelektrischen Messungsergebnisse, soweit es sich um die Bestimmung der radiometrischen Größen der untersuchten Sterne handelt, wird durch diese Einschränkung nicht angetastet.

In ähnlicher Weise wie bei den Untersuchungen von COBLENTZ sind auch auf der Mt. Wilson-Sternwarte mit Hilfe der obengenannten Filter wichtige thermoelektrische Messungen der Planetenstrahlung vorgenommen worden[1]. Bei der Marsopposition 1924[2] hatte der Planet im Instrumente einen Durchmesser

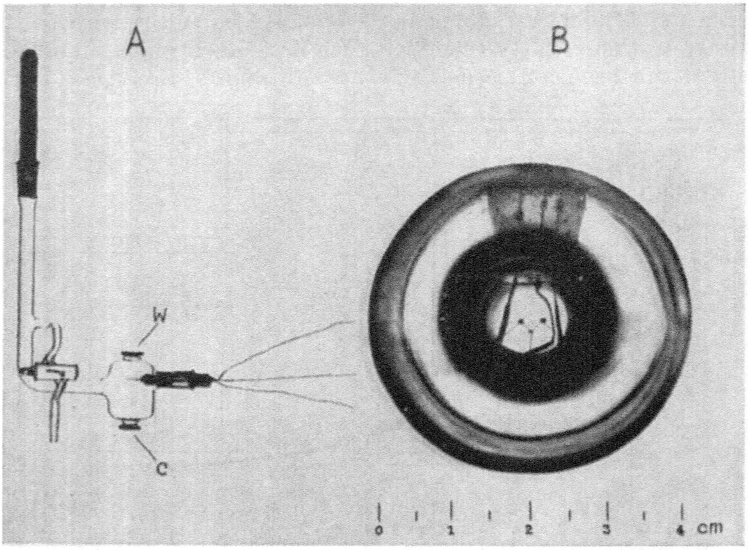

Abb. 39. Die 1924 auf dem Mt. Wilson bei der Bestimmung der Strahlung des Planeten Mars verwendete thermoelektrische Anordnung. Abbildung A zeigt eine schematische Skizze des Meßgerätes, Abbildung B gibt in natürlicher Größe das im Meßapparat montierte Thermoelement wieder, wie es dem Beobachter im Okular erscheint. [Pop Astr 32 (1924)].

von 1,56 mm, das Empfängerscheibchen einen Durchmesser von 0,2 mm, es bestand demnach keine Schwierigkeit, mehrere Streifen der Planetenoberfläche durchzumessen. In Abb. 39A ist das bei den Marsuntersuchungen verwendete Meßgerät schematisch wiedergegeben. Die Strahlung fällt durch das Steinsalzfenster W auf den Empfänger. Durch das Glasfenster C, das sich unmittelbar hinter dem in Abb. 36 (S. 477) ersichtlichen Okulare E befindet, pointiert man das Planetenbild auf eines der Empfängerscheibchen. Im Okular erscheint dann dem Beobachter das Thermoelement derart, wie in Abb. 39B dargestellt. Es sei noch hervorgehoben, daß diese Abbildung den Empfänger in seiner natürlichen Größe zeigt. Die Strahlungsmessungen am West- und Ostrand des Planeten[3] ergaben, daß die Marstemperatur der Sonnenstellung folgt und zu Mittag ihr Maximum

[1] Diesbezüglich siehe Beitrag von K. GRAFF, Die physische Beschaffenheit des Planetensystems. Ds. Handb. IV, Kap. 4.

[2] Pop Astr 32, S. 601 (1924). [3] A N 225, S. 331 (1925).

erreicht. Strahlungsmessungen des Merkur wurden 1923[1] und 1925[2], der dunklen Seite der Venus 1924[3] veröffentlicht. Nach den 1926 mitgeteilten Daten über das Mondspektrum im visuellen Gebiete[4] folgten in den nächsten Jahren weitere Ergebnisse über Strahlungsmessungen des Erdtrabanten. Gelegentlich der Mondfinsternis 1927 Juli 5 ergab sich eine Mondtemperatur von 150° C abs. gegenüber 350° vor der Verfinsterung und 110° an der Nachtseite des Mondes[5]. Weitere Untersuchungen über die Temperatur des Mondes sind 1929[6] und in einer ausführlichen, alle Ergebnisse zusammenfassenden Mitteilung im Jahre 1930[7] veröffentlicht worden. Bei den Monduntersuchungen, die am Hooker-Teleskop vorgenommen wurden, hatte die Scheibe des Erdtrabanten im Mittel einen Durchmesser von 116,6 mm, das Empfängerscheibchen dagegen einen Durchmesser von etwa $5{,}5 \cdot 10^{-3}$ Monddurchmesser. Beobachtet wurde die Gesamtstrahlung sowie die Strahlung bei Verwendung der bereits genannten Filter, dem Mikroskopdeckgläschen, dem Flußspatfenster und der Wasserzelle. Alle Messungen sind an einen Stern bekannter radiometrischer Helligkeit angeschlossen. Es ist dann die radiometrische Helligkeit des reflektierten Sonnenlichtes $-13^{m},3$ und die radiometrische Helligkeit der gesamten vom Monde emittierten Strahlung $-14^{m},8$.

Der große Gewinn der thermoelektrischen Untersuchungen besteht darin, daß es unter Verwendung der entsprechenden Filter möglich ist, die beiden Hauptkomponenten der Strahlung des Mondes und der Planeten zu erfassen, einerseits das Gebiet zwischen λ 3000 und λ 50000 (5 μ), d. i. im wesentlichen die reflektierte Sonnenstrahlung, andererseits die „kühle Planetenstrahlung", d. i. das von den atmosphärischen Wasserdampfbanden (s. Abb. 38) verhältnismäßig ungestörte Spektralgebiet zwischen λ 80000 und 140000 (8 bis 14 μ).

j) Die Messung der Energieverteilung in den Sternspektren mit Hilfe des Bolometers.

34. Die Anordnung der Mt. Wilson-Versuche von 1922. Die ersten Ansätze zu einer spektralen Zerlegung der Gesamtstrahlung der Fixsterne findet sich in den im Abschnitt i) dargelegten thermoelektrischen Untersuchungen mit Verwendung einiger selektiver Filter. Dies gilt vor allem für die in Ziff. 31 genannten 16 von Coblentz untersuchten Sterne. Naturgemäß können aber erst Gesamtstrahlungsinstrumente in Verbindung mit einem Spektralapparat den Lauf der Energiekurve festlegen. Es waren C. G. Abbot, F. E. Fowle und L. B. Aldrich, die auf Grund der Erfahrungen bei der Bestimmung der Energiekurve der Sonne (s. Ziff. 14) als erste den Versuch gemacht haben, mit Hilfe des Spektrobolometers analoge Untersuchungen nunmehr auch an den Fixsternen vorzunehmen. Der Plan geht auf das Jahr 1916 zurück, wurde jedoch erst im Sommer 1922 ausgeführt[8]. Vorbedingung dafür war die Anfertigung eines Galvanometers geringen Widerstandes und hoher Empfindlichkeit und eines verläßlich arbeitenden Vakuum-Bolometers. Die Arbeiten konnten mit dem 100-Zöller der Mt. Wilson-Sternwarte ausgeführt werden und hatten eine Untersuchung von zehn hellen Sternen verschiedener Spektralklassen zum Ziele. Es war von vornherein klar, daß diese ersten Versuche nur ungefähre Werte der Energieverteilung in

[1] Publ A S P 35, S. 194 (1923). [2] Pop Astr 33, S. 299 (1925).
[3] Publ A S P 36, S. 227 (1924); Pop Astr 32, S. 614 (1924).
[4] Publ A S P 38, S. 242 (1926). [5] Publ A S P 39, S. 227 (1927).
[6] Pop Astr 37, S. 322 (1929); Phys Rev (2) 33, S. 273 (1929); s. auch Planetary Temperatures Interpreted from the Radiation of the Moon and of Mercury. Publ A S P 41, S. 257 (1929).
[7] Ap J 71, S. 102 (1930).
[8] Mt. Wilson Ann Rep 1922, S. 204 u. 239; Smithson Ann 4, S. 59 (1922); 5, S. 15 (1932).

den Spektren geben können. Verwendet wurde ein spezielles Vakuum-Bolometer[1] (s. auch Ziff. 12) und ein hochempfindliches Spiegelgalvanometer von 11 Ohm Widerstand. Es konnten Ströme von $5 \cdot 10^{-12}$ Amp gemessen werden, bzw. in Verbindung mit dem Bolometer eine Temperaturänderung von $1 \cdot 10^{-8}$ °C. Die Beobachter erkannten, daß für zukünftige Untersuchungen die Empfindlichkeit mindestens um eine Zehnerpotenz größer sein müßte.

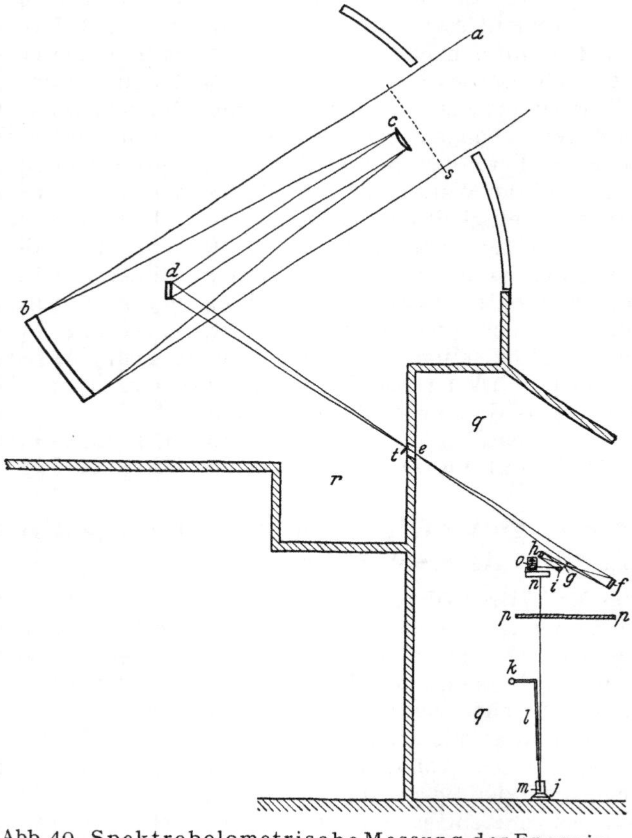

Abb. 40. Spektrobolometrische Messung der Energieverteilung in den Sternspektren. Die instrumentelle Anordnung ABBOTS am 100 Zöller der Mt. Wilson-Sternwarte bei den Versuchen von 1922. [Smithson Misc Coll 74 (1923).]

Die gewählte Anordnung[2] ersieht man aus Abb. 40. Die einfallende Strahlung wird zuerst vom Spiegel des 100-Zöllers *b* auf einen im Brennpunkte befindlichen Konvexspiegel *c* geworfen, der die Brennweite des Instrumentes rund versechsfacht. Ein ebener Spiegel *d* vereinigt die Strahlen in dem Coudé-Fokus *e*, welch letzterer in der südlichen Verlängerung der Äquatorialachse des Fernrohres gelegen ist. An dieser Stelle treten die Strahlen aus der Kuppel *r* in den Raum *q* ein, der auf einigermaßen konstanter Temperatur zu halten war. 6 m hinter dem Coudé-Brennpunkt ist der Konkavspiegel *f* von 1 m Brennweite angebracht. In der Brennebene liegt der Spalt *g*. Die Strahlen erreichen nach Passieren des Spaltes den Kollimatorspiegel *h*. Nun werden die Strahlen durch ein 18°-UV-Kronglasprisma gelenkt und gelangen schließlich in das Bolometer, das nahe dem Spalt *g* angebracht ist. Auf der Plattform *pp* konnte das Bolometer bedient werden, das mit dem Galvanometer *j* verbunden war. Der vom Galvanometerspiegel *m* reflektierte Lichtstrahl der Lampe *k* fällt auf die photographische Registriervorrichtung, die bei *n* montiert ist. Das Uhrwerk *o* vermittelte die gleichzeitige Bewegung von Prisma und Platte. Es hat sich aber bald herausgestellt, daß die Unruhe des Galvanometers, die ständig Schwankungen von 1 bis 5 mm verursachte, die Verwendung der Registriervorrichtung undurchführbar machte. Die Beobachtungen sind dann visuell durchgeführt worden, wobei die

---

[1] Smithson Ann 4, S. 45 u. 59ff. (1920). [2] Smithson Misc Coll 74, Nr. 7 (1923).

Ableseskala in einer Distanz von 5 m vom Galvanometerspiegel auf der Plattform pp angebracht wurde.

35. Der Beobachtungsvorgang. Beobachtet wurde in Zenitdistanzen bis zu 50°, die Luftmasse war daher niemals größer als 1,5. Immerhin sind so nennenswerte Verluste durch den Einfluß der Atmosphäre zu erwarten, die nicht leicht zu eliminieren sind. Bei derartigen Messungen sollte man wohl nicht unter 30° Zenitdistanz herabgehen. Den Energieverlust, der sich aus der selektiven Absorption der Atmosphäre und aus der Wirkung der zahlreichen optischen Teile der Anordnung ergab, suchte man durch einen etwas verwickelten Beobachtungsvorgang kennenzulernen: Einmal wurde mit derselben Apparatur eine Sonnenbeobachtung vorgenommen und so ein Reduktionsfaktor auf die Sternintensitäten ermittelt. Der zweite Schritt bestand darin, daß man diese Sonnenbeobachtungen mit den 1920 vorgenommenen Bestimmungen (s. Ziff. 14) der Gestalt der Sonnenenergiekurve für prismatisches und normales Spektrum außerhalb der Atmosphäre in Verbindung setzte. Abbot und sein Mitarbeiter glauben auf diesem Wege die selektiven Absorptionseffekte bei den Messungen der Sternspektra ermittelt zu haben. Bei der Sonnenbeobachtung wurde folgende Anordnung getroffen: Bei *s* schob man eine Blende mit acht symmetrisch angeordneten Öffnungen von $^1/_4''$ Durchmesser ein und bei *t* eine zweite Blende von $^1/_8$ Zoll (Abb. 40). Auf diese Weise war es möglich, die Sonnenbeobachtung mit demselben Galvanometer vorzunehmen. Bei den Sternbeobachtungen wurde zuerst mit Hilfe einer Natriumflamme die *D*-Linie auf das Bolometer gebracht und dann sogleich mit der Untersuchung des Sternspektrums begonnen. Der eine Beobachter stellte das Prisma der Reihe nach in verschiedene Stellungen und betätigte zugleich den bei *t* angebrachten Verschluß, dem anderen Beobachter oblag die Ablesung der Galvanometerausschläge. War das Spektrum in einer Richtung durchlaufen, so wurden die Beobachtungen in der entgegengesetzten Richtung wiederholt, wobei die Ablesungen in den Zwischenstellungen der ersten Serie vorgenommen wurden.

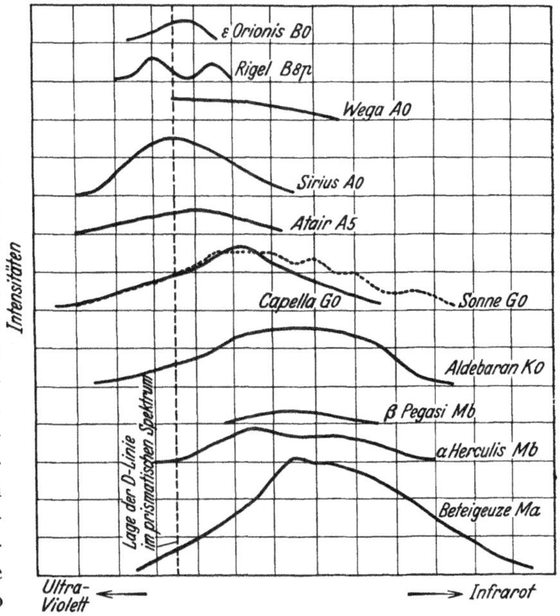

Abb. 41. Spektrobolometrische Messung der Energieverteilung in den Sternspektren. Gemittelte Kurven der extraterrestrischen Energieverteilung in der Skala des 36° UV-Kronglas-Prismas. (Mt. Wilson-Versuche aus dem Jahre 1922.) [Smithson Misc Coll 74 (1923).]

Es ergab sich, daß die Versuche nur in den frühen Morgenstunden durchführbar waren, da sich zu anderen Zeiten der Nacht Störungen durch die elektrischen Kraftwerke in Pasadena und Los Angeles fühlbar machten. Positive Ergebnisse konnten nur in drei Nächten gewonnen werden. In Abb. 41 sind gemittelte Kurven für die von den Autoren angenommene Energieverteilung außerhalb der Atmosphäre in der Skala des prismatischen Spektrums wiedergegeben. Die

Energiekurven, die sich nach der Umrechnung des prismatischen Spektrums auf das normale Spektrum ergeben, sind nicht verläßlich. Es zeigte sich, daß für die Typen B bis G die Ausschläge in den kürzeren Wellenlängen zu klein waren, um sichere Werte nach der Multiplikation mit dem großen prismatischen Dispersionsfaktor zu liefern. Demgemäß sind auch die Energiemaxima für diese Sterne ganz unsicher. Abgesehen davon war die Genauigkeit der Einzelmessungen nur gering. Mitunter ergaben sich die früher genannten Oszillationen des Galvanometers von derselben Größenordnung wie der maximale Ausschlag im Spektrum.

Zweifellos ist die Verwendung des Bolometers zur Messung der Energieverteilung in Sternspektren viel zu ungenau. Sie ist auch später nicht mehr wieder versucht worden. Immerhin verdienen die ABBOTschen Untersuchungen des Jahres 1922 als erster Versuch auf diesem Gebiete volle Anerkennung, insbesondere wenn man bedenkt, daß die Empfindlichkeit gegenüber früheren Anordnungen ganz wesentlich gesteigert werden konnte. Bei den Versuchen von NICHOLS (Ziff. 28) ergaben sich Ausschläge von 1 bis 2 mm bei der Messung der Gesamtstrahlung, bei den ABBOTschen Versuchen für α Ori Ausschläge von 1 bis 33 mm in 20 verschiedenen Wellenlängen des Spektrums dieses Sternes. Über die Versuche von W. W. COBLENTZ[1] mit Thermoelementen und verschiedenen Filtern, die einzelne breitere Spektralbereiche erfaßt haben, ist bereits in Ziff. 31 berichtet worden.

k) Die Messung der Energieverteilung in den Sternspektren mit Hilfe des Radiometers.

36. Erste Versuche und Reduktionsmethoden. Die bolometrischen Energiemessungen in Fixsternspektren, wie sie 1922 von ABBOT, FOWLE und ALDRICH ausgeführt wurden (s. vorige Ziffer), haben wohl zum erstenmal positive Ergebnisse für einige Sterne gebracht, waren aber, wie erwähnt, nur von geringer Genauigkeit und nur als erster Versuch zu werten. Es erschien erfolgversprechender zu sein, statt eines Bolometers ein Radiometer heranzuziehen, insbesondere als die seinerzeit (1898) von NICHOLS auf dem Yerkes-Observatorium verwendete Konstruktion ausbaufähig war. Es ist dann auch nach den Angaben von NICHOLS von I. D. TEAR ein neues Radiometer konstruiert worden[2], das dem genannten ersten Radiometer NICHOLS' etwa 15fach überlegen war. Dieses Radiometer wurde ABBOT zur Verfügung gestellt. Durch Verlegung der Versuche auf den Mt. Wilson mit seiner großen Luftdurch-

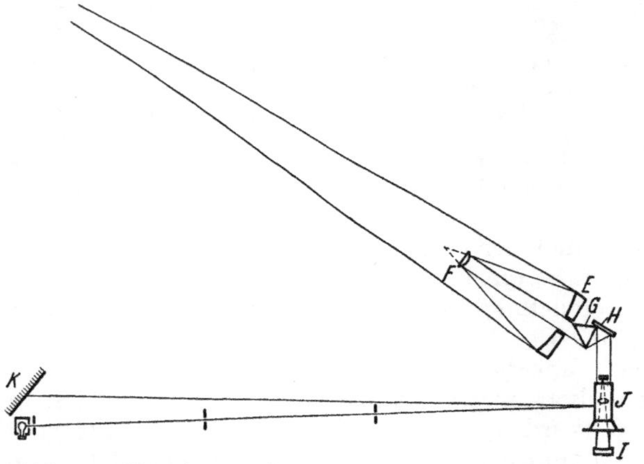

Abb. 42. Radiometrische Messung der Energieverteilung in den Sternspektren. Die instrumentelle Anordnung am 100 Zöller der Mt. Wilson-Sternwarte bei den ersten 1923 vorgenommenen Versuchen (ABBOT, ADAMS, PETTIT und NICHOLSON). [Ap J 60 (1924).]

[1] Bur of Stand Bull 17, S. 725 (1922); Wash Nat Ac Proc 8, S. 49 (1922).

[2] Smithson Ann 5, S. 23 (1932).

sichtigkeit, durch Verwendung des Hooker-Teleskops und schließlich durch eine Verdreifachung der Distanz der Meßskala konnte der endgültige Gewinn an Empfindlichkeit gegenüber der Yerkes-Anordnung auf rund das 10^3fache veranschlagt werden.

Das Radiometer[1] besaß Flügel von 1,5 mm Höhe und 0,5 mm Breite, ihr gegenseitiger Abstand betrug 2,5 mm. In ähnlicher Weise wie bei den ersten Versuchen mit dem Bolometer wurde wieder in der Coudé-Anordnung des 100-Zöllers gearbeitet. 16 m außerhalb des Coudé-Fokus des Hooker-Teleskopes ist ein durchbohrter Konkavspiegel *E* (s. Abb. 42) von 50 cm Öffnung und 100 cm Brennweite aufgestellt, 20 cm innerhalb des Brennpunktes befindet sich der kleine Konvexspiegel *F*. Durch die Ausbohrung von 10 cm Durchmesser des Spiegels *E* fällt ein paralleles Strahlenbündel auf das im Minimum der Ablenkung montierte 60°-Flintglasprisma *G*. Es ist im übrigen dasselbe Prisma, das von Abbot auch bei den bolometrischen Messungen an der Sonne verwendet wurde. Nach Durchlaufen des Prismas fallen die Strahlen auf den ebenen Spiegel *H* und werden dann auf einen konkaven Spiegel *I* von 45 cm Brennweite gelenkt. Nahe dem Brennpunkt von *I* ist noch ein um 45° geneigter Planspiegel (deutlicher zu erkennen auf Abb. 45, S. 491, der verbesserten Konstruktion von 1928) montiert, der die Strahlen schließlich in horizontaler Richtung den Flügeln des Radiometers *J* zuführt.

Von größter Wichtigkeit für das Gelingen der Versuche war die Anordnung von Ableseskala und Beleuchtungslampe. Trotzdem das Spiegelchen am Radiometer nur eine Fläche von nicht ganz 2 mm² besaß, konnte schließlich die Skala *K* noch in einer Entfernung von 5 m abgelesen werden. Alles Nebenlicht war ausgeschaltet, das Licht der Skalenbeleuchtung wurde durch mehrere Blenden von 2 mm Öffnung dem Radiometerspiegel zugeführt.

Der Beobachter an der Meßskala bediente zugleich eine Schraube, die mittels Übertragungsstangen die Drehung des Prismas bewerkstelligte. Eine Schraubenrevolution bewirkte eine Drehung von 21′. Es wurden 15 verschiedene Einstellungen innerhalb des Spektralbereiches von λ 4370 bis λ 22240 verwendet.

[1] Mt Wilson Contr Nr. 280 = Ap J 60, S. 87 (1924).

Tabelle 8. Die Radiometerausschläge der 10 Sterne in verschiedenen Wellenlängen.
(Erste Versuche Abbots aus dem Jahre 1923.)

Orientierung d. prism. Spektrums	−6	−5	−4	−3	−2	−1	D	+1	+2	+3	+4	+5	+6	+7½	+9½	Extremwerte der Luftmasse	
Wellenlänge λ	4370	4540	4720	4940	5200	5510	5890	6360	7000	7840	9050	10800	13160	17510	22240		
Sonne	3,3	5,6	4,8	10,8	16,4	19,9	23,9	33,0	39,5	46,4	53,6	55,7	42,0	25,9	6,2	1,59	1,74
β Ori			−0,6	+1,7	1,4	3,8	1,2	0,8	1,3	4,5	3,0	+3,2	−0,2			1,42	1,35
α Lyr		2,0	2,1	4,2	4,2	5,2	3,1	3,6	1,8	0,4						1,35	1,64
α CMa				2,2	5,1	7,5	7,5	10,5	11,4	11,8	10,6	9,3	7,1	3,9	1,4	1,59	1,58
α CMi						−1,1	+0,6	2,0	3,8	4,0	3,8	4,6	3,0	+4,8	−1,5	1,30	1,22
α Aur				0,1	2,0	0,8	2,4	3,5	3,1	5,2	7,4	9,0	6,1	3,0	0,6	1,68	1,35
α Tau							0,3	2,1	4,0	7,0	12,5	14,4	16,2	13,3	3,8	1,10	1,06
β Peg							0,4	0,8	1,5	2,8	5,1	5,3	6,8	6,4	2,9	1,01	1,04
α Ori						1,5	2,1	3,5	6,4	18,7	27,8	43,2	48,4	44,0	16,4	1,14	1,12
α Her							−0,1	+1,5	2,8	3,8	7,3	19,5	21,1	+23,3	+5,5	1,73	2,20

Bei jeder Einstellung wurde 15 Sekunden belichtet, ebenso lang der Verschluß verschlossen gehalten und dieser Vorgang noch weitere 7mal wiederholt, wobei die Galvanometerausschläge sowohl bei Belichtung, als auch bei der Verdunkelung abgelesen wurden. Die Messungen begannen bei der kürzesten Wellenlänge, die noch gerade einen Ausschlag ergab, sodann wurde das Spektrum in den 14 übrigen Stellungen untersucht und nach Durchlaufen desselben vom infraroten Bereiche aus noch einmal wieder zu den kurzen Wellenlängen zurückgemessen. Derart beruhen, soweit nicht, wie etwa bei α Ori und α CMa, schon einige wenige Ausschläge genügten, die Ergebnisse für eine Wellenlänge (s. Tab. 8) im allgemeinen auf 16 Einzelwerten.

Die Untersuchungen beschränkten sich auf nur vier Nächte, die beiden mittleren hatten ungünstige Luftverhältnisse und zeigten unbefriedigende Ergebnisse. Die erste und die vierte Nacht waren sehr klar, doch arbeitete in der ersten Nacht die Apparatur nicht ganz zuverlässig. Immerhin konnten für α Ori, β Ori, α Lyr, α CMa, α CMi, α Aur, α Tau, β Peg einigermaßen verwendbare prismatische Energiekurven abgeleitet werden. Zur Reduktion der Beobachtungen auf Wellenlängen und zur Berücksichtigung der atmosphärischen Extinktion benutzte ABBOT die Ergebnisse seiner früheren Arbeit auf dem Mt. Wilson[1], wobei die durchlaufene Luftmasse bei allen Sternen zu 1,3 angenommen wurde. Die Energieverteilung im Normalspektrum außerhalb der Atmosphäre hat man folgendermaßen ermittelt: Vorerst wurden die früher am 100-Zöller gewonnenen Sonnenbeobachtungen (s. Ziff. 35), reduziert auf Luftmasse 1,3, mit den 1920 ermittelten Werten (Ziff. 14) der extraterrestrischen Energieverteilung im Sonnenspektrum verglichen. Mit Hilfe dieser Reduktionsfaktoren, die im übrigen noch ausgeglichen wurden, sind dann die beobachteten Energieverteilungen in den Sternspektren in extraterrestrische Energiekurven verwandelt worden (Tab. 9). Dem hier gewählten Umweg, bei welchem Messungen

Tabelle 9. Radiometermessungen. Koordinaten der extraterrestrischen Energiekurve des Normalspektrums der 10 Sterne.
(Erste Versuche ABBOTS aus dem Jahre 1923.)

Wellenlänge λ	4370	4720	5200	5890	7000	9050	13160	17510	22240
Sonne . . .	490	310	573	466	388	223	106	55	16
β Ori		0(?)	469	226	125	123	0(?)		
α Lyr. . . .		1432	1440	602	173				
α CMa . . .			1776	1448	1114	443	177	82	35
α CMi . . .				113	365	156	75	101	38
α Aur . . .			703	470	298	303	152	63	15
α Tau . . .				56	374	508	405	277	95
β Peg. . . .				75	144	205	167	132	72
α Ori				378	614	1132	1202	918	407
α Her . . .				0(?)	278	307	537	498	140

an der Sonne und an Sternen aus verschiedenen Jahren zur Lösung der an und für sich so schwierigen Extrapolationsaufgabe aufeinander bezogen werden, kann nicht voll beigepflichtet werden. Der Zweifel ist wohl berechtigt, ob nunmehr tatsächlich extraterrestrische Energieverteilungen vorliegen. Sieht man davon ab, daß es sich um Absolutwerte handeln soll, so sind die Ergebnisse als nennenswerter Fortschritt gegenüber den bolometrischen Untersuchungen von größter Bedeutung. Die erhöhte Meßgenauigkeit gestattet nun auch, die relativen Verhältnisse der Energiekurven von Sternen verschiedener Spektralklasse schon besser zu erkennen; am deutlichsten, wenn man wieder auf die ursprüng-

[1] Tabelle 16 bzw. 17 in Smithson Ann 2, S. 105 u. 110 (1908).

lichen prismatischen Energiekurven zurückgeht, wie sie in Abb. 43 wiedergegeben sind. Die mit dem Radiometer gewonnenen Energiekurven lassen sich durch die PLANCKsche Formel in Farbtemperaturen überführen. ABBOT hat seine Ergebnisse an die spektralphotometrischen Wertereihen, die ROSENBERG[1] im photographischen Bereiche, WILSING, SCHEINER und MÜNCH[2] im visuellen Bereiche erhalten haben, angeschlossen. Nach Daten, die sich für die gemeinsamen Spektralbezirke ergeben, ist der Anschluß befriedigend ausgefallen. Die

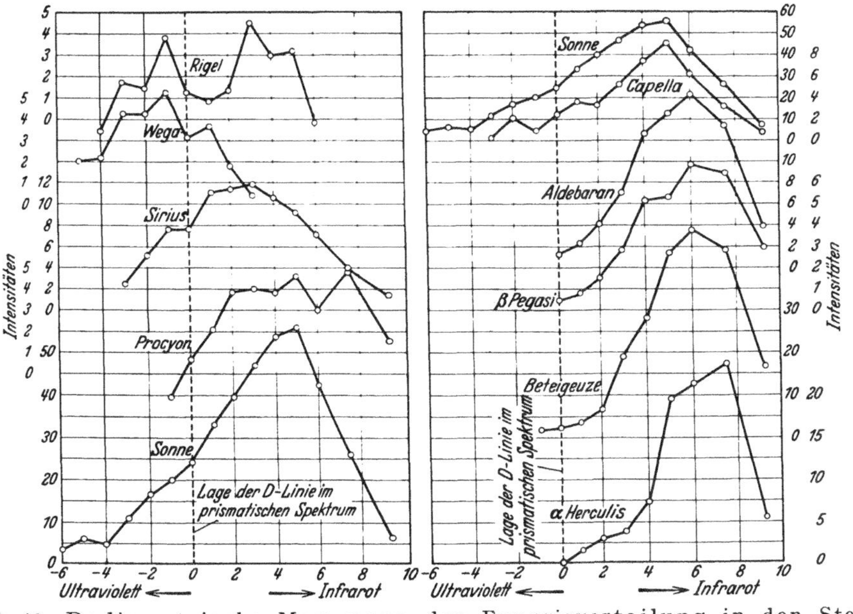

Abb. 43. Radiometrische Messungen der Energieverteilung in den Sternspektren. Prismatische Energiekurven nach den ersten Mt. Wilson-Versuchen des Jahres 1923. [Ap J 60 (1924).]

derart aus den radiometrischen Untersuchungen des Jahres 1924 folgenden Farbtemperaturen sind bei A. BRILL[3] in der Tabelle 5 unter dem Kopf „ABBOT" wiedergegeben.

37. Die neuen Radiometermessungen von C. G. ABBOT. Die in der vorhergehenden Ziffer genannten, 1923 auf dem Mt. Wilson vorgenommenen Untersuchungen haben noch keine zufriedenstellenden Ergebnisse erzielen lassen, die gewählte Anordnung war aber an und für sich erfolgversprechend, sobald eine Steigerung der Empfindlichkeit des Radiometers und eine Verbesserung des Meßvorganges selbst durchführbar erschien. Im Jahre 1926 wurde von ABBOT ein neues Radiometer konstruiert[4], das bereits höhere Empfindlichkeit besaß. Hier sind die Radiometerflügel aus Glimmer durch Flügel der Hausfliege ersetzt worden, deren Distanz nur 1 mm betrug. Auch der Spiegel wurde verkleinert und leichter gemacht. Er besteht nunmehr aus einem Mikroskopdeckgläschen von 1 mm² Fläche. Eine Prüfung des neuen Instrumentes an α Ori

[1] Abh d Kais Leop-Carol Dtsch Akad d Naturf Nova Acta Halle 1914, 101, Nr. 2.
[2] Potsdam Publ Nr 74 (1919); s. auch ds. Handb. Beiträge von A. BRILL, II/1, Kap. 2, W. E. BERNHEIMER, IV, Kap. 1.
[3] Ds. Handb. V/1, Kap. 3, S. 150 (1932).
[4] Ap J 69, S. 293 (1929); Smithson Ann 5, S. 38, 47 u. 97 (1932).

ergab wesentlich gesteigerte Empfindlichkeit. Es zeigte sich jedoch, daß die Ausschläge sehr unbestimmt waren, da die Luft unter dem für den Radiometereffekt erforderlichen Drucke eine zu starke Dämpfung verursachte. Es wurde daher 1927 eine Abänderung vorgenommen dahingehend, daß die Füllung nunmehr auf Grund eines Vorschlages von ANDERSON mit Wasserstoff erfolgte. Das neue Radiometer hatte einen Flügelabstand von 1,2, in einem zweiten Exemplar von 2,0 mm, jeder Flügel war 1 mm hoch und 0,4 mm breit. Eichungen der Radiometer an einem Bolometer ergaben, daß die wasserstoffgefüllten Instrumente wohl einen etwas geringeren Radiometereffekt zeigten als die luftgefüllten, daß aber anderseits dieser Nachteil ganz wesentlich durch eine Verringerung der Dämpfung ausgeglichen wurde. Der Gewinn in den Ausschlägen ist nunmehr ungefähr auf das 10fache gestiegen.

Jeder Radiometerflügel bestand aus drei Fliegenflügeln, deren vorderster geschwärzt war und deren gegenseitiger Abstand nur 0,1 mm betrug. Das Gesamtgewicht belief sich auf 0,035 mg. Dazu kam noch eine Verbindungsglasfaser von 0,023 mg. Diese war an einem 10 cm langen Quarzfaden befestigt

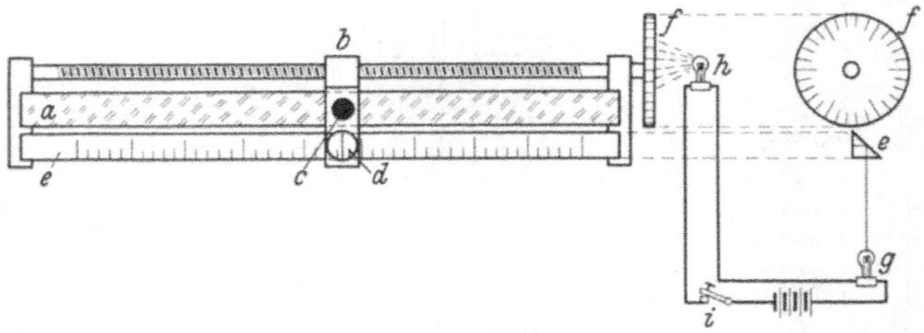

Abb. 44. Verfeinerte Vorrichtung zur Skalenablesung bei den zweiten radiometrischen Versuchen von 1928 auf der Mt. Wilson-Sternwarte. [Ap J 69 (1929).]

(Gewicht 0,700 mg). Das geschliffene, polierte und mit Platin überzogene Spiegelchen hatte ein Gewicht von 0,180 mg und befand sich am Quarzfaden 3 cm oberhalb des Flügelsystems. Die Befestigung der Flügel und des Spiegelchens wurde mit Bienenwachs bewerkstelligt. Wie aus den genannten Zahlen hervorgeht, war es also gelungen, das Gesamtgewicht der wesentlichsten Teile des Instrumentes auf 0,938 mg herabzusetzen. Das ganze Radiometersystem ruhte schließlich in einem Quarzröhrchen, das nach erfolgter Evakuierung unter 0,23 mm Druck mit Wasserstoff gefüllt wurde. Während der Füllung war eine Schwingungsdauer von 12^s erreicht. Dieser Betrag konnte jedoch nicht erhalten werden. Nach mehrfachen Versuchen war es schließlich gelungen, eine sich gleichbleibende Schwingungsdauer von $1^s,5$ zu erreichen. Prinzipiell scheint es jedoch möglich zu sein, mit dieser Apparatur größere Schwingungsdauern zu erreichen, falls es gelingen sollte, offenbare elektrostatische Störungen zu eliminieren. Bei den Messungen, die 1928 am Himmel vorgenommen wurden[1], betrug bei einer Entfernung der Skala von 6 m der an der Skala abgelesene mittlere Ausschlag 0,6 mm. Als größter Ausschlag wurden 6,5 mm festgestellt. Der ganze Erfolg der Versuche beruhte auf einer sinnreich gewählten Vorrichtung, diese kleinen Ausschläge auf der Meßskala mit nennenswerter Genauigkeit ablesen zu können. Das Licht einer 100-Watt-Lampe fällt durch mehrere Blendöffnungen und eine langbrennweitige Linse auf den kleinen Radiometerspiegel, der sich 5 m weit von der Lampe befindet. Von dort wird er mittels einer horizontalen Zylinderlinse auf eine 6 m entfernte Glasplatte *a* geworfen, die keine Einteilung besitzt (s. Abb. 44).

[1] Ap J 69, S. 293 (1929).

Die eigentliche Skala e befindet sich unterhalb der Glasplatte und ist mit ihr durch einen gemeinsamen Rahmen fest verbunden. Auf der Glasplatte erscheint dann ein Lichtfleck von etwa 1 cm Durchmesser. Mittels des Kopfes der Schraube f wird nun der kleine Schlitten b bewegt, der das Fadenkreuz d trägt. c ist ein runder Kork, dessen Größe so abgestimmt ist, daß er den Lichtfleck auf der Platte a abdeckt und nur einen schwachen Schimmer übrigläßt. Der Beobachter an der Skala kann nun praktisch in völliger Dunkelheit arbeiten. Er dreht so lange die Schraube, bis die Helligkeit rechts und links von der Korkblende gleich geworden ist. Nun drückt er auf den Schalter i, die Skala e ist auf einen Augenblick beleuchtet, und die Stellung des Fadenkreuzes sowie die Schraubenstellung können abgelesen werden. Die Ganghöhe der Schraube betrug 3 mm, demnach waren 0,03 mm direkt abzulesen und 0,003 mm noch zu schätzen. Diese Vorrichtung, die in Abb. 44 schematisch wiedergegeben ist, hat sich sehr bewährt und ermöglichte den w.F. einer Einzelmessung auf 0,06 mm herabzusetzen.

Die optische Anordnung (s. Abb. 45) war ähnlich wie bei den früheren Versuchen (s. Ziff. 34 u. 36). Die Strahlen kamen vom Coudé-Fokus des 100 Zöllers (e in Abb. 40) durch eine Blende von 3 mm Öffnung auf den konkaven 50-cm-Spiegel E (1 m Brennweite), der in 16 m Distanz in dem Raume konstanter Temperatur aufgestellt war. Der weitere Strahlenweg führte auf den konvexen 10 cm-Spiegel F und von hier durch eine Ausbohrung in E auf das 60°-Flintglasprisma G. Nach Passieren des Prismas bewirkt der ebene Spiegel H eine Reflexion nach unten auf den konvexen Spiegel I. Nach nochmaliger Reflexion auf einem kleinen ebenen Spiegel gelangt endlich die Sternstrahlung auf den Flügel des Radiometers J. Bei den Beobachtungen von Mars und Jupiter ist nur ein kleiner zentraler Teil der Strahlung der Planetenscheibe von der genannten Blende durchgelassen worden, bei den Fixsternen dagegen war die Breite des Spektrums kaum größer als die halbe Breite der Radiometerflügel.

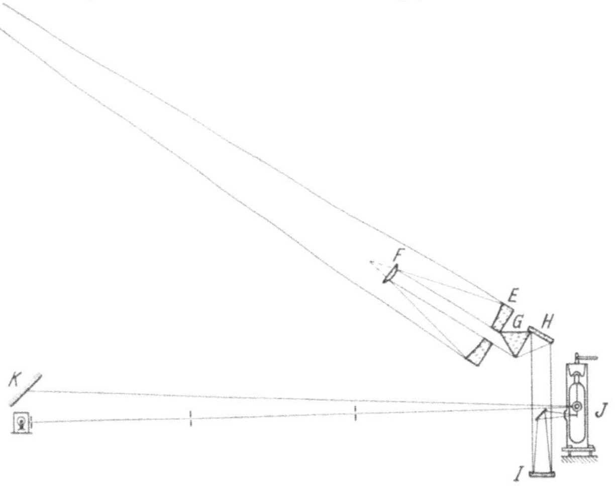

Abb. 45. Radiometrische Messungen der Energieverteilung in den Sternspektren. Die instrumentelle Anordnung am 100 Zöller der Mt. Wilson-Sternwarte bei den zweiten 1928 vorgenommenen Versuchen (ABBOT, ADAMS, BEBEE und NELSON). [Ap J 69 (1929).]

Die außerordentlich sinnreiche Anordnung der ganzen Apparatur hatte einen wesentlichen Nachteil: Die Strahlung wurde durch acht versilberte Spiegel, zwei Prismenflächen und vier Flächen zweier Quarzplatten beeinträchtigt. Der Energieverlust machte bei den gelben Strahlen etwa 75%, bei den kurzwelligen Strahlen noch wesentlich mehr aus. Nennenswert einfacher ist dies bei den Untersuchungen von PETTIT und NICHOLSON gewesen, wo nahe dem Fokus des Hooker-Spiegels mit der Thermosäule gearbeitet werden konnte (s. Ziff. 33), in welchem Falle der Energieverlust nur die Hälfte betragen hat. Man kann sich aber kaum vorstellen, daß bei einer Wiederholung der Versuche mit dem Radiometer eine günstigere Anordnung zu treffen wäre, da ja das Radiometer in einem eigenen Raum aufgestellt sein soll, der womöglich auf konstanter Temperatur zu erhalten ist.

Zur Reduktion der prismatischen Energiekurve auf das Normalspektrum, das auch die Berücksichtigung der Absorption der Strahlung in der instrumentellen Anordnung sowie in der Erdatmosphäre in sich schließen sollte, wurde auf die 1923 (Ziff. 36) ermittelten Reduktionsfaktoren zurückgegriffen, jedoch hat man bei den Versuchen von 1928 leider versäumt, neuerlich direkte Vergleichungen mit der Energiekurve der Sonne vorzunehmen. Es wurden nur die prismatischen Energiekurven der 1928 untersuchten Sterne mit jenen von 1923 verglichen. Nennenswerte Abweichungen ergaben sich hier vor allem im infraroten Gebiete; sie sind nach ABBOT infolge des Austausches der Glimmerflügel durch die Fliegenflügel im Radiometer hervorgerufen worden. So mußten neue Reduktionsfaktoren abgeleitet werden, die sodann mit den Reduktionsfaktoren von 1923 für den Übergang auf das Normalspektrum kombiniert wurden. Es ist aus den in der Veröffentlichung mitgeteilten Daten nicht ohne weiteres zu entnehmen, ob man auf diese Weise auch wirklich extraterrestrische Werte gewonnen hat. Immer-

Tabelle 10. Radiometermessungen. Koordinaten der extraterrestrischen Energiekurve des Normalspektrums.

(Zweite Versuche ABBOTS aus 1928. Es bedeuten A 1928 August 25; B August 26 und C 1928 September 13.)

Orientierung d. prism. Spektrums		−6	−4	−2	0	+2	+4	+6	+7½	+9½
Wellenlänge λ		4370	4720	5200	5890	7000	9050	13160	17510	22240
β Ori	C	990	1140	584	233	89	21			
α Lyr	B	1355	446	334	644	287	91	77	29	
	C	990	642	367	377	267	105	17		
α Cyg	A		502	434	455	277	121	86		
	C		363	267	266	297	206	172		
α Aql	B	616	474	267	355	247	121	17		
α CMi	C		139	167	277	436	149	17		
α Per	B			234	189	267	231	159	43	
	C			184	244	228	177	73	38	
γ Cyg	C		390	434	244	208	149	125	60	8
α Aur	A		28	284	388	455	369	202	119	37
Mars	C			317	366	337	256	206	41	
Jupiter	B			134	178	238	241	95	6	
β Cet	A				155	297	263		35	
	B				166	198	298	116	43	
γ Aql	B				33	109	199	168	93	10
α Boo	A				200	228	376	404	183	56
α Tau	A				255	238	461	456	345	124
α Ori	A				311	485	844	1010	597	172
β And	A				189	228	312	189	104	65
	B				155	257	177	202	104	29
β Peg	A				89	218	241	176	145	80
δ Sag	A				111	99	312	120	171	32
	B				144	168	170	150	128	12
α Her	A				233	406	369	417	348	83
	B				166	257	334	387	342	163
o Cet	A				166	287	220	331	299	107
	B				67	337	319	396	194	61
	C				144	188	192	185	116	26
	C[1]				288	376	383	370	232	51

[1] Doppelte Werte der Daten der vorhergehenden Messung desselben Tages.

hin sind die in Tabelle 10 wiedergegebenen endgültigen Ergebnisse, wenn sie auch nur auf Beobachtungen dreier Nächte beruhen, von großem Interesse, da sie für Mars, Jupiter und eine ganze Reihe von Fixsternen wenigstens den Charakter der Energieverteilung im Spektrum erkennen lassen und auch relative Vergleichungen ermöglichen. Die Ergebnisse von 1928 und 1923 weichen voneinander durchschnittlich um 20% ab. Der w.F. einer Beobachtung wird zu $\pm 12\%$ veranschlagt. Nach H. KIENLE[1], der die Möglichkeiten künftiger Radiometermessungen behandelt, wäre für den Fall, daß man sich mit einer mittleren Genauigkeit von 10% begnügen wollte, als Auffangfläche mindestens ein 3,5 m-Spiegel nötig. Auch ABBOT ist sich der Unvollkommenheit der Messungen von 1928 voll bewußt. Für zukünftige Untersuchungen hält er eine 10mal größere Empfindlichkeit des Radiometers für erforderlich, empfiehlt auch den Messungsbereich sowohl weiter nach langen als auch nach kurzen Wellen hin auszudehnen, ferner eine kontinuierliche Registrierung des Spektrums vorzunehmen, um den Charakter der Kurven besser studieren zu können und, was hier am wichtigsten ist, einen schärferen Anschluß an eine Standard-Energiekurve zu gewinnen. Wenn auch seit 1928 keine neuen Versuche mehr angestellt wurden, so ist doch der von ABBOT gewiesene Weg prinzipiell gangbar, und man muß hoffen, daß man in naher Zukunft auch zu zuverlässigen absoluten Energiemessungen in den Sternspektren gelangen wird.

l) Möglichkeiten verfeinerter Apparate für künftige Strahlungsmessungen der Himmelskörper.

38. Neueste Pyrheliometertypen. Die gebräuchlichsten Pyrheliometer zeigen noch immer gewisse Nachteile, von denen auch das Silver-Disk-Pyrheliometer nicht frei ist. Als Hauptnachteil kann der Umstand bezeichnet werden, daß bei jeder Sonnenstrahlungsmessung zugleich ein nennenswerter Teil der Sonnenumgebung mitgemessen wird, also stets Himmelsstrahlung additiv wirksam ist. Zwei weitere Nachteile liegen in der verhältnismäßig langsamen Wirkungsweise des Apparates und in dem zweifellos vorhandenen Auftreten einer störenden persönlichen Gleichung. Diese Schwierigkeiten sind auch den Smithsonian-Beobachtern nicht entgangen. In der jüngsten Veröffentlichung des Astrophysikalischen Observatoriums[2] gibt nun ABBOT die Beschreibung eines neuen Instrumentes, das die genannten Fehlerquellen zu vermeiden sucht. Beobachtungsergebnisse liegen bisher noch nicht vor.

Das Prinzipielle der Neukonstruktion liegt in einem Kompensationssystem mit kleinstmöglichen Empfängeröffnungen. Die Sonnenstrahlung kann wahlweise in das System *I* und *II* geleitet werden, je nachdem der Verschluß *H* (Abb. 46) auf den Tubus *B* oder *B'* gedreht wird. In einem Holzgehäuse liegen die Empfängerkammern *D* und *D'*, eingebettet in einen gemeinsamen Kupferblock. Nach Passieren der Quarzlinsen *C* und *C'*, die aus je zwei aneinandergekitteten Plankonvexlinsen bestehen, gelangen die Sonnenstrahlen durch kleine Öffnungen des Kupferblockes in die Kammern *D* und *D'* und zugleich in die inneren Kammern *E* und *E'*, das eigentliche Meßgerät mit dem Bolometerstreifen. Diese Hauptkammern *E* und *E'* sind nach außen hin durch dünne Quarzfenster luftdicht abgeschlossen, die Innenwände der Kammern mit Zinn ausgeschlagen und vollkommen geschwärzt. Die Widerstandsstreifen *F* und *F'* sind aus Manganin hergestellt, ebenfalls geschwärzt und, wie aus der Abb. 46 hervorgeht, spiralförmig angeordnet. Die Zuführungsleitungen führen auf den Wahlschalter *I*, der mit einer Stromquelle in Verbindung steht. Die

[1] Naturwiss 18, S. 96 (1930). [2] Smithson Ann 5, S. 89 (1932).

Kammern D und D' sind mittels Röhren an ein Manometer angeschlossen. Es wird vorgesorgt, daß sie vor Beginn der Beobachtung unter gleichem Druck stehen.

Wird nun eines der beiden Pyrheliometersysteme der Sonnenstrahlung ausgesetzt, so erfolgt einerseits eine Absorption der Strahlung am Meßstreifen, andererseits aber auch noch eine Reflexion an den Wänden der inneren Kammer. Letztere bewirkt eine Erwärmung der Luft in der Kammer und damit eine am Manometer erkennbare Störung des Gleichgewichtes. Nun tritt die Kompensationseinrichtung in Wirksamkeit. Man erwärmt das zweite System so lange durch Stromzufuhr, bis das Manometer wieder in die Ruhelage zurückkehrt. Bei einer vollständigen Beobachtungsserie wird zuerst die Sonnenstrahlung in das System *I* geleitet und der elektrische Strom in das System *II*, dann umgeschaltet auf System *II* bzw. *I* und dieser Vorgang mehrfach wiederholt. Der Meßvorgang dieser Apparatur besteht demnach darin, die Wärmestrahlung der Sonne im Kompensationswege durch elektrische Erwärmung eines Zwillingssystems zu ermitteln.

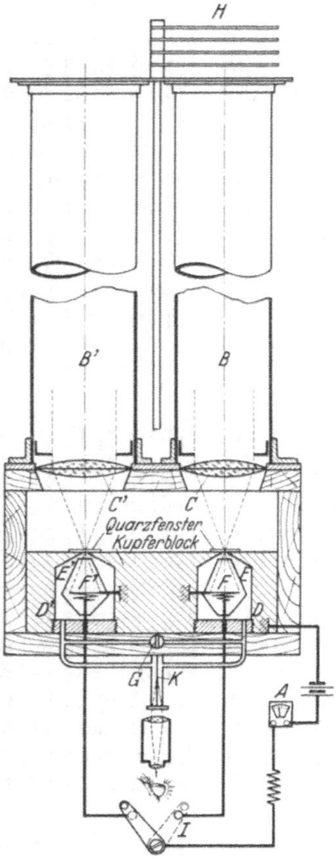

Abb. 46. Schematische Skizze eines neuen Pyrheliometertypus. Zwillingssystem nach dem Kompensationsprinzip (Entwurf von C. G. ABBOT). [Smithson Ann 5 (1932).]

Wie erwähnt, stehen Anwendungsergebnisse noch aus. Zweifellos hat die Methode einen objektiven Charakter und gestattet auch eine rasche Durchführung einer Messungsserie. Inwieweit auch die Forderung nach Ausschaltung des Himmelslichtes erfüllt ist, die durch die schmale Eintrittsöffnung der Kammern E und E' angestrebt wird, kann vor der praktischen Erprobung nicht entschieden werden. Es sei noch bemerkt, daß das Instrument als Absolutinstrument zur Eichung anderer Apparate dienen könnte, sobald es gelingt, den Energieverlust in den Quarzlinsen und Quarzfenstern verläßlich zu ermitteln.

39. Verbesserte Absolut-Pyrheliometer. Das Water-Flow-Pyrheliometer (s. Ziff. 8), wie es von den Beobachtern des Smithsonian-Observatoriums verwendet wurde, hat neben seinen unleugbaren Vorzügen den Nachteil, daß bei Messungen der Sonnenstrahlung, die mit diesem Instrument vorgenommen wurden, vielfach unliebsame Schwankungen in den Galvanometerausschlägen aufgetreten waren. Diese Unregelmäßigkeiten setzen die Meßgenauigkeit unnötig herab. Die Ursache der Schwankungen liegt, wie oftmals festzustellen war, in Veränderungen der Geschwindigkeit der Wasserbewegung und in den Temperaturschwankungen des Wassers. V. M. SHULGIN[1] macht zur Behebung dieses Übelstandes den Vorschlag, das Pyrheliometer als Kompensationsinstrument zu bauen und den Wasserstrom in ein Zwillingssystem zu leiten. Statt mit Ausschlägen wird mit einer Nullmethode gearbeitet und die Einwirkung der

[1] M Weather Rev August 1927.

Sonnenstrahlung in einer Kammer durch elektrische Erwärmung der zweiten Kammer kompensiert. Dergestalt erreicht man, daß alle Schwankungen des Wasserstromes und der Wassertemperatur ausgeglichen werden. Es sind demnach hier ähnliche Prinzipien angewendet wie bei dem in der vorigen Ziffer beschriebenen neuen Pyrheliometer.

Die Vorschläge von SHULGIN sind einige Jahre später von ABBOT und ALDRICH im allgemeinen übernommen worden und führten zu einer verbesserten Konstruktion, dem sog. Water-Flow-Pyrheliometer Nr. 5. Das in Ziff. 8 beschriebene Instrument Water-Flow-Pyrheliometer Nr. 3 wurde hierzu herangezogen und von A. KRAMER zu einem Zwillingsinstrument umgebaut. Es ruhen nunmehr beide Systeme in einem gemeinsamen metallischen Behälter. Für beide Kammern ist ein gemeinsamer Zufluß des Wasserstromes vorgesehen, durch sorgfältig gewählte Einrichtungen eine ständige und rasche Zirkulation des Wassers gewährleistet. Eine Thermosäule, bestehend aus acht in Serie geschalteten Nickel-Platin-Thermoelementen, dient zur Feststellung der Temperaturgleichheit des aus beiden Kammern ausfließenden Wassers. Die besten Resultate[1] ergeben sich bei einem Wasserstrom von 45 cm^3/min in jedem Systeme. Ohne elektrische Kompensation zeigte das Galvanometer bei Belichtung eines Systems des Pyrheliometers Nr. 5 einen Ausschlag auf der Skala von 90 mm. Bemerkenswerterweise überschritt die Unruhe des Galvanometers niemals den Betrag von 0,1 mm, demnach sind die zufälligen Schwankungen von der Größenordnung $1 \cdot 10^{-3}$ des Ausschlages. Dieses Instrument stellt daher eine ganz wesentliche Verbesserung des Standard-Pyrheliometers dar.

Bei den Beobachtungen wurde die Nullage des Galvanometerausschlages festgelegt, sobald beide Systeme gleichzeitig der Sonnenstrahlung ausgesetzt waren. Die zwischen den beiden Systemen dann noch vorhandenen Differenzen erreichen nur selten 1%. Belichtet wurde während 2 Minuten. Diese Zeit war erforderlich, um den vollen Effekt der Sonnenstrahlung in dem einen Systeme zu erzielen. Die gleichzeitige elektrische Erwärmung des zweiten Systems macht sich am Thermoelement natürlich rascher fühlbar. Wenn nach 2 Minuten in beiden Systemen der volle Effekt erzielt war, erfolgte, in ähnlicher Weise wie in der vorigen Ziffer auseinandergesetzt, der Wechsel der beiden Systeme. Es ist klar, daß die Genauigkeit der mit diesem Instrument gemessenen Strahlungsintensität infolge der gewählten Kompensationsanordnung von der Temperatur des Wassers und von der Geschwindigkeit des Wasserstromes unabhängig ist.

Ungefähr zur selben Zeit wurde im Auftrage der Physikalisch-Technischen Reichsanstalt in Berlin nach Angaben von C. TINGWALDT[2] ein neues Pyrheliometer für Absolutmessungen konstruiert, das auf ähnliche Prinzipien gegründet ist wie das eben beschriebene ABBOTsche Instrument. Es dürfte ihm allem Anschein nach zumindest gleichwertig sein. Auch der TINGWALDTsche Apparat, den man am ehesten als Kompensations-Water-Stir-Pyrheliometer bezeichnen kann, ist ein Zwillingssystem, das als Nullinstrument arbeitet. Die identische Anordnung der beiden Meßkörper ist aus der schematischen Skizze der Abb. 47 ersichtlich. Die Ansatzrohre, durch welche die Strahlung die beiden Meßkörper erreicht (in der Abbildung ist nur ihr unterster Teil wiedergegeben), sind außen vernickelt und innen geschwärzt. Sie haben eine Länge von 270 mm und einen Durchmesser von 45 mm und besitzen in ähnlicher Weise wie das Water-Flow-Pyrheliometer (s. Ziff. 10) eine Anzahl von außen nach innen zu immer kleiner werdenden geschwärzten Diaphragmen zur Ausblendung der zu messenden Sonnenstrahlen. Die dem Meßkörper nächstgelegene Blende hat eine Öffnung von 25 mm.

[1] C. G. ABBOT u. L. B. ALDRICH, Smithson Misc Coll 87, Nr. 15 (1932).

[2] Z f Instrk 51, S. 593 (1931).

Die Kalorimetergefäße, in einem Dewar-Gefäß eingebettet, sind aus Messing und haben eine Länge von 87 mm und einen Durchmesser von 44 mm. Sie sind thermisch isoliert, zudem von einem Kupfermantel umhüllt. Innerhalb der Kalorimetergefäße ruhen die eigentlichen Meßkörper, geschwärzte zylindrische Gefäße von 29 mm Durchmesser und 75 mm Länge. In gleicher Weise wie bei den Smithsonian-Instrumenten ist das nach unten konisch verlaufende, aus Kupferblech bestehende Ende der direkte Strahlungsempfänger. Der frei gelassene Raum zwischen Meßkörper und Wandung der Kalorimetergefäße ist wasserumflossen

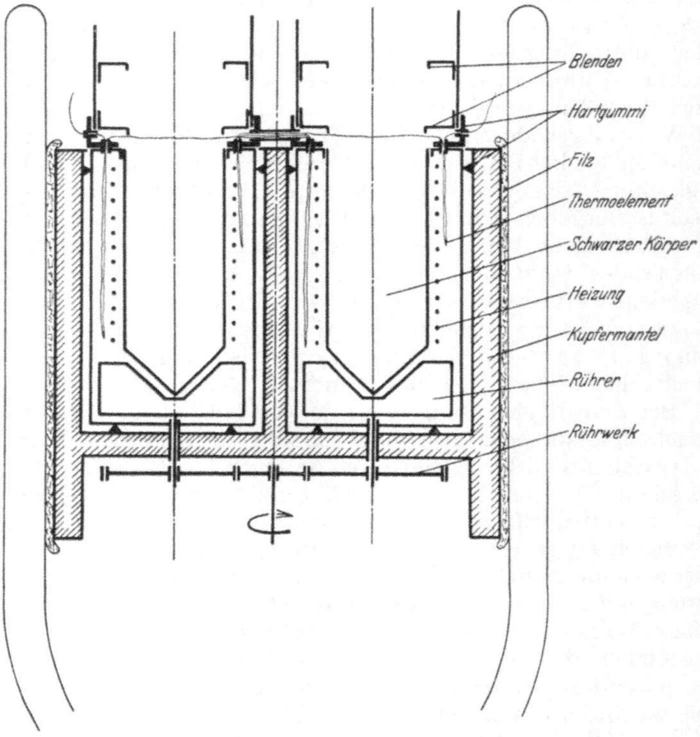

Abb. 47. Das neue Absolutinstrument der Phys.-Techn. Reichsanstalt (C. TINGWALDT) zur Messung der Gesamtstrahlung der Sonne. Schematisches Bild der zentralen Teile dieses verbesserten „Water-Stir"-Pyrheliometers. [Z f Instrk 51 (1931).]

und enthält die Heizspule aus Konstantan, in flachen Messingröhrchen geschützt, sowie Glasröhrchen mit den Thermosäulen der Kombination Kupfer-Konstantan. Zur Aufrechterhaltung einer gleichmäßigen Wassertemperatur wird die Flüssigkeit durch zahnradgetriebene, schaufelartige Rührer in gleichmäßige Bewegung versetzt.

Die Wirkungsweise der Apparatur ist dieselbe wie bei der Smithsonian-Konstruktion. Die Sonnenstrahlung fällt auf den Empfänger, die im Meßkörper absorbierte Wärme überträgt sich auf den wassererfüllten Zwischenraum des Kalorimeters, und die Thermosäule zeigt am Galvanometer einen Temperaturanstieg an. Nun wird im Zwillingssystem die Konstantanspule so lange elektrisch geheizt, bis die Temperaturdifferenz wieder ausgeglichen ist (Nullmethode). Die eingestrahlte Sonnenenergie kann dann der elektrisch zugeführten Energie gleichgesetzt werden Bei geeigneter Wahl des Galvanometers ist die Sonnenstrahlung mit diesem Instrument ohne weiteres auf 1% zu ermitteln. Die Genauigkeit ist demnach zumindest von gleicher Größenordnung, wie bei dem in dieser Ziffer genannten verbesserten Water-Flow-Pyrheliometer von ABBOT.

Direkte Vergleichungen mit den Smithsonian-Instrumenten sind bisher noch nicht veröffentlicht, dagegen Simultanmessungen mit dem K. ÅNGSTRÖMschen Standard-Pyrheliometer[1] (s. Ziff. 9). Im Mittel ergab sich das Verhältnis ÅNGSTRÖM/TINGWALDT zu 1,018. Da man andererseits die mit dem ÅNGSTRÖMschen Instrument gewonnenen Werte noch mit dem Faktor 1,035 zu multiplizieren hat, um das System der „Smithsonian Revised 1913 Absolute Scale“ zu erhalten, so ergibt sich, daß die Smithsonian-Skala gegenüber der TINGWALDTschen um 1,8% zu hoch oder die TINGWALDTsche um 1,8% zu niedrig ist. Zweifellos liegt der Fehler jedoch bei der Smithsonian-Skala. Es wurde nämlich auch mit dem beschriebenen verbesserten Water-Flow-Pyrheliometer Nr. 5 nach sorgfältigen Vergleichsmessungen von ABBOT[2] eine unabhängige neue Standardskala der Sonnenstrahlung aufgebaut, die sogar 2,5% unter der Smithsonian-Skala von 1913 gelegen ist. Die Korrektion ist also im selben Sinne wie bei TINGWALDT.

Berücksichtigt man die aus dem Water-Flow-Pyrheliometer Nr. 5 folgende Korrektion der Smithsonian-Skala bei dem Mittelwert der Solarkonstante 1,940 gcal $\mathrm{cm^{-2}\,min^{-1}}$ (s. Ziff. 20), so wäre nunmehr der richtige Wert

$$1{,}892\ \mathrm{gcal\,cm^{-2}\,min^{-1}} = 1{,}320 \cdot 10^{6}\ \mathrm{erg\,cm^{-2}\,sec^{-1}}.$$

Gewiß sind weitere Prüfungen der Absolutskala noch notwendig, immerhin erkennt man aber, daß die jüngsten Verbesserungen an der Apparatur der Standardinstrumente bisher als gesichert angesehene und grundlegende Werte der Sonnenstrahlung als zweifelhaft erscheinen lassen.

40. Moderne Formen von Thermoelementen. Unter den verschiedenen Typen moderner Thermoelemente haben in der letzten Zeit besonders die von J. H. MOLL[3] entwickelten Verbreitung gefunden. Sie zeichnen sich durch nennenswerte Empfindlichkeit und rasche Einstellung aus und vor allem durch den Umstand, daß der Empfänger sehr kleine, die „kalte“ Lötstelle jedoch maximale Wärmekapazität besitzt. Ein solches Thermoelement ist in Abb. 48 schematisch wiedergegeben. Es besteht aus zwei kupfernen Trägern *e* und *f*, auf denen bei *a* und *c* schmale Metallbändchen aufgelötet sind, das eine aus Konstantan, das andere aus Manganin. Ihre Dicke konnte durch ein besonderes Walzverfahren bis auf etwa $7 \cdot 10^{-3}$ mm herabgesetzt werden. Von derselben Dicke ist auch die gemeinsame Lötstelle *b*. Es kann sowohl die Lötstelle *b* als auch die ganze Länge des Bändchens der Strahlung ausgesetzt werden. Infolge der geringen Kapazität des Empfängers und der guten Wärmeleitung zwischen den Verbindungen der ganzen Apparatur ist das Wärmegleichgewicht sehr schnell erzielt. Diese Thermoelemente können zu Säulen vereinigt werden, die bei der großen Type für Strahlungsmessungen aus 80 Paaren bestehen. Günstige Ergebnisse werden auch mit der MOLLschen Mikro-Thermosäule, die in Abb. 49 wiedergegeben ist, erzielt. Sie besitzt einen Widerstand von 30 Ohm und zählt 18 Elemente, die in einem Kreis von nur 6 mm Durchmesser angeordnet sind. Um die Apparatur gegen Luftströmungen abzuschirmen, ist sie mit einem Flußspatfenster versehen. Diese Type ist neuer-

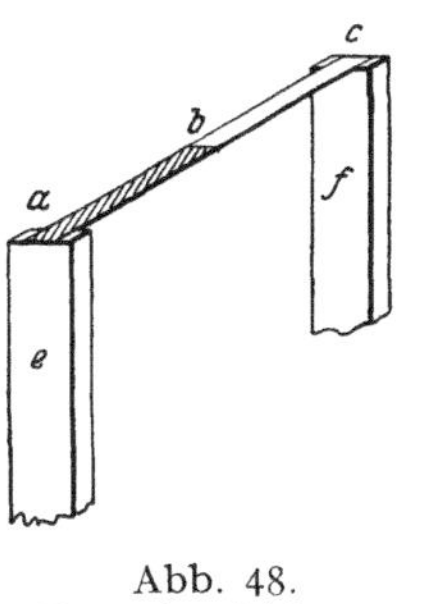

Abb. 48. Konstruktionsbild des MOLLschen Thermoelementes. *e* und *f* Kupferträger, *a* und *c* „kalte“ Lötstellen, *b* „warme“ Lötstellen (im übrigen siehe Text).

[1] Ann d Phys 67, S. 633 (1899). [2] Smithson Misc Coll 87, Nr. 15 (1932).
[3] Proc Phys Soc London 35, S. 5 (1923).

dings nach Angaben von MOLL und BURGER[1] auch als Vakuum-Thermoelement (s. Ziff. 30 u. 32) hergestellt worden (Abb. 50). Das Konstantan- und Manganinbändchen *A* bzw. *C* besitzt hier nur mehr eine Dicke von $1 \cdot 10^{-3}$ mm, dasselbe gilt auch für die Lötstelle *B*. Das Empfängerbändchen ist auf einer Seite geschwärzt und wird von zwei Metalldrähten getragen, die in einem stark evakuierten Glasröhrchen eingeschmolzen sind. Das Röhrchen ist außerdem in einer Metallröhre zwecks Wärmeschutz eingeschlossen. Die Strahlung fällt durch ein kleines Fensterchen aus UV-Glas oder Flußspat in der Metallröhre auf den Empfänger, ein zweites Fenster gestattet die bequeme Justierung des Apparates. MOLLsche Thermoelemente sind, abgesehen von ihrem häufigen Einbau in thermoelektrische Photometer, in der Astrophysik noch verhältnismäßig wenig verwendet worden. Hervorgehoben seien aber die guten Erfahrungen, die mit ihnen bei Sonnenstrahlungsmessungen von C. WIRTZ[2] in Gällivare und G. ARMELLINI und G. ANDRISSI[3] auf der Kapitol-Sternwarte gewonnen wurden.

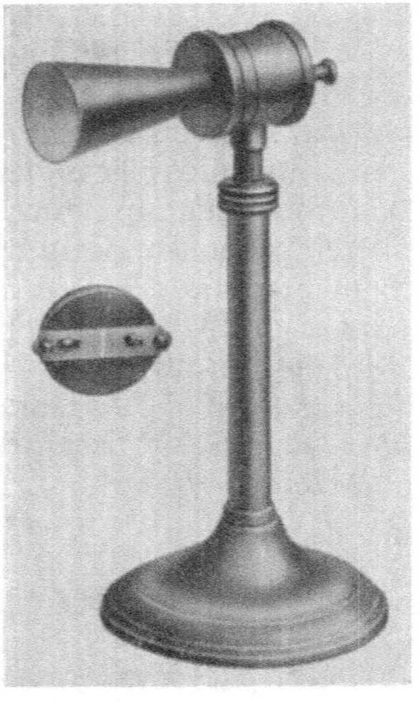

Abb. 49. Mikro-Thermosäule nach MOLL (Kipp und Zonen, Delft).

Das Pyrowerk Dr. R. HASE[4], Hannover[5] 97, hat sehr leistungsfähige Thermoelemente erzeugt, die für technische Verwendungszwecke noch in sog. Strahlungsrohre eingebaut werden. Die Elemente zeichnen sich sowohl durch geringe thermische Trägheit als auch durch bemerkenswerte Empfindlichkeit aus, was durch geringe Empfängerdimensionen und geeignete Metallkombinationen erreicht wird. Die vier wesentlichen Elementtypen, in Abb. 51 wiedergegeben, sind durchweg in Glasballons von 0,25 mm Wandstärke eingeschlossen, die entweder evakuiert oder gasgefüllt geliefert werden. Die Durchlässigkeit dieser Glasballons beträgt 89% für Strahlung der Wellenlänge 1 μ, 75% für 4 μ und 10% für 6—9 μ. Das geschwärzte Metallscheibchen des Empfängers hat einen Durchmesser von 3 mm und eine Dicke von nur $1 \cdot 10^{-3}$ mm. Es bildet gemeinsam mit einem wenige Millimeter langen, horizontal angeordneten Metallstäbchen die „warme" Lötstelle. Die andere Lötstelle liegt bereits im Strahlungsschatten, jedoch in unmittelbarer Nähe der ersten. Bei der Type N befindet sich die „kalte" Lötstelle an der Verbindung des Stäbchens mit der Durchführungselektrode, bei Type NS hinter einem durchbohrten 8 mm-Hohlspiegel, der hier zur Vergrößerung der wirksamen Auffangfläche angebracht ist. Bei der Type R liegt sie außerhalb des Glasballons. Hier besteht das Thermoelement aus dem Empfängerscheibchen, einem Halterahmen und drei weiteren dünnen Drähten, die die Lage des Scheibchens fixieren. Die Type KS schließlich ähnelt dem auf dem Mt. Wilson verwendeten Empfänger (s. Ziff. 32). Sie ist wie Type R angeordnet, besitzt aber zwei gegeneinandergeschaltete Empfänger-

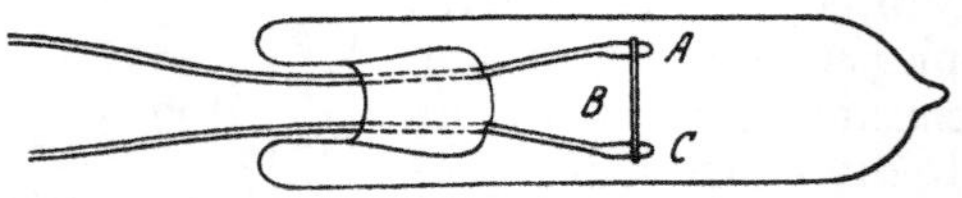

Abb. 50. Schematisches Bild des Vakuum-Thermoelementes nach MOLL (Kipp und Zonen, Delft).

[1] Phil Mag (6) 1, S. 618 (1925); Z f Phys 32, S. 575 (1925).
[2] Publ Kiel 17, S. 9 (1930). [3] Rom Campidoglio Contr 40 u. 41 (1933).
[4] Z f Phys 15, S, 52 (1932).
[5] Siehe H. KREFFT und M. PIRANI, Z f techn Phys 14, S. 393 (1933).

scheibchen, wodurch sekundäre Thermoeffekte kompensiert werden. Die Type R hat die relativ größte Trägheit (12 Sekunden), gegenüber 4 bis 5 Sekunden bei den anderen Typen. Die Widerstandswerte betragen für die vier verschiedenen Typen der Reihe nach 10, 15, 6 und 30 Ω.

Wie schon 1914 W. W. COBLENTZ[1] feststellen konnte (Ziff. 30), ist die hohe Strahlungsempfindlichkeit eines Thermoelementes weniger von der hohen Thermokraft des verwendeten Materials, als von der geringen Wärmekapazität des Empfängers abhängig. Diese Erkenntnis hat dahin geführt, daß man in erster Linie bestrebt war, das Gewicht und die Dicke des Empfängers immer mehr herabzusetzen. Zufolge der ersten Veröffentlichung von E. PETTIT und S. B. NICHOLSON aus 1922 (s. Ziff. 32) soll bei den von ihnen verwendeten Elementen die Empfängerdicke von der Größenordnung $1 \cdot 10^{-3}$ mm gewesen sein. 6 Jahre später[2] berichteten dieselben Autoren, daß ihre neue Thermoelemente

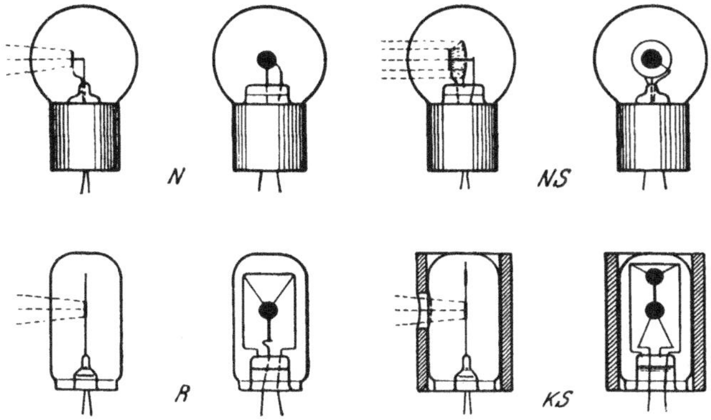

Abb. 51. Einige Typen der von R. HASE entwickelten Thermoelemente (Pyrowerke Hannover 97).

eine Empfängerdicke von $3 \cdot 10^{-2}$ mm besessen haben. Weshalb mit den Dimensionen wieder hinaufgegangen worden ist, womit auch eine Gewichtsvermehrung eines Empfängers von $3 \cdot 10^{-2}$ mg auf $1 \cdot 10^{-1}$ mg verbunden war, ist nicht verständlich. Jedenfalls ist es bei den in vorliegender Ziffer genannten modernen europäischen Typen gelungen, die Empfängerdicke auf $1 \cdot 10^{-3}$ mm herabzusetzen.

Durch die Arbeiten von C. MÜLLER[3] scheint es in jüngster Zeit sogar möglich geworden zu sein, in der Verfeinerung der Konstruktion noch wesentlich weiterzukommen und damit auch eine bemerkenswerte Empfindlichkeitssteigerung zu erzielen. Diese wird dadurch erreicht, daß durch ein neues Verfahren auf Löten und Auswalzen des Empfängermaterials verzichtet werden kann. Die Herstellung dieser Elemente — gewählt ist die Kombination von Konstantan mit Chromnickel — geht folgendermaßen vor sich: Ein elektrolytisch erzeugter Nickelstreifen kleinstmöglichen Durchmessers wird auf galvanischem Wege zu einer Hälfte mit Kupfer, zur anderen mit Chrom überzogen (s. Teil *a* von Abb. 52). Durch Ausglühen des ganzen Streifens bilden sich die Diffusionslegierungen Nickelkupfer (Konstantan) bzw. Chromnickel (Abb. 52b). Es zeigte sich, daß diese Diffusionslegierungen um so leichter durchführbar waren, je dünner die Schichten gewählt wurden. Ein weiterer Vorteil besteht darin, daß nach Angabe des Autors solche abschnittsweisen Legierungen am fertig montierten

[1] Bull Bur of Stand 11, S. 131 (1914). [2] Ap J 68, S. 279 (1928).
[3] Naturwiss 19, S. 416 (1931).

Feingebilde durchgeführt werden können. Auf diese Weise ist es gelungen, Thermoelemente zu erzeugen, deren Streifendicke nur mehr $1 \cdot 10^{-4}$ mm betrug. Auch das Gewicht des Empfängers erscheint ganz wesentlich herabgesetzt. Es beträgt bei der empfindlichsten MÜLLERschen Type O_6 $4 \cdot 10^{-4}$ mg. Nach Prüfungen von H. THEISSING erzielt man mit diesem Element und einer Hefnerlampe in 1 m Distanz, gemessen an einem ZERNIKE-Galvanometer Cz (5^s,3 Einstellzeit, 1 m Skalenabstand), pro mm² einen Ausschlag von 168 mm, das ist etwa

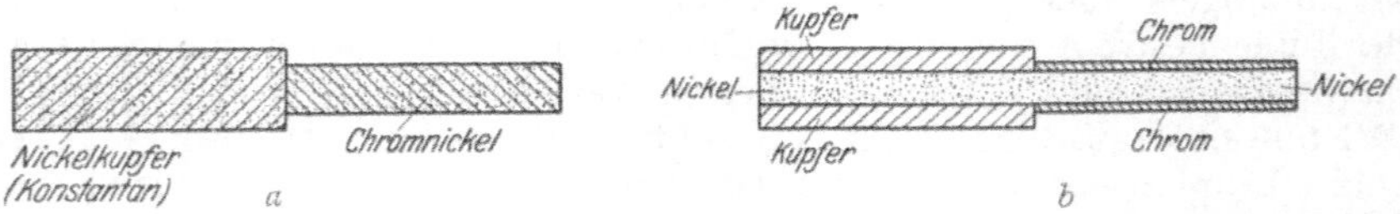

Abb. 52. Neue Mikrothermoelemente nach C. MÜLLER. Links (*a*): Schematisches Bild des Thermoelementes vor dem Ausglühen. Rechts (*b*): Schematisches Bild des Elementes mit den Diffusionslegierungen nach dem Ausglühen. [Naturwiss 19 (1931).]

um eine Zehnerpotenz mehr als beim hochempfindlichen MOLLschen Thermoelement, natürlich unter identischen Versuchsbedingungen. Die Ausschläge wären zweifellos noch größer gewesen, wenn, wie es bei den astrophysikalischen Anwendungen ja immer der Fall ist, die Strahlung nur auf die „warme" Lötstelle selbst vereinigt worden wäre. Soweit bekannt, sind die MÜLLERschen Thermoelemente in der Astrophysik, abgesehen von dem Einbau in ein Babelsberger Laboratoriums-Meßgerät, noch nicht verwendet worden, diesbezügliche Versuche dürften aber sehr aussichtsvoll sein.

41. Das Kampometer. Ein außerordentlich empfindlicher Empfänger zur Messung der Wärmestrahlung ist kürzlich von C. G. ABBOT[1] entwickelt worden, der entsprechend seiner Konstruktion und Wirkungsweise etwa zwischen dem Mikroradiometer (Ziff. 27) und dem Bimetall-Aktinometer (Ziff. 7) eingereiht werden könnte. Es wird „Kampometer" (nach dem griechischen „Biegung") genannt und verspricht die besten Thermoelemente und Radiometer an Empfindlichkeit zu erreichen, wenn nicht zu übertreffen. Astrophysikalische Anwendungen liegen bisher noch nicht vor.

Die Konstruktion der Meßanordnung sei im Zusammenhang mit Abb. 53 dargelegt. An einer Aufhängevorrichtung (in der Abbildung nicht gezeichnet) hängen aneinander zwei spiralig aufgerollte bimetallische Streifen *f* und *g* von entgegengesetztem Windungssinn. Sie bestehen aus Messing und Invar, in einer verbesserten Konstruktion aus Molybdän und Kadmium, und besitzen eine Breite von 0,8 mm und eine Dicke von $8 \cdot 10^{-3}$ mm, der Durchmesser der geschwärzten, aufgewundenen Spiralen beträgt etwa 0,7 mm. Das Verbindungsstück *h* sowie die an die Spiralen oben und unten anschließenden Teile *d* und *e* sind feine Quarzdrähte. Bei der mit *a* bezeichneten Stelle ist nun eine Gruppe von kleinen Magneten untereinander angeordnet. Bei *b* befindet sich eine gleichdimensionierte zweite Gruppe von Magneten mit entgegengesetzter Polarität, die zudem gegen die Vertikalebene der ersten Gruppe um einen kleinen Betrag parallel verschoben ist. Von oben betrachtet erscheinen daher die beiden Gruppen von Magneten derart, wie es in der Skizze *c* der Abb. 53 (Mitte unten) schematisch dargestellt ist. Der ganze Meßkörper ist von einem (nicht gezeichneten) Glaszylinder umgeben, der bis auf $3 \cdot 10^{-3}$ mm Druck evakuiert und seitlich gegenüber dem eigentlichen Empfänger *f* mit einem Fenster versehen ist, das eine besonders hohe Durchlässigkeit für langwellige Strahlung besitzt.

---

[1] Smithson Misc Coll 89, Nr. 3 (1933).

Die außerhalb des Glaszylinders angeordneten Paare von Elektromagneten A, B und C, D, die gegeneinander verschwenkbar sind, haben nur die Aufgabe, den Empfänger im magnetischen Gleichgewicht zu erhalten. Fällt nun die zu messende Strahlung durch das Fenster auf die Spirale F, so wird die Astasie gestört; die beiden ursprünglich parallelen Magnetgruppen a und b verdrehen sich gegeneinander, bis schließlich eine stabile Lage wieder erreicht ist, etwa so, wie es in der Skizze j der Abb. 53 angedeutet ist. Der am Aufhängefaden angebrachte Spiegel i wirkt als Indikator der eingetretenen Drehung, die wie üblich an einer Meßskala abgelesen werden kann. Das Gewicht der gesamten Anordnung, das sind Aufhängefäden, Spiegelchen und Empfängerspiralen, konnte auf etwa 4 mg herabgesetzt werden. Die Empfindlichkeit scheint in dem untersuchten Bereiche dem Quadrat der Schwingungsdauer streng proportional zu sein. Nach mehrfachen Vorversuchen gelang es, mit einer Meterkerze bei einer Einzelschwingungsdauer von nur $^5/_8{}^s$ einen Ausschlag von 116 mm auf einer Skala in 1,2 m Entfernung zu erzielen. ABBOT hofft mit Hilfe verschiedener Verbesserungen der Apparatur die an sich schon ungemein große Empfindlichkeit noch bedeutend erhöhen zu können.

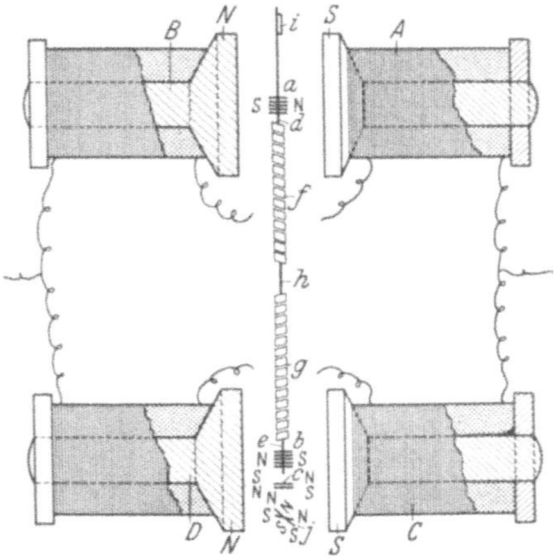

Abb. 53. Das Kampometer von C. G. ABBOT. Schematische Skizze eines neuen Gerätes von hoher Empfindlichkeit zur Messung der Gesamtstrahlung. [Smithson Misc Coll 89 (1933).]

Abgesehen von der ungewöhnlichen Empfindlichkeit ist das Kampometer der Thermosäule und dem Radiometer offenbar dadurch überlegen, daß ein Wärmeverlust durch metallische Leitung entfällt und ein solcher durch Konvektion nur sehr gering sein kann. Es ist wohl anzunehmen, daß das Kampometer der astrophysikalischen Strahlungsmessung in Zukunft neue Impulse verleihen wird.

Kapitel 6.

Reduktion photographischer Himmelsaufnahmen.

Von

ARTHUR KÖNIG-Jena.

Mit 7 Abbildungen.

a) Einleitung.

1. Vorbemerkungen. Die bisher erschienenen Darstellungen der zur Ableitung von Sternörtern aus photographischen Himmelsaufnahmen entwickelten Verfahren[1-5] sind gegenwärtig insofern veraltet, als sie ausschließlich auf die höchstens $2° \times 2°$ umfassenden Plattenfelder der zweilinsigen Objektive (vgl. Ziff. 3) zugeschnitten sein konnten. Aufgabe der vorliegenden Bearbeitung war es daher, auf die modernen Objektive, welche Plattenfelder von $10°$ Durchmesser und mehr liefern, Rücksicht zu nehmen.

Die Formelentwicklungen dieses Kapitels beschränken sich nicht auf die Ableitung der Grundgleichungen, sondern sind bis zu den numerisch anzuwendenden Gleichungsformen durchgeführt, so daß der gesamte für die Reduktion praktisch benutzte Formelapparat zur Verfügung steht. Demgegenüber konnten die Fragen, welche sich an die Instrumente, die Technik der Aufnahme und ihrer Ausmessung knüpfen, nur kurz behandelt werden. Völlig ausscheiden mußten Parallaxen- und Eigenbewegungsbestimmungen, Doppelsternmessungen sowie die Verfahren zur genäherten Ermittelung einzelner Örter (z. B. kleiner Planeten) durch Interpolation zwischen bekannten Nachbarsternen.

In manchen Fällen erfordert die Natur des Gegenstandes auch die Erörterung rechentechnischer Fragen. Bei allen in diesem Zusammenhang gegebenen Formeln und Hilfstafeln ist angenommen, daß die Rechnung mit Maschine, Rechenschieber oder Multiplikationstafeln, nicht logarithmisch, geführt wird. Eine Ausnahme bildet nur Anhang II, wo Tafeln für beide Rechenarten mitgeteilt sind.

2. Zusammenstellung der wichtigsten Bezeichnungen.

x, y = gemessene Koordinaten. (In Ziff. 8 u. 9 dienen x, y, z als Bezeichnung räumlicher rechtwinkliger Koordinaten.)

$\Delta x, \Delta y$ = Verbesserungen von x, y wegen verschiedener Einflüsse (Skalenwert, Refraktion u. dgl.).

---

[1] SCHEINER, Die Photographie der Gestirne. Leipzig 1897.

[2] BERGSTRAND, Undersökningar öfver stellarfotografiens användning vid bestämningen af fixstjärnornas årliga parallaxer. Upsala 1899.

[3] RAYET, Ann Obs Bordeaux 9 (1900).

[4] TRÉPIED, Cat phot du ciel, Obs Alger, Introduction. Paris 1903.

[5] ZURHELLEN, Darlegung und Kritik der zur Reduktion photographischer Himmelsaufnahmen aufgestellten Formeln und Methoden. Inaug.-Diss. Bonn 1904.

ξ, η = verbesserte gemessene Koordinaten. (In Ziff. 8 dienen ξ, η, ζ als Bezeichnung räumlicher rechtwinkliger Koordinaten.)
X, Y = Tangentialkoordinaten (Ziff. 7).
$A, B, C \ldots$ = Plattenkonstanten (Ziff. 12, 20).
p, q = Koeffizienten der Plattenneigung (Ziff. 13).
β = Koeffizient der photographischen Refraktion, bezogen auf wahre Zenitdistanz (Ziff. 14).
β' = Koeffizient von $\mathrm{tg}^3 \zeta$ in der Entwicklung der photographischen Refraktion nach Potenzen von $\mathrm{tg}\,\zeta$ (Ziff. 14).
ζ = wahre Zenitdistanz des Tangentialpunkts (Ziff. 14).
χ = parallaktischer Winkel am wahren Tangentialpunkt (Ziff. 14).
t = Stundenwinkel des wahren Tangentialpunkts (Ziff. 16).
k_1, k_2, k_3, k_4 = Hilfsgrößen zur Berechnung der Refraktion (Ziff. 16).
N, n = BESSELsche Hilfsgrößen zur Berechnung von $\zeta, \chi, k_1 \ldots k_4$ (Ziff. 16)
$\mathfrak{B}$ = $\beta \sin 1''$ (Ziff. 16 und Anhang II).
$\mathfrak{b}$ = $\beta \sin^2 1''$ (Ziff. 16 und Anhang II).
$\mathfrak{B}'$ = $\beta' \sin 1''$ (Anhang II).
$\mathfrak{k}$ = Aberrationskonstante (Ziff. 17).
Q, R, S = Hilfsgrößen zur Berechnung der Aberration (Ziff. 17).
α, δ = A.R. und Dekl. eines Sterns.
$\mathfrak{A}, \mathfrak{D}$ = A.R. und Dekl. des Tangentialpunkts (Ziff. 8).
P = Positionswinkel (Ziff. 8).
$\mathfrak{q}, v$ = Hilfsgrößen zur Transformation von X, Y in α, δ und umgekehrt (Ziff. 10).

b) Aufnahme und Ausmessung.

3. Objektive. Der Aufbau und die optischen Leistungen der astrophotographischen Objektive sind an anderer Stelle dieses Bandes[1] bereits ausführlich behandelt worden, so daß hier wenige Bemerkungen genügen. Es werden an ein Objektiv, das zur photographischen Bestimmung von Sternörtern dienen soll, andersartige, in mancher Hinsicht strengere Anforderungen in bezug auf Korrektur der Abbildungsfehler gestellt als bei anderen Verwendungszwecken. In erster Linie ist eine gute und vor allem gleichförmige Bilddefinition innerhalb eines bestimmten Bereiches zu verlangen. Starke Unterschiede im Aussehen der Sternscheibchen zwischen Mitte und Rand der Platte bedingen stets systematische Fehler in den Sternörtern. Von allen Abbildungsfehlern sind daher Koma und Astigmatismus am schädlichsten. Weniger unangenehm, als man auf den ersten Blick vielleicht vermuten möchte, ist die Verzeichnung, da man sie empirisch bestimmen und berücksichtigen kann.

Gegenwärtig kommen für photographische Ortsbestimmungen die nachstehend aufgeführten und in bezug auf ihre optischen Leistungen kurz charakterisierten Objektivtypen in Betracht.

1. Zweilinsige Objektive von langer Brennweite und kleinem Öffnungsverhältnis (höchstens 1 : 10). Behoben sind chromatische und sphärische Aberration und Koma. Die Verzeichnung ist sehr klein ($< 0'',08$ in $2°$ Abstand von der Achse). Nicht korrigiert sind Bildwölbung und Astigmatismus. Das brauchbare Bildfeld beträgt daher höchstens $2° \times 2°$.

2. Dreilinsige Objektive vom COOK-Typus. Sie besitzen größeres anastigmatisch geebnetes Bildfeld (ca. $6° \times 6°$) und größeres Öffnungsverhältnis (bis 1 : 4). Die Verzeichnung läßt sich nicht korrigieren und beträgt ca. $5''$ in $3°$ Abstand

[1] Vgl. Kap. 2, ALBERT KÖNIG, Das Fernrohr, Ziff. 40.

von der Achse. Das praktisch verzeichnungsfreie Feld ist beträchtlich kleiner als der Bereich guter Bilddefinition.

3. Vierlinsige Objektive vom ROSS-Typus. Das Bildfeld hat annähernd gleiche Ausdehnung wie bei 2.; das Öffnungsverhältnis ist kleiner (ca. 1 : 8). Die Verzeichnung läßt sich gut korrigieren, sie ist von derselben Größenordnung wie bei 1., d. h. ca. 0″,3 in 3° Achsenabstand.

4. Vierlinsige Objektive von ZEISS (ZEISS-Astro-Vierlinser). Bildfeld (ca. 6° × 6°) und Verzeichnung (ca. 0″,3 in 3° Achsenabstand) sind wie bei 3. Das Öffnungsverhältnis läßt sich bis 1 : 3 (in größeren Brennweiten bis 1 : 5) steigern. Ein besonderer Vorteil der Objektive ist, daß sie sich aus sehr gut durchlässigen Glasarten herstellen lassen.

Die Objektive vom ROSS-Typus haben für die Neubeobachtung der A.G.-Kataloge Verwendung gefunden und sich nach den Voruntersuchungen gut bewährt. Mit den ZEISSischen Vierlinsern sind photographische Ortsbestimmungen bisher nicht durchgeführt worden, doch müßte sich dieser Typus nach seinen optischen Eigenschaften gut dazu eignen.

Alle vorstehend aufgeführten Objektive lassen sich sowohl für den auf gewöhnliche (nicht sensibilisierte) Platten wirksamen Wellenlängenbereich, wie auch für andere, z. B. den vom Auge wahrgenommenen, korrigieren. Da wir heutzutage über Platten verfügen, welche bis ins Ultrarote empfindlich sind, so kann man theoretisch unter Anwendung bestimmter Plattensorten in Verbindung mit dazu passenden Filtern in Wellenlängenbezirken arbeiten, die sich bis zu einem gewissen Grade willkürlich festlegen lassen. Für Ortsbestimmungszwecke ist jedoch in dieser Beziehung Vorsicht geboten, weil viele Sorten von Filtergläsern nicht den hohen Ansprüchen an optischer Homogenität entsprechen, welche hier zu stellen sind. Es ist ferner zu beachten, daß die Refraktion von der Wellenlänge abhängt.

Bei hinreichend engen Plattenfeldern sind natürlich auch andere abbildende Systeme (z. B. Spiegel) zu Ortsbestimmungszwecken verwendbar.

4. Fokusbestimmung. Von den mannigfachen Vorbereitungen zur eigentlichen Aufnahme, die sich auf die Justierung des Instruments u. dgl. beziehen, soll hier als für den vorliegenden Zweck besonders wichtig nur die Bestimmung der günstigsten Fokalstellung erwähnt werden. Eine genäherte Bestimmung erhält man durch Einstellung eines hellen Sterns auf einer Mattscheibe mit der Lupe. Bei „photographisch" korrigierten Objektiven empfiehlt es sich, durch ein Blaufilter das störende langwellige Licht abzuhalten. Zur genauen Fokusbestimmung macht man auf einer Platte eine Serie von Aufnahmen desselben Objekts mit gleicher Belichtungszeit dicht nebeneinander, von Aufnahme zu Aufnahme die Fokalstellung in gleichen Schritten ändernd. Auf der entwickelten Platte ist dann die günstigste Stellung, evtl. mit leichter Interpolation, aufzusuchen. Um hierbei mit Sicherheit die einzelnen Bilder den verschiedenen Fokalstellungen zuordnen zu können, wählt man die Distanzen auf der Platte von Bild zu Bild gleich, mit Ausnahme der ersten (oder letzten) Distanz, die etwa doppelt so groß zu nehmen ist. Alles Weitere ergibt sich dann durch Abzählen. Zu Fokusbestimmungen sind nur einwandfrei klare Nächte geeignet. Wechselnde Durchsichtigkeit der Luft wirkt ebenso wie verschiedene Belichtungszeit der einzelnen Aufnahmen und würde falsche Resultate zur Folge haben. Die günstigste Fokalstellung ist nicht konstant, sondern hängt von folgenden Einflüssen ab:

1. von der Temperatur,
2. vom Abstand des Sterns von der Achse,
3. von der Helligkeit der Bilder.

Der Temperatureinfluß ist ein doppelter. Es ändern sich mit der Temperatur sowohl die Länge des Kamerarohres als auch die Objektivbrennweite. Die beiden

Wirkungen kompensieren sich zum Teil; man kann sogar durch geeignete Wahl der Glassorten, der Radien und des Materials für das Kamerarohr die Temperaturabhängigkeit in gewissen Fällen aufheben, wenigstens sehr klein halten. Ob und in welchem Grade eine solche Kompensation sich auch für größere astrophotographische Instrumente durchführen läßt, ist bisher, soweit dem Verfasser bekannt ist, noch nicht untersucht worden. Jedenfalls muß mit einer Abhängigkeit des Fokus von der Temperatur gerechnet und aus einer Reihe von Bestimmungen eine Einstelltafel abgeleitet werden, die zu jeder Temperatur den besten Fokus gibt.

Der Einfluß 2. ist, weil durch die Bildwölbung bedingt, bei den zweilinsigen Objektiven am stärksten. Daß die günstigste Fokalstellung für helle und schwache Sterne differiert, ist eine Folge der nie ganz korrigierbaren Reste der sphärischen Aberration. Beide Einflüsse lassen sich naturgemäß auf keine Weise beseitigen; man muß also, zwischen den verschiedenen Forderungen vermittelnd, ein Optimum zu erreichen suchen.

Obwohl an sich Doppelsterne passender Distanz die geeignetsten Objekte zur Beurteilung der besten Fokalstellung sind, wird im Hinblick auf die letztgenannten beiden Einflüsse eine möglichst sternreiche Himmelsgegend vorzuziehen sein. Man erhält aus einer solchen Aufnahme zugleich eine zahlenmäßige Bestimmung der Bildwölbung und der Neigung der Platte gegen die optische Achse.

5. Aufnahme, Behandlung der Platte. Bei Platten, aus denen scharfe Sternörter abgeleitet werden sollen, ist genaues Pointieren während der Belichtung von ganz besonderer Wichtigkeit. Jeder Führungsfehler birgt die Gefahr einer Helligkeitsgleichung in sich. Abgesehen von Ungleichförmigkeiten im Gang des Stundenantriebes und Luftunruhe sind besonders zwei Störungsquellen beim Pointieren zu nennen: Differentielle Biegung zwischen Kamera und Leitrohr und Aufstellungsfehler des Instruments. Wenn die Biegung dem bekannten Sinusgesetz gehorcht, äußert sie sich hauptsächlich in A.R.; eine einfache Methode zur empirischen Bestimmung und Berücksichtigung hat KÜSTNER[1] angegeben. Die differentielle Biegung braucht aber durchaus nicht immer das Sinusgesetz zu befolgen; mit Abweichungen muß vornehmlich dann gerechnet werden, wenn sich Kamera und Leitrohr in Bauart, Gewicht und Brennweite stark unterscheiden. Unter solchen Umständen ist die Bestimmung der Biegung natürlich schwieriger, kann aber prinzipiell nach derselben Methode erfolgen.

Die Aufstellungsfehler des Instruments äußern sich in einer scheinbaren Drehung des ganzen Bildfeldes um den festgehaltenen Leitstern, sind also um so störender, je größer die Belichtungszeit ist. Die größte Mehrzahl der Aufnahmen zu Ortsbestimmungszwecken dürfte wohl in der Nähe des Meridians und in mäßigen Deklinationen gemacht werden. In diesem Fall hat ein falsches Azimut den stärksten Einfluß, während ein Fehler in Polhöhe weniger stört. Bei Aufnahmen in der Nähe des Pols ist selbstverständlich eine sehr genaue Berichtigung der Aufstellungsfehler erforderlich[2].

Vorstehende Bemerkungen beziehen sich auf den Fall, daß ein Leitrohr benutzt wird. Wenn man aber an einem seitlichen Okular der Kamera selbst pointiert, so scheidet die differentielle Biegung naturgemäß aus. Auch der Einfluß der Aufstellungsfehler kann unschädlich gemacht werden, indem in zwei zu beiden Seiten der Kassette angebrachten Okularen je ein Leitstern gehalten wird, wozu der Kassettenträger mit Positionsdrehung versehen sein muß. Stehen diese Einrichtungen aber nicht zur Verfügung, so wirken die Aufstellungsfehler um so stärker, da das Zentrum der scheinbaren Drehung in P.W. seitlich liegt.

---

[1] Bonner Veröff Nr. 14 (1920), Einleitung, S. 1.
[2] Bonner Veröff Nr. 14 (1920), Einleitung, S. 9.

Zum Halten des Sterns kann entweder das ganze Instrument oder die Kassette allein mittels einer Doppelschlitteneinrichtung verstellt werden. Bei Aufnahmen in der Nähe des Pols ist ein eigentliches Pointieren nur durch Kassettenverschiebung möglich, da die Feinbewegung in Stundenwinkel dort nicht mehr wirkt.

Eine Besprechung der zahlreichen für die Entwicklung, Fixage usw. angegebenen Vorschriften muß der Spezialliteratur vorbehalten bleiben. Hier zu erwähnen ist, weil für den vorliegenden Sonderzweck wichtig, die Schichtverziehung. Es kann noch nicht als einwandfrei geklärt gelten, ob und in welchem Maße man einer Schichtverzerrung durch geeignete Behandlung der Platte vorzubeugen vermag. Daß selbstverständlich Alles, was möglicherweise schädlich wirken könnte (z. B. schroffe Temperaturwechsel, stark gerbende Bäder) zu vermeiden ist und daß trotzdem die Plattenränder besonders gefährdet bleiben, dürfte allgemein bekannt sein. Für die Ableitung genauer Sternörter ist ferner mit Rücksicht auf Helligkeitsgleichung eine recht flache Gradation erwünscht. In diesem Sinne läßt sich zwar jede Platte beeinflussen, doch widerspricht eine derartige Behandlung bis zu einem gewissen Grade dem ebenfalls oft auftretenden Wunsch, auch die schwächsten, noch entwickelbaren Sternspuren herauszuholen. Was endlich die willkürliche Beeinflussung der Korngröße anlangt, welche für die Genauigkeit der Ausmessung von Bedeutung ist, so herrscht hier ebensowenig wie bei der Schichtverzerrung Klarheit. Mindestens ist noch nicht als sicher erwiesen zu betrachten, ob wirklich die sog. „Feinkornentwickler" bei gleicher Belichtungszeit und gleichem durchschnittlichen Schwärzungsgrad ein wesentlich feineres Korn liefern.

6. Ausmessung. Durch die Ausmessung werden die Koordinaten der Sterne auf der Platte in einem System bekannt, welches durch die Meßapparatur und ihre Anordnung definiert ist. Es kann in rechtwinkligen Koordinaten oder auch in anderen, z. B. Polarkoordinaten, gemessen werden. Wenn man von Spezialzwecken absieht, so ist gegenwärtig die Messung rechtwinkliger Koordinaten wohl das ausschließlich angewandte Verfahren, weil es eine bequeme Reduktion mit hoher Genauigkeit, insbesondere weitgehender Freiheit von systematischen Fehlern verbindet. In der folgenden Zusammenstellung der verschiedenen Meßprinzipien stehen daher die auf rechtwinklige Koordinaten sich beziehenden an erster Stelle.

A. Messung mit Gitter. Bei dieser bereits aus der Frühzeit der Astrophotographie datierenden Meßmethode wird auf die Platte ein sog. Gitter aufkopiert, welches nach der bekannten Herstellerfirma oft als GAUTIER-Gitter bezeichnet wird. Die Platte erscheint nach der Entwicklung mit einem Quadratnetz bedeckt, durch welches das System der gemessenen Koordinaten definiert ist. Dem Meßapparat fällt lediglich die Aufgabe zu, die einzelnen Sterne an die benachbarten Gitterlinien anzuschließen. Da die Seitenlänge der Quadrate gering ist (meist 5 mm), so handelt es sich nur um Messung kurzer Strecken. Die hierdurch bedingte einfache Konstruktion des Meßapparates ermöglicht es, ihn so einzurichten, daß die beiden Koordinaten eines Sterns gleichzeitig gemessen werden können. Diesem besonders für Massenarbeiten hoch anzuschlagenden Vorteil steht der Nachteil gegenüber, daß sich alle Gitterfehler naturgemäß in vollem Umfange auf die gemessenen Koordinaten übertragen müssen. Eine auf sämtliche Gitterpunkte sich erstreckende Fehlerbestimmung erfordert aber einen enormen Arbeitsaufwand, der sich nur in den seltensten Fällen lohnen dürfte. Aus diesem Grunde wird in neuerer Zeit der unter B. besprochenen Methode für höchste Genauigkeitsansprüche der Vorzug gegeben. Die Behauptung, daß bei der Messung mit Gitter die Schichtverziehungen eliminiert würden, ist vielfach angezweifelt worden. Jedenfalls können nur solche Verzerrungen eliminiert werden, die sich über größere Teile der Platte erstrecken. Gegenüber lokalen ist das Gitterverfahren ebenso machtlos wie jedes andere.

B. Messung rechtwinkliger Koordinaten ohne Gitter. Hierfür werden Apparate benutzt, deren Meßorgane (Skalen oder Schrauben) den ganzen Bereich der Platte umfassen und direkt rechtwinklige Koordinaten angeben. Das System der gemessenen Koordinaten ist also durch die Meßorgane und die Lage der Platte im Apparat definiert. Skalen werden für genaueste Messungen deswegen bevorzugt, weil die durch Schmiermittel bedingte Unsicherheit der Schraube entfällt und die Skalen keiner Abnutzung unterliegen. Anderseits ist bei Schrauben die Meßgeschwindigkeit im allgemeinen größer. Bei den bisher bekannten Apparaten für Messung rechtwinkliger Koordinaten ohne Gitter konnte jeweils nur eine Koordinate genau gemessen werden, die andere genähert zur Identifikation; zur Messung in der anderen Koordinatenrichtung mußte die Platte um 90° gedreht werden. Neuerdings baut jedoch die Fa. CARL ZEISS einen Apparat, welcher an zwei Skalen beide Koordinaten gleichzeitig angibt[1].

C. Messung in anderen Koordinatensystemen. Soweit die obengenannten Meßapparate mit Positionskreis versehen sind, können sie selbstverständlich auch zur Messung von Polarkoordinaten (Positionswinkel und Distanz) dienen.

Einen auf einem ganz anderen Prinzip beruhenden Apparat hat KAPTEYN[2, 3] angegeben. Er besteht aus einem kleinen Äquatoreal, welches derart gebaut ist, daß sich Stunden-, Deklinations- und optische Achse des Fernrohrs in einem Punkt schneiden. Die Platte wird nun so aufgestellt, daß sich dieser Punkt senkrecht über dem Tangentialpunkt (vgl. hierüber Abschnitt c) befindet, und zwar in einer Entfernung gleich der Brennweite des zur Aufnahme verwandten Objektivs. Dann können bei passender Orientierung der Platte mit den Kreisen des Äquatoreals direkt (scheinbare) Rektaszensions- und Deklinationsdifferenzen gemessen werden. In der Praxis bereitet die Justierung des Apparates manche Schwierigkeiten und gelingt naturgemäß nur genähert. Zur Berücksichtigung der Abweichungen sind aber ziemlich komplizierte Formeln erforderlich, so daß das KAPTEYNsche Verfahren sich trotz seiner theoretischen Eleganz nicht eingebürgert hat.

Dasselbe Ziel, das KAPTEYN bei idealer Justierung in aller Strenge erreichen würde, erzielt SCHLESINGER[4] näherungsweise mit einem Apparat folgender Konstruktion. Das Instrument mißt in einem ebenen Polarkoordinatensystem, dessen Pol an die Stelle gebracht wird, wo auf der hinreichend erweiterten Platte der Himmelspol liegen würde. Dann sind die gemessenen Winkel in guter Näherung den Rektaszensionsdifferenzen, die gemessenen Distanzen den Deklinationsdifferenzen proportional. In niedrigen Deklinationen ist der Apparat unbrauchbar, da er in diesem Fall riesige Dimensionen erhalten müßte. Genauere Messungen sind mit dem Apparat, soweit dem Verfasser bekannt ist, nicht gemacht worden; doch hat SCHLESINGER das Prinzip bei seinen photographischen Neubeobachtungen der A.G.-Kataloge mit Erfolg zur raschen Identifizierung der Sterne benutzt.

c) Tangentiale Koordinaten und ihre Transformation.

7. Definition der Tangentialkoordinaten. Die von einem fehlerfreien Objektiv auf der photographischen Platte erzeugte Abbildung eines Teils der Himmelskugel ist eine Zentralprojektion vom Kugelmittelpunkt auf eine Tangentialebene. Es liegt daher nahe, in der Astrophotographie außer den allgemein

---

[1] A N 246, S. 237 (1932). [2] Bull Carte du ciel 1, S. 94, 377, 401.
[3] SCHEINER, Die Photographie der Gestirne, S. 135 (1897). [4] M N 86, S. 372 (1926).

üblichen sphärischen Koordinaten auch rechtwinklige Koordinaten der Sterne in einer Tangentialebene einzuführen. Soweit nicht ausdrücklich anderes bemerkt ist, soll ein derartiges Tangentialkoordinatensystem durch folgende Festsetzungen definiert sein:

1. Das System sei ein rechtwinkliges kartesisches Koordinatensystem, welches in einer die Kugel berührenden Ebene liegt und den Tangentialpunkt zum Ursprung hat.

2. Die Maßeinheit sei der Radius der Kugel. (In praxi gegeben durch die Brennweite des abbildenden Objektivs.)

3. Die Y-Achse berühre den durch den Tangentialpunkt gehenden Deklinationskreis. Ihre positive Hälfte weise in diejenige Richtung, in welcher der Abstand des Tangentialpunkts vom Nordpol des Himmels $< 180°$ ist.

4. Die positive Hälfte der X-Achse weise in die Richtung wachsender Rektaszension.

5. Als Tangentialkoordinaten X, Y eines Kugelpunktes P gelten die nach 1. bis 4. gerechneten Koordinaten des durch Zentralprojektion von Kugelmittelpunkt auf die Tangentialebene entstandenen Bildpunktes P' von P (vgl. Abb. 1).

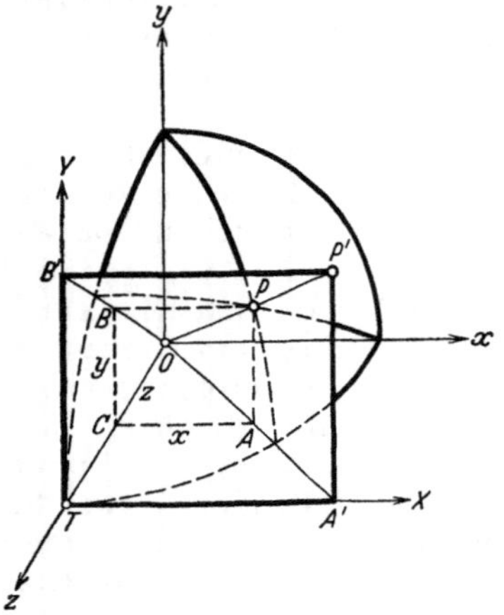

Abb. 1. Zur Definition der Tangentialkoordinaten; P' ist der durch Zentralprojektion von O aus entstandene Bildpunkt von P. Zuordnung von räumlichem Koordinatensystem $Oxyz$ und tangentialem Koordinatensystem TXY.

$$X = TA' = \operatorname{tg} AOC = \frac{x}{z},$$

$$Y = TB' = \operatorname{tg} BOC = \frac{y}{z}.$$

In sämtlichen Formeln dieses Kapitels gilt ebenso wie für Tangentialkoordinaten auch für alle Winkelgrößen der Radius als Einheit, wenn nicht eine andere Einheit ausdrücklich angegeben ist. Zur rechnerischen Anwendung wird die Bogensekunde oder eine andere Winkeleinheit meist vorzuziehen sein; es müssen also die betreffenden Faktoren ($\sin 1''$, $\sin^2 1''$ usw.) jeweils hinzugefügt werden.

8. Beziehung zwischen zwei Tangentialkoordinatensystemen. Die zwischen zwei tangentialen Koordinatensystemen bestehenden Transformationsformeln sollen zunächst in ihrer allgemeinsten Form, ohne Rücksicht auf die in der vorigen Ziffer unter 3. und 4. festgelegte spezielle Orientierung gegenüber dem Himmelspol abgeleitet werden.

Es sei in Abb. 1 TXY ein tangentiales Koordinatensystem. Diesem ordnen wir zu ein rechtwinkliges räumliches Koordinatensystem $Oxyz$, dessen Ursprung der Kugelmittelpunkt ist, dessen positive z-Achse durch T geht und dessen x- und y-Achsen den entsprechenden Achsen des tangentialen Systems parallel und gleichgerichtet sind. Werden jetzt die Tangentialkoordinaten eines Punktes P der Kugelfläche mit X, Y, seine räumlichen Koordinaten mit x, y, z bezeichnet, so ergibt sich aus der Figur, da der Radius der Kugel die Einheit ist,

$$X = \frac{x}{z}; \qquad Y = \frac{y}{z}. \tag{1}$$

Hieraus folgt unter Beachtung der Kugelgleichung ($x^2 + y^2 + z^2 = 1$) durch Quadrieren und Addieren

$$1 + X^2 + Y^2 = \frac{1}{z^2} \qquad \text{oder} \qquad \frac{1}{z} = \sqrt{1 + X^2 + Y^2}.$$

Diesen Wert setzen wir in (1) ein und erhalten

$$x = \frac{X}{\sqrt{1 + X^2 + Y^2}}; \quad y = \frac{Y}{\sqrt{1 + X^2 + Y^2}}; \quad z = \frac{1}{\sqrt{1 + X^2 + Y^2}}. \tag{2}$$

Es sei jetzt ein zweites tangentiales Koordinatensystem X', Y' mit zugeordnetem räumlichen Koordinatensystem x', y', z' gegeben. Dann gelten für diese Systeme analog

$$x' = \frac{X'}{\sqrt{1 + X'^2 + Y'^2}}; \quad y' = \frac{Y'}{\sqrt{1 + X'^2 + Y'^2}}; \quad z' = \frac{1}{\sqrt{1 + X'^2 + Y'^2}}. \tag{2'}$$

Die Lage der beiden Systeme x, y, z und x', y', z' sei nun definiert durch folgendes Schema der Richtungskosinus

	x	y	z
x'	α_1	α_2	α_3
y'	β_1	β_2	β_3
z'	γ_1	γ_2	γ_3

Dann bestehen die Gleichungen

$$\left.\begin{aligned} x' &= \alpha_1 x + \alpha_2 y + \alpha_3 z, \\ y' &= \beta_1 x + \beta_2 y + \beta_3 z, \\ z' &= \gamma_1 x + \gamma_2 y + \gamma_3 z. \end{aligned}\right\} \tag{3} \qquad \left.\begin{aligned} x &= \alpha_1 x' + \beta_1 y' + \gamma_1 z', \\ y &= \alpha_2 x' + \beta_2 y' + \gamma_2 z', \\ z &= \alpha_3 x' + \beta_3 y' + \gamma_3 z'. \end{aligned}\right\} \tag{3'}$$

Die gesuchten Beziehungen zwischen X, Y und X', Y' entstehen sofort, wenn (2) und (2′) in (3) und (3′) eingesetzt und jeweils die ersten beiden so erhaltenen Gleichungen durch die letzte dividiert werden. Es ergibt sich

$$X' = \frac{\alpha_1 X + \alpha_2 Y + \alpha_3}{\gamma_1 X + \gamma_2 Y + \gamma_3}; \qquad Y' = \frac{\beta_1 X + \beta_2 Y + \beta_3}{\gamma_1 X + \gamma_2 Y + \gamma_3}. \tag{4}$$

$$X = \frac{\alpha_1 X' + \beta_1 Y' + \gamma_1}{\alpha_3 X' + \beta_3 Y' + \gamma_3}; \qquad Y = \frac{\alpha_2 X' + \beta_2 Y' + \gamma_2}{\alpha_3 X' + \beta_3 Y' + \gamma_3}. \tag{4'}$$

Wir betrachten nun den spezielleren Fall, daß die beiden tangentialen Systeme gemäß den obigen Definitionen zum Himmelspol orientiert seien und daß ihre relative Lage festgelegt sei durch die Deklinationen $\mathfrak{D}$ und $\mathfrak{D}'$ der Tangentialpunkte sowie deren Rektaszensionsdifferenz $\Delta\mathfrak{A}$. Die in (4) und (4′) auftretenden Richtungskosinus müssen in diesem Fall durch $\mathfrak{D}$, $\mathfrak{D}'$ und $\Delta\mathfrak{A}$ ausgedrückt werden. Die gesuchte Darstellung ergibt sich aus Abb. 2, in welcher P der Himmelspol, T und T' die beiden Tangentialpunkte seien. Das dem tangentialen System T zugeordnete räumliche Koordinatensystem $Oxyz$ wird in das zu T' gehörige System $Ox'y'z'$ in folgender Weise überführt: Wir drehen $Oxyz$ um die x-Achse um den Winkel $\mathfrak{D}$, so daß es die Lage $O\xi\eta\zeta$ einnimmt. Ox und $O\xi$ fallen also zusammen. $O\xi\eta\zeta$ drehen wir um die η-Achse um den Winkel $\Delta\mathfrak{A}$ bis zur Lage $O\xi'\eta'\zeta'$; wieder

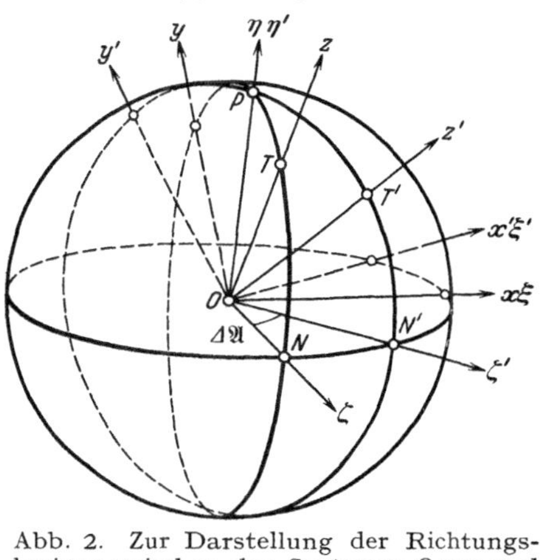

Abb. 2. Zur Darstellung der Richtungskosinus zwischen den Systemen $Oxyz$ und $Ox'y'z'$ durch $\mathfrak{D}$, $\mathfrak{D}'$, $\Delta\mathfrak{A}$. $NT = \mathfrak{D}$, $N'T' = \mathfrak{D}'$, $\sphericalangle NON' = \Delta\mathfrak{A}$.

fallen zwei Achsen ($O\eta$ und $O\eta'$) zusammen. Endlich geht dieses System in $Ox'y'z'$ über durch Drehung um die Achse $O\xi' = Ox'$ um den Winkel $\mathfrak{D}'$. Die Richtungskosinus der verschiedenen Achsen gegeneinander lassen sich an Hand der Abb. 2 leicht in folgende Schemata einordnen.

I

	x	y	z
ξ	1	0	0
η	0	$\cos\mathfrak{D}$	$\sin\mathfrak{D}$
ζ	0	$-\sin\mathfrak{D}$	$\cos\mathfrak{D}$

II

	ξ	η	ζ
ξ'	$\cos\Delta\mathfrak{A}$	0	$-\sin\Delta\mathfrak{A}$
η'	0	1	0
ζ'	$\sin\Delta\mathfrak{A}$	0	$\cos\Delta\mathfrak{A}$

III

	ξ'	η'	ζ'
x'	1	0	0
y'	0	$\cos\mathfrak{D}'$	$-\sin\mathfrak{D}'$
z'	0	$\sin\mathfrak{D}'$	$\cos\mathfrak{D}'$

Aus I und II ergeben sich die Richtungskosinus zwischen $Oxyz$ und $O\xi'\eta'\zeta'$ auf Grund des Satzes, daß der Winkel φ zwischen zwei Geraden im Raume, deren Richtungskosinus, bezogen auf ein beliebiges rechtwinkliges Koordinatensystem, $\alpha\beta\gamma$ und $\alpha'\beta'\gamma'$ sind, gegeben ist durch die Gleichung

$$\cos\varphi = \alpha\alpha' + \beta\beta' + \gamma\gamma':$$

	x	y	z
ξ'	$\cos\Delta\mathfrak{A}$	$\sin\mathfrak{D}\sin\Delta\mathfrak{A}$	$-\cos\mathfrak{D}\sin\Delta\mathfrak{A}$
η'	0	$\cos\mathfrak{D}$	$\sin\mathfrak{D}$
ζ'	$\sin\Delta\mathfrak{A}$	$-\sin\mathfrak{D}\cos\Delta\mathfrak{A}$	$\cos\mathfrak{D}\cos\Delta\mathfrak{A}$

Wird dieses Schema in gleicher Weise mit III verbunden, so entsteht das gesuchte System der in (4) und (4′) auftretenden Richtungskosinus:

	x	y	z
x'	$\cos\Delta\mathfrak{A}$	$\sin\mathfrak{D}\sin\Delta\mathfrak{A}$	$-\cos\mathfrak{D}\sin\Delta\mathfrak{A}$
y'	$-\sin\mathfrak{D}'\sin\Delta\mathfrak{A}$	$\cos\mathfrak{D}\cos\mathfrak{D}' + \sin\mathfrak{D}\sin\mathfrak{D}'\cos\Delta\mathfrak{A}$	$\sin\mathfrak{D}\cos\mathfrak{D}' - \cos\mathfrak{D}\sin\mathfrak{D}'\cos\Delta\mathfrak{A}$
z'	$\cos\mathfrak{D}'\sin\Delta\mathfrak{A}$	$\cos\mathfrak{D}\sin\mathfrak{D}' - \sin\mathfrak{D}\cos\mathfrak{D}'\cos\Delta\mathfrak{A}$	$\sin\mathfrak{D}\sin\mathfrak{D}' + \cos\mathfrak{D}\cos\mathfrak{D}'\cos\Delta\mathfrak{A}$

Eine ähnliche Darstellung der Richtungskosinus ergibt sich, wenn die Lage von T' gegenüber T durch die Distanz s und die Positionswinkel P und P' definiert ist, welche der Großkreis TT' in den Punkten T und T' bildet. Die Ableitung ist der obigen ganz analog; $Oxyz$ ist in diesem Falle durch folgende Drehungen in die Lage $Ox'y'z'$ überzuführen:

1. Drehung um die z-Achse um den Winkel $90° - P$, bis die xz-Ebene mit der des Großkreises TT' zusammenfällt. Das entstandene System heiße $O\xi\eta\zeta$.

2. Drehung von $O\xi\eta\zeta$ um seine η-Achse um den Winkel s, bis die ζ-Achse durch T' geht. Das entstandene System heiße $O\xi'\eta'\zeta'$.

3. Drehung von $O\xi'\eta'\zeta'$ um seine ζ'-Achse um den Winkel $90° - P'$ im entgegengesetzten Sinne wie bei 1. Damit ist $Oxyz$ in $Ox'y'z'$ übergeführt.

Ähnliche Betrachtungen, wie sie oben angestellt wurden, führen zu einer Darstellung der Richtungskosinus durch s, P und P':

	x	y	z
x'	$\cos P\cos P' + \sin P\sin P'\cos s$	$-\sin P\cos P' + \cos P\sin P'\cos s$	$-\sin P'\sin s$
y'	$-\cos P\sin P' + \sin P\cos P'\cos s$	$\sin P\sin P' + \cos P\cos P'\cos s$	$-\cos P'\sin s$
z'	$\sin P\sin s$	$\cos P\cos s$	$\cos s$

Diese Ausdrücke liefern eine wichtige Vereinfachung der Formeln (4) in dem praktisch häufigen Fall, daß die Tangentialpunkte nahe benachbart sind. Ist nämlich s so klein, daß s^2 vernachlässigt werden kann, so ergibt sich, wenn $P' - P = \Delta P$ gesetzt wird

$$\alpha_1 = \cos\Delta P \qquad \beta_1 = -\sin\Delta P$$
$$\alpha_2 = \sin\Delta P \qquad \beta_2 = \cos\Delta P.$$

Hiermit folgen aus den bekannten, zwischen den Richtungskosinus zweier rechtwinkliger räumlicher Koordinatensysteme bestehenden Gleichungen

$$\alpha_3 = \beta_1\gamma_2 - \beta_2\gamma_1,$$
$$\beta_3 = \gamma_1\alpha_2 - \gamma_2\alpha_1$$

für α_3 und β_3 die Werte

$$\alpha_3 = -\gamma_1\cos\Delta P - \gamma_2\sin\Delta P,$$
$$\beta_3 = \gamma_1\sin\Delta P - \gamma_2\cos\Delta P.$$

Da ferner, mit Vernachlässigung von s^2, $\gamma_3 = \cos s = 1$ gesetzt werden darf, so gehen die Formeln (4) über in

$$\left.\begin{aligned} X' &= \frac{(X-\gamma_1)\cos\Delta P + (Y-\gamma_2)\sin\Delta P}{1+\gamma_1 X+\gamma_2 Y}, \\ Y' &= \frac{-(X-\gamma_1)\sin\Delta P + (Y-\gamma_2)\cos\Delta P}{1+\gamma_1 X+\gamma_2 Y}. \end{aligned}\right\} \tag{5}$$

In diesen Formeln sind $\gamma_1 = \sin s\sin P$ und $\gamma_2 = \sin s\cos P$ klein, so daß ihre Quadrate und Produkte zu vernachlässigen sind. Gleiches gilt für ΔP, wenn die Umgebung des Pols ausgeschlossen wird. Unter dieser Voraussetzung kann man setzen

$$\cos\Delta P = 1 \qquad \gamma_1\cos\Delta P = \gamma_1 \qquad \gamma_2\cos\Delta P = \gamma_2$$
$$\sin\Delta P = \Delta P \qquad \gamma_1\sin\Delta P = 0 \qquad \gamma_2\sin\Delta P = 0.$$

Außerdem gilt stets

$$\frac{1}{1+\gamma_1 X+\gamma_2 Y} = 1 - (\gamma_1 X + \gamma_2 Y).$$

Hiermit vereinfachen sich die Gleichungen (5) weiter zu

$$\left.\begin{aligned} X' &= X - \gamma_1 + Y\Delta P - (\gamma_1 X + \gamma_2 Y)X, \\ Y' &= Y - \gamma_2 - X\Delta P - (\gamma_1 X + \gamma_2 Y)Y. \end{aligned}\right\} \tag{6}$$

Der Übergang von einem Tangentialkoordinatensystem zu einem anderen mit nahe benachbartem Tangentialpunkt läßt sich also geometrisch beschreiben durch:

1. Eine Nullpunktsverschiebung um die (kleinen) Beträge γ_1 und γ_2.
2. Eine Drehung um den Winkel ΔP.
3. Eine kleine, aber von den Koordinaten abhängige Änderung der Maßeinheit.

Wichtig ist für später eine geometrische Deutung von γ_1 und γ_2. Setzt man in (6) $X' = Y' = 0$, so folgt (immer unter Vernachlässigung der quadratischen und höheren Glieder) $X = \gamma_1$ und $Y = \gamma_2$. Der Ursprung des gestrichenen Systems hat also im ungestrichenen die Koordinaten γ_1 und γ_2.

9. Transformation der Tangentialkoordinaten in A.R. und Dekl. und umgekehrt. Es seien α, δ A.R. und Dekl. eines Sterns, X, Y seine tangentialen Koordinaten, bezogen auf den Tangentialpunkt T, welcher die A.R. $\mathfrak{A}$ und die

Dekl. $\mathfrak{D}$ habe. Zur Ableitung der Transformationsformeln zwischen α, δ und X, Y betrachten wir ein zweites tangentiales Koordinatensystem X', Y', dessen Ursprung der Himmelspol P sei. Da die in Ziff. 7 gegebene Definition der Orientierung tangentialer Koordinaten hier ihren Sinn verliert, setzen wir fest, daß die X'-Achse der X-Achse parallel und gleichgerichtet, die Y'-Achse senkrecht zur X'-Achse derart gerichtet sei, daß die Y'-Koordinate des Punktes T negativ ist. Die Beziehung zwischen X', Y' und α, δ ergibt sich aus Abb. 3, welche die Verhältnisse in der im Pol P tangierenden $X'Y'$-Ebene darstellt. Es ist $PS' = \operatorname{cotg}\delta$ und $\sphericalangle T'PS' = \alpha - \mathfrak{A} = \Delta\alpha$, folglich gilt

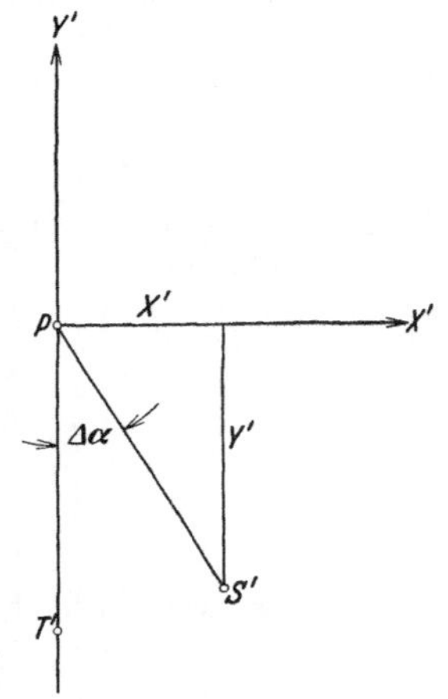

Abb. 3. Beziehung zwischen X', Y' und α, δ. T' und S' sind die Zentralprojektionen des Tangentialpunkts bzw. Sterns vom Kugelmittelpunkt auf die im Himmelspol P tangierende $X'Y'$-Ebene. $PS' = \operatorname{cotg}\delta$, $\sphericalangle T'PS' = \alpha - \mathfrak{A} = \Delta\alpha$.

$$\left.\begin{aligned} X' &= \operatorname{cotg}\delta \sin\Delta\alpha\,, \\ Y' &= -\operatorname{cotg}\delta \cos\Delta\alpha\,. \end{aligned}\right\} \tag{7}$$

Anderseits bestehen zwischen X', Y' und X, Y die Gleichungen (4) und (4') der vorigen Ziffer. Die dort auftretenden Richtungskosinus lassen sich ohne weiteres aus Abb. 4 ablesen; es entsteht folgendes Schema:

	x	y	z
x'	1	0	0
y'	0	$\sin\mathfrak{D}$	$-\cos\mathfrak{D}$
z'	0	$\cos\mathfrak{D}$	$\sin\mathfrak{D}$

Hiermit folgt aus (4) und (4')

$$X = \frac{X'}{\sin\mathfrak{D} - Y'\cos\mathfrak{D}}\,; \qquad Y = \frac{\cos\mathfrak{D} + Y'\sin\mathfrak{D}}{\sin\mathfrak{D} - Y'\cos\mathfrak{D}}\,. \tag{8}$$

$$X' = \frac{X}{Y\cos\mathfrak{D} + \sin\mathfrak{D}}\,; \qquad Y' = \frac{Y\sin\mathfrak{D} - \cos\mathfrak{D}}{Y\cos\mathfrak{D} + \sin\mathfrak{D}}\,. \tag{8'}$$

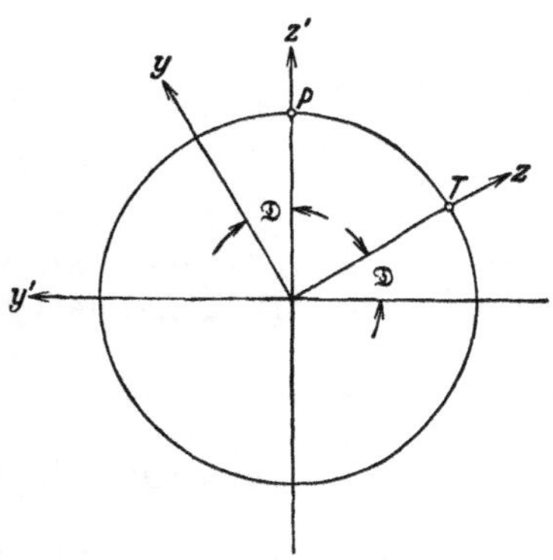

Abb. 4. Zur Ableitung der Richtungskosinus für die Transformation von X, Y in X', Y' und umgekehrt. P = Himmelspol, T = Tangentialpunkt. Die zusammenfallenden x- und x'-Achsen stehen auf der Zeichenebene senkrecht.

Wird jetzt (7) in (8) eingesetzt, so entstehen die gesuchten Formeln zur Verwandlung von α, δ in X, Y:

$$\left.\begin{aligned} X &= \frac{\cos\delta\sin\Delta\alpha}{\sin\mathfrak{D}\sin\delta + \cos\mathfrak{D}\cos\delta\cos\Delta\alpha}\,, \\ Y &= \frac{\cos\mathfrak{D}\sin\delta - \sin\mathfrak{D}\cos\delta\cos\Delta\alpha}{\sin\mathfrak{D}\sin\delta + \cos\mathfrak{D}\cos\delta\cos\Delta\alpha}\,. \end{aligned}\right\} \tag{9}$$

Die Umkehrungen ergeben sich durch Einsetzen von (7) in (8'); man erhält zunächst

$$\left.\begin{aligned} \operatorname{cotg}\delta\sin\Delta\alpha &= \frac{X}{\sin\mathfrak{D} + Y\cos\mathfrak{D}}\,, \\ \operatorname{cotg}\delta\cos\Delta\alpha &= \frac{\cos\mathfrak{D} - Y\sin\mathfrak{D}}{\sin\mathfrak{D} + Y\cos\mathfrak{D}} \end{aligned}\right\} \tag{10}$$

und hieraus

$$\left.\begin{aligned} \operatorname{tg}\Delta\alpha &= \frac{X}{\cos\mathfrak{D} - Y\sin\mathfrak{D}}\,, \\ \operatorname{tg}\delta &= \frac{\sin\mathfrak{D} + Y\cos\mathfrak{D}}{\cos\mathfrak{D} - Y\sin\mathfrak{D}}\cos\Delta\alpha\,. \end{aligned}\right\} \tag{9'}$$

Um zu einer von $\Delta\alpha$ freien Formel für δ zu gelangen, welche später noch benötigt wird, quadrieren und addieren wir die Gleichungen (10) und erhalten

$$\operatorname{cotg}^2\delta = \frac{X^2 + (\cos\mathfrak{D} - Y\sin\mathfrak{D})^2}{(\sin\mathfrak{D} + Y\cos\mathfrak{D})^2}.$$

Hieraus folgt durch Einsetzen in die Identität

$$\sin\delta = \frac{1}{\sqrt{1+\operatorname{cotg}^2\delta}},$$

nach passender Umformung

$$\sin\delta = \frac{\sin\mathfrak{D} + Y\cos\mathfrak{D}}{\sqrt{1+X^2+Y^2}}. \tag{11}$$

10. Umformung der Transformationsformeln in Ziff. 9 für numerische Zwecke. Die Gleichungen (9), (9′) und (11), welche die Aufgabe, tangentiale Koordinaten in α, δ und umgekehrt zu verwandeln, theoretisch lösen, sind zur numerischen Rechnung nicht gut geeignet. Selbst bei Maschinenrechnung ist der Übergang von absolutem Maß auf Bogensekunden oder eine andere Winkeleinheit recht lästig. Trotz der großen Zahl der von den verschiedenen Autoren angegebenen Umformungen und Hilfstafeln[1] dürfte es unmöglich sein, eine in allen Fällen gleich bequeme Rechenvorschrift zu finden. Die in der Praxis vorliegenden Verhältnisse sind eben zu vielgestaltig, als daß sich ein einziges Schema für alle eignen könnte. Wir müssen uns hier auf die Darlegung der wichtigsten Methoden beschränken, ohne auf Einzelheiten des Rechenschemas einzugehen. Die Umgestaltung der Formeln ist auf zwei grundsätzlich verschiedenen Wegen möglich: A. durch Einführung von Hilfsgrößen und B. durch Reihenentwicklungen.

A. Einführung von Hilfsgrößen. Setzt man $\operatorname{tg}\mathfrak{q} = Y$ und $d = \mathfrak{D} + \mathfrak{q}$, so erhält man aus (9′) ein Formelsystem, das ebensogut zur Verwandlung von X, Y in α, δ wie auch zur Lösung der umgekehrten Aufgabe dienen kann; es entsteht nämlich

$$\left.\begin{aligned} \operatorname{tg}\mathfrak{q} &= Y,\\ d &= \mathfrak{D} + \mathfrak{q},\\ \operatorname{tg}\Delta\alpha &= X\sec d\cos\mathfrak{q},\\ \operatorname{tg}\delta &= \operatorname{tg}d\cos\Delta\alpha. \end{aligned}\right\} \tag{12′}$$

Dieselben Formeln, für die Umkehrung geschrieben, lauten

$$\left.\begin{aligned} \operatorname{tg}d &= \operatorname{tg}\delta\sec\Delta\alpha,\\ \mathfrak{q} &= d - \mathfrak{D},\\ X &= \operatorname{tg}\Delta\alpha\cos d\sec\mathfrak{q},\\ Y &= \operatorname{tg}\mathfrak{q}. \end{aligned}\right\} \tag{12}$$

Die Rechnung nach (12) und (12′) ist bei Benutzung von Hilfstafeln, welche die Reduktion der in Bogensekunden ausgedrückten Tangente auf den Bogen geben, sehr einfach. Solche Tafeln sind im Anhang I mitgeteilt und finden sich auch an anderen Stellen[2,3]. Unbequem ist bei diesen Gleichungen nur, daß man die kleine Differenz zwischen d und δ nicht unmittelbar erhält, sondern zu dem

[1] Vgl. das Verzeichnis am Schluß von Anhang I.

[2] Albrecht, Formeln und Hilfstafeln, 3. Aufl. (1894), Tafel 42. Entsprechende, für logarithmische Rechnung bestimmte Tafeln s. Albrecht, l. c. Tafel 42 und 4. Aufl. (1908), Tafel 40. Vgl. auch das Verzeichnis am Schluß von Anhang I.

[3] Veröff d astron Recheninst Berlin-Dahlem Nr. 47 (1929).

Umweg über die Funktionen $\operatorname{tg} d$ und $\operatorname{tg} \delta$ gezwungen ist, was bei 0'',01 Genauigkeit siebenstellige Rechnung erfordert.

J. PETERS[1] vermeidet diesen Übelstand nach dem Vorgang von C. VICK[2] durch Einführung einer weiteren Hilfsgröße v, definiert durch $\operatorname{tg} v = X \cos \mathfrak{q}$, oder hiermit identisch $\sin v = \sin \varDelta\alpha \cos \delta$. Es entstehen aus (12) und (12') folgende Formelsystme:

$$\left.\begin{aligned} \sin v &= \sin \varDelta\alpha \cos\delta\,, \\ \sin(d-\delta) &= \operatorname{tg} v \operatorname{tg}\frac{\varDelta\alpha}{2}\sin\delta\,, \\ \mathfrak{q} &= d - \mathfrak{D}\,, \\ X &= \operatorname{tg} v \sec\mathfrak{q}\,, \\ Y &= \operatorname{tg}\mathfrak{q}\,. \end{aligned}\right\} \qquad (13)$$

Und umgekehrt:

$$\left.\begin{aligned} \operatorname{tg}\mathfrak{q} &= Y\,, \\ d &= \mathfrak{D} + \mathfrak{q}\,, \\ \operatorname{tg} v &= X\cos\mathfrak{q}\,, \\ \operatorname{tg}\varDelta\alpha &= \operatorname{tg} v \sec d\,, \\ \sin(\delta - d) &= -\sin v \operatorname{tg}\frac{\varDelta\alpha}{2}\sin\alpha\,. \end{aligned}\right\} \qquad (13')$$

Umfangreiche, von J. PETERS[1] herausgegebene Hilfstafeln erleichtern die Rechnung nach den Formeln (13) und (13') bedeutend. Besonders angenehm ist, daß die Verwandlung von Bogenmaß in Zeitmaß und umgekehrt entfällt, da die betreffenden Faktoren in die Tabellen für $\sec\mathfrak{q}$ und $\cos\mathfrak{q}$ mit einbezogen sind. Für Massenrechnungen dürfte der PETERSsche Weg der bequemste sein. Doch führen bei beschränkterer Zahl der Transformationen (12) und (12') oder eine der im folgenden besprochenen Methoden vielleicht rascher zum Ziel, da die Tabellen von PETERS immerhin einige Einarbeitung und ein sorgfältig angelegtes Rechenschema erfordern.

B. Reihenentwicklungen. Andere Formeln zur direkten Berechnung von $d - \delta$ erhält man durch Anwendung der bekannten Reihen[3]

$$\mathfrak{y} = \mathfrak{x} + \operatorname{tg}^2\frac{\varepsilon}{2}\sin 2\mathfrak{x} + \frac{1}{2}\operatorname{tg}^4\frac{\varepsilon}{2}\sin 4\mathfrak{x} + \cdots\,, \qquad \operatorname{tg}\mathfrak{y} = \sec\varepsilon \operatorname{tg}\mathfrak{x}\,,$$

$$\mathfrak{y} = \mathfrak{x} - \operatorname{tg}^2\frac{\varepsilon}{2}\sin 2\mathfrak{x} + \frac{1}{2}\operatorname{tg}^4\frac{\varepsilon}{2}\sin 4\mathfrak{x} - \cdots\,, \qquad \operatorname{tg}\mathfrak{y} = \cos\varepsilon \operatorname{tg}\mathfrak{x}$$

auf die Gleichungen für d und δ in (12) bzw. (12'). Hiermit entsteht

$$\left.\begin{aligned} d &= \delta + \operatorname{tg}^2\frac{\varDelta\alpha}{2}\sin 2\delta + \frac{1}{2}\operatorname{tg}^4\frac{\varDelta\alpha}{2}\sin 4\delta\,, \\ \mathfrak{q} &= d - \mathfrak{D}\,, \\ X &= \operatorname{tg}\varDelta\alpha\cos d\sec\mathfrak{q}\,, \\ Y &= \operatorname{tg}\mathfrak{q} \end{aligned}\right\} \qquad (14)$$

und

$$\left.\begin{aligned} \operatorname{tg}\mathfrak{q} &= Y\,, \\ d &= \mathfrak{D} + \mathfrak{q}\,, \\ \operatorname{tg}\varDelta\alpha &= X\sec d\cos\mathfrak{q}\,, \\ \delta &= d - \operatorname{tg}^2\frac{\varDelta\alpha}{2}\sin 2d + \frac{1}{2}\operatorname{tg}^4\frac{\varDelta\alpha}{2}\sin 4d\,. \end{aligned}\right\} \qquad (14')$$

[1] Veröff d astron Recheninst Berlin-Dahlem Nr. 47 (1929).
[2] Mitt Hamb Sternw 5, Nr. 19 (1924).
[3] BRÜNNOW, Lehrbuch der sphärischen Astronomie, S. 16 (1880).

Die vernachlässigten Glieder der Reihen bleiben unter 0'',01 für $\Delta\alpha \leqq 30^m$. Mit den in Anhang I gegebenen Hilfstafeln rechnet man nach (14) und (14') sehr bequem.

Die Anwendung von Reihenentwicklungen, welche X und Y unmittelbar durch $\Delta\alpha = \alpha - \mathfrak{A}$ und $\Delta\delta = \delta - \mathfrak{D}$ oder umgekehrt ausdrücken, hat für numerische Zwecke nur dann Wert, wenn die Glieder 4. Ordnung entfallen und die Glieder 3. Ordnung so klein sind, daß wenige Stellen zur Berechnung genügen. Für scharfe Rechnung kommen die Reihen also nur bei sehr kleinen Plattenfeldern (bis höchstens $1^\circ \times 1^\circ$) in Frage. Anders ist es bei genäherter Rechnung (z. B. für Identifikationszwecke); hier können die Reihen bis zu $10^\circ \times 10^\circ$ Feldgröße mit Vorteil verwandt werden. In hohen Deklinationen sind sie selbstverständlich unbrauchbar. Die Tafeln 5 und 6 in Anhang I, welche bei der Rechnung nach den Reihen zu benutzen sind, gehen daher nur bis zu $\mathfrak{D} = 60^\circ$.

Entsprechend den vorstehenden Bemerkungen soll die Entwicklung der Reihen auf die Glieder 1. bis 3. Ordnung einschließlich beschränkt werden. Eine Reihe für $\Delta\alpha$ läßt sich sehr einfach aus der ersten der Gleichungen (9') herleiten, die wir in etwas veränderter Form schreiben:

$$\operatorname{tg}\Delta\alpha = \frac{X\sec\mathfrak{D}}{1 - Y\operatorname{tg}\mathfrak{D}} = X\sec\mathfrak{D}(1 + Y\operatorname{tg}\mathfrak{D} + Y^2\operatorname{tg}^2\mathfrak{D} + \cdots),$$

$$\operatorname{tg}\Delta\alpha = X\sec\mathfrak{D} + XY\sec\mathfrak{D}\operatorname{tg}\mathfrak{D} + XY^2\sec\mathfrak{D}\operatorname{tg}^2\mathfrak{D}.$$

Dieser Ausdruck ist noch in die Arkustangensreihe $\mathfrak{x} = \operatorname{tg}\mathfrak{x} - \frac{1}{3}\operatorname{tg}^3\mathfrak{x} + \cdots$ einzusetzen, womit sich ergibt

$$\Delta\alpha = X\sec\mathfrak{D} + XY\sec\mathfrak{D}\operatorname{tg}\mathfrak{D} - \tfrac{1}{3}X^3\sec^3\mathfrak{D} + XY^2\sec\mathfrak{D}\operatorname{tg}^2\mathfrak{D}. \qquad (15\,\text{a})$$

Die entsprechende Reihe für $\Delta\delta$ folgt aus (11); wir entwickeln zunächst den Nenner

$$\sin\delta = \frac{\sin\mathfrak{D} + Y\cos\mathfrak{D}}{\sqrt{1 + X^2 + Y^2}} = (\sin\mathfrak{D} + Y\cos\mathfrak{D})\left[1 - \frac{1}{2}(X^2 + Y^2) + \cdots\right],$$

$$\sin\delta = \sin\mathfrak{D} + Y\cos\mathfrak{D} - \tfrac{1}{2}(X^2 + Y^2)\sin\mathfrak{D} - \tfrac{1}{2}(X^2 + Y^2)\,Y\cos\mathfrak{D}.$$

Nun gilt ganz allgemein[1]

$$\mathfrak{y} = \mathfrak{x} + \frac{a}{\cos\mathfrak{x}} + \frac{1}{2}\operatorname{tg}\mathfrak{x}\frac{a^2}{\cos^2\mathfrak{x}} + \frac{1}{6}(1 + 3\operatorname{tg}^2\mathfrak{x})\frac{a^3}{\cos^3\mathfrak{x}} + \cdots, \qquad \sin\mathfrak{y} = \sin\mathfrak{x} + a.$$

Setzt man, diesen Ausdruck auf den vorliegenden Fall anwendend,

$$\mathfrak{y} = \delta; \quad \mathfrak{x} = \mathfrak{D}; \quad a = Y\cos\mathfrak{D} - \tfrac{1}{2}(X^2 + Y^2)\sin\mathfrak{D} - \tfrac{1}{2}(X^2 + Y^2)\,Y\cos\mathfrak{D},$$

so entsteht nach einigen Umformungen

$$\Delta\delta = Y - \tfrac{1}{2}X^2\operatorname{tg}\mathfrak{D} - \tfrac{1}{2}X^2 Y\sec^2\mathfrak{D} - \tfrac{1}{3}Y^3. \qquad (15\,\text{b})$$

Zur Ableitung der Reihen für X und Y kann man von den Gleichungen (9) ausgehen. Bequemer aber ist es, wenigstens bei beschränkter Gliederzahl, die soeben erhaltenen Reihen in sukzessiver Näherung umzukehren; hierfür sind (15a) und (15b) in folgender Form zu schreiben:

$$X = \Delta\alpha\cos\mathfrak{D} - XY\operatorname{tg}\mathfrak{D} + \tfrac{1}{3}X^3\sec^2\mathfrak{D} - XY^2\operatorname{tg}^2\mathfrak{D},$$

$$Y = \Delta\delta + \tfrac{1}{2}X^2\operatorname{tg}\mathfrak{D} + \tfrac{1}{2}X^2 Y\sec^2\mathfrak{D} + \tfrac{1}{3}Y^3.$$

---

[1] Brünnow, Lehrbuch der sphärischen Astronomie, S. 18 (1880).

Die erste Näherung lautet also $X = \Delta\alpha \cos\mathfrak{D}$, $Y = \Delta\delta$; durch Einsetzen in die rechten Seiten folgt

$$X = \Delta\alpha \cos\mathfrak{D} - \Delta\alpha\,\Delta\delta \sin\mathfrak{D},$$
$$Y = \Delta\delta + \tfrac{1}{2}\Delta\alpha^2 \sin\mathfrak{D} \cos\mathfrak{D};$$

und schließlich

$$\left.\begin{aligned} X &= \Delta\alpha \cos\mathfrak{D} - \Delta\alpha\,\Delta\delta \sin\mathfrak{D} + \tfrac{1}{6}\Delta\alpha^3 \cos\mathfrak{D}\,(3\cos^2\mathfrak{D} - 1),\\ Y &= \Delta\delta + \tfrac{1}{2}\Delta\alpha^2 \sin\mathfrak{D}\cos\mathfrak{D} + \tfrac{1}{2}\Delta\alpha^2\,\Delta\delta \cos 2\mathfrak{D} + \tfrac{1}{3}\Delta\delta^3. \end{aligned}\right\} \quad (16)$$

Zur numerischen Auswertung der Reihen (15a), (15b) und (16) dienen die Tafeln 1, 5 und 6, Anhang I (vgl. die Erläuterungen dort).

Eine noch weitergehende Vereinfachung der Rechnung, als sie die bisher erwähnten Tafeln geben, die für beliebige Deklinationen des Tangentialpunktes verwendbar sind, läßt sich erzielen, wenn für einen Tangentialpunkt oder für eine Reihe von Tangentialpunkten gleicher Deklination sehr viele Transformationen auszuführen sind. In solchen Fällen lohnt sich die Herstellung von Spezialtafeln für das betreffende $\mathfrak{D}$. Derartige Tafeln sind in verschiedener Anordnung besonders für die photographische Himmelskarte aufgestellt worden. Sie gründen sich teils auf die strengen Formeln (9), (9') und (12), (12'), teils auf die Reihen (15a), (15b) und (16); auch Kombinationen der beiden Formelarten werden benutzt. Bezüglich der Einrichtung im einzelnen muß auf die Tafeln selbst und die ihnen beigegebenen Erläuterungen verwiesen werden[1-4].

Zu erwähnen ist noch ein von GRAFF[5] angegebenes graphisches Verfahren zur Transformation tangentialer Koordinaten in α, δ, welches bei geringeren Ansprüchen an Genauigkeit und bei engen Plattenfeldern sehr bequem ist. Es leistet sogar noch mehr als die bisher besprochenen Methoden, da es nicht unbedingt an die Voraussetzung gebunden ist, daß die zu transformierenden Koordinaten tangentiale sind, sondern die gemessenen Koordinaten unter Berücksichtigung der an sie anzubringenden Verbesserungen (wegen Skalenwert, Orientierung, Refraktion usw., vgl. Abschnitt d) unmittelbar in α, δ zu verwandeln gestattet.

Bisweilen werden Formeln benötigt, die bei festgehaltenem Tangentialpunkt die Änderungen von $\Delta\alpha$, $\Delta\delta$ durch die entsprechenden von X und Y ausdrücken. Werden diese Änderungen mit $d\alpha$, $d\delta$ bzw. dX, dY bezeichnet, so liefern die Gleichungen (15a) und (15b)

$$\begin{aligned} \Delta\alpha + d\alpha &= (X + dX)\sec\mathfrak{D} + (X + dX)(Y + dY)\sec\mathfrak{D}\operatorname{tg}\mathfrak{D}\\ &\quad - \tfrac{1}{3}(X + dX)^3\sec^3\mathfrak{D} + (X + dX)(Y + dY)^2\sec\mathfrak{D}\operatorname{tg}^2\mathfrak{D},\\ \Delta\delta + d\delta &= Y + dY - \tfrac{1}{2}(X + dX)^2\operatorname{tg}\mathfrak{D}\\ &\quad - \tfrac{1}{2}(X + dX)^2(Y + dY)\sec^2\mathfrak{D} - \tfrac{1}{3}(Y + dY)^3. \end{aligned}$$

Hieraus folgt, wenn die in dX, dY quadratischen Glieder, die zugleich noch eine Koordinate selbst enthalten, und die höheren vernachlässigt werden,

$$\left.\begin{aligned} d\alpha &= dX\sec\mathfrak{D} + (X\,dY + Y\,dX)\sec\mathfrak{D}\operatorname{tg}\mathfrak{D} - X^2\,dX\sec^3\mathfrak{D}\\ &\quad + (Y^2\,dX + 2XY\,dY)\sec\mathfrak{D}\operatorname{tg}^2\mathfrak{D} + dX\,dY\sec\mathfrak{D}\operatorname{tg}\mathfrak{D},\\ d\delta &= dY - X\,dX\operatorname{tg}\mathfrak{D} - \tfrac{1}{2}(X^2\,dY + 2XY\,dX)\sec^2\mathfrak{D} - Y^2\,dY - \tfrac{1}{2}dX^2\operatorname{tg}\mathfrak{D}. \end{aligned}\right\} \quad (17)$$

---

[1] Siehe das Verzeichnis von Hilfstafeln zur Koordinatentransformation am Schlusse von Anhang I.

[2] ZURHELLEN, Darleg. u. Kritik usw., S. 92 (1904).

[3] JACOBY, Bull Carte du ciel 3, S. 1 (1902).

[4] RAYET, Ann Obs Bordeaux 9, (1900).

[5] A N 211, S. 241 (1920).

d) Verbesserungen der gemessenen Koordinaten.

11. Übersicht über die verschiedenen Verbesserungen. Die Reduktion einer photographischen Himmelsaufnahme zerfällt in zwei Teile: 1. die Verwandlung der gemessenen Koordinaten in tangentiale, und 2. die Verwandlung der tangentialen Koordinaten in A.R. und Dekl., falls man nicht überhaupt bei den Tangentialkoordinaten stehenbleiben will[1]. Da der zweite Teil in Ziff. 9 und 10 bereits erledigt ist, haben wir uns nur noch mit dem ersten zu beschäftigen. Die hierfür an die gemessenen Koordinaten anzubringenden Verbesserungen lassen sich in zwei Gruppen einteilen:

α) „Instrumentelle" Verbesserungen, d. h. solche, die von dem Aufnahmeinstrument und seinem Zustand während der Aufnahme abhängen. Dies sind:

a) Skalenwert,
b) Orientierung,
c) Nullpunktsfehler,
d) Plattenneigung.

β) „Sphärische" Verbesserungen, d. h. solche, die von astronomischen Einflüssen abhängen. Dies sind:

e) Refraktion,
f) Aberration,
g) Präzession und Nutation.

Für die Verbesserungen der zweiten Gruppe lassen sich Formeln herleiten, welche die Berechnung, wenn nicht in aller Strenge, so doch in theoretisch beliebig weit zu treibender Näherung gestatten, und zwar lediglich auf Grund der bekannten Aufnahmedaten. In den Formeln der ersten Gruppe muß jedoch mindestens ein Teil der Koeffizienten empirisch mit Hilfe von Sternen, deren Örter bereits bekannt sind („Anhaltsterne"), bestimmt werden.

α) Instrumentelle Verbesserungen.

12. Skalenwert, Orientierung und Nullpunktsfehler. Für alle folgenden Betrachtungen soll von der KAPTEYNschen und SCHLESINGERschen Methode[2] der Plattenausmessung abgesehen und vorausgesetzt werden, daß das System der gemessenen Koordinaten rechtwinklig ist und daß die beiden Koordinaten in derselben Maßeinheit ausgedrückt sind[3]. Ferner soll angenommen werden, daß etwaige Fehler der Meßapparatur bestimmt und rechnerisch berücksichtigt wurden.

Maßeinheit und Orientierung tangentialer Koordinaten sind definitionsmäßig festgelegt, während diese Daten bei den gemessenen Koordinaten x und y vom Meßapparat abhängen. An x und y sind also die Verbesserungen Δx, Δy anzubringen, welche folgende Form haben:

$$\Delta x = Ax + By,$$
$$\Delta y = -Bx + Ay.$$

Dieselben Überlegungen wie für Maßeinheit und Orientierung gelten auch für den Nullpunkt der gemessenen Koordinaten. Sind diese also nicht schon auf den Tangentialpunkt bezogen, so hat das System x, y eine Parallelverschiebung zu erfahren. Eine solche Nullpunktsänderung wird bei der Reduktion einer

---

[1] In dieser Weise ist z. B. KÜSTNER bei seinen Arbeiten über Sternhaufen vorgegangen. Vgl. Bonner Veröff Nr. 14 (1920).

[2] Vgl. Ziff. 6 dieses Kapitels.

[3] Fälle, in denen diese Voraussetzung nicht erfüllt ist, werden in Ziff. 20 dieses Kapitels behandelt werden.

Platte stets vorgenommen, und zwar aus folgendem Grunde. Für die spätere Verwandlung in A.R. und Dekl. muß der Ort des Tangentialpunktes am Himmel, also die Größen $\mathfrak{A}$ und $\mathfrak{D}$ in den Formeln der Ziff. 9 und 10 mit derselben Schärfe bekannt sein, die für die abzuleitenden Sternörter gefordert wird. Diese Genauigkeit zu erreichen, ist aber nicht möglich. Allerdings wäre es denkbar, von genäherten Werten für $\mathfrak{A}$ und $\mathfrak{D}$ ausgehend, deren Verbesserungen aus den bekannten Anhaltsternörtern abzuleiten. Doch würde die Genauigkeit dieses recht umständlichen Verfahrens nur eine formale sein, da effektiv natürlich höchstens diejenige Schärfe erzielt wird, mit der man die Lage des Tangentialpunktes auf der Platte kennt. Es ist aber, wie in der folgenden Ziffer gezeigt wird, weder möglich noch nötig, den Tangentialpunkt so genau festzulegen.

Man geht daher praktisch anders vor und definiert als „rechnerischen" Tangentialpunkt denjenigen Punkt der Platte, dessen A.R. und Dekl. mit den angenommenen Werten $\mathfrak{A}$ und $\mathfrak{D}$ in aller Strenge übereinstimmen. Infolge dieser Fiktion eines Nullpunktsfehlers sind an x und y konstante Verbesserungen anzubringen, die obigen Formeln also folgendermaßen zu ergänzen.

$$\left.\begin{aligned} \Delta x &= A x + B y + C, \\ \Delta y &= -B x + A y + D. \end{aligned}\right\} \tag{18}$$

Die Größen A (Skalenwert), B (Orientierung), C und D (Nullpunktsfehler) sind zunächst unbekannt, müssen also auf irgendeine Weise bestimmt werden. Für A liefert zwar die Brennweite des Objektivs einen guten Näherungswert; daß aber eine zur Reduktion der Platte hinreichende Genauigkeit durch direkte Messung der Brennweite ohne Kenntnis von Anhaltsternörtern nicht erreichbar ist, liegt auf der Hand. Zur Bestimmung von B ist jedoch ein von Anhaltsternen unabhängiges Verfahren vorgeschlagen und auch gelegentlich angewandt worden[1]. Man hält nach beendeter Aufnahme den Stundenantrieb des Instruments an, so daß die helleren Sterne ihre Spuren auf der Platte aufzeichnen. Aus dem bei der Messung der Platte zu ermittelnden Winkel zwischen der Sternspur (scheinbarer Parallel) und einer Koordinatenachse läßt sich dann der Wert von B ableiten. Bei diesem Verfahren sind systematische Fehler in den Messungen der Sternspur kaum vermeidbar, so daß die der Platte an sich innewohnende Genauigkeit nicht voll ausgenutzt werden kann. Unbedingt vorzuziehen ist daher die gegenwärtig stets angewandte Methode, alle vier Konstanten zugleich aus den Anhaltsternen abzuleiten (vgl. hierüber Ziff. 20).

Es ist nun nicht nur bei dieser Konstantenbestimmung rechentechnisch vorteilhaft, sondern für alle folgenden Formelentwicklungen fast unerläßlich, vorauszusetzen, daß A, B, C und D klein sind. Mit anderen Worten: Die gemessenen Koordinaten dürfen sich von den tangentialen nur wenig unterscheiden. B läßt sich durch passendes Einlegen der Platte in den Meßapparat stets klein halten; für die übrigen Konstanten sind nötigenfalls Näherungswerte zu ermitteln, mit denen die gemessenen Koordinaten gemäß (18) vor weiterer Behandlung zu verbessern sind.

An dieser Stelle ist noch eine wichtige Bemerkung zu machen. Die Formeln (18) besagen, daß die gemessenen Koordinaten einer linearen orthogonalen Transformation zu unterwerfen sind, deren Koeffizienten empirisch mit Hilfe von Anhaltsternen ermittelt werden. Es hindert also nichts, in (18) auch andere an x und y anzubringende Korrektionen (z. B. Präzession) mit hineinzubeziehen, soweit es die Gestalt der Korrektionsformeln zuläßt. Bei der Reduktion einer

[1] J. SCHEINER, Der große Sternhaufen im Hercules, Messier 13. Abhandl Preuß Akad Wiss (1892).

Platte können folglich alle Korrektionen entfallen, welche sich durch eine lineare orthogonale Transformation darstellen lassen. Es wird sich noch zeigen, daß hierdurch die Berechnung der Präzession vollständig, der Aberration bis auf höhere Glieder sowie eines Teils der Refraktion erspart wird. Allerdings geht dann die geometrische Bedeutung der Konstanten A und B verloren; doch ist dies praktisch belanglos, da es nur ausnahmsweise erforderlich sein wird, die zahlenmäßigen Beträge der unverfälschten Konstanten zu kennen.

13. Plattenneigung. Die Einführung eines „rechnerischen" Tangentialpunktes an Stelle des wahren ist, wie schon aus der Definition der Tangentialkoordinaten folgt, theoretisch unzulässig. Praktisch entstehen jedoch keine merklichen Fehler, wenn nur der rechnerische Tangentialpunkt dem wahren hinreichend nahe benachbart ist. Es sind also Formeln zu entwickeln, welche den Einfluß der Abweichung des angenommenen Tangentialpunkts von seiner vorgeschriebenen Lage auf die Koordinaten zu berechnen gestatten. Wir haben demnach folgende Aufgabe zu behandeln.

Gegeben sei eine Platte, deren wahrer Tangentialpunkt T_1 sei. Die auf ihr gemessenen Koordinaten x, y sollen aber auf den von T_1 verschiedenen Punkt T_2 als Ursprung bezogen sein. Zu berechnen sind die Koordinaten ξ und η, welche auf einer fiktiven Platte, deren wahrer Tangentialpunkt T_2 ist, erhalten worden wären.

Da die fiktive und die wahre Platte gegeneinander geneigt sind, so soll die jetzt zu erörternde Erscheinung im Gegensatz zu dem schon erwähnten Nullpunktsfehler mit „Plattenneigung" bezeichnet werden, obwohl in der Literatur oft beide unter dem Namen Nullpunktsfehler zusammengefaßt werden.

Zur Lösung der gestellten Aufgabe definieren wir ein weiteres Koordinatensystem x_1, y_1, dessen Nullpunkt T_1 sei und dessen Achsen denen des Systems x, y parallel seien. Dann gilt

$$x_1 = x - p; \quad y_1 = y - q, \tag{19}$$

worin p und q die Koordinaten von T_1, bezogen auf den Nullpunkt T_2, bedeuten. Wir nehmen weiter an, daß ξ, η und x_1, y_1 Tangentialkoordinaten sind, also deren vorgeschriebene Maßeinheit und Orientierung besitzen. Diese Annahme legt nach (19) auch x und y entsprechende Bedingungen auf; die Anwendbarkeit der Formeln wird dadurch aber praktisch nicht beschränkt, da ja Skalen- und Orientierungsfehler der gemessenen Koordinaten stets als so klein vorausgesetzt werden, daß die höheren Glieder nicht beeinflußt werden (vgl. Ziff. 12). Zwischen ξ, η und x_1, y_1 bestehen nach (6) in Ziff. 8 folgende Gleichungen:

$$\xi = x_1 - \gamma_1 + y_1 \Delta P - (\gamma_1 x_1 + \gamma_2 y_1) x_1,$$
$$\eta = y_1 - \gamma_2 - x_1 \Delta P - (\gamma_1 x_1 + \gamma_2 y_1) y_1.$$

Hierin können $+y_1 \Delta P$ und $-x_1 \Delta P$ fortfallen, da sie nur eine Orientierungsänderung, d. h. eine lineare orthogonale Transformation darstellen. Werden ferner in den ersten Gliedern x_1 und y_1 durch die Werte (19) ersetzt, so folgt

$$\xi = x - p - \gamma_1 - (\gamma_1 x_1 + \gamma_2 y_1) x_1,$$
$$\eta = y - q - \gamma_2 - (\gamma_1 x_1 + \gamma_2 y_1) y_1.$$

γ_1 und γ_2 sind nach Ziff. 8 die Koordinaten von T_2, bezogen auf T_1, also $\gamma_1 = -p$, $\gamma_2 = -q$. Unter Vernachlässigung der Quadrate von p und q können ferner die Indizes an x und y in den letzten Gliedern fortbleiben, und wir erhalten, wenn noch $\xi - x = \Delta x$ und $\eta - y = \Delta y$ gesetzt wird, die Formeln

$$\left.\begin{aligned} \Delta x &= (p x + q y) x, \\ \Delta y &= (p x + q y) y, \end{aligned}\right\} \tag{20}$$

in welchen, wie schon erwähnt, p und q die Koordinaten des wahren Tangentialpunkts im System x, y darstellen.

Die Plattenneigung äußert sich also durch eine vom Ort auf der Platte abhängige Änderung des Skalenwertes; da der Einfluß mit den Koordinaten quadratisch wächst, so ist bei großen Plattenfeldern der Spielraum für die Annahme des rechnerischen Tangentialpunktes sehr gering. Die Größen p und q müssen also mit erheblicher Genauigkeit bekannt sein, wie die folgende Zusammenstellung zeigt, in welcher die aus (20) unter der vereinfachenden Annahme $q = 0$ folgenden Maximalbeträge der Korrektionen angegeben sind.

	$p =$	10″	20″	40″	60″
Plattenfeld	1° × 1°	0″,001	0″,002	0″,003	0″,005
	2 × 2	0 ,003	0 ,006	0 ,012	0 ,018
	5 × 5	0 ,02	0 ,04	0 ,08	0 ,11
	10 × 10	0 ,08	0 ,15	0 ,30	0 ,46

Läßt man z. B. bei einem Plattenfeld von 10° × 10° einen Fehler von 0″,1 im Sternort zu, so darf nach den Werten der Tabelle der rechnerische Tangentialpunkt vom wahren höchstens 12″ abweichen. Um dies zu erreichen, müßte die Lage des wahren Tangentialpunkts auf der Platte mit etwa 10″ Genauigkeit bekannt sein, da man den noch verbleibenden Spielraum von 2″ für die Konstanten C und D der Formeln (18) braucht. Der Ort des Tangentialpunkts am Himmel läßt sich zwar leicht so genau bestimmen (vgl. Ziff. 19), daß C und D in den gezogenen Grenzen bleiben; Schwierigkeiten bereitet aber die Ermittlung seiner Lage auf der Platte. Hierfür sind bisher folgende drei grundsätzlich verschiedene Wege beschritten worden.

1. Ein experimenteller, von OLSSON[1] angegebener Weg; Verfeinerungen dieser Methoden wurden von KÜSTNER[2] und SCHLESINGER[3] vorgeschlagen.

2. Rechnerische Ableitung von p und q aus Anhaltsternen.

3. Bestimmung von p und q durch besonders angeordnete Aufnahmen.

Das OLSSONsche Verfahren gründet sich auf die Überlegung, daß der Tangentialpunkt praktisch gegeben ist als Fußpunkt des Lotes, gefällt vom Zentrum des Objektivs auf die Plattenebene. Man legt nun die Platte genau wie bei der Aufnahme in die beiderseits geöffnete Kassette, während vor das Objektiv in möglichst geringem Abstand eine Blende gesetzt wird, welche ein kleines, genau zentrisch liegendes Loch hat. Der Durchmesser des Loches ist so zu bemessen, daß es vom Kassettenende aus als deutlich sichtbarer Lichtpunkt erscheint. Gleichzeitig mit der Blende erblickt das von hinten auf die Platte schauende Auge das von der Glasseite der Platte erzeugte Spiegelbild der Augenpupille. Durch seitliches Verschieben des Auges ist jetzt dies Spiegelbild mit dem Blendenloch scheinbar zur Deckung zu bringen. Dann liegen die drei Punkte: Augenpupille, deren Spiegelbild und Blendenloch auf einer Geraden, die auf der Platte senkrecht steht, also durch den Tangentialpunkt gehen muß. Die betreffende Stelle der Platte wird nun in geeigneter Weise, z. B. durch einen Tintenpunkt, markiert. Beim Ausmessen der Platte ist diese Marke mitzumessen, womit p und q bekannt sind. Wegen mancher Fehlerquellen[4] läßt sich der Tangentialpunkt nach der OLSSONschen Methode nur bei Plattenfeldern bis zu etwa 2° × 2° hinreichend sicher bestimmen.

[1] ZURHELLEN, Darlegung u. Kritik usw., S. 71 (1904); A N 146, S. 137 (1898).

[2] A. KÖNIG u. O. HECKMANN, Untersuchung des vierlinsigen Objektivs usw. V J S 63, S. 279 (1928).

[3] Yale Obs Transactions 4, S. 5 (1925).

[4] ZURHELLEN, l. c. S. 73; vgl. auch A N 179, S. 309 (1908).

Höhere Genauigkeit (für Felder von $5° \times 5°$ und mehr ausreichend) liefert eine von KÜSTNER für die photographische Wiederbeobachtung des A.G.-Kataloges eingeführte Modifikation des OLSSONschen Verfahrens. Hierbei wird das Auge durch ein mit Okularschraubenmikrometer ausgerüstetes Fernrohr ersetzt, welches direkt die Ränder der Objektivfassung anvisiert. Ferner wird der Tangentialpunkt nicht von Hand, sondern indirekt mittels einer mechanischen Vorrichtung markiert[1]. SCHLESINGER[2] ist bei der Reduktion der von ihm neu beobachteten Teile des A.G.-Kataloges in ganz ähnlicher Weise vorgegangen.

Die rechnerische Ableitung von p und q aus den Anhaltsternen ist in Ziff. 21 behandelt. Um sichere Resultate zu erhalten, ist bei dieser Methode, wie hier schon vorweggenommen werden soll, eine große Zahl von Anhaltsternen mit genau bekannten Örtern notwendig, wodurch die praktische Anwendung beschränkt wird.

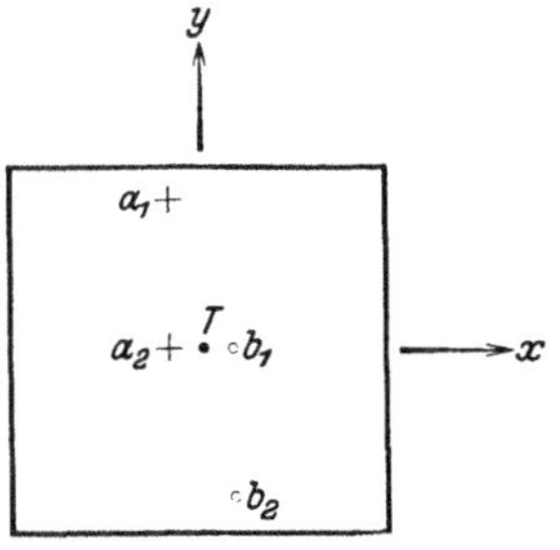

Abb. 5. Bestimmung von p und q durch „Streckenverschiebung". T = angenommener Tangentialpunkt. $a_1 b_1$ = erste Aufnahme, $a_2 b_2$ = zweite Aufnahme der Sternstrecke $\overline{ab}$. a_2, T, b_1 müssen in Wirklichkeit dicht beieinander liegen und sind nur der Übersichtlichkeit halber weit getrennt gezeichnet.

Das dritte Verfahren ist von Anhaltsternen völlig unabhängig; es erfordert jedoch ad hoc hergestellte Aufnahmen, welche folgendermaßen anzuordnen sind. Zwei Sterne a und b von nahezu gleicher A.R. und einer Deklinationsdifferenz, die wenig kleiner als die halbe Plattenseite ist, seien zweimal auf dieselbe Platte derart aufgenommen, daß bei der einen Aufnahme Stern b, bei der zweiten Stern a möglichst in die Nähe des angenommenen Tangentialpunkts fällt. Es entsteht die in Abb. 5 schematisch dargestellte Anordnung. Sind s_1 und s_2 die aus den beiden Aufnahmen folgenden und auf die Sphäre reduzierten Längen der Sternstrecke $\overline{ab}$, s_0 die vom Einfluß einer etwa bestehenden Plattenneigung freie Streckenlänge, so gilt nach (20):

$$s_0 = s_1 + (y_{a1}^2 - y_{b1}^2)q = s_2 + (y_{a2}^2 - y_{b2}^2)q\,, \tag{21}$$

wenn die Koordinaten gemäß den Bezeichnungen in Abb. 5 durch Indizes unterschieden werden. Es ist nun, wenn die beiden Aufnahmen annähernd symmetrisch zu dem angenommenen Tangentialpunkt liegen, zulässig, für y_{a1} und y_{b2} einen gemeinsamen Näherungswert y einzusetzen, ferner die Quadrate der als klein vorausgesetzten Koordinaten y_{a2} und y_{b1} zu vernachlässigen. Dann folgt aus (21) die Bestimmungsgleichung für q

$$2y^2 q = s_2 - s_1\,.$$

Die Größen y, s_1 und s_2 lassen sich aus den auf der Platte gemessenen Ordinaten sofort berechnen. Zur Verwandlung in Bogensekunden genügt stets ein genäherter, aus der Brennweite abzuleitender Skalenwert; die Reduktion der „tangential" gemessenen Strecken auf die Sphäre geschieht sehr einfach mit Hilfe der Werte τ (Tafel 1, Anhang I). Ein besonderer Vorzug dieser Methode ist, daß man ohne die Kenntnis der Sternörter auskommt und daß die Platte nur in einer Koordinatenrichtung vermessen zu werden braucht. Schwierigkeiten bereitet lediglich die Auswahl geeigneter Sternpaare. Hierin ist man besonders bei der Bestimmung von p, für die analog in der x-Richtung angeordnete Aufnahmen erforderlich sind, oft behindert; denn hier tritt als beschränkende Bedingung

[1] A. KÖNIG u. O. HECKMANN, Untersuchung des vierlinsigen Objektivs usw. V J S 63. S. 279 (1928).

[2] Yale Obs Transactions 4, S. 5 (1925).

noch hinzu, daß die Sterne nahe am Himmelsäquator liegen müssen, da andernfalls die „Streckenverschiebung“ nicht auf einem größten Kreis erfolgt[1].

Zur Bestimmung des Tangentialpunkts auf der einzelnen Platte kommt die Streckenverschiebungsmethode naturgemäß nicht in Frage, ist aber zur Kontrolle der anderweitig bestimmten Werte von p und q wertvoll. Dies gilt besonders bei drei- und vierlinsigen Objektiven, wo eine Plattenneigung durch Zentrierfehler vorgetäuscht werden kann. Es handelt sich dabei selbstverständlich nicht um eine reelle Verlagerung des Tangentialpunkts, sondern um einen Abbildungsfehler, welcher durch Gleichungen von der Form (20) darstellbar oder wenigstens gut approximierbar ist.

Das Streckenverschiebungsverfahren kann übrigens prinzipiell zur Bestimmung eines jeden nicht mit den Koordinaten linear verlaufenden Bildfehlers dienen. Z. B. läßt sich die Verzeichnung auf diesem Wege bestimmen[2].

β) Sphärische Verbesserungen.

14. Allgemeines über die photographische Refraktion. Den Betrag der photographischen Refraktion erhält man nach den Untersuchungen von WILSING[3] und HENRY[4] aus dem der visuellen durch Multiplikation mit einem konstanten Faktor $\varkappa$, als dessen zur Zeit besten Wert man das Mittel aus den genannten beiden Bestimmungen, nämlich $\varkappa = 1{,}0155$, annehmen kann. Die photographische Refraktion läßt sich also, ebenso wie die visuelle, sowohl als Funktion der scheinbaren Zenitdistanz (z), wie auch der wahren (ζ) darstellen. Ist $\Delta z = \zeta - z$ der Gesamtbetrag der Refraktion, so gilt hiernach

$$\Delta z = \beta \operatorname{tg} \zeta = b \operatorname{tg} z .$$

Die Koeffizienten β und b sind mit der Zenitdistanz schwach veränderlich. In größeren Zenitdistanzen muß diese Veränderung auch innerhalb des Plattenfeldes berücksichtigt werden. ZURHELLEN[5], dem wir die bisher vollständigste Entwicklung der Refraktionsformeln verdanken, setzt zu diesem Zweck

$$\beta = \beta_0 + \beta' \operatorname{tg}^2 \zeta \quad \text{und entsprechend} \quad b = b_0 + b' \operatorname{tg}^2 z ;$$

d. h. er vernachlässigt in der Reihenentwicklung der Refraktion nach Potenzen von $\operatorname{tg} z$ die Glieder 5. und höherer Ordnung und weist nach, daß bei Plattenfeldern von $2° \times 2°$ und Zenitdistanzen $\leqq 73°$ der Fehler dieses Ansatzes unter 0″,04 bleibt. Für größere Plattenfelder kann der maximale Einfluß der vernachlässigten Glieder nebenstehender Übersicht[6] entnommen werden, in welcher z die Zenitdistanz des Plattenzentrums bedeutet.

z	Plattenfeld			
	2° × 2°	5° × 5°	7° × 7°	10° × 10°
65°	—	0″,02	0″,02	0″,05
66	—	0 ,03	0 ,03	0 ,07
67	—	0 ,03	0 ,05	0 ,09
68	—	0 ,03	0 ,06	0 ,12
69	0″,01	0 ,04	0 ,08	0 ,17
70	0 ,02	0 ,05	0 ,11	0 ,26
71	0 ,03	0 ,08	0 ,16	—
72	0 ,03	0 ,11	0 ,23	—
73	0 ,04	0 ,17	—	—

Da die Refraktion in Richtung der Zenitdistanz wirkt, so liegt es nahe, zur Ableitung der Refraktionsformeln tangentiale Koordinaten einzuführen, bei denen die Y-Achse zum Zenit gerichtet ist, die also aus den „normalen“ Tangentialkoordinaten (nach der Definition in Ziff. 7) durch Drehung um den parallaktischen Winkel am Tangential-

[1] Über die Behandlung solcher Fälle vgl. V J S 63, S. 289 (1928).
[2] V J S 63, S. 291 (1928). [3] A N 145, S. 273 (1898).
[4] Bull Carte du Ciel 1, S. 464. [5] Darlegung und Kritik usw., S. 7 (1904).
[6] Die Zahlenwerte sind erhalten aus den von DE BALL [Lehrbuch der sphärischen Astronomie, S. 219 (1912)] gegebenen Konstanten (A_2) und (A_3), umgerechnet auf photographische Refraktion mit $\varkappa = 1{,}0155$.

punkt hervorgehen. Verschiedene Autoren[1–4] haben nicht nur in verschiedenen Tangentialebenen, sondern auch auf der Sphäre rechtwinklige Koordinaten eingeführt in Analogie zu den in der Geodäsie üblichen SOLDNERschen Koordinaten. Einfacher und durchsichtiger ist ein zuerst von TURNER[5] zur Ableitung der Refraktionsformeln beschrittener Weg, welcher sphärische Koordinaten vermeidet und dafür Tangentialkoordinaten, bezogen auf das Zenit als Nullpunkt, benutzt. Die TURNERschen Formeln sind jedoch, wie ZURHELLEN[6] nachgewiesen hat, infolge eines grundsätzlichen Irrtums unrichtig. Neuerdings hat HECKMANN[7] unabhängig von TURNER eine strenge Entwicklung der Refraktionsformeln gegeben, ebenfalls unter Benutzung rechtwinkliger Koordinaten in einer im Zenit tangierenden Ebene.

Im folgenden gehen wir, dem HECKMANNschen Gedankengang uns anschließend, von den zenital orientierten, scheinbaren und auf den scheinbaren Tangentialpunkt bezogenen Koordinaten aus und transformieren sie in die auf das Zenit bezogenen Koordinaten. Diese befreien wir von Refraktion, was hier deswegen besonders einfach ist, weil die Refraktion zum Zenit radialsymmetrisch verläuft. Die so erhaltenen wahren Koordinaten transformieren wir rückwärts auf den wahren Tangentialpunkt. Endlich gehen wir von diesen zenital orientierten auf normale, zum Pol orientierte Koordinaten („polare" Koordinaten) über.

Als gegeben sind hierbei zu betrachten die scheinbaren polaren Tangentialkoordinaten und der wahre Ort des Tangentialpunktes, als aus den Aufnahmedaten (Deklination, Stundenwinkel und Sternzeit) folgend. Gesucht sind die wahren polaren Tangentialkoordinaten. Der mathematische Zusammenhang zwischen gegebenen und gesuchten Größen ist so kompliziert, daß an eine strenge Behandlung des Problems nicht gedacht werden kann. Die endgültigen, numerisch anzuwendenden Gleichungen müssen also in Reihen entwickelt werden; es ist daher festzusetzen, welche Glieder mitzunehmen und welche zu vernachlässigen sind. Bezeichnet K allgemein eine Koordinate auf der Platte, so sollen mitgeführt werden die Glieder von der Ordnung

$$\beta K, \quad \beta K^2, \quad \beta K^3, \quad \beta' K,$$

alle übrigen aber, also z. B. die Glieder von der Ordnung $\beta^2 K$, $\beta' K^2$, $\beta\beta' K$ usw., entfallen. Von diesen sind im allgemeinen am stärksten $\beta^2 K$ und $\beta' K^2$; sie sind in den ZURHELLENschen[8] Entwicklungen mitgeführt und dort zu entnehmen, falls sie ausnahmsweise gebraucht werden sollten.

Bei der Ableitung der Refraktionsformeln werden folgende Bezeichnungen benutzt:

	Wahr	Scheinbar
Zenitdistanz des Sterns	$\zeta_1 = z_1 + \Delta z_1$	$z_1 = \zeta_1 - \Delta z_1$
„ „ Tangentialpunkts	$\zeta = z + \Delta z$	$z = \zeta - \Delta z$
Parallaktischer Winkel am Tangentialpunkt	χ	k
Refraktionskoeffizient für den Stern	β_1	b_1
„ „ „ Tangentialpunkt	β	b
Polare Tangentialkoordinaten des Sterns	$\xi = x + \Delta x$ $\eta = y + \Delta y$	x y
Zenitale „ „	$u + \Delta u$ $v + \Delta v$	u v
Auf das Zenit bezogene Tangentialkoordinaten des Sterns	$U + \Delta U$ $V + \Delta V$	U V

[1] HENRY, Bull Carte du Ciel 2, S. 303. [2] BAILLAUD, Bull Carte du Ciel 3, S. 40 (1902).
[3] ZURHELLEN, Darlegung und Kritik usw., S. 3 (1904).
[4] RAYET, Ann Obs Bordeaux 9 (1900). [5] M N 57, S. 133 (1897).
[6] ZURHELLEN, l. c. S. 33.
[7] Nachr Ges Wiss Göttingen Math-Phys Kl (1932), Fachgr. I, Nr. 34; zugleich Veröff Univ-Sternw Göttingen H. 30.
[8] l. c. S. 23.

Um Mißverständnisse auszuschließen, sei nochmals betont, daß die Systeme $\xi = x + \Delta x$, $\eta = y + \Delta y$ und $u + \Delta u$, $v + \Delta v$ den wahren, dagegen x, y und u, v den scheinbaren Tangentialpunkt zum Ursprung haben. Orientiert seien $u + \Delta u$, $v + \Delta v$ und u, v zum Zenit, dagegen ξ, η und u, v zum wahren Pol. Ferner werde über die Orientierung der Achsen des Systems U, V festgesetzt, daß die V-Achse denselben, durch den Tangentialpunkt gehenden Höhenkreis berühre, wie die v-Achse, und daß die U-Achse der u-Achse parallel und gleichgerichtet sei.

Zwischen den obigen Größen bestehen nach dem vorhergehenden folgende fundamentale Beziehungen

$$\left.\begin{aligned} \zeta - z &= \Delta z = \beta \operatorname{tg}\zeta = b \operatorname{tg} z, \\ \zeta_1 - z_1 &= \Delta z_1 = \beta_1 \operatorname{tg}\zeta_1 = b_1 \operatorname{tg} z_1; \end{aligned}\right\} \tag{22}$$

$$\left.\begin{aligned} \beta &= \beta_0 + \beta' \operatorname{tg}^2\zeta, \\ \beta_1 &= \beta_0 + \beta' \operatorname{tg}^2\zeta_1. \end{aligned}\right\} \tag{23}$$

Die gesuchten Größen sind Δx und Δy; sie sollen in den endgültigen Formeln lediglich durch $x, y, \beta, \beta', \zeta, \chi$ ausgedrückt erscheinen.

15. Ableitung der Refraktionsformeln. Wir betrachten zunächst die tangentialen Koordinatensysteme U, V und u, v. Zwischen diesen bestehen Gleichungen von der Form (4) und (4'), und das Schema der Richtungskosinus lautet hier

$$\begin{pmatrix} 1 & 0 & 0 \\ 0 & \cos z & -\sin z \\ 0 & \sin z & \cos z \end{pmatrix}.$$

Es entstehen also die Formeln

$$\left.\begin{aligned} U &= \frac{u}{v \sin z + \cos z}, \\ V &= \frac{v \cos z - \sin z}{v \sin z + \cos z}; \end{aligned}\right\} \tag{24} \qquad \left.\begin{aligned} u &= \frac{U}{\cos z - V \sin z}, \\ v &= \frac{\sin z + V \cos z}{\cos z - V \sin z}. \end{aligned}\right\} \tag{24'}$$

Analog ergibt sich

$$\left.\begin{aligned} U + \Delta U &= \frac{u + \Delta u}{(v + \Delta v)\sin\zeta + \cos\zeta}, \\ V + \Delta V &= \frac{(v + \Delta v)\cos\zeta - \sin\zeta}{(v + \Delta v)\sin\zeta + \cos\zeta}; \end{aligned}\right\} \tag{25} \qquad \left.\begin{aligned} u + \Delta u &= \frac{U + \Delta U}{\cos\zeta - (V + \Delta V)\sin\zeta}, \\ v + \Delta v &= \frac{\sin\zeta + (V + \Delta V)\cos\zeta}{\cos\zeta - (V + \Delta V)\sin\zeta}. \end{aligned}\right\} \tag{25'}$$

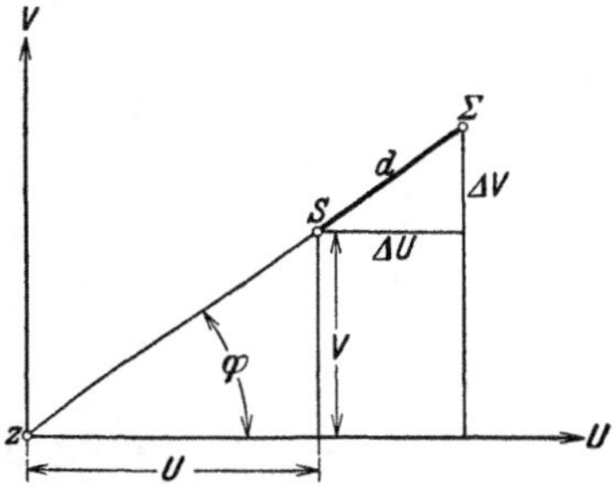

Abb. 6. Wirkung der Refraktion in einer im Zenit Z berührenden Ebene. Σ = Projektion des wahren, S = Projektion des scheinbaren Sternorts.

Um nun einen Ausdruck für ΔU und ΔV zu erhalten, betrachten wir Abb. 6, welche die Verhältnisse in der am Zenit berührenden Ebene (der UV-Ebene) veranschaulicht. Mit den angegebenen Bezeichnungen gilt

$$Z\Sigma = \operatorname{tg}\zeta_1,$$

Also

$$ZS = \operatorname{tg} z_1 = \sqrt{U^2 + V^2}. \tag{26}$$

$$d = \Sigma S = Z\Sigma - ZS = \operatorname{tg}\zeta_1 - \operatorname{tg} z_1. \tag{27}$$

Ferner

$$\left.\begin{aligned} \Delta U &= d \cos\varphi, \\ \Delta V &= d \sin\varphi. \end{aligned}\right\} \tag{28}$$

Weiter folgt aus $\operatorname{tg}\varphi = \frac{V}{U}$ nach bekannten goniometrischen Identitäten und nach (26)

$$\left.\begin{aligned} \cos\varphi &= \frac{U}{\sqrt{U^2+V^2}} = \frac{U}{\operatorname{tg} z_1}, \\ \sin\varphi &= \frac{V}{\sqrt{U^2+V^2}} = \frac{V}{\operatorname{tg} z_1}. \end{aligned}\right\} \tag{29}$$

Wir führen (27) und (29) in (28) ein und erhalten, wenn zur Abkürzung noch

$$\varrho = \frac{\operatorname{tg}\zeta_1 - \operatorname{tg} z_1}{\operatorname{tg} z_1} \tag{30}$$

gesetzt wird, die Ausdrücke

$$\left.\begin{aligned} \Delta U &= \varrho U, \\ \Delta V &= \varrho V. \end{aligned}\right\} \tag{31}$$

Mit diesen Werten schreiben sich die Gleichungen (25′)

$$u + \Delta u = \frac{U(1+\varrho)}{\cos\zeta - V\sin\zeta(1+\varrho)},$$

$$v + \Delta v = \frac{\sin\zeta + V\cos\zeta(1+\varrho)}{\cos\zeta - V\sin\zeta(1+\varrho)}.$$

Hierin ersetzen wir U, V durch die Werte (24) und erhalten

$$u + \Delta u = \frac{\dfrac{u(1+\varrho)}{v\sin z + \cos z}}{\cos\zeta - \dfrac{v\cos z - \sin z}{v\sin z + \cos z}\sin\zeta(1+\varrho)},$$

$$v + \Delta v = \frac{\sin\zeta + \dfrac{v\cos z - \sin z}{v\sin z + \cos z}\cos\zeta(1+\varrho)}{\cos\zeta - \dfrac{v\cos z - \sin z}{v\sin z + \cos z}\sin\zeta(1+\varrho)}$$

oder nach passender Umformung

$$\left.\begin{aligned} u + \Delta u &= \frac{u\sec z\sec\zeta(1+\varrho)}{1 + v\operatorname{tg} z - (v - \operatorname{tg} z)\operatorname{tg}\zeta(1+\varrho)}, \\ v + \Delta v &= \frac{(1 + v\operatorname{tg} z)\operatorname{tg}\zeta + (v - \operatorname{tg} z)(1+\varrho)}{1 + v\operatorname{tg} z - (v - \operatorname{tg} z)\operatorname{tg}\zeta(1+\varrho)}. \end{aligned}\right\} \tag{32}$$

In diesen völlig strengen Gleichungen ist nun z und ϱ durch ζ, β und β' auszudrücken. Nach (22) ist

$$z = \zeta - \beta\operatorname{tg}\zeta.$$

Da wir β^2 vernachlässigen, so folgt

$$\operatorname{tg} z = \operatorname{tg}\zeta - \beta\operatorname{tg}\zeta\frac{d\operatorname{tg}\zeta}{d\zeta} = \operatorname{tg}\zeta - \beta\operatorname{tg}\zeta\sec^2\zeta,$$

$$\sec z = \sec\zeta - \beta\operatorname{tg}\zeta\frac{d\sec\zeta}{d\zeta} = \sec\zeta - \beta\operatorname{tg}^2\zeta\sec\zeta.$$

Hiermit gehen die Formeln (32) über in

$$u + \Delta u = \frac{u(\sec^2\zeta - \beta\operatorname{tg}^2\zeta\sec^2\zeta)(1+\varrho)}{1 + v\operatorname{tg}\zeta - \beta v\operatorname{tg}\zeta\sec^2\zeta - (v - \operatorname{tg}\zeta + \beta\operatorname{tg}\zeta\sec^2\zeta)\operatorname{tg}\zeta(1+\varrho)},$$

$$v + \Delta v = \frac{(1 + v\operatorname{tg}\zeta - \beta v\operatorname{tg}\zeta\sec^2\zeta)\operatorname{tg}\zeta + (v - \operatorname{tg}\zeta + \beta\operatorname{tg}\zeta\sec^2\zeta)(1+\varrho)}{1 + v\operatorname{tg}\zeta - \beta v\operatorname{tg}\zeta\sec^2\zeta - (v - \operatorname{tg}\zeta + \beta\operatorname{tg}\zeta\sec^2\zeta)\operatorname{tg}\zeta(1+\varrho)}.$$

Da gemäß (30) ϱ von der Größenordnung β ist, also $\varrho\beta$ vernachlässigt werden kann, so lassen sich diese Gleichungen nach Beseitigung der Klammern umformen zu

$$u + \Delta u = \frac{u - \beta u \operatorname{tg}^2\zeta + \varrho u}{1 - \beta v \operatorname{tg}\zeta - \beta \operatorname{tg}^2\zeta - \varrho v \sin\zeta\cos\zeta + \varrho\sin^2\zeta},$$

$$v + \Delta v = \frac{v - \beta v \operatorname{tg}^2\zeta + \beta\operatorname{tg}\zeta + \varrho v\cos^2\zeta - \varrho\sin\zeta\cos\zeta}{1 - \beta v \operatorname{tg}\zeta - \beta \operatorname{tg}^2\zeta - \varrho v \sin\zeta\cos\zeta + \varrho\sin^2\zeta}.$$

Hierauf wenden wir, um die Nenner zu beseitigen, die Formel an

$$\frac{1}{1+\varepsilon} = 1 - \varepsilon + \cdots.$$

Mehr Glieder sind nicht nötig, da β^2 und $\varrho\beta$ entfallen. Es entsteht

$$\left.\begin{aligned} \Delta u &= \varrho u\cos^2\zeta + \beta u v\operatorname{tg}\zeta + \varrho u v\sin\zeta\cos\zeta,\\ \Delta v &= \varrho v(\cos^2\zeta - \sin^2\zeta) + \varrho v^2\sin\zeta\cos\zeta + \beta v^2\operatorname{tg}\zeta + \beta\operatorname{tg}\zeta - \varrho\sin\zeta\cos\zeta. \end{aligned}\right\} \quad (33)$$

Es erübrigt noch die Umformung von ϱ zu einem Ausdruck, welcher nur ζ, β, β' und die Koordinaten u, v enthält. Nach (30) gilt

$$\varrho\operatorname{tg}z_1 = \operatorname{tg}\zeta_1 - \operatorname{tg}z_1 = \operatorname{tg}(z_1 + \Delta z_1) - \operatorname{tg}z_1. \quad (34)$$

Nun ist aber $\Delta z_1 = b_1\operatorname{tg}z_1$; also wird mit Vernachlässigung von b_1^2 (b, b_1, β, β_1 sind von gleicher Größenordnung)

$$\operatorname{tg}(z_1 + \Delta z_1) = \operatorname{tg}z_1 + b_1\operatorname{tg}z_1\sec^2 z_1.$$

Demnach folgt aus (34)

$$\varrho = b_1\sec^2 z_1. \quad (35)$$

Zwischen b_1 und β_1 besteht nach (22) die Gleichung

$$b_1 = \frac{\operatorname{tg}\zeta_1}{\operatorname{tg}z_1}\beta_1.$$

Da sich ζ_1 und z_1 um Größen von der Ordnung β unterscheiden, so ist

$$b_1 = \beta_1 + \text{Glieder in } \beta^2.$$

Wir können also in (35) b_1 ohne weiteres durch β_1 ersetzen, womit sich ergibt

$$\varrho = \beta_1\sec^2 z_1. \quad (36)$$

Aus (23) folgt nun

$$\beta_1 = \beta_0 + \beta'\operatorname{tg}^2\zeta_1,$$
$$\beta = \beta_0 + \beta'\operatorname{tg}^2\zeta.$$

Also

$$\beta_1 = \beta + \beta'(\operatorname{tg}^2\zeta_1 - \operatorname{tg}^2\zeta). \quad (37)$$

Um auch z_1 zu eliminieren, benutzen wir (26) und erhalten

$$\sec^2 z_1 = 1 + \operatorname{tg}^2 z_1 = 1 + U^2 + V^2.$$

Nach (24) entsteht hieraus bei passender Umformung

$$\sec^2 z_1 = \frac{\sec^2 z + u^2\sec^2 z + v^2\sec^2 z}{1 + 2v\operatorname{tg}z + v^2\operatorname{tg}^2 z}.$$

Wieder entwickeln wir den Nenner in eine Reihe, müssen jetzt aber bis zu Gliedern 3. Ordnung gehen, um βK^3 mitzuführen. Es ergibt sich

$$\sec^2 z_1 = \sec^2 z[1 - 2v\operatorname{tg}z + u^2 + v^2(1 + 3\operatorname{tg}^2 z) - 2u^2 v\operatorname{tg}z - 2v^3\operatorname{tg}z(1 + 2\operatorname{tg}^2 z)]. \quad (38)$$

Analog gilt für die in (37) auftretende Differenz $\mathrm{tg}^2\zeta_1 - \mathrm{tg}^2\zeta$ mit der hier statthaften Vernachlässigung der höheren Glieder

$$\mathrm{tg}^2\zeta_1 - \mathrm{tg}^2\zeta = \sec^2\zeta_1 - \sec^2\zeta = -2(v + \Delta v)\,\mathrm{tg}\,\zeta\sec^2\zeta\,.$$

Δv enthält in allen Gliedern β oder ϱ, kann folglich in dem Koeffizienten von β' fortfallen, womit (37) übergeht in

$$\beta_1 = \beta - 2\beta' v\,\mathrm{tg}\,\zeta\sec^2\zeta\,.$$

Wenn schließlich dieser Wert zugleich mit (38) in (36) eingesetzt wird, so kann — immer unter den bekannten Vernachlässigungen — überall z durch ζ ersetzt werden, und es folgt

$$\varrho = \beta\sec^2\zeta\,[1 - 2v\,\mathrm{tg}\,\zeta + u^2 + v^2(1 + 3\,\mathrm{tg}^2\zeta) - 2u^2 v\,\mathrm{tg}\,\zeta - 2v^3\,\mathrm{tg}\,\zeta\,(1 + 2\,\mathrm{tg}^2\zeta)] \\ - 2\beta' v\,\mathrm{tg}\,\zeta\sec^4\zeta\,.$$

Mit diesem Ausdruck entstehen nun aus (33) die Gleichungen

$$\left.\begin{aligned} \Delta u &= \beta u + \beta u^3 + \beta u v^2\sec^2\zeta\,, \\ \Delta v &= \beta v\sec^2\zeta - \beta u^2\,\mathrm{tg}\,\zeta - \beta v^2\,\mathrm{tg}\,\zeta\sec^2\zeta + \beta u^2 v\sec^2\zeta \\ &\quad + \beta v^3\sec^4\zeta + 2\beta' v\,\mathrm{tg}^2\zeta\sec^2\zeta\,. \end{aligned}\right\} \tag{39}$$

Als letzter Schritt steht noch die Transformation von $u, v, \Delta u, \Delta v$ in $x, y, \Delta x$ und Δy aus. Das System u, v geht über in x, y durch Drehung um den scheinbaren parallaktischen Winkel k, entsprechend erfordert der Übergang von $u + \Delta u, v + \Delta v$ in $x + \Delta x, y + \Delta y$ eine Drehung um den wahren parallaktischen Winkel χ. Folgende Gleichungen gelten also in aller Strenge

$$\left.\begin{aligned} x + \Delta x &= (u + \Delta u)\cos\chi + (v + \Delta v)\sin\chi\,, \\ y + \Delta y &= -(u + \Delta u)\sin\chi + (v + \Delta v)\cos\chi\,, \end{aligned}\right\} \tag{40}$$

$$\left.\begin{aligned} x &= u\cos k + v\sin k\,, \\ y &= -u\sin k + v\cos k\,, \end{aligned}\right\} \tag{41}$$

$$\left.\begin{aligned} u &= x\cos k - y\sin k\,, \\ v &= x\sin k + y\cos k\,, \end{aligned}\right\} \tag{42}$$

$$u^2 + v^2 = x^2 + y^2\,. \tag{43}$$

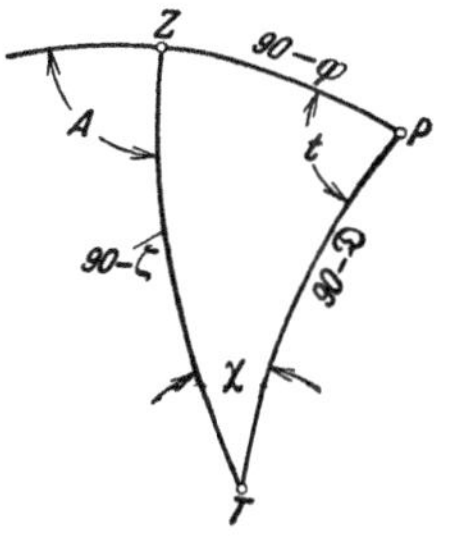

Abb. 7. Zur Transformation von $u, v, \Delta u, \Delta v$ in $x, y, \Delta x, \Delta y$. Berechnung der Hilfsgrößen $k_1 \ldots k_4$ (Ziff. 16). P = Himmelspol, Z = Zenit, T = wahrer Tangentialpunkt.

Da in die endgültigen Ausdrücke nur die vom wahren Ort des Tangentialpunktes abhängenden Größen eingehen sollen, so muß in den vorstehenden Gleichungen k auf χ zurückgeführt werden. Da β^2 vernachlässigt wird, so gelingt dies durch einfache Differentiation folgender Gleichungen:

$$\left.\begin{aligned} \sin\mathfrak{D} &= \sin\varphi\cos\zeta - \cos\varphi\sin\zeta\cos A\,, \\ \cos\mathfrak{D}\sin\chi &= \cos\varphi\sin A\,, \\ \cos\mathfrak{D}\cos\chi &= \sin\varphi\sin\zeta + \cos\varphi\cos\zeta\cos A\,, \end{aligned}\right\} \tag{44}$$

welche sich aus Abb. 7 durch Anwendung der Grundformeln der sphärischen Trigonometrie ergeben. Veränderlich sind ζ, χ und $\mathfrak{D}$. Wir differenzieren zuerst die erste der Gleichungen (44) und erhalten unter Beachtung der dritten

$$d\mathfrak{D} = -\cos\chi\,d\zeta\,.$$

Weiter liefert die Differentiation der zweiten Formel (44)

$$d\chi = \mathrm{tg}\,\mathfrak{D}\,\mathrm{tg}\,\chi\,d\mathfrak{D}.$$

Durch Elimination von $d\mathfrak{D}$ folgt hieraus

$$d\chi = -\operatorname{tg}\mathfrak{D}\sin\chi\, d\zeta\,. \tag{45}$$

Verstehen wir jetzt unter $d\chi$, $d\zeta$ die Änderungen von χ bzw. ζ beim Übergang vom wahren auf das scheinbare Plattenzentrum, so ist zu setzen

$$k = \chi + d\chi\,,$$
$$d\zeta = -\beta\operatorname{tg}\zeta\,,$$

da ja die Zenitdistanz verkleinert wird. Hiermit entsteht aus (45)

$$d\chi = \beta\operatorname{tg}\mathfrak{D}\operatorname{tg}\zeta\sin\chi\,.$$

Dieser Wert liefert nun, in die Gleichungen

$$\cos k = \cos\chi - \sin\chi\, d\chi\,,$$
$$\sin k = \sin\chi + \cos\chi\, d\chi$$

eingesetzt, folgende Beziehungen zwischen χ und k:

$$\cos k = \cos\chi - \beta\operatorname{tg}\mathfrak{D}\operatorname{tg}\zeta\sin^2\chi\,,$$
$$\sin k = \sin\chi + \beta\operatorname{tg}\mathfrak{D}\operatorname{tg}\zeta\sin\chi\cos\chi\,.$$

Werden diese Ausdrücke in die Formeln (41) eingeführt, so folgt

$$x = u\cos\chi + v\sin\chi + \beta\operatorname{tg}\mathfrak{D}\operatorname{tg}\zeta\sin\chi(-u\sin\chi + v\cos\chi)\,,$$
$$y = -u\sin\chi + v\cos\chi - \beta\operatorname{tg}\mathfrak{D}\operatorname{tg}\zeta\sin\chi(u\cos\chi + v\sin\chi)\,.$$

In den Klammern kann nun — wieder unter Vernachlässigung von β^2 — χ mit k vertauscht werden, wodurch die Klammern in x bzw. y übergehen.

Die so vereinfachten Ausdrücke für x und y setzen wir in (40) ein und erhalten

$$\left.\begin{aligned} \Delta x &= \Delta u\cos\chi + \Delta v\sin\chi - \beta\operatorname{tg}\mathfrak{D}\operatorname{tg}\zeta\sin\chi\, y\,,\\ \Delta y &= -\Delta u\sin\chi + \Delta v\cos\chi + \beta\operatorname{tg}\mathfrak{D}\operatorname{tg}\zeta\sin\chi\, x\,. \end{aligned}\right\} \tag{46}$$

Einer Zurückführung von k auf χ bedarf es in den Gleichungen (42) nicht, da diese zur Transformation der in (39) stets mit dem Koeffizienten β auftretenden u, v dienen. Wir können also hier k einfach durch χ ersetzen und erhalten

$$\left.\begin{aligned} u &= x\cos\chi - y\sin\chi\,,\\ v &= x\sin\chi + y\cos\chi\,. \end{aligned}\right\} \tag{47}$$

Der Übergang von zenitalen zu polaren Koordinaten vollzieht sich mit Hilfe der Gleichungen (46) und (47), zu denen noch (43) tritt, durch wenige Einsetzungen. Um die einfache Gestalt der letztgenannten Formel auszunutzen, schreiben wir (39) in folgender Form

$$\left.\begin{aligned} \Delta u &= \beta u + \beta u(u^2 + v^2) + \beta u v^2\operatorname{tg}^2\zeta\,,\\ \Delta v &= \beta v + \beta v\operatorname{tg}^2 - \beta\operatorname{tg}\zeta(u^2 + v^2) - \beta v^2\operatorname{tg}^3\zeta + \beta\sec^2\zeta\, v(u^2 + v^2)\\ &\quad + \beta v^3\sec^2\zeta\operatorname{tg}^2\zeta + 2\beta' v\operatorname{tg}^2\zeta\sec^2\zeta\,. \end{aligned}\right\} \tag{39a}$$

Hieraus folgt nach (43) und (47):

$$\Delta u = \beta(x\cos\chi - y\sin\chi) + \beta(x\cos\chi - y\sin\chi)[x^2 + y^2 + (x\sin\chi + y\cos\chi)^2\operatorname{tg}^2\zeta]\,,$$

$$\begin{aligned} \Delta v = {} & \beta(x\sin\chi + y\cos\chi) + \beta(x\sin\chi + y\cos\chi)\operatorname{tg}^2\zeta - \beta(x^2 + y^2)\operatorname{tg}\zeta - \beta(x\sin\chi + y\cos\chi)^2\operatorname{tg}^3\zeta\\ & + \beta(x\sin\chi + y\cos\chi)(x^2 + y^2)(1 + \operatorname{tg}^2\zeta) + \beta(x\sin\chi + y\cos\chi)^3\operatorname{tg}^2\zeta(1 + \operatorname{tg}^2\zeta)\\ & + 2\beta'(x\sin\chi + y\cos\chi)\operatorname{tg}^2\zeta(1 + \operatorname{tg}^2\zeta)\,. \end{aligned}$$

Die endgültigen Formeln ergeben sich jetzt durch Einführung dieser Ausdrücke in (46). Wir ordnen sofort nach Potenzen von x und y und erhalten nach passender Umformung

$$\left.\begin{aligned}
\Delta x = {} & \beta[(1+\operatorname{tg}^2\zeta\sin^2\chi)\,x + \operatorname{tg}\zeta\sin\chi\,(\operatorname{tg}\zeta\cos\chi - \operatorname{tg}\mathfrak{D})\,y] \\
& -\beta[\operatorname{tg}\zeta\sin\chi\,(1+\operatorname{tg}^2\zeta\sin^2\chi)\,x^2 + 2\operatorname{tg}^3\zeta\sin^2\chi\cos\chi\,xy + \operatorname{tg}\zeta\sin\chi\,(1+\operatorname{tg}^2\zeta\cos^2\chi)\,y^2] \\
& +\beta\left\{\begin{aligned}&(1+2\operatorname{tg}^2\zeta\sin^2\chi+\operatorname{tg}^4\zeta\sin^4\chi)\,x^3 + 3\operatorname{tg}^2\zeta\sin\chi\cos\chi\,(1+\operatorname{tg}^2\zeta\sin^2\chi)\,x^2y \\ &\quad + (1+\operatorname{tg}^2\zeta+3\operatorname{tg}^4\zeta\sin^2\chi\cos^2\chi)\,xy^2 + \operatorname{tg}^2\zeta\sin\chi\cos\chi\,(1+\operatorname{tg}^2\zeta\cos^2\chi)\,y^3\end{aligned}\right\} \\
& +2\beta'\sec^2\zeta\operatorname{tg}\zeta\sin\chi\,(\operatorname{tg}\zeta\sin\chi\,x + \operatorname{tg}\zeta\cos\chi\,y)\,, \\
\Delta y = {} & \beta[\operatorname{tg}\zeta\sin\chi\,(\operatorname{tg}\zeta\cos\chi + \operatorname{tg}\mathfrak{D})\,x + (1+\operatorname{tg}^2\zeta\cos^2\chi)\,y] \\
& -\beta[\operatorname{tg}\zeta\cos\chi\,(1+\operatorname{tg}^2\zeta\sin^2\chi)\,x^2 + 2\operatorname{tg}^3\zeta\sin\chi\cos^2\chi\,xy + \operatorname{tg}\zeta\cos\chi\,(1+\operatorname{tg}^2\zeta\cos^2\chi)\,y^2] \\
& +\beta\left\{\begin{aligned}&\operatorname{tg}^2\zeta\sin\chi\cos\chi\,(1+\operatorname{tg}^2\zeta\sin^2\chi)\,x^3 + (1+\operatorname{tg}^2\zeta+3\operatorname{tg}^4\zeta\sin^2\chi\cos^2\chi)\,x^2y \\ &+ 3\operatorname{tg}^2\zeta\sin\chi\cos\chi\,(1+\operatorname{tg}^2\zeta\cos^2\chi)\,xy^2 + (1+2\operatorname{tg}^2\zeta\cos^2\chi+\operatorname{tg}^4\zeta\cos^4\chi)\,y^3\end{aligned}\right\} \\
& +2\beta'\sec^2\zeta\operatorname{tg}\zeta\cos\chi\,(\operatorname{tg}\zeta\sin\chi\,x + \operatorname{tg}\zeta\cos\chi\,y)\,.
\end{aligned}\right\} \quad (48)$$

16. Numerische Berechnung der Refraktion. Restrefraktion. Um die soeben erhaltenen, recht unübersichtlichen Formeln der Refraktion zur numerischen Rechnung bequemer zu gestalten, empfiehlt ZURHELLEN[1] folgende Hilfsgrößen einzuführen

$$\left.\begin{array}{l|l} k_1 = \operatorname{tg}\zeta\sin\chi & k_3 = 1 + k_1^2 \\ k_2 = \operatorname{tg}\zeta\cos\chi & k_4 = 1 + k_2^2\,. \end{array}\right\} \quad (49)$$

Hiermit gehen die Gleichungen (48) über in

$$\left.\begin{aligned}
\Delta x = {} & \beta k_3 x + \beta k_1 (k_2 - \operatorname{tg}\mathfrak{D})\,y - \beta k_1 k_3 x^2 - 2\beta k_1^2 k_2 xy - \beta k_1 k_4 y^2 \\
& + \beta k_3^2 x^3 + 3\beta k_1 k_2 k_3 x^2 y + \beta (k_3 k_4 + 2k_1^2 k_2^2)\,xy^2 + \beta k_1 k_2 k_4 y^3 \\
& + 2\beta' (1 + k_1^2 + k_2^2)\,k_1 (k_1 x + k_2 y)\,, \\
\Delta y = {} & \beta k_1 (k_2 + \operatorname{tg}\mathfrak{D})\,x + \beta k_4 y - \beta k_2 k_3 x^2 - 2\beta k_1 k_2^2 xy - \beta k_2 k_4 y^2 \\
& + \beta k_1 k_2 k_3 x^3 + \beta (k_3 k_4 + 2k_1^2 k_2^2)\,x^2 y + 3\beta k_1 k_2 k_4 xy^2 + \beta k_4^2 y^3 \\
& + 2\beta' (1 + k_1^2 + k_2^2)\,k_2 (k_1 x + k_2 y)\,.
\end{aligned}\right\} \quad (50)$$

Die Berechnung von k_1, k_2 usw. geschieht am besten mit Hilfe der schon von BESSEL[2] benutzten N und n, definiert durch

$$\begin{aligned}
\sin n \cos N &= \sin\varphi\,, \\
\sin n \sin N &= \cos\varphi\cos t\,, \\
\cos n &= \cos\varphi\sin t\,.
\end{aligned}$$

Hiermit folgen aus den bekannten Formeln (vgl. Abb. 7)

$$\begin{aligned}
\sin\zeta\sin\chi &= \cos\varphi\sin t\,, \\
\sin\zeta\cos\chi &= \sin\varphi\cos\mathfrak{D} - \cos\varphi\sin\mathfrak{D}\cos t\,, \\
\cos\zeta &= \sin\varphi\sin\mathfrak{D} + \cos\varphi\cos\mathfrak{D}\cos t
\end{aligned}$$

für k_1 und k_2 die Werte

$$\left.\begin{aligned}
k_1 &= \frac{\operatorname{cotg} n}{\sin(N+\mathfrak{D})}\,, \\
k_2 &= \operatorname{cotg}(N+\mathfrak{D})\,.
\end{aligned}\right\} \quad (51)$$

---

[1] Darlegung u. Kritik usw., S. 23. [2] Astr Unters 1, S. 167 (9) (1841).

Auf den meisten Sternwarten werden sog. „parallaktische" Tafeln vorliegen, welche für die betreffende Polhöhe mit dem Argument t die Werte N und log cotg n (für maschinelle Rechnung cotg n selbst) geben. In diesem Fall ist die Rechnung nach (51) am bequemsten. Wenn aber parallaktische Tafeln nicht vorhanden sind, so eliminiert man n aus (51) mit den Definitionsgleichungen von N und n und rechnet:

$$\left.\begin{aligned} \operatorname{tg} N &= \operatorname{cotg}\varphi \cos t, \\ k_1 &= \frac{\operatorname{tg} t \sin N}{\sin(N+\mathfrak{D})}, \\ k_2 &= \operatorname{cotg}(N+\mathfrak{D}). \end{aligned}\right\} \tag{52}$$

In beiden Fällen folgt weiter

$$\operatorname{tg}\chi = \frac{k_1}{k_2}; \qquad \operatorname{tg}\zeta = \frac{k_1}{\sin\chi} = \frac{k_2}{\cos\chi}.$$

Nachdem ζ bekannt ist, entnimmt man β (bzw. $\beta \sin 1'' = \mathfrak{B}$ oder $\beta \sin^2 1'' = \mathfrak{b}$) den Tafeln[1] des Anhangs II (vgl. die Erläuterungen hierzu) unter Berücksichtigung der meteorologischen Daten. Ferner ist zu setzen

$$\beta' = -0'',087.$$

Wenn keine Tafeln der photographischen Refraktion zur Verfügung stehen oder ausnahmsweise die Zenitdistanz 70° überschreitet, so bringt man an ζ die mittlere Refraktion an, berechnet mit dem so gefundenen z in üblicher Weise die visuelle Refraktion R_v und findet β aus

$$\beta = 1{,}0155\,\frac{R_v}{\operatorname{tg}\zeta}.$$

Sieht man von den quadratischen und kubischen Gliedern ab, so stellen die Refraktionsformeln eine lineare n i c h t orthogonale Transformation der gemessenen Koordinaten dar. Die in Ziff. 12 erwähnte Vereinfachung ist hier also nicht ohne weiteres anwendbar. Wohl aber kann man nach einem Vorschlag von ZURHELLEN[2] und PINGSDORF[3] die linearen Glieder in einen orthogonalen Teil und einen nicht orthogonalen Rest, die sog. R e s t r e f r a k t i o n, spalten und den ersteren fortlassen. Die Formeln (50) — ohne die quadratischen und kubischen Glieder — lassen sich nämlich auf folgende Form bringen:

$$\begin{aligned} \Delta x &= [\beta k_3 + 2\beta'(1+k_1^2+k_2^2)\,k_1^2]\,x - [\beta k_1(k_2+\operatorname{tg}\mathfrak{D}) + 2\beta'(1+k_1^2+k_2^2)\,k_1 k_2]\,y \\ &\quad + 2\,[\beta + 2\beta'(1+k_1^2+k_2^2)]\,k_1 k_2\, y, \\ \Delta y &= [\beta k_1(k_2+\operatorname{tg}\mathfrak{D}) + 2\beta'(1+k_1^2+k_2^2)\,k_1 k_2]\,x + [\beta k_3 + 2\beta'(1+k_1^2+k_2^2)\,k_1^2]\,y \\ &\quad + [\beta + 2\beta'(1+k_1^2+k_2^2)]\,(k_2^2-k_1^2)\,y. \end{aligned}$$

Die ersten zwei Glieder in diesen Gleichungen stellen nun eine lineare orthogonale Transformation dar, können also fortfallen. Anzubringen sind nur die beiden letzten Glieder, so daß sich ergibt

$$\left.\begin{aligned} \Delta x &= 2\,[\beta + 2\beta'(1+k_1^2+k_2^2)]\,k_1 k_2\, y, \\ \Delta y &= [\beta + 2\beta'(1+k_1^2+k_2^2)]\,(k_2^2-k_1^2)\,y. \end{aligned}\right\} \tag{53}$$

Diese Formeln der Restrefraktion sind natürlich nötigenfalls durch die quadratischen und kubischen Glieder zu ergänzen. Wenn viele an demselben

[1] Weitere Tafeln der photogr. Refraktion sind: DE BALL, Refraktionstafeln, Tafel 11. Leipzig 1906; A. KÖNIG, Photographische Refraktionstafel. A N 236, S. 81 (1929).
[2] Der Sternhaufen Messier 46. Veröff Sternw Bonn Nr. 11, S. 23 (1909).
[3] Der Sternhaufen in der Cassiopeia Messier 52. Inaug.-Dissert. Bonn 1909, S. 27.

Beobachtungsort aufgenommene Platten zu reduzieren sind, lohnt es sich, für die betreffende Polhöhe Spezialtafeln anzulegen, welche mit den Argumenten Deklination und Stundenwinkel sofort die vollständigen Koeffizienten der Restrefraktion, evtl. auch der höheren Glieder liefern, so daß die jedesmalige Berechnung der verschiedenen Hilfsgrößen erspart wird[1]. Die meteorologischen Daten werden in diesem Falle in gleicher Weise wie auch sonst mit den Tafeln 12—16 des Anhangs II (bei logarithmischer Rechnung mit den Tafeln 9, 10 und 11) berücksichtigt.

Schließlich muß noch entschieden werden, für welchen Moment der Exposition die Refraktionsrechnung durchzuführen ist. Die bequeme Näherung, hierfür die Mitte zu wählen, genügt nur bei kürzerer Aufnahmedauer. Ausführlich ist diese Frage von SCHEINER[2] und ZURHELLEN[3] behandelt worden. Der letztere kommt zu dem Ergebnis, daß man am besten die Konstanten für Anfang, Mitte und Ende der Aufnahme rechnet und zu einem Mittel vereinigt, wobei die Mitte das doppelte Gewicht erhält.

Um für die praktische Durchführung der Rechnung rasch festzustellen, welche Glieder berücksichtigt werden müssen und welche entfallen können, ist es zweckmäßig, auf die für zenitale Koordinaten gültigen Gleichungen (39) zurückzugreifen. Dies ist hier offensichtlich statthaft, denn wenn die Glieder einer bestimmten Ordnung (abgesehen von den linearen mit β, die stets in irgendeiner Form zu berücksichtigen sind) weder in u noch in v merklich sind, so können sie es auch nicht durch die Transformation in x und y werden. In den folgenden Tabellen, in denen K ganz allgemein eine Koordinate auf der Platte bedeutet, sind gemäß (39) die Beträge des stärksten Gliedes einer jeden Ordnung für verschiedene Werte von K und ζ angegeben.

Ordnung: βK^2.
Stärkstes Glied: $\beta \operatorname{tg}\zeta \sec^2\zeta K^2$.

ζ \ K	1°	2°	3°	4°	5°
0°	0″,00	0″,00	0″,00	0″,00	0″,00
5	0 ,00	0 ,01	0 ,01	0 ,02	0 ,04
10	0 ,00	0 ,01	0 ,03	0 ,05	0 ,08
15	0 ,01	0 ,02	0 ,05	0 ,08	0 ,13
20	0 ,01	0 ,03	0 ,07	0 ,12	0 ,18
25	0 ,01	0 ,04	0 ,09	0 ,16	0 ,25
30	0 ,01	0 ,05	0 ,12	0 ,22	0 ,34
35	0 ,02	0 ,07	0 ,17	0 ,30	0 ,46
40	0 ,03	0 ,10	0 ,23	0 ,41	0 ,63
45	0 ,04	0 ,14	0 ,32	0 ,57	0 ,89
50	0 ,05	0 ,20	0 ,46	0 ,82	1 ,28
55	0 ,08	0 ,29	0 ,69	1 ,23	1 ,92
60	0 ,12	0 ,49	1 ,10	1 ,96	3 ,06
65	0 ,21	0 ,85	1 ,91	3 ,39	5 ,30
70	0 ,41	1 ,65	3 ,72	6 ,60	10 ,32

Ordnung: βK^3.
Stärkstes Glied: $\beta \sec^4\zeta K^3$.

ζ \ K	1°	2°	3°	4°	5°
0°	0″,00	0″,00	0″,01	0″,02	0″,04
5	0 ,00	0 ,00	0 ,01	0 ,02	0 ,04
10	0 ,00	0 ,00	0 ,01	0 ,02	0 ,04
15	0 ,00	0 ,00	0 ,01	0 ,02	0 ,04
20	0 ,00	0 ,00	0 ,01	0 ,03	0 ,05
25	0 ,00	0 ,00	0 ,01	0 ,03	0 ,06
30	0 ,00	0 ,00	0 ,01	0 ,04	0 ,07
35	0 ,00	0 ,01	0 ,02	0 ,04	0 ,08
40	0 ,00	0 ,01	0 ,02	0 ,06	0 ,11
45	0 ,00	0 ,01	0 ,03	0 ,08	0 ,16
50	0 ,00	0 ,01	0 ,05	0 ,12	0 ,23
55	0 ,00	0 ,03	0 ,09	0 ,20	0 ,40
60	0 ,00	0 ,04	0 ,13	0 ,32	0 ,62
65	0 ,01	0 ,08	0 ,26	0 ,62	1 ,21
70	0 ,02	0 ,18	0 ,61	1 ,44	2 ,80

Ordnung: $\beta' K$.
Stärkstes Glied: $2\beta' \operatorname{tg}^2\zeta \sec^2\zeta K$.

ζ \ K	1°	2°	3°	4°	5°
45°	0″,01	0″,01	0″,02	0″,02	0″,03
50	0 ,01	0 ,02	0 ,03	0 ,03	0 ,05
55	0 ,02	0 ,04	0 ,06	0 ,08	0 ,09
60	0 ,04	0 ,07	0 ,11	0 ,15	0 ,18
65	0 ,08	0 ,16	0 ,23	0 ,31	0 ,39
70	0 ,20	0 ,39	0 ,59	0 ,78	0 ,98

Bei einem Plattenfeld von $4° \times 4°$ wäre z. B. $K_{\max} \approx 3°$ (halbe Diagonale) zu setzen. Damit folgt für $\zeta = 45°$ aus der ersten Tabelle 0″,32 als Maximalbetrag des stärksten Gliedes mit βK^2,

[1] Tafeln der Restrefraktion für die Bonner Sternwarte sind von KÜSTNER gerechnet und publiziert worden in Veröff Univ-Sternw Bonn Nr. 14 (1920), Anhang.

[2] Photographie der Gestirne, S. 127 (1897).

[3] Veröff Sternw Bonn Nr. 11, S. 24 (1909).

während sich für das kubische Glied $0'',03$ und für das lineare Glied mit β' nur $0'',02$ findet. Können nun alle Korrektionen $<0'',05$ vernachlässigt werden, so wäre in diesem Fall in den Gleichungen (53) $\beta' = 0$ zu setzen, anderseits müßten aber von den höheren Gliedern der Formeln (50) die quadratischen hinzugefügt werden. Ob von diesen Gliedern noch einige als unbedeutend zu vernachlässigen sind, muß die Berechnung der einzelnen Koeffizienten lehren.

17. Aberration. Bezeichnet h_1 den scheinbaren Abstand eines Sterns vom Apex der Erdbewegung und $\mathfrak{k} = 20'',47$ die Aberrationskonstante, so ist der wahre Apexabstand gegeben durch

$$\theta_1 = h_1 + \mathfrak{k} \sin h_1 .$$

Die Aberration befolgt also ein Gesetz, welches dem der Refraktion sehr ähnlich ist. Daher lassen sich die Entwicklungen der Ziff. 15 in weitem Umfange auf die Aberration übertragen, wenn an die Stelle des Zenits jetzt der Apex tritt und entsprechend unter u, v, U, V usw. die nach dem Apex orientierten bzw. auf diesen Ursprung bezogenen Koordinaten verstanden werden. Es sind ferner zu ersetzen

ζ	durch	θ	(= Apexabstand des wahren Tangentialpunkts)	$\beta\,\mathrm{tg}\,\zeta$	durch	$\mathfrak{k}\sin\theta$
ζ_1	,,	θ_1	(= ,, ,, ,, Sterns)	β	,,	$\mathfrak{k}\cos\theta$
z	,,	h	(= ,, ,, scheinbaren Tangentialpunkts)	$b_1\,\mathrm{tg}\,z_1$	,,	$\mathfrak{k}\sin h_1$
z_1	,,	h_1	(= ,, ,, ,, Sterns)	b_1	,,	$\mathfrak{k}\cos h_1$

Da $\mathfrak{k}$ nur etwa ein Drittel von β beträgt und außerdem das Aberrationsgesetz den Sinus an Stelle der bei der Refraktion auftretenden Tangente enthält, so sind die Glieder der Aberrationsformeln bedeutend kleiner als die entsprechenden der Refraktion. Es sollen daher in den folgenden Entwicklungen die dritten Potenzen der Koordinaten vernachlässigt werden. Glieder, welche denen mit β' bei der Refraktion entsprechen, treten offenbar nicht auf, da $\mathfrak{k}$ konstant ist.

Wenn wir endlich in Analogie zu (30) eine Größe σ definieren durch

$$\sigma = \frac{\mathrm{tg}\,\theta_1 - \mathrm{tg}\,h_1}{\mathrm{tg}\,h_1},$$

so gehen die Formeln (33) und (35) über in

$$\left.\begin{aligned} \Delta u &= \sigma u \cos^2\theta + \mathfrak{k} u v \sin\theta + \sigma u v \sin\theta\cos\theta, \\ \Delta v &= \sigma v (\cos^2\theta - \sin^2\theta) + \mathfrak{k} v^2 \sin\theta + \sigma v^2 \sin\theta\cos\theta + \mathfrak{k}\sin\theta - \sigma\sin\theta\cos\theta, \end{aligned}\right\} \quad (54)$$

$$\sigma = \mathfrak{k} \sec h_1 . \quad (55)$$

h_1 muß nun auf θ zurückgeführt werden. Hierzu benutzen wir die Gleichung (38); diese lautet nach den obigen Umbenennungen und Vereinfachungen, wenn gleich die Wurzel gezogen wird:

$$\sec h_1 = \sec h \sqrt{1 - 2v\,\mathrm{tg}\,h + u^2 + v^2(1 + 3\,\mathrm{tg}^2 h)} .$$

Durch Entwicklung der Wurzel in die binomische Reihe entsteht hieraus

$$\sec h_1 = \sec h [1 - v\,\mathrm{tg}\,h + \tfrac{1}{2} u^2 + \tfrac{1}{2} v^2 (1 + 2\,\mathrm{tg}^2 h)] .$$

Diesen Ausdruck setzen wir in (55) ein, wobei es unter Vernachlässigung von $\mathfrak{k}^2$ gestattet ist, θ an Stelle von h zu schreiben. Es ergibt sich

$$\sigma = \mathfrak{k} \sec\theta [1 - v\,\mathrm{tg}\,\theta + \tfrac{1}{2} u^2 + \tfrac{1}{2} v^2 (1 + 2\,\mathrm{tg}^2\theta)] .$$

Hiermit folgt aus (54)

$$\left.\begin{aligned} \Delta u &= \mathfrak{k} u \cos\theta + \mathfrak{k} u v \sin\theta, \\ \Delta v &= \mathfrak{k} v \cos\theta - \tfrac{1}{2}\mathfrak{k}(u^2 - v^2)\sin\theta . \end{aligned}\right\} \quad (56)$$

Auch für den jetzt noch ausstehenden Übergang zu polaren Koordinaten können die zu demselben Zweck bei der Refraktion aufgestellten Formeln (46) und (47) benutzt werden, in welchen außer den schon erwähnten Änderungen noch statt χ der Winkel π am Tangentialpunkt in dem sphärischen Dreieck Pol—Apex—wahrer Tangentialpunkt einzuführen ist. Die Gleichungen lauten dann

$$\left.\begin{aligned}\Delta x &= \Delta u\cos\pi + \Delta v\sin\pi - \mathfrak{k}\,\mathrm{tg}\mathfrak{D}\sin\theta\sin\pi y,\\ \Delta y &= -\Delta u\sin\pi + \Delta v\cos\pi + \mathfrak{k}\,\mathrm{tg}\mathfrak{D}\sin\theta\sin\pi x,\end{aligned}\right\}\qquad(57)$$

$$\left.\begin{aligned}u &= x\cos\pi - y\sin\pi,\\ v &= x\sin\pi + y\cos\pi.\end{aligned}\right\}\qquad(58)$$

Wir setzen wie bei der Refraktion zuerst (58) in (56), darauf die so erhaltenen Werte für Δu und Δv in (57) ein und erhalten folgende Formeln

$$\left.\begin{aligned}\Delta x &= \mathfrak{k}\cos\theta x - \mathfrak{k}\sin\theta\sin\pi\,\mathrm{tg}\mathfrak{D} y + \mathfrak{k}\sin\theta\cos\pi x y + \tfrac{1}{2}\mathfrak{k}\sin\theta\sin\pi(x^2 - y^2),\\ \Delta y &= \mathfrak{k}\sin\theta\sin\pi\,\mathrm{tg}\mathfrak{D} x + \mathfrak{k}\cos\theta y + \mathfrak{k}\sin\theta\sin\pi x y - \tfrac{1}{2}\mathfrak{k}\sin\theta\cos\pi(x^2 - y^2).\end{aligned}\right\}(59)$$

Wie man sieht, sind die linearen Glieder „orthogonal“, brauchen also im allgemeinen nicht angebracht zu werden. Auch die quadratischen Glieder werden selten gebraucht, wie das nebenstehende Täfelchen zeigt, das für verschiedene Maximalbeträge K der Koordinaten die zugehörigen größtmöglichen Werte A der quadratischen Aberrationsglieder gibt. Die numerische Auswertung der Gleichungen (59) ist also nur bei großen Plattenfeldern notwendig. In solchen Fällen setzt man

K	A
1°	0″,006
2	0,025
3	0,056
4	0,100
5	0,156

$$Q = \mathfrak{k}\cos\theta,$$
$$R = \mathfrak{k}\sin\theta\sin\pi,$$
$$S = \mathfrak{k}\sin\theta\cos\pi.$$

und erhält

$$\left.\begin{aligned}\Delta x &= Qx - R\,\mathrm{tg}\mathfrak{D} y + Sxy + \tfrac{1}{2}R(x^2 - y^2),\\ \Delta y &= R\,\mathrm{tg}\mathfrak{D} x + Qy + Rxy - \tfrac{1}{2}S(x^2 - y^2).\end{aligned}\right\}\qquad(60)$$

Die Konstanten Q, R und S ergeben sich am bequemsten mit Hilfe der in den Ephemeriden angegebenen Größen H, h und i aus den Formeln

$$\left.\begin{aligned}Q &= -h\cos(H + \mathfrak{A})\cos\mathfrak{D} + i\sin\mathfrak{D},\\ R &= h\sin(H + \mathfrak{A}),\\ S &= h\cos(H + \mathfrak{A})\sin\mathfrak{D} + i\cos\mathfrak{D},\end{aligned}\right\}\qquad(61)$$

welche sich leicht durch Betrachtung der sphärischen Dreiecke: Himmelspol—Apex—Tangentialpunkt und: Himmelspol—Pol der Ekliptik—Apex verifizieren lassen[1].

18. Präzession und Nutation. Da die relative Lage der Gestirne durch Präzession und Nutation nicht verändert wird, so ist a priori klar, daß deren Einfluß auf tangentiale Koordinaten nur in einer Drehung des Koordinatensystems in Positionswinkel um den Tangentialpunkt bestehen kann. Die Formeln müssen also in aller Strenge orthogonal sein. Ist nun ΔP der Betrag der Präzession und Nutation in Positionswinkel, so gilt

$$\left.\begin{aligned}\Delta x &= x\cos\Delta P + y\sin\Delta P,\\ \Delta y &= -x\sin\Delta P + y\cos\Delta P.\end{aligned}\right\}\qquad(62)$$

[1] Siehe ZURHELLEN, Darlegung und Kritik usw., S. 54 (1904).

Zur numerischen Rechnung nach diesen selten benötigten Formeln spaltet man ΔP in die beiden Teile:

ΔP_1 = Reduktion der Positionswinkel der Sterne in bezug auf den Tangentialpunkt vom wahren Äquinoktium T zur Zeit der Aufnahme auf das mittlere des Jahresanfangs T_0.

ΔP_2 = Reduktion der Positionswinkel vom mittleren Äquinoktium T_0 auf das Äquinoktium T_1.[1]

ΔP_1 und ΔP_2 sind für alle Sterne einer Platte konstant. Man berechnet sie unter Entnahme von G, g und n aus den Ephemeridensammlungen nach den bekannten Formeln

$$\left.\begin{aligned} \Delta P_1 &= -g \sin(G + \mathfrak{A}) \sec \mathfrak{D}, \\ \Delta P_2 &= n \sin \mathfrak{A} \sec \mathfrak{D} (T_1 - T_0), \\ \Delta P &= \Delta P_1 + \Delta P_2. \end{aligned}\right\} \tag{63}$$

e) Anschluß an die Anhaltsterne.

19. Vorbereitungen. Zwischen den Tangentialkoordinaten X, Y und den gemessenen, soweit erforderlich wegen der „sphärischen" Fehler (evtl. auch wegen Plattenneigung) verbesserten Koordinaten ξ, η bestehen nach Ziff. 12 die Gleichungen (18), in welchen zu setzen ist $\Delta x = X - \xi$, $\Delta y = Y - \eta$. Da sich die ξ, η von den unverbesserten Koordinaten x, y nur wenig unterscheiden, so kann man auf den rechten Seiten x, y statt ξ, η einsetzen, zumal die Koeffizienten A und B als klein vorausgesetzt waren (vgl. Ziff. 12, vorletzter Absatz). Die Formeln (18) lauten also

$$\left.\begin{aligned} X - \xi &= A x + B y + C, \\ Y - \eta &= -B x + A y + D. \end{aligned}\right\} \tag{64}$$

Zur Bestimmung der „Plattenkonstanten" A, B, C und D dienen die Anhaltsterne, deren Tangentialkoordinaten aus den bekannten A.R. und Dekl. nach den Formeln der Ziff. 10 zu berechnen sind. Hierfür müssen zunächst $\mathfrak{A}$ und $\mathfrak{D}$, die A.R. und Dekl. des rechnerischen Tangentialpunktes, ermittelt werden. Eine Genauigkeit von 1″ bis 2″ genügt hierbei selbst in ungünstigen Fällen (vgl. Ziff. 13) und kann leicht dadurch erreicht werden, daß man einer Verfälschung durch den Einfluß der noch unbekannten A und B vorbeugend, $\mathfrak{A}$ und $\mathfrak{D}$ zwischen den gemessenen Koordinaten solcher Paare von Anhaltsternen interpoliert, welche in der Nähe des Tangentialpunktes und annähernd mit ihm in einer Geraden liegen. Ein anderes Verfahren besteht darin, eine Gruppe von Anhaltsternen in der Umgebung des Tangentialpunkts so auszuwählen, daß ihr Schwerpunkt möglichst mit dem Tangentialpunkt zusammenfällt. Man bildet nun die arithmetischen Mittel der x und y dieser Sterne, verwandelt sie angenähert in $\Delta\alpha$ und $\Delta\delta$, und zieht diese kleinen Beträge von den Mitteln der A.R. und Dekl. ab. Ein in nächster Nähe des Tangentialpunkts liegender Anhaltstern kann natürlich ebenso behandelt werden wie der Schwerpunkt einer Gruppe, so daß sich in diesem Falle jede Interpolation oder Mittelbildung erübrigt. Die endgültigen Werte von C und D, welche aus der in folgender Ziffer beschriebenen Ausgleichung hervorgehen, liefern eine Kontrolle, ob die Abweichung des rechnerischen Tangentialpunktes von dem auf der Platte angenommenen die zulässigen Grenzen nicht überschritten hat.

---

[1] Eine Tafel der Präzession in P.W. enthält: C. WIRTZ, Tafeln und Formeln aus Astronomie und Geodäsie, Tafel 38b (1918).

Damit die Anhaltsternörter nicht durch Eigenbewegungen verfälscht werden, darf die Epoche der Beobachtungen, aus denen die Örter abgeleitet sind, nicht zu weit von dem Zeitpunkt der Aufnahme entfernt liegen, oder es müssen die Eigenbewegungen rechnerisch berücksichtigt werden, was natürlich nur möglich ist, wenn genügend sichere Werte hierfür vorliegen. Die Wahl des Äquinoktiums ist jedoch willkürlich; die Örter der neu zu bestimmenden Sterne ergeben sich in demselben Äquinoktium, auf das die Anhaltsternörter reduziert sind. Präzession braucht nur dann angebracht zu werden, wenn die neu zu bestimmenden Sterne auf ein anderes Äquinoktium als das der Anhaltsterne gestellt werden sollen. In diesem Falle sind die Tangentialkoordinaten nach (62) zu korrigieren, ferner ist zur Verwandlung in A.R. und Dekl. der in üblicher Weise auf das betreffende Äquinoktium übertragene Ort des Tangentialpunktes zu benutzen.

Zu erwähnen ist noch folgender indirekter Einfluß der Präzession. In der oben beschriebenen Weise ergeben sich $\mathfrak{A}$ und $\mathfrak{D}$ für das Äquinoktium der Anhaltsterne. Auf dasselbe Äquinoktium sind folglich alle hieraus berechneten Konstanten der Refraktions- und Aberrationsformeln (ζ, χ, Q, R usw.) bezogen, welche streng genommen für die Zeit der Aufnahme zu rechnen sind. Ein merklicher Fehler kann hierdurch nur bei langen Zwischenzeiten entstehen; er ist natürlich leicht zu vermeiden, indem man $\mathfrak{A}$ und $\mathfrak{D}$ für die Berechnung der Konstanten genähert auf das Jahr der Aufnahme überträgt.

Daß endlich alle gemessenen Koordinaten näherungsweise in derselben Einheit wie die X, Y der Anhaltsterne auszudrücken und dementsprechend auch die Formeln zur Verbesserung der x, y (wegen Refraktion usw.) umzustellen sind, bedarf kaum des Hinweises.

20. Ausgleichung. Wir nehmen jetzt an, daß die Tangentialkoordinaten der Anhaltsterne, bezogen auf den bekannten Tangentialpunkt $\mathfrak{A}$, $\mathfrak{D}$ vorliegen. Dann liefert jeder Anhaltstern ein Paar Bestimmungsgleichungen für A, B, C und D von der Form (64). Daß die theoretische Mindestzahl von zwei Anhaltsternen für die Bestimmung der vier Unbekannten in praxi nicht hinreicht, ist selbstverständlich. Wie viele Anhaltsterne im Einzelfall notwendig sind, hängt von vielerlei Umständen ab (z. B. Größe der Platte, Genauigkeit der Örter sowie der gemessenen Koordinaten, Verteilung der Sterne über die Platte u. a. m.) und läßt sich daher nicht in eine allgemeine Regel fassen.

Die Unbekannten sind also stets durch Ausgleichung zu ermitteln. Infolge der speziellen Gestalt der Bedingungsgleichungen vereinfacht sich die Rechnung gegenüber dem Normalfall bedeutend. In der üblichen Schreibweise lauten die Normalgleichungen[1]

$$\begin{aligned}
[aa]A \quad\quad\quad\quad\; &+ [ac]C + [ad]D = [an]\\
+ [aa]B &+ [ad]C - [ac]D = [bn]\\
[ac]A + [ad]B &+ [cc]C \quad\quad\quad\;\; = [cn]\\
[ad]A - [ac]B &\quad\quad\quad\;\; + [cc]D = [dn]\,.
\end{aligned}$$

Ist m die Zahl der Anhaltsterne und $\Delta x = X - \xi$, $\Delta y = Y - \eta$, so sind die Koeffizienten obiger Gleichungen gegeben durch

$$\begin{array}{l|l}
[aa] = [xx] + [yy] & [an] = [x\Delta x] + [y\Delta y]\\
[ac] = [\,x\,] & [bn] = [y\Delta x] - [x\Delta y]\\
[ad] = [\,y\,] & [cn] = [\,\Delta x\,]\\
[cc] = m & [dn] = [\,\Delta y\,]
\end{array}$$

$$[nn] = [\Delta x\Delta x] + [\Delta y\Delta y]\,.$$

[1] KÜSTNER, Veröff Univ-Sternw Bonn Nr. 14, Anhang (1920).

Für die Auflösung der Normalgleichungen sind nur folgende sechs Größen zu bilden:

$$[cc1] = [cc] - \frac{[ab]}{[aa]}[ac] \qquad [cn1] = [cn] - \frac{[ac]}{[aa]}[an]$$

$$[cc2] = [cc1] - \frac{[ad]}{[aa]}[ad] \qquad [cn2] = [cn1] - \frac{[ad]}{[aa]}[bn]$$

$$[dn1] = [dn] - \frac{[ad]}{[aa]}[an]$$

$$[dn2] = [dn1] + \frac{[ac]}{[aa]}[bn].$$

Hieraus ergeben sich die Unbekannten, wie folgt:

$$\left.\begin{aligned} C &= \frac{[cn2]}{[cc2]} \\ D &= \frac{[dn2]}{[cc2]} \end{aligned}\right\} \text{mit dem Gewicht } p_2 = [cc2]$$

$$\left.\begin{aligned} A &= \frac{[an]}{[aa]} - \frac{[ac]}{[aa]}C - \frac{[ad]}{[aa]}D \\ B &= \frac{[bn]}{[aa]} - \frac{[ad]}{[aa]}C + \frac{[ac]}{[aa]}D \end{aligned}\right\} \text{mit dem Gewicht } p_1 = [aa]\frac{[cc2]}{[cc]}.$$

Die übrigbleibenden Fehler finden sich dann aus den Gleichungen

$$v_x = Ax + By + C - \Delta x,$$
$$v_y = -Bx + Ay + D - \Delta y,$$

wobei die Vorzeichen so definiert sind, daß v_x und v_y sofort die aus der Platte folgenden Verbesserungen der Anhaltsternörter darstellen. Rechnet man noch

$$[nn4] = [nn] - \left\{\frac{[an]}{[aa]}[an] + \frac{[bn]}{[aa]}[bn] + C[cn2] + D[dn2]\right\},$$

so erhält man folgende Kontrollen

$$[v_x v_x] + [v_y v_y] = [nn4],$$
$$[v_x] = [v_y] = 0.$$

Schließlich ergeben sich die m. F. der Δx, Δy sowie der Unbekannten aus

$$\varepsilon = \sqrt{\frac{[nn4]}{2m-4}},$$

$$\varepsilon_A = \varepsilon_B = \frac{\varepsilon}{\sqrt{p_1}}; \qquad \varepsilon_C = \varepsilon_D = \frac{\varepsilon}{\sqrt{p_2}}.$$

Die vorstehenden Formeln gelten für den Fall, daß allen Bedingungsgleichungen dasselbe Gewicht erteilt ist und sind entsprechend zu modifizieren, wenn besondere Gründe dazu veranlassen sollten, eine andere Gewichtsverteilung vorzunehmen.

Es ist selbstverständlich ebensogut möglich, die $2m$ Bedingungsgleichungen nicht als ein einziges System mit vier Unbekannten zu behandeln, sondern in zwei Systeme zu je drei Unbekannten zu teilen. Man erhält dann für A und B je zwei Werte, welche den Gewichten entsprechend zu mitteln sind. Dieses Verfahren der Ausgleichung ist zwar keineswegs einfacher als das zuerst beschriebene, es liefert aber eine Kontrolle dafür, ob Skalenwert und Orientierung in beiden Koordinaten tatsächlich innerhalb der zulässigen Unsicherheit gleich sind[1].

Der weitere Gang der Rechnung ist folgender. Man bringt die in Frage kommenden Korrektionen (Restrefraktion, höhere Glieder der Refraktion und Aberration) zunächst nur an die gemessenen Koordinaten der Anhaltsterne an. Hierauf wird die Ausgleichung durchgeführt, womit die Koeffizienten in (64) bekannt sind. Diese Gleichungen vereinigt man mit den Refraktions- und Aberrationsformeln zu einem neuen Gleichungspaar, welches folgende Gestalt hat:

$$\left.\begin{aligned} X - x &= a\,x + b\,y + c \\ Y - y &= a'x + b'y + c' \end{aligned}\right\} + \text{Glieder höherer Ordnung.} \qquad (65)$$

Die gemessenen Koordinaten der neu zu bestimmenden Sterne können also unter Übergehung der ξ, η sofort in X, Y, bezogen auf den bekannten Tangentialpunkt $\mathfrak{A}$, $\mathfrak{D}$, transformiert werden. Jetzt steht nur noch die Verwandlung in α, δ aus, welche nach den in Ziff. 10 abgeleiteten Formeln geschieht. Für die Anhaltsterne ergeben sich die aus der Platte folgenden Örter unmittelbar aus den bekannten A.R. und Dekl., indem man an diese die Verbesserungen $v_x \sec \mathfrak{D}$ bzw. v_y anbringt. Dies Verfahren ist zwar nicht ganz streng, genügt aber praktisch in der weitaus größten Mehrzahl der Fälle, da die v_x und v_y stets klein sind. Der begangene Fehler kann leicht mit den Formeln (17) in Ziff. 10 abgeschätzt werden. Man erreicht übrigens, wie diese Formeln zeigen, eine durchschnittlich etwas bessere Näherung in A.R., wenn $v_x \sec \delta$ statt $v_x \sec \mathfrak{D}$ gesetzt wird.

Zu erwähnen ist noch eine von ZURHELLEN[2] angegebene Methode, welche einen direkten Übergang von den gemessenen Koordinaten auf A.R. und Dekl. liefert und in mäßigen Deklinationen dann Vorteile bietet, wenn die zu bestimmenden Örter zahlreich sind und sich auf ein enges Gebiet in der Umgebung des Tangentialpunktes zusammendrängen. Bei diesem Verfahren sind zunächst die gemessenen Koordinaten einer Reihe von äquidistant über die Platte verteilten Punkten (z. B. der Quadratmitten bei Gitterplatten) in der normalen Weise in α, δ umzurechnen. Dann werden die Koordinatendifferenzen dx, dy gegen den nächstliegenden Punkt für die einzelnen Sterne gebildet. Wendet man nun die Gleichungen (65) auf die relativ kleinen dx, dy an, so können außer c und c' auch die höheren Glieder fortfallen. Es gilt also

$$\begin{aligned} dX &= dx + a\,dx + b\,dy\,, \\ dY &= dy + a'dx + b'dy\,. \end{aligned}$$

Werden diese Werte in die Formeln (17) eingesetzt, so entsteht ein Gleichungspaar, welches dx und dy sofort in A.R.- und Dekl.-Differenzen gegen die vorher ermittelten Örter der Bezugspunkte verwandelt. Die Rechnung nach dem ZURHELLENschen Verfahren ist nur dann bequem, wenn in (17) die Glieder $(Y^2 dX + 2XY dY)\sec\mathfrak{D}\,\mathrm{tg}^2\mathfrak{D}$ und $\frac{1}{2}(X^2 dY + 2XY dX)\sec^2\mathfrak{D}$ vernachlässigt werden dürfen. Ist dies aber der Fall, so läßt sich die numerische Auswertung durch geeignete Hilfstäfelchen sehr vereinfachen.

Die Anwendung des Ansatzes (64), der im folgenden kurz der orthogonale Ansatz genannt werden soll, setzt voraus, daß sowohl das System der gemessenen Koordinaten, wie auch das der Tangentialkoordinaten der Anhaltsterne rechtwinklig ist und daß für x und y (bzw. X und Y) dieselbe Maßeinheit gilt. Bei Anhaltsternörtern, die an modernen Meridiankreisen bestimmt sind, wird man

---

[1] Andere Auflösungsverfahren siehe ABETTI, Mem Soc Spettr Italiani 33, S. 235 (1904); HRABÁK, R A J 1, H. 1, S. 103.

[2] Darlegung und Kritik usw., S. 94 (1904); Veröff Univ-Sternw Bonn Nr. 11, S. 32 (1909).

diese Voraussetzung wohl stets machen dürfen. Auch wenn sie nicht erfüllt, das System der X, Y also irgendwie verzerrt wäre, so würde dieser Umstand allein einen anderen, z. B. den gleich zu besprechenden Ansatz noch nicht rechtfertigen. Denn es würde sich dann die Verzerrung in vollem Maße auf die zu bestimmenden Örter fortpflanzen, während der orthogonale Ansatz die Aussicht auf eine wenigstens teilweise Elimination der systematischen Fehler bietet. Bei dem System der gemessenen Koordinaten liegen die Verhältnisse jedoch anders. Hier erheischt die obengenannte Forderung besondere Maßregeln bei der Messung, welche stets lästig, bei Massenarbeiten in praxi oft gar nicht durchzuführen sind. Ferner kann, wie von KÖNIG und HECKMANN[1] nachgewiesen wurde, ein Unterschied der Maßeinheiten beider Koordinaten durch Abbildungsfehler des Objektivs vorgetäuscht werden. In allen solchen Fällen darf man den orthogonalen Ansatz nicht anwenden, sondern muß von folgenden Bedingungsgleichungen ausgehen:

$$\left.\begin{aligned} \Delta x &= Ax + By + C, \\ \Delta y &= -B'x + A'y + C'. \end{aligned}\right\} \qquad (66)$$

Die Ausgleichung ist also in derselben Weise durchzuführen wie bei getrennter Behandlung der Koordinaten nach dem orthogonalen Ansatz; natürlich dürfen jetzt die Werte A und A' sowie B und B' nicht gemittelt werden. Es ist ferner klar, daß bei der Ausgleichung nach (66) sämtliche linearen Korrektionen (nicht nur die orthogonalen) unberücksichtigt bleiben können. Die Ersparnis an Rechenarbeit ist übrigens unbedeutend, weil es sich nur um die Anhaltsterne handelt, der weitere Rechnungsgang aber der gleiche bleibt wie bei dem orthogonalen Ansatz. Da zudem für die Skalen- und Orientierungskoeffizienten hier nur etwa halb so große Gewichte erhalten werden wie dort, so ist der orthogonale Ansatz, wenn seine Anwendung statthaft ist, unbedingt vorzuziehen.

Es liegt nahe, noch einen Schritt weitergehend auch die quadratischen Glieder mit in die Ausgleichung aufzunehmen, so daß von allen Korrektionen nur die kubischen Refraktionsglieder übrigbleiben. Man wird dann zu folgendem Paar von Bedingungsgleichungen geführt:

$$\left.\begin{aligned} \Delta x &= A x + B y + C + D x^2 + E xy + F y^2, \\ \Delta y &= A'x + B'y + C' + D'x^2 + E'xy + F'y^2. \end{aligned}\right\} \qquad (67)$$

Das soeben über die Gewichtsverminderung bei dem Ansatz (66) Gesagte gilt hier natürlich in erhöhtem Maße; d. h. zur Ausgleichung nach vorstehenden Gleichungen ist eine große Zahl gut bestimmter Anhaltsternörter erforderlich. Bei sehr ausgedehnten Plattenfeldern, wo einerseits eine hinreichend genaue Bestimmung der Lage des Tangentialpunktes schwierig oder unmöglich ist (vgl. Ziff. 13), anderseits die Anhaltsterne im allgemeinen zahlreicher sein werden, kann es jedoch geboten sein, in die Ausgleichung quadratische Glieder einzuführen, wenn auch nicht immer in der oben angenommenen theoretischen Höchstzahl und Allgemeinheit[2]. Daß hinsichtlich des weiteren Rechnungsganges das oben bei den anderen Ansätzen Gesagte hier in sinngemäßer Übertragung gilt, braucht kaum erwähnt zu werden.

21. Ableitung von Instrumentalfehlern aus den Ausgleichungsresten. Soweit es sich um eine einzelne oder um einige wenige Platten handelt, kommen hier in Betracht die Koeffizienten p und q der Plattenneigung sowie die Verzeichnung des Objektivs.

[1] V J S 63, S. 291 u. 302 (1928).
[2] Vgl. SCHLESINGER u. BARNEY, Yale Obs Transactions 9, S. (9) (1933).

Eine Bestimmung der letzteren hat nur Sinn, wenn es sich um einen starken Betrag handelt; auch dann ist eine sehr große Zahl von Anhaltsternen erforderlich, und zwar aus folgendem Grunde. Die Verzeichnung wird bereits durch die Maßstabskoeffizienten der Ansätze (64) oder (66) zum größten Teil berücksichtigt[1]. Ist sie nun klein, so verschwindet ihr Einfluß in den v_x und v_y; die Ableitung eines genauen Wertes der Verzeichnung aus den Resten ist daher unmöglich und auch nicht nötig. Es wird also meistens die Streckenverschiebung[2] vorzuziehen sein, wenn sich die Bestimmung der Verzeichnung überhaupt als notwendig erweisen sollte.

Was die Plattenneigung anlangt, so findet hier eine gegenseitige Beeinflussung zwischen den aus der ersten Ausgleichung bestimmten und den neu einzuführenden Unbekannten in dem obigen Sinne nicht statt, so daß sich bei einigermaßen beträchtlicher Zahl der Anhaltsterne hinreichend verbürgte Werte für p und q ergeben. Es ändern sich lediglich die Nullpunktskonstanten C und D (bzw. C und C'), weshalb entsprechende Verbesserungen hierfür anzusetzen sind[3]. Gemäß den Formeln (20) hat also der Ansatz zu lauten

$$\left.\begin{aligned} v_x &= p x^2 + q x y + c\,, \\ v_y &= p x y + q y^2 + d\,. \end{aligned}\right\} \tag{68}$$

Wenn eine hinreichende Zahl von gleichförmig über das Plattenfeld verteilten Anhaltsternen zur Verfügung steht, kann dieser Ansatz noch vereinfacht werden, indem man die Bedingungsgleichungen in passenden Gruppen zu „Normalörtern" zusammenfaßt. Dadurch verschwinden die Glieder mit xy gegenüber den anderen, so daß an Stelle von (68) die rechnerisch viel bequemeren Gleichungen

$$\left.\begin{aligned} v_x &= p x^2 + c\,, \\ v_y &= q y^2 + d \end{aligned}\right\} \tag{69}$$

treten können.

Vorstehendes Verfahren ist selbstverständlich nicht streng, denn der Möglichkeit, daß sich auch die Koeffizienten des Skalenwertes und der Orientierung infolge der neuen Unbekannten ändern können, tragen die Ansätze (68) und (69) keine Rechnung. Der Betrag des begangenen Fehlers hängt von der Verteilung der Anhaltsterne ab; bei vollkommen radialsymmetrischer Anordnung würde er offensichtlich verschwinden. Sind jedoch die Sterne stark unsymmetrisch verteilt, so empfiehlt es sich, in aller Strenge vorzugehen und sämtliche Unbekannte von vornherein einzuführen, d. h. eine spezielle Form des Ansatzes (67) anzuwenden.

Bei größeren Plattenserien, wie sie etwa bei der photographischen Himmelskarte oder den Neubeobachtungen der A.G.-Kataloge zur Verfügung stehen, liegen die Verhältnisse wesentlich anders. Es kann in solchen Fällen durch Ordnen der Ausgleichungsreste nach verschiedenen Argumenten eine ganze Reihe von Fehlern, außer den bereits genannten z. B. auch Helligkeitsgleichung, Fehler des Meßapparates u. dgl., ermittelt werden.

22. Gesamtübersicht über den Reduktionsgang. Erklärung der Bezeichnungen siehe Ziff. 2.

R e f r a k t i o n. [Restrefraktion und höhere Glieder, Ziff. 16, Formeln (49) bis (53).]

---

[1] SCHLESINGER, Yale Obs Transactions 5, S. (13) (1926).
[2] Vgl. Ziff. 13, letzter Absatz sowie V J S 63, S. 291 (1928).
[3] Vgl. ZURHELLEN, Darlegung und Kritik usw., S. 77 u. 78 (1904); V J S 63, S. 283 (1928).

N und $\operatorname{ctg} n$ aus parallaktischen Tafeln.

$$k_1 = \frac{\operatorname{cotg} n}{\sin(N + \mathfrak{D})}\,; \qquad k_2 = \operatorname{cotg}(N + \mathfrak{D})\,.$$

Wenn parallaktische Tafeln nicht vorhanden:

$$\operatorname{tg} N = \operatorname{cotg} \varphi \sin t\,.$$

$$k_1 = \frac{\operatorname{tg} t \sin N}{\sin(N + \mathfrak{D})}\,; \qquad k_2 = \operatorname{cotg}(N + \mathfrak{D})\,.$$

$$k_3 = 1 + k_1^2\,; \qquad k_4 = 1 + k_2^2\,.$$

$$\operatorname{tg}\chi = \frac{k_1}{k_2}\,; \qquad \operatorname{tg}\zeta = \frac{k_1}{\sin\chi} = \frac{k_2}{\cos\chi}\,.$$

β aus den Tafeln in Anhang II.

$$\beta' = -0'',087\,.$$

$$\left.\begin{aligned} \Delta x &= 2[\beta + 2\beta'(1 + k_1^2 + k_2^2)]\,k_1 k_2 y - \beta k_1 k_2 x^2 - 2\beta k_1^2 k_2 x y + \beta k_1 k_4 y^2 \\ &\quad + \beta k_3^2 x^3 + 3\beta k_1 k_2 k_3 x^2 y + \beta(k_3 k_4 + 2 k_1^2 k_2^2)\,x y^2 + \beta k_1 k_2 k_4 y^3\,, \\ \Delta y &= [\beta + 2\beta'(1 + k_1^2 + k_2^2)]\,(k_2^2 - k_1^2)\,y - \beta k_2 k_3 x^2 - 2\beta k_1 k_2^2 x y - \beta k_2 k_4 y^2 \\ &\quad + \beta k_1 k_2 k_3 x^3 + \beta(k_3 k_4 + 2 k_1^2 k_2^2)\,x^2 y + 3\beta k_1 k_2 k_4 x y^2 + \beta k_4^2 y^3\,. \end{aligned}\right\} \qquad (70)$$

Aberration. [Ziff. 17, Formeln (60) und (61).]
$H, h, i =$ „Reduktionsgrößen" der Ephemeridensammlungen.

$$R = h \sin(H + \mathfrak{A})\,.$$

$$S = h \cos(H + \mathfrak{A}) + i \cos\mathfrak{D}\,.$$

$$\left.\begin{aligned} \Delta x &= S x y + \tfrac{1}{2} R (x^2 - y^2)\,, \\ \Delta y &= R x y - \tfrac{1}{2} S (x^2 - y^2)\,. \end{aligned}\right\} \qquad (71)$$

Plattenneigung. [Ziff. 13, Formeln (20).]
$p, q =$ Koordinaten des wahren Tangentialpunktes in bezug auf den Nullpunkt des Systems der gemessenen Koordinaten x, y.

$$\left.\begin{aligned} \Delta x &= p x^2 + q x y\,, \\ \Delta y &= p x y + q y^2\,. \end{aligned}\right\} \qquad (72)$$

---

(70), (71) und (72) werden zu folgendem Formelpaar zusammengefaßt:

$$\left.\begin{aligned} \xi - x &= a y + b x^2 + c x y + d y^2 + e x^3 + \cdots\,, \\ \eta - y &= a' y + b' x^2 + c' x y + d' y^2 + e' x^3 + \cdots\,. \end{aligned}\right\} \qquad (73)$$

Hiermit sind die ξ, η der Anhaltsterne zu berechnen. Dann werden die bekannten α, δ der Anhaltsterne in Tangentialkoordinaten X, Y, bezogen auf den Tangentialpunkt der Platte, dessen $\mathfrak{A}$, $\mathfrak{D}$ nach Ziff. 19 zu ermitteln ist, verwandelt (Ziff. 10 und Anhang I) und die Plattenkonstanten A, B, C und D aus

$$\left.\begin{aligned} X - \xi &= A x + B y + C\,, \\ Y - \eta &= -B x + A y + D \end{aligned}\right\} \qquad (74)$$

durch Ausgleichung bestimmt. An Stelle von (74) können auch andere Ansätze treten; die Formeln (73) vereinfachen sich dann durch Fortfall eines Teils der Glieder (vgl. Ziff. 20).

Die Tangentialkoordinaten X, Y der neu zu bestimmenden Sterne, bezogen auf den Tangentialpunkt $\mathfrak{A}$, $\mathfrak{D}$, folgen aus den durch Vereinigung von (73) und (74) entstehenden Gleichungen:

$$\left.\begin{aligned} X - x &= A_0 x + B_0 y + C + b\,x^2 + c\,xy + \cdots, \\ Y - y &= A_0' x + B_0' y + D + b' x^2 + c' xy + \cdots. \end{aligned}\right\} \tag{75}$$

X, Y sind nach Ziff. 10 und Anhang I in α, δ zu verwandeln.

Anhang I. Hilfstafeln zur Transformation tangentialer Koordinaten in α, δ und umgekehrt.

Erläuterungen.

A. Rechnung nach den strengen Formeln.

In die Formeln (12) und (12′) der Ziff. 10 führen wir folgende Hilfsgrößen ein.

$$\begin{aligned} T &= \operatorname{tg}\Delta\alpha\,, \\ \tau &= \mathfrak{x} - \operatorname{tg}\mathfrak{x} = -\tfrac{1}{3}\operatorname{tg}^3\mathfrak{x} + \tfrac{1}{5}\operatorname{tg}^5\mathfrak{x}\ldots, \\ \tau' &= \operatorname{tg}\mathfrak{x} - \mathfrak{x} = +\tfrac{1}{3}\mathfrak{x}^3 + \tfrac{2}{15}\mathfrak{x}^5\ldots. \end{aligned}$$

Hierdurch gehen die genannten Gleichungen über in

$$\left.\begin{aligned} \operatorname{tg} d &= \operatorname{tg}\delta\sec\Delta\alpha\,, \\ \mathfrak{q} &= d - \mathfrak{D}\,, \\ T &= \Delta\alpha + \tau'(\Delta\alpha)\,, \\ X &= T\cos d\sec\mathfrak{q}\,, \\ Y &= \mathfrak{q} + \tau'(\mathfrak{q})\,, \end{aligned}\right\} \tag{I}$$

und

$$\left.\begin{aligned} \mathfrak{q} &= Y + \tau(Y)\,, \\ d &= \mathfrak{D} + \mathfrak{q}\,, \\ T &= X\sec d\cos\mathfrak{q}\,, \\ \Delta\alpha &= T + \tau(T)\,, \\ \operatorname{tg}\delta &= \operatorname{tg} d\cos\Delta\alpha\,. \end{aligned}\right\} \tag{I'}$$

Einheit für X, Y, T, τ, τ' und alle Winkelgrößen ist die Bogensekunde. τ und τ' sind mit den angegebenen Argumenten aus Tafel 1 zu entnehmen. Im ersten Teil dieser Tafel, wo sich τ und τ' dem absoluten Betrag nach nicht unterscheiden, ist für beide Größen nur eine Wertreihe gegeben und das Vorzeichen in sofort verständlicher Weise zum Ausdruck gebracht. Die (innerhalb des ersten halben Grades) auf 0″,001 angesetzten Werte von τ und τ' werden bei der Rechnung nach den Gleichungen (III′) benutzt (vgl. dort).

B. Rechnung nach den Reihenentwicklungen.

Ist $\Delta\alpha \leqq 30^{\mathrm{m}}$, so empfiehlt sich die Anwendung der Gleichungen (14) und (14′) in Ziff. 10, welche nach Einführung obiger Hilfsgrößen folgendermaßen lauten:

$$\left.\begin{aligned} d &= \delta + \frac{\operatorname{tg}^2 \frac{\Delta\alpha}{2}}{\sin 1''} \sin 2\delta + \frac{1}{2}\,\frac{\operatorname{tg}^4 \frac{\Delta\alpha}{2}}{\sin 1''} \sin 4\delta\,, \\ \mathfrak{q} &= d - \mathfrak{D}\,, \\ T &= \Delta\alpha + \tau'(\Delta\alpha)\,, \\ X &= T \cos d \sec \mathfrak{q}\,, \\ Y &= \mathfrak{q} + \tau'(\mathfrak{q})\,, \end{aligned}\right\} \qquad \text{(II)}$$

und

$$\left.\begin{aligned} \mathfrak{q} &= Y + \tau(Y)\,, \\ d &= \mathfrak{D} + \mathfrak{q}\,, \\ T &= X \sec d \cos \mathfrak{q}\,, \\ \Delta\alpha &= T + \tau(T)\,, \\ \delta &= d - \frac{\operatorname{tg}^2 \frac{\Delta\alpha}{2}}{\sin 1''} \sin 2d + \frac{1}{2}\,\frac{\operatorname{tg}^4 \frac{\Delta\alpha}{2}}{\sin 1''} \sin 4d\,. \end{aligned}\right\} \qquad \text{(II′)}$$

Einheit für X, Y, T, τ, τ' und alle Winkelgrößen ist die Bogensekunde.

Die Werte $\frac{\operatorname{tg}^2 \frac{\Delta\alpha}{2}}{\sin 1''}$ und $\frac{1}{2}\,\frac{\operatorname{tg}^4 \frac{\Delta\alpha}{2}}{\sin 1''}$ sind jedoch mit dem in Zeitmaß ausgedrückten $\Delta\alpha$ als Argument den Tafeln 2 und 3 zu entnehmen. Tafel 4 gibt die Faktoren $\sin 4\delta$ bzw. $\sin 4d$. Ist $\Delta\alpha > 25^{\mathrm{m}}$, so müssen diese Faktoren aus einer Sinustafel dreistellig entnommen werden, um $0'',01$ rechnerisch zu sichern.

Wenn $\Delta\alpha \leqq 5^{\mathrm{m}}$ ist, so entfällt das Glied mit $\operatorname{tg}^4 \frac{\Delta\alpha}{2}$; man kann ferner $\operatorname{tg}^2 \frac{\Delta\alpha}{2}$ mit einem Fehler $< 0'',01$ durch $\left(\frac{\Delta\alpha}{2}\right)^2$ ersetzen. Wird endlich $\Delta\alpha$ in Zeitsekunden ausgedrückt, so lauten die Formeln zur Berechnung von d aus δ und umgekehrt:

$$d = \delta + \frac{9}{16}\, 10^6 \sin 1'' \sin 2\delta \left(\frac{\Delta\alpha^s}{100}\right)^2,$$

$$\delta = d - \frac{9}{16}\, 10^6 \sin 1'' \sin 2d \left(\frac{\Delta\alpha^s}{100}\right)^2.$$

Die Koeffizienten von $\left(\frac{\Delta\alpha^s}{100}\right)^2$ sind identisch mit der später noch einzuführenden Größe $\mathfrak{d}_1$ (vgl. S. 543), so daß die vorstehenden Gleichungen übergehen in

$$d = \delta + \mathfrak{d}_1(\delta) \left(\frac{\Delta\alpha^s}{100}\right)^2,$$

$$\delta = d - \mathfrak{d}_1(d) \left(\frac{\Delta\alpha^s}{100}\right)^2,$$

worin $\mathfrak{d}_1$ mit den angegebenen Argumenten aus Tafel 5 zu entnehmen ist. Rechnerischen Vorteil bieten diese Gleichungen jedoch nur, wenn die Produkte $\mathfrak{d}_1(\delta) \left(\frac{\Delta\alpha^s}{100}\right)^2$ bzw. $\mathfrak{d}_1(d) \left(\frac{\Delta\alpha^s}{100}\right)^2$ mit einer einzigen Stellung des Rechenschiebers gerechnet werden können, so daß die Quadrate nicht besonders gebildet und hingeschrieben zu werden brauchen.

Die nach Potenzen von $\Delta\alpha$, $\Delta\delta$ bzw. X, Y fortschreitenden Reihenentwicklungen (15a), (15b) und (16) der Ziff. 10 sind, wie schon erwähnt, nur dann rechnerisch vorteilhaft, wenn die Glieder 4. Ordnung entfallen können. Die Reihen kommen demgemäß für $\mathfrak{D} \leqq 60^\circ$ in folgenden Fällen in Betracht:

1. Zur genäherten Rechnung auf ca. 1′ (z. B. für Identifikationszwecke) bei Plattenfeldern bis $10^\circ \times 10^\circ$.

2. Zur scharfen Rechnung auf 0″,01 bei kleinen Plattenfeldern bis höchstens $1^\circ \times 1^\circ$.

Mit Ausnahme der ersten Gleichung (16) enthalten alle Reihen je zwei Glieder 3. Ordnung. Von diesen sind die Glieder $\frac{1}{3}\Delta\delta^3$ und $\frac{1}{3}Y^3$ völlig, $\frac{1}{3}X^3\sec^3\mathfrak{D}$ bis auf den Faktor $\sec^3\mathfrak{D}$ mit τ oder τ' identisch, so daß Tafel 1 zur Entnahme bzw. Berechnung dieser Glieder dienen kann. Werden X, Y und $\Delta\delta$ in Bogensekunden, $\Delta\alpha$ in Zeitsekunden ausgedrückt, so lauten die Reihen:

$$X'' = 15\cos\mathfrak{D}\,\Delta\alpha^s - \frac{3}{2}10^6\sin 1''\sin\mathfrak{D}\frac{\Delta\alpha^s}{100}\frac{\Delta\delta''}{1000} + \frac{9}{16}10^9\sin^2 1''\cos\mathfrak{D}\,(3\cos^2\mathfrak{D}-1)\left(\frac{\Delta\alpha^s}{100}\right)^3,$$

$$Y'' = \Delta\delta'' + \tau'(\Delta\delta'') + \frac{9}{16}10^6\sin 1''\sin 2\mathfrak{D}\left(\frac{\Delta\alpha^s}{100}\right)^2 + \frac{9}{8}10^9\sin^2 1''\cos 2\mathfrak{D}\left(\frac{\Delta\alpha^s}{100}\right)^2\frac{\Delta\delta''}{1000};$$

$$\Delta\alpha^s = \frac{1}{15}\sec\mathfrak{D}\,[X'' + \tau(X'')\sec^2\mathfrak{D}] + \frac{1}{15}10^6\sin 1''\sec\mathfrak{D}\,\mathrm{tg}\,\mathfrak{D}\frac{X''}{1000}\frac{Y''}{1000}$$
$$+ \frac{1}{15}10^9\sin^2 1''\sec\mathfrak{D}\,\mathrm{tg}^2\mathfrak{D}\frac{X''}{1000}\left(\frac{Y''}{1000}\right)^2,$$

$$\Delta\delta'' = Y'' + \tau(Y'') - \frac{1}{2}10^6\sin 1''\,\mathrm{tg}\,\mathfrak{D}\left(\frac{X''}{1000}\right)^2 - \frac{1}{2}10^9\sin^2 1''\sec^2\mathfrak{D}\left(\frac{X''}{1000}\right)^2\frac{Y''}{1000}.$$

Wird hierin gesetzt:

$\mathfrak{a}_1 = -\frac{3}{2}10^6\sin 1''\sin\mathfrak{D}$,	$a_1 = +\frac{1}{15}10^6\sin 1''\sec\mathfrak{D}\,\mathrm{tg}\,\mathfrak{D}$,
$\mathfrak{a}_2 = +\frac{9}{16}10^9\sin^2 1''\cos\mathfrak{D}\,(3\cos^2\mathfrak{D}-1)$,	$a_2 = +\frac{1}{15}10^9\sin^2 1''\sec\mathfrak{D}\,\mathrm{tg}^2\mathfrak{D}$,
$\mathfrak{d}_1 = +\frac{9}{16}10^6\sin 1''\sin 2\mathfrak{D}$,	$d_1 = -\frac{1}{2}10^6\sin 1''\,\mathrm{tg}\,\mathfrak{D}$,
$\mathfrak{d}_2 = +\frac{9}{8}10^9\sin^2 1''\cos 2\mathfrak{D}$,	$d_2 = -\frac{1}{2}10^9\sin^2 1''\sec^2\mathfrak{D}$,

so entsteht

$$\left.\begin{aligned} X'' &= 15\cos\mathfrak{D}\,\Delta\alpha^s + \mathfrak{a}_1\frac{\Delta\alpha^s}{100}\frac{\Delta\delta''}{1000} + \mathfrak{a}_2\left(\frac{\Delta\alpha^s}{100}\right)^3,\\ Y'' &= \Delta\delta'' + \tau'(\Delta\delta'') + \mathfrak{d}_1\left(\frac{\Delta\alpha^s}{100}\right)^2 + \mathfrak{d}_2\left(\frac{\Delta\alpha^s}{100}\right)^2\frac{\Delta\delta''}{1000}; \end{aligned}\right\} \quad \text{(III)}$$

$$\left.\begin{aligned} \Delta\alpha^s &= \frac{1}{15}\sec\mathfrak{D}\,[X'' + \tau(X'')\sec^2\mathfrak{D}] + a_1\frac{X''}{1000}\frac{Y''}{1000} + a_2\frac{X''}{1000}\left(\frac{Y''}{1000}\right)^2,\\ \Delta\delta'' &= Y'' + \tau(Y'') + d_1\left(\frac{X''}{1000}\right)^2 + d_2\left(\frac{X''}{1000}\right)^2\frac{Y''}{1000}. \end{aligned}\right\} \quad \text{(III')}$$

Sämtliche Koeffizienten in diesen Formeln hängen nur von $\mathfrak{D}$, nicht von den Koordinaten oder der Deklination der Sterne ab. Für alle Transformationen auf einer Platte oder auf einer Serie von Platten, deren Tangentialpunkte dieselbe Deklination haben, sind also $15\cos\mathfrak{D}$ und $\frac{1}{15}\sec\mathfrak{D}$ nur einmal zu rechnen, die übrigen Faktoren ($\mathfrak{a}_1, \mathfrak{a}_2 \ldots d_2$ und $\sec^2\mathfrak{D}$) nur einmal mit dem Argument $\mathfrak{D}$ den Tafeln 5 und 6 zu entnehmen, τ und τ' jedoch für jeden einzelnen Stern mit den angegebenen Argumenten aus Tafel 1. (Fortsetzung S. 552.)

Tafel 1.

Argument		τ	τ′	Argument		τ		τ′	Argument		τ		τ′	
0° 0′	0″	−0″,000	+	1° 0′	3600″	−0″,37	1	+	2° 0′	7200″	−2″,92	8	+2″,92	8
1	60	0,000		1	3660	0,38	2		1	7260	3,00	7	3,00	7
2	120	0,000		2	3720	0,40	2		2	7320	3,07	8	3,07	8
3	180	0,000		3	3780	0,42	2		3	7380	3,15	7	3,15	7
4	240	0,000		4	3840	0,44	2		4	7440	3,22	8	3,22	8
0 5	300	−0,000	+	1 5	3900	−0,46	3	+	2 5	7500	−3,30	8	+3,30	8
6	360	0,000		6	3960	0,49	2		6	7560	3,38	8	3,38	8
7	420	0,001		7	4020	0,51	2		7	7620	3,46	9	3,46	9
8	480	0,001		8	4080	0,53	3		8	7680	3,55	8	3,55	8
9	540	0,001		9	4140	0,56	2		9	7740	3,63	8	3,63	9
0 10	600	−0,002	+	1 10	4200	−0,58	3	+	2 10	7800	−3,71	9	+3,72	9
11	660	0,002		11	4260	0,61	2		11	7860	3,80	9	3,81	9
12	720	0,003		12	4320	0,63	3		12	7920	3,89	9	3,90	9
13	780	0,004		13	4380	0,66	3		13	7980	3,98	9	3,99	9
14	840	0,005		14	4440	0,69	2		14	8040	4,07	9	4,08	9
0 15	900	−0,006	+	1 15	4500	−0,71	3	+	2 15	8100	−4,16	9	+4,17	9
16	960	0,007		16	4560	0,74	3		16	8160	4,25	10	4,26	10
17	1020	0,008		17	4620	0,77	3		17	8220	4,35	9	4,36	9
18	1080	0,010		18	4680	0,80	3		18	8280	4,44	10	4,45	10
19	1140	0,012		19	4740	0,83	4		19	8340	4,54	10	4,55	10
0 20	1200	−0,014	+	1 20	4800	−0,87	3	+	2 20	8400	−4,64	10	+4,65	10
21	1260	0,016		21	4860	0,90	3		21	8460	4,74	10	4,75	10
22	1320	0,018		22	4920	0,93	4		22	8520	4,84	10	4,85	10
23	1380	0,021		23	4980	0,97	3		23	8580	4,94	11	4,95	11
24	1440	0,023		24	5040	1,00	4		24	8640	5,05	10	5,06	10
0 25	1500	−0,026	+	1 25	5100	−1,04	4	+	2 25	8700	−5,15	11	+5,16	11
26	1560	0,030		26	5160	1,08	3		26	8760	5,26	11	5,27	11
27	1620	0,033		27	5220	1,11	4		27	8820	5,37	11	5,38	11
28	1680	0,037		28	5280	1,15	4		28	8880	5,48	11	5,49	11
29	1740	0,041		29	5340	1,19	4		29	8940	5,59	12	5,60	12
0 30	1800	−0,046	+	1 30	5400	−1,23	4	+	2 30	9000	−5,71	11	+5,72	11
31	1860	0,05		31	5460	1,27	5		31	9060	5,82	12	5,83	12
32	1920	0,06		32	5520	1,32	4		32	9120	5,94	11	5,95	11
33	1980	0,06		33	5580	1,36	4		33	9180	6,05	12	6,06	12
34	2040	0,07		34	5640	1,40	5		34	9240	6,17	12	6,18	12
0 35	2100	−0,07	+	1 35	5700	−1,45	5	+	2 35	9300	−6,29	13	+6,30	13
36	2160	0,08		36	5760	1,50	4		36	9360	6,42	12	6,43	12
37	2220	0,09		37	5820	1,54	5		37	9420	6,54	13	6,55	13
38	2280	0,09		38	5880	1,59	5		38	9480	6,67	12	6,68	12
39	2340	0,10		39	5940	1,64	5		39	9540	6,79	13	6,80	13
0 40	2400	−0,11	+	1 40	6000	−1,69	5	+	2 40	9600	−6,92	13	+6,93	14
41	2460	0,12		41	6060	1,74	5		41	9660	7,05	14	7,07	14
42	2520	0,13		42	6120	1,79	6		42	9720	7,19	13	7,21	13
43	2580	0,13		43	6180	1,85	5		43	9780	7,32	13	7,34	13
44	2640	0,14		44	6240	1,90	6		44	9840	7,45	14	7,47	14
0 45	2700	−0,15	+	1 45	6300	−1,96	5	+	2 45	9900	−7,59	14	+7,61	14
46	2760	0,16		46	6360	2,01	6		46	9960	7,73	14	7,75	14
47	2820	0,18		47	6420	2,07	6		47	10020	7,87	14	7,89	14
48	2880	0,19		48	6480	2,13	6		48	10080	8,01	15	8,03	15
49	2940	0,20		49	6540	2,19	6		49	10140	8,16	14	8,18	14
0 50	3000	−0,21	+	1 50	6600	−2,25	6	+	2 50	10200	−8,30	15	+8,32	15
51	3060	0,22		51	6660	2,31	7		51	10260	8,45	15	8,47	15
52	3120	0,24		52	6720	2,38	6		52	10320	8,60	15	8,62	15
53	3180	0,25		53	6780	2,44	7		53	10380	8,75	15	8,77	15
54	3240	0,27		54	6840	2,51	6		54	10440	8,90	16	8,92	16
0 55	3300	−0,28	+	1 55	6900	−2,57	7	+	2 55	10500	−9,06	15	+9,08	16
56	3360	0,30		56	6960	2,64	7		56	10560	9,21	16	9,24	16
57	3420	0,31		57	7020	2,71	7		57	10620	9,37	16	9,40	16
58	3480	0,33		58	7080	2,78	7		58	10680	9,53	16	9,56	16
59	3540	0,35		59	7140	2,85	7		59	10740	9,69	16	9,72	16
1 0	3600	−0,37	+	2 0	7200	−2,92		+	3 0	10800	−9,85		+9,88	

Bei negativen Argumentwerten kehren sich die Vorzeichen um.

	11	12
1″	0,2	0,2
2	0,4	0,4
3	0,6	0,6
4	0,7	0,8
5	0,9	1,0
6	1,1	1,2
7	1,3	1,4
8	1,5	1,6
9	1,6	1,8
10-	1,8	2,0
20	3,7	4,0
30	5,5	6,0
40	7,3	8,0
50	9,2	10,0

	13	14
1″	0,2	0,2
2	0,4	0,5
3	0,6	0,7
4	0,9	0,9
5	1,1	1,2
6	1,3	1,4
7	1,5	1,6
8	1,7	1,9
9	2,0	2,1
10	2,2	2,3
20	4,3	4,7
30	6,5	7,0
40	8,7	9,3
50	10,8	11,7

	15	16
1″	0,2	0,3
2	0,5	0,5
3	0,8	0,8
4	1,0	1,1
5	1,2	1,3
6	1,5	1,6
7	1,8	1,9
8	2,0	2,1
9	2,2	2,4
10	2,5	2,7
20	5,0	5,3
30	7,5	8,0
40	10,0	10,7
50	12,5	13,3

Tafel 1 (Fortsetzung).

Argument		τ	Δ	τ′	Δ
3° 0′	10800″	− 9″,85	17	+ 9″,88	17
1	10860	10,02	17	10,05	17
2	10920	10,19	16	10,22	16
3	10980	10,35	17	10,38	17
4	11040	10,52	18	10,55	18
3 5	11100	−10,70	17	+10,73	17
6	11160	10,87	18	10,90	18
7	11220	11,05	17	11,08	18
8	11280	11,22	18	11,26	18
9	11340	11,40	19	11,44	19
3 10	11400	−11,59	18	+11,63	18
11	11460	11,77	19	11,81	19
12	11520	11,96	18	12,00	18
13	11580	12,14	19	12,18	19
14	11640	12,33	19	12,37	19
15	11700	−12,52	20	+12,56	20
16	11760	12,72	19	12,76	19
17	11820	12,91	20	12,95	20
18	11880	13,11	20	13,15	20
19	11940	13,31	20	13,35	21
3 20	12000	−13,51	20	+13,56	20
21	12060	13,71	21	13,76	21
22	12120	13,92	21	13,97	21
23	12180	14,13	21	14,18	21
24	12240	14,34	21	14,39	21
3 25	12300	−14,55	21	+14,60	21
26	12360	14,76	22	14,81	22
27	12420	14,98	22	15,03	23
28	12480	15,20	22	15,26	22
29	12540	15,42	22	15,48	22
3 30	12600	−15,64	22	+15,70	22
31	12660	15,86	23	15,92	23
32	12720	16,09	23	16,15	23
33	12780	16,32	23	16,38	24
34	12840	16,55	23	16,62	23
3 35	12900	−16,78	23	+16,85	23
36	12960	17,01	24	17,08	24
37	13020	17,25	24	17,32	24
38	13080	17,49	24	17,56	24
39	13140	17,73	25	17,80	25
3 40	13200	−17,98	24	+18,05	25
41	13260	18,22	25	18,30	25
42	13320	18,47	25	18,55	25
43	13380	18,72	25	18,80	25
44	13440	18,97	26	19,05	26
3 45	13500	−19,23	25	+19,31	26
46	13560	19,48	26	19,57	26
47	13620	19,74	27	19,83	27
48	13680	20,01	26	20,10	26
49	13740	20,27	27	20,36	27
3 50	13800	−20,54	26	+20,63	27
51	13860	20,80	27	20,90	27
52	13920	21,07	28	21,17	28
53	13980	21,35	27	21,45	27
54	14040	21,62	28	21,72	28
3 55	14100	−21,90	28	+22,00	29
56	14160	22,18	28	22,29	28
57	14220	22,46	29	22,57	29
58	14280	22,75	29	22,86	29
59	14340	23,04	29	23,15	30
4 0	14400	−23,33		+23,45	

Argument		τ	Δ	τ′	Δ
4° 0′	14400″	−23″,33	29	+23″,45	29
1	14460	23,62	29	23,74	29
2	14520	23,91	30	24,03	30
3	14580	24,21	30	24,33	31
4	14640	24,51	30	24,64	30
4 5	14700	−24,81	31	+24,94	31
6	14760	25,12	30	25,25	31
7	14820	25,42	31	25,56	31
8	14880	25,73	31	25,87	31
9	14940	26,04	32	26,18	32
4 10	15000	−26,36	32	+26,50	32
11	15060	26,68	32	26,82	33
12	15120	27,00	32	27,15	32
13	15180	27,32	32	27,47	33
14	15240	27,64	33	27,80	33
4 15	15300	−27,97	33	+28,13	33
16	15360	28,30	33	28,46	34
17	15420	28,63	34	28,80	34
18	15480	28,97	33	29,14	33
19	15540	29,30	34	29,47	34
4 20	15600	−29,64	35	+29,81	35
21	15660	29,99	34	30,16	35
22	15720	30,33	35	30,51	35
23	15780	30,68	35	30,86	36
24	15840	31,03	35	31,22	35
4 25	15900	−31,38	36	+31,57	36
26	15960	31,74	36	31,93	37
27	16020	32,10	36	32,30	36
28	16080	32,46	36	32,66	37
29	16140	32,82	37	33,03	37
4 30	16200	−33,19	37	+33,40	37
31	16260	33,56	37	33,77	38
32	16320	33,93	37	34,15	37
33	16380	34,30	38	34,52	38
34	16440	34,68	38	34,90	39
4 35	16500	−35,06	38	+35,29	38
36	16560	35,44	39	35,67	39
37	16620	35,83	39	36,06	40
38	16680	36,22	39	36,46	39
39	16740	36,61	39	36,85	40
4 40	16800	−37,00	40	+37,25	40
41	16860	37,40	40	37,65	41
42	16920	37,80	40	38,06	40
43	16980	38,20	41	38,46	41
44	17040	38,61	40	38,87	42
4 45	17100	−39,01	42	+39,29	42
46	17160	39,43	41	39,71	42
47	17220	39,84	42	40,13	42
48	17280	40,26	42	40,55	42
49	17340	40,68	42	40,97	43
4 50	17400	−41,10	42	+41,40	43
51	17460	41,52	43	41,83	43
52	17520	41,95	43	42,26	44
53	17580	42,38	44	42,70	44
54	17640	42,82	43	43,14	44
4 55	17700	−43,25	44	+43,58	44
56	17760	43,69	45	44,02	45
57	17820	44,14	44	44,47	45
58	17880	44,58	45	44,92	46
59	17940	45,03	45	45,38	45
5 0	18000	−45,48		+45,83	

	16	17	18	19	20	21	22	23	24	25	26	27	28	29	30
1″	0,3	0,3	0,3	0,3	0,3	0,4	0,4	0,4	0,4	0,4	0,4	0,4	0,5	0,5	0,5
2	0,5	0,6	0,6	0,6	0,7	0,7	0,7	0,8	0,8	0,8	0,9	0,9	0,9	1,0	1,0
3	0,8	0,8	0,9	1,0	1,0	1,0	1,1	1,2	1,2	1,2	1,3	1,4	1,4	1,4	1,5
4	1,1	1,1	1,2	1,3	1,3	1,4	1,5	1,5	1,6	1,7	1,7	1,8	1,9	1,9	2,0
5	1,3	1,4	1,5	1,6	1,7	1,8	1,8	1,9	2,0	2,1	2,2	2,2	2,3	2,4	2,5
6	1,6	1,7	1,8	1,9	2,0	2,1	2,2	2,3	2,4	2,5	2,6	2,7	2,8	2,9	3,0
7	1,9	2,0	2,1	2,2	2,3	2,4	2,6	2,7	2,8	2,9	3,0	3,2	3,3	3,4	3,5
8	2,1	2,3	2,4	2,5	2,7	2,8	2,9	3,1	3,2	3,3	3,5	3,6	3,7	3,9	4,0
9	2,4	2,6	2,7	2,8	3,0	3,2	3,3	3,4	3,6	3,8	3,9	4,0	4,2	4,4	4,5
10	2,7	2,8	3,0	3,2	3,3	3,5	3,7	3,8	4,0	4,2	4,3	4,5	4,7	4,8	5,0
20	5,3	5,7	6,0	6,3	6,7	7,0	7,3	7,7	8,0	8,3	8,7	9,0	9,3	9,7	10,0
30	8,0	8,5	9,0	9,5	10,0	10,5	11,0	11,5	12,0	12,5	13,0	13,5	14,0	14,5	15,0
40	10,7	11,3	12,0	12,7	13,3	14,0	14,7	15,3	16,0	16,7	17,3	18,0	18,7	19,3	20,0
50	13,3	14,2	15,0	15,8	16,7	17,5	18,3	19,2	20,0	20,8	21,7	22,5	23,3	24,2	25,0

	31	32	33	34	35	36	37	38	39	40	41	42	43	44	45	46
1″	0,5	0,5	0,6	0,6	0,6	0,6	0,6	0,6	0,6	0,7	0,7	0,7	0,7	0,7	0,8	0,8
2	1,0	1,1	1,1	1,1	1,2	1,2	1,2	1,3	1,3	1,3	1,4	1,4	1,4	1,5	1,5	1,5
3	1,6	1,6	1,6	1,7	1,8	1,8	1,8	1,9	2,0	2,0	2,0	2,1	2,2	2,2	2,2	2,3
4	2,1	2,1	2,2	2,3	2,3	2,4	2,5	2,5	2,6	2,7	2,7	2,8	2,9	2,9	3,0	3,1
5	2,6	2,7	2,8	2,8	2,9	3,0	3,1	3,2	3,2	3,3	3,4	3,5	3,6	3,7	3,8	3,8
6	3,1	3,2	3,3	3,4	3,5	3,6	3,7	3,8	3,9	4,0	4,1	4,2	4,3	4,4	4,5	4,6
7	3,6	3,7	3,8	4,0	4,1	4,2	4,3	4,4	4,6	4,7	4,8	4,9	5,0	5,1	5,2	5,4
8	4,1	4,3	4,4	4,5	4,7	4,8	4,9	5,1	5,2	5,3	5,5	5,6	5,7	5,9	6,0	6,1
9	4,6	4,8	5,0	5,1	5,2	5,4	5,6	5,7	5,8	6,0	6,2	6,3	6,4	6,6	6,8	6,9
10	5,2	5,3	5,5	5,7	5,8	6,0	6,2	6,3	6,5	6,7	6,8	7,0	7,2	7,3	7,5	7,7
20	10,3	10,7	11,0	11,3	11,7	12,0	12,3	12,7	13,0	13,3	13,7	14,0	14,3	14,7	15,0	15,3
30	15,5	16,0	16,5	17,0	17,5	18,0	18,5	19,0	19,5	20,0	20,5	21,0	21,5	22,0	22,5	23,0
40	20,7	21,3	22,0	22,7	23,3	24,0	24,7	25,3	26,0	26,7	27,3	28,0	28,7	29,3	30,0	30,7
50	25,8	26,7	27,5	28,3	29,2	30,0	30,8	31,7	32,5	33,3	34,2	35,0	35,8	36,7	37,5	38,3

Bei negativen Argumentwerten kehren sich die Vorzeichen um.

Tafel 2. $\dfrac{\operatorname{tg}^2 \frac{\Delta\alpha}{2}}{\sin 1''}$

$\Delta\alpha$	0m	1m	2m	3m	4m	5m	6m	7m	8m	9m
0s	0″,00 0	0″,98 3	3″,93 6	8″,84 9	15″,71 13	24″,55 16	35″,35 19	48″,11 23	62″,84 27	79″,54 30
1	0,00 0	1,01 4	3,99 7	8,93 10	15,84 13	24,71 16	35,54 20	48,34 23	63,11 26	79,84 29
2	0,00 0	1,05 3	4,06 7	9,03 10	15,97 13	24,87 17	35,74 20	48,57 23	63,37 26	80,13 30
3	0,00 0	1,08 4	4,13 6	9,13 10	16,10 14	25,04 16	35,94 20	48,80 23	63,63 27	80,43 30
4	0,00 1	1,12 3	4,19 7	9,23 10	16,24 13	25,20 17	36,14 20	49,03 24	63,90 26	80,73 29
5	0,01 0	1,15 4	4,26 7	9,33 10	16,37 13	25,37 17	36,34 20	49,27 23	64,16 27	81,02 30
6	0,01 0	1,19 3	4,33 7	9,43 11	16,50 14	25,54 16	36,54 20	49,50 23	64,43 26	81,32 30
7	0,01 1	1,22 4	4,40 7	9,54 10	16,64 13	25,70 17	36,74 20	49,73 23	64,69 27	81,62 30
8	0,02 0	1,26 4	4,47 7	9,64 10	16,77 14	25,87 17	36,94 20	49,96 24	64,96 26	81,92 30
9	0,02 1	1,30 4	4,54 7	9,74 10	16,91 14	26,04 17	37,14 20	50,20 23	65,22 27	82,22 30
10	0,03 0	1,34 3	4,61 7	9,84 11	17,05 13	26,21 17	37,34 20	50,43 24	65,49 27	82,52 30
11	0,03 1	1,37 4	4,68 7	9,95 10	17,18 14	26,38 17	37,54 20	50,67 23	65,76 27	82,82 30
12	0,04 1	1,41 4	4,75 7	10,05 11	17,32 14	26,55 17	37,74 21	50,90 24	66,03 27	83,12 30
13	0,05 0	1,45 4	4,82 8	10,16 10	17,46 14	26,72 17	37,95 20	51,14 23	66,30 26	83,42 30
14	0,05 1	1,49 4	4,90 7	10,26 11	17,60 13	26,89 17	38,15 20	51,37 24	66,56 27	83,72 30
15	0,06 1	1,53 5	4,97 7	10,37 11	17,73 14	27,06 17	38,35 21	51,61 24	66,83 28	84,02 31
16	0,07 1	1,58 4	5,04 8	10,48 10	17,87 14	27,23 18	38,56 20	51,85 24	67,11 27	84,33 30
17	0,08 1	1,62 4	5,12 7	10,58 11	18,01 14	27,41 17	38,76 21	52,09 24	67,38 27	84,63 30
18	0,09 1	1,66 4	5,19 8	10,69 11	18,15 14	27,58 17	38,97 21	52,33 24	67,65 27	84,93 31
19	0,10 1	1,70 5	5,27 8	10,80 11	18,29 15	27,75 18	39,18 20	52,57 24	67,92 27	85,24 30
20	0,11 1	1,75 4	5,35 7	10,91 11	18,44 14	27,93 17	39,38 21	52,81 24	68,19 28	85,54 31
21	0,12 1	1,79 4	5,42 8	11,02 11	18,58 14	28,10 18	39,59 21	53,05 24	68,47 27	85,85 31
22	0,13 1	1,83 5	5,50 8	11,13 11	18,72 14	28,28 17	39,80 21	53,29 24	68,74 27	86,16 30
23	0,14 2	1,88 4	5,58 7	11,24 11	18,86 15	28,45 18	40,01 21	53,53 24	69,01 28	86,46 31
24	0,16 1	1,92 5	5,65 8	11,35 11	19,01 14	28,63 18	40,22 21	53,77 24	69,29 27	86,77 31
25	0,17 1	1,97 5	5,73 8	11,46 11	19,15 15	28,81 17	40,43 21	54,01 25	69,56 28	87,08 31
26	0,18 2	2,02 4	5,81 8	11,57 12	19,30 14	28,98 18	40,64 21	54,26 24	69,84 28	87,39 31
27	0,20 1	2,06 5	5,89 8	11,69 11	19,44 15	29,16 18	40,85 21	54,50 24	70,12 27	87,70 31
28	0,21 2	2,11 5	5,97 8	11,80 11	19,59 14	29,34 18	41,06 21	54,74 25	70,39 28	88,01 31
29	0,23 2	2,16 5	6,05 9	11,91 12	19,73 15	29,52 18	41,27 21	54,99 24	70,67 28	88,32 31

30	0,25	1	2,21	5	6,14	8	12,03	11	19,88	15	29,70	18	41,48	22	55,23	25	70,95	28	88,63	31
31	0,26	2	2,26	5	6,22	8	12,14	12	20,03	15	29,88	18	41,70	21	55,48	25	71,23	28	88,94	31
32	0,28	2	2,31	5	6,30	8	12,26	11	20,18	15	30,06	18	41,91	22	55,73	24	71,51	28	89,25	31
33	0,30	2	2,36	5	6,38	9	12,37	12	20,33	15	30,24	19	42,13	21	55,97	25	71,79	28	89,56	32
34	0,32	1	2,41	5	6,47	8	12,49	12	20,48	14	30,43	18	42,34	22	56,22	25	72,07	28	89,88	31
35	0,33	2	2,46	5	6,55	9	12,61	11	20,62	16	30,61	18	42,56	21	56,47	25	72,35	28	90,19	31
36	0,35	2	2,51	6	6,64	8	12,72	12	20,78	15	30,79	18	42,77	22	56,72	25	72,63	28	90,50	32
37	0,37	2	2,57	5	6,72	9	12,84	12	20,93	15	30,97	19	42,99	21	56,97	25	72,91	28	90,82	31
38	0,39	2	2,62	5	6,81	8	12,96	12	21,08	15	31,16	18	43,20	22	57,22	25	73,19	28	91,13	32
39	0,41	3	2,67	6	6,89	9	13,08	12	21,23	15	31,34	19	43,42	22	57,47	25	73,47	29	91,45	32
40	0,44	2	2,73	5	6,98	9	13,20	12	21,38	15	31,53	18	43,64	22	57,72	25	73,76	28	91,77	31
41	0,46	2	2,78	6	7,07	9	13,32	12	21,53	16	31,71	19	43,86	22	57,97	25	74,04	29	92,08	32
42	0,48	2	2,84	5	7,16	9	13,44	12	21,69	15	31,90	19	44,08	22	58,22	25	74,33	28	92,40	32
43	0,50	3	2,89	6	7,25	8	13,56	12	21,84	16	32,09	18	44,30	22	58,47	25	74,61	29	92,72	32
44	0,53	2	2,95	6	7,33	9	13,68	13	22,00	15	32,27	19	44,52	22	58,72	26	74,90	28	93,04	32
45	0,55	3	3,01	5	7,42	9	13,81	12	22,15	16	32,46	19	44,74	22	58,98	25	75,18	29	93,36	32
46	0,58	2	3,06	6	7,51	10	13,93	12	22,31	15	32,65	19	44,96	22	59,23	26	75,47	29	93,68	32
47	0,60	3	3,12	6	7,61	9	14,05	13	22,46	16	32,84	19	45,18	22	59,49	25	75,76	29	94,00	32
48	0,63	2	3,18	6	7,70	9	14,18	12	22,62	16	33,03	19	45,40	23	59,74	26	76,05	28	94,32	32
49	0,65	3	3,24	6	7,79	9	14,30	13	22,78	16	33,22	19	45,63	22	60,00	25	76,33	29	94,64	32
50	0,68	3	3,30	6	7,88	9	14,43	12	22,94	16	33,41	19	45,85	22	60,25	26	76,62	29	94,96	32
51	0,71	3	3,36	6	7,97	10	14,55	13	23,10	15	33,60	19	46,07	23	60,51	26	76,91	29	95,28	32
52	0,74	3	3,42	6	8,07	9	14,68	13	23,25	16	33,79	20	46,30	22	60,77	25	77,20	29	95,60	33
53	0,77	3	3,48	6	8,16	10	14,81	12	23,41	16	33,99	19	46,52	23	61,02	26	77,49	29	95,93	32
54	0,80	3	3,54	7	8,26	9	14,93	13	23,57	16	34,18	19	46,75	22	61,28	26	77,78	30	96,25	33
55	0,83	3	3,61	6	8,35	10	15,06	13	23,73	17	34,37	20	46,97	23	61,54	26	78,08	29	96,58	32
56	0,86	3	3,67	6	8,45	9	15,19	13	23,90	16	34,57	19	47,20	23	61,80	26	78,37	29	96,90	33
57	0,89	3	3,73	7	8,54	10	15,32	13	24,06	16	34,76	20	47,43	23	62,06	26	78,66	29	97,23	32
58	0,92	3	3,80	6	8,64	10	15,45	13	24,22	16	34,96	19	47,66	22	62,32	26	78,95	30	97,55	33
59	0,95	3	3,86	7	8,74	10	15,58	13	24,38	17	35,15	20	47,88	23	62,58	26	79,25	29	97,88	33
60	0,98		3,93		8,84		15,71		24,55		35,35		48,11		62,84		79,54		98,21	

Tafel 2. $\dfrac{\mathrm{tg}^2 \frac{\Delta\alpha}{2}}{\sin 1''}$ (Fortsetzung).

$\Delta\alpha$	10^m		11^m		12^m		13^m		14^m		15^m		16^m		17^m		18^m		19^m	
0^s	98″,21	32	118″,84	36	141″,44	39	166″,00	43	192″,54	46	221″,05	49	251″,53	53	283″,99	55	318″,41	59	354″,82	62
1	98,53	33	119,20	36	141,83	39	166,43	43	193,00	46	221,54	50	252,06	52	284,54	56	319,00	60	355,44	62
2	98,86	33	119,56	36	142,22	40	166,86	42	193,46	46	222,04	49	252,58	53	285,10	56	319,60	59	356,06	63
3	99,19	33	119,92	36	142,62	39	167,28	43	193,92	46	222,53	49	253,11	52	285,66	56	320,19	59	356,69	62
4	99,52	33	120,28	37	143,01	40	167,71	43	194,38	46	223,02	50	253,63	53	286,22	56	320,78	59	357,31	63
5	99,85	33	120,65	36	143,41	39	168,14	43	194,84	46	223,52	49	254,16	53	286,78	56	321,37	59	357,94	63
6	100,18	33	121,01	36	143,80	40	168,57	43	195,30	47	224,01	50	254,69	53	287,34	56	321,96	60	358,57	62
7	100,51	33	121,37	37	144,20	40	169,00	43	195,77	46	224,51	49	255,22	52	287,90	56	322,56	59	359,19	63
8	100,84	34	121,74	36	144,60	40	169,43	43	196,23	46	225,00	50	255,74	53	288,46	56	323,15	60	359,82	63
9	101,18	33	122,10	37	145,00	39	169,86	43	196,69	47	225,50	49	256,27	53	289,02	57	323,75	59	360,45	63
10	101,51	33	122,47	36	145,39	40	170,29	43	197,16	46	225,99	50	256,80	53	289,59	56	324,34	60	361,08	63
11	101,84	33	122,83	37	145,79	40	170,72	43	197,62	47	226,49	50	257,33	53	290,15	56	324,94	60	361,71	63
12	102,17	34	123,20	37	146,19	40	171,15	44	198,09	46	226,99	50	257,86	54	290,71	57	325,54	59	362,34	63
13	102,51	33	123,57	36	146,59	40	171,59	43	198,55	47	227,49	50	258,40	53	291,28	56	326,13	60	362,97	63
14	102,84	34	123,93	37	146,99	40	172,02	43	199,02	46	227,99	50	258,93	53	291,84	57	326,73	60	363,60	63
15	103,18	34	124,30	37	147,39	41	172,45	44	199,48	47	228,49	50	259,46	53	292,41	56	327,33	60	364,23	63
16	103,52	33	124,67	37	147,80	40	172,89	43	199,95	47	228,99	50	259,99	54	292,97	57	327,93	60	364,86	63
17	103,85	34	125,04	37	148,20	40	173,32	44	200,42	47	229,49	50	260,53	53	293,54	57	328,53	60	365,49	63
18	104,19	34	125,41	37	148,60	40	173,76	43	200,89	47	229,99	50	261,06	54	294,11	56	329,13	60	366,12	64
19	104,53	33	125,78	37	149,00	41	174,19	44	201,36	47	230,49	50	261,60	53	294,67	57	329,73	60	366,76	63
20	104,86	34	126,15	37	149,41	40	174,63	44	201,83	47	230,99	51	262,13	54	295,24	57	330,33	60	367,39	64
21	105,20	34	126,52	38	149,81	41	175,07	44	202,30	47	231,50	50	262,67	53	295,81	57	330,93	60	368,03	63
22	105,54	34	126,90	37	150,22	40	175,51	43	202,77	47	232,00	50	263,20	54	296,38	57	331,53	60	368,66	64
23	105,88	34	127,27	37	150,62	41	175,94	44	203,24	47	232,50	51	263,74	54	296,95	57	332,13	61	369,30	63
24	106,22	34	127,64	37	151,03	40	176,38	44	203,71	47	233,01	50	264,28	53	297,52	57	332,74	60	369,93	64
25	106,56	34	128,01	38	151,43	41	176,82	44	204,18	47	233,51	51	264,81	54	298,09	57	333,34	61	370,57	64
26	106,90	35	128,39	37	151,84	41	177,26	44	204,65	48	234,02	50	265,35	54	298,66	57	333,95	60	371,21	63
27	107,25	34	128,76	38	152,25	41	177,70	44	205,13	47	234,52	51	265,89	54	299,23	58	334,55	61	371,84	64
28	107,59	34	129,14	37	152,66	41	178,14	44	205,60	48	235,03	51	266,43	54	299,81	57	335,16	60	372,48	64
29	107,93	35	129,51	38	153,07	40	178,58	45	206,08	47	235,54	51	266,97	54	300,38	57	335,76	61	373,12	64

30	108,28	34	129,89	38	153,47	41	179,03	44	206,55	48	236,05	50	267,51	54	300,95	58	336,37	61	373,76	64
31	108,62	34	130,27	38	153,88	41	179,47	44	207,03	47	236,55	51	268,05	54	301,53	57	336,98	60	374,40	64
32	108,96	35	130,65	37	154,29	42	179,91	45	207,50	48	237,06	51	268,59	55	302,10	58	337,58	61	375,04	64
33	109,31	35	131,02	38	154,71	41	180,36	44	207,98	48	237,57	51	269,14	54	302,68	57	338,19	61	375,68	64
34	109,66	34	131,40	38	155,12	41	180,80	45	208,46	47	238,08	51	269,68	54	303,25	58	338,80	61	376,32	65
35	110,00	35	131,78	38	155,53	41	181,25	44	208,93	48	238,59	51	270,22	55	303,83	58	339,41	61	376,97	64
36	110,35	35	132,16	38	155,94	41	181,69	45	209,41	48	239,10	51	270,77	54	304,41	57	340,02	61	377,61	64
37	110,70	34	132,54	38	156,35	42	182,14	44	209,89	48	239,61	52	271,31	55	304,98	58	340,63	61	378,25	65
38	111,04	35	132,92	38	156,77	41	182,58	45	210,37	48	240,13	51	271,86	54	305,56	58	341,24	61	378,90	64
39	111,39	35	133,30	38	157,18	42	183,03	45	210,85	48	240,64	51	272,40	55	306,14	58	341,85	61	379,54	64
40	111,74	35	133,68	39	157,60	41	183,48	45	211,33	48	241,15	52	272,95	55	306,72	58	342,46	62	380,18	65
41	112,09	35	134,07	38	158,01	42	183,93	44	211,81	48	241,67	51	273,50	54	307,30	58	343,08	61	380,83	65
42	112,44	35	134,45	38	158,43	41	184,37	45	212,29	48	242,18	52	274,04	55	307,88	58	343,69	61	381,48	64
43	112,79	35	134,83	39	158,84	42	184,82	45	212,77	49	242,70	51	274,59	55	308,46	58	344,30	62	382,12	65
44	113,14	36	135,22	38	159,26	42	185,27	45	213,26	48	243,21	52	275,14	55	309,04	58	344,92	61	382,77	65
45	113,50	35	135,60	39	159,68	42	185,72	45	213,74	48	243,73	51	275,69	55	309,62	58	345,53	62	383,42	65
46	113,85	35	135,99	38	160,10	41	186,17	46	214,22	49	244,24	52	276,24	55	310,20	59	346,15	61	384,07	64
47	114,20	35	136,37	39	160,51	42	186,63	45	214,71	48	244,76	52	276,79	55	310,79	58	346,76	62	384,71	65
48	114,55	36	136,76	39	160,93	42	187,08	45	215,19	49	245,28	52	277,34	55	311,37	58	347,38	62	385,36	65
49	114,91	35	137,15	38	161,35	42	187,53	45	215,68	48	245,80	51	277,89	55	311,95	59	348,00	61	386,01	65
50	115,26	36	137,53	39	161,77	42	187,98	46	216,16	49	246,31	52	278,44	55	312,54	58	348,61	62	386,66	65
51	115,62	35	137,92	39	162,19	42	188,44	45	216,65	49	246,83	52	278,99	55	313,12	59	349,23	62	387,31	66
52	115,97	36	138,31	39	162,61	43	188,89	45	217,14	48	247,35	52	279,54	56	313,71	59	349,85	62	387,97	65
53	116,33	36	138,70	39	163,04	42	189,34	46	217,62	49	247,87	52	280,10	55	314,30	58	350,47	62	388,62	65
54	116,69	35	139,09	39	163,46	42	189,80	46	218,11	49	248,39	53	280,65	56	314,88	59	351,09	62	389,27	65
55	117,04	36	139,48	39	163,88	43	190,26	45	218,60	49	248,92	52	281,21	55	315,47	59	351,71	62	389,92	66
56	117,40	36	139,87	39	164,31	42	190,71	46	219,09	49	249,44	52	281,76	56	316,06	59	352,33	62	390,58	65
57	117,76	36	140,26	39	164,73	42	191,17	46	219,58	49	249,96	52	282,32	55	316,65	58	352,95	62	391,23	66
58	118,12	36	140,65	39	165,15	43	191,63	45	220,07	49	250,48	53	282,87	56	317,23	59	353,57	62	391,89	65
59	118,48	36	141,04	40	165,58	42	192,08	46	220,56	49	251,01	52	283,43	56	317,82	59	354,19	63	392,54	66
60	118,84		141,44		166,00		192,54		221,05		251,53		283,99		318,41		354,82		393,20	

Tafel 2. $\dfrac{\operatorname{tg}^2 \frac{\Delta\alpha}{2}}{\sin 1''}$ (Fortsetzung).

$\Delta\alpha$	20^m	21^m	22^m	23^m	24^m	25^m	26^m	27^m	28^m	29^m
0^s	393″,20 65	433″,56 69	475″,90 72	520″,22 75	566″,52 79	614″,81 82	665″,09 85	717″,35 89	771″,61 92	827″,86 95
1	393,85 66	434,25 69	476,62 72	520,97 76	567,31 79	615,63 83	665,94 86	718,24 89	772,53 92	828,81 96
2	394,51 66	434,94 69	477,34 73	521,73 76	568,10 79	616,46 82	666,80 85	719,13 89	773,45 92	829,77 95
3	395,17 66	435,63 69	478,07 72	522,49 75	568,89 79	617,28 82	667,65 86	720,02 89	774,37 93	830,72 96
4	395,83 66	436,32 69	478,79 72	523,24 76	569,68 79	618,10 83	668,51 86	720,91 89	775,30 92	831,68 96
5	396,49 65	437,01 69	479,51 73	524,00 76	570,47 79	618,93 82	669,37 85	721,80 89	776,22 92	832,64 95
6	397,14 66	437,70 69	480,24 72	524,76 76	571,26 79	619,75 82	670,22 86	722,69 89	777,14 93	833,59 96
7	397,80 66	438,39 70	480,96 73	525,52 76	572,05 80	620,57 83	671,08 86	723,58 89	778,07 92	834,55 96
8	398,46 67	439,09 69	481,69 73	526,28 76	572,85 79	621,40 83	671,94 86	724,47 89	778,99 93	835,51 96
9	399,13 66	439,78 70	482,42 73	527,04 76	573,64 79	622,23 82	672,80 86	725,36 90	779,92 93	836,47 96
10	399,79 66	440,48 69	483,15 72	527,80 76	574,43 80	623,05 83	673,66 86	726,26 89	780,85 92	837,43 96
11	400,45 66	441,17 70	483,87 73	528,56 76	575,23 79	623,88 83	674,52 86	727,15 89	781,77 93	838,39 96
12	401,11 66	441,87 69	484,60 73	529,32 76	576,02 80	624,71 83	675,38 86	728,04 90	782,70 93	839,35 96
13	401,77 67	442,56 70	485,33 73	530,08 76	576,82 79	625,54 82	676,24 86	728,94 89	783,63 93	840,31 96
14	402,44 66	443,26 70	486,06 73	530,84 77	577,61 80	626,36 83	677,10 87	729,83 90	784,56 92	841,27 96
15	403,10 67	443,96 69	486,79 73	531,61 76	578,41 80	627,19 83	677,97 86	730,73 90	785,48 93	842,23 96
16	403,77 66	444,65 70	487,52 73	532,37 77	579,21 79	628,02 83	678,83 86	731,63 89	786,41 93	843,19 97
17	404,43 67	445,35 70	488,25 73	533,14 76	580,00 80	628,85 84	679,69 87	732,52 90	787,34 93	844,16 96
18	405,10 66	446,05 70	488,98 74	533,90 77	580,80 80	629,69 83	680,56 86	733,42 90	788,27 94	845,12 97
19	405,76 67	446,75 70	489,72 73	534,67 76	581,60 80	630,52 83	681,42 87	734,32 90	789,21 93	846,09 96
20	406,43 67	447,45 70	490,45 73	535,43 77	582,40 80	631,35 83	682,29 86	735,22 90	790,14 93	847,05 97
21	407,10 67	448,15 70	491,18 74	536,20 76	583,20 80	632,18 84	683,15 87	736,12 90	791,07 93	848,02 96
22	407,77 66	448,85 70	491,92 73	536,96 77	584,00 80	633,02 83	684,02 87	737,02 90	792,00 94	848,98 97
23	408,43 67	449,55 70	492,65 74	537,73 77	584,80 80	633,85 83	684,89 86	737,92 90	792,94 93	849,95 97
24	409,10 67	450,25 71	493,39 73	538,50 77	585,60 80	634,68 84	685,75 87	738,82 90	793,87 93	850,92 96
25	409,77 67	450,96 70	494,12 74	539,27 77	586,40 80	635,52 83	686,62 87	739,72 90	794,80 94	851,88 97
26	410,44 67	451,66 70	494,86 74	540,04 77	587,20 81	636,35 84	687,49 87	740,62 90	795,74 93	852,85 97
27	411,11 68	452,36 71	495,60 73	540,81 77	588,01 80	637,19 84	688,36 87	741,52 90	796,67 94	853,82 97
28	411,79 67	453,07 70	496,33 74	541,58 77	588,81 80	638,03 83	689,23 87	742,42 91	797,61 94	854,79 97
29	412,46 67	453,77 71	497,07 74	542,35 77	589,61 81	638,86 84	690,10 87	743,33 90	798,55 93	855,76 97

30	413,13 67	454,48 70	497,81 74	543,12 77	590,42 80	639,70 84	690,97 87	744,23 91	799,48 94	856,73 97
31	413,80 68	455,18 71	498,55 74	543,89 78	591,22 81	640,54 84	691,84 87	745,14 90	800,42 94	857,70 97
32	414,48 67	455,89 71	499,29 74	544,67 77	592,03 81	641,38 84	692,71 88	746,04 91	801,36 94	858,67 97
33	415,15 67	456,60 71	500,03 74	545,44 77	592,84 80	642,22 84	693,59 87	746,95 90	802,30 94	859,64 98
34	415,82 68	457,31 70	500,77 74	546,21 78	593,64 81	643,06 84	694,46 87	747,85 91	803,24 94	860,62 97
35	416,50 68	458,01 71	501,51 74	546,99 77	594,45 81	643,90 84	695,33 88	748,76 91	804,18 94	861,59 97
36	417,18 67	458,72 71	502,25 74	547,76 78	595,26 81	644,74 84	696,21 87	749,67 90	805,12 94	862,56 98
37	417,85 68	459,43 71	502,99 75	548,54 77	596,07 80	645,58 84	697,08 88	750,57 91	806,06 94	863,54 97
38	418,53 68	460,14 71	503,74 74	549,31 78	596,87 81	646,42 84	697,96 87	751,48 91	807,00 94	864,51 98
39	419,21 67	460,85 71	504,48 74	550,09 78	597,68 81	647,26 85	698,83 88	752,39 91	807,94 95	865,49 98
40	419,88 68	461,56 71	505,22 75	550,87 77	598,49 81	648,11 84	699,71 88	753,30 91	808,89 94	866,47 97
41	420,56 68	462,27 72	505,97 74	551,64 78	599,30 82	648,95 85	700,59 87	754,21 91	809,83 94	867,44 98
42	421,24 68	462,99 71	506,71 75	552,42 78	600,12 81	649,80 84	701,46 88	755,12 91	810,77 95	868,42 98
43	421,92 68	463,70 71	507,46 74	553,20 78	600,93 81	650,64 85	702,34 88	756,03 92	811,72 94	869,40 97
44	422,60 68	464,41 72	508,20 75	553,98 78	601,74 81	651,49 84	703,22 88	756,95 91	812,66 95	870,37 98
45	423,28 68	465,13 71	508,95 75	554,76 78	602,55 82	652,33 85	704,10 88	757,86 91	813,61 94	871,35 98
46	423,96 68	465,84 71	509,70 75	555,54 78	603,37 81	653,18 85	704,98 88	758,77 91	814,55 95	872,33 98
47	424,64 69	466,55 72	510,45 74	556,32 78	604,18 81	654,03 84	705,86 88	759,68 92	815,50 95	873,31 98
48	425,33 68	467,27 72	511,19 75	557,10 78	604,99 82	654,87 85	706,74 88	760,60 91	816,45 95	874,29 98
49	426,01 68	467,99 71	511,94 75	557,88 79	605,81 82	655,72 85	707,62 88	761,51 92	817,40 94	875,27 99
50	426,69 69	468,70 72	512,69 75	558,67 78	606,63 81	656,57 85	708,50 89	762,43 91	818,34 95	876,26 98
51	427,38 68	469,42 72	513,44 75	559,45 78	607,44 82	657,42 85	709,39 88	763,34 92	819,29 95	877,24 98
52	428,06 69	470,14 71	514,19 75	560,23 79	608,26 82	658,27 85	710,27 88	764,26 92	820,24 95	878,22 98
53	428,75 68	470,85 72	514,94 76	561,02 78	609,08 81	659,12 85	711,15 89	765,18 91	821,19 95	879,20 99
54	429,43 69	471,57 72	515,70 75	561,80 79	609,89 82	659,97 85	712,04 88	766,09 92	822,14 95	880,19 98
55	430,12 69	472,29 72	516,45 75	562,59 78	610,71 82	660,82 85	712,92 89	767,01 92	823,09 96	881,17 99
56	430,81 68	473,01 72	517,20 75	563,37 79	611,53 82	661,67 86	713,81 88	767,93 92	824,05 95	882,16 98
57	431,49 69	473,73 72	517,95 76	564,16 79	612,35 82	662,53 85	714,69 89	768,85 92	825,00 95	883,14 99
58	432,18 69	474,45 72	518,71 75	564,95 78	613,17 82	663,38 85	715,58 89	769,77 92	825,95 95	884,13 98
59	432,87 69	475,17 73	519,46 76	565,73 79	613,99 82	664,23 86	716,47 88	770,69 92	826,90 96	885,11 99
60	433,56	475,90	520,22	566,52	614,81	665,09	717,35	771,61	827,86	886,10

Über die Genauigkeit der Rechnung nach den Formeln (III) und (III′) ist folgendes zu bemerken:

1. Genäherte Rechnung bei Plattenfeldern bis 10°×10°. Da die vernachlässigten Glieder 4. und höherer Ordnung in diesem Falle bei $\mathfrak{D} = 60°$ maximal rund 0′,5 (in Bogen gr. Kr.) erreichen, so brauchen alle Rechnungen nur bis auf ganze Zehner von Bogensekunden bzw. ganze Zeitsekunden geführt zu werden, wozu die in den Tafeln gegebene Stellenzahl der Koeffizenten ausreicht. Analoges gilt für τ und τ'; hier macht jedoch der mit dem Faktor $\frac{1}{15}\sec^3\mathfrak{D}$ zu multiplizierende Wert $\tau(X'')$ in (III′) eine Ausnahme. Soll die Zeitsekunde rechnerisch gesichert sein, so muß in höheren Deklinationen $\tau(X'')$ auf 1″ angesetzt werden. Bei geringeren Ansprüchen an Rechenschärfe genügt entsprechend rohere Näherung; $\tau(Y'')$ und $\tau'(\Delta\delta'')$ können dann, da maximal nur 46″ erreichend, fortfallen. Der Gesamtfehler der Formeln steigt hierdurch bei $\mathfrak{D} = 60°$ in den Ecken einer 10°×10°-Platte auf etwa 1′,5 (in Bogen gr. Kr.).

Tafel 3.

$\Delta\alpha$	$\frac{1}{2}\frac{\mathrm{tg}^4\frac{\Delta\alpha}{2}}{\sin 1''}$	Diff.
0^m	0′,00	0
1	,00	0
2	,00	0
3	,00	0
4	,00	0
5	0,00	0
6	,00	1
7	,01	0
8	,01	1
9	,02	0
10	0,02	1
11	,03	2
12	,05	2
13	,07	2
14	,09	3
15	0,12	3
16	,15	5
17	,20	5
18	,25	5
19	,30	7
20	0,37	9
21	,46	9
22	,55	11
23	,66	12
24	,78	14
25	0,92	15
26	1,07	18
27	,25	19
28	,44	22
29	,66	24
30	1,90	

Tafel 4.

δ / d		$\sin 4\delta$ / $\sin 4d$	Diff.	δ / d	
45°	0°	+0,00 −	7	45°	90°
44	1	0,07	7	46	89
43	2	0,14	7	47	88
42	3	0,21	7	48	87
41	4	0,28	6	49	86
40	5	+0,34 −	7	50	85
39	6	0,41	6	51	84
38	7	0,47	6	52	83
37	8	0,53	6	53	82
36	9	0,59	5	54	81
35	10	+0,64 −	5	55	80
34	11	0,69	5	56	79
33	12	0,74	5	57	78
32	13	0,79	4	58	77
31	14	0,83	4	59	76
30	15	+0,87 −	3	60	75
29	16	0,90	3	61	74
28	17	0,93	2	62	73
27	18	0,95	2	63	72
26	19	0,97	1	64	71
25	20	+0,98 −	1	65	70
24	21	0,99	1	66	69
23	22	1,00	0	67	68
22	23	1,00	1	68	67
21	24	0,99	1	69	66
20	25	+0,98 −		70	65

2. Scharfe Rechnung bei Plattenfeldern bis 1°×1°. Die höheren Glieder bleiben für $\mathfrak{D} \leqq 60°$ unter 0″,01 bzw. $0^s,001$. Wenn die Koeffizienten $\mathfrak{a}_1, \mathfrak{a}_2, \ldots d_2$ und $\sec^2\mathfrak{D}$ auf die in den Tafeln 5 und 6 angegebenen Stellenzahlen angesetzt werden, so gilt dieselbe Grenze auch für die reine Rechenunsicherheit mit Ausnahme der ersten der Gleichungen (III′), wo in den Ecken eines Plattenfeldes von 1°×1° ein Fehler von $0^s,003$ auftreten kann. Er rührt von dem Glied $a_1 \frac{X''}{1000} \frac{Y''}{1000}$ her und ist zu vermeiden, indem a_1 aus seiner Definitionsgleichung

$$a_1 = +\frac{1}{15} 10^6 \sin 1'' \sec\mathfrak{D}\,\mathrm{tg}\,\mathfrak{D} = +0{,}32321 \sec\mathfrak{D}\,\mathrm{tg}\,\mathfrak{D}$$

auf 0,0001 berechnet wird.

Ferner ist zu beachten, daß $\tau'(\Delta\delta'')$ und $\tau(Y'')$ auf 0″,01, $\tau(X'')$ in höheren Deklinationen auf 0″,001 anzusetzen sind, um die angegebene Rechenschärfe zu gewährleisten. Dementsprechend gibt Tafel 1 bis zu 30′ die Werte τ dreistellig.

Wenn die Glieder 3. Ordnung zu vernachlässigen sind, empfiehlt es sich, in die Reihen für X und $\Delta\alpha$ in den ersten Gliedern statt $\mathfrak{D}$ die Deklination δ des

(Fortsetzung S. 555.)

Tafel 5.

$\mathfrak{D}$	$\mathfrak{a}_1$		$\mathfrak{b}_1$		a_1		d_1	
0°,0	−0,000	63	+0,000	48	+0,000	3	−0,000	21
0,5	,063	64	,048	47	,003	3	,021	21
1,0	,127	63	,095	48	,006	2	,042	21
1,5	,190	64	,143	47	,008	3	,063	22
2,0	,254	63	,190	48	,011	3	,085	21
2,5	−0,317	64	+0,238	47	+0,014	3	−0,106	21
3,0	,381	63	,285	47	,017	3	,127	21
3,5	,444	63	,332	48	,020	3	,148	22
4,0	,507	64	,380	47	,023	3	,170	21
4,5	,571	63	,427	47	,026	2	,191	21
5,0	−0,634	63	+0,474	46	+0,028	3	−0,212	21
5,5	,697	63	,520	47	,031	3	,233	22
6,0	,760	63	,567	46	,034	3	,255	21
6,5	,823	63	,613	47	,037	3	,276	22
7,0	,886	63	,660	46	,040	3	,298	21
7,5	−0,949	63	+0,706	46	+0,043	3	−0,319	22
8,0	−1,012	63	,752	45	,046	3	,341	21
8,5	,075	63	,797	46	,049	3	,362	22
9,0	,138	62	,843	45	,052	3	,384	22
9,5	,200	63	,888	45	,055	3	,406	21
10,0	−1,263	62	+0,933	44	+0,058	3	−0,427	22
10,5	,325	63	+0,977	45	,061	3	,449	22
11,0	,388	62	+1,022	44	,064	3	,471	22
11,5	,450	62	,066	43	,067	3	,493	22
12,0	,512	62	,109	44	,070	3	,515	22
12,5	−1,574	62	+1,153	42	+0,073	4	−0,537	23
13,0	,636	62	,195	43	,077	3	,560	22
13,5	,698	61	,238	42	,080	3	,582	22
14,0	,759	62	,280	42	,083	3	,604	23
14,5	,821	61	,322	42	,086	3	,627	23
15,0	−1,882	61	+1,364	41	+0,089	4	−0,650	22
15,5	−1,943	61	,405	40	,093	3	,672	23
16,0	−2,004	61	,445	40	,096	4	,695	23
16,5	,065	61	,485	40	,100	3	,718	23
17,0	,126	61	,525	39	,103	4	,741	23
17,5	−2,187	60	+1,564	39	+0,107	3	−0,764	24
18,0	,247	60	,603	38	,110	4	,788	23
18,5	,307	61	,641	38	,114	4	,811	24
19,0	,368	60	,679	37	,118	3	,835	23
19,5	,428	59	,716	37	,121	4	,858	24
20,0	−2,487	60	+1,753	36	+0,125	4	−0,882	24
20,5	,547	59	,789	36	,129	4	,906	25
21,0	,606	59	,825	35	,133	4	,931	24
21,5	,665	59	,860	34	,137	4	,955	24
22,0	,724	59	,894	34	,141	4	−0,979	25
22,5	−2,783	58	+1,928	34	+0,145	4	−1,004	25
23,0	,841	59	,962	32	,149	4	,029	25
23,5	,900	58	+1,994	33	,153	5	,054	25
24,0	−2,958	58	+2,027	31	,158	4	,079	26
24,5	−3,016	57	,058	31	,162	4	,105	25
25,0	−3,073	58	+2,089	30	+0,166	5	−1,130	26
25,5	,131	57	,119	30	,171	4	,156	26
26,0	,188	57	,149	29	,175	5	,182	27
26,5	,245	57	,178	28	,180	5	,209	26
27,0	,302	56	,206	28	,185	5	,235	27
27,5	−3,358	56	+2,234	27	+0,190	5	−1,262	27
28,0	,414	56	,261	26	,195	5	,289	27
28,5	,470	56	,287	26	,200	5	,316	28
29,0	,526	55	,313	25	,205	5	,344	28
29,5	,581	55	,338	24	,210	6	,372	28
30,0	−3,636		+2,362		+0,216		−1,400	

$\mathfrak{D}$	$\mathfrak{a}_1$		$\mathfrak{b}_1$		a_1		d_1	
30°,0	−3,636	55	+2,362	23	+0,216	5	−1,400	28
30,5	,691	54	,385	23	,221	6	,428	29
31,0	,745	55	,408	22	,227	5	,457	28
31,5	,800	54	,430	21	,232	6	,485	30
32,0	,854	53	,451	21	,238	6	,515	29
32,5	−3,907	54	+2,472	19	+0,244	6	−1,544	30
33,0	−3,961	53	,491	19	,250	7	,574	30
33,5	−4,014	53	,510	18	,257	6	,604	31
34,0	,067	52	,528	18	,263	7	,635	31
34,5	,119	52	,546	17	,270	6	,666	31
35,0	−4,171	52	+2,563	16	+0,276	7	−1,697	32
35,5	,223	52	,579	15	,283	7	,729	32
36,0	,275	51	,594	14	,290	8	,761	33
36,5	,326	51	,608	13	,298	7	,794	33
37,0	,377	50	,621	13	,305	8	,827	33
37,5	−4,427	50	+2,634	12	+0,313	7	−1,860	34
38,0	,477	50	,646	11	,320	9	,894	34
38,5	,527	50	,657	10	,329	8	,928	35
39,0	,577	49	,667	10	,337	8	,963	35
39,5	,626	48	,677	9	,345	9	−1,998	36
40,0	−4,674	49	+2,686	8	+0,354	9	−2,034	36
40,5	,723	48	,694	7	,363	9	,070	37
41,0	,771	48	,701	6	,372	10	,107	38
41,5	,819	47	,707	5	,382	10	,145	38
42,0	,866	47	,712	5	,392	10	,183	38
42,5	−4,913	47	+2,717	3	+0,402	10	−2,221	39
43,0	−4,960	46	,720	3	,412	11	,260	40
43,5	−5,006	46	,723	2	,423	11	,300	41
44,0	,052	45	,725	2	,434	11	,341	41
44,5	,097	45	,727	0	,445	12	,382	42
45,0	−5,142	45	+2,727	0	+0,457	12	−2,424	43
45,5	,187	44	,727	2	,469	13	,467	43
46,0	,231	44	,725	2	,482	13	,510	44
46,5	,275	44	,723	3	,495	13	,554	45
47,0	,319	43	,720	3	,508	14	,599	46
47,5	−5,362	42	+2,717	5	+0,522	14	−2,645	47
48,0	,404	43	,712	5	,536	15	,692	48
48,5	,447	41	,707	6	,551	16	,740	49
49,0	,488	42	,701	7	,567	16	,789	49
49,5	,530	41	,694	8	,583	16	,838	51
50,0	−5,571	40	+2,686	9	+0,599	17	−2,889	52
50,5	,611	41	,677	10	,616	18	,941	52
51,0	,652	39	,667	10	,634	19	−2,993	54
51,5	,691	40	,657	11	,653	19	−3,047	56
52,0	,731	38	646	12	,672	20	,103	56
52,5	−5,769	39	+2,634	13	+0,692	21	−3,159	58
53,0	,808	38	,621	13	,713	21	,217	59
53,5	,846	37	,608	14	,734	23	,276	60
54,0	,883	37	,594	15	,757	23	,336	62
54,5	,920	37	,579	16	,780	25	,398	64
55,0	−5,957	36	+2,563	17	+0,805	25	−3,462	65
55,5	−5,993	36	,546	18	,830	27	,527	67
56,0	−6,029	35	,528	18	,857	28	,594	68
56,5	,064	35	,510	19	,885	29	,662	71
57,0	,099	34	,491	19	,914	30	,733	72
57,5	−6,133	34	+2,472	21	+0,944	32	−3,805	74
58,0	,167	34	,451	21	+0,976	33	,879	77
58,5	,201	33	,430	22	+1,009	35	−3,956	78
59,0	,234	32	,408	23	,044	37	−4,034	81
59,5	,266	32	,385	23	,081	39	,115	84
60,0	−6,298		+2,362		+1,120		−4,199	

Bei negativem $\mathfrak{D}$ kehren sich alle Vorzeichen um.

Tafel 6.

𝔇	𝔞₂	Δ	𝔟₂	Δ	a_2	Δ	d_2	Δ	sec²𝔇	Δ
0°	+0,0264	0	+0,0264	0	+0,0000	0	−0,0118	0	+1,00	0
1	,0264	0	,0264	0	,0000	0	,0118	0	,00	0
2	,0264	1	,0264	1	,0000	0	,0118	0	,00	0
3	,0263	1	,0263	1	,0000	0	,0118	0	,00	0
4	,0262	2	,0262	2	,0000	0	,0118	0	,00	1
5	+0,0260	1	+0,0260	1	+0,0000	0	−0,0118	1	+1,01	0
6	,0259	2	,0259	2	,0000	0	,0119	0	,01	1
7	,0257	3	,0257	3	,0000	0	,0119	1	,02	0
8	,0254	2	,0254	3	,0000	0	,0120	0	,02	1
9	,0252	3	,0251	3	,0000	0	,0120	1	,03	0
10	+0,0249	4	+0,0248	3	+0,0000	1	−0,0121	1	+1,03	1
11	,0245	3	,0245	3	,0001	0	,0122	1	,04	1
12	,0242	4	,0242	4	,0001	0	,0123	1	,05	0
13	,0238	4	,0238	5	,0001	0	,0124	1	,05	1
14	,0234	4	,0233	4	,0001	0	,0125	1	,06	1
15	+0,0230	5	+0,0229	5	+0,0001	0	−0,0126	1	+1,07	1
16	,0225	5	,0224	5	,0001	1	,0127	2	,08	1
17	,0220	5	,0219	5	,0002	0	,0129	1	,09	2
18	,0215	5	,0214	6	,0002	0	,0130	1	,11	1
19	,0210	5	,0208	5	,0002	0	,0131	2	,12	1
20	+0,0205	6	+0,0203	6	+0,0002	0	−0,0133	2	+1,13	2
21	,0199	5	,0197	7	,0002	1	,0135	2	,15	1
22	,0194	6	,0190	6	,0003	0	,0137	2	,16	2
23	,0188	6	,0184	7	,0003	0	,0139	2	,18	2
24	,0182	7	,0177	7	,0003	1	,0141	2	,20	2
25	+0,0175	6	+0,0170	7	+0,0004	0	−0,0143	2	+1,22	2
26	,0169	6	,0163	8	,0004	1	,0145	3	,24	2
27	,0163	7	,0155	7	,0005	0	,0148	3	,26	2
28	,0156	6	,0148	8	,0005	1	,0151	3	,28	3
29	,0150	7	,0140	8	,0006	0	,0154	3	,31	2
30	+0,0143	7	+0,0132	8	+0,0006	1	−0,0157	3	+1,33	3
31	,0136	6	,0124	8	,0007	0	,0160	3	,36	3
32	,0130	7	,0116	8	,0007	1	,0163	4	,39	3
33	,0123	7	,0108	9	,0008	1	,0167	4	,42	3
34	,0116	6	,0099	9	,0009	0	,0171	4	,45	4
35	+0,0110	7	+0,0090	8	+0,0009	1	−0,0175	5	+1,49	4
36	,0103	7	,0082	9	,0010	1	,0180	4	,53	4
37	,0096	6	,0073	9	,0011	0	,0184	5	,57	4
38	,0090	7	,0064	9	,0012	1	,0189	6	,61	5
39	,0083	6	,0055	9	,0013	1	,0195	5	,66	4
40	+0,0077	6	+0,0046	9	+0,0014	2	−0,0200	6	+1,70	6
41	,0071	6	,0037	9	,0016	1	,0206	7	,76	5
42	,0065	6	,0028	10	,0017	2	,0213	7	,81	6
43	,0059	6	,0018	9	,0019	1	,0220	7	,87	6
44	,0053	6	+0,0009	9	,0020	2	,0227	8	+1,93	7
45	+0,0047	6	0,0000	9	+0,0022	2	−0,0235	9	+2,00	7
46	,0041	5	−0,0009	9	,0024	2	,0244	9	,07	8
47	,0036	6	,0018	10	,0026	3	,0253	9	,15	8
48	,0030	5	,0028	9	,0029	3	,0262	11	,23	9
49	,0025	5	,0037	9	,0032	3	,0273	11	,32	10
50	+0,0020	4	−0,0046	9	+0,0035	3	−0,0284	13	+2,42	10
51	,0016	5	,0055	9	,0038	4	,0297	13	,52	12
52	,0011	4	,0064	9	,0042	4	,0310	14	,64	12
53	,0007	4	,0073	9	,0046	5	,0324	16	,76	13
54	+0,0003	4	,0082	8	,0051	5	,0340	17	+2,89	15
55	−0,0001	4	−0,0090	9	+0,0056	6	−0,0357	19	+3,04	16
56	,0005	3	,0099	9	,0062	6	,0376	20	,20	17
57	,0008	3	,0108	8	,0068	8	,0396	22	,37	19
58	,0011	3	,0116	8	,0076	9	,0418	25	,56	21
59	,0014	3	,0124	8	,0085	9	,0443	27	+3,77	23
60	−0,0017		−0,0132		+0,0094		−0,0470		+4,00	

Bei negativem 𝔇 bleiben alle Vorzeichen erhalten.

Sterns einzuführen, weil hierdurch die Glieder 2. Ordnung in diesen Formeln überhaupt entfallen. (III) und (III′) gehen damit über in

$$\left.\begin{aligned} X'' &= 15 \cos\delta\, \Delta\alpha^s, \\ Y'' &= \Delta\delta'' + \mathfrak{d}_1 \left(\frac{\Delta\alpha^s}{100}\right)^2; \end{aligned}\right\} \qquad \text{(IV)}$$

$$\left.\begin{aligned} \Delta\alpha^s &= \frac{1}{15} \sec\delta\, X'', \\ \Delta\delta'' &= Y'' + d_1 \left(\frac{X''}{1000}\right)^2. \end{aligned}\right\} \qquad \text{(IV')}$$

In dieser Form sind die Reihenentwicklungen sehr bequem und auch noch für viele Zwecke ausreichend. Um den Grad der Annäherung zu beurteilen, kann man für einen Stern in der äußersten Plattenecke entweder die Rechnung nach den strengen Formeln durchführen oder die vernachlässigten Glieder 3. Ordnung berechnen. Im letzteren Falle ist aber zu beachten, daß sich diese Glieder durch die Einführung von δ statt $\mathfrak{D}$ in den Reihen für X und $\Delta\alpha$ gegenüber (III) und (III′) ändern. Die Glieder 3. Ordnung lauten jetzt

in der Reihe für X:

$$+0{,}01\,763 \cos\mathfrak{D} \frac{\Delta\alpha^s}{100}\left(\frac{\Delta\delta''}{1000}\right)^2 + \mathfrak{a}_2\left(\frac{\Delta\alpha^s}{100}\right)^3,$$

in der Reihe für $\Delta\alpha$:

$$-0{,}00078 \sec\mathfrak{D} \frac{X''}{1000}\left(\frac{Y''}{1000}\right)^2 + 0{,}00026 \sec\mathfrak{D} (\sec^2\mathfrak{D} - 3)\left(\frac{X''}{1000}\right)^3.$$

Die Einheiten sind dieselben wie vorher; die Glieder der Reihe für X erscheinen also in Bogensekunden, die der Reihe für $\Delta\alpha$ in Zeitsekunden ausgedrückt. In den Reihen für Y und $\Delta\delta$ bleiben selbstverständlich alle Glieder unverändert.

Verzeichnis weiterer Hilfstafeln zur Transformation von *X*, *Y* in α, δ und umgekehrt.

HINKS, Mem R A S 57, S. 147.

HNATEK, A N 181, S. 133 (1909); Zusatz hierzu A N 183, S. 89 (1909).

JACOBY, Columbia Contr Nr. 23 (1905).

LAGARDE, Bull Carte du Ciel V, C 1; Neue Ausgabe J O 11, S. 17.

PETERS, Veröff. d. Astr. Recheninst. Berlin-Dahlem Nr. 47 (1929).

SCHORR, Hilfstafeln d. Hamb. Sternwarte, Abschn. G (1924), Tafel 101, 102.

Vorstehende Tafeln mit Ausnahme der PETERSschen sind vorzugsweise zur Reduktion der an Himmelskartenrefraktoren aufgenommenen Platten bestimmt, jedoch für beliebige $\mathfrak{D}$ brauchbar. Tafeln, welche ausschließlich für spezielle Werte von $\mathfrak{D}$ eingerichtet sind, finden sich in den Einleitungen und Anhängen zu zahlreichen Bänden des Katalogs der photographischen Himmelskarte.

Anhang II. Photographische Refraktionstafeln.

Erläuterungen.

Die Tafeln beruhen auf der GYLDÉNschen Theorie und der BAUSCHINGERschen Konstante (60″,15) der Refraktion. Als Umrechnungsfaktor der visuellen Refraktion auf die photographische wurde angenommen $\varkappa = 1{,}0155$, übereinstimmend mit den Tafeln des Verfassers in A N 236, S. 81 (1929). Von dort sind unverändert übernommen die vorliegenden Tafeln 8, 9, 10, 11 und 16. In der Form verändert und durch die Werte λ ergänzt ist Tafel 7. Neu gerechnet wurden auf Grund der Werte von ALBRECHT[1] die Tafeln 13, 14 und 15 sowie nach LANDOLT-BÖRNSTEIN[2] die Tafel 12.

Zur zahlenmäßigen Berechnung der Refraktion wird der Koeffizient β meist in Verbindung mit den Faktoren $\sin 1''$ und $\sin^2 1''$ gebraucht. Dementsprechend führen die Tafeln unmittelbar zu den Werten $\mathfrak{B} = \beta \sin 1''$ und $\mathfrak{b} = \beta \sin^2 1''$. Setzt man weiter $\mathfrak{B}_0 = \beta_0 \sin 1''$ und $\mathfrak{b}_0 = \beta_0 \sin^2 1''$, wo β_0 den auf mittleren atmosphärischen Zustand bezogenen Wert von β bezeichnet, so gelten die bekannten Gleichungen:

$$\mathfrak{B} = \mathfrak{B}_0 B T \gamma^\lambda,$$
$$\mathfrak{b} = \mathfrak{b}_0 B T \gamma^\lambda,$$

worin B vom Barometerstand, T von der Temperatur des Quecksilbers im Barometer, γ von der Lufttemperatur und λ von der Zenitdistanz abhängt.

Zur Auswertung dieser Formeln bieten die Refraktionstafeln folgende Wege, die sich durch die Art und die Genauigkeit der Rechnung unterscheiden.

A. Vierstellige logarithmische Rechnung (Genauigkeit etwa 2×10^{-4}). Tafeln 7, 9, 10, 11.

$$\log \mathfrak{B} = \log \mathfrak{B}_0 + \log B + \log T + \lambda \log \gamma,$$
$$\log \mathfrak{b} = \log \mathfrak{B} + \log \sin 1''. \qquad [\log \sin 1'' = 4{,}6856 - 10]$$

B. Numerische Rechnung (Genauigkeit etwa 10^{-3}). Tafeln 7, 8, 12, 13, 14, 15.

Wird als Argument zur Entnahme der vom Barometerstand abhängigen Größe der nach Tafel 12 auf 0° reduzierte Barometerstand benutzt, so entfällt der Faktor T. Da auch der Einfluß von λ innerhalb der Genauigkeitsgrenze von 10^{-3} verschwindet, so gilt

$$\mathfrak{B} = \mathfrak{B}_0 B \gamma,$$
$$\mathfrak{b} = \mathfrak{b}_0 B \gamma.$$

Wird nun gesetzt:

$$\sigma_1 = B - 1,$$
$$\sigma_2 = \gamma - 1,$$
$$\sigma_3 = \sigma_1 \sigma_2,$$

so ergeben sich $\mathfrak{B}$ und $\mathfrak{b}$ aus

$$\sigma = \sigma_1 + \sigma_2 + \sigma_3,$$
$$\mathfrak{B} = \mathfrak{B}_0 + \sigma \mathfrak{B}_0,$$
$$\mathfrak{b} = \mathfrak{b}_0 + \sigma \mathfrak{b}_0.$$

C. Genäherte Rechnung (Genauigkeit etwa 10^{-2}). Tafeln 7, 8, 16.

Innerhalb der Genauigkeitsgrenze von 10^{-2} ist der Einfluß der Temperatur auf den Barometerstand verschwindend. In diesem Falle kann σ unmittelbar aus Tafel 16 entnommen werden, und man rechnet wie unter B. nach den Formeln

$$\mathfrak{B} = \mathfrak{B}_0 + \sigma \mathfrak{B}_0,$$
$$\mathfrak{b} = \mathfrak{b}_0 + \sigma \mathfrak{b}_0.$$

Zur Berechnung der Refraktionsglieder mit β' definiert man analog eine Größe $\mathfrak{B}' = \beta' \sin 1''$ und hat folgende Zahlenwerte einzusetzen:

$$\beta' = -0'',087,$$
$$\mathfrak{B}' = -0{,}420 \times 10^{-6}.$$

Die meteorologischen Daten können hier, falls ausnahmsweise erforderlich, in analoger Weise wie oben bei den Koeffizienten $\mathfrak{B}$ und $\mathfrak{b}$ berücksichtigt werden; es genügt stets die genäherte Rechnung nach C.

---

[1] ALBRECHT, Formeln und Hilfstafeln für geographische Ortsbestimmungen, 4. Aufl. (1908), Tafeln 31f, 31g.

[2] LANDOLT-BÖRNSTEIN, Phys.-chem. Tabellen, 5. Aufl. (1923), Tab. 18, 19.

Tafel 7. $\mathfrak{B}_0$, $\log\mathfrak{B}_0$, λ.

Argument: ζ = wahre Zenitdistanz.

ζ	$\log\mathfrak{B}_0$	$10^4\mathfrak{B}_0$	λ
0°	6,4516	2,829	
10	516	,829	
20	515	,828	
30	514	,827	
35	6,4513	2,827	
40	512	,826	
45	510	,825	1,002
50	507	,823	,002
55	503	,821	,003
60	6,4497	2,817	1,004
61	496	,816	,005
62	494	,814	,005
63	492	,813	,006
64	490	,812	,006
65	6,4488	2,810	1,006
66	485	,809	,007
67	482	,807	,008
68	478	,804	,009
69	474	,802	,009
70	6,4470	2,799	1,010

Tafel 8. $\mathfrak{b}_0$.

Argumente: ζ = wahre Zenitdistanz und $\operatorname{tg}\zeta$.

ζ	$\operatorname{tg}\zeta$	$10^8\mathfrak{b}_0$
0°,0	0,00	
		0,1371
34 ,0	0,67	
		0,1370
44 ,5	0,98	
		0,1369
50 ,5	1,21	
		0,1368
54 ,7	1,41	
		0,1367
57 ,7	1,58	
		0,1366
60 ,2	1,74	
		0,1365
62 ,0	1,88	
		0,1364
63 ,6	2,01	
		0,1363
65 ,0	2,14	
		0,1362
66 ,2	2,26	
		0,1361
67 ,2	2,38	
		0,1360
68 ,1	2,49	
		0,1359
68 ,9	2,59	
		0,1358
69 ,6	2,69	
		0,1357
70 ,2	2,78	

Tafel 9. $\log B$.

Argument: b = Barometerstand in mm. Einheit: 0,0001.

b	$\log B$	b	$\log B$	b	$\log B$	b	$\log B$	b	$\log B$	b	$\log B$
mm		mm		mm		mm		mm		mm	
600	-978^{IV}	630	-766^{IV}	660	-564^{IV}	690	-371^{IV}	720	-186^{IV}	750	$-\ 9^{\mathrm{IV}}$
01	971	31	759	61	557	91	365	21	180	51	− 3
02	963	32	752	62	551	92	358	22	174	52	+ 3
03	956	33	745	63	544	93	352	23	168	53	9
04	949	34	738	64	538	94	346	24	162	54	14
605	−942	635	−732	665	−531	695	−339	725	−156	755	+ 20
06	935	36	725	66	525	96	333	26	150	56	26
07	927	37	718	67	518	97	327	27	144	57	32
08	920	38	711	68	512	98	321	28	138	58	37
09	913	39	704	69	505	99	315	29	132	59	43
610	−906	640	−698	670	−499	700	−308	730	−126	760	+ 49
11	899	41	691	71	492	01	302	31	120	61	54
12	892	42	684	72	486	02	296	32	114	62	60
13	885	43	677	73	479	03	290	33	108	63	66
14	878	44	670	74	473	04	284	34	102	64	72
615	−871	645	−664	675	−466	705	−277	735	− 97	765	+ 77
16	864	46	657	76	460	06	271	36	91	66	83
17	856	47	650	77	454	07	265	37	85	67	89
18	849	48	643	78	447	08	259	38	79	68	94
19	842	49	637	79	441	09	253	39	73	69	100
620	−835	650	−630	680	−434	710	−247	740	− 67	770	+106
21	828	51	624	81	428	11	241	41	61	71	111
22	821	52	617	82	422	12	234	42	55	72	117
23	814	53	610	83	415	13	228	43	49	73	123
24	807	54	603	84	409	14	222	44	44	74	128
625	−800	655	−597	685	−402	715	−216	745	− 38	775	+134
26	794	56	590	86	396	16	210	46	32	76	139
27	787	57	584	87	390	17	204	47	26	77	145
28	780	58	577	88	383	18	198	48	20	78	150
29	773	59	570	89	377	19	192	49	15	79	156
630	−766	660	−564	690	−371	720	−186	750	− 9	780	+162

Tafel 10. $\log T$.
Argument: (t) = Quecksilbertemperatur in Celsiusgraden. Einheit: 0,0001.

(t)	$\log T$	(t)	$\log T$
$-20°$	$+14^{IV}$	$+5°$	-3^{IV}
15	10	10	7
10	7	15	10
-5	$+3$	20	14
0	0	25	17
		$+30$	-21

Tafel 12. Reduktion des Barometerstandes auf 0°.
Argumente: b = Barometerstand in mm; (t) = Quecksilbertemperatur in Celsiusgraden.

(t) \ b	600	650	700	750	800
	mm	mm	mm	mm	mm
$\pm 0°$	$\mp$0,0	$\mp$0,0	$\mp$0,0	$\mp$0,0	$\mp$0,0
5	0,5	0,5	0,6	0,6	0,7
10	1,0	1,1	1,1	1,2	1,3
± 15	$\mp$1,5	$\mp$1,6	$\mp$1,7	$\mp$1,8	$\mp$2,0
20	2,0	2,1	2,3	2,4	2,6
25	2,4	2,6	2,8	3,0	3,2
± 30	$\mp$2,9	$\mp$3,2	$\mp$3,4	$\mp$3,7	$\mp$3,9

Tafel 11. $\log \gamma$. Argument: t = Lufttemperatur in Celsiusgraden. Einheit: 0,0001.

(The differences are printed between successive values; here each difference stands on the row of the upper value.)

t	$\log \gamma$	Diff.	t	$\log \gamma$	Diff.
$-20°$	$+480^{IV}$	18	$+5°$	$+67^{IV}$	15
19	462	17	6	52	16
18	445	17	7	36	16
17	428	17	8	20	15
16	411	17	9	$+5$	16
-15	$+394$	17	$+10$	-11	15
14	377	17	11	26	16
13	360	17	12	42	15
12	343	17	13	57	15
11	326	16	14	72	15
-10	$+310$	17	$+15$	-87	15
9	293	16	16	102	16
8	277	17	17	118	15
7	260	16	18	133	15
6	244	16	19	148	15
-5	$+228$	17	$+20$	-163	15
4	211	16	21	178	14
3	195	16	22	192	15
2	179	16	23	207	15
-1	163	16	24	222	15
0	$+147$	16	$+25$	-237	14
$+1$	131	16	26	251	15
2	115	16	27	266	14
3	99	16	28	280	15
4	83	16	29	295	14
$+5$	$+67$		$+30$	-309	

	18	17
1	1,8	1,7
2	3,6	3,4
3	5,4	5,1
4	7,2	6,8
5	9,0	8,5
6	10,8	10,2
7	12,6	11,9
8	14,4	13,6
9	16,2	15,3

	16	15
1	1,6	1,5
2	3,2	3,0
3	4,8	4,5
4	6,4	6,0
5	8,0	7,5
6	9,6	9,0
7	11,2	10,5
8	12,8	12,0
9	14,4	13,5

	14
1	1,4
2	2,8
3	4,2
4	5,6
5	7,0
6	8,4
7	9,8
8	11,2
9	12,6

Tafel 13. σ_1. Argument: b_0 = Barometerstand in mm, auf 0° reduziert.

b_0	σ_1	b_0	σ_1	b_0	σ_1	b_0	σ_1	b_0	σ_1	b_0	σ_1
mm		mm		mm		mm		mm		mm	
600	$-0,202$	630	$-0,162$	660	$-0,122$	690	$-0,082$	720	$-0,042$	750	$-0,002$
01	,200	31	,160	61	,120	91	,081	21	,041	51	$-0,001$
02	,199	32	,159	62	,119	92	,079	22	,039	52	$+0,001$
03	,198	33	,158	63	,118	93	,078	23	,038	53	,002
04	,196	34	,156	64	,116	94	,077	24	,037	54	,003
605	$-0,195$	635	$-0,155$	665	$-0,115$	695	$-0,075$	725	$-0,035$	755	$+0,005$
06	,194	36	,154	66	,114	96	,074	26	,034	56	,006
07	,192	37	,152	67	,112	97	,073	27	,033	57	,007
08	,191	38	,151	68	,111	98	,071	28	,031	58	,009
09	,190	39	,150	69	,110	99	,070	29	,030	59	,010
610	$-0,188$	640	$-0,148$	670	$-0,108$	700	$-0,069$	730	$-0,029$	760	$+0,011$
11	,187	41	,147	71	,107	01	,067	31	,027	61	,013
12	,186	42	,146	72	,106	02	,066	32	,026	62	,014
13	,184	43	,144	73	,104	03	,065	33	,025	63	,015
14	,183	44	,143	74	,103	04	,063	34	,023	64	,017
615	$-0,182$	645	$-0,142$	675	$-0,102$	705	$-0,062$	735	$-0,022$	765	$+0,018$
16	,180	46	,140	76	,100	06	,061	36	,021	66	,019
17	,179	47	,139	77	,099	07	,059	37	,019	67	,021
18	,178	48	,138	78	,098	08	,058	38	,018	68	,022
19	,176	49	,136	79	,096	09	,057	39	,017	69	,023
620	$-0,175$	650	$-0,135$	680	$-0,095$	710	$-0,055$	740	$-0,015$	770	$+0,025$
21	,174	51	,134	81	,094	11	,054	41	,014	71	,026
22	,172	52	,132	82	,092	12	,053	42	,013	72	,027
23	,171	53	,131	83	,091	13	,051	43	,011	73	,029
24	,170	54	,130	84	,090	14	,050	44	,010	74	,030
625	$-0,168$	655	$-0,128$	685	$-0,088$	715	$-0,049$	745	$-0,009$	775	$+0,031$
26	,167	56	,127	86	,087	16	,047	46	,007	76	,033
27	,166	57	,126	87	,086	17	,046	47	,006	77	,034
28	,164	58	,124	88	,085	18	,045	48	,005	78	,035
29	,163	59	,123	89	,083	19	,043	49	,003	79	,037
630	$-0,162$	660	$-0,122$	690	$-0,082$	720	$-0,042$	750	$-0,002$	780	$+0,038$

Tafel 14. σ_2. Argument: t = Lufttemperatur in Celsiusgraden.

t	σ^2	t	σ_2	t	σ_2	t	σ_2
−20°	+0,117	− 7°	+0,062	+ 5°	+0,016	+18°	+0,030
19	,112	6	,058	6	,012	19	,033
18	,108	− 5	+0,054	7	,008	+20	−0,037
17	,104	4	,050	8	,005	21	,040
16	,099	3	,046	9	+0,001	22	,043
−15	+0,095	2	,042	+10	−0,002	23	,047
14	,091	− 1	,038	11	,006	24	,050
13	,086	0	+0,034	12	,010	+25	−0,053
12	,082	+ 1	,031	13	,013	26	,056
11	,078	2	,027	14	,016	27	,059
−10	+0,074	3	,023	+15	−0,020	28	,063
9	,070	4	,019	16	,023	29	,066
− 8	+0,066	+ 5	+0,016	+17	−0,027	+30	−0,069

Tafel 15. σ_3.

Argumente: b_0 = Barometerstand in mm, auf 0° reduziert; t = Lufttemperatur in Celsiusgraden.

b_0 \ t	−20°	−15°	−10°	−5°	0°	+5°	+10°	+15°	+20°	+25°	+30°
mm											
600	−0,023	−0,019	−0,015	−0,011	−0,007	−0,003	+0,001	+0,004	+0,007	+0,011	+0,014
10	,022	,018	,014	,010	,006	,003	0,000	,004	,007	,010	,013
20	,020	,017	,013	,009	,006	,003	,000	,003	,006	,009	,012
30	,019	,015	,012	,009	,006	,003	,000	,003	,006	,009	,011
40	,017	,014	,011	,008	,005	,002	,000	,003	,005	,008	,010
650	−0,016	−0,013	−0,010	−0,007	−0,005	−0,002	0,000	+0,003	+0,005	+0,007	+0,009
60	,014	,012	,009	,007	,004	,002	,000	,002	,004	,006	,008
70	,013	,010	,008	,006	,004	,002	,000	,002	,004	,006	,007
80	,011	,009	,007	,005	,003	,001	,000	,002	,003	,005	,007
90	,010	,008	,006	,004	,003	,001	,000	,002	,003	,004	,006
700	−0,008	−0,007	−0,005	−0,004	−0,002	−0,001	0,000	+0,001	+0,003	+0,004	+0,005
10	,006	,005	,004	,003	,002	,001	,000	,001	,002	,003	,004
20	,005	,004	,003	,002	,001	−0,001	,000	,001	,002	,002	,003
30	,003	,003	,002	,002	,001	,000	0,000	+0,001	,001	,002	,002
40	−0,002	−0,001	−0,001	−0,001	−0,001	,000	,000	0,000	+0,001	+0,001	+0,001
750	0,000	0,000	0,000	0,000	0,000	0,000	0,000	0,000	0,000	0,000	0,000
60	+0,001	+0,001	+0,001	+0,001	0,000	,000	,000	,000	,000	−0,001	−0,001
70	0,003	,002	,002	,001	+0,001	,000	,000	,000	−0,001	,001	,002
780	+0,004	+0,004	+0,003	+0,002	+0,001	+0,001	0,000	−0,001	−0,001	−0,002	−0,003

Tafel 16. σ. Argumente: b = Barometerstand in mm; t = Lufttemperatur in Celsiusgraden.

b \ t	−20°	−15°	−10°	−5°	0°	+5°	+10°	+15°	+20°	+25°	+30°
mm											
600	−0,11	−0,13	−0,14	−0,16	−0,17	−0,19	−0,20	−0,22	−0,23	−0,24	−0,26
10	,09	,11	,13	,14	,16	,18	,19	,20	,22	,23	,24
20	,08	,10	,11	,13	,15	,16	,18	,19	,21	,22	,23
30	,06	,08	,10	,12	,13	,15	,16	,18	,19	,21	,22
40	,05	,07	,08	,10	,12	,13	,15	,17	,18	,19	,21
650	−0,03	−0,05	−0,07	−0,09	−0,11	−0,12	−0,14	−0,15	−0,17	−0,18	−0,19
60	−0,02	,04	,06	,07	,09	,11	,12	,14	,15	,17	,18
70	0,00	,02	,04	,06	,08	,09	,11	,13	,14	,16	,17
80	+0,01	−0,01	,03	,05	,06	,08	,10	,11	,13	,14	,16
90	,03	+0,01	−0,01	,03	,05	,07	,08	,10	,12	,13	,15
700	+0,04	+0,02	0,00	−0,02	−0,04	−0,05	−0,07	−0,09	−0,10	−0,12	−0,13
10	,06	,03	+0,01	0,00	,02	,04	,06	,07	,09	,11	,12
20	,07	,05	,03	+0,01	−0,01	,03	,04	,06	,08	,09	,11
30	,08	,06	,04	,02	0,00	−0,01	,03	,05	,06	,08	,10
40	,10	,08	,06	,04	+0,02	0,00	−0,02	,03	,05	,07	,08
750	+0,11	+0,09	+0,07	+0,05	+0,03	+0,01	0,00	−0,02	−0,04	−0,05	−0,07
60	,13	,11	,09	,07	,05	,03	+0,01	−0,01	,03	,04	,06
70	,14	,12	,10	,08	,06	,04	,02	0,00	−0,01	,03	,05
780	+0,16	+0,14	+0,11	+0,09	+0,07	+0,05	+0,04	+0,02	0,00	−0,02	−0,03

Ergänzung zu Bd. II, Teil 2, S. 495ff.: Die internationale Polarsequenz.

Die im Bande II, 2 dieses Handbuches mitgeteilten Größen der Sterne der internationalen Polarsequenz sind, wie dort erwähnt, den Mt. Wilson Contr 97 u. 235 [Ap J 41, S. 206 (1915) u. 56, S. 97 (1922)] entnommen. Nach einer freundlichen Mitteilung von Prof. F. H. Seares hält er aber die in den Transactions Intern Astr Union 1, S. 71 ff. (1922) gegebenen Werte für sicherer. Es seien daher in den folgenden Tabellen auch diese Größen wiedergegeben.

Die Nordpolar-Sequenz.

Nr	*Pg*	*Pv*	*C*	Nr	*Pg*	*Pv*	*C*
	m	m	m		m	m	m
1s	2,55	2,08	0,47	28	15,31	14,54	0,77
1	4,40	4,37	0,03	12s	15,35	14,67	0,68
2	5,24	5,28	−0,04	13s	15,51	14,54	0,97
3	5,78	5,56	0,22	29	15,87	15,21	0,66
4	5,91	5,84	0,07	14s	16,02	15,05	0,97
5	6,46	6,45	0,01	30	16,19	15,44	0,75
2s	6,47	6,30	0,17	31	16,40	15,62	0,78
3s	6,64	6,35	0,29	15s	16,57	15,71	0,86
1r	6,69	5,09	1,60	32	16,75	15,58	1,17
6	7,12	7,06	0,06	16s	16,86	15,50	1,36
7	7,38	7,55	−0,17	33	17,06	15,97	1,09
2r	7,93	6,32	1,61	17s	17,19	15,89	1,30
8	8,32	8,13	0,19	34	17,24	16,29	0,95
9	8,93	8,83	0,10	35	17,63	16,94	0,69
3r	8,96	7,57	1,39	36	17,78	16,80	0,98
10	9,11	9,06	0,05	18s	17,94	16,91	1,03
4r	9,18	8,27	0,91	37	18,01	16,81	1,20
11	9,77	9,56	0,21	19s	18,16	16,95	1,21
12	10,08	9,77	0,31	38	18,20	17,05	1,15
5r	10,16	8,63	1,53	39	18,58	17,13	1,45
4s	10,31	9,83	0,48	20s	18,60	17,19	1,41
13	10,52	10,37	0,15	21s	18,65	17,33	1,32
6r	10,53	9,24	1,29	22s	18,75	17,13	1,62
14	10,92	10,56	0,36	23s	18,70	17,41	1,29
7r	10,96	9,87	1,09	40	18,87	17,29	1,58
5s	11,07	10,06	1,01	24s	18,88	17,34	1,54
15	11,27	10,88	0,39	25s	18,84	17,38	1,46
6s	11,36	10,72	0,64	26s	18,89	—	—
8r	11,44	10,46	0,98	41	19,02	17,47	1,55
16	11,58	11,22	0,36	27s	19,08	17,43	1,65
17	11,88	11,30	0,58	42	19,18	—	—
9r	11,95	—	—	28s	19,23	—	—
18	12,28	11,90	0,38	29s	19,28	—	—
10r	12,61	12,03	0,58	30s	19,52	—	—
7s	12,62	12,04	0,58	43	19,53	—	—
19	12,68	12,24	0,44	31s	19,49	—	—
20	12,98	12,52	0,46	32s	19,56	—	—
11r	13,22	12,07	1,15	44	19,59	—	—
21	13,34	12,49	0,85	33s	19,68	—	—
22	13,46	12,84	0,62	34s	19,70	—	—
23	13,59	13,00	0,59	45	19,80	—	—
12r	13,78	12,47	1,31	35s	19,86	—	—
24	13,92	13,31	0,61	36s	19,48	—	—
25	14,10	13,58	0,52	37s	19,65	—	—
8s	14,49	13,77	0,72	46	19,82	—	—
26	14,61	13,69	0,92	38s	20,10	—	—
9s	14,73	13,74	0,99				
27	14,89	14,25	0,64				
10s	15,28	14,52	0,76				
11s	15,30	14,35	0,95				

Zusatz-Sterne.

Nr	*Pg*	*Pv*	*C*	Nr	*Pg*	*Pv*	*C*
	m	m	m		m	m	m
125	14,77	14,37	0,40	401	14,51	13,70	0,81
126	15,61	14,65	0,96	403	14,51	13,83	0,68
127	14,19	13,31	0,88	424	14,48	13,77	0,71
128	15,68	13,87	1,81	426	13,83	13,38	0,45
130	15,03	14,21	0,82	427	13,21	12,05	1,16
134	14,23	13,54	0,69	439	14,72	13,49	1,23
139	15,27	13,96	1,31				
142	14,46	13,71	0,75				
146	14,26	13,56	0,70				
151	13,71	12,66	1,05				
152	14,55	13,76	0,79				
154	14,90	14,36	0,54				
158	15,17	14,57	0,60				
159	15,20	14,50	0,70				
163	15,41	13,93	1,48				
164	16,05	15,03	1,02				
172	13,75	12,24	1,51				
176	14,35	13,78	0,57				
188	16,28	15,27	1,01				
202	16,12	15,41	0,71				
205	15,96	15,08	0,88				
214	15,42	14,66	0,76				
215	15,43	13,69	1,74				
218	15,46	14,11	1,35				
226	14,90	14,15	0,75				
256	14,65	13,84	0,81				
258	16,04	15,22	0,82				
277	15,34	14,56	0,78				
283	14,87	13,50	1,37				
286	15,97	14,96	1,01				
295	15,58	14,93	0,65				
297	15,84	14,79	1,05				
301	16,24	15,57	0,67				
311	15,00	14,34	0,66				
319	14,44	13,61	0,83				
329	14,32	13,51	0,81				
334	15,22	14,44	0,78				
335	16,12	15,11	1,01				
336	14,91	13,97	0,94				
338	14,72	13,84	0,88				
341	15,16	14,02	1,14				
342	14,87	14,09	0,78				
345	13,78	12,05	1,73				
350	11,00	10,71	0,29				
358	15,27	14,34	0,93				
362	13,07	12,27	0,80				
368	15,76	14,48	1,28				
378	14,11	12,81	1,30				
389	13,56	12,90	0,66				
391	14,56	13,83	0,73				

Sachverzeichnis.

Druck der Spamer A.-G. in Leipzig.

GPSR Compliance

The European Union's (EU) General Product Safety Regulation (GPSR) is a set of rules that requires consumer products to be safe and our obligations to ensure this.

If you have any concerns about our products, you can contact us on ProductSafety@springernature.com

In case Publisher is established outside the EU, the EU authorized representative is:

Springer Nature Customer Service Center GmbH
Europaplatz 3
69115 Heidelberg, Germany

Batch number: 10704763

Printed by Printforce, the Netherlands